JN271432

コンクリート
補修・補強
ハンドブック

宮川豊章

［総編集］

大即信明

上東　泰

小柳光生

清水昭之

守分敦郎

［編集委員］

朝倉書店

橋脚の腐食状況

口絵1　鉄筋腐食により生じたコンクリートのひび割れ（図2.4.3）（撮影：九州大学大学院　佐川康貴）

口絵2　ポップアウトの例（海岸部）（図2.5.4）

口絵3　微生物劣化の一例（表面に粗骨材が露出）（図2.6.4）

口絵4　微生物劣化の一例（表面に二水石膏が堆積）（図2.6.5）

口絵5　ASRと塩害による複合的な劣化が発生したボックスカルバート（図2.7.9）

口絵6　ASRと凍害によるポップアウトの発生（図2.7.16）

口絵 7　汚れ（図 2.11.3）

口絵 8　白亜化（図 2.11.4）

口絵 9　鉄筋の腐食（爆裂）（図 2.11.8）

口絵 10　溶脱を生じていないコンクリートの表面（コンクリート打設後約 1 年）（図 2.14.7）

口絵 11　溶脱を生じたコンクリートの表面（コンクリート打設後約 40 年）（図 2.14.8）

口絵 12　溶脱を生じたコンクリートの表面（コンクリート打設後約 80 年，図 2.14.1 の構造物を接近して撮影したもの）（図 2.14.9）

口絵 13　フェノールフタレイン溶液の噴霧結果の例（図 2.14.10）

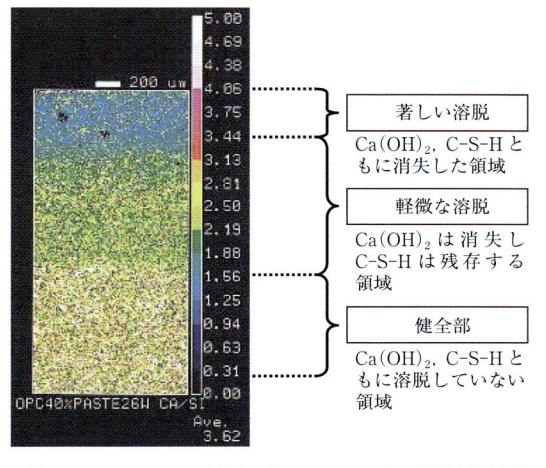

口絵 14　EPMA による溶脱したコンクリートの分析例（山本武志ほか，2005）（図 2.14.15）

口絵 15　下部構造における損傷事例（図 3.3.19）

口絵 16　桟橋上部工の劣化状況（床版裏面）（図 3.4.4）

口絵 17　腐食した鉄筋コンクリート管（図 3.5.10）

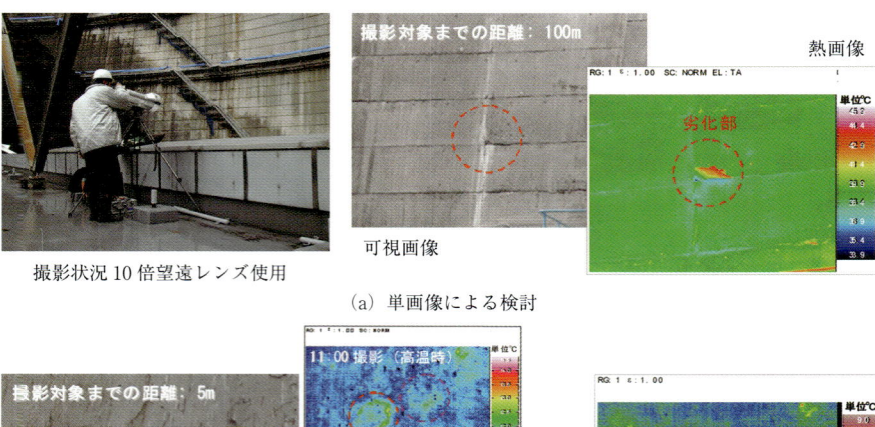

(a) 単画像による検討

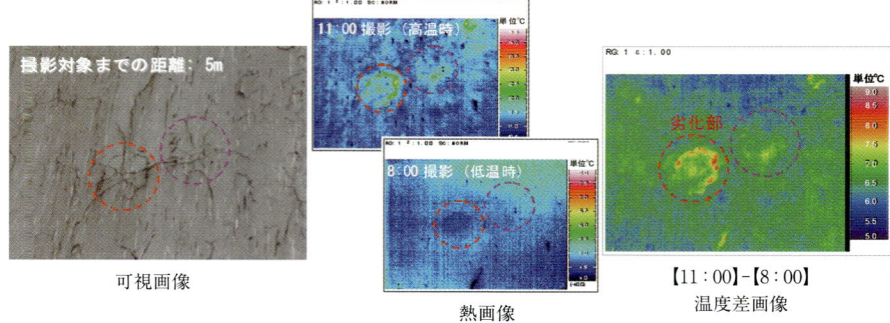

撮影状況 10 倍望遠レンズ使用 / 可視画像 / 熱画像

(b) 複数画像による検討

可視画像 / 熱画像 / 【11:00】-【8:00】温度差画像

口絵 18 赤外線カメラを用いたダム堤体表面の調査事例（小堀俊秀ほか，2004）（図 3.7.5）

口絵 19 取水堰エプロン部の摩耗状況（図 3.8.6）

口絵 20 護床工ブロックの設置（図 3.8.7）

口絵 21 骨材の露出状況（図 3.8.8）

口絵 22 排水機場基礎コンクリートの変状（図 3.8.11）

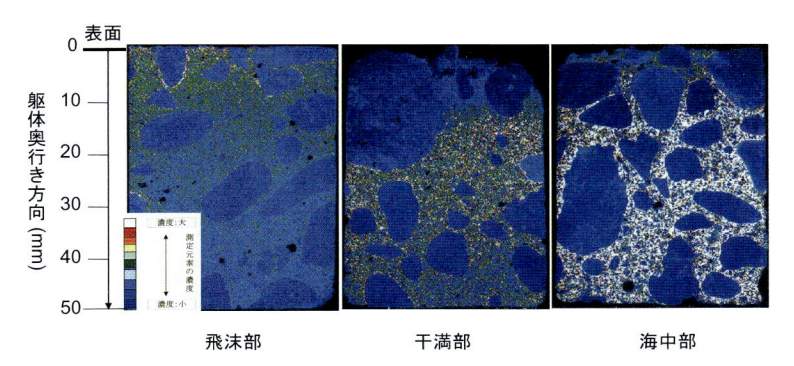

口絵 23　採取したコアの EPMA 画像（Cl の浸透状況）（図 3.8.12）

腐食度：腐食なし（グレーデング：Ⅰ）

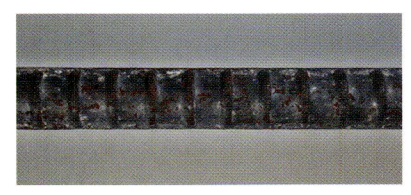

腐食度：A（グレーデング：Ⅱ）

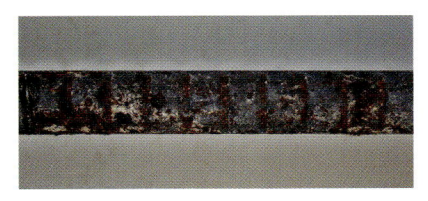

腐食度：B（グレーデング：Ⅲ）

腐食度：C（グレーデング：Ⅳ）

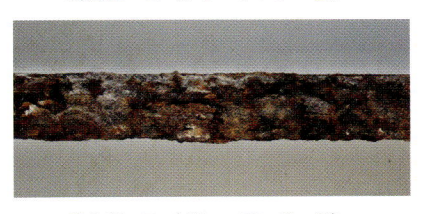

腐食度：D（グレーデング：Ⅴ）

口絵 24　鉄筋の腐食グレーディング（日本コンクリート工学協会，2009）（図 4.3.11）

口絵 25　コンクリート表面のすす（日本コンクリート工学協会，2007）（図 4.3.15）

口絵 26　コンクリート表面の微細ひび割れ（日本コンクリート工学協会，2007）（図 4.3.16）

口絵27 焼き状況3（図4.4.8）
天井：石膏ボード残存，桟木健全（Ⅰ級）

口絵28 爆裂状況（図4.4.10）
コンクリート表層の爆裂状況（Ⅱ級）
すす付着（Ⅱ級）

口絵29 爆裂状況（図4.4.11）
骨材の爆裂状況
ピンク色に変色（Ⅲ級）

口絵30 焼き状況5（図4.4.12）
コンクリート表面に微細なひび割れ（Ⅲ級）
灰白色

口絵31 バルコニー焼き状況（図4.4.14）
タイル剥落，庇すす付着

口絵32 変色状況(脆弱部)（図4.6.26）

口絵33 変色箇所（脆弱部）はつり後
（図4.6.27）

口絵34　地下3階の柱部材の鉄筋腐食状況（図4.7.25）
（縦筋の腐食グレードⅣ，断面欠損率2～3割）

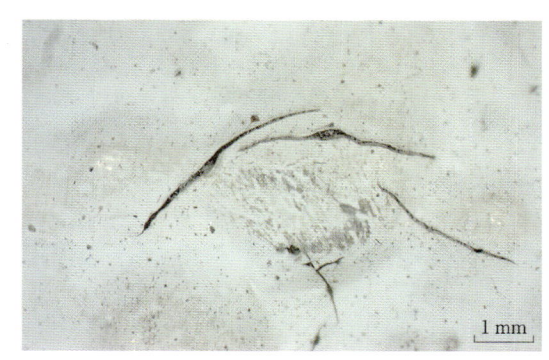

口絵35　外壁塗材の携帯顕微鏡観察（図4.7.26）

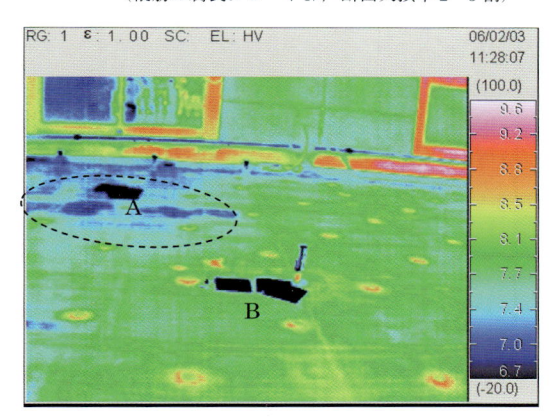

口絵36　屋根防水シート面の赤外線画像（図4.7.27）

口絵37　凍結防止剤を含む漏水によりアルカリシリカ反応の進行が早くなった橋台（図5.2.3）

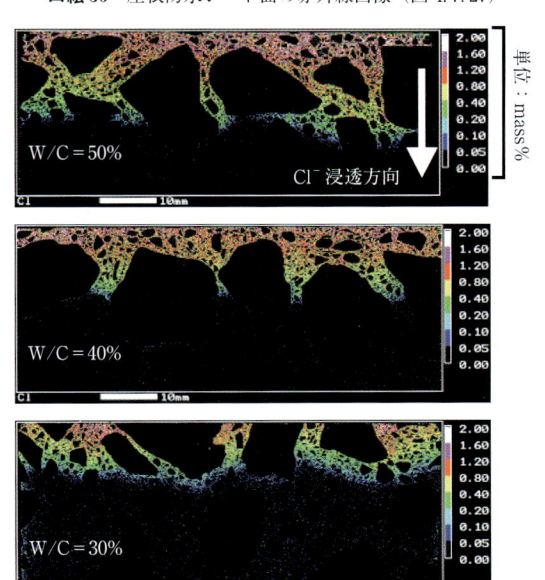

口絵38　EPMAによる塩素の分布状況（武若耕司ほか，2006）（図5.8.8）

口絵40　新しいシラン系表面含浸材の汚れ抑制状況（図6.3.10）
左　：築20年，無処理の屋外壁
中央：築18年目に表面を洗浄後，シラン系表面含浸材を適用して2年経過した屋外壁
右　：築18年目に表面を洗浄後，無処理にて2年経過した屋外壁

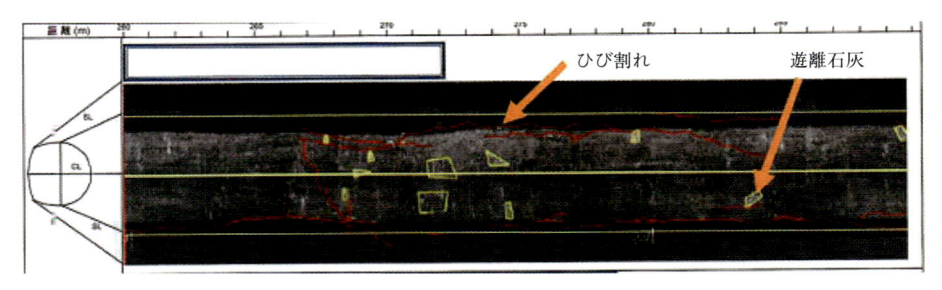

口絵39　レーザー光による壁面連続画像（農村工学研究所，2006）（図5.14.4）

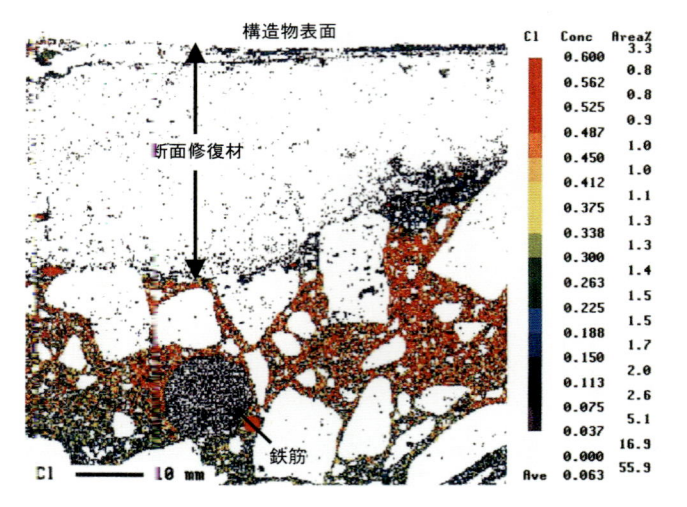

口絵41　塩害により再劣化した構造物のEPMA分析（図6.3.86）

アルカリブルー

アリザリンイエロー

口絵42　pH試験紙の測定状況（図7.7.3）

再アルカリ化施工部 　　再アルカリ化非施工部

口絵43　鉄筋腐食状況（図7.7.7）

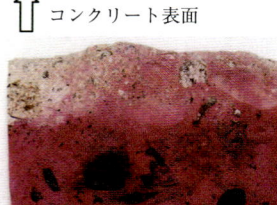

口絵44　中性化深さ測定（図7.7.10）

序

　本年3月11日（金）午後2時46分に発生した東北地方太平洋沖地震により引き起こされた東北関東大震災は，インフラとなるコンクリート構造物を，造りこなし使いこなすことの重要性をあらためてすべての人々に知らしめた，と言ってよい．お亡くなりになった方々に謹んでお悔やみ申し上げるとともに，被害にあわれた方々には心からお見舞い申し上げたい．

　インフラ，社会基盤を構成する施設・設備は種々のハザードシナリオ中で安定してその機能を市民に提供しなければならないという使命がある．そのインフラの代表的な構成要素であるコンクリートあるいはコンクリートからなるシステムは，市民社会を支え続けなければならないものであるため"丈夫で美しく長持ち"する必要がある．

　コンクリート構造は基本的には丈夫で美しく長持ちする構造形式であり，現実にそのような構造物は身近に数多く見られる．そのため，適切な仕様を守れば劣化はほとんど生じず半永久的に問題は生じない，と考えられがちであった．メンテナンスフリーという奇妙な誤解はその延長線上にあったのであろう．

　しかし今，高度成長期に蓄えられたコンクリート構造物に代表される社会資本のストックが高齢化を迎えるとともに，維持管理にかかわる技術者の高齢化による大量退職期を迎えている．現実には，ほとんどの自治体が更新・維持管理に悩み，しかもストックの更新・維持管理が財政上の課題となっている．コンクリート構造と言えど供用期間とともに劣化は生じ，適切な補修・補強対策が必要となるのである．現在，ストックマネジメントの必要性がいろいろな場面で語られているのはこのためである．

　コンクリート構造物は，単なる工場製品ではない場合が多く，電気製品などとは異なって，発注時にはまだ影も形もなくその最終の品質は現実化されてはいない．言い換えれば，成果としての製品ではなく，建設プロセスを含めた一品生産の構造物の購入を行っている．したがって，最安値のものを無条件に購入することにはきわめて危険が伴う．なかでも，高耐久化，延命化などの長寿命化はこの費用中に適切で定量的に組み込まれることが少なく，従来なおざりにされがちであった，と言ってよい．

しかも，コンクリート構造物に要する，環境を含めた広義の費用は，設計や施工ばかりで必要とされるのではない．計画・設計・施工・維持管理の全てにその費用は発生する．*fib* のモデルコードでもシナリオの重要性に触れられているようであるが，設定すべき生涯シナリオを適切にデザインし，計画・設計・施工・維持管理によって現実化することが大きな課題となっている．この行為を通じてはじめて，適切なストックマネジメントが可能なのである．

加えて，近年いろいろな場面で取り上げられ，その必要性が明らかとなってきている"持続可能な発展"においては，"One principle, two goals, three dimensions, four requirements and five phases"（1つの理念，2つの目標，3つの評価，4つの要件，5つの場面）などと語られることも多い．これらのそれぞれの階梯のうちの工学的な部分については，補修・補強工法の適切な採用が必須である．補修・補強による延命化によって，我々が子孫によき地球を残すことが望まれているのである．

このような状況のもと，コンクリート構造物の補修・補強は，その前提として必要となる点検・評価・判定・診断を含めて，その生涯シナリオのきわめて重要な要素であると言って良い．しかし，補修・補強に関して体系立ててまとめられた資料は見当たらないのが現状である．コンクリート構造物は社会活動，個人活動を支える基盤として市民社会を支えてきている．したがって，豊かで安うぎに富む創造的なシナリオを基にしたストックマネジメントによって，"丈夫で美しく長持ち"するコンクリート構造物を得，"丈夫で美しく長持ち"することが持続可能な市民社会を創造する期待が寄せられている．本書がその一助になることを祈るものである．

なお，本書では，補修・補強に関する理解をできるだけ具体的で容易なものにするため，失敗事例を含む数多くの実際の例を紹介している．また，同じ図表や表現が複数個所に存在するが，これも読者の便宜を考え，他章を参照することなく容易に読み進めることができるように，あえてそのままとしたものである．御一読いただければ幸いである．

最後に，きわめてご多忙中にもかかわらず，本書の執筆および編集に真摯なご協力をいただいた各位に，深く感謝の意を表して結びとしたい．

2011 年 5 月

総編集　宮 川 豊 章

編集委員・執筆者一覧

総編集

宮川豊章　京都大学

編集委員（五十音順）

大即信明　東京工業大学
上東　泰　中日本高速道路株式会社
小柳光生　大林ファシリティーズ株式会社
清水昭之　東京理科大学
守分敦郎　東亜建設工業株式会社

執筆者（五十音順）

芦田公伸	元 電気化学工業株式会社	上東　泰	中日本高速道路株式会社
阿部道彦	工学院大学	河合研至	広島大学
新井　泰	鉄道総合技術研究所	河野広隆	京都大学
荒巻　智	西日本旅客鉄道株式会社	川俣孝治	住友大阪セメント株式会社
石塚宏之	株式会社 ドーユー大地	木村耕三	株式会社 大林組
伊平和泉	株式会社 大林組	葛目和宏	株式会社 国際建設技術研究所
今本啓一	東京理科大学	窪田賢司	東日本高速道路株式会社
上田隆雄	徳島大学	古賀一八[*]	東京理科大学
内田美生	住友大阪セメント株式会社	小島芳之	鉄道総合技術研究所
江口和雄[*]	ショーボンド化学株式会社	小林茂広	住友大阪セメント株式会社
大澤　悟	株式会社 竹中工務店	小堀俊秀	土木研究所
大即信明	東京工業大学	小柳光生	大林ファシリティーズ株式会社
奥田章子	株式会社 大林組	斎藤　優	サイトー工業 有限会社
長田光司	中日本高速道路株式会社	佐伯竜彦	新潟大学
垣尾　徹	西日本旅客鉄道株式会社	佐々木一則	阪神高速道路株式会社
柿沢忠弘	株式会社 竹中工務店	佐々木　隆	ダム技術センター
掛川　勝	太平洋マテリアル株式会社	佐々木晴夫	大成建設株式会社
柏崎隆幸	前 BASF ポゾリス株式会社	佐野清史	東洋建設株式会社
金氏　眞	鹿島建設株式会社	清水昭之	東京理科大学
兼松　学	東京理科大学	称原良一	清水建設株式会社
金好昭彦	大鉄工業株式会社	須賀雄一	日本下水道事業団
鎌田敏郎	大阪大学	竹田宣典	株式会社 大林組

執筆者

田中 久順	三菱マテリアル株式会社
田中 宏之	有限会社 タフ技研
谷口 修	五洋建設株式会社
手塚 正道	オリエンタル白石株式会社
渡嘉敷 勝	農村工学研究所
鳥居 和之	金沢大学
長尾 覚博	NAGAO技術コンサルタント事務所
中矢 哲郎	農村工学研究所
名倉 政雄	飛島建設株式会社
丹羽 博則	株式会社 大林組
野島 昭二	株式会社 高速道路総合技術研究所
長谷川 拓哉	北海道大学
羽渕 貴士	東亜建設工業株式会社
濱崎 仁	建築研究所
濱田 秀則	九州大学
久田 真	東北大学
平間 昭信	飛島建設株式会社
平松 和嗣	株式会社 NTTファシリティーズ総合研究所
福手 勤	東洋大学
船本 憲治	九州電力株式会社
本荘 清司	西日本高速道路株式会社
本間 淳史	東日本高速道路株式会社
前田 恒一	株式会社 大林組
前田 敏也	清水建設株式会社
増川 晋	農村工学研究所
松上 泰三	ショーボンド建設株式会社
松田 芳範	東日本旅客鉄道株式会社
松田 好史	西日本旅客鉄道株式会社
真鍋 英規	株式会社 国際建設技術研究所
丸屋 剛[*]	大成建設株式会社
宮川 豊章	京都大学
宮田 信裕	株式会社 メトロレールファシリティーズ
室田 敬	三井住友建設株式会社
樅山 好幸	西日本高速道路エンジニアリング関西株式会社
森 拓也	株式会社 ピーエス三菱
森 充広	農村工学研究所
森川 英典	神戸大学
森田 武	清水建設株式会社
守分 敦郎	東亜建設工業株式会社
山下 英俊	株式会社 KSK
山田 一夫	株式会社 太平洋コンサルタント
山本 晴夫	前 野村不動産株式会社
湯淺 昇	日本大学
横倉 順治	八千代エンジニヤリング株式会社
横田 弘	北海道大学
横田 優	株式会社 四国総合研究所
横山 和昭	西日本高速道路エンジニアリング中国株式会社
吉田 正友	日本建築総合試験所
若杉 三紀夫	住友大阪セメント株式会社
渡辺 博志	土木研究所

[*]印は編集協力者

目　　次

※ [　]： 章担当編集委員，【　】： 執筆者

第1章　序　章　　　　［宮川豊章・守分敦郎・小柳光生］　1

- 1.1　造り，使いこなす時代へ　1
- 1.2　コンクリート構造物の品質と補修・補強　1
- 1.3　コンクリート構造物のマネジメント　3
- 1.4　コンクリート構造物のライフサイクルコスト　3
- 1.5　マネジメントの課題　5
- 1.6　丈夫で長持ちするシナリオ　5
- 1.7　本書の構成　6

第2章　総　説——メカニズム　　　　［宮川豊章・清水昭之・小柳光生］　9

- 2.1　はじめに　【宮川豊章】　9
  - 2.1.1　本章の構成　9
  - 2.1.2　劣化メカニズムの概略推定　9
  - 2.1.3　土木構造物と建築構造物との相違　11
- 2.2　初期欠陥　【兼松　学】　11
  - 2.2.1　初期欠陥の概要　11
  - 2.2.2　豆　板　11
  - 2.2.3　内部欠陥　12
  - 2.2.4　コールドジョイント　13
  - 2.2.5　砂　すじ　14
  - 2.2.6　表面気泡　14
  - 2.2.7　ひび割れ　14
  - 2.2.8　漏　水　20
- 2.3　中　性　化　【阿部道彦】　22
  - 2.3.1　原　因　22
  - 2.3.2　要　因　22
  - 2.3.3　反応機構　29
  - 2.3.4　劣化機構　30
  - 2.3.5　評価および判定　31
- 2.4　塩　害　【濱田秀則】　33
  - 2.4.1　塩害の定義　33
  - 2.4.2　鋼材の腐食条件　33
  - 2.4.3　鋼材の腐食反応　34
  - 2.4.4　コンクリートひび割れが発生する理由　34
  - 2.4.5　コンクリートへの塩化物イオンの供給環境　34
  - 2.4.6　コンクリート中における塩化物イオンの挙動　35
  - 2.4.7　塩害による劣化の進行過程　37
  - 2.4.8　塩害の進行に影響を及ぼすいくつかの要因　39
- 2.5　凍　害　【長谷川拓哉】　40
  - 2.5.1　劣化現象　40
  - 2.5.2　劣化要因・メカニズム　42
- 2.6　化学的侵食　【河合研至】　45
  - 2.6.1　酸性劣化　45
  - 2.6.2　硫酸塩劣化　50
  - 2.6.3　その他　51
- 2.7　アルカリシリカ反応　【鳥居和之】　52
  - 2.7.1　アルカリシリカ反応の経緯　52
  - 2.7.2　アルカリシリカ反応のメカニズム　53
  - 2.7.3　反応性骨材と反応性鉱物の種類　54
  - 2.7.4　アルカリシリカ反応の抑制対策　56
  - 2.7.5　アルカリシリカ反応による劣化に影響を及ぼす要因　58

- 2.7.6 アルカリシリカ反応による構造物の劣化形態　58
- 2.8 鉄筋コンクリート床版の疲労　【佐々木一則】61
  - 2.8.1 損傷の発生　62
  - 2.8.2 損傷状況調査　62
  - 2.8.3 考えられる原因　64
  - 2.8.4 RC床版の疲労損傷機構　65
- 2.9 火災　【森田 武】68
  - 2.9.1 火災の性状　68
  - 2.9.2 部材の温度性状　70
  - 2.9.3 コンクリートの化学的性質の変化　72
  - 2.9.4 コンクリートの熱劣化　72
  - 2.9.5 鋼材の熱劣化（引張り強さ，降伏点）77
  - 2.9.6 鉄筋コンクリート部材の熱劣化　78
  - 2.9.7 構造体の火害　79
- 2.10 力学的損傷　【渡辺博志】81
  - 2.10.1 概要　81
  - 2.10.2 力学的損傷の生じる原因　82
  - 2.10.3 コンクリート構造物に発生するひび割れと考え方　84
  - 2.10.4 地震による影響　88
- 2.11 仕上げの変状　【大澤 悟】91
- 2.12 外気温変動に伴う変状　【丹羽博則・長尾覚博】
  - 2.12.1 外気温の変動　99
  - 2.12.2 相当外気温と部材温度　100
  - 2.12.3 外気温の変動による建物の変状　100
- 2.13 複合劣化　【荒巻 智】104
  - 2.13.1 概説　104
  - 2.13.2 複合劣化の分類　104
  - 2.13.3 中性化に関連する複合劣化　106
  - 2.13.4 塩害に関連する複合劣化　107
  - 2.13.5 凍害に関連する複合劣化　107
  - 2.13.6 アルカリ骨材反応に関連する複合劣化　108
  - 2.13.7 化学的侵食に関連する複合劣化　109
  - 2.13.8 まとめ　110
- 2.14 溶脱　【久田 真】110
  - 2.14.1 概説　110
  - 2.14.2 原因・要因　110
  - 2.14.3 反応機構　111
  - 2.14.4 劣化機構　113
  - 2.14.5 分析方法　114
  - 2.14.6 コンクリートの溶脱に関する試験方法　118

第3章　土木構造物の劣化と診断 ― 評価と判定　［守分敦郎］123

- 3.1 はじめに　【森川英典・守分敦郎】123
  - 3.1.1 土木構造物における維持管理の基本　123
  - 3.1.2 評価および判定の基本　126
- 3.2 技術・基準類の変遷　【名倉政雄】127
  - 3.2.1 材料の変遷　127
  - 3.2.2 施工技術の変遷　134
  - 3.2.3 基準類の変遷　139
- 3.3 橋梁および高架橋の劣化と評価　143
  - 3.3.1 概要　【本間淳史】143
  - 3.3.2 道路橋　【本間淳史】143
  - 3.3.3 鉄道橋　【松田芳範】154
- 3.4 港湾構造物　【横田 弘】165
  - 3.4.1 概要　165
  - 3.4.2 維持管理計画　166
  - 3.4.3 変状連鎖　167
  - 3.4.4 点検診断　169
  - 3.4.5 総合評価　171
  - 3.4.6 補修および補強　173

- 3.5 下水道施設 【須賀雄一】 174
  - 3.5.1 下水道施設の特徴的劣化と点検 174
  - 3.5.2 下水道管の劣化の特徴と点検のポイント 179
  - 3.5.3 下水処理場・ポンプ場の劣化の特徴と点検のポイント 182
  - 3.5.4 下水道施設における対策の特徴 183

- 3.6 トンネル 186
  - 3.6.1 概説 【小島芳之】 186
  - 3.6.2 山岳トンネル 【小島芳之】 192
  - 3.6.3 都市トンネル 【新井 泰】 204

- 3.7 ダム 【佐々木 隆・小堀俊秀】 208
  - 3.7.1 概要 208
  - 3.7.2 維持管理のための点検（日常点検，定期点検） 209
  - 3.7.3 コンクリートダム本体 210
  - 3.7.4 放流設備 215
  - 3.7.5 コンクリートダムにおける補修・補強の特徴 215

- 3.8 農業水利施設 【増川 晋・渡嘉敷勝・森 充広・中矢哲郎】 218
  - 3.8.1 概要 218
  - 3.8.2 頭首工 222
  - 3.8.3 用水路（開水路・水路トンネル） 224
  - 3.8.4 排水機場 226

第4章 建築構造物の劣化と診断 —— 評価と判定　［清水昭之・小柳光生］ 231

- 4.1 はじめに 【清水昭之】 231
  - 4.1.1 建築基準法上の建築物の位置付け 231
  - 4.1.2 既存の建築物の修繕（補修・補強）・維持保全と「法」との関係 232
  - 4.1.3 コンクリート系の建築物の修繕・維持保全などに関連するおもな法令・規準類 233

- 4.2 技術・規準類の変遷 【清水昭之】 235
  - 4.2.1 使用材料の状況 235
  - 4.2.2 建築物の設計・基準の状況 236
  - 4.2.3 施工（修繕（補修・補強）工法）方法の状況 239

- 4.3 調査診断 【今本啓一】 240
  - 4.3.1 調査の種類 240
  - 4.3.2 劣化・不具合の種類 242
  - 4.3.3 部材・構造体の劣化度の評価 245
  - 4.3.4 補修方針策定 252

- 4.4 集合住宅 258
  - 4.4.1 はじめに 【濱崎 仁】 258
  - 4.4.2 床スラブ・柱・梁部材 【古賀一八】 259
  - 4.4.3 壁 【山本晴夫】 269
  - 4.4.4 二次部材・その他 【濱崎 仁】 279

- 4.5 工場・倉庫 【小柳光生】 284
  - 4.5.1 はじめに 284
  - 4.5.2 床スラブ 284
  - 4.5.3 壁・柱・梁 287

- 4.6 一般建築（事務所・店舗・病院・学校ほか） 289
  - 4.6.1 はじめに 【佐々木晴夫】 289
  - 4.6.2 床スラブ（中性化による腐食含む） 【佐々木晴夫】 291
  - 4.6.3 壁 【平松和嗣】 296
  - 4.6.4 柱・梁 【田中宏之】 301

- 4.7 特殊構造物や過酷な環境下 305
  - 4.7.1 煙突・サイロ 【前田恒一・伊平和泉】 305
  - 4.7.2 化学工場 【小柳光生】 312
  - 4.7.3 電力施設 【船本憲治】 317

第5章 測定手法　　　　　　　　　　　　　　　　　　　　　　　　　　　　　　　［宮川豊章］325

- 5.1　はじめに　【河野広隆】325
- 5.2　環境・荷重　【長田光司】327
  - 5.2.1　環境　327
  - 5.2.2　荷重　331
- 5.3　コンクリート配合・強度　【小林茂広】331
  - 5.3.1　配合　332
  - 5.3.2　強度　332
- 5.4　ひび割れ　【鎌田敏郎】336
  - 5.4.1　劣化メカニズムの違いによる劣化ひび割れの分類　336
  - 5.4.2　ひび割れパターン　337
  - 5.4.3　ひび割れ幅　337
  - 5.4.4　ひび割れ長さ　338
  - 5.4.5　ひび割れ貫通の有無　338
  - 5.4.6　ひび割れ深さ　338
  - 5.4.7　その他のひび割れ状況　340
- 5.5　コンクリート内探査方法　【葛目和宏】341
  - 5.5.1　浮き剥離　342
  - 5.5.2　空洞・埋設物　343
  - 5.5.3　鉄筋破断　343
- 5.6　配筋　【竹田宣典】344
  - 5.6.1　測定方法の種類と特徴　344
  - 5.6.2　電磁誘導法　344
  - 5.6.3　電磁波レーダ法　346
  - 5.6.4　X線透過法　347
- 5.7　中性化の測定　【佐伯竜彦】348
  - 5.7.1　はじめに　348
  - 5.7.2　フェノールフタレイン法　348
  - 5.7.3　ドリル法　350
  - 5.7.4　示差熱量重量分析による方法　352
  - 5.7.5　その他の方法　352
- 5.8　塩化物イオンの浸透　【丸屋　剛】352
  - 5.8.1　概要　352
  - 5.8.2　実構造物における塩化物イオン濃度の測定　352
  - 5.8.3　供試体における塩化物イオン濃度の測定　354
  - 5.8.4　塩化物イオン濃度の分布状態　357
- 5.9　鋼材腐食　【横田　優】358
  - 5.9.1　局部的な破壊を伴う調査方法　358
  - 5.9.2　電気化学的方法　359
  - 5.9.3　各調査方法の適用範囲と評価項目　362
- 5.10　化学成分　【田中久順】363
  - 5.10.1　生成物の同定　363
  - 5.10.2　化学成分の定量　363
- 5.11　アルカリ骨材反応の試験方法　【山田一夫】367
  - 5.11.1　はじめに　367
  - 5.11.2　骨材のアルカリ反応性評価　367
  - 5.11.3　既存構造物におけるASRの評価　369
- 5.12　火災（温度）　【吉田正友】371
  - 5.12.1　火災時に発生する熱（温度）のコンクリートへの伝達　371
  - 5.12.2　コンクリートの受熱温度推定　372
  - 5.12.3　UVスペクトル法　372
  - 5.12.4　過マンガン酸カリウムによる酸素消費量の定量分析　374
- 5.13　損傷　【渡辺博志】
  - 5.13.1　コンクリートに作用する現有応力の測定　376
  - 5.13.2　鋼材に作用する現有応力の測定　377
  - 5.13.3　構造物全体系の評価　377
- 5.14　外観（写真・レーザー）　【江口和雄】378
  - 5.14.1　デジタルカメラ（写真）による外観調査方法　378
  - 5.14.2　レーザー光による外観調査方法　379

- 5.15 PCグラウトの充填性　【手塚正道】380
- 5.16 たわみ・振動・傾斜（倒れ）　【石塚宏之】385
  - 5.16.1 たわみ　385
  - 5.16.2 振動　388
  - 5.16.3 傾斜（倒れ）389
- 5.17 含水率・透気・透水　【湯淺　昇】390
  - 5.17.1 含　水　率　390
  - 5.17.2 透　気　性　392
  - 5.17.3 透　水　性　393

第6章　補修・補強工法の実際　［守分敦郎・小柳光生］397

- 6.1 はじめに　【小柳光生】397
- 6.2 補修補強の選定のポイント　【守分敦郎・小柳光生】398
- 6.3 補修工法　410
  - 6.3.1 概　説　【江口和雄】410
  - 6.3.2 ひび割れ補修工法　【小柳光生】411
  - 6.3.3 表面処理工法　414
    - a. 概　要　【小柳光生】414
    - b. 無機系表面被覆工法　【掛川　勝】417
    - c. 有機系表面被覆工法（塗装）　【奥田章子】420
    - d. 表面含浸工法　【平間昭信】423
  - 6.3.4 断面修復工法　【柏崎隆幸・内田美生】425
  - 6.3.5 剥落防止工法
    - a. 仕上げ（建築）　【平松和嗣】430
    - b. 躯　体（土木）　【松上泰三】434
  - 6.3.6 電気化学的工法（塩害・中性化）439
    - a. 概　要　【川俣孝治】439
    - b. 電気防食工法　【川俣孝治】441
    - c. 脱塩工法　【芦田公伸・上田隆雄】441
    - d. 再アルカリ化工法　【芦田公伸・上田隆雄】442
    - e. 電着工法　【芦田公伸・上田隆雄】443
  - 6.3.7 止水工法（エフロレッセンス・湧き水）444
    - a. 建　築　【斎藤　優】444
    - b. 土木構造物　【宮田信裕】450
  - 6.3.8 その他の補修工法　452
    - a. 凍　害　【山下英俊】454
    - b. その他のASR抑制工法　【若杉三起夫】454
    - c. リチウムイオン内部圧入工法（アルカリシリカ反応抑制工法）　【金好昭彦】456
  - 6.3.9 PCグラウト再注入　【手塚正道】459
  - 6.3.10 既設コンクリート構造物の事前処理工法　【野島昭二】462
- 6.4 補強工法　468
  - 6.4.1 概　説　【守分敦郎】468
  - 6.4.2 打替え工法　【室田　敬】469
  - 6.4.3 上面増厚工法　【横山和昭】471
  - 6.4.4 下面増厚工法　【樫山好幸】474
  - 6.4.5 鋼板接着工法　【佐々木一則】478
  - 6.4.6 FRP接着工法　482
    - a. 土　木　【前田敏也】482
    - b. 建　築（CFRP板接着工法）　【木村耕三】484
  - 6.4.7 巻立て工法　487
    - a. コンクリート　【森　拓也】487
    - b. 鋼板・FRP・鋼より線　【松田好史】490
  - 6.4.8 桁増設工法　【窪田賢司】492
  - 6.4.9 外ケーブル工法　【真鍋英規】499
  - 6.4.10 建築の耐震補強　【称原良一】503

第7章　事　例　［上東　泰］509

- 7.1 道路橋RC連続箱桁に発生した斜めひび割れに対する補強　【上東　泰】509
  - 7.1.1 構造物の概要　509
  - 7.1.2 点　検　509
  - 7.1.3 調　査　511
  - 7.1.4 原因推定　512

- 7.1.5 評価および判定　513
- 7.1.6 対策　514
- 7.1.7 補強設計および工事　514
- 7.1.8 モニタリング　515

7.2 塩害により劣化した道路橋PC連続中空床版の補強　【本荘清司】
- 7.2.1 構造物の概要　517
- 7.2.2 点検　517
- 7.2.3 調査　517
- 7.3.4 原因推定　519
- 7.2.5 評価および判定　519
- 7.2.6 対策　520
- 7.2.7 補強設計および工事　520
- 7.2.8 対策後の効果の確認　522

7.3 アルカリ骨材反応による劣化を生じた橋脚の調査・補修事例　【佐々木一則】　522
- 7.3.1 アルカリ骨材反応による劣化を生じた橋脚の点検・調査　522
- 7.3.2 ASRによる劣化に伴う損傷鉄筋の詳細調査　528
- 7.3.3 スターラップ曲げ加工部が破断したRC橋脚梁の鋼板巻立て対策事例　530
- 7.3.4 スターラップ曲げ加工部が破断したRC橋脚梁の炭素繊維シート巻立て対策事例　534

7.4 コンテナ埠頭桟橋の塩害劣化補修　【福手　勤・羽渕貴士・谷口　修・佐野清史】　537
- 7.4.1 構造物の概要　537
- 7.4.2 劣化調査　538
- 7.4.3 補修計画　541
- 7.4.4 補修設計　543
- 7.4.5 補修対策　545
- 7.4.6 補修後の維持管理　549

7.5 地震により被災した鉄筋コンクリート造建物（集合住宅）の補修・補強事例　【古賀一八】　550
- 7.5.1 はじめに　550
- 7.5.2 被災建築物の補修の考え方　550
- 7.5.3 被災建築物の復旧工事の工程例　550
- 7.5.4 ひび割れ補修と断面欠損補修のポイント　551
- 7.5.5 補修工事の実際　553
- 7.5.6 耐震補強　557

7.6 道路橋PC連続桁の補強（中央ヒンジ部連結工法）　【野島昭二】　559
- 7.6.1 設計一般　560
- 7.6.2 構造細目　561
- 7.6.3 実施例　561

7.7 約10年経過した再アルカリ化工法の追跡調査　【垣尾　徹】
- 7.7.1 はじめに　562
- 7.7.2 対象構造物　562
- 7.7.3 調査方法　563
- 7.7.4 調査結果　565
- 7.7.5 まとめ　566

7.8 コンクリート構造物の塗装系防食材の追跡調査　【樅山好幸】
- 7.8.1 はじめに　567
- 7.8.2 浦戸大橋における試験施工と追跡調査　567
- 7.8.3 追跡調査項目と方法　569
- 7.8.4 追跡調査結果　569
- 7.8.5 結語　571

7.9 港湾構造物の塩害対策と追跡調査　【佐野清史】　572
- 7.9.1 構造物の概要　572
- 7.9.2 劣化調査　572
- 7.9.3 補修計画　573
- 7.9.4 補修対策　573
- 7.9.5 発生した問題事項　575

7.10 桟橋上部工の塩害劣化予測とLCCの検討　【守分敦郎】
- 7.10.1 はじめに
- 7.10.2 検討条件および将来の劣化数量の推定　576
- 7.10.3 劣化予測の結果　577
- 7.10.4 予測結果に基づく維持管理費の試算

579
- 7.10.5 おわりに　*580*

7.11 高温に曝される排水貯槽の高流動コンクリートによる補修設計・施工
【丸屋　剛】*580*
- 7.11.1 概要　*580*
- 7.11.2 ブロー槽の劣化調査　*581*
- 7.11.3 補修工法の検討　*582*
- 7.11.4 高流動コンクリートによる補修　*584*
- 7.11.5 まとめ　*585*

7.12 下水道の化学的侵食に対する補修対策
【金氏　眞】*586*
- 7.12.1 硫酸による化学的侵食のプロセスと特徴　*586*
- 7.12.2 硫酸によるコンクリートの侵食の対策　*586*
- 7.12.3 塗布型ライニング工法の事例　*586*
- 7.12.4 シートライニング工法の事例　*591*

7.13 厨房排水除害施設の劣化事例
【佐々木晴夫】*595*
- 7.13.1 劣化状況　*595*
- 7.13.2 原因　*595*
- 7.13.3 調査と健全度の判定　*597*
- 7.13.4 劣化対策　*597*

7.14 地下外壁漏水の補修事例　【柿沢忠弘】*599*
- 7.14.1 建物概要　*599*
- 7.14.2 漏水による不具合状況の概要　*599*
- 7.14.3 補修計画　*601*
- 7.14.4 補修工事の概要　*603*
- 7.14.5 工事後の状況　*604*

第8章　失敗の原因と事例　［大即信明］*605*

8.1 劣化原因の判断ミス
【大即信明・小柳光生】*605*
- 8.1.1 アルカリ骨材反応であるのに塩害と判定した場合——理論的な可能性　*605*
- 8.1.2 構造物の不同沈下によるひび割れなのに乾燥収縮と判定した場合——聞き取り調査　*606*
- 8.1.3 構造・外力によるひび割れなのに材料が原因と判定した場合——実例のアレンジ　*606*
- 8.1.4 動的荷重による押し抜きせん断なのに曲げを原因と判定した場合——実例のアレンジ　*606*

8.2 劣化機構の理解不足
【大即信明・守分敦郎】
- 8.2.1 塩害関連の理解不足　*608*
- 8.2.2 アルカリ骨材反応での水分の遮断, 排水の効果に関する理解不足　*610*

8.3 現場条件の理解不足
【大即信明・小柳光生・守分敦郎】*614*
- 8.3.1 机上の空論的失敗　*615*
- 8.3.2 湿潤面に乾燥面仕様の塗装をして1年以内に全部はがれてしまった例——実例のアレンジ　*615*
- 8.3.3 内部の水の回り込みに配慮不足——外装プレキャスト版のひび割れ・浮きが止まらない　*616*
- 8.3.4 「設計時の配慮不足」を見抜けない例——屋上スラブのたわみが止まらない　*617*

8.4 海外—風土の不十分な把握
【大即信明・横倉順治】*618*
- 8.4.1 乾燥収縮ではなく予想外の塩害——砂漠の骨材には塩分の含まれる可能性　*618*
- 8.4.2 補修材の過大評価——浸透性固化材ではひび割れ閉塞は不可能　*622*
- 8.4.3 型枠, 支保工の脱型, 超早期撤去　*624*

8.5 まとめ　【大即信明】*625*

索　引 *627*

資　料　編 *635*

第1章 序章

- 1.1 造り，使いこなす時代へ
- 1.2 コンクリート構造物の品質と補修・補強
- 1.3 コンクリート構造物のマネジメント
- 1.4 コンクリート構造物のライフサイクルコスト
- 1.5 マネジメントの課題
- 1.6 丈夫で美しく長持ちするシナリオ
- 1.7 本書の構成

1.1 造り，使いこなす時代へ

　コンクリート構造は，社会活動・個人活動を支える普遍的な基盤として市民社会を支えてきたが，将来にわたっても支え続ける必要がある．したがって，コンクリート構造物は本来「丈夫で美しく長持ち」しなければならないのである．現実にそのような構造物は数多く見受けられる．しかし，計画・設計・施工・維持管理が適切でない場合にあっては必ずしもそうとはならないこともまた事実である．さらに，当初に想定された耐用期間を大きく超えて，超長期の供用期間となった場合にもやはりその「長持ち」の程度には限界があるであろう．種々の劣化現象は，やはり供用年数とともに生じるのである．

　今，高度経済成長期を通じて蓄積された膨大なコンクリート構造物群が補修・補強を代表とする維持管理の時代を迎えている．「造るだけの時代から，造り使いこなす時代」となったのである．ところが，維持管理の重要性は認識されているにもかかわらず，維持管理の中の点検や補修・補強については，年度末に余った予算で対応されることが多く，必ずしも適切に予算が確保・執行されているとは言い難いところがある．しかも，建設にかかわる投資は，必ずしも十分な額ではなくなってきている．加えて，優れた技術者の大量退職時代を迎え，コンクリート構造物の建設あるいは維持管理にかかわる人材の質・量についても懸念がもたれているのが現状である．

　このような場面では，造られた構造物の劣化が明らかに顕在化した時点で補修・補強を施しすべてに技術的に成功したとしても，それは最善ではない．個々の構造物あるいは構造物群について，市民の皆が納得し満足する本来あるべきシナリオを達成するために，当初設計を含めていつの時点で何を対象としてどのような補修・補強などの対策を行うか，を明らかにすることが重要となってくるのである．

1.2 コンクリート構造物の品質と補修・補強

　「安くて，良いものを，速く」とはしばしば言われる言葉である．しかしこの言葉には若干の疑念がある．とくに，なかなか取替えのきかないコンクリート構造物の場合，言葉の順序は違う．重要性からすれば，やはり，品質の「良いものを，安く，速く」

1. 序章

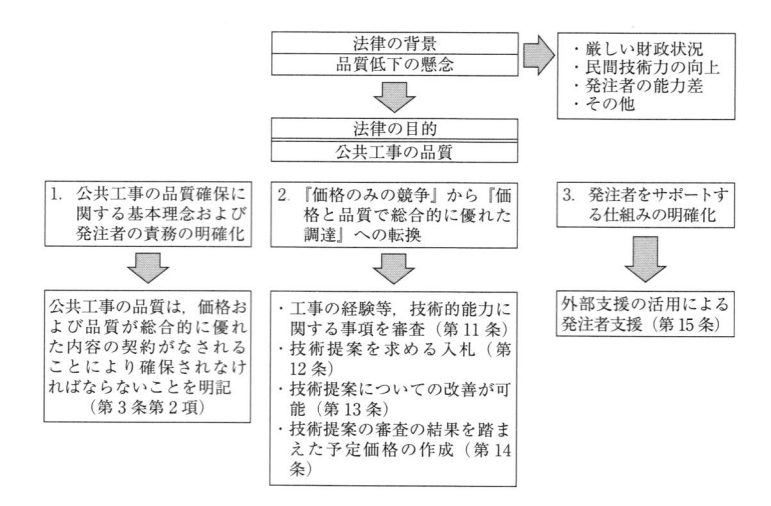

```
┌─────────────────┐      ・厳しい財政状況
│ 法律の背景       │ ──→  ・民間技術力の向上
│ 品質低下の懸念   │      ・発注者の能力差
└─────────────────┘      ・その他
        ↓
┌─────────────────┐
│ 法律の目的       │
│ 公共工事の品質   │
└─────────────────┘
```

1. 公共工事の品質確保に関する基本理念および発注者の責務の明確化	2.『価格のみの競争』から『価格と品質で総合的に優れた調達』への転換	3. 発注者をサポートする仕組みの明確化
公共工事の品質は，価格および品質が総合的に優れた内容の契約がなされることにより確保されなければならないことを明記（第3条第2項）	・工事の経験等，技術的能力に関する事項を審査（第11条） ・技術提案を求める入札（第12条） ・技術提案についての改善が可能（第13条） ・技術提案の審査の結果を踏まえた予定価格の作成（第14条）	外部支援の活用による発注者支援（第15条）

図 1.2.1 品確法の概要

でなければならない．

「目的または要求に応じて果たす役割」が『機能』であり，『性能』とは，「目的または要求に応じて発揮する能力」，『品質』とは，「実際に持っている定量化できる特性」言い換えれば，「対象とするものの性能によって計量された性質」と定義することができる[1]．一般的には，ものが機能を発揮するよう，所定の性能を規定し，その性能を満足させるように品質を確保しなければならない，と言うことができる．

コンクリート構造物の多くを占める公共構造物の品質は，設計・施工者の技術力に大きく左右される．したがって，発注者はより良い品質を確保するため工事規模および内容などに応じて，適切な技術力を有する技術者を選定するとともに，適切な監督・検査を実施する必要がある．しかし，発注者の中には，受注者の選定にあたって十分な技術的審査を行っていない場面が一部に認められるほか，監督・検査などについても「マニュアル」などの整備が不十分であるなどの状況がある．

公共工事は，これまで設計図書に規定された仕様どおりに施工することを求めてきた．一方，社会資本の整備水準の向上に伴い，企業も優れた技術を保有する状況となってきている．公共事業をさらに効率化するには，企業からの技術提案を積極的に求め民間の技術力を活用することが重要と考えられている．単なる仕様規定ではなく性能規定が重要となってきたのである．

公共工事の品質確保の促進に関する法律（品確法）は，こうした背景を踏まえ「価格と品質」に優れた契約を基本に位置づけ，より良い品質を確保するとともに効率的な事業執行の実現を目的とし平成17（2005）年4月に施行された．その概要は図 1.2.1[2]に示す通りである．

しかし，新設時に以上のような配慮が十分にはなされてはいなかったような場合や，想定されていた供用期間を超えた場合にあっては，やはり劣化は生じる可能性がある．しかも，経年的には中性化や塩害あるいは収縮ひび割れなどに伴う劣化は避けられないことも多く，構造物として使用していくためには，計画的な補修が必要となる場合がある．使用条件によっては構造耐力やたわみ変形の経年劣化なども考慮する必要がある．

そのためには，適切な維持管理計画に基づき，定期的に日常点検を行うことが大事であり，それとともに発生した劣化現象に対して，適切な時期に適切な補修工法で補修を行うことが重要となる．もし，適切な補修を怠った場合，莫大な補修あるいは補強費用が発生する恐れがあるからである．

補修に当たり，補修技術者に要求されることは，塩害・中性化・凍害・化学的腐食・複合劣化などの①劣化現象の種類・原因の正しい把握，②劣化程度の把握である．そして補修に際しては供用期間中のライフサイクルコスト（LCC）を考慮しながら合理的に計画することが望ましく，その場合，③劣化予測，④補修工法による劣化抑制予測評価なども重要となる．

1.3 コンクリート構造物のマネジメント

近年，コンクリート構造物の計画，設計，施工，維持管理のすべてにわたる行為を総体的に捉えようとする試みが多い．なかでもアセットマネジメント（ストックあるいはインフラマネジメントとも呼ばれる）と呼ばれるアプローチが注目されている（図1.3.1）．

土木構造物のアセットマネジメントとは，社会資本としての構造物を社会の長期的な環境変化（少子高齢化，環境保全など）を考慮に入れて，財政的観点から計画的に維持管理し運営していくことと言える（広義のアセットマネジメント）．このためには，個別の構造物あるいは構造物群に対して，点検およびその結果に基づく予定供用期間における構造物の劣化予測あるいは性能低下の予測，さらには維持管理によって得られた点検結果の評価と的確な判定によって，構造物あるいは構造物群をもっとも効果的に運用することが求められる（狭義のアセットマネジメント）．

構造物を効果的に運用するためには，構造物から得られる便益に対してもっとも少ないコストで維持する必要がある．すなわち，社会資本の資産価値の最大化を目的とした社会資本の運用である（ニューパブリックマネジメント：NPM）[4]．このとき，社会資本としての土木構造物は種類も多様であり，利用者も多岐にかつ広範囲にわたるため，便益を明確に評価することが難しく，このようなマネジメント手法を用いる上で難しさがある．そこで，現実的な方法として，構造物の維持にかかわる費用を最小にすることがあげられる．すなわちライフサイクルコスト（LCC）の最小化を目指した維持管理である．

1.4 コンクリート構造物のライフサイクルコスト

LCCを検討する上では，まず「構造物の予定供用期間と要求性能」を明確にし，予定供用期間における「構造物の劣化予測」により，構造物の性能が限界に至るまでの期間を予測することが必要となる．この結果は，構造物の維持管理の基本的な方針と整合するか確認し，維持管理計画を決定することとなる．

たとえば，土木学会2007年版コンクリート標準示方書［維持管理編］[5]によると，維持管理の基本方針として，維持管理区分 A, B, C が設定されている（表1.4.1）．

同様な考え方は，「港湾の施設の技術上の基準・同解説，平成19（2007）年7月，国土交通省港湾局監修」[6]にも維持管理レベル I, II, III として示されている（図1.4.1）．

なお，劣化予測に当たっては，実際の構造物を調査し，構造物の性能に影響を与える劣化機構を明確にすることが大切である．このためには，竣工直後の構造物では竣工書類により構造物が持っている耐久性に関する基本的な情報を整理するとともに，建設地点での環境条件の調査が重要である．既設構造

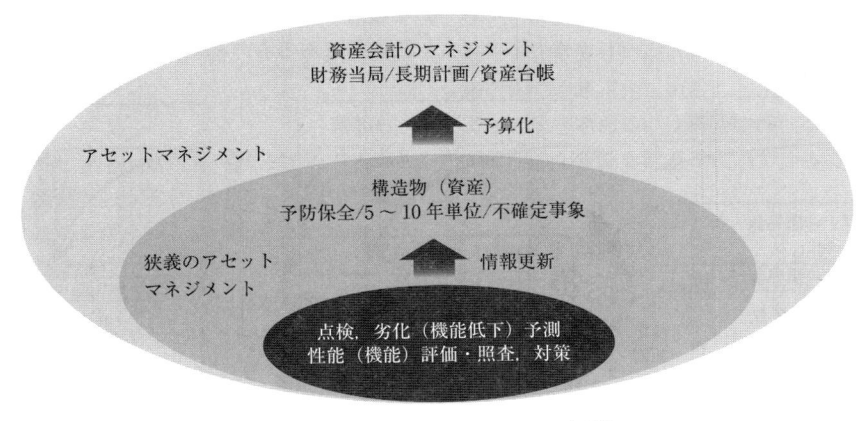

図1.3.1 アセットマネジメント概念図[3]

造物をどのように機能させたいか，あるいはさせるべきか，という空間的かつ時間的なシナリオがあってはじめて LCC, LCCO$_2$ などの具体的な算出が可能であり，意味を持つ．工学倫理などを含めて本来的に適切なシーリオに基づいてコストあるいはリスクなどを計算し，その最適化を元に設計・施工・維持管理を行った場合にはじめて，構造物のマネジメントは適切なものとなるのである．

「丈夫で美しく長持ち」するコンクリート構造物によって，「丈夫で美しく長持ち」する社会・環境・地球を支える．これはコンクリート技術者のみができることであり，使命である．これによって，コンクリート構造物を空間的にも時間的にも自由に設計することが可能となり，次世代の「持続可能な発展」を達成することができる．適切なシナリオがその強力な武器となるのである．

1.7 本書の構成

本書は，コンクリート構造物の劣化診断そして補修・補強にかかわる技術者に，総合的かつ専門的な知識を提供し，劣化したコンクリート構造物の的確な補修計画とその遂行に役立つことを目的として，上記に示した構造物あるいは構造物群のライフサイクルマネジメントを実施する上でとくに重要な項目を含めて体系的に示したものである．

すなわち，第2章においては，種々の劣化メカニズムについて，それぞれの専門技術者がわかりやすく解説した．基本的な劣化事象の把握に役立つ内容となっている．

次いで，構造物の劣化は，構造物の種類によって特徴を有することが多いことから，構造物の種類に応じて，どのような維持管理が実施されているかを紹介した．第3章では土木構造物の劣化と診断について，橋梁・港湾・下水道施設・トンネル・ダムなど構造種別ごとに実務技術者が事例を通して解説している．第4章では建築構造物の劣化と診断について，集合住宅・工場（倉庫含む）・一般建築など用途別に扱っている．

第5章では，劣化現象の種類・原因そして劣化度を把握するために必要な測定手法について，劣化事象ごとに解説している．測定の結果，何らかの対策が必要と判断された場合には，第6章に紹介される具体的な補修・補強工法が用いられることになる．

第7章では，第1～6章までの内容に関して具体的な事例を示した．構造種別ごとに代表的な補修・補強事例を載せており，調査から診断，そして補修・補強までの手順を理解する上で有益な内容となっている．

また，診断から対策まで多くの技術によって成り立っている維持管理技術を使いこなすためには，さまざまな経験が必要となるが，第8章においてこれまでに確認された失敗事例を取りまとめ，間違いのない維持管理技術のための参考とした．興味深い独特の内容であるとともに今後のフィードバック資料として有益な解説となっている．

【宮川豊章・守分敦郎・小柳光生】

文　献

1) 中本純次，宮川豊章：コンクリート構造物の性能保証－建設分野における性能保証の現状と将来，材料シンポジウム「コンクリート構造物の性能保証」，pp. 1-14, 2001.
2) 土木学会関西支部：「品確法」の的確な運用に関する委員会報告書，2008.
3) コンクリート構造物のアセットマネジメント研究委員会：コンクリート構造物のアセットマネジメントに関するシンポジウム，技術者向け　よく分かるアセットマネジメント，日本コンクリート工学協会，2006.
4) 土木学会編：アセットマネジメント導入への挑戦，技報堂出版，2005.
5) 土木学会編：2007年制定コンクリート標準示方書［維持管理編］，土木学会，2007.
6) 国土交通省港湾局監修：港湾の施設の技術上の基準・同解説，日本港湾協会，2007.
7) （独）港湾空港技術研究所編著：港湾の施設の維持管理技術マニュアル，（財）沿岸技術研究センター，2007.
8) 網野貴彦ほか：桟橋上部工の塩害劣化予測から将来的な施設の価値評価を行う方法に関する一考察，コンクリート構造物のアセットマネジメントに関するシンポジウム論文報告集，日本コンクリート工学協会，pp. 327-332, 2006.
9) 古玉　悟ほか：桟橋の維持管理支援システムの開発，港湾技術資料，No. 1001, 2001.
10) 土木工事技術委員会：土木構造物のライフサイクルコストに関する調査研究－報告書，日本土木工業協会，2004.
11) 日本エルガード協会：コンクリート構造物の塩害劣化対策と電気防食技術の動向－電気の力で塩害を防ぐ【基礎編/応用編】，技術講習会2008〈札幌〉，2008.
12) コンクリート構造物のアセットマネジメント研究委員会：コンクリート構造物のアセットマネジメントに関するシンポジウム，委員会報告，日本コンクリート工学協会，2006.

13) 土木学会関東支部編：土木学会関東支部講習会「地方自治体のアセットマネジメント」，2007．
14) 高橋宏直，横田 弘，岩波光保：港湾施設のアセットマネジメントに関する研究－構造性能の低下予測とアセットマネジメントの試行例，国土技術政策総合研究所研究報告，第29号，2006．
15) 土木学会コンクリート標準示方書に基づく設計計算例［桟橋上部工編］，コンクリートライブラリー116，土木学会，2005．
16) ステンレス鉄筋を用いるコンクリート構造物の設計施工指針（案），コンクリートライブラリー130，土木学会，2008．
17) ライフサイクルコスト適用検討委員会：報告書，ACC倶楽部技術委員会，2002．
18) 宮川豊章ほか：土木技術者のためのアセットマネジメント－コンクリート構造物を中心として，土木学会論文集F, **64**(1) pp.24-43, 2008.

第2章 総説 ──メカニズム

- 2.1 はじめに
- 2.2 初期欠陥
- 2.3 中性化
- 2.4 塩害
- 2.5 凍害
- 2.6 化学的侵食
- 2.7 アルカリシリカ反応
- 2.8 鉄筋コンクリート床版の疲労
- 2.9 火災
- 2.10 力学的損傷
- 2.11 仕上げの変状
- 2.12 外気温変動に伴う変状
- 2.13 複合劣化
- 2.14 溶脱

2.1 はじめに

2.1.1 本章の構成

本章では，コンクリート構造物が受ける代表的な劣化のメカニズムを紹介する．

さまざまな劣化メカニズムを十分に理解しておくことは，構造物の点検，評価・判定や補修・補強などの維持管理において必要不可欠なことであり，また，第3章以降の内容を十分に理解する上でも必要な基本的な知識である．構造物は，建設後に環境条件や供用条件によってさまざまな劣化を生じることがあるが，どのような劣化メカニズムによって対象構造物の性能が低下するか，あらかじめ整理しておくことは，効果的な維持管理を進める上できわめて重要なのである．

第3章には土木構造物の劣化と診断の現状を，第4章には建築構造物の劣化と診断の現状を示しており，それぞれ維持管理の対象とする劣化メカニズムが示されている．典型的な例として，「港湾構造物」は塩害，「下水道施設」は化学的侵食などがあげられるが，他の構造物でも，環境条件や供用条件によってさまざまなメカニズムによって劣化が進行するため，これに対応する維持管理が重要であることは言うまでもない．

2.1.2 劣化メカニズムの概略推定

対象構造物にどのような劣化メカニズムがかかわるか，「維持管理を始める前」あるいは点検結果を用いた劣化メカニズムの絞込みは，以下のように行えばよい．

目視や打音で部位・部材に顕著な劣化が発生していない既設構造物あるいは新設構造物では，劣化現

表 2.1.1 環境条件，使用条件から推定される劣化機構[1]

外的要因		推定される劣化機構
地域区分	海岸地域	塩害
	寒冷地域	凍害，塩害
	温泉地域	化学的侵食
環境条件および使用条件	乾湿繰返し	アルカリシリカ反応，塩害，凍害
	凍結防止剤使用	塩害，アルカリシリカ反応
	繰返し荷重	疲労，すり減り
	二酸化炭素	中性化
	酸性水	化学的侵食
	流水，車両など	すり減り

表 2.1.2 ひび割れ現象と原因との関係[1]

		不適切な骨材	水和熱	収縮	施工	構造
ひび割れの発生状況	不規則	○	―	―	○	―
	規則的	―	○	○	―	○
	網状	○	―	○	○	○
ひび割れの発生時期	若材齢	○	○	○	○	―
	ある程度以上の材齢	○	―	○	―	○

象を確認できないため劣化メカニズムの絞込みのためのデータがきわめて限られる．そこで，構造物の環境条件や使用条件などの外的な要因，あるいは設計図書によって設計時に考慮されている環境条件・使用条件が確認できれば，維持管理の対象とすべき劣化メカニズムを絞り込むことができる．たとえば，表 2.1.1 を参考とするとよい．

また，構造物が建設された年代の技術レベルによっても，その後に劣化が進むことがある．たとえば，アルカリ反応性骨材の使用や海砂の除塩に関する規定が現在と異なっていた年代には，不適切な材料が使用されていた可能性がある．これらについては，3.2 節「技術・基準類の変遷」を参考に検討するのがよい．

一方，使用材料の他にコンクリートの締固めや養生等の不適切な施工が原因となってコンクリートの品質が設計上の前提条件を十分に満足していない場合や，鋼材のかぶりが確保されていない場合には，これらが内的な要因となって構造物に劣化を生じさせたり，劣化を促進させることになる．このような内的な要因に関しては，点検結果に基づいて検討するのがよい．たとえば，鉄筋コンクリート部材では，かぶりが小さい鋼材の腐食が進行する塩害，中性化，

化学的侵食などの劣化メカニズムを維持管理において考慮に入れておく必要がある．

点検によって変状が顕在化している場合には，本章で説明する各劣化メカニズムの特徴から絞込みを行えばよい．変状の形態と劣化メカニズムの関係は，おおよそ以下のように整理できる[1]．

- 鉄筋軸方向のひび割れ，コンクリート剥離： 中性化
- 鉄筋軸方向のひび割れ，さび汁，コンクリートや鉄筋の断面欠損： 塩害
- 微細ひび割れ，スケーリング，ポップアウト，変形： 凍害
- 変色，コンクリート剥離： 化学的侵食
- 膨張ひび割れ（拘束方向，亀甲状），ゲル，変色： アルカリシリカ反応
- 格子状ひび割れ，角落ち，遊離石灰： 疲労（道路橋床版）
- モルタルの欠損，粗骨材の露出，コンクリートの断面欠損： すり減り

なお，ひび割れ，浮き，剥離・剥落，コンクリートの汚れ・変色，鉄筋露出などのうち劣化の進行に

伴って現れた変状と，それまで確認できなかった初期欠陥や損傷とは分けて考えなければならない．

豆板，コールドジョイント，砂すじなどは明らかに初期欠陥であるが，ひび割れは劣化が進行した結果発生したものか，初期欠陥あるいは損傷に分けることが難しい場合が多い．この場合には，たとえば，表2.1.2[1]に示すように，ひび割れの規則性や形態の有無などから発生原因を推定することが可能である．

また，地震や衝突などのように過大な外力が構造物に作用した時に発生するひび割れや剥離などの損傷は，その発生原因が把握されている場合には損傷と劣化現象との区別は容易である．原因が不明である場合には，詳細な点検結果によって判断しなければならない．

2.1.3 土木構造物と建築構造物との相違

コンクリート構造物の主要な部分は，土木系と建築系に分けることができるが，劣化のメカニズムそのものについては，土木系と建築系に本質的な相違はない．しかし，補修・補強という観点から，建築では，とくに構造部に用いられるコンクリートについて，構造耐力（耐震性も含む）のほか一定水準の耐久性と耐火性が建築基準法・同施行令や消防法などの法令によって定められているところが少し異なっている点である．

各法令によって若干の差異があるが，たとえば，耐久性については，法令で「かぶり厚さ」の最小値が定められている．これは，建築基準法では，補強に鋼材を用いるコンクリート造建築物（一般にはRC，SRCなど）は，コンクリート中の鋼材（鉄筋，鉄骨）がさびたときを寿命とすることにしており，この鋼材の劣化（発錆）の原因がおもにコンクリートの中性化であるとしているからである．

中性化のメカニズムの考え方は，土木とまったく異なるところはないが，建築では，建物の寿命を定めるために，調合・品質条件（セメント種，水セメント比，養生中の積算温度），環境条件（炭酸ガス濃度，温度，相対湿度など），施工条件（施工精度，耐久性上有効な仕上げの有無とその品質）をおもな要因として提案されている中性化速度係数の推定式が用いられる．とくに平成12（2000）年6月に施行された「住宅の品質確保の促進等に関する法律」では，中性化速度（すなわち，鋼材の表面まで中性

化が達する年数）によってコンクリート系住宅に等級1（25年以上）〜等級3（75年以上）のレベルを定めている．さらに，平成20年12月に公布された「長期優良住宅の普及の促進に関する法律」では，100年を超える寿命を有する住宅の建設促進が図られるようになり，寿命の指標としての中性化は，ますます重要視されるようになっているのが現状である．

中性化以外の劣化要因のメカニズムおよび要因の扱い（補修・補強の観点）において，土木と建築が大きく異なることはない．たとえば，耐火性についても，建築では主として仕上げ材の性能が重要となるが，躯体となるコンクリートそのものに関しては，その劣化メカニズムは土木構造物と同じであると考えてよい．

【宮川豊章】

文　献

1) 土木学会編：2007年制定コンクリート標準示方書［維持管理編］，土木学会，2007．

2.2 初期欠陥

2.2.1 初期欠陥の概要

初期欠陥とは，施工中から施工後間もない時期に生じる，変状や不具合の総称であり，コンクリートが持つべき品質を阻害する要因となる．ここでは，おもに豆板，コールドジョイント，内部欠陥，砂筋，表面気泡に加え，沈下ひび割れやプラスチックひび割れなどおもに施工中に生じるひび割れ，および乾燥収縮によるひび割れ，さらにひび割れに起因する漏水を対象として解説する．

2.2.2 豆　板

豆板（まめいた）とは，コンクリートを打設した際に，セメントペースト，あるいはモルタルが骨材周辺に十分に充填されず，空隙が多く存在した状態で硬化してしまった不良箇所を指し，ジャンカとも呼ばれる．コンクリート工事においては多発する初期欠陥の1つであり，耐久性の低下や構造耐力への影響，漏水などの原因となることから，適切な対応が必要となる．

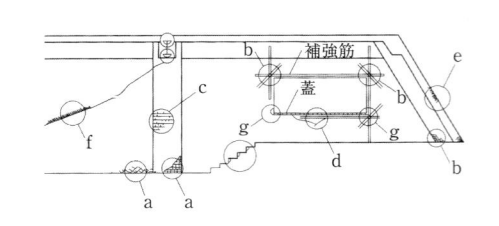

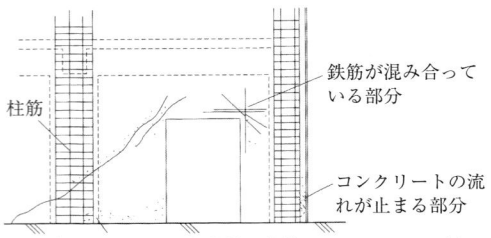

図 2.2.1 豆板の発生しやすい箇所[1]

表 2.2.1 等級別豆板の程度と補修方法

等級	豆板の程度	深さの目安	補修方法
A	砂利が表面に露出していない		
B	砂利が露出しているが，表面の砂利を叩いても剥落することはなく，はつり取る必要がない程度	1～3 cm	ポリマーセメントモルタルなどを塗布
C	砂利が露出し，表層の砂利を叩くと剥落するものもある．しかし，砂利同士の結合力は強く連続的にバラバラと剥落することはない	1～3 cm	不用部分をはつり取り，健全部分を露出．ポリマーセメントペーストなどを塗布後，ポリマーセメントモルタルなどを充填する
D	鋼材のかぶりからやや奥まで砂利が露出し，空洞も見られる．砂利同士の結合力は弱まり，砂利を叩くと連続的にバラバラと剥落することもある	3～10 cm	不用部分をはつり取り，健全部分を露出．型枠を組むなどして無収縮モルタルを充填する
E	コンクリート内部に空洞が多数見られる．セメントペーストのみで砂利が結合している状態で砂利を叩くと連続的にバラバラと剥落する	10 cm 以上	不用部分をはつり取り，健全部分を露出．コンクリートで打ち換える

豆板は，コンクリートを打設するときに，締固めが不十分で材料分離により特定の箇所に粗骨材が集中してしまったり，型枠の隙間からセメントペーストのみが漏出してしまったりすることで，骨材のまわりにペーストやモルタルが充填されないことにより発生する．豆板の発生には，コンクリートの変形特性，材料分離抵抗性や，打込み高さ，鉄筋間隙，締固め方法などがかかわっているが，実際に豆板が発生しやすいのは，鉄筋が込み合っている部分（柱と壁の取合い，鉄筋のかぶりの少ない部分，空気が抜けにくい部分や，設備の埋め込み金物や配管などの下部，窓や開口部の下部，打込み高さが大きい場合の柱・壁脚部，薄い壁，傾斜した面（階段スラブ，斜め壁，壁付階段など，コンクリートの打ち込みにくい箇所に生じる場合が多い（図2.2.1）．これらは，過密配筋など設計・仕様自体に起因する場合を除けば，施工上の問題としては，締固め器具を適切に使用すること，充填の難しい箇所や打継ぎ部，打重ね部での欠陥に注意することで防止することが可能である．一般的に，豆板に対しては，表2.2.1に示すような補修対策がとられる．

2.2.3 内部欠陥

内部欠陥とは，トンネル構造物における覆工コンクリートの背面に生じた空洞や，PC構造物におけるシース管内の空洞，鉄骨鉄筋コンクリート造梁の鉄骨フランジ下部の空洞，建築物のタイル仕上げやモルタル塗仕上げを施した場合のコンクリートとモルタルとの界面やコンクリートとタイル張付けモルタルとの界面に生じた浮き・剥離など，表面から見えない場所に生じた充填不良箇所や空洞などを指す．コンクリート内部に生じる充填不良箇所や空洞は，施工におもな原因がある場合が多く，鉄筋の腐食，水密性の低下など，構造物の耐久性上問題となる．また，建築物の仕上げ界面に生じた内部欠陥では，その後の日射や外気温の変動による変形や，降雨の影響，ひび割れなどほかの変形，地震などの外力によりタイルの剥落につながる場合もあるため，適切な対応が必要である．

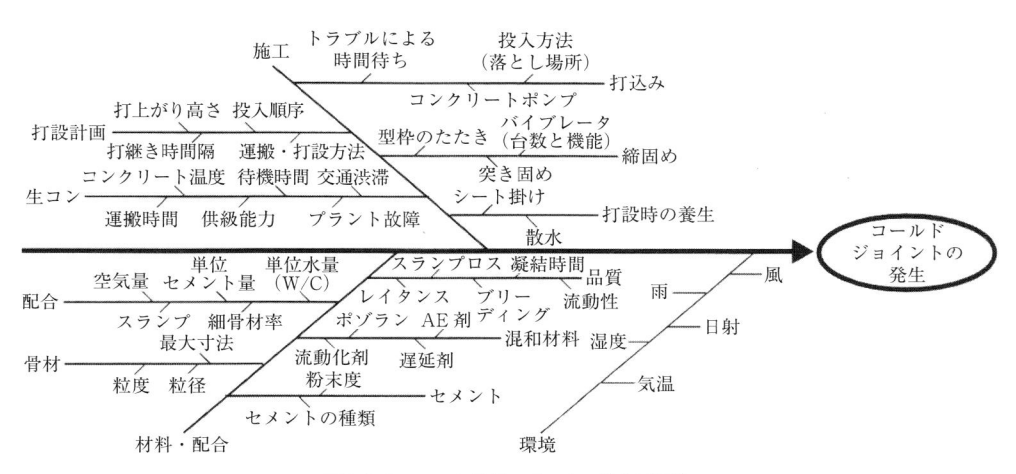

図2.2.2 コールドジョイントの発生要因[1]

2.2.4 コールドジョイント

　コールドジョイントとは，先に打ち込んだコンクリートと後から打ち込んだコンクリートとの間が，完全に一体化されていない継ぎ目と定義されている．コールドジョイントは，美観上好ましくないだけではなく，構造物の構造安全性や，使用性，耐久性に影響を及ぼし，せん断耐力の低下や，漏水・遮音，透水，鋼材腐食，浮き・剥落などの現象につながるのみならず，塗装やタイル工事など続く仕上げ工程の障害となる．たとえば，構造安全性との関係から，図2.2.3に示すような曲げ強度との関係が明らかになっており，打ち継ぎ時間の増加に伴い打ち継ぎ部の曲げ強度が低下することを示していると ともに，環境温度や養生方法により，その低下傾向が大きく異なる．また，図2.2.4に示すように，透水に関しても，打ち継ぎ部は健全部に比べて著しく水密性を低下させる．一般的には，コールドジョイントの評価は曲げ強度による場合が多いが，工学的にはコールドジョイントの一体性を評価する試験として捉えることが可能と考える．

　コールドジョイントの原因は，図2.2.2に示すように多岐にわたっており，先打ちしたコンクリートの硬化（凝結）がどの程度進行しているかや，練り混ぜから打ち込み終了までの時間，打ち継ぎ時間間隔，コンクリート温度，打ち継ぎ部の締固め方法などの施工方法の影響を受ける．そのため，JISや日本建築学会JASS 5，土木学会RC示方書では，輸送・運搬時間の限度を表2.2.2のように定めている．

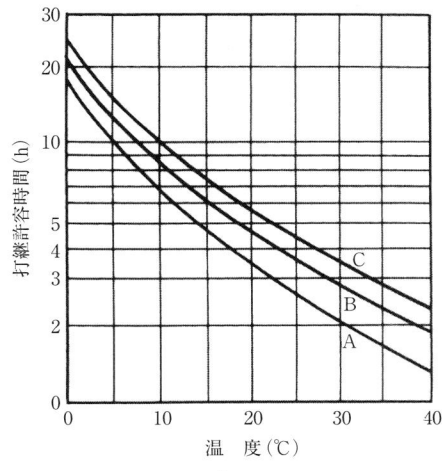

A：貫入抵抗値 1 kgf/cm² （打放しなど重要な部材）
B：貫入抵抗値 5 kgf/cm² （一般の場合）
C：貫入抵抗値 10 kgf/cm² （内部振動その他適当な処理をするとき）

図2.2.3 温度と打継ぎ許容時間の関係[2]

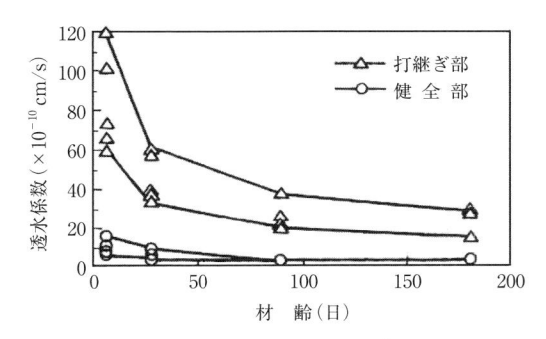

図2.2.4 水密性への影響[3]

表 2.2.2 輸送・運搬時間の限度

区　分	JIS A 5308	土木学会　RC示方書		建築学会　JASS 5	
限　定	練り混ぜから荷卸しまで	練混ぜから打込みまで		練混ぜから打込みまで	
限　度	1.5時間	外気温が25℃を超えるとき	1.5時間	外気温が25℃以上	90分
		外気温が25℃以下のとき	2.0時間	外気温が25℃未満	120分

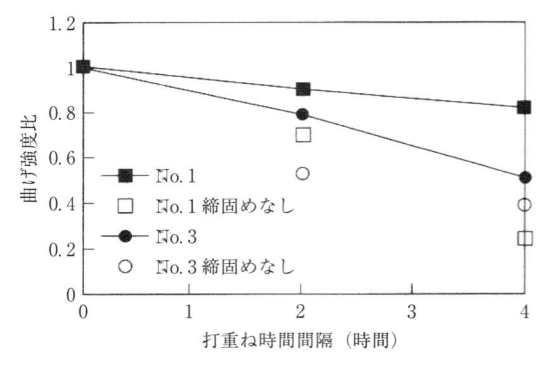

図 2.2.5 打重ね時間間隔と曲げ強度比の関係[1]

図2.2.3は，一般的なコンクリートのプロクター貫入抵抗値がおよそ$0.1\,\text{N/mm}^2$および$0.5\,\text{N/mm}^2$となる時間を打ち継ぎ許容時間として，養生温度との関係で示したものである．打重ね時間間隔の限度は，一般には外気温25℃未満の場合は150分，25℃以上の場合は120分を目安としている．ただし，30℃以上では60分を目安とすることが望ましい．また，図2.2.5に示すように，締固めの実施により一体性を確保できることが示されており，コールドジョイントの発生を防止するためには，打重ね部分では十分な締固めを行うことが要件であることがわかる．とくに，バイブレーターのような内部振動機を用いる場合，振動機先端より下方の締め固め効果が小さいことが報告されており，打ち重ね部分においては，下層（先に打ち込んだ）コンクリートにまで挿入することがきわめて重要である．

2.2.5　砂 す じ

砂すじは，せき板に接するコンクリート表面に，コンクリート中の水分が分離して型枠上方に向かって流れ出すことによって生じ，コンクリート表面に細骨材が縞状に露出する現象である．おもに美観上問題となる．とくに，ブリーディングの多いコンクリートの浮き水を取り除かないで打ち足したような場合に，水分が型枠面に沿って上昇し硬化後砂すじとなる．

2.2.6　表 面 気 泡

傾斜を有する型枠面などで表面気泡が多量に発生する現象を言う．これらの気泡は打込み時に巻き込んだエントラップトエアがなくならずに締固め中に型枠表面に集まるなどして，その後露出したものであり，あばたとも呼ばれる．表面気泡が発生しやすい構造物の部位としては，土木分野ではダム堤体，擁壁，水路，橋梁アーチ部など，おもに傾斜面を有する場合であり，建築分野では傾斜面のみならず，化粧打ち放し仕上げの場合に耐久性だけでなく美観の問題となる．

材料に起因する問題としては，粘性の高いコンクリートに発生しやすく，一般に，打込み速度の管理や締固めの管理を適切に行うことで表面気泡の発生を避けることができるが，その他の方法として透水型枠の使用や吸水型枠などの使用が推奨されている．

2.2.7　ひ び 割 れ

a. 概　要

コンクリートは本質的に脆性材料であり，鉄筋コンクリート構造物のひび割れは不可避なものであると考えられており，土木構造物，建築構造物を問わず，コンクリート構造物に生じる不具合の中でも卓抜して多く見られる現象である[1]．したがって，コンクリート構造物を観察してみると，多かれ少なかれ何らかのひび割れが認められるはずである．図2.2.6にひび割れのパターンを示す．ここで示されるように，実際に発生するひび割れの原因はさまざ

A1. セメントの異常凝結
A2. セメントの水和熱
A4. 骨材中の混分
C1. 環境温度・湿度の変化
C3. 凍結融解の繰返し
A5. 風化岩や低品質な骨材
A6. アルカリ骨材反応
A8. コンクリートの沈下・ブリーディング
C6. 酸・塩類の化学作用
B1. 混和材の不均一な分散
B2. 長時間の練混ぜ
B5. 急速な打込み
C4. 火災
C5. 表面加熱
C7. 中性化による内部鉄筋のさび
C8. 浸入塩化物による内部鉄筋のさび
B6. 不十分な締固め
B10. 不適当な打継ぎ処理
B13. 型枠のはらみ
D1.～D4. 荷重
D3. D4 荷重
B16. 支保の沈下
D5. 断面・鉄筋量不足
D6. 構造物の不等（同）沈下

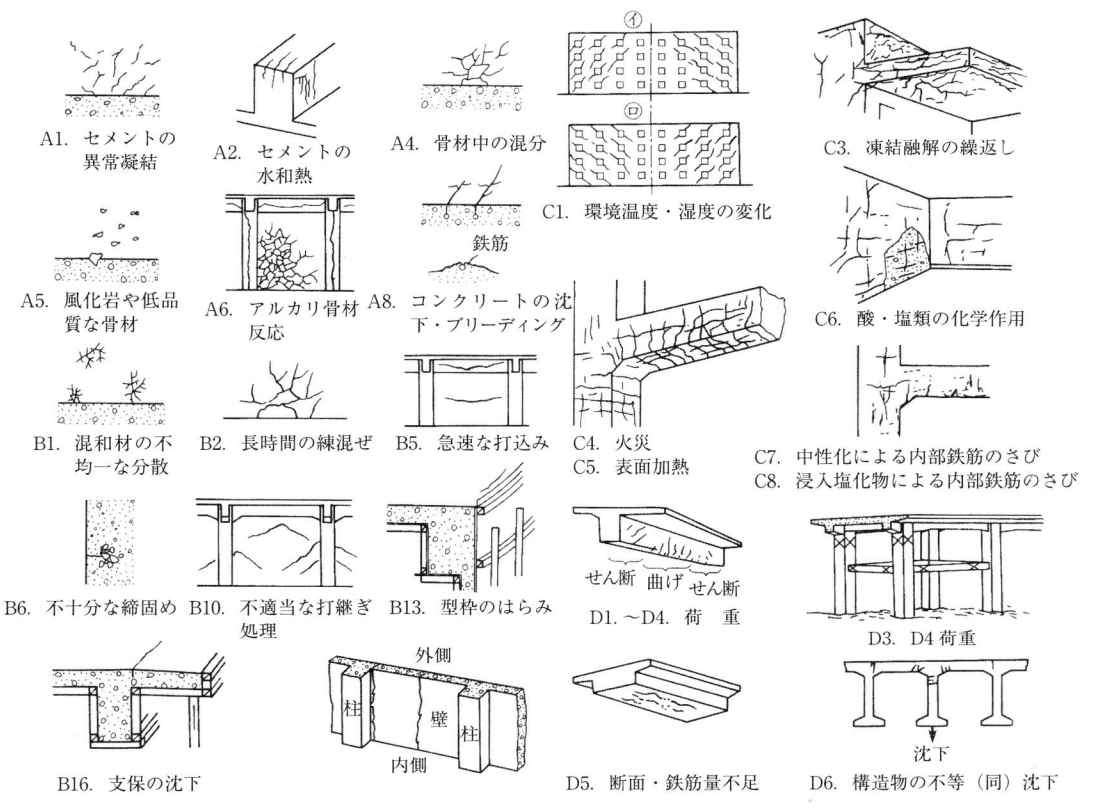

図 2.2.6　ひび割れのパターン[4]

までもあるが、いずれのひび割れも、コンクリートに生じる変形が、内部の鉄筋や隣接する他の部位などにより拘束されることにより生じると考えられている。ここで、コンクリートに変形を生じさせる現象としては、コンクリート自体の硬化過程において生じる収縮挙動や、死荷重あるいは活荷重の作用、温度変化、鉄筋腐食やアルカリ骨材反応に伴って生じる化合物の膨張的生成など、非常に多種多様であり、概観はどれも似たようなひび割れであっても、その成因は単純ではなく見極めも容易ではない。また、ひび割れがコンクリート構造体に及ぼす影響としては、ひび割れを介した漏水や過度のたわみ、耐久性の低下、かぶりコンクリートや仕上材の剥離などがあげられる。通常の鉄筋コンクリート構造物では引張り応力を無視した設計を行うことが多く、構造安全性に大きな影響を及ぼすことは少ない。しかし長期的には、鉄筋腐食など構造物の耐久性に大きくかかわることから、発生したひび割れのパターンやその進展状況を通じて正しくひび割れの原因を把握することは、構造物の維持管理において重要となる。

また、漏水やたわみなどの使用性の問題や、ひび割れ自体が使用者にもたらす不安感、エフロレッセンスやさび汁、汚れ変色など、美観に対する影響も看過できない。

本項では、初期欠陥として材齢の初期に生じるひび割れとして、沈みひび割れ、プラスティック収縮ひび割れ、型枠の変形や施工時荷重によるひび割れ、乾燥収縮ひび割れについて述べる。

b.　沈みひび割れ

打設後しばらくしたコンクリートは、ブリーディング水が密度の差によって上部に移動し、そのぶん骨材やセメントなどの固体分が沈下し、セメントが凝結をはじめ、固体粒子の互いの接触が落ち着く状態になる数時間後まで続く。その結果、骨材や鉄筋などの下部には、ブリーディング水が溜まりセメントの水和に伴い水分が消費されて最終的には空隙になることが知られている。

表面近傍に鉄筋が存在しているような場合には、固体の沈降が鉄筋により妨げられ、ブリーディング

表 2.2.3 コンクリートのひび割れの原因と特徴[5]

ひび割れの原因		ひび割れの特徴	初期	中期	長期
材料調合におけるひび割れの要因	A1. セメントの異常凝結	幅が大きく、短いひび割れが、比較的早期に不規則に発生。品質管理の良いわが国のセメントでは起こらない	○		
	A2. 泥分の多い骨材の使用	放射型の網状のひび割れ	○		
	A3. 単位水量の多い軟練りコンクリートの採用	コンクリートの沈み・ブリーディングを伴い、打ち込み後1～2時間で、鉄筋の上部や壁と床の境目などに断続的に発生	○		
	A4. 自己収縮	骨材周りから放射状の細かいひび割れが発生し、網目状の微細ひび割れを形成	○		
	A5. セメントの水和熱	断面の大きいコンクリートでは1～2週間してから直線状のひび割れがほぼ等間隔に規則的に発生、表面だけのものと部材を貫通するものとあり		○	
	A6. 乾燥収縮	2～3カ月してから発生し、しだいに成長、開口部柱・梁に囲まれた隅部には斜めに、細長い床・壁・梁などにはほぼ等間隔に垂直に発生		○	○
	A7. 膨張骨材の使用	亀甲状の網状ひび割れが発生、多湿な箇所に著しい。ポップアウト現象も併発			○
	A8. 骨材に含まれている塩化物	内部鉄筋の発錆に伴い、D5と同様なひび割れが発生			○
施工におけるひび割れの要因	B1. 混和材料の不均一な分散	局部的に不規則に発生	○		
	B2. 長時間の練混ぜ	全面的に網状のひび割れや長さの短い不規則なひび割れ	○		
	B3. 急速な打込速度	B4やA3のひび割れが発生	○		
	B4. 型枠のはらみ	型枠の動いた方向に平行し、部分的に発生	○		
	B5. 漏水（型枠からの、路盤への）	セメントペーストが流されて骨材の露出した部分が各種ひび割れの起点となり、大きなひび割れが発生しやすい	○		
	B6. 支保工の沈み	床・梁の端部上方および中央部下端などに発生	○		
	B7. 初期凍害	細かいひび割れが発生して、脱型するとコンクリート面が変色し、スケーリングを起こす	○		
	B8. 初期の急速な乾燥（日照・風・湿度不足）	打込み直後の急激な乾燥に伴って、表面の各部分にひび割れが不規則に発生	○	○	
	B9. ポンプ圧送のセメント量・水量の増量	A3やA6のひび割れが発生しやすくなる		○	
	B10. 不均一な打込み・豆板	各種ひび割れの起点となりやすい		○	
	B11. 施工時荷重（凝結硬化中のコンクリートへの振動・衝撃あるいは若材齢時のコンクリートへの重量物の設置・運搬など）	位置・パターン・大きさなどは状況に応じて変化		○	
	B12. 型枠の早期除去	同上、また、その後に急乾燥にあうとA6のひび割れが早期に発生することが多い		○	
	B13. 配筋位置の移動、かぶり厚さ不足	床スラブでは周辺に沿ってサークル状に発生、配筋・配管の表面に沿って発生			○
	B14. コールドジョイント	コンクリートの打継ぎ箇所やコールドジョイントがひび割れとなる			○
構造におけるひび割れの要因	C1. 細部設計の不備	局部に、比較的大きなひび割れが集中的に発生			○
	C2. 荷重	設計段階で想定した荷重と大きく異なる場合に発生し、位置・パターン・大きさなどは状況に応じて変化			○
	C3. 地震	柱・梁・壁などに45°方向にひび割れが発生			○
	C4. オーバーロード（超荷重）	梁や床の引張側に、主筋方向と直角にひび割れが発生			○
	C5. 断面・鉄筋量不足	C4と同じ。床やひさしなどは垂れ下がる部材軸と直角に発生			○
	C6. 不同沈下	45°方向に大きなひび割れが部分的に発生			○
建物の条件（環境）におけるひび割れの要因	D1. 環境温度の変化	A6のひび割れに類似、発生したひび割れ温度・湿度変化に応じて変動			○
	D2. コンクリート部材両面の温度・湿度差	低温側または低湿側の表面に、曲がる方向と直角に発生			○
	D3. 凍結融解	亀甲状に発生し、表面がスケーリングを起こし、ぼろぼろになる。出隅部分、突出部分に多い			○
	D4. 火災・表面加熱	表面全体に細かい亀甲状のひび割れが発生			○
	D5. コンクリートの中性化	鉄筋に沿って大きなひび割れが発生、かぶりコンクリートが剥落したりさび汁が流出したりする			○
	D6. 外部から侵入する塩化物	D5のひび割れが発生			○

ここに発生時期の表記については、以下の意味で用いている。
初期：打込み直後からコンクリートの凝結終了まで
中期：打込み後24時間以降より4週程度まで
長期：材齢4週程度以降

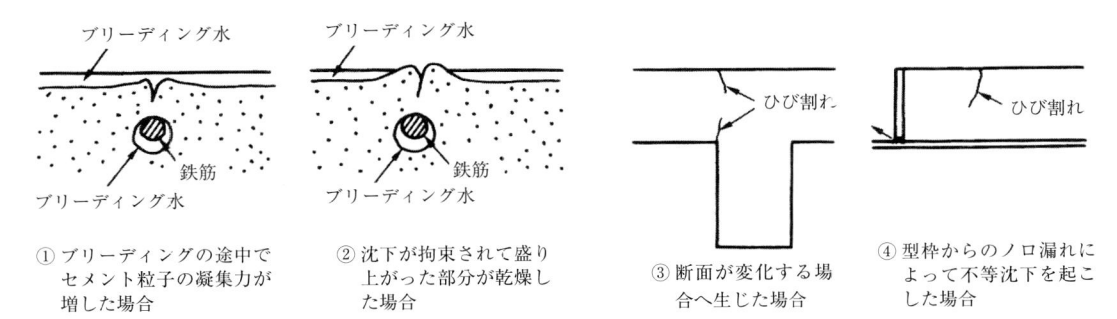

① ブリーディングの途中で
セメント粒子の凝集力が
増した場合

② 沈下が拘束されて盛り
上がった部分が乾燥し
た場合

③ 断面が変化する場
合へ生じた場合

④ 型枠からのノロ漏れに
よって不等沈下を起こ
した場合

図 2.2.7 沈みひび割れの例[2]

が進むにつれ，表面に沈降ひび割れが生じる．また，壁や柱など垂直部材と梁またはスラブなど水平部材の接合部など，打込み高さが変化している部分を一気に打設すると，沈下量が打ち込み高さに比例して大きくなるので，断面急変部の表面などでひび割れを生じる．これらひび割れは，打ち込み後数時間経過した時点でタンピングを行うことで除去できる．

沈みひび割れを発生させる起動力は，構成材料の密度差によるコンクリート中の固体成分の沈降作用であり，単位水量が多く，軟練りコンクリートほど沈みひび割れが発生しやすい．したがって，単位水量および水セメント比が大きいコンクリートや，AE 減衰剤または高性能 AE 減水剤を過度に添加したコンクリートでは発生する危険性が高まる．

c. プラスティック収縮ひび割れ

コンクリート打設上面からの水分の蒸発速度が，ブリーディングによる上面への水分の供給速度より大きい場合には，表層部のコンクリート中の水分が急激に減少するため，ちょうど干上がった湖のようなひび割れを生じる．教科書的には「コンクリートがまだ可塑的な（プラスティック）状態において，コンクリート表面からの水分の急激な蒸発速度がブリーディング水の上昇速度を上回る場合に，表面近傍に生じるコンクリートのこわばり（乾燥による体積減少と固化）に起因して発生するひび割れ」と定義され，発生するひび割れのパターンとしては，網目状の不規則な微細ひび割れが，コンクリート表面に密に発生する．一般的に，打ちあがり直後の床スラブなどでは，ブリーディングに伴って生じる沈みと，上表面からの水分蒸発によるプラスティック収縮が同時に進行しており，水分蒸発の多い日に，床スラブ上端筋の上にひび割れが生じる場合が多い．

図 2.2.8 は，気象条件によるプラスティック収縮

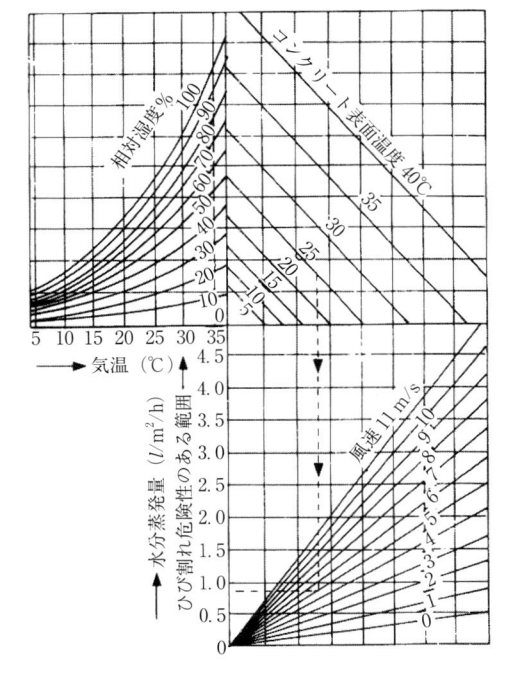

図 2.2.8 フレッシュコンクリートからの水分蒸発量の計算図表[5]

〈使用例〉 気温：20℃，湿度：50%，コンクリート湿度：25℃，風速：5 m/s，のとき水分蒸発量は，0.8 $l/m^2/h$

ひび割れの危険性を判定するための，フレッシュコンクリートからの水分蒸発量を示したものである．同図で水分蒸発量が 1.0～1.5 $l/m^2/h$ を超えるときはひび割れ発生の危険性が大きいとしている．また，ブリーディング量が極端に少ない高強度コンクリートの場合もこのプラスティック収縮ひび割れの危険性が大きい．

d. 型枠の変形や施工時荷重によるひび割れ

型枠の組立てが十分でなかったり，コンクリートの打設速度が速かったりすると，側圧による型枠の

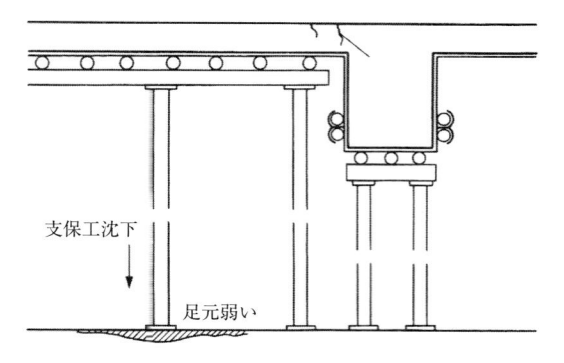

変形，支保工の不動沈下，型枠からの漏水や，モルタルの漏れが発生し，沈下などを原因としてひび割れが発生する．

また，施工時にまだ強度が十分発現していない若材齢コンクリートが荷重を受けるとひび割れが生じてしまうことが言われている．たとえば，支保版が沈下して支保工が緩んでくると，床スラブに初期ひび割れを生じる恐れがあるとされている．同様に，曲げ材（梁・床）の支保工の早期撤去や，資材の積上げなどによる施工荷重などが問題となる場合や，施工時にバイブレーターなどにより過度の振動が加わると，ひび割れが生じることがあるので注意が必要である．

e. 乾燥収縮ひび割れ

コンクリートの乾燥収縮ひび割れは，施工後数カ月から数年で現れるやっかいな現象の1つである．コンクリートは，水和反応の進行に伴い一部の水分は硬化体の組織中に取り込まれ，残りは自由水として組織中に取り残される．この自由水は，コンクリートのおかれる環境に応じて気中に逸散し，一般的な大気環境下では，体積含有率で数%程度になると見かけ上水分のやりとりがない平衡状態に達する．一方，コンクリートを乾燥させると，コンクリートは収縮する．この現象は乾燥収縮と呼ばれその程度は材料・配調合などに依存し，1 m あたり 1000 μm 以上収縮する場合もまれではない．したがって，コンクリート構造物は，特殊な状況を除けば一般環境下において乾燥収縮が生じることは不可避であり，この収縮が拘束され，一定の条件を満たすとひび割れが発生する．

コンクリート構造体の材齢初期に生じる硬化コン

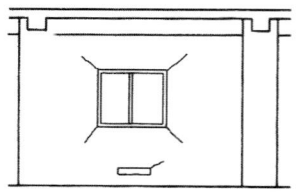

図 2.2.9 施工時の初期ひび割れ[7]

(a) 乾燥収縮ひび割れ 1
柱・梁で周辺を拘束された壁に開口部があると，入隅部に斜めにひび割れが入りやすい

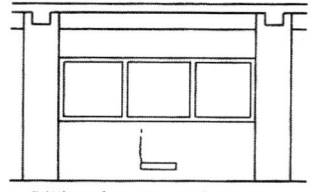

(b) 乾燥収縮ひび割れ 2
腰壁や垂れ壁には垂直方向のひび割れが入りやすい

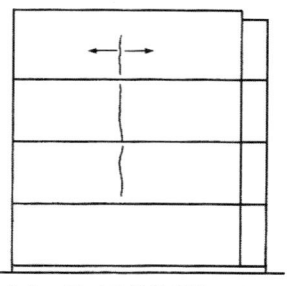

(c) 乾燥収縮ひび割れ 3
大きい壁では乾燥収縮によって，縦に引っ張りひび割れが生じる

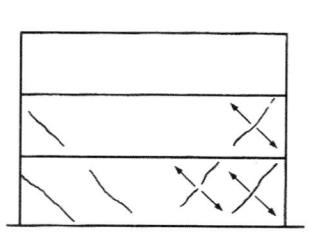

(d) 乾燥収縮ひび割れ 4
大きい壁では，基礎が固定され，上部構造が収縮するため，端部斜めひび割れが生じる

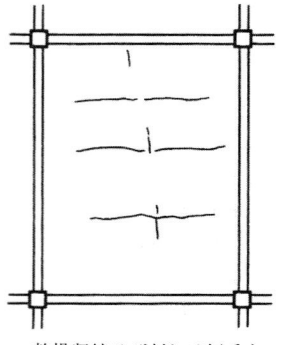

(e) スラブの乾燥収縮ひび割れ
乾燥収縮ひび割れは短手方向と平行の方向に入る

図 2.2.10 代表的な乾燥収縮ひび割れのパターン[11]

クリートの収縮現象としては，乾燥収縮のほかに，セメントの水和反応に伴って生じる自己収縮，さらには炭酸化による収縮などがあげられ，実際のコンクリート構造体に生じる収縮現象は，これらが同時に生じた結果でありこれらを区別することは困難である．また，実構造物においては，収縮挙動だけでなく，これまでに示したようなほかの原因によるひび割れと複合している場合も少なくない．したがってコンクリートが乾燥過程にある数カ月から数年の間に生じる乾燥収縮を主要因としたひび割れを乾燥収縮ひび割れとよぶ場合が多い．実際に観察される乾燥収縮ひび割れは，おおよそ2～3カ月してから発生し，しだいに成長し開口部柱，梁に囲まれた隅部には斜めに，細長い床・壁・梁などには等間隔に垂直に発生する．

乾燥収縮は，一部は不可逆現象であり，湿潤状態と乾燥状態とで繰り返し保管した場合に起きる可逆性の水の移動とは区別する必要がある．可逆的な変形を説明するものとしては，毛細管張力説，分離圧説，表面エネルギー説などの古典的な諸理論が提示されているが，統一的なモデルの構築には至っていない．各メカニズムを表2.2.4に概説するが，最近では，浸透圧による膨張とセメントゲルの凝集力のバランスで体積が定まるというメカニズムで説明される場合もある．乾燥収縮自体のメカニズムは非常に古くから研究がなされており，乾燥収縮を実験室的に精緻に捉える試みは枚挙にいとまがないが，本書の趣旨とは若干異なるため文献を紹介するにとどめる．

乾燥収縮を知るための試験は，JIS A 1129の長さ変化試験に準じて行われるのが一般的である．10×10×40 cmの試験体を一定期間養生した後，乾燥環境に曝し，その長さ変化を測定することで，乾燥期間の増加に伴い収縮量が増加する様子が捉えられる．このような実験室的な研究において用いられる乾燥収縮ひずみの概形を図2.2.11に示す．一般的に，乾燥期間が早い時期においては，供試体寸法（部材寸法）が大きくなるほど乾燥収縮は小さくなるが，最終的な乾燥収縮ひずみ量が供試体寸法（部材寸法）の影響を受けるかどうかについては明確な結論が得られていない．また，このとき，乾燥期間中に現れる収縮挙動には，自己収縮（セメントの収縮に伴って巨視的に生じる体積変化）など他の収縮現象が含まれると考えられている点に注意が必要である．この自己収縮は，一般的には高強度コンクリートなどセメント量の多いコンクリートでは無視できない現象であると考えられている．

乾燥収縮特性は，とくに使用する骨材により大きく異なることが知られており，おおよそ600～1000

表2.2.4 乾燥収縮の発生メカニズム

名称	概要
毛細管張力説	セメント硬化体中の毛細管空隙（おおよそ10nm～50nm程度）中に存在する水は，メニスカスをつくり毛管張力を生じさせている．乾燥が進むとこの毛管張力が大きくなり収縮するという仮説．
分離圧説	固体表面に吸着する水膜に作用する圧力に起因していると考えられており，十分な水膜をとれないセメントゲルが接触したような部分においては，水は膜厚が安定する方向（セメントゲルをひき離す方向）に作用していると考えられており，乾燥することでこの分離圧が小さくなることから収縮を説明する仮説
表面エネルギー説	セメントペースト硬化体のゲル粒子の界面自由エネルギーが水の吸着により変化するものと考えられており，水分の現象により表面張力が大きくなりゲルが締め付けられた結果収縮すると説明する仮説

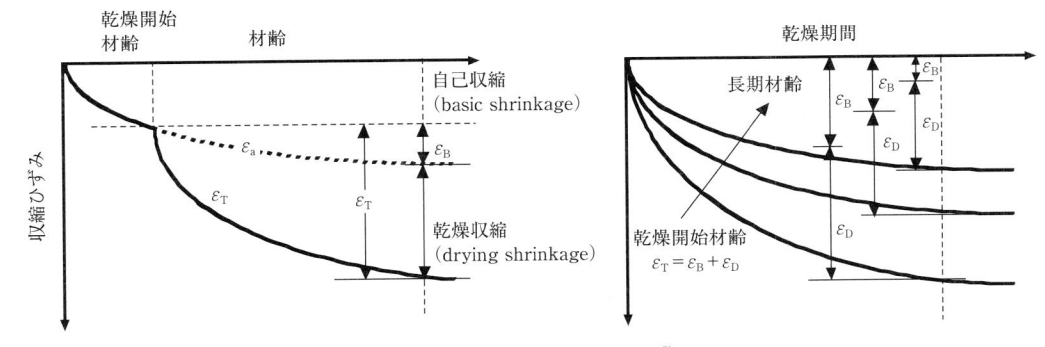

図2.2.11 収縮ひずみの概念図[5]

×10⁻⁶程度が一般的である．日本建築学会が実施した調査でに，近年の良質骨材の枯渇問題などを背景として骨材事情が悪化し，レディーミクストコンクリート工場で製造されるコンクリートの乾燥収縮ひずみは平均値的に増大する傾向にあることが報告されている．また，図2.2.12に示すように，単位水量の多い場合では，乾燥前の残余水分量が多くなることで最終的な乾燥収縮量は大きくなる．

コンクリートの拘束には，外部から受けるものと（外部拘束），内部から受けるもの（内部拘束）とがあり，外部拘束としては，コンクリート構造物の基礎，壁の周辺を取り囲む柱や梁（とりわけ基礎梁），床スラブの周囲の梁，さらには内部の鉄筋などがある．また，内部拘束は，コンクリート自身によるものである．すなわち，乾燥は表面から起こることから，表面と内部とでは乾燥を受ける条件が違うために収縮ひずみ量に差が生じ，図2.2.13に示すように内部のコンクリート自体が拘束する形で表面にひび割れが発生する．

2.2.8 漏　水

本節ではここまで初期欠陥について述べてきたが，漏水は初期欠陥の結果生じる現象であり，おもに上記初期欠陥に起因して生じる．漏水はもちろん

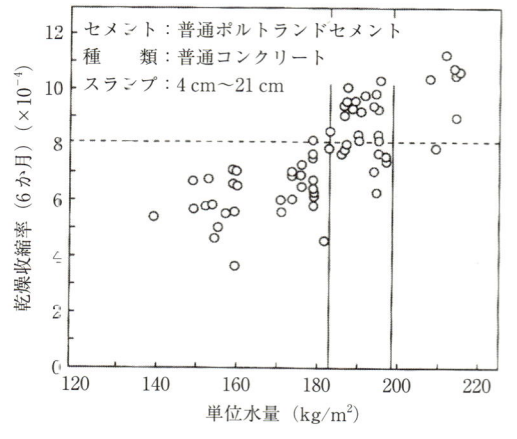

図2.2.12 単位水量と乾燥収縮の関係[8]

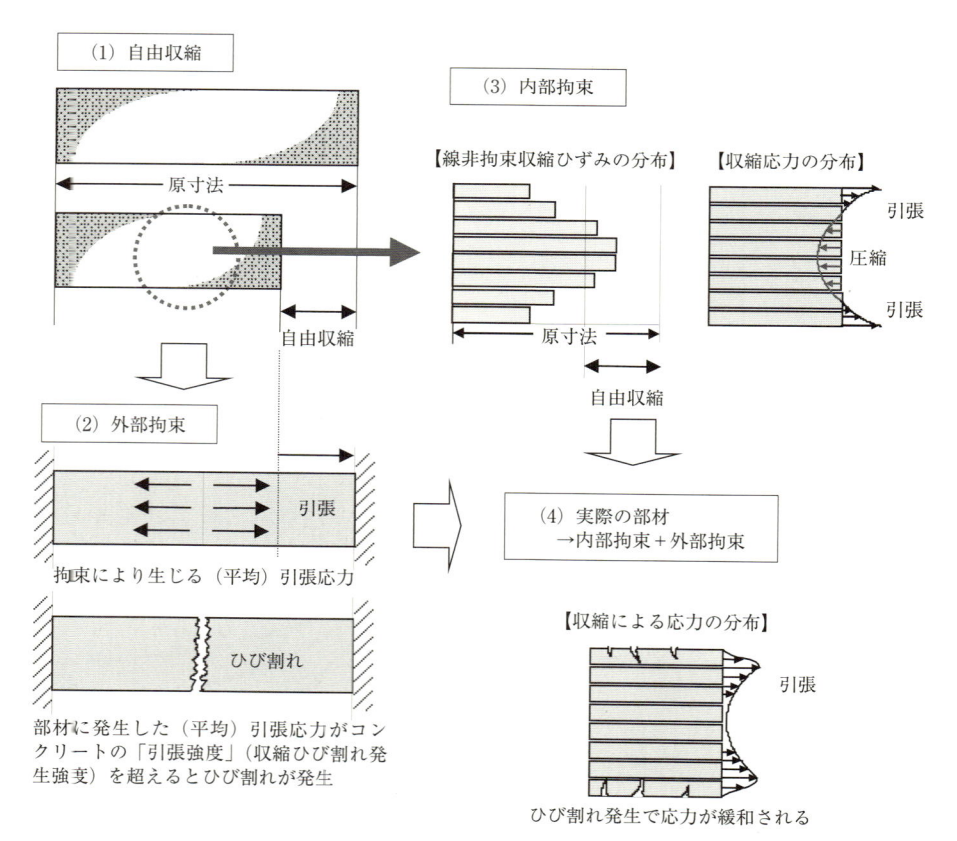

図2.2.13 乾燥収縮ひび割れ発生のメカニズム[5]

水分の漏出が問題となるが，それ以外にも，経路に存在する鉄筋への水分供給による耐久性の低下が懸念されるとともに，水分の移動に伴うセメント硬化体中の可溶性成分が漏水箇所に溶出するなど多くの劣化現象に直結する．

漏水は，上記のような豆板や内部欠陥など不具合箇所を除けば，おもにひび割れが主要な原因となる．漏水の発生の有無やその程度は，雨水などの作用水

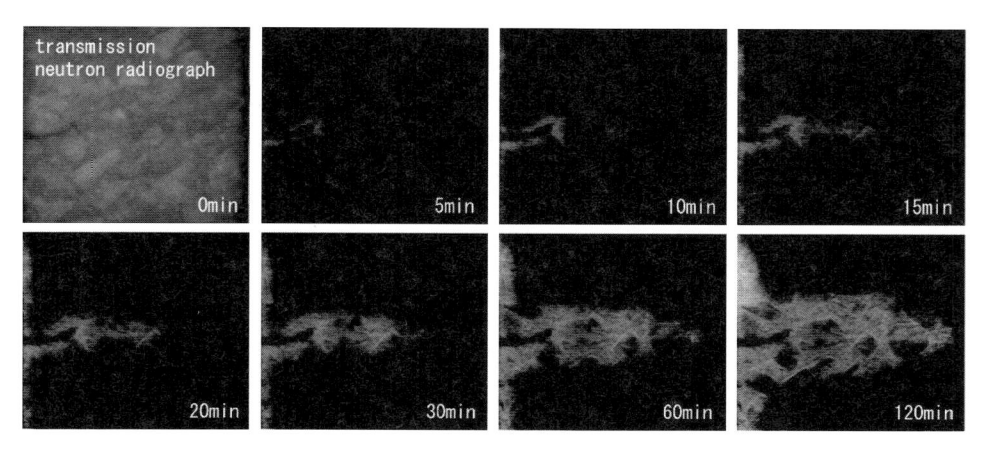

図 2.2.14 ひび割れ近傍に浸透する水分の様子[10]

表 2.2.5 既往の研究におけるひび割れ幅と漏水の関係[5]

研究者名	許容ひび割れ幅 (mm)	要 旨
仕入豊和	0.05	厚さ10 cm のコンクリート供試体について，水圧1 mN/mm² (風速50 m/s 時の風圧に相当する) で連続1時間の透水実験を行い，ひび割れ幅が約 0.05 mm 以下ではほとんど透水は認められない．また，実 RC 構造物におけるひび割れ幅と漏水の有無についての調査を行い，防水上支障がないと判断されるひび割れ幅を 0.05 mm とした
狩野春一ほか	0.06	数年にわたる調査研究によると，12 cm 厚のスラブでひび割れ幅 0.04 mm ではほとんど降雨による漏水は認められなかった．ひび割れ幅 0.06 mm 前後では漏水の危険性があると思われる．ただし，水圧のより大きいところでは，その幅はより小さくなる
浜田稔	0.03	ひび割れ幅と雨漏りの有無を実際のアパートについて調査した結果 0.03 mm でも雨漏りを認める場合があるようである
向井毅	0.06	5×10×30 cm モルタル，水頭 10 cm での試験結果では，ひび割れ幅が 0.03 mm では試験体裏面で漏水による「湿り」が認められたが，漏水自体はひび割れ幅 0.07 mm でもほとんど認められなかった．それ以上のひび割れ幅では明らかに漏水現象が認められた
神山幸弘, 石川廣三	0.06 以下	壁体が飽水状態にあるとき，無風もしくは微風時に漏水を生じる最小のひび割れ幅は 0.06～0.08 mm 付近にある
重倉佑光	0.12 以下	直径 15 cm，厚さ 4 cm のモルタル供試体において，水頭 30 cm (3 mN/mm²) での試験結果では，ひび割れ幅 0.12 mm (これ以下の試験はしていない) では透水量は 0 に近い
松下清夫ほか	0.08 以下	幅が一方で 0.08 mm，他方で 0.3 mm の貫通ひび割れを有する厚さ 15 cm のモルタル供試体で，ひび割れ幅の小さい側から長時間散水したとき，1分間でしみが発生し，5.5 分で泡が発生し，10分間で流れはじめ，その逆では 0 分でしみが発生し，8.5 分間で流れはじめる
石川廣三	0.15 以下	厚さ 8 cm の気乾状態のコンクリート供試体において，圧力差 0.2 mN/mm² を 3 時間作用させた場合，ひび割れ幅が 0.15 mm 以下では，ひび割れ周辺部にしみが生じる程度で漏水には至らない
坂本昭夫, 石橋畝, 嵩英雄	壁厚によって異なる	漏水にはひび割れ幅，壁厚が影響し，模型実験においては，漏水するひび割れ幅は，壁厚 10, 18 cm で 0.1 mm 以上，壁厚 26 cm では 0.2 mm 以上であり，壁厚が厚くなる方が漏水に対して有利である

の状況や，発生するひび割れの幅や形状などに依存すると考えられており，多くの場合，ひび割れ幅との関係から整理される．

一般的な建築物においては，常時水圧下において，厚さ10 cm程度の部材を対象とした場合は，ひび割れ幅0.05 mm付近が漏水に対する閾値になると考えられており，壁厚が18～25 cm程度の外壁における漏水に対する限界の許容ひび割れ幅は0.10～0.20 mm付近にあると考えられる．

【兼松 学】

文 献

1) 土木学会：コンクリート構造物におけるコールドジョイント問題と対策，2000.
2) 松井 勇，笠井芳夫，横山 清：コンクリートの打継ぎ許容時間の推定方法，セメントコンクリート，No. 270, 1969.
3) 田中享二，呉 祥晶，小池迪夫：ケイ酸質微粉末混合セメント系塗布防水材料が下地モルタルのひび割れおよび打継ぎ部分に及ぼす密実化効果：湿潤環境下における防水工法の研究その3，日本建築学会構造論文報告集，No. 435, 1992.
4) 日本コンクリート工学協会：コンクリート診断技術'07, 2007.
5) 日本建築学会：鉄筋コンクリート造建築物の収縮ひび割れ制御設計・施工指針（案）・同解説，2006.
6) 日本コンクリート工学協会：コンクリート施工基本問題検討委員会報告書，2002.
7) 小柳光生：I. ひび割れの原因 構造（荷重）に起因するひび割れ，建築技術，No. 591, 1995.
8) 日本建築学会：建築工事標準仕様書・同解説（JASS5）鉄筋コンクリート工事，p.215, 1997.
9) 日本建築学会：高強度コンクリートの技術の現状，p.103, 1991.
10) 兼松 学ほか：中性子ラジオグラフィによるコンクリートのひび割れ部における水分挙動の可視化および定量化に関する研究，コンクリート工学年次論文集，**29**(1), pp.981-985, 2007.
11) 日本建築学会：鉄筋コンクリート造建築物の耐久性調査・診断および補修指針（案）・同解説，1997.

2.3 中 性 化

2.3.1 原 因

中性化とは，JIS A 0203（コンクリート用語）によると「硬化したコンクリートが空気中の炭酸ガスの作用を受けて次第にアルカリ性を失っていく現象．炭酸化と呼ばれることもある」と定義されている．コンクリート中の水酸化カルシウムのpH（水素イオン濃度）は約13で高いアルカリ性を示すのに対して，炭酸カルシウムのpHは8～10程度である．本来，中性とはpH 7を意味するが，pHが13から8～10に減少するということで慣用的には中性化という用語が用いられることが多い．

水中でも炭酸が含まれている場合には中性化がゆるやかに進行するが，炭酸カルシウムは十分湿潤な状態ではpH 10程度を示すので鉄筋の発錆はそれほど心配する必要はないとされている．

2.3.2 要 因

a. 時間との関係

中性化はコンクリートの表面から進行し，その速度は時間の関数として表示される．炭酸ガスが定常状態でコンクリート中へ拡散することによって中性化が生ずると仮定すると，中性化深さ C は時間の平方根に比例することになり，これは一般に $\sqrt{t}$ 則とよばれている．実際には表層と内部の養生条件の相違などさまざまな理由により $\sqrt{t}$ にならない場合があるが，実用上この形で表示されることが多い．この式における係数 A は中性化速度係数と呼ばれ，中性化が早く進行する場合にはこの値が大きくなる．

$$C = A\sqrt{t} \qquad (1)$$

コンクリートの中性化に影響する要因としては，図2.3.1に示すようにさまざまなものがある．ここでは，コンクリートの品質，仕上げ材の種類および環境条件について述べる．

b. コンクリートの品質の影響

わが国で最初に中性化の試験を実施したのは佐野利器で，1907年から20年間の自然曝露試験を実施している．その後の試験結果や若干の理論的検討も踏まえて，浜田稔は水セメント比，セメントの種類，骨材の種類，表面活性剤の種類を考慮した中性化速度式を提案した．

岸谷孝一は，さらに詳細な促進および自然暴露試験結果を追加して浜田式を発展させた次式[2]を提案した．当時と現在では，使用材料や調合に相違はあるものの，この式はその後の白山式[3]，依田式[4]，

2.3 中性化

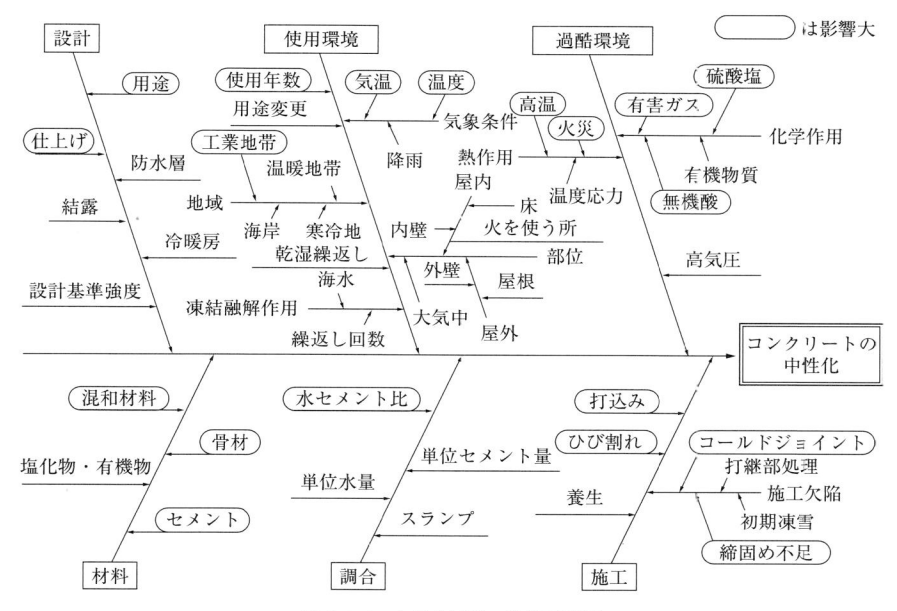

図 2.3.1 中性化速度の特性要因図

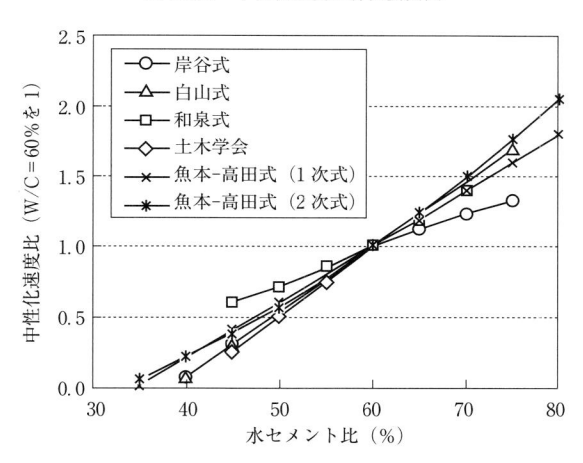

図 2.3.2 既往のおもな中性化速度式の比較

和泉式[5]などのもととなった.

$$t = \frac{0.3(1.15 + 3x)}{(R^2(x-0.25)^2)C^2} \quad (x \geq 0.6)$$

$$t = \frac{7.2}{(R^2(4.6x-1.76)^2)C^2} \quad (x \leq 0.6) \quad (2)$$

ここに, t：C まで中性化する期間（年）
x：強度上の水セメント比
C：中性化深さ（cm）
R：中性化比率（普通ポルトランドセメント・川砂・川砂利プレーンコンクリートを1とした場合の他のコンクリートの比率）

この式で用いられている水セメント比は，1965年版 JASS5 で用いられていた強度上の水セメント比であり，現在標準的用いられている AE コンクリートでは，調合上の水セメント比より4～5%大きい値を用いる必要がある[6].

ここではコンクリートの品質に影響する調合，使用材料，養生条件，部位，施工条件などと中性化の関係について述べる.

1) 調 合

①水セメント比： 岸谷の式からもわかるように，水セメント比は中性化の速度を支配するもっとも重要な要因の1つである．水セメント比が大きく

なると中性化の進行は速くなり、逆に小さくなると遅くなる。中性化が0となる水セメント比は、岸谷式では38.3%、白山式[3]では38%、依田式[4]では室内で25.4〜41.9%、屋外で24.2〜43.6%となっている。このため、一般には水セメント比40%以下のコンクリートでは中性化はほとんど問題とならない。また、土木学会コンクリート標準示方書では、水セメント比50%以下の場合には中性化の性能照査を省略できるとしている。

水セメント比と中性化深さの関係については、岸谷式のほかさまざまな式が提案されており、図2.3.2におもな式を示す。岸谷式では水セメント比60%以下の場合より60%以上の場合の方が傾きは緩やかになっているが、白山式では水セメント比にかか

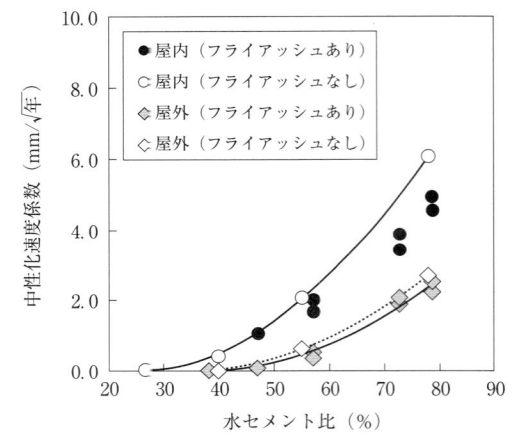

図2.3.3 曝露試験の結果[8]

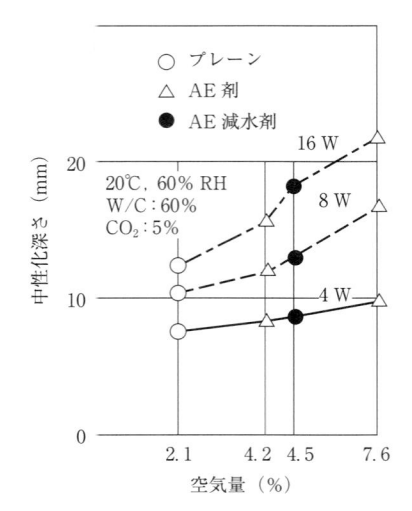

図2.3.4 中性化の進行速度に及ぼす空気量の影響

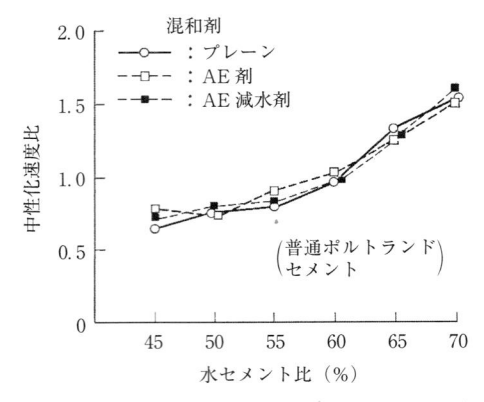

図2.3.5 混和剤の種類および水セメント比の影響[10]

わらず同じ傾きの直線で表示している。また、和泉式[5]では水セメント比の小さい領域で岸谷式や白山式より大きい値となっている。これは促進試験時の温度を30℃と高く設定したことによるものと考えられる。魚本・高田式[7]では、水セメント比の1次近似式と2次近似式を提案しているが、実用的な水セメント比の範囲では両者にほとんど差は認められない。図2.3.3は曝露試験の結果[8]を示したものであるが、この結果では水セメント比の増加に伴い中性化は放物線的に大きくなっている。

②空気量: 水セメント比以外の調合上の要因では空気量があり、空気量が多くなると中性化の進行が速くなる（図2.3.4）。ただし、プレーンコンクリートとAE剤やAE減水剤を用いたAEコンクリートを比べた場合には、空気量が増加して中性化しやすくなった分と混和剤により密実な組織になって中性化しにくくなった分が相殺されて空気量の影響はあまり大きくないとしている実験結果もある（図2.3.5）。

2) 使用材料

①セメントの種類: セメントの種類については、岸谷や白山により同一水セメント比における普通ポルトランドセメントを1とした場合の中性化速度比が提案されている。表2.3.1には白山の提案を示す。

依田は普通ポルトランドセメントと高炉セメント（A種、B種、C種）について行った自然暴露試験結果[4]から、高炉スラグの混入量の増加に伴い中性化は大きくなるが、同一圧縮強度で比較するとほとんど差のないことを示している。また、和泉は促進中性化試験の結果から、水和反応の遅いセメントでも十分養生することによって中性化を遅くすること

2.3 中性化

表 2.3.1 セメントの種類による中性化速度比[3]

普通ポルトランドセメント	早強ポルトランドセメント	高炉セメント			フライアッシュセメントB種	シリカセメントB種
		A種	B種	C種		
1.00	0.79	1.29	1.41	1.82	1.82	1.82

が可能であることを示した[10].

住宅の性能に関する評価方法基準（建設省告示第1654号）では，水セメント比の算定において，フライアッシュセメントでは混合材としてのフライアッシュはセメントとして考慮せず，高炉セメントでは混合材としての高炉スラグ微粉末の7割をセメントとして考慮することを規定している．また，土木学会コンクリート標準示方書でもこれと同じ扱いがされている．

中庸熱ポルトランドセメントや低熱ポルトランドセメントについてはまだ十分なデータがないが，同一水セメント比では普通ポルトランドセメントを使用した場合より中性化は速くなり，同一圧縮強度（標準養生材齢4週）で比較すると，同等かむしろ遅くなるとの結果が得られている[11),12)].

② 骨材の種類： 骨材の種類の影響については，岸谷[2)]と上村[13)]の研究がある．同一水セメント比で比較すると，前者では川砂・川砂利コンクリート＜川砂・火山れきコンクリート＜火山れきコンクリート，後者では普通コンクリート＜川砂・人工軽量粗骨材コンクリート＜人工軽量細骨材・人工軽量粗骨材コンクリートとなり，いずれも骨材の透気性が大きいほど中性化が速く進行している（表2.3.2）．住宅の性能に関する評価方法基準では，同じ等級に対して，軽量コンクリートは普通コンクリートより水セメント比を5％小さくすることとしている．

一方，水セメント比が比較的低い領域では，普通コンクリートに対して軽量コンクリートのほうが中性化は小さくなる傾向を示す[14),15)]．これは軽量骨材中の水が長期にわたりセメントペースト中に浸出するため，セメントの水和が緩やかに長期間続き中性化によるアルカリ度の減少が補われること，および，

表 2.3.2 骨材の種類の影響

岸谷		上村	
骨材の種類	係数	コンクリートの種類	係数
川砂・川砂利	1.0	普通コンクリート	1.0
川砂・火山れき	1.2	軽量コンクリート1種	1.2
火山れき	2.9	軽量コンクリート2種	1.4

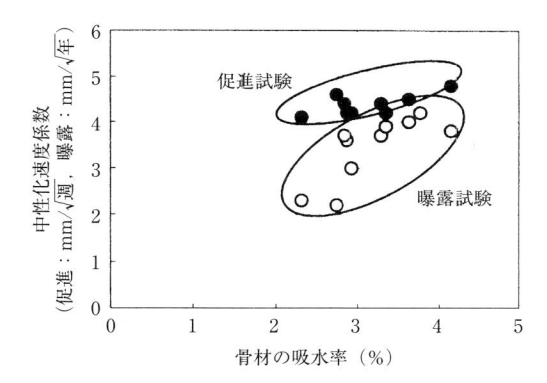

図 2.3.6 骨材の吸水率と中性化速度係数の関係

ペーストの細孔に水が存在するほど外部から進入する空気（CO_2）の拡散を妨げることなどがその要因であると考えられている[16)].

普通骨材でも吸水率が3％を超えるような低品質骨材を用いたコンクリートに関する友沢らの実験によると，中性化に及ぼす骨材の吸水率の影響は水セメント比に比べて小さい[17)]が，それでも図2.3.6に示すように，吸水率（細粗骨材全体の吸水率）の増加に伴い，中性化速度はやや大きくなる傾向を示している[18)].

③ 表面活性剤の種類： これについては1) ②「空気量」の項を参照されたい．

3) 養生条件

コンクリートの養生が不十分であると，水和反応が十分進行しないために水酸化カルシウムの生成が少なく，かつ組織が密実にならないために炭酸ガスの浸透が速くなって中性化の進行が促進される．反対に，混合セメントでも養生を十分行えば普通ポルトランドセメントに近い中性化速度にすることができる（図2.3.7）．部材の表層部は一般に養生が不足となりがちなため，それを考慮した係数も提案されている[19)].

4) コンクリートの圧縮強度

コンクリートの品質を総合的に表示する指標として圧縮強度があり，圧縮強度と中性化深さは，使用材料，調合，養生条件などにかかわらず比較的よい相関を示すことが知られている（図2.3.8，図

2.3.9). このため, JASS 5 では, 構造設計で用いる設計基準強度とは別に, 中性化による鉄筋腐食を対象とした指標として耐久設計基準強度を導入し, 計画供用期間に応じた値を規定している（表 2.3.3）. 圧縮強度と中性化の関係を表示する式として表 2.3.4 に示すように様々な式が提案されている[21)〜24)]. 図 2.3.10 に示すようにいずれの式でも通常の強度の範囲では大きな差はないが, より広い範囲に適用するには, Smolczyk の式が妥当と考えられる[24)]. 長谷川らはこの式により既往の実験結果を整理し係数 23.8 を求めている[25)].

5) 部　位

中性化深さは同一階では高さが高くなるほど大きくなる傾向を示す（図 2.3.11）. これは壁体から採取したコアの圧縮強度が高さが高くなるほど小さくなる現象に対応している. また, 同一階でも, コンクリートの打継ぎ部の上下では中性化深さが大きく

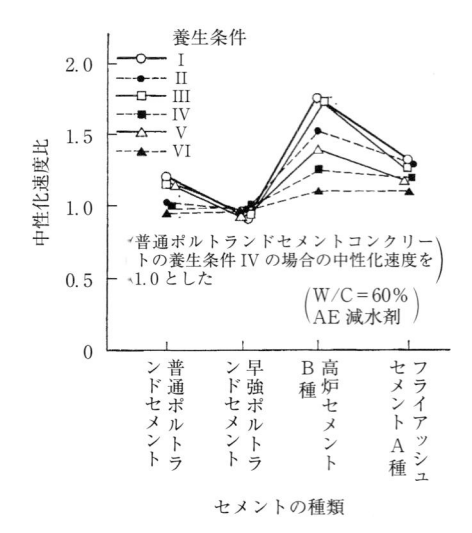

図 2.3.7 中性化速度に及ぼすセメントの種類および養生条件の影響[4)]

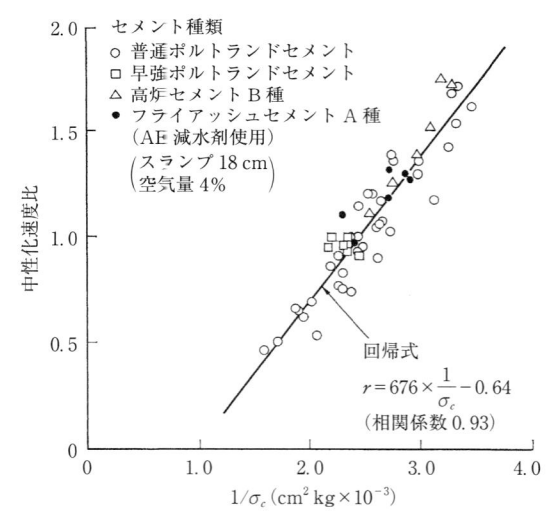

図 2.3.8 圧縮強度と中性化速度比の関係

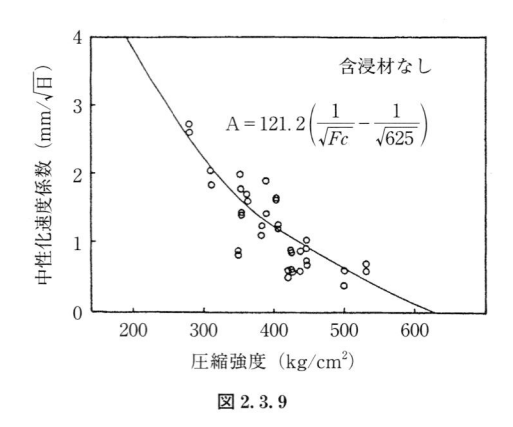

図 2.3.9

表 2.3.3 計画供用期間と耐久設計基準強度

計画供用期間の級	計画供用期間としてのおよその年数	耐久設計基準強度 (N/mm^2)
短　期	30	18
標　準	65	24
長　期	100	30
超長期	200	36

表 2.3.4 既往のおもな圧縮強度を用いた中性化速度係数の算定式（圧縮強度 $24 N/mm^2$ を 1 とした場合）

文　献	中性化速度係数の算定式	式の算出に用いた圧縮強度の範囲	構造物調査	暴露試験 屋外	暴露試験 屋内	促進試験
Smolczyk[20)]	$13.1(1/\sqrt{f}-1/\sqrt{61.25})$	13〜54	○		○	○
和泉ほか[9)]	$31.3(1/f-1/103)$	30〜63				○
川上[21)]	$22.4/(f-1.62)$	5〜30	○			
土木学会[10)]	$-0.442(\sqrt{f}-\sqrt{51.3})$	15〜44		○		
長瀧ほか[22)]	$e^{1-0.0417f}$	10〜40				○

図 2.3.10

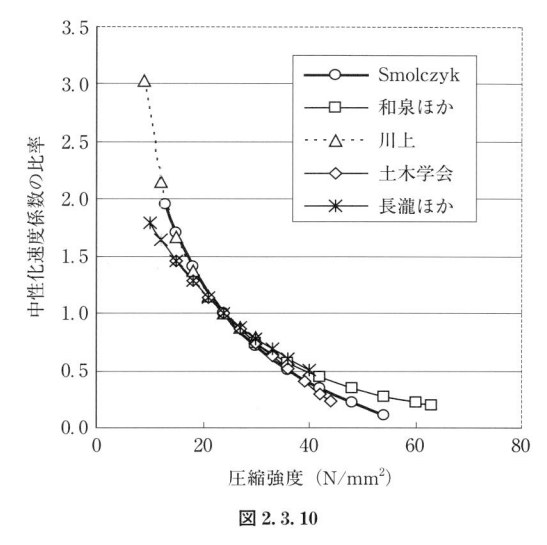

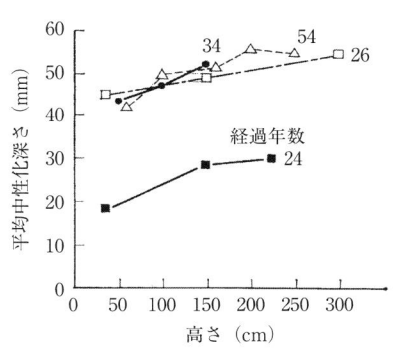

図 2.3.11 同一壁面内の中性化深さの高さによる違い[26]

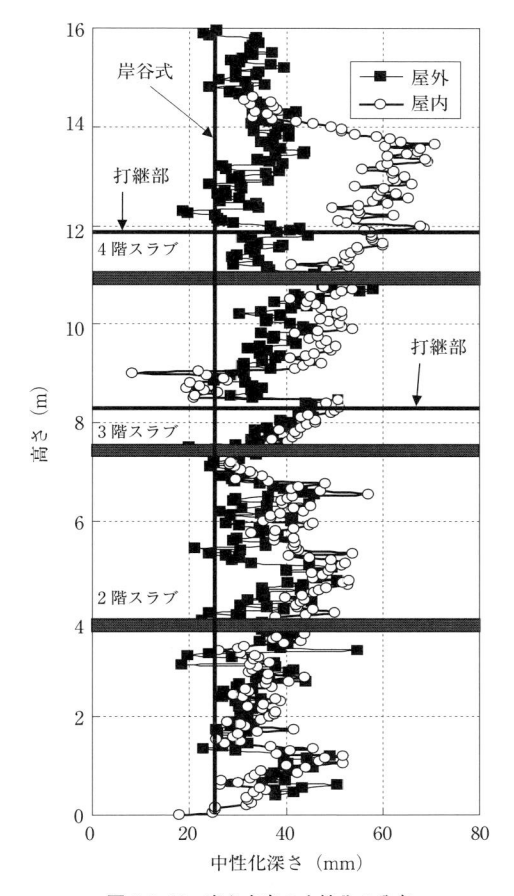

図 2.3.12 高さ方向の中性化の分布

異なること，すなわち，打継ぎ部の下では中性化深さが大きく，反対に打継ぎ部の上ではそれが小さいことがあり（図 2.3.12），調査箇所の選定に際して十分留意する必要がある．

土木学会コンクリート標準示方書では，コンクリートの材料係数について，一般に1.0としてよいが，上面の部位は1.3とするのがよいとしている．

6) 施工条件

白山および依田は施工の程度を考慮し，白山は優，良，普通，劣の4段階に，依田は優，普通（上），普通（中），普通（下）の4段階に分類してそれぞれ係数を設定している．最も良い場合を基準にして中性化速度の比で表示すると，前者では1:1.4:2:2.8，後者では1:1.22:1.41:2となっている．

また，コンクリートの施工不良箇所やひび割れなどの欠陥部では，中性化が局所的に進行し，鉄筋を腐食させることがある．

c. 仕上げ材の種類の影響

仕上げ材は，炭酸ガスのコンクリートへの作用を抑制するが，その効果は仕上げ材の種類によって異なる．仕上げ材のうち，タイルのような透気性の小さいものは中性化抑制効果が大きいが，塗装やリシン吹付けは効果が小さいとされている．表 2.3.5[28]には $C=A\cdot s\sqrt{t}$ と表示したときの中性化抑制効果の係数 s の1例を示す．住宅の性能に関する評価方法基準では，中性化の抑制に効果のある仕上げ材として，モルタルとタイルをあげており，外断熱工法も同様の効果があるとしている．また，最近では主として仕上げ塗材を対象にその中性化抑制効果が報告されている[29]．

なお，中性化抑制効果を調べる方法として，促進中性化試験，自然曝露試験，建物調査などがあるが，促進中性化試験は仕上げ材の劣化を促進していないため，仕上げ材の効果を過大に評価している可能性があることに留意する必要がある．

表 2.3.5 中性化抑制効果の係数 $s^{28)}$

屋内							
仕上げなし	プラスター	塗装	モルタル+プラスター	モルタル	タイル	人造石	モルタル+塗装
1.00	0.73	0.61	0.49	0.48	0.31	0.31	0.19

屋外				
仕上げなし	モルタル	モルタル+塗装	タイル	モルタル+リシン
1.00	0.26	0.20	0.16	0.12

d. 環境条件の影響

中性化に影響を及ぼす環境条件として，炭酸ガス濃度，温度および湿度がある．炭酸ガス濃度の影響については，中性化は炭酸ガス濃度の平方根に比例するとされており，図 2.3.13 に示す炭酸ガス濃度 1～20％の範囲で行った促進試験結果もそれを示している．

従来，炭酸ガス濃度は屋外で 0.03％，屋内で 0.1％が標準的な値とされてきたが，近年の一般大気中における炭酸ガス濃度の増加傾向を考慮して，日本建築学会の鉄筋コンクリート造建築物の高耐久指針[28)]では，炭酸ガス濃度の設計値として屋外 0.05％，屋内 0.2％ を推奨している．ただし，炭酸ガス濃度の実測値は必ずしもここまで高い値を示していない場合もあるため，設計に際しては実情に即した値を採用するのが妥当である．

温度については，図 2.3.14 に示すように，温度が高いほど中性化は速く進行する．湿度の影響については，湿度が 50～70％で中性化速度が最大となり，それより湿度が大きくなっても小さくなっても中性化は遅くなり，湿度 100％ または 0％ ではゼロに等しくなるとされている．図 2.3.15 に示した実

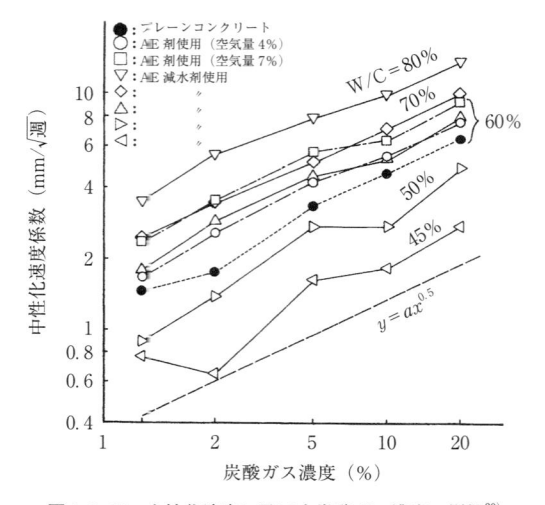

図 2.3.13 中性化速度に及ぼす炭酸ガス濃度の影響[30)]

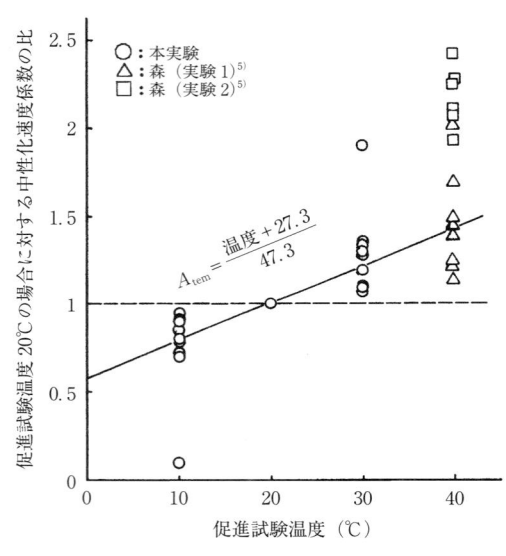

図 2.3.14 中性化速度に及ぼす促進試験温度の影響[30)]

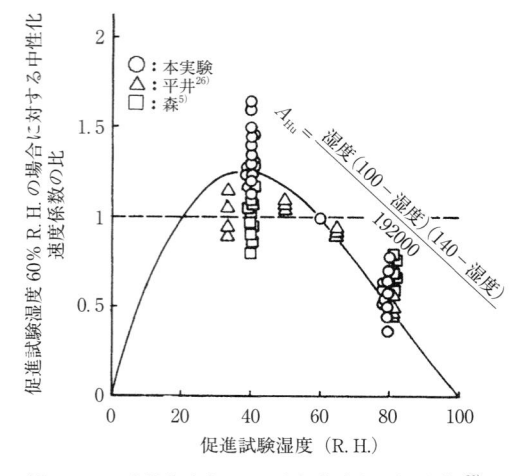

$$A_{tem} = \frac{温度 + 27.3}{47.3}$$

図 2.3.15 中性化速度に及ぼす促進試験湿度の影響[30)]

$$A_{Hu} = \frac{湿度(100-湿度)(140-湿度)}{192000}$$

験結果も類似の傾向を示している．

屋内と屋外では，炭酸ガス濃度や温度・湿度が異なるため中性化に差が生じることとなる．一般に炭酸ガス濃度は，屋内のほうが屋外より高く，また，屋内は雨があたらず屋外より乾燥しやすいため，屋内のほうが屋外より中性化が速い（図 2.3.16）．

また，屋外でも雨がかからないところは雨がかかるところより中性化が速く（図 2.3.17），曝露試験[31]でも同様の結果が得られている．方位では，雨が当たっても日射により乾燥しやすい南面や西面は中性化が速い（図 2.3.18）．土木学会コンクリート標準示方書では，「環境作用の程度を表す係数」を，乾燥しにくい環境，北向きの面などは 1.0，乾燥しやすい環境，南向きの面などでは 1.6 としてよいとしている．

e. 中性化深さのばらつき

これまでみてきたように，コンクリートの中性化はさまざまな要因によりばらつくことになる．和泉らは建物の屋外・屋内それぞれについて中性化深さのばらつきを求め，いずれも変動係数で 40％程度となることを示した[32]．並木らは某建物の無響室の屋外面（東西南北）を同一高さで測定して各面での変動係数が 25％前後，本館西面を 4 階まで測定して各階の鉛直方向の変動係数が 20％前後となることを示した[27]．最近では川西らが多数の建物の実態調査に基づき仕上げ材別に変動係数を示している[33]．中性化の進行予測を行う場合には，このようなばらつきについて考慮する必要がある．

2.3.3 反応機構

セメントの水和は，組成化合物であるエーライト（C_3S），ビーライト（C_2S）などが水と反応することにより生じ，ケイ酸カルシウム水和物（C-S-H）と水酸化カルシウム（$Ca(OH)_2$）を生成する．エーライト，ビーライトの代表的な反応式は次のように表示される．

$$2(3CaO \cdot SiO_2) + 6H_2O \rightarrow 3CaO \cdot 2SiO_2 \cdot 3H_2O + 3Ca(OH)_2 \quad (3)$$
$$(456) \qquad (108) \qquad (342) \qquad (222)$$

$$2(2CaO \cdot SiO_2) + 4H_2O \rightarrow 3CaO \cdot 2SiO_2 \cdot 3H_2O + Ca(OH)_2 \quad (4)$$
$$(344) \qquad (72) \qquad (342) \qquad (74)$$

普通ポルトランドセメントの場合，エーライトはセメント質量の約半分，ビーライトは約 1/4 であるから，式（3），式（4）を用いて計算すると，水和により水酸化カルシウムはセメント質量の約 3 割，ケイ酸カルシウム水和物は約 6 割生成することになる．

図 2.3.19 はセメントペーストの構造を模式的に示したものであるが，セメント粒子の水和により生成する C-S-H（セメントゲル）の内部には微細な空隙（ゲル空隙（ポア））があり，また，ゲルとゲ

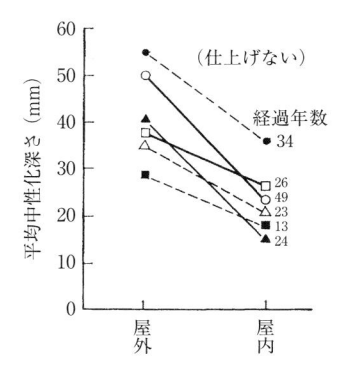

図 2.3.16 中性化深さに及ぼす屋内外の影響[28]

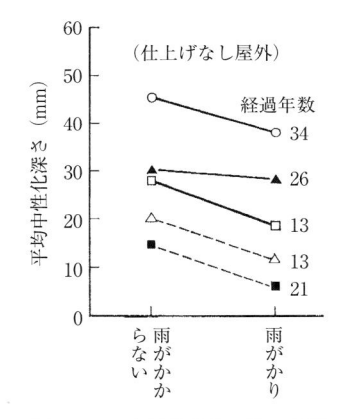

図 2.3.17 中性化深さに及ぼす雨がかりの影響[27]

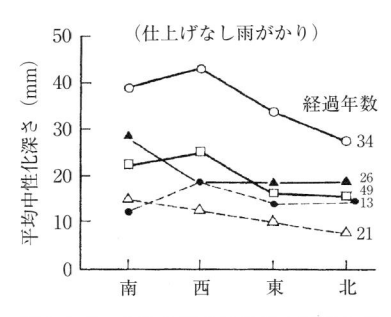

図 2.3.18 中性化深さに及ぼす屋外の方位の影響[27]

ルの間には水和生成物でまだ満たされていない空隙（毛細管（キャピラリー）空隙）がある．これらの空隙中に存在する水は空隙水（ゲル水および毛細管水）と呼ばれ，pH 約 13 の強アルカリ性の水酸化カルシウム飽和水溶液となっている．

コンクリートが大気に接していると，大気中の炭酸ガス（CO_2）はこれらの空隙を通じてコンクリート内部に拡散する．そして，空隙水に溶け出した水酸化カルシウムは炭酸ガスと次の反応を生じて炭酸カルシウム（$CaCO_3$）となり，空隙水に溶け出す水酸化カルシウムがなくなると，この部分の pH は約 8 程度に低下する．

$$Ca(OH)_2 + CO_2 \rightarrow CaCO_3H_2O \quad (5)$$

空隙中の水の量はコンクリートの湿潤状態により変化し，2.3.2 項 c「環境条件」で述べたように，乾燥し過ぎていても濡れ過ぎていても中性化の進行は遅くなる．これは，乾燥していると空隙水が少なくなり水酸化カルシウムが溶け出しにくくなり，また，濡れていると炭酸ガスの拡散が妨げられるためである．

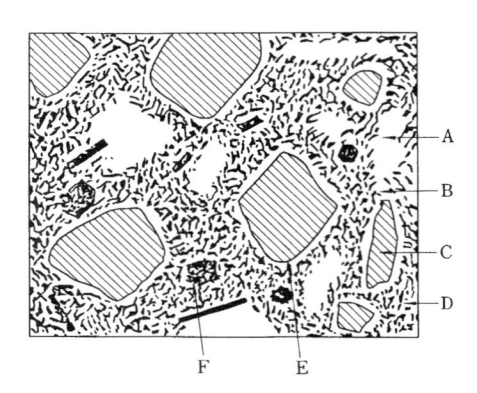

中性化の進行により完全に炭酸カルシウムになった領域とまだ炭酸ガスが到達せず水酸化カルシウムの残った領域の間には，炭酸カルシウムと水酸化カルシウムの混在する領域がある．屋外側のコンクリートではこの領域はきわめて小さく，したがってこの部分での pH 勾配が急であるが，屋内側ではこの領域が広いために pH 勾配がゆるやかになる（図 2.3.20）．

なお，ケイ酸カルシウム水和物（C-H-S）も次式に示すように炭酸ガスと反応して炭酸カルシウムを生成するが，一般にこの反応は中性化には含めて考えられていないようである．

$$3CaO \cdot 2SiO_2 \cdot 3H_2O + CO_2 \rightarrow 3CaCO_3 + 2SiO_2 + 3H_2O \quad (6)$$

2.3.4 劣化機構

コンクリートは一般には中性化によって劣化することはないとされている．コンクリートの中性化による鉄筋コンクリートの劣化は，コンクリート中の鉄筋がさび，鉄筋自体の断面の減少とさびによる鉄の体積膨張によるかぶりコンクリートのひび割れの発生によって生ずるものである．これを模式的に示すと図 2.3.21 のようになる．さらに劣化が進行すると，かぶりコンクリートの剥離，剥落や部材耐力の低下を生ずることになる．

図 2.3.22 は，pH と鉄の状態図で，プールベイ図より作成されたものである．これによると pH11 以上の高いアルカリ性では鉄は表面に不動態被膜を形成し，酸素が存在してもさびを生じないことになる．しかし，コンクリートの中性化により pH が 11 以下になると不動態被膜が破壊され，鉄筋は発錆し，発錆によって鉄は体積が 2.5 倍に膨張し，さびの進行とともにかぶりコンクリートにひび割れを生じさ

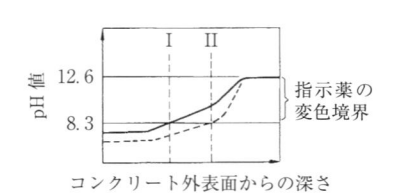

図 2.3.19 セメントペーストの構造の模式図[34]
A：毛細管空間（毛細管水），B：ゲル空隙（ゲル水），C：未水和セメント粒子，D：セメントゲル（非蒸発生水分），E：遷移帯（過飽和溶液），F：$Ca(OH)_2$ などの大型結晶
蒸発性水分＝付着水＋ゲル水＋毛細管水

(a) 乾燥した屋内側の炭酸化

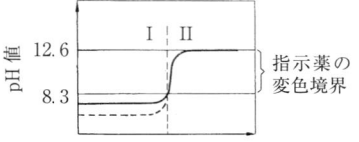

(b) 屋外側の炭酸化

図 2.3.20 屋内，屋外の中性化の進行状況の差（屋内では pH 勾配がゆるやかになる）[35]
―：湿ったコンクリートに対する空隙水溶液あるい空隙水＋指示薬の pH 値
‥‥：乾いたコンクリートに対する空隙水＋指示薬の pH 値

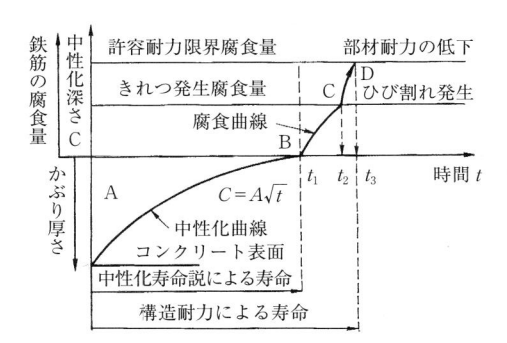

図 2.3.21 コンクリート中の鉄筋腐食の概念[36]

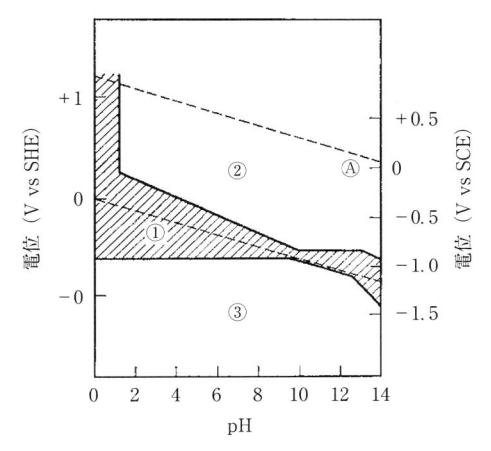

図 2.3.22 pHと鉄の状態[37]
①全面腐食,②不動態,③不活性(=電気防食)

2.3.5 評価および判定

中性化の測定方法には,フェノールフタレイン法,示差熱重量分析による方法,X線回折による方法,電気化学的方法,X線マイクロアナライザーによる方法などがある.このうち,フェノールフタレイン法はもっとも簡便で広く使用されており,JIS A 1152(コンクリートの中性化深さの測定方法)でも採用されている.この方法はpH指示薬の1つであるフェノールフタレイン1%エタノール溶液をコンクリートの割裂面やはつり面に噴霧し,コンクリート表面から赤紫色に変色した部分までの長さを測定してそれを中性化深さとするものである.

測定上注意すべき点に,コンクリートの含水率が高い場合には中性化した部分でも発色することがある.このようなときは指示薬を噴霧して3日程度放置してから測定するのがよい.また,コンクリート表面からの発色の変化を見ると,表面付近は炭酸カルシウムのみのため発色せず,奥は水酸化カルシウムのみのため濃く発色し,その中間にある炭酸カルシウムと水酸化カルシウムの共存部分はやや淡い発色を示すことがある.このような場合,一般には濃い発色を示した部分までをフェノールフタレイン法

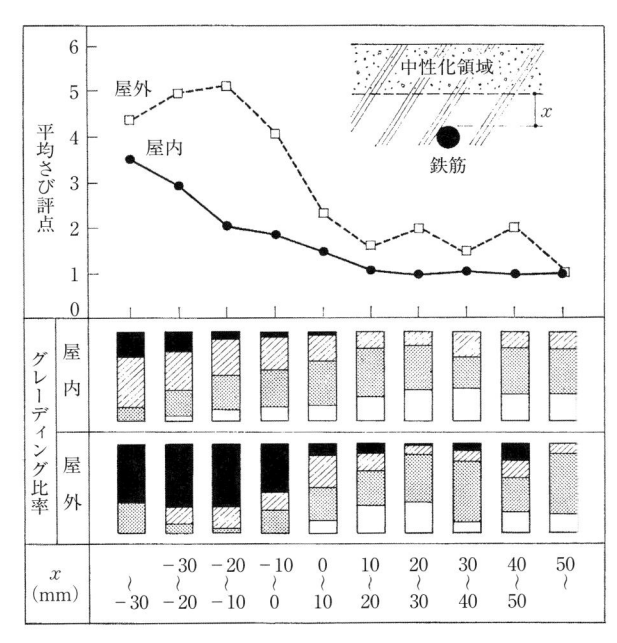

図 2.3.23 鉄筋の腐食に及ぼす鉄筋表面から中性化領域までの距離の影響[26]

による中性化深さとしている.

かぶり厚さと鉄筋のさびの状況については,和泉らの実態調査の結果より,図2.3.23に示すように,屋外では中性化が鉄筋に達すると浮きさびが見られる.つまり,屋外では鉄筋のかぶり厚さまで中性化が到達すると,中性化による損傷が顕在化する引き金になるため,この時点を耐久性の限界と判定することが多い.一方,屋内では乾燥しているため中性化が鉄筋のかぶり厚さを20～30 mm超えてから浮きさびが見られるようになっている.このため,寿命予測を行う場合の設計かぶり厚さとして,屋内側については実際の設計かぶり厚さに20 mmを加えた値を採用している[32].

【阿部道彦】

文献

1) 岸谷孝一ほか編:コンクリート構造物の耐久性シリーズ 中性化, p.44, 技報堂出版, 1986.
2) 岸谷幸一:鉄筋コンクリートの耐久性, pp.148-149, 鹿島建設技術研究所出版部, 1963.
3) 日本建築学会:コンクリートの調合設計・調合管理・品質検査指針案・同解説, p.84, 1976.
4) 依田彰彦:高炉セメントコンクリートの中性化, セメント・コンクリート, No.429, 1982. および,依田彰彦,横山 清 40年間自然暴露した高炉セメントコンクリートの中性化と仕上げ材の効果,セメント・コンクリート論文集 20(2), pp.449-454, 2003.
5) 和泉意登志:コンクリートの中性化速度に基づく鉄筋コンクリート造建築物の耐久設計手法に関する研究,大阪大学学位論文, pp.261-262, 1991.
6) 日本建築学会:JASS5, p.148, 2003.
7) 髙田良章:コンクリートの中性化に及ぼす各種要因と中性化進行予測に関する研究,芝浦工業大学学位論文, p.68, 2003.
8) 築地 健ほか:フライアッシュコンクリートの長期性状に関する実験,日本建築学会大会学術講演梗概集, pp.381-382, 2007.
9) 柳 啓ほか:コンクリートの中性化進行予測に関する実験,日本建築学会大会学術講演梗概集, pp.247-248, 1987.
10) 和泉意登志ほか:コンクリートの中性化に及ぼすセメントの種類,調合および養生条件の影響について,第7回コンクリート工学年次講演会, 1985, pp.117-120
11) 二木学会 フライアッシュを混和したコンクリートの中性化と鉄筋の発錆に関する長期研究(最終報告), コンクリート ライブラリー第64号, 1988.3
12) 和田利之ほか:低発熱型セメントを用いたコンクリートの中性化に関する研究(その1～2),日本建築学会大会学術講演梗概集, pp.733-736, 2000.
13) 二村克郎:人工軽量骨材コンクリートの中性化,セメント・コンクリート, No.429, 1982.
14) 友沢史紀ほか:高強度軽量コンクリートの基礎的性質(その3.硬化コンクリートの性質II),日本建築学会大会学術講演梗概集, pp.725-726, 1986.
15) 大久保孝昭ほか:長期間屋外暴露された人工軽量骨材コンクリートの諸性状,日本建築学会構造系論文集, No.561, pp.23-29, 2002.
16) 笠井芳夫編:軽量コンクリート, pp.91-92, 技術書院, 2002.
17) 友沢史紀,桝田佳寛,田中 斉:低品質骨材の適正利用に関する研究,セメント・コンクリート, No.440, pp.23-30, 1983.
18) 嵩 英雄,阿部道彦:建物の長寿命化技術の研究開発,工学院大学総合研究所地震防災・環境研究センター(EEC)研究成果報告書, pp.52-57, 2002(促進試験結果は,友沢らの実験結果による)
19) 太田達見,山崎庸行,桝田佳寛:有効かぶり厚さ設計法の提案,日本建築学会技術報告集,第22号, pp.77-80, 2005.
20) 馬場明生,羽木宏:プレキャストコンクリートの促進中性化試験,日本建築学会大会学術講演梗概集, pp.125-126, 1985.
21) Heinz G. Smolczyk: Written Discussion, Proc. of 5th International Symposium on the Chemistry of Cement, 3, pp.369-384, 1968.
22) 川上英男,脇敬一,多田真由美:長期材齢コンクリートの耐久性評価-実態調査資料のまとめ,福井大学工学部研究報告 43(1), pp.51-58, 1995.
23) 長瀧重義,大賀宏行,佐伯竜彦:コンクリートの中性化深さの予測,セメント技術年報 41, pp.334-346, 1987.
24) 阿部道彦:コンクリートの中性化試験データの表示方法,平成11年度建築研究所春季研究発表会聴講資料建築材料・部材部門, pp.9-18, 1999.
25) 長谷川拓哉,千歩 修:文献調査に基づく屋外の中性化進行予測,コンクリート工学年次論文集, 28(1), pp.665-670, 2006.
26) 嵩 英雄,和泉意登志ほか:既存RC構造物におけるコンクリートの中性化と鉄筋腐食について(その1～3),日本建築学会大会学術講演梗概集, pp.201-206, 1983.
27) 並木洋,阿部道彦,湯浅 昇:RC造建物のコンクリートの中性化に及ぼす各種要因の影響に関する調査,日本建築学会大会学術講演梗概集, pp.1153-1154, 2005.
28) 日本建築学会:鉄筋コンクリート造建築物の耐久設計施工指針(案)・同解説, p.107, 2004.
29) 浦川和也ほか:躯体コンクリートの中性化抑制に寄与する各種仕上げ材の評価,コンクリート工学, 46(7), pp.15-23, 2008.
30) 阿部道彦ほか:コンクリートの促進中性化試験方法の評価に関する研究,日本建築学会構造系論文報告集,第409号, pp.1-10, 1990.
31) 築地 健ほか:屋外暴露による中性化に及ぼす各種環境条件の影響,日本建築学会大会学術講演梗概集, pp.953-954, 2008.
32) 和泉意登志:鉄筋のかぶり厚さの信頼性設計による耐久性向上技術の研究(その1～3),日本建築学会大会学術講演梗概集, pp.523-528, 1984.または,和泉意登志ほか:鉄筋コンクリート造建築物における鉄筋のかぶり厚さの信頼性設計手法の提案-コンクリートの中性化によって鉄筋が腐食する場合-,日本建築学会構造系論文報告集,

33) 川西泰一郎, 濱崎仁, 桝田佳寛：実建物調査に基づくコンクリートの中性化進行に関する分析, 日本建築学会構造系論文集, No.608, pp.9-14, 2006.
34) 内川浩：コンクリート技術者のためのセメント化学雑論, セメント協会誌, p.12, 1985.
35) P. Schiessel：Deutcher Ausschuss fur Stahlbeton, p.255, 1976（図翻訳：福島敏夫）
36) 岸谷孝一, 西澤紀昭ほか編：コンクリート構造物の耐久性シリーズ中性化, 技報堂出版, p.44, 1986.
37) 岸谷孝一, 西澤紀昭ほか編：コンクリート構造物の耐久性シリーズ中性化, 技報堂出版, p.2, 1986.

2.4 塩害

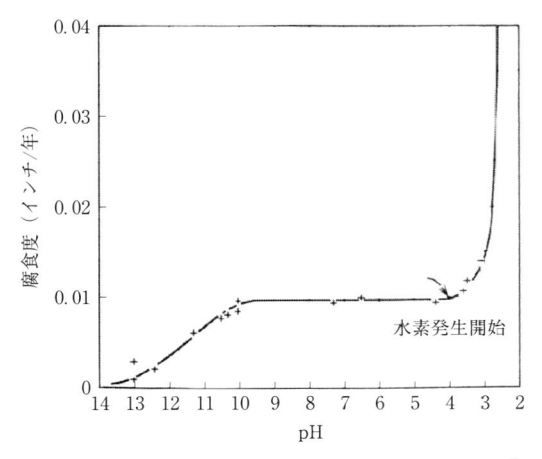

図 2.4.1 環境溶液のpHと鉄の腐食速度の関係を示す例[1]

2.4.1 塩害の定義

コンクリート構造物の塩害をきわめて簡潔に定義すると以下のようになる.

「外部環境からコンクリート中に侵入する, あるいは練混ぜ時からコンクリート中に存在する塩化物イオンの作用により, コンクリート内部の鉄筋が腐食（湿食）し, その際に生成されるさび（酸化鉄）の体積膨張がもとでコンクリートに局部的に引張応力が発生することにより, かぶりコンクリートにひび割れ, 剥離, 剥落が生じる劣化現象」である. なお, コンクリートの練混ぜ時から含まれている塩化物イオンを「内在」塩化物イオン, 硬化後に外部から供給される塩化物イオンを「外来」塩化物イオンと称して区別している.

2.4.2 鋼材の腐食条件

鉄を含めて金属の腐食現象は, 金属の表面が接する環境条件の影響を大きく受ける. 腐食自体が発生するか否か, また, 腐食が進行する速さ（腐食速度）は環境条件によりほぼ決まる. コンクリート中に存在する鉄の場合, その接触環境はコンクリート中の細孔溶液である. コンクリート中の細孔溶液中には数種類のイオンが溶解しており, 通常はpH値が約12〜13のアルカリ性を示す.

一般的な知見として, 鋼材の接触環境, すなわち鋼材を取り巻く溶液のpH値と腐食速度にはきわめて明瞭な関係が見られる. 両者の関係を示す実験データの一例を図2.4.1に示す.

図2.4.1に示されるように, アルカリ性環境（pH値>10）において鋼材の腐食速度は非常に小さく, 中性環境および弱酸性環境（10>pH値>4）においては, アルカリ性環境に比べて腐食速度が大きくなり, 強酸性環境（4>pH値）において腐食速度が急増する. 前述のとおり, コンクリート中の環境, すなわちコンクリート中に存在する細孔溶液にアルカリ性を示すことから, コンクリート中の鉄筋の腐食速度はきわめて小さいことが理解される. 事実, 通常のコンクリート構造物においては鉄筋の腐食が観察される事例は比較的少ない.

アルカリ性の環境下において, 鋼材の腐食速度がこのように大きく低減されるメカニズムは, 鉄の表面に不動態皮膜が生成され, 鉄が不動態化しているためと説明される. 不動態の定義を以下に2つ示す[2].

定義1 金属がある環境中で大きなアノード分極のために優れた耐食性を示すとき, その金属は不動態化している.

定義2 金属が熱力学的には大きな反応傾向を持つにもかかわらず優れた耐食性を示すとき, その金属は不動態化している.

しかし, ある種の条件下においては, 鉄の不動態が破壊される, すなわち鉄の表面の不動態皮膜が破壊されることがある. これにより, 鉄は活性化された状態となり, 腐食反応が進行する. 鉄の不動態を破壊する有害物質としては, ハロゲンイオン（Cl^-, Br^-, I^-）, 硫酸イオン（SO_4^{2-}）, 硫化物イオン（S^{2-}）

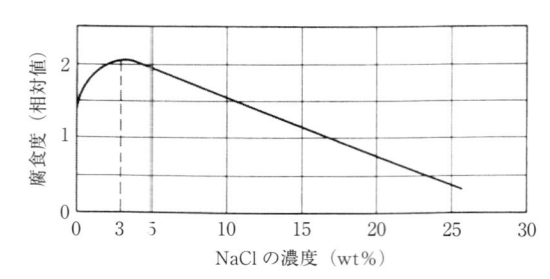

図 2.4.2 環境中の塩化物イオンと鉄の腐食度の関係[3]
（腐食度はいくつかの研究結果を総合してつくった相対値）

$$Fe \longrightarrow Fe^{2+} + 2e^- \qquad (1)$$
$$O_2 + 2H_2O + 4e^- \longrightarrow 4OH^- \qquad (2)$$
$$Fe + O_2 + 2H_2O + 4e^- \longrightarrow Fe^{2+} + 2e^- + 4OH^- \qquad (3)$$

水酸化第一鉄（$Fe(OH)_2$）は水酸化第二鉄（$Fe(OH)_3$）へと変化し，さらに赤さび（$FeOOH$）そして黒さび（Fe_3O_4）へと変化する．

アノード部とカソード部の距離の大小によって，ミクロセルとマクロセルに分類される．文字どおり，両者の距離の小さな腐食セルをミクロセル，距離の大きな腐食セルをマクロセルと称する．

などがあげられている．これらの中でも塩化物イオンはその作用がもっとも激しいことがわかっている．環境中の塩化物イオン濃度と鉄の腐食速度の関係を図2.4.2に示す．おおむね，NaCl濃度として3%程度のときがもっとも腐食速度が大きくなる．ちなみにこの濃度は一般的な海水中における塩化物イオン濃度とほぼ同じ値である．

2.4.3 鋼材の腐食反応

鋼材の腐食は，鋼材表面において鉄の溶出反応（酸化反応）が進行するアノード部と，水と酸素の還元反応が進行するカソード部が同時に生成されることにより開始する．アノード部において進行するアノード反応は以下の式（1）で示され，カソード部において進行するカソード反応は式（2）で示される．このアノード反応とカソード反応は時間的に同時に進行し，トータルとして式（3）に示される電気化学反応が進行している[4]．一組のアノードとカソードの組み合わせを腐食電池（腐食セル）と称している．

2.4.4 コンクリートにひび割れが発生する理由

鉄筋の表面で生成される腐食生成物，すなわちさびの体積はもとの鉄の2.5倍にもなる．したがって，生成されるさびの近傍のコンクリートに引張応力が生じ，引張応力が引張強度より大きくなるとひび割れが生じる．図2.4.3は，内部鉄筋の腐食により生じたコンクリートのひび割れである．主鉄筋に平行に長さの長いひび割れが形成されるのが特徴であり，茶褐色系の色をしたさび汁を伴っていることが多い（図2.4.3）．周囲のコンクリートにひび割れを生じさせる腐食量は約10～20 mg/cm²程度であり[5]，感覚的には非常に少ないさびの量でコンクリートにひび割れが生じることとなる．

2.4.5 コンクリートへの塩化物イオンの供給環境

コンクリート構造物の塩害を引き起こす塩化物イオンを供給源の違いで大別すると，内在塩化物イオンと外来塩化物イオンに分けられることはすでに述べた．内在塩化物イオンとは，コンクリートの練混

橋脚の腐食状況　　橋桁の腐食状況

図 2.4.3 鉄筋腐食により生じたコンクリートのひび割れ（撮影：九州大学大学院　佐川康貴）

(a) 地点別飛来塩分量

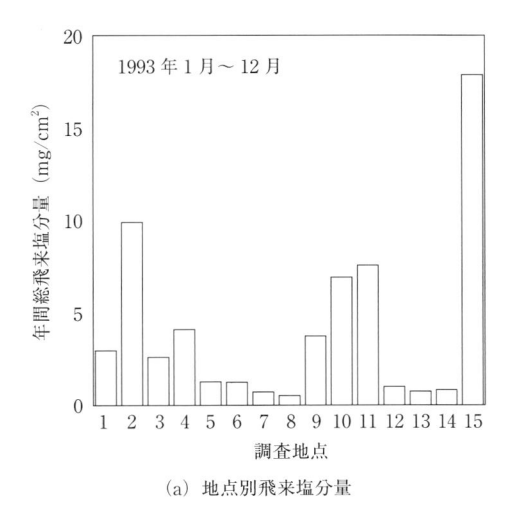

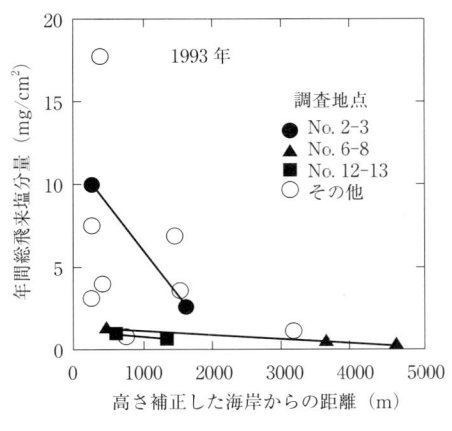

(b) 海岸からの距離と飛来塩分量

図 2.4.4 北陸地方の日本海沿岸における飛来塩分量の測定例[4]

ぜ時から存在する塩化物イオンのことを意味し，外来塩化物イオンとは，硬化後のコンクリートに外部環境から侵入してくる塩化物イオンのことを意味する．

内在塩化物イオンの例として，洗浄が不十分な海砂を細骨材として使用した場合，海水を練混ぜ水として使用した場合，高濃度の塩化物イオンを含む混和剤を使用した場合などが挙げられる．上記のいずれも，現在のわが国では用いられていないと考えてよい．わが国においては，練混ぜ時のコンクリートに対して，0.6 kg/m^3 という総量規制値を設定しており，この規制値を遵守しているコンクリートに関しては，内在塩化物イオンに起因する塩害は生じることはない．

外来塩化物イオンの供給源としてもっとも一般的なのは，海洋環境において海水から供給される場合と，寒冷地に位置する道路で冬期に散布される凍結防止剤から供給される場合である．中でも，海洋環境の海水中，干満帯，飛沫帯，海岸周辺はいずれもコンクリートに対して多量の塩化物イオンが供給される環境である．実際にどの程度の塩化物イオンがコンクリートに供給されるかは，地域ごとに大きく異なるが，冬場の日本海沿岸地方，夏場の沖縄地方などは，わが国の中では大量の塩化物イオンが供給される厳しい環境条件である．図 2.4.4 は，北陸地方（新潟県）の日本海沿岸において実測された飛来塩分量の計測結果の一例である．

2.4.6　コンクリート中における塩化物イオンの挙動

コンクリート中における塩化物イオンの挙動は，コンクリート中の細孔構造と関連付けて理解する必要がある．コンクリート中には，きわめてサイズの小さい細孔が多数存在している．AE剤などにより導入される気泡は独立して存在し，お互いに連結されていないが，一般的に細孔とよばれているものは複雑に連結されており，イオンの移動の経路となる．細孔は細孔溶液とよばれる液体で満たされているが，通常，この細孔溶液はpHが12程度のアルカリ性溶液となっている．コンクリート中においては，鉄筋の表面に存在するアルカリ性の細孔溶液が鉄筋の表面に不動態皮膜を生成させていることはすでに述べた．このように，コンクリート中の細孔は鉄の不動態化を促す，ある意味よい役割を持っているが，一方で塩化物イオンの移動経路としての，好ましくない役割も持っている．

海洋環境に代表される外部環境からコンクリート表面に供給された塩化物イオンはコンクリート内部に向かって移動する．コンクリート中における塩化物イオンの挙動はかなり複雑であると思われるが，一般的には，表面近傍における浸透現象，内部における濃度拡散現象，およびセメント水和物との固定化現象として整理・理解している．

表面近傍における浸透とは，海水のように塩化物イオンを溶解している液体がコンクリートの空隙に吸い込まれて行く現象のことであり，おおむね表面

から2～3 cm程度の深さの部分まで生じているものと考えられている．さらに内部における移動は濃度拡散による．以下の式 (4) は，フィック (Fick) の第2法則と呼ばれる1次元の拡散方程式であり，コンクリート中における塩化物イオンの挙動を解析する基本式として採用されている．なお，この式においては，塩化物イオンの移動方向は1次元であり，コンクリート表面に対して垂直に内部に向かう方向を移動方向と考えている．

$$\frac{\partial C}{\partial t} = D_c \frac{\partial^2 C}{\partial x^2} \quad (4)$$

ここに，C：コンクリート中の塩化物イオン含有量
D_c：コンクリートの塩化物イオン拡散係数
x：コンクリート表面からの距離
t：時間

式 (4) を，式 (5) および式 (6) で示される初期条件および境界条件のもとに解いたものが式 (7) である．この式 (7) を用いて，ある時刻 t において，表面からの距離が x の位置の塩化物イオンを計算することができる．

初期条件　$C(x, 0) = 0$ \quad (5)
境界条件　$C(0, t) = C_0$ \quad (6)
$$C(x, t) = C_0 \left(1 - \mathrm{erf} \frac{x}{2\sqrt{D_c t}}\right) \quad (7)$$

ここに，$C(x, t)$：深さ x cm，時間 t 年における塩化物イオン含有量（kg/m³）
C_0：表面における塩化物含有量（kg/m³）
D_c：コンクリートの塩化物イオン拡散係数（cm²/年）
erf：誤差関数

なお，式 (7) より明らかなことであるが，表面塩化物イオン量（C_0）および拡散係数（D_c）をどのように定めるかが重要になる．土木学会のコンクリート標準示方書においては，表面塩化物イオン量の参考値として表 2.4.1 のような値を示している．

表 2.4.1　表面塩化物イオン量の参考値（土木学会）[7]

		飛沫帯 (m)	海岸からの距離（km）				
			汀線付近	0.1	0.25	0.5	1.0
飛来塩分が多い地域	北海道，東北，北陸，沖縄	13.0	9.0	4.5	3.0	2.0	1.5
飛来塩分が少ない地域	関東，東海，近畿，中国，四国，九州		4.5	2.5	2.0	1.5	1.0

海岸付近の高さ方向については，高さ1mが汀線からの距離25mに相当すると考えてよい．

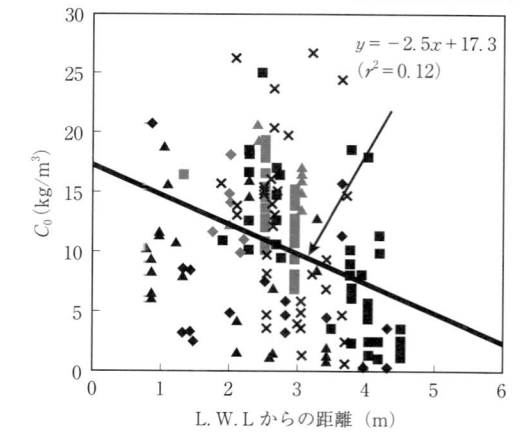

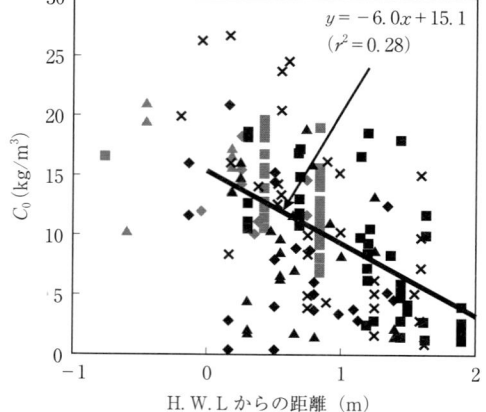

図 2.4.5　桟橋上部コンクリート工における表面塩化物イオン量の実態調査例[9]
L.W.L. (Low Water Level)：干潮位に相当．
H.W.L. (High Water Level)：満潮位に相当．

また，拡散係数の算出式として，式(8)および式(9)を示している[3]．

拡散係数の算出式（OPC）
$$\log_{10} D = -3.9(W/C)^2 + 7.2(W/C) - 2.5 \quad (8)$$
拡散係数の算出式（高炉セメント）
$$\log_{10} D = -3.0(W/C)^2 + 5.4(W/C) - 2.2 \quad (9)$$

もっとも塩害を受けやすい構造物の1つである桟橋式けい船岸について，実構造物の表面塩化物含有量の実態調査を行った事例がある．図2.4.5は実測データを，桟橋下面と海水位の距離で整理したものである．桟橋と海水位の距離が小さいほど，表面塩化物イオン含有量が大きくなる傾向にあることがわかる．また，表面塩化物イオン含有量は，10 kg/m³を超え，最大で20 kg/m³に達する場合もある．このように，常時海水飛沫を受けるような厳しい環境においては，コンクリートに供給される塩化物イオン量は非常に大きなものとなる．

2.4.7 塩害による劣化の進行過程

RC構造物の塩害の進行過程は以下のように，潜伏期，進展期，加速期，劣化期の4段階に分けて説明される．以下，その各期を定義する．

潜伏期とは，供用開始時から，内部鋼材の表面における塩化物イオン濃度が腐食発生に必要となる濃度に達するまでの期間であり，鋼材表面に形成されていた不動態皮膜が部分的に破壊されはじめるまでの期間と定義される．

進展期とは，鋼材表面の不動態皮膜が破壊され腐食が開始されてから，かぶりコンクリートにひび割れが発生するまでの期間として定義される．

加速期および劣化期は，かぶりコンクリートに腐食ひび割れが発生して以降，さらに腐食反応が進展する期間と定義される．加速期と劣化期の境界は，構造性能が低下しはじめる時点と定義されるが，実際の問題として，この境界を明確に示すことは難しいと思われる．

a. 潜伏期の期間を決定する要因

潜伏期の期間を決定する要因は，コンクリートへの塩化物イオンの供給量，コンクリート中における塩化物イオンの移動速度，および鉄筋腐食がはじまるときの鉄筋周囲の塩化物イオン含有量（発錆限界塩化物含有量と称されている）である．先に示した式(7)のC_0がコンクリートへの塩化物イオンの供給量を示し，同式のD_cがコンクリート中の塩化物イオンの移動速度を示す．また，コンクリート中の鋼材の発錆限界塩化物イオン量として，一般的には1.2 kg/m³が示されている．土木学会のコンクリート標準示方書においても，1.2 kg/m³が参考値として示されている．しかし，この発錆限界塩化物イオン量を明確に定めることは難しく，数ある試験データによると，発錆限界塩化物イオン量は大きくばらついており，確率変数として扱うべき数値であるこ

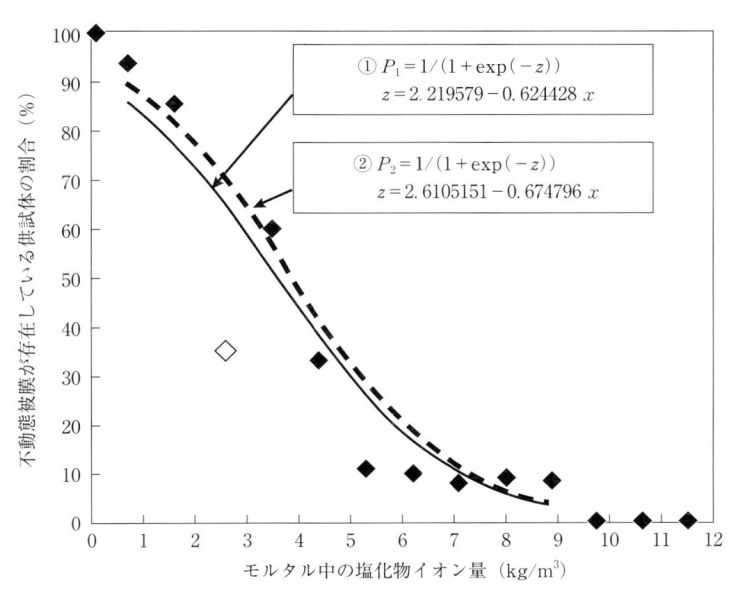

① $P_1 = 1/(1+\exp(-z))$
$z = 2.219579 - 0.624428\ x$

② $P_2 = 1/(1+\exp(-z))$
$z = 2.6105151 - 0.674796\ x$

図2.4.6 モルタル中の塩化物イオン量と内部鉄筋の不動態の破壊状況の関係

とがわかる（図 2.4.6）．現在，一般的に用いられているコンクリートの場合，海洋環境下においては潜伏期は数年程度でしかなく，10年未満で加速期に移行することを考慮する必要がある．

なお，鉄筋周囲の状況により，発錆限界塩化物イオン量はかなり大きくばらつく傾向にある．とくに，鉄筋とコンクリートの界面の空隙構造は大きな影響を及ぼす．

b. 進展期の期間を決定する要因

進展期の長さを決定する要因は，コンクリート中の鉄筋の腐食速度，およびコンクリートにひび割れを生じさせる鉄筋の腐食量（ひび割れ発生腐食量）である．ひび割れ発生腐食量は，コンクリートの強度，かぶり厚さ，鉄筋の配置状態などにより異なってくる．ひび割れ発生腐食量はかなり小さく，おおむね，20 mg/cm² 程度以下でかぶりコンクリートにひび割れが生じている[12),13)]．進展期の長さを正確に計算することは難しいが，潜伏期間にくらべると，進展期間はかなり短くなるものと思われる．

c. 加速期の期間を求める1つの考え方

加速期に入ると，かぶりコンクリートに発生しているひび割れが腐食速度に大きく影響し，一般的には腐食速度は増大する．この加速期における劣化の進行過程のモデルとして以下に示す考え方を紹介する．図2.4.7は，加速期における「鉄筋の腐食量」，「鉄筋の腐食速度」および「コンクリートのひび割れ幅」の三者の関係をモデル化したものである．式(10)に示すように，腐食速度は腐食量の時間微分，逆に言えば，腐食量は腐食速度を時間積分した量として関係づける．また，式(11)に示すように，ひび割れ幅が大きくなると腐食速度が増大する傾向をここでは1次的な関係式で表示する．さらに，腐食量とひび割れ幅の関係を式(12)のように示す．この三者の関係式より，時間とひび割れ幅の関係（ひび割れ幅の時間推移），さらには時間と腐食量の関係（腐食量の時間推移）が式(13)および式(14)のように得られる．

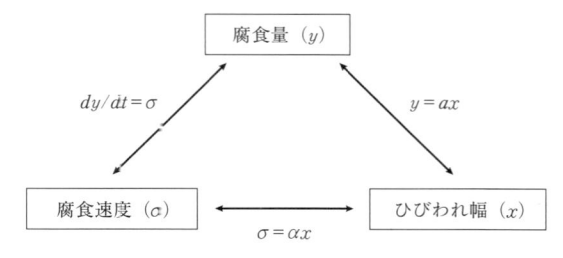

$$\frac{dy}{dt} = \sigma \tag{10}$$

ここに，y：腐食量，t：時間，σ：腐食速度である．

$$\sigma = \alpha x \tag{11}$$

ここに，α：おもに環境条件より決定される係数，x：ひび割れ幅

$$y = ax \tag{12}$$

ここに，a：おもに構造物条件より決定される係数

$$x = Ce^{\frac{\alpha}{a}t} \tag{13}$$

ここに，C：積分定数

$$y = aCe^{\frac{\alpha}{a}t} \tag{14}$$

ここで示したモデルでは，加速期における腐食量は時間の経過に対して指数関数として示される．なお，加速期から劣化期への移行は部材の構造性能の低下が顕著になるときと定義されるが，この境界を明確に示すことは今後の研究課題である．

d. 劣化期の期間を求める1つの考え方

コンクリート構造物において塩害が進行すると，腐食による鉄筋の断面積の減少，かぶりコンクリートの剥落による部材断面の減少が顕著になり，部材の構造性能が著しく低下する．部材の構造性能の低下が要求性能レベルを満足できなくなるときが，すなわち劣化期の終焉となる．これまでに新しく製作した試験体を電食させて載荷試験を行う方法，あるいは実際に劣化している実構造物の部材を切り出してきて載荷試験を行う方法で劣化の程度（鉄筋の腐食量）と部材の構造性能の関係を調べる多くの研究がなされている[15),16)]．これらの実験データによると，鉄筋の断面減少率が大きくなるにつれて部材の構造性能が低下する傾向は明らかである．多くの研究データがあるものの，実験ごとに試験体の形状，寸法が異なること，鉄筋の腐食も一様ではないことから，実験結果には比較的大きなばらつきがある．しかし，その中でもほぼ平均的な傾向として，腐食により主鉄筋の断面積が80%程度に減少すると，部材の降伏荷重や終局荷重は70〜80%程度まで低

図 2.4.7 加速期における「鉄筋の腐食量」，「鉄筋の腐食速度」および「コンクリートのひび割れ幅」の三者の関係[14)]

図中に示す式は三者の関係式の一例である
a：構造物の条件により決定される係数
α：環境条件により決定される係数

下する傾向が示されている．

2.4.8 塩害の進行に影響を及ぼすいくつかの要因

以上，塩害の基本的なメカニズムについて記述してきた．実構造物が塩害により劣化する場合の進行速度は，構造物ごと，さらには1つの構造物であっても部材ごとに異なる．劣化の進行に影響を及ぼす要因は数多く，すべての要因を列挙して説明することはできないが，代表的な要因としては以下のような項目をあげることができる．

セメント種類の影響[17), 18), 19)]，鉄筋とコンクリートの界面の影響[20), 21), 22)]，かぶりコンクリートのひび割れの影響[23)]，ひび割れおよびひび割れの自然治癒の影響[23), 24)]などである．これらの影響に関しては，試験体の海洋環境曝露試験などによりデータの蓄積が進められている．影響の大きさを定量的に明示することは難しいが，定性的にはほぼ把握できている．

【濱田秀則】

文　献

1) H.H.ユーリック，R.W.レヴィー，(岡本・松田・松島訳)，腐食反応とその制御，産業図書（第3版），p.98, 1989.
2) H.H.ユーリック，R.W.レヴィー，(岡本・松田・松島訳)，腐食反応とその制御，産業図書（第3版），p.63, 1989.
3) H.H.ユーリック，R.W.レヴィー，(岡本・松田・松島訳)，腐食反応とその制御，産業図書（第3版），p.110, 1989.
4) 大即信明ほか，コンクリート構造物の耐久性シリーズ　塩害(I)，技報堂出版，pp.23-24, 1986.
5) 土木学会編：2001年制定コンクリート標準示方書［維持管理編］，p.104, 土木学会，2001.
6) 佐伯竜彦・堀岡祐介：新潟県沿岸の飛来塩分環境とコンクリートへの塩分浸透性状，コンクリート工学年次論文集，28(1), 2006, pp.923-928
7) 土木学会，2007年制定コンクリート標準示方書［設計編］，p.111, 2007.
8) 土木学会，2007年制定コンクリート標準示方書［設計編］，p.55, 2007.
9) 山路　徹ほか：実構造物調査および長期暴露試験結果に基づいた港湾RC構造物における鉄筋腐食照査手法に関する検討，土木学会論文集E, 64(2), pp.335-347, 2008.
10) 宮川豊章・小林和夫・藤井　学：塩分雰囲気中におけるコンクリート構造物の寿命予測と耐久性設計，コンクリート構造物の寿命予測と耐久性設計に関するシンポジウム，1988
11) N.Otsuki, T. Nishida and M.S. Madlangbayan：Some consideration about the threshold chloride content values on the corrosion of steel bars in concrete, Proceedngs of the International Workshop on Life Cycle Management of Coastal Concrete Structures, pp.127-134, 2006.
12) 須田久美子・MISRA Sudhir・本橋賢一：腐食ひびわれ発生限界量に関する解析的検討，コンクリート工学年次論文報告集，14(1), 1992.
13) 武若耕司，松本　進：コンクリート中の鉄筋の腐食がRC部材の力学的性状に及ぼす影響，第6回コンクリート工学年次講演会論文集，1984.
14) 日本コンクリート工学協会，コンクリート構造物のリハビリテーション研究委員会報告書，p.8, 1988.
15) たとえば，加藤絵万ほか：建設後30年以上経過した桟橋上部工から切り出したRC部材の劣化性状と構造性能，港湾空港技術研究所資料，No.1140, 2006.9
16) たとえば，加藤絵万ほか：局所的に生じた鉄筋腐食がRCはりの構造性能に及ぼす影響，港湾空港技術研究所報告，47(1), 2008.3, 1～22頁
17) たとえば，大即信明：コンクリート中の鉄筋の腐食に及ぼす塩素の影響に関する研究，港湾技術研究所報告，24(3), pp.183-283, 1985.
18) たとえば，T.U. MOHAMMED・濱田秀則・山路徹：スラグセメントを用いたコンクリートの海洋環境下における長期耐久性，港湾空港技術研究所報告，42(2), pp.155-191, 2003.
19) たとえば，濱田秀則・Tarek Uddin MOHAMMED・山路　徹：30年間常時海水中に暴露されたコンクリートの諸性質について，材料（日本材料学会誌），54(8), pp.842-849, 2005.
20) たとえば，T.U. MOHAMMED, H. HAMADA, T. YAMAJI：Concrete After 30 Years of Exposure-Part 1：Mineralogy, Microstructures, and Interfaces, ACI Materials Journal, 101(1), No.1, pp.3-12, 2004.
21) たとえば，T.U. MOHAMMED, H. HAMADA, T. YAMAJI：Concrete After 30 Years of Exposure-Part 2：Chloride Ingress and Corrosion of Steel Bars, ACI Materilas Journal, 101(1), pp.13-18, 2004.1
22) たとえば，審良善和ほか：鉄筋とコンクリート界面の空隙が鉄筋腐食に及ぼす影響，コンクリート構造物の補修，補強，アップグレードシンポジウム論文報告集，第5巻, pp.1-6, 2005.
23) たとえば，濱田秀則・横田　弘・加藤絵万：かぶりコンクリートに発生したひび割れが材料性能に及ぼす影響，コンクリート工学，43(5), pp.139-143, 2005.
24) たとえば，Tarek Uddin MOHAMMED・濱田秀則：海洋環境下に暴露されたコンクリートの空隙，ひび割れおよび打継ぎ目の自然治癒について―長期暴露試験より観察されたこと，コンクリート工学，46(3), pp.25-30, 2008.

2.5 凍害

2.5.1 劣化現象

コンクリートの凍害は，コンクリート中の水分が凍結することにより発生する劣化である．その劣化現象は，表面におけるスケーリング，ポップアウト，ひび割れとして顕在化し，コンクリートの材質，おかれた環境などにより，劣化形態が異なってくる．凍害による劣化は，一般に，水とじかに接する機会の多い土木構造物の方が，建築構造物に比べ生じやすいといえる．土木構造物において，劣化を受けやすい構造物として，道路橋，港湾構造物，水路，ダムなどがあげられ，とくに水と接する部分は著しい変状を生ずる場合もある．一方，建築構造物では，突出部（軒先，庇，ベランダなど），パラペット，隅角部，屋外階段など水に接する部分については凍害劣化を生じやすい．以下に，代表的な事例を示す．なお，ここでは，初期材齢においてコンクリートが凍結することによって生じる「初期凍害」は触れず，経年による凍害劣化を対象とする．

a. スケーリング

スケーリングは，コンクリートの表面が徐々に剥離する現象である．スケーリング自体は，直接，耐力の低下に結びつくものではないが，耐久性，美観の低下などの問題を生じる可能性がある．図2.5.1～図2.5.3に事例を示す．図2.5.1は，一般的なス

図2.5.2 スケーリングの例（海岸部）

図2.5.3 スケーリングの例（道路地覆）

ケーリングの事例である．図2.5.2は，塩分環境下でのスケーリングの事例である．図2.5.3は，道路の地覆におけるスケーリングである．スケーリングは，海岸部など塩分環境下にある場合，進行しやすくなることが知られている．昨今は凍結防止剤の影響などにより，図2.5.3に示すように，内陸部でも塩害と凍害の複合と見られる劣化が観察されることが増えてきている．

b. ポップアウト

ポップアウトは，一般に吸水率が高い粗骨材が凍結によって破壊し，コンクリート表面が部分的に窪む現象である．図2.5.4, 図2.5.5に事例を示す．低品質粗骨材が用いられている場合に多く見られる．ポップアウトは，スケーリングと同様，断面の欠損が生じるために，耐久性，美観の低下が懸念される．

図2.5.1 スケーリングの例

図 2.5.4 ポップアウトの例（海岸部）

図 2.5.6 ひび割れの例（D クラック）

図 2.5.5 ポップアウトの例（内陸部）

図 2.5.7 ひび割れの例（長手方向）

c. ひび割れ・崩壊

凍害によるひび割れは，亀甲状（地図状）のひび割れ，長手方向に生ずるひび割れ，隅角部に生ずる D 字状に生ずるひび割れ（いわゆる「D ひび割れ」）などがあげられる．図 2.5.6〜図 2.5.9 に事例を示す．ひび割れは，エフロレッセンスを伴うことも多い．また，ひび割れが著しくなると，ある時点でコンクリートの崩壊につながるおそれがある．ひび割れについては，凍害以外の原因でも生じるため，その構造物がおかれている状況などから判断する必要がある．

図 2.5.6 は，D ひび割れの例である．このように隅角部に D 字状に回り込むように生じるもので，凍害のひび割れとして特徴的なものである．図 2.5.7 は地覆の長手方向のひび割れの事例である．図 2.5.8 は，亀甲状のひび割れの事例である．なお，図 2.5.8 は，全体への凍結融解作用とともに，鉄柵が埋め込まれた部分から雨水などが侵入することによって，

図 2.5.8 ひび割れの例（地図状）

その周辺のひび割れが発生したと考えられる．図 2.5.9 は崩壊の事例である．劣化が進行するとやがて崩壊に至る．構造物の維持管理の観点からは，崩壊に至る以前に早期に劣化を発見し，対策を講ずる

図 2.5.9 崩壊の例

ことが必要と思われる．

2.5.2 劣化要因・メカニズム

a. 劣化要因

コンクリートの凍害に影響を及ぼす要因は，一般に内的要因と外的要因に分けられている．内的要因は，水セメント比，空気量，骨材など，コンクリートの物性にかかわる要因であり，外的要因は，温度，湿度，日射，水の供給条件など，周辺の環境条件による要因である．さまざまな要因が関係するが，つきつめて考えれば，凍害は，氷点以下の温度と，水分の存在によって起こると考えられる．その意味で，凍害は，周辺環境の温度が氷点下にならなければ生じえないため，地域によって劣化の危険性が異なる劣化と言える．凍害の危険性に関する地域指標は代表的なものとして，凍害危険度[1]，凍結作用係数[2]，ASTM相当サイクル数[3] などがある．気象庁から出されている159カ所の地上気象観測データに基づく日別の平年値（統計期間：1971〜2000年）を利用し，これらの指標を比較した結果[4] を表 2.5.1 に示す．これを見ると，北海道・東北地方だけではなく，多くの地域で凍害の危険性があることがわかる．また，指標によってその地域の凍害の危険性評価は同じではなく，これらの地域指標を総合的に判断する必要があると考えられる．

b. メカニズム

現在，凍害のメカニズムとして，一般的に考えられているのは，Powers の「水圧説」[5] である．これは，コンクリートの細孔中の水が氷に変化する際，約9%の体積膨張によって水の移動圧が生じ，この圧力がコンクリート組織を破壊するというものである．ここで，発生する移動圧がコンクリートの引張強度を超えないように体積膨張を緩和できる空間があれば，組織が破壊されないと考えられる．この説は，AE剤を使用してコンクリートに細かな独立気泡を連行することが凍害に有効であることをよく説明している．

また，凍結最低温度が低い場合，凍害劣化が激しくなることが知られている．鎌田は，コンクリート中の凍結水量を測定し，水分の凍結量は温度が低下するにしたがい増大することを示し，これを細孔径に依存した融点降下により説明している[6]．融点降下度は，細孔の径が小さくなるほど，その中の水の融点降下度は大きくなる．図 2.5.10 に融点降下度と細孔半径との関係について，これまでの提案された代表的な値を示す[6],[7]．最初は大きな径の細孔中にある水から凍結し，温度が低下するにしたがって次第に小さな径の細孔中にある水が凍結するため，凍結最低温度によって凍結水量が異なることとなり，その結果，劣化程度に違いが出るとしている．

凍結融解において，凍結過程と融解過程で凍結水量の違いが認められており，これは凍結過程の過冷却現象によることを鎌田は指摘している[6]．桂は，セメント硬化体の比抵抗と水分の化学ポテンシャルの関係について実験的検討を行い，凍結最低温度が低くなると，凍結水量が多くなり，同じ温度では凍結時よりも融解時の凍結水量が多いことを示している[7]．桂は，凍結時と融解時の凍結水量の差は過冷却現象によるものとし，この現象を考慮した凍害機構として，以下を提案している．

過冷却現象下にある水が凍結する際の氷晶の成長速さはバルク水の凍結と比較して非常に速いことが知られている．凍結点における氷晶の急速な成長と体積増により，押し出された不凍水は毛細管中を移動し，気泡に排出される．ここで気泡への距離とその間の細孔構造に依存した不凍水圧が発生する．この圧がセメント硬化体の引張強度を超えた段階で組織に破壊が生じるとともに，引き続き起こる凍結による体積増分が組織の変形が生じ，凍害劣化として観察されるというものである．この凍害機構によれば，凍結最低温度が低いほど凍害による変形が大きく，気泡との間隔が短いほど，また組織が緻密化され水を含む大きな細孔が少ないほど凍害による劣化が小さくなることが説明されることになる．

ここで，Powers の「水圧説」に基礎をおいた一連の凍害機構は，飽水状態にあるコンクリートが凍結融解によってコンクリートの組織を破壊する現象を説明しているものである．しかし，一般のコンクリート構造物では必ずしも飽水状態にあるわけでは

2.5 凍害

表 2.5.1 地域の凍害危険性評価指標の比較

地点番号・名	日最低気温の平滑平年値の年間極値	凍結融解作用係数 数値	凍結融解作用係数 適用区分*1	凍害危険度*2 耐凍害性良好	凍害危険度*2 耐凍害性に劣る	ASTM相当サイクル数*3 (回/年) Ra90	ASTM相当サイクル数*3 (回/年) Ra60	地点番号・名	日最低気温の平滑平年値の年間極値	凍結融解作用係数 数値	凍結融解作用係数 適用区分*1	凍害危険度*1 耐凍害性良好	凍害危険度*1 耐凍害性に劣る	ASTM相当サイクル数*3 (回/年) Ra90	ASTM相当サイクル数*3 (回/年) Ra60
47401 稚内	−8.3	12.5	AorB	2	5<	4.9	10.8	47674 勝浦	1.8	−2.7	−	0	1	0.0	0.0
47404 北見枝幸	−11.0	16.5	AorB	3	5<	8.7	17.1	47675 大島	2.6	−3.9	−	0	*	0.0	0.0
47405 羽幌	−10.6	15.9	AorB	2	5<	14.6	26.1	47677 三宅島	6.1	−9.2	−	0	*	0.0	0.0
47405 雄武	−13.2	19.8	AorB	4	5<	14.3	25.8	47678 八丈島	7.1	−10.7	−	0	*	0.0	0.0
47406 留萌	−9.3	14.0	AorB	2	5<	13.7	25.5	47682 千葉	1.0	−1.5	−	0	1	0.0	0.0
47407 旭川	−13.9	20.9	AorB	4	5<	14.9	25.6	47684 四日市	−1.4	2.1	C	0	2	0.8	2.6
47409 網走	−11.3	17.0	AorB	3	5<	10.5	20.0	47690 日光	−9.0	13.5	AorB	3	5<	23.6	41.0
47411 小樽	−7.0	10.5	AorB	2	5<	12.4	25.1	47740 西郷	0.0	0.0	−	*	*	0.0	0.0
47412 札幌	−8.4	12.6	AorB	3	5<	16.1	29.8	47741 松江	0.2	−0.3	−	0	1	0.0	0.0
47413 岩見沢	−11.0	16.5	AorB	4	5<	14.2	25.4	47742 境	0.6	−0.9	−	0	1	0.0	0.0
47417 帯広	−15.4	23.1	AorB	5	5<	26.3	40.8	47744 米子	0.3	−0.5	−	0	3	0.0	0.0
47418 釧路	−12.1	18.2	AorB	4	5<	26.7	43.0	47746 鳥取	−0.1	0.2	−	0	2	0.0	0.0
47420 根室	−8.8	13.2	AorB	2	5<	10.5	20.9	47747 豊岡	−0.9	1.4	−	0	5	0.0	0.0
47421 寿都	−5.7	8.6	B	1	5<	15.0	22.1	47750 舞鶴	−0.5	0.8	−	0	1	0.0	0.0
47423 室蘭	−5.1	7.7	B	1	5<	9.8	21.9	47751 伊吹山	−8.5	12.8	AorB	2	5<	7.4	15.3
47424 苫小牧	−9.6	14.4	AorB	3	5<	26.8	45.0	47754 萩	1.6	−2.4	−	0	0	0.0	0.0
47426 浦河	−7.1	10.7	AorB	2	5<	21.5	39.8	47755 浜田	2.0	−3.0	−	0	0	0.0	0.0
47428 江差	−4.3	6.5	B	1	5	11.5	26.0	47756 津山	−2.4	3.6	C	1	5	4.5	13.2
47429 森	−7.2	10.8	AorB	2	5<	22.3	41.5	47759 京都	0.4	−0.6	−	0	2	0.0	0.0
47430 函館	−7.6	11.4	AorB	2	5<	25.9	45.9	47761 彦根	−0.2	0.3	−	0	4	0.0	0.0
47433 倶知安	−11.7	17.6	AorB	4	5<	17.6	30.5	47762 下関	3.4	−5.1	−	0	0	0.0	0.0
47435 紋別	−11.1	16.7	AorB	3	5<	10.8	20.6	47765 広島	1.1	−1.7	−	0	1	0.0	0.0
47440 広尾	−11.3	17.0	AorB	4	5<	24.5	40.3	47766 呉	1.6	−2.4	−	0	1	0.0	0.0
47512 大船渡	−3.6	5.4	B	0	5	8.7	21.4	47767 福山	−1.1	1.7	−	0	3	0.4	1.4
47520 新庄	−4.9	7.4	B	2	5	15.8	33.2	47768 岡山	0.3	−0.5	−	0	4	0.0	0.0
47570 若松	−4.4	6.6	B	2	5<	12.7	27.9	47769 姫路	−1.0	1.5	−	0	3	0.2	0.7
47574 深浦	−3.4	5.1	B	1	5<	7.6	19.0	47770 神戸	1.9	−2.9	−	0	0	0.0	0.0
47575 青森	−5.1	7.7	B	2	5<	15.6	32.6	47772 大阪	1.8	−2.7	−	0	0	0.0	0.0
47576 むつ	−6.3	9.5	B	2	5<	22.5	42.2	47776 洲本	1.4	−2.1	−	0	0	0.0	0.0
47581 八戸	−5.3	8.0	B	1	5<	16.2	33.3	47777 和歌山	1.7	−2.6	−	0	0	0.0	0.0
47582 秋田	−3.4	5.1	B	1	5	7.9	19.7	47778 潮岬	3.9	−5.9	−	0	0	0.0	0.0
47584 盛岡	−6.6	9.9	B	2	5<	23.1	43.0	47780 奈良	−1.0	1.5	−	0	3	0.0	0.1
47585 宮古	−4.8	7.2	B	1	5	13.7	29.7	47784 山口	−0.6	0.9	−	0	4	0.0	0.0
47587 酒田	−2.1	3.2	C	0	5	3.1	9.4	47800 厳原	1.3	−2.0	−	*	*	0.0	0.0
47588 山形	−4.3	6.5	B	1	5<	11.9	26.7	47805 平戸	3.3	−5.0	−	0	0	0.0	0.0
47590 仙台	−2.7	4.1	C	0	5	4.5	12.7	47807 福岡	2.6	−3.9	−	0	0	0.0	0.0
47592 石巻	−3.5	5.3	B	0	5	7.7	19.3	47809 飯塚	0.3	−0.5	−	0	2	0.0	0.0
47595 福島	−2.6	3.9	C	0	5	4.8	13.2	47812 佐世保	2.2	−3.3	−	0	0	0.0	0.0
47597 白河	−4.5	6.8	B	1	5	13.3	29.3	47813 佐賀	0.4	−0.6	−	0	1	0.0	0.0
47598 小名浜	−1.4	2.1	C	0	3	1.1	5.7	47814 日田	−1.3	2.0	−	0	5	0.7	2.4
47600 輪島	−0.7	1.1	C	0	4	0.0	0.0	47815 大分	1.2	−1.8	−	0	1	0.0	0.0
47602 相川	0.1	−0.2	C	0	2	0.0	0.0	47817 長崎	3.0	−4.5	−	0	0	0.0	0.0
47604 新潟	−0.8	1.2	C	0	4	0.0	0.0	47818 雲仙岳	−1.8	2.7	C	1	5	1.6	5.0
47605 金沢	0.0	0.0	C	0	3	0.0	0.0	47819 熊本	0.2	−0.3	−	0	2	0.0	0.0
47606 伏木	−1.0	1.5	C	0	4	0.0	0.1	47821 阿蘇山	−5.3	8.0	B	1	5<	14.8	30.8
47607 富山	−1.3	2.0	C	0	5	0.7	2.4	47822 延岡	0.8	−1.2	−	0	1	0.0	0.0
47610 長野	−5.2	7.8	B	1	5<	14.8	31.1	47823 阿久根	3.6	−5.4	−	0	0	0.0	0.0
47612 高田	−1.5	2.3	C	0	5	1.7	5.6	47824 人吉	−0.8	1.2	−	0	4	0.0	0.0
47615 宇都宮	−4.0	6.0	B	1	5	9.5	22.0	47827 鹿児島	3.8	−5.7	−	0	0	0.0	0.0
47616 福井	−0.6	0.9	C	0	4	0.0	0.0	47829 都城	−0.1	0.2	−	0	3	0.0	0.0
47617 高山	−6.8	10.2	AorB	3	5<	22.1	41.7	47830 宮崎	2.2	−3.3	−	0	1	0.0	0.0
47618 松本	−6.4	9.6	B	2	5<	21.6	41.2	47831 枕崎	4.0	−6.0	−	0	0	0.0	0.0
47620 諏訪	−7.2	10.8	AorB	4	5<	23.9	43.4	47835 油津	3.6	−5.4	−	0	0	0.0	0.0
47622 軽井沢	−10.2	15.3	AorB	4	5<			47836 屋久島	7.9	−11.9	−	*	*	0.0	0.0

*1 JASS 5-2009 で，激しい凍結融解をうける場合の規定の適用をうける区分．A：適用する．B：重要な部材等の場合に適用する．C：一般には適用しない

2 凍害危険度 5：きわめて大きい⇔1：ごく軽微．耐凍害性良好：良質な骨材を使用または AE 剤を使用したコンクリート，耐凍害性に劣る：品質の悪い骨材を使用した non-AE コンクリート，5<：凍害危険度で 5 を超える場合．：原論文当時，気象データがなかったなどの理由で算出されていない場合

*3 Ra90：気象データから求めた相対動弾性係数が 90％になるときの ASTM 相当サイクル数．Ra60：同じく 60％となるときの ASTM 相当サイクル数．

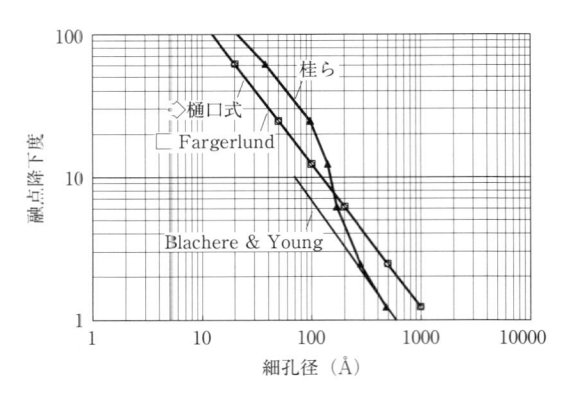

図 2.5.10　細孔径と融点降下度の関係

ない．実環境においては，コンクリート中の含水状態が凍害劣化に大きく影響する．

Bargerら[8]は，含水量を変えた硬化セメントペーストの実験より，氷の生成量は含水量とともに減少し，硬化セメントペーストでは，相対湿度90％で平衡するよりも高い含水率の場合に凍害が生じ，それより低い場合は高い凍結融解抵抗性が期待できることを示している．このように含水率が低い場合，コンクリートの耐凍害性は向上すると考えられる．

コンクリートの含水状態は，夏季においては，雨水の影響，周辺雰囲気の湿度の影響などによって変化するが，冬季においては，それに加えて凍結融解作用による含水状態の上昇を考慮する必要がある．

Setzerは，コンクリートが凍結融解作用を受けた際に飽水状態となるメカニズムを次に示す「Micro-ice-lens pump効果」で説明している[9]．凍結過程において，コンクリートは表面から凍結がはじまる．凍結している0℃以下の温度の部分でも，細孔径に応じた凝固点降下によって凍結していない水分が存在するため，氷-水-水蒸気の三相が共存し，未凍結水と氷に圧力差が生じる．この圧力差によって，未凍結水は氷に移動する．この時，マトリクスは収縮挙動を生じ，ゲル水を細孔に移動させ，この水はさらに氷へと移動する．融解過程において，コンクリートの表面から氷が融解する．温度の上昇に伴って氷と水との圧力差は減少し，マトリクスは膨張挙動を生じる．この時，細孔中の水がマトリクスに供給されるが，細孔中の氷はまだ融解していないため，外部にある水がコンクリート中に侵入することになる．温度上昇が進むにつれて，この現象はコンクリートの表面から内部へと進行し，コンクリートの飽水度が高まっていく．このように凍結融解作用によって，コンクリートは外部から常温では吸水されない量が吸水されることとなる．コンクリートの飽水度がある限界値まで高まったときに凍害が生じるとしている．

このある物質が凍害を生じる限界の飽水度を「限界飽水度」と言い，この説ではその考え方に対応している．図2.5.11にその考え方を，図2.5.12に限界飽水度を求めた事例を示す[10]．限界飽水度S_{cr}に対し，吸水試験によって求まるS_{cap}との関係により，ある物質の飽水度がS_{cr}に達しなければ凍害によって壊れることはないとする考え方である．図2.5.3に示す通り，ある飽水度で凍害対策としては，コンクリートの飽水度を限界飽水度以下に低く抑えることが重要といえる．

スケーリングについては，これまでに示したものとは異なるメカニズムが働いている場合があるが，まだはっきりしていない点も多い．スケーリングは，水セメント比が高い場合，塩分環境下にある場合，施工不良の場合などに分類され，メカニズムもそれぞれによって異なると考えられる．

メカニズムの1つとして，浸透圧に伴う細孔での水の流動圧が要因として指摘されている[11]．コンクリート中の細孔溶液中のアルカリ成分が，細孔溶液の凍結時，未凍結水に析出され，アルカリ濃度が高くなるため，より小さな細孔中の低濃度の未凍結水

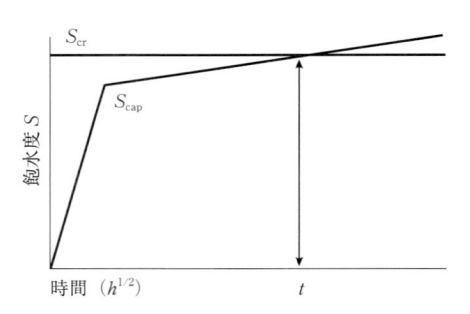

図 2.5.11　限界飽水度の考え方

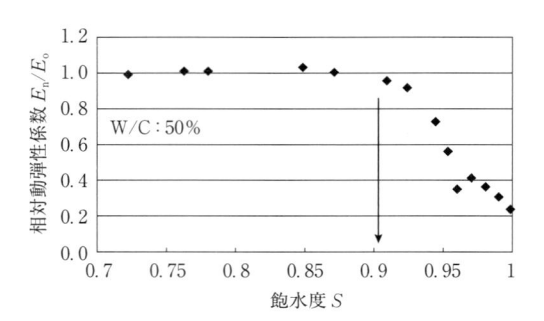

図 2.5.12　限界飽水度S_{cr}の求め方の例

との間に浸透圧が生じ，内部の水分が表層に移動するため，表層の飽水度が高まり，スケーリングが発生するというものである．

また，施工不良などで，ブリージング水が浮いてくる時点で急激な乾燥を受けた場合については次のようなメカニズムが指摘されている[12]．急激な乾燥を受けた場合，表面の骨材間に水のメニスカスが形成され，この毛管圧によってコンクリートのごく表面部分に緻密な層が形成される．しかし，ブリージング水は上昇しているため，この緻密な表面層直下に脆弱層を形成し，凍結融解作用時に表面の緻密層を剥離させる原因となるとしている．また，これと似た現象として，高炉セメントを用いた場合や，含浸材を用いた場合など，表層が緻密になる場合について，緻密層下部にある水分が，凍結融解作用時に表面層を剥離させる現象を生じる場合が報告されている[13]．

凍害に関するメカニズムを概観したが，既存構造物の補修・補強を考える上では，構造物のおかれている環境条件を把握した上で，劣化メカニズムを考慮し，適切な技術選定を行うことが重要と考えられる[14]．

【長谷川拓哉】

文　献

1) 長谷川寿夫：コンクリートの凍害に対する外的要因の研究，北海道大学学位論文，1974．
2) 日本建築学会：建築工事標準仕様書・同解説 JASS5 鉄筋コンクリート工事2003　26節，pp.542-549，2003．
3) 浜　幸雄ほか：気象因子を考慮したコンクリートの凍害劣化予測，日本建築学会構造系論文集第523号，pp.9-16，1999．
4) 長谷川拓哉，千歩　修，長谷川壽夫：地域の凍害危険性評価指標の比較，日本建築学会技術報告集第13巻第25号，pp.23-28，2007．
5) T.C.Powers：A Working Hypothesis for Further Studies of Frost Resistance of Concrete, Journal of American Concrete Institute, 16(4), pp.245-272, 1945.
6) 鎌田英治：コンクリートの凍害機構と細孔構造，コンクリート工学年次論文報告集第10巻第1号，pp.51-50，1988．
7) 桂　修，吉野利幸，鎌田英治：過冷却水の凍結を考慮したセメント硬化体の凍害機構，コンクリート工学論文集第10巻第2号，pp.51-63，1999．
8) D.H. Bager, E.J. Sellevold：ICE FORMATION IN HARDENED CEMENT PASETE, PART 1-ROOM TEMPERATURE CURED PASTES WITH VARIABLE MOISTURE CONTENTS, CEMENT and CONCRETE RESEARCH Vol. 16, pp. 709-720, 1986.
9) M.J. Setzer：THE MICRO ICE LENS PUMP-A NEW SIGHT OF FROST ATTACK AND FROST TESTING,CONSEC01 Proceedings Third International Conference, pp. 428-438, 2001.
10) 満渕えり，千歩修：乾湿繰返しが限界飽水度試験結果に及ぼす影響，日本建築学会大会梗概集，pp.527-528，2003．
11) 融雪剤によるコンクリート構造物の劣化研究委員会報告書，日本コンクリート工学協会，1999．
12) ACI：Freezing and Thawing of Concrete-Mechanisms and Control, American Concrete Institute Monograph No.3, pp.36-41, 1966.
13) 遠藤裕丈，田口史雄，嶋田久俊：スケーリング劣化の予測に関する基礎的研究，コンクリート工学年次論文集，27(1)，pp.733-738，2005．
14) 日本コンクリート工学協会北海道支部：凍害の予測と耐久性設計の現状，2006．

2.6 化学的侵食

文字通りには，化学的作用によってコンクリートが侵食を来たす劣化現象全般を指すこととなり，中性化や塩害もその一部と捉えることができるが，通常は中性化，塩害を除いた化学的作用による劣化の総称として考えられる．

コンクリートが化学的作用を受ける物質はきわめて多岐にわたるが，数多くの化学物質に関して，コンクリートに対する影響の度合いが，表2.6.1のように，これまでにすでに調べられてきている[1]．しかし，これらの化学物質がコンクリートを侵食する程度は，周辺環境の影響を強く受けるため，一概には表2.6.1のとおりとは言えない．また，表2.6.1に示されている化学物質では，きわめて特殊な環境下で使用されるものが多く，一般的なコンクリートの劣化として扱えるものは，この中でも非常に絞られてくる．

その中で，代表的なものは下水道関連施設や化学工場，温泉地，土壌などにおける酸性劣化，硫酸塩劣化となる．

2.6.1 酸性劣化

コンクリート中の細孔溶液はpHが13を超える強アルカリを呈するため，概してコンクリートは酸に対して弱い．セメント水和物は少なからず酸によって分解する．

$$Ca(OH)_2 + 2H^+ \rightarrow Ca^{2+} + 2H_2O \tag{1}$$

表 2.6.1　種々の化合物がポルトランドセメントコンクリートを侵食する程度[1]

ほとんど作用しないかまたはまったく作用のないもの	ある条件のもとでは侵食	普通の侵食	かなり激しい侵食	非常に激しい侵食
しゅう酸 硝酸カルシウム 過マンガン酸ナトリウム すべてのけい酸塩 パラフィン ピッチ コールタール ベンゾール カーボゾール アセトラセン Cumol アリザニン トリオール すべての石油または鉱物油 ロジン油 テレビン油 ニシン油 牛の脂油 肝油 けし油 アルコール さらし粉 塩水 ほう砂 ほう酸 フルーツジュース ぶどう酒（コンクリートが味を悪くするだろう） タンニン酸（酸性でなければ） 砂糖きびと砂糖大根 蜂蜜 パルプ 塩づけキャベツ 糖蜜 酢酸ナトリウム塩 10％以下の水酸化アルカリ溶液 10％以下の硝酸アルカリ溶液および硝酸カルシウム溶液 新鮮なビール	次のものはもし濃度の高い溶液であれば普通の侵食をなす． 　炭酸カリウム 　炭酸アンモン 　炭酸ソーダ 　洗濯ソーダ 次のものはもしそれがコンクリートの乾燥湿潤を繰り返すときには軽く表面を分解する． 　塩化カリ 　塩化ストロンチウム 　塩化ナトリウム 　塩化カルシウム 次のものはコンクリートが空気に露出されるとき，かなり激しい侵食をする． 　綿実油 　オリーブ油 　なたね油 　ひまし油 　からしな油 　やし油 　ココナット油 　しゅろ油 　さらし粉の溶液 密閉してつくられたすっぱい干草はゆっくりと侵食してゆく．甘い干草はいくらか侵食するが，すっぱい干草に比較し，より少ない． 砂糖溶液と少し精製された糖蜜は温度が高ければ特に著しい．うす黒い糖蜜はこれらより活性ではない． 重炭酸ソーダはその溶液の濃度が高けば必ず侵食する． ミルクまたはバターミルクは乳酸の存在により侵食する． 尿は新鮮なときには何の作用もないが，古くなればいくらか侵食する． グリセリンはその溶液の濃度が4％以下であれば，仕上げされたコンクリートに影響をほとんど与えない． シンダーおよび石炭は，普通ごくわずかである．	天然における酸性の水 酢 オリーブ油 魚油 気のぬけたビール 重硫酸塩液 干草 クレオソート 酢酸カルシウム液 重炭酸アンモン 塩化アルミニウム 硝酸アルミニウム 清浄剤 遊離を含んだインク ほう酸ソーダ（ほう砂）	酢 酢酸 フミン酸 炭酸 石炭酸 りん酸 乳酸 タンニン酸 酪酸 没食子酸* ぎ酸 酒石酸 オレイン酸 ステアリン酸 パルミチン酸 塩化マグネシウム 塩化第二水銀 塩化鉄 塩化亜鉛 塩化銅 塩化アンモニウム 塩化アルシウム 硝酸カリウム 硫酸ソーダ 硫酸アンモニウム 硝石 クレゾール フェノール キシロール カーボレニウム	リゾール せんだん油 だいず油 アーモンド油 ウォルフラム油 ピーナツ油 くるみ油 アマ油 牛脂 ラード がちょう油 牛の骨髄 アンモニア塩 水酸化アンモニウム 酢酸アンモニウム ソーダ水 コーンシロップ 乳漿 窒化物 ぶどう糖 みょうばん ココア油 ココアの豆 コーヒーの豆 重硫酸カルシウム塩 フタール酸塩 硫化ナトリウム 亜流酸ナトリウム 重硫酸ナトリウム チオ硫酸ナトリウム	硝酸 塩酸 ふっ化水素酸 硫酸 亜硫酸 水酸化カリ 水酸化アンモニウム 水酸化ナトリウム 硝酸アンモニウム 硫酸アンモン 硫酸コバルト 硫酸銅 硫酸カルシウム 硫酸第一鉄 硫酸アルミニウム 硫酸カリ 硫酸ソーダ 硫酸ニッケル 硫酸亜鉛 硫酸マグネシウム 硫酸マンガン あざらし油 さめ油 鯨油 たら油 羊の足の油 馬の足の油 りんご油 ぎ酸アルデヒド溶液 灰汁

（濃度10％以上）

＊　没食子酸：3,4,5-トリオキシ安息香酸．植物の葉，果実，茎，根などに広く遊離の状態で存在

$$3\text{CaO} \cdot 2\text{SiC}_2 \cdot 3\text{H}_2\text{O} + 6\text{H}^+$$
$$\rightarrow 3\text{Ca}^{2+} + 2\text{SiO}_2 + 6\text{H}_2\text{O} \qquad (2)$$

$$3\text{CaO} \cdot \text{Al}_2\text{O}_3 \cdot \text{CaCl}_2 \cdot 10\text{H}_2\text{O} + 6\text{H}^+$$
$$\rightarrow 3\text{Ca}^{2+} + \text{Al}_2\text{O}_3 \cdot 3\text{H}_2\text{O} + \text{CaCl}_2 + 10\text{H}_2\text{O} \qquad (3)$$

2.6 化学的侵食

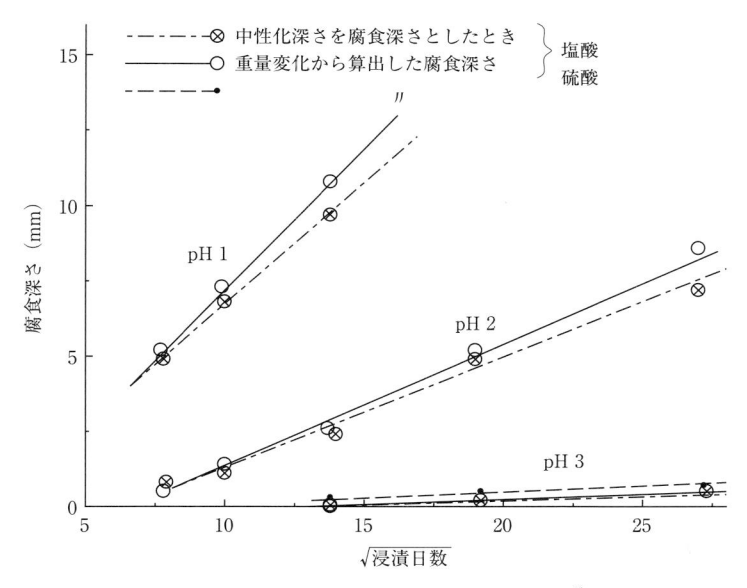

図 2.6.1 酸によるセメントモルタルの腐食速度[2]

$$3CaO \cdot Al_2O_3 \cdot CaSO_4 \cdot 12H_2O + 6H^+$$
$$\rightarrow 3Ca^{2+} + Al_2O_3 \cdot 3H_2O + CaSO_4 + 12H_2O \quad (4)$$
$$3CaO \cdot Al_2O_3 \cdot 3CaSO_4 \cdot 32H_2O + 6H^+$$
$$\rightarrow 3Ca^{2+} + Al_2O_3 \cdot 3H_2O + 3CaSO_4 + 32H_2O \quad (5)$$

上記の分解反応がすべて同時に同程度で起こるのではなく，分解反応の起こりやすさは酸の濃度によって異なってくる．式(1)～(5)の中では，式(1)の水酸化カルシウムの分解反応(酸による中和反応)がもっとも起こりやすい．

酸性劣化では，酸がコンクリートの表面から外的要因として作用するため，劣化はコンクリートの表面から順次進行していく．上記の反応によってセメント水和物が分解され，コンクリートが多孔化あるいは脆弱化する．一般に，酸によるコンクリートの侵食は pH が低いほど早く，また，時間の平方根に比例して進行するとされる（図2.6.1)[2]．

$$y = b\sqrt{t}$$

ここに，y： 酸の浸透深さ（mm）
　　　　t： 酸にさらされる期間（年）
　　　　b： 酸の浸透速度係数（mm/√年）

これは，劣化生成物が表面に付着する場合，以降の酸の侵入が劣化生成物内を拡散して進行するため，反応が拡散律速となることに起因している．しかし，劣化生成物が表面に付着しない場合には，さらに劣化の進行が早くなるため（図2.6.2)，劣化進行の早さは環境条件によって異なると考えなければならない．

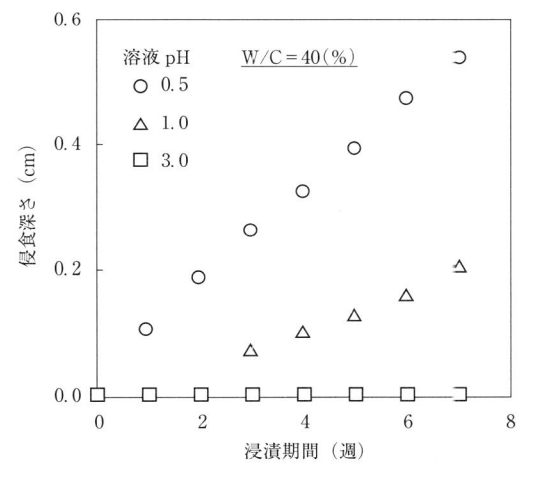

図 2.6.2 硫酸溶液に浸漬したコンクリートの侵食深さ[3]

ここでは，酸性劣化として，微生物劣化，温泉地帯や酸性河川における劣化，侵食性炭酸による劣化について概説する．

a. 微生物劣化

微生物劣化は，下水道関連施設で顕著に見られる劣化現象である．当初は微生物がコンクリートを侵食すると考えられたため微生物劣化とよばれているが，実際は微生物の代謝産物が引き起こす劣化である．

下水中には，し尿や洗剤などに由来して硫酸塩などを起源とする硫黄分が多く含まれている．下水中の嫌気環境下では，硫酸塩還元細菌が炭素源ととも

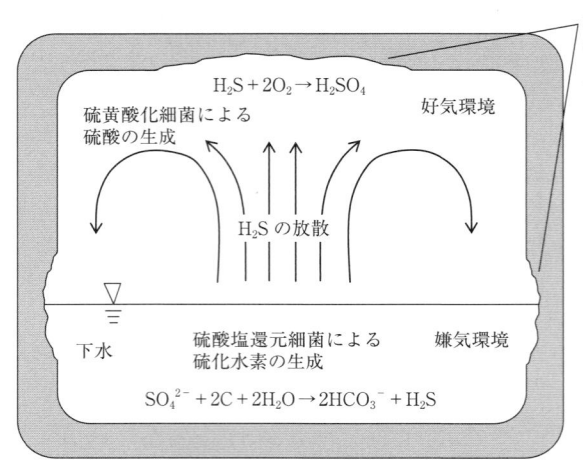

図 2.6.3 下水道関連施設におけるコンクリートの微生物劣化の概念図

これらの硫黄分を摂取して硫化水素を生成している.

$$SO_4^{2-} - 2C + 2H_2O \rightarrow 2HCO_3^- + H_2S \quad (6)$$

下水中に溶解した硫化水素は，下水の乱れなどが生じる部分で気相に放散される．一方，気相の好気環境下では，硫黄酸化細菌（代表的な細菌は，*Thiobacillus thiooxidans*）がこの硫化水素を摂取して硫酸を生成する.

$$H_2S + 2O_2 \rightarrow H_2SO_4 \quad (7)$$

この硫酸がコンクリートを侵食し，コンクリートを劣化させる．以上の微生物劣化を概念的に示したのが図 2.6.3 である．したがって，微生物劣化とよばれているものの，その内容は硫酸劣化である.

硫酸は，式(1)～(5)に示したように，酸としてセメント硬化体を分解するとともに，硫酸イオンはカルシウムイオンと反応して二水石膏を生成し，この二水石膏の膨張によってセメント硬化体組織が破壊される．すなわち，硫酸劣化では，酸による侵食と二水石膏による膨張破壊の両者が作用するが，いずれが卓越して生じるかは環境条件によって異なる.

また，微生物劣化を生じたコンクリート表面の劣化性状も，環境条件などによって異なり，表面のモルタル部分が洗い流されて粗骨材が露出した劣化状況を示すこともあれば（図 2.6.4），表面に脆弱な二水石膏が厚く堆積した劣化状況を示すこともある（図 2.6.5）.

なお，二水石膏の生成に伴う膨張が顕著な場合には，水セメント比が高いコンクリートよりも，水セメント比の低いコンクリートの方が硫酸による侵

図 2.6.4 微生物劣化の一例（表面に粗骨材が露出）

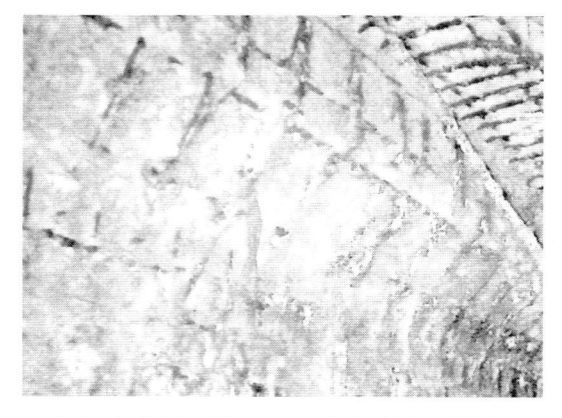

図 2.6.5 微生物劣化の一例（表面に二水石膏が堆積）

食を受けやすいことが報告されている[3]（図 2.6.6）. これは細孔空隙量と関係し，水セメント比の高いコンクリートでは細孔空隙量が多いため，二水石膏生成時の膨張圧を抑制することに起因するとしてい

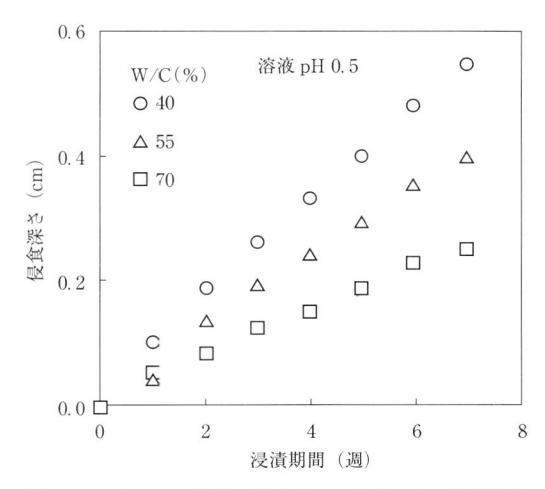

図 2.6.6 水セメント比の異なるコンクリートの硫酸溶液中での侵食深さ[3]

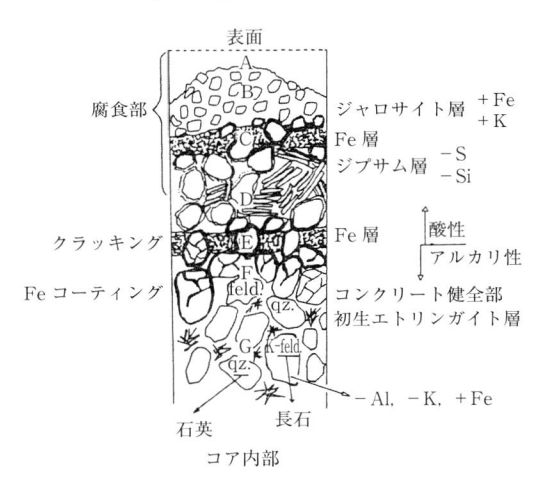

図 2.6.7 微生物劣化を受けたコンクリートコアサンプルの腐食断面[4]

る．

微生物劣化において特徴的なことは，劣化部と健全部との境界付近に Fe 層が生成されることである（図 2.6.7）．先述のとおり，コンクリート中のセメント水和物は酸によって分解される．この中で，セメント鉱物の 1 つである C_4AF に由来する水和物が分解すると，鉄イオンが遊離される．酸による分解が生じている部分でのみ，細孔溶液中の鉄イオンの濃度が上昇するため，鉄イオンは濃度拡散によって内部へ，すなわち健全部の方へと移動する．このとき，酸による劣化を受けている部分と健全部では細孔溶液中の pH が酸性から中性あるいはアルカリ性に急変する．ここで鉄イオンは酸化鉄として沈積し Fe 層を形成する[4]．微生物劣化を引き起こした構造物における補修などでは，除去すべき劣化部の目安として，この Fe 層が活用されることがある．すなわち，Fe 層までを除去して補修を行うという方法である．また，この Fe 層を追跡することで，微生物腐食速度を決定することが可能とする報告もある[5]．

b. 温泉地帯・酸性河川における劣化

温泉地帯では，温泉水や温泉ガス，温泉土壌がコンクリートに侵食をもたらす要因となる．温泉の種類によって関係する劣化因子は異なるが，陰イオンではおもに硫酸イオン，塩化物イオン，炭酸水素イオンであり，酸性泉の場合には，さらに酸としての作用をもたらす水素イオンが関係する．また，ガスとしては硫化水素ガスが劣化因子となりうる．この中で，もっとも著しい劣化を引き起こすのは酸としての作用による劣化である．硫酸イオン，炭酸水素イオンが関与する劣化に関しては，それぞれ硫酸塩劣化，侵食性炭酸による劣化の項を参照されたい．

一方，温泉や鉱泉，鉱山からの廃水を起源とした酸性河川では，酸による劣化が問題となる．

温泉地帯や酸性河川における酸の生成過程は共通であり，ここでは，それらの酸の生成過程に関して概説する．

温泉地帯や酸性河川において問題となる酸は，微生物劣化の場合と同様，硫酸であり，その起源は温泉や鉱泉に含まれる硫黄分，鉱山の硫化鉄や硫黄である．これらが酸化されて硫酸が生成される．硫化鉄や硫黄の酸化は自然の環境下においても進行するが，微生物の作用によって著しく促進される．

硫化鉄は酸化されて硫酸第一鉄と硫酸となり，さらに硫酸第一鉄は酸化されて硫酸第二鉄となる．

$$FeS_2 + 3.5O_2 + H_2O \rightarrow FeSO_4 + H_2SO_4 \quad (8)$$
$$4FeSO_4 + 2H_2SO_4 + O_2 \rightarrow 2Fe_2(SO_4)_3 + 2H_2O \quad (9)$$

硫酸第二鉄の存在下で，硫化鉄は無機的に酸化されて硫酸第一鉄となる．

$$FeS_2 + 7Fe_2(SO_4)_3 + 8H_2O \rightarrow 15FeSO_4 + 8H_2SO_4 \quad (10)$$

鉄酸化細菌（*Thiobacillus ferooxidans*）の存在によって酸化速度が飛躍的に増加し，上記の反応が著しく促進される．また，硫黄酸化細菌（*Thiobacillus thiooxidans*）は，下記の硫黄の酸化を著しく促進させる．

$$S + 1.5O_2 + H_2O \rightarrow H_2SO_4 \quad (11)$$

生成された硫酸がコンクリートに及ぼす作用は，

前項の微生物劣化で述べたとおりである．コンクリート表面の劣化性状はさまざまであるが，概して，表面が脆弱化してモルタル部分が欠損し粗骨材の露出が見られることが多い．

c． 侵食性炭酸による劣化

炭酸は水溶液中で2段階に解離する．

$$H_2CO_3 \rightleftarrows H^+ + HCO_3^- \rightleftarrows 2H^+ + CO_3^{2-} \quad (12)$$

このときの第1解離定数，第2解離定数はそれぞれ 4.45×10^{-7}，4.69×10^{-11}（いずれも25℃）であり，水溶液のpHによって，炭酸イオンや炭酸水素イオンの存在比率が決定される．炭酸イオンの存在比率は高pH域で，炭酸水素イオンの存在比率は中性付近で高くなる．炭酸は弱酸であるため，酸としての作用は強くない．しかし，炭酸水素イオンのカルシウム塩は易溶であり水溶液としてしか存在しないため，高濃度の炭酸が中性付近でコンクリートと接するとき，コンクリート中のカルシウム塩が容易に分解される．このような高濃度の炭酸は侵食性炭酸とよばれている．

侵食性炭酸による劣化事例が，酸素活性汚泥処理施設において報告されている[6),7)]．活性汚泥法とは，下水の浄化処理方法の1つで，下水中に十分な空気を吹き込んでかくはんすると，下水中の浮遊物は一種の好気性微生物集塊を形成してゼラチン状のフロックに変わり，これによって下水の浄化を行う方法である．ここで，大気を曝気する標準活性汚泥法に対して，酸素を曝気する酸素活性汚泥法では，密封タンク内で高濃度酸素を曝気するために，好気性微生物による有機物分解後の炭酸ガスは大気中に拡散されにくく，処理水が高濃度の炭酸を含むこととなる．この高濃度の炭酸が侵食性炭酸として，コンクリートに侵食を来たす．

2.6.2 硫酸塩劣化

硫酸塩がコンクリート内部に侵入すると，水酸化カルシウムと反応して二水石膏を生成する．

$$Ca(OH)_2 + SO_4^{2-} + 2H_2O \rightarrow CaSO_4 \cdot 2H_2O + 2OH^- \quad (13)$$

この二水石膏がさらに未水和のカルシウムアルミネート鉱物あるいはカルシウムアルミネート水和物と反応することによって，膨張性のエトリンガイトが生成される．

$$3(CaSO_4 \cdot 2H_2O) + 3CaO \cdot Al_2O_3 + 26H_2O$$
$$\rightarrow 3CaO \cdot Al_2O_3 \cdot 3CaSO_4 \cdot 32H_2O \quad (14)$$
$$2(CaSO_4 \cdot 2H_2O) + 3CaO \cdot Al_2O_3 \cdot CaSO_4 \cdot 12H_2O + 16H_2O$$
$$\rightarrow 3CaO \cdot Al_2O_3 \cdot 3CaSO_4 \cdot 32H_2O \quad (15)$$

このエトリンガイトの膨張圧によって，コンクリートにひび割れが生じ，さらには膨張破壊にまで至る劣化を硫酸塩劣化とよんでいる．

硫酸塩として硫酸ナトリウムを例に，異なる濃度の硫酸ナトリウム溶液中にコンクリートを浸漬した実験結果を図2.6.8に示す．濃度がある値を超えると急激に著しい膨張を示すこと，膨張の増加は漸増ではなく急激であり，その膨張発生までの期間が長いことが特徴としてあげられる．また，膨張の大きさは，硫酸塩の種類によって異なることが知られている[9)]．

硫酸塩劣化は欧米や中東など海外では多くの劣化事例が報告されており，深刻な問題となっていることがある．国内では，硫酸塩を多く含む土壌などと接するコンクリートにおいて劣化事例が見られるが（図2.6.9），顕在化はしていない．海水にも硫酸塩は多く含まれるため，海洋構造物では硫酸塩劣化を

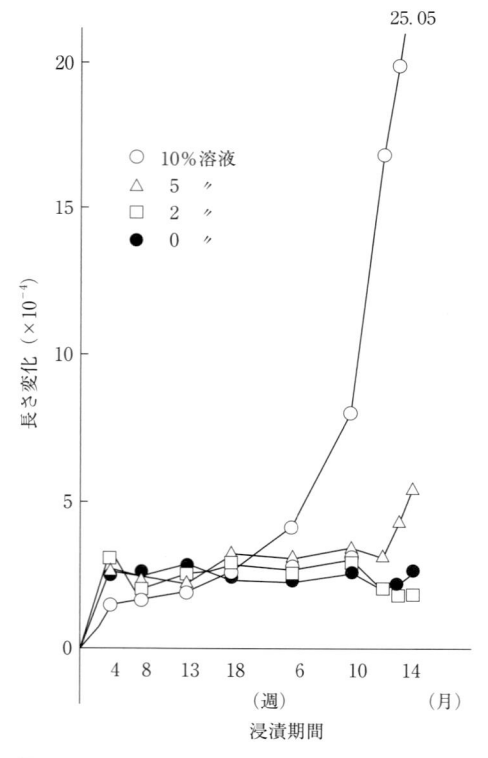

図 2.6.8 異なる濃度の Na_2SO_4 溶液に浸漬したコンクリートの長さ変化（W/C = 0.57）[8)]

図 2.6.9 住宅基礎束石コンクリートの硫酸塩劣化事例[10]

生じやすいが，海水にはマグネシウムも多く含まれるため，水酸化マグネシウムの生成に伴う膨張が複合的に作用する．

なお，上記の硫酸塩劣化とは別に，エトリンガイトの遅延生成（delayed ettringite formation：DEF）による硫酸塩劣化が最近では注目されている．DEF はコンクリート硬化後に二次的なエトリンガイト生成によって膨張劣化をもたらすもので，広義には上記の硫酸塩劣化もこれに含まれる．区別する意味で，上記の硫酸塩劣化を古典的硫酸塩劣化とよぶこともある．

DEF は高温で蒸気養生されたコンクリート製品で見られ，高温養生によって初期のエトリンガイトが熱的に分解した後，温度が低下した条件で徐々に再生成することによって膨張破壊をもたらすとされている．ヨーロッパを中心に海外では劣化事例が多く，広く知られているが，国内での劣化事例の報告はほとんど見られていない．これは，養生条件などが深く関係しているためと考えられている．

さらに新しい種類の硫酸塩劣化として，ソーマサイト硫酸塩劣化が指摘されている．ソーマサイトは英語表記では Thaumasite となり，日本ではタマサイト，タウマサイト，トーマサイト，トーマス石，ソーマス石などともよばれている[11]．ソーマサイトはエトリンガイトと類似の構造を持つ鉱物である．

エトリンガイト：$[Ca_6\{Al(OH)_6\}_2 \cdot 24H_2O](SO_4)_3 \cdot 2H_2O$

ソーマサイト：$[Ca_3Si(OH)_6 \cdot 12H_2O](SO_4)(CO_3)$

ソーマサイトによる劣化は膨張破壊ではなく，C-S-H が分解することによってもたらされるとされており，セメントペースト部分がマッシュ状に膨潤し，まったく強度を示さない[11]．低温でかつ石灰質骨材の使用など炭酸イオンの供給のある条件下で劣化が確認されている．ただし，国内における劣化事例の報告は見られず，また劣化の条件のそろう場所は非常に限定的であると考えられている．

2.6.3 そ の 他

a. 酸性雨が関与した劣化

一般に，pH が 5.6 以下の雨が酸性雨とよばれている．工場や自動車などから排出される排気ガス中に含まれる硫黄酸化物や窒素酸化物が大気中で雨に溶け込み酸性雨となる．

酸性雨の被害は，石灰石や大理石でつくられたモニュメントを中心として，欧米や中国で報告されはじめている．コンクリートに関する酸性雨の被害として，国内において指摘されている顕著な例は，いわゆる「コンクリートつらら」（図 2.6.10）である．コンクリートつららの中からは少なからぬ窒素含有が確認されており，コンクリートつららが酸性雨によってもたらされていることは明らかとなっている[13]．

b. 化学工場・食品工場などにおける劣化

化学工場における強アルカリ溶液による床の洗浄や食品工場における食用油の付着など，化学工場や食品工場などにおいては，通常の環境とは異なる環境下にコンクリートが置かれることがある．そのような特殊環境下において発生する化学的侵食につい

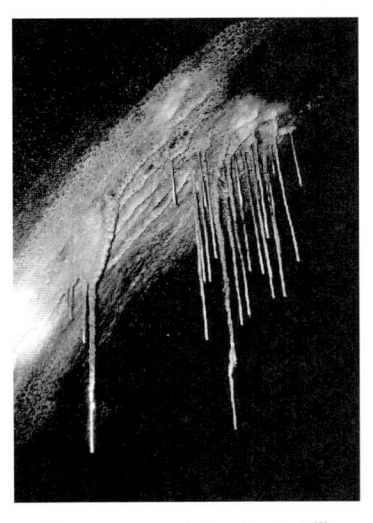

図 2.6.10 コンクリートつらら[12]

1) 有機酸による劣化

有機酸は一般に解離度が低く弱酸となるものが多い．たとえば酢酸は，水溶液中で式 (16) のように解離するが，大半は分子状で存在し，イオン化する割合は低い．

$$CH_3CCOH \rightleftarrows H^+ + CH_3COO^- \quad (16)$$

そのため，酸としての作用は強酸と比較して小さいが，酢酸や乳酸のようにカルシウム塩の溶解度が高い場合には水酸化カルシウムの溶解を進行させ，コンクリートを著しく侵食させることがある．水酸化カルシウムの溶解時に，中和反応によって水素イオンが消費されるため，式 (16) の右向きに平衡が移動してさらに水素イオン，酢酸イオンが解離し，侵食が継続的に進行するためである．

2) 動植物油による劣化

動植物油に含まれる遊離酸や脂肪酸によって，コンクリートは劣化することが知られている[9]．遊離酸は一般に動植物油中での含有量が少ないものの，コンクリートに酸として作用して侵食をもたらし，脂肪酸はセメント水和物の水酸化カルシウムと加水分解してカルシウム塩を生成し，その際に膨張を伴うため，コンクリートに膨張破壊を引き起こすとされている．

3) 塩類の高濃度溶液による劣化

塩化物や硝酸塩などの高濃度溶液は，コンクリートを激しく侵食することが指摘されている[9]．これは，セメント水和物の水酸化カルシウムが塩化物や硝酸塩などと反応して可溶性のカルシウム塩を生成するためであり，これによって硬化体組織が多孔化しコンクリートの強度低下をもたらすと考えられている．

4) 強アルカリ溶液による劣化

コンクリートそのものが通常は強アルカリであるが，非常に高濃度の水酸化ナトリウム溶液や水酸化カリウム溶液にさらされると，コンクリートは激しく侵食することが知られている．この侵食は，セメント硬化体中の石膏，アルミネート水和物などの溶解度が強アルカリ溶液中では大きくなるため，あるいは水酸化ナトリウムでは，空気中の炭酸ガスを吸収して炭酸ナトリウムに変化するが，乾燥して炭酸ナトリウムが析出するとき結晶水を伴い膨張を伴うためにもたらされると考えられている[9]．

【河合研至】

文献

1) 岡田 清・六車 熙：改訂新版コンクリート工学ハンドブック，p.582，朝倉書店，1981．
2) 坂本浩之：セメントモルタルの耐酸性に関する実験，土木技術資料，**14**(8)，pp.38-44，1972．
3) 蔵重 勲・魚本健人：硫酸腐食環境におけるコンクリートの劣化特性，コンクリート工学年次論文集，**22**(1)，pp.241-246，2000．
4) 田崎和江ほか：微生物腐食を受けたコンクリートの鉱物学的研究 (1) ジャロサイトの存在とその生成機構，粘土科学，**30**(2)，pp.91-100，1990．
5) Nonaka, T. et al.：Significance of iron layer as an indicator to determine the microbial corrosion of concretes，土木学会論文集，VI-20，pp.125-131，1993．
6) 田澤栄一ほか：酸素活性汚泥法施設に用いたコンクリートの表面劣化，セメント技術年報，37，pp.374-377，1983．
7) 岡田 清ほか：酸素活性汚泥処理施設におけるコンクリートの腐食について，第6回コンクリート工学年次講演論文集，pp.229-232，1983．
8) 松下博通ほか：硫酸塩によるコンクリートの劣化に関する基礎的研究，第7回コンクリート工学年次講演会論文集，pp.65-68，1985．
9) 水上国男：コンクリート構造物の耐久性シリーズ化学的腐食，pp.34-35，技報堂出版，1986．
10) 松下博通ほか：硫酸塩を含む土壌におけるコンクリートの劣化，第8回コンクリート工学年次講演会論文集，pp.225-228，1986．
11) 土木学会：コンクリート技術シリーズ53 コンクリートの化学的侵食・溶脱に関する研究の現状，pp.21-22，土木学会，2003．
12) 小林一輔：コンクリート実務便覧，p.173，オーム社，2004．
13) 小林一輔ほか：酸性雨の影響を受けたコンクリート中の窒素含有量の分析，土木学会論文集，V-36，pp.221-224，1997．

2.7 アルカリシリカ反応

2.7.1 アルカリシリカ反応の経緯

わが国では，1970年代以前にアルカリシリカ反応 (alkali-silica reaction：ASR) による劣化が存在することが認識されておらず，ASRは潜在化していた．その後，1980年代に阪神地区の橋脚にてASRによるひび割れが発見されると，ASR問題は

北陸，中国・四国，九州などの各地方にも波及していった．当時の構造物は建設後10年程度のものであり，コンクリートのひび割れが問題となった．また，阪神地区，北陸地区でのASRは安山岩砕石を使用したものであり，東海地方ではチャート砕石によるASRも発見された．これらの問題を契機にして，当時の建設省，日本コンクリート工学協会による全国的なASR劣化構造物の調査が始まり，ASR劣化構造物は全国の各地域に存在し，反応性骨材も火山岩，堆積岩および変成岩を起源とする多種多様な岩種のものからなることが明らかになった．同時に，骨材のASR試験法（現行の化学法およびモルタルバー法）およびASRに対する抑制対策が1989年にJIS A5308「レディーミクストコンクリート」の改訂で規格化された．さらに，建設省総合技術開発プロジェクト「コンクリートの耐久性向上技術の開発」の中で，ASR劣化構造物の調査・診断法，補修・補強技術などが提案された．

ASR抑制対策の確立以後は，骨材のASR試験法の普及やセメントのアルカリ量の減少により，新設構造物でのASRの発生は少なくなった．しかし，ASR抑制対策の以前に建設されたASR劣化構造物では，表面塗装とひび割れ注入による補修が実施されたが，外部からの水分を遮断してもASRの進行を完全に停止させることができず，再劣化を生じるものがあった（図2.7.1）．また，2001年に骨材のASR判定結果の改ざんが問題となり，国土交通省よりアルカリの総量規制と混合セメントの使用を対策の基本とした，新しいASR抑制対策が通達された．これを機会に，わが国で使用されている骨材のアルカリシリカ反応性に関する実態調査が全国的に実施された．改ざん問題の背景には，ASR抑制対策の実施が「無害」と判定される骨材の選択に偏重

図 2.7.2 鉄筋破断が発生したRC橋台

され，地域における骨材の実状に十分な配慮がなされていなかったことがあった．また，同年刊行の土木学会・コンクリート標準示方書[維持管理編]には，中性化や塩害，凍害などとともにアルカリ骨材反応の維持管理標準が掲載され，ASR劣化構造物の調査・診断，評価・判定，対策に関する具体的な手順が紹介された[1]．さらに，ASR劣化橋脚や橋台にて鉄筋破断（図2.7.2）が相次いで発見されると，土木学会・コンクリート委員会はアルカリ骨材反応対策小委員会を設立し，ASRによる鉄筋破断の調査およびその機構の解明に精力的に取り組んだ[2]．橋脚での鉄筋破断の問題は部材の耐荷力に直接関係する重大な問題であるので，国土交通省から道路橋維持管理要領（案）が通達され，橋脚の鉄筋破断に関する全国的な調査が現在も継続されている．

2.7.2 アルカリシリカ反応のメカニズム

アルカリ骨材反応（alkali-aggregate reaction：AAR）には，アルカリシリカ反応とアルカリ炭酸塩岩反応（alkali-carbonate rock reaction：ACR）との2種類があるとされてきた（以前，アルカリシリケート反応と言われたものは，現在はASRの一形態であるとされている）．しかし，わが国では，カナダ，中国などで劣化事例が報告されているアルカリ炭酸塩岩反応（粘土鉱物を含有するドロマイト質石灰岩によるものとされている）による劣化が確認されておらず，わが国でのAARはすべてASRであると考えてよい．また，近年，アルカリ炭酸塩岩反応とされた劣化は石灰岩中に存在する潜晶質（隠微晶質）石英によるASRであることが明らかになった[3]．

反応性骨材の周囲でのASRの模式図を図2.7.3

図 2.7.1 橋脚の補修後の再劣化（2次的なひび割れの発生）

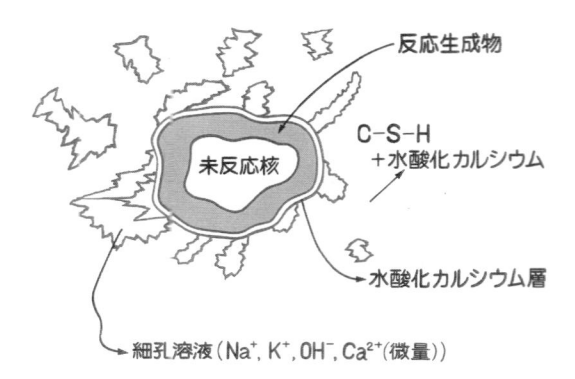

図 2.7.3 反応性骨材の周囲でのASRの模式図

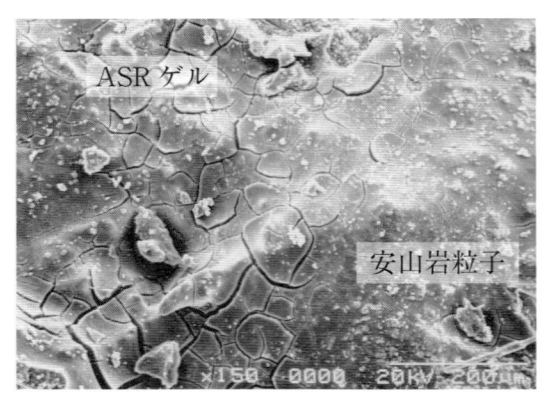

図 2.7.4 安山岩粒子の周囲に生成したASRゲルの形態（コンクリート破断面のSEM観察）

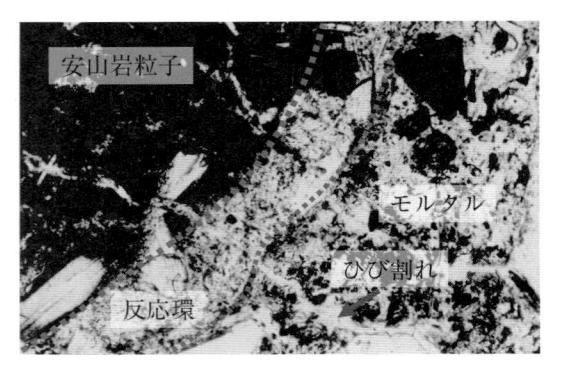

図 2.7.5 安山岩粒子の反応環（リム）とASRゲルが充填したひび割れ（薄片試料の偏光顕微鏡観察）

に示す．ASRはコンクリートの間隙溶液の水酸基イオン（OH⁻）と骨材中のある種のシリカ鉱物（SiO_2）またはガラス相との間の化学反応であると定義できる．ASRに関係するアルカリは，おもにセメントのアルカリ分（Na_2SO_4 および K_2SO_4，セメントの原料である粘土から供給される）と海砂，海砂利に含まれるアルカリ（NaCl）からのものであるが，最近の研究では，骨材中のガラス相，長石などからもアルカリが溶出する可能性があることが報告されている[4]．コンクリートの間隙溶液の水酸基イオン濃度は，セメントの水和反応過程で，高いアルカリ性（pH＝13～13.5，水溶液は水酸化アルカリ（NaOHおよびKOH）からなる）のものになる．骨材中のある種のシリカ鉱物は，コンクリート中の高いアルカリ性をもつ間隙溶液との反応過程（SiO_4 4面体構造のシラノール基の中和反応とシロキサン基の切断反応）で，シリカ鉱物からシリカが多量に溶け出し，図2.7.4に示すように骨材の周囲またはその内部にASRゲルを生成する[5]．ASRゲルの生成速度およ

びその生成量は，シリカ鉱物のアルカリ溶液に対する溶解性（反応性鉱物の種類とその量）や間隙溶液中の水酸基イオン濃度，水分の供給状態などの相互関係によって決定される．ASRゲルはコンクリート内の骨材の周囲に水あめ状の物質（半乾きでは濡れ色を呈する）として生成する．ASRゲルは生成まもないときは無色透明であるが，ASRゲルがコンクリート内のひび割れを移動する際に水酸化カルシウムを取り込んだり，炭酸ガスを吸収したりすることにより，白色の析出物へと変化することがある．反応性骨材の周囲（反応環（リム））のASRゲルは，図2.7.5に示すように間隙溶液を吸水し，膨潤する際に大きな膨張圧を骨材内部の未反応部分を核として発生する．これがコンクリートの膨張およびそれに伴うひび割れの発生の原因となる．ASRゲルの吸水・膨潤性は，ASRゲルの化学組成（$Na_2O(K_2O)$-CaO-SiO_2-H_2O の構成比率）とも密接な関係がある．すなわち，骨材の周囲に生成したASRゲルには，材齢の経過とともにセメントペースト相のCaOが取り込まれ，CaOの比率が高くなるとASRゲル自身の吸水・膨潤性がしだいに低下することが報告されている[6]．

2.7.3 反応性骨材と反応性鉱物の種類

わが国のASRの事例としては，堆積岩，変成岩などによるものが東海地方，中国地方の一部にあるが，これまで調査された事例のほとんどが中新世以後に生成した，比較的新しい火山岩（安山岩，流紋岩など）によるものであり，深成岩や半深成岩による事例は報告されていない．わが国の反応性を有する岩体の分布を図2.7.6に示す[7]．環太平洋火山地

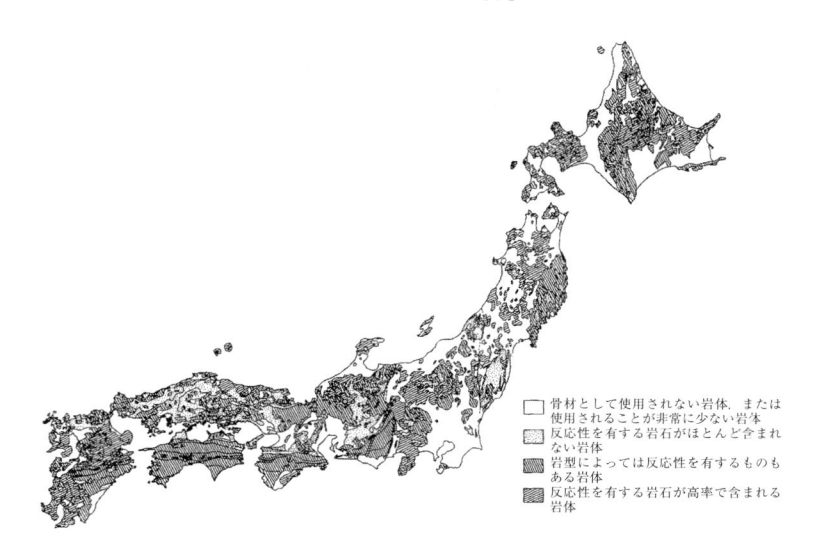

図 2.7.6 反応性を有する岩体の分布状況[7]（文献[7] の図 74 より引用）

帯に位置するわが国では，全国のほぼすべての地域にASRを発生させる火山岩類や火砕岩類の岩体が幅広く分布しているのが特徴である．わが国でのASRは昭和40年代や50年代の構造物に多く発生しているが，これはコンクリートの使用量の急激な増大により火山岩（安山岩，流紋岩など）を砕砂，砕石として使用することが全国的に増加したためである．また，天然骨材として使用されてきた，川砂，川砂利，山砂，山砂利などにも，反応性を有する火山岩（安山岩，流紋岩など）や堆積岩（チャート，凝灰岩など）が混入していることがあり，同様にASRが発生している．とくに，これらの骨材は岩石構成率との関係でペシマム現象（反応性の岩石と非反応性の岩石との組合わせにおいて，一定の岩石混入率においてコンクリートの膨張（劣化）が最大となる）が現れることがあり，反応性の岩石の種類とその混入率に注意が必要になる．国土交通省が平成15年に実施した骨材の全国的な実態調査では，細骨材の約9％，粗骨材の約15％が，化学法（JIS A 1145-2001）により「無害でない」と判定されており，化学法により「無害でない」と判定される骨材は全国各地に存在することが確認されている．

アルカリシリカ反応にかかわる代表的な反応性鉱物の種類を表2.7.1に示す[8]．岩石中の鉱物で水酸化アルカリ（NaOHおよびKOH）からなる水溶液と反応し，ASRを発生する反応性鉱物は，無定形または不安定なシリカ鉱物（クリストバライト，トリディマイト，オパールなど），結晶性の石英であっても，微細な結晶粒や歪んだ結晶格子をもつものであり，これら以外に，火山ガラス（非晶質）などがある．反応性骨材には，火山岩が起源の岩石（安山岩，流紋岩など），堆積岩が起源の岩石（チャート，砂岩，頁岩，凝灰岩など），変成岩が起源の岩石（ホルンヘルス，片麻岩など）などがあり，これらの岩石中には各種の反応性鉱物がさまざまな量および形態で含有されている．したがって，岩石名のみでその骨材のアルカリシリカ反応性の有無を推定することはできない．また，近年，軽量骨材や産業副産物を使用したリサイクル骨材（フェロニッケルスラグ骨材，ガラス破砕砂など）の一部にも反応性鉱物（クリストバライト，ガラス相など）を含有するものがあることが報告されている[9],[10]．

一方，骨材中に反応性鉱物が含まれていても，必ずしも実際のコンクリートにおいてASRによる膨張が発生するとは限らないので，使用する骨材が有害なアルカリシリカ反応性をもつものであるかを判定するためのASR試験法が提案されている．骨材のASR試験法としては，(1)岩石学的試験により骨材中に膨張を引き起こすのに十分なシリカ鉱物又はガラス相が含まれているかを調査する方法（岩石学的検査法（偏光顕微鏡観察，X線回折分析など）），(2)骨材を過酷な条件下で化学的に処理することによって短期間に判定する方法（化学法：JIS A 1145-2001），(3)骨材を使用して作製したモルタルの膨張量より判定する方法（モルタルバー法：JIS A 1146-2001）がある．これらの試験法のうち，

表 2.7.1 アルカリシリカ反応に関わる反応性鉱物の種類[8]

鉱物	化学組成	安定な鉱物	反応性鉱物	（反応性鉱物の補足説明）
〈シリカ鉱物〉 石英	SiO_2		〈特殊な石英〉 潜晶質（微晶質）石英 玉髄質石英 玉髄 歪んだ石英	微細な石英（たとえば5 μm 以下）の集合体 繊維状、針状、網目状などの石英の集合体 繊維状石英と非晶質シリカの集合体 結晶格子の歪んだ石英粒子（波動消光を示す）
クリストバライト トリディマイト オパール	SiO_2 SiO_2 $SiO_2 \cdot nH_2O$	β型（高温） β型（高温）	α型クリストバライト α型トリディマイト オパール 結晶相をもつオパール	低温で生成したクリストバライト 低温で生成したトリディマイト 非晶質シリカ（鉱物粒子間を充填する） オパールの一部が結晶化し、クリストバライト、トリディマイトなどに変化している場合もある．
〈ガラス〉 火山ガラス 骨材に含有するガラス相	ガラス （非晶質）	塩基性のガラス	酸性または中性のガラス	ガラス（非晶質）は結晶性の鉱物ではないが、便宜的に鉱物として分類されることが多い．マグマが急冷してできた岩石の火山ガラスである．溶融・焼成されたリサイクル骨材の一部にはガラス相を含むものがある．

岩石学的検査法は熟練した技術者による判断が不可欠であり、わが国では一般的な試験法としては普及していない．わが国では、(2)の方法として化学法 (JIS A 1145-2001) および (3) の方法としてモルタルバー法 (JIS A 1146-2001) がそれぞれ規定されている．もともと、すべての骨材に適用が可能な ASR 試験法はなく、骨材の岩石・鉱物学的特徴との関係から、それぞれの骨材に適した ASR 試験法およびその判定規準値を選択することが肝要であるとされている．

2.7.4 アルカリシリカ反応の抑制対策

1989年に JIS A 5308「レディーミクストコンクリート」に骨材の ASR の試験法ともに ASR 抑制対策が明記された．わが国の ASR 抑制対策は、(1) 化学法およびモルタルバー法で「無害」と判定された骨材の使用、(2) コンクリートのアルカリの総量規制値（3 kg/m³ 以下）の遵守、(3) ASR 抑制効果が確認された混合セメントの使用（フライアッシュ、高炉スラグ、シリカフュームなどを一定の置換率以上で使用する）の中から、1つの対策を選択することとしている．当初、ASR の抑制対策として、低アルカリ形セメント（等価アルカリ量が0.6％以下のセメント）が推奨されたが、現在ではほとんどのセメントが低アルカリ形セメントのアルカリ量を十分に満足できるまでになっている．したがって、アルカリの総量規制値値（3 kg/m³）を満足できない場合は、高強度コンクリート、プレキャスト製品などの特殊な富配合のものに限定されている．その一方で、海水、凍結防止剤などの外部環境からのアルカリの浸入や骨材自身からのアルカリの溶出の影響を考慮すると、実環境下の構造物でアルカリの総量規制値（3 kg/m³ 以下）が妥当なものであるかどうかの検証が必要である．とくに、ペシマム現象が顕著に現れる、反応性の高い骨材（クリストバライトやオパールが反応性鉱物である場合）では、アルカリの総量規制値を 2～2.5 kg/m³ までさらに厳しくすることやアルカリ総量規制と混合セメントの使用とを併用すること、などの処置が有効である．このことに関連して、RILEM TC 191-ARP 指針[11]では、表 2.7.2 および表 2.7.3 に示すように、骨材のアルカリシリカ反応性の大小と構造物の重要性、使用・環境条件との組合わせより、複数のアルカリシリカ反応の抑制対策を選択する方法を提示しており、より合理的な対策であると言える．現在、高炉セメントの使用量はセメント全体の25％程度まで増えてきているが、わが国では「無害でない」と判定された骨材の ASR 抑制対策として高炉セメントを使用することは少なかった．今後は、地域の骨材資源を活用する目的からも、混合セメント（高炉セメント、フライアッシュセメント）による ASR 抑制対策を積極的に推進することが望ましい．

2.7 アルカリシリカ反応

表 2.7.2 RILEM TC 191-ARP における構造物に種類による ASR 抑制対策の選択

重要度による構造物の分類 \ 環境の厳しさによる分類	E1：外来の湿分から本質的に保護されているコンクリート	E2：外来の湿分にさらされているコンクリート	E3：外来の湿分にさらされ、かつ付加的な劣化要因にさらされているコンクリート
S1：低リスク ・建築物内の非構造部材 ・一時的もしくは短期供用の構造物 ・取替えが可能な部材 ・ほとんどの地域的な構造物	P1：予防措置なし	P1：予防措置なし	P1：予防措置なし
S2：通常のリスク ・ほとんどの建築物と土木構造物	P1：予防措置なし	P2：通常レベルの予防措置	P2：通常レベルの予防措置
S3：高リスク ・長期供用または AAR 劣化による損傷のリスクが受け入れられないと判断される重要な構造物	P2：通常レベルの予防措置	P3：特別なレベルの予防措置	P3：特別なレベルの予防措置

表 2.7.3 RILEM TC 191-ARP と JIS A5308 との ASR 抑制対策の比較

	RILEM AAR-7			JIS A5308
P1： 予防措置なし	AAR 劣化に対して特別な予防措置は必要ない。適切な基準と指針にしたがい、コンクリートの仕様と打設、養生に関する良好な施工がなされるように確認すること			—
P2： 通常レベルの予防措置	AAR 劣化に対する通常レベルの予防措置を採用する。これは、以下の予防措置の1つを選択することができる			—
	M1： 空隙水のアルカリ度を制限する方策	a：	コンクリートのアルカリ含有量の制御	区分a）：コンクリート中のアルカリ総量を規制する抑制対策
		b：	低アルカリセメントの使用	—
		c：	低 Ca フライアッシュ、その他の有効であることが示されたポゾラン、高炉スラグ微粉末のコンクリートへの十分な量の混入	区分b）：アルカリシリカ反応抑制効果のある混合セメントなどを使用する抑制対策
	M2： 反応性シリカの限界量の存在を回避する方策			区分c）：安全と認められる骨材を使用する抑制対策
	M3： 湿分の浸入を減らし、十分な乾燥状態にコンクリートを維持する方策			—
	M4： ゲルの特性を非膨張性に変化させる方策			—
P3： 特別なレベルの予防措置	このレベルの予防策は、一連の損傷が受入れられない構造物においてのみ必要である。一般に、レベル2(P2)の予防措置策の少なくとも2つの複合的な適用が必要である。このレベルの対策は、確実に建設コストの増加につながるので、妥当な理由なしには採用すべきではない			—

2.7.5 アルカリシリカ反応による劣化に影響を及ぼす要因

ASRにより発生する劣化に影響を及ぼす要因を挙げると，(1) セメントの種類とそのアルカリ量，(2) 反応性骨材の種類とその含有量（ペシマム混合率），(3) コンクリートの配合要因（単位セメント量，水セメント比，空気量など），(4) 構造体の要因（部材の断面形状，補強鉄筋量，外部拘束条件など），(5) 構造物の使用・環境条件（温度，水やアルカリの供給状態，日射条件，雨掛かりなど），などがあり，それらの要因は相互に影響している．建築物は，部材断面積に対する拘束鉄筋の量が多く，また塗装やタイル張りにより外部環境（水分，日射など）の影響を直接に受けにくい構造体であるので，基礎（地中ばりや連続地中壁など）を除くと，ASRによる大きな劣化が発生しにくい使用・環境条件下にある．しかし，建築物でも上記の条件が整えばASRが発生する．公民館のタイル外装材にひび割れが発生した事例（図2.7.7）はRC柱部材および壁部材のASRによる膨張がその原因であった．一方，土木構造物である，橋梁の下部工（橋脚，橋台およびフーチング）では，部材断面積に対する拘束鉄筋の量が少なく，屋外環境にさらされることが多いので，いったんASRが発生すると，外部からの水分やアルカリの供給によりASRが長期にわたり継続することによって大きな劣化が発生しやすいのが特徴である．とくに，橋脚や橋台では，降雨や路面排水，土中水の影響を常時受ける部位，すなわち，橋脚のはり端部，橋台の天端，フーチングの側面で顕著なASR劣化が発生している（図2.7.8）．それに対して，橋梁の上部工（RC桁・PC桁）では，コンクリートの水セメント比が小さいこともあり，

図2.7.7 建物の外装タイルに発生したASRによるひび割れ

図2.7.8 スケーリングを伴う劣化が発生した橋脚の梁端部

図2.7.9 ASRと塩害による複合的な劣化が発生したボックスカルバート

ASRにより発生するひび割れ幅は小さいものが多くなり，外部環境の影響を受けやすい耳桁が内部の桁と比較して劣化が顕著になる傾向がある．また，トンネルでは，降雨や日射の影響を直接受ける坑門や坑口付近での劣化がもっとも大きくなり，トンネルの内部では，地山からの水分供給がないときにはコンクリートが乾燥状態にあり，年間を通しての温度変化も小さいので，ASRによる劣化が発生しにくくなる．さらに，海水や凍結防止剤の影響を受ける構造物では，アルカリを含有する塩化物や硫酸塩化合物の供給によりASRが促進されるとともに，鋼材腐食や凍害，硫酸塩腐食などを伴う，複合的な劣化が進行する（図2.7.9）．

2.7.6 アルカリシリカ反応による構造物の劣化形態

ASRが発生しているコンクリート構造物の劣化形態の分類を表2.7.4に示す[12]．ASRが発生している構造物において現れる兆候には多種多様なものがあるが，コンクリートの劣化（ひび割れ，変位・

2.7 アルカリシリカ反応

表 2.7.4 ASR が発生した構造物の劣化形態の分類[12]

種 類	劣化形態	特 徴
コンクリート	(1) ひび割れ	無筋コンクリートや鉄筋量の少ないコンクリートでは，120°の角度で発生する網目状のひび割れ（マップクラッキング）が生じる一方，鉄筋量の多い RC や PC の梁や柱では，拘束によって生じる主応力の方向を反映した方向性があるひび割れが生じる
	(2) 変位・変形	コンクリート構造物の膨張量の相違により変位・変形や段差を生じることがある
	(3) ASR ゲルの滲出	コンクリートのひび割れには白色の ASR ゲルが滲出していることがある
	(4) 変色	ASR が進行すると，コンクリートの表面が茶褐色に変色することがある
	(5) ポップアウト	湿度の高い条件下において，骨材のポップアウト（骨材を核とした，部分的な表面剥離）が生じることがある
	(6) かぶりコンクリートの剥離・剥落	著しいひび割れが生じた箇所では，かぶりコンクリートの剥離・剥落が生じることがある
	(7) コンクリートの強度および弾性係数の低下	アルカリシリカ反応が長期にわたって進行すると，鉄筋の内側のコンクリートにひび割れが進展し，コンクリートの強度および弾性係数が大きく低下することがある
鋼 材	(1) 鋼材の腐食	アルカリシリカ反応によって発生したひび割れは，鋼材の腐食を促進させることがある
	(2) 鋼材の降伏および破断	アルカリシリカ反応によってコンクリートが膨張すると，コンクリートには圧縮応力，鉄筋には引張応力が発生する．このため，アルカリシリカ反応によって過大な膨張が生じた際に，鋼材量の少ない箇所では鋼材の降伏や破断を生じることがある

変形，段差，ASR ゲルの滲出，ポップアウト，変色など）と鋼材の損傷（腐食，降伏・破断など）とに分けることができる．これらの中で，コンクリートのひび割れは ASR 劣化のもっとも代表的かつ本質的なものであり，ひび割れの目視による調査・点検は，劣化原因が ASR によるものであるか，ASR が進行しているかどうか，を判断するときの有力な手段の1つとして活用できる．

ASR によって発生する構造物のひび割れには2種類のものがある．1つは，コンクリート内部での ASR による膨張によって発生した，10 μm 程度の微細なひび割れであり，通常肉眼では観察できないものである（図 2.7.10）．コンクリート内の微細なひび割れを偏光顕微鏡や蛍光顕微鏡で観察すると，反応性骨材粒子から毛細管血管のような，複雑なひび割れが網の目状に発達している様子が観察できる．欧米の諸国では ASR 劣化構造物から採取したコンクリート片の偏光顕微鏡や蛍光顕微鏡観察により ASR 劣化を判定する手法が普及している．もう1つは，コンクリートの表面に肉眼で観察される巨視的なひび割れである．この際に，構造物表面のひ

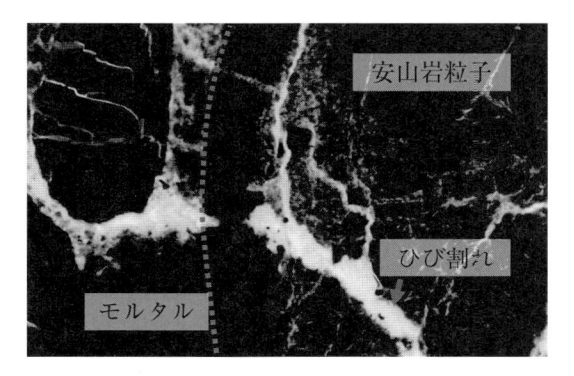

図 2.7.10 安山岩粒子と周囲のモルタルに発生した微細なひび割れ（薄片研磨試料の蛍光顕微鏡観察）

び割れは大きさや形状が一様ではなく，構造物の外部拘束や鉄筋量（内部拘束）の影響を受けたものとなっていることに注意する必要がある．すなわち，無筋コンクリートや鉄筋量の少ない構造物では，亀甲状のひび割れが表面に発生することが多く，ひび割れは ASR による膨張と乾燥・湿潤や温度変化の繰り返しとの複合的な作用により拡大する（図2.7.11）．一方，通常の RC や PC 構造物では，鋼

材の拘束に直交する方向のひび割れは発生しにくいので、鋼材に沿った方向性のある、ひび割れが発生することが多い（図2.7.12, 図2.7.13）。実構造物のASRの進行状況は局所的な環境条件によっても大きく相違するので、ASRの劣化程度の相違が構造物の変位・変形量の増大や段差の発生といった、新たな変状をもたらすこともある（図2.7.14）。

コンクリートの表面劣化としては、ひび割れ以外にASRゲルの滲出、ポップアウト、変色などがあるが、これらの兆候は必ずしもすべてのASR劣化構造物に顕在化するものではない。ASRゲルの滲出は、図2.7.15に示すようにコンクリート内部で生成したASRゲルがひび割れを通って表面に浸出してくるものであり、生成時には無色透明であったものが、炭酸化の進行とともに白色になり、ASRゲルが流出した表面の跡には特有の筋模様が形成される。また、ボックスカルバートやトンネルの内側など、つねに湿度が高い箇所では、図2.7.16に示

図2.7.11 テトラポットに発生したASRによるひび割れ

図2.7.12 橋脚に発生したASRによるひび割れ

図2.7.13 PC舗装に発生したASRによるひび割れ

図2.7.14 橋梁高欄に発生したASRによる段差

図 2.7.15 トンネル坑口における ASR ゲルの滲出

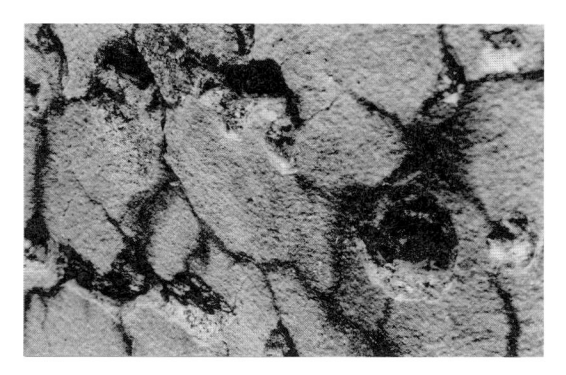

図 2.7.16 ASR と凍害によるポップアウトの発生

すようにコンクリートの表面近くにある反応性骨材粒子が膨張して，その部分のモルタルを円錐状に外部に押し出す現象（ポップアウト）が発生することがある．さらに，ASR が発生した構造物では表面が茶褐色に変色しているのがしばしば観察される．この理由はよくわからないが，反応性骨材に含有されているパイライト（硫化鉄）から鉄分が解離し，それが表面で濃縮されていることも一因であると考えられる．

従来，ASR 劣化構造物では，ひび割れの幅や密度がかなり大きなものになるので，鋼材の腐食にとくに注意が払われてきた経緯がある．しかし，最近の調査より，海洋環境や凍結防止剤の散布箇所のような厳しい塩分環境下以外では，構造物中の鋼材の腐食が意外と進行していないことが多いと報告されている．構造物のひび割れは ASR ゲルによって充填されていく過程で外部からの水分が浸透しにくくなり，鋼材周囲に蓄積された ASR ゲルは鋼材をアルカリ性雰囲気にすることによりさびにくくする作用（再不動態化）があることがわかってきた．一方，ASR により過大な膨張が構造物に発生した場合に

は，コンクリートの強度低下，鉄筋とかぶりとの付着力の低下，曲げ加工部や圧接部での鉄筋破断などの重大な損傷が発生することも確認されている．とくに，反応性の高い安山岩砕石による ASR 劣化が深刻な，北陸地方や関西地方の RC 橋脚の梁やフーチング，橋台などでは，せん断補強鉄筋（スターラップ筋および折り曲げ鉄筋）が曲げ加工部で破断している事例が相次いで発見されている[2]．

【鳥居和之】

文献

1) 土木学会編：コンクリート標準示方書［維持管理編］, pp. 142-156, 土木学会, 2001.
2) 土木学会・アルカリ骨材反応対策小委員会報告書：アルカリ骨材反応対策小委員会報告書－鉄筋破断と新たなる対応, コンクリートライブラリー, 124, 2005.
3) Katayama, T.: How to Identify Carbonate Rock Reaction in Concrete, *Materials Characterization*, 53, pp. 85-104, 2004.
4) 野村昌弘ほか：実構造物における骨材からのアルカリ溶出の検証, コンクリート工学年次論文集, 28(1), pp. 791-796, 2006.
5) 川村満紀, 枷場重正：アルカリ・シリカ反応のメカニズム, コンクリート工学, 22(2), pp. 6-15, 1984.
6) 川村満紀, Chatterji, S.：コンクリートの材料科学, pp. 178-180, 森北出版, 2002.
7) 建設省地質化学部：日本産岩石のアルカリシリカ反応性, 土木研究所資料, 2840, pp. 145-149, 1990.
8) 中部セメントコンクリート研究会：コンクリート構造物のアルカリシリカ反応, 理工学図書, 1990.
9) 杉山彰徳ほか：人工軽量骨材のアルカリシリカ反応性と ASR 判定試験法の提案, 土木学会論文集 E, 63(2), 2007.
10) 鳥居和之ほか：廃棄ガラス起源リサイクル砂のアルカリシリカ反応性に関する研究, 材料, 55(10), pp. 905-910, 2006.
11) Nixon, P. et al.: Developing an International Specification to Combat AAR Proposals of RILEM TC 191-ARP, *Proc. of the 12th Inter. Conf. on Alkali-Aggregate Reaction in Concrete*, 1, pp. 8-16, 2004.
12) 日本コンクリート工学協会：コンクリート診断技術 '06［基礎編］, p. 196, 2006.

2.8 鉄筋コンクリート床版の疲労

道路橋の鉄筋コンクリート床版（以下，RC 床版という）は，直接的に輪荷重を支える構造部材で橋梁部材の中でもひときわ過酷な荷重状態にあり，一

度損傷が生じると，輪荷重の作用，雨水の浸透などによって短期間のうちに損傷が進展しやすい．昭和40年代後半には，供用間もないRC床版に格子状のひび割れが生じ，コンクリートの部分はく落や舗装面の陥没などの損傷事例が報告され，全国的に問題となった．ここでは，損傷事故発生以来，その原因究明と対策方法の確立のために検討を進めてきた，阪神高速道路における検討結果[1), 2)]を例にRC床版の疲労損傷について述べる．

2.8.1 損傷の発生

昭和47（1972）年5月，阪神高速道路大阪堺線で，続いて大阪守口線でRC床版に穴があくという損傷が発生した．両路線とも供用開始からまだ数年しかたっておらず，この損傷発生に関係者は大変衝撃を受けた．

ただちに現地調査に入ったが，大阪堺線の損傷状況は床版下面に30 cm大の欠損穴と約1.5 m×4 mの範囲に亀甲状のひび割れや剥離しかかったコンクリートの破壊が見られた．さらに舗装面には3 m²の広さにわたって深さ30～50 mmのくぼみがあった．舗装撤去後の床版面には縦横のひび割れが無数に見られたが，鉄筋には損傷らしきものは何もなく，一部のコンクリートのみが崩壊して大小の塊状化状態（以下，砂利化という）になっていた（図2.8.1～図2.8.2）．なぜ，このようにRC床版が早く損傷するのか，また，鉄筋は健全のままでコンクリートのみが崩壊するのか，当時その原因は不明であった．

その事態を重くみて早急に全線総点検を行い異常箇所の発見に努めると同時に，京都大学岡田清教授（当時）を委員長とした「コンクリートスラブ技術委員会」を発足させ，原因を調査するとともに補修方法について検討を行った．

当該箇所に対する委員会の調査結果は，「損傷があった付近のコンクリート強度は設計強度を確保しており，また，工事の施工記録から判断してもコンクリートの配合および強度は全体として問題ないと考えられる．また，損傷があった局部のコンクリート強度が，その付近の強度より相対的にたまたま低い場合でも法定輪荷重範囲内の荷重であれば，別に問題とするには当たらない．しかし，交通の現状を見ると過積載車が通過しており，その結果，設計荷重以上の繰り返し荷重が床版に加わり，コンクリートの耐久性が急激に減少したものと推測される．そして亀裂が発生・進行し，剥離現象が生じたものと思われる」と報告された．

2.8.2 損傷状況調査

損傷事故発生以来，RC床版の詳細点検を行い，その結果を分析してきた．損傷形態は大小様々であるが，それらを分類したものが図2.8.3である．この表からも推測されるとおり，ひび割れ損傷は，

1) 一方向ひび割れの発生
2) ひび割れの二方向化
3) ひび割れの亀甲状化
4) ひび割れの貫通・遊離石灰の発生
5) 角落ち・ひび割れのスリット化
6) コンクリートの抜け落ち

の順序で生じている．

この過程をもう少し詳しく見ると以下のように考えることができる．

図2.8.1 舗装面損傷の状況[1)]

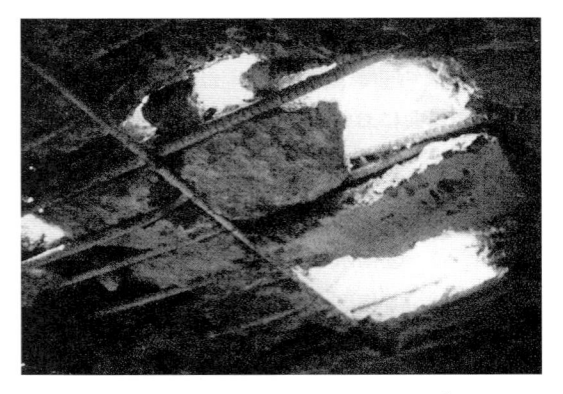

図2.8.2 床版コンクリート損傷の状況[1)]

2.8 鉄筋コンクリート床版の疲労

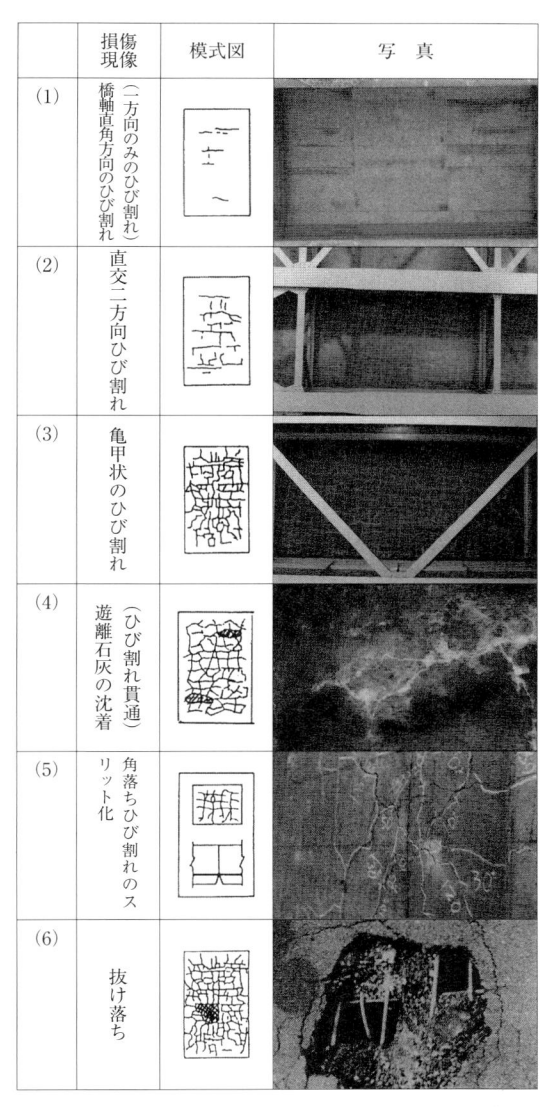

	損傷現像	模式図	写真
(1)	(二方向のみのひび割れ)橋軸直角方向のひび割れ		
(2)	直交二方向ひび割れ		
(3)	亀甲状のひび割れ		
(4)	(ひび割れ貫通)遊離石灰の沈着		
(5)	角落ちひび割れのスリット化		
(6)	抜け落ち		

図 2.8.3 床版コンクリートのひび割れ形態の分類[1]

a. 一方向（主として主鉄筋方向）のひび割れの発生

合成桁の RC 床版はずれ止めにより，また非合成桁の床版はスラブ止めにより鋼桁に固定されているため，コンクリートの乾燥収縮，温度変化により床版に引張応力が生じる．

一方，床版に輪荷重が載荷されると，主鉄筋方向，配力鉄筋方向に曲げモーメントが生じる．したがって，床版下面ではこの曲げモーメントによる引張応力などが重ね合わされ，最初に主鉄筋方向にひび割れが発生する場合が多くなる．とくに，昭和 42(1967)年の床版設計に関する道路局長通達が出される以前に設計された RC 床版では配力筋が極度に少ないため，ひび割れ幅もかなり大きいものとなっている．

b. 二方向ひび割れの生成

主鉄筋方向にひび割れが生じると，配力鉄筋方向の曲げ剛性は主鉄筋方向の曲げ剛性に比べてかなり小さくなり，床版は等方性版から異方性版へと変化する．すなわち，ひび割れのために剛性が低下することにより配力鉄筋方向の曲げモーメントの負担率が低下する．その反面，剛性の大きい主鉄筋方向の曲げモーメントの負担率は大きくなり，配力鉄筋方向のひび割れが生じることになると考えられる．

さらに，主鉄筋方向，配力鉄筋方向に生じた曲げモーメントにより二方向に発生したひび割れによって，せん断ならびにねじりせん断剛性の低下をもたらし，損傷の度合いを進めていく．

c. 二方向ひび割れの発達と亀甲状化

早期に生じたひび割れが伸長を遂げる間にそれらの中間にさらに新しいひび割れが加わり，しだいにひび割れは亀甲状に発展する．また，二方向に生じたひび割れが輪荷重の繰り返し作用を受けて，しだいにその長さ，幅，深さを増し，同時にねじりモーメント，乾燥収縮によって床版上面からもひび割れが発生する．この上下からのひび割れが連続すると，すなわち，床版全厚におよぶと，床版下面に石灰質の白い滲出物が見られるようになる．これは床版上面から浸透した水がコンクリート中の遊離石灰を連行し，床版下面に滲出するからであり，この時点でひび割れが完全に貫通したとわかる．

20～30 cm 角程度の亀甲状ひび割れまで細分化されるとひび割れ密度の進展は停止するが，載荷が繰り返されると，ひび割れの開閉，こすり合わせ挙動により，その端面では，角落ちが発生し，急速に進むようになる．なお，湿潤状態ではこの損傷の度合いが加速されるとの報告がある[3]．

d. コンクリートの剥落と抜け落ち

ひび割れ面の劣化がさらに進むと，コンクリートの剥落や陥没が生ずる．この状態になると路面上にも放射状あるいは蜘蛛の巣状のひび割れが生じていることが多い．陥没を生じた部分のコンクリートは有効に作用せず，鉄筋のみでコンクリートの抜け落ちを防いでいる状態となり，コンクリートは圧縮部

材としての機能を失い，鉄筋のみで輪荷重を支えることになる．この状態もある限度に達するとコンクリートは完全に抜け落ち床版に穴があき，最終的損傷となる．

2.8.3 考えられる原因

RC床版に発生する損傷には種々のものがあり，その原因を一律に見出すことは難しいことであるが，各種の調査・実験などから明らかになった一般的な要因は次のとおりである．

a. 過大な輪荷重

当時，床版の設計荷重は輪荷重8 tf，一軸荷重8 tf×2＝16 tfの後輪一軸車を基本としており，車両制限令においては，一軸10 tf，一車重量20 tfを基本的には最大としていた．しかし，現実には軸重26 tf，全重量48 tf（三軸車）というような，設計荷重車両の2.4倍もの重量の違反車両の走行が確認されている．このような重量車の走行は，床版に大きな曲げ応力が生じ，初期のひび割れを発生させ，この初期ひび割れがその後の床版の疲労破壊に大きな影響を与える．

b. 交通量の増大

交通量の増大，とくに大型車両の増加は床版の疲労に大きく影響する．昭和55年度の調査によると大型車の混入率は，阪神高速道路においては，大阪5.7％，神戸1.3％，全線で7.1％である．違反車両に対して軸重計を設置して対処しているが，絶対通行量の減少は見られず，床版は疲労に対して過酷な状況にあった．

c. 床版厚さの不足

現行の基準に比べて，旧基準で建設されたRC床版は薄いものが多い．この床版厚さの不足は，大型車の載荷時に曲げによるひび割れが発生しやすく，ひび割れが発生した床版はせん断力やねじりせん断力の抵抗力が低下し，貫通ひび割れが発生しやすくなる．これを防止するために現行の設計基準では鉄筋の許容引張応力度 140 N/mm^2 に対して 20 N/mm^2 程度の余裕を持たせ，床版の最小全厚を規定している．

d. 配力鉄筋の不足

昭和42（1967）年，示方書改訂以前に設計施工された床版は，配力鉄筋量が主鉄筋量の25％程度と現行基準の1/3〜1/4程度であった．床版の配力鉄筋は，橋軸方向の連続性を保持する役割を有している．配力鉄筋不足によって橋軸方向の連続性が悪くなると版として作用しなくなり，橋軸直角方向の荷重分担が過大となり損傷の度合いを促進する．これらの損傷の促進を防止する工法としては鋼板接着工法が一般的に使用されている．

e. 主鉄筋の曲げ上げ位置の不適正による鉄筋量不足

連続版の主鉄筋の曲げ上げ位置は，昭和48（1973）年以前の基準では床版支点から$L/4$の位置で曲げるものとしていた．しかし，版としての応力解析結果によると正の曲げモーメントは図2.8.4のようななべ底形になることが判明している．このため従前のものは，主鉄筋の曲げ上げ部分で鉄筋量が不足し，この部分に橋軸方向のひび割れが数多く発生することとなる．現行基準では曲げ上げ位置を支点から$L/6$点に変更して対処している．

f. コンクリート品質の低下

昭和40年代の前半にコンクリートの粗骨材が川砂利から砕石に移行した．この時期にポンプ打設が

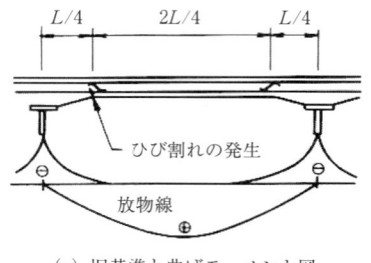

(a) 旧基準と曲げモーメント図　　(b) 現行基準と曲げモーメント図

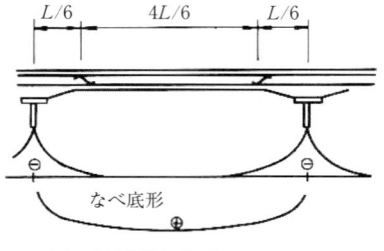

図 2.8.4 床版に発生する曲げモーメントの比較[2]

採用され，圧送効果を上げるためスランプを大きくする傾向となった．また，砕石コンクリートの採用で砂利を用いる場合に比べ約10％の水量割り増しなど，セメント量の増加によりモルタル分が多くなり乾燥収縮によるひび割れも発生しやすい傾向にあった．

g. コンクリート打設時の締め固め不良

昭和43年以降のコンクリート打設は，ポンプ打設が非常に多く採用されるようになり，当時のポンプ車は打設途上で故障を発生することも多く見られた．ポンプ打設の速度にバイブレータの閉め固めが追従できず，不十分な締め固めの状態も生じた．また，ポンプ打設を容易にするために注水する事例もあった．

以上のようなものが考えられるが，床版の損傷はこれらの一要因のみからではなく，いくつかの要因が複合して生じる場合が多い．

2.8.4 RC床版の疲労損傷機構

RC床版は支間長（主桁間）に比べて厚みの小さい板構造であるので，わが国のみならず欧米諸国においても弾性薄板理論に基づく曲げ応力を基準にした許容応力度設計法が十分安全であると認識されてきた．しかし，交通量の増加や施工不良による耐力低下に加えて，床版は直接輪荷重を支えるためほかの部材と比べて疲労の影響を受けやすいという懸念が出されるようになった．一方，輪荷重のような局所荷重を受けるRC床版は，押し抜きせん断で破壊し，その静的耐力が非常に大きいことは古くから知られており，疲労強度に関する研究は静的強度に関する研究に比べて少ないが，一方向RCスラブの200万回繰り返し時の強度は静的強度の約1/2に低下するとの角田らの報告[4]を参考にしても，既存の道路橋示方書によって設計された床版はなお十分な耐力を持っていることになる．

RC床版の疲労強度の研究は前述の角田らの研究のほかに，F. Sawkoら[5]の研究があるが，いずれの研究も床版の最大曲げモーメントに着目した中央点で繰り返し載荷実験によっている．しかしながら，道路橋の床版は交通荷重としての輪荷重の反復作用を受けるので，疲労のメカニズムは中央点載荷の疲労メカニズムと異なることが予想される．以下に，輪荷重のような走行荷重によるRC床版のひび割れ損傷と疲労のメカニズムについて述べる．

a. ひび割れパターン

図2.8.5は実橋で観察された道路橋RC床版の代表的なひび割れパターンを示したものである．もっとも一般的な主鉄筋と直角に車両の進行方向がある場合のひび割れ損傷過程は以下のようである．

①一方向（配力鉄筋量が少ないときには主鉄筋と平行）のひび割れ発生

②直行する二方向のひび割れ発生と格子状または亀甲状のひび割れ網の形成

③コンクリート中の遊離石灰の露出，ひび割れ面の局部欠落やかぶりコンクリートの剥落

④床版の穴あきや陥没

もちろん，床版の穴あきのような最終的な崩壊事例は少なく，それ以前に何らかの補修・補強が行われている場合が多い．

b. ひび割れ床版の挙動

図2.8.6は，実橋での損傷床版（図2.8.5での段階Ⅲ，またはⅣに相当）を切り出して，ひび割れ

図2.8.5 道路橋床版のひび割れ損傷過程[1]

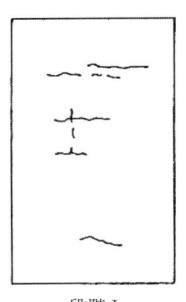

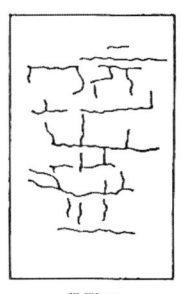

段階Ⅰ 一方向ひびわれ　段階Ⅱ 二方向ひび割れ　段階Ⅲ ひび割れの網細化と角落ち　段階Ⅳ 床版の陥没

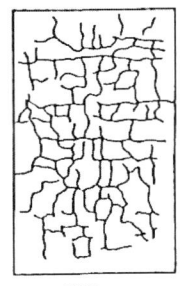

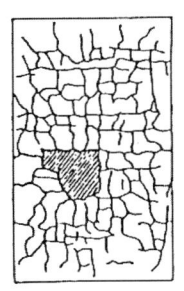

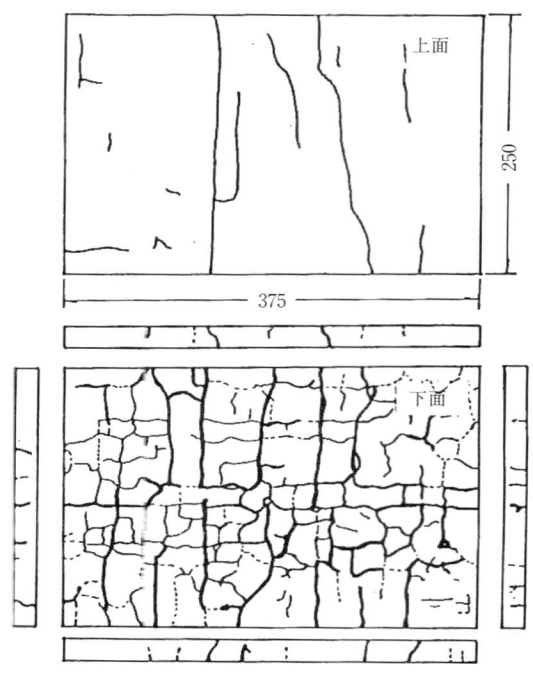

図 2.8.6 実橋損傷床版でのひび割れパターン[6]

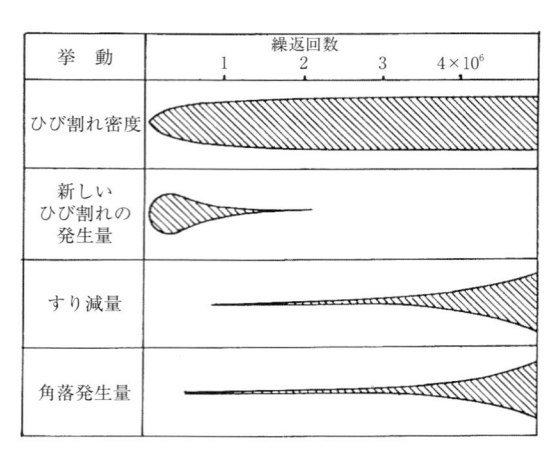

図 2.8.7 荷重の繰返回数とひび割れ状況[6]

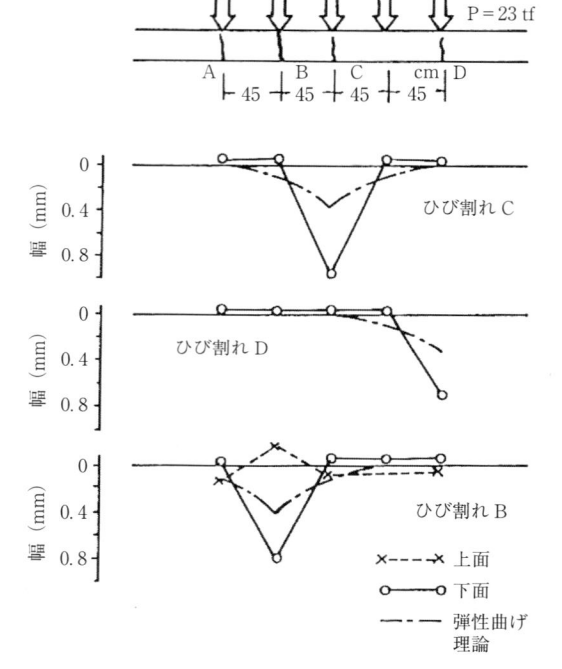

図 2.8.8 荷重の移動によるひび割れ幅の変化[6]

状態を調べたもので,床版下面は格子状のひび割れ網が形成され,0.05 mm 以上の幅のひび割れ密度は 10 m/m² 以上に達している.また,下面の大きなひび割れのいくつかは上面まで貫通しており,貫通ひび割れは主鉄筋と平行なものが多い.

この損傷床版と同じ仕様で新しく製作した床版に対して,実験室内で自動車走行を模擬した多点移動繰り返し載荷で疲労実験が行われている[6].この時に得られたひび割れ状況を示したものが図 2.8.7 である.通常の RC 床版では,設計荷重の作用下でひび割れが入り,繰り返し回数の増加とともにひび割れ数は増加し,ひび割れ密度も増加するが,ある程度の繰り返し数でひび割れ密度は停留し,その後の繰り返し載荷に対してはひび割れ面のすり減りとひび割れ角の欠落が助長されるようになる.このようなひび割れ面の磨耗は RC 断面にスリット状の空隙をつくり,床版の連続性を失わせる.

図 2.8.8 は ひび割れ床版の荷重の移動による主鉄筋と平行なひび割れの挙動を示したものである.荷重がひび割れ上にくれば,ひび割れは大きく開くが荷重が着目ひび割れより遠ざかれば,逆にひび割れは閉じている.このような挙動は連続体としての床版の曲げモーメントの影響線と比べると,より不連続な現象で,主鉄筋と平行なひび割れが床版の剛性,配力鉄筋方向の剛性を分断させているものと考えられる.かりに主鉄筋の直角方向に走行荷重が反復して作用すれば,このような不連続現象の反復作用でひび割れ面はたたかれ,さらにせん断力の作用でひび割れ面は擦られ,ひび割れ断面の摩擦によるスリット化が助長され,その結果,床版剛性の不連続化により荷重の支持機構は床版としてのせん断有効幅より狭い幅を持つはりとしての機構に移行していくことが予想される.実際の床版で大きな残留ひ

び割れが見られるのにもかかわらず塑性たわみがほとんど見られないのは，ひび割れが開いてその幅が大きくなったのではなく，ひび割れ面のコンクリートが磨耗して見かけの幅が大きくなったものと理解できる．なお，図 2.8.8 で示したコンクリートのすり減りや角落ちは上述の不連続現象の結果として起こったものと判断できる．

c. ひび割れ損傷過程

2.8.4 項 a～b に述べたことにより考察すれば，走行荷重の反復を受ける RC 床版のひび割れ損傷過程は，図 2.8.9 のように表すことができる．すなわち床版が設計荷重を超えない程度の走行荷重の反復を受けたときに，ごく初期のほとんど曲げひび割れが観察されない状態を I，曲げひび割れが進展し，格子状のひび割れ網が形成される状態を状態 II，ひび割れのスリット化が進みひび割れが断面内を貫通する状態を状態 III とし，その後の劣化が進む状態を状態 IV とする．床版の劣化度 D は 0（健全）から 1（崩壊）の間にあるとすれば，劣化度の進行率（dD/dt，t は時間）は状態 I より状態 II，III，IV において加速度的に増大していくことが推察される．多くの貫通ひび割れを持つ RC 床版の劣化は雨水の浸透やそれによる鉄筋の腐食などによって大きく助長されるので，状態 IV の劣化度の進行は床版の置かれた環境条件に大きく影響を受けるものと予想される．かりに，床版と舗装の間に防水層が設けられていれば，劣化度の進行を大幅に遅らせることが可能と思われる．

d. 水による劣化の促進

貫通ひび割れを有する RC 床版に雨水が浸透すれば，鉄筋の腐食をもたらすことだけではなしに，コンクリートの劣化も促進させる．図 2.8.10 は厚さ 18 cm の RC 床版の輪荷重による疲労実験結果であるが，明らかに乾燥状態より湿潤状態（床版上面に水を張った実験）の方が疲労寿命が短くなっていることがわかる．ひび割れへの水の浸入が床版の疲労破壊を促進させる要因として考えられるものは，①ひび割れ断面への水の浸透が，せん断力の繰り返し作用によるひび割れ面の磨耗を促進させ，ひび割れ面へのスリット化を助長させること，②粗骨材とセメントモルタルの間に介在するマイクロクラックに水が浸透し，荷重の移動に伴う浸透水圧の変動によってコンクリートの骨材分離が促進され，骨材の噛み合いによるコンクリートのせん断抵抗を減少させる．①については，水の存在が摩擦面の磨耗を促進させる，いわゆる砥石に似た作用によってひび割れ面のスリット化が早期に起こり，その結果，ひび割れの角の欠落やかぶりコンクリートの剥落が助長され，早期に崩壊に至らしめるものと推察できる．また，②については，輪荷重走行試験では，RC 床版は押し抜きせん断形で破壊し，床版上面の荷重面近傍のコンクリートは完全に骨材分離して，いわゆ

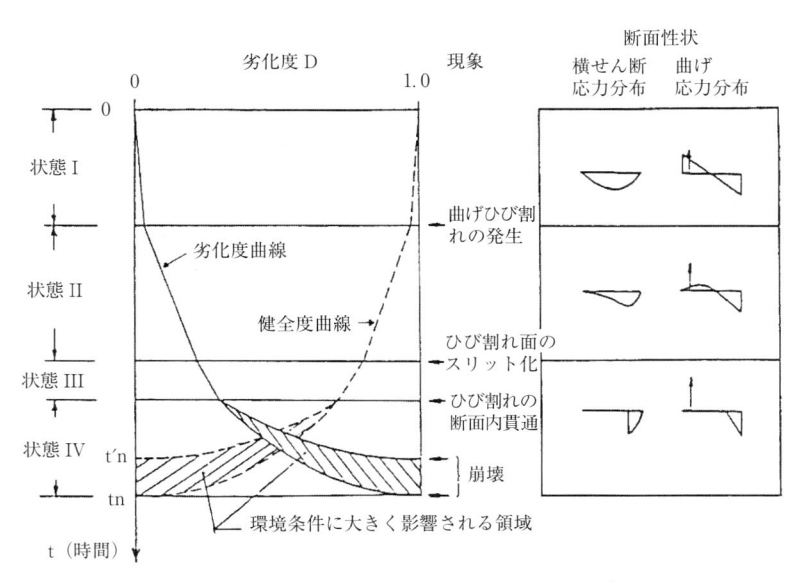

図 2.8.9 RC 床版の劣化度（D）の時間的な推移[1]

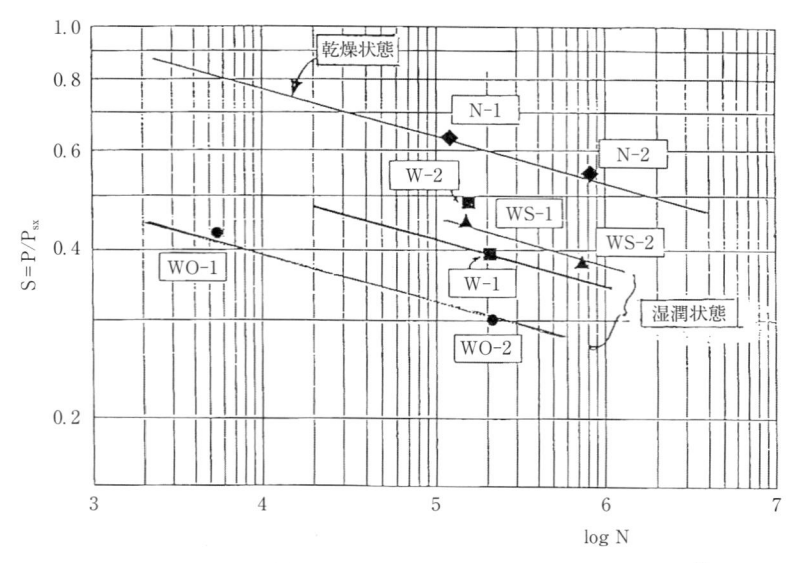

図 2.8.10 RC 床版（厚さ 18 cm）の乾燥状態と湿潤状態での S-N 曲線[7]

る砂利化しているという観察記録から推察できる．
【佐々木一則】

文　献

1) 阪神高速道路公団，阪神高速道路管理技術センター：道路橋 RC 床版のひびわれ損傷と耐久性，1991．
2) 阪神高速道路管理技術センター：損傷と補修事例にみる道路橋のメンテナンス，阪神高速道路，1993．
3) 今井ほか：鉄筋コンクリート床版の乾燥収縮ひびわれに関する研究，土木学会論文報告集，第 340 号，pp. 175-184，1983．
4) 角田ほか：鉄筋コンクリートスラブの疲労押抜きせん断強度に関する実験的研究，セメント技術年報，28，pp. 391-394，1974．
5) Sawko, F. and Saha, G. P. : Effect of Fatigue on Ultimate Load Behaviour of Concrete Bridge Decks, American Concrete Institute Publication SP-26, Concrete Bridge Design, pp. 942-961, 1971.
6) 岡田ほか：道路橋鉄筋コンクリート床版のひびわれ損傷と疲労性状，土木学会論文集，No. 321, pp. 49-61，1982．
7) 阪神高速道路公団，災害科学研究所：道路橋 RC 床版の防水工の耐久性に関する調査研究業務，1987．

2.9 火　災

2.9.1 火災の性状

　火災の種類を大別すると建物火災，産業火災（石油タンク火災，化学品などを扱う工場火災など），広域火災（市街地火災，林野火災），乗物火災などがある．このうち一般的なコンクリート構造物が被る火災は建物火災であろう．建物火災における火災性状には主として局所火災と盛期火災がある．

a. 局所火災

　局所火災は，空気が十分にある自由空間での可燃物の燃焼によるもので，空間の大きさに対して可燃物量が少なく，空間内の限定された部分で燃焼が継続する火災である．自由空間における可燃物の燃焼で生じる火炎および気流（プリューム）の温度は，可燃物の大きさや可燃物からの距離に依存する．図 2.9.1 は自由空間における円形火源上の軸上温度分布を示したものである．図 2.9.1 において，ΔT_f は火炎またはプリュームの中心軸上の温度と周辺空気温度との差〔K〕，Z は火源からの高さ〔m〕，ΔZ は仮想点火源深さ，Q^* は無次元発熱速度，D_c は円形

火源の直径〔m〕である．Q^* は式 (1)，ΔZ は式 (2) および式 (3) でそれぞれ求められる．式 (1) において $\dot{Q}$ は発熱速度〔kW〕である．

$$Q^* = \dot{Q}/(1116 \times D_c^{5/2}) \qquad (1)$$

$Q^* \geqq 1.0$ のとき $\quad \Delta Z = 2.4 \cdot D_c(1 - Q^{*2/5}) \qquad (2)$

$Q^* < 1.0$ のとき $\quad \Delta Z = 2.4 \cdot D_c(Q^{*2/5} - Q^{*2/3}) \qquad (3)$

局所火災を受けるコンクリート構造物と火源の位置関係や火源の大きさがわかれば，コンクリート構造物がさらされる火災温度は図2.9.1や式 (1)～(3) を用いて推定が可能である．なお，局所火災の最高温度は火源と壁面との位置関係にもよるが，壁面の影響がない場合には，800℃程度であることが図2.9.1よりわかる．

b. 盛期火災

盛期火災とは，壁・床・天井で区画された空間内で生じる火災（以下，区画火災という）の性状である．区画火災は図2.9.2に示すように，初期火災（くん焼），成長期（初期成長），盛期火災（火盛り）および衰退期（減衰）という経過をたどる．可燃物量が多い場合，成長期のある時点まで局所的だった火炎は区画内全体に急速に広がり（これをフラッシュオーバー（F.O.）という），急激に区画内の温度が上昇する．その後，区画内の大半の可燃物が燃えると火災温度が下降して衰退期となる．このフラッシュオーバーから衰退期の前までの火災性状を盛期火災という．盛期火災の火災温度は火災区画の熱収支を逐次計算することで求められる．区画を構成す

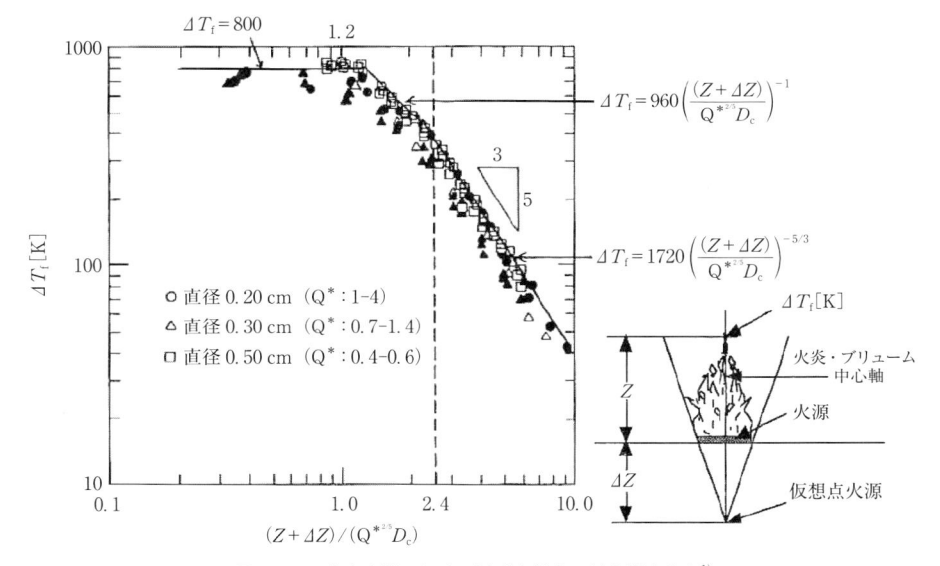

図 2.9.1 自由空間における円形火源上の軸上温度分布[1]

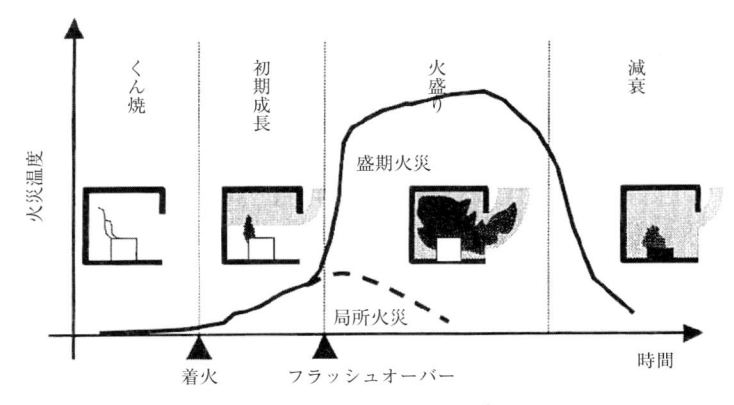

図 2.9.2 区画火災の経過[1]

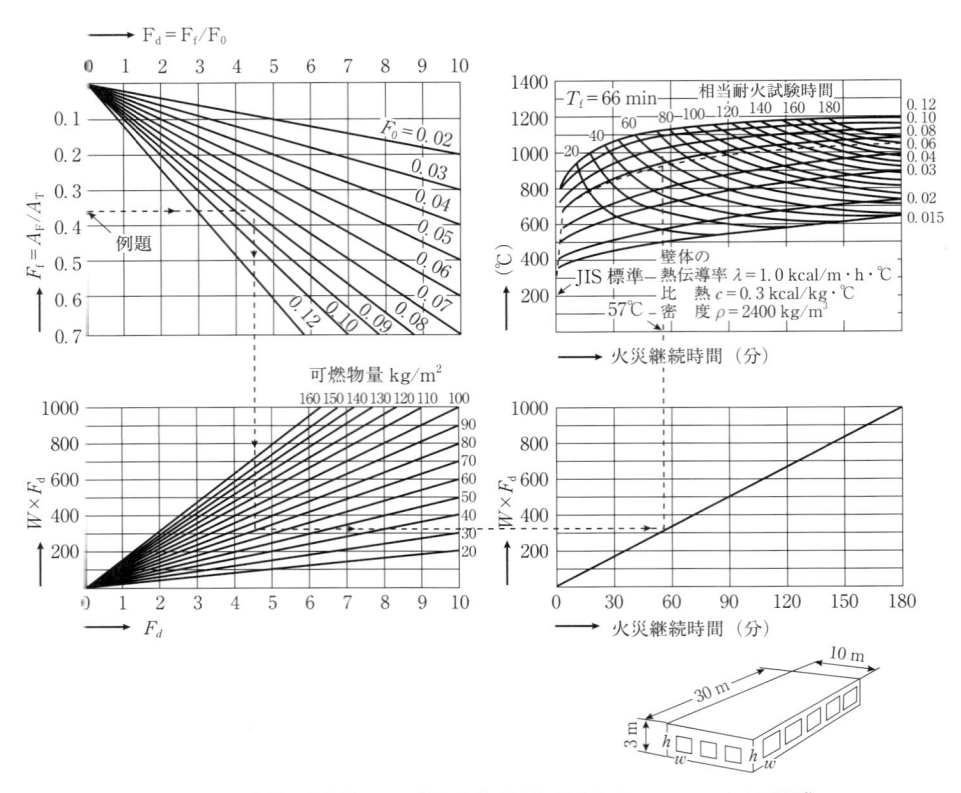

図 2.9.3 火災温度曲線および等価火災時間算定図表（コンクリート内周壁）[2]

記　号
- F_f：floor factor $= A_F/A_T$
- A_F：床面積　　A_T：面積室内全表面積
- F_0：温度因子（temperature factor）
  $= \Sigma\sqrt{H}\cdot A_B/A_T$
- A_B：窓面積　　H：窓高
- F_d：継続時間因子（fire duration factor）
  $= F_f/F_0 = (A_F/A_T)/(\sqrt{H}\cdot A_B/A_T)$
- W：可燃物量（fire load）（kg/m²）
- T_f：相当耐火試験時間（equivalent testing time）

〔例　題〕
上図の右下図で長手壁面の窓：$h=2$, $w=4$.
短手壁面の窓：$h=1.5$, $w=2$ とすると
$\Sigma\sqrt{H}\cdot A_B = (5\times2\times4)\sqrt{2} + (3\times1.5\times2)\sqrt{1.5} = 66.98$
$A_T = (10\times30)\times2 + (3\times30)\times2 + (10\times3)\times2 = 840$ m²
$A_F = 10\times30 = 300$
$F_f = 300/840 = 0.357$
$F_0 = 66.98/840 = 0.08$
となるから，上図点線に従って相当耐火試験時間 66 分となる．

る部材の熱伝導率や比熱などの熱定数がわかると，式（4）で計算される火災温度因子によって火災温度と時間の関係が決まる．式（4）において A_B は開口面積〔m²〕，H は開口高さ〔m〕，A_T は窓を含む火災区画内全表面積〔m²〕である．

$$火災温度因子 = \frac{A_B\sqrt{H}}{A_T} \quad (4)$$

コンクリートで区画された空間に関して，いろいろな火災温度因子に基づく時間と火災温度の関係を図 2.9.3 に示す．盛期火災では火災温度が 1000〜1200℃ に達する．なお，図 2.9.3 には算定された盛期火災の火災温度曲線を耐火試験で用いる標準加熱温度曲線（後述）に置き換えた場合の等価な火災継続時間の算定方法も示されている．盛期火災の火災温度と時間の関係についてはここで示した図表による算定方法だけではなく，コンピュータプログラムあるいは理論予測式が開発されており，これらを使えば種々の条件を考慮した盛期火災の温度を計算できる．

2.9.2　部材の温度性状

コンクリート部材が火災による加熱を受けると部材の表面から熱エネルギーが流入し，図 2.9.4 に示すように，加熱表面で温度が高く，加熱面から内部に入るにつれて温度は低くなる．コンクリートは熱

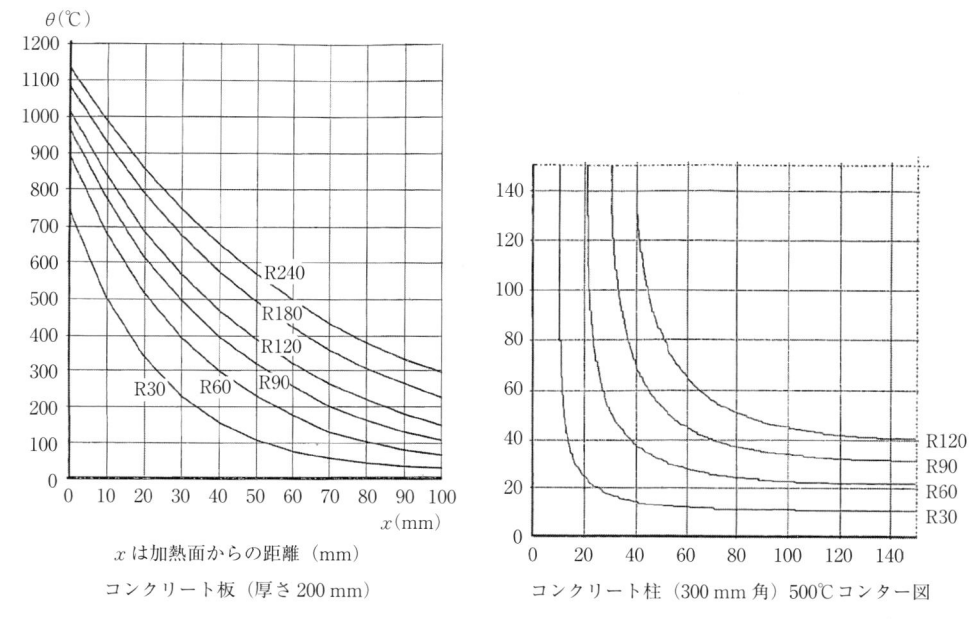

図 2.9.4 コンクリート部材の内部温度計算例（R は標準火災温度曲線による加熱時間（分））[3]

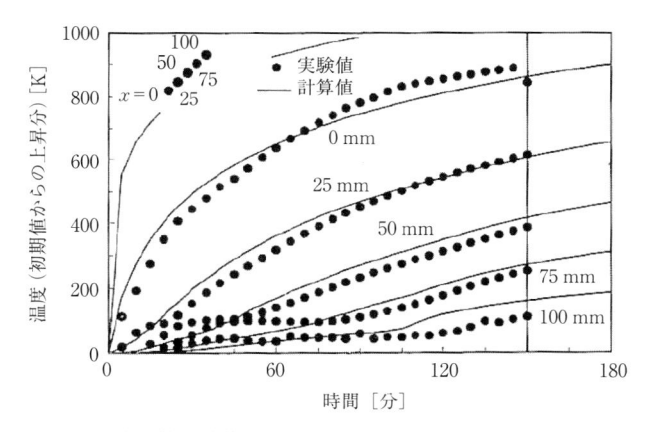

図 2.9.5 実験値と数値解の比較（普通コンクリート，100 mm 厚，150 分加熱）[4]

を伝えにくい材料であるため，このような温度分布が生じる．コンクリート部材の内部温度は，火炎から部材表面への熱伝達，コンクリート内部での熱伝導を計算することによって求めることができる．

耐火試験で用いられる時間と火災温度の関係（以下，標準加熱温度曲線という）は式 (5) で表される．式 (5) の標準加熱温度曲線は図 2.9.3 の JIS 標準曲線とおおむね同じような曲線である．この標準加熱温度曲線の加熱を一方向から受けるコンクリート板の内部温度は式 (6) で計算できる．式 (5)，式 (6) において，T_f は火災温度〔℃〕，T_0 は初期温度〔℃〕で耐火試験では 20℃，t は時間〔分〕，x は加熱面からの距離（mm），c は材料の熱特性を表す係数であり，普通コンクリートの場合 0.21 である．式 (6) の計算値と実験値の比較を図 2.9.5 に示す．

$$T_f - T_0 = 345 \cdot \log_{10}(8t+1) \tag{5}$$

$$\frac{T(x,t) - T_0}{460 t^{1/6}} = \exp\left(-\frac{cx}{\sqrt{t}}\right) \tag{6}$$

火災を受ける部材の内部温度の計算方法については，ここで紹介した簡易予測式のほかに，種々のコンピュータプログラムも開発されており，これらを使えばより複雑な形状や温度条件に対しても温度を計算できる．

火災にさらされたコンクリート部材に関して，コ

ンクリートが受けた温度を計算あるいは実物を調査して把握することにより，コンクリートの種々の熱劣化状況を推定するための手がかりになる．

2.9.3 コンクリートの化学的性質の変化

高温下におけるコンクリートの化学的性質の変化は，セメント硬化体の変化と骨材の変化に大別される．セメント硬化体は，セメント水和物およびその吸着水，水和物で構成される細孔内に存在する毛管水，毛管より大きな空隙に存在する自由水からなる多孔体であり，高温時における化学的変化の主要な要因はこれらの水の脱水とそれに伴う微細構造の変化である．骨材の高温時における主要な変化は，鉱物の結晶構造の変化および脱水，ガスの放出などである．

高温下におけるコンクリートの主要組成物の変化を表2.9.1に示す．高温下におけるセメント硬化体の変化は，30～600℃における自由水やセメント水和物の脱水，600～700℃におけるC-S-H相の分解，1100～1200℃における融解に大別される．セメント硬化体の融点は本質的にAl_2O_3とFe_2O_3の量に依存している．高温下における骨材の変化としては，珪岩質骨材などに多く含まれる石英の570℃における変態，石灰岩の主成分である炭酸カルシウムの600～900℃における分解，玄武岩の膨張などがあげられる．石英は$α→β$変態すると膨張する．炭酸カルシウムは脱炭酸反応により重量の約40％が二酸化炭素になって失われる．玄武岩は，融点が1060℃であり他の岩石と比べて下限値にあり，融解状態においては骨材内部からのガスの逸散によって膨張する．

2.9.4 コンクリートの熱劣化

高温下（加熱されて高温になっている状態）および加熱冷却後（加熱後，冷却して常温に戻った状態）におけるコンクリートの熱劣化について述べる．なお，ここでは常温時特性値に対する高温下あるいは加熱冷却後の特性値の比を残存率（または残存比）という．

a. 圧縮強度

高温下における圧縮強度の残存率を図2.9.6に示す．圧縮強度は100℃程度で若干低下するが200～300℃程度までは加熱前の常温下における圧縮強度に比べて大きく低下することはない．300℃以上の温度で低下が顕著となり，直線的に低下する傾向

表2.9.1 セメント硬化体や骨材の化学的変化[5],[6]

温度範囲(℃)	変態反応または分解反応	反応の概要
30～120	物理的に捕らえられた水の気散，蒸発	・大きな空隙からの水分蒸発は，100℃以下の温度から生じる． ・空隙の大きさにより沸点（蒸発温度）が異なる．
30～300 120～600	ゲル崩壊（硬化セメントペーストの脱水の第一段階） 化学吸着水の放出	・C-S-H系水和物：結晶度の低いゲル状で，100～130℃で脱水するが，水和物の化学組成は一定していないため，個々の状態を明瞭に区分することはできない． ・エトリンガイト：100℃以下および100℃，160～180℃くらいに大きなピーク，250～270℃に小さなピークを示し，段階的に脱水する． ・モノサルフェイト：50～150℃および200℃，300℃の3段階で脱水し，石膏アーウィン（C_4A_3S）とCaOになる． ・二水石膏（$CaSO_4·2H_2O$）：脱水により，約130℃で半水石膏，約160℃で無水石膏になる． ・ポルトランダイト（$Ca(OH)_2$）：450～500℃で$Ca(OH)_2→CaO+H_2O$の分解．
570	石英の変態	・おもに珪岩質骨材などに含まれる石英の結晶変態（$α→β$変態）
600～700	C-S-H相の分解 $β$-C_2Sの生成	
600～900	炭酸カルシウムの分解	・石灰岩質骨材の主成分である炭酸カルシウムの分解（$CaCO_3→CaO+CO_2$）．SiO_2の含有量が多くなると分解温度は降下する．
1100～1200	コンクリートの融解	・硬化セメントペーストの融点は，約1200℃であり，化学組成により1200℃よりも降下する． ・骨材の融点は，玄武岩が1060℃，珪岩が1700℃以上である．

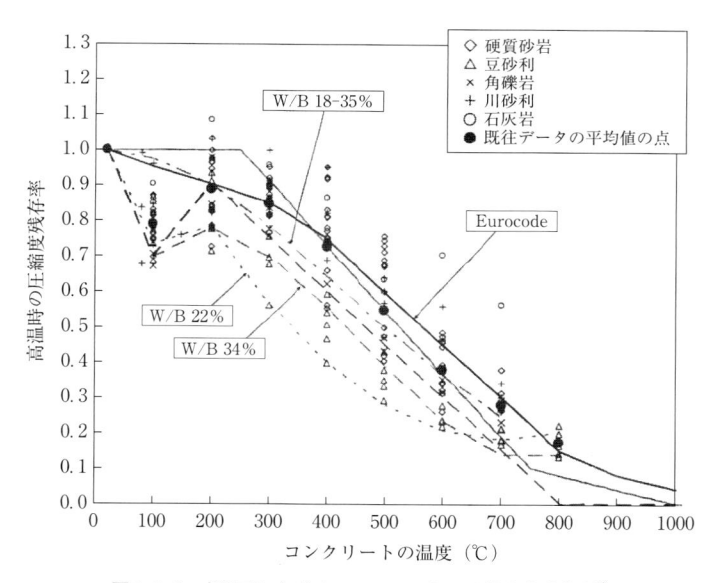

図 2.9.6 高温下におけるコンクリートの圧縮強度残存率[6]

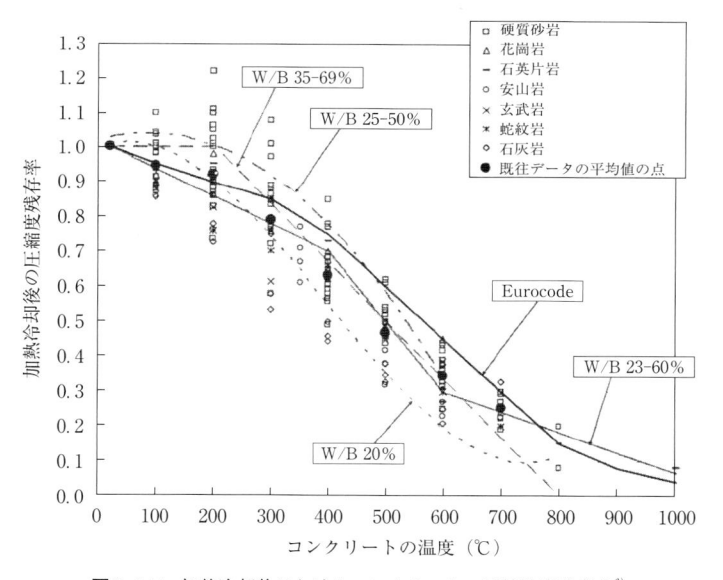

図 2.9.7 加熱冷却後におけるコンクリートの圧縮強度残存率[6]

が見られる．残存率は500℃で約50%，800℃で約10%程度である．高温下における圧縮強度の低下に影響する要因としては，骨材種類，セメント種類，水結合材比，作用荷重などがあげられる．骨材種類については，500〜800℃で珪岩質骨材コンクリートの方が石灰岩質骨材コンクリートに比べて強度低下が大きくなる傾向がある．セメント種類については，普通ポルトランドセメントコンクリートと高炉スラグセメントコンクリートを比較した場合，200〜400℃程度で後者の方が，500℃以上で前者の方が強度低下が若干大きくなる．水結合材比については，普通強度に比べて高強度なコンクリートほど高温下における圧縮強度の低下が大きくなる傾向がある．作用荷重については，加熱中の作用荷重が常温時圧縮強度の0〜30%の範囲では作用荷重が大きいほど高温下における圧縮強度の残存率が高い．

加熱冷却後における圧縮強度の残存率を図2.9.7に示す．加熱冷却後の圧縮強度の残存率は高温下よ

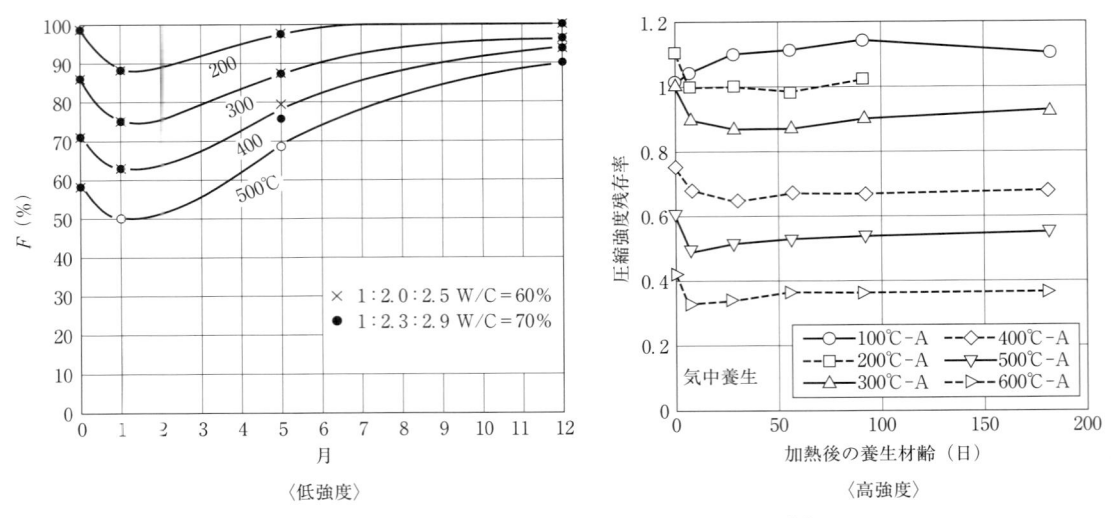

図 2.9.8 加熱されたコンクリートの圧縮強度の自然回復[7),8)]

りも低くなる傾向があり，高温下における圧縮強度に対する冷却後の圧縮強度の比率を，履歴温度が100℃以下で1.0, 300℃以上で0.9としている文献もある．水結合材比による残存率の差異は高温下の場合に比べると小さい．加熱冷却後の圧縮強度の変化を図2.9.8に示す．冷却後に気中放置しておいた水セメント比60～70％程度の比較的低強度のコンクリートでは，履歴温度が500℃程度までであれば圧縮強度が材齢を経ることにより自然回復する可能性がある．しかし，水セメント比が30％の高強度コンクリートでは，圧縮強度の自然回復は小さい．

b. ヤング係数

高温下におけるヤング係数の残存率を図2.9.9に示す．高温下におけるヤング係数は，高温になるにしたがい直線的に低下し，800℃程度でほぼゼロになる．高温下におけるヤング係数の低下に影響する要因としては，骨材種類，水結合材比，作用荷重な

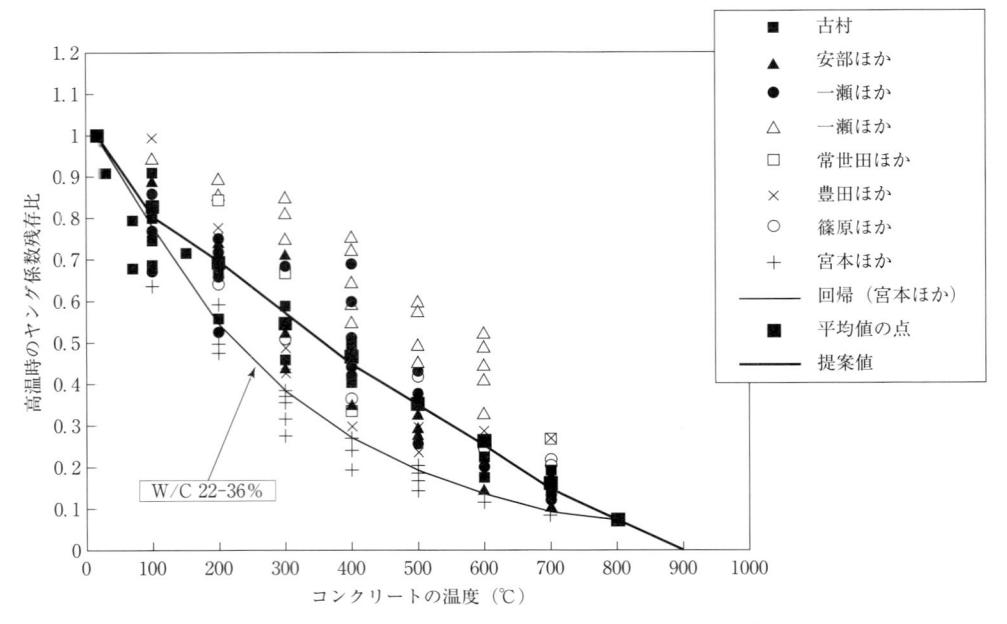

図 2.9.9 高温下におけるコンクリートのヤング係数残存率[6)]

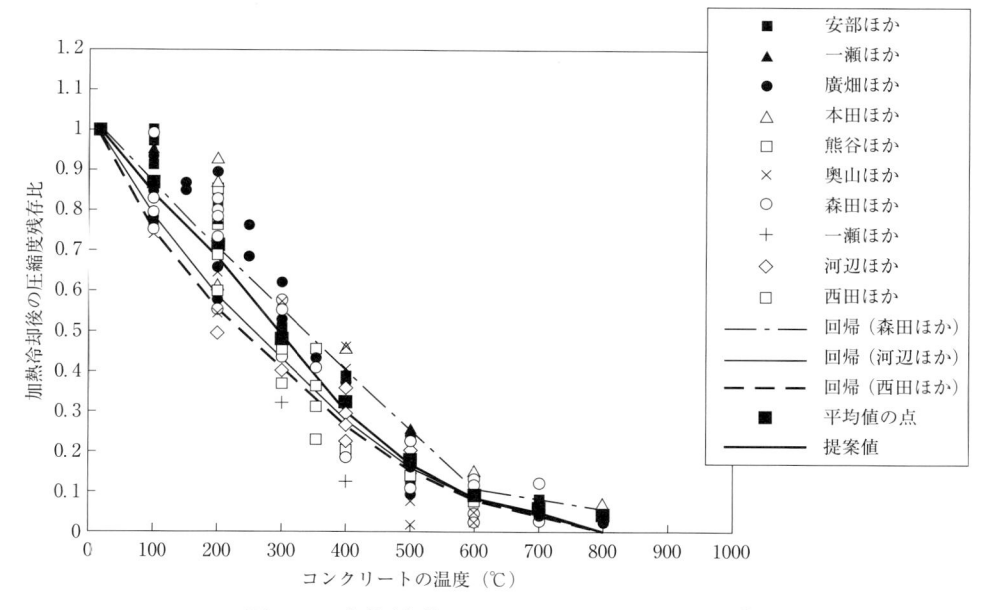

図 2.9.10 加熱冷却後のコンクリートのヤング係数残存率[6]

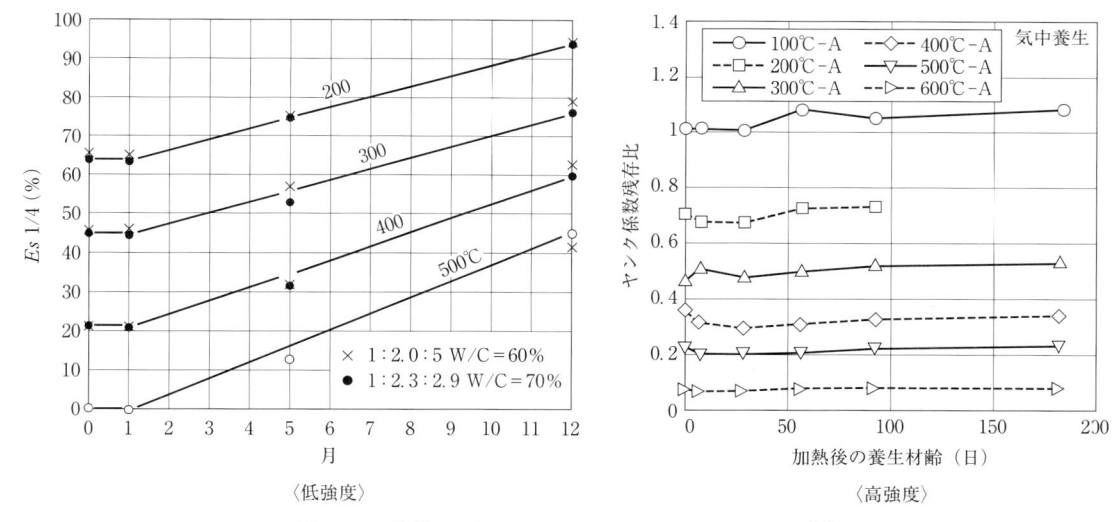

図 2.9.11 加熱されたコンクリートのヤング係数の自然回復[7), 8)]

どがあげられる．骨材種類については，ケイ岩質骨材コンクリートと安山岩質骨材コンクリートが砂岩質骨材コンクリートや石灰岩質骨材コンクリートに比べてヤング係数の低下が大きい．水結合材比については，高強度なコンクリートは強度の低いコンクリートに比べて弾性係数の低下が若干小さくなる傾向がある．作用荷重については，加熱中の作用荷重が常温時圧縮強度の0～30％の範囲では作用荷重が大きいほど高温下におけるヤング係数の残存率が高い．セメント種類については圧縮強度の場合とは異なり，ポルトランドセメントおよび高炉スラグセメントでほとんど差異がない．

加熱冷却後におけるヤング係数の残存率を図2.9.10に示す．加熱冷却後のヤング係数の残存率は高温下に比べて若干低くなる傾向がある．水結合材比による残存率の差異はほとんどない．

加熱冷却後のヤング係数の変化を図2.9.11に示す．冷却後に気中放置した水セメント比60～70％程度の低強度なコンクリートでは，履歴温度が500℃程度までであれば材齢を経ることによって自

然回復する可能性がある．しかし，水セメント比が30％の高強度コンクリートではヤング係数の自然回復は小さい．

c. 引張強度

高温下および加熱冷却後の引張強度（割裂試験）を図2.9.12に示す．引張強度の残存率は，高温下および冷却後において，水結合材比の小さい富調合コンクリートよりも水結合材比の大きい貧調合コンクリートの方が小さい傾向がある．また，高温下よりも加熱冷却後の方が残存率は幾分小さくなる．骨材の種類の違いによって，引張強度の残存率は異なる．図2.9.13に砂岩質骨材コンクリートと石灰岩質骨材コンクリートの引張強度および圧縮強度の残存率を示す．引張強度の残存率は砂岩質の方が高い．なお，図2.9.13には引張強度の残存率と併せて圧縮強度の残存率が示されているが，圧縮強度の残存率よりも引張強度の残存率の方が低い．

d. 付着強度

高温下における付着強度と温度の関係を図2.9.14に示す．一般的な傾向として，付着強度は鉄筋の形状によって大きく異なるが，リブの高さが0.2 mmより大きければ鉄筋の形状の影響は小さく，丸鋼の表面の粗さがある限界を超えると異形鉄筋とほぼ同

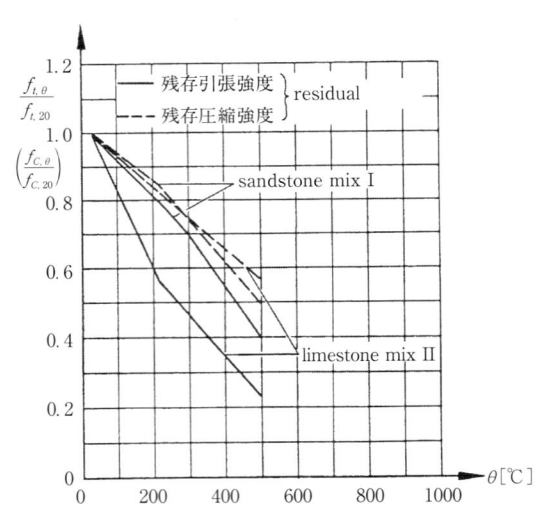

図 2.9.13 加熱冷却後の引張強度（割裂試験）[9]
mix I：砂岩質骨材コンクリート
  1：4.5：0.60, $F_{c20} = 25.0 \text{ N/mm}^2$
mix II：石灰岩質骨材コンクリート
  1：4.8：0.68, $F_{c20} = 21.0 \text{ N/mm}^2$
試験体：$\phi 50 \times 100$ mm
加熱速度：1.5 K/min
冷却直後試験

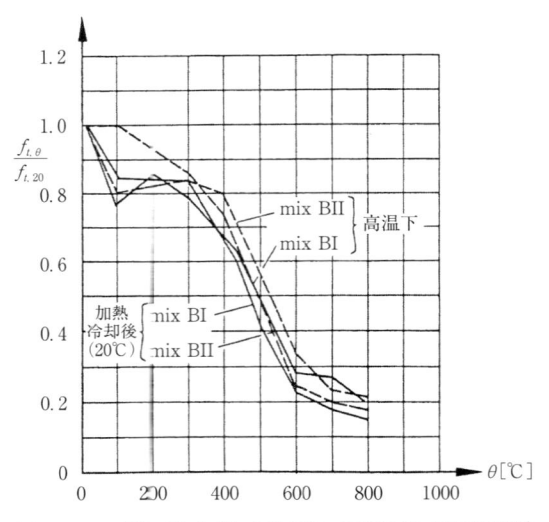

図 2.9.12 高温下および加熱冷却後の引張強度（割裂試験）[9]
mix BI： 1：4.0：0.75
Cube strength = 21.5 N/mm^2
mix BII： 1：3.0：0.55
Cube strength = 40.8 N/mm^2
試験体：$\phi 94 \times 188$ mm

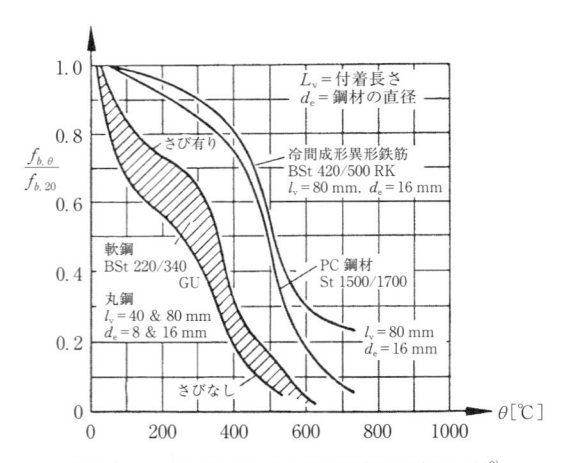

図 2.9.14 高温下における付着強度と温度の関係[9]
珪岩質骨材コンクリート：
  Cube strength = 51 − 64 N/mm^2
鉄筋：
  異形鉄筋，PC鋼，丸鋼（さび有り・なし）
試験体：$\phi 172 \times 191$ mm
試験方法：
 1) 無荷重状態で加熱
    加熱速度：1.0 K/min
 2) 所定温度を3時間保持
 3) 載荷（荷重速度：1.0 kN/sec）

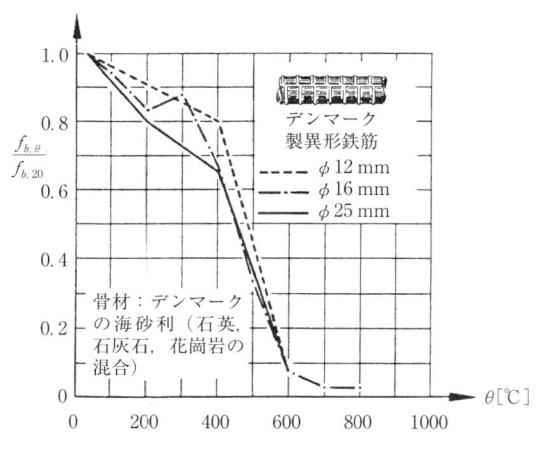

2.9 火災

を超えると急激に低下して700℃ではほぼ付着強度がなくなる．また，図2.9.15には3種類の鉄筋径について実験結果が示されているが，付着強度に対する鉄筋径の影響は顕著には見られない．

e. 爆裂

コンクリートが火災にさらされると表層が剥離・飛散して断面欠損を生じることがあり，これを爆裂と称している．図2.9.16に耐火試験後の鉄筋コンクリート柱（断面70 cm×70 cm，高さ140 cm）の状況を示す．高強度なコンクリートほど爆裂を生じやすく，爆裂による断面欠損深さも深くなる．コンクリートの爆裂の原因としては，骨材，コンクリート中の水分，作用応力，非定常熱応力，加熱速度などがあげられる．この爆裂はポリプロピレン短繊維を適量混入することで抑制できる（図2.9.17）．

2.9.5 鋼材の熱劣化（引張強さ，降伏点）

高温下（加熱され高温になっている状態）および加熱冷却後（加熱された後冷却して常温に戻った状態）における鋼材の力学的性質について述べる．

鉄筋コンクリート用の熱間圧延異形棒鋼SD345とSD390に関する，高温下における引張強さと降伏点を図2.9.18，図2.9.19に示す．メーカーによって鋼の成分が異なっているため引張強さと降伏点はばらついているが，高温下における引張強さの変化は棒鋼の種類によって大きく違わない．おおよその傾向として，100℃で10%程度低下，300℃では青熱脆性によって加熱前よりも10%程度高くなり，

図2.9.15 加熱冷却後の付着強度[9]
コンクリート：1：－：0.87
試験体： φ150×150.5 mm（円錐形）
試験方法：
 1) 加熱（1 K/min）
 2) 所定温度を2時間保持
 3) 冷却（＜1 K/min）
 4) 7日間20℃/65% R.H.で養生
 5) 載荷試験

等な性状を示す．加熱前のコンクリート強度の違いや水セメント比の違いが付着強度に及ぼす影響に規則性は見出せないが，骨材種類は高温下における付着強度に影響し，熱膨張の小さいコンクリートは高温下における付着強度も高い傾向がある．

加熱冷却後の付着強度は，高温下における付着強度よりも低くなる傾向があるといわれている．異形鉄筋の加熱冷却後の付着強度を図2.9.15に示す．履歴温度が高いほど付着強度の低下は大きく400℃

SA27.5　SA31.7　SA37.5　SA44.9　SA48.6　SA64.4
加熱実験後の試験体の状況（上：材齢2カ月，下：材齢1年）

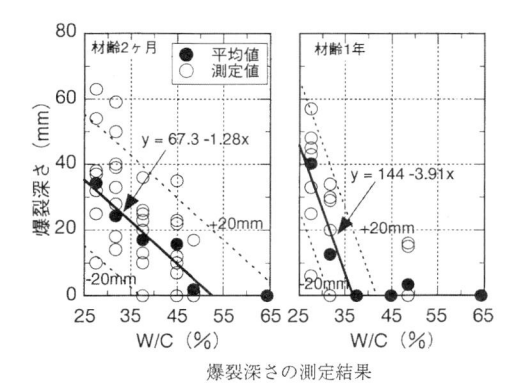

爆裂深さの測定結果

図2.9.16 コンクリートの爆裂および爆裂深さと水セメント比の関係[10]
写真中の数字は水セメント比（%），使用粗骨材は硬質砂岩

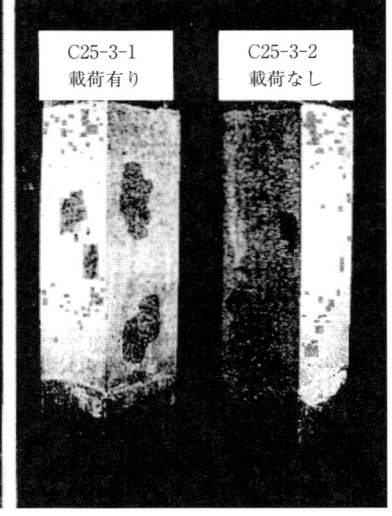

a) ポリプロピレン短繊維無混入　　　b) ポリプロピレン短繊維混入

図 2.9.17 超高強度コンクリートの爆裂[11]

〔凡例〕CXX-Y-Z，XX：水結合材比，Y：ポリプロピレン短繊維混入率（kg/m³），Z：試験体番号

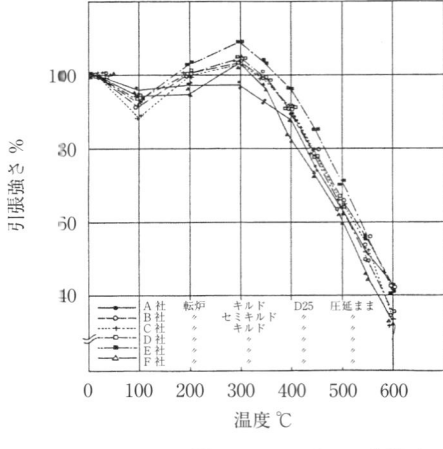

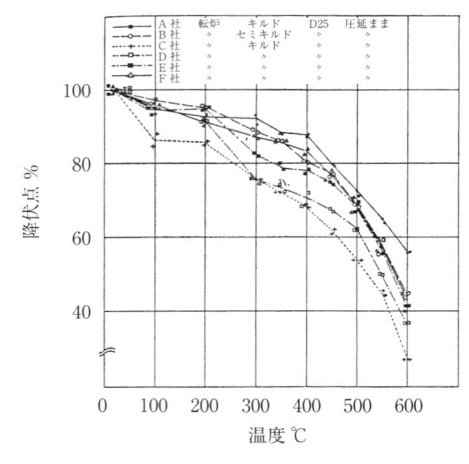

図 2.9.18 SD345 の高温下における引張強さと降伏点の残存率[12]

300℃から600℃では高温になるにしたがい直線的に30％程度まで低下する．降伏点は，高温になるにしたがって低下し，製造メーカーによるばらつきはあるが，600℃で30％〜60％程度になる．

SD345とSD390の加熱冷却後の常温下における残存強度特性を図2.9.20，図2.9.21に示す．引張強さは受熱温度が600℃程度までであれば加熱前とほぼ同程度に回復しており，降伏点は受熱温度が500℃程度までであれば加熱前とほぼ同程度に回復している．600℃を超えると，引張強さおよび降伏点ともに低下の傾向が顕著になり800℃における残存率は引張強さと降伏点ともに80〜90％程度になる．

2.9.6　鉄筋コンクリート部材の熱劣化

コンクリート部材が加熱を受けるとコンクリートおよび鋼材の熱劣化によって剛性および耐力が低下する．柱の耐火実験結果の例を図2.9.22と図2.9.23に示す．図2.9.22は高強度コンクリート柱に一定軸力を作用させて崩壊まで標準加熱温度曲線で加熱した場合の変位挙動を示しており，Fc80とFc100

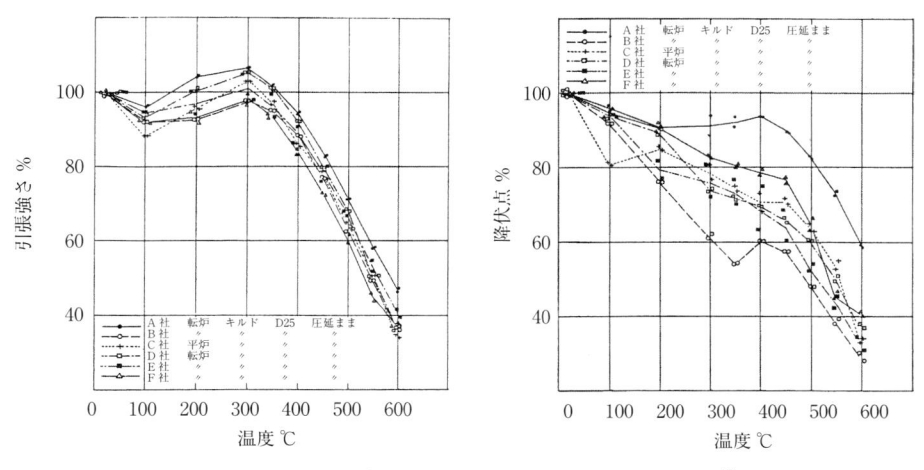

図 2.9.19 SD390 の高温下における引張強さと降伏点の残存率[12]

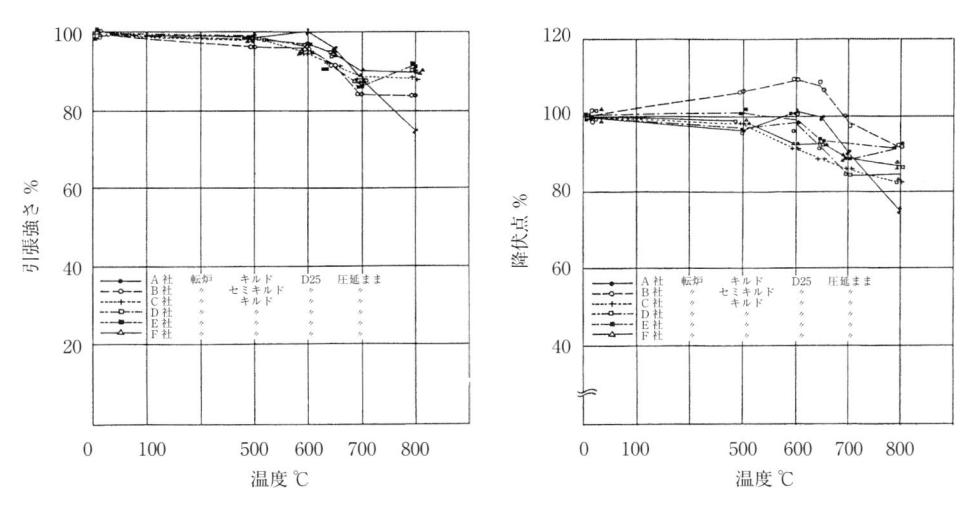

図 2.9.20 SD345 の加熱冷却後の引張強さと降伏点の残存率[12]

の場合は爆裂を伴うため，爆裂を抑制するために混入したポリプロピレン短繊維が多いほど崩壊までの時間が長くなっている．Fc60 についてば爆裂を生じないためポリプロピレン短繊維の混入の有無で崩壊時間に大差がない．図 2.9.23 は鉄筋コンクリート柱の加熱実験後の残留耐力を示したものであり，加熱温度が高いほど（A-1〜A-3），加熱時間が長いほど（C-1, C-7）残留耐力が低く，加熱中に作用させた一定荷重の荷重レベル（実験時荷重/常温時耐力）が 0.3 では加熱後，0.45 では加熱中に崩壊している．また軸方向の熱膨張の拘束の有無は耐力にほとんど影響していない．

2.9.7 構造体の火害

コンクリートは鋼材と同じように高温になると膨張する．そのため他の部材との接合によって熱膨張が拘束されている部材や，その反対に熱膨張する部材を拘束している部材には熱応力が発生する．実際の火災により被害を受けた鉄筋コンクリート柱の状況を図 2.9.24 に示す．図 2.9.24 は，鉄筋コンクリート造建物の最上階で発生した火災によって，屋根スラブが崩壊しているだけでなく，崩壊する前の屋根スラブの熱膨張が外周の柱を押し出してせん断破壊を生じさせた事例である．屋根スラブの崩壊が構造材料の熱劣化に起因していると推察されるのに対し

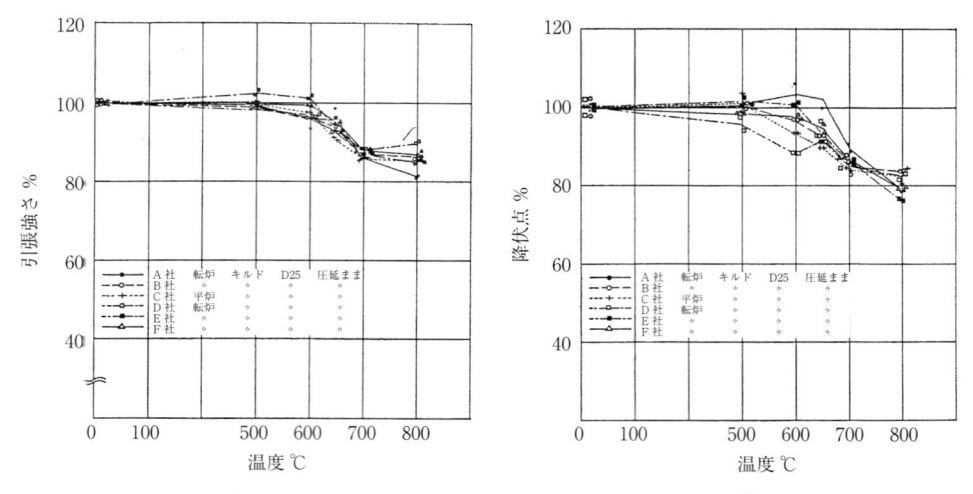

図 2.9.21 SD390 の加熱冷却後の引張強さと降伏点の残存率[12]

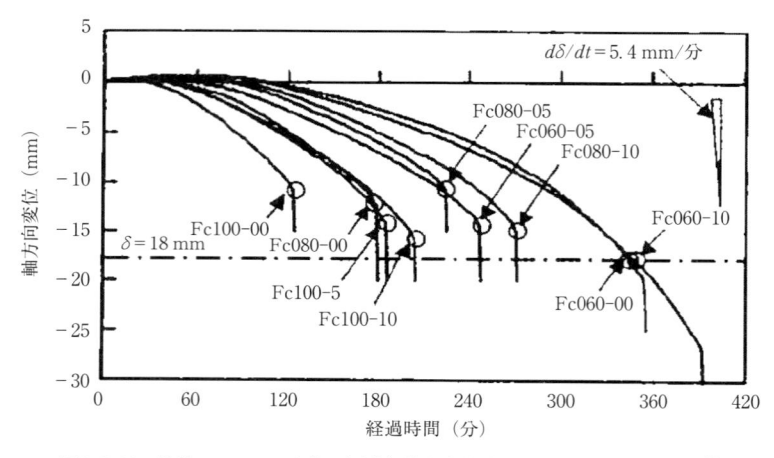

図 2.9.22 鉄筋コンクリート柱の標準加熱温度曲線下における載荷加熱実験[13]
〔凡例〕FcXXX-YY，XXX： 設計基準強度（N/mm²），YY： ポリプロピレン繊維混入率（×0.1 kg/m³）
δ, $d\delta/dt$： ISO834 に規定される限界軸方向変位，および限界軸方向変位速度

て，柱のせん断破壊は直接火災にさらされず熱劣化していない部材であっても火災によって被害を受けることがあることを示唆している．コンクリートの熱劣化は材料レベルだけでなく，部材レベルおよび構造体レベルでも起こるのである．　【森田　武】

文　献

1) 日本建築学会編：鋼構造耐火設計指針，日本建築学会，1999.
2) 日本火災学会編：火災便覧 第3版，共立出版，1997.
3) EUROPEAN COMMITTEE FOR STANDARDIZATION： Eurocode 2：Design of concrete structures—Part 1-2： General rules—Structural fire design, 2004.
4) 国土交通省住宅局建築指導課ほか編：2001年版耐火性能検証法の解説及び計算例とその解説，井上書院，2001.
5) Schneider, U.（森永　繁，林　章二，山崎庸行訳）： コンクリートの熱的性質，技報堂出版，1983. および Schneider, U. et al.：Behavior of concrete at high temperatures, Rilem committee 44-PHT, 1985.
6) 日本建築学会：構造材料の耐火性ガイドブック，日本建築学会，2004.
7) 原田　有：建築耐火構法，技報堂出版，1973.
8) 一瀬賢一ほか：高温加熱を受けた高強度コンクリートの強度回復，コンクリート工学年次論文集，**25**(1)，日本コンクリート工学協会，2003.
9) 日本コンクリート工学協会：コンクリート構造物の火災安全性研究委員会報告書，日本コンクリート工学協会，2002.
10) 森田　武ほか：火災時における鉄筋コンクリート部材の爆裂性状の改善に関する実験的研究，日本建築学会

試験体名	加熱強度	荷重レベル	伸び拘束
A-1	標準 (180分)	0	なし
A-2	標準×0.9 (180分)		
A-3	標準×0.6 (180分)		
B-1	標準 (180分または柱崩壊まで)	0.15	なし
B-2			
B-3		0.30	
B-4			
B-5		0.45	
C-1	標準 (180分または崩壊まで)	0	あり
C-2			
C-3		0.15	
C-4			
C-5		0.30	
C-6		0.45	
C-7	標準 (120分)	0.30	

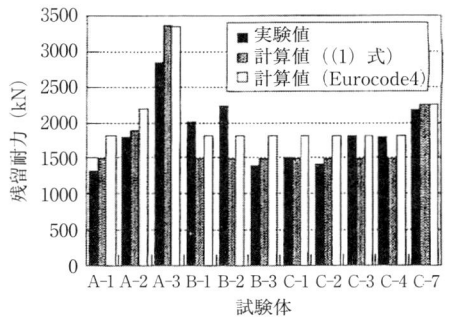

B-4: 180分加熱終了から47分後に圧壊
B-5: 加熱中115分に圧壊
C-5: 180分加熱終了から43分後に圧壊
C-6: 加熱中117分に圧壊

図 2.9.23 鉄筋コンクリート柱の加熱実験後の残留耐力[14]

〈建物外観〉 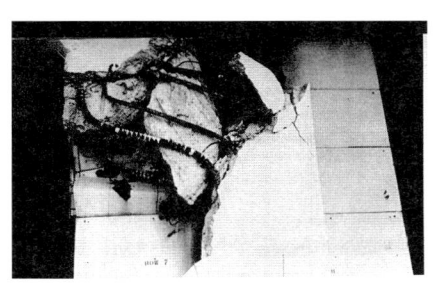　　　〈柱のせん断破壊〉

図 2.9.24 鉄筋コンクリート構造の火災による構造的被害[15]

構造系論文集, 第544号, pp.171-178, 日本建築学会, 2001.
11) 井上秀之ほか：爆裂防止用ポリプロピレン短繊維を混入した高強度コンクリートの性状に関する研究（その4 柱試験体の耐火試験）, 日本建築学会大会学術講演梗概集, pp.337-338, 日本建築学会, 1994.
12) 日本鋼構造協会：鉄筋コンクリート用棒鋼および PC 鋼棒・鋼線の高温時ならびに加熱後の機械的性質, JSSC, **5**(45), 1969.
13) 藤中英生ほか：ポリプロピレン繊維を混入した RC 柱の耐火性能, 日本火災学会論文集, **54**(1), pp.17-23, 日本火災学会, 2004.
14) 森田武ほか：中心載荷加熱鉄筋コンクリート柱の中心載荷加熱実験―コンクリート圧縮強度 55 N/mm² の場合―, 平成8年度日本火災学会研究発表会梗概集, pp.298-301, 日本火災学会, 1996.
15) 上杉英樹：耐火性能設計とコンクリート, シンポジウム「火災とコンクリート」資料, 日本建築学会, 2001.

2.10 力学的損傷

2.10.1 概　要

コンクリート構造物に生じる変状については，一般的に経年的に進行するものと，ある瞬間に発生するものとに分けられる．たとえば，塩害や中性化では，鉄筋の腐食が徐々に進行し，腐食によって構造物の性能が低下することとなる．これは，一般的に「劣化」と表現されている．一方，地震や衝突などのような突発的な事象による不具合が生じることもある．このような場合は，「劣化」という表現はそぐわず，一般的には「損傷」とされる場合が多い．しかし，この区分は必ずしも明確ではなく，場合によっては経年的な性質のものであっても「劣化」と

いう表現を当てはめることが必ずしも妥当ではない場合もある．たとえば，コンクリートのクリープなどによる過度の変形が徐々に生じて，構造物の使用性に問題が生じる場合があるが，これは「劣化」というよりはむしろ「損傷」とした方がなじみがよいと思われる．

ここでは「損傷」を広義に捉え，力学的な作用によって発生する損傷について，その発生原因と損傷の捉え方について述べることとする．

2.10.2 力学的損傷の生じる原因

力学的な損傷が生じる原因は多岐にわたり，それに応じて，結果として生じる損傷形態もいくつかのパターンが考えられる．もっとも多く見られるのは，コンクリートに発生するひび割れであるが，それ以外にも，コンクリートの剥落・断面欠損，過大な変形などが発生する場合もある．

通常，コンクリート構造物の設計段階において，構造物に作用する荷重はあらかじめ定められている．コンクリート構造物に作用する荷重が設計で想定される範囲内であり，かつ適切な設計・施工がなされている構造物であれば，とくに重大な損傷が生じるとは考えにくい．

しかし，
① 設計で想定していない荷重あるいは設計で想定している以上の荷重が作用した場合
② 構造細目規定のように，いわゆる設計計算によって補強鋼材量などが決定されず経験的に配筋方法などが決定される事項において，配慮を欠いた配筋がなされている場合
③ レベル2地震のように設計で想定されている荷重において，部材に損傷が生じることが許容されている場合

では，コンクリート部材に力学的な損傷が発生する場合もある．また，セメントの水和発熱による温度応力，コンクリート打ち込み時の型枠の変形やコンクリートの沈下収縮，など比較的初期段階に不具合が発生する場合もあり，これらについては，前述の通りである．

ここでは，主として荷重作用あるいは変形を拘束することによる応力などの観点から記述する．なお，実際にはこれらが単独で関与するばかりでなく，複数の要因が複合する場合もある点に注意が必要である．

a. 活荷重の影響

構造物の種類によっては，これに作用する荷重作用について比較的精度よくこれを推定することが可能な場合がある．たとえば，鉄道橋などでは線路を通過する列車は管理されており，想定される活荷重はその規格値を満足していると考えられる．

しかし，道路橋などの場合では交通荷重の大きさはかなり大きなばらつきを有している．たとえば，図 2.10.1 は，道路橋において 72 時間内に通過した車両の総重量および軸重の頻度を WIM により測定結果[1]を示したものである．これによると，対数正規分布に類似した確率分布を示していることがわかる．

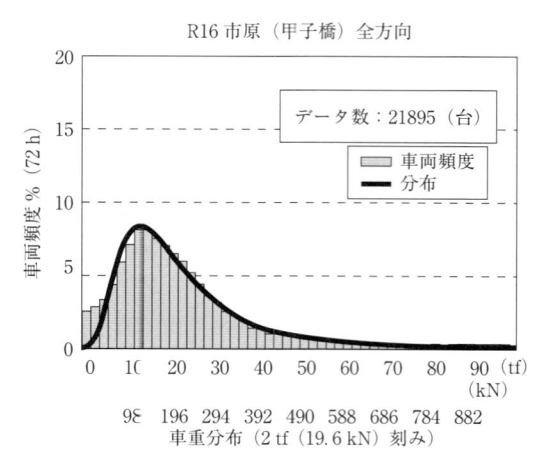

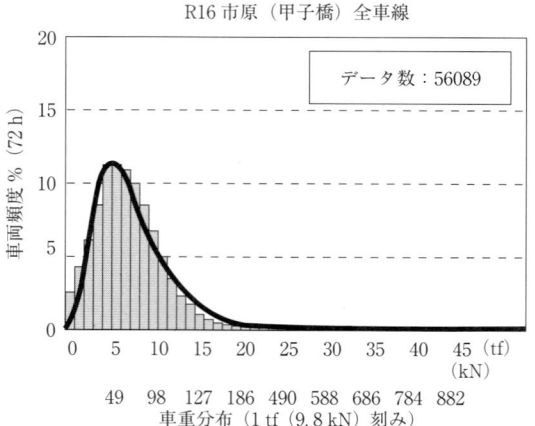

図 2.10.1 道路橋における車両重量・軸重の測定例

b. 気温変動の影響

コンクリートの温度変化に伴うひずみを算定する場合，一般的にコンクリートの線膨張係数として $10.0\,\mu/℃$ と仮定される場合が多い．通常は，線膨張係数の違いが大きな影響を及ぼすことが少ないと考えられるため，実用上は十分であると考えられる．しかし，詳細に見ると，コンクリートの線膨張係数の値はこれとは異なることがある．これまでの検討事例によれば，たとえば図2.10.2に示すとおり，コンクリート中の骨材の線膨張係数が大きいほど，コンクリートの線膨張係数も大きくなる傾向があり，最小の線膨張係数と最大の線膨張係数には約2倍の差があることがわかる[2]．一般的にシリカの含有量が少ない骨材ほど，図2.10.3に示すように，その線膨張係数は小さくなるとされている[2]．一方，コンクリート中のセメントペーストの線膨張係数は大きく，約 $17\sim20\,\mu/℃$ 程度である．一般的に，コンクリート中のセメントペースト分の占める体積は骨材に比較して少なくセメントペースト分の体積の変動も通常の配合であればさほど大きくはないので，骨材の線膨張係数がコンクリートの線膨張係数に大きな影響を与えるものと考えられる．

c. 収縮の影響

コンクリートの収縮は，コンクリート中の水分が乾燥によって失われることによって生じる乾燥収縮と，セメントの水和に伴って水分が消費され，これによって自己乾燥が生じ収縮する自己収縮に大別される．自己収縮は乾燥収縮と比較して以下の特徴がある．

① 水セメント比の小さい配合条件において顕著に認められる
② コンクリートの表面をシールし外気による乾燥を防止しても生じる
③ 極初期材齢に生じる

コンクリートの収縮変形が拘束されている場合では，収縮に伴う引張応力が作用する．また，プレストレストコンクリートでは，収縮によるプレストレスの低下が生じる．

コンクリートの乾燥収縮は，コンクリートの単位水量，外気の相対湿度，コンクリートの仮想部材厚

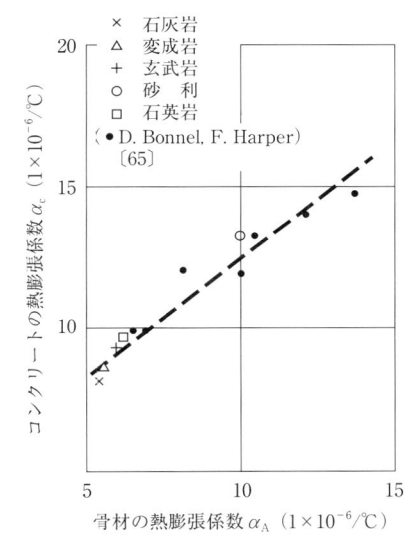

図2.10.2 骨材とコンクリートの線膨張係数の関係

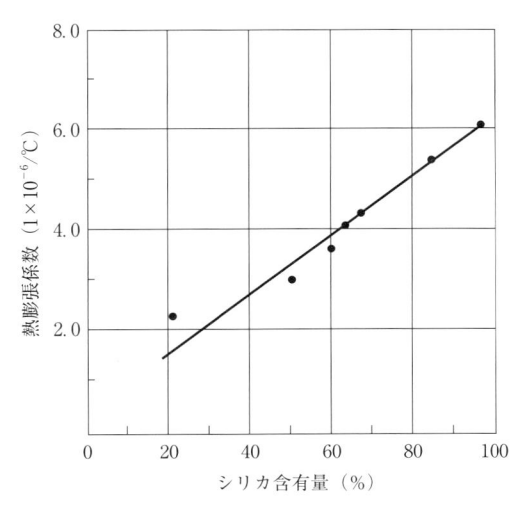

図2.10.3 シリカ（SiO_2）含有量と骨材の線膨張係数の関係

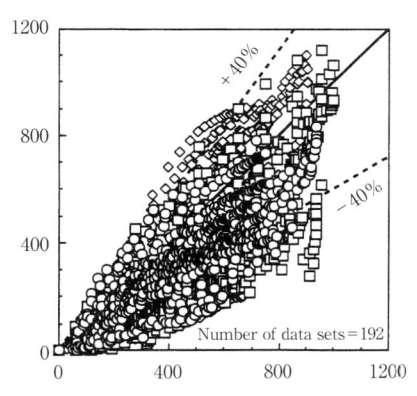

図2.10.4 乾燥収縮ひずみモデルの精度（土木学会コンクリート標準示方書による）

（縦軸：実験値，横軸：予測値）

さ（部材断面積を周長で除したもの）コンクリートに使用する骨材の種類の影響を受ける．文献[3]では，コンクリートの乾燥収縮の推定式について検討がなされており，これによると図2.10.4に示すようにおおよそ±40%程度の誤差で推定可能であることが示されている．

d． クリープの影響

コンクリートに常時応力が作用する場合では，クリープによる長期的な変形が生じることが避けられない．コンクリートのクリープは，一般に乾燥クリープと基本クリープに分類される．すなわち，コンクリートが乾燥を受けない場合に発生するクリープが基本クリープであり，コンクリートが乾燥を受ける場合は，乾燥クリープが加わるため，クリープひずみはより大きくなる．

プレストレストコンクリート部材では，コンクリートのクリープ変形により，コンクリートに導入されているプレストレスによる圧縮応力が低下する．

不静定構造ではクリープの進展に伴う変形が拘束されるが，施工中と完成後の構造系に変化がない場合では，コンクリートのクリープによる不静定力は一般に考慮しなくてよいとされている．これは，クリープの影響を擬似的にコンクリートの弾性係数の低下として考慮し，部材全体にわたって弾性係数が低下したと考えれば，支点反力の変化が生じないためである．

しかし，施工中と完成後の構造系に変化が生じるような場合では，クリープひずみに材齢差があるため，クリープの進行にも差が生じることとなる．このため，クリープ変形を拘束することにより拘束力が作用することとなる．

また，過大なクリープひずみや乾燥収縮ひずみの発生による構造物の変形に伴い，構造物の使用上の不具合が発生することも考えられる[4]．とくに，ヒンジを有する構造形式においては，ヒンジ部での垂れ下がりが問題になることがある．構造物の種類によってこれに求められる機能も異なっているため，許容される変形量は一定ではないが，鉄道橋のように厳密な管理が必要になることもある．

有ヒンジ構造のPC橋において，クリープ・乾燥収縮・温度変化などによる過大な変形が生じた場合，外ケーブルによるプレストレスの導入により，たわみ変形の改善を行った事例も報告されている[5],[6]．

e． 可動支承の機能低下

支承は上部構造と下部構造の接点に設けられる構造部材であり，道路橋支承便覧によると，その基本的な機能としては，荷重伝達機能および変位追随機能がある．ここで，荷重伝達機能については，上部構造に作用する荷重を確実に下部構造に伝達する機能であり，変位追随機能としては上部構造に生じる変位に追随し，上部構造と下部構造の相対変位を吸収する機能とされている[7]．

通常の荷重が作用する常時において問題となるのは，変位追随機能の低下であり，たとえば支承に用いられる鋼材の腐食により，拘束が発生する点である．変位追随性能が失われた場合，コンクリートの収縮に伴って想定外の拘束力が桁部材に生じコンクリートのひび割れなどの損傷につながりうる．

f． その他想定外の外力の作用

コンクリート構造物の設計にあたっては，活荷重や死荷重，コンクリートの乾燥収縮やクリープの影響，温度変化の影響を考慮するほか，地盤沈下の影響，揚圧力，土圧，風荷重，波圧，制動荷重なども荷重作用としてこれを考慮することとなる．また，構造物の建設される地域の気候条件によっては，雪荷重を考慮しなければならない場合もある．

ここで想定する荷重としてその大きさが適切な精度で推定できるものもあれば，推定が困難な場合もあり，想定をはるかに超えた大きさの荷重として作用する場合では，コンクリート構造物の損傷が免れない場合もある．

2.10.3 コンクリート構造物に発生するひび割れと考え方

コンクリート構造物に発生するもっとも一般的な損傷はひび割れである．コンクリートにひび割れが発生しやすいのは，圧縮強度に比べて引張強度が小さいためである．一般にコンクリートの圧縮強度に対する引張強度の比は 1/10～1/13 といわれていて，コンクリートの圧縮強度が大きいほど，この比率は小さくなる．図2.10.5はコンクリートの圧縮強度と引張強度の関係をまとめたものである[8]．

また，コンクリートに作用する圧縮応力度が一定レベルを超過すると，圧縮力の作用する方向と平行にひび割れが生じることとなる．たとえば土木学会コンクリート標準示方書［構造性能照査編］によれ

2.10 力学的損傷

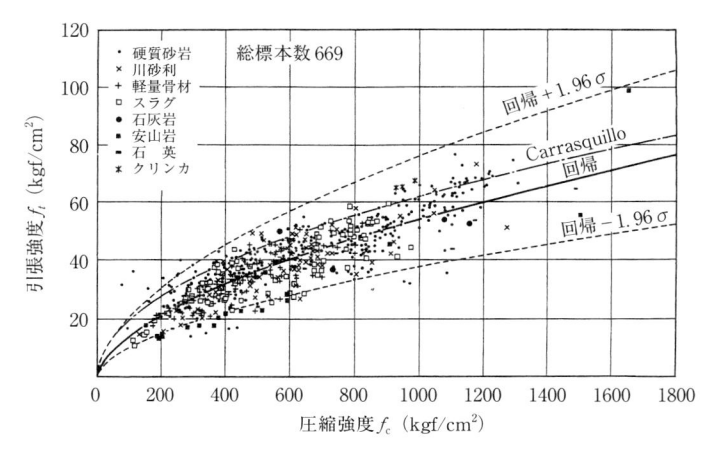

図2.10.5 コンクリートの圧縮強度と引張強度の関係[8]

ば，このようなひび割れを防止するため，常時荷重によってコンクリートに発生する圧縮応力度を，圧縮強度の40％に制限することとしている．

コンクリート構造物の力学的損傷として，ひび割れはもっとも一般的なものであり，ひび割れの発生状況や原因によって，その対応方法も大きく変わるものである．維持管理上，ひび割れに対する考え方をまとめると，以下の点がキーポイントになると考えられる．

① ひび割れそのものが耐久性に及ぼす影響の判断
② ひび割れが構造物の耐荷性能に及ぼす影響（たとえば，局所的なひび割れ損傷により構造物の照査において想定していない状況になっているかどうか）
③ ひび割れが設計において想定していない荷重作用の影響を受けたものかどうか
④ ひび割れが進展性を示しているかどうかの判断

すなわち，構造物に発生しているひび割れ状況から，ひび割れが及ぼす影響やひび割れの原因を推定し，補修や補強対策の要否などを判断する必要がある．

ここで，上部構造の外観点検によるひび割れの捉え方と，判定方法について，道路橋の場合を例にとって紹介する．

一般的に，桁部材に発生するひび割れのパターンとしては，①曲げモーメントの作用によって発生する曲げひび割れ，②せん断力やねじりモーメントの作用によって発生する斜めひび割れ，③その他の要因によって発生する局所的なひび割れに大別される．

a. 曲げひび割れ

ここで，曲げひび割れについては，部材に作用する曲げモーメントが大きくなる断面付近に発生するものであり，曲げモーメントの作用方向に応じて引張応力の作用する位置が変化する．図2.10.6[9]に示すとおり，支間中央付近では通常断面下縁側に発生するものであり，中間支点上では負の曲げモーメントが作用するため，断面上縁側に曲げひび割れが発生することが予想される．ここで，鉄筋コンクリート構造であれば，常時作用すると考えられる荷重条件においてひび割れを許容しているため，曲げひび割れの発生そのものが異常を示しているとは限らない．ただし，コンクリートに発生するひび割れの幅について，耐久性確保の観点から，これを制御するように設計されているのが通常であるので，過大な幅を持つひび割れが発生している場合では，耐久性に悪影響が生じることも想定されるほか，過大なたわみの発生，もしくは剛性の低下に伴う荷重分配の異常として捉えることが妥当であると考えられる．一方，プレストレストコンクリート構造においては，その設計思想によってひび割れのとらえ方が異なるものであるが，設計上，常時作用する荷重に対して曲げひび割れの発生を許容していないにもかかわら

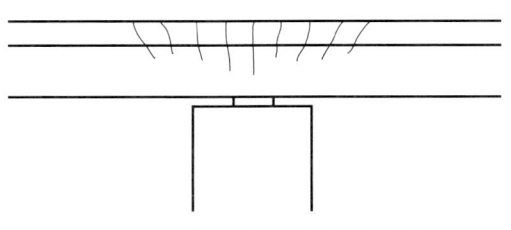

図2.10.6 中間支点上の曲げひび割れ[9]

ず曲げひび割れが発生している場合では，プレストレスの減少あるいは想定外の荷重が作用していることが想定されるので，ひび割れ発生の原因の究明を行うとともに，補修もしくは補強，あるいはモニタリングなどの対応を考慮することが望ましいと考えられる．

部材に疲労荷重が作用する場合では，ひび割れ幅の変動状況やひび割れ間隔に注意する必要がある．

b. せん断ひび割れおよびねじりひび割れ

曲げひび割れは，曲げモーメントの作用によって発生するひび割れであり，部材軸直角方向に発生するものである．一方，せん断力やねじりモーメントの作用によって発生するひび割れは，図 2.10.7[9] に示すとおり，せん断応力の影響を受け部材軸に対して傾斜をもって進展することが特徴である．ここで，せん断ひび割れとねじりひび割れの違いは，部材側面から見た場合，せん断ひび割れでは表面裏面とも同じ方向に傾斜しているが，ねじりひび割れの場合では，表面と裏面とでは異なった方向に傾斜している点である．

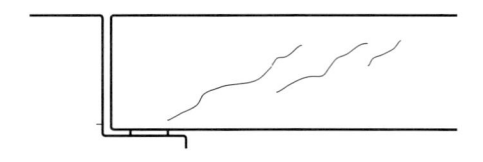

せん断ひび割れは，断面に発生しているせん断力が小さい場所（たとえば単純梁であれば支間中央部）には発生しない．したがって，せん断ひび割れの有無を点検する際は，せん断力の分布を考慮し，たとえば単純支持の場合では，部材端から支間 1/4 あたりの位置に注意を払う必要がある．

せん断ひび割れのパターンを大別すると，ウエブに発生するせん断ひび割れと，断面引張側に生じた曲げひび割れが斜め方向に進展する曲げせん断ひび割れに大別できる．前者は，とくにウエブ幅の少ない PC 部材に発生する．

せん断耐力の評価にあたって，現行の設計規準においてはせん断ひび割れ発生後もコンクリートの負担するせん断力が保たれるとする修正トラス理論の考え方が広く採用されている．この考え方にたてば，せん断ひび割れが発生しているコンクリート部材では，コンクリートの寄与に加え，せん断補強鉄筋が負担する引張応力によりせん断力の一部が負担されている状況にある．このため，鉄筋コンクリート部材において過大なせん断ひび割れが発生していない状況にあっては，必ずしも部材のせん断耐力が低下しているとは限らない．しかし，鉄筋コンクリート部材のせん断耐力は，曲げ耐力と比較し，耐力の算定値が実験式であるとともに，推定精度も劣ること，またせん断破壊は脆性的な破壊性状を示すことから

図 2.10.7 せん断ひび割れ[9]

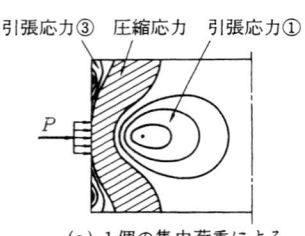

図 2.10.8 定着部付近の補強[10]

(a) 1個の集中荷重による σ_y の等応力度線
(b) 1個の集中荷重に対する補強鉄筋配置
(c) 2個の集中荷重による σ_y の等応力度線
(d) 2個の集中荷重に対する補強鉄筋配置

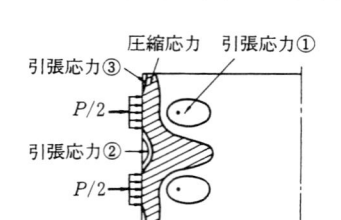

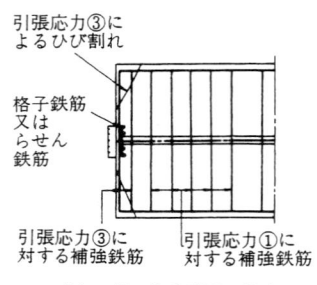

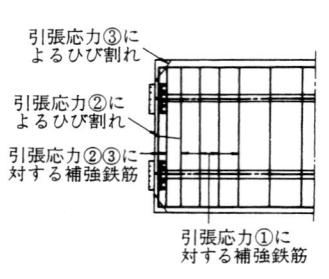

2.10 力学的損傷

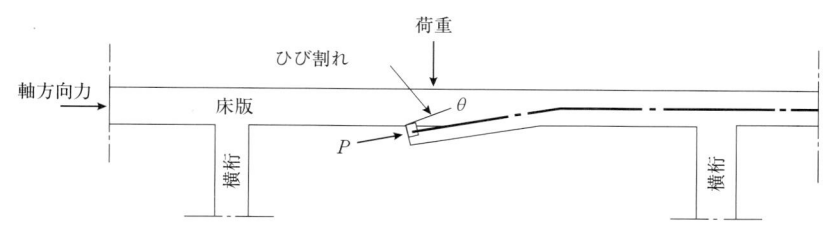

図 2.10.9 フランジに設けられた突起定着部のひび割れ[10]

十分な注意が必要である．また，せん断ひび割れ幅からせん断補強鉄筋の降伏している疑いがある場合では，せん断耐力について余り余力が残されていないため，慎重なせん断耐力の確認を要する．

c. プレストレストコンクリート部材の定着端部のひび割れ

プレストレストコンクリート部材においては，定着端部に局所的に大きな圧縮力が作用する．このとき，PC鋼材と直角の方向に引張力が生じるため，図2.10.8に示すようにPC定着具付近のコンクリートにはスターラップや格子状の鉄筋を用いて，ひび割れが過大になるのを防止する用心鉄筋が配置されるのが一般的である[10]．この補強鉄筋については，PC工法ごとに配置方法が経験的に定められている．しかし，何らかの不備により適切な補強がなされていない場合では，PC鋼材配置方向に過大な幅のひび割れが発生することがある．また，突起定着部においては，図2.10.9に示すとおり突起隅角部にひび割れが発生する可能性もある[10]．

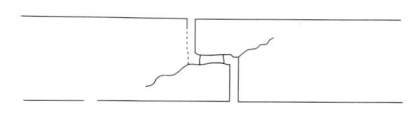

図 2.10.10 掛け違い部のひび割れ[9]

d. ヒンジ部のひび割れ

桁のかけ違い部では，断面が急変し隅角部にひび割れが生じやすく弱点となりやすい箇所である．ひび割れは，図2.10.10に示すような方向に発生する場合が多い[9]．かけ違い部においては，漏水などの影響によりコンクリートが高い含水状態に置かれるため，凍結融解作用や乾湿繰返し作用によるコンクリートの劣化や断面欠損，また凍結防止材が使用されている場合では，塩類による鋼材の腐食が生じやすい箇所でもある．

かけ違い部では応力集中の影響を軽減するため，図2.10.11に示すように，ハンチを設けるとともにハンチに沿ったハンチ筋および用心鉄筋を配筋することにより過大なひび割れを防ぐ必要がある[11]．

e. 支承近傍のひび割れ

図2.10.2bにも示したとおり，可動支承に腐食な

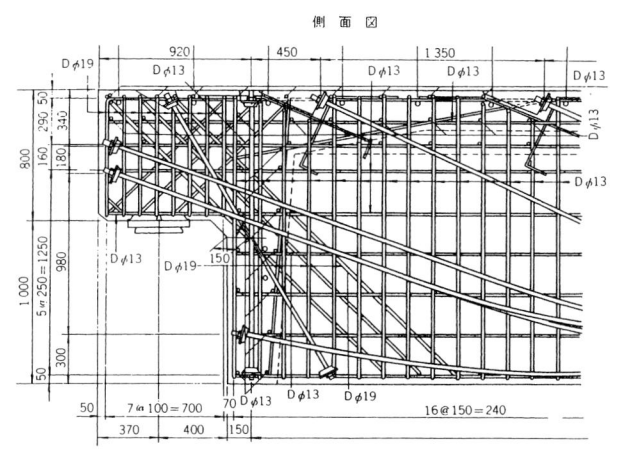

図 2.10.11 掛け違い部補強例[11]

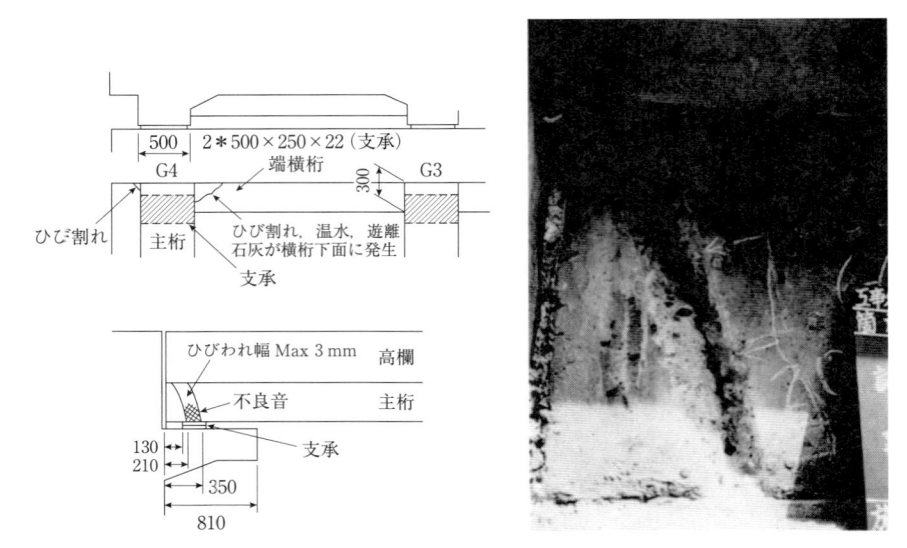

図 2.10.12 RCT 桁端部のひび割れ状況[12]

どの不具合が生じ，変位追随機能が失われた場合には，設計上想定されていない拘束力が発生するため，桁の端部（図 2.10.12）[12]，あるいは桁に発生する曲げひび割れ，下部構造の縁端距離が不足している場合では下部構造にひび割れが生じる場合もある[12].

2.10.4 地震による影響

a. 鉄筋コンクリート構造物の耐震設計の基本的な考え方

構造物に大きな地震力が作用した場合に，構造物にまったく損傷を生じさせないよう，構造物の強度に大きな安全率を確保することは設計上必ずしも不可能ではない．しかし，このような設計を行うことは，経済性の面から必ずしも合理的なものとはならない．一般的な鉄筋コンクリート構造物の耐震設計の基本的な考え方として，発生頻度の高い比較的小さな地震力に対しては構造物に発生する損傷を小さいものにとどめる一方，発生頻度の低い大きな地震力に対しては，コンクリートの部材の塑性化を許容しつつ，崩壊を免れるようにすることとしている．一例として，道路橋における耐震性能についてまとめたものを表 2.10.1 に示す．

鉄筋コンクリート部材の破壊モードは，通常，(1) 曲げ破壊型，(2) せん断破壊型，(3) 曲げ降伏後せん断破壊へ移行するものの3パターンに分類される．このうち，曲げ破壊は比較的変形性能に富むもので耐震性能上好ましいものである．これに対し，

表 2.10.1 道路橋における耐震性能

橋の耐震性能	耐震設計上の安全性	耐震設計上の供用性	耐震設計上の修復性	
			短期的修復性	長期的修復性
耐震性能1：地震によって橋としての健全性を損なわない性能	落橋に対する安全性を確保する	地震前と同じ橋としての機能を確保する	機能回復のための修復を必要としない	軽微な修復でよい
耐震性能2：地震による損傷が限定的なものにとどまり，橋としての機能の回復が速やかに行いうる性能	落橋に対する安全性を確保する	地震後橋としての機能を速やかに回復できる	機能回復のための修復が応急修復で対応できる	比較的容易に恒久復旧を行うことが可能である
耐震性能3：地震による損傷が橋として致命的とならない性能	落橋に対する安全性を確保する	—	—	—

せん断破壊は急激な耐力の喪失を伴う破壊性状を示し，変形性能に乏しく，耐震性上できれば避けたい破壊形態である．曲げ降伏後せん断破壊に移行するものは，主鉄筋の降伏後，地震荷重が繰り返し作用することによりコンクリートの負担するせん断力がしだいに低下し，せん断破壊に至るものであり，これも十分な変形性能を示さない場合がある．このため，曲げ降伏後のせん断破壊を防止するため，あらかじめコンクリートの負担するせん断力を繰返し荷重が作用することを想定し，低減することも行われている．

b. 地震により被災したコンクリート部材の損傷判定

鉄筋コンクリート部材が地震により被災した場合，構造物の復旧に際しては，その損傷状況を評価し，損傷の程度に応じて部材の撤去再構築を行うか，もしくは補強・補修により再利用を図るかの判断をしなければならない．

コンクリート橋（上部構造）においては，とくに固定支承周りに損傷が発生することが多く，コンクリートのひび割れや剥離，軸方向鉄筋の損傷およびせん断ひび割れの発生が認められる場合では，せん断ひび割れ幅，せん断補強鉄筋の状況について，調査を行う必要がある．一方，橋脚に発生する損傷は，せん断スパン比およびせん断補強鉄筋量に応じてその損傷形態が異なるが，一般的にはコンクリートのひび割れ・剥離状況，鉄筋の座屈・破断，ならびに鉄筋段落とし位置での損傷状況に着目した調査が必要となる．

ここで，鉄筋コンクリート橋脚の被災状況の評価については，たとえば図 2.10.13〜図 2.10.15 に示すように破壊形態ならびに段落とし部の被災形態に応じて実施される[13]．　　　　　【渡辺博志】

文　献

1) 玉越隆史, 中洲啓太, 石尾真理：道路橋の設計自動車荷重に関する試験調査報告書―全国活荷重実態調査―, 国土総合技術研究所資料, No. 295, 2006.
2) 川口 徹：コンクリートの熱膨張係数に関する既往の研究成果について, マスコンクリートの温度応力発生メカニズムに関するコロキウム論文集, pp. 15-18, 日本コンクリート工学協会, 1982.

観測される損傷			① 水平ひび割れのみ	② 斜めひび割れ（貫通せず）	③ 斜めひび割れ貫通	④ かぶりコンクリート剥離	⑤ 鉄筋はらみ出し	⑥ 軸方向鉄筋破断および躯体傾斜
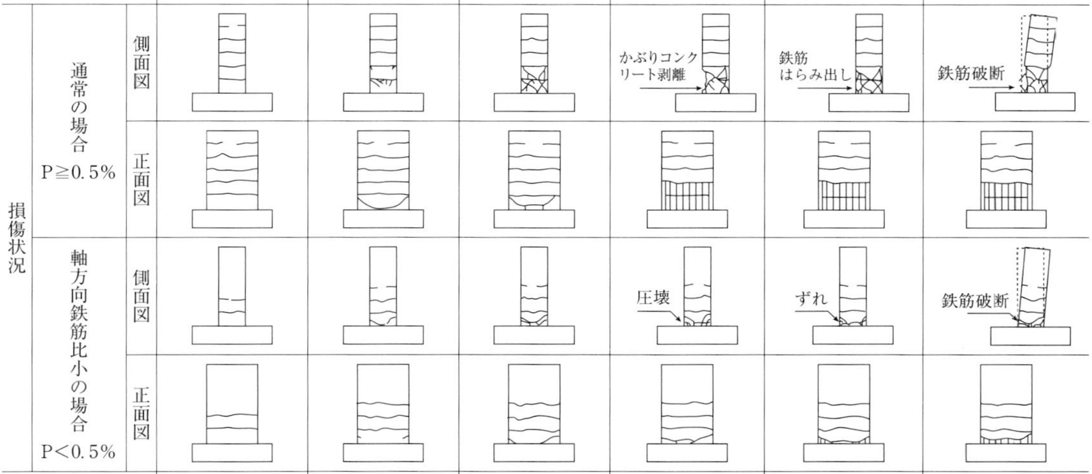 損傷状況	通常の場合 $P \geq 0.5\%$	側面図				かぶりコンクリート剥離	鉄筋はらみ出し	鉄筋破断
		正面図						
	軸方向鉄筋比小の場合 $P < 0.5\%$	側面図				圧壊	ずれ	鉄筋破断
		正面図						
被災度			B：小被害	B：小被害	B：小被害	C：中被害	C：中被害	D：大被害
残留強度			Pu (1.1Py〜1.3Py)	Pu (1.1Py〜1.3Py)	1.1 Py	1.0 Py	Py 以下	Py 以下
残留変形性能 $\frac{\delta_u - \delta}{\delta_u - \delta_y} \times 100 (\%)$			70%	50%	30%	10%	0%	0%

Py：降伏耐力　Pu：終局耐力　δ_y：降伏変位　δ_u：終局変位　δ：最大履歴変位

図 2.10.13 RC 橋脚基部に損傷が生じている場合の被災判定（おもに曲げ）[13]

2. 総説——メカニズム

観測される損傷	① 水平ひび割れのみ	② 斜めひび割れ (D/2以下)	③ 斜めひび割れ (D/2以上)	④ 斜めひび割れ貫通 (鉛直ひび割れ進展)	⑤ かぶりコンクリート剥離	⑥ 鉄筋はらみ出し
損傷状況 側面図					かぶりコンクリート剥離	鉄筋はらみ出し
損傷状況 正面図					軸方向鉄筋段落し位置	
被災度	B：小被害	B：小被害	B：小被害	C：中被害	C：中被害	D：大被害
残留強度	Pu (1.05 Py～1.1 Py)	Pu (1.05 Py～1.1 Py)	1.0 Py	1.0 Py	Py 以下	Py 以下
残留変形性能 $\frac{\delta_u - \delta}{\delta_u - \delta_y} \times 100$ (%)	100%	70%	40%	10%	0%	0%

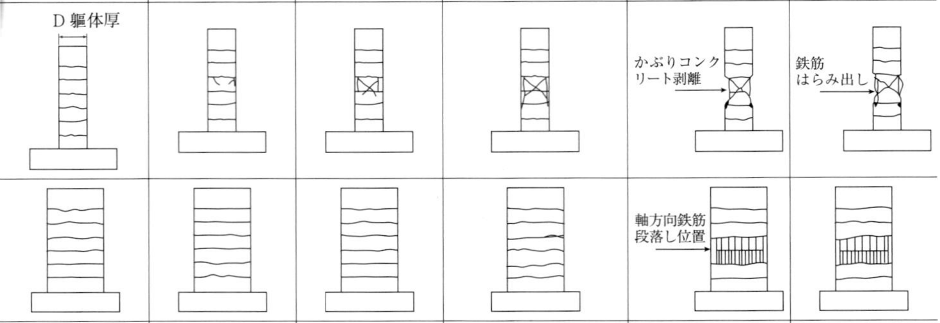

Py：降伏耐力　Pu：終局耐力　δ_y：降伏変位　δ_u：終局変位　δ：最大履歴変位
注：＊1　Dは躯体厚

図 2.10.14　RC橋脚のせん断による損傷が生じている場合の被災判定[13]

観測される損傷	① 水平ひび割れのみ	② 斜めひび割れ (貫通せず)	③ 斜めひび割れ貫通 (ひびわれ幅 W<0.5mm)	④ 斜めひび割れ幅 0.5mm≦W<2mm	⑤ 斜めひびわれ幅 W≧2mm コンクリート剥落・剥離
損傷状況 側面図			W<0.5 mm	0.5mm≦W<2mm	W≧2mm もしくはコンクリート剥落
損傷状況 正面図					コンクリート剥離
被災度	B：小被害	C：中被害	C：中被害	C：中被害	C：大被害
残留強度	Pu	Pu	Pu	Py 程度	Py 以下
残留変形性能 $\frac{\delta_u - \delta}{\delta_u - \delta_y} \times 100$ (%)	100%	100%	50%～100%	0%～50%	0%

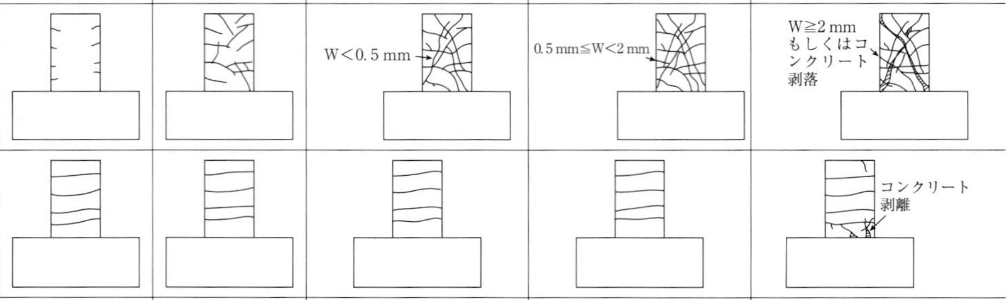

Py：降伏耐力　Pu：終局耐力　δ_y：降伏変位　δ_u：終局変位　δ：最大履歴変位

図 2.10.15　RC橋脚段落とし部に損傷が生じている場合の被災判定[13]

3) 阪田憲次, 椿　龍哉, 井上正一, 綾野克紀：高強度域を考慮した乾燥収縮ひずみおよびクリープ予測式の提案, 土木学会論文集, 690, **53**, pp.1-19, 2001.
4) 橋場　盛ほか：PC有ヒンジラーメン橋の時間依存変形に関する検討, 土木学会論文集, 478, **21**, pp.13-20, 1993.
5) 酒井和廣：美陵高架橋の補修, 橋梁と基礎, **17**(8), pp.86-89, 1983.
6) 鈴木　威ほか：喜連瓜破高架橋の補強計画及び施工—下弦ケーブルを用いた有ヒンジラーメン橋のたわみ回復補強, プレストレストコンクリート, **46**(5), pp.45-54, 2004.
7) 日本道路協会：道路橋支承便覧, 2004.
8) 日本建築学会：高強度コンクリートの技術の現状, p.84, 1991.
9) 国土交通省道路局：橋梁定期点検要領(案), 2004.
10) 日本道路協会：道路橋示方書・同解説 III コンクリート橋編, 平成14年.

11) 今井宏典ほか：PCゲルバーヒンジ部の構造と1設計法, 橋梁と基礎, 4(8), pp.13-20, 1970.
12) 岡田 清, 今井宏典監修：損傷と補修事例にみる道路橋のメンテナンス, (財)阪神高速道路管理技術センター, 1992.
13) 建設省土木構造物の震災復旧技術マニュアル（案）, 土木研究センター, pp.163-173, 1988.

2.11 仕上げの変状

外壁コンクリートは，化粧打放し仕上げでなければ，塗装，仕上塗材（吹付け），タイル張り，石張り，左官塗りなどで仕上げられ，接合目地にはシーリング材が使用されている．以下，これら仕上げのうち，有機材料で構成されていて，ほかの仕上げに比べて経時にともなう劣化が比較的早い塗装，仕上塗材の変状について紹介する．

a. 塗装

塗装は，被塗物に美装性を付与し，かつ保護するために行われる．すなわち，外壁コンクリート表面を意匠的に着色するとともに，コンクリート表面の損耗・劣化・中性化などを抑制して強度低下を防止する役目もある．このような塗料の構成要素を，図2.11.1に示す．

塗料は，塗膜形成主要素である展色剤と顔料，塗膜形成副要素である添加剤，および塗膜形成助要素である溶媒とで構成されており，硬化した塗膜は，フタル酸樹脂・アクリル樹脂・エポキシ樹脂などの合成樹脂系に代表される展色剤，顔料および添加剤とで構成される．また，塗料の乾燥機構を，表2.11.1に示す．

コンクリートやモルタル面に適用される代表的なアクリル樹脂エマルション塗料は，塗膜形成主要素であるアクリル樹脂粒子が，塗膜形成助要素である水分に分散された形態となっており，塗装後に水分が蒸発するとアクリル樹脂粒子同士が接触して融着することにより塗膜となる（図2.11.2）．

おもな建築用塗装仕様（素地調整＋下塗り＋中塗り＋上塗り）の種類と特徴を表2.11.2に示す．

このうち，コンクリートやモルタル面に適用される汎用的な塗装仕様は，おもに美装を目的とした「合成樹脂エマルションペイント塗り（EP）」や「つや有合成樹脂エマルションペイント塗り（EP-G）」であり，耐食性が要求される場合は「塩化ビニル樹脂エナメル塗り（VE）」や「2液形エポキシ樹脂エナ

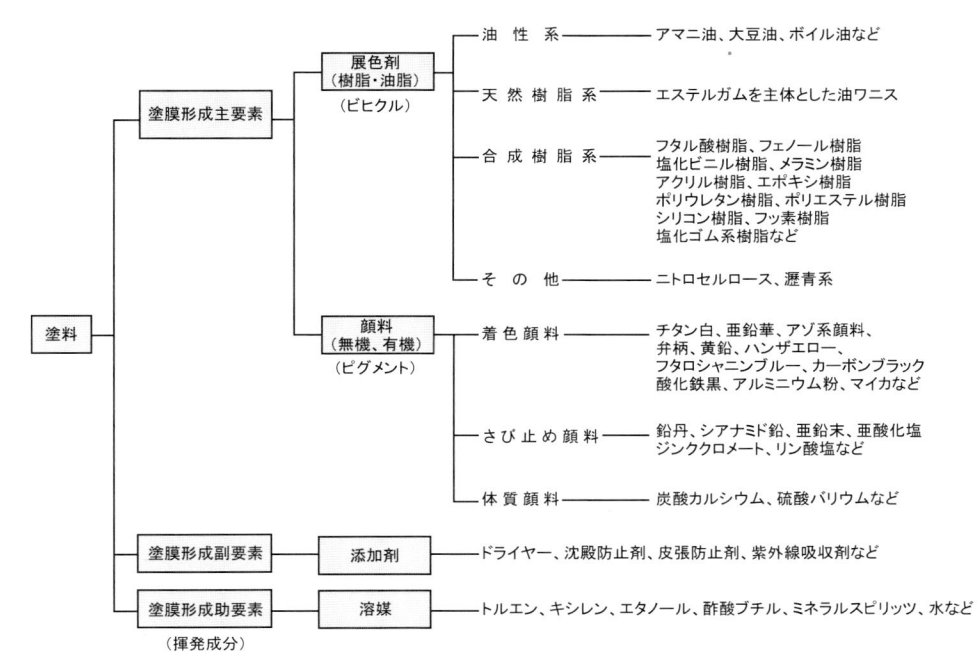

図2.11.1 塗料の構成要素

表 2.11.1 塗料の乾燥機構

乾燥の種類	乾燥の機構	代表的な塗料	乾燥時間
揮発乾燥型	塗膜中の溶剤が蒸発して，塗膜が硬化する	・アクリルラッカー ・塩化ビニル樹脂塗料	1～2時間
融着乾燥型	溶剤や水分が蒸発すると，分散していた樹脂粒子が接触・融着して連続塗膜となる	・アクリルエマルション塗料 ・NAD（非水分散形）塗料	1～3時間
酸化乾燥型	塗膜中の溶剤が蒸発して，塗膜が空気中の酸素を反応し，重合を伴って硬化する	・合成樹脂調合ペイント ・フタル酸樹脂エナメル	16～24時間
重合乾燥型	触媒・硬化剤を混合することにより樹脂が反応し，重合を伴って硬化する	・ウレタン樹脂塗料 ・エポキシ樹脂塗料 ・シリコン樹脂塗料	5～24時間
熱重合乾燥型	加熱することにより，樹脂が反応し，重合を伴って硬化する	・熱硬化アミノアルキド樹脂塗料 ・熱硬化アクリル樹脂塗料	120～140℃ 20～30分
融解冷却乾燥型	加熱によって融解した塗膜が冷却によって硬化する	・トラフィックペイント	20～30分

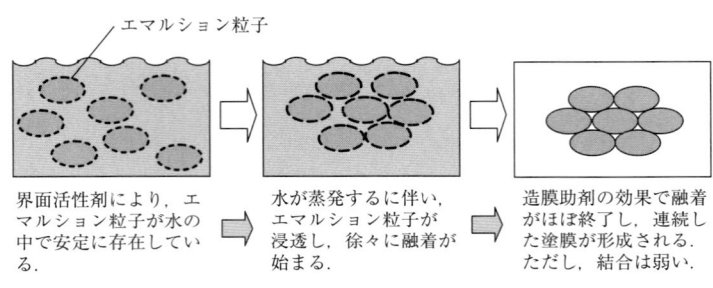

図 2.11.2 アクリル樹脂エマルション塗料の硬化メカニズム

メル塗り (2-XE)」が，高耐候性が要求される場合は「2液形ポリウレタンエナメル塗り (2-UE)」「アクリルシリコン樹脂エナメル塗り (2-ASE)」および「常温乾燥形ふっ素樹脂エナメル塗り (2-FUE)」が，要求性能レベル・コストなどを考慮して使い分けされている．

塗料は，前述のようにおもに有機高分子材料で構成されており，屋外の自然環境にさらされると，太陽の紫外線・熱，降雨水，結露，大気汚染物質等の作用により，汚れ→光沢低下→変退色→白亜化（チョーキング）→膨れ→割れ→剥がれなどの劣化現象が発生して，塗膜表面から徐々に劣化が進行する．また，コンクリートに含まれる水分やひび割れによっても塗膜の劣化が促進される．コンクリート・モルタル・ボード面塗装仕上げにおける劣化外力・要因と劣化現象の関係を表 2.11.3 に，塗膜の経年にともなう劣化現象の進行過程と劣化要因の関係を表 2.11.4 に示す．

また，化粧打放しコンクリート仕上げに認められるおもな劣化現象を，図 2.11.3～図 2.11.8 に示す．

化粧打放しコンクリート仕上げのおもな劣化現象としては，保護材料の白亜化（チョーキング）・膨れ・割れ・剥がれ・損耗，エフロレッセンス，かび・藻の付着，コンクリートのひび割れ，さび汁，鉄筋露出（爆裂）などである．また，新築時に表面気泡，豆板（ジャンカ）などの不具合の補修を行った個所も，ひび割れが発生しやすい．新築時にひび割れが発生して注入・充填した箇所も，その施工仕様・乾燥収縮・マスとしての温度ムーブメントなどにより，その補修際で再度ひび割れが発生する場合もある．

b. 仕上塗材（吹付け）

建築用仕上塗材（JIS A 6909）は，セメント，合成樹脂などの結合材，顔料，骨材などを主原料とし，主として建築物の内外壁または天井を，吹付け，ローラ塗り，こて塗りなどによって立体的な造形性をもつ模様に仕上げる材料である．

仕上塗材の厚さは，塗料（100～150 μm）と異なり，

表 2.11.2 おもな建築用塗料の種類と特徴（日本建築学会 建築工事標準仕様書・同解説 JASS18 塗装工事 による）

	塗装仕様の種類（略号）	区分 屋外	区分 屋内	要求性能	グレード	耐久性能指数[1]	コスト指数[2]	特徴	上塗り規格番号
1	アクリル樹脂ワニス塗り（AC）	*	*	耐候性	汎用	I	B	一般的な透明塗装	JIS K 5653
2	2液形ポリウレタンワニス塗り（2-UC）	*	*	高耐候性	高級	III	C	高級な透明塗装	JASS 18 M-502
3	アクリルシリコン樹脂ワニス塗り（2-ASC）	*	*	高耐候性	高級	IV	D	苛酷な環境下での高耐候性透明塗料	JASS 18 M-205
4	常温乾燥形ふっ素樹脂ワニス塗り（2-FUC）	*	*	高耐候性	超高級	V	E	苛酷な環境下での高耐候性透明塗料	JASS 18 M-206
5	塩化ビニル樹脂エナメル塗り（VE）	*	*	防食性	汎用	I	B	耐薬品性仕様	JIS K 5582 1種，2種
6	アクリル樹脂エナメル塗り（AE）	*	*	美装性	汎用	II	B	一般的な不透明塗装	JIS K 5654
7	アクリル樹脂系非水分散形塗料塗り（NADE）	*	*	美装性	汎用	I	B	一般的な不透明塗装	JIS K 5670
8	2液形ポリウレタンエナメル塗り（2-UE）	*	*	高耐候性	高級	III	C	耐候性のある高級な不透明塗装	JIS K 5656
9	弱溶剤系2液形ポリウレタンエナメル塗り（LS2-UE）	*	*	高耐候性	高級	II	C	環境負荷を低減した高級な不透明塗装	JASS 18 M-406
10	アクリルシリコン樹脂エナメル塗り（2-ASE）	*	*	高耐候性	高級	IV	D	苛酷な環境下での高耐候性不透明塗料	JASS 18 M-404
11	常温乾燥形ふっ素樹脂エナメル塗り（2-FUE）	*	*	高耐候性	超高級	V	E	苛酷な環境下での高耐候性不透明塗料	JIS K 5658
12	2液形エポキシ樹脂エナメル塗り（2-XE）	—	*	防食性	高級	—	C	化学工場や汚染地域における耐薬品性仕様	JIS K 5551 1種上塗
13	合成樹脂エマルションペイント塗り（EP）	*	*	美装性	汎用	I	A	一般的な不透明塗装（一般浴室）	JIS K 5663 1種，2種
14	つや有合成樹脂エマルションペイント塗り（EP-G）	*	*	美装性	汎用	I	B	一般的な不透明塗装	JIS K 5660
15	ポリウレタンエマルション塗料塗り（UEP）	*	*	美装性	汎用	II	C	一般的な不透明塗装	JASS 18 M-209
16	合成樹脂エマルション模様塗料塗り（EP-T）	—	*	美装性	汎用	—	B	意匠性を要求される部位に使用	JIS K 5663 2種，3種
17	多彩模様塗料塗り（EP-M）	—	*	美装性	汎用	—	B	意匠性を要求される部位に使用	JIS K 5663 2種

1) 耐久性能指数：I（劣る）↔ V（優れる）
2) コスト指数：A（安価）↔ E（高価）

表 2.11.3 コンクリート・モルタル・ボード面塗装仕上げにおける劣化外力・要因と劣化現象（建設大臣官房技術調査室監修「外装仕上げの耐久性向上技術」）

[表 2.11.3: 劣化外力・要因と劣化現象の相関表]

1～10 mm 程度あり，図 2.11.9 に示すようないくつものパターン（仕上げの形状）とすることのできる材料である．

JASS 23（吹付け工事）に規定されている仕上塗材の種類と呼び名を，表 2.11.5 に示す．

仕上塗材は，用途，層構成，塗り厚などにより，4 種類に大別される．すなわち，「薄付け仕上塗材」は，内外装用途の単層で，厚さは 3 mm 程度以下である．「厚付け仕上塗材」は，内外装用途の単層で，厚さは 4～10 mm 程度である．「複層仕上塗材」は，内外装用途の複層で，厚さは 1～5 mm 程度である．「軽量骨材仕上塗材」は，主として天井用途の単層で，厚さは 3～5 mm 程度である．

これら仕上塗材の分類・機能を，表 2.11.6 に示す．

このうち，もっとも使用量の多い「複層仕上塗材」の上塗材の種類を，表 2.11.7 に示す．

すなわち，複層仕上塗材は，［下塗り＋主材塗り＋上塗り］で構成されており，上塗材の種類は，色，つやなどの外観だけでなく，その耐候性を大きく左右する材料であり，その選定に留意する必要がある．

これら仕上塗材のうち，外部用途の仕上げの種類と特徴を表 2.11.8 に示す．いずれの仕上塗材も，要求性能に応じた適切な使い分けが必要である．

時代のニーズの進化に伴う建築用仕上塗材の変遷を，図 2.11.10 に示す．

当初は，セメントリシン・セメントスタッコなどのセメント系材料が主流であったが，樹脂の合成技術の発達に伴い，現在はほとんどがアクリル樹脂などの合成樹脂系（水系・溶剤系）の主材が使用されている．また，その上塗材も前述のようにアクリル系・ウレタン系・アクリルシリコン系・フッ素系といった有機高分子材料が大部分である．したがっ

2.11 仕上げの変状

表 2.11.4 塗膜の経年に伴う劣化現象の進行過程と劣化要因（建設大臣官房技術調査室監修「外装仕上げの耐久性向上技術」）

劣化進行	劣化位置	主要な劣化現象	主要な劣化要因
↓	塗膜表面	汚れ付着 光沢低下 変耐色 白亜化 上塗材のふくれ 上塗材の割れ 上塗材のはがれ （摩耗）	気象因子 大気汚染因子などの外力
	塗膜内部	摩耗 塗膜のふくれ 塗膜の割れ 塗膜のはがれ	大気汚染因子などの外力 気象因子 塗装下地からの劣化作用
	下地を含む塗膜全層	摩耗 塗膜のふくれ 塗膜の割れ 塗膜のはがれ エフロレッセンス 下地のひび割れ 鋼材のさび 下地の浮き 下地表面の脆弱化 下地の欠損，破断	大気汚染因子などの外力 気象因子 塗装下地からの劣化作用 下地（躯体）自体の劣化

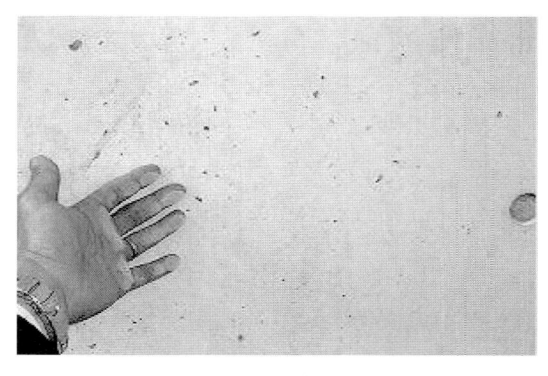

図 2.11.4　白亜化

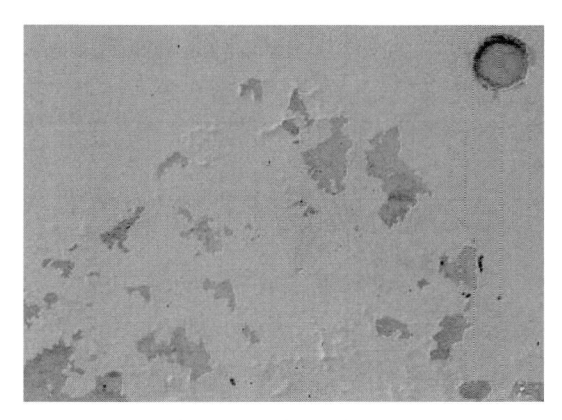

図 2.11.5　膨れ・剥がれ

図 2.11.3　汚れ

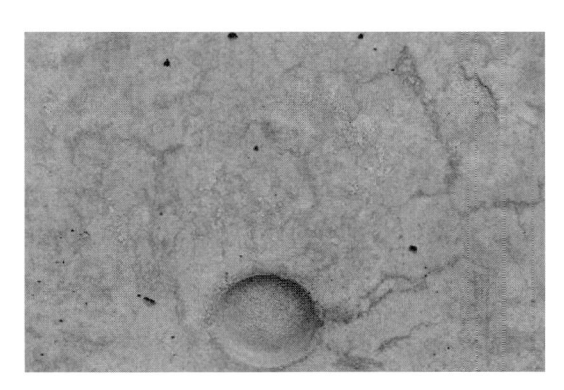

図 2.11.6　損耗・コンクリートのひび割れ

て，仕上塗材の劣化形態は，塗料と同じである．すなわち，屋外の自然環境にさらされると，太陽の紫外線・熱，降雨水，結露，大気汚染物質などの作用により，汚れ→光沢低下→変退色→白亜化（チョーキング）→膨れ→割れ→剥がれなどの劣化現象が発生して，塗材表面から徐々に劣化が進行する．また，コンクリートに含まれる水分やひび割れによっても塗材の劣化が促進される．これらの劣化パターン例を，図 2.11.11 に示す．　　　　【大澤　悟】

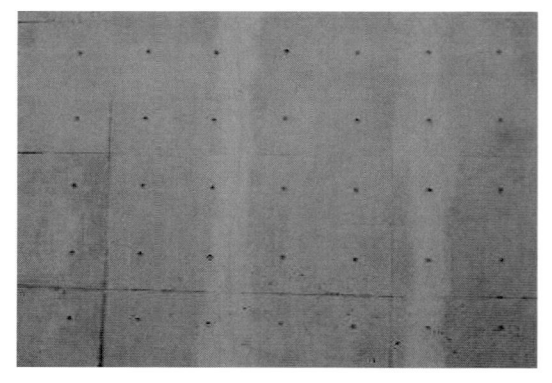

図 2.11.7　ひび割れ補修部の再ひび割れ

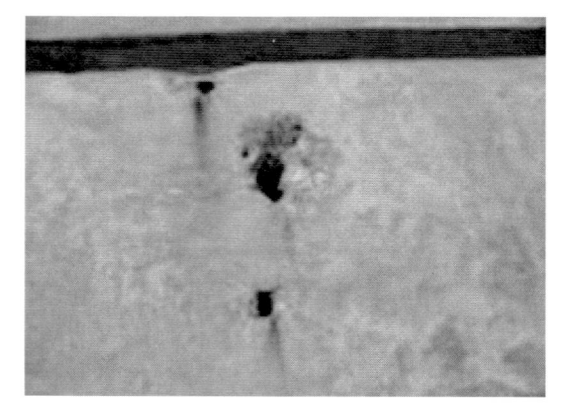

図 2.11.8　鉄筋の腐食（爆裂）

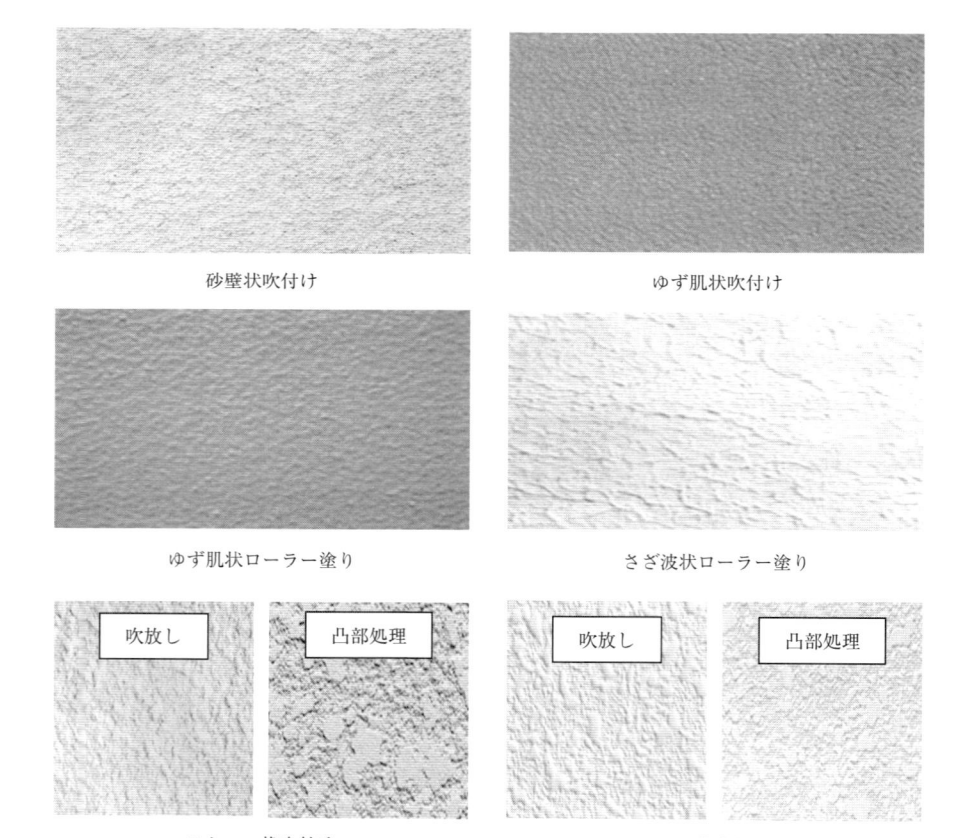

砂壁状吹付け

ゆず肌状吹付け

ゆず肌状ローラー塗り

さざ波状ローラー塗り

スタッコ状吹付け（吹放し／凸部処理）

凹凸状吹付け（吹放し／凸部処理）

図 2.11.9　仕上塗材のパターン（仕上げ形状）

2.11 仕上げの変状

表 2.11.5 建築用仕上塗材の種類と呼び名（日本建築学会 建築工事標準仕様書・同解説 JASS23 吹付け工事による）

種類		呼び名
薄付け仕上塗材	外装合成樹脂エマルション系薄付け仕上塗材	外装薄塗材 E
	内装合成樹脂エマルション系薄付け仕上塗材[*1]	内装薄塗材 E
	可とう形外装合成樹脂エマルション系薄付け仕上塗材	可とう形外装薄塗材 E
	外装合成樹脂溶液系薄付け仕上塗材	外装薄塗材 S
	内装水溶性樹脂系薄付け仕上塗材[*3]	内装薄塗材 W
	防水形外装合成樹脂エマルション系薄付け仕上塗材	防水形外装薄塗材 E
厚付け仕上塗材	外装セメント系厚付け仕上塗材	外装厚塗材 C
	内装セメント系厚付け仕上塗材[*1]	内装厚塗材 C
	外装合成樹脂エマルション系厚付け仕上塗材	外装厚塗材 E
複層仕上塗材[*2]	ポリマーセメント系複層仕上塗材	複層塗材 CE
	可とう形ポリマーセメント系複層仕上塗材	可とう形複層塗材 CE
	ケイ酸系複層仕上塗材	複層塗材 Si
	合成樹脂エマルション系複層仕上塗材	複層塗材 E
	反応硬化形合成樹脂エマルション系複層仕上塗材	複層塗材 RE
	合成樹脂溶液系複層仕上塗材	複層塗材 RS
	防水形ポリマーセメント系複層仕上塗材[*4]	防水形複層塗材 CE
	防水形合成樹脂エマルション系複層仕上塗材[*4]	防水形複層塗材 E
	防水形反応硬化形合成樹脂エマルション系複層仕上塗材[*4]	防水形複層塗材 RE
	防水形合成樹脂溶液系複層仕上塗材[*4]	防水形複層塗材 RS
軽量骨材仕上塗材	吹付用軽量骨材仕上塗材	吹付用軽量塗材

[*1] 内装薄付け仕上塗材および内装厚付け仕上塗材には，吸放湿性の特性を付加した調湿形がある．
[*2] 複層仕上塗材には，耐候性の特性を付加した耐候形1種，耐候形2種，耐候形3種がある．
[*3] 内装水溶性樹脂系薄付け仕上塗材には，耐湿性，耐アルカリ性，かび抵抗性の特性を付加したものがある．
[*4] 防水形複層仕上塗材には，耐疲労性の特性を付加した耐疲労形がある．

表 2.11.6 建築用仕上塗材の分類・機能

大分類	中分類	小分類	機能
薄付け	内装用	セメント系	防水形
厚付け	内装用	ケイ酸質系	可とう形
複層		合成樹脂エマルション系	調湿系
軽量骨材		合成樹脂溶液系	
可とう形改修用		水溶性樹脂系	
		消石灰ドロマイトプラスター系	
		石膏系	

表 2.11.7 建築用仕上塗材の種類と呼び名

容媒 \ 樹脂・外観	アクリル系 つやある	アクリル系 つや消し	アクリル系 メタリック	シリカ系 つや消し	ウレタン系 つやある	ウレタン系 つや消し	ウレタン系 メタリック	アクリルシリコン系 つやある	アクリルシリコン系 つや消し	アクリルシリコン系 メタリック	ふっ素系 つやある	ふっ素系 つや消し	ふっ素系 メタリック
容剤系	○	○	○	×	○	○	○	○	○	○	○	○	○
弱溶剤系	○	○	×	×	○	○	×	○	○	×	○	○	×
水系	○	○	×	×	○	○	×	○	○	×	○	○	×

○：実用化されている上塗材，×：実用化されていない上塗材

表 2.11.8　建築用仕上塗材の種類と特徴（外部）（日本建築学会「建築工事標準仕様書・同解説」JASS 23 吹付け工事による）

環境	要求性能	グレード	仕上げの種類		コスト指数	耐久性能指数	代表的な使用例
外部	高度美装性	高耐候性 防水性	超高級	耐候形1種防水形複層塗材	RE 仕上げ	F	V	きびしい環境下において，長期耐久性，防水性などが要求される外壁等，おもに凹凸模様・ゆず肌模様
					RE 仕上げ			
		高耐候性	超高級	耐候形1種複層塗材	RE 仕上げ	F	V	きびしい環境下において，長期耐久性などが要求される外壁等，おもに凹凸模様・ゆず肌模様
					RE 仕上げ			
	美装性	耐候性 防水性	高級	耐候形2種防水形複層塗材	E 仕上げ	E	IV	防水性や耐久性が要求される外壁など，比較的塗替えでの適用が多い，主として凹凸模様・ゆず肌模様仕上げ
					RE 仕上げ			
		耐候性	高級	耐候形2種複層塗材	E 仕上げ	E	IV	一般的な環境下で，長期耐久性が要求される外壁など，主として凹凸模様・ゆず肌模様仕上げ
					RE 仕上げ			
		耐候性 防水性	中級	耐候形3種防水形複層塗材	E 仕上げ	D	III	防水性や耐久性が要求される外壁など，比較的塗替えでの適用が多い，主として凹凸模様・ゆず肌模様仕上げ
					CE 仕上げ			
		耐候性	中級	耐候形3種複層塗材	E 仕上げ	D	III	一般的な環境下で，長期耐久性が要求される外壁など，主として凹凸模様・ゆず肌模様仕上げ
					CE 仕上げ			
		耐候性 特殊模様	中級	外装厚塗材 C 仕上げ		D	III	スタッコ状模様による豪華な仕上り感が要求される外壁・柱など
				外装厚塗材 E 仕上げ		D	III	
		防水性	高級	可とう形複層塗材 CE 仕上げ		D〜E	II	比較的簡易な防水性が要求される外壁など，塗替えでの適用
			汎用	防水形外装薄塗材 E 仕上げ		C	II	主として凹凸模様・ゆず肌模様の仕上げ
			汎用	防水形複層塗材 E 仕上げ		C	II	防水性や耐久性が要求される外壁など，比較的塗替えでの適用が多い，主として凹凸模様・ゆず肌模様仕上げ
			汎用	外装薄塗材 E 仕上げ		A	I	外壁や軒裏などの一般的な砂壁状（リシン）仕上げ
				可とう形外装薄塗材 E 仕上げ		B	I	軽量モルタル仕上げ外壁等の砂壁状（リシン）仕上げ
				外装薄塗材 S 仕上げ		B	I	砂壁状仕上げで低温時の乾燥性が要求される場合など
				複層塗材 E 仕上げ		C	II	外壁等の一般的な凹凸模様・ゆず肌模様の仕上げ
				複層塗材 CE 仕上げ		C	II	外壁等の一般的な凹凸模様・ゆず肌模様の仕上げ
				複層塗材 Si 仕上げ		C	II	外壁等の一般的な凹凸模様・ゆず肌模様の仕上げ

［注］　コスト指数：A（安価）↔F（高価）
　　　耐久性能指数：I（劣る）↔V（優れている）

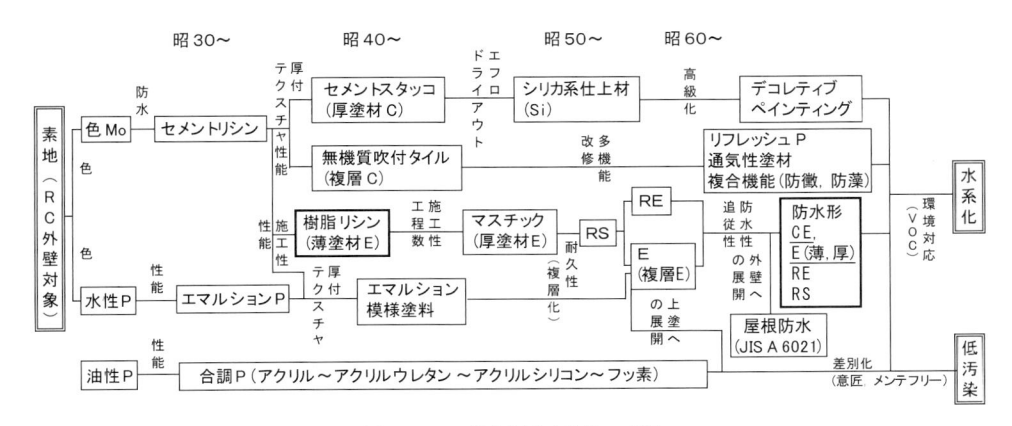

図 2.11.10 建築用仕上塗材の変遷

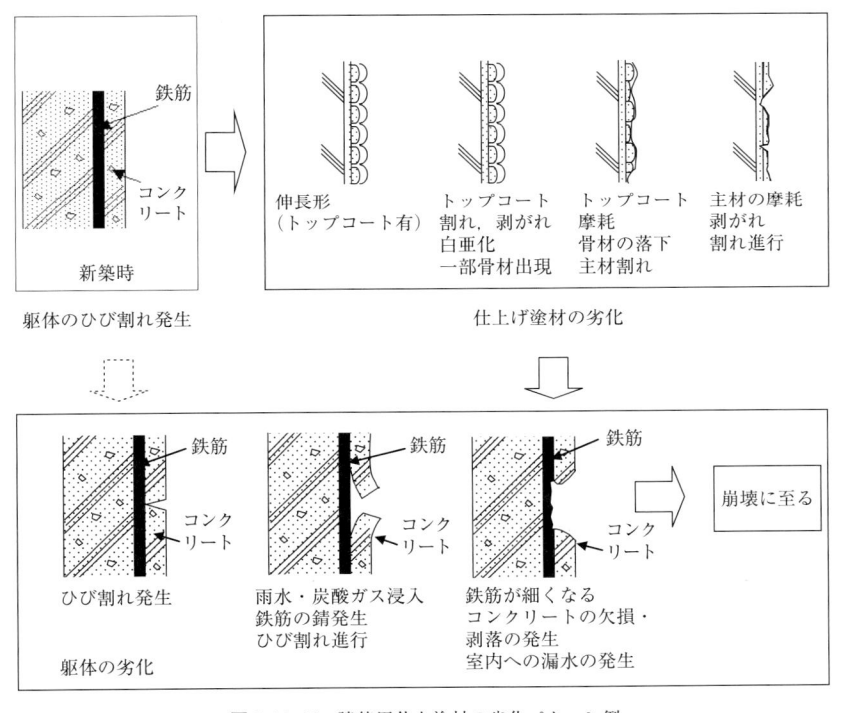

図 2.11.11 建築用仕上塗材の劣化パターン例

2.12 外気温変動に伴う変状

2.12.1 外気温の変動

外気温は建物の立地場所，高さ，気象条件（日照時間，風雨，雲量など），季節などによって異なり，日変化および年変化を繰り返している．日変化は，気象条件によっても異なるが，通常は午後2時頃に最高温度，日の出前に最低温度を示す．また，日内の最高温度と最低温度との差（日変化の較差）は，季節および建物の立地場所によって異なり，春季・秋季が大きく，冬季は小さく，海岸部より内陸部の方が大きい．また一般に，人口密度の高い都市部よりも郊外の気温は若干低く，日変化の較差も大きい．年間の最高温度は8月，最低温度は1月に生じ，外気温の年変化の較差は，海岸部から内陸部に向かい

増大する[1]．したがって，外気温の変動が建物に与える影響を検討する場合には，当該建物の建築場所や検討対象とする時期がもっとも重要な影響因子となる．建築場所における外気温データは，当該地域の観測データを入手することが望ましいが，入手できない場合には気象庁の観測データから当該地域に近接した地域のデータ[2]を参考にするとよい．

2.12.2 相当外気温と部材温度

建物が外部より受ける熱的影響は，外気温のほかに日射の影響が大きい．日射量は建物の立地条件，気象条件，季節，時刻，方位などによって異なるが，建物の外表面に日射が当たると，部材の外表面温度は一般的に外気温よりも高くなる（図2.12.1）．建物の外表面に入射する日射量（I）の影響を外気温の仮想上昇分に置換し，実際の外気温（θ_a）との和として求められる相当外気温（θ_e）で表せば，外気温と日射の影響を合算して扱うことができる．ただし，日射量は方位によって低減する必要があり，一般には水平面への日射量がもっとも大きく，北面がもっとも小さい[3]．

$$\theta_e = \alpha_s \cdot \frac{I}{\alpha_0} + \theta_a \tag{1}$$

ここで，θ_e：相当外気温（℃）
　　　　θ_a：外気温（℃）
　　　　α_s：外表面の日射吸収率（－）
　　　　α_0：外表面の総合熱伝達率（W/m²K）
　　　　I：日射量（W/m²）

外表面の日射吸収率（$0 < \alpha_s \leq 1$）は，仕上げ材の色彩や表面状態などによって異なり，黒色表面の日射吸収率は1となる．外表面の総合熱伝達率は，風速や表面状態によって異なるが，通常は25（W/m²K）が用いられる[3]．

2.12.3 外気温の変動による建物の変状

a. 建物の温度変化

外気温および日射量の変動に伴い，建物を構成する部材には温度変化が生じる．部材の温度性状は，部材の寸法や位置，外表面における仕上げ材の有無および仕上げ材の色や材質，建物内部における空調の影響などを受ける．さらに，外気に面する部材に対する断熱材の有無や断熱材の位置（外断熱・内断熱）によっても大きな影響を受ける．

建築物に用いられるコンクリート部材は熱容量が比較的大きいことから，一般に部材内部の平均的な温度変化は外気温の変動に比べると小さい[3]が，部材に生じる温度変動に伴い，部材には伸縮変形が生ずる．また，建物を構成する各部材の温度は，部材の寸法や位置の違いなどにより均一とはならないため，部材ごとの伸縮量は異なるものとなり，これに起因して建築物（柱・梁・壁およびスラブ）に温度応力が生じることになる．

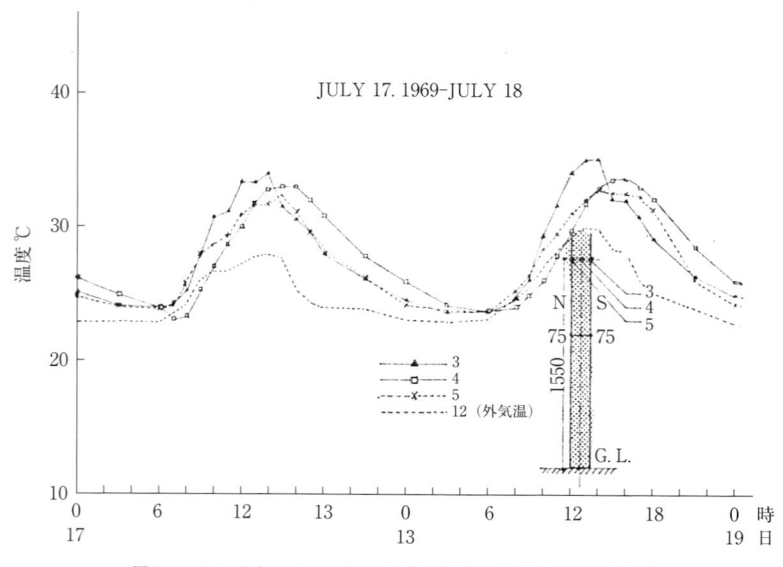

図2.12.1　夏季における外気温度と壁部材の温度変化測定例[4]

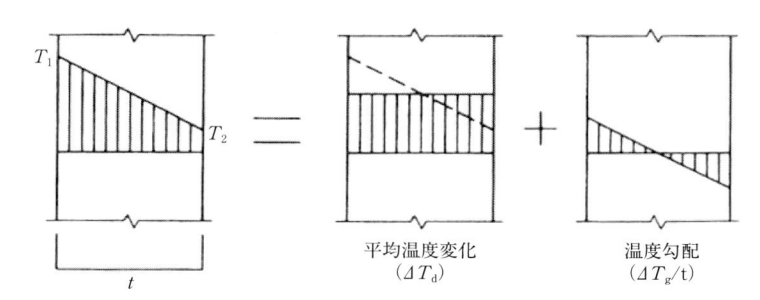

図 2.12.2 部材内部の温度変化[3]

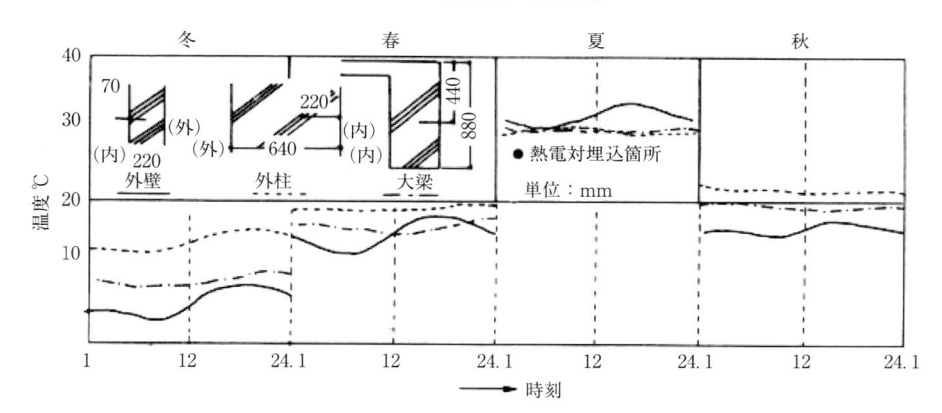

図 2.12.3 鉄筋コンクリート造建物における部材内部温度測定例[5]

表 2.12.1 各部材内部の年間における温度変化の測定例[5]

方位	部材	階	内部温度範囲	外気温との割合	方位	部材	階	内部温度範囲	外気温との割合
南	壁	4F	30.8	0.72	内部	壁	4F	11.0	0.26
		6F	33.1	0.77			6F	17.4	0.41
	柱	4F	14.4	0.34		柱	4F	7.7	0.17
		6F	19.8	0.46			6F	16.7	0.39
	大梁	RF	19.0	0.44		大梁	5F	14.5	0.34
							RF	33.7	0.79
北	壁	4F	28.9	0.67		小梁	5F	—	—
		6F	30.9	0.72			RF	30.7	0.71
	柱	4F	15.9	0.37		スラブ	5F	17.4	0.41
		6F	24.9	0.53			RF	34.7	0.81
	大梁	5F	23.1	0.54					
		RF	30.8	0.72					

部材内部の温度は，外気温などの影響によって非線形に分布・変化するが，図 2.12.2 に示すように部材断面内の平均的な温度変化と温度勾配に分けて考えることができ，また，これら温度変化によって部材に生ずる温度応力も，それぞれ軸力と曲げ応力に分けて考えることができる[3]．部材ごとの温度変化の傾向を比較するため，図 2.12.3 に実際の鉄筋コンクリート造建物における部材内部（中心部）温度の測定例を示す．また表 2.12.1 に，各部材の内部（中心部）温度の年間変動の測定例を示す[5]．これより，外気に接している部材の温度変化は大きく，また部材寸法の小なるほど温度変化が大きくなり，とくに外壁および屋上スラブの温度変化は日射による影響が大きいことがわかる．図 2.12.4 は，外壁温度の年間変動の範囲を定常計算に基づき模式的に示した例であるが，これより外壁に施す断熱材の位

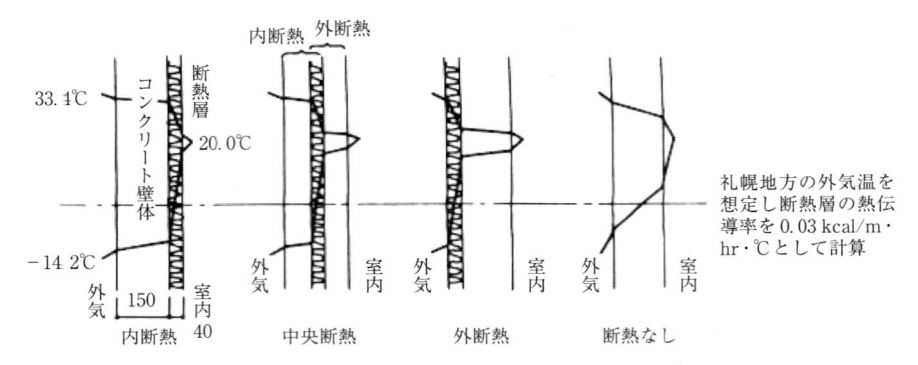

図 2.12.4 断熱材の位置による外壁の温度変化の範囲[5]

置による影響が非常に大きいことがわかる[5].

なお, 外気温および日射による部材内部温度の簡易な推定法としては, 日本建築学会「温度荷重設計資料集[2]」による手法などがある.

b. 建物の温度変化に起因するコンクリート部材のひび割れ

鉄筋コンクリート造建物に発生するひび割れの原因には, 材料的要因, 施工的要因, 使用状況および環境的な要因があげられる. それぞれの要因ごとにひび割れの特徴は異なるが, 実際には複数の要因の組み合わせによって, コンクリート部材にひび割れが生じるケースが多い[6].

一方, 外気温変動は, コンクリートの乾燥収縮とともにひび割れの代表的な要因となっていることが従来より指摘されている. 実際の構造物では, コンクリート打ち込み後より乾燥収縮と外気温変動による部材の温度伸縮が同時に生じており, これらがコンクリートのひび割れ発生を惹起させている. 建物の最上階の端部外壁に発生するハの字形ひび割れは, 最上階スラブの熱膨張など上層階の部材温度の上昇が卓越することに起因するものであり, また短期的な寒波の襲来などによる急激な外気温の降下も, ひび割れ発生の重要な要因になり得ることが指摘されている[7]. 図 2.12.5 に建物上部の温度上昇および温度降下に起因する (乾燥収縮の影響も含む) 代表的なひび割れパターンを示す[8].

また, 図 2.12.3 に示すグラフより, 冬季では外壁と柱・梁との間に最大で 10℃程度の温度差が生じており, 外壁の温度がもっとも低くなっている. このように年間変動のほか, それぞれの季節においても部材間には温度差が生じており, とくに外壁の温度低下による収縮変形 (相対差) が, 外壁面に生じるひび割れ幅の増幅および進展に影響している. さらに, ひび割れ部の内部鉄筋は, 外気温の日変化や年変化による部材伸縮の影響を受けると付着疲労を起こし, ひび割れ幅が拡大していく原因にもなる[5].

なお, 外気温変動によるひび割れの発生予測には, 非線形 FEM 解析も有効であるが, 定量的な評価には適切な材料モデルや架構モデルの設定方法などに課題がある[2].

日射による影響が大きい屋上階では, 防水層の押さえコンクリートの熱膨張により, 屋上階のパラペット立ち上がり下部に水平方向のひび割れが発生しやすい (図 2.12.6). また, 日射による屋上スラブの伸縮変形によって, 集合住宅の最上階の戸境壁にひび割れが生じて問題となることも多いため, 屋上階は外断熱防水仕上げとすることが望ましい.

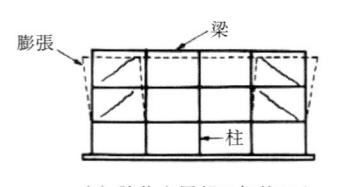

(a) 建物上層部の加熱によるひび割れ

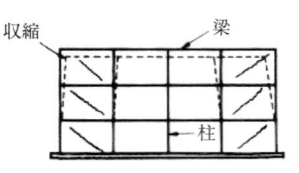

(b) 建物上層部の冷却によるひび割れ

図 2.12.5 建物の温度変化によるひび割れ[8]

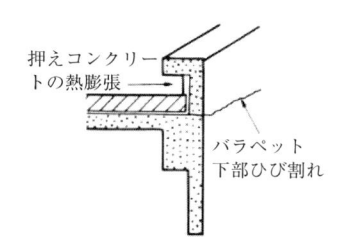

図2.12.6 パラペット下部のひび割れ[9]

c. ひび割れ幅の変動

コンクリート部材に発生したひび割れの幅は，外気温変動のほか，繰り返し荷重，機械的な振動，コンクリートの乾燥収縮，湿度の変化（水分の吸放出），コンクリートのクリープによる鉄筋応力の増大などにより変動する[10]．中でも日間および年間のひび割れ幅変動の繰り返しは，部材温度の変動，すなわち外気温および日射量の変化によるものと考えてよい．実際の壁体やスラブにおけるひび割れ幅の変動は，部材の乾燥収縮や温度変動のほか，ひび割れの発生した部材に対する端部拘束度，ひび割れ内部の鉄筋量，ひび割れの間隔や形態（方向），鉄筋とコンクリートの付着特性などが影響する[10]．

図2.12.7に外壁に発生したひび割れ幅の変動性状の実測例を示す[5]．これより，ひび割れは絶えず開閉を繰り返しており，その主要因は外気温変動の影響であることが明らかである．このようなひび割れ幅の変動は，仕上げ材の損傷や剥離など，接着耐久性の劣化にも影響を及ぼすことになる．

なお，ひび割れの補修・補強工法を選定するためには，ひび割れの進展度合いやひび割れ幅の変動を予測・把握することが重要となる．しかし，実際には多くの要因が複合するひび割れ性状を的確に予測することは困難であるため，温度伸縮により生じると予想される最大ひび割れ幅を補修対象部のひび割れ幅として想定するのも一方法であろう[10]．

d. コンクリート表面の汚れ

外気温や日射の影響によってコンクリート部材にひび割れが生じると，コンクリート中の可溶成分が内部に浸透した水分や余剰水分によって析出し，ひび割れに沿って白色物質が沈着するエフロレッセンスが生じて美観を損なう場合がある．エフロレッセンスは冬季に多く発生する傾向があり，外気温の変動によってコンクリート部材表面に結露水が発生すると，結露水がひび割れ部よりコンクリート内部に浸透し，可溶成分の析出原因の1つとなる．

e. コンクリート強度の変化

外気温の変動は，打ち込み後のコンクリートの強度発現など諸物性に大きな影響を与えるほか，コンクリート硬化後の強度特性にも影響を与える．外気温の変動の範囲にあっても，試験時の供試体温度が高いほど，圧縮強度と曲げ強度は低くなる傾向を示す[11]．

【丹羽博則・長尾覚博】

文　献

1) 日本建築学会編：建築学便覧，pp.4-5，1966．
2) 日本建築学会：温度荷重設計資料集，2010．
3) 日本建築学会：建築物荷重指針・同解説（2004），2004．
4) 中西正俊：コンクリートの内部温度の変動におよぼす外気温の影響（その2　実測による検討），日本建築学会論文報告集，第180号，p.2，1971．
5) 小柳光生，長尾覚博：竣工後の外力や環境条件に起因するひび割れ，建築技術，1994年2月号，pp.106-1011，1994．
6) 日本コンクリート工学協会編：コンクリートのひび割れ

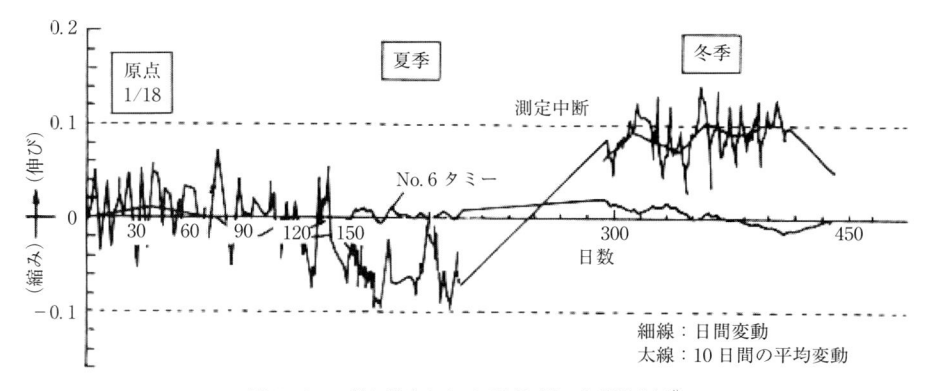

図2.12.7 壁に発生したひび割れ幅の変動測定例[4]

7) 中西正俊：気温変動とコンクリート構造物の収縮ひびわれとの関係（その1：ひびわれ発生の原因となる気温変動について），日本建築学会論文報告集，第236号，pp. 1-10, 1975.
8) 笠井芳夫編著：コンクリート総覧，pp. 476-477, 技術書院，1998.
9) 日本建築学会編：鉄筋コンクリート造建築物の耐久性調査・診断および補修指針（案）・同解説，pp. 41-47, 1997.
10) 長尾覚博：きれつの量と発生後のきれつ幅の変動，建築雑誌 Vol. 94, No. 1155, pp. 18-21, 昭和54年9月号
11) A.M. Neville：Properties of Concrete, 3rd Ed., Longman Scientific & Technical, p. 15, 1990.

2.13 複合劣化

2.13.1 概説

複合劣化とは，複数の劣化機構が複合することにより引き起こされる劣化のことである．複合劣化は，単独の劣化機構により引き起こされる単独劣化と比較して，劣化の進行速度や劣化程度が大きくなる場合が予想される．したがって，現時点における劣化状況が軽微であっても，将来における劣化進行を予測する際には，複合劣化のメカニズムを明らかにしておく必要がある．

現実の自然環境条件下では，2つ以上の劣化機構により複合劣化している場合も認められるが，本節では，複合劣化に関して，「中性化」，「塩害」，「凍害」，「アルカリ骨材反応」，「化学的侵食」の5つの単独劣化を掲げて，これらの2つの現象間に生じ得る複合劣化のメカニズムについて概説する．

2.13.2 複合劣化の分類

複合劣化は，単独劣化のようにつねに決まったとおりの劣化が生じるわけではなく，さまざまな劣化の生じ方を示す．劣化要因・因子の複合時期について見ると，図 2.13.1 に示すように，同時に複数の劣化要因・因子が作用する場合や，1つの劣化要因・因子が先行して作用した後，時間をおいて他の劣化要因・因子が作用する場合などが想定される．劣化症状の複合時期についても，図 2.13.2 に示すように，同時に複数の劣化症状が現れる場合や，1つの劣化症状が現れた後，時間をおいて他の劣化症状が現れる場合などが想定される．さらに，劣化症状の進行速度について見ると，図 2.13.3 に示すように，単独劣化の場合と同じ劣化速度で進行する場合もあれば，単独劣化よりも速い劣化速度で進行する複合劣化もある．

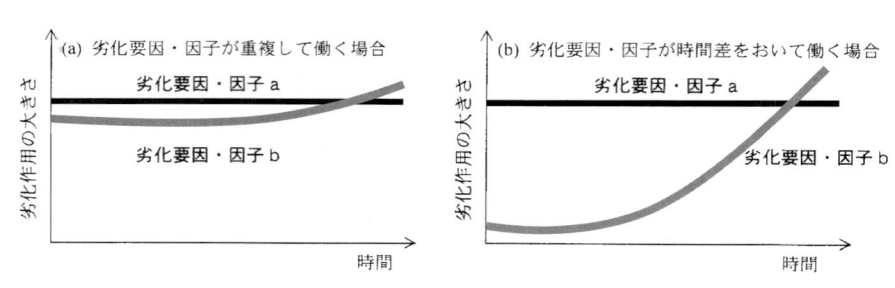

図 2.13.1 劣化要因・因子の複合時期[1]

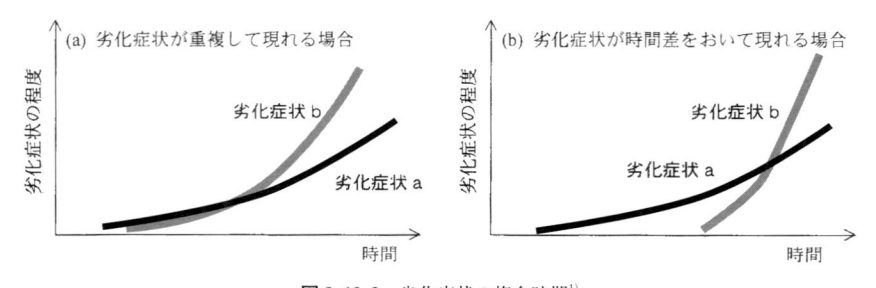

図 2.13.2 劣化症状の複合時期[1]

2.13 複合劣化

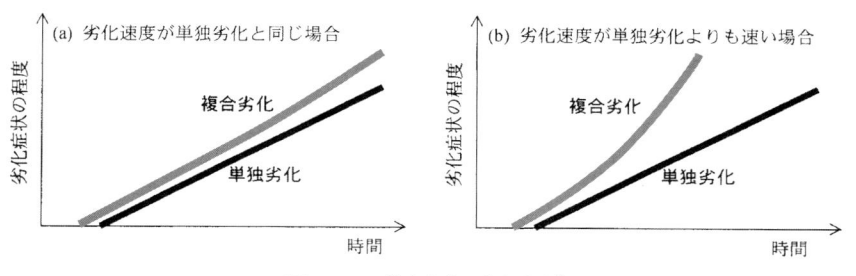

図2.13.3 複合劣化の進行速度[1]

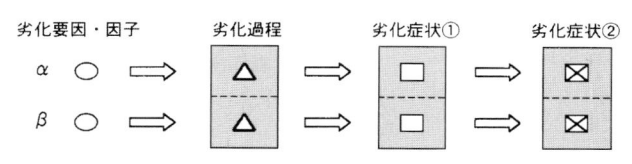

図2.13.4 独立的複合劣化のイメージ図（例）[1]

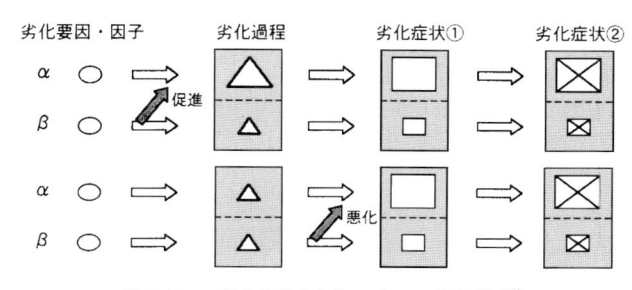

図2.13.5 相乗的複合劣化のイメージ図（例）[1]

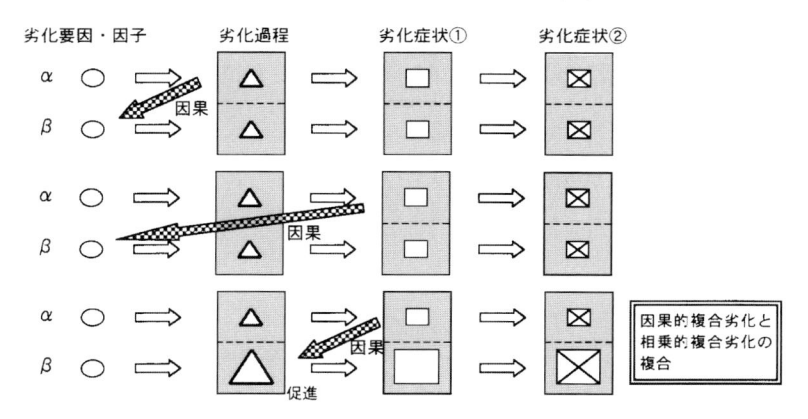

図2.13.6 因果的複合劣化のイメージ図（例）[1]

複合劣化コンクリート構造物の評価と維持管理計画研究委員会報告書[1]では，さまざまな劣化パターンを大まかに，「独立的複合劣化」，「相乗的複合劣化」および「因果的複合劣化」の3つのカテゴリーに分類している．これらの複合劣化を模式的に図示すると，図2.13.4～図2.13.6のようになる．ここで，図中の〇印は劣化要因・因子を表しており，△印，□印および⊠印は，それぞれ劣化過程，劣化症状①および劣化症状②を表している．また，△印，□印および⊠印の大きさは，それぞれの進行速度や症状の程度を表しており，記号が大きな場合は，単独劣化の場合よりも劣化速度が加速する，あるいは劣化症状が悪化する場合があることを示している．

独立的複合劣化とは，図2.13.4に示すように，劣化作用は同時に生じるが，劣化作用間に相乗効果は生じず，劣化症状の進行速度も単独劣化の場合と

同程度であるような複合劣化である．したがって，独立的複合劣化が生じたとしても，それほど深刻な問題は発生せず，それぞれの劣化作用に対する軽減対策やそれぞれの劣化症状に応じた補修・補強を実施すれば，複合劣化の進行を制御可能であり，コンクリート構造物の性能回復を図ることができる．

相乗的複合劣化とは，図2.13.5に示すように，劣化作用同士の相乗効果または劣化過程における相乗効果によって，劣化過程または劣化症状の進行速度が単独劣化の場合よりも加速されるような複合劣化である．相乗的複合劣化の場合，図2.13.1(a)に示すように複数の劣化要因・因子が重複して作用し，図2.13.2(a)に示すように劣化症状も重複して現れることが多い．

因果的複合劣化とは，図2.13.6に示すように，1つの劣化過程における現象が他の劣化作用が生じるきっかけとなるような複合劣化，1つの劣化症状が現れた結果として他の劣化作用が生じるような複合劣化，または，1つの劣化症状が現れた結果として他の劣化過程における現象を促進するような複合劣化のことである．因果的複合劣化の場合には，図2.13.1(b)に示すように，1つの劣化要因・因子が先行して作用し，他の劣化要因・因子が時間をおいて作用することが一般的であり，図2.13.2(b)に示すように，劣化症状も時間をおいて現れる．なお，図2.13.6の最下段は，劣化症状①が劣化要因・因子βによる劣化過程の進行に影響を与え，劣化要因・因子βの作用を増幅して，βの劣化過程の進行速度を促進させるといった，因果的複合劣化と相乗的複合劣化が複合したような場合である．

相乗的複合劣化および因果的複合劣化においては，一般的に劣化速度が大きくなり，劣化症状も重くなりがちである．また，相乗的複合劣化および因果的複合劣化が生じている場合には，コンクリート構造物の点検結果から，複合劣化による劣化症状であると判断せずに，単独劣化による劣化症状であると誤認してしまうと，講じる対策の効果が十分に発揮されない場合や，かえって逆効果となってしまう場合が想定される．したがって，コンクリート構造物の劣化の原因が，独立的複合劣化であるのか，あるいは相乗的複合劣化や因果的複合劣化であるのかを判別することは，適切な対策を講じる上で重要となる．

2.13.3 中性化に関連する複合劣化

中性化を中心とした複合劣化の相関を図2.13.7に示す．中性化はコンクリートが乾燥しやすい条件で進行することから，コンクリートが湿潤状態に保たれた環境で劣化が進行する，凍害，アルカリ骨材反応および化学的侵食との複合劣化の可能性は低いと言える．しかし，除塩不足の海砂の使用などによって建設当初から塩化物イオンが内在する場合には，中性化の進行により塩害が促進される複合劣化が生じる可能性がある．そのメカニズムは以下のとおりである．

海砂などを通じてコンクリートの練り混ぜ時点から導入された塩化物イオンは，セメント量に対して一定量がフリーデル氏塩の形で固定される．しかし，中性化によりこのフリーデル氏塩が分解されて，ふたたび塩化物イオンとして遊離し，濃度拡散により内部に移動するために塩化物イオンの濃縮を生

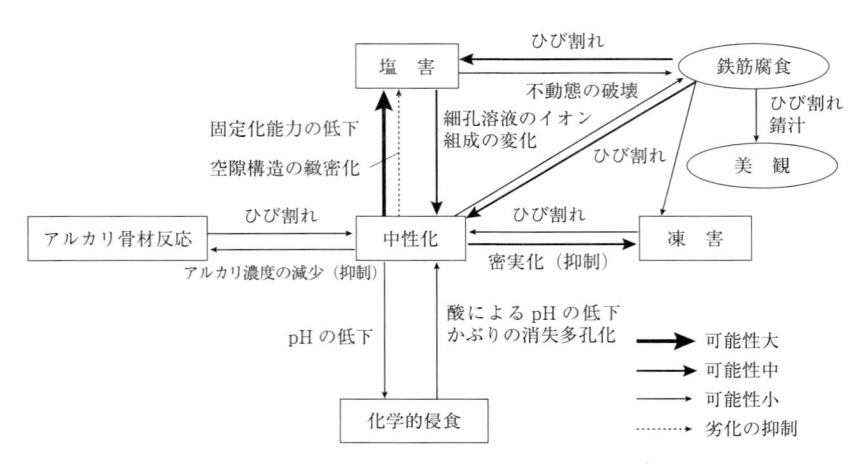

図2.13.7 中性化を中心とした複合劣化の相関図[1]

I. 中性化の進行までは，細孔溶液中の塩化物イオンは一様に分布

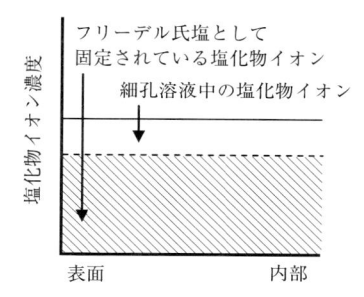

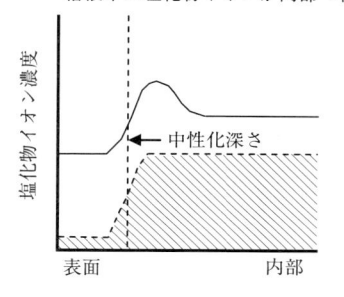

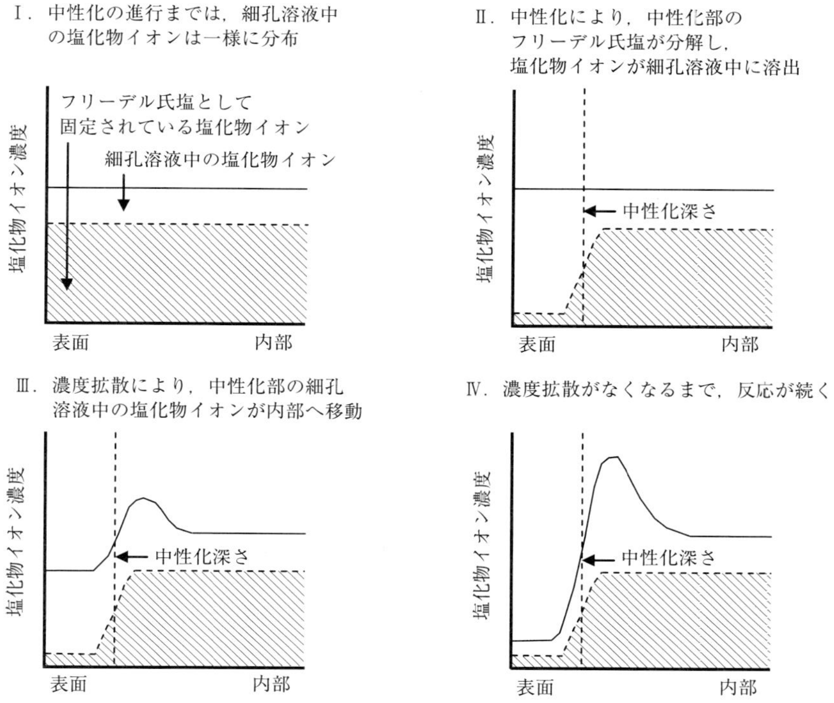

II. 中性化により，中性化部のフリーデル氏塩が分解し，塩化物イオンが細孔溶液中に溶出

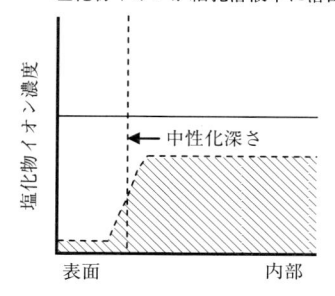

III. 濃度拡散により，中性化部の細孔溶液中の塩化物イオンが内部へ移動

IV. 濃度拡散がなくなるまで，反応が続く

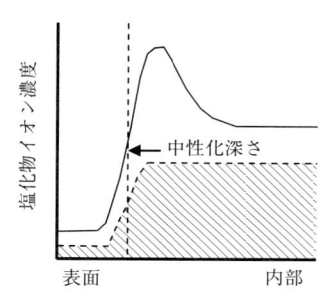

図2.13.8 中性化を塩化物イオン移動濃縮の概念図[4]

じ[2]，鉄筋位置での塩化物イオン濃度が上昇し，塩害が促進される可能性がある．このような中性化による塩化物イオンの移動と濃縮の概略的なイメージを図2.13.8に示す．また，凍結防止剤の影響を受ける構造物の漏水部でも，高濃度の塩化物イオンが供給されるとともに，比較的乾燥期間が長いために中性化が進行し，中性化により塩害が促進されていると考えられる場合が多い[1]．

2.13.4 塩害に関連する複合劣化

塩害を中心とした複合劣化の相関を図2.13.9に示す．塩害によりコンクリート内部の鉄筋が腐食し，かぶりコンクリートにひび割れが生じた場合には，水分，酸素，二酸化炭素，塩化物イオンなどの劣化因子の移動が促進され，とくに中性化および凍害の劣化進行に大きな影響を与える．また，凍結防止剤として用いられる塩化ナトリウムがひび割れから侵入することにより，アルカリ骨材反応が促進されることもわかっている[3]．

海砂などによりコンクリート中に取り込まれた塩化物イオンの存在が，中性化の進行を促進する[4]とする報告があるが，ほとんど影響しない[5]との報告もあり，中性化との複合が問題とならない場合もある．また，海水や凍結防止剤などから塩化物イオンが供給される環境下ではコンクリート表面が凍害によって激しいスケーリングを受けることがわかっている[6]．

2.13.5 凍害に関連する複合劣化

凍害を中心とした複合劣化の相関を図2.13.10に示す．凍害を生じた場合には，コンクリートの表面に，ひび割れ，スケーリングおよびポップアウトが発生する．ひび割れの発生，スケーリングによるかぶりの減少およびセメント硬化体の組織のポーラス化は，物質移動性の増大をもたらし，中性化，塩害およびアルカリ骨材反応の劣化進行を促進する．また，コンクリート中の水分が凍結融解を繰返すことで，塩化物イオンが凍結部から未凍結部に移動し，塩化物イオンの移動が促進される場合や，塩化物イオンの濃縮によって塩害が促進される可能性がある[7]．

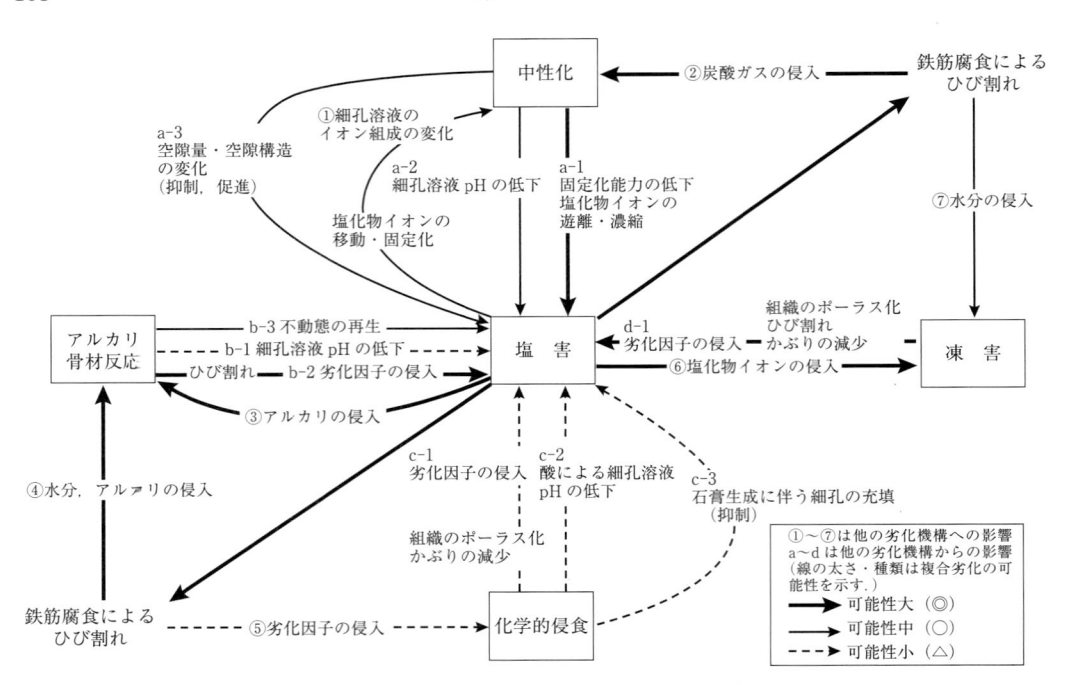

図2.13.9 塩害を中心とした複合劣化の相関図[1]

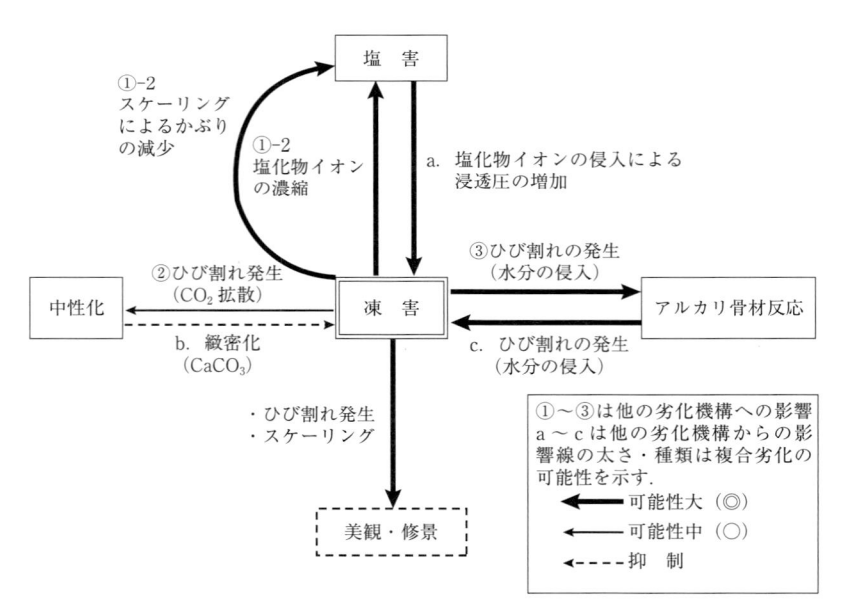

図2.13.10 凍害を中心とした複合劣化の相関図[1]

2.13.6 アルカリ骨材反応に関連する複合劣化

アルカリ骨材反応を中心とした複合劣化の相関を図2.13.11に示す．アルカリ骨材反応により発生したひび割れは，水分，二酸化炭素，塩化物イオンなどの劣化因子の移動を促進させるので，中性化，塩害および凍害を促進させる．とくに，凍結防止剤として用いられる塩化ナトリウムが，アルカリ骨材反応と塩害による鉄筋腐食を促進して，劣化速度が増大することがわかっている[8]．また，遅延型エトリンガイト膨張（以下，DEFと略す）は，コンクリー

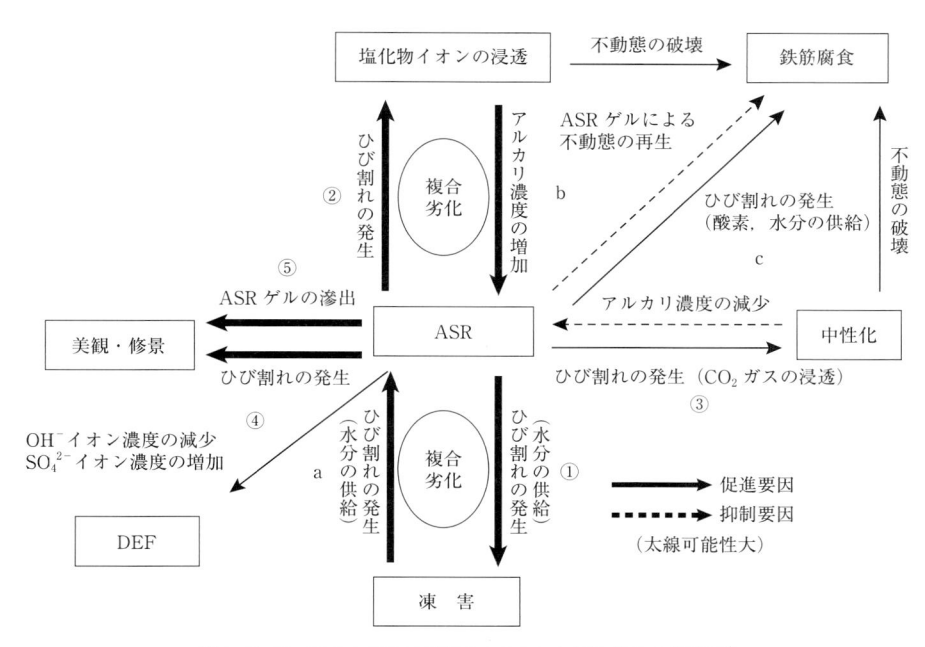

図2.13.11 アルカリ骨材反応を中心とした複合劣化の相関図[1]

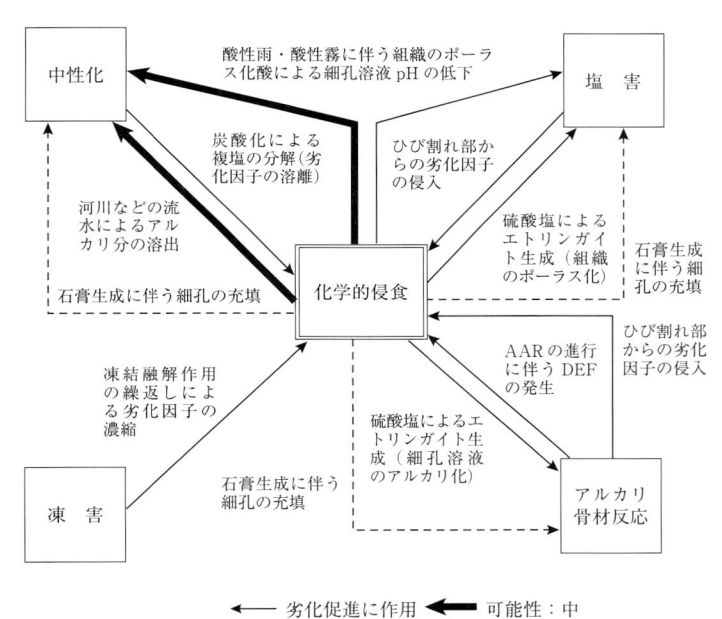

図2.13.12 化学的侵食を中心とした複合劣化の相関図[1]

トが硬化した後に，エトリンガイトが生成することによってコンクリートにひび割れが生じる現象であり，これまでに発見されたDEFの損傷事例において，アルカリ骨材反応が同時に発生していることが確認されている[1]．しかし，DEFとアルカリ骨材反応との関係，さらにDEF自体の発生のメカニズムは必ずしも明確ではない．

2.13.7 化学的侵食に関連する複合劣化

化学的侵食は，他の劣化と比較して劣化の進行が速いことが特徴である．また，酸による化学的侵食

に代表されるように，一般的にコンクリート表面の組織が破壊されてコンクリートに欠損が生じていくため，化学的侵食のみの単独劣化の場合が多い．

化学的侵食を中心とした複合劣化の相関を図2.13.12に示す．ただし，先に述べたように化学的侵食の劣化の進行速度は，他の劣化と比較してきわめて大きい場合が多いため，図中の相関は，あくまでも可能性として考えられるものが示されている[1]．

酸による水酸化カルシウムの溶出が細孔溶液のpHの低下をもたらす．また，河川などの流水との接触や酸性雨・酸性霧によって，組織がポーラス化する．これらの劣化により，中性化が促進される可能性がある．

2.13.8 まとめ

複合劣化は，何種類もの劣化要因・因子が同時に作用する自然の複雑な環境の下で劣化が進行していく．したがって，実構造物の調査や実験室での試験において，複合劣化現象のみが確認されているものが大半であり，複合劣化のメカニズムが解明されて，劣化予測が可能なモデルまで確立されているような複合劣化現象に少ないのが現状である．今後は，各劣化機構がどのように複合して劣化するかというメカニズムの解明と，複合劣化の進行を予測可能なモデルの構築が望まれる．　　　　　【荒巻　智】

文　献

1) 日本コンクリート工学協会：複合劣化コンクリート構造物の評価と維持管理計画研究委員会報告書，2001.
2) 小林一輔：コンクリート構造物の早期劣化と耐久性診断，pp.132-150，森北出版，1991.
3) 川村満紀，竹内勝信，杉山彰徳：外部から供給されるNaClがアルカリシリカ反応による膨張に及ぼす影響のメカニズム，土木学会論文集，No.502/V-25, p.93-102, 1994.
4) 小林一輔：コンクリートの炭酸化に関する研究，土木学会論文集，No.433/V-15, pp.1-14, 1991.
5) 北後征雄ほか：コンクリート構造物の鉄筋腐食に関する複合要因の影響，材料，45(9), pp.1048-1054, 1996.
6) 月永洋一，庄谷征美，笠井芳夫：凍結防止剤によるコンクリートのスケーリング性状とその評価に関する基礎的研究，コンクリート工学論文集，8(1), pp.121-133, 1997.
7) 日本コンクリート工学協会：融雪剤によるコンクリート構造物の劣化研究委員会報告書・論文集，1999.
8) 鳥居和之ほか：凍結防止剤の影響を受けたASR損傷コンクリート橋脚の調査，コンクリート工学年次論文報告集，20(1), pp.173-178, 1998.

2.14 溶　脱

2.14.1　概　説

コンクリートの溶脱とは，侵食物質をほとんど含まない水とコンクリートが接触することにより，コンクリート内部と外部との間にイオン濃度の差が生じ，セメント水和物が溶け出し，これにともなってコンクリートが多孔化，脆弱化する現象のことである．

一般に，溶脱によるコンクリートの劣化の進行は，数十～数百年またはそれ以上の年数という，きわめて長期間にわたり緩やかに生じる現象である．このため，原子力発電所などから排出される放射性廃棄物の処分施設などのような，構造物に設定される供用年数が数千～数万年といったきわめて長期の耐久性が要求される場合に考慮される劣化現象であるとされている．

本節では，コンクリートの溶脱について，劣化メカニズムと溶脱が生じる環境条件，ならびに既往の劣化事例について概説する．

2.14.2　原因・要因

コンクリートが溶脱によって劣化を生じるきっかけとなるのは，コンクリートと水分が接触することである．実際のコンクリート構造物の場合，雨水や海水，地下水，下水，温泉水など，きわめて多様な水分と接する場面がある．このうち，下水や温泉水の場合には，硫酸イオン（SO_4^{2-}）が含まれている例が多いが，SO_4^{2-}を多量に含む水分の場合には，コンクリートは化学的侵食という現象で劣化する．コンクリート構造物が溶脱によって劣化するのは，これらの侵食性イオンが多量には含まれないものの，コンクリートと水分とが常に接し，それが長期間にわたって継続することがもっとも大きな原因である．

また，溶脱によるコンクリート構造物の劣化は，コンクリートと水分との接し方にも影響を受けることが知られている[1]．すなわち，貯水槽などのように滞留した水が接するよりも，河川のような流速を

もった水を接する方がコンクリートは溶脱しやすく，コンクリートの溶脱は常に接する水の流れ方にも影響を受ける．また，水中に含まれる微量な物質の含有量（硬度）にも影響を受け，コンクリートと接する水の硬度が低いほど，また，地下水に含まれるカルシウムイオンなどの含有量が少ない水であるほど，コンクリートは溶脱しやすいことが知られている．このほか，溶脱による劣化は，コンクリートと接する水分の温度や面積，乾湿繰返し作用などにも影響を受けるという報告[2]もあり，溶脱を引き起こす原因や要因については，コンクリート中に劣化因子が侵入することで生じる劣化機構とは若干異なるものである．

このため，コンクリートの溶脱が問題となる構造物としては，常時淡水に接するダム，水理構造物，浄水施設などがある．また，塩分を含む溶液が作用する汽水域（河口などの海水と淡水が混合している領域）の護岸，融雪剤使用施設，食品工場などがあげられる．

溶脱によるコンクリート構造物の劣化事例として，図 2.14.1 に，1920 年代に建設された河川構造物の導水路隔壁を示す[3]．これによれば，隔壁のコンクリート表面には砂利が露出している状況が見受けられ，コンクリートの溶脱が生じていることが推察される．この構造物から貫通したコア（長さ約 1300 mm）を採取し，セメント水和物である水酸化カルシウム（Ca(OH)$_2$）および中性化進行の目安である炭酸カルシウム（CaCO$_3$）を所定の間隔で分析した結果を図 2.14.2 に，同一のコンクリート中における空隙量の分布を図 2.14.3 に示す．これらによれば，長期間の供用により，コンクリート深部か

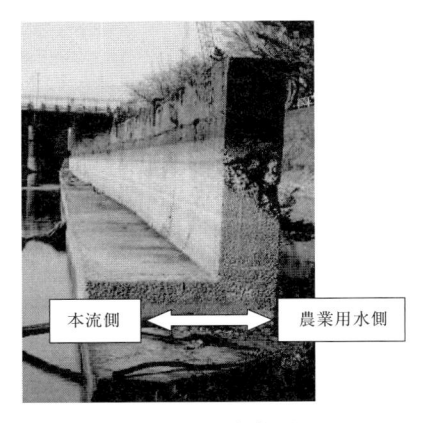

図 2.14.1 溶脱によって劣化したコンクリート構造物の例[3]

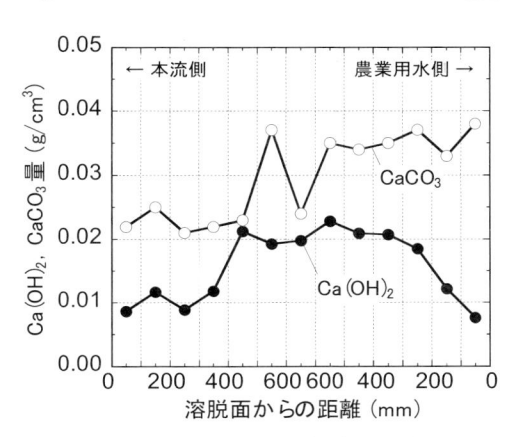

図 2.14.2 コンクリート中の Ca(OH)$_2$ および CaCO$_3$ の分析結果[3]（図 2.14.1 の構造物）

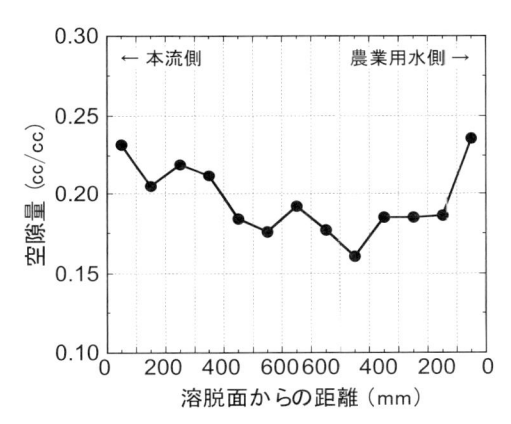

図 2.14.3 コンクリート中の空隙量の測定結果[3]（図 2.14.1 の構造物）

ら表面にかけて溶脱によりセメント水和物である Ca(OH)$_2$ が減少し，大気中の二酸化炭素の作用で CaCO$_3$ が生成されていること，また，Ca(OH)$_2$ の減少に伴ってコンクリート中の空隙量が増大していることがわかる．

このほか，水和物の溶脱が問題となる構造物としては放射性廃棄物埋設施設があげられる．放射性廃棄物埋設施設の供用期間は，通常の構造物のそれと比較してはるかに長期におよぶ．これは放射性廃棄物埋設施設の建設が長半減期の放射性核種の貯蔵場所を確保することを目的として行われるためである．

2.14.3 反応機構

コンクリートの溶脱に関する反応機構は，水和物の溶解に関するモデル（以下，水和物溶解モデル）

とコンクリート中の物質移動に関するモデル（以下，物質移動モデル）が基本となる[4]．水和物溶解モデルは，セメント水和物の溶解現象に適用する熱力学モデルをどう扱うかによってさらに2つに分けられており，詳細は後述する．なお，これらのモデルは，予測対象となるコンクリート中の水和物およびイオンの挙動を熱力学的な記述により予測方法として定式化されているのが一般的である．

a. 水和物溶解モデル

水和物溶解モデルとは，細孔溶液（液相）中のイオン濃度の不飽和状態を補うように，セメント水和物（固相）が溶けて平衡状態を保とうとする現象を記述するモデルのことである．なお，セメントの主要水和物であるカルシウムシリケート水和物（$CaO-SiO_2-H_2O$，以下，C-S-H）の溶解では，C-S-Hの代表的な構成元素であるCaとSiが水和物中で一定の比率を保つわけではなく，C-S-Hの溶解挙動がCa/Siモル比に依存して変化する性質を持っている．このことを非調和溶解性（incongruent dissolution）という．

これまでに数多く提案されてきたコンクリートの溶脱に関する水和物溶解モデルの基本的な考え方は，大きく2種類に分類される．1つは，C-S-H溶解の熱力学モデルを地球化学平衡計算コードに基づく方法である．もう1つは，セメント水和物を固相として捉え，水和物中のカルシウム濃度と細孔溶液中のカルシウムイオン濃度との関係を既往の実験データから定式化し，この式よりC-S-HとCa(OH)$_2$の溶解現象を記述する方法である．

1) 地球化学平衡計算コードに基づく方法

地球化学平衡計算コードとは，系内に存在する元素の質量保存則などから定式化された連立方程式を解くことにより，系内の物質の平衡状態を算出するものであり，これまでに複数の地球化学平衡計算コードが構築されており，これらコード間の相違点は，解析の目的，解法，オリジナルデータベースの有無，取り扱えるデータサイズ（元素数，水性種など），相（ガス），活量係数補正方法，吸着モデルの有無・種類，温度依存性など[2]である．実際に地球化学平衡コードに組み込んで水和物溶解モデルを構築するために多く用いられるものは，Bernerのモデル[5]であり，図2.14.4に示されているとおり，多くの実験データにより検証されているため，C-S-Hの非調和溶解挙動に関する熱力学モデルとして信頼性が高い．

2) 固液平衡モデルに基づく方法

固液平衡モデルに基づく方法は，セメント水和物を固相として捉え，水和物中のカルシウム濃度と細孔溶液中のカルシウムイオン濃度との関係を既往の実験データから定式化し，この式よりC-S-HとCa(OH)$_2$の溶解現象を記述する方法である．このモデルは固液平衡モデルといわれるものである．固液平衡モデルでは，①セメントペースト中のカルシウム水和物はCa(OH)$_2$とC-S-Hのみで構成されている，②これら水和物の溶解はCa(OH)$_2$がC-S-Hよりも先行して発生する，と仮定することで，水和物の溶解機構を単純化している．このため，地球化学平衡計算コードに基づく方法と比較して，固液平衡モデルを使用した場合には，水和物の溶解に関する

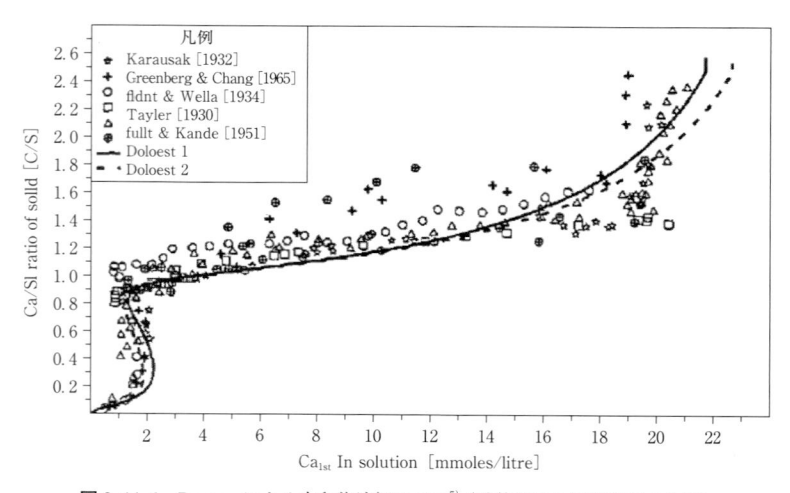

図2.14.4 Bernerによる水和物溶解モデル[5]（計算結果と実験結果の比較）

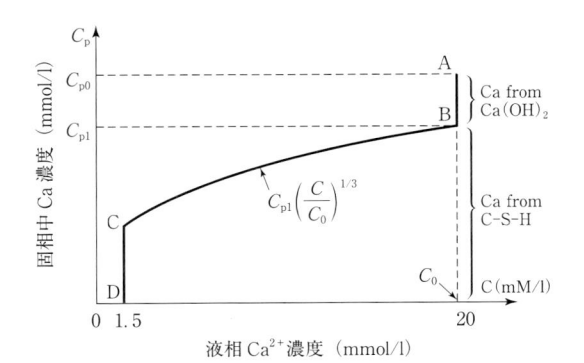

図 2.14.5 Buil の固液平衡モデル[6]

計算過程が簡略化されている.

代表的な固液平衡モデルとしては,図 2.14.4 に示されるような Buil et al.[6] の構築したモデルが挙げられる.このモデルでは,まず $Ca(OH)_2$ の溶解が図中の区間 A-B に示すように発生するとしている.この区間の液相 Ca^{2+} 濃度は 20 mmol/l で一定である.$Ca(OH)_2$ がセメントペーストから消失すると,次に C-S-H が区間 B-C の関係を満たしながら分解する.なお,区間 B-C は次式のように定式化されている.

$$C_p = C_{p1} \cdot (C/C_0)^{1/n}$$

ここに,C_p:固相中の Ca 濃度
C_{p1}:$Ca(OH)_2$ 消失時の固相中 Ca 濃度
C:細孔溶液中の Ca 濃度
C_0:$Ca(OH)_2$ 溶解時の液相中の Ca^{2+} 濃度
n:実験定数

Buil のモデルのほかにも,固液平衡モデルは各種提案されている.斉藤ほか[7]や須藤ほか[8]は,Buil のモデルの C-S-H 溶解過程を改良したものを提案している.また,横関ほか[9]や皆川ほか[10]は,$Ca(OH)_2$ 溶解過程における液相中の Ca^{2+} の飽和濃度を $Ca(OH)_2$ の溶解度積,水のイオン積,電気的中性条件および細孔溶液中の各種イオン濃度により評価することで,細孔溶液中に存在する多種イオンが $Ca(OH)_2$ の溶解過程に及ぼす影響を考慮したモデルを提案している.

b. 物質移動モデル

物質移動モデルは,細孔溶液中のイオン濃度と接触水中の同一イオンの濃度との間に差が生じ,これを推進力としてコンクリート中のイオンが拡散移動する現象を記述するモデルのことを指す.物質移動モデルには,おもにダルシー則(移流)や Fick 則(拡散)など,塩害をはじめとするコンクリート中のイオンの移動に起因する劣化を記述する際に用いられてきた方法が転用されている[4].

2.14.4 劣化機構

既往の調査結果から,溶脱過程におけるコンクリートの劣化機構を整理すると,おおよそ以下のようになる[4].

1) コンクリート内部の細孔溶液中には,水和物から溶解した Ca^{2+} と OH^- がある一定の濃度で共存している.健全なコンクリート内部の細孔溶液中の Ca^{2+} 濃度は約 20 mmol/l であることが知られており,河川水や地下水中に含まれる Ca^{2+} と OH^- の濃度と比較すると高濃度な状態にある.

2) コンクリートがこれらの外部水と接すると,Ca^{2+} と OH^- にはコンクリートの内部と外部で濃度の差,すなわち濃度勾配が生じる.これを駆動力として,細孔溶液中の Ca^{2+} と OH^- が外部へと移動する.この現象は,Ca^{2+} と OH^- の拡散現象であり,塩害の劣化機構で知られている Cl^- の拡散と同じ現象である.

3) 細孔溶液(液相)中の Ca^{2+} と OH^- は,セメント水和物(固相)との間にある一定の平衡関係を保ちながら,一定の濃度に維持されている.しかしながら,コンクリートが水と接触して Ca^{2+} と OH^- が外部へ移動すると,細孔溶液(液相)中のこれらの濃度が減少してしまい,液相と固相との間に保たれていた平衡関係が崩れてしまう.

4) 液相と固相との平衡関係が崩れてしまうと,ふたたび両者の間に平衡状態を保つために,固相であるセメント水和物が溶解し,外部に流出した量に見合うだけの Ca^{2+} と OH^- を供給する.

5) 固体であったセメント水和物が溶解すると,その分だけ空隙が増加し,コンクリートの組織が多孔質化する.また,セメント水和物の減少は,多孔化だけでなく組織そのものの脆弱化も引き起こす.

6) 上記のような Ca^{2+} と OH^- に関する移動,平衡とともに,セメント水和物の溶解が繰り返され,コンクリート組織の多孔化,脆弱化が生じて溶脱による劣化が進行する.

これら一連のメカニズムを模式図で表すと図 2.14.6 のようになる.なお,熱力学的な観点から,溶脱に関与するセメント水和物は,種類によって溶解する順序があることが知られている.Brown

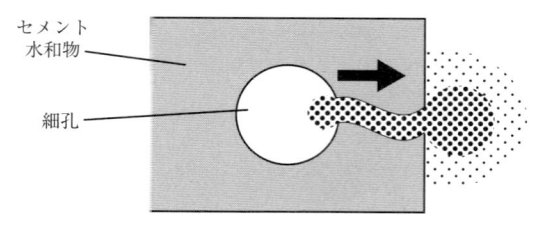

① 細孔溶液から外部へのカルシウム成分の拡散

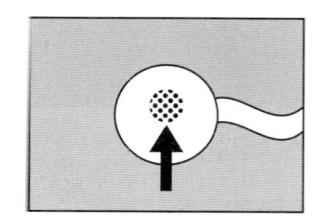

② 固体から細孔溶液への水和物の溶解

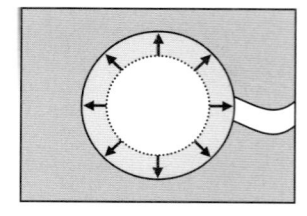

③ 溶解による水和物の体積変化（多孔化，脆弱化）

図2.14.6 カルシウム成分の溶脱過程の説明

et al. の検討[1]では，溶脱によってもっとも溶解しやすいのはセメント水和物中の$Ca(OH)_2$であるとしている．$Ca(OH)_2$はセメント水和物中に存在する分だけ溶解するが，$Ca(OH)_2$が消失した部分は，その次の段階として徐々にC-S-Hの溶解を生じはじめる．C-S-Hの溶解は非常に長期間にわたって継続し，C-S-Hが減少すると，コンクリート中のセメント水和物組織のCa/Siモル比が低下する．この段階まで到達した部分のコンクリートは多孔化するとともに脆弱化する．さらに，コンクリートの溶脱による劣化は，外部の水との接触によって生じるため，セメント水和物の溶解現象がコンクリートの中で一様に生じるのではなく，水と接触するコンクリート表面に近いほど進行するという特徴を有する．

2.14.5 分析方法

溶脱によるコンクリートの劣化は，塩害や中性化のような劣化因子の侵入があるわけではなく，セメント水和物自体が溶解し，コンクリートが多孔化するために生じるものである．コンクリートが溶脱によって劣化しているか否かを分析する方法としては，以下に示す各項目について分析が行われることが多い．

a. 外 観

図2.14.7～図2.14.9に，溶脱にともなうコンクリートの外観の変状の例を示す．なお，それぞれの写真で示したものは，同一の構造物ではないが，図2.14.7でコンクリート打設後約1年，図2.14.8で打設後約40年，図2.14.9で打設後約80年が経過したコンクリート表面の状態である．

当初のコンクリート表面は，コンクリート打設時に用いられる型枠面の状態を反映した図2.14.7のような平坦な状態である．この後，コンクリートが水分と接し続けると，コンクリート表面のセメントペースト部分が溶脱によって消失し，図2.14.8の

図2.14.7 溶脱を生じていないコンクリートの表面（コンクリート打設後約1年）

図2.14.8 溶脱を生じたコンクリートの表面（コンクリート打設後約40年）

図 2.14.9 溶脱を生じたコンクリートの表面（コンクリート打設後約80年，図 2.14.1 の構造物を接近して撮影したもの）

ように砂が露出した状態に変化する．このような状態の変化は，コンクリートの品質にも依存するものの，おおよそ数年から数十年で生じる．さらに，コンクリートが長期間にわたり水分と接し続けると，図 2.14.9 のように砂利が露出した状態に変化し，砂利自体が崩落し，その部分のコンクリートが陥没したような状態になる場合がある．溶脱によりコンクリートがこのような状態になるまでにはおおよそ数十年以上を要する．

b. 中性化深さ

溶脱による劣化によってセメント水和物が消失した部分では，コンクリートに特有のアルカリ雰囲気が失われている場合が多い．このため，コンクリートの溶脱の進行程度は，中性化深さを測定する際に用いられるフェノールフタレイン溶液の噴霧によって定性的に確認することができる．

図 2.14.10 は，コンクリート打設後約 100 年を経過したコンクリートから採取したコアを深さ方向に切断し，その断面にフェノールフタレイン溶液を噴霧して得られた状態の写真である．後述するセメント水和物の分析結果とあわせて検討した結果，写真に示した供試体のフェノールフタレイン溶液による変色境界は，セメント水和物である $Ca(OH)_2$ が著しく低下していたことが確認されている．このことから，フェノールフタレイン溶液を噴霧して得られた結果から，コンクリートの溶脱による劣化を定性的に判断することができると考えられている．

図 2.14.10 フェノールフタレイン溶液の噴霧結果の例

c. セメント水和物

コンクリートの溶脱は，コンクリート内部でのセメント水和物の溶解と，それらの成分の外部への流出によって生じるものである．このため，溶脱の進行程度を詳細に把握するためには，セメント水和物に関する分析が有効である．

セメント水和物の定量方法にはさまざまな規格や手法が提案されているが，ここでは小林ら[12]，鈴木ら[13] によって提案されている分析手法を紹介する．

1) 重液分離操作

コンクリートやモルタルは，粗骨材や細骨材の骨材によって占められており，水和物の定量を行う際に，それら骨材が含まれると水和物の定量測定を阻害することになる．したがって，定量分析を行うには，セメント水和物と骨材を完全に分離する必要がある．

一般に，骨材の密度は 2.6 g/cm³ 程度であり，セメント水和物の密度は 2.2 g/cm³ 程度である．このような物質の密度差を利用して，骨材とセメント水和物を分離する方法が重液分離操作である．この方法は，ブロモホルム（密度 2.89 g/cm³）とエタノール（密度 0.789 g/cm³）を密度 2.3〜2.4 g/cm³ 程度となるように混合した溶液中に，コンクリートやモルタルを破砕した粉末とを投入して遠心分離操作する．この結果，骨材のみを溶液の底に沈殿させ，セメント水和物を浮遊させることができ，骨材とセメント水和物を分離することが可能となる．

図 2.14.11 に，重液分離操作によって分離された骨材とセメント水和物の状態の例を示す[14]．なお，分離した骨材とセメント水和物は，真空デシケータなどを用いて空気中の二酸化炭素などと反応しないように保管，乾燥した後，重量測定を行い，両試料の重量の合計を初期の試料重量として各種セメント水和物の定量の基礎とする．

2) セメント水和物の定量

重液分離操作によって分離された試料は，示差熱分析法（differential thermal analysis：DTA，図

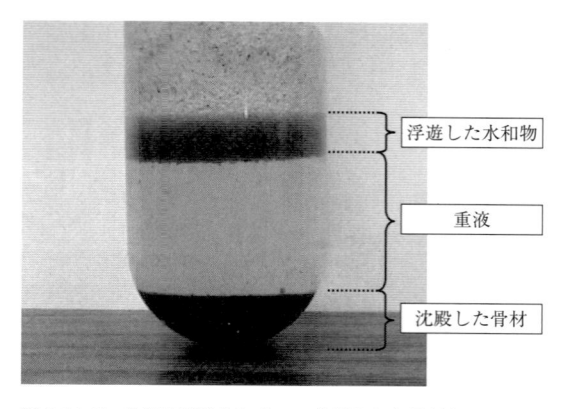

図 2.14.11 重液分離操作によって分離された骨材とセメント水和物の例[14]

2.14.12）もしくは示差走査熱量計（differential scanning calorimeter：DSC）を用いた方法などにより，各種のセメント水和物として定量される．これらの方法は，試料に対して熱量を加えることにより，物質の違いに応じた温度変化の特性を捉えて定量を行なうものである．

一般に，コンクリート中に存在するセメント水和物は，水酸化カルシウム（$Ca(OH)_2$），カルシウムシリケート水和物（C-S-H），モノサルフェート（AFm），エトリンガイト（AFt）の4種類で構成されている[15]．これらのセメント水和物のうち，CSH が溶脱などによって分解すると，シリカゲル（以下 SiO_2gel）とよばれる新たな物質を生成することが知られている．したがって，コンクリートの溶脱に関し，セメント水和物を分析する場合には，これらの各物質が定量の対象となる．

d. X線を利用した元素分析

電子プローブX線マイクロアナライザー（electron probe x-ray micro-analyzer：EPMA，図 2.14.14）やエネルギー分散型蛍光X線分析装置（energy-dispersive x-ray spectroscopy：EDX），

図 2.14.12 熱分析装置の例[16]
熱分析システム（TA-60型，島津製作所）

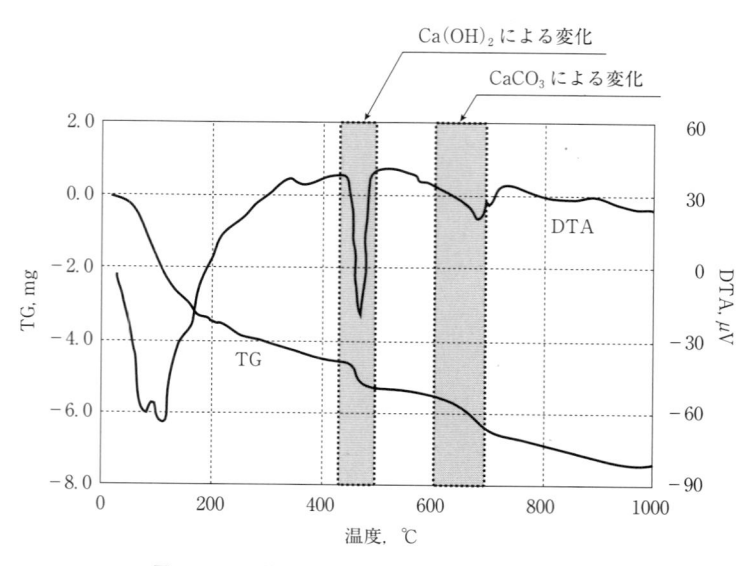

図 2.14.13 熱分析によるセメント水和物の測定例[17]

粉末X線回折装置などのX線を応用した分析装置を用いて，コンクリート内部の元素や化合物を分析することにより，溶脱によるコンクリートの劣化の進行程度を把握する方法がある．これらの方法は，装置のオペレーションに専門的な知識を要するので，簡易な方法とはいえないが，EPMA あるいは EDX を用いれば，溶脱によるコンクリート内部の Ca^{2+} などの分布状態を図 2.14.15 に示すように視覚的に把握することが可能である．また，粉末X線回折を用いて分析すれば，元素ではなく化合物として分析することができるので，カルシウム化合物である $Ca(OH)_2$ と C-S-H の存在状態を調べることが可能である．

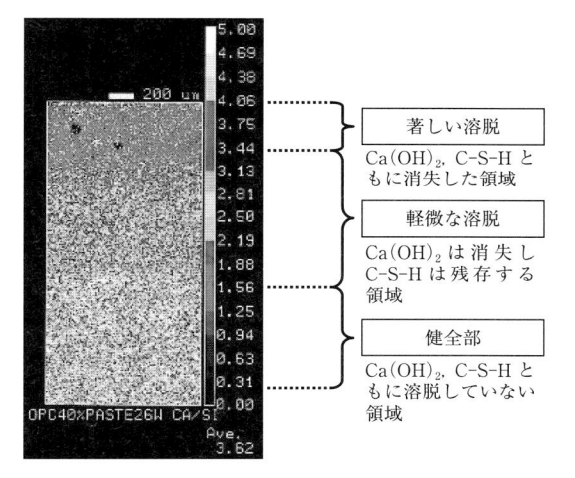

図 2.14.14 電子プローブX線マイクロアナライザー (EPMA)[18]
(EPMA-1610 型，島津製作所)

e. ビッカース硬さ

コンクリートの溶脱により多孔化，脆弱化したコンクリート部分の力学的な性質を把握する方法として，JIS B 7725「ビッカース硬さ試験-試験機の検証」で規定されるビッカース硬さ試験機を用い，微小領域の硬さを測定する方法がある．ビッカース硬さ試験機は，材料の硬さを評価する目的で四角錐のダイヤモンド圧子を材料に水平に加圧し，圧痕(あっこん)の大きさから硬さを検出する装置である（図 2.14.16）．ビッカース硬さ試験は，一般的には金属材料，セラミックス材料などの硬さの評価に用いられるものであるが，コンクリートの溶脱により多孔化，脆弱化したコンクリートの場合，微視的なコンクリートの状態を把握する必要があるため，溶脱したコンクリートの力学的性質の変化を評価する際に

著しい溶脱
$Ca(OH)_2$, C-S-H ともに消失した領域

軽微な溶脱
$Ca(OH)_2$ は消失し C-S-H は残存する領域

健全部
$Ca(OH)_2$, C-S-H ともに溶脱していない領域

図 2.14.15 EPMA による溶脱したコンクリートの分析例[19]

全自動マイクロビッカース硬度計システム[20]
(HMV-FA 型，島津製作所)

金属試料における圧痕の例[21]

図 2.14.16 ビッカース硬さ試験機と載荷後の圧痕（あっこん）の例

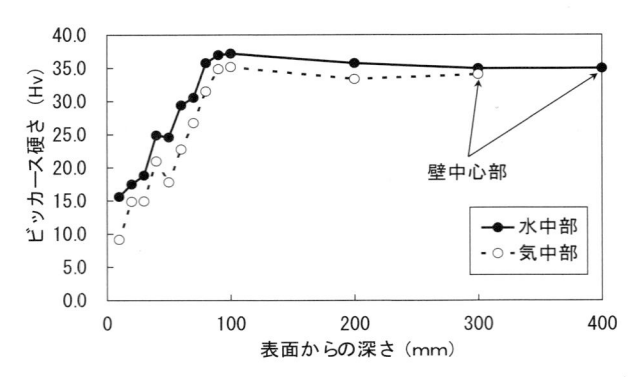

図 2.14.17 溶脱したコンクリートに対するビッカース硬さの結果の例[22]

用いられることが多い．

図 2.14.17 に溶脱したコンクリートの深さ方向のビッカース硬さの分布を測定した結果の例を示す．これによれば，溶脱が進行し，コンクリート表面部分でビッカース硬さが低下していることが明確である．なお，コンクリートの力学的性質としては，円柱供試体を載荷して得られる圧縮強度がもっとも一般的であるが，現在のところ，このようにして求められた巨視的な指標である圧縮強度と，微視的な指標であるビッカース硬さとの関連性については，明確になっていないのが現状である．

f. 硬化体の空隙量

コンクリート中の空隙量を測定することにより，溶脱によって多孔化したコンクリートの状態を把握することができる．一般に，コンクリート中の空隙量は，体積が既知の試料に対し，蒸留水などで飽水させた状態での試料重量と，同一の試料を絶乾状態にさせた状態での試料重量を求め，下式によって求めることができる．

硬化体の空隙量（cm³/cm³）
　＝（飽水重量（g）−乾燥重量（g））/蒸留水密度（g/cm³）/供試体体積（cm³）

2.14.6　コンクリートの溶脱に関する試験方法

これまで述べてきたとおり，コンクリートの溶脱は長い時間の末に生じる現象であるため，実際のコンクリート構造物で生じる溶脱を実験室レベルで再現するのは困難である場合が多い．しかしながら，今日ではコンクリートの溶脱現象を評価するために多くの研究が実施されており，それぞれの研究では目的に応じてさまざまな評価方法が提案されている．本項では，溶脱の方法や促進機構に基づき，コンクリートの溶脱に関する試験方法として溶解法，通水法および電気化学的促進法について紹介する．

a. 浸漬法

試験試料を浸漬水に浸漬することにより，固相から溶解成分を溶脱させる方法であり，浸漬液の組成や固相試料の組成を分析することにより，溶脱に伴う変質を評価することができる．浸漬法で設定される試験条件としては，試料の量と浸漬水の量との比（液固比），試料の表面積と浸漬水の量との比，浸漬時間，浸漬水が試料と接触する時間などである．また，影響要因としては浸漬水の水質，試料表面積，浸漬液を交換する時間間隔などである．試験方法の模式図を図 2.14.18 に示し，それぞれの特徴を以下にまとめる[4]．

1) 粉末試料を用いて浸漬液を交換しない方法

試料と浸漬水の比を変化させることによって溶脱量を変化させる方法であり，液相と固相の平衡状態の確認ができ，水和物相や平衡水組成の変化を評価することに適している．

2) 粉末試料を用いて浸漬液を交換する方法

試験試料を浸漬水に浸せきし，一定期間ごとに液交換することによって溶脱を進行させる方法であり，浸漬液の組成や固相試料の組成を分析することにより，溶脱に伴う変質の程度を評価することができる．

3) ブロック状試料の全体を曝露する方法

ブロック状試料の全体を浸漬した場合には，固相表面からの溶脱現象を全体的に観察することができる．

4) ブロック状試料の一面のみを曝露する方法

浸漬水に曝露する面を限定し，境界条件を常に一

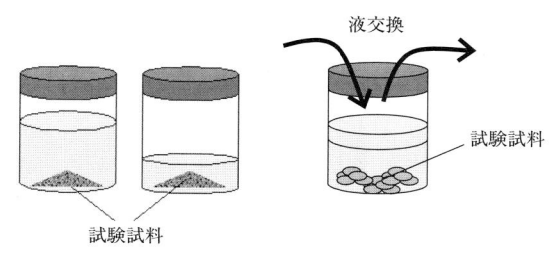

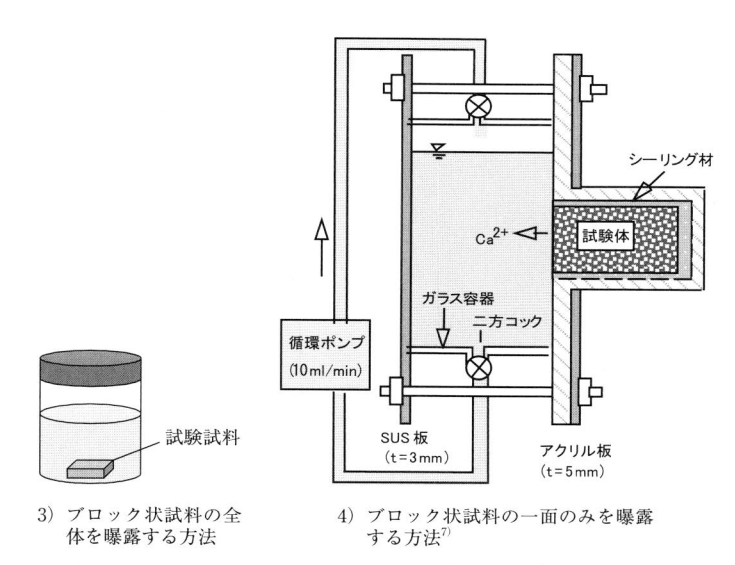

1) 粉末試料を用いて浸漬き液を交換しない方法
2) 粉末試料を用いて浸漬液を交換する方法
3) ブロック状試料の全体を曝露する方法
4) ブロック状試料の一面のみを曝露する方法[7]

図 2.14.18 浸漬法による溶解試験の例[4]

定に保つように，浸漬水組成を制御する手法であり，曝露表面から深さ方向の変質の程度を把握するのに適している．

b. 通水法

ブロック状の試料などに対して，圧力や遠心力などで強制的に浸漬水を通過（通水）させる方法である．この方法は，溶出成分が間隙水中に溶解し，間隙中を浸漬水が通過することにより，浸漬水がコンクリート中の成分を伴って系外に溶出される原理を利用したものである．通水した液中に含まれる成分の分析，通水前後の固相試料の分析などを通じて，溶脱によるコンクリートの変質を評価する．

本手法では，コンクリート構造物を地下水が通過するという状況を模擬することができる．圧力により浸漬水を通水させる試験方法の例を図2.14.19に，遠心力により浸漬水を通水させるための装置の

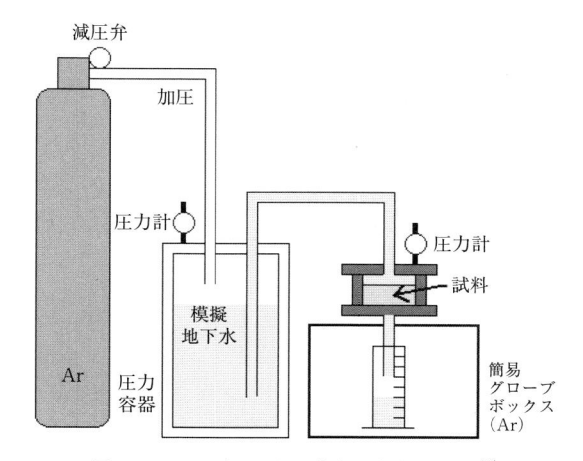

図 2.14.19 圧力により通水する試験装置の例[23]

模式図を図2.14.20に示す[2,3]．なお，溶脱に伴う水和物相と液相組成の均質な変化を評価する場合には，通水液が亀裂やひび割れなどを選択的に通過し

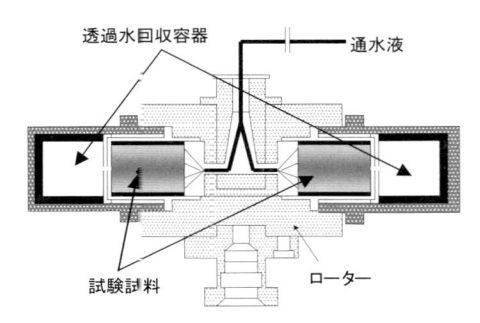

図 2.14.20 遠心力により通水する試験装置の例[23]

ないようにすることが必要であり，通水する際の圧力や通水速度などに留意が必要である．逆に，あえて亀裂のある試料に通水することにより，亀裂部の変質状態を観察することもでき，評価する目的によって試験条件は異なる．通水法で設定される試験条件としては，試料の量と通過させる浸漬水の総量との比（液固比），であり，影響要因としては浸漬水の水質，通水速度などが考えられる．

c. 電気化学的促進法

ブロック状の試料の両端に電極を配置し，所定の通電を与えて間隙水中に溶出したイオンを各電極に移動させることにより溶脱を促進させる方法であり，電流を一定とした定電流法と電圧を一定とした定電圧法がある．得られた固体試料は，物性評価等に適用することができる．

試験方法の例を図 2.14.21 に示す[24), 25)]．図 2.14.21 に示すように，電場雰囲気中においては，陽イオンは陰極側に移動し，陰イオンは陽極側に移動する．

なお，この方法では，実際のコンクリート構造物が溶脱した場合に観察され SiO_2 ゲルなどの 2 次鉱物の生成反応は生じないと考えられている．また，電場雰囲気中なので，水の電気分解反応も生じることにより，陰極側では OH^- が多く存在して pH が上昇し，陽極側では逆に H^+ が多く存在すると予測される．このため，一定期間ごとに水槽内の水を交換するなどの点に留意する必要がある．

他の方法と比較して，電気化学的促進法はコンクリートの溶脱による変質を短時間で達成させることが可能である．また，電気化学的に溶脱を促進した試料は，浸漬法などによって得られる試料とほぼ同様の物性を示すことから，溶脱を生じたコンクリートの物性評価に供するための試料を短期間で入手する方法として有効だと考えられている．なお，電気化学的促進法で設定される試験条件としては，電圧値，電流値および印加時間などの通電条件であり，影響要因としては浸漬水の水質があげられる．

【久田　真】

文　献

1) 日本コンクリート工学協会編：コンクリート診断技術，2006．
2) 久田　真，竹田光明，大井才生：大河津分水から採取したコンクリートの物性，第 26 回セメント・コンクリート研究討論会論文報告集，**26**(1999)，pp. 23-28, 1999.
3) 久田　真，河野広隆：溶脱したコンクリートの塩化物イオン浸透抵抗性に関する考察，コンクリート工学年次論文集，**25**(1), 749-754, 2003.
4) 土木学会編：コンクリートの化学的侵食・溶脱に関する研究の現状，コンクリート技術シリーズ，No. 53, 2003.

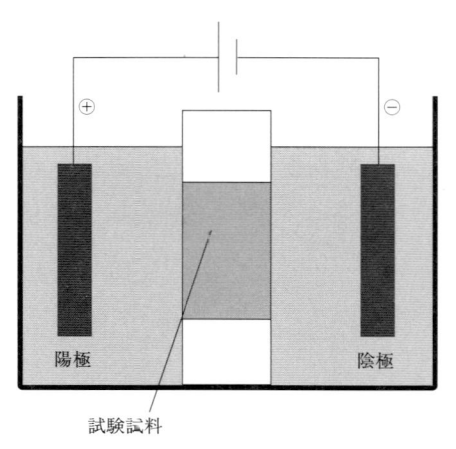

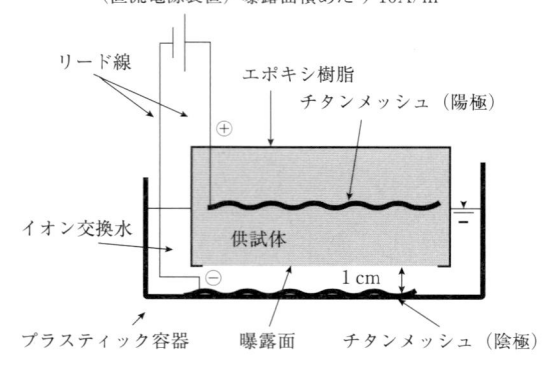

セルを用いた方法[24)]　　　浸漬させながら通電する方法[25)]

図 2.14.21　電気化学的促進法による溶解試験の例

5) Berner, U.: A thermodynamic description of the evolution of pore water chemistry and uranium speciation during the degradation of cement, PSI-Bericht Nr. 62, 1990.
6) Buil M., Revertegat E. and Oliver J.: A model of the attack of pure water or under saturated line solution on cement, ASTM STP, 1123, pp. 227-241, 1992.
7) 斉藤裕司, 辻 幸和, 片岡浩人：セメント水和生成物の溶解に伴う変質予測のモデル化, コンクリート工学論文集, **11**(1), pp. 51-59, 2000.
8) 須藤俊吉ほか：Caの溶脱現象のモデル化と拡散係数の空隙量依存性, 土木学会論文集, No. 753/V-62, pp. 13-22, 2004.
9) 横関康祐ほか：カルシウムイオンの溶出に伴うコンクリートの変質に関する実態調査と解析的評価, 土木学会論文集, No. 697/V-54, pp. 51-64, 2002.
10) 皆川 浩：塩害またはカルシウム溶脱に関するコンクリート中のイオン移動評価と劣化予測手法, 東京工業大学学位論文（工学）, 2003.
11) Brown, P. W. et al.: Mechanisms of deterioration in cement-based materials and in lime mortar, Durability of Building Materials, 5, pp. 409-420, 1988.
12) 小林一輔編著：コア採取によるコンクリート構造物の劣化診断法, 森北出版, 1998.
13) 鈴木一孝ほか：コンクリートの耐久性評価を目的とした水和組織の分析手法に関する研究；コンクリート工学論文集, No. 2, pp. 39-49, 1990.
14) Hisada, M., Saeki, T. and Nagataki, S.: A study on the ion diffusivity and degradation of cement mortar due to chemical attack, Proceedings of the First Fib Congress, **3**, pp. 199-206, 2002.
15) セメント協会編：C&Cエンサイクロペディア[セメント・コンクリートの基礎解説], 2004
16) 島津製作所 URL（http://www.an.shimadzu.co.jp/products/ta/07.htm）
17) Haga, K. et al.: Effect of porosity on leaching of Ca from hardened ordinary Portland cement paste, Cement and Concrete Research, **35**, pp. 1764-1775, 2005.
18) 島津製作所 URL（http://www.shimadzu.co.jp/surface/products/epma/index.html）
19) 山本武志ほか：各種セメント系材料の溶脱に伴う空隙構造の変化. 第49回日本学術会議材料研究連合講演会講演要旨集, 2005.
20) 島津製作所 URL（http://www.shimadzu.co.jp/test/products/mtrl01/mtrl0112.html）
21) ナノテック株式会社 URL（http://nanotec-jp.com/details/testing/tech006.html）
22) 横関ほか：長期間水と接したセメント系材料のカルシウム溶出に関する解析的評価モデル, コンクリート工学年次論文報告集, **21**(2), pp. 961-966, 1999.
23) 芳賀和子ほか：セメント硬化体の溶解に伴う変質に関する研究（1）－遠心力法によるセメント硬化体の通水試験, 原子力学会和文論文誌, **1**(1), pp. 20-29, 2002.
24) Hisada, M. et al.: The Physical and chemical deterioration of hardened mortar due to leaching calcium, Proceedings of the 2001 Second International Conference on Engineering Materials, pp. 661-668, 2001.
25) 大即信明ほか：100年にわたるコンクリートのカルシウム溶出による変質の予測に関する実験的研究, 土木学会論文集, No. 676/V-51, pp. 41-49, 2001.

第3章
土木構造物の劣化と診断
——評価と判定

3.1 はじめに
3.2 技術・基準類の変遷
3.3 橋梁および高架橋の劣化と評価
3.4 港湾構造物
3.5 下水道施設
3.6 トンネル
3.7 ダム
3.8 農業水利施設

3.1 はじめに

3.1.1 土木構造物における維持管理の基本

　本章は，土木構造物の技術・規準類の変遷と主要な土木構造物の維持管理の要点を紹介したものである．

　構造物の耐久性は，その構造物が建設されたときに使われた材料の状況や当時の設計・施工の技術レベルに大きく影響を受ける．セメント，骨材，混和材料の種類とそれらの実態は，コンクリートの劣化要因に大きくかかわるものであり，コンクリートポンプ施工の導入などの施工技術，コンクリートの塩化物含有量試験などの品質管理技術，土木学会コンクリート標準示方書などの基準類なども構造物の劣化に大きくかかわるものである．そこで，本章ではまず「技術・規準類の変遷」について取りまとめた．この中では「材料の変遷」「施工技術の変遷」および設計施工にかかわる「規準類の変遷」について取り上げた．

　土木構造物の維持管理は，土木構造物の種類ごとに要求性能が大きく異なることから，構造物によってその方法は大きく異なっている．たとえば，本章で取り上げている「橋梁および高架橋」，「港湾構造物」，「下水道施設」，「トンネル」，「ダム」および「農業水利施設」のうち，一般の住民や利用者と密接にかかわる構造物である「橋梁および高架橋」や道路あるいは鉄道の「トンネル」などでは，安全性能に関する維持管理が行われているのはもちろんであるが，同時に第三者影響度および使用性能が強く意識された維持管理が行われている．その一方で，構造物に接する人が限られる施設である「港湾構造物（その中でも荷役用の桟橋など）」「下水道施設」および「ダム」などでは，コンクリート構造物の安全性能を中心とした維持管理が行われている．これらの構造物では，厳しい環境にさらされるため，各種の劣化機構に対する維持管理が重要となっている．

　また，多くの構造物では，点検結果を構造物の性能を基本として設定された健全度判定の区分あるいは劣化度として評価されており，補修・補強の要否判定など，その後の維持管理の方向付けに用いられている．表3.1.1，表3.1.2に主要な構造物の維持管理の要点についてとりまとめた．

表 3.1.1 各種土木構造物の維持管理方法の比較 (その1)

	橋梁および高架橋		港湾構造物	下水道施設
	道路橋	鉄道橋		
維持管理の目的	安全で円滑な交通を確保するとともに、第三者被害の発生を未然に防止する。	列車が安全に運行できるとともに、旅客、公衆の生命を脅かさないための性能、安全性を確保する。	設計供用期間にわたって要求性能を満足する	下水道施設の機能を維持するために、硫酸によるコンクリートの腐食の影響を最小限に抑える。
点検方法	[初期点検] 目的：初期状態を把握 方法：近接目視および打音 実施時期：使用開始前、構造系の変更時 [日常点検] 目的：構造物の現状の安全性を日常的に確認する（安全点検、変状点検） 安全点検の方法：道路上から車上目視・車上感覚（第三者被害が想定される場合は降車して目視） 変状診断点検の方法：比較的短期的な変状の進行状況把握は目視による経過観察、中長期的な変状の進行状況の把握は近接目視や打音 点検間隔：1～2回／週（安全点検） 方法：道路外から望遠目視 点検間隔：1回／(1年～数年) [詳細点検] 目的：損傷メカニズムや複雑な維持の確認 方法：近接目視や打音 [臨時点検・異常時点検] 目的：点検点検の補修、異常気象や地震発生後の状況確認	[初回検査] 目的：構造物の初期状態を把握 方法：打音 実施時期：非破壊、構造系の変更時 [全般検査]（通常検査、特別検査） 目的：構造全般の状態および措置の要否を判定し健全度判定と詳細な点検および措置の要否の判定（通常） 構造物の実態に合わせて健全度判定方法を詳細な検査を実施する方法（特別） 方法：目視を基本とする（通常） 人為な目視を主体に必要に応じて各種調査 点検間隔：1回／2年を基本とする [随時検査] 目的：地震などの災害や事故後の機能確認 点検時期：災害や事故後 [個別検査] 目的：変状の程度と原因の推定 方法：破壊検査を含め精密な検査機器などを用いた詳細な検査 点検間隔：確認された変状の健全度Aの場合	[初回点検] 目的：構造物の初期状態の把握 方法：目視、簡易計測 実施時期：建設または改良直後の竣工段階、既設構造物に対する維持管理計画の策定段階 [日常点検] 目的：日常の巡回によって変状の有無や程度を確認 方法：目視、簡易計測 [定期点検診断] 目的：部材の細部も含めて変状の有無や程度を確認 一般定期点検診断の方法：目視、詳細計測 詳細定期点検診断の方法：(一般定期点検診断では点検診断が困難な場所を含めて、専門の技術者が実施（必要に応じて測定機器を使用） 点検時期：竣工後5年、10年、20年、以降5年ごと [一般臨時点検診断] 目的：地震時や荒天時などの異常時の有無 方法：目視、簡易計測 [詳細臨時点検診断] 目的：定期点検診断で確認された特徴の異常、想定外の異常に対する調査 方法：専門の技術者が実施（必要に応じて測定機器を使用）	[日常・定期点検] 目的：コンクリート・防食被覆の状況、腐食環境の確認 方法：目視、感覚（臭気）、機器測定（硫化水素ガス濃度） 点検間隔：1回／月が望ましい [現地予備調査] 目的：専門の調査技術と診断能力を有する技術者による腐食環境と構造物の腐食・劣化度の確認 方法：目視、指触、テストハンマーによる打検、各種計測機器（水質計測、pHメータなど） 点検間隔：日常・定期点検で変状が確認された場合 [詳細調査] 目的：施設・部位毎に腐食原因と腐食度・劣化度を確認し、補修・改修設計のデータを取得 方法：躯体の状況や環境を、計測器を用いて実施（現地調査）、コンクリートコアピース採取などの調査、現地散水・ピアリングによる施設状況調査
点検結果の評価方法	機能面に対する判定（AA、A、B、C、OK）と、第三者被害に対する判定（安全な交通または第三者に対して支障となる恐れがあり、緊急的な対応が必要な場合）を行う	AA、A1、A2、B、C、Sの6段階で評価する。	部位部材ごとにa、b、c、dの劣化度判定を行い、それらを統合して施設全体の評価（A、B、C、D）とする。	調査結果より劣化度ランクA、B、Cにて評価し、要補修、経過観察の判定を行う。

3.1 はじめに

表 3.1.2 各種土木構造物の維持管理方法の比較（その 2）

	トンネル（道路トンネル）	トンネル（鉄道トンネル）	ダム	農業水利施設［頭首工を例に］
維持管理の目的	通行者・車両の安全走行，構造物の安全などを中心とした，トンネルに求められる性能を維持した性能を維持する。	運転保安，旅客および公衆などの安全に対する影響が少ないように維持する。	ダムの安全性の確保と機能を維持する。	水利用性（管理者が用水を送配水し，農家がその用水を利用できる性能）と水理性能（用水を輸送する水理学的性能）およびその他の必要とされる性能を維持する。
点検方法	［初期点検］目的：初期状態の把握 方法：近接目視と打音（足場・点検車など） 実施時期：供用開始前 ［日常点検］目的：変状の早期発見 方法：変状および通常巡回の際に目視点検 ［定期点検］目的：トンネルの保全 方法：目視および簡易な点検機器 点検間隔：一般国道は最初の2年目，それ以降1回/2〜5年 高速道路：1回/1年 ［異常時・臨時点検］目的：日常点検で発見された異常の確認 方法：変状の確認 ［詳細点検］目的：全トンネルの保全のための変状の把握 方法：（1）一次点検（初期，日常，定期，詳細）において確認された変状の原因推定や将来予測，対策の要否を判断（2）変状の状況に応じて方法を選択，ひび割れ調査，覆工厚・内空変位測定，ボーリング調査など ［調査］目的：一次点検（初期，日常，定期，詳細）において確認された変状の原因推定や将来予測，対策の要否の判定 方法：（変状の状況に応じて方法を選択）覆工厚，測定，ひび割れ測定，内空変位調査など	［初期全般検査］目的：初期状態の把握 方法：近距離からの目視，要注意箇所の打音 実施時期：完成後 ［通常全般検査］目的：全トンネルの定期的な検査 方法：徒歩などによる目視，必要と判断された箇所の打音 点検間隔：1回/2年 ［特別全般検査］目的：通常全般検査よりも精度を上げた検査 方法：至近距離からの目視，必要と判断された箇所の打音（通常全般検査より多い箇所数） 点検間隔：新幹線で1回/10年 在来線で1回/20年 ［臨時検査］目的：地震などの災害や事故後の機能確認 方法：目視，打音 ［個別検査］目的：確認された変状の原因推定や実施時期の判定 方法：（変状の状況に応じて方法を選択）ひび割れ調査，覆工厚測定，内空変位調査	［初期点検］目的：試験湛水期間における ダム堤体と基礎岩盤の安全性の確認と，管理基準値の検討 方法：ダムが完成した後に，貯水をサーチャージ水位まで貯水してから，最低水位まで放流し，ダム本体や放流設備だけでなく，貯水池周辺の状況など各種計測等により検証する。試験湛水の安全を目指し，各種計測が終わった後，試験湛水によって得られた安全性の基準値を用いて，管理移行時に安全管理の基準として用いられる。試験湛水期間における計測と巡視の内容および頻度は，以下の［計測］［巡視］に示す。 ［計測］目的：ダム堤体と基礎岩盤の安全性確認 方法：漏水量，変形，揚圧力などの計測 第Ⅰ期（試験湛水期間）→1回/日 第Ⅱ期（第Ⅰ期後，ダムの挙動が安定するまで）→1回/週 第Ⅲ期（ダムの挙動が安定した後）→1回/月 ［巡視］目的：堤体コンクリートのひび割れなど変状の継続的な観察と記録 方法：目視 第Ⅰ期（試験湛水期間）→1回/日 第Ⅱ期（第Ⅰ期後，ダムの挙動が安定するまで）→1回/週 第Ⅲ期（ダムの挙動が安定した後）→1回/月	［計測］目的：取水口および取水水頭の状態を把握 方法：変位量，沈下量 点検間隔：1回/年 ［定期点検］目的：取水口および取水水頭の状態を把握 方法：目視および計測・測量 点検間隔：1回/月 ［臨時点検］目的：大雨洪水あるいは予め定められた規模以上の地震が発生した後の状態を把握 方法：目視および計測・測量 ［精密調査］目的：変状の把握と原因などの判定 方法：変状に応じた補修の要否の判定
点検結果の評価方法	通行者や車両の安全走行，構造物維持管理作業に及ぼす影響に基づき，対策の緊急性と変状の程度から，4段階の判定区分（3A，2A，A，B）で評価を行う。	点検結果を6段階の健全度（AA，A1，A2，B，C，S）で評価するとともに，剥落に関する安全性に対する3段階の健全度（α，β，γ）とあわせて評価する。	計測結果は，おもに試験湛水時の挙動との比較を行い，傾向や計画値に異常がないかの評価を行う。目視は，これまでの巡視結果と違うことがないか，たとえば，これまでの巡視で発見されなかったひび割れが発生しているか，漏水にこれまで確認されなかった濁りを生じているかなどの事象に着目する。	変形，摩耗，コンクリートのひび割れ，漏水，洗掘，障害物などの事象について目視で評価する。

3.1.2 評価および判定の基本

現在の土木学会コンクリート標準示方書は性能照査型の設計・施工・維持管理を基本としており，既設の構造物に対する維持管理においても性能照査に基づいて実施することが規定されている．

性能規定あるいはそのツールとなる性能照査は，構造物の「機能」を「性能」という形で工学的に翻訳することによって成り立っている．コンクリート標準示方書［維持管理編］においては，評価する性能の対象として，図3.1.1に示すように，安全性，使用性，第三者影響度，美観・景観とこれら4つの性能に関する耐久性を取り上げている．コンクリート構造物の維持管理は，計画，建設，供用（維持管理），解体，廃棄あるいは再利用といった一連のサイクルの一過程であり，この一連のサイクルにおける総合的な考え方のもとに要求される性能を確保するための行為である．

図3.1.2は，性能照査を核とした設計，施工および維持管理の相互関係について示したものである．この図から明らかなように，予定供用期間中，コンクリート構造物の性能を適切な許容限度内で要求される水準に維持することがこれら三者の共通の課題であり，それぞれの場面で，それぞれの条件，方法により，この課題に取り組む必要がある．さらに，これらの連関を完成させ，設計，施工，維持管理を一貫した概念の下に体系化するためには，図中にあるようなフィードバックによる相互作用をつねに働かせなければならない．

ISO 13822「既設構造物の評価方法」は，ISO 2394「構造物の信頼性に関する一般原則」に準じた安全性および使用性の要求性能に関する評価と判定の基準案について示されたものである．図3.1.3は，この中で示された基本的な評価の流れを簡略的に表したものである．評価は簡易レベルと詳細レベルの2段階で行い，最終的に判定を行う際には必ず信頼性を評価することを要求している．コンクリート標準示方書［維持管理編］においても，これに対応するように，2段階評価とし，判定において，適切な

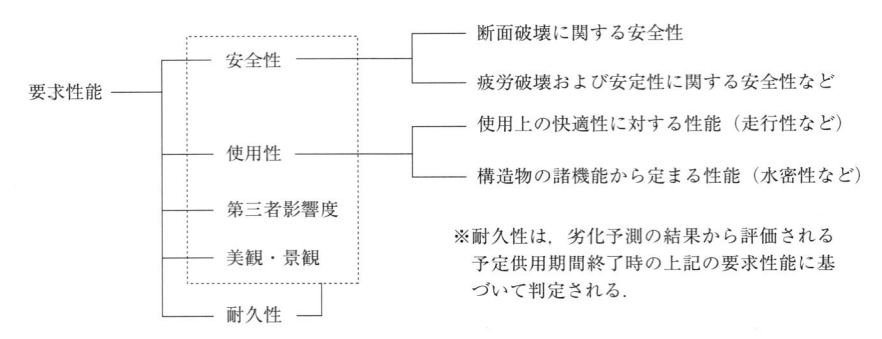

図3.1.1 要求性能の分類[1]

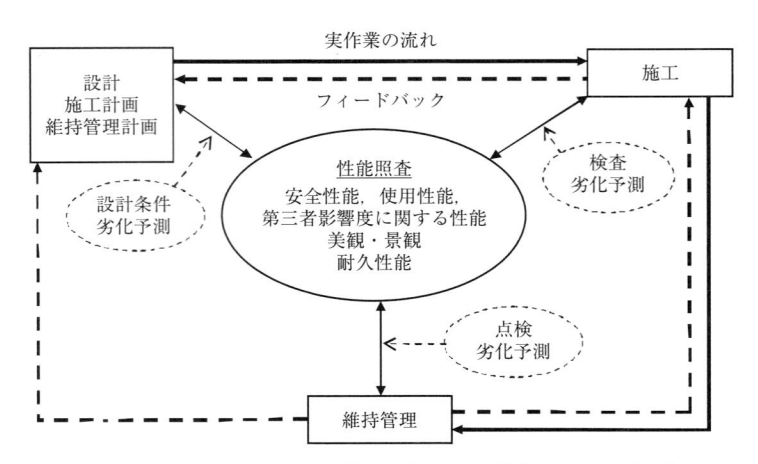

図3.1.2 性能照査を核とした設計，施工および維持管理の相互関係[2]

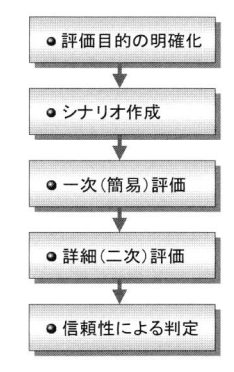

図3.1.3 ISO13822における既設構造物の評価の流れ[2]

安全余裕を考慮して，性能を許容範囲内に維持することを基本としている．

構造物の有する性能について，精度上の課題はあるものの現状において詳細かつ定量的に評価できるのは，安全性，使用性である．しかし，腐食した鉄筋を有する部材の耐荷力やたわみなどの算定については，まだ十分に精度が確保されているとは言い難い現状にあるため，安全係数の設定を慎重に行わなければならない．また基本的には実構造物の材料特性を点検で把握することによって不確定性を排除できることになるが，実構造物の材料特性や劣化の分布はさまざまな状態にあることを考慮すると，限定された測定数の条件のもとで，評価に適切な安全余裕を確保することが重要である．

簡易評価については，初期欠陥や変状に基づいて健全性あるいは劣化度をグレードもしくは数値として表す手法が一般的に用いられており，表3.1.1，表3.1.2にも示したように，主要な構造物における実際の維持管理においても採用されているものである．

【森川英典・守分敦郎】

文献

1) 土木学会編：2007年制定コンクリート標準示方書［維持管理編］, 2008.
2) 土木学会編：2001年制定コンクリート標準示方書［維持管理編］制定資料, コンクリートライブラリー104, 2001.

3.2 技術・基準類の変遷

3.2.1 材料の変遷

a. セメント

ポルトランドセメントの歴史は，1824年にイギリスのJ. Aspidinにより取得された特許がその始まりである．また，セメントが現在のように広く利用されるようになった大きなきっかけは，1867年のJ. Monierによる鉄筋コンクリートの発明である．今世紀に入ると，1918年のA. Abramsの水セメント比理論の提唱やプレストレストコンクリートの実用化などにより大きな技術的進展を遂げた．

一方，わが国のポルトランドセメントの歴史は，1873年，深川にセメント工場が創設されたことにはじまる．当初は現在生産されているポルトランドセメントよりビーライト（C_2S）の多いものが製造されていたようである[1]．1930年以降回転窯が主力になるとエーライト（C_3S）量も増加し，初期強度発現性の優れたものが供給されるようになり，この時代を前後してかなり性質の異なるセメントが製造されてきている．

1910年代には高炉セメントが，1920年代には早強セメントが開発されている．さらに1940年代にはアルミナセメント，1950年代にはフライアッシュセメントが実用され，1970年代になると特殊な機能を有する各種セメントが開発された．また，1949年に工業標準化法が公布され，翌年の1950年にはセメントの規格についてJIS R 5210「ポルトランドセメント」，JIS R 5211「高炉セメント」，JIS R 5212「シリカセメント」が制定された．その後，フライアッシュセメントなどさまざまなセメントが規格化されてきている．これらの経緯は，表3.2.1に示す通りである[2]．最近では，環境問題を受け，セメント焼成時に都市ゴミを原料とするエコセメントの開発，水和熱の抑制を目的としたビーライト系セメントの開発などが進められている．

一方，近年のコンクリート構造物の早期劣化問題を受け，耐久性に関連して，1985年に鋼材の腐食の観点から塩化物イオン量の規制値が200 ppmに設定され，また，アルカリ骨材反応対策を目的に全

表3.2.1 セメントの規格の変遷[2]

年次	規格関連
1905	日本ポルトランドセメント試験方法制定
1925	高炉セメント規格制定
1927	ポルトランドセメントおよび高炉セメントの日本標準規格（JES）制定
1938	ポルトランドセメントのJES改正（普通，早強）
1941	臨JES制定（普通，早強，高炉，ケイ酸質混合を1規格；結果として，けい酸質混合セメントの規格制定）
1950	工業標準化法によるJIS制定（ポルトランドセメント，高炉，シリカ）（JIS R 5210, 5211, 5212）
1953	ポルトランドセメントJISに中庸熱を追加
1960	フライアッシュセメントのJIS制定（JIS R 5213），高炉セメントとシリカセメントのJIS改正（いずれの混合セメントもA, B, Cの3種となる）
1974	ポルトランドセメントのJISに超早強を追加
1978	ポルトランドセメントのJISに耐硫酸塩を追加
1985	ポルトランドセメントのJISに低アルカリ型を追加
1997	ポルトランドセメントのJISに低熱を追加，試験方法のISO対応 高炉，フライアッシュ，シリカセメントのJIS改正（試験方法のISO対応）

表3.2.2 骨材関連のJISの変遷[2]

年次	規格など
1953	生コンクリートのJIS制定（JIS A 5308）
1959	軽量コンクリートの骨材のJIS制定（JIS A 5002）
1961	コンクリート用砕石のJIS制定（JIS A 5005）
1976	コンクリート用砕砂のJIS制定（JIS A 5004）
1977	高炉スラグ粗骨材のJIS制定（JIS A 5011）
1978	生コンクリートのJIS改正（附属書に骨材）
1981	高炉スラグ細骨材のJIS制定（JIS A 5012）
1986	生コンクリートのJIS改正（全アルカリ量，塩化物イオン量）
1987	砕石，砕砂のJIS改正（生コンJISとの整合化）
1992	コンクリートスラグ骨材のJIS（粗骨材と細骨材の統合，フェロニッケルスラグを追加：JIS A 5011）
1993	コンクリート用砕石および砕砂JIS改正（両者を統合：JIS A 5005）
1994	軽量コンクリート骨材のJIS改正（SI単位）
1997	スラグ骨材のJIS改正（部編成制，銅スラグ骨材を追加）（高炉スラグ骨材：JIS A 5011-1，フェロニッケルスラグ：JIS A 5011-2，銅スラグ：JIS A 5011-3）

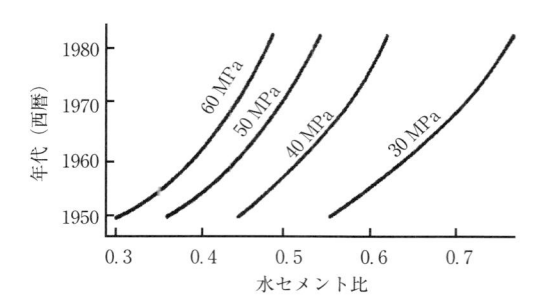

図3.2.1 セメント強度の変遷[3]

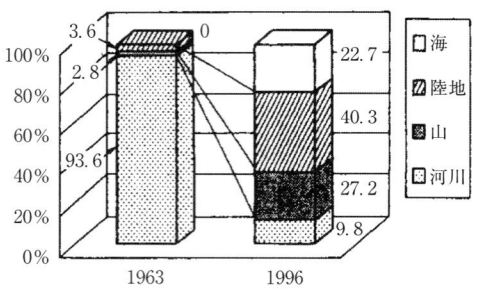

図3.2.2 砂利・砂の採取地の変遷[4]

アルカリ量を0.6%以下にした低アルカリ型のポルトランドセメントが規格化された．しかし，これによりポルトランドセメント中のアルカリ量が低下してきている点は留意すべきである．また，図3.2.1に示すように，わが国だけに限らず，セメントの初期強度を向上させる技術開発がなされ，同一強度を得るための水セメント比は時代とともに大きくなっており，耐久性の観点からは好ましいとは言えない状況とである[5]．

b. 骨 材

明治・大正時代においては，コンクリート骨材と言えばその大部分が天然骨材（河川砂利，河川砂）であった．しかし，戦後の高度成長期にいわゆる建設ラッシュが始まるとともに天然骨材が不足し，砕石，砕砂，陸砂，海砂の利用が増大することとなった．

そして，こうした骨材の需給変化が，たとえば海砂の使用によるコンクリート構造物の早期劣化などを引き起こし社会的問題化するに至った．現在，骨材資源の枯渇や環境問題と関連して骨材事情はさらに厳しい状況にあり，良質な骨材を確保するための対策が喫緊の課題となっている．

表3.2.2は，骨材関連のJISの変遷を示したものである．天然骨材の砂利や砂はレディーミクストコンクリートのJISの付属書に品質が規定されているが，JISとしては制定されていない．一方，砕石は1961年に，砕砂は1976年にそれぞれ別々のJISとして制定されており，現在は統合されて1つのJISとなっている．

図3.2.2は，1963年から1996年において砂利・砂の採取場所がどのように変化したかを示したものである．1963年には，採取場所はほとんど河川で

あったものが，現在では，河川からのものは非常にわずかであり，山，陸，海に採取地場所が変わっている[4]．図3.2.3にはそれぞれの地域の生コンとして使用されている細骨材と粗骨材の種類を示した[5]．粗骨材については，北陸と東海地方を除いて，砕石の比率が高くなっている．細骨材については，海砂は近畿より南側で多く使用され，川砂は北陸で多く，関東より北側では山陸砂の使用が多くなっている．粗骨材は陸で採取されたものがおもに利用されているが，細骨材は海から採取されたものが比較的大量に使用されている．海砂の利用は1950年頃からはじまり，1975年頃より大量に使用されだした．しかし，最近では塩害対策として海砂の採取が禁止される地域も出てきており，新しい加工砂などでの対応が進んできている．

骨材の物性に関しては，セメントや混和材料に比べて十分に研究がなされてきたとは言い難い．骨材の規格は，これまで擦り減り試験などの物理的な性質やコンクリートの性質に悪影響を及ぼすような有害物の許容値などに対しておもに品質が定められてきた．このため，アルカリシリカ反応に見られるような鉱物学的な観点からの情報は少なく，1986年の生コンクリートのJIS改正で全アルカリ量や塩化物イオン量が規制される以前は，これらの点に充分な配慮がなされていたとは言い難かった．しかし，これ以降は，骨材の安定性についてアルカリ骨材反応に対して化学法あるいはモルタルバー法による判定がなされようになり，このほかにも骨材の中に混入し異常膨張やポップアウトあるいは著しい汚れなどの問題を発生させる鉱物として，スメクタイト類，ローモンタイト，磁鉄鉱，黄鉄鉱，石膏などが特定できるようになった．また，スメクタイト類のモンモリロナイトについても，コンクリートの異常凝結を示すことが鉱物学的な観点から示されるようになった．

コンクリート用骨材としての品質に関して，図3.2.4に地域別のコンクリートの単位水量を示した[6]．データは，高性能AE減水剤の使用の有無などもあるので必ずしも正確ではないが，基本的には骨材事情を反映していると言える．すなわち，わが国では，近畿より西側では単位水量が大きな値となっており，骨材事情の悪いことが窺える．

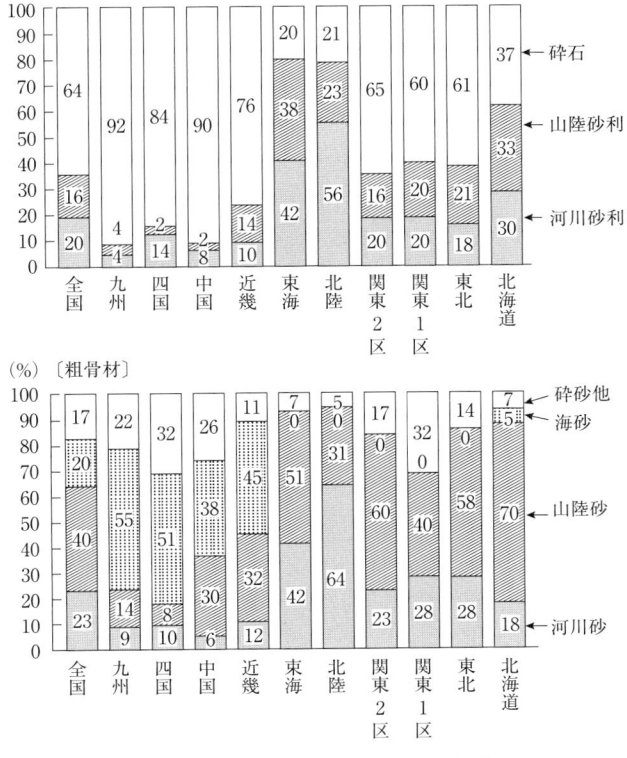

図3.2.3 地域ごとの生コン骨材の種類[5]

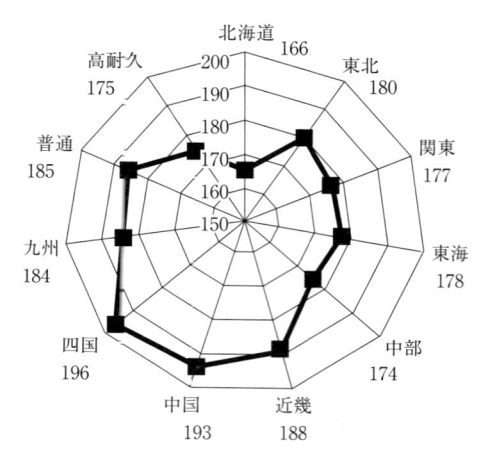

図 3.2.4 地域別のコンクリートの単位水量（kg/m³）[6]

一方，代替骨材としては，高炉スラグが古くから利用されてきた．また，フェロニッケルスラグ，銅スラグなどもコンクリート用再骨材として有用性が認められ，現在，高炉スラグとともに JIS による品質規格が制定されている．また，最近ではコンクリート構造物の解体によって生ずる再生骨材を利用する研究や製造技術も進んできており，環境負荷の少ない材料として注目されている．

c. 混和材料

表 3.2.3 に混和材料の規格の変遷を示した[2]．

混和剤に関しては，1950 年頃に AE 剤や AE 減水剤が米国より導入され使用が拡大した．1978 年に生コンクリートの JIS が改正され，AE コンクリートが標準的なコンクリートの仕様となった．また，1982 年には，AE 剤，減水剤，AE 減水剤からなる化学混和剤の JIS が制定された．

その後，AE 減水剤よりも分散能力に優れたメラミン樹脂スルホン酸塩やナフタレンスルホン酸塩ホルムアルデヒド縮合物などが，それぞれドイツとわが国で開発された．当初，これらは高強度コンクリートに利用されたが，1975 年頃から流動化剤としても利用されるようになった．1980 年頃からは高性能 AE 減水剤の開発がはじまり，1995 年には化学混和剤の JIS が改正され高性能 AE 減水剤が加えられた．

混和材としては，1958 年にダムを中心に利用されてきたフライアッシュの JIS が制定され，1980年には膨張材の JIS が制定された．また，フライアッシュは 1999 年に 4 種類に等級化される大幅な改定がなされている．なお，高炉スラグ微粉末の高炉セメントとしての使用は長い歴史を有しているが，混和材として JIS は 1995 年に制定されている．

一方，これら混和材料を活用した高機能コンクリートとして，1980 頃より水中不分離性コンクリートが実用化され，近年では，兵庫県南部地震後の高密度配筋の構造物などを対象とした自己充填性を有

表 3.2.3 混和材料の規格の変遷[2]

年次	規格など
1958	フライアッシュの JIS 制定
1974	フライアッシュの JIS 改正（ふるい残分削除，数値の見直し）
1978	生コンクリートの JIS 改正（AE コンクリート）
1980	膨張材の JIS 制定
	セメント混和用ポリマーディスパージョンの JIS 制定
1982	化学混和剤の JIS 制定（AE 剤，減水剤，AE 減水剤）鉄筋コンクリート用防せい（錆）剤の JIS 制定
1987	化学混和剤の JIS 改正（全アルカリ量，塩化物イオン量）
	防せい（錆）剤の JIS 改正（全アルカリ量，塩化物イオン量）
1993	防せい（錆）剤の JIS 改正（SI 単位）
1995	高炉スラグ微粉末の JIS 制定（比表面積で 3 種類）
	化学混和剤の JIS 改正（高性能 AE 減水剤）
1996	フライアッシュの JIS 改正（45 μm 残分，活性度指数）
	セメント混和用ポリマーディスパージョンの JIS 改正（再乳化形粉末樹脂：名称もセメント混和用ポリマーディスパージョンおよび再乳化形粉末樹脂に変更）
1997	膨張材の JIS 改正（試験方法の ISO 整合化）
	高炉スラグ微粉末の JIS 改正（試験方法の ISO 整合化）
1999	フライアッシュの JIS 改正（4 種に等級化）
2000	シリカフューム JIS 制定

3.2 技術・基準類の変遷

d. 鋼材

1901年にわが国においてはじめて丸棒が生産されたが，当時は鉄筋コンクリート用棒鋼の大半が輸入材であった．大正時代の初期にはアメリカから異形棒鋼が輸入され相当の量が使用された．しかし，関東大震災では異形棒鋼を用いた鉄筋コンクリート造建築物が大きな被害を受け，フックのない異型鉄筋に多大な被害が生じたとの指摘から，以後，異形棒鋼は使われなくなり，丸棒のみが鉄筋コンクリート用の鉄筋として使われるようになった．

ふたたび異形棒鋼が登場したのは戦後の1950年頃で，現在使われている新しいタイプの異形棒鋼が製造されはじめた．当初はアメリカのASTM規格に基づいて製造されたが，その後，この規格を参考にして1953年に日本工業規格「JIS G 3110 異形丸鋼」が制定された．1953年12月には，建設省通達「異形鉄筋を使用した鉄筋コンクリート造について」が出された．この通達を契機に異形棒鋼の使用量が増え始め，丸鋼と異形棒鋼の生産量は逆転した（表3.2.4）．1959年には，「建築基準法」の改正，1960年の建設省告示によって高強度の異形棒鋼が認定された．1964年のJIS G 3112（鉄筋コンクリート用棒鋼）では，降伏点が240 N/mm^{2}の棒鋼に加え，350, 400, 450 N/mm^{2}の棒鋼が規格化された．また，現在の規格JIS G 3112-2004は，ISO 6935-1およびISO 6935-2との整合性を取ったものに改定されており，490 N/mm^{2}の異型棒鋼までが規格化されている．さらに，コンクリートの高強度化，超高強度化に対応して降伏強度685～1275490 N/mm^{2}を保証する高強度鉄筋の実用化もはじまっている．

PC鋼材については，1952年のフランスからのフレシネ工法や引続く各種工法の導入により飛躍的に発展し，これに呼応して鋼材の製造技術も向上してきた．PC鋼材は，PC鋼棒，PC鋼線およびPCより線に分類されるが，1994年のPC鋼棒JIS G 3109の改定では，最大径呼び名40 mmまでの太径材料までが規格化された．また，1999年のPC鋼線およびPC鋼より線JIS G 3536では，PC鋼線で9 mm，PCより線では19本より28.6 mmまでが規格化されている．

e. コンクリート

コンクリート技術が導入されてから100年の年月が経過している．現在，コンクリートのほとんどは生コン工場よりレディーミクストコンクリートとして供給されているが，導入期より現在に至るまでコンクリートの製造技術経て大きく変化してきた．以下では，導入期から戦前までと，戦後以降に分けてその変遷を示す．

1) 導入期から戦前のコンクリート

1900年頃までの導入初期のコンクリートは，コンクリート方塊やケーソンなどの無筋コンクリートに用いられてきており，非常に硬練りのコンクリートを木蝋などで叩き込んで施工されていた．この締固めに適するコンクリートは，著しく水量を小さくしたパサパサな状態のものであった．当時のコンクリート配合の考え方は，砂利の空隙を最小限のモルタルで満たしモルタル分が過剰にならないようにすることであった．1884年頃には，セメント：砂：砂利＝1：2：5 というような配合比（容積比）が用いられていたようである．また，コンクリート強度試験値の平均は，配合比1：2：3, 1：2：4, 1：2：5の範囲で，材齢2カ月で約17～19 N/mm^{2}程度であった[8]．また，練混ぜは，手練りが中心であった．

しかし，工事規模の拡大に伴い，1890年着工の横浜築港工事では英国製ミキサが一部導入されはじめ，1899年から1901年にかけての大阪築港工事では，コンクリートはすべて機械練りで施工された．また，1903年着工の淀川洗堰工事では，国産のコンクリートミキサがすでに用いられたと記録されている．ただし，この当時のミキサは不傾式の円筒胴ミキサで，硬練りのコンクリートには不向きなため，建築用の軟練りコンクリートの製造におもに用いられていたようである．硬練りコンクリートを製造することのできる可傾式ミキサは，複合コニカル型ミキサが1913年頃に輸入され，本格的な国産コンクリートミキサは，1914年になって製造されるよう

表3.2.4 鋼材の生産量の推移[7]

年度平均	異形棒鋼		丸 棒		計	
1952～1955年度	25	3.5	680	96.5	705	100.0
1956～1960	82	6.2	1237	93.8	1319	100.0
1961～1965	525	20.0	2101	80.0	2626	100.0
1966～1970	2092	39.7	3178	60.3	5270	100.0
1971～1975	5545	67.5	2669	32.5	8214	100.0

（単位：1000トン，%）

になった[9].

1923年には，関東大震災の復興工事用のコンクリートが，蔵前の旧高等工業学校の敷地に復興局道路課が設置した集中コンクリート混合所で製造されている．このプラント設備には，材料貯蔵槽の下に砂利計量器，イナンデータ（砂を水で飽和させることにより，正確な容積計量が可能となる）および水計量槽が設置された．また，1930年にウォセクリークという計量・練混ぜ装置がつくられ，その後，ダム工事，舗装工事等の現場プラントで多用された．この装置では，所定の水セメント比のセメントペーストをまず練り混ぜ，これを容積計量してドラムミキサに移し，あらかじめ重量を計量した骨材と練り混ぜる2段方式の練混ぜを行った．この装置の画期的な点は，従来からの容積計量から質量計量方式へ移行させたことである．この装置は，生コンクリート工場がつくられる1950年頃まで使用されたが，配合の種類の多い生コンクリートの製造には不向きであったようで，操業後まもなくして撤去されることとなった[10].

2) 戦後のコンクリート（レディーミクストコンクリートの発展）

レディーミクストコンクリートは，1949年に東京コンクリート工業（株）によって生コンクリート工場が始動したのが最初である．1951年以降には，東京において生コン工場の操業が相次ぎ，その後，名古屋，京阪神などの大都市圏を中心に広がっていった．

創業開始時には，運搬中の骨材の分離を抑制すること，荷卸しを効率的に行うことなどが課題であったが，これに対し攪拌翼付きのダンプトラックが考案され，さらにトラックアジテータが実用化されるに至った．生コンクリート工場の増大とともに，計量器の機械化・自動化も進められ，省力化とともに計量精度の向上が図られた．計量器は重錘を用いたビームスケール式から電気式へと変化し，検出器はポテンショメータからロードセルへと変化．さらにサーボ機構との組合わせにより計量の精度と安定度が向上した．一方，計量伝達機構は，プルワイヤによる複雑な機械式伝達から電気式伝達へと移行し，パンチカードによる秤量値の入力（パンチカード方式）が可能となった．そして，こうした工場生産のシステムの改善と輸送システムの確立も相まって安定した品質のコンクリートが入手できるようになり，急速に全国に普及していった．

生コン工場数およびレディーミクストコンクリートの年間生産量の推移を表3.2.5に示す[11]．セメント生産量に対するレディーミクストコンクリートにおける使用量の比率は，1955年にはわずかに1.9%であったが，1960年には9.6%，1965年には31.5%，1970年には52.5%となり，1975年には61.1%を占め，1988年に70%に達し，その後ほぼ一定の比率を示している．すなわち，わが国のコンクリート工事は，1964年の東京オリンピックからその後の高度成長経済への移行時期を境にして現場練りコンクリートが大幅に減少し，大部分がレディーミクストコンクリートとして供給されるようになった．

品質，仕様面では，1953年に制定されたレディーミクストコンクリートのJISにおいては，購入者がコンクリート配合の設計に責任をもつ「基準第一のコンクリート」（その後，B種から特注品へ変化），購入者がコンクリート配合の設計の責任を生産者に負わせる「基準第二のコンクリート」（その後，A種から標準品へ変化）に区分された．また，AE剤の発明により，気象作用が厳しい場合や凍結融解がしばしば繰り返される場合などには，AEコンクリートを使用することが推奨されるようになり，さらに気象作用が厳しくない場合でもAEコンクリートを用いることが望ましいとなり，1978年のJIS改正でレディーミクストコンクリートの標準品はすべて空気量4%に規定され，AEコンクリートが通常のコンクリートとして一般に使用されるようになった．

1980年代に入ると，骨材資源の枯渇化に伴う骨材品質の低下が深刻な問題となり，これに起因して所要のスランプを得るための単位水量が増大するようになった．このため，JASS 5の1986年の改訂では，スランプは18 cm以下，単位水量185 kg/m³以下に規定されることとなった．また，この品質確保のため高性能AE減水剤の使用が進み，多くの生コンクリート工場で多用されるようになった．

1983年は，コンクリート構造物の早期劣化が社会問題となった年である．3月に鉄筋コンクリートの鋼材腐食問題，8月にはアルカリ骨材反応によるコンクリートの劣化が大きな関心を集めた．これに対応するため，1986年に建設省から「コンクリート中の塩化物総量規制基準」および「アルカリ骨材反応暫定対策」の2つの通達が出され，生コンクリートのJISについては，「コンクリート中の塩化物イ

表3.2.5　レディーミクストコンクリートの生産量の推移[11]

年度	工場数	生産量 (千m^3)	生コン関連特記事項	景気動向
1949	1	-	'49　生コン工場の誕生	
1950	1	13	'50　AE剤の導入	
1951	1	52	'51　国産アジテータトラックの開発	
1952	3	95	バッチャープラントの国産化	
1953	7	238	'53　JIS A 5308の制定	
1954	9	372	'54　全自動バッチャー初生産	神武景気
1955	11	618	'56　天然軽量骨材コンクリートのポンプ打設	
1956	17	1137	'57　砕石使用生コンの実用化	
1957	24	1914		
1958	28	2335		
1959	41	3510		
1960	80	5910	'61　JIS A 5005の制定	岩戸景気
1961	137	10922	'62　パン型強制練りミキサの導入	
1962	199	14417	'63　人工軽量骨材の生産開始	
1963	357	18958	'64　名古屋でポンプ圧送業誕生	オリンピック
1964	569	24645	'65　JISマーク指定品目となる	景気
1965	728	28859	パン型強制練りミキサ導入が盛ん	
1966	878	48254	'68　全国生コンクリート協同組合連合会設立	いざなき
1967	1053	57127	'69　石灰砕石1億t突破	景気
1968	1283	68245		
1969	1798	81008		
1970	2711	96471	'70　セメントの生コン転化率50%突破	
1971	2811	112396	'71　生コン工場の電算機制御の導入開始	
1972	2951	130454	'73　JCI回収水の利用研究委員会	列島改造
1973	3534	164577	'75　全国生コンクリート工業組合連合会設立	
1974	3602	148301	東京で欠陥生コン問題発生	'73オイル
1975	4462	137945	'77　生コンの共販がはじまる	ショック
1976	4748	144339	'78　関東中央工組　品質管理監査の開始	
1977	4808	163306	過積載規制強化/JIS呼び強度の概念導入	
1978	4896	183652		
1979	4913	188166		
1980	5026	184633	'81　水平2軸ミキサ導入盛ん	
1981	5114	175207		
1982	5138	168855	'83　2段式強制練りミキサ導入はじまる	
1983	5311	163565	'83　外国セメント問題	
1984	5311	166457	'86　塩化物総量規制・アルカリ骨材反応抑制対策	
1985	5306	160943	可変速式2軸ミキサ導入始まる	
1986	5267	165892	'87　RCCP用コンクリート	
1987	5354	178016		
1988	5404	188156		
1989	5282	192121		平成景気
1990	5394	197997		
1991	5372	192182	'91　ISO 9000シリーズのJIS制定	バブル
1992	5373	181958	'92～93　高性能AE減水剤コンクリート	崩壊
1993	5040	172615		
1994	5021	175773	'94　建設省・再生骨材品質基準通達	
1995	4995	175723	'95　全国品質管理監査会議	
1996	4920	180256	'97　スリップフォーム用コンクリート	
1997	4853	167292	'97～98　高流動コンクリート	
1998	4772	153308		

オン総量の規制」および「アルカリ骨材反応に対する対策」が新たに規定された．

また，最近ではコンクリートの早期劣化問題や，「不適切な加水行為」などもあり，建設工事現場におけるコンクリート品質体制を整備するとともに，品質確保の重要性についての指導を強化するため，2004年に国土交通省より「レディーミクストコンクリートの単位水量測定要領(案)」の通達が出され，日使用量が100 m³以上のコンクリート工事では単位水量の測定が義務付けられるようになった．

3.2.2 施工技術の変遷

a. コンクリート施工技術

以下では，コンクリート施工技術の変遷を大きく4つの年代に分け説明する．また，その変遷を，図3.2.5に示した．

1) コンクリート技術の導入期（～1920年）

コンクリート技術が導入された明治中期から大正にかけ，コンクリートは混凝土と記載され早くから無筋の構造物に用いられていた．わが国初の五本松ダム(1900年)をはじめ港湾施設の小樽防波堤(1908年)などもその1つである．当時は硬練りコンクリートが利用されたため，その締固めは人力で「蛸」と称する槌のような突棒を用いて突固めが行われた．これらは，明治17(1884)年に公表された「造家必携」の中に記されている．また，運搬にはバケツやセメント樽が用いられ，人力に依っていた．

大正に入ってから二本子タワーや鉄鋼のタワーが使用され出した．硬練りコンクリートでは，1回の

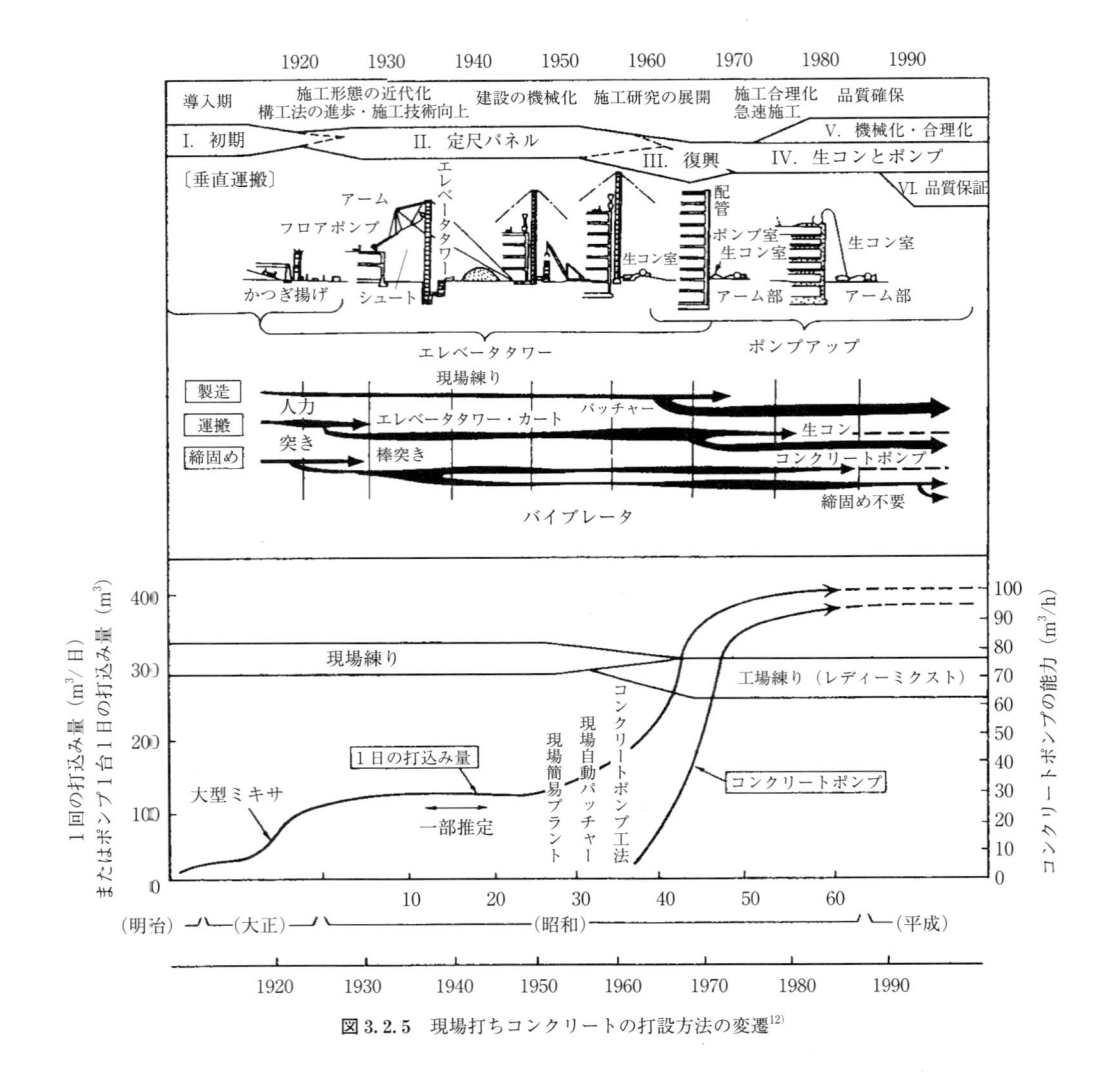

図 3.2.5 現場打ちコンクリートの打設方法の変遷[12]

打込み高さを高くするとコンクリートの充填性が悪くなるため30cm程度ずつに層状に突固めを行っていたが，工事が大型化し効率化が求められるようになると，コンクリートもしだいに軟練りのものに変化した．とくに，軟練のコンクリートを使用しエレベータタワーとシュートによる施工システムを採用した丸ビル（1925年）の施工が契機となって，軟練り化の方向が加速した．また，ダム工事においても，大正末期には，シュート打設のためスランプ10cm以上の軟練りコンクリートが一時的に用いられた．

2) **関東大震災後から戦前まで（1920～1945年）**

1923年に発生した関東大震災の後，コンクリート工事には21切（約0.57 m³）練りのミキサやエレベータタワーなどが利用されはじめる．これは，いわば第1次の機械化施工による省力化のはじまりであった．また，建築工事などでは，壁への充填性からスランプが大きくなり（24cm以下），ややもすれば打込み時にコンクリートの分離が生じ豆板などを発生させたと思われる．このため，躯体の出来上がりの欠陥を，仕上げ用のモルタルで補修することが戦後の1950年以後まで続いた．

一方，土木工事においては，鉄道・橋梁・水力ダムなどにおいて施工技術の海外からの依存を脱し，自立した時代と言える．土木構造物では，締め固めにバイブレーターが使用されはじめ，運搬にはトロッコ・手押し車が用いられるようになり，さらにベルトコンベヤー，ダンプカーなども利用されるようになった．また，ダム工事では立シュートやケーブルクレーンによるバケット打設が行われ，スランプも3～6cmの硬練のものがふたたび用いられるようになった．

3) **戦後復興期から高度成長期前期まで（1945～1965年）**

第二次世界大戦後は，米軍の基地工事や朝鮮動乱（1953年）により経済活動が活発化し（神武景気）建設工事も活況を呈した．

国内景気の好転は建設の機械化を促し，大規模工事では大型クレーンが用いられるようになり揚重作業は一段と機械化された．水力ダムでは，現地プラントが設置されケーブルクレーンによるバケット打ちが一般化し，大型の圧縮空気や電気駆動のバイブレーターを多数連装したる締固め機が用いられるようになった．また，トンネル工事では，コンプレッサによるコンクリートの運搬・打設が行われはじめた．一方，橋梁などの明かり工事においては，鋼製型枠の利用がはじまり，可動支保工，スライディングフォーム工法，プレパクトコンクリート工法などが導入・利用されはじめた．また，プレストレストコンクリートの試作研究がはじめられたのもこの時期である．

4) **高度成長期後期から現在（1960年～）**

1960年代半ばに入ると，施工技術は安く，早くをモットーに施工合理化の方向に進んだ．これを象徴するのが，コンクリートポンプ工法の普及である．

コンクリートポンプは，1940年に石川島重工が国産初の機械式コンクリートポンプを開発し，おもに土木分野で採用されはじめた．コンクリートポンプが飛躍的に普及するのは，1964年にコンクリートポンプをトラックに搭載したいわゆるポンプ車が実用化されてからである．1966年には，コンクリート輸送管をブームに装着したブーム付きコンクリートポンプ車が開発されしだいにその比重を増大させていった．こうしたコンクリートの運搬，打込み技術の発展は，1966年前後から続いた「いざなぎ景気」とよばれる高度成長下にあって，コンクリート工事に関わる人員を大きく削減させ施工の合理化に大きく寄与することとなった．技術基準としては，1973年には日本建築学会から「コンクリートポンプ工法施工指針」が発刊された．土木分野の指針発刊は建築分野よりも遅れたが，コンクリートポンプの性能が向上しスランプ10cm前後硬練りコンクリートの圧送が可能となると，1985年に土木学会より「コンクリートポンプ施工指針（案）」が発刊されることとなった．これらの経緯は，図3.2.6に示す通りである．

一方，この間のコンクリートの施工技術の飛躍的

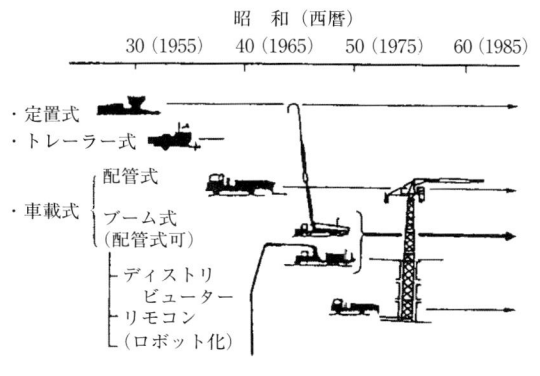

図 3.2.6 ポンプの変遷[13]

な発展は，ダム，トンネル，橋梁などの構造物ごとに細分化され新たな技術が開発されていった．

ダム分野では，工期短縮や経済性などの要求より，貧配合のコンクリートをダンプトラックやベルトコンベアーで運搬しブルドーザーで敷き均し振動ローラーにより締固めを行う RCD (roller compacted dam) 工法や 80 mm 程度の粗骨材を用いたコンクリートをポンプ圧送により打込む PCD (pump concrete for dam) 工法などが開発された（図 3.2.7）．

トンネル分野では，吹付けコンクリートとロックボルトにより地山の安定を図る NATM (new austrian tunneling method) 工法が海外より技術導入され急速に普及し，コンクリート吹付け用ロボットなどが開発されてきた（図 3.2.8）．また，流動性と急硬性をあわせもつコンクリートを型枠と地山の間に打込み，型枠を半径方向に移動させ覆工コンクリートを構築する NTL (new tunnel lining) 工法などが開発された．

一方，橋梁等の構造物では，構造物の長寿命化やライフサイクルコストの低減，高齢化社会における施工の合理化や構造の合理化の追求といったニーズから高性能コンクリート (high performance concrete) の考え方が広まった．高性能コンクリートは，シリカフュームや高炉スラグ微粉末などと高性能 AE 減水剤を組合せ製造されるもので，強度的には設計基準強度 60～100 N/mm^2 の範囲にあるものとしている．また，100 N/mm^2 以上の高強度コンクリートも実用化され高橋脚や長スパン化を目指す新しい構造形式の橋梁等に適用されている．高性能コンクリートのもう1つの特徴である高流動性は，近年の耐震規定の改訂により柱や梁部材等で鉄筋量は非常に稠密になっており，このような部材の充填性を確保するため利用されている．また，高流動コンクリートは締め固め不要のため，施工の合理化にも寄与し今後の建設労働者不足を補う技術としても期待されている．このほか，橋梁などの基礎工事用に水中でも，材料分離しない粘稠性の高い水中不分離性コンクリートも上述の高性能コンクリートに先立って開発された．

橋梁の架設工法では，従来から用いられてきた張出架設工法以外に，プレキャストセグメントを 1 径間ずつ接合・緊張し橋桁を構築していくスパンバイスパン工法（図 3.2.9），主桁を橋梁端部の製作ヤードで製作し，6～20 m 程度ごとにジャッキを用いて前面に送出す押出し架設工法など種々の工法が開発されてきた．また，新たな構造形式として，鋼とコンクリートを複合させた波型鋼板ウエブ橋や複合トラス橋，高強度鋼線を斜材として用いる PC 斜張橋やエクストラドーズド橋なども出現している．

このほか，コンクリート打設用機械では，原子力

図 3.2.7　RCD 工法による施工

図 3.2.8　吹付けロボットによる施工

図 3.2.9　スパンバイスパン工法による施工

発電所工事などに用いられたコンクリートディストリビューターやコンクリートの床仕上げロボットなど多様な機械が開発されている．

b. 品質管理技術の変遷

品質管理という言葉は第二次大戦後になってから一般的になったもので，明治初期から大正，昭和の初めにかけては，品質管理という概念はなかったようである．

品質管理に関しては，戦後の1956年のコンクリート標準示方書改訂時にはじめて記述され，1974年の改訂で「早期材齢による圧縮強度の管理」，「水セメント比によるコンクリートの管理」が規定されるとともに「コンクリートの品質管理試験方法」が刊行され，現在の品質管理方法の基礎が確立した．

その後，1970年代後半になって問題となりはじめたコンクリート構造物の早期劣化問題を受け，1986年にはフレッシュコンクリートの塩化物含有量試験が規定化され，1992年にはフレッシュコンクリートの塩化物含有量について規定された．同時に，JIS生コン受入れ検査における圧縮強度の早期判定，フレッシュコンクリートの検査における単位水量・塩化物量の試験方法が規定された．

JIS A 5308に関しては，1968年の改訂でコンクリートの品質規定が改められ，購入者側の受入れ検査の内容が定められた．1986年度の改訂では塩化物量の検査方法アルカリ骨材反応に関する骨材品質およびアルカリ骨材反応抑制方法は規定された．1994年の改正では購入者が指定できる事項に「単位水量の上限値」が追加された．

上述の通り，長年の間，コンクリート構造物の品質保証はコンクリートの受入れ時の品質で代表させてきており，問題が生じたときだけコアによる強度確認や載荷試験が行われてきた．しかしながら，半永久的な耐久性をもつと考えられてきたコンクリート構造物も早期劣化の問題が顕在化することによ

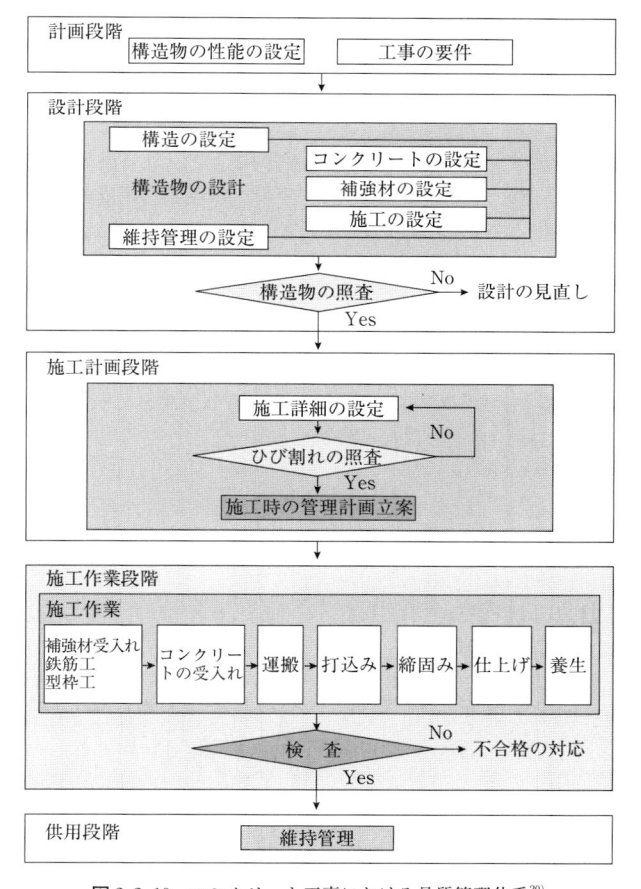

図 3.2.10 コンクリート工事における品質管理体系[20]

表3.2.6 コンクリート工事における品質管理と検査項目[20]

項　目		品質管理	検査
コンクリートの性能		コンクリートの施工性能の管理(スランプ・スランプフローなど),硬化コンクリートの性能の管理(単位水量や水セメント比の管理,強度特性など)	配合計画書の検査 荷卸し時のコンクリートの検査 硬化コンクリートの検査
コンクリートの施工	鉄筋	鉄筋の加工,組立て作業の管理(数量,位置,継手,あき,固定度など)	設計通りであることを確認
	型枠・支保工	型枠・支保工の組立て管理(型弁,組立て精度,堅固度など)	設計図書と目視による検査
	運搬と打込み	生コン供給の時間管理 ポンプやその他の運搬,打込み機械の整備,準備,管理,打込み速度の管理	計画通りであることを作業に立ち会って確認
	締固め	振動機の整備,準備,管理 均等で十分な締固め作業が行われていることを管理	
	仕上げ	仕上げ時期の管理,仕上げ装置の整備,準備,管理	
	養生	湿潤養生方法とその期間の管理	温度と養生期間を確認
構造物の性能	仕上がり状態	部材の位置や寸法,平坦度,外観,不具合の有無	出来形検査 目視検査 非破壊検査
	耐久性能	コンクリートの品質の管理,施工の管理,完成後の構造物のかぶりの性能,かぶり厚さの確保	

表3.2.7 非破壊検査の手法[22]

必要な測定項目	測定方法・機器
鉄筋位置	レーダー,電磁誘導法,X線
鉄筋腐食	自然電位法,分極抵抗法
コンクリート強度	プルアウト,反発硬度法
ひび割れ	ラインセンサカメラ,レーザ,可視カメラ
剥離	熱赤外線,超音波
コンクリート中や背面の空洞	磁波,超音波,弾性波,音響弾性波
変状・変位の監視	ひずみ計,光ファイバーの活用

り,構造物の寿命に関する評価,寿命を伸ばすための検査・処置方法の必要性が高まった.このため,コンクリート標準示方書[施工編]の2000年の改訂においては「品質管理」を廃して「検査」としている.これは,使用の目的に合致したコンクリート構造物を経済的につくるために工事のあらゆる段階で行う技術活動で経済的かつ簡便に品質の変動を把握する手段である「品質管理」と品質が判定基準に適合するか否かを判定する行為である「検査」を峻別して定義したためである[20].その結果,コンクリート工事における品質管理体系および検査は図3.2.10および表3.2.6のように位置づけられるようになった.

既存構造物の検査については,建設省,運輸省,農林水産省により「土木コンクリート構造物耐久性検討委員会」が設置され,その提言が2000年3月に公表されている[21].その中では,土木コンクリート構造物の安全性を確保するような点検システムを構築する必要性,表3.2.7に示すような非破壊検査技術の開発の必要性が謳われた.また,この提言後,耐久性確保のための水セメント比の規定化,生コンクリートの受け入れ検査時の単位水量の測定の実施,スペーサの設置個数の仕様書への明示(かぶりの確保),完成後のコンクリートの反発硬度法(テストハンマー)による完成検査,竣工後のひび割れ状況調査等が各工事で実施されるようになった.

2005年には,国土交通省より「非破壊試験を用いたコンクリート構造物の品質管理手法の施行について」の通達が出された.この通達は,従来施工中に行われていた鉄筋かぶりなどの検査を非破壊試験により構造物の完成後行うもので,コンクリート構造物の品質を長期にわたって確保することを目的としている.

一方,2007年に土木学会が制定した「施工性能にもとづくコンクリートの配合設計・施工指針(案)」は,近年おける施工時の初期欠陥の発生リスクを解決するためにコンクリートの性能として強度,耐久性に加えて施工性能の照査が適切にできるようにしたもので,新たな試みとして着目される.

c. 維持管理技術の発達

半永久的な耐久性をもつと考えられてきたコンクリート構造物も早期劣化の問題が顕在化するとともに,構造物の寿命に関する評価,寿命を伸ばすための補修・補強技術の必要性が高まった.補修技術では,中性化,塩害,アルカリ骨材反応,凍結融解などにより劣化した構造物の対策工法としてひび割れ注入工,表面保護工,断面修復工,電気化学的防食工などについて多様な工法が開発された.また,補

強技術としては，兵庫県南部地震後の耐震規定見直しに伴う柱部材を中心とする耐震補強技術や，車両荷重の増大による道路橋床版の疲労劣化の増大に対して床版増厚工法などの床版補強技術の開発が盛んに進められた．同時に，これら補強工事も各事業者により集中的に実施されてきている．一方，ソフト面でも，ライフサイクルコストの考え方を考慮したメンテナンス工学の確立が望まれるようになった．すなわち，設計の時点から補修・補強を考慮に置くとともに，補修・補強時期を的確に判断できるシステムが要請され，またこの判断資料を得るための各種検査システムの必要性も高まってきている[18]．

一方，社会資本投資が新設から維持管理・更新にその比率が急速にシフトする中で，維持管理・更新のための人材育成も課題となってきた．このため，日本コンクリート工学協会では，2001年より診断・維持管理に関する幅広い知識をもった技術者を養成すべく「コンクリート診断士制度」を，また，プレストレストコンクリート技術協会では2007年よりコンクリート構造に関する診断，維持管理に必要とされる高度の技術と知識をもった技術者を育成するため「コンクリート構造診断士制度」を創立した．現在，コンクリート診断士については，一部の発注者では工事監理者の資格要件としても利用されるようになっている．

3.2.3 基準類の変遷

a. 揺籃期の基準類

Bach（独）やConsidère（仏）により，鉄筋コンクリートの理論が発表されたのは1900年頃である．わが国への鉄筋コンクリートの導入は，1903年に琵琶湖疎水日岡山トンネル東口運河橋に適用されたのがはじめとされる．また，同じ年の1903年には広井勇が工部大学校において鉄筋コンクリート講義録を残しており，世界的に見てもわが国の技術的対応は早かったと言える．また，1909年には大阪市土木課において，「鉄筋混凝土計算規定」が内規として作成され，1914年には鉄道省達684号「鉄筋混凝土橋設計心得」が制定された．この中では，コンクリートの水量は，乾湿凝土では突き固めたコンクリート表面に水がわずかににじみ出る程度とし，湿混凝土ではモルタルが粗骨材粒から分離するほど多量に用いてはならないと規定している[8]．

b. コンクリート標準示方書

わが国のコンクリート技術の礎は，1931年に土木学会のコンクリート調査会が制定した「鉄筋コンクリート標準示方書」である．1949年の改定では，「鉄筋コンクリート標準示方書」のほかに「無筋コンクリート標準示方書」，「コンクリート道路標準示方書」，「重力ダムコンクリート標準示方書」が新たに制定されわが国のコンクリート技術の規範となった．

1960年代までは，もっぱら諸外国の先進技術をわが国の状況に合わせて利用してきたが，わが国独自の設計法の導入は1967年の改訂版からである．この改訂では，降伏強度が 24 kg/mm^2 を超える鉄筋が規定され，鉄筋の許容応力度を降伏強度の0.55～0.60とした．また，耐久性から許容されるひび割れ幅の限度を，丸鋼に対して鉄筋の許容引張応力度 16 kg/mm^2 以下，異形鉄筋に対して 21 kg/mm^2 以下（疲労強度より定まる許容引張応力度は 18 kg/mm^2 以下）とする内容であった．1974年の改訂は，「早期材齢による圧縮強度の管理」や「水セメント比によるコンクリート管理」が規定され，現在の品質管理方法が確立した．1980年の改訂では，コンクリートの許容せん断応力度が従来の値に対し大きく低減された．これは，コンクリートのせん断強度は実験供試体よりも部材断面の大きい実際の構造物では小さくなるという寸法効果を反映したものである．

1986年には，コンクリート標準示方書「設計編」が従来の許容応力度設計の体系から限界状態設計法の体系に移行された．この中では，曲げひび割れ幅の算定式，せん断およびねじりの耐力算定式，疲労設計，耐震規定等についてわが国独自の手法が規定された．また，「施工編」では，塩化物の総量規制，アルカリ骨材反応防止対策が盛り込まれた．

1995年1月に発生した阪神・淡路大震災は，わが国の耐震性能の規定を大きく変更させることとなった．コンクリート標準示方書でも1998年に新たに「耐震設計編」を設け，鉄筋の重ね継手，ガス圧接継手，機械式継手などの接合方法や被災の多かった段落とし部について詳細な規定が設けられた．

2001年に発刊されたコンクリート標準示方書「維持管理編」は，今までなかった新しい視点により制定されたものである．1999年に発生した新幹線トンネルのコンクリートの剥離事故や高架橋のかぶり

表 3.2.8　工種別基準類の変遷表

年代	共　通	トンネル構造物	橋梁・基礎構造物	ダム構造物	海洋・港湾構造物
1900				1896 旧「河川法」制定	
1910		1917 国鉄「土工その他工事示方標準」制定	1914 鉄道省「鉄筋混凝土橋梁設計心得」	1911「電気事業法」制定	
1920			1926 内務省「道路橋構造細目」	1925 物部長穂「貯水池用重力堰堤の特性並びに其の合理的設計方法」	
1930	1931 土木学会「鉄筋コンクリート標準示方書」制定	1935 国鉄「土木その他工事示方書」制定	1939 内務省「鋼道路橋設計示方書」	1935 内務省令「河川堰堤規制」・商工省「発電用高堰堤規制」制定	
1940	1940 土木学会「鉄筋コンクリート標準示方書」改訂（重量配合） 1943 土木学会「無筋コンクリート標準示方書」 1949 土木学会「コンクリート標準示方書（以下，RC示方書）制定	1947 国鉄「土木工事標準示方書」制定		1943 土木学会「無筋コンクリート標準示方書第二部重力堰堤」制定 1949 土木学会「重力ダムコンクリート標準示方書」制定	1947「港湾法」公布
1950	1953 JISA5308「レディミクストコンクリート」制定 1953 JISG3110「異形棒鋼」制定 1956 土木学会「RC示方書」改訂	1957 国鉄「土木工事標準示方書」改訂	1959 JISA5002「構造用軽量コンクリート骨材」制定	1956 土木学会「ダムコンクリート標準示方書」制定 1957 日本大ダム会議「ダム設計基準」制定	1950 運輸省「港湾工事設計示方要覧」 1959 運輸省「港湾工事設計要覧」
1960	1961 内部振動機 JIS 化 1967 土木学会「RC示方書」改訂 1968 生コンが JIS マーク指定項目品 1969 土木学会「鉄筋コンクリート工場製品設計施工指針」制定	1964 土木学会「トンネル標準示方書(以後，トンネル示方書)」制定 1969 国鉄「土木工事標準示方書」改訂 1969 土木学会「トンネル示方書」改訂（調査技術に対応）	1964 建設省「鉄筋コンクリート道路橋示方書」制定 1968 建設省「プレストレストコンクリート道路橋示方書」制定	1964 建設省「新河川法」制定	1967 運輸省「港湾構造物設計基準」制定
1970	1974 土木学会「RC示方書」改訂（海砂塩分量規制） 1977 土木学会「太径鉄筋 D51 を用いる鉄筋コンクリート構造物の設計指針」制定 1978 JIS 生コン改定（AE コンクリートを標準，海砂塩分量規制） 1978 土木学会「RC示方書」改訂（PC グラウトの塩分量規定）	1977 土木学会「トンネル示方書」改訂（掘削技術に対応，シールド編）	1978 土木学会「プレストレストコンクリート標準示方書」制定 1978 日本道路協会「道路橋示方書」改訂（RCとPC一体化）	1971 日本大ダム会議「ダム設計基準」改訂（フィルダム基準整備） 1976 建設省「河川管理施設等構造令」	1979 日本港湾協会「港湾施設の技術上の基準・同解説」刊行

表 3.2.8 つづき

年代	共通	トンネル構造物	橋梁・基礎構造物	ダム構造物	海洋・港湾構造物
1980	1982 土木学会「鉄筋継手指針」制定 1982 土木学会「鉄筋継手指針」制定 1984 土木学会「鉄筋継手指針（その2）エンクローズド溶接継手」制定 1985 土木学会「人工軽量骨材コンクリート設計施工マニュアル」制定 1986 建設省通達「コンクリートの塩化物総量規制」及び「アルカリ骨材反応抑制対策」 1986 土木学会「RC示方書」改訂（限界状態設計法導入）	1987 土木学会「トンネル示方書」改訂（NATMが標準工法）	1987 土木学会「PC合成床版工法設計施工指針（案）」制定	1986 土木書会「コンクリート標準示方書（以下，RC示方書）-ダム編」制定	1980 土木学会「プレパクトコンクリート施工指針（案）」制定 1983 日本コンクリート工学協会「海洋コンクリート構造物の防食指針」
1990	1992 土木学会「RC示方書」改訂（全塩分量規定追加） 1993 土木学会「膨張コンクリート設計施工指針」制定 1993 土木学会「高炉スラグ骨材コンクリート施工指針」制定 1996 土木学会「RC示方書」改訂（単位水量の上限値を設定） 1996 土木学会「高炉スラグ微粉末を用いたコンクリートの施工指針」制定 1998 土木学会「高流動コンクリート施工指針」制定 1999 土木学会「LNG地下タンク躯体の構造性能照査指針」制定	1990 日本道路協会「道路トンネル技術基準」制定 1996 土木学会「トンネル示方書」改訂（補助工法に対応，工法の拡大）	1991 土木学会「プレストレスト工法設計施工指針」 1991 日本道路協会「道路橋示方書」改訂（耐震編追加） 1993 国交省「鉄道構造物等設計標準（コンクリート構造）・同解説」刊行 1995 日本道路協会「道路橋示方書」改訂（設計地震力変更） 1997 土木学会「複合構造物設計施工指針（案）」制定	1996 土木学会「RC示方書-ダム編」改訂（RCD用コンクリート記述）	1990 沿岸技術研究センター「水中不分離性コンクリート・マニュアル」 1991 土木学会「水中不分離性コンクリート設計施工指針案」 1990 日本港湾協会「港湾施設の技術上の基準・同解説」改訂 1999 日本港湾協会「港湾施設の技術上の規準・同解説」改訂
2000	2000 土木学会「コンクリートのポンプ施工指針-平成12年版」制定 2001 土木学会「RC示方書-維持管理編」制定 2002 土木学会「RC示方書」改訂（性能規定化） 2003 土木学会「エポキシ樹脂塗装鉄筋を用いる鉄筋コンクリートの設計施工指針」制定 2007 土木学会「RC示方書」改訂（設計編，施工編，維持管理編に構成変更） 2007 土木学会「鉄筋定着・継手指針-2007年版」制定	2000 土木学会「トンネルコンクリート施工指針（案）」制定 2004 日本道路協会「道路トンネル技術基準」改訂 2006 土木学会「トンネル示方書」改訂（覆工，維持管理充実，山岳・シールド・開削編）	2003 日本道路協会「道路橋示方書」改訂（性能規定化） 2005 国交省「鉄道構造物等設計標準（コンクリート構造）」改訂（性能照査型）	2002 土木学会「RC示方書-ダムコンクリート編」改訂（性能規定化） 2007 土木学会「RC示方書-ダムコンクリート編」改訂（実施標準を追加）	2007 日本港湾協会「港湾施設の技術上の規準・同解説」改訂（性能規定型に移行） 2007 沿岸技術研究センター「港湾施設の維持管理技術マニュアル」

コンクリートの剥落事故を契機として，コンクリート構造物の維持管理の必要性が認識され，一方では，少子・高齢化社会を目前に控え，高度成長期を経て構築された膨大な社会資本をいかに効率よく維持管理し長寿命化を図るかが社会的な要請となり，「維持管理編」を制定する大きな動機づけとなった．また，内容的には，補修・補強に用いられる材料・工法が仕様規定では困難なものが多いといったことから，他の基準類に先駆け性能規定型の示方書として作成された．

2002年版よりコンクリート標準示方書は全面的に性能照査型に移行した．性能規定は，要求する性能（機能）と性能の照査方法を明らかにする形式で基準類を記述するもので，社会への説明性の向上，国際標準との整合，新技術や多様なコンセプトの設計・施工によるコスト縮減と品質向上が可能となる．現在，基準類の多くは，仕様規定型から性能規定型に移行してきており，たとえば，平成14（2002）年版の道路橋示方書においては，過渡期の混乱を避けるため性能規定と仕様規定を併記する形での改定が行われた．また，2007年のコンクリート標準書改訂では，構造照査編と耐震性能照査編を統合し「設計編」とし，内容的にも「本編」と「標準」部分に分けることでより実務的なものとしている．

一方，プレストレストコンクリート（PC）技術は，戦後，旧国鉄により熱心な研究が行われ，1948年にPCまくら木が実用化され1951年には日本で最初のPC橋（長生橋・石川県七尾市）が誕生した．さらに，1952年の仏からのフレシネ工法の導入などにより，大型構造物へのPC構造の利用が図られるようになった．1955年には，土木学会より「プレストレストコンクリート設計施工指針」が制定された．また，1986年には，コンクリート構造物の設計手法が許容応力度法から限界状態設計法に移行されたのを機会に，これまで別々の設計基準を設けていた鉄筋コンクリートとPCコンクリートはコンクリート標準示方書の組み込まれ統一された．

c. 工種別の基準類の変遷

コンクリート関連の基準類は，コンクリート技術が導入された道路，港湾等の施設管理者により制定されてきた．そこで，これら基準類の主要なものをトンネル，橋梁・高架，ダム，海洋・港湾構造物にわけてその変遷を表3.2.8示した．これら基準類は，コンクリート標準示方書が制定されて以降も，同示方書を基本としつつも各施設の構造特性に沿って管理者ごとに作成されてきたものである．

【名倉政雄】

文　献

1) 坂井悦郎，大門正機：セメントのイノベーション，コンクリート工学，**33**(4)，pp.6-16，1995．
2) 日本コンクリート工学協会：コンクリート診断技術'08［応用編］，2008．
3) A. W. Beedy：The Cement and Concrete Association, 1984.
4) 工藤勝弘：骨材産業の現状と今後の課題，セメント・コンクリート，No.618, pp.14-25, 1998．
5) 佐藤　健：生コン工場での骨材使用の現状と問題点，セメント・コンクリート，No.618, pp.84-92, 1998．
6) 日本建築学会：建築工事標準仕様書JASS5, p.216, 1998．
7) 鋼材倶楽部：普通鋼鋼材品種別・寸法別生産実績．
8) 田村浩一，近藤時夫：コンクリートの歴史，最新コンクリート技術選書別巻，pp.281-326, 1984．
9) 土木学会日本の土木技術編集委員会：日本の土木技術，p.319, 1975．
10) 生コンクリート技術史，p.383, セメント新聞社，1991．
11) 全国生コンクリート工業組合連合会資料．
12) 毛見虎雄：建築物におけるコンクリート施工計画の移り変わり，コンクリート工学，**28**(2)，1980．
13) 毛見虎雄：コンクリートポンプ工法の動向，コンクリート工学，**37**(5)，1989．
14) 毛見虎雄：JASSの変遷とコンクリート施工関連の研究，コンクリート工学，**39**(1)，1991．
15) 町田篤彦：コンクリートの過去・現在・未来施工技術の過去・現在・未来，土木学会誌**85**(4)，pp.18-20, 2000．
16) 加賀秀治：コンクリートの品質管理に関する歴史的考察，コンクリート工学，**21**(7)，pp.12-18, 1983．
17) 豊福俊泰：早期品質判定法，コンクリート工学，**33**(3)，pp.63-66, 1995．
18) 長滝重義：コンクリート施工方法の変遷と今後の方向－土木構造物，コンクリート工学，**23**(7)，pp.24-32, 1985．
19) 坂田憲次：品質管理の重要性-土木の立場から-，コンクリート工学，**39**(5)，pp.9-13, 2001．
20) 栗田守朗：コンクリート工事の施工管理の現状と課題（土木），コンクリート工学，**39**(5)，pp.31-34, 2001．
21) 芦田義則：土木コンクリート構造物耐久性検討委員会の提言，コンクリート工学，**39**(5)，pp.14-18, 2001．
22) 建設省，運輸省，農林水産省：土木コンクリート構造物耐久性委員会報告，2000．
23) 岡村　甫：RC設計法-土木，コンクリート工学，**40**(1)，pp.91-93, 2002．
24) 長滝重義ほか：土木コンクリートの技術の変遷と将来展望，コンクリート工学，**37**(1)，pp.4-12, 1991．
25) 日本土木工業会：コンクリート構造物の長寿命化に向けての課題と今後のあり方，2004．

3.3 橋梁および高架橋の劣化と評価

3.3.1 概　要

橋梁および高架橋は道路施設あるいは鉄道施設の主要な構造物として建設され利用されている．両者には，荷重条件の違いによって維持管理の着目点が異なる部分がある．ここでは橋梁や高架橋の劣化と評価について，荷重作用や採用される構造形式の相違から，道路橋と鉄道橋に分類して比較して記述する．

3.3.2 道　路　橋

a. 梁および桁
1) 外力および環境作用に起因した損傷とその評価方法

コンクリート構造の道路橋の構造形式の概要を図3.3.1に示す．道路橋では一般的に支間40 mくらいまでの中小規模ではT型やI型の桁形式，あるいは中空スラブ形式が採用される．この場合，支間20 mくらいまでの小規模な橋梁は鉄筋コンクリー

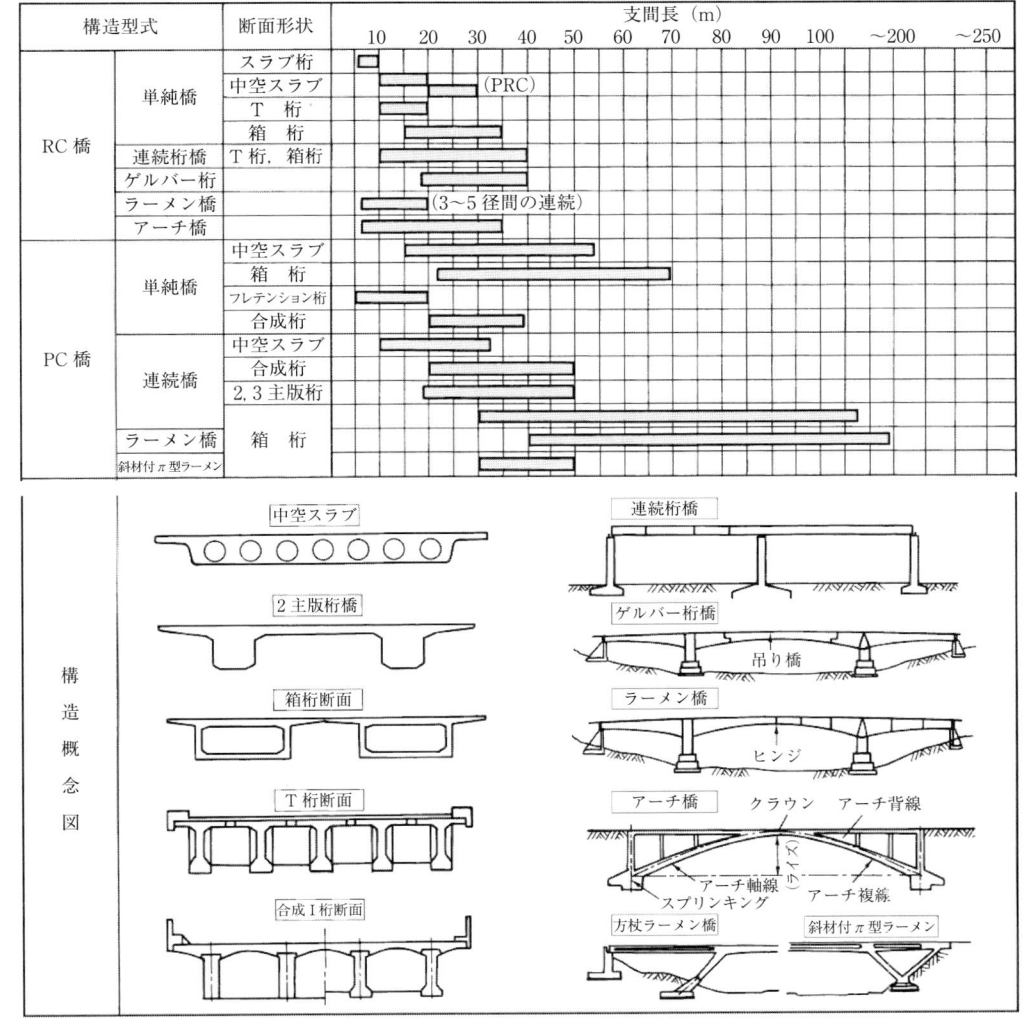

図3.3.1 コンクリート構造の道路橋の構造形式の概要[1]

ト（RC）構造であり，それを超えるとプレストレストコンクリート（PRC, PC）構造となる．支間50 mを超える大規模では箱桁形式の採用が標準となり，さらにおよそ150 mを超える規模の長大橋梁では，エクストラドーズド形式や斜張形式と組み合わされた構造となる．

わが国の道路橋の設計は，当初は土木学会の「鉄筋コンクリート標準示方書」などによっていたが，昭和39(1964)年に「鉄筋コンクリート道路橋示方書」，昭和43(1968)年に「プレストレストコンクリート道路橋設計示方書」がそれぞれ制定されて，これらに基づき設計が行われることとなった．その後それらは昭和53(1978)年に「道路橋示方書III」として統合されており，現在の設計は，この示方書のほか，これを補完する日本道路協会発刊の設計便覧，あるいは土木学会のコンクリート標準示方書などを準用して行われている．ただし，比較的支間の短いT桁やI桁などは，JIS規格に基づく製品として工場製作されている．

コンクリート道路橋に発生するおもな変状発生箇所は，点検実績によりある程度想定できるので，変状の生じやすい箇所を重点的に点検することで，点検作業の効率化と変状の早期発見を図ることが重要である．図3.3.2に一般的な上部構造の損傷発生箇所を示し，それぞれについて特徴を述べる．

①主桁支間部および中間支点部： 桁や梁の支間中央部は，曲げモーメントが最大となる部分であり，主桁の下縁からウエブにかけて鉛直方向に曲げひび割れが発生しやすい．一方，連続桁の場合の中間支点部では，同様に負の曲げモーメントが最大となる箇所であるとともに，せん断力が大きく，支点反力を集中的に受けて応力状態が複雑となる部分であるため，ひび割れが生じる可能性がある．これらのひび割れ発生要因としては，おもに補強鋼材量の不足である．鉄筋コンクリート構造の場合には，設計上ある程度のひび割れを許容しているので，有害とならない程度のひび割れならば問題とならないが，プレストレストコンクリートの場合には，一般的には設計上ひび割れを許容していないので，詳細な調査によりひび割れの発生原因を究明し，適切な対応を図る必要がある．

モーメントが正負交番する支間の1/4点付近では，鉄筋の曲げ上げにより鉄筋量が少なくなっており，支承の作動不良等により思わぬひび割れが発生することがある（図3.3.3a）．また，支間部では，鉄筋量の不足，グラウト不良部の滞水による凍結，塩害などにより主桁下面に沿ってひび割れが生じることがある（図3.3.3b）．

②端支点部： 支承反力，地震，温度変化による水平力等により損傷を受けやすい．支承上の桁下面および側面に鉛直方向ひび割れⒶが生じたり，せん断補強筋が不十分な場合，支承付近のウエブに斜め方向ひび割れⒷが生じる場合がある．また，PC桁の場合，定着部の補強が適切でないと，定着部近傍からウエブに沿って水平方向のひび割れⒸが生じることもある（図3.3.4）．

また近年では，積雪寒冷地においては冬季の路面凍結防止のために凍結防止剤（$NaCl$, $CaCl_2$）を散布するが，その塩分が伸縮装置などから漏水することにより，桁端部に塩害損傷を生じる事例が多く

図3.3.2 上部構造の損傷が発生しやすい箇所

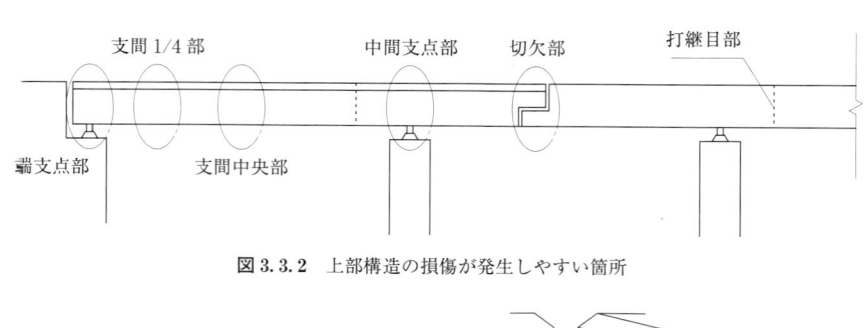

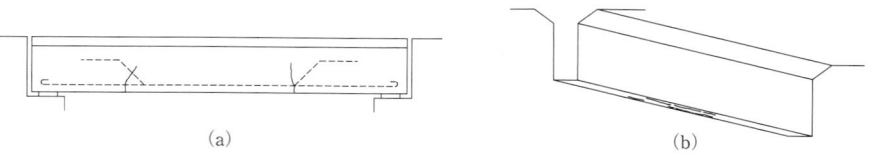

図3.3.3 支間部に発生するひび割れの例

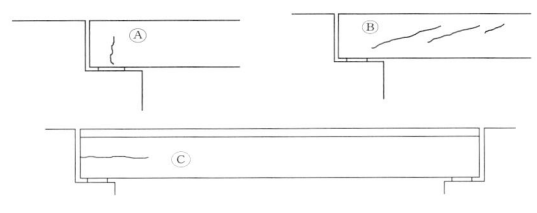

図3.3.4 端支点部に発生するひび割れの例

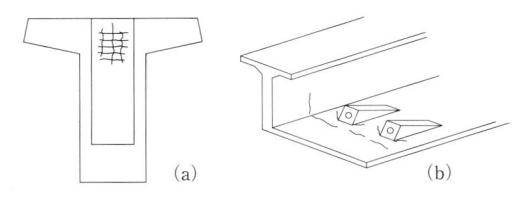

図3.3.5 PC鋼材定着のひび割れ

なっている．

③ PC鋼材定着部： 定着部の後埋めコンクリートは，乾燥収縮により亀甲状のひび割れが生じやすい（図3.3.5a）．また後埋めコンクリートの打ち継ぎ目処理が適切でなかったり，防水処理が不十分であると，打継部目地からの雨水の浸透により定着具が腐食してひび割れが生じやすくなる．ウエブや下スラブに突起を設けてPC鋼材を定着している部分では，引張応力の集中によって，定着突起部後面のケーブル直角方向または斜め方向にひび割れが発生しやすい（図3.3.5b）．

④その他特殊な部位などに生じるひび割れ： 主桁断面が急激に変化する部分（ゲルバーヒンジ部や桁切欠部など）では，応力集中によるひび割れが発生しやすい（図3.3.6a）．

斜橋の場合には，主桁に作用するねじれにより桁全体に斜め45°方向にひび割れが生じる可能性がある（図3.3.6b）．

2) 施工方法に関連した損傷とその評価方法

コンクリート道路橋の施工方法の分類を図3.3.7に示す．小規模なJIS製品のT桁やI桁はプレキャスト桁として，工場製作されて現場で架設されるが，中規模以上の橋梁は基本的に現場施工により製作される．

コンクリートは，JIS A 5308によるレディーミクストコンクリートが一般的に使用されており，近年では高性能AE減水剤などの開発により，ワーカビ

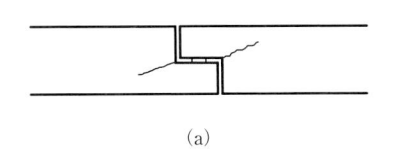

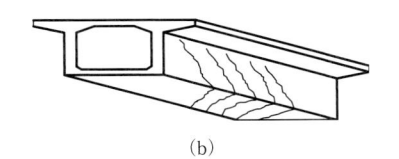

図3.3.6 特殊な部位のひび割れ発生例

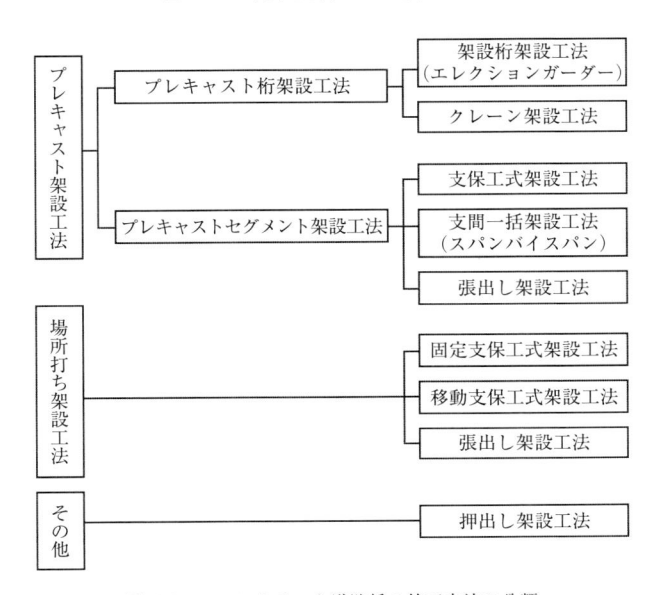

図3.3.7 コンクリート道路橋の施工方法の分類

リティを向上させたコンクリートが積極的に使用されるようになっている．コンクリートの打ち込み方法は，昭和40年代以降はポンプ圧送によることが主流となっており，かつてはクレーンによりバケット施工していた高さ50mを超える高所施工においても，ポンプ圧送により施工できるような技術開発とポンプ車の性能向上が図られている．

施工に伴うコンクリートの損傷は，基本的にはほかのコンクリート構造物と同様に，配合不良などによる乾燥収縮の増大，温度応力によるひび割れ，締め固め不良による豆板，ひび割れなどである．

橋梁施工に関しては，施工時のコンクリートの打ち継ぎ目部は，コールドジョイントとなっているため，打ち継ぎ目処理の不良や乾燥収縮によってひび割れ，剥離，漏水が発生しやすい．また中空床版の場合，コンクリート打ちこみ時の浮力により円筒型枠が浮いて上縁のかぶり不足が生じてしまい，埋設円筒型枠の上部に橋軸方向のひび割れが生じることがある．この場合，舗装にもひび割れやポットホールなどが生じることにより，車両通行へも支障を来すので早急に補修が必要となる（図3.3.8）．

T桁は工場または現場ヤードにて製作し，架橋地点においてクレーンなどにより架設後，一体化される．このとき，隣接するT桁の上フランジ（床版）の間には，現場にて間詰めコンクリートが施工される．この床版間詰め部は弱点となりやすくひび割れや遊離石灰を伴う漏水が発生しやすい（図3.3.9）．

プレキャスト化に関しては，輸送や架設能力に応じて主桁を橋軸直角方向に分割して製作し，架橋地点で橋軸方向にプレストレスを与えて主桁を形成するプレキャストセグメント（ブロック）工法がある．昭和40年代に開発された工法であるが，平成のバブル期以降に，省力化や急速施工の観点から積極的に作用されるようになり，平成8年には道路橋示方書に本格的に規定化された．このセグメントの目地部は鉄筋がつながっていないため，PC鋼材の応力不足や過載荷によりひび割れが生じた場合には急激にひび割れ幅が増大するおそれがあるので注意が必要である．

3）対　策

ひび割れなどにより損傷した梁や桁は，適切に補修あるいは補強を実施する．補修方法としては，ひび割れ注入，表面被覆，電気化学的な方法および断面修復などがある．また近年では，コンクリート片の剥落落下による第三者被害の防止を目的とした剥落防止工法も実施されている．補強工法としては，コンクリートの増打ち，鋼板など補強部材の貼り付け，および外ケーブルによるプレストレスの追加などが行われている．

①表面処理およびはつり処理：コンクリート構造物の補修・補強においては，コンクリート表面に保護材や補強材を接着，あるいは新たなコンクリート部材を増設する工法が多く用いられている．これらの補修・補強効果を期待するためには，既設コンクリート面と新設部材との確実な付着が必要であり，各工法に応じて適切な前処理を施さなければならない．

既設コンクリート面に増設するコンクリート部材や接着部材との一体化を図るため，コンクリート表面の脆弱層やレイタンスなどを十分に除去し粗面化するための表面処理を行う．表面処理工法としては，ウォータージェット（WJ）工法またはブラスト工法によるものとし，小規模の狭小や場合には凹凸の処理はディスクサンダーなどで行うこともある．

コンクリートの部分的な劣化，浮き，剥離は，はつり処理により除去する．とくに塩害対策においては，表面付近の劣化したコンクリートだけでなく，鉄筋周辺の塩化物量（1 kg/m³以上）を含んだコンクリートの除去が重要である．はつり処理は，既設コンクリートや鉄筋をむやみに傷つけることなく，変状部分や劣化因子を除去できるよう適切に施工する．コンクリート構造物のはつり処理は，ブレーカーなどの打撃工法により行われることが多いが，この方法では処理深さが不足したり，処理面にマイクロ

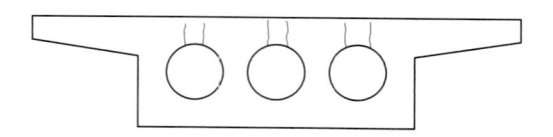

図3.3.8　中空床版上縁のひび割れ

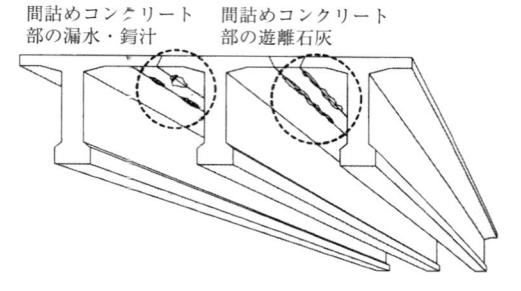

図3.3.9　T桁間詰め部の損傷

クラックが発生し，新旧コンクリートの一体化に悪影響を及ぼすことがあるので，WJ工法により行うことが望ましい．なお，WJ装置の使用にあたっては，ノズルタイプ，ノズル角度，水圧，水量など，はつり作業に適したものを選定する必要があり，最近では，揺動式低圧高水量タイプ（水圧100 MPa前後，水量200 l/min）または衝突噴流タイプのWJ工法などが実用化されている．

塩害や中性化の場合のはつり深さは，劣化コンクリートの確実な除去と，断面修復材および既設コンクリートの一体化を確実にするため図3.3.10に示すように鉄筋裏までとするのがよい．

コンクリート構造物のはつり範囲が広範囲に及ぶ場合には，断面欠損の影響を考慮した応力照査を行うとともに，動態観測により構造物の挙動を把握し，施工中の安全性を確認する必要がある（図3.3.11）．

塩害や中性化の補修において，はつり処理により露出した鉄筋を取り替えずに使用する場合は，錆を十分に除去し，適切な防錆処理を行わなければならない．また，腐食による断面欠損が著しい鉄筋については，欠損分を補う鉄筋を新たに配置することとし，あわせて適切な防錆処理を行う必要がある．鉄筋防錆方法としては，エポキシ樹脂や防錆剤を含んだモルタルを鉄筋に直接塗布する方法や亜硝酸塩系の防錆剤などを塗布する方法がある．

②表面被覆：　表面被覆は，コンクリート構造物の表面に合成樹脂塗料やポリマーセメント塗布材などの被覆材を塗布して，コンクリート内部への劣化因子（酸素，水，炭酸ガスなど）の浸透を遮断することにより，構造物の耐久性向上を図る方法である．塩害，中性化，凍害などで劣化したコンクリート構造物では表面被覆により劣化速度を抑制し，また厳しい環境に建設されたコンクリート構造物では耐久性向上（予防保全）を目的に行われる．

一般に表面被覆材は，コンクリート表面に被膜を形成するもので，下地処理材，不陸調整材，主材，

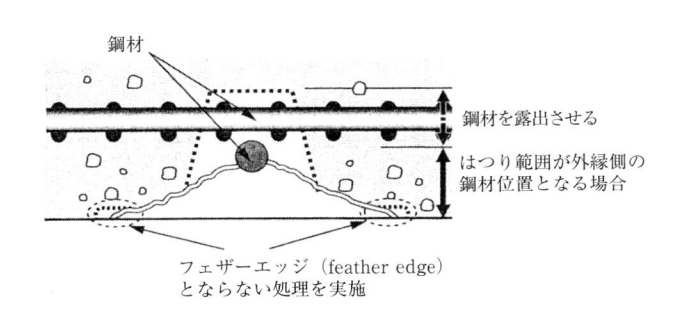

図3.3.10 はつり処理深さの例
日本コンクリート工学協会「コンクリートのひび割れ調査，補修・補強指針2009」より抜粋

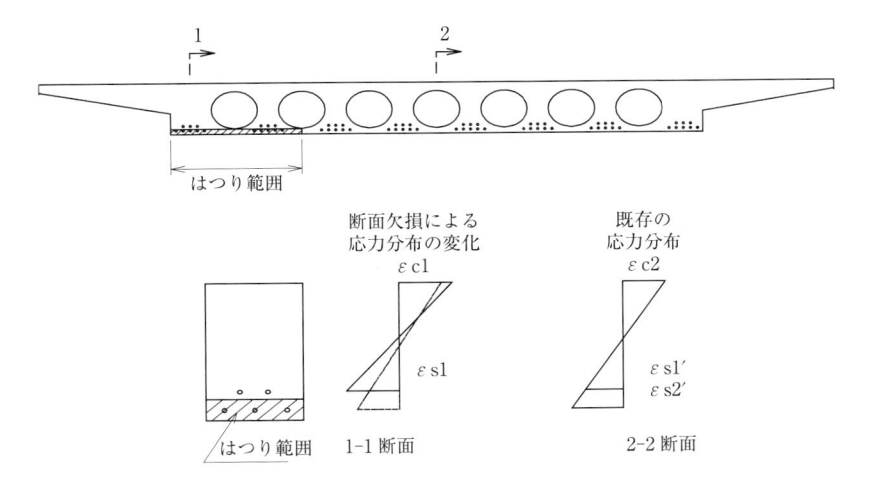

図3.3.11 はつりによる設計

仕上げ材などで構成されるものが多い.

なお,塩害により損傷したPC桁では,構造断面が小さいために,供用条件下では劣化損傷したコンクリートの除去が構造的に困難な場合に,塩素吸着剤により被覆する方法が行われる事例もある.

③ひび割れ補修: コンクリートのひび割れ部は,ひび割れ塗布材,注入材,充填材などにより,コンクリート内部への通気,通水を遮断する必要がある.

補修が必要なひび割れ幅は,かぶり,環境条件,鋼材の種類等を勘案して判断するが,一般に,0.2 mm程度未満の微細なひび割れはひび割れ塗布,0.2〜1.0 mmのひび割れはひび割れ注入を行う.また1.0 mm以上の比較的大きなひび割れや,ひび割れ幅の変動が大きいことが予想される場合は,伸び能力を期待できるひび割れ充填を行うなど,別途検討が必要である.

④断面修復: 断面修復は,鉄筋の発錆などにより生じた既設コンクリート構造物の剥離,剥落や劣化部を取り除いた断面欠損部に対して前処理を施した後,コンクリートやポリマーセメントモルタルなどの断面修復材により復旧する方法である.

断面修復には,左官工法,打込み工法,吹付け工法などがあり,概念的に区分すると図3.3.12のようになる.

桁の側面など横向き施工となる箇所においては,吹付け,コテ,打込みなどいずれも適用可能であり,施工規模,現場状況,使用材料などを勘案して適切な施工方法を選択する.梁や桁の下面で上向き施工となる場合には,施工規模が比較的小さい場合には,特別の設備などを必要としない左官工での施工が合理的であるが,施工規模が大きくなった場合には,吹付け工法を採用することが望ましい.

打込みによる方法では残留空気泡の除去について留意する.供用条件下の施工では,振動の影響について慎重な配慮が必要となる.

⑤剥落防止: 補修の一環として,かぶりコンクリートの剥落を未然に防止する目的で,第三者被災発生のおそれがある箇所に剥落防止が行われる.剥落防止は,一般に表面被覆と同様の工程で行われるが,主材(中塗り)の塗布工程において,塗膜に強度と変形追従性能を持たせるため,現場でエポキシ樹脂系接着剤などを連続繊維シート(ネット)に含浸してコンクリート表面に貼り付け,剥落防止層を形成する.一般的な剥落防止の概要を図3.3.13に示す.

b. 床版

1) 作用に起因した損傷とそのメカニズム

道路橋の床版は橋面に作用する荷重(交通荷重)を直接あるいは舗装を介して支持し,床組を通じて主構造の所定の位置に,その荷重を分配・伝達する

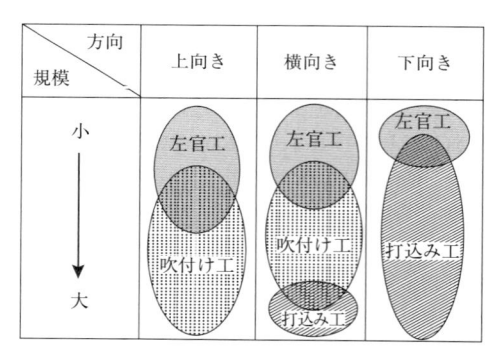

図3.3.12 断面修復工法の使い分けの概念図

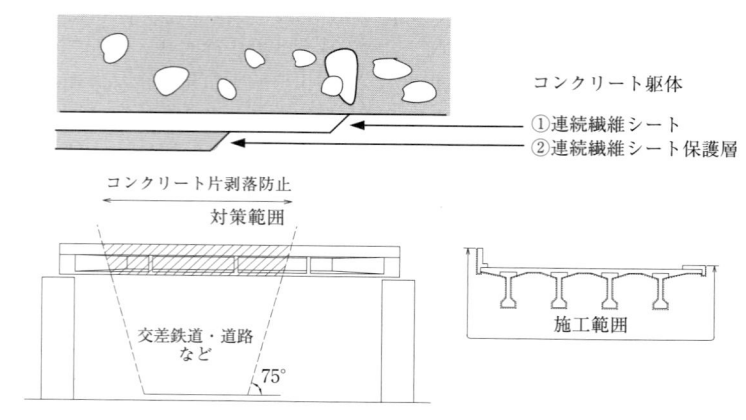

図3.3.13 剥落防止の例

機能を負っている．このため，床版の損傷は道路機能の喪失に直結しかねない重要な問題とされている．

道路橋の床版のうち，その損傷がとくに問題となっているのは鋼橋の鉄筋コンクリート（RC）床版である．RC床版の損傷としては，おもに通行荷重の繰り返し作用による疲労が問題となっており，比較的建設年次の古い，概して昭和40年代前半までに建設された橋梁で頻発する傾向があった．また近年では，とくに冬期に凍結防止剤を使用する路線において，床版上面のかぶりコンクリートの剥離やこれに起因したポットホールが多発するようになってきた．この種の損傷は，従来の通行荷重の作用による疲労とは異なり，損傷の発生が床版上面に限られることもある．このため，床版下面にひび割れや遊離石灰が析出しない場合であっても，上面からの損傷は進行している可能性がある．また，損傷の原因が異なれば，判定法や対応策もそれに応じたものが必要となる．

通行荷重による疲労損傷： わが国の道路橋の床版の設計は，その基準の変遷において，現在の道路橋示方書の形となった昭和48（1973）年の道路橋示方書を境に，その前後で大きく異なる．古い基準で設計された床版は現行のそれと比べると，配力鉄筋量が少ない，床版支間に対して床版厚が薄い，鉄筋の許容応力度が大きいなどの傾向がある．このため，現行の基準で設計された床版に比べて，とくに配力鉄筋方向の曲げ剛性が不足し，損傷の初期段階において曲げひび割れが発生しやすいと考えられる．このほか，過積載車の影響や橋面防水の技術が確立していなかったことも，損傷の進行を加速する要因となっている．

床版の設計は，おもに道路橋示方書に示す設計曲げモーメントに基づいて行われるが，実際の損傷形態は押抜きせん断破壊であり，その過程で疲労損傷に伴う押抜きせん断耐力の低下が生じる．近年，移動輪荷重装置を用いたRC床版の疲労試験が活発に行われており，この研究成果により現在では床版の疲労損傷メカニズムが解明されている．図3.3.14にその概要を示す．

②の段階は，乾燥収縮などの影響により橋軸直角方向にひび割れが発生し，並列の梁状となった段階である．橋軸直角方向にひび割れが発生すると，配力鉄筋方向の曲げ剛性は，主鉄筋方向のそれに比べて著しく低下し，床版は等方性版から異方性版へと

① 版として挙動する初期の段階

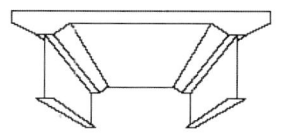

② 乾燥収縮ひび割れの発生により並列の梁状になる

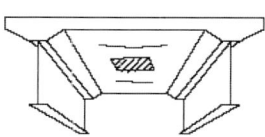

③ 活荷重により縦横のひび割れが交互に発生し格子状のひび割れ密度が増加する

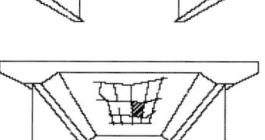

④ 下面から発生したひび割れが移動荷重の影響で上面まで貫通する段階

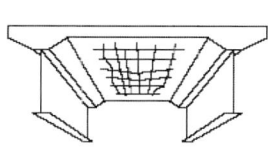

⑤ 貫通したひび割れの破面同士が摺り磨き作用により平滑化されせん断抵抗を失う段階

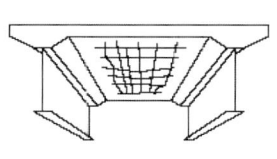

⑥ 低下した押抜きせん断強度を超える輪荷重により抜落ちを生じる段階

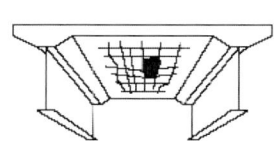

図3.3.14 RC床版の損傷メカニズム

変化する．これにより主鉄筋（橋軸直角方向）の応力が増加し，2方向ひび割れへと進行する．

③の段階は，縦横のひび割れが交互に発生し，格子状のひび割れ密度が増加する段階である．活荷重の作用により，橋軸・橋軸直角方向に曲げモーメントが作用する結果，縦横のひび割れが徐々に進行し，せん断やねじりの剛性が徐々に低下してゆく．この段階においては，曲げ剛性を高める対策が有効である．

④の段階は，下面から発生した曲げひび割れが移動荷重の影響で上面にまで貫通する段階である．この段階になると，2方向のひび割れが進行する間に，さらに新しいひび割れが発生し，ひび割れは亀甲状となる．また，輪荷重の繰返しによるせん断力およびねじりモーメントにより，床版の曲げひび割れは貫通する．

⑤の段階では，貫通したひび割れの破面ですり磨

き現象が生じ，破面は平滑化され，せん断抵抗力を徐々に失ってゆく．とくにせん断抵抗力の低下は，水が存在する場合で著しい．貫通ひび割れから浸透した雨水は，すり磨き現象と同時に，コンクリート中の石灰分を溶解し，遊離石灰が床版下面に沈着するようになる．また，鉄筋の錆汁も付着するようになる．これらはとくに，縦・横断勾配が小さい箇所や，舗装のわだち掘れなどで雨水の滞水しやすい箇所で顕著となる．この段階では，下面からの補強だけでは十分な効果は期待できず，上面増厚などのせん断補強が必要であり，合わせて床版防水が必須となる．

⑥の段階にまで至る，すなわち亀甲状ひび割れが20～30 cm角程度にまで進行するとひび割れ密度の増加は停止する．しかしながら，押抜きせん断強度は著しく低下しているので，これを超える輪荷重により，抜落ちが生じる．この段階では，いわゆる補強工法では，十分な効果が得られないことが予想されるため，打換えを前提として，対策工を検討することが必要となる．

凍結防止剤による上面損傷： 凍結防止剤を多量に散布する積雪寒冷地のRC床版においては，床版上側鉄筋の腐食とかぶり部コンクリートの著しい劣化が見られる場合がある．また，この種の損傷が生じた床版では，下面からの観察ではひび割れ，遊離石灰などが認められないことも多い．上側鉄筋の発錆を伴うRC床版の損傷過程は，図3.3.15のように進行していると考えられる．

建設当初にRC床版の上面に発生した乾燥収縮ひび割れに対しては，車輛の通行に伴って，雨水が高圧で注入・吸引（①）され，徐々にひび割れが拡大（②）してゆく．ひび割れが上縁鉄筋に達すると，鉄筋は発錆しやすくなり，発錆時の膨張圧により，かぶりコンクリートが浮いた状態となる．浮いた状態のコンクリートが床版上面にあれば，通行荷重の影響により，すり磨き作用などが生じ，コンクリートが泥状化（③）する．最終的に損傷は舗装の浮き，ポットホールとして現出する．なお，ひび割れに供給される水に凍結防止剤が含まれている場合，鉄筋の発錆速度は飛躍的に増加する．このため，この種の損傷は，凍結防止剤を使用する積雪寒冷地において，多く発生する傾向にある．上面損傷においても，床版上面からの水の供給が問題となるため，床版防水は有効である．

2) 対　策

RC床版の補修・補強において，対象とする床版の損傷度が低い場合（ひび割れが貫通していない段階）には，曲げ補強を目的とした比較的軽微な対策を施すことにより，床版の寿命を延長することが可能である．その後徐々に損傷度が高くなってくる（せん断抵抗力が低下する段階）になると，工期的にも価格的にも大掛かりな対策が必要となる．交通荷重の影響により損傷した床版に対する対策工法としては，FRP接着工法，下面増厚工法，鋼板接着工法，および床版上面増厚工法を用いることが一般的である．なお，損傷が過度に進行した床版では，RC床版の取換えについて検討する必要がある．

FRP接着工法，下面増厚工法，鋼板接着工法等の下面からの対策工法は，おもに曲げ補強であり，せん断抵抗力の改善は副次的に得られる効果である．一方，上面から施工される床版上面増厚工法は，せん断抵抗力の大きい鋼繊維補強コンクリートを用いて，床版厚を直接的に増加させるため，せん断抵抗力の改善効果が大きい．床版の損傷対策工法の選定は，損傷の進行度合い（せん断抵抗力の低下が生じているか否か）や全面積に占める損傷の割合等を勘案して選定されるべきものである．

鉄筋の発錆を伴う上面損傷を生じたRC床版に対して，ポットホールなどの舗装の損傷が部分的な場合は，上面からの断面補修（パッチング）を行い，損傷が橋梁全面にわたっている場合は床版上面増厚工法で対応する．ただし，損傷している床版の割合が少なくても，ポットホールなどが繰返し発生する場合には，全面的な対策が必要である．また，損傷が部分的に全厚にわたって損傷している場合は，当

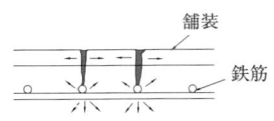

①凍結防止剤を含んだ水のひび割れ内への浸透と床版内での凍結・膨張，鉄筋の腐食とその膨張

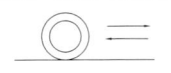

②活荷重による損傷

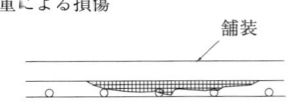

③上記①，②による劣化・損傷（床版上面コンクリートのロック化，泥状化）複合劣化

図3.3.15　凍結防止材による上面の劣化機構

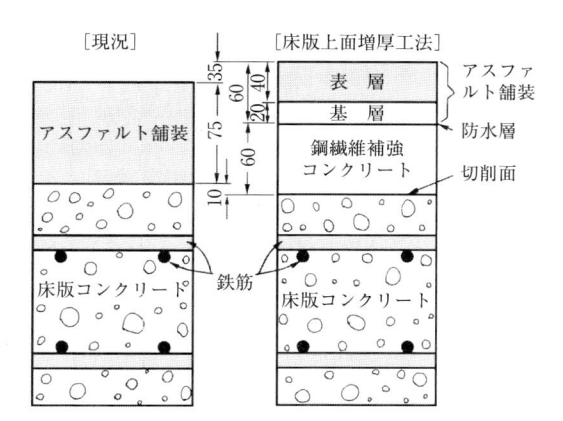

図 3.3.16 上面増厚工法の施工断面例（単位：mm）

該部分を全厚にわたって打ち替える（部分打替え）方法がある．以下に，おもな補強工法について概要を記載する．

床版上面増厚工法は，床版コンクリートの上面に，新たに鋼繊維補強コンクリート敷設して一体化することにより，床版の耐荷性能を向上させる工法である（図 3.3.16）．

鋼板接着工法は，床版の下面に鋼板を取り付け，鋼板と床版コンクリートの空隙に注入用接着剤を圧入して，一体化させることにより耐荷性能の向上を図る工法である（図 3.3.17）．

下面増厚工法は，床版の曲げ補強に適用する．床版コンクリートの下面に新たに鉄筋などの補強材を配置し，モルタルなどで増厚して一体化する工法であり，増厚量が少ない（20～40 mm 程度）ポリマーセメントによる方法と，増厚量が比較的多い（70～80 mm 程度）鋼繊維補強超速硬セメントモルタルによる方法の 2 種類がある（図 3.3.18）．

c. 橋台および橋脚
1) 下部構造に関する基準の変遷

道路橋の橋脚は上部構造である梁や桁を支持し，フーチングを介して荷重を地盤あるいは基礎杭へ伝達する．おもな作用荷重は上部構造による鉛直荷重，桁の伸縮や地震による水平荷重である．橋脚の形式としては，柱式，壁式，ラーメン式などさまざまであるが，その構造は基本的に鉄筋コンクリート（RC）構造である（表 3.3.1）．

明治時代の下部構造は，石積みや煉瓦積みのほか

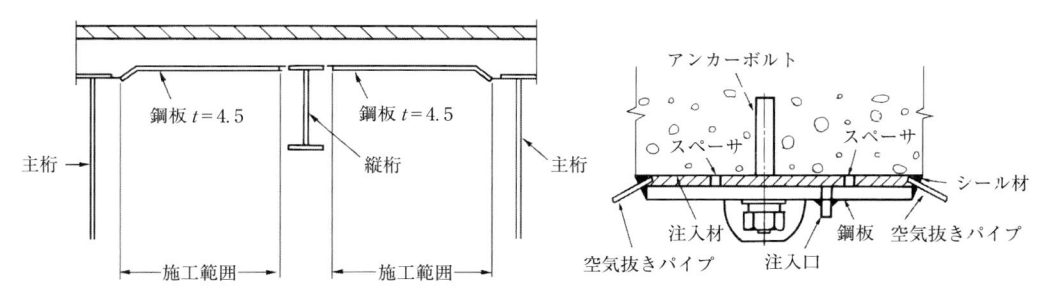

図 3.3.17 鋼板接着工法の施工例

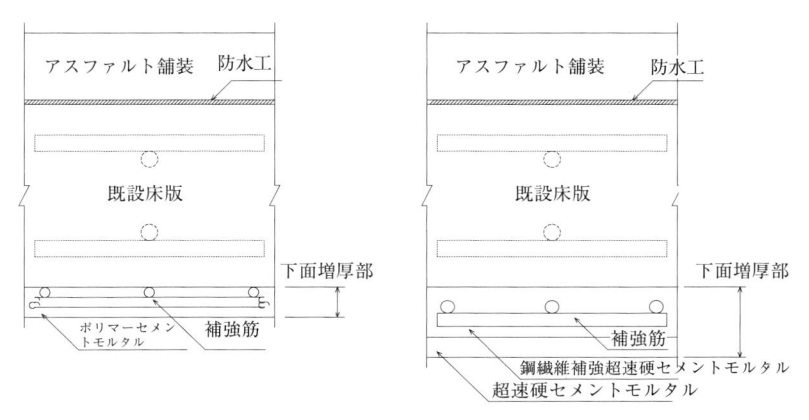

a) ポリマーセメントモルタル　　b) 鋼繊維補強超速硬セメントモルタル

図 3.3.18 床版下面増厚工法の施工断面例

表 3.3.1 橋脚形式の種類

橋脚形式	特徴	形状概要図
①壁式，柱式	もっとも一般的な形式．上部構造の幅に応じて若干の張出しを有するものと有しないものがある	①
②張出し式	都市部などで立脚位置の交差条件等により橋脚幅が制約される場合に採用される形式．張出し部にプレストレスが導入される場合もある	②
③ラーメン式	都市部などで立脚位置の制約により，橋げた直下に橋脚の設置が困難な場合などに採用される．桁下空間の有効利用も可能	③
④パイルベント式	基礎杭をそのまま立ち上がらせ頭部を横梁で結合したもの	④

に無筋コンクリートで橋台や橋脚の施工を行っていたが，大正時代に入って RC 構造が普及した．とくに大正 12 年の関東大震災では RC 構造が地震に強いことが検証されたため下部構造の多くが RC 構造となった．昭和 40 年代以降には，下部構造も大型化とともに機械化が進み，SRC 構造や高強度コンクリートなども採用されるようになった．

道路橋における下部構造の設計基準に関しては，昭和 39(1954) 年に道路橋下部構造設計指針「くい基礎の設計篇」が制定されるまで基準がなかったため，それぞれの担当者の判断で設計や施工が行われており，唯一の拠り所となっていたのが土木学会の「鉄筋コンクリート標準示方書」であった．そのはじめての設計基準である道路橋下部構造設計指針は，その後，昭和 52(1977) 年の「ケーソン基礎の施工篇」までに合計で 8 篇の指針の制定を行っており，それらは昭和 55(1980) 年に制定された「道路橋示方書 IV 下部構造編」に統合された後，これまでに 4 回の改訂が行われて現在に至っている．

下部構造の施工は，昭和 30 年代後半から急激に普及したレディーミクストコンクリートによっており，コンクリートポンプの発達も伴って，現在ではほとんどの下部構造がレディーミクストコンクリートを用いて建設されている．使用されるコンクリートの強度は 20～30 N/mm^2 であり，とくに平成 8 年の道路橋示方書において鉄筋コンクリートの最低強度が 24 N/mm^2 と規定されてからはこれによっている．また使用セメントは，普通ポルトランドセメントの他，経済性などの理由から高炉セメントやフライアッシュセメントなどの混合セメントが積極的に採用されている．

コンクリートの打ち込み方法としては，昭和 50 年代以降，ポンプ車が普及しており，クレーン施工と合わせて一般的な工法となっているが，近年では，コンクリート用の各種混和剤の開発が進んだことにより，高さ 50 m を超えるような高橋脚の施工においても，ポンプ圧送が行われるようになっている．

なお，橋脚やフーチングの大型化に伴ってマスコンクリート対策としての材料や配合の選定，打ち込みおよび養生，並びに計測などの対応が求められるようになっており，低発熱セメントの使用も行われるようになっている．

昭和 50 年代に入り，海砂による塩害ならびに飛来塩分による塩害が顕在化したことにより，昭和 59(1984) 年に「道路橋の塩害対策指針（案）」が作成された．これにより地域特性や海岸線からの距離に応じた塩害対策方針が示され，対策区分に応じて最小かぶり厚さ，塗装鉄筋の使用，コンクリート表面塗装などが示された．

塩化物量の規制に関しては，昭和 61(1986) 年には当時の建設省よりコンクリートの塩分総量規制に関する通達が出されて，鉄筋コンクリート部材に使用するフレッシュコンクリート中の許容塩化物（塩素イオン）量は 0.6 kg/m^3 以下と規定され，その後，平成 8(1996) 年の道路橋示方書改訂により 0.3 kg/m^3 以下に見直されている．また最小かぶり厚さについて，従来から，大気中に設置される梁は上部構造と同じ 3.5 cm とし，柱は大気中の場合 4.0 cm，水中および土中の場合は 7.0 cm とされていた．ただし，一般的な柱は下端が土中に埋まっているため，下部構造の最小かぶりはフーチングも含めて標準的に 7.0 cm が採用されてきた．これに対して，前述の塩害対策指針（案）では，いわゆる塩害地域において海上部および海岸線から 100 m までの範囲に

3.3 橋梁および高架橋の劣化と評価

おいては,梁,柱ともに最小かぶりは 7.0 cm と記載されており,この規定が平成 14(2002) 年改定の道路橋示方書に反映される際に,さらに見直しされて,もっとも塩害の影響を受ける箇所では 9.0 cm に増やされた.

一方,アルカリ骨材反応に対しては,昭和 61(1986) 年に当時の建設省より「アルカリ骨材反応暫定対策について」が通達されて,① 安全と認められる骨材の使用,② 低アルカリ型セメントの使用,③ 混合セメントの使用,④ コンクリート中の総アルカリ量の規制のいずれかを選択して対応することとなった.

2) 各種劣化要因と損傷事例

下部構造のおもな損傷は,乾燥収縮や温度応力によるひび割れ,塩害およびアルカリ骨材反応などである.図 3.3.19 に損傷事例を示す.

上部構造の架け違い部となる橋脚の橋座面は,伸縮装置からの漏水により乾湿が繰り返されるため,鉄筋の腐食やコンクリートの劣化が生じやすく,とくに積雪寒冷地では散布された凍結防止剤(塩分)を含む漏水の侵入により塩害が発生しやすい環境にある.さらに反応性骨材を有する橋脚では水分の継続的な供給によりアルカリ骨材反応が促進される個所であるため,とくに注意して点検する必要がある.

また,固定支承では地震による過度の応力集中,あるいは可動支承では,可動構造の機能不全による設計想定外の水平力の作用などにより,支承部にひび割れが生じるおそれがあるので注意が必要である.

橋脚とフーチングの接合部は,新旧コンクリートの水平打継ぎ目となる部分であり,フーチングの拘束により,温度ひび割れや収縮ひび割れが生じやすい.張出しを有する橋脚の張出し付け根上縁,およびラーメン橋脚の梁中央部下縁は,それぞれ最大曲げモーメントが発生する位置であるため,過大荷重や鉄筋量不足によるひび割れに注意が必要である.またラーメン橋脚の隅角部は,断面急変部であり複雑な応力伝達となるため,拘束の影響も含めてひび割れ発生に注意が必要である.

河川部に設置される橋脚では,流水と接する部分において,流水による摩耗のほか,水位の変化による乾湿繰り返しにより鉄筋の腐食が生じやすい.

3) 対 策

橋脚や橋台の対策は補修が一般的であり,基本的には梁や桁のコンクリート構造物と同様に,損傷の種類や程度に応じて,表面の被覆,ひび割れの補修,断面修復などが採用されている.とくに上部構造からの漏水や排水管損傷の影響を直接受けやすい箇所であるため,排水設備の充実および表面被覆による遮水は,有効な対策である.

一方,補強については,損傷による対応というよりも,耐震補強に代表されるように,設計条件や基準の改定によるものがほとんどであり,鉄筋コンクリートや鋼板,あるいは連続繊維シート(炭素繊維,アラミド繊維など)の巻立てにより,耐力やじん性を向上させる工法が標準的に採用されている.

【本間淳史】

図 3.3.19 下部構造における損傷事例

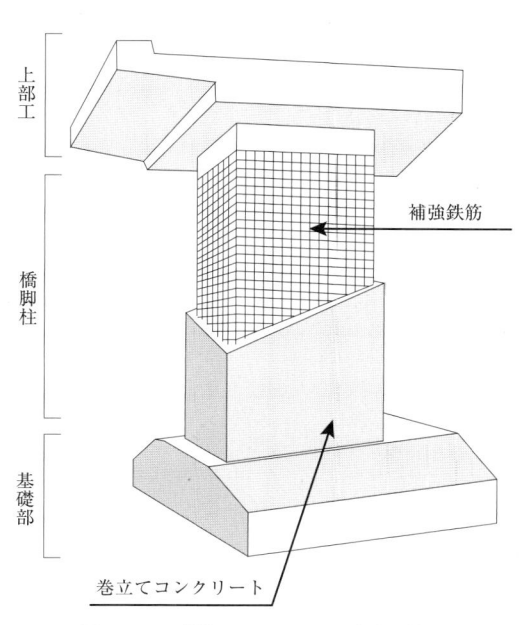

図 3.3.20 橋脚のコンクリート巻立て補強

3.3.3 鉄道橋

a. 鉄道橋の点検

鉄道構造物では，構造物の現状を把握し構造物の性能を確認する行為を検査と呼んでおり，これは一般的に言われる点検である（以後，検査という）．鉄道構造物の検査基準として，国土交通省鉄道局により「鉄道構造物等維持管理標準」が制定，鉄道総合技術研究所より「鉄道構造物等維持管理標準・同解説（構造物編）」[1]が刊行されており，これに基づき各鉄道事業者が構造物の検査方法および検査周期などを策定することになっている．

鉄道では，構造物の要求性能として列車が安全に運行できるとともに，旅客，公衆の生命を脅かさないための性能，安全性を定めることとしている．このほかに使用性，復旧性などがあるが，これらについては必要に応じて設けることとしている．

表3.3.2にコンクリート構造物の要求性能，性能項目，照査指標の例を示す．

鉄道構造物では，おもに構造的な変状というより中性化，塩害など劣化因子による影響や雨水などによって鋼材が腐食爆裂しかぶりコンクリートを剥離・剥落させる事象が多く，道路橋のように移動荷重の影響によって床版の疲労破壊が起きるといった事象が生じることはほとんどない．しかし鉄道の荷重が大きいため，桁などの上部工からの荷重を支える支承部に大きな荷重が繰り返し作用し，支承部の劣化損傷が目立つのが特徴的である．

1) 検査の区分

検査の目的は構造物の変状やその可能性を早期に発見し，性能を的確に把握するために行うものである．図3.3.21に標準的な検査フローと図3.3.22に検査の区分を示す．

検査は新設構造物，改築，取替えなどを行った構造物において，供用開始前にハンマーなどによる打音検査や非破壊検査によるかぶり厚の確認など構造物の初期状態を確認する「初回検査」，構造物全般の健全度を把握，詳細な検査および措置の要否について判定することを目的に目視を主体として定期的に行う「全般検査」，全般検査や随時検査によって発見された変状のうち判定区分が健全度Aとされた構造物に対し，コア採取など一部破壊検査も含め精密な検査機器等を用いて詳細に行う「個別検査」，地震や大雨などによる異常時に変状が発生した場合やそのおそれのある構造物を抽出するなど，通常定期検査以外に必要に応じて臨時に行う「随時検査」に区分している．

「全般検査」には，省令で2年ごとに行うことが定められている「通常全般検査」，構造物の補修に合わせた詳細検査や，検査時期や線区の特情に合せ通常全般検査より精度を上げて行う「特別全般検査」がある．「特別全般検査」が行われた場合，検

表3.3.2 コンクリート構造物の要求性能，性能項目および照査指標の例[1]

要求性能	性能項目	照査指標の例
安全性	破壊	力，変位，変形
	疲労破壊	応力度，力
	走行安全性	変位・変形
	公衆安全性	中性化深さ，塩化物イオン濃度
使用性	乗り心地	変位・変形
	外観	ひび割れ幅，応力度
	水密性	ひび割れ幅，応力度
	騒音・振動	騒音レベル，振動レベル
復旧性	損傷	変位・変形，力，応力度

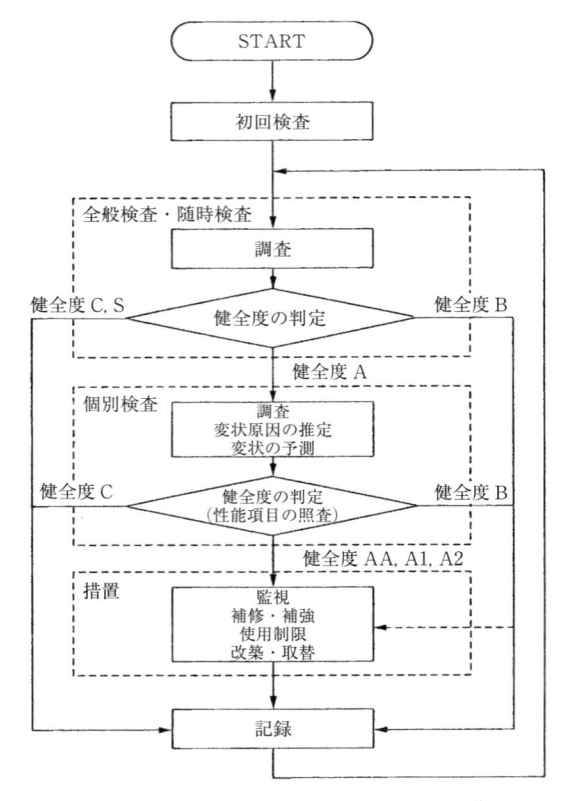

図3.3.21 鉄道構造物の標準的な検査フロー[1]

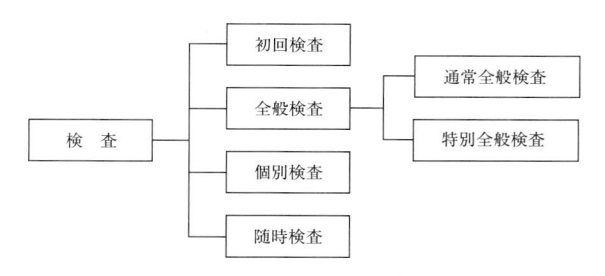

3.3 橋梁および高架橋の劣化と評価

図 3.3.22 検査の区分[1]

表 3.3.3 健全度の判定区分[1]

健全度		構造物の状態
A		運転保安，旅客および公衆などの安全性ならびに列車の正常運行の確保を脅かす，またはそのおそれのある変状などがあるもの
	AA	運転保安，旅客および公衆などの安全性ならびに列車の正常運行の確保を脅かす変状があり，緊急に措置を必要とするもの
	A1	進行している変状があり，構造物の性能が低下しつつあるもの，または，大雨，出水，地震などにより，構造物の性能を失うおそれのあるもの
	A2	変状などがあり，将来それが構造物の性能を低下させるおそれがあるもの
B		将来，健全度 A になるおそれの変状があるもの
C		軽微な変状などがあるもの
S		健全なもの

査期間の基準となる2年の期間を延長することができる.

2) 検査の判定区分

鉄道構造物では，判定区分を健全度として評価することとなっており，健全度 A（AA, A1, A2），B, C, S の順に A が構造物に変状があって性能が低下，S がまったく健全であることを示している．表 3.3.3 に健全度の判定区分を示す．

健全度が判定された構造物はそれぞれの判定区分に応じて措置を講ずる．措置の種類には，改築・取替え，使用制限，補修・補強，監視があり，構造物の重要性や列車運行へ影響度などを考慮して決定する．

また将来にわたる維持管理を適切に行うため，検査，判定，措置（など）が行われた後にそれぞれ記録を保存することになっている．

b. 梁および桁
1) 損傷の特徴と点検のポイント

鉄道構造物には都市部を中心に高架橋が多く存在する．高架橋が必要とされる箇所は，駅をはじめ市街地分断の解消，道路との平面交差の解消などの要求による．このため連続する構造となることが多く，

人や車の往来が多いところに存在しているという特徴がある．

このような背景を有する高架橋区間では変状事象としてコンクリート片の剥落が発生することがある．高架の延長も長いことから落下のリスクは高く，第三者への傷害といった事態を招くおそれがある．このように構造安全性ではほとんど問題とならないが，社会に与える影響は大きいことからその評価は当然厳しいものとなる．

鉄道構造物は軌道を介して列車荷重を受けていることから，高架橋や橋梁のスラブや梁，桁といった部材に直接荷重が作用することは例外を除きほとんどない．このため，鉄道構造物では道路橋スラブのような輪荷重の作用による疲労押抜き劣化損傷といった事象は生じにくいことも特徴である．さらに鉄道の場合，設計体系が長く使われてきた KS 荷重から EA 荷重に変化した．これは過去の SL 時代から電気機関車となるにつれて，走行する列車が小さくなってきたためであり，道路の荷重増加とは逆の傾向である．

調査は目視による点検のほか，点検ハンマーによる打音検査や赤外線カメラによる浮きコンクリートの抽出を主体としつつ中性化深さやコア採取による

コンクリート中の塩分量の分析，かぶりコンクリート厚の測定などを行い，劣化損傷の原因を推定，（劣化）損傷が与える影響度などを考慮し補修・補強の要否について判定する．

2）事例
高架橋区間のコンクリート剥落

①構造概要： 鉄道構造物ではビームスラブ形式のラーメン高架橋が多く採用されている．ラーメン高架橋の標準的な構成部材は，フーチング，地中梁，柱，上層梁，中層梁，中間スラブ，張出しスラブなどであり，ほかに場所打ちコンクリートによる地覆や高欄などが付随している．この形式は経済性に優れているなどの利点を有することから，鉄道構造物として標準的に採用されている構造形式である．しかし，柱も細くて済む反面で鉄筋量が多い傾向にあり，コンクリート打設時には施工しにくいといった課題もある．

②変状内容： 変状は，ビームスラブ式ラーメン高架橋の中層梁からかぶりコンクリートが剥落したものである（図 3.3.23）．

③調査： 調査は外観調査としてひび割れ，浮き，剥離，かぶり厚の測定といった状況確認と，コアを採取し中性化深さ，コンクリート中の塩化物イオン量について行った．

調査の結果，かぶりは平均で 4 mm のところがあるほか，総じて設計かぶりが確保されていない．中性化深さは平均値で最大 26 mm，コンクリート中の含有塩分量は表面から 2 cm まで 2.0〜3.8 kg/m^3 の数値が得られたが，2 cm より内部にはほとんど塩分がないことが確認された（表 3.3.4）．

④評価・判定： 当該高架橋は経年 18 年であり，比較的中性化が早いと判定される．また，コンクリー

表 3.3.4　調査結果

調査箇所	かぶり厚平均値（mm）	中性化深さ平均値（mm）	含有塩分量 (cm)	(kg/m^3)
A	14	23	0〜2	3.84
			2〜4	0.97
			4〜6	0.40
			6〜8	0.14
B	36	26	0〜2	3.60
			2〜4	0.28
			4〜6	0.14
			6〜8	0.14
C	3	14	0〜2	2.00
			2〜4	1.46
			4〜6	0.40
			6〜8	0.14

表 3.3.5　コンクリートの剥離・剥落に関する健全度の判定区分[2]

判定区分	土木構造物の状態
αα	コンクリートに浮きなどが見られ，ただちに措置を要するもの
α	剥離跡が連続的に見られるなど，早晩剥落が発生するおそれがあり，早急に措置を要するもの
β	剥離跡が散見されるなど，将来剥落が発生するおそれがあり，必要に応じて措置を要するもの
γ	健全なもの

ト表面のみ塩分量が多くなっていることから飛来塩分の影響を受けている．これに加えかぶり厚が確保されていないため飛来塩分による影響および早期中性化により鋼材腐食に至ったものと推定される．これらから当該構造物の劣化損傷はかぶり不足とコンクリートの品質不良による早期中性化および飛来塩分の影響も受けた複合劣化と推定される．

なお剥落に対する判定区分としては，浮きがあり，落下のおそれがある部位については αα となり早期の対策が必要となる（表 3.3.5）．

⑤対策： 浮き部分については，浮き部分の叩き落し，その後中性化抑制および防水を目的として表面被覆による剥落対策工の設置による補修とした．

飛来塩分による PC 桁の塩害

①構造概要（図 3.3.24, 25）：
　橋長　：78 m
　構造形式：ポストテンション PC I 形単純 3 主
　　　　　　単線桁　2 連
　　　　　ポストテンション PC I 形単純 4 主

図 3.3.23　高架橋の剥落状況

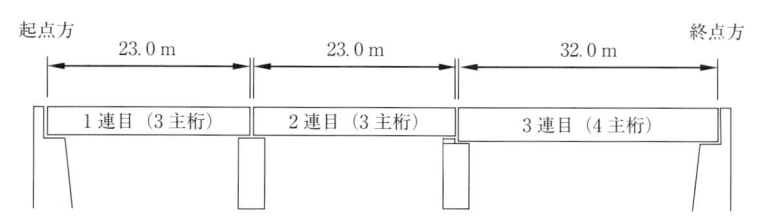

3.3 橋梁および高架橋の劣化と評価

図 3.3.24 橋梁概要図

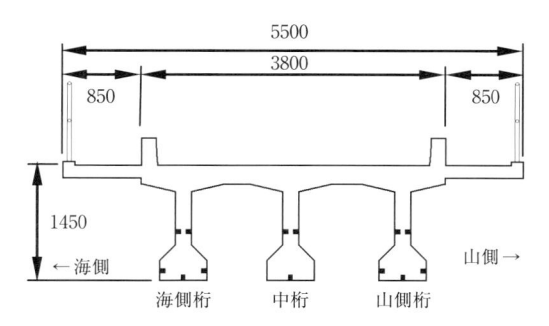

図 3.3.25 桁断面図

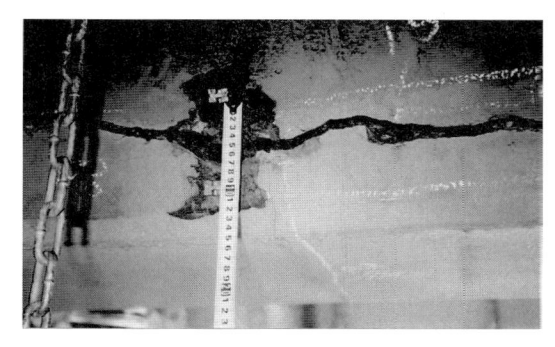

図 3.3.26 ひび割れ状況

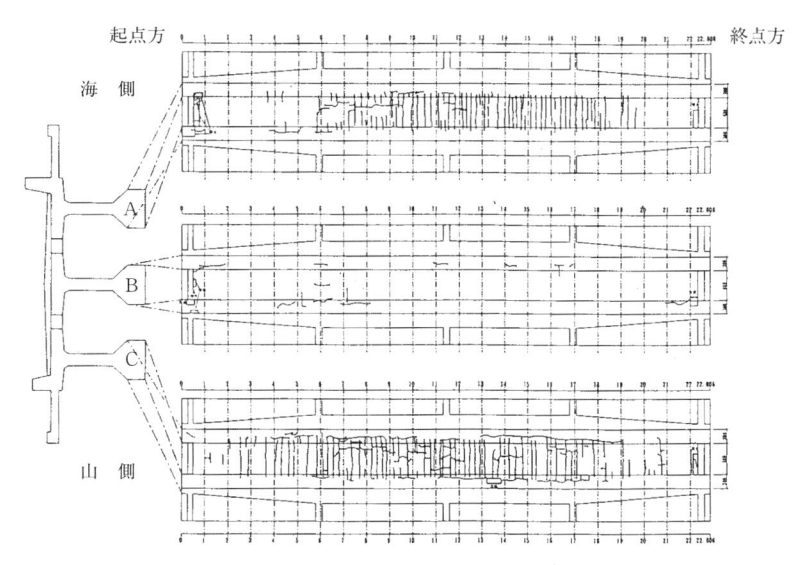

図 3.3.27 ひび割れ状況

　　　　単線桁　1連
　　支間長　：23.0 m×2＋32.0 m
　　経　年　：25年
②劣化損傷事象：　当該橋梁は海岸線から100 m程度離れた箇所に位置しており，冬期は季節風により海風が直接吹き付ける環境条件となっている．

劣化事象はPC桁に生じたひび割れであり，主桁の下フランジに橋軸方向，および橋軸直角方向に生じたものである．橋軸方向への水平ひび割れ部では，場所によって20 mm程度に開口している状況であった．

当該橋梁はこれまでに一度補修が行われており，今回の変状は再劣化が生じたものである．前回の変状現象は，建設後約15年経過した頃に今回と同様のひび割れが生じたものであった（図3.3.26）．この時には変状部位を取り除き補修を行う断面修復工法によって補修が行われていた．

③調　査：　調査は橋梁全体の劣化損傷状況につ

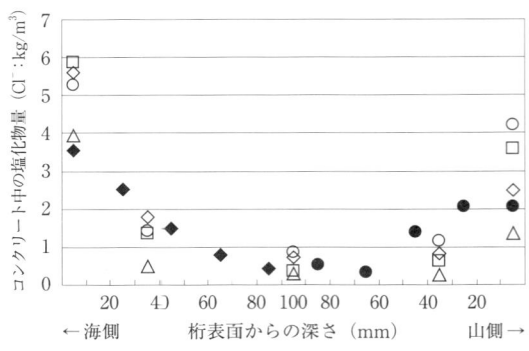

図 3.3.28 ウエブコンクリートの含有塩化物量比較
― □ 前回調査　― ◇ 前回調査　― ○ 前回調査
― △ 前回調査　― ◆ 今回調査　― ● 今回調査

いて外観調査，ひび割れ数量，コンクリートの含有塩分量について行った．

図 3.3.27 にひび割れ状況を示す．

その結果，海側，山側にひび割れが多く発生しており，劣化が顕著に生じていることがわかる．コンクリート中の含有塩化物量の調査では，桁コンクリート表面付近に 9 kg/m³ 程度の塩化物が浸透しており，最外縁に配置されている鉄筋位置のかぶり 30 mm 程度の位置には 7 kg/m³ 程度の塩化物が存在していた．また，PC 鋼材が配置されている桁ウェブ中心付近には 1.2 kg/m³ 程度の塩化物量が浸透していることがわかった（図 3.3.28）．

④評価・判定： 前回の補修時に補修後生じたひび割れの調査を行っており，今回の調査結果と比較すると明らかに劣化が進行していることがわかった．また含有塩化物について前回と今回の調査を比較すると，内部に浸透・拡散している傾向が見られる．これらの調査結果から，当該構造物の劣化損傷の原因は飛来塩分による塩害と判定．健全度判定は変状が進行中であり将来構造物の機能に障害が出るおそれがあることから判定区分 A1 とした．

⑤対 策： 前回の補修後以降も塩化物の浸透が継続していることや補修後のひび割れ調査でもわかるように，コンクリート中に浸透した塩化物を除去しないままの補修では早期にひび割れが発生することから，補修工法の適切な選定が必要であることがわかった．再々補修を行うにあたり，内在塩化物量に影響されない外部電源方式による電気防食工法を採用して補修することとした．

グラウト充填不良による鉛直締め PC 鋼棒の破断
①構造概要（桁断面：図 3.3.29）：

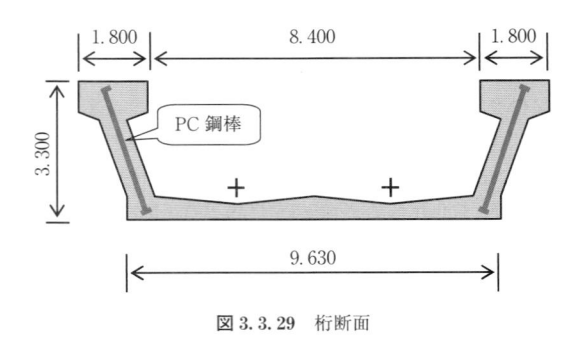

図 3.3.29　桁断面

桁　長：39.75 m
桁　高：3.30 m
構造形式：ポストテンション PC 単純下路複線桁
経　年：35 年

②劣化損傷事象： 変状が生じた橋梁は高水敷部にかかる PC 下路桁である．変状は PC 下路桁ウェブに鉛直方向に配置されている鉛直締め鋼棒と言われる PC 鋼棒が破断，かぶりコンクリートを破って桁下に突出したものである（図 3.3.30）．

落下していた PC 鋼棒は長さが約 3.0 m，破断したと思われる位置から 30 cm 程度が茶色に腐食しており，その他の部分はセメント分が付着し白っぽい状況であった（図 3.3.31）．このことから破断した 30 cm 程度以下の部分はグラウトが充填されていたものと推定される．

③調　査： 破断した PC 鋼棒の破断原因を特定するため，現地での詳細調査と PC 鋼材の破断面の分析を行った．

i) 現地調査　破断した PC 鋼棒は，全長が 3.2 m，桁下に落下した鋼棒の長さが 3.0 m であった．破断した桁上面側（上縁定着側）の PC 鋼棒は

図 3.3.30　鉛直締め PC 鋼棒突出箇所

図 3.3.31 PC 鋼棒破断面

外観上特に異常は見られず，突出することなくコンクリート内に残存していた．上縁定着部のコンクリートをはつり，残存していた鋼棒を除去，シース内にボアホールカメラを挿入して孔内の状況を調査した．

上縁定着金具背面から 40 cm 程度下がった位置までグラウト未充填が確認され，その先下側ではグラウトは充填されていた痕跡が見られた．破断した位置は，上縁定着金具背面から 10 cm 程度下がった位置であり，グラウト未充填箇所であった．

PC 鋼棒の破断原因の 1 つとしてグラウト充填不良が考えられることから，桁全体に配置されている鉛直 PC 鋼棒のグラウト充填状況について，打音振動法を用いた調査を行った．調査の結果，破断した鋼棒以外にもグラウト充填不良の可能性のあることがわかった．

ⅱ) 破断鋼材の分析　破断した原因について確認するため，PC 鋼材の破断面について調査分析を行った．

鋼棒には一部欠食部が見られ，その部分から鋼棒内部に向かって破断が進展したと考えられるビーチマークが認められた．さらに電子顕微鏡による破面観察などから PC 鋼材は脆性的に破断した形跡が認められ，腐食による断面欠損部を起点とした応力腐食割れであると確認された．

④評価・判定：　調査の結果，PC 鋼棒の破断はグラウト充填不良により PC 鋼材が腐食，断面欠損が生じたことで高張力状態で脆性的に破断が進展した応力腐食割れであると推定される．このような状況となった背景には，グラウト充填の施工方法や使用された当時の材料特性の問題があり，当時使用された材料では完全にブリージングを回避できなかったものと思われる．

ほかにもグラウト充填不良箇所が確認されたことから，健全度判定区分は，未充填箇所においては腐食が進行中であると推定され変状が内在しており，将来構造物への影響が出ると考えられることから判定区分は A1 が相当と考えられる．

⑤対　策：　構造について照査を行ったところ，構造安全性上，ある程度の PC 鋼棒が破断しても問題のないことを確認できた．このことから緊急性は少ないものの，破断した箇所については再度 PC 鋼棒を配置することとした．

構造安全性は問題ないが PC 鋼棒の突出という事態は第三者への影響が大きいことから，PC 鋼棒が破断しても鋼棒の突出やかぶりコンクリートの落下といった事象を生じさせず，かつ破断したことが発見できる対策を行うこととした．

突出対策工は PC 鋼棒が破断した際，鋼棒に生じる突出エネルギーを薄鋼板と繊維シートが変形することで吸収し突出を防止できること，破断したことが確認できるように薄板とアラミド繊維，および炭素繊維を組み合わせた工法を採用した（図 3.3.32）．

c. 橋脚および高架橋柱
1) 損傷の特徴と点検のポイント

橋脚や高架橋柱の損傷の特徴として，上部工支点部の損傷，地震による損傷が挙げられる．このため，支承部の点検は全般検査時のポイントの 1 つである．また，地震発生後に行う随時検査では橋脚や柱のひび割れなどを確認し，損傷の程度を即時に判定することがポイントとなる．

鉄道構造物としてビームスラブ式ラーメン高架橋が多く採用されているのが特徴であり，地震後の損傷程度を早く確実に検査するため，ラーメン高架橋の柱では梁との結合部付近や柱基部など，曲げひび割れが発生しやすい箇所を重点的に検査するのも 1 つのポイントである．

ひび割れの点検では曲げ応力による規則性を有するひび割れ，アルカリ骨材反応による不規則な亀甲状のひび割れなどとの区分けが原因判定のポイントともなるが，これはとくに鉄道構造物に限ったものではない．

そして劣化損傷を与える因子としては，中性化，

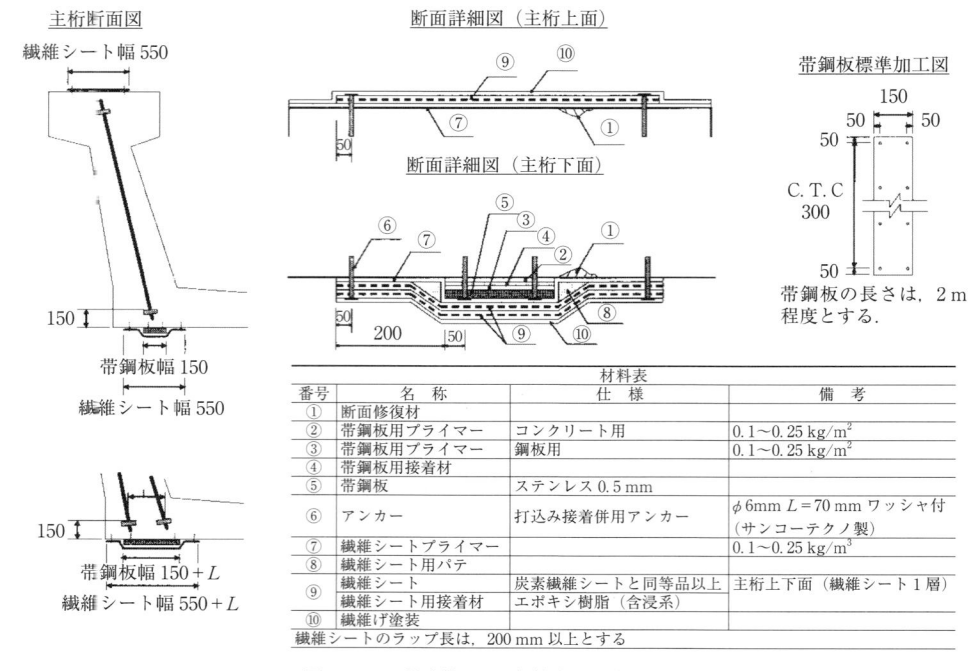

図 3.3.32 鉛直締め PC 鋼棒突出対策工の例

凍害,塩害などがある.

内陸部における高架橋柱基礎部の塩害

① 構造概要:
　　高架橋ブロック長:95 m
　　構造形式　鉄筋コンクリート9径間ラーメン高架橋
　　経年　29年

② 劣化損傷事象: 地震後,ラーメン高架橋の柱基部に変状が生じているのが確認された.変状は道路と交差するラーメン高架橋の柱で,道路側に面する壁面の地表面付近のに幅2〜3 mm 程度のひび割れが生じていた.さらに鉄筋は腐食が生じて爆裂しており(図3.3.33),鋼材の腐食によって柱の全幅でかぶりコンクリートが剥離している状況となっている.

③ 調査: 調査は外観調査を主体に,コンクリートが浮いている箇所についてはつりを行い鉄筋の腐食状況,はつり取ったコンクリート片について調査を行った.

i) 外観調査　変状の範囲は,地表面から上部に30 cm 程度ひび割れが生じているものである.

ii) はつり腐食調査　鉄筋は地表面を境に地上部が著しい腐食状況となっており,主鉄筋はコンクリート表面側で爆裂し腐食生成物がコンクリートに染み込んでいる状況である.一部では鉄筋のリブが完全になくなり,鉄筋断面が扁平になるほどの断面欠損が見られるが,背面側ではリブの欠損もなく黒皮が残存していた.帯鉄筋は腐食により鉄筋断面が一様に断面欠損を生じており,補強が必要な状況となっていた.

iii) 塩分調査　はつり落としたコンクリート破片の塩化物量について調査を行ったところ,20 kg/m^3 を超える可溶性塩化物が検出された.さらに,変状箇所と付近の別の柱からコンクリート試

図 3.3.33 鉄筋腐食状況

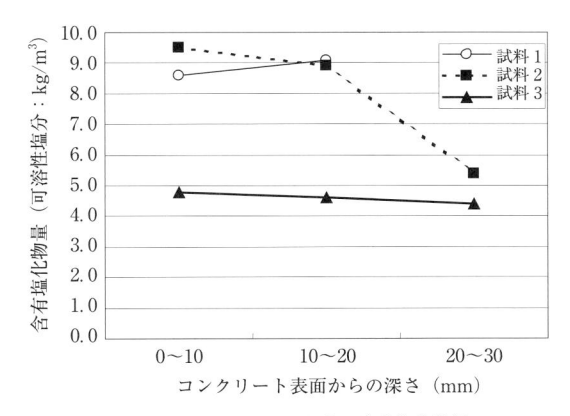

図3.3.34 コンクリート中の含有塩化物量

料を採取し0〜30mmまでの深さごとに分析を行ったところ，表面側で10kg/m³程度，20〜30mmの位置で5kg/m³程度の塩化物が検出された（図3.3.34）．

④評価・判定： 当該箇所付近の高架下は漬物加工業を営む会社が借り受けており，変状が生じていた箇所では，加工会社で使用する塩漬けの材料を水洗いするための容器が使用後，水切り・乾燥のため干されていたことがわかった．

調査の結果，当該箇所の変状原因は，塩漬けされた加工用材料から溶出した塩分や洗い水に溶解した塩分が地中やコンクリート中に含浸し，鉄筋が腐食，劣化が生じた外来塩分による塩害であると推定した．

健全度判定区分は，コンクリート中の鉄筋が腐食爆裂しており劣化損傷が進行中であるものの，鉄筋量も構造安全性に影響しない断面が確保されていることから判定区分A2程度と判定される．

⑤対　策： 劣化部の断面修復および遮塩対策とし，補修範囲は腐食領域と判定される範囲とした．当該箇所は高濃度の塩化物がコンクリート中に含浸していることから，塩分吸着効果を有する断面修復材を用いることとした．

d. 支承部
1）損傷の特徴と点検のポイント

鉄道構造物では列車荷重を構成する車輪あたりの軸重が大きく，かつ車両が連結されていることから繰り返し荷重として作用する．そのため，桁に作用した荷重を支える支承には大きな応力が振幅作用することとなる．劣化は支承の下面にあるコンクリートが繰り返し荷重の作用によって粉砕され，脆弱化，噴泥状になって支承下からモルタルやコンクリートが流出しての支承沈下，沓座と桁座に剥離や隙間が生じたり，沓座が割れたりするなどの事象が生じる．この現象は時間による影響が大きく，さらに支承周囲に存在する水の影響が大きいことが特徴である．また，建設当初の支承据付け時や沓座の補修時においての材料や施工の不適切による場合も少なくない．この変状の確認は支承部を直接目視することで可能であるが，ゴム支承などでは点検が行いにくい構造もある．この場合，噴泥化したコンクリートやモルタルのセメント分が支承周囲に流れ出すなどの特徴から，直接目視不能であっても支承部からの汚れを確認することで劣化損傷を推定することが可能である．また，鉄道ではレール状態の検査が一定周期で行われており，その際の動揺や計測データなどによって異常箇所を発見することもある．

2）事　例
場所打ち鉄筋コンクリート桁支承部損傷

①構造概要：
　桁　長：8.95m
　支　間：8.30m
　構造形式：RC単純T形2主桁
　軌道構造：スラブ軌道
　支承形式：ゴム沓（$t=12$mm）
　桁移動制限形式：RC突起ストッパー
　経　年：20年

②劣化損傷事象： 変状は鉄筋コンクリートT形単純桁沓座モルタルにひび割れが生じているほか，桁座面と沓座モルタルとの間に剥離が生じていた．桁座面には橋梁上部からの雨水が滞水しており，桁座と沓座モルタルの間からは列車通過時に噴泥状の水が吹き上げ，沓座周囲には噴泥状の泥が堆積していた．

③調　査： 調査は外観調査を主体として変状状況，損傷範囲の特定を行うこととし，列車運行安全性への影響を確認するため桁の動揺状況の計測を行った．

桁の動揺調査として支点部における桁の沈下・浮き上がり状況を測定したところ，桁は3点支持の状況にあり，終点方右側で4mm程度の沈下，起点方左側で3mm程度の浮き上がりが認められた．

主桁コンクリート下面と沓座面との間にゴム沓が据えられ，分離された構造によって支承機能が発揮されるのが本来の構造であるが，当該箇所では主桁コンクリートと沓座の間に隙間がなく（完全に）一

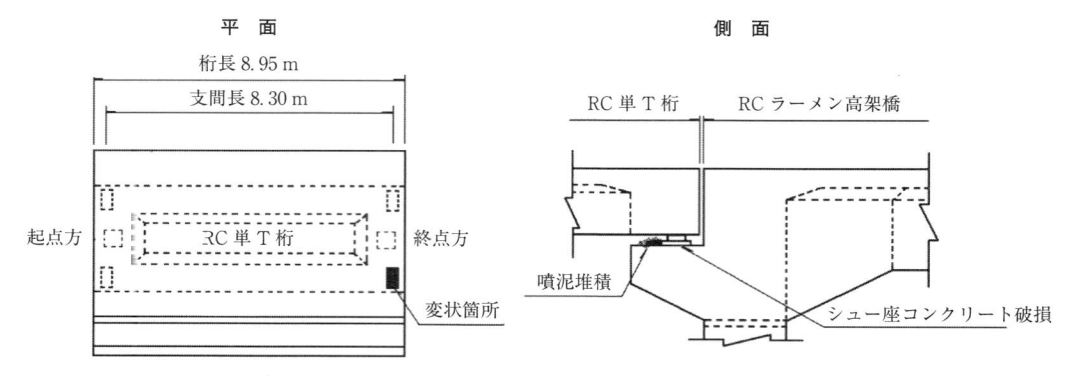

図 3.3.35 変状概要

図 3.3.36 シュー座変状状況の例

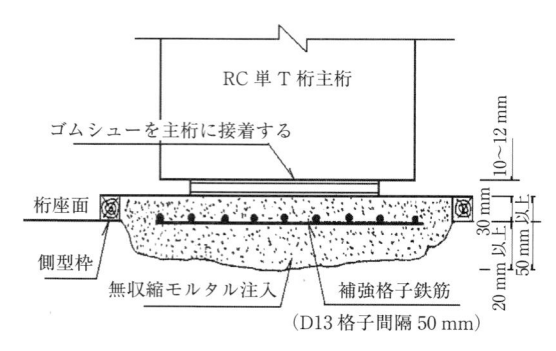

図 3.3.37 沓座部補修概要

体化した状態であり，ゴム沓は外部からまったく確認することができない状況となっていた．沓座をはつり取って調査を行ったところ，ゴム沓が主桁のコンクリート中に埋没していた．

図 3.3.35 に変状略図を示し，図 3.3.36 に沓座の変状状況を示す．

④評価・判定： 桁の沈下・浮き上がり状況と沓座の外観調査を実施した結果，桁の動揺は支点部における沓座の劣化損傷によるものと判断した．

変状の原因は主として沓座，支承据付，主桁コンクリート打設時における支承部周辺の不適切な施工要因により支承機能不良となったものと推定．このため沓座等に直接荷重が載荷され，荷重の繰返しによって損傷が拡大したと考えられる．このような現象の進展には水の影響もまた無視できず，支承部の劣化損傷事例が発生する要因にもなっている．

構造物の健全度判定区分は，沓座が桁と一体化しており支承機能が機能されていないこと，列車荷重の繰返しによって疲労破壊し脆弱化していること，変状が進行中であり動揺が大きくなると列車走行性に影響を与えることから判定区分 A1 が相当と判定．

沓座の補修が必要と判断し，沓座の打ち替えおよびゴム沓の据え直しを行うこととした．

⑤対 策： 緊急対策として桁の動揺を抑えるため仮受の橋脚を前面に設置し，桁の安定性および列車走行性を確保した．

仮受け後，支承の取替えおよび沓座の打替えを行うこととした（図 3.3.37）．

e. 鉄道構造物の耐震補強

鉄道構造物は連続した高架橋が多く，そのおもな構造形式としてビームスラブ式ラーメン高架橋が多く使われている．とくに市街地では，駅を始めとしてこのラーメン高架橋がほとんどである．このため耐震補強としてはラーメンの柱補強が優先されている．柱の形状としては一辺が 1 m 程度のものが多く，経済性，施工性，設計が容易であることなどから鋼板巻き補強が主流となっている（図 3.3.38）[5)-7)]．しかし，鋼板は重量物であることから重機を用いた機械施工となるのがほとんどであり，鋼板の運搬や建て込みに重機が使用できない地下部の柱や建物の

3.3 橋梁および高架橋の劣化と評価

図 3.3.38 鋼板巻立て工法

図 3.3.40 鉄筋コンクリート巻立て工法

図 3.3.39 繊維シート巻立て工法

図 3.3.41 鉄筋と支持材を配置した巻立て工法（RB 工法）

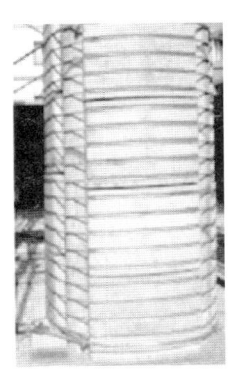

図 3.3.42 セグメントと鋼より線を用いた巻き立て工法（A-PAT 工法）

図 3.3.43 分割鋼板を配置した巻立て工法（RP 工法）

図 3.3.44 一面補強工法

中などの場合には，鋼板に変えて炭素繊維やアラミド繊維を用いた繊維シートによる巻き立て補強を行う場合がある（図3.3.39）[8)-11)]．また高架橋下の空間や高架橋の耐力に余裕がある場合などでは，鉄筋とコンクリートやモルタルを用いてRC巻き立てとする場合もある（図3.3.40）．RC巻き立てには型枠を用いてコンクリートを直接打設する方法のほかモルタルを吹き付ける方法もあるが，施工の容易性などで選定することになる．類似する方法で鉄筋や高強度鋼材をむき出しのまま外周を支持材で固定する方法（RB工法，RP工法など）（図3.3.41）[12),13)]，プレキャストコンクリートセグメントをPC鋼材で巻き立て締め付ける方法もある（図3.3.42）[18)]．これらの選定理由は，柱周囲に支障物がありわずかな隙間しか存在しない場合や機械施工が不可能な場合，経済性の検討から採用される場合などがある．また従来からの鋼板巻き工法は補強工法として余裕のある工法でもあり，過剰な鋼材をカットして経済性を高め，耐震補強の推進を目的として開発されたのがRP工法である（図3.3.43）[14)-16)]．鋼板巻き補強などの工法は，柱4辺が確保されないと施工ができないというのが特徴でもある．柱に壁が併設されていたりした場合，一時的に壁を撤去してから柱に鋼板を巻き，補強終了後に壁を復旧するなどしなければならない．このため，高架下を利用されていて

図3.3.46 ダンパーブレース工法

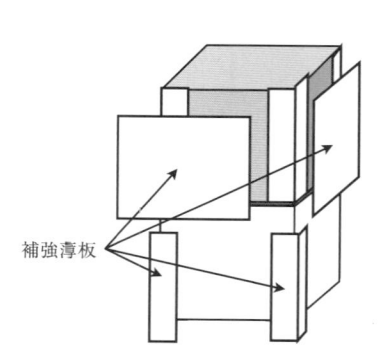

図3.3.45 薄板鋼板多層巻立て工法

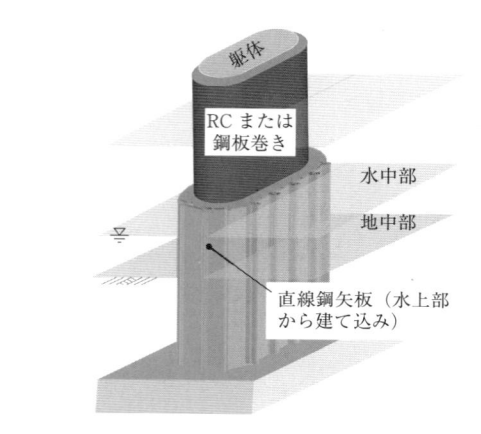

図3.3.47 直線鋼矢板巻立て工

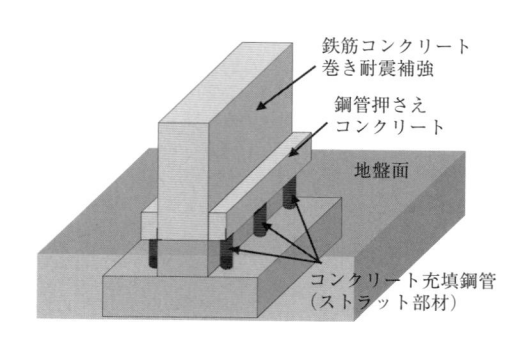

図3.3.48 ストラット工法

営業活動を停止できない場合などで，唯一，柱の一面が確保されるときには，その面からコア削孔を行い，アンカーボルトを差し込んで厚鋼板を設置することにより耐震性能を向上する一面耐震補強工法などがある（図3.3.44）[19), 20)]．また，柱4面は確保されるものの静寂性を求められ重機の施工不可である場合は，薄い鋼板を接着剤で貼り付けることで耐震性能を確保することができる薄板鋼板多層巻き立て工法などもある（図3.3.45）[17)]．

ほかに，高架下の柱と柱の間に支障物がなければダンパーストッパーを設置することで巻き立てる必要がなくなり，補強せずに高架橋の耐震性能を向上できる方法もある（図3.3.46）[21)-23)]．これらは高架橋利用環境などの目的に応じて採用することになると思われる．

橋脚の耐震補強は，基本的に道路橋の補強工法と同様である．とくに鉄道において施工性，経済性を目的として開発されたものに直線鋼矢板工法（図3.3.47）[24)] やストラット工法などがある（図3.3.48）[25)]．　　　　　　　　【松田芳範】

文　献

1) 鉄道総合技術研究所編：鉄道構造物等維持管理標準・同解説［構造物編　コンクリート構造］，丸善，2007．
2) 東日本旅客鉄道株式会社編：コンクリート建造物の剥離・剥落に関する維持管理マニュアル，2001．
3) 松田芳範ほか：コンクリート工学年次論文報告集，**21**(2)，1999．
4) 石橋忠良：PC構造物の設計からメンテナンスまでの現状と問題点，プレストレストコンクリート，**45**(6)，2003．
5) 鉄道総合技術研究所編：既存鉄道コンクリート高架橋柱等の耐震補強設計・施工指針　鋼板巻き立て補強編，1999．
6) 鎌田則夫ほか：機械式継手を用いた鋼板巻き補強と充てんモルタルの開発，コンクリート系構造物の耐震技術に関するシンポジウム論文報告集，2007．
7) 長縄卓夫ほか：鋼製パネル組立てによるRC柱の耐震補強に関する研究，構造工学論文集　**52A**，2006．
8) 鉄道総合技術研究所：炭素繊維シートによる鉄道高架橋柱の耐震補強工法設計・施工指針，丸善，1996．
9) 鉄道総合技術研究所：アラミド繊維シートによる鉄道高架橋柱の耐震補強工法設計・施工指針，丸善，1996．
10) 鉄道総合技術研究所：吹付けモルタルによる高架橋柱の耐震補強工法設計・施工指針，丸善，1996．
11) 鉄道総合技術研究所：既存鉄道コンクリート高架橋柱の耐震補強設計・施工指針［FRP吹付け補強編］，丸善，1996．
12) 鉄道総合技術研究所：既存鉄道コンクリート高架橋柱の耐震補強設計・施工指針［RCプレキャスト型枠工法編］，丸善，1996．
13) 鉄道総合技術研究所：既存鉄道コンクリート高架橋柱の耐震補強設計・施工指針［スパイラル筋巻立工法編］，丸善，1996．
14) 津吉毅ほか：鉄筋を柱外周に配置し柱四隅で定着する既設RC柱の耐震補強工法に関する研究，土木学会論文集，No. 662/V49，2000．
15) 津吉毅，石橋忠良：鉄筋を柱外周に配置する既設RC柱の耐震補強工法の断面外配置した鉄筋の効果に関する実験的研究，土木学会論文集，No. 676/V51，2001．
16) 田附伸一ほか：帯鋼板を柱外周に配置したRC柱の耐震性能に関する実験的研究，コンクリート工学年次論文集，**27**，2005．
17) たとえば，石橋忠良，津吉毅，菅野貴浩：鉄道高架橋下の店舗環境を考慮した新しい耐震補強技術，セメント・コンクリート，No. 704，2005．
18) 松田好史，中村敏晴，宮川豊章：コンクリートセグメントと鋼より線を用いた既設柱の耐震補強，土木学会論文集，No. 763/VI63，pp. 185-203，2004．
19) 小林薫，石橋忠良：RC柱の一面から施工する耐震補強工法の後挿入鉄筋の補強効果に関する実験的研究，土木学会論文集，No. 683/V52，2001．
20) 小林薫，石橋忠良：RC柱の一面から施工する耐震補強工法の鋼板の補強効果に関する実験的研究，土木学会論文集，No. 683/V52，2001．
21) 吉田幸司ほか：圧縮型鋼製ダンパー・ブレースによるRCラーメン高架橋の耐震補強工法，構造工学論文集　**50A**，2004．
22) 吉田幸司ほか：圧縮型鋼製ダンパー・ブレースによるRCラーメン高架橋の補強効果に関する振動台実験及び解析，構造工学論文集　**51A**，2005．
23) 島田賀浩ほか：圧縮型鋼性ダンパー・ブレース工法を用いたRCラーメン高架橋耐震補強の施工，日本鉄道施設協会誌（平成17年11月号），2005．
24) 菅野貴浩ほか：JR東日本におけるRC橋脚の耐震補強について，日本鉄道技術協会誌（JREA），2006．
25) 鈴木裕隆ほか：ストラット部材を用いたRC橋脚の耐震性向上に関する実験的検討，コンクリート工学年次論文集，**28**，2006．

3.4
港湾構造物

3.4.1　概　要

港湾の施設は，防波堤などの外郭施設，岸壁や桟橋などの係留施設，橋梁やトンネルなどの臨港交通施設など多岐にわたる．これらの施設を構成する構造物の点検・診断や補修・補強を含む維持管理に関しては，港湾法において，「港湾の施設の技術上の

基準を定める省令（平成19年3月26日国土交通省令第15号）に適合するように，維持しなければならない」とされている．また，同省令においては，「供用期間にわたって要求性能を満足するよう，維持管理計画等に基づき，適切に維持されるものとする」と規定され，これを補足する形で，「技術基準対象施設の維持に関し必要な事項を定める告示」（平成19年3月26日国土交通省告示第364号）が制定され，施行されている[1]．

港湾構造物の維持管理は，構造物あるいは部材・部位の変状（損傷および劣化）を適時適切な点検診断により的確に把握し，その結果を総合的に評価し，所要の対策を施すという一連の手順により実施される．その際，図3.4.1に示すように，ライフサイクルマネジメントの概念[2]に基づく流れをとることが合理的かつ効率的な維持管理のために有効である．上述の省令に規定されているように，まず維持管理計画を作成し，それに基づいて行う，現況を統一的な基準に基づいて把握する点検診断，点検診断結果から判断される構造物あるいは部材の保有性能と将来の性能低下予測，これらに加えて施設の将来の利用計画，残存供用年数，ライフサイクルコスト等を制約条件として行う総合評価，総合評価の結果に基づいて必要に応じて実施する対策工という流れとなる．

3.4.2 維持管理計画

港湾構造物は，一般的に厳しい自然状況の下に置かれることから，材料の劣化，部材の損傷，沈下，埋没などにより，供用期間中に性能の低下が生じる場合が多い．このため，当該構造物が供用期間中に要求性能を満たさなくなる状態に至らないように，計画的かつ適切に維持される必要がある．そのためには，あらかじめ供用中の維持行為（必要に応じて計画的に実施する補修等の対策も含む）についてのシナリオを定めることが有効であり，このシナリオを維持管理計画と称している．この維持管理計画は当該施設の管理者ではなく，設置者が定めることを標準としている．新設構造物ではその設計時に，既設構造物で維持管理計画が作成されていない場合には，以降の最初の点検診断時に維持管理計画を設定する．

維持管理計画は，今後の構造物の維持管理に関する基本的な考え方を示すものであり，構造物が置かれる諸条件，設計供用期間，構造特性，材料特性，点検診断および維持工事などの難易度，当該施設の重要度などが反映されたものでなければならない．一般には，図3.4.2に示す3つの維持管理レベルからその基本的な考え方を選び，これに見合うように方法，内容，時期，頻度，手順を示した点検診断計

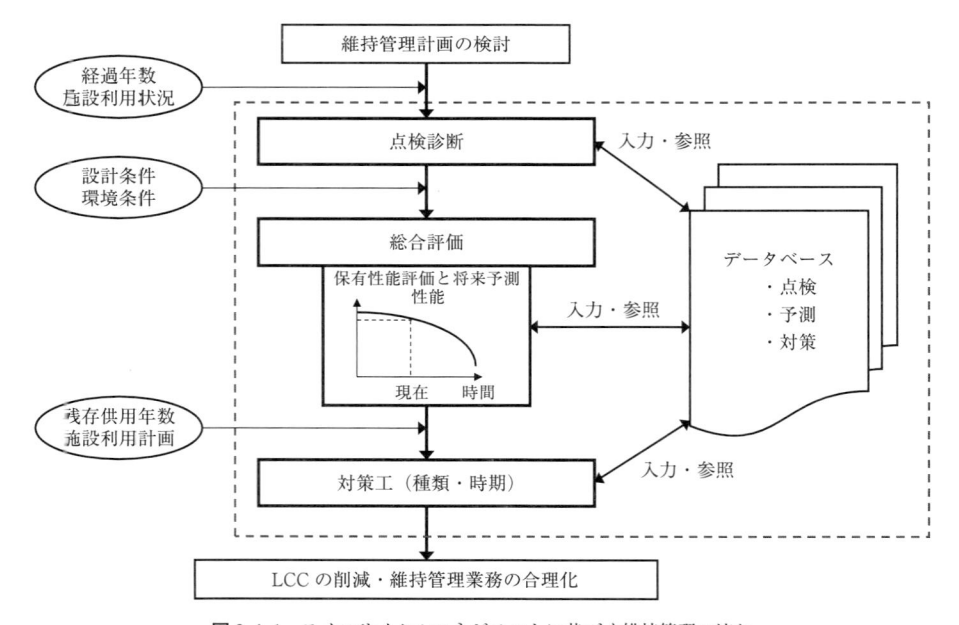

図3.4.1 ライフサイクルマネジメントに基づく維持管理の流れ

図3.4.2 維持管理レベル

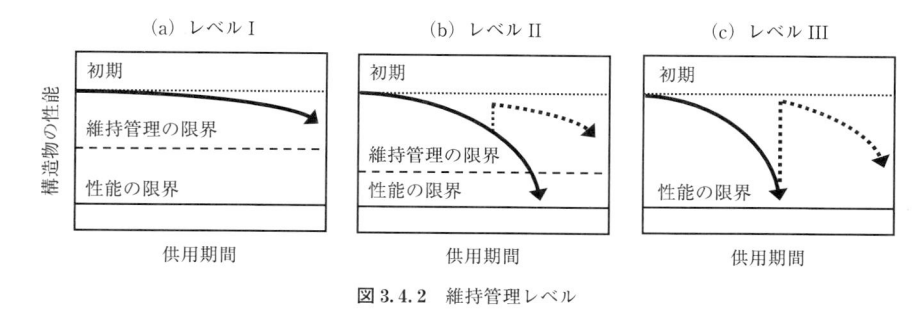

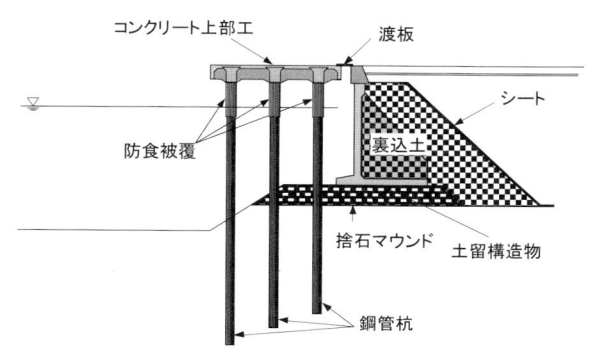

図3.4.3 桟橋の標準断面

画や補修計画等を作成する[3]．維持管理レベルⅠ（事前対応型）は，高い水準の損傷劣化対策を行うことにより，供用期間中に要求性能が満たされなくなる状態に至らない範囲に変状の程度を留めるものである．維持管理レベルⅡ（予防保全型）は，損傷劣化が軽微な段階で，小規模な対策を頻繁に行うことにより，供用期間中に要求性能が満たされなくなる状態に至らないように性能の低下を予防するものである．維持管理レベルⅢ（事後保全型）は，施設の性能が要求性能を下回る直前（あるいは少し超えた時点）で対策（供用期間中に1～2回程度の大規模な対策）を行い，性能の回復を図るものである．本来は，設計供用期間中に重大な変状を発生させない維持管理レベルⅠを選択することが望ましいが，合理性や経済性等の観点や，一般に50年以上という長期の技術の信頼性の観点から多くの場合は難しい．そのため，初期性能のレベルを少し落とした維持管理レベルⅡとⅢを選択できる余地も残している．

3.4.3 変状連鎖

港湾施設にはさまざまな構造形式があるとともに，いろいろな材料を用いた複数の部材から構成さ

図3.4.4 桟橋上部工の劣化状況（床版裏面）

れており，多種多様な劣化・損傷の形態を見ることができる．このうち，図3.4.3に示す桟橋の鉄筋コンクリートあるいはプレストレストコンクリート上部工では，海水中の塩分によって引き起こされる鋼材の腐食がもっとも生じやすい（図3.4.4）．そのため，港湾コンクリート構造物の代表である桟橋上部工の塩害に焦点をあてて，以降の記述をする．

構造物や部材に発生する変状には，経年的に緩慢に進行する（進行型の）劣化と台風や地震などの発生後に突発的に発生する（突発的な）損傷などがある．これらのいずれの変状に対しても，できるだけ早期に発見し，変状の発生原因を的確に類推し，変状の程度を正確に把握することが重要である．変状の原因，変状の発生，変状がもたらす影響，そして施設の性能低下へと変状が進行していく過程を整理したものを変状連鎖と呼ぶ[4]．この変状連鎖を理解し，変状連鎖の中でも主要な連鎖に着目し，点検診断の対象とすることが効率的な維持管理のために重要である．

桟橋（横桟橋）の変状連鎖の例を図3.4.5に示す．桟橋本体に発生する代表的な進行型の変状（実線）としては，鋼管杭の腐食およびコンクリート上部工のひび割れ，突発型の変状（破線）としては，波浪による揚圧力に起因する上部工コンクリートの損傷および渡版の破損・脱落があげられる．桟橋上部工は，海水面の直上にそれと平行に位置するため，コンクリート部材にとってきわめて苛酷な環境下にさらされる．そのため，他の陸上構造物と比較して劣化速度がきわめて速い．

上述のように，変状連鎖の概念を十分に踏まえて，効率的かつ効果的に点検診断できる項目およびその方法を選定する必要がある．すなわち，点検診断において着目すべき変状の種類としては，変状連鎖の中で可能な限り上流側で，かつ，点検診断によって発見しやすいものである必要があることから，同図の太線で示したものとしている．

進行型の重要な変状連鎖は，まず杭の腐食とコンクリートの劣化に大別される．コンクリートの劣化に関係する変状では，上部工コンクリートのひび割れと鉄筋腐食の間で循環的な連鎖が生じているので，これらのいずれかの段階を発見できるように点検診断を行えばよい．また，鉄筋腐食の進行速度が大きいため，これを放置した場合，桟橋全体の安全性や機能が急速に損なわれるおそれがある．したがって，桟橋上部工の鉄筋腐食は，桟橋の点検診断においてきわめて重要な点検項目であり，可能な限

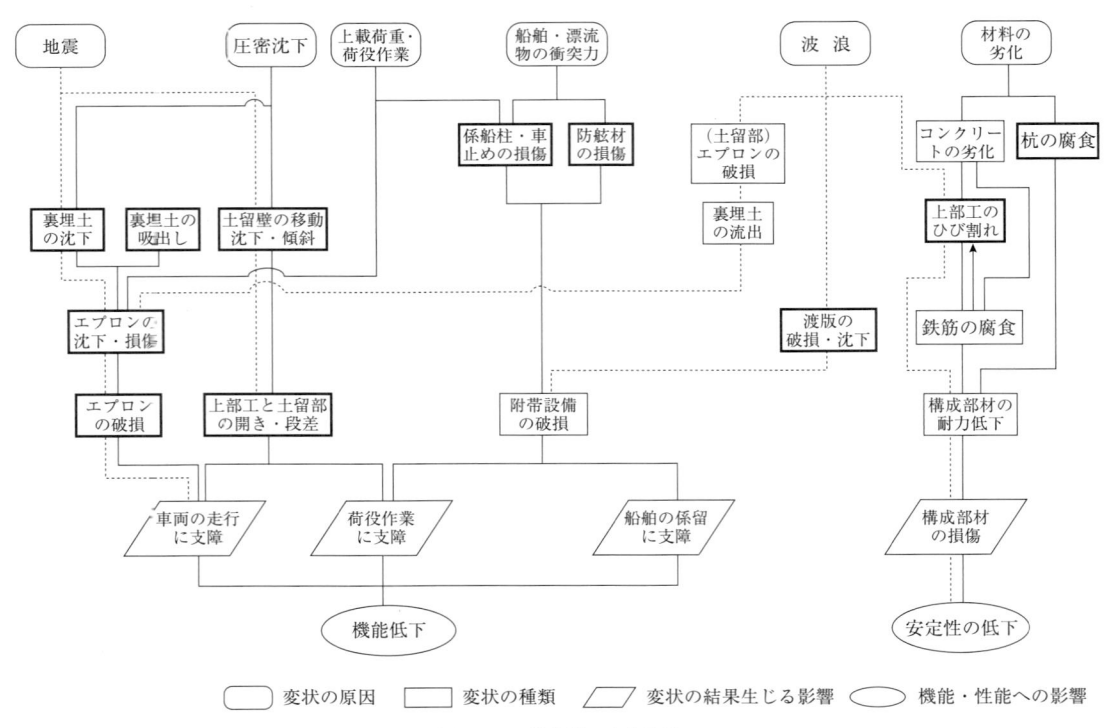

図3.4.5 横桟橋の変状連鎖

り高い頻度で，かつ適切な方法で点検しなければならない．

突発型の変状も大きく２つの変状連鎖機構に分けられるが，いずれも連鎖が短いため，変状と性能低下の因果関係からは，上部工コンクリートのひび割れなどが点検診断項目として適当である．

3.4.4 点検診断

図3.4.6に港湾構造物の点検診断の種類と位置づけを示す[4]．初回点検は，構造物の建設または改良直後の竣工段階，あるいは既存構造物に対する維持管理計画の策定段階において，構造物の初期状態を把握し，その後の維持管理データの初期値を取得するために実施されるものである．日常点検は，施設の管理者や利用者が日常的に実施する巡回に相当するものであり，荷役作業などの施設の利用上の障害となるものを発見し，除去することを目的としている．定期点検診断は，日常点検で把握し難い構造物あるいは部材の細部を含めて，変状の有無や程度の点検を，部材の性能把握を目的に定期的に行う．この定期点検診断は，比較的短い間隔で，海面上を対象とした目視調査または簡易計測を主体とする一般定期点検診断と，比較的長い間隔で，一般定期点検診断では点検診断が困難な部分を含めて実施する詳細定期点検診断に区分される．また，一般臨時点検診断は，地震時や船舶衝突時などの偶発作用状態の直後のできるだけ早い段階で，目視調査または簡易計測を主体として変状の有無や程度の把握のために行う．さらに，定期点検診断または一般臨時点検診断の結果，特段の異常が確認された場合，あるいは想定外の異常が確認された場合に詳細臨時点検診断を実施する．

定期点検診断では，まず，目視調査や簡易計測を主体とする一般定期点検診断により，構造物や構造要素の状態を把握する．目視を主たる手段としているので，簡便ではあるが，主観的な判断になりがちである．そのため，できるだけ客観的な判断ができるように標準的な点検診断様式が提示されている．一例として，桟橋上部工の定期点検診断様式を表3.4.1に示す．診断の結果は，a～dの劣化度で判定する．aは重度の変状，dは変状のない場合である．定期点検診断は，変状の経時変化を把握するために定期的に行う（一般定期点検診断）必要があるが，現在のところ２年に１回程度実施することを標準としている．

桟橋上部工におけるコンクリートのひび割れは，上載荷重などの外力によるもの，船舶の衝突や災害による損傷，塩害やアルカリ骨材反応による劣化がおもな原因となるが，多くの場合，ひび割れの原因は塩害によるものと考えてよい．塩害によるひび割れは，コンクリート内部の鉄筋が腐食することで発生し，鉄筋の腐食が進行するにつれて，徐々にひび割れ幅が大きくなり，やがてかぶりコンクリートが

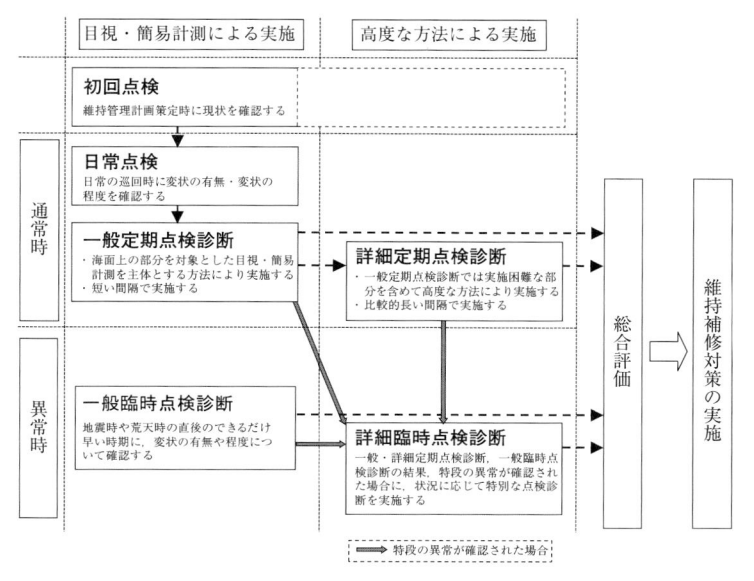

図3.4.6 点検診断の種類と位置付け

表 3.4.1 桟橋上部工下面の劣化度判定基準

点検項目	点検方法	判定基準	
コンクリートの劣化，損傷	目視 ・ひび割れの発生方向 ・ひび割れの本数，長さと幅 ・かぶりの剥落状況 ・さび汁の発生状況 ・鉄筋の腐食状況	a	床版： ☐ 網目状のひび割れが部材表面の50％以上ある ☐ かぶりの剥落がある ☐ さび汁が広範囲に発生している はり・ハンチ： ☐ 幅3mm以上の鉄筋軸方向のひび割れがある ☐ かぶりの剥落がある ☐ さび汁が広範囲に発生している
		b	床版： ☐ 網目状のひび割れが部材表面の50％未満である ☐ さび汁が部分的に発生している はり・ハンチ： ☐ 幅3mm未満の鉄筋軸方向のひび割れがある ☐ さび汁が部分的に発生している
		c	床版： ☐ 一方向のひび割れもしくは帯状または線状のゲル析出物がある ☐ さび汁が点状に発生している はり・ハンチ： ☐ 軸と直角な方向のひび割れのみがある ☐ さび汁が点状に発生している
		d	☐ 変状なし

剥離・剥落する．このような状態にまで至ると，腐食により鉄筋の断面積が減少し，耐力などの構造性能が低下する．また，桟橋上部工のような環境下では，鉄筋腐食の進行速度がきわめて大きいため，これを放置した場合，桟橋全体の安全性や機能が急速に損なわれるおそれがある．鉄筋腐食が生じる桟橋上部工の下面を目視調査するためには，小型ボートなどで桟橋下に入り込む必要がある上に，潮汐や航跡波などの影響により十分な作業時間または良好な作業環境を確保するのが難しい．しかしながら，桟橋上部工の鉄筋腐食は，桟橋の一般定期点検診断においてきわめて重要な点検項目であるため，点検時期や点検方法を工夫することで可能な限り高い頻度で点検診断することが望ましい．

鉄筋コンクリート桟橋上部工に対する一般定期点検診断は，おもに以下の項目について行う．
・ひび割れの発生方向
・ひび割れの本数，長さ，幅
・ひび割れからの析出物
・かぶりの浮き，剥離，剥落
・コンクリート表面のさび汁

上部工がプレストレストコンクリート（PC）の場合，ひび割れの発生やPC鋼材・鉄筋の腐食がただちに部材の安全性に影響を及ぼすため，これらにとくに注意する．

かぶりコンクリートの浮きや剥離は，目視調査で確認しにくいこともあるため，状況に応じて点検ハンマなどを用いた打音調査を併用する．なお，コンクリート表面のさび汁は，波浪の作用などにより洗い流されていることもあるので，さび汁が存在していなくても，内部の鉄筋はすでに腐食している可能性があるので，注意が必要である．

詳細定期点検診断のおもな目的は，一般定期点検診断によって特段の変状が発見された場合で，その発生原因や程度，施設の性能低下に及ぼす影響程度を把握すること，ならびに，一般定期点検診断では見ることのできない海中部などの状態を把握することである．コンクリート構造物において，コンクリート中の鋼材に腐食が生じると劣化が急速に進行する．したがって，所定の機能を保持するためには，表面に変状が現れる段階以前で劣化を発見し，適切な対策を施す必要がある．そこで，より高度な非破壊調査技術などを併用することが望ましい．桟橋上部工に対する詳細定期点検診断の実施頻度については，一般に，新規供用（管理委託）して5年以内に1回目を，その10年後に2回目を，供用20年後に

3回目を行い，これ以降は施設の利用状況や変状の発生・進展状況などを踏まえつつ，おおむね5年間隔で実施することを推奨している．

詳細定期点検診断では，点検項目の性格によって，判定基準を定めるものと，定めないものとに分けられる．潜水士による潜水調査を行う場合は，点検の方法はおもに目視となるため，点検者によって点検結果にばらつきが極力生じないように判定基準を設ける．この際の判定基準は，当該点検項目に対する一般定期点検診断に対する判定基準と同一とする．一方，測定などを伴う詳細調査の場合，判定基準を定める必要はなく，その測定値自体を詳細に分析・検討することで，変状の原因を推定したり，その程度を定めたりできるだけでなく，当該点検項目に対する一般定期点検診断結果の見直しに活用できる．さらに，これらのデータが蓄積されれば，当該点検項目の判定基準の見直しや作成に反映することができる．

3.4.5 総合評価

点検診断結果に基づき，施設の残存性能，残存供用期間中の要求性能保持の可能性，施設の利用計画，重要度などを考慮して，対策工実施の有無についての総合評価を実施する．総合評価においては，各部材・部位の点検診断結果を総括し，施設全体としてどのような損傷，劣化などの変状が発生・進展しているのかを整理し，施設の性能低下度を評価する．その後，施設の将来の利用計画，重要度，財政上および将来の維持管理上の制約などを考慮し，必要に応じて実施すべき対策工の方法および実施時期を検討する．

変状の発生・進行状況から維持補修の緊急性を判定する際に，施設の性能低下度を考慮することになる．このための判定基準を画一的に定めたものは現状では存在しない．港湾の施設にはさまざまな種類の変状が発生・進行し，これらが複雑に絡み合いながら当該施設の性能に影響を及ぼすことから，施設の性能低下度の判定基準を体系化・標準化することは難しい．

総合評価の際，施設の維持管理に関する方針として，

・緊急的あるいは計画的に補修・補強を行う部材・部位，および基本的な工法の決定
・当面経過の観察をする必要のある部位・部材の決定
・供用制限，供用停止などの措置の要否
・点検診断計画の変更（次回実施時期や方法など）の要否
・更新あるいは撤去の判断
・そのほか，必要な応急措置の要否

があげられる．また，維持補修の結果による維持管理計画などへのフィードバックとして，今後の点検診断計画の変更などに関する検討を行う．

点検診断結果に基づく行う総合評価では，構造物の個別の状況に左右されるため，統一的な手法を決めることは難しい．ただし，評価結果の客観性を確保する観点から，判定基準や評価の実施単位，各部位ごとの評価から総合評価に至るプロセスについてある程度の目安や考え方を定めている．

点検診断結果に基づく評価の基本的な考え方と作業の流れは，以下のとおりである．すなわち，図3.4.7のフローにしたがって，対象施設の各部位に対する点検点検診断の結果（a, b, c, d）から，施設全体の総合的な性能をA, B, C, Dの4段階で評価する．なお，施設全体とは，係留施設1バースや防波堤の1単位などを意味している．

評価結果の分類は，表3.4.2のとおりとする．評価は，当該施設の設置位置における環境条件などに左右されるとともに，変状の経年的な変化も加味す

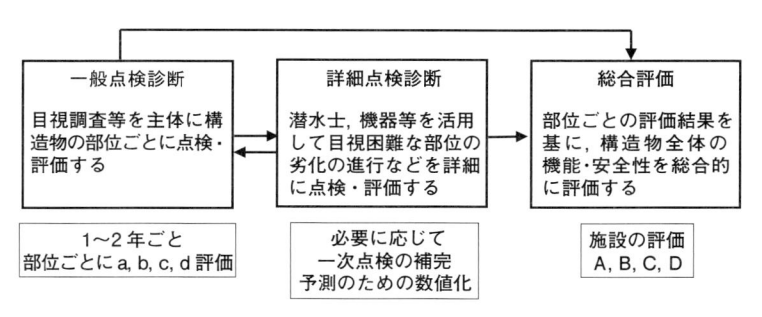

図 3.4.7 総合評価の流れ

表 3.4.2 評価結果の分類

評価	施設の状態
A	施設の性能が低下している状態
B	放置した場合に, 施設の性能が低下するおそれがある状態
C	施設の性能にかかわる変状は認められないが, 継続して観察する必要がある状態
D	異状は認められず, 十分な性能を保持している状態

表 3.4.3 施設の安全性に及ぼす影響に基づく点検項目の分類

点検項目の分類	施設の性能に及ぼす影響
I 類	a が 1 個から数個あると, 施設の安全性に影響を及ぼす
II 類	a が数多くあると, 施設の安全性に影響を及ぼす
III 類	施設の安全性に直接的には影響を及ぼさない

表 3.4.4 評価結果の導出方法

スキーム	点検項目	評価結果 A	B	C	D
【1】	I 類	「a が 1 個から数個の項目」があり, すでに施設の性能が低下している.	「a または b が 1 個から数個の項目」があり, そのまま放置すると施設の性能が低下するおそれがある.	A, B, D 以外	すべて d のもの
【2】	II 類	「a が多数を占めている項目」,「a+b がほとんどを占めている項目」があり, すでに施設の性能が低下している.	「a が数個ある項目」,「a+b が多数を占めている項目」があり, そのまま放置すると施設の性能が低下するおそれがある.	A, B, D 以外	すべて d のもの
【3】	III 類	—	—	D 以外	すべて d のもの

表 3.4.5 桟橋上部工に対する点検項目の分類の目安

I 類	II 類
PC 上部工の下面：コンクリートの劣化, 損傷	上部工の上面および側面：コンクリートの劣化, 損傷 RC 上部工の下面：コンクリートの劣化, 損傷

る必要があることから, 各部位ごとに得られた点検診断結果を十分精査するとともに, 必要に応じて構造解析などのより高度な検討を実施することも念頭に置いておく. ここでの「評価」の結果は, 当該施設の総合的な劣化度であり, 施設の性能低下度を定性的に表したものである. いわば, 技術的・工学的な観点からの施設の評価であり, この結果のみで当該施設の補修などの対策の要否を判定することはできない. 実際には, 施設の維持管理レベル, 重要度, 設計供用期間, 利用状況とその将来計画, 維持工事などの難易度, コストなど, さまざまな観点からの総合的な検討を加えなければならないことに注意が必要である.

点検診断結果に基づいて評価結果を導き出す 1 つの暫定的な考え方として, 一般には次の考え方を推奨している. 点検項目を施設の性能, とくに安全性に及ぼす影響の観点から, 表 3.4.3 に示す 3 種類に分類し, 表 3.4.4 に示す考え方により, 施設ごとの総合評価を行う. PC 桟橋上部工は I 類に, RC 桟橋上部工は II 類を基本として, 表 3.4.5 にあてはめて評価を行うことになる.

総合評価の際には, 劣化・変状および性能低下の将来予測が必要となる. コンクリート部材の塩害の進行に対しては, Fick の拡散則に基づいて鉄筋位置での塩化物イオン濃度を予測し, これが限界値を超えると鉄筋に腐食が生じるという考え方[5]が一般に用いられている. この方法で劣化の進行を予測することが可能であるが, 維持管理の実施上は, 予測に用いる計算パラメータの設定が難しいという問題がある. たとえば, 同一の部材であっても, 表面塩化物イオン濃度や見かけの拡散係数は相当のばらつきを示す. 図 3.4.8 はその一例として, 上部工床版下面での表面塩化物イオン濃度の測定結果のばらつきを示している[6]. 隣接する直径 10 cm のコアから得られた結果であっても, かなりの違いがあることがわかる. また, 鉄筋腐食が発生する限界腐食塩化

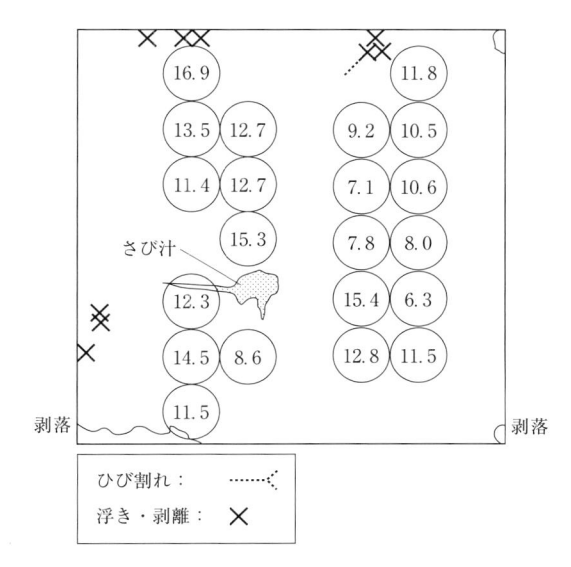

図3.4.8 桟橋上部工床版での表面塩化物イオン濃度のばらつき
単位 kg/m³, コア直径：10 cm

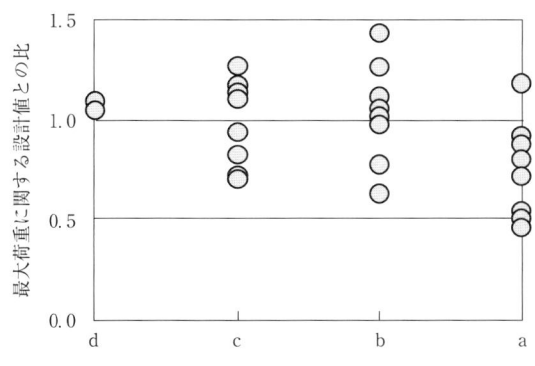

図3.4.9 劣化度と構造性能（耐力）との関係

物イオン濃度を正確に設定することも現時点では相当困難である．

一方，このようなばらつきを表現するために，部材単位ではなく，あるまとまった部材のグループで確率的な劣化進行の評価を行うマルコフ連鎖モデルを用いて予測する方法の適用もはじめられている[7]．マルコフ連鎖モデルの適用に際しては，既往の点検診断結果をもっとも精度良く再現できるような遷移確率を求めるため，同じような条件下にあるできるだけ多くの構造物や部材の劣化度に関するデータを蓄積していかねばならず，今後の精度向上が期待される．

また，性能評価の観点から言えば，本来診断し評価するものは表面上の損傷程度ではなく，部材などが有している性能である．したがって，外観目視による「損傷劣化の診断」から構造物の「保有性能の診断」へと点検診断の性質を転換していかねばならない．桟橋上部工のコンクリート部材を対象に整理した，目視による劣化度の判定結果と構造性能（耐荷力）との関係を図3.4.9に示す．これは，供用30年超の複数の実桟橋上部工から試験体を切り出して行った載荷試験の結果である[8]．結果は非常にばらついているが，おおむね劣化度がbに達すると，部材の耐荷力が設計値を下回り，aに達すると何らかの対策が必要な状況になる傾向にある．このばらつきの主要な原因は，部材のどの部分に顕著な劣化が生じているかが目視による劣化度判定に考慮されていないことによる．また，剥離といった目視だけでは十分に捉えられない劣化も考慮されていないことも理由の1つである．鉄筋の腐食量や腐食箇所に関する詳しいデータがあれば，性能評価の精度は向上するので，これらも勘案して総合評価を行うことになる．

3.4.6 補修および補強

総合評価の結果に基づいて必要な対策を検討することとなる．現在あるいは将来に何らかの対策が必要であるとされた場合には，今後の供用期間を考慮したうえ，維持補修計画を検討することになる．技術的判断に加えて，今後の供用年数，ライフサイクルコスト，使用可能な予算の規模，構造物の社会的影響度や重要度などを総合的に考慮して，対策の必要性や工法や時期を検討する．塩害が生じた構造物に対する補修・補強は，所定の効果が得られるように，塩害による構造物の性能低下を考慮して工法・材料を選択しなければならない．

塩害による劣化は，ある段階から急激に進行する傾向がある．そのため，劣化が顕在化していない時期において，予防保全的に対策を行うことが望ましい．対策として，補修・補強を行う場合は，補修・補強に期待する効果を明確にし，そのために必要とされる工法・材料への要求事項を明確にする必要がある．理想としては，用いる材料の物性値を構造計算式や劣化予測式に取り込み，効果を確認した上で対策を行うことが望ましい．

桟橋においては，外観上の劣化度ごとに表3.4.6に示される補修・補強工法を選択することが多い．それぞれの工法については，陸上構造物のものとほ

表 3.4.6 桟橋上部工の劣化度別の標準的な補修・補強工法

劣化度	工法例
d	表面被覆，電気防食
c	表面被覆，電気防食，断面修復
b	表面被覆，電気防食，断面修復，部分的な改修
a	補強，全面改修

とんど同じであるので，そちらを参考にする．ただし，桟橋上部工においては，作業環境が狭い，干満により作業時間が制約される，コンクリートが比較的湿潤環境にある，などといった，多くの不利な条件があるので，これらを考慮する必要がある．

【横田　弘】

文　献

1) 国土交通省港湾局監修：港湾の施設の技術上の基準・同解説，日本港湾協会，2007.
2) 加藤絵万，岩波光保，横田　弘：桟橋のライフサイクルマネジメントシステムの構築に関する研究，港湾空港技術研究所報告，48(2)，pp.3-35，2009.
3) 国土交通省港湾局監修：港湾の施設の維持管理計画書作成の手引き　港湾空港建設技術サービスセンター，増補改訂版，2008.
4) 港湾空港技術研究所編著：港湾の施設の維持管理技術マニュアル，沿岸技術研究センター，2007.
5) 土木学会：2007年制定コンクリート標準示方書，設計編，2008.
6) 加藤絵万ほか：建設後30年以上経過した桟橋上部工から切り出したRC部材の劣化性状と構造性能，港湾空港技術研究所資料，No.1140，2006.
7) 小牟禮建一ほか：RC桟橋上部工の塩害による劣化進行モデルの開発，港湾空港技術研究所報告，41(4)，2002.
8) Yokota, H. and Kato, E.：Performance evaluation of corroded RC beams, Proceedings of 2008 KCI-JCI-TCI Symposium on Assessment of Existing Structures and Recent Advancements in Concrete Engineering, Ilsan, pp.10-18, 2008.

3.5 下水道施設

3.5.1 下水道施設の特徴的劣化と点検[1]

a. 下水道施設の特徴的劣化

下水道は都市の生活環境の向上や公共用水域の環境保全上重要な社会基盤施設として積極的に整備が進められており，わが国の下水道処理人口普及率は平成21(2009)年度末で73.7%となっている．新規整備が進められる一方で，早い時期に整備が進めら

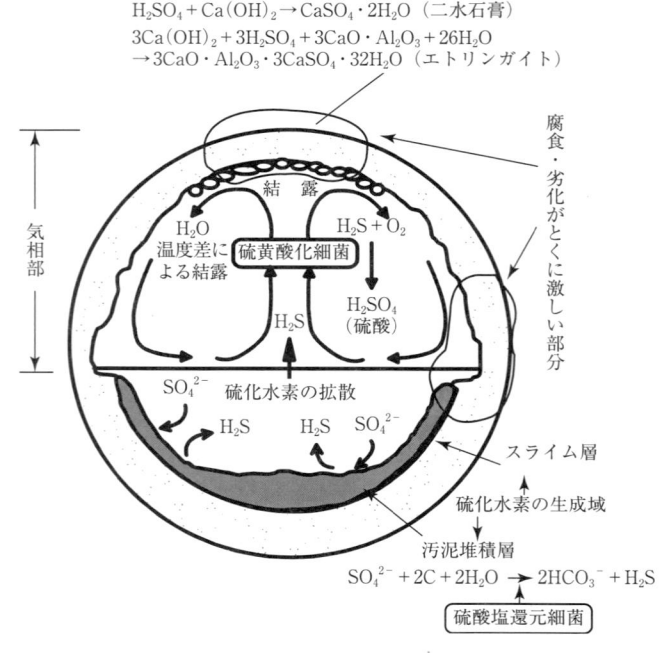

$H_2SO_4 + Ca(OH)_2 \rightarrow CaSO_4 \cdot 2H_2O$（二水石膏）
$3Ca(OH)_2 + 3H_2SO_4 + 3CaO \cdot Al_2O_3 + 26H_2O$
$\rightarrow 3CaO \cdot Al_2O_3 \cdot 3CaSO_4 \cdot 32H_2O$（エトリンガイト）

$SO_4^{2-} + 2C + 2H_2O \rightarrow 2HCO_3^- + H_2S$

図 3.5.1　下水道施設に特有な硫酸によるコンクリート腐食の概念図

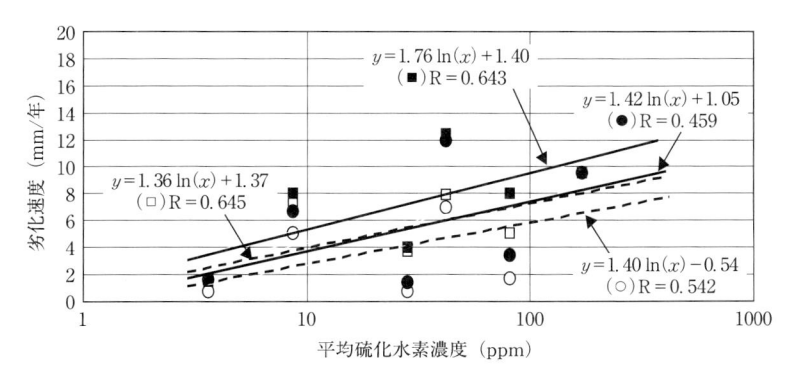

図 3.5.2 硫化水素ガス濃度とコンクリートの腐食速度との関係
○腐食速度，●腐食速度最大値（最大速度を基に換算），□硫黄侵入速度，■硫黄侵入速度最大値（最大速度を基に換算）

れた大都市部を中心に，老朽化した施設の改築更新の必要性が高まりつつある．

コンクリート劣化の種類には，①中性化，②塩害，③凍害，④化学的侵食，⑤アルカリ骨材反応などがあるが，これらのうち下水道施設に特有なものは，④化学的侵食に位置づけられる「硫酸によるコンクリート腐食」である．

この硫酸によるコンクリート腐食は，図3.5.1に示すように，密閉された管路施設やタンク内で①嫌気性状態の下水中および汚泥中での硫酸塩還元細菌による硫酸塩からの硫化水素（H_2S）の生成，②液相から気相への硫化水素の放散，③気相部のコンクリート表面の結露水中での好気性の硫黄酸化細菌による硫化水素からの硫酸生成，④硫酸による気相部のコンクリートの化学的侵食，の順に進行する．特徴的であるのは，微生物反応，化学反応および物理作用が複合して起こるコンクリート劣化現象である点である．最終的には，コンクリート中のセメント水和物と硫酸が反応して，エトリンガイトや二水石膏などの腐食生成物が生じ，コンクリート表面劣化部のpHは1以下となり，パテ状になって剥離する．

下水道施設内におけるこのようなコンクリート腐食は，気温，水温，下水中の硫酸イオン濃度や施設の構造，硫化水素ガス濃度，湿度などの腐食環境の特性により，コンクリートの腐食速度が大幅に異なる．下水道施設の密閉空間では，温度，湿度は年間を通して大きくは変動しない．一方下水道施設内の硫化水素ガス濃度の変化は，0 ppmから1000 ppm以上まで幅広く，コンクリート腐食環境の因子のうち，もっとも条件が大きく変動する．硫酸塩還元細菌は，一般的に，30～35℃でもっとも盛んに活動し，

硫黄酸化細菌は，30℃前後に至適温度を持つものが多い．したがって，下水道施設内の硫酸によるコンクリート腐食は，年間平均気温が高い地域で進行が早く，また，冬季より夏季の進行が早くなる傾向が見られる．硫化水素ガス濃度とコンクリートの腐食速度の間には図3.5.2のような関係があることが知られている．

硫酸によるコンクリート腐食・劣化は，海外では古くから知られている．最初の報告は，1900年のアメリカ・ロサンゼルスにおける下水道管の腐食・劣化とされているが，当時は，下水道管のコンクリート腐食は，化学反応だけで進行すると考えられていた．

オーストラリアのC. D. Parkerは，1945年に硫化水素ガスに起因する下水道管のコンクリートの腐食・劣化に微生物が関与していることを最初に報告した．彼はこの微生物（硫黄酸化細菌）を *Thiobacillus concretivorus*（現在は *Acidthiobacillus thiooxidans* と変更）と命名し，この微生物によって硫化水素ガスが酸化されて硫酸となり，生成した硫酸によりセメントモルタルが腐食・劣化することを証明した．

アメリカ環境保護庁（U.S. EPA）では，1974年に当時の調査資料と研究論文などを収集，整理して「下水道管の硫化物対策に関する設計マニュアル」を取りまとめた．その後10年ほどして，この問題の重大さを改めて認識するとともに早急な解決を図るため，最新の調査資料と研究論文などを収集・整理して，1985年に「下水道施設の臭気と腐食対策に関する設計マニュアル」を刊行した．

国内では，昭和50年代後半まで硫化水素ガスに

起因する硫酸によるコンクリート腐食に関する報告事例は少ないが，鹿児島市南部処理場において，供用開始後わずか1年程度で沈砂池，最初沈殿池設備の著しい摩耗および最初沈殿池越流部のコンクリート腐食が発生したことから，1981（昭和56）年度に，日本下水道事業団が，同処理場の運転状況，管路施設の使用状況，管渠・処理場のコンクリート腐食状況，腐食環境の調査を実施した．最初沈殿池越流部の硫化水素ガス濃度は45～90 ppm で，越流部側壁のコンクリートは厚さ数 cm 程度まで容易に剥離できる状況であった．この調査結果をもとに，管路施設とポンプ場・処理場の運転管理を含めた硫化水素生成・発生抑制対策を提言している．

また，昭和61～62（1986～87）年度には，道路の陥没事故を引き起こした沖縄県流域下水道幹線管渠のコンクリート腐食の調査を日本下水道事業団が実施している．

これらの調査などにより，下水道施設における硫酸によるコンクリート腐食の重大性が認識されるようになり，本格的に腐食対策が検討されるようになった．

現在では管渠，処理場・ポンプ場などの下水道施設について，コンクリート腐食に関する指針類が整備されている．

b. 下水道施設の点検

硫酸によるコンクリート腐食の影響を最小限に抑えるためには，日常的な点検・調査が非常に重要である．

1) 日常・定期点検

日常・定期点検は，下水道管理者による点検であり，表3.5.1に示すとおり，おもに目視によるコンクリート表面の観察や臭気・硫化水素ガス濃度の測定が行われる．点検頻度は月1回以上が望ましいとされている．点検によりコンクリートに腐食，あるいは腐食の兆候が見られた場合，または，防食被覆層等に損傷（浮き，膨れ，破れ，剥離など）が見られた場合，その程度により補修対象施設として現地予備調査・詳細調査を行うか，要点検施設として重点的に継続点検を行うかを決定する．

コンクリート腐食がかなり進行した段階で施設の補修を行う場合，断面修復工など工事費増大を招くばかりか，施設の安全性が損なわれ，大事故につながるおそれもあるので，定期的な点検は不可欠である．

2) 現地予備調査

現地予備調査は，専門の調査技術と診断能力を有する技術者により，コンクリートの腐食・劣化度とコンクリート腐食環境の把握，および補修・改築の要否の判定を目的として行われる．補修・改築が必

表3.5.1 日常・定期点検の項目と内容の例

点検項目	点検内容	備考
コンクリート・防食被覆の状況	表面観察（変状，付着物，堆積物，硫黄の析出，変色など）	目視
腐食環境	臭気，硫化水素ガス濃度，温度，湿度など	感覚，機器測定

表3.5.2 現地予備調査の項目と内容の例

	予備調査項目	調査内容	備考
腐食環境	水質	水温，pH，酸化還元電位（ORP），溶存酸素（DO）濃度，溶存硫化物濃度など：硫化物生成状況，堆積物の把握	各種水質計測機器，検知管など
	気相	硫化水素ガス濃度：硫化水素ガス発生状況の把握	検知管（スポットあるいは積算タイプのもの），H_2Sガス濃度連続測定計
	コンクリート	表面 pH：コンクリート腐食レベルの把握	pH 試験紙，pH メーター
腐食・劣化度	腐食生成物	石膏（二水石膏）：硫酸によるコンクリート腐食の有無の確認	目視，指触，テストハンマーなどによる検打，テレビカメラ調査など
	剥落・膨張・ひび割れ	施設，部位ごとのコンクリート腐食・劣化形態と進行度の把握	
	骨材露出・表面異常		
	既存被覆層の異常	既存被覆層の劣化の有無と劣化進行度の確認	
	錆・鉄筋露出	鉄筋腐食の有無と腐食進行度の確認	

表 3.5.3　詳細調査の項目と内容の例

	調査項目	調査内容	備考
現地調査 (躯体・環境)	中性化深さ	フェノールフタレイン法	
	コンクリート圧縮強度（表面強度）	シュミットハンマー，非破壊検査法	表面強度より圧縮強度推定
	表面 pH	pH 試験紙，pH メーター	
	表面異常（ひび割れなど）	目視，計測，記録	
	鉄筋（かぶり・腐食）状況	はつり出し目視点検 鉄筋探査機	
	コンクリート腐食環境	現地予備調査と同等	必要により補足・追加
コンクリートコア・ピース採取	硫黄侵入深さ	EPMA，EDS，硫黄イオン指示薬	硫酸イオンの侵入深さとして判定
	中性化深さ	フェノールフタレイン法	現地調査データの確認
	腐食生成物・深さ方向のコンクリート組成の確認	示差熱重量分析など	硫酸侵入によるコンクリート組成の変化確認
施設状況調査	施設状況 施設の運転状況	現地踏査，ヒアリング	現場施工性，仮設，施工期間の制約などへ反映

要と判断された場合は詳細調査を行う．現地予備調査の項目と調査内容の例を表 3.5.2 に示す．

3）詳細調査

詳細調査は，施設・部位ごとにコンクリート・鉄筋の腐食原因と腐食・劣化度を確認し，補修・改築設計に必要な基礎データを把握する．

補修・改築設計に必要な項目は，

① 腐食・劣化部の除去深さおよび施工方法
② 断面修復の厚さおよび補修材料
③ 鉄筋腐食の有無と程度（必要に応じ，構造計算，鉄筋補強などの検討）
④ 施設のコンクリート腐食環境，供用条件および補修工事の施工条件
⑤ ④に基づく補修工法の選定

である．詳細調査の調査項目と調査内容の例を表 3.5.3 に示す．

補修にあたっては，コンクリート腐食・劣化深さの決定が重要であり，現地予備調査および詳細調査で示した各種分析方法が開発されている．補修時には，供用施設の運転を維持しながら，あるいは一時的に停止させての調査・補修施工となるので，迅速な判定方法の開発が課題である．

硫酸イオンのコンクリートへの侵入状況と，腐食コンクリート表面から深部に至る pH の変化，コンクリート主要組成の変化，試薬の呈色範囲の概念を図 3.5.3 に示す．1% フェノールフタレイン指示薬は pH 8〜10 以上で赤紫色に呈色するため，フェノールフタレイン法による中性化領域は，pH 8 以下と判断される．コンクリート腐食断面では，中性化領域より深い部分に硫酸イオンが侵入していると考えられ，その程度は，コンクリートの状態やコンクリート腐食環境により異なるが，おおむね 1〜2 cm 程度（コンクリート成分としてエトリンガイトが多い部分）である．この硫酸侵入領域を判定する手法として，フェノールフタレインより高い pH 領域（pH 11〜13）で呈色する指示薬の利用や硫酸イオンに対する指示薬が開発されている．詳細調査にある EPMA（電子線マイクロアナライザー）などによる精密分析に基づくコンクリート中の成分分析による確認方法もある．

以上から，コンクリート表面からの腐食深さの定義には，

① フェノールフタレイン法により変色しない範囲（pH 8 以下の中性化範囲）
② 硫酸イオンに呈色する指示薬による硫黄侵入範囲
③ EPMA 等を用いた深さ方向の硫黄とカルシウムなどの成分濃度分布の測定による中性化範囲と硫黄侵入範囲

などが提案されているが，一般的にはもっとも簡易なフェノールフタレイン法で判定される場合が多い．

コンクリート腐食深さの判定に基づく劣化部の除去深さの定義は，

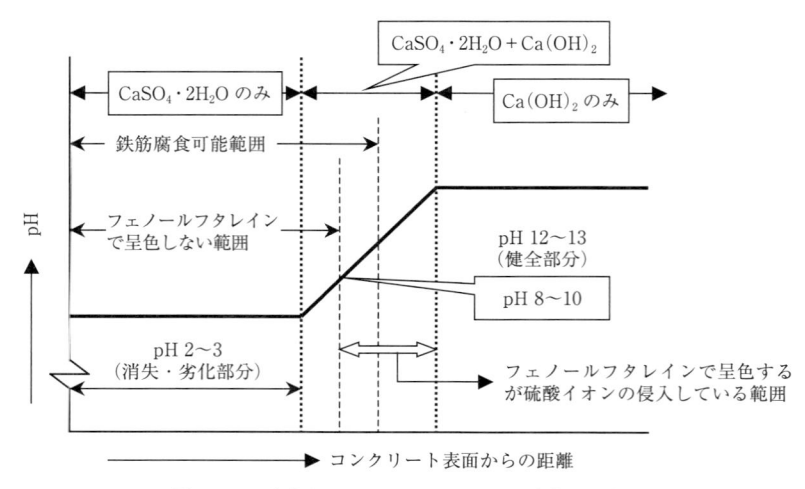

図 3.5.3　硫酸イオンによるコンクリート腐食の概念図

① 中性化領域
② 硫酸イオンの侵入領域を考慮して，中性化領域 $+\alpha$
③ 硫酸イオン（硫黄）侵入領域

などが考えられるが，腐食・劣化したコンクリート領域は，表面から①脆弱な腐食部（二水石膏部），②エトリンガイトが多い部分（①の領域から1～2 cm 程度の領域），③健全部に区分される．このため，劣化部除去の方法と経済性，ならびに断面修復材や表面被覆工法との組合わせによる総合的な耐硫酸性を考慮して，劣化部除去深さを適正に決定する必要がある．

4) 診　断

詳細調査の結果をもとに，①コンクリート腐食・劣化原因の確認，②コンクリート腐食・劣化度，③コンクリート腐食・劣化の進行性を総合的に判定し，各施設の補修の緊急性により優先順位の決定し，補修工法の選定を行う．診断事項と補修施工計画との関連を表 3.5.4 に示す．

下水道コンクリート構造物の健全性の維持と適切な補修のためには，日常的な点検が不可欠である．

表 3.5.4　診断事項と補修施工計画の関連

診断事項	補修施工計画への反映
コンクリート腐食深さ	劣化部除去（はつり）深さ はつりの施工方法
欠損断面の修復深さ	断面修復材，施工方法
コンクリート腐食環境	断面修復・防食工法のグレード
鉄筋腐食の有無と程度	別途構造計算の要否，鉄筋補強，鉄筋防食

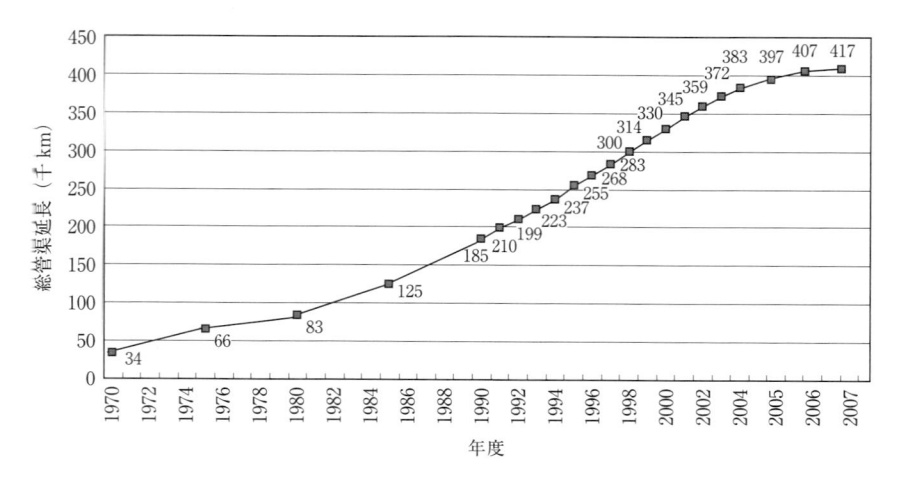

図 3.5.4　管渠総延長

しかし，下水道環境は酸素欠乏，硫化水素などの有毒ガスの発生，下水の流入を止めることが困難であるなどの問題から，日常的な点検は十分には行われていないのが現状である．

3.5.2 下水道管の劣化の特徴と点検のポイント[2), 3)]

わが国の下水道管の総延長の推移を図3.5.4に，管種別の発注延長を図3.5.5に示す．下水道の普及とともに管渠延長は順調に増えているが，近年建設される下水導管はほとんどが硬質塩化ビニル管であり，鉄筋コンクリート管が占める割合は減る一方である．しかし，鉄筋コンクリート管は大口径管や推進管として使用されており，現在でも一定の割合は確保している．また，早い時期に施工された管渠はϕ800 mm以下の小口径管も含めて鉄筋コンクリート管が多く，老朽化した鉄筋コンクリート管の補修・改築が課題となっている．

硫酸によるコンクリート腐食は下水道管のすべての部分で発生するわけではなく，以下の箇所で局所的に顕著に発生する．

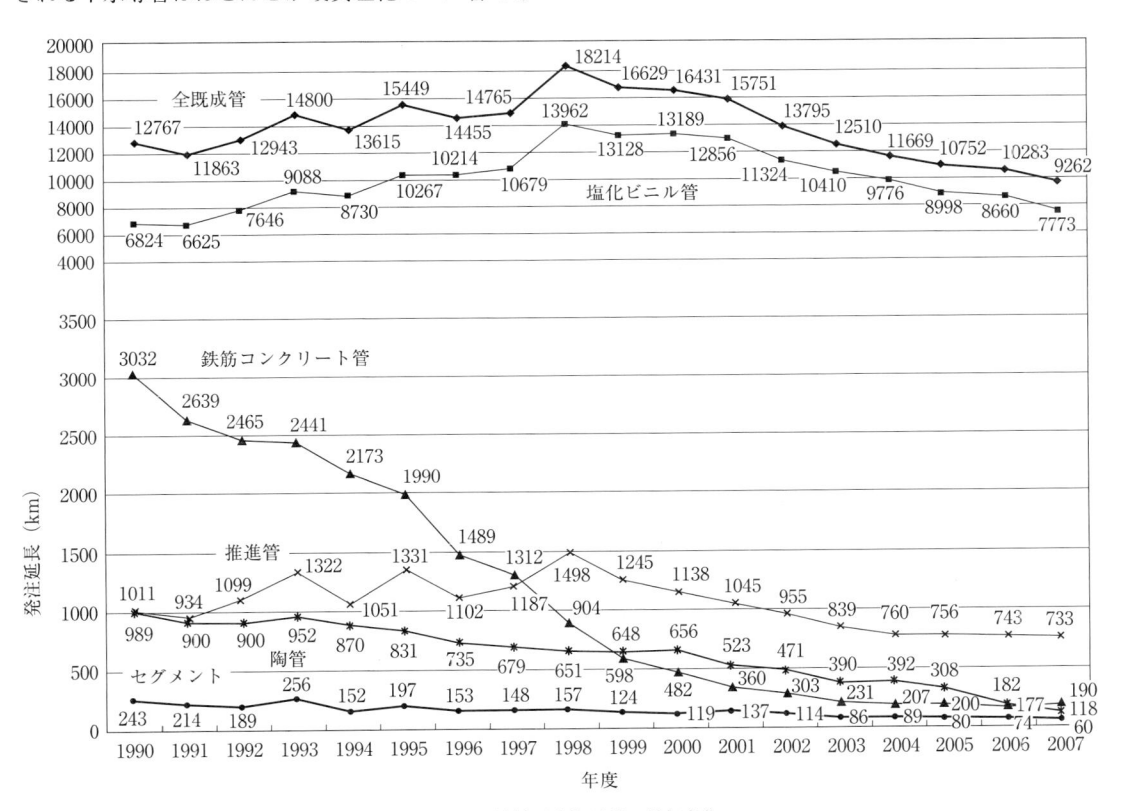

図3.5.5 管種別発注延長の経年変化

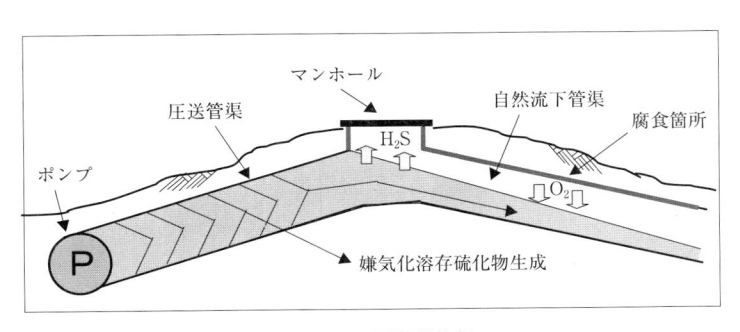

図3.5.6 圧送管開放部

a. 圧送管の吐き出し部の気相部（図3.5.6）

下水道管は基本的に半管流の自然流下であるが，地形などの条件により中継ポンプ場が設置され，ポンプ圧送を行う場合がある．圧送区間は満管状態であり，この区間が長いと下水が嫌気化し，硫化物が生成される．この硫化物が大気開放に伴う下水の攪拌によって硫化水素ガスになり，これから硫酸が生成などされる

b. 段差や落差の大きい箇所の気相部（図3.5.7）

自然流下である下水道管には段差部を設けないのが原則であるが，地形的要因や，幹線管渠に枝管が合流する場合に人孔部などで段差や落差が生じることがある．ここでは下水が落下する際に攪拌され，硫化水素ガス（H$_2$S）が生成される．

c. 伏越し管の上流部・下流吐き出し部の気相部（図3.5.8）

河川や埋設物がある場合，下水道管をこれらの下に通すために伏越しを設置することがある．伏越し上流部では下水が堰き止められ，この際に攪拌が生じる．また，伏越し部は流速が低下しやすく堆積物が生じるため，硫化物が生成されやすい．溶存硫化

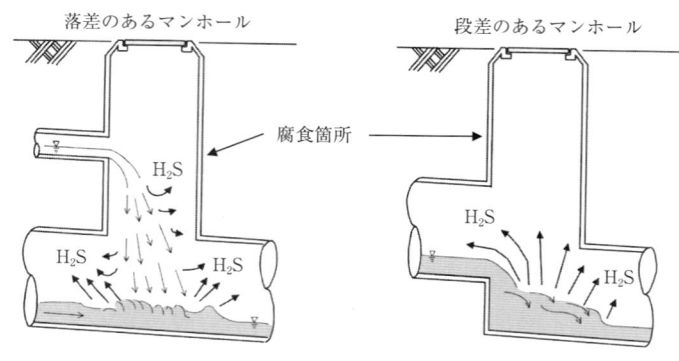

図3.5.7 落差，段差部

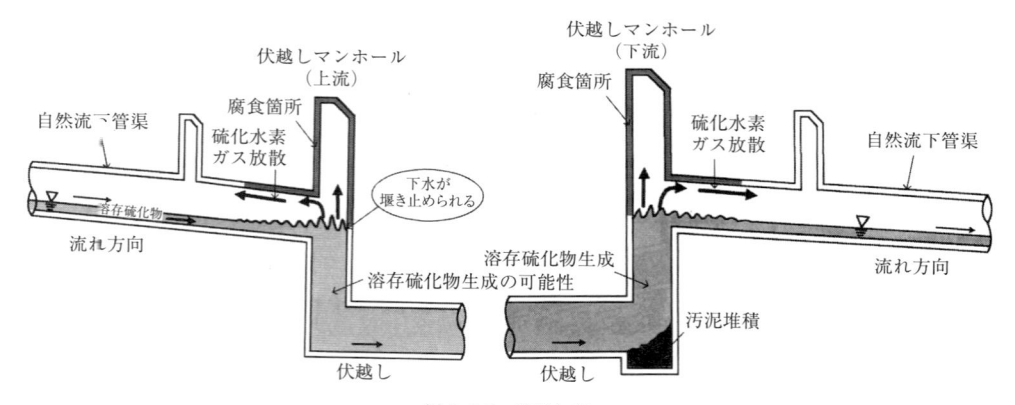

図3.5.8 伏越し部

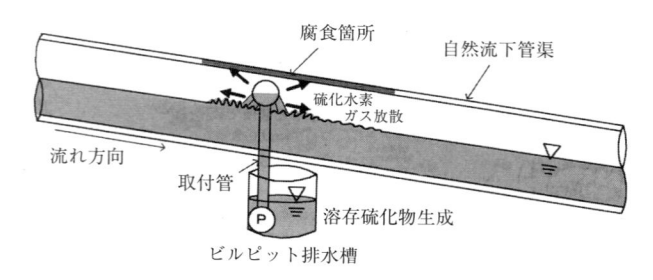

図3.5.9 ビルピット部

3.5 下水道施設

物を含む下水が伏越し下流部で攪拌されると硫化水素ガスが生成される.

d. ビルピット排水管の接合部の気相部
（図 3.5.9）

都市部の大規模なビルでは，地下室の床部分が下水道管より深い位置に設置される場合があり，自然流下では排水できない．ビルピットはこのような場合にビルの地下に設置され，ビル排水を一時的にためておく施設である．通常，ビルピット排水は間欠的に公共下水道管にポンプ圧送されるが，中には長時間ビルピット内に下水が滞留する場合もあり，この間に下水中に硫化物が大量に生成される．この下水がポンプ圧送される際に攪拌され，下水道管内に大量の硫化水素ガスを発生させる．ビルピットは基本的にビル所有者が管理する施設であり，下水道管理者による調査，指導が困難である.

e. 海水や特殊排水の流入がみられる部分

下水道管が海岸近くに布設されている場合，管の継ぎ目や損傷部から海水が下水道管内に流入することがある．一般的な下水の硫酸イオン濃度は 30〜80 mg/l であるが，海水の硫酸イオン濃度は 2700 mg/l であり，少量の海水の流入でも下水中の硫酸イオン濃度は高くなる．また，工場排水や温泉排水にも硫酸イオンが多く含まれる例があり，これらを含むような下水が流れる部分ではコンクリート腐食が激しくなる傾向にある.

下水道管に硫酸によるコンクリート腐食が発生すると，管厚が減少し，進行すると鉄筋腐食が生じる．このような状況になると強度は大幅に低下し，道路陥没の原因になるなど市民への直接的影響を与えるおそれがある．（図 3.5.10）

下水道管は通常は道路の下に布設され，人孔も道路上に設置される．また，管内調査を行うには酸素欠乏・有毒ガス対策などを行う必要があるため，日常・定期点検は困難な場合が多く，人孔開口部付近の腐食状況から内部の状況を推定することが多いのが実情である．補修が必要と考えられる状況になった場合は，下水量の少ない夜間に管渠内の現地予備調査を行い，表 3.5.5 に示す劣化度ランクにより補修・改築の可否を判定している.

また，人が入ることが困難な口径 1000 mm 未満の管渠では，テレビカメラによる管内調査が行われ，

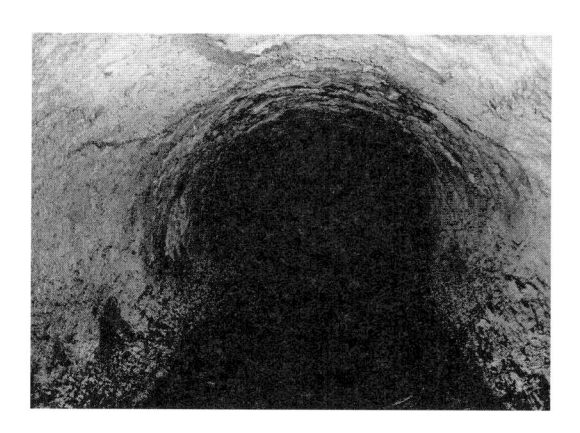

図 3.5.10 腐食した鉄筋コンクリート管

表 3.5.5 管渠の劣化度ランク

ランク	状　態	判　定
A	鉄筋が露出している	要補修
B	骨材が露出している	経過観察
C	コンクリート表面が荒れている	経過観察

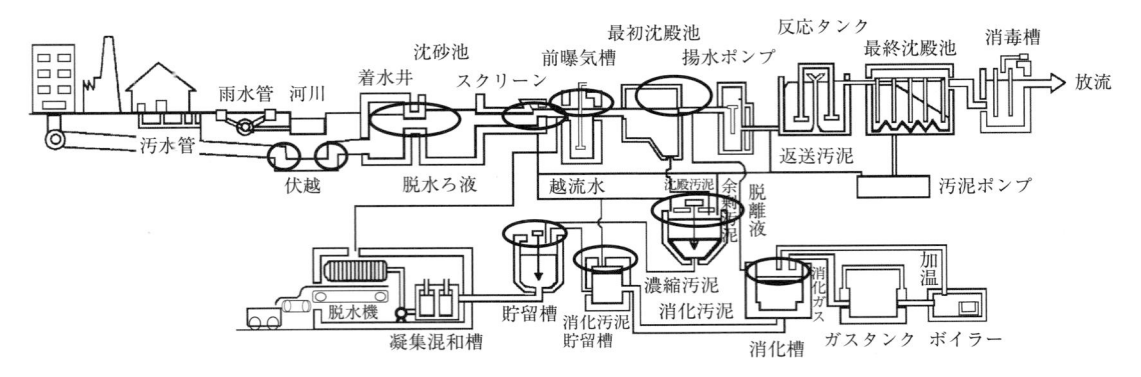

図 3.5.11 コンクリート腐食の起こりやすい場所（処理場）

劣化度ランクから補修の要否を判断している．

このように，管渠については点検・調査が非常に困難であり，水質やガス濃度から腐食の進行を把握する劣化予測手法の導入が有効であり，調査研究が行われている．

3.5.3 下水処理場・ポンプ場の劣化の特徴と点検のポイント

下水処理場・ポンプ場内で，硫酸によるコンクリート腐食が発生しやすい場所を図 3.5.11 および表 3.5.6 に示す．

硫酸によるコンクリート腐食が顕著に発生する条件は以下のとおりである．

表 3.5.6 硫酸によるコンクリート腐食が発生しやすい施設・部位

施　設	腐食が発生しやすい部位
ポンプ場	下水の流入部の気相部 ポンプアップ後の吐き出し部の気相部
処理場 （とくに覆蓋された施設）	着水井と連絡水路の気相部 分配槽と連絡水路の気相部 最初沈殿池越流ぜき部と流出水路の気相部 反応タンク流入部の気相部 汚泥濃縮槽の越流ぜき，ピットの気相部 汚泥貯留槽の気相部 嫌気性汚泥消化槽からの脱離液のピットの気相部 汚泥処理施設からの返流水管

a. 密閉空間

下水処理場やポンプ場は臭気の発生源となるため，迷惑施設として扱われており，近年では環境対策として処理施設に覆蓋を設置することが多い．とくに硫化水素ガスは下水処理場における臭気発生の代表的原因物質であるため，現在では硫化水素ガスが発生する施設は原則的に覆蓋が設置されるようになっている．その結果，硫化水素ガスは処理施設内に滞留することになる．また，覆蓋の設置により処理施設内の気相部の湿度が上昇して微生物活動が盛んになり，硫酸の生成が促進される．

b. 下水・汚泥が嫌気状態となる

硫酸塩還元細菌は嫌気状態の下水中で活発に活動するため，ポンプ井，汚泥貯留施設や最初沈殿池など下水や汚泥が嫌気状態で長く滞留する場所では，硫化物や硫化水素ガスが発生しやすくなる．

c. 下水・汚泥が撹拌されやすい状況にある

汚泥貯留槽では汚泥の沈殿を防ぐために撹拌機を設置する．また，ポンプ圧送の開放部では下水の撹拌が生じる．これら撹拌により液相部の硫化水素が気相部に放散され，硫化水素ガスとなる．

下水処理場・ポンプ場は，管渠と比べると比較的点検は容易であるので，日常・定期点検は行われている場合が多いが，構造が複雑であるので，日常・定期点検では劣化状況をすべて把握することは困難である．そこで，複数の処理系列がある施設では，機械設備の点検時にあわせて土木構造物の点検・調査を行うケースが多い．

3.5.4 下水道施設における対策の特徴

a. 対策技術の分類

硫酸によるコンクリート腐食に対しては，表3.5.7に示すような各種の対策技術が開発・採用されている．対策技術は大きく分けて①コンクリートの耐硫酸性を高める防食技術と，②コンクリート腐食の原因となる硫酸の生成を抑える腐食抑制技術に分類できる．

b. 管路施設への対策[3), 4)]

鉄筋コンクリート管に対する対策は，気相部のコンクリート表面への樹脂ライニングなどの有機系表面被覆工法（コンクリート防食工法・管更生工法）が一般的である．鉄筋コンクリート管は古い管から順に補修時期を迎えており，現在，全国で管更生工法による改築工事が行われている．

また，多量の硫化水素ガスが発生する圧送管に対しては，空気注入や酸素注入などによる嫌気化防止，薬品による硫化水素の酸化・固定化による腐食抑制技術が採用されている．

さらに，最近ではコンクリート自身の耐硫酸性を向上させる研究開発や，硫黄酸化細菌の増殖抑制を目的として，防菌剤や抗菌剤をコンクリート中に混入させる手法が考えられている．

一方，ビルピット排水の受け入れ部分でのコンクリート腐食に関しては，処理区域内に多くのビルピットを抱える東京都は，排水設備指導要綱により，ビルピット排水の制限，指導（公共汚水ますの内部空気中の硫化水素濃度は10 ppm以下，排水中の硫化水素濃度は2 mg/l以下，排水槽の滞留時間は2時間以内）を行うことで，下水道管内での硫化水素ガスの発生抑制を図っている．

表3.5.7 硫酸によるコンクリート腐食のおもな対策技術

対策技術の分類	技術の分類	対象施設	原理と対策
コンクリート腐食抑制技術（硫酸生成の抑制）	下水中の硫酸イオン濃度低下	主として管路施設	硫化水素の生成ポテンシャルの低下： ・工場排水，温泉排水等の規制，海水浸入の防止
	下水あるいは汚泥中の硫化物生成抑制	管路施設	嫌気化防止： ・圧送管への空気注入，酸素注入，硝酸塩注入など ・伏越し管の構造変更 ・自然流下の管渠での再曝気，沈殿物の排除，コンクリート表面の洗浄，フラッシング
		ポンプ場・処理場	嫌気化防止： ・揚水ポンプの適正運転 ・処理場の適正運転
	溶存硫化物の固定と硫化水素の気相中への放散防止	管路施設ポンプ場・処理場	液相中の硫化物の酸化・固定化： ・塩化第二鉄注入，ポリ硫酸第二鉄注入
			硫化水素の放散を抑制する構造： ・合流部の撹乱防止 ・段差・落差の解消
	硫酸を生成する硫黄酸化細菌の活動抑制	管路施設，ポンプ場・処理場	気相中硫化水素ガス濃度の希釈・除去： ・換気・脱臭 コンクリート表面の乾燥： 換気 硫黄酸化細菌の代謝抑制： ・コンクリートへの防菌剤・抗菌剤の混入
コンクリート防食技術（コンクリートへの対策）	コンクリートの耐硫酸性向上	管路施設，ポンプ場・処理場	コンクリート自身の耐硫酸性向上： ・耐硫酸性コンクリート コンクリート表面の被覆： ・塗布型ライニング工法 ・シートライニング工法
		管路施設（既設管）	管更生工法： ・反転工法，形成工法，製管工法， ・鞘管工法

表 3.5.8　設計腐食環境条件の分類

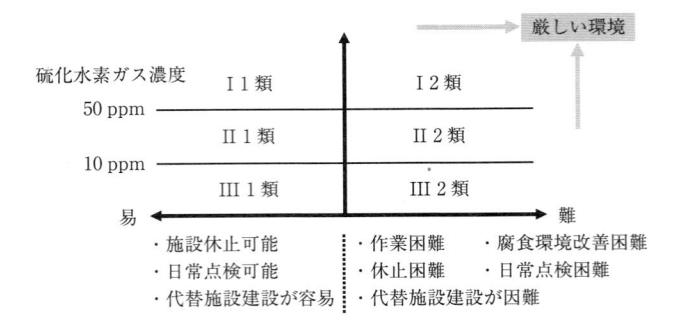

分類	腐食環境条件
I 種	年間平均硫化水素ガス濃度が 50 ppm 以上で，硫酸によるコンクリート腐食が極度に見られる腐食環境
II 種	年間平均硫化水素ガス濃度が 10〜50 ppm で，硫酸によるコンクリート腐食が顕著に見られる腐食環境
III 種	年間平均硫化水素ガス濃度が 10 ppm 未満であるが，硫酸によるコンクリート腐食が明らかに見られる腐食環境
IV 種	硫酸による腐食はほとんど生じないが，コンクリートに接する液相部が酸性状態になりうる腐食環境

```
硫化水素ガス濃度                       →  厳しい環境
                I 1 類    │   I 2 類              ↑
     50 ppm ───────────────────────
                II 1 類   │   II 2 類
     10 ppm ───────────────────────
                III 1 類  │   III 2 類
             ─────────────┼──────────────→
             易                         難
         ・施設休止可能  ・作業困難     ・腐食環境改善困難
         ・日常点検可能  ・休止困難     ・日常点検困難
         ・代替施設建設が容易 ・代替施設建設が困難
```

都市部の地下には，下水道管以外にも多くの埋設物が存在しており，老朽管の全面更新（布設替え）は非常に困難な状況である．そのため，既設管をできるだけ延命化することが重要な課題となっている．

c. ポンプ場・下水処理場への対策[5]

ポンプ場・下水処理場におけるコンクリート腐食問題に対応するため，昭和62(1987)年3月に日本下水道事業団は，「コンクリート防食塗装指針（案）」を作成した．これは腐食のとくに激しい部位について，タールエポキシ樹脂による表面被覆を行うことを規定したものである．

その後，数回の改訂を経て，現在では設計腐食環境とそれに対応した防食材料および仕様が分類整理されている．防食工法は液状の防食樹脂をコンクリート表面に塗布する塗布型ライニング工法と，シート状の樹脂成型板をコンクリートに貼り付けるシートライニング工法に分類されている．また，設計腐食環境は硫化水素ガス濃度と点検・施工条件を考慮して決められる．設計腐食環境の分類を表3.5.8に，設計腐食環境と工法規格の関係を表3.5.9に，防食工法の品質規格を表3.5.10に示す．

また，硫化水素ガスの濃度を下げる腐食抑制対策としては，換気・脱臭装置の設置，薬品添加による硫化水素の固定化などの技術が採用されている．

一般的に下水道コンクリート構造物は点検・補修が困難であるため，できるだけ耐用年数を延ばすことが有効であるが，そのためには以下の点に留意することが重要である．

①各防食工法の耐薬品性（耐硫酸性），コンクリートとの接着性，ひび割れ追従性，耐久性，防水性，施工性（必要工期，施工条件など），安全性，コストを明示することにより，腐食環境に応じた最適な防食工法を選定する．

②防食工法の設計・施工にあたって，各工法が固有に持つ使用材料の仕様，品質や施工条件，検査方法を明確にすることにより，各工法が持つコンクリート防食機能を確実に発揮（機能保証）できるようにする．

③腐食環境，硫黄酸化細菌の働き，硫酸によるコンクリート腐食・劣化の進行度合いと，これに対応する腐食対策を総合的に把握することによ

表 3.5.9　設計腐食環境と工法規格の関係

設計腐食環境	A 種	B 種	C 種	D1 種	D2 種
I 2 類					○
I 1 類				○	○
II 2 類				○	○
II 1 類			○		
III 2 類			○		
III 1 類		○			
IV 類	○				

3.5 下水道施設

表 3.5.10 防食被覆工法の品質規格

塗布型ライニング工法

	A 種	B 種	C 種	D1 種
被覆の外観	被覆にしわ,むら,剥がれ,われのないこと	同 左	同 左	同 左
コンクリートとの接着性[注1]	標準状態 1.47 MPa 以上 吸水状態 1.18 MPa 以上	同 左	同 左	同 左
耐酸性	pH 3 の硫酸水溶液に 30 日間浸漬しても被覆に膨れ,割れ,軟化,溶出がないこと	pH 1 の硫酸水溶液に 30 日間浸漬しても被覆に膨れ,割れ,軟化,溶出がないこと	10%の硫酸水溶液に 45 日間浸漬しても被覆に膨れ,割れ,軟化,溶出がないこと	10%の硫酸水溶液に 60 日間浸漬しても被覆に膨れ,割れ,軟化,溶出がないこと
耐アルカリ性	水酸化カルシウム飽和水溶液に 30 日間浸漬しても被覆に膨れ,割れ,軟化,溶出がないこと	同 左	水酸化カルシウム飽和水溶液に 45 日間浸漬しても被覆に膨れ,割れ,軟化,溶出がないこと	水酸化カルシウム飽和水溶液に 60 日間浸漬しても被覆に膨れ,割れ,軟化,溶出がないこと
透水性[注2]	透水量が 0.30 g 以下	透水量が 0.25 g 以下	透水量が 0.20 g 以下	透水量が 0.15 g 以下

注1): 接着強度を示す.
注2): JIS K 5400 の各項および JIS A 1404 11.5 項(透水試験)に基づき試験を行うもので,試験片に 294 kPa (3 kgf/cm^2) の水圧を 1 時間かけた後,透水量を測定する.
　　　透水量 (g) = 試験後の試験片の質量 (g) - 試験前の試験片の質量 (g)

シート型ライニング工法

		D2 種
被覆の外観		被覆にしわ,むら,剥がれ,割れがないこと
コンクリートとの固着性		0.24 MPa 以上
耐酸性		10%の硫酸水溶液に 60 日間浸漬しても被覆に膨れ,割れ,軟化,溶出がないこと
硫黄侵入深さ	シート部	10%の硫酸水溶液に 120 日間浸漬したときの侵入深さが設計厚さに対して 1%以下であること
	目地部	10%の硫酸水溶液に 120 日間浸漬したときの侵入深さが設計厚さに対して 5%以下であること.かつ 100 μm 以下であること
耐アルカリ性		水酸化カルシウム飽和水溶液に 60 日間浸漬しても被覆に膨れ,割れ,軟化,溶出がないこと
透水性		透水量が 0.15 g 以下

り,最適な設計・施工を行う.

④コンクリート腐食対策には,表面被覆工法以外に,コンクリートの耐硫酸性向上,防菌剤や抗菌剤の添加,換気・脱臭,薬液注入などによる腐食環境の改善などさまざまな腐食対策工法があり,これらを含めた総合的な対策を考える.

【須賀雄一】

文 献

1) 日本下水道事業団:下水道構造物に対するコンクリート腐食抑制技術及び防食技術の評価に関する報告書, 2001.
2) 日本下水道協会:日本の下水道, 2009.
3) 日本下水道協会:下水道管路施設腐食対策の手引き(案), 2002.
4) 日本下水道協会:管更生の手引き(案), 2001.
5) 日本下水道事業団:下水道コンクリート構造物の腐食抑制技術及び防食技術マニュアル, 2007.

3.6 トンネル

3.6.1 概説

トンネルは地盤に囲まれた線状の構造物であり，高架橋などの地上の構造物とは種々の面で異なった特性を有する．そのため，維持管理にあたってはその特性をよく理解する必要がある．そこで本項では，トンネルの種類と数量，施工法，構造を示した上で，トンネルに求められる性能と維持管理上の特徴について概説する．

なお，本項ではおもに交通用すなわち道路および鉄道トンネルをおもな記述対象とする．

a. トンネルの用途と数量

一般にトンネルの種類を用途から分類すると，道路，鉄道などの交通用トンネル，発電用導水路，下水道などの水路用トンネル，送電，通信用などの都市施設に供する電力・通信用トンネルなどがある．日本国内で供用されているこれらのトンネルの総延長を整理すると表3.6.1のようであり，経年分布を示すと図3.6.1[2)]のようである．今後これらの膨大な延長のトンネルをいかに的確に維持管理してゆくかは，各事業者にとって非常に重要な課題である．

b. トンネルの施工法と断面形状
1) トンネルの施工法

トンネルの施工法は，地中に横穴を掘削して構築する方法と地表から掘り下げて構築する方法とに大別される．前者には，山岳工法，シールド工法，推進工法があげられ，後者には，開削工法，沈埋工法，ケーソン工法があげられる．これらのうち，道路・

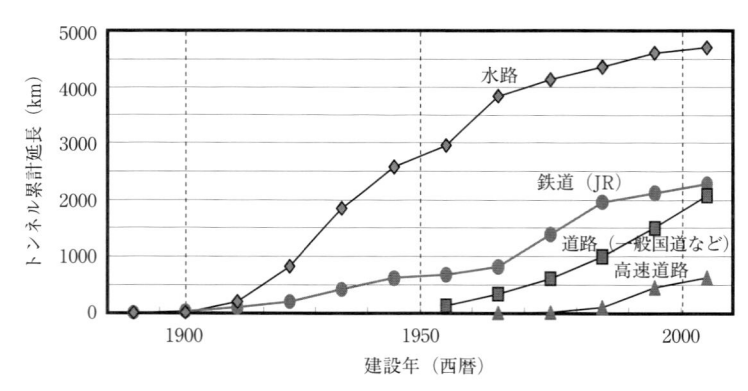

図3.6.1 日本における用途別のトンネル累積延長の変遷[2)]

表3.6.1 日本におけるトンネルの概略延長の内訳[1)]

用途	概略延長	記事（内訳など）
道路	2900 km	道路統計年報2004（国土交通省道路局監修全国道路利用会議による（平成14年度）
鉄道	3080 km	JR 2200 km 地下鉄 490 km 民鉄・第三セクターなど 390 km （平成14年度末，鉄道総研調べ）
導水路	4700 km	電力会社10社の導水路トンネルの合計（沖縄電力を除く）
下水道	360000 km	全国の下水道管渠の合計（平成14年度末）
電力・通信	電力 480 km 通信 600 km	電力：東京電力のみの場合 通信：NTTの場合

（2005.4 JTA保守管理委員会調べ）

鉄道トンネルでは，おもに山岳工法，シールド工法，開削工法が用いられている．

一方，立地条件の違いから「山岳トンネル」，「都市トンネル」の2種類に分類されることも多い．山岳トンネルは，山岳部の岩盤地山におけるトンネルであり，おもに山岳工法により建設される．都市トンネルは，平地部に立地する都市部の土砂地山におけるトンネルであり，おもに開削工法，シールド工法により建設される．

山岳工法，シールド工法，開削工法によるトンネルの構造的な特徴を簡単に紹介する（図3.6.2）．

① 山岳工法： 通常山岳部で採用されるトンネル工法で，まず上部に地山を残しながら爆破あるいは機械で掘削した後，吹付けコンクリートや鋼アーチ支保工などの支保を施し，最後に場所打ちコンクリート（無筋が標準）等による覆工を施すことでトンネルを建設する工法のことを言う．

② シールド工法： 都市部の土砂地山で採用されるトンネル工法である．シールドトンネルでは，セグメントと呼ばれるRC，合成，鋼製などのプレキャスト部材によって一次覆工（セグメント覆工）が構築される．セグメント覆工の内側には，場所打ちコンクリート（無筋あるいはRC）による二次覆工が施工される場合と施工されない場合がある．

③ 開削工法： 都市部の土砂地山で採用される．地表面から土留めと支保工を施工しながら地盤を溝状に掘削し，その中にトンネルを築造した後，埋め戻して路面を復旧する工法である．一般に箱型であり，躯体はRC構造である．なお，山岳部でも土被りの小さい坑口付近などに採用される．

2） トンネルの内空断面と断面形状

トンネルの内空断面は，建築限界とその外側に必要な余裕を加えた断面とし，トンネル構造の安定性，施工性などを考慮したうえで決定される．

トンネルの断面形状は，内空断面を満足することを前提として，図3.6.3に示すように，①矩形，②馬蹄形（側壁直～曲，インバートなし～あり），③卵型，④円形とすることが一般的である．矩形は開削工法の場合に多く，円形はシールド工法の場合に多い．山岳工法の場合は，馬蹄形が一般的であり，地山が良好であればインバートを設けないが，不良になるとインバートを設けた閉合断面とし，地圧が大きい場合は円形に近い断面にする場合もある．なお，トンネルの内空断面積は，鉄道の単線断面で25 m^{2}程度，鉄道の新幹線断面や2車線道路断面で70～90 m^{2}程度である．近年は，200 m^{2}を越えるような3車線高速道路トンネルや，駅部などの切り拡げ区間の鉄道トンネルなど超大断面のものや異形断面のものも増加している．

3） トンネルの施工法・断面形状と維持管理

以上1），2）で示したように，トンネルの覆工・躯体の構造や材質は，トンネルの施工法や地質など

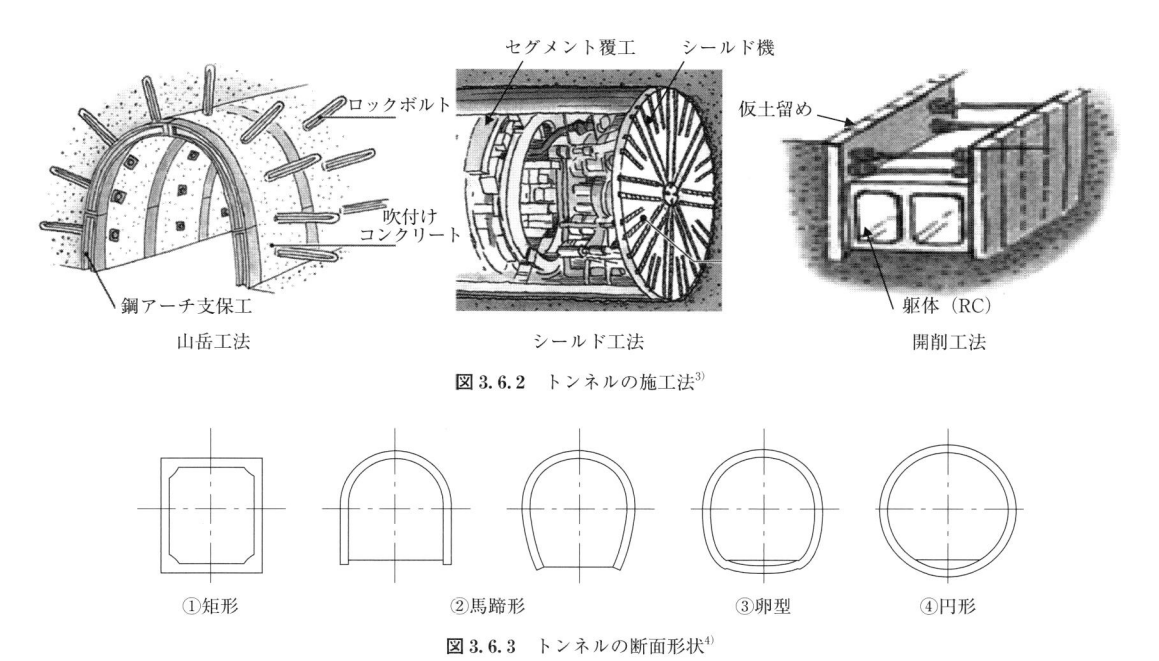

図3.6.2 トンネルの施工法[3]

①矩形　②馬蹄形　③卵型　④円形

図3.6.3 トンネルの断面形状[4]

の環境条件によって異なる．たとえば山岳トンネルにおける無筋コンクリート覆工と都市部のシールドトンネルや開削トンネルにおける鉄筋コンクリート覆工・躯体とでは，変状の現れ方にも各々特徴があり，評価と対策も分けて考える必要がある場合が多い．

したがって，トンネルの維持管理にあたっては，トンネルの施工法，断面形状，覆工・躯体の構造や材質ごとの特徴をよく理解することが重要である．これらの詳細については，「3.6.2 山岳トンネル」と「3.6.3 都市トンネル」に分けて詳述する．

c. トンネルに求められる性能と維持管理における着眼点

トンネルの供用中は，用途に応じて求められる性能を満足する必要がある．維持管理では，点検・検査によって性能を満たしているかを項目ごとに把握した上で総合的に評価（健全度の判定）し，性能を満たしてないあるいはその可能性がある場合には補修・補強などの措置を計画的に講じることが求められている．

たとえば，鉄道トンネルでは，トンネルの性能の考え方を表3.6.2のように整理している．ここでは，鉄道構造物の要求性能として，安全性（構造物が使用者や周辺の人の生命を脅かさないための性能），使用性（構造物の使用者や周辺の人に不快感を与えないための性能および構造物に要求される諸機能に対する性能），復旧性（構造物の機能を使用可能な状態に保つあるいは短期間で回復可能な状態に留めるための性能）に分類している．

以下，表3.6.2の鉄道トンネルの安全性にかかわる性能項目①～⑤について，維持管理における特徴や着眼点を，山岳トンネルと都市トンネルの観点も含めて大まかに説明する．

「①トンネル構造の安定性」「②建築限界と覆工との離隔」「③路盤部の安全性」が問題となることは，一般に少ないと考えられる．しかし，トンネルは地山との相互作用によって安定する構造物であり，安定が損なわれると大規模な対策が必要となるので，これらの性能項目の評価は重要である．たとえば，山岳トンネルでは，地質構造が複雑などの理由から，供用後に大きな地圧が作用することによって①～③が問題となる変状が生じ補強を強いられた事例が少なくない．都市トンネルでは，一般に設計外力を考慮して構造設計が行われるので，供用中に問題が生じることは少ないものと考えられる．ただし，たとえば，近年の地下水位の上昇によって設計時に想定されてない水圧が作用して安全性が低下するような事例が報告されている．

「④剥落に対する安全性」については，平成11 (1999) 年に発生した鉄道トンネルの覆工コンクリートの剥落事故を契機として，トンネルではとくに問題となる性能項目となっている．山岳トンネルの覆工は無筋コンクリートが一般的であることから，剥落の規模が大きい傾向にある．都市トンネルの覆工はRCが一般的であることから，中性化など

表3.6.2 トンネルの要求性能と性能項目の例（鉄道トンネルの場合）[5]

要求性能	性能項目	具体的な内容
安全性	①トンネル構造の安定性	トンネルが崩壊しない
	②建築限界外余裕	建築限界を支障しない
	③路盤部の安定性	列車の安全な運行に支障するような路盤の隆起・沈下・移動が生じない
	④剥落に対する安全性	列車の安全な運行に支障するような覆工片，補修材等の剥落が生じない
	⑤漏水・凍結に対する安全性	列車の安全な運行に支障するような漏水，凍結が生じない
使用性	⑥漏水・凍結に対する使用性	漏水・凍結が坑内設備の機能に影響を及ぼさない
	⑦表面の汚れ	検査に著しく支障するような汚れがない
	⑧周辺環境に与える影響	周辺環境に有害な影響を与えない
復旧性	⑨災害時等の復旧性	復旧対策が必要となるような災害時の偶発的な作用を受けた場合でもトンネルが崩壊せず性能回復が容易に行える

の劣化の進行による被りコンクリートの剥落が問題となるなど，各々に特徴を有する．

「⑤漏水・凍結に対する安全性」については，漏水・凍結そのものがトンネルの機能を阻害するほか，覆工の材料劣化や地圧の作用による変状を促進する原因となるので，トンネルにおいてはきわめて重要な性能項目となっている．山岳トンネルでは，一般に覆工に水圧を作用させない排水型のトンネルであることが多いので，漏水を止めずに導水する対策を講じることが多い．都市トンネルでは，地下水位を低下させない防水型のトンネルであることが多いので，止水を行うことを基本に考えることが多い．

d. トンネルの維持管理の体系と方法

道路や鉄道では，覆工コンクリートの剥落事故の発生を契機として維持管理の重要性が再認識され，これまでの技術指針類の改訂などがなされつつある．道路トンネルでは，日本道路協会の「道路トンネル維持管理便覧」(1993)[6]や旧日本道路公団の「道路構造物点検要領（案）」(2002)[7]を，鉄道トンネルでは，鉄道総合技術研究所（国土交通省鉄道局監修）の「鉄道構造物の維持管理標準・同解説（トンネル）」(2007)[8]をそれぞれ基本として維持管理を行っている．

1) 点検・検査の種類

道路・鉄道トンネルで実施されている点検・検査の名称を，表3.6.3に示す．以下，ここでは，表に示すように一次点検，二次点検という用語を用いて概説する．

2) 一次点検

一次点検は，問題となる変状を早期に確実に把握することをおもな目的として行うものであり，全数を対象として定期的に行うものと，地震などの災害や事故が懸念される場合などに適宜行うものとがある．一次点検の方法は，覆工表面を直接観察する目視を主体とし，ハンマーで覆工表面を打撃し覆工内部の状態を把握するため打音を併用することが一般的である．問題となる変状が認められた場合は，二次点検を実施する．定期的に行う一次点検の周期は，トンネルの用途や点検内容に応じて各企業者によって個々に定められている．

以下，一次点検の種類，目的，頻度，方法などについて道路，鉄道ごとに概説する．

道路トンネル

①初期点検：　完成後の初期状態の把握を目的として供用開始前に実施する．足場や点検車等を用いて近接目視と打音により行うことを基本とし，建設時の変状や補修履歴などの記録も整理する．

②日常点検：　変状などの早期発見のために，道路の通常巡回の際に併せて実施する全延長を対象とする目視点検を言う．

③定期点検：　トンネルの保全のために定期的に実施するものを言う．おもに目視と簡易な点検器具を用いて全延長を対象とし，たとえば，一般国道では初回の定期点検は建設後2年以内で

表3.6.3　各機関で実施している一次点検・二次点検の名称（文献[9]を一部修正）

用途	道路		鉄道
企業名	国土交通省	旧日本道路公団	国土交通省
一次点検	日常点検	日常点検	
	初期点検	初期点検	初回検査
	定期点検 異常時点検 臨時点検	定期点検 詳細点検 異常時点検 臨時点検	通常全般検査 特別全般検査 随時検査
二次点検	調査	調査	個別検査

表3.6.4　道路トンネルにおける健全度判定区分の例[6]

判定区分	判定の要素				対策の緊急度
	通行者，車両の安全走行に及ぼす影響	構造物としての安全性に及ぼす影響	維持管理作業に及ぼす影響	変状の程度	
3A	危険	重大	著しい	重大	直ちに対策を施す
2A	早晩脅かす．異常時に危険となる	早晩重大となる	大きい	進行中．機能低下も進行する	早急に対策を施す
A	将来危険となる	将来重大となる	中程度	進行中．機能低下のおそれがある	重点的に監視をし，計画的に対策を施す
B	現状は影響がない	同左	ほとんどない	軽微	監視をする

表3.6.5　道路トンネルにおける判定基準の例[6]

① 外力による変状に対するもの

判定区分 \ 変状の種類	通常の変状・崩壊 覆工コンクリートの変形, 移動, 沈下	通常の変状・崩壊 覆工コンクリートのひび割れ	通常の変状・崩壊 覆工コンクリートの浮き, 剥落	突発性の崩壊（突発性の崩壊とは, あまり変状が発展しない状況で, 突然崩壊が発生することである）
3A	変形, 移動, 沈下などしており, 構造物の機能が著しく低下しているもの	ひび割れが大きく密集している. また, せん断ひび割れが生じ, 進行が大きいと認められるもの	アーチ上部のひび割れの密集・圧ざによる浮き, 剥落が生じコンクリート塊が落下するおそれのあるもの	アーチ部の覆工背面に大きな空隙があり, 有効な覆工厚が少なく, 背面の地山が岩塊となって落下する可能性があるもの
2A	変形, 移動, 沈下などしており, 近いうちに構造物の機能低下が予想されるもの	ひび割れが大きく密集している. また, せん断ひび割れが生じ, 進行が認められるもの	側壁部のひび割れ密集・圧ざによる浮き, 剥落が生じ, コンクリート塊が落下するおそれのあるもの	アーチ部の覆工背面に大きな空隙があり, 背面の地山が岩塊となって落下する可能性があるもの
A	変形, 移動, 沈下などしているが, 進行が緩慢であるもの	ひび割れがあり, 進行が認められるもの	—	覆工側面に空洞があり, 今後水による洗い出しなどにより, 背面の空洞が拡大する可能性のあるもの
B	変形, 移動, 沈下などしているが, 進行が停止しており, 変状が再発する恐れのないもの	ひび割れがあるが, 進行が認められないもの	—	—

② 材料劣化による変状に対するもの

判定区分 \ 変状の種類	覆工コンクリートなどの断面強度の低下	覆工コンクリートの浮き, 剥落	鋼材腐食
3A	材料劣化などにより断面強度が著しく低下し, 構造物の機能が著しく損なわれたもの	アーチ上部の材料劣化により, 浮きが生じ, コンクリート塊が落下するおそれのあるもの, あるいはすでに剥落が認められるもの	—
2A	材料劣化などにより断面強度が相当程度低下し, 構造物の機能が損なわれたもの	側壁部の材質劣化による浮きが生じ, コンクリート塊が落下するおそれのあるもの, あるいはすでに剥落が認められるもの	腐食により, 鋼材の断面欠損が著しく, 構造用鋼材として機能が損なわれているもの
A	材料劣化などにより断面強度が低下し, 構造物の機能が損なわれる可能性があるもの	—	孔食あるいは, 鋼材全周の浮きさびが見られるもの
B	材料劣化などが見られるが, 断面強度への影響がほとんどないもの	浮き, 剥落が認められないもの	表面的あるいは小面積の腐食

③ 漏水などによる変状に対するもの

判定区分 \ 変状の種類	漏水	側氷, 土砂流出
3A	コンクリートのひび割れなどから, 漏水が噴出し, そのため通行車両の安全性を損なうもの	寒冷地において, 漏水などにより, つららや側氷が生じ, 所定の限界を損なうもの, 漏水に伴う土砂流出があり, 舗装が陥没したり沈下するおそれのあるもの
2A	コンクリートのひび割れなどから, 湧き水が落下し, そのため通行車両の安全性を損なうおそれのあるもの	排水不良により, 舗装面に滞水があるもの
A	覆工のコンクリートのひび割れなどから, 湧水が滴下し, そのため近い将来, 通行車両の安全性を損なうおそれのあるもの	排水不良により, 舗装面の滞水を生じるおそれのあるもの
B	覆工のコンクリートのひび割れなどから, 湧水が浸出しているが, 通行車両の安全性にほとんど影響がないもの	漏水はあるものの, 現在はほとんど影響がないもの

行い，その後は2～5年に1回行う．旧日本道路公団では1年に1回行う．
④異常時・臨時点検： 日常点検で異常が発見された場合に行う点検で，必要と判断される箇所を対象として行う．内容や方法は定期点検に準ずる．
⑤詳細点検（旧日本道路公団）： 全トンネルに対して足場や点検車を用いた近接目視と打音により変状を把握する．最大5年おきに行う．

鉄道トンネル
①初回検査： 完成後の初期状態の把握を目的として供用開始前に実施する．目視は，至近距離から十分な照明を用いて行い，必要により撮影を併用する．打音は，要注意箇所や目視で必要と判断されたものについて内部状況の把握のために行う．検査結果は変状展開図などに記録・保管する．
②通常全般検査： 全トンネルを対象として，2年ごとに実施する検査である．目視は，徒歩などにより十分な照明を用いて行う．打音は，目視で必要と判断された箇所で行う．

③特別全般検査： 全トンネルを対象として，通常全般検査よりも精度を上げて定期的に行う検査であり，新幹線で10年に1回，在来線で20年に1回行う．通常全般検査の方法との違いは，至近距離から十分な照明を用いて目視を行うことと，打音が必要な箇所を多くしていることである．
④随時検査： 地震などの災害や事故などの後で機能確認を行う場合など，必要に応じて実施する．調査方法は，目的に応じて目視や打音などによる．

3） 二次点検

二次点検は，一次点検の結果に基づいて詳細な調査を行うものであり，変状の程度や進行性を詳細に把握し，変状原因の推定と変状の将来予測を行い，対策の必要性や時期を判断するものである．道路では一般に「調査」と呼ばれ，鉄道では一般に「個別検査」とよばれている．

詳細な調査の方法としては，変状の状況に応じて適宜判断されるが，電磁波探査による覆工厚の調査等の非破壊検査，ひび割れ計測，内空変位測定，ボー

表3.6.6 鉄道トンネルにおける健全度判定区分（変状の程度，措置等の関係を含む）[5]

①剥落以外の安全性に対するもの

健全度		運転保安，旅客および公衆などの安全に対する影響	変状の程度	措置など
	AA	脅かす	重大	緊急に措置
A	A1	早晩脅かす 異常時外力の作用時に脅かす	進行中の変状等があり，性能低下も進行している	早急に措置
	A2	将来脅かす	性能低下のおそれがある変状等がある	必要な時期に措置
B		進行すれば健全度Aになる	進行すれば健全度Aになる	必要に応じて監視等の措置
C		現状では影響なし	軽微	次回検査時に必要に応じて重点的に調査
S		影響なし	なし	なし

注：本表は安全性について標準的な健全度と変状程度などとの関係を記述したものであり，使用性や復旧性を考慮する場合には別途定めるものとする．

②剥落に関する安全性に関するもの

健全度	変状の状態	措置など
α	近い将来，安全を脅かす剥落が生じるおそれがあるもの	措置が必要
β	当面，安全を脅かす剥落が生じるおそれはないが，将来，健全度αになるおそれがあるもの	次回通常全般検査時： 　注意して目視し，必要に応じて打音調査 次回特別全般検査時：打音調査
γ	安全を脅かす剥落が生じるおそれがないもの	次回特別全般検査時：打音調査

リング調査，強度試験，材料劣化試験など，さまざまなものがある．

4) 健全度の判定

道路，鉄道とも，一次点検，二次点検の結果に基づいてそれぞれ健全度が判定され，その結果により必要な措置がとられる．健全度判定区分と判定基準の概略を下記に整理する．

①道路トンネル[6]：道路トンネルでは，対策の緊急度と変状の程度を，おもに，通行者や車両の安全走行，構造物としての安全性および維持管理作業に及ぼす影響に基づき，判定している．

判定区分と判定基準をそれぞれ表3.6.4および表3.6.5に示す．通常，点検（一次点検）に対する判定区分はA, Bのいずれかであることが多いが，さらに調査（二次点検）を行って3A, 2Aの判定となる変状を抽出し対策を行う．また，コンクリート片の落下は，通行者・車両の安全を脅かすので，規模の大小にかかわらず上位ランクに判定される．

②鉄道トンネル[5]：鉄道トンネルでは，全般検査（一次点検）により健全度を判定した上で，健全度がAと判定されたものに対して個別検査（二次点検）により詳細な健全度判定を行うという流れであり，従来から国鉄で実施されてきた保守体系[9]をもとに確立されている．健全度の区分と判定は，表3.6.6に示すように，従来から用いられてきたA（さらにAA, A1, A2に細分），B, C, Sによる判定に加えて，剥落に対する健全度判定（α, β, γ）が用いられている．

【小島芳之】

文　献

1) 日本トンネル技術協会保守管理委員会：各種装置を活用した新しいトンネル検査手法 (1)―1 序論―，トンネルと地下，**37**(4), pp.67-74, 2006.
2) 土木学会岩盤力学委員会：トンネルの変状メカニズム，2003.
3) 土木学会：ものしり博士のドボク教室 (1999 作成) http://www.jsce.or.jp/contents/hakase/index.html
4) 村上　温，野口達雄：鉄道土木構造物の維持管理，日本鉄道施設協会，1998.
5) 鉄道総合技術研究所：鉄道構造物等維持管理標準・同解説［構造物編　トンネル］，丸善，2007.
6) 日本道路協会：道路トンネル維持管理便覧，1993.
7) 国土交通省道路局国道課：道路トンネル定期点検要領（案），2002
8) 旧日本道路公団：道路構造物点検要領（案），2001.
9) 日本国有鉄道：土木建造物の取替え標準，施設協会，1979.

3.6.2　山岳トンネル

a. 概　説

山岳トンネルは，一般に山岳〜丘陵地の岩盤（硬岩〜軟岩）や洪積台地の比較的締まりの良い土砂地山中に構築されるトンネルであり，おもに山岳工法が適用される．

1) 施工法の変遷と設計法

①施工法の変遷：山岳工法がはじめて日本に導入されたのは1870年代であり，その後1950年代半ばまでは，木製支柱式支保工を用いた人力掘削による施工が行われてきた．その間の覆工は，1930年頃までは煉瓦や石積みのものが主体であったが，その後1920年頃からコンクリートブロック積みが盛んに用いられた時期を経て，1940年頃から人力による場所打ちコンクリートが主体となった．

一方，1950年代半ばから鋼製支保工と木矢板で地山を支えながらトンネルを掘削する工法（矢板工法）が主流になり，掘削・支保・覆工の機械化が飛躍的に進んだ．一方で，覆工コンクリートには，当時の施工技術上やむを得ず構造欠陥（アーチ部の覆工と地山間の空隙，施工打継目部（アーチ-側壁間，側壁-インバート間）の不良，コールドジョイント，等）が生じることもあり，現在でも維持管理上の課題が残されている．

1980年頃からは，吹付けコンクリートとロックボルトによって地山を支保しながらトンネルを掘削する工法（New Austrian Tunneling Method：NATM）が主流となり，施工技術が飛躍的に発展し，覆工の品質も向上した結果，維持管理上の課題は大幅に減少した．

これらの工法の変遷を概略まとめると，図3.6.4のようになる．

②構造的な特徴と設計法：トンネル構造を矢板工法とNATMで比較した例を図3.6.5に示す．両者は地山を直接支える支保工が異なるものの，覆工は無筋の場所打ちコンクリート造とするのが一般的である．また，覆工の設計は，形状，巻厚，材料強度が予め設定された標準設計を当てはめて行う経験的設計法によることが多く，解析的設計法によることは少ない．

標準設計が適用される場合の山岳トンネル覆工の位置づけと設計の考え方はおおむね以下のようである．

3.6 トンネル

建設年代（西暦）	1874〜1883	1884〜1893	1894〜1903	1904〜1913	1914〜1923	1924〜1933	1934〜1943	1944〜1953	1954〜1963	1964〜1973	1974〜1983	1984〜1993	1994〜
掘削	頂設導坑（日本式）					新奥式			頂設導坑			底設導坑先進		NATM
支保方式	木製支柱式支保工								鋼製支保工				吹付けコンクリート＋RB
覆工方式 材料	レンが石積み			コンクリートブロック					場所打ちコンクリート				
覆工方式 施工方法	入力						機械（ポンプ,プレーサ）					（ポンプ）	
									引抜き管				吹上げ

図 3.6.4 山岳トンネルの施工法の変遷[1]

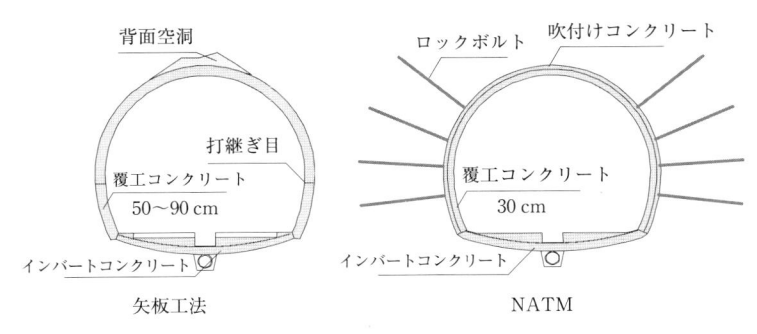

図 3.6.5 山岳トンネルの構造の例

i) 矢板工法では，覆工は土圧などを支持する構造体と位置づけられている．覆工の設計は，地山の状態に応じて鋼製支保工とともに巻厚を変化させることが一般的であり，たとえば，土木学会「トンネル標準示方書（山岳編）・同解説（昭和52年版）」[2]では幅9mのトンネルでは40〜70cmの設計巻厚とすることを標準としていた．

ii) NATMでは，掘削後のトンネルを支保工（吹付けコンクリート，ロックボルト等）と地山の相互作用によって安定させることを基本としており，覆工は一般に「化粧巻き」と位置づけている．そのため，覆工は薄肉であり，たとえば新幹線断面や高速道路2車線断面の標準巻厚は一律30cmとなっている[3]．

なお，坑口付近やとくに地山が不良な区間（破砕帯など），水圧や近接施工などトンネル完成後に土圧などの外力の作用を想定する必要がある場合には，巻厚の増加，補強（RC構造の採用など），断面形状の変更等が検討される．この場合は，近年では解析的な設計法が併用されることが多く，骨組構造解析等の数値解析を用いた設計が一般的に行われている[3),4)]．路盤構造については，地山が良好な場合は路盤部が直接岩盤に接する構造であるが，地山が不良な場合はインバートを設置してトンネルを閉合させる構造となっている．

一般に山岳トンネルは，地下水を坑外に導水する「排水型トンネル」として設計され，路盤部などに排水工が設置される．またNATMでは，吹付けコンクリートと覆工コンクリートの間に防水工を設置することが一般的であり，水密性に優れたトンネル構造となっている．

2) 変状の分類と特徴

山岳トンネルの変状現象には，ひび割れや剥離・剥落，変形，漏水などさまざまなものがあり，部位ごと（覆工，路盤，坑門，地山）に整理すれば図3.6.6[5]のようになる．また，変状原因を外因（外力，環境）と内因（材料，設計，施工）に区分し，自然的・人為的要因も加味して整理すれば，表3.6.7[5]のようになる．これらの要因の中で，変状の現れにつねにかかわりをもつものは，初期ひび割れやコールドジョイント，背面空洞等の内因である．トンネルの変状の大部分は，内因が素因となって変状を誘発するものであると考えてよい．上述のように，近年のNATMでは内因の問題は少ないが，矢板工法では当時の施工技術上止むを得ない問題であったと考え

られる．

これらの変状原因と現象について，以下の (b)～(d) では，①外力によるもの，②材料劣化によるもの，③漏水によるもの，の3種類に大別して各々解説する．

b. 外力の作用による変状と点検のポイント
1) 変状の特徴と変状事例

一般に山岳トンネルの覆工は，完成後に作用する外力に対して十分な余力をもっている．たとえば，図3.6.7は，新幹線トンネルを想定した縮尺1/30のモルタル模型に対して行った載荷実験結果の一例である．この図に示すように，地盤に囲まれたアーチ構造であるトンネル覆工は，多少ひび割れが生じても十分な耐荷力と変形性能を有する構造物である．しかしながら，覆工と地山の間に空隙がある場合等の構造欠陥がある場合には，覆工の耐力と変形性能が極端に低下する．また，地質条件によっては想定を超える外力が作用して変状が生じこともある．このように，トンネルに土圧などの外力が作用して変形やひび割れなどが生じると，トンネル構造の不安定化，建築限界支障，路盤部の安定性低下，覆工片の剥落など，車両走行の安全性を脅かすことになる．そのため，時には補強や改築を余儀なくされることになる．

土圧などの外力の種類としては，図3.6.6にも示したように，①塑性圧，②地山の緩みによる鉛直圧，③偏圧・斜面クリープ，地すべりが代表的なものである．また，④水圧，⑤地盤沈下や地耐力不足，⑥近接施工，⑦地震なども重要な要因である．

一方，外力による変状を誘発させる内因としては，設計上の要因（インバートがないものなど），施工上の要因（覆工背面の空洞，覆工の巻厚不足，打継ぎ目の不良など）があり，ほとんどの変状に対して

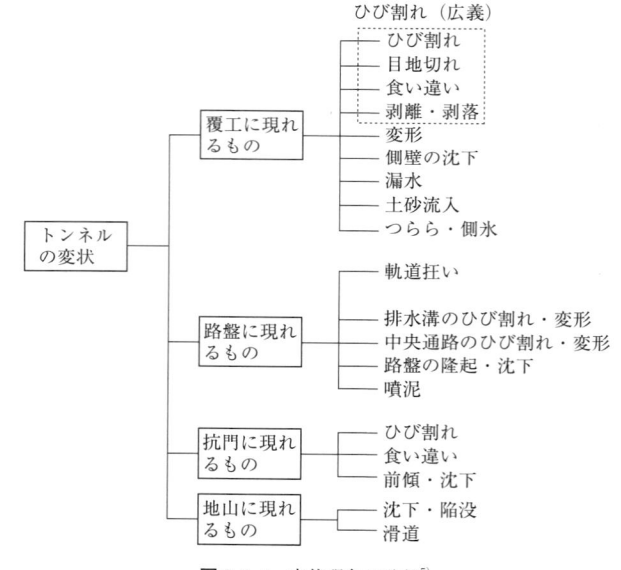

```
                    ┌─ ひび割れ（広義）
                    ├─ ひび割れ
                    ├─ 目地切れ
          ┌ 覆工に現 ├─ 食い違い
          │ れるもの ├─ 剥離・剥落
          │         ├─ 変形
          │         ├─ 側壁の沈下
          │         ├─ 漏水
          │         ├─ 土砂流入
          │         └─ つらら・側氷
          │
          │         ┌─ 軌道狂い
トンネル  │ 路盤に現 ├─ 排水溝のひび割れ・変形
の変状   ─┤ れるもの ├─ 中央通路のひび割れ・変形
          │         ├─ 路盤の隆起・沈下
          │         └─ 噴泥
          │
          │ 抗門に現 ┌─ ひび割れ
          │ れるもの ├─ 食い違い
          │         └─ 前傾・沈下
          │
          │ 地山に現 ┌─ 沈下・陥没
          └ れるもの └─ 滑道
```

図3.6.6 変状現象の分類[5]

表3.6.7 変状原因の分類[5]

		自然的要因	人為的要因
外因	外力	地形：偏圧，斜面クリープ，地すべり 地質：塑性圧，緩み圧，地耐力不足 地下水：水圧，凍上圧 地震，地殻変動	近接施工 列車振動・空気圧変動
	環境	地山風化・劣化中性化，凍害，塩害，有害水，アル骨	煙害，火災
内因		コンクリート打設時の気温，湿度	覆工材料の不良，所定の品質が確保されない施工，外因を考慮しない設計

3.6 トンネル

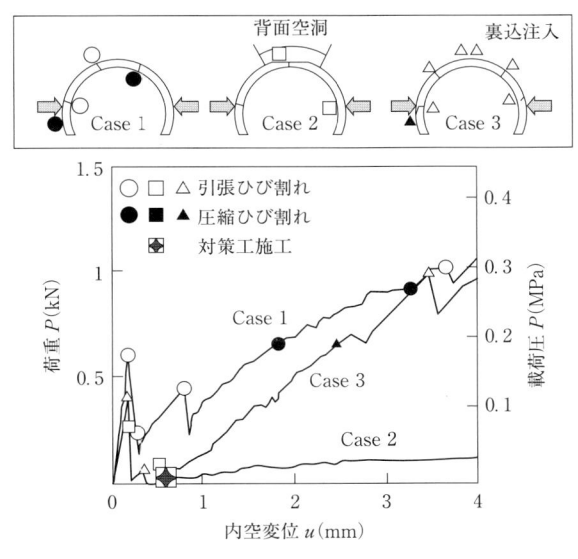

新幹線トンネルの1/30縮尺模型実験による．健全な Case 1 に対して，
背面空洞の影響（Case 2）と裏込注入工の効果（Case 3）が確認できる．

図 3.6.7 トンネル覆工模型実験による覆工の変形挙動の再現[6]

何らかの内因が関与している．上述のように，内因が介在すると覆工の耐力と変形性能が大幅に低下するので，わずかな外力が作用しても変状が問題になることがある．

図 3.6.8(a) は，塑性圧の作用によりトンネルの内空断面が水平方向に年々縮小し続け，側壁部のひび割れとアーチ天端部の圧縮破壊（剥落を伴う），路盤部の盤膨れ等が生じた鉄道トンネル（1966年竣工）の例である．開業後間もなく変状が確認され，覆工の詳細な目視観察，打音，坑内からの地質調査ボーリングなどの詳細な調査が行われた．さらに，長期間の監視計測（側壁間の水平距離をテープで計測する内空変位計測，ひび割れ計測，水準測量など）が行われるとともに，圧ざによる浮きの叩き落としや噴泥対策等が相次いでなされ，当面の安全運行が確保された．また，変状の程度と進行性が著しいことから，1974年以降にインバートによる補強が行われ，内空断面の縮小や盤膨れが抑制された．しかし，その十数年後にアーチ部の覆工の損傷（圧ざによる剥落）がさらに進んだため，覆工の補強（裏込注入，ロックボルト，内巻など）（平成7(1995)年以降）が追加され，ようやく変状が抑制された．

図 3.6.8(b) は，上部の岩塊もろともアーチ天端部の覆工（コンクリートブロック積み）が崩落した例である．崩落後，覆工の著しい巻厚不足と背面空洞が確認された．そのため，崩落箇所の復旧と補強（裏込注入，セントル補強を併用した SFRC 吹付け）にあわせてほかの変状区間に対する補強も行われた．

2) 点検における留意点

図 3.6.8(a) に示した事例のように，土圧の作用による変状は段階を踏んで徐々に進行する．また，変状（ひび割れや剥離・剥落）の兆候が覆工表面付近に現れ，その発生パターンには一定の特徴がある．したがって，目視と打音による一次点検を確実に実施すれば，問題となる変状を抽出できるものと考えられる．なお，これらの変状を確実に抽出するには，変状展開図を作成して活用することが望ましい．

二次点検では，変状の状態に応じて，電磁波探査や地質調査ボーリングなどの詳細な調査により覆工厚，背面空洞，背面地質の状況を把握するとともに，内空変位計測などの監視計測によって変状の進行性（内空変位速度など）を把握する．なお，変状の進行性を確実に把握するには，ある程度長期間（例：数年間，数カ月ごとに実施するなど）行う必要がある．あわせて，施工記録などの資料や類似した変状事例を調べることが重要である．地滑りなどの場合には，地表踏査などの地形・地質調査も必要になる．

2次点検では，これらの調査結果を基にして，変状原因を推定し，変状の将来予測を行い，詳細な健全度判定（鉄道では A1，A2 など）を行う．その結果を踏まえて，対策の要否と時期，対策工の選定等

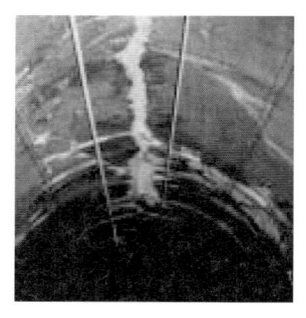

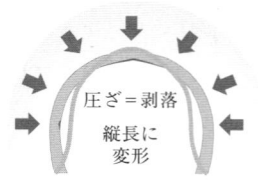

(a) 塑性圧の作用によるアーチ天端部の圧ざ

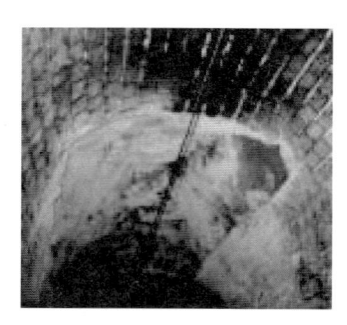

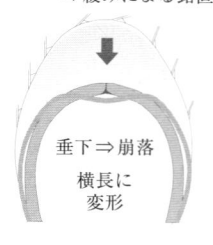

(b) 地山の緩みによる鉛直圧アーチ部の崩落

図 3.6.8 地圧の作用による変状の例[7]

の計画を立案する．山岳トンネルの場合，一般に外力の規模を特定できないので，既往の変状事例も考慮した経験的・専門的な判断が必要になることも多い．

なお，図 3.6.8(a) に示した事例のような深刻な変状は，覆工に著しい欠陥がある場合に生じるものである．このようなリスクを低減するためには，覆工厚と背面空洞を調査したうえで，計画的に裏込注入などの事前対策を行っておくことが望ましいものと考えられる．

c. 材料劣化に伴う変状と点検のポイント
1) 変状の特徴と変状事例

覆工材料の劣化は漏水に関連することが多く，有害水，凍結，煤煙，塩分，中性化などの外因と，覆工材質の不良などといった内因が複合して生じる．ある程度の量の漏水が長期間発生し続けると，コンクリートが溶解流出することがある．水質が酸性（有害水）の場合は，覆工材料の pH が低下し劣化することがある．寒冷地では，水の凍結によって覆工材料が劣化する凍害が発生することがある．RC 構造の場合は，中性化や塩害が問題になることもある．

これらの材料劣化が進行すると，覆工片の剥落が生じることになり，車両運行の安全性に結びつくものであるため，その対策はきわめて重要である．また，劣化がさらに進めばトンネル構造の安定性に影響することも考えられる．

ただし，トンネル坑内は湿度が高いものの温度などの環境が安定しているので，明かりの構造物に比べれば覆工材料の劣化速度は一般に遅い．また，無筋コンクリートやブロック積み覆工では，中性化や塩害による劣化の心配はない．したがって，一般に山岳トンネルの覆工は劣化し難いものであると考えてよい．ただし，覆工の材質や施工に問題のあるものや，環境変化を受けやすい坑口付近では，劣化要因が多少介在すれば劣化が進行することになる（図 3.6.9(a)）．トンネルにおいて材料劣化が問題となるゆえんであると考えられる．

一方，補修材（吹付けモルタルなど）と覆工との付着力が低下して剥落に至る事例が，近年多く見られる（図 3.6.9(b)）．十分な付着力と耐久性のある工法・材料の適用が望まれる．

1999 年に発生した鉄道トンネルにおける覆工コンクリートの剥落事故（図 3.6.9(c)）[9] の原因究明

(a) レンガの劣化と剥落[8]　　(b) 補修材の劣化と剥落[8]　　(c) 覆工コンクリートの剥落[9]

図 3.6.9　材料劣化と剥落の例[8], [9]

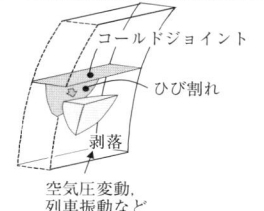

の結果，ひび割れは発生後10～20年で徐々に進展し，ブロック化して剥落することが確認された．また，列車走行に伴う空気圧変動によってひび割れが徐々に進展するものと考えられた．しかし，その進展速度は非常に緩慢なので，たとえば2年ごとに定期的な検査を確実に行って叩き落しなどの措置を講じれば，剥落を未然に防止できるものである．

2) 点検における留意点

上述のように，道路や鉄道トンネルでは，材料劣化によってまず問題となる変状は，覆工片の剥落である．鉄道トンネルでは，上記の剥落事故の教訓が維持管理体系を見直すきっかけとなり，「トンネル保守管理マニュアル」(2000年2月，運輸省)[10] が制定され，現在もその考え方が踏襲されている．すなわち，鉄道では，全般検査段階ではく落に関係する変状を抽出してα, β, γの3段階に区分し（3.6.1項の表3.6.6(2) 参照），αと判定された変状に対して剥落対策が講じられている．

山岳トンネルの覆工は多くの場合無筋コンクリートなので，初期ひび割れなどの初期欠陥に起因して剥落に至る場合がほとんどである．このような場合には，詳細に目視と打音調査を行えば十分に評価できるものと考えられる．ただし，覆工の表層部の劣化が著しい場合や剥落が頻繁に生じる場合は，二次点検を行って原因の特定と変状予測（劣化予測）に資することが必要になる．この場合，覆工材料の力学試験や化学分析のほか，析出物の成分分析，漏水のpH測定などの水質分析などが行われる．

d.　漏水に伴う変状と点検のポイント
1) 変状の特徴と変状事例

一般にトンネルには，地下水を覆工背面に滞留させることなく坑外に排水する排水型トンネルと，地下水位を低下させない防水型トンネルがある．一般に山岳トンネルは排水型であるが，トンネル坑内に流入する漏水はトンネルの性能を低下させる要因となるため，その対策は非常に重要である．最近の山岳トンネルでは防水技術が進歩し漏水の問題が比較的少ないが，経年20～25年以上の矢板工法のトンネルではその半数以上で漏水が発生しているのが実情である．

漏水は，たとえば表3.6.8に示すように，漏水そのものが変状要因となるほか，多くの変状にさまざまな側面で関与している．

①交通への影響：　漏水のもっとも直接的な問題は，放置すれば車両や利用者に被害を及ぼす可能性があることである．つららや側氷は，一晩で車両に直接あたるほどに成長することがある（図3.6.10a）．また，風圧や振動によりつららや側氷が落下したり，漏水が飛散したり，車両が空転する．

②坑内設備への影響：　漏水は，レールなどの鋼材の腐食を促進させ交換周期を短くする．また，鉄道の電化区間では，アーチ部のつららや漏水が架線や碍子に接し，絶縁不良を引き起こす．

③路盤構造・排水設備への影響：　漏水に伴ってトンネル周辺地山の土砂が坑内に流出すると，排水工に土砂が堆積して排水不良となり，噴泥が生じ，路盤の状態が悪化する．このようなトンネルでは，

表 3.6.8 水に起因するさまざまな変状要因と現象

分　類	変状要因と発生現象
①交通への影響	・つらら・側氷などの成長による限界支障 ・風圧や振動によるつらら・側氷の落下，漏水の飛散 ・空転
②坑内設備への影響	・碍子の絶縁阻害 ・鋼材（軌道材料等）の腐食
③路盤構造・排水設備への影響	・排水不良（土砂やバクテリアスライムの流入・堆積） ・噴泥・路盤の沈下（路盤の泥濘化，空洞の形成などによる）
④覆工耐力の低下　外力の作用	・土圧（土砂の坑内流出による背面空洞の発生，緩みと偏圧の発生） ・水圧（排水阻害の場合など） ・凍上圧（寒冷地で凍上性地質の場合）
④覆工耐力の低下　覆工材料の劣化	・漏水によるコンクリート溶解流出 ・有害水（酸性水など），凍害，煙害，塩害，アルカリ骨材反応などによる劣化の促進

(a) つららによる限界支障　　(b) 路盤沈下に伴う路盤コンクリートの破壊

図 3.6.10 漏水による変状の例[8]

活荷重によって路盤が繰返し叩かれることにより地山材料が流出し，路盤部の安定性が損なわれ，車両走行に影響を及ぼすことがある（図 3.6.10）．

④覆工耐力の低下：　この問題は，土圧等の外力や材料劣化による変状を促進させることに関係する．

外力による変状の促進については，地下水の供給と密接に関係する．また，未固結の砂質地山で地下水位が高い場合や，土被りが薄く地表から水が供給されやすい場合には，漏水とともに砂が坑内に大量に流出することがある．この場合は，トンネルと地山の間に空隙が生じ，トンネルに偏圧が作用したり，地表の沈下・陥没が生じることもある．

覆工材料の劣化の促進については，上記（3）でも述べたように，一般に覆工材料の劣化や剥落が問題となる箇所には，漏水が生じている（あるいは過去に生じていた）．これは，酸性水，凍害，煙害，塩害などによる劣化は水があってはじめて顕在化すること，覆工の材質が不良な箇所は防水不良となり漏水が生じやすいことによるものである．

2) 点検における留意点

漏水に着目した点検では，まず漏水の位置と量，さらには凍結，堆積物（流入土砂など）についても着目して調査する．

一次点検では，これらの結果をひび割れなどの変状とともに変状展開図に記載しておくことが重要である．なお，漏水は調査時期に左右される場合が多いため，その時期や降雨量と関連付けて整理することも重要である．

①位　置：　漏水は，おもにコンクリート打継目，ひび割れなどの箇所で発生する．その位置が，交通の支障や坑内設備の機能を阻害する位置にあるか否

②量： 漏水状態をたとえば，「滲み」，「滴水」，「流下」，「噴出」に4区分して変状展開図に記載する．漏水が著しい場合は，ストップウォッチや枡を用いて漏水量を測定する．必要に応じて，定期的な測定を行って時間的な変動を把握するとともに，地表の降水量も調査するとよい．

2次点検では，そのほかに，漏水の水質や水温，地山からの湧水，凍結，堆積物（流入土砂など）に関する詳細な調査などが，状況に応じて必要となる場合がある．

e. 対 策[11], [12]

トンネルに対する補修・補強方法は，大別すると，①劣化・剥落対策工，②漏水・凍結対策工，③外力対策工に分類できる（表3.6.9）．ちなみに，これらを要求性能，性能項目と補修・補強との関係を示すと，表3.6.10のようになる．補修・補強の工法には多くの種類があり，また，たとえば劣化・剥落対策工と外力対策工の両方を兼ねるなど，複数の効果が期待できる工法も多い．ただし，トンネルは閉鎖空間であるため，対策工施工位置や作業時間，施工スペースなどを十分に考慮する必要がある．過去に類似した条件下で実施された適切な施工事例がある場合には，これを参考にして対策工を選定することが有効である．

補修・補強を行う場合は，施工中の安全性や，対策効果を確認するために，監視の要否を検討し，適宜実施する必要がある．

1) 劣化・剥落対策工

劣化・剥落対策工は，以下のことを目的として施工されるものである．
①材料劣化をはじめとした種々の原因によって生じる剥落の防止
②覆工（躯体）材料の劣化の防止

剥落が生じた場合には車両走行の安全を直接脅か

表3.6.9 トンネルにおける補修・補強方法の分類[11]

分類		概要
劣化・剥落対策工		覆工（躯体）の材料劣化や剥落を防止するために行う対策工
漏水・凍結対策工	漏水対策工	漏水によりトンネルがその機能を十分に発揮できない場合，これを改善することを目的に行う対策工
	凍結対策工	寒冷地において漏水の凍結あるいは凍結融解によりトンネルがその機能を十分に発揮できない場合，これを改善することを目的に行う対策工
	路盤沈下対策工	噴泥などにより路盤の沈下を生じ，トンネルがその機能を十分に発揮できない場合，これを改善することを目的に行う対策工
外力対策工		塑性圧，偏圧・斜面クリープ，地山の緩みによる鉛直圧などの外力に起因する変状に対して行う対策工

表3.6.10 要求性能，性能項目と補修・補強との関係[11]

要求性能	性能項目	補修・補強		
		劣化・剥落対策工	漏水・凍結対策工	外力対策工
安全性	①トンネル構造の安定性	○（覆工（躯体）の耐力低下）	○（土砂流入，凍上）	◎
	②建築限界と覆工との離隔		○（つらら・側氷）	◎
	③路盤部の安定性		○（噴泥，路盤沈下）	◎
	④剥落に対する安全性	◎	○（つらら）	○（圧ざ）
	⑤漏水・凍結に対する安全性		◎	

◎：性能項目に関連性が高い対策
○：性能項目に関連性がある対策
（　）内は関連する現象

すことになるため，①の剥落の防止をおもな目的とした劣化・剥落対策工が必要になる．ここで，剥落の原因には,施工時の構造欠陥（収縮ひび割れ，コールドジョイント，豆板など），材料劣化（鉄筋コンクリートにおける中性化，塩害によるひび割れ，浮きなど），外力によるもの（圧ざなど）など，さまざまなものがあるが，山岳トンネルでおもに問題となるものは施工時の構造欠陥に起因するものがほとんどであり，材料劣化の進行が主因となるものはRC構造が主体の都市トンネルに比較すると少ない．施工時の構造欠陥によるものについては，ほかの原因が競合しない限り剥落対策のみで十分である．しかし，材料劣化や外力などのほかの要因が介在する場合は，変状原因や進行性を特定した上で劣化対策（上記②）あるいは外力対策も検討する必要がある．

トンネルにおいて一般的に採用されている劣化・剥落対策工の分類を図3.6.11[11]に示す．劣化・剥落対策工は，小規模かつ短時間で施工できるものから，大規模かつ施工に時間を要するものまで，さまざまな種類のものがある．実際には使用する材料や機材，施工法などによりさらに細かく分類される．また，これらの中には，覆工・躯体の補強効果も有し，外力対策工として用いられる工法もある．

劣化・剥落対策工は，劣化が生じている程度や範囲，想定される剥落規模，剥落の原因推定やその変状予測の結果に応じて，建築限界との離隔（内空余裕），施工性，耐久性，経済性，対策後の覆工の検査の容易さなども考慮して適切なものを選定する必要がある．また，トンネルは閉鎖空間であるため，作業時間，施工スペースなどもあわせて考慮する必要がある．表3.6.11[12]は，必要な対策面積（$1\,m^2$を境として狭い，広い），想定される剥落規模（小：$0.01\,m^2$未満，中：$0.01\sim1\,m^2$，大：$1\,m^2$以上），対策に必要な内空余裕（$0\sim10\,mm$，$10\sim70\,mm$，$70\,mm$）を工法選定要因として，劣化・剥落対策工選定のための目安を示したものである．なお，あわせて，各工法の施工性，耐久性，経済性，対策後の覆工の検査の容易さについても示している．なお，山岳トンネルの場合は，剥落規模が比較的大きくなる場合があるので，剥落規模に見合った工法を選定する必要がある．また，無筋であることから，構造的に問題がなければたたき落しのみでも十分な場合が多い．

近年，モルタルなどの補修材料が剥落する事例が

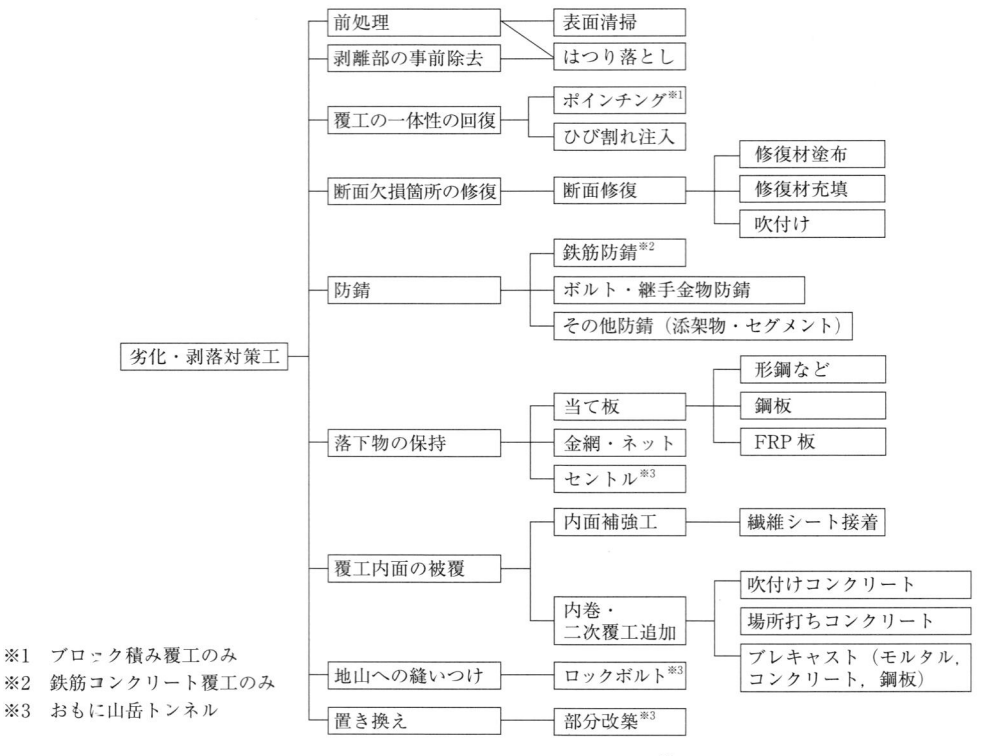

※1　ブロック積み覆工のみ
※2　鉄筋コンクリート覆工のみ
※3　おもに山岳トンネル

図3.6.11 おもな劣化・剥落対策工の分類[11]

見られる．断面修復，吹付け，繊維シート接着工などを採用する場合は，付着力と耐久性のある補修材や接着材を選定することに加えて，表面清掃やはつり落としといった前処理を確実に行った上で，アンカーや金網などを併用することに配慮する必要がある．

2) 漏水・凍結対策工

漏水や凍結によりトンネルの要求性能が満足されていないか，満足されなくなるおそれがある場合などには漏水・凍結対策工による措置を行うことになる．

①漏水対策工： 代表的な漏水対策工の分類を図 3.6.12[11] に示す．漏水対策工は，大きく分けて導水工法と止水工法に分類される．前者は漏水を止めずに排水を円滑にする工法であり，後者は漏水そのものを止める工法である．一般に山岳トンネルの無筋

表 3.6.11 劣化・剥落対策工の選定表[12]

対策工	劣化・剥落対策工としての適用性 狭い 小	中	広い 小	中	大	必要な内空余裕	施工性	耐久性	経済性	覆工検査の容易さ	覆工構造の補強効果	記事
はつり落とし	○	○	○	△		◎	◎	△〜○	◎	◎	—	・はつり落とし範囲が大きい場合は断面修復を行う
ポインチング	○	○	○	○		◎	◎	○	◎	◎	○	・ブロック積み覆工に適用（目地材は劣化しているが，母材が健全な場合に行う）
ひび割れ注入	○	○	○	○		◎	◎	○	◎	◎	—	・覆工の一体性の確保，鉄筋の腐食防止を目的として行う
断面修復	○	○	○	○		◎	◎	△〜○	◎	◎	—※	※覆工耐力の維持を目的として行う場合がある
ボルト・継手金物防錆	○	○	○	○		◎	◎	◎	◎	◎	—	・シールドセグメント継手に適用（鋼製セグメント全体を防錆する場合もある）
当て板	○	○	○	○	△	◎	◎	△〜○	◎	△〜○	—	
金網・ネット	○	○	○	○	○	◎	◎	○	◎	◎	○	
セントル			△	△	△	◎	○	○	△〜○	◎	◎	
内面補強工	△	△	○	○	○	○〜◎	○	○	○〜○	○	○〜◎	・樹脂による覆工への接着が期待できる場合（漏水が少なく劣化の程度が小さい場合など）に適用
内巻・二次覆工追加			○	○	○	○〜◎	○〜◎	○〜◎	○〜◎	○	○〜◎	・覆工へのアンカー，金網の併用が必要
ロックボルト		△		○	○	◎	◎	◎	◎	◎	○	・引き抜き耐力が十分にある地山の場合に適用
部分改築		○※		○	○	△〜◎	▲	☆	▲	☆	☆	・劣化の程度が著しく，深部（巻厚の1/2以上）におよんでいる場合に適用

○：適する
△：場合により適する（応急処置あるいは他の対策工との併用が必要）

必要な内空余裕
◎：0〜10 mm
○：10〜70 mm
△：70 mm 以上

☆ ◎ ○ △ ▲
高 ← → 低

注1) 対策面積「狭い」…1 m² 未満，「広い」…1 m² 以上
注2) 想定される剥落規模「小」…0.01 m² 未満，「中」…0.01〜1 m²，「大」…1 m² 以上

コンクリート覆工に対しては，導水工法がおもに用いられており，止水工法は補助的に用いられることが多い．

これらのほかに，水抜き孔，排水溝低下などの水位低下工法がある．また，覆工背面の裏込注入や地山注入といった背面注入工法によって止水を行う場合もある．

漏水対策工は　漏水量，漏水の範囲，覆工・躯体の健全度，内空余裕，気象・環境条件を総合的に勘案したうえで選定する必要がある．

②凍結対策工：　凍結対策工には，図 3.6.13[9] に示すように，断熱工法と加熱工法があるが，断熱工法のうち U カット断熱材挿入工法と表面断熱処理工法が一般的なものである．なお，軽微な凍結に対しては前述の漏水対策工が有効となることもある．なお，対策工の選定にあたっては，漏水や凍結の状況，内空余裕などを考慮する必要がある．

③路盤沈下対策工：　路盤沈下は，未固結地山中のトンネルで路盤部に地下水が滞水している場合などに見られる現象であり，車両走行時の繰返し荷重によって間隙水圧が上昇し噴泥が生じて路盤部に空洞ができることによって発生する．路盤沈下は，山岳トンネルに特有のものであり，おもにインバートがない場合に問題となる．インバートがある場合でも，排水工の機能低下に起因して生じることもある．

路盤沈下対策工としては，図 3.6.14 に示すように，トンネル周辺への水の供給遮断，水位低下，路盤下空洞の充填などがある．

3) 外力対策工

山岳トンネルでは，土圧（塑性圧，偏圧・斜面クリープ，地山の緩みによる鉛直圧）や水圧などの外力による変状が問題となって外力対策工が必要となる場合は，比較的多い．

外力対策工の選定・設計にあたっては，変状の現れ方や進行性，環境条件（地形・地質，気象など），構造条件（トンネルの構造，形状など）から変状原因を推定し，変状の予測を行った上で，トンネルに作用する外力，覆工の状態（変状現象），地山の状態（地質構造，力学特性）を適切に設定する必要がある．

図 3.6.12　おもな漏水対策工の分類[11]

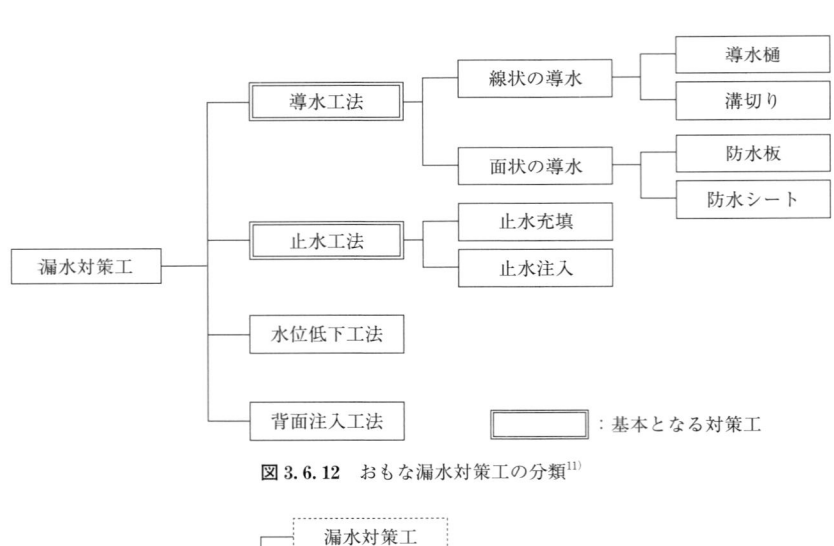

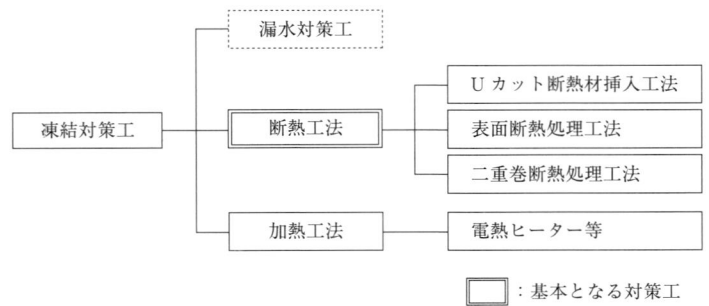

図 3.6.13　おもな凍結対策工の分類[11]

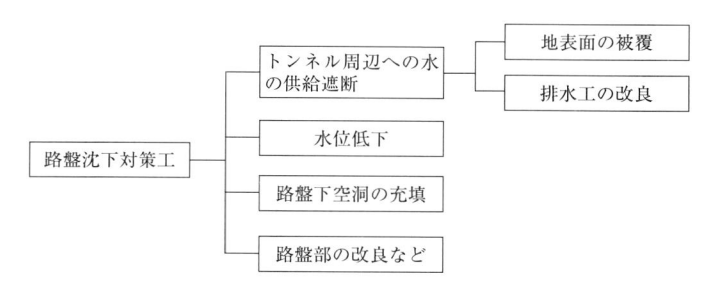

図 3.6.14 おもな路盤沈下対策工の分類[11]

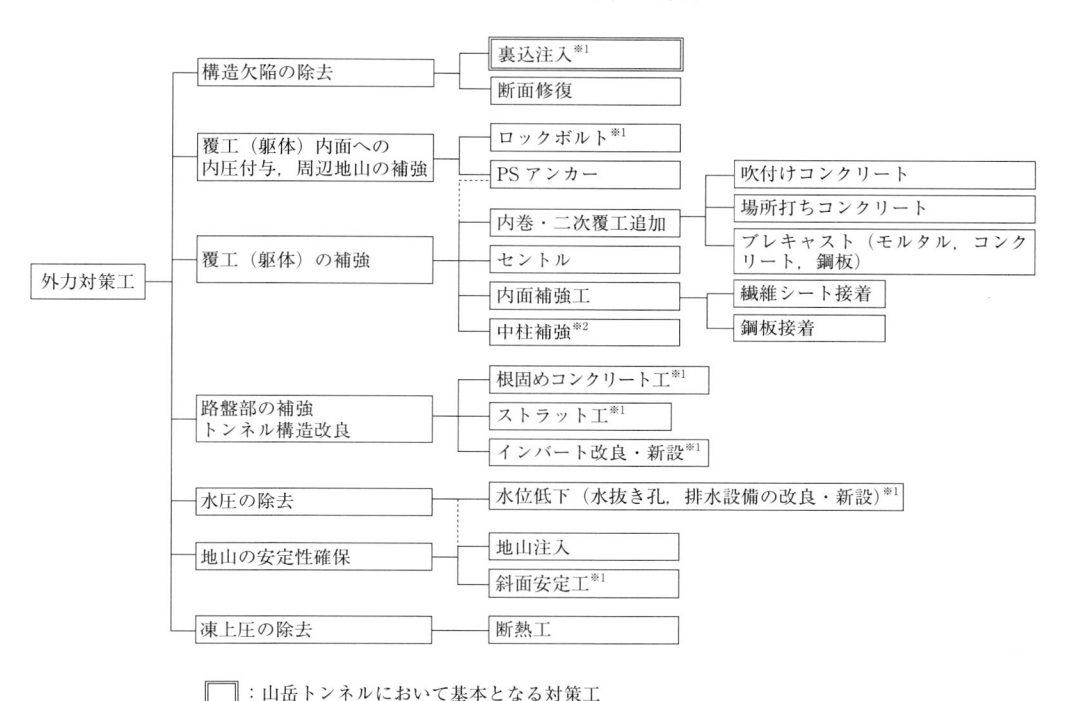

図 3.6.15 おもな外力対策工の分類[11]
※1：おもに山岳トンネルに適用するもの
※2：開削トンネルに適用するもの

□：山岳トンネルにおいて基本となる対策工

　外力対策工には，図 3.6.15 に示すように様々な工法があるが，変状原因と変状現象に応じて適切な工法を選定し，設計する必要がある．山岳トンネルでは，覆工背面の空洞が変状を進行させる最大の要因となることから，裏込注入を基本対策工に位置づけている．

　外力対策工を施工する場合は，施工中にトンネル構造が不安定な状況になりやすいため，施工中も監視計測を続けることが望ましい．また，対策工の効果を定量的に確認するために施工後も監視計測を継続し，期待した効果が得られない場合は対策工の見直しや追加を検討する必要がある．　【小島芳之】

文　献

1) 土木学会：トンネルの維持管理，トンネルライブラリー第 14 号，2005.
2) 土木学会：トンネル標準示方書［山岳編］・同解説（昭和 52 年版），1977.
3) 土木学会：トンネル標準示方書［山岳工法］・同解説（2006 年制定），2006.
4) 鉄道総合技術研究所：鉄道構造物等設計標準・同解説［都市部山岳工法トンネル］，丸善，2002.
5) 土木学会岩盤力学委員会：トンネルの変状メカニズム，2003.
6) 朝倉俊弘ほか：トンネル覆工の力学挙動に関する関する基礎的研究，土木学会論文集，No. 493/III-27, pp. 79-

7) 小島芳之：トンネルを対象とした検査・診断技術の現状,地質と調査, **109**, 2006.
8) 小島芳之, 鵜飼正人：トンネルの健全度診断, RRR, 2006.
9) 運輸省：トンネル安全問題検討会報告書, 2000.
10) 運輸省：トンネル保守管理マニュアル, 2002.
11) 鉄道総合技術研究所：鉄道構造物等維持管理標準・同解説［構造物編 トンネル］, 2007.
12) 鉄道総合技術研究所：トンネル補修・補強マニュアル, 2007.

3.6.3 都市トンネル

a. 概　説

1) 構造と設計法の変遷

都市トンネルの多くは，都市部特有の未固結地山中に築造され，施工法としてはおおむね，開削工法（図3.6.16）とシールド工法（図3.6.17）が適用されている．トンネル構造としては，覆工・躯体(以下，本体）そのもので土水圧を負担することから，多くの場合，鉄筋コンクリートによる防水構造となっている．

過去の設計について，開削トンネルでは，本体をラーメン構造とみなし，部材の軸変形は無いものとして計算するたわみ角法（図3.6.18a），シールドトンネルでは，本体を剛性一様リングで置換し，継手部の剛性低下や千鳥組の効果は計算結果に乗ずる係数で表現する慣用計算法（図3.6.19a）が主流であった．なお，トンネルはその周囲を地盤に囲まれるため，本体と地盤の応力のやりとり（本体と地盤との相互作用）もモデル化することが望ましいが，上記の設計法では，部材の変形とそれに伴って発生する地盤反力形状を，いくつかの定型的な形状

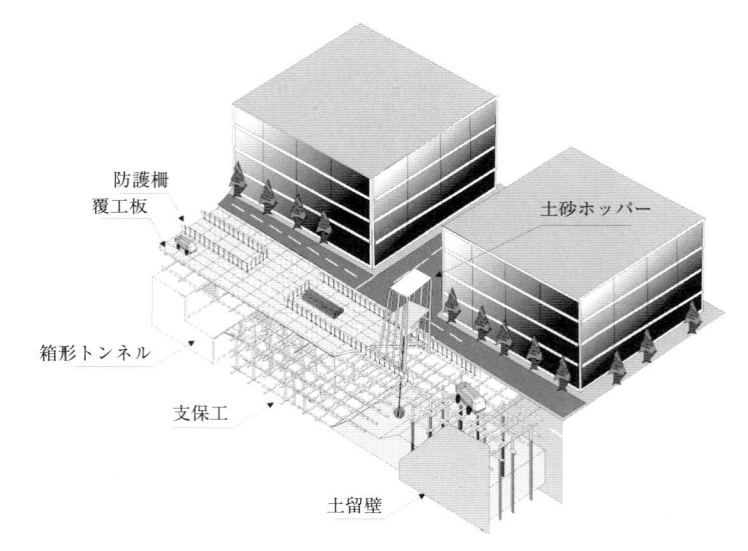

図3.6.16　開削工法の概要[1]

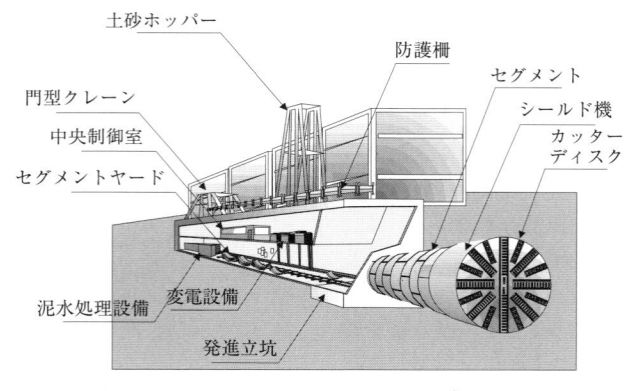

図3.6.17　シールド工法の概要[1]

(a) 変形法　　　　　　　　　　　　　　　(b) たわみ角法

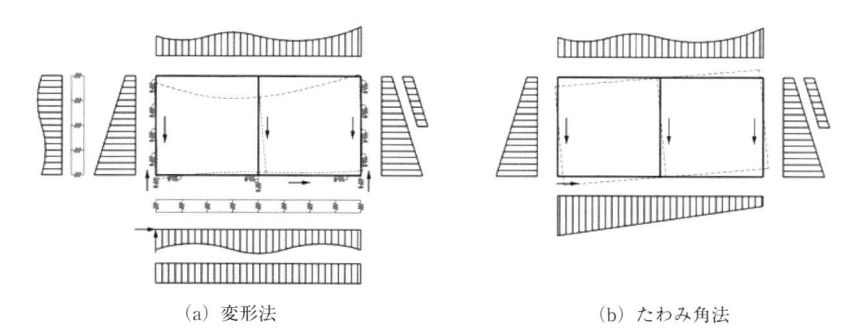

図 3.6.18 開削トンネル本体の設計モデルと地盤との相互作用モデル

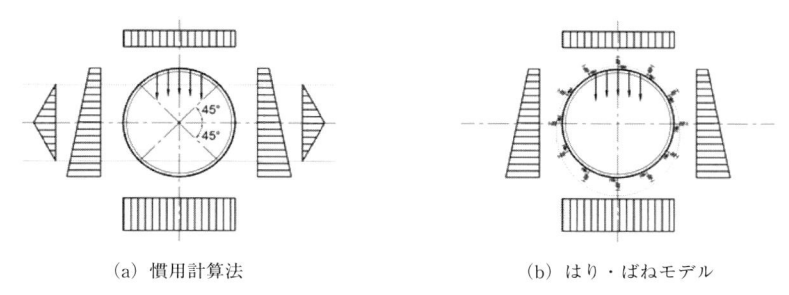

(a) 慣用計算法　　　　　　　　　　　　　(b) はり・ばねモデル

図 3.6.19 シールドトンネルの設計モデルと地盤との相互作用モデル

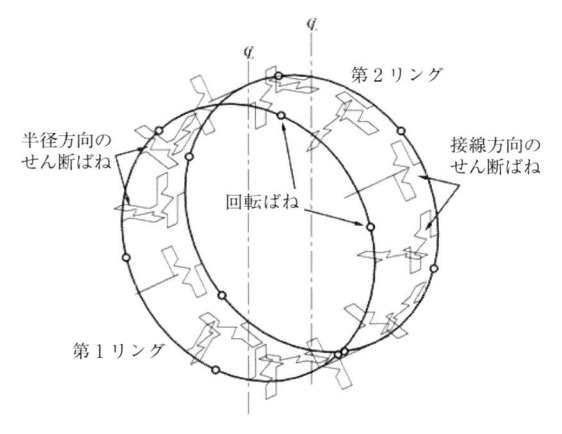

図 3.6.20 2リングはり・ばねモデル

に置き換えて表現していた．しかし，計算機の性能が向上した現在では，部材の軸変形や本体と地盤との相互作用も考慮できる計算ツールが開発され，開削トンネルでは，本体を梁，当該相互作用を地盤ばねで表現した設計法（図 3.6.18b）が，シールドトンネルでは，本体を梁と継手剛性低減ばね，当該相互作用を地盤ばねとし，複数リングをモデル化することにより千鳥組の効果も考慮できる設計法（図 3.6.19b，図 3.6.20）が標準となっている．また，多円形シールドトンネルのような複雑な形状を有する場合においても計算可能という特徴がある．

2) 施工法の変遷

開削トンネルの施工法の変遷は，掘削深度と土留壁の種類で整理できる．本工法は，当初，土被りが比較的浅いトンネルを建設するために用いられ，土留壁としてI型鋼を杭に用いて丸太や尺角材で支保した親杭横矢板方式が用いられていたが，地下鉄が普及する昭和 30 年代後半になると，土留壁の杭と土留め支保には H 型鋼が標準的に用いられるようになった．また一部の現場では，土留壁の剛性向上を目的として，鋼矢板や現在の壁式地中連続壁の原型であるイコス式土留壁が試用された．その後，トンネルの大規模化，大深度化に伴って，土留壁については柱列式地中連続壁や壁式地中連続壁が標準的に用いられ，地盤変位に制約がある場合は，土留支保として本体の上・中床版を先に施工し，その下で地盤掘削を順次行う逆巻き工法が適用されるようになっている．

なお，当該工法特有の複雑な施工過程および施工条件に端を発する不具合としては，①本体コンクリートが場所打ちでかつ複数回にわたることによる品質の不均一や施工目地周辺部のコンクリート硬化時期の相違による拘束ひび割れ，②ハンチや桁などの剛性変化箇所周辺に発生するひび割れ，③土留め壁の建込み精度低下による本体の出来型不良（側壁

厚ならびに鉄筋かぶりの不足），④中間杭や切梁などの仮設工事に使用した鋼材の残置箇所（以下，仮設鋼材残置箇所）周辺の出来型不良（水みちの生成），⑤防水工不良などが考えられ，このような不具合はいずれのトンネルにおいても不可避であることに留意する必要がある．

シールドトンネルの施工法の変遷は，シールド機の切羽保持方式とセグメントの材料，継手で整理できる．当初は海底，河底下のトンネルを非開削で築造する工法として採用されたが，戦後は昭和32(1957)年の営団地下鉄丸の内線永田町トンネルや昭和35(1960)年の名古屋市交東山線覚王山トンネルの工事で採用され，都市部のインフラ建設における代表的な非開削工法として発展した．

1970年代までのシールド機は，一部で機械化されてはいたものの，基本的にトンネル掘削面を露出させながら人力で掘る開放型シールド機が用いられ，掘削面に作用する土水圧を抑えるために圧気工法を併用した．その後，シールド機の前面で切削機を回転させ，掘削面に作用する土水圧に対してあらかじめ加圧された泥水や泥土を切削機の裏側に送り込むことにより，掘削面の崩壊を防ぐ密閉型シールド機が開発され，現在に至っている．

セグメントの材料としては，現場状況に応じて，スチール，鉄筋コンクリート，ダクタイルが使い分けられ，継手もボルト・ナット式はもとより，締結方式に新機軸を採用したボルトレス式まで多岐にわたっている．

なお，当該工法特有の施工過程，および施工条件に端を発する不具合としては，①ジャッキ推力の不均一などに起因したセグメント建込み不良による目違いやひび割れ，②継手面の防水工不良などが考えられ，このような不具合はいずれのトンネルにおいても不可避であることに留意する必要がある．また，シールドトンネルを切り拡げた箇所（シールド駅や道路の分合流部）については，上記に加え，セグメントと切拡げ部本体の接続部における応力集中や防水工不良の発生を前提として，計画時から十分な検討が必要である．

3) 変状の分類と特徴

トンネルで見られる変状は，一般に，①外力によるもの，②材料劣化によるもの，③漏水によるもの，の3種類に分類できる．都市トンネルにおける変状現象として，①では，本体の変形，不同沈下とそれに伴い発生するひび割れ，②では，コンクリートの浮きとそれに伴い発生するひび割れ，剥落，③では，石灰分の流出，帯水，などがあげられる．これらトンネルに発生する変状の要因を整理する場合，一般にトンネル周辺の環境，地盤挙動や環境変化に起因する外因と，材料や設計，施工などに起因する内因に分類することが多いが，この考え方を都市トンネルにも適用すると次のように整理できる．

①に関する変状要因としては，外因として，地下水位の低下に伴うトンネル周辺地盤の圧密沈下および近接施工に伴うトンネル周辺地盤応力の乱れや，揚水規制に起因した地下水位の上昇に伴う揚圧力の増加などによる本体に作用する土水圧の再配分（トンネル完成後からの土水圧の変化）が考えられるが，これらの状況を設計時にすべて把握できなかった場合は，設計・施工法の不具合といった内因に整理される場合も多い．

②に関する変状要因として，本体が場所打ちコンクリートである開削トンネルでは，外因として，河底・海岸部において塩分を含んだ地下水による鉄筋腐食やコンクリートの浮きなどに代表される塩害が考えられるが，本体施工時のコンクリート配合，打設方法，ひび割れ制御方法，仮設鋼材残置箇所の処理方法および防水工の不具合等，2)で説明したような施工状況を背景とした内因が存在することによって顕在化する場合も多い．

本体がプレキャストのセグメントで構成されるシールドトンネルでは，外因として，河底・海岸部において塩分を含んだ地下水による鉄筋，継手ボルトおよびグラウトホールの腐食などに代表される塩害が考えられるが，施工時のセグメント建込み不良によるひび割れ，継手面のシール材のセットアップ不良，シール材の選定不良，真円度不足に伴う目違いなど，2)で説明したような施工状況を背景とした内因がもともと存在することによって顕在化する場合も多い．

③に関する変状要因として，開削トンネルでは，内因として，ひび割れ制御方法，仮設鋼材残置箇所の処理方法および防水工の不具合や使用材料の品質不良が考えられる．シールドトンネルでは，内因として，施工時のセグメント建込み不良によるひび割れ，継手面のシール材のセットアップ不良，シール材の選定不良，真円度不足に伴う目違いが考えられる．

b. 外力の作用による変状と点検のポイント

都市トンネルでは，膨張性地山中のトンネルに見られるような直接的な外力の漸増現象は見られないものの，地下水位の低下，上昇および近接施工に伴う周辺地盤応力の乱れ，などが本体に作用する土水圧の再配分を引き起こし，不同沈下や断面変形を誘発することがある．これにより，躯体に曲げひび割れが発生したり，継手部から漏水が発生したりすることになる．点検では，基準線測量を始め，内空変位測定やひび割れの発生方向と幅に重点をおいた観察がきわめて有効である．変状の評価では，過去の経験から得られた工学的な判断に基づくことが多いが，定量的な判断が必要な場合は，多くの場合，鉄筋コンクリート構造であることから，ひび割れ発生状況や各種の計測結果から現状の本体の応力状態を数値解析により推定し，それらが設計上許容される応力レベルに留まっているか否かについて確認する方法[2]も提案されている．

c. 材料劣化に伴う変状と点検のポイント

都市トンネルでは，材料劣化が先行して発生することはまれで，多くの場合，設計・施工の不具合といった内因を経て漏水が発生し，それに伴い河底・海岸部では塩分を含んだ地下水による鉄筋腐食やコンクリートの浮きなどに代表される塩害といった外因を経て発生する．したがって，点検では，打音によるコンクリートの浮きの有無のほか，漏水発生箇所におけるコンクリートの劣化進行の有無，鉄筋の腐食度，仮設鋼材残置箇所周辺のひび割れの進行性，漏水の成分などを調査する．変状の評価においては，かぶりコンクリートの剥落はもとより，鉄筋とコンクリートの付着不良に伴う鉄筋コンクリート部材としての耐力低下も想定される[3]ので，補強，補修の要否を決定する際は，構造，材料の両面から判断する必要がある．

d. 漏水に伴う変状と点検のポイント

一般に都市トンネルでは，防水構造を前提とした設計・施工がなされる．それゆえ，設計荷重には土水圧が考慮され，防水工については材料，材質，施工法が定められているので，漏水の発生は基本的に本体施工時の不具合といった内因に集約される場合が多い．漏水による石灰分の流出は，美観上の問題もさることながら，導水溝の流動阻害や帯水の原因となり，その程度によっては，坑内の諸設備に悪影響を及ぼす可能性がある．また漏水に伴う変状が，さまざまな材料劣化を誘発する場合も多い．

したがって点検における着目点や留意点，点検結果の評価方法については，材料劣化に伴う変状に対する内容に則って考えるとよい．

e. 対 策
1) 劣化・剥落対策工の概要（図3.6.21）

鉄筋コンクリート構造を有する都市トンネルが所定の機能を維持するためには，鉄筋腐食を回避することが大前提であるが，その理由として，劣化・剥

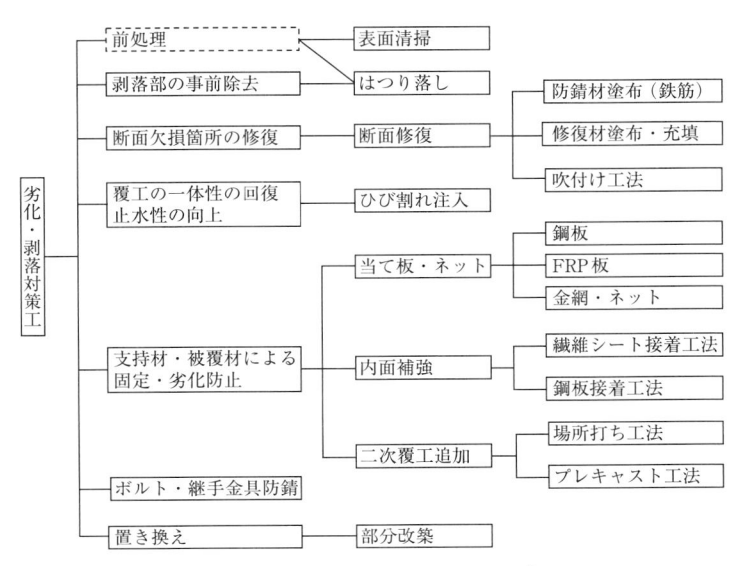

図 3.6.21 劣化・剥落対策工の分類[4]

落に至った既往の事例の多くは鉄筋腐食に起因して発生していることがある．これは，鉄筋コンクリートを主体とする都市トンネルと無筋コンクリートを主体とする山岳トンネルでは，劣化・剥落に対する対応が大きく異なることを意味する．すなわち，鉄筋コンクリートでは，豆板，鉄筋のかぶり不足，ひび割れなどの不具合箇所において，通気性，透水性が増大することにより鉄筋腐食・膨張や中性化が発生しやすくなり，構造耐力の低下以前にかぶりコンクリートの剥落が発生する．したがって，劣化・剥落対策を考える際は，当該変状がたとえ構造耐力に影響しないような規模であっても，これに至る原因を的確に把握し，その時点で最善と思われる対策を行うことが重要である．

2) 漏水対策工の概要（図 3.6.22）

都市トンネルは，施工時に防水・止水工を施すことが定位となっていることから，一般に水密性の高い構造物であるといえる．しかし，場所打ちコンクリートの施工目地，あるいは経年による防水層やコンクリート自体の劣化などに伴い，規模の大小はあるものの，多くのトンネルにおいて漏水が発生している現状がある．

図3.6.22に漏水対策工の概要を示すが，主として，止水工法と導水工法に大別される．両者の使い分けは，各事業者によって判断の分かれるところであるが，周辺地盤への影響や鉄筋コンクリート構造物としての将来にわたる機能確保を考慮すると，止水工法の採用が望ましい．しかし，ある部分について止水を施しても，隣接する他の箇所から新たな漏水を発生させることも多いことから，完全な止水を目指すのではなく，ある程度の漏水の発生を認めた上で排水する導水工法も広く採用されている．また，駅部などにおいて化粧版や懸架物などがあって，止水工法の採用が困難な箇所においては導水工法を用いることが多い．

漏水対策が必要と考えられる場合としては，
① 漏水に背面の土砂が混入している．
② 漏水が防災，保安，換気にかかわる付帯設備に及んでいる．
③ 漏水が利用者に直接及んでいる．
④ 漏水によって石灰系の析出物やバクテリアスライムなどが見られる．
⑤ 漏水にさび汁が含まれる．
⑥ 漏水に塩化物などの有害物質が含まれる．
⑦ 漏水量が多い．

などがあげられる．このうち，①～③については比較的速やかに，④～⑦については状況に応じて実施することが多い．なお，①，④，⑤，⑥のケースについては都市トンネルとしての機能確保という観点から，一般に，導水工法より止水工法の採用を想定することが望ましい．⑦については，導水工法の採用を想定した場合の排水処理費用の多寡を勘案したうえで止水工法を採用する場合がある．

【新井　泰】

文　献

1) 新井　泰ほか：シールドトンネル設計法の新たな方向，RRR, Vol. 55, No. 4, pp. 24-27, 1998.
2) 新井　泰ほか：非線形挙動を考慮した開削トンネルのひび割れ調査結果シミュレーション，トンネル工学論文集，**15**, pp. 173-181, 丸善, 2005.
3) 新井　泰ほか：鉄筋腐食が部材の強度特性に及ぼす影響に関する実験的研究，コンクリート工学年次論文集，**27**(2), pp. 739-744, 丸善, 2005.
4) 鉄道総合技術研究所：鉄道構造物等維持管理標準・同解説（構造物編　トンネル），p. 59, 丸善, 2007.
5) 鉄道総合技術研究所：鉄道構造物等維持管理標準・同解説（構造物編　トンネル），p. 60, 丸善, 2007.

3.7 ダム

3.7.1 概　要

ダムはもっとも規模が大きく重要な土木構造物の1つである．このため，ダム管理者が定期的に点検，巡視することで安全性と機能の維持が図られている[1]．

コンクリートダムと橋梁などの他のコンクリート構造物との構造上の大きな違いは，コンクリートダムは無筋のマスコンクリート構造物である点にある．このため，ダム本体については，基本的には鉄筋に着目した補修・補強を行う必要がない．さらに，

図 3.6.22　漏水対策工の分類[5]

貯水する構造物であるため，貯水の影響をつねに受けることに特徴がある．

コンクリートダムの劣化は，仮に生じたとしてもダムの全体積に比してその規模がきわめて小さいために，劣化が直接ダムの構造安定上支障となることはない．しかしながら，劣化の規模が小さくても，ダムの長期にわたる安全性を維持する上で，あるいは局所的な劣化によるコンクリート片の剥離落下などの危険防止を図る上で，変状部の早期発見と必要に応じてその補修・補強を行うことが肝要である．

ダムに発生する劣化の要因は，施工に起因するものとして，温度応力や乾燥収縮が，材料に起因するものとして，凍結融解作用，反応性骨材やアルカリ骨材反応が考えられる．このため，これらの要因により劣化が生じる可能性のある部位を中心に，つねに点検，巡視を行って劣化の発生とその進行状況を把握し，気象や貯水位などの環境条件を考慮して補修・補強の必要性を判断することが重要である．

なお，ダム付属構造物には通常の鉄筋コンクリートとして施工される部位があるが，そのような部位のひび割れなどの補修については基本的にほかの構造物と同様であるため，本項では触れない．

3.7.2 維持管理のための点検（日常点検，定期点検）

コンクリートダムは，ほかの構造物と比べて構造安定上問題となるような劣化が生じる可能性はきわめて小さいが，長期間供用する重要構造物であるため，継続的な安全管理と巡視が重要である．

ダムの安全管理のための計測は，ダム堤体および基礎岩盤の安全性を確実に確認できるものでなければならない．河川管理施設等構造令[2]では，表 3.7.1 に示すダムの安全管理上必要な計測項目を規定しているが，これらはダムの安全管理にとって必要最小限の重要な計測項目である．

ダムの安全管理については，表 3.7.2 に示すように期間の区分ごとに計測，巡視の標準的な頻度が定められている[3]．ダムの安全管理の第Ⅰ期とは，ダムの試験湛水中の期間をいう．また，第Ⅱ期とは，試験湛水の終了からダムの挙動が安定し定常状態に達するまでの期間であり，第Ⅲ期とは，ダムの挙動が定常状態に達した後の期間をいう．

ダムの挙動は，漏水量，変形，揚圧力を計測することによって定量的に評価しているが，ダムの安全性を判断するにはこれらの計測に加えて巡視が不可欠である．これは，計器を用いた計測では把握できない現象，たとえば基礎排水孔からの漏水の濁りの有無，堤体表面のひび割れの有無，予期しない場所からの堤体漏水の有無などを把握することは巡視によってしか確認できないからである．

日常の巡視により堤体コンクリートのひび割れなどを発見した場合には，その発生時期やひび割れの進展などの継続的な挙動観察の記録を逐一残しておくことが肝要である．これらの記録は，変状の発生

表 3.7.1 安全管理のための計測項目[2]

ダムの型式	堤高	計測項目
重力式コンクリートダム	50 m 未満	漏水量[*]，揚圧力
	50 m 以上	漏水量[*]，揚圧力，変形量
アーチ式コンクリートダム	30 m 未満	漏水量[*]，変形量
	30 m 以上	漏水量[*]，揚圧力，変形量
フィルダム（均一型以外のダム）		漏水量[*]，変形量
フィルダム（均一型ダム）		漏水量[*]，変形量，浸潤線

筆者注： ここでの漏水量とは設計上考慮されているものであり，コンクリートダムでは排水量，フィルダムでは浸透量が相当する．

表 3.7.2 ダムの安全管理の期間の区分と計測、巡視の標準的な頻度[3]

	コンクリートダム			フィルダム		
	第Ⅰ期	第Ⅱ期	第Ⅲ期	第Ⅰ期	第Ⅱ期	第Ⅲ期
漏水量	1回/日	1回/週	1回/月	1回/日	1回/週	1回/月
変形	1回/日	1回/週	1回/月	1回/週	1回/月	1回/3月
揚圧力	1回/日	1回/週	1回/月			
巡視	1回/日	1回/週	1回/月	1回/日	1回/週	1回/月

原因の究明や，補修の要否を判断する上で，重要な情報となる．

3.7.3 コンクリートダム本体

a. 設計上の特徴

コンクリートダムは，重力式コンクリートダム，アーチ式コンクリートダム，バットレスダム，中空重力式ダムなどに分類される．

その中で，もっとも一般的なダム型式である重力式コンクリートダム，アーチ式コンクリートダムについて，それぞれの設計上の特徴を以下に述べる．

1) 重力式コンクリートダム

貯水池からの水圧荷重を，堤体の重量を利用し下方の岩盤に伝達して，これを支持する構造物である．一般に，2次元構造物として設計され，その断面形状は三角形を基本としている．コンクリートダムの中ではもっとも一般的な型式である．代表的な重力式コンクリートダムとして，宮ケ瀬ダム（図3.7.1），奥只見ダム，佐久間ダムなどがあげられる．

重力式コンクリートダムの一般的なコンクリート配合区分を，図3.7.2に示す．フレッシュコンクリートに求められる品質は，作業に適するワーカビリティを持つ範囲内で，できる限り硬練りの配合であることである．硬化コンクリートに求められる品質は，所要の単位容積質量，弾性係数などの強度特性，強度，水密性，耐久性，熱特性などがあげられる．

外部コンクリートには，とくに耐久性，止水性が要求され，岩着コンクリートには，とくに岩盤の不陸があっても打込み性にすぐれていることが求められる．

構造用コンクリートには，とくに鉄筋や埋設構造物付近での打込み性に優れていることが求められる[5]．

2) アーチ式コンクリートダム

水平断面がアーチ形状をなし，貯水池からの水圧荷重を，アーチ作用を利用して両岸の岩盤に伝達して，これを支持する型式のダムである．重力式コンクリートダムに比べて堤体積を削減できるが，より良好な岩盤を必要とする．代表的なアーチ式コンクリートダムとして，温井ダム（図3.7.3），川治ダム，矢木沢ダム，黒部ダムなどがあげられる．

アーチ式コンクリートダムでは，堤体が薄いことから，図3.7.4に示すように，内部コンクリートと外部コンクリートを区分しないのが一般的であり[5]，堤体に発生する応力は重力式コンクリートダムに比べて大きい．アーチ式コンクリートダムでは，ダム堤体内に引張応力の発生を許容していること，また堤体内の応力状態が多軸応力状態にあることから，これらを考慮して設計基準強度を決定している．

アーチ式コンクリートダムは，重力式コンクリートダムに比べてより富配合のマスコンクリートを用

図 3.7.1 宮ケ瀬ダム[4]

Ⓐ：内部コンクリート
Ⓑ：外部コンクリート
Ⓒ：岩着コンクリート
Ⓓ：構造用コンクリート

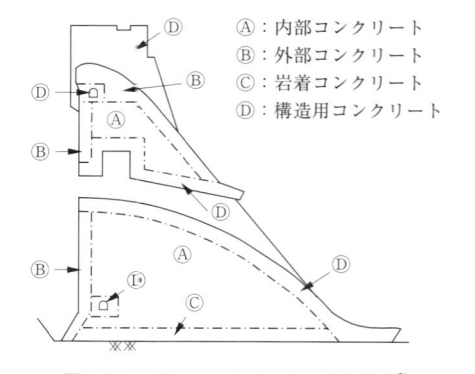

図 3.7.2 ダムコンクリートの配合区分[5]

図 3.7.3 温井ダム[6]

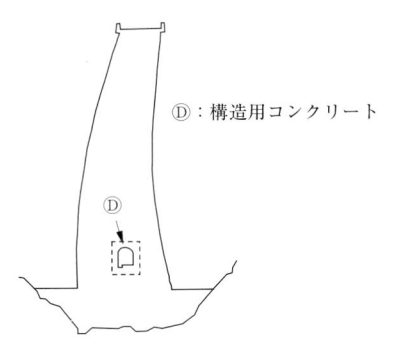

図 3.7.4 ダムコンクリートの配合区分[5]

いる．そのため，コンクリートの水和熱が堤体の温度を容易に 20～30℃ 上昇させ，コンクリートのひび割れ発生に十分留意する必要がある．このため，コンクリートの温度管理が施工上の重要なポイントとなる．ダムコンクリートの温度上昇を抑制するため，コンクリート打設箇所にあらかじめ敷設した鋼管に冷水を循環させたり，練混ぜ前にあらかじめコンクリート材料を冷却することが行われる．前者をパイプクーリング，後者をプレクーリングとよび，クーリングプラントを設けてこれを行う．

さらに，施工段階における温度応力に起因するひび割れの発生を防止するために，ダムを上下流方向に縦断する横継目が設けられる．横継目の間隔は 15 m 程度である．横継目は，ダム完成後はせん断応力の伝達，ダムの一体性の確保などに影響を与えるおそれがあるため，コンクリート打設完了後，冬季に継ぎ目の開きがもっとも大きくなる時期に横継目にジョイントグラウトを行い，堤体を一体化させることにより設計条件に合致させる．

b. 施工上の特徴
1) 施工方法の変遷

コンクリートダムの施工の歴史を表 3.7.3 に示す．わが国で初めてつくられたコンクリートダムは，1900 年に完成した布引五本松ダムである．本ダムは粗石コンクリートに張石を施して築造されたもので，厳密には現在のコンクリートダムとは異なるものである．

1930 年代には，アメリカの Hoover ダムの建設において，近代的なダムコンクリートの施工方法が確立され，その施工法を基本として，戦後の日本では，柱状ブロック工法やレヤ工法を用いて，五十里ダムをはじめ，数多くの重力式コンクリートダムが建設された．1950 年頃は，資材を節約することによる堤体積の削減による経済性の追求を目的として，アーチ式コンクリートダムや中空重力式ダムが盛んに建設され，構造設計の面で著しい進歩をとげた．1970 年代になると，材料使用量よりも人件費削減の方がより重要となり，堤体積の削減よりも大型機械化施工により打設工期を短縮し得る施工法として RCD 工法が開発され，玉川ダム，宮ヶ瀬ダム，

表 3.7.3 コンクリートダム施工の歴史

年　代	施工方法	おもなダム形式	備　考
1900 年～	粗石コンクリート	重力式	布引五本松ダム（日本初のコンクリートダム）
1930 年～	ブロック工法　レヤ工法		Hoover ダム（近代的なダムコンクリートの考え方の確立）
1950 年～ 1960 年			五十里ダム，奥只見ダム（戦後，日本における大ダムの建設）
		アーチ式　中空重力式	川俣ダム，横山ダム（セメントなどの建設費の節減）
1970 年～	RCD 工法　拡張レヤ工法		島地川ダム，玉川ダム（大型機械による合理化施工）
2000 年～			

竜門ダムなどの大規模ダムが建設された．また，重力式コンクリートダムの施工方法として拡張レヤ工法が開発され，中小規模のダムの施工に用いられてきた[7]．

以下に，各工法の特徴について述べる．

2) 柱状ブロック工法

柱状ブロック工法は，コンクリートの温度ひび割れの発生を防ぐため，ダム全体を一度に施工するのではなく，ある程度の大きさのブロック（柱状）ごとにコンクリートを打設する工法である．アーチ式コンクリートダムやRCD工法が導入される以前の重力式コンクリートダムではこの施工法が用いられ，現在でも小規模な重力式コンクリートダムの施工法として用いられている．

大規模なコンクリートダムを建設する際には，コンクリートに発生する水和熱が問題となる．コンクリートは温度降下時に全体が一様に収縮すれば問題がないが，基礎岩盤がコンクリートの収縮に抵抗するため，その付近のコンクリートは収縮が妨げられる．また，コンクリートの外部は冷えやすく内部は冷えにくいため，内部のコンクリートにより収縮を妨げられた外部のコンクリートにはひび割れが発生する可能性がある．このため，堤体をある程度の大きさのブロックに区分して，柱状に打設するのが柱状ブロック工法である．

重力式コンクリートダムでは，ブロックの大きさはダム軸方向には15 m，上下流方向には40 m程度とするのが一般的である．各ブロック間に生じる継目は，ダム軸方向のものが縦継目，上下流方向のものが横継目と呼ばれる．継目が開口することで，コンクリート収縮時のひび割れ発生を防ぐ．堤体が十分冷えた時点で重力式コンクリートダムでは縦継目に，アーチ式コンクリートダムでは横継目にセメントミルク（グラウト）を充填しダム堤体の一体化を図る．

3) レヤ工法

柱状ブロック工法では，縦継目と横継目によっていくつかのブロックに分割してコンクリートが打設されるのに対し，レヤ工法では，縦継目を設けずに横継目のみによっていくつかのブロックに分割してコンクリートを打設する．柱状ブロック工法では，ブロック間の高低差を数リフト設けながら打設するのに対し，レヤ工法ではブロック間に高低差を設けずに打ち継いでいく．

4) RCD工法

Roller Compacted Dam-concreteの略．重力式コンクリートダムの合理化施工法として，1970年代に日本で開発されたもので，中庸熱ポルトランドセメントを用い，単位セメント量を120〜130 kg/m^{3}とし，このうちの20〜30％をフライアッシュで置換した，スランプゼロの超硬練り貧配合のコンクリートを用いる．これをブルドーザーで敷均し，振動ローラーで締め固める．横継目は，打設後，振動目地切機などにより設置する．次に述べる拡張レヤ工法とともに，面状工法として分類される．RCD用コンクリートは，単位水量，単位セメント量を少なくした超硬練り貧配合のコンクリートであることから水和熱を低減することができる．また，大型の施工機械により大量打設が可能なことから，工期の短縮と工費の縮減を図ることができる．さらに，打設面に段差が生じないために，施工上の安全性に優れた施工法でもある．

5) 拡張レヤ工法

拡張レヤ工法は，重力式コンクリートダムの合理化施工法の1つであり，ELCM（Extended Layer Construction Methodの略）ともよばれる．打設面に段差が生じないため，RCD工法とともに面状工法として分類される．RCD工法との違いは，有スランプのコンクリートを用いることである．内部コンクリートが有スランプであるため，締固めにはバイバックなどの内部振動機が用いられ，内部と外部のコンクリートの締固めに同じ締固め機械を用いることができる．RCD工法では，内部コンクリートに貧配合超硬練りのゼロスランプのコンクリートを用いるために，締固めには振動ローラーを用い，外部コンクリートの締固めにはバイバックを用いなければならない．しかし，拡張レヤ工法では締固め機械の入れ替えの必要がない．このことが，施工ヤードが狭い中小規模の重力式コンクリートダムで拡張レヤ工法が多用される理由となっている．横継目は，打設後，振動目地切機などにより設置する．

重力式コンクリートダム，アーチ式コンクリートダムとも，無筋のマスコンクリート構造物である．このため，温度応力による有害なひび割れが発生しないように温度規制計画が立案され，プレクーリング・ポストクーリングなどコンクリートの温度応力の低減措置が講じられる．しかし，温度規制計画上考慮していないような表面付近における局所的な環

境の変化，あるいは施工スケジュールの変化などにより，温度応力による表面クラックが発生する可能性があるため，打設後のコンクリートの養生や水平打継目の処理を適切に行うことが重要である．また，堤体の収縮継目は型枠際に設けられるため，豆板などの施工不良が発生しないよう，十分な締固めを行う必要がある．

c. コンクリートダムに発生する劣化とその調査

1) 主要な劣化とその要因

コンクリートダムに劣化が発生する要因として，施工に起因するもの，材料に起因するものに分けることができる．

施工に起因するひび割れは，温度応力に分類される外部拘束や内部拘束によるもの，コンクリートの収縮に分類される乾燥収縮や自己収縮によるものがある．施工に起因するひび割れは，おもに施工直後から発生する．

一方，材料のうち，骨材が原因となるひび割れは，凍結融解作用，反応性骨材やアルカリ骨材反応によるものがある．骨材が原因となるひび割れは，凍結融解や乾湿の繰返しにより発生するため，おもにダム完成後，長期間使用した後に発生する．発生箇所はダムの堤体表面付近に発生することが多い．

その他，施工時に打継目付近や型枠付近の処理が不十分であると，長期間供用後に劣化が発生することもある．

これらの要因が単独で劣化によるひび割れ発生に結びつくケースはまれで，複数の要因が複雑に絡みあって発生する[8]．

以下に，コンクリートダムのおもな劣化の要因について述べる．

① 温度応力が原因となる劣化： 温度応力は，コンクリート打設後の温度変化による体積変化が，何らかの形で拘束された場合に生じる．この温度変化による体積変化の拘束は，基礎岩盤や既設コンクリートによって拘束される外部拘束と，コンクリートの内部と表面との温度降下の違いによって発生する内部拘束に分類される．

外部拘束による温度ひび割れは，コンクリートが冷却する過程で問題となる拘束で，基礎岩盤上に打設したコンクリートや長期放置ブロック上に打設したコンクリートに発生する．

内部拘束による温度ひび割れは，コンクリートの各部分が異なった温度変化を示す場合に生じるひび割れで，1日の気温変化が大きくなる秋口や，春先に越冬面での打設を再開したときなどに生じる．

温度応力が原因となるひび割れは，ひび割れ幅が比較的大きく規則性が見られ，コンクリートを貫通する場合もある．

なお，3.7.2項で述べたように，柱状ブロック工法により施工されるコンクリートダムでは，温度応力によるひび割れの発生を防止するため，横継目（ダム軸と直角方向の継目）や縦継目をもうけていくつかのブロックに分割し，ブロックごとにコンクリートを打設する．

② 乾燥収縮による劣化： 乾燥収縮によるひび割れは，コンクリート中の水分の蒸発に伴って，セメントペースト部分が収縮することによって発生する．

自己収縮によるひび割れは，セメントの水和反応の進行によってコンクリート中のペーストの体積が減少し発生する．自己収縮によるひび割れは，水結合材比が小さいほど，単位結合材量が多いほど大きくなる傾向がある．

収縮によるひび割れは，ダムの上下流面などの表面ひび割れとして発生する．これらの部位はコンクリートの養生が難しい場所であり，養生不足による乾燥収縮がひび割れの原因となる．これらの部位の養生方法として，型枠に有孔管を取り付け散水する方法，シートで覆う方法などがある．

③ 凍結融解作用による劣化： 凍結融解作用による劣化は，コンクリートダム堤体表面付近のコンクリート中の水分が凍結した際の膨張作用によって発生し，凍結と融解の繰り返しによって変状が進行する．

凍結融解作用による劣化は，寒冷地に建設された経過年数の長いダムにおいて，コンクリート表面が薄片状に剥ぎ落ちるスケーリング，微細なひび割れ，表層下の骨材の膨張による破壊でできたクレーター状のくぼみであるポップアウトおよび亀の甲状のひび割れとして見られる．

④ 反応性骨材による劣化： 骨材に含有される鉱物の中には，水と反応し，異常な膨張を伴うひび割れを発生するものがある．骨材にローモンタイトがある程度以上含有されている場合は，コンクリート表面が湿乾繰返しを受けると，ローモンタイトが体積変化を生じコンクリート表面にポップアウトなどのひび割れが発生する．

⑤アルカリ骨材反応による劣化： アルカリ骨材反応によるひび割れは，コンクリート骨材中の反応性骨材が，コンクリート中のアルカリ成分と反応してゲル状の物質を生成し，この物質が吸水膨張することによって生じる．ひび割れは，拘束のない場合は，亀の甲状に発生する．

⑥打継目や施工型枠付近から発生する劣化： 大規模構造物であるコンクリートダムにおいては，数十cm～数mの打設厚，数日の打設間隔で旧コンクリートの打継目を設けながら施工が行われる．施工時に打継目の処理が十分に行われなかった場合，その箇所が相対的な弱部となり，凍結融解作用などが加わって劣化が発生する可能性がある．また，型枠付近で適切な締固めが行われないと，未充填箇所が生じる，あるいは材料分離が発生することがあり，他の原因とあいまって経年的な変化で劣化が発生する可能性がある．

2) 堤体の劣化状態の調査

ダム堤体のコンクリート劣化は，通常，ダムの構造安定性を損なうものではない．しかし，堤体上流面のひび割れが堤体漏水を生じる場合などは，必要な対策を講じる必要がある．このように，劣化が生じた場合には，それぞれの部位の劣化，損傷が当該部位に求められている性能やダムに求められている機能に与える影響を勘案して，対策の要否を判断する必要がある．

ダムは長期にわたって供用するものであるので，堤体の定期的な巡視などによりコンクリート表面の変状を早期に発見し，劣化部の挙動の経過観察を記録しておくことが重要である．

以下に，堤体の劣化状態の調査方法について，発生位置ごとに示す．

①堤体表面付近に発生する変状の調査： ダムの堤体表面付近に発生する変状は，乾燥収縮，凍結融解作用，反応性骨材やアルカリ骨材反応により発生する劣化などがあげられる．これらの劣化は，表面から数十cm程度の深さまでの範囲に発生することが多い．調査手法としては，外観観察，シュミットハンマー，簡易弾性波試験，打音検査，環境調査などがある．表面からの深さと強度の関係の調査方法として，プルオフ試験（原位置コンクリート強度試験）[10]を行った事例がある．

劣化部において原位置で行う調査では，調査用の足場を設置しない限り調査範囲が限定され，足場などを設置した場合には，危険を伴う高所作業となる．このため，図3.7.5に示すように，劣化部に非接触

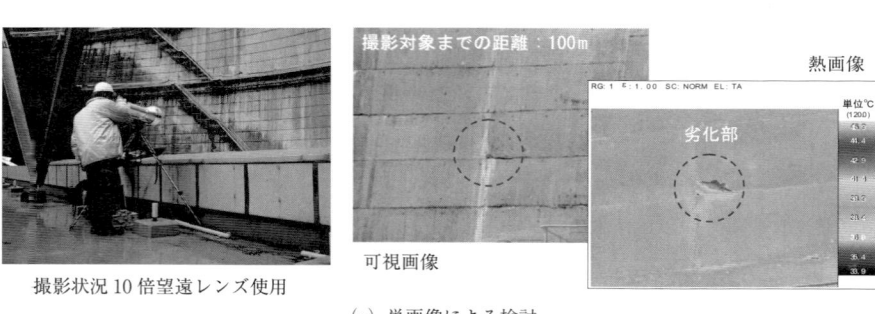

撮影状況 10倍望遠レンズ使用

(a) 単画像による検討

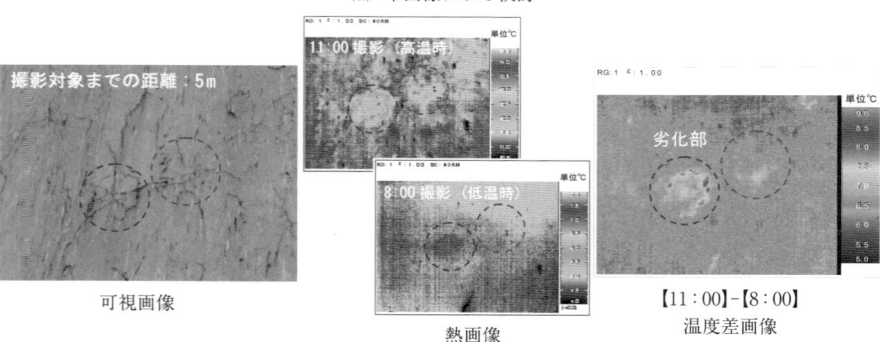

可視画像　　　熱画像

撮影対象までの距離：100m　　劣化部

可視画像　　　熱画像　　　温度差画像

11:00撮影（高温時）
8:00撮影（低温時）
【11:00】-【8:00】　劣化部

撮影対象までの距離：5m

(b) 複数画像による検討

図3.7.5 赤外線カメラを用いたダム堤体表面の調査事例[11]

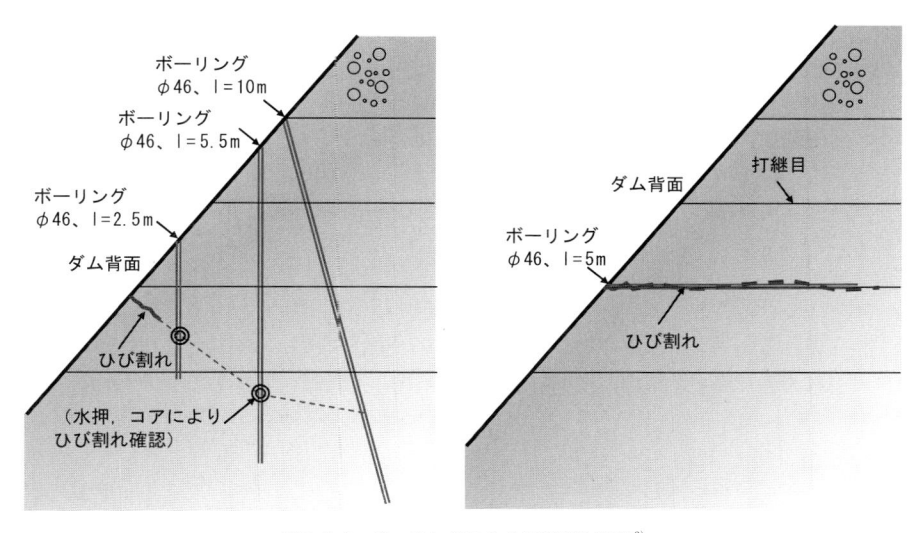

図 3.7.6 ボーリングによるひび割れ調査[8]

な調査法として赤外線カメラを用いたダム堤体表面の劣化状況調査の例がある[11].

②堤体奥行き方向の変状調査: ダムの堤体奥行方向に発生する変状は，温度応力や打継目に起因する劣化があげられる．これらの調査方法として，図3.7.6に示すようなボーリングによるひび割れ調査が行われる．また，衝撃弾性波を用いた非破壊検査が用いられることをある．

また，水平打継目付近の劣化調査としては，ひび割れに沿うボーリング調査や，継目排水孔からの水押し試験などが行われる．

3.7.4 放流設備

a. 概　要

ダムには，さまざまな放流設が設置される．ここでは，ダムの洪水吐きと排砂設備を取り上げて説明する．

b. 洪水吐き

1) 構造上の特徴

流入部の越流面においては，コンクリート表面の施工上の不陸がキャビテーション発生の原因となるので，表面仕上げを適切に行う必要がある．

非常用洪水吐きの導流部の越流面においては，流入部よりも高速な流水にさらされるため，その表面は流入部と同様にキャビテーションを防ぐように施工される．堤体の収縮継目，施工継目には十分な対策を行い，大きな不陸が生じないようにする必要がある．また，導流部には導流壁が設置されるが，一般にはRC構造である．

減勢部の水叩きは，温度応力などによるひび割れ防止のために 15 m×15 m 程度のブロックに分割して施工される．減勢部の導流壁は，おもに半重力式擁壁あるいはもたれ擁壁である．

2) 劣化要因

構造上の特徴で説明したように，洪水吐きはキャビテーションについて十分に配慮して施工されるが，洪水吐きに劣化が生じる場合はキャビテーションが要因となる．

越流面などの流水に直接触れる部位では，凍結融解作用の影響によってコンクリート表面（接水面）に部分的に不陸が発生し，それがキャビテーションを助長する可能性がある．

導流壁は，乾湿繰返しによるひび割れ，あるいは堤体本体によって拘束されることによって発生する温度応力を誘引としてひび割れが発生する可能性がある．

3) 劣化調査

キャビテーションによる損傷の影響範囲は目視による観察が主体となる．しかし，凍結融解などのほかの原因と複合して劣化が生じる場合が考えられるので，3.7.3項cの2)で示したように，その原因ごとに適切な調査を行うことが必要となる．

c. 排砂設備

1) 構造上の特徴

排砂設備は，土砂と水を流下させるための設備で

ある.型式としては,ダム堤体で排砂を行う場合に設置される排砂設備と,貯水池をバイパスするように貯水池末端からダム下流までをつなぐ排砂トンネルの2つがある.排砂設備において,とくに摩耗の影響を受ける部位については,鋼管設置,鋼材ライニングによる摩耗対策がなされ,比較的摩耗の影響が少ない部位については鉄筋コンクリートが施工される.土砂による摩耗によって,鋼板あるいはコンクリート面が損傷を受けることを考慮し,摩耗代を考えて厚さが決定される.摩耗損傷の程度を軽減するため,富配合(高強度)コンクリートを用いた例もある.

2) 劣化要因

劣化要因は,土砂を含む流水による摩耗と,キャビテーションがある.

3) 劣化調査

設計時点で摩耗などが生じることをあらかじめ想定している場合には,劣化状況の調査から得られた実際の損傷と予想した損傷を比較することにより,将来にわたる補修計画を検討していくことになる.

3.7.5 コンクリートダムにおける補修・補強の特徴

a. 概 要

コンクリートダムに発生する補修を必要とする現象を,堤体表面ひび割れ,漏水,表面劣化,摩耗の4つに分類し,各変状に対する補修事例を以下に紹介する.各ダムが置かれる環境などが異なることもあり,補修事例に関する文献などの情報が少なく,一般的な補修工法をあげることは難しい.このため,補修工法の選定に際しては,他ダムの事例を参考にしつつ最新の補修工法の情報を収集し,場合によっては試験的な施工を行ったうえで選定することが望まれる.

なお,ダム本体は,ほかの構造物のように部材で構成される構造物ではないため,部材の強度・性能を増強し,構造物全体の機能をアップするというような補強ではなく,劣化を生じた部分の補修を行うというのが一般的である.

ダムは,非常に長い期間にわたって供用される構造物である.そのため,補修材料,工法の選定にあたっては,補修効果の長期安定性が重要視される.また,ダムの上下流面での劣化調査・劣化補修に際しては,とくに放流の影響を受ける箇所の補修にあたっては,架設足場・補修用機械などが放流の障害

となることがあるので,ダムの貯水運用を十分考慮のうえ,補修工法,補修時期,補修工程を検討する必要がある.

b. 堤体表面ひび割れ

1) 補修事例1 重力式コンクリートダム堤趾部に発生したひび割れの補修

重力式コンクリートダムの堤趾部は,外部拘束の温度応力によるひび割れが発生しやすい箇所である.ひび割れの補修は注入工法を中心とするものであり,エポキシ樹脂を注入して接着した事例,あるいは水および空気との接触を遮断することによって劣化を防止する目的でセメントミルクの注入を行った事例がある[9].

2) 補修事例2 アーチ式コンクリートダム堤体下流面のひび割れの補修

アーチ式コンクリートダムの堤体下流面に,凍結融解による劣化が原因で発生したひび割れの補修事例である.ひび割れは,いずれも堤体表面から20 cm以下の浅いもので,堤体の安全性には影響を及ぼさないことを確認した上で,劣化防止の観点から浸透性防水材を塗布する表面処理工法による補修を実施した[9].なお,ダム堤体表面の広い範囲に浸透性防水材のような表面含浸剤(表面強化)を使用する場合には,事前にコスト面や補修効果の確認をしてから利用することが必要である.

c. 漏 水

1) 補修事例1 重力式コンクリートダムの試験湛水時の継目漏水対策

試験湛水時に継目排水孔より漏水が発生し,止水対策が実施された事例である.試験湛水中の応急措置として,上流面においてセメントミルクを継目に水中注入した.本補修としては,水位低下後に継目のU(V)カット工法による充填と継目内へのセメントミルクや樹脂などの注入を実施した.再湛水時に漏水量が減少したことを確認した後に,管理に移行した[9].

本事例では,漏水経路を特定することが困難であったため,漏水が認められた横継目およびそれに連絡する可能性のある水平打継目のすべてを充填や注入の対象とした.

2) 補修事例2 重力式コンクリートダムの管理期間の漏水対策

試験湛水時から,堤体下流面の低標高部の水平打

継目やブロック中央の垂直方向のひび割れなどから漏水が認められた事例である．補修は，注入・充填工法を中心に実施され，下流面の漏水箇所は減少した．対策を実施していないバケットカーブ付近の漏水は，水質調査などの結果，貯水池起源か地下水起源か確定することができなかったため，止水せずに堤体内に排水孔を設置することとした[9]．

3) **補修事例3　アーチ式コンクリートダムの継目漏水対策**

寒冷地に建設されたアーチ式コンクリートダムで，継目の施工不良により，横継目および水平打継目からの漏水が発生した事例である．漏水は冬期には堤体下流面で結氷して氷柱を形成し，融雪期などに剥離落下してキャットウォークなどを破損させる状況が続いた．このため，漏水対策として樹脂注入やモルタル充填による注入・充填工法が実施された．その後，状況観察を継続して経過を見たが，依然として漏水および氷塊形成が見られたため，U(V)カット工法を中心とする対策工の調査，試験施工などが実施された[9]．

d.　表面劣化の補修

1) **補修事例1　重力式コンクリートダムの反応性骨材による表面劣化の補修**

骨材に使用した砂岩がローモンタイトを含有しており，このコンクリートが湿乾繰返しにより体積変化を生じてコンクリート表面が劣化した事例である．補修工法としては，部材厚が比較的薄い天端道路高欄，天端橋梁橋脚，洪水吐き導流壁などに対して，コンクリートやモルタルによる表面被覆工法が実施されている．並行して，塗料塗布による表面処理工法を試験施工し経年観察などが実施されている．このようにダムのような大規模構造物においては，試験的に補修を実施し，効果を確認しながら最適な補修工法を選ぶことが望ましい．

2) **補修事例2　重力式コンクリートダムの凍結融解作用による表面劣化の補修**

寒冷地に建設された完成後の経過年数が長い重力式コンクリートダムにおいて，凍結融解作用により，堤体表面全面が劣化した事例である．このダムは，建設からほぼ50年が経過しており，竣工から26年目に補修履歴があり，竣工からほぼ50年目が経過した時点で2回目の補修が必要となった．素因は，建設時の外部コンクリートの仕様が，ダム建設地の気象条件下の耐久性において不十分であったものと推定される．

1回目の補修では，越流部はコンクリートの打換え，非越流部下流面はモルタル吹付け，上流面は樹脂塗布が行われた．1回目の補修から約25年経過して，コンクリート打ち換え箇所のみが健全な状態を保ち，他の工法を採用した箇所は再度補修が必要となった[12]．

3) **補修事例3　重力式コンクリートダム堤体上流面の劣化の補修**

既設堤体下流面に新設堤体コンクリートを打設して嵩上げを行った事例であり，嵩上げされたダムの上流面の下位標高には既設堤体コンクリートが露出する．既設堤体上流面の劣化調査を行った結果，止水性の低下が懸念された．補修対象箇所が乾湿繰り返しや凍結融解作用を受けやすいことから，ひび割れ抵抗性，耐久性に優れた，高靭性セメント複合材料を用いた吹付け補修工法が適用された[13]．近年は，このような新しい補修材料を用いる例が見られる．

e.　摩耗・キャビテーションによる表面劣化

摩耗およびキャビテーションによる劣化の補修は，基本的には損傷部の断面修復である．一般に断面修復厚さが薄くなるため，新旧コンクリートの付着や乾湿によるひび割れ防止を考慮して材料が選択される．

また，単に断面修復しただけでは再度同様な劣化が生じる可能性があるため，キャビテーションや摩耗の影響を低減させる方策がとられる．水理構造物の改造による方法と，コンクリート表面に摩耗・キャビテーションに対する抵抗性に優れた材料を用いる方法の2つがある[14]．ここでは，後者のコンクリートを高強度化する補修方法を取り上げる．

補修方法としては，鋼板による保護のほか，高強度コンクリートや繊維補強コンクリート[9]の打設などが代表的である．最近ではポリマー系コンクリートでの断面修復や，表面含浸剤による表面強化がなされる事例[15]も見られる．

排砂設備などでは摩耗の影響を避けることはできないため，補修材料の選定の際には劣化の将来予測を行った上で，初期コストと維持管理コストを勘案し，総合的にライフサイクルコストが有利となる補修材料・工法を選定することが重要である．

【佐々木隆・小堀俊秀】

文　献

1) 飯田隆一：ダムの安全管理, ダム技術センター, 2006.
2) 国土開発技術研究センター編：改定　解説・河川管理施設等構造令, 山海堂, pp. 95-97, 2000.
3) ダム管理研究会編著：ダム管理の実務, ダム水源地環境整備センター, pp. 215-243, 1999.
4) 財団法人日本ダム協会：月刊ダム日本, No. 700, p. 134, 2003. 2.
5) 建設省河川開発課, ダム技術センター：コンクリートダムの細部技術, p. 20, 1992.
6) 財団法人日本ダム協会：月刊ダム日本, No. 700, p. 137, 2003. 2.
7) 建設省河川開発課, ダム技術センター：コンクリートダムの細部技術, pp. 1-17, 1992.
8) 建設省河川開発課, ダム技術センター：コンクリートダムの細部技術, pp. 252-263, 1992.
9) 安田成夫ほか：ダム補修事例に関する調査, 国土技術政策総合研究所資料, 第262号, 2005.
10) 野々目洋, 田中　徹：既設ダムの劣化状況調査と補修工事, 電力土木, No. 316, pp. 155-157, 2005.
11) 小堀俊秀ほか：赤外線カメラを用いたコンクリートダム堤体の健全度診断, 第31回土木学会関東支部技術研究発表会, V-61, 2004.
12) 小田島公一ほか：遠野ダムの老朽化対策について, 大ダム, No. 191, pp. 27-35, 2005.
13) 児島茂春ほか：高靱性セメント複合材料を用いた吹付け補修工法の適用－三高ダム上流面への適用, コンクリート工学, 42(5), pp. 135-139, 2004.
14) コンクリート工学文献調査委員会（谷口）：ダムコンクリートの劣化と補修技術, コンクリート工学, 35(4), pp. 31-34, 1997.
15) 舟川　勲・牛島　栄：表面保護工法の施工事例集, セメント・コンクリート, No. 713, pp. 75-87, 2006.

3.8
農業水利施設

3.8.1　概　要

a.　施設の構成とその機能
1)　農業水利システムと農業水利施設

戦後の「食糧増産」時代の昭和24(1949)年に土地改良法が制定されて以降, 国や都道府県によって食糧の生産基盤に対する土地改良事業が実施されてきている. 昭和30年代には, 愛知用水事業や八郎潟開拓事業などの大規模総合開発が進められ, 昭和40年代には労働生産性の向上や農業機械化の促進を目的に事業が重点化された. 昭和50年代には生産基盤整備や労働生産性の向上に加え, 農村の生活環境整備の実施, 平成に入ってからは, 環境に配慮した事業の推進, などとそれぞれの時代のニーズに応えた事業を展開している. 実施された数多くの事業の結果, 国土の農地全域への農業用水の輸送を担い, また, 冠水・泥土化する低平地においては農地の排水を担う農業水利システムが形成されてきた. 全国をくまなく覆った農業水利システムは, 農業用水の貯留, 取水, 導水, 余剰水の排水, などを適切に制御・管理するための膨大な農業水利施設によって構成されている.

これらの膨大な農業水利施設は, 施設の目的によって, 貯水池, 頭首工, 用水路, 排水路, ポンプ場などに分類される. これら農業水利システムの概要図を図3.8.1に示す. 貯水池としては, ダム, ため池などがある. また, 用水路は, 水理機能を主体に, 開水路, 管水路, 暗渠, サイホン, 水路橋, 水路トンネル, トランジション, 分水工, 放水工, 落差工, 急流工などに細分される. さらに, 工種による分類としては, 貯水工, 取水工, 水路工, 河川工などがある.

国営土地改良事業などにより造成されてきた多種多様な基幹的農業水利施設（受益面積100 ha以上）は, 平成13年度末時点で, 貯水池が1118カ所, 頭首工等が3047カ所, 用排水機場が2737カ所, 水路にいたっては13890カ所の約45000 kmにも及び, これら農業水利施設の資産額は再建設費ベースで約25兆円となっている[2].

これらの施設は, 順次, 更新時期を迎えており, 今後もさらに対象施設が増加する. 平成18年時点では, 標準耐用年数を超えて用いられている基幹的な農業水利施設は約2兆円にも及び, 計画的かつ効率的な施設の維持・更新が必要とされている. このような状況の中で, 膨大な施設を順次, スクラップ・アンド・ビルドしていくことは, 財政面, さらに地球温暖化などに対する環境・エネルギー面において難しいため, 農業用水利施設の主体を占めるコンクリート構造物に対する機能診断調査, 評価, そして補修・補強技術の必要性は, 持続的な農業生産の観点から非常に重要となっている.

土地改良事業により造成される農業水利施設の計画・設計は, 土地改良事業計画設計基準（以下「計画設計基準」という.）に準拠すべきとされ, GHQ天然資源局の示唆などを契機に昭和27～31年にか

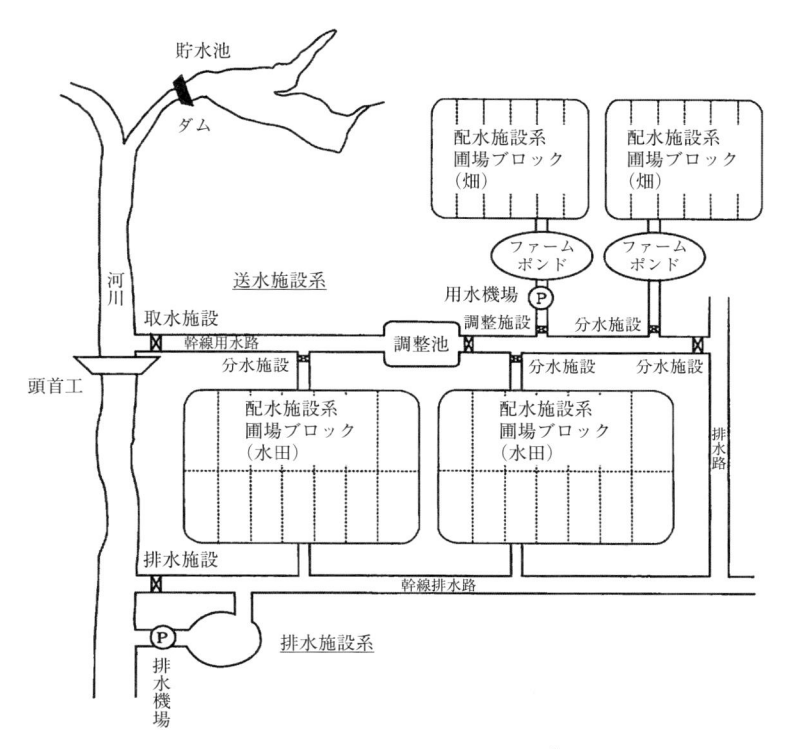

図 3.8.1 農業水利システムの概要図[1]

けて具体的な計画設計基準が制定された．なお，計画設計基準は，昭和 40 年代には農地局長通達として位置づけられ，さらに昭和 50 年代以降は事務次官依命通達として位置付けられて運用されている．

各種の農業水利施設の計画設計基準は，制定後，順次，時代の要請とともに必要に応じた改定が行われ，現在に至っている．昭和 29（1954）年に土地改良事業計画設計基準第 3 部設計第 5 編水路工（開水路，トンネル，暗渠，水路橋，サイホン，パイプラインなどを章別に含んでいる）が制定され，おもに昭和 40 年代に基本的な構造物である「コンクリートダム」（昭 41），「フィルダム」（昭 42），「水路工」（昭 45 改定，昭 61 改定，平 13 改定），「パイプライン」（昭 48 改定，昭 52 改定，昭 53 改定，昭 63 パイプラインとして制定，平 10 改定，平 21 改定），「トンネル」（昭 50 改定，平 4 水路トンネルとして制定，平 8 改定），「頭首工」（昭 27，昭 42 改定，昭 53 改定，平 7 改定，平 20 改定）や「ポンプ場」（昭 57 制定，平 9 改定，平 18 改定）の基準が制定されている[3)-8)]．平成 4 年制定の「設計　水路トンネル」において，維持管理，改修・補修工法についての基準を整備している[9)]．このように近年の改定の際には，計画設計基準において管理基準があり，施設管理として機能特性を検討することが示されている．また，構造設計に関しては，コンクリート標準示方書との整合が図られている．

1993（平成 5）年には土地改良施設管理基準が制定され，現在，［ダム編］（平 16），［排水機場編］（平 8，平 20 改定），［頭首工編］（平 9），［用水機場編］（平 12）の 4 編がある[10)-13)]．

2）農業水利施設に求められる性能

農業水利施設への要求性能は，一般の土木構造物と同様に，安全性能，使用性能，第三者影響度に関する性能，美観・景観，耐久性能に分類される．このうち，農業水利施設において重視される性能としては，使用性能としての水利用性能と水理性能がある．水利用性能とは，「管理者が用水を送配水し，農家がその用水を利用できる性能」，また，水理性能とは，「用水を輸送する水理学的性能」と定義される[14)]．水理性能は，さらに，通水性能，水密性能などに分類できる．通水性能は「通水すべき最大流量」，また，水密性能は「許容される漏水量」である．農業水利施設にとって，通水性能および水密性能は重要な性能であるため，補修・補強工法の検討，

選定に際してに両性能の回復が求められることとなる.

b. 農業水利施設の機能保全

これまで,農業水利施設の機能を維持するための方法は,劣化の進行に伴う施設性能の著しい低下や,営農形態の変化に伴う施設改良の必要が生じた場合に,更新整備を行うものが主であった.部分的な損傷等については,維持管理の一貫として補修などによる対策が実施されてきた.しかし,今後は耐用年数を超える農業水利施設数が急激に増大することが予見される.

このような事態を踏まえ,農林水産省では,平成15(2003)年度からこれら国営造成農業水利施設の診断およびその診断結果に基づく機能保全計画の作成を行う「国営造成水利施設保全対策指導事業」をスタートした.さらに平成19(2007)年度には,おもに都道府県営事業で造成された受益面積100 ha以上の基幹的な農業水利施設について,造成主体である都道府県が施設の診断と機能保全計画の作成を行い,必要に応じて補修などの対策工事が実施できる「基幹水利施設ストックマネジメント事業」が創設された.これらの事業導入に合わせ,農林水産省では,農業水利施設の保全管理の理念を解説した「農業水利施設の機能保全の手引き」[15]を作成した.手引きでは,施設の機能診断に基づく機能保全対策の実施を通じて,既存施設の有効利用や長寿命化を図り,ライフサイクルコストを低減するための技術体系および管理手法の総称を「ストックマネジメント」と定義し,状態評価票による施設の健全度評価,健全度指標を用いた単一劣化曲線モデルによる劣化予測,設定した供用年数間に要するすべてのコストを可能な限り低価格に押さえるための機能保全コスト比較による対策計画策定手法などを解説している.なお,「農業水利施設の機能保全の手引き」は,当初先行して開水路を対象に作成された.平成21年度にはパイプライン編,頭首工編が作成されている.排水機場に関しては,現在のところ,開水路において示されている考え方を試行している段階である.

農業水利施設における機能保全のフローを図3.8.2に示す.国営事業で建設された農業水利施設の多くは,受益地区の農家で構成される土地改良区に管理委託されている.日常点検,非常時の点検などは土地改良区が主体的に実施し,重大な異常・性能低下が発見された場合には,農林水産省の出先機関が目視調査を主体とする基本調査を実施する.こ

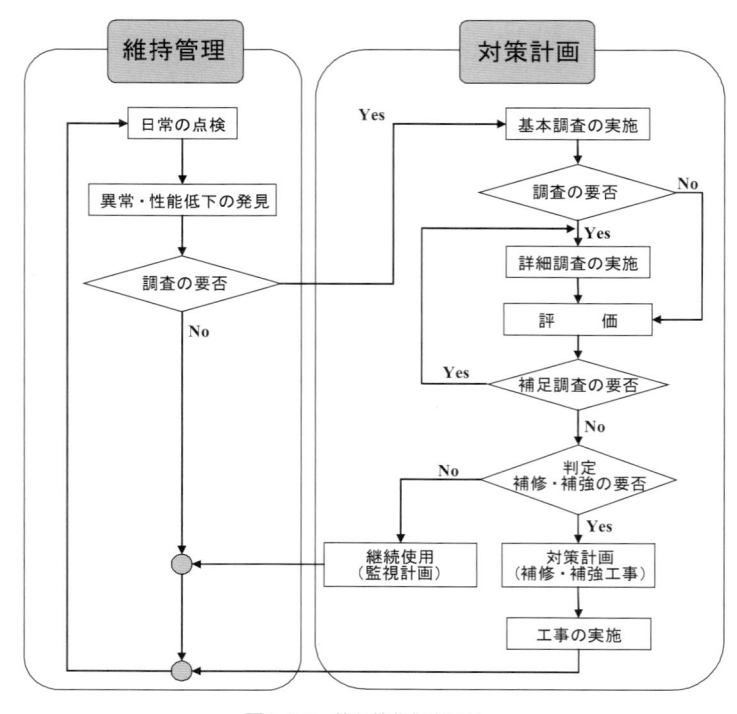

図 3.8.2 施設機能保全フロー

のとき，性能低下の程度を定量的に把握するための詳細調査を実施することもある．これらの調査結果を「性能」を軸として評価し，補修・補強の要否を決定するとともに，調査データを記録する．調査データは，これまで各土地改良区や管轄の地方農政局などで管理されてきた．しかし，農林水産省では，平成19年度からこれら施設の諸元，調査データなどに関する情報を全国一元的に電子情報として管理するシステム「農業水利ストック情報データベース」の運用を開始し，農業水利施設の効率的な維持管理を実施している．

c. 農業水利施設における機能低下の要因と補修・補強

農業水利施設における機能低下の要因は，おおむね次の3種類に分類される[16]．1つは，土木コンクリート構造物と同様にコンクリート躯体に発生するひび割れ，骨材露出，鉄筋露出，断面変形などの変状（初期欠陥，損傷，劣化）である．2つ目は，躯体以外に発生する目地材の脱落，堆砂などの変状である．3つ目は，上述の2種の要因により引き起こされる施設周辺に発生する変状である．この変状は，損傷等による構造物の変形や目地からの漏水による背面の土質・地盤材料の流亡により，水路背面，暗渠や水路トンネルの地上部に発生する空洞や陥没などである．

農業水利施設の損傷は，施設周辺の開発や宅地化などによる背面荷重の変化などの当初設計時と異なる荷重によって生じる場合と，自然災害などによって生じる場合がある．台風，集中豪雨時には周辺地盤の変状や越水による背面土砂の流亡などによる損傷，また，寒冷地においては，背面土の凍上による側壁の流水側への変位や側壁，底板の亀裂，目地の破断などの損傷が生じる[17]．地震時には土木構造物と同様に農業水利施設においても動荷重による損傷が発生している．しかし，土木構造物に比較して背面土圧などの外荷重が小さいため，動荷重が損傷の直接原因となる場合は少なく，被災事例として頭首工の護岸工の河川側への倒れ込みが報告されている[18]．平成16年（2004年）新潟県中越地震では，数多くの農業用水路が被災した[19]ものの，動荷重が直接に作用して水路躯体が損傷した事例は少なく，地震による液状化など，周辺地盤に発生した変状によって水路が沈下，隆起し，その結果として水路に変状が発生していることが明らかになっている[20]．

一方，平成19年（2007年）新潟県中越沖地震では，周辺地盤に発生した変状に起因するものだけでなく，農業用水路に地震動が直接に作用したことによる損傷も見られた．水路側壁に，止水板の端部を起点とした水路軸方向のひび割れが発生し，目地近傍の水路側壁コンクリートが破損していた（図3.8.3）．この原因に関しては，地震動が水路軸方向に作用し，断面が止水板で分断されている目地付近に応力が集中したものと推測されている[21]．

農業用水の貯留，取水，導水などと余剰水の排水を目的とする農業水利施設における特徴的な劣化として流水に接するコンクリート面の摩耗がある．この摩耗は2種類に分類可能であり，1つは石礫などが流下する頭首工のエプロン，取入口，取入口に接続する導水路などにおいて見られる，表面が磨かれたように骨材も磨り減る摩耗である．もう1つは，これらのエプロンや取入口などに比較して石礫混入が少なく流量，流速が大きくない水路において，セメントペースト分が失われ骨材が露出し，コンクリート面の凹凸が著しくなる摩耗である．

農業水利施設における特徴的な変状に対する補修は，漏水防水を目的とする目地補修や摩耗に対する通水性能の回復・保持や耐摩耗性の向上・保持を目的とする補修である．ただし，補修・補強対策の施工期間が非灌漑期（冬期）に限定される，あるいは上水道などと共用となっている農業用水路では，供用しながらの補修・補強が必要となる，など施工条件の制約が大きい．

以下では，農業水利施設のうち，特徴的な施設として，頭首工，用水路，排水機場を取り上げ，設計の変遷，機能診断調査の手順，変状に対する対策などについて述べる．

図3.8.3 新潟県中越沖地震による農業用水路の被災事例

3.8.2 頭首工

a. 設計の変遷

頭首工とは，河川から必要な農業用水を用水路に引き入れる目的で設置する施設の総称であり，取水堰（図3.8.4），取入口（図3.8.5），附帯施設（魚道，舟通しなど），管理施設（操作設備，管理橋など）からなる．取水堰には，水位，流量を調節する可動装置を備える可動堰と備えない固定堰とがある．なお，堰上げを行わずに自然流入によって取水できる条件下では，取入口のみで取水堰を持たない頭首工も存在する．

頭首工の計画・設計は，昭和27(1952)年に制定された計画設計基準［頭首工］に基づき行われてきた．その後，技術の進歩，研究の成果，固定堰の築造を基本的に認めなくなった河川管理施設等構造令の施行などを反映して，計画設計基準は昭和42(1967)年，昭和53(1978)年に全面改定がなされた．

平成7(1995)年には，農業および社会情勢の変化，水資源の有効利用，水管理の合理化などが求められるようになり，設計技術の再編，新技術の導入，他基準との整合を目的とした全面改定が行われた．その後，数々の地震が発生したため，頭首工における耐震に対する設計の考え方を整理するとともに，平成13(2001)年の土地改良法改正によって，土地改良施設に「環境との調和への配慮」が義務づけられたことなどを反映して，平成20(2008)年に全面改定が行われ，現在に至っている．

b. 頭首工における維持管理

頭首工の管理基準は土地改良施設管理基準「頭首工編」[12]に記されている．コンクリートの補修・補強の対象として主要なものである取入口および取水堰の維持管理は，計測，点検，精密調査，応急措置，補修から成っている．以下に，これらの維持管理の概要を抜粋する．

計測は，取入口および取水堰の状態を監視するために行われるもので，1年に1回の頻度で堰柱の変位量および沈下量を計測することが望ましいとされている．堰体底部に間隙水圧計を設置している場合は，基礎地盤の挙動および状態を監視する．

点検は定期点検と臨時点検に分けられる．定期点検は毎月1回を標準として実施される点検であり，観測機器による計測値や目視および測量によって，取入口および取水堰の状態を的確に把握することを目的としている．定期点検では，とくに頭首工の特徴的な劣化要因である次の事象に注意する．

・変形（堰柱，堰体，床版，エプロンの沈下および取入口の状態）
・摩耗（堰体，床版，エプロンの摩耗の発達の状態）
・コンクリートのひび割れ（堰体，床版，エプロン，取り入れ口のひび割れの有無と発達の状態）
・漏水（コンクリートの継ぎ目，エプロン先端などからの漏水量の変化とその濁りの有無および新しい漏水箇所の有無，戸当たりと扉体の接触部における漏水の有無およびその状態）
・洗掘（護床工，エプロンの洗掘の有無と発達の状態，護床ブロックの脱落や流失の有無）
・障害物（放流および操作上支障となる砂礫，流木，その他の障害物の有無）．

一方，臨時点検は，大雨，洪水あるいはあらかじめ定めた規模以上の地震が発生した場合に必要な箇所について速やかに実施される点検である．大雨または洪水時は，コンクリート継ぎ目，エプロン先端

図3.8.4 頭首工の取水堰（可動式）

図3.8.5 頭首工の取入口

などからの漏水状況，護床工，エプロンの洗屈の有無と発達の状態，放流および操作上支障となる砂礫，流木，その他の障害物の有無について点検する．また，地震時はクラック・ズレなどの変位，沈下および地盤の状態について計測を行い，これまでの計測結果と対比して状態の変化を確認し，かつ，定期点検のその他必要事項について点検を行い，施設の安全を確認する．

精密調査は，計測または点検により，取入口，取水堰および基礎地盤に変化が認められ，その事象に対してさらに詳細な調査を必要とする場合に実施される．精密調査では，その事象の把握および原因の究明に努め，計測または点検の追加実施および補修の必要性の有無を判断し，必要があるときはその方法を定める．

応急措置は，計測，点検あるいは精密調査の結果，取入口，取水堰および基礎地盤の挙動に異常が認められ，かつ，計測値が急速に増加の傾向を示す場合に実施される．

精密調査の結果行う補修は，調査結果に基づいて決められた設計および施工方法に従って実施される．一方，点検結果のみで行う構造物の摩耗，洗掘，ひび割れなどの補修は，その程度に応じて補修の方法および時期を選定して実施される．

c. 頭首工における特徴的な劣化および機能低下[22]

ここでは頭首工の補修・補強の事例として，犬山頭首工を取り上げ，確認された劣化の状況やその原因および対策について記述する．

1) 犬山頭首工の劣化状況と劣化要因

犬山頭首工は，木曽川から安定的に農業用水を取水することを目的として昭和38(1963)年に建設された頭首工である．建設後，東海農政局木曽川水系土地改良調査事務所犬山頭首工管理事務所や土地改良区によるさまざまな機能保全が図られてきた．補修履歴を機能別に集計した結果，補修費の約4割は堰の安全性を保持するために費やされていることが確認されている[23]．

しかし，近年，部材の劣化や社会的要求性能の変化などによる機能低下が著しくなってきた．このため，平成10(1998)年度より農林水産省の国営事業による全面的な補修および補強が実施されてきている．頭首工の機能診断の結果，エプロン部のコンクリートが平均約20 cm，最大45 cm摩耗していること

図3.8.6 取水堰エプロン部の摩耗状況

図3.8.7 護床工ブロックの設置

が明らかになった（図3.8.6）．また，エプロン基礎部のボーリング調査の結果，エプロン下の土砂が一部流亡し，空洞化していることが明らかとなった．護床工は10 m×10 mのコンクリート枠の中に玉石を敷き詰めて減勢する方式であったが，玉石がほとんど流出し，減勢効果を発揮していない状況であることが確認された．

2) 対策工法

エプロン部の摩耗は制水門の直下流部で著しく，すでに1954～1959（昭和49～54）年の施設整備事業によって合成ゴム製の耐摩耗板が施工されていた．この耐摩耗板が非常に有効であったことから，今回の補修事業においても，剥がれた耐摩耗板の再設置が行われた．なお，合成ゴム製の耐摩耗板は，ステンレス製アンカーボルトにより，コンクリート躯体と固定する方式のものである．また，制水門直下流部以外のコンクリートについては，既設コンク

リートを30cmはつり，圧縮強度が30 N/mm²の高強度コンクリートに打ち換えた．

エプロン基礎部の空洞対策としては，浸透路長を確保するために，頭首工上流部に止水鋼矢板を施工するとともに，エプロン基礎の空洞部をセメントモルタルで充填した．

また，護床工のコンクリート枠については，5〜10cm程度の摩耗や一部破損が見られているものの，強度は健全であった．そこで，図3.8.7に示すように，10 m×10 mの内部に護床ブロック（二次製品）を設置し，それぞれを連結させる構造とした．さらに，護床間を浸透する水による砂の吸い出しによるブロックの転倒，流出を防ぐため，ブロック下に吸い出し防止ネットを設置した．

3.8.3 用水路（開水路・水路トンネル）

a. 設計の変遷

農業用水路は，取水源のダムおよび頭首工から末端の農地までの水輸送を担う施設である．農業用水路および水路トンネルの計画・設計は，各々計画設計基準［水路工］[3]および計画設計基準［水路トンネル］[5]に基づいて実施されている．計画設計基準［水路工］は，昭和29(1954)年に制定され，その後，昭和30年代後半の著しく増大した水路工の実施例に関し，使用した設計数値，使用公式や設計手法を基準として統一する必要性並びに新技術の導入による追補を目的として昭和45(1970)年に改定された．さらに，昭和61(1986)年，農業水利形態の複雑多様化，農業を取りまく状況の変化，新工法・新技術などの技術進歩に伴い，①開水路系基準の拡充，②調査・設計に関する手法の見直しによる全面改定が実施された．そして，その後の技術発展や社会情勢の変化等を背景とした設計施工に関する技術の積み上げ，また，関係する各種基準の改定などとの整合を図る必要から平成13(2001)年に改定され現在に至っている．一方，計画設計基準［水路トンネル］は，鋼アーチ支保工と発破掘削を主体として昭和50(1975)年に制定され，その後のNATM工法の採用や掘削機械の進歩，さらには補修・改修技術の蓄積などから平成4(1992)年に全面改定された．その後も機械化施工等の労働環境改善の動きや，補修・改修の更新事業の増加などを背景として，平成8(1996)年に改定され現在に至っている．

上記のような経過をたどり，現行の［水路工］および［水路トンネル］の計画設計基準には，補修・補強に関する章または節が設けられ，調査・診断，工法，事例について記述されている．これは水路および水路トンネルにおける補修・補強の位置づけが高まったことを示している．

b. 開水路および水路トンネルにおける調査

開水路および水路トンネルの維持管理は，ほかの農業水利施設と同様，土地改良区に管理委託されており，日常点検は土地改良区が実施している．日常点検では，目視や聞き取り調査により躯体および周辺農地に発生している変状，ゲート設備などの不備，水路からの漏水などの確認を実施している．日常点検に関しては，形式的に定められた調査マニュアルなどはなく，各土地改良区で独自の調査を行っているのが実情である．

しかし，建設後数十年を経過した開水路や水路トンネルでは，コンクリートのひび割れ，摩耗，目地材の脱落などの変状が多く見られ，施設全体の更新を見据えた調査が必要となる．この場合，農林水産省の土地改良調査管理事務所などにより「農業水利施設の機能保全の手引き」[15]に基づいたさらに詳細な調査が実施される．現在は，人による目視調査が主体であるが，近年，レーザーやCCDラインカメラなどによる壁面画像のデジタル化技術が開発[24]され，とくに重要な基幹農業用水路での適用がはじまっている．

c. 開水路の特徴的な劣化および機能低下と補修・補強対策

1) 特徴的な劣化および機能低下

開水路に見られる特徴的な劣化としては，①ひび割れ，②摩耗，③断面欠損，④変形，⑤凍害，⑥中性化，⑦表層脆弱化，⑧目地損傷，などがあげられる．これらのうち，ほかの土木構造物と異なり開水路に特有な機能（通水性能，水密性能）低下を生じさせる劣化は，ひび割れ，摩耗，断面欠損，表層脆弱化および目地損傷である．

ひび割れは，コンクリート躯体に部分的な割れが生じる現象で，種々の要因によって発生する．開水路で問題となるのは水密性能を低下させる貫通ひび割れであり，漏水の原因となる．漏水量の把握には，水路の上流と下流に止水壁を設置して，その内部に充水し，一定時間経過後の減水量より求める漏水試験が用いられる．漏水量が許容範囲を超える場合に

図 3.8.8　骨材の露出状況

表 3.8.1　粗度係数の値[4]

水路の材料と状態	粗度係数 最小値	標準値	最大値
コンクリート（現場打ち）	0.012	0.015	0.016
コンクリート（吹付け）	0.016	0.019	0.023
コンクリート（既製フリューム）	0.012	0.014	0.016
セメント（モルタル）	0.011	0.013	0.015
平滑な鋼表面（塗装なし）	0.011	0.012	0.014
平滑な鋼表面（塗装）	0.012	0.013	0.017
塩化ビニル管		0.012	
強化プラスチック複合管		0.012	

は，止水のための対策が必要となる．

　摩耗は，水路表面のコンクリートの骨材が露出する現象（図 3.8.8）で，その程度は，底版および側壁の底部で著しく，喫水面に近づくにつれて小さくなる．この現象は，コンクリートのセメントペースト分が砂礫を含む水流により流亡することが原因で生じる．なお，この現象が砂礫を含む水流のみを要因とするのではなく，後述する表層の脆弱化との複合劣化である可能性も指摘されている[25]．摩耗による骨材露出により，水路表面に凹凸が生じると水路の平滑性が失われ，通水性能が低下する．各水路には，水利システム（取水源から末端水路までの水路組織）全体の水理計算による計画流量が設定されている．このため，通水性能が低下することにより，計画流量が達成できない場合には，溢水や下流受益地への用水到達遅延などの問題を生じさせることとなる．この水路の通水性能の評価には，流量観測による粗度係数の推定値が用いられる．粗度係数とは，Manning の平均流速公式において壁面の流水抵抗を表す係数である．粗度係数が大きいほど壁・底面は粗く，小さいほど壁・底面が滑らかである．計画設計基準では設計に用いられる粗度係数の標準値などが示されている（表 3.8.1）．粗度係数の推定値が計画流量算定の際に使われた基準値を上回った場合には，水路表面の凹凸を平滑にし，通水性能を回復させる対策が必要となる．なお，摩耗面の表面粗さを指標とした粗度係数の推定についての試みが行われており，表面粗さの特徴を示す「算術平均粗さ」や「最大高さ」などの指標を求めることによって，粗度係数を推定する手法が報告されている[26]．

　断面欠損は，躯体のコンクリートが部分的に損失する現象で，種々の要因で発生する．通水領域に発生する断面欠損は，初期欠陥の豆板などの弱部や側壁と底版との施工継目のひび割れ部における洗掘が原因と考えられる．断面欠損の生じた部位と規模によっては，耐荷力の低下など安全性能に影響を与える可能性がある．また，断面欠損は水路の通水性能を低下させるだけではなく，欠損部が水路を貫通している場合には漏水を生じさせ，水密性能の低下となる．

　表層脆弱化は，長期間水と接触するコンクリート躯体の表層からカルシウムなどの水和生成物が溶脱し，脆弱化する現象である．コンクリートからのカルシウムの溶脱に関しては，とくに地下水位下に建設される放射性廃棄物処分施設コンクリートの耐久性確保のために研究が進められてきた．しかし，長期間流水と接触する農業用水路においても，同様の劣化により表層が脆弱化し，これが農業用水路の摩耗を加速させる要因となっていると考えられている．たとえば，農業用水路底版から採取したコンクリートコアの EPMA 面分析の結果，摩耗表面から約 15 mm の深さまでカルシウム成分が溶脱していることが報告されている[24]．

　表層脆弱化が問題となるのは，摩耗進行を加速することのほかに，補修材料との付着強度が確保されないことである．摩耗面の平滑化や断面欠損の修復には，水路表面に補修材料を付着させることが必要となるが，表層が脆弱化した水路においては，要求された付着強度が確保できない状況も生じている．このため，脆弱化した表層を切削機やウォータージェットなどを用いて，所定の付着強度が得られる深さまではつり取ることが実施されている[27]．なお，表層脆弱化の確認には，一般に建研式付着強度試験が用いられている．

　目地損傷は，水路の伸縮目地に使用されている目

図3.8.9 目地からの漏水

地材の脱落，あるいは目地材とコンクリート躯体との間に隙間が生じている現象である．この現象の原因は，目地材として用いられた杉板や，エラスタイトなどの腐食や劣化である．目地材の脱落や隙間の発生は，水路内から外部への漏水（図3.8.9）を生じさせ，水密性能を低下させる．水密性能の低下は，農業用水の減少を生じさせるだけではなく，漏水箇所近傍の土壌の湿潤化，あるいは目地背面土砂の吸い出しによる空洞化によって第三者への影響を引き起こす．目地材の脱落や隙間は目視で容易に確認できるが，漏水量の把握には，目地部を対象とした漏水試験が用いられる．

2) 対策工法

開水路のコンクリート躯体の機能回復は，構造的な安全性能が確保されている場合には，通水性能および水密性能の回復が主となる．両性能を一体的に回復させる工法として，断面修復工法あるいは表面被覆工法が選択される．補修材料としては，ポリマーセメントモルタル[27]，繊維補強セメント系材料[28]，FRPM板[29]，ポリウレタン樹脂[30]，などを用いた事例が報告されている．なお，工法への要求性能としては，粗度係数，ひび割れ追従性，耐久性，施工性，経済性，などが求められる．

目地部の機能回復は，水密性の回復が主となる．目地補修の際に注意する事項としては，目地部の伸縮がある．これは，コンクリート躯体の熱膨張に起因する現象で，日変動および年変動を伴う[31]．このため，工法には目地伸縮への追従性能が求められ，ゴム弾性を活用した目地工法[27], [32] などがある．

d. 水路トンネルの特徴的な劣化および機能低下と補修・補強対策

1) 特徴的な劣化および機能低下

水路トンネルに見られる特徴的な劣化としては，①ひび割れ，②摩耗，③変形，④断面欠損，⑤表層脆弱化，などがあげられる．これらのうち，開水路の劣化状況と大きく異なる劣化は，ひび割れと摩耗である．

矢板工法で施工された水路トンネルで多く見られるひび割れは，アーチサイド部のひび割れであり，その原因としては，覆工背面の空洞の存在と地山の塑性圧によるものである[16]．建設年次が古い水路トンネルでは，天端部を間詰めするグラウチングが施工されていないことが多く，また，人力施工であるため，覆工背面に空洞が存在することが多い．この場合，地山からトンネルに塑性圧が作用すると，天端に反力が確保できず，天端方向に伸び上がるようにトンネルが変形する．このため，アーチサイド部では引張応力が作用し，ひび割れが発生する．ひび割れが進行すると貫通し，食い違いも生じる．これらは，安全性能や水密性能の低下となる．

水路トンネルで見られる摩耗は，とくにインバート部で著しく，断面欠損と判断される程度の摩耗の状況が生ずる場合もある．それに対して，側壁からアーチ部にかけては，開水路と比較して骨材露出の程度が小さく，開水路における摩耗の程度とは状況が異なっていることが多い．水路トンネルにおける著しい摩耗は，通水性能のみならず構造性能を低下させる．

2) 対策工法

水路トンネルの機能回復対策としては，①製管工法[33]，②パイプイントンネル工法[34], [35]，③内巻き工法[36]，などが用いられている．また，開水路の対策工法と同様に，粗度係数が要求性能として求められる．

3.8.4 排水機場

a. 設計の変遷

農地の過剰な水を排除して，農作物を湿害から守り，高品質，高生産性を実現するとともに，豪雨時に湛水被害を回避して安定生産を図るために必要な施設が排水機場である．

排水機場の計画・設計は，これまで昭和57(1982)年制定の土地改良事業計画設計基準「ポンプ場」に

よって行われてきた．その後，ポンプ設備の技術革新によるポンプ場システムの簡素化や信頼性の向上が図られるとともに，ポンプ仕様の改善およびポンプ規模の適用範囲が拡大され，またこれらを構成する土木・建築施設設計が見直されたことから，平成9年に改定された．しかし，土地改良法の一部改正に伴い「環境との調和への配慮」がうたわれ，地域や目的に応じて適切に設計・施工を行うことが求められている．さらに，公共事業コスト縮減に向けた設計・施工の合理化や，従来の仕様規定から性能規定への移行などに伴って，関連技術基準類の見直しが進められていることから，平成18(2006)年に再度改定が行われ，現在に至っている．なお，土地改良事業計画設計基準「ポンプ場」に関連する基準として，水門鉄管技術基準，建設基礎構造設計指針，道路橋示方書・同解説，用排水ポンプ設備技術基準（案）同解説，などがある．

b. 排水機場における維持管理

排水機場は，農地だけでなく，周辺市街地の排水を担っている場合も多く，土地改良区以外に都道府県が管理主体となっている地区もある．土地改良施設管理基準「排水機場編」[11]では，とくにポンプの運転管理に関する事項が詳しく記載されている．土木構造物の維持管理については，建屋，吸水槽，ポンプ室，燃料貯留槽，吐出水槽などの部位ごとに，日常点検する上での留意点が記載されている．

計画設計基準「ポンプ場」[7]には，新設する用排水機場の計画や設計に関する基本が示されているものの，具体的な既存施設の維持管理，点検，診断，補修・補強に関しては，ほとんど触れられていない．一方，ポンプ場における機械設備である主ポンプ，原動機，弁類，補助機械類に関しては，平成18(2006)年に制定された「農業用施設機械設備更新及び保全技術の手引き」[37]（農林水産省農村振興局整備部設計課監修）に基づく診断が実施されている．これによれば，ポンプの劣化要因は，①電気的要因，②材料的要因，③化学的要因，④熱的要因，⑤環境要因，⑥その他要因，に区分されている．また，劣化要因に基づく診断は，部位ごとにひび割れ，亀裂，腐食などの変状を目視確認したり，あるいはポンプの振動特性を計測したりすることにより評価することになっている．しかし，これはあくまでも機械設備の劣化に関するものであり，ポンプやその付帯機器を支えるコンクリート構造物の劣化の現状について，

これまでに統一的な見地から診断方法や評価方法を記載したものはなく，開水路を対象として制定された「農業水利施設の機能保全の手引き」[15]やコンクリート標準示方書[維持管理編]などに基づく調査，診断を行っているのが実情である．

c. 排水機場における特徴的な劣化および機能低下

ここではポンプ場における劣化診断の事例として，日本海に注ぐ新川河口に位置する新川排水機場を取り上げ，確認された劣化の状況やその原因，対策について記述する．

1) 新川河口排水機場の概要[38]

昭和45(1970)年から供用が開始された新川河口排水機場は，西蒲原地域内の主要河川である新川の河口，日本海からわずか300 mの距離に位置している排水機場である（図3.8.10）．西蒲原地域全体の計画排水量530 m³/sのうちの約45%にあたる240 m³/s（40 m³/sのポンプ6台で稼働）を担う地域排水の基幹的重要施設である．しかし，供用開始後40年近く経過し，維持管理費が高騰していることから，ポンプ設備については早急に更新し，ポンプ設備を支える基礎コンクリートについては，次期のポンプ設備の更新時期まで長寿命化を図ることになった．

2) 推定される原因と調査方法[40]

基礎コンクリートに見られる変状を図3.8.11に示す．海岸からわずか300 mに位置していること，また，河川の電気伝導度を測定した結果，水深3〜4m以深で急激に電気伝導度が高くなっていることから，当初は塩害による基礎コンクリートの劣化と

図3.8.10　新川河口排水機場[39]

図 3.8.11 排水機場基礎コンクリートの変状

推測された．そこで，基礎コンクリートのコアを採取し，基本的物性（圧縮強度，弾性係数）を得るとともに，中性化，塩害の状況を把握するためのEPMA分析を実施した．また，調査を進めるにつれ，アルカリ骨材反応の発生が懸念されたことから，残存膨張量試験，骨材の偏光顕微鏡観察および走査電子顕微鏡による白色析出物観察を行った．

3) 調査結果

圧縮強度は，当時の設計基準強度と推測される $21 N/mm^2$ を上回っていた．また，フェノールフタレイン法による中性化試験でもほとんど中性化は進行していなかった．図 3.8.12 に EPMA による塩化物の浸透状況を示す．水深が深い部分の基礎コンクリート（海中部）は，海水の影響を受け，塩化物の浸透が見られた．一方，水深が浅い部分（飛沫部，干満部）は，海水の影響が小さくほとんど塩化物の浸透が見られなかった．しかし，変状は，水深が浅い部分の基礎コンクリートにも見られた．

これらの結果から，変状の要因は塩害だけによるものではないと判断し，さらに詳細に分析したところ，圧縮試験において著しく弾性係数が低いこと，ひび割れが白色の析出物を伴っていること，などから，アルカリ骨材反応の可能性が浮上した．そこで，塩化物が供給されている環境下にあることを考慮し，デンマーク法による残存膨張量試験を実施した．この結果，図 3.8.13 に示すように，まだ変状が確認されていないポンプ室内で採取したコアにおいて，0.3%を越える残存膨張量が確認された．また，走査電子顕微鏡による観察では，その結晶構造および主成分の構成から，白色析出物はアルカリシリカゲルであることが確認された．日本コンクリート工学協会耐久性診断研究委員会の基準案JCI-DD3「骨材に含まれる有害鉱物の判別（同定）方法（案）」ならびに JCI-DD4「有害鉱物の定量方法（案）」に準じて行った偏光顕微鏡観察でも，粗骨材の34%，細骨材の18%の骨材が反応性を有しているという結果が得られた．以上の結果，新川河口排水機場の主たる劣化要因はアルカリ骨材反応であり，一部においては塩化物の浸透による複合劣化を引き起こしていることが確認された．

4) 対策工法

対策工法は，上述したアルカリ骨材反応の発生している箇所や，今後の発生の可能性の有無を検討し，①直接水と接触せず，変状もまだ見られない屋内のポンプ室内コンクリート，②表面にひび割れが発達し，劣化期と判断される屋外コンクリート，について，別々の工法を採用することにした．ポンプ室内コンクリートについては，まだ変状が見られないものの，残存膨張量試験によりアルカリ骨材反応の潜在的可能性が確認されていることから，表面からの結露水の侵入を防止するとともに，内部の水分を逸散させるようにシラン系撥水剤を全面に塗布することにした．一方，屋外コンクリートは，アルカリ骨材反応に起因すると思われるひび割れが多く見られ

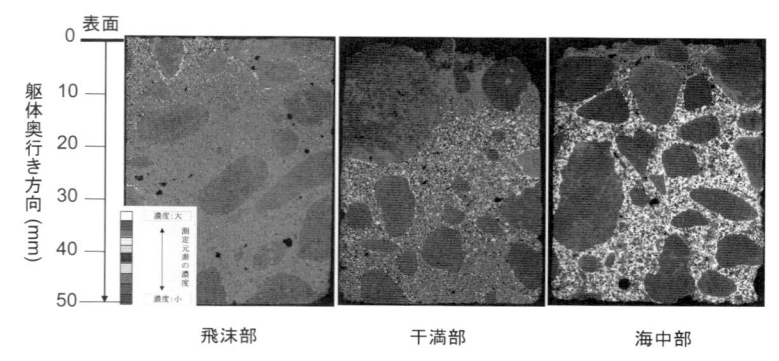

図 3.8.12　採取したコアの EPMA 画像（Cl の浸透状況）
飛沫部　　干満部　　海中部

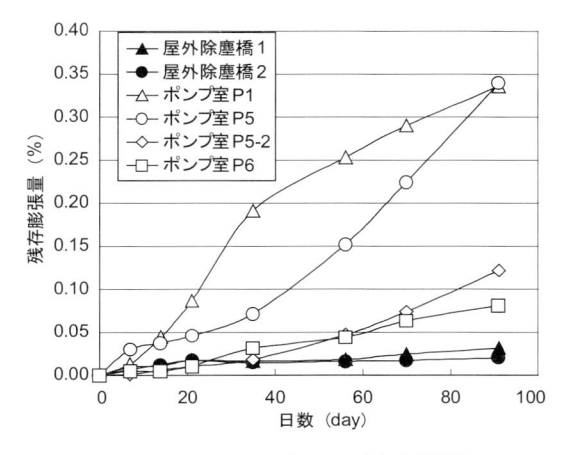

図3.8.13 デンマーク法による残存膨張量結果

ること，表面のコンクリートはすでに劣化期に相当し，内部に存在する潜伏期にあるコンクリートに水，塩化物が達しなければこれ以上の膨張はないと考えられること，などを考慮し，次のポンプ更新までの長寿命化を目的とし，ひび割れ注入を行うとともに，塩化物イオンの浸透を防止する表面被覆工法が計画された．

【増川　晋・渡嘉敷勝・森　充広・中矢哲郎】

文　献

1) 黒田正治編著：農業水利システムの管理，社団法人農業土木機械化協会，2000．
2) 森　丈久：農業水利施設へのストックマネジメント導入に向けた取組み，農業土木学会誌，73(11), pp.3-6, 2005．
3) 農林水産省農村振興局監修：土地改良事業計画設計基準設計［ダム］，農業土木学会，2003．
4) 農林水産省農村振興局監修：土地改良事業計画設計基準設計［水路工］，農業土木学会，2001．
5) 農林水産省農村振興局監修：土地改良事業計画設計基準設計［パイプライン］，農業土木学会，2009．
6) 農林水産省構造改善局監修：土地改良事業計画設計基準設計［水路トンネル］，農業土木学会，1996．
7) 農林水産省農村振興局監修：土地改良事業計画設計基準設計［頭首工］，農業土木学会，2008．
8) 農林水産省農村振興局監修：土地改良事業計画設計基準設計［ポンプ場］，農業土木学会，2006．
9) 農林水産省構造改善局監修：土地改良事業計画設計基準設計［水路トンネル］，農業土木学会，1992．
10) 農林水産省農村振興局監修：土地改良施設管理基準［ダム編］，農業土木学会，2004．
11) 農林水産省構造改善局監修：土地改良施設管理基準［排水機場編］，農業土木学会，1996．
12) 農林水産省構造改善局監修：土地改良施設管理基準［頭首工編］，農業土木学会，1997．
13) 農林水産省農村振興局監修：土地改良施設管理基準［用水機場編］，農業土木学会，2000．
14) 中　達雄，田中良和，向井章恵：施設更新に対応する水路システムの性能設計，農業土木学会誌，71(5), pp.51-56, 2003．
15) 農林水産省：農業水利施設の機能保全の手引き，2007．
16) 森　充広ほか：農業水利コンクリート構造物に見られる変状とその要因，ARIC情報，No.82, pp.53-59, 2006．
17) 秀島好昭：水利施設の設計・維持・改修における寒冷地対策，農業土木学会誌，70(4), pp.15-18, 2002．
18) 安中正実，谷　茂，毛利栄征：平成5年（1993年）北海道南西沖地震による農地・農業用施設の被害調査報告，農業工学研究所報告，第35号, pp.111-142, 1996．
19) 新潟県農政部，新潟県農村振興技術連盟：新潟県中越大震災－農地・農業用施設の復旧復興に向けて－, p.30, 2006．
20) 浅野　勇ほか：平成16年（2004年）新潟県中越地震による農業用水路の被害，農業工学研究所技報，第205号, pp.47-59, 2006．
21) 森　丈久ほか：平成19年（2007年）新潟県中越沖地震による農業用水路被害と災害調査，農村工学研究所技報，第208号, pp.89-101, 2008．
22) 糸賀信之，阪本　勝，冨岡和夫：犬山頭首工の補修について，水と土，128, pp.56-65, 2002．
23) 北田二生，斎藤雅敏，米山元紹：頭首工の性能規定化に関する考察，水と土，146, pp.35-46, 2006．
24) 森　充広ほか：農業用水路変状調査システムの開発，農業農村工学会論文集，253, pp.71-78, 2008．
25) 石神暁郎ほか：農業用水路コンクリートに生じる摩耗現象と促進試験方法に関する検討，コンクリート工学年次論文集，27(1), pp.805-810, 2005．
26) 中矢哲郎ほか：摩耗したコンクリート水路表層形状からの粗度係数推定手法，農業農村工学会論文集，258, pp.23-28, 2008．
27) 持山昌智：犬山頭首工左岸幹線水路における施設更新工事について，水と土，144, pp.22-30, 2006．
28) 濱田秀徳：複数微細ひび割れ型繊維補強モルタルを使用した水路ライニング工法について，水と土，146, pp.55-61, 2006．
29) 伊藤美紀雄：FRPM板を用いた住宅密集地域における水路更生の施工事例について，水と土，144, pp.31-36, 2006．
30) 長嶋滋則，崎山佳孝：特殊塗装ライニング工法によるコンクリート開水路の改修について，水と土，139, pp.43-49, 2004．
31) 渡嘉敷勝ほか：ゴム弾性を活用した水路補修目地の追従性，平成17年度農業土木学会大会講演要旨集，pp.604-605, 2005．
32) 石神暁郎ほか：ゴム弾性を活用した水路目地補修工法の止水性と耐久性，農業土木学会論文集，245, pp.101-107, 2006．
33) 青木　弘：製管工法による既設水路トンネルの改修，農業土木学会誌，74(10), pp.925-926, 2006．
34) 門間　修：既設トンネルを利用したパイプインパイプ工法について，水と土，131, pp.15-19, 2002．
35) 田中大輔，村山直康，毛利栄征：馬蹄形FRPMパイプ

36) によるトンネルの更生工法（パイプ・イン・トンネル工法）に関する実証試験，水と土，**137**, pp. 42-48, 2004.
37) 田中博良：両総用水共用施設の改修工について，水と土，**129**, pp. 18-24, 2002.
38) 農林水産省農村振興局監修：農業用施設機械整備更新及び保全技術の手引き，2004.
39) 筧　直樹：新川河口排水機場の施設機能診断と更新計画の検討―ストックマネジメントの視点からの更新手法検討―，材料施工研究部会報，**43**, pp. 93-100, 2004.
40) 新潟県ホームページ，http://www.pref.niigata.lg.jp/niigata_nogyo_maki/1267653661336.html
41) 森　充広ほか：排水機場基礎コンクリートにおける劣化機構の解明と進展予測，農村工学研究所技報，**206**, pp. 299-310 2007.

第4章

建築構造物の劣化と診断
——評価と判定

- 4.1 はじめに
- 4.2 技術・規準類の変遷
- 4.3 調査診断
- 4.4 集合住宅
- 4.5 工場・倉庫
- 4.6 一般建築（事務所・店舗・病院・学校ほか）
- 4.7 特殊構造物や過酷な環境下

4.1 はじめに

4.1.1 建築基準法上の建築物の位置付け

わが国の建築（構造）物は，昭和25年法律第201号として制定（以降9回の改正が行われ，平成12年6月1日に施行された法律第100号によって改正されたものが現時点の最新のものである）された「建築基準法」（以下「法」と略称），および関連法令に基づいて建設されなければならない．「法」第2条の第一号および二号では，建築物を右のように定めている．

> **建築基準法　第2条**
> 一　**建築物**　土地に定着する工作物のうち，屋根及び柱若しくは壁を有するもの（これに類する構造のものを含む），これに附属する門若しくは塀，観覧のための工作物又は地下若しくは高架の工作物内に設ける事務所，店舗，興行場，倉庫その他これらに類する施設（鉄道及び軌道の路線敷地内の運転保安に関する施設並びに跨線橋，プラットホームの上家，貯蔵槽その他これらに類する施設を除く．）をいい，建築設備（第2条第三号に定義）を含むものとする．
> 二　**特殊建築物**　学校（専修学校及び各種学校を含む．以下同様とする．），体育館，病院，劇場，観覧場，集会場，展示場，百貨店，市場，ダンスホール，遊技場，公衆浴場，旅館，共同住宅，寄宿舎，下宿，工場，倉庫，自動車車庫，危険物の貯蔵場，と畜場，火葬場，汚物処理場その他これらに類する用途に供する建築物をいう．

また，同「法」第2条第二十一号（地域・地区の定義），第48条（用途地域等）および都市計画法第8条（地域・地区）で，建築物が建設される土地を，住居地域，商業地域，工業地域，防火地域，高度利用地区，特定用途制限地域などに区分しており，その地域に建設できる建築物の用途や規模を規定している．このように，わが国では，建築物は，建設する土地の地目によってその用途が制限されている．

このため，建築物では，一般に，用途や規模を第

一の区分とし，次いで構造種別（木構造，鉄骨構造，鉄筋コンクリート構造，鉄骨鉄筋コンクリート構造，プレキャスト鉄筋コンクリート構造など）の区分，さらに部位別（柱，梁，壁，床など）に区分するなど階層的な分類がなされている．

本章では，上述の「法」との関係およびコンクリートを用いる建築物の特性の観点から，想定される劣化（不具合）を建築物の用途別に4.4節「集合住宅」，4.5節「工場・倉庫」，4.6節「一般建築物（事務所・店舗・病院・学校ほか）」，4.7節「特殊な環境下にある建築物（煙突・サイロ・化学工場・電力施設・擁壁）」にまとめ，それぞれの用途ごとに主要部位である床（スラブ）・壁・柱・梁の劣化特性と診断方法および標準的な補修工法について解説した．

対象とする劣化（不具合）については，建築物の修繕（補修・補強）で非常に多いひび割れ，コンクリートの剥離・剥落・鉄筋腐食・鉄筋露出を主とし，その他汚れ（さび・かび・エフロレッセンスなど），表面劣化（スケーリング・ポップアウトなど），漏水痕，変形・大たわみ，振動，補強，仕上材の浮きとし，上記用途で区分した建築物に生じた例として示した．

本章であげた建築物の用途に対する劣化不具合事象を以下に示す．
①集合住宅：ひび割れ・火災
②工場・倉庫：床スラブの過大たわみ・疲労・外壁の漏水
③一般建築：中性化・鉄筋腐食・仕上げ変状・施工不具合
④特殊構造物

とくに，建築（構造）物の劣化不具合の中ではひび割れがもっとも多いと言える．ひび割れ自体は1つの劣化現象であり，美観を損うだけでなく，ひび割れ幅によってはひび割れ近傍の鉄筋腐食という耐久劣化を生じる要因となる．また，部材を貫通したひび割れは，室内に雨水を浸入させ，漏水を引き起こす場合もあるし，過大たわみ・疲労という構造損傷を誘引する場合もある．その一方，ひび割れという可視的現象が，構造的に重大な劣化や第三者へ危害を与えるような表面仕上材の剥離・剥落などの劣化を予見させるものであることがある．つまり，ひび割れが教える意味を見誤ると，将来，大きな事故につながる場合がある．その意味では，ひび割れの種類と原因をきちんと把握することは，劣化事象を正しく評価・判定し，適切な補修・補強計画に反映していく上で重要なことである．とくに，住宅（戸建住宅，集合住宅）においては，ひび割れは劣化の状況を推定するもっとも重要な指標の1つとなる．これらのひび割れを大きく分けると以下のように分類でき，適切なひび割れの評価・判定を行うためには，ひび割れの原因を把握するとともに，ひび割れの種類を見極めることが重要となる．

1) 構造ひび割れ：過大たわみ・振動障害・構造耐力低下
2) 収縮ひび割れ：漏水・耐久劣化（鉄筋腐食）・美観劣化（エフロレッセンス発生）
3) 鉄筋腐食ひび割れ：コンクリートの剥離・構造耐力低下

なお，耐久性を損なう劣化不具合は，上記の他に，アルカリ骨材反応という材料要因，塩害，凍害という環境要因があげられるが，これらは土木構造物で触れている内容であり，建築構造物の劣化として，とくに抜き出して解説することはせず，各項の中でとくに解説を必要とする場合に触れることとした．

また，本章では，4.3節「調査診断」において，建築物に想定される劣化の調査・診断から補修・補強工法の選定に至る過程の説明の中で，調査の種類，劣化不具合の種類，劣化原因の特定，劣化度の評価および判定の方法を概説しているので，4.4節〜4.7節の内容を理解するための予備知識として役立てるとよい．

4.1.2 既存の建築物の修繕（補修・補強）・維持保全と「法」との関係

既存建築物の修繕（補修・補強）は，建築物の性能・機能・外観を原状あるいは実用上支障のない程度に回復させることであり，基本的には新築建築物同様に「法」の規定に従うことになる．また，建築物は，竣工時からつねに適法であるように維持されねばならないことが「法」第8条に規定されており，修繕（補修・補強）部分も適法であることが要求される．

新築建築物は，まずその建設時に施行されている「法」の規定に適合していることが前提である．「法」の適合性は，建設時に建築主が建築対象地の特定行政庁に提出した確認申請（「法」第6条：建築物の建築等に関する申請および確認）に基づき，建築主事がその適合性を確認することによって行われる．

工事規模などにもよるが，既存の建築物を修繕したり模様替えをしたりする場合や用途を変更するなどの場合にも，特定行政庁に確認の申請をして許可

を受けなければならない場合がある．たとえば，修繕や模様替が大規模で，とくに構造耐力上主要な部分に影響する場合は，工事時に施行されている最新の「法」の規定が適用されることとなり，単に従前の状態に復帰させる工事だけでは認められない（たとえば，昭和56年以前に建設された建築物の修繕や模様替えであっても，現行の改正「法」第20条（構造耐力）が適用され，耐震補強も行わねばならない場合がある）．

この「大規模の修繕」と「大規模の模様替え」工事については，「法」第2条第十四号および第十五号で，大規模の修繕（建築物の主要構造部の一種以上について行う過半の修繕），大規模の模様替え（建築物の主要構造部の一種以上について行う過半の模様替え）のように定義しており，主要構造部とは構造上重要な壁，柱，床，梁，屋根または階段を言い，過半とは，これらの主要構造物の一種以上を1/2を超えて修繕もしくは模様替えすることを意味する．

このほか，「法」第2条第十三号では「建築」工事は「新築，増築，改築，移転」することと定義しており，この場合も確認申請の対象となる．

しかし，既存の建築物の中には，その修繕や模様替えが小規模である場合や建築物の建設時に施行されていた「法」の規定に適合しているが，工事時に施行されている「法」の新規定には適合していない部分（既存不適格）があるようなものも多い．このような場合に対して「法」では，第86条の7および建築基準法施行令（以後「令」と略す）第137条に既存の建築物に対する制限の緩和規定を定めており，現行「法」の規定の一部を適用しなくてよい場合を示している．

以上のように，建築物の場合，修繕や模様替の規模によっては，より厳しい規定に適合することが要求されるため，法・令・告示等に対する事前の十分な検討が必要である．

4.1.3 コンクリート系の建築物の修繕・維持保全などに関連するおもな法令・規準類

建築物に対する法令等の規制は構造耐力・耐震性に関連する構造安全性のみならず，耐久性，防火上

表 4.1.1 「法」・別表第1 耐火建築物又は準耐火建築物としなければならない特殊建築物

	(い)	(ろ)	(は)	(に)
	用 途	(い) 欄の用途に供する階	(い) 欄の用途に供する部分（(1) 項の場合にあっては客席，(5) 項の場合にあっては3階以上の部分に限る．）の床面積の合計	(い) 欄の用途に供する部分（(2) 項及び (4) 項の場合にあっては2階の部分に限り，かつ，病院及び診療所についてはその部分に患者の収容施設がある場合に限る．）の床面積の合計
(1)	劇場，映画館，演芸場，観覧場，公会堂，集会場その他これらに類するもので政令で定めるもの	3階以上の階	200 m²（屋外観覧席にあっては，1000 m²）以上	
(2)	病院，診療所（患者の収容施設があるものに限る．），ホテル，旅館，下宿，共同住宅，寄宿舎その他これらに類するもので政令で定めるもの	3階以上の階		300 m² 以上
(3)	学校，体育館その他これらに類するもので政令で定めるもの	3階以上の階		2000 m² 以上
(4)	百貨店，マーケット，展示場，キャバレー，カフェー，ナイトクラブ，バー，ダンスホール，遊技場その他これらに類するもので政令で定めるもの	3階以上の階	3000 m² 以上	500 m² 以上
(5)	倉庫その他これらに類するもので政令で定めるもの		200 m² 以上	1500 m² 以上
(6)	自動車車庫，自動車修理工場その他これらに類するもので政令で定めるもの	3階以上の階		150 m² 以上

表 4.1.2　建築物の補修・補強に関係する主たる法令，告示，仕様書，指針類

1　建築基準法（「法」と略記）：（第1条～第106条・附則・法別表第1～第4）
　　第2条：（用語の定義）
　　　　第一号（建築物），第二号（特殊建築物），第三号（建築設備），第九号（不燃材料），第十三号（建築）
　　　　第十四号（大規模の修繕），第十五号（大規模の模様替え），第二一号（土地の地域・地区の区分）
　　第6条：（建築等の申請・確認）
　　第7条：（中間検査・完了検査）
　　第8条：（維持保全）建築物の所有者，管理者又は占有者の維持保全の義務規定
　　第12条：（報告・検査等）
　　第20条～第21条：（構造耐力・大規模の建築物の主要構造部）
　　第37条：（指定建築材料の品質）
　　第85条～87条：（既存の建築物に対する制限の緩和関連規定）
2　建築基準法施行令（「令」と略記）：（第1条～第150条・附則）
　　第1条：（構造耐力上主要な部分，耐水材料，準不燃材料，難燃材料など用語の定義）
　　第71条～第79条：（鉄筋コンクリート造），
　　第79条の2～第79条の4：（鉄骨鉄筋コンクリート造），
　　第80条：（無筋コンクリート造），
　　第90条：（鋼材の許容応力度），
　　第91条：（コンクリートの許容応力度），
　　第96条：（鋼材の材料強度），
　　第97条：（コンクリートの材料強度）
　　第137条～第137条の18：（既存の建築物に対する制限の緩和等）
3　国土交通省告示（「国交告」と略記」）・旧建設省告示（「建告」と略記）
　　建告第110号（昭和46年1月29日）：現場打コンクリートの型わく及び支柱の取りはずしに関する基準
　　建告第1102号（昭和56年6月1日）：設計基準強度との関係において安全上必要なコンクリート強度の基準等
　　建告第1446号（平成12年5月31日）：建築物の基礎，主要構造部等に使用する建築材料並びにこれらの建築材料が適合すべき日本工業規格又は日本農林規格及び品質に関する技術的基準を定める件
　　建告第1025号（平成13年6月12日）：壁式ラーメン鉄筋コンクリート造の建築物又は建築物の構造部分の構造方法に関する安全上必要な技術的基準
　　建告第1026号（平成13年6月12日）：壁式鉄筋コンクリート造の建築物又は建築物の構造部分の構造方法に関する安全上必要な技術的基準
　　建告第1320号（昭和58年7月25日）：プレストレストコンクリート造の建築物又は建築物の構造部分の構造方法に関する安全上必要な技術的基準
　　建告第1653号（平成12年7月19日）：住宅紛争処理の参考となるべき技術基準
　　国交告第1346号・第1347号（平成13年8月14日）：日本住宅性能表示基準・評価方法基準（抄）
　　国交告第1372号（平成13年8月21日）：「令」第79条第一項の規定（鉄筋のかぶり厚さ）を適用しない鉄筋コンクリート造の部材及び同令第79条の3第一項の規定（鉄骨のかぶり厚さ）を適用しない鉄骨鉄筋コンクリート造の部材の構造方法を定める件
　　国交告第566号（平成17年6月1日）：建築物の倒壊及び崩落並びに屋根ふき材，外装材及び屋外に面する帳壁の脱落のおそれがない建築物の構造方法に関する基準並びに建築物の基礎の補強に関する基準を定める件
　　国交告第1173号（平成18年9月29日）：建築材料から石綿を飛散させるおそれがないものとして石綿が添加された建築材料を被覆し又は添加された石綿を建築材料に固着する措置について国土交通大臣が定める基準を定める件
　　国交告第208号（平成21年）：長期優良住宅の普及の促進に関する基本的な方針
　　国交告第209号（平成21年）：長期使用構造等とするための措置及び維持保全の方法の基準
4　建築物の耐震改修の促進に関する法律：（平成7年法律第123号・最終改正平成18年6月2日法律第50号）
　　同施行令：（平成7年政令第429号・最終改正平成19年8月3日政令第235号）
　　同施行規則：（平成7年建設省令第28号・最終改正平成19年6月19国土交通省令第67号）
5　住宅の品質確保の促進等に関する法律：（平成11年法律第81号・最終改正平成18年12月20日法律第114号）
　　同施行令：平成12年政令第64号・最終改正平成17年8月10日政令第275号）
　　同施行規則：（平成12年建設省令第20号・最終改正平成20年12月1日国土交通省令第97号）
6　長期優良住宅の普及の促進に関する法律：（平成20年法律第87号）
　　同施行令：平成21年6月政令24号）
7　建築士法：（昭和25年法律第202号・一部改正平成18年法律第114号）
　　第3条：（一級建築士でなければできない設計または工事監理）
　　第3条の2　（一級建築士または二級建築士でなければできない設計または工事監理）
　　同施行令（昭和25年政令第201号・最終改正平成20年5月23日政令第186号）
8　建設業法（昭和24年法律第100号・最終改正平成20年5月2日法律第28号）
　　同施行令：（昭和31年政令第273号・最終改正平成20年5月23日政令第186号）
9　労働安全衛生法：（昭和47年法律第57条・最終改正平成18年6月2日法律第50号）
　　同法施行令：（昭和47年政令第318号・最終改正平成20年11月12日政令第349号）
　　同法施行規則：（昭和47年労働省令第32号・最終改正平成20年11月12日厚生労働省令第158号）
10　建築物の調査・劣化診断・修繕の考え方（案）・同解説：（（社）日本建築学会1993年1月20日）
11　鉄筋コンクリート造建築物の耐久性調査・診断及び補修指針（案）同解説：（（社）日本建築学会1998年5月20日）
12　建築物の調査・診断指針（案）・同解説：（（社）日本建築学会2008年3月5日）
13　建築工事標準仕様書5鉄筋コンクリート工事（JASS 5）2009：（（社）日本建築学会2009年2月20日）

および衛生上の規制もある．とくに「法」は防火上の規制は厳しく，建築物の用途，規模，部分に応じて耐火建築物・準耐火建築物にしなければならない建築物について「法」第27条で次表（「法」の別表第1）のように示されており，表4.1.1（補修・補強）を行う場合でも，その箇所の耐火・防火性能が要求される場合がある．そのほか，耐震改修を促進させるための法律，建築物のうちとくに住宅の品質のレベルを認定する法律，100年を超えるような長期間供用できる建築物（長期優良住宅）と認められる住宅を認定する法律，などが制定されており，修繕（補修・補強）・模様替えを行う場合には，これらの法律との関係も考慮する必要がある．

参考資料として，コンクリート系の建築物の修繕（補修・補強）・維持保全等に関連するおもな法令等をあげる（表4.1.2）．　　　　　【清水昭之】

文　献

1) 建築物の補修・補強に関係する主たる法令，告示，仕様書，指針類

4.2 技術・規準類の変遷

4.2.1 使用材料の状況

建築物に使用される材料は構造材料，仕上材料にかかわらず時代とともに変化しており，従来から用いられている材料に加え，新たに開発されたもの，既存の材料の性能を向上させその仕様が変わったものなどがある．一方，代替新材料の出現によって使用頻度が減少し製造を中止したもの，法令等の規制によって使用禁止となり廃止されたものなどもある．

したがって，文化財のような特殊な建築物の修繕（補修・補強）を除き，修繕の材料も，建設時ではなく，修繕時に製造・市販されている最新の材料の中から選択しなければならない．基本的なコンクリート構造物の修繕材料としてのセメント，骨材，各種混和材，化学混和剤などおよびモルタル・コンクリートの種類や品質は，土木構造物の修繕で用いられるものとほぼ同じであり，これらの変遷は，第3章「土木構造物の劣化と診断」（3.2.1項「材料の変遷」）を参照されたい．

建築物の修繕では，躯体の修繕材料だけでなく，仕上材のことも同時に考慮しなければならない．ほとんどの建築物の場合，とくに外部に面する部位は，仕上げ工事が行われるので，仕上げ材料と補修部面との相性などを事前に検討するとともに，既存の仕上げ材料と補修部の仕上げ材の関係を考慮することも，建築物の修繕にとってきわめて重要なことである．

コンクリート系建築物の構造体部分の修繕材料の主体は，補修規模が小さい場合には，モルタル（通常のモルタルのほか，樹脂混入や繊維混入したモルタル）が用いられるが，補修部分が大きくなるとコンクリートが用いられる．さらに，補修箇所の新旧コンクリート界面の被覆に用いるポリマーセメントペーストなどの樹脂混入セメントペーストなどがある．また，内部に腐食などで交換や補強が必要な鉄筋が（鋼材を含む）がある場合は，既存の鉄筋と同じ品質の鉄筋が使われ，腐食した鉄筋は表面の腐食部分を金ブラシなどできれいに撤去して表面に防錆剤を塗布した上，埋め戻される．

コンクリートを修繕（補修・補強）材料として使用する場合は，通常，既存のコンクリートに近い品質のものが選択されるが，建築物に用いられるコンクリートは，通常 JASS 5（日本建築学会：建築工事標準仕様書・鉄筋コンクリート工事）の仕様に基づいて設計され，レディーミクストコンクリートとして製造されたものが用いられる．しかし，対象建築物の建設年次が古いと JASS 5 も JIS 規格も何回かの改定・改正が行われており，建設当時の仕様・規格のコンクリートを製造することが難しいことが多い．このため，補修・補強には，建設当時のコンクリートの仕様・規格にできるだけ近いコンクリートの調合をベースとし，これに補修・補強に適した品質・性能（とくに，既存コンクリートの強度や変形性能に近い性質と新旧コンクリートの付着力の大きいこと）が得られるような混合材料を調合した新しいコンクリートが用いられることになる．

しかし，平成10年に改正された建築基準法の第37条（建築材料の品質：平成12年から施行）では，「建築物の基礎，主要構造部その他安全上，防火上又は衛生上重要である政令で定める部分に使用する木材，鋼材，コンクリートその他の建築材料として

国土交通大臣が定めるもの（指定建築材料という）は，次の各号の一に該当するものでなければならない．」とし，一：「その品質が，指定建築材料ごとに国土交通大臣の指定する日本工業規格又は日本農林規格に適合するもの」，二：「前号に掲げるもののほか，指定建築材料ごとに国土交通大臣が定める安全上，防火上又は衛生上必要な品質に関する技術的基準に適合するものであることについて国土交通大臣の認定を受けたものであること」のいずれかの規定に適合した材料でないと使用することができなくなった．このため，とくに，主要構造部の補修において，国土交通大臣の指定する日本工業規格がない高強度コンクリートや特殊な材料を使用したコンクリートを用いる場合は，「法」第37条の第二項によってそのコンクリートについて大臣認定を受けたものでなくてはならないことになった．このことは，土木構造物で用いるコンクリートと大きく異なる点である．

4.2.2 建築物の設計・基準の状況

建築物の設計で，修繕（補修・補強）との関係で重要な点は，スラブの「厚さ」とスラブ・壁などの「かぶり厚さ」である．

a. スラブの厚さ

「令」第77条の2の鉄筋コンクリート造建築物の床版の構造では，床版に振動または変形による使用上の支障が起こらないという条件で，最小の厚さを8 cm以上，かつ短辺方向における有効はり間長さの1/40以上と規定している．

一方，昭和54年以前の日本建築学会の鉄筋コンクリート構造計算規準・同解説（RC計算規準と略す）では，床スラブの厚さを，通常の鉄筋コンクリートスラブにあまり大きなひび割れを生じないことを目安として，スラブの支持状態に応じて短辺・長辺有効スパン（l_x, l_y）から，表4.2.1(a)に示す値以上と規定していた．

しかし，昭和40年代に，床スラブのたわみ障害や過大ひび割れ不具合が報告されるようになった．この原因を調査した結果，ポンプ圧送によるコンクリート打込み施工技術が登場した時期にあたり，スラブ用鉄筋（当時は丸鋼）の踏み荒らしによる配筋乱れやスラブ厚のばらつきなど品質確保の意識が薄かったことによる施工不良が一原因と指摘された．また，スラブ厚の設計法として，使用性能（たわみ変形制御）に対する配慮が不足していたことも大きな原因の1つであるとの指摘がなされ，昭和54（1979）年に，この過大たわみや過大ひび割れの発生防止を目的としてRC計算規準の改定が行われた．そして最小スラブ厚の設計式を見直し，表4.2.1(b)のような改定が行われた．これ以降，改定計算規準に則り製造された床スラブには，この種の障害はほとんど発生しなくなった．

b. かぶり厚さ

建築物における「かぶり厚さ」は，耐久性能（主として中性化抑制），耐火性能（コンクリート内部

表4.2.1 床スラブの厚さ

(a) 1975年版

支持条件	周辺固定スラブ厚さ	片持スラブ厚さ
$l_y/l_x \leq 2$ の2方向板	$l_y/\{16+24(l_y/l_x)\}$	-
$l_y/l_x > 2$ の2方向板または1方向板	$l_x/32$	$l_x/10$

かつ8 cm以上とする．（軽量コンクリートの場合10 cm以上）

(b) 1988年版

支持条件	スラブ厚さ t (cm)
周辺固定	$t = 0.02\{(\lambda-0.7)/(\lambda-0.6)\}\{1+wp/1000+l_x/1000\}l_x$
片持ち	$t = l_x/10$

軽量コンクリートの場合は，上記に示す値の1.1倍以上

かつ8 cm以上とする．（軽量コンクリートの場合10 cm以上）

λ = 長辺有効スパン l_y / 短辺有効スパン l_x
wp = 積載荷重と仕上荷重との和（kg/m²）

4.2 技術・規準類の変遷

表 4.2.2 「令」および JASS5 に規定される最小かぶり厚さの変遷

<table>
<tr><th rowspan="3">コンクリートの種類</th><th colspan="2">建築基準法</th><th colspan="6">普通コンクリート</th><th colspan="6">軽量コンクリート</th></tr>
<tr><th>構造部分の種別</th><th>施行令第79条</th><th>1957</th><th>1965</th><th>1975</th><th>1984</th><th>1997</th><th>2003</th><th colspan="4">2009</th><th>1957</th><th>1965</th><th>1975</th><th>1984</th><th>1997</th><th>2003</th><th>2009</th></tr>
<tr><th>単位
仕上[1]</th><th>cm</th><th>cm</th><th>cm</th><th>cm</th><th>mm</th><th>mm</th><th>mm</th><th>短期</th><th>標準・長期</th><th>超長期</th><th>cm</th><th>cm</th><th>cm</th><th>mm</th><th>mm</th><th>mm</th><th>mm</th></tr>
<tr><td rowspan="4">土に接しない部分</td><td>床スラブ・屋根スラブ・耐力壁以外の壁 (2009：床スラブ・屋根スラブおよび非構造部材で構造部材と同等の耐久性を要求する部材)
屋内 仕上あり</td><td rowspan="2">2</td><td rowspan="2">2</td><td>2</td><td>2</td><td>2</td><td>20</td><td>20</td><td rowspan="2">20</td><td>20</td><td>20</td><td>30</td><td>2</td><td>3</td><td>2</td><td>20</td><td>20</td><td>20</td><td rowspan="8">短期・標準・長期について普通コンクリートと同じ</td></tr>
<tr><td>屋内 仕上なし</td><td>3</td><td>3</td><td>30</td><td>20</td><td>20</td><td>20</td><td>30[2]</td><td>3</td><td>4</td><td>3</td><td>30</td><td>20</td><td>20</td></tr>
<tr><td>屋外 仕上あり</td><td rowspan="2">2</td><td rowspan="2">2</td><td>2</td><td>2</td><td>20</td><td>20</td><td>20</td><td rowspan="2">20</td><td>20</td><td>30</td><td>40[2]</td><td>2</td><td>4</td><td>3</td><td>30</td><td>30</td><td>20</td></tr>
<tr><td>屋外 仕上なし</td><td>3</td><td>3</td><td>30</td><td>30</td><td>30</td><td>30</td><td>30</td><td>3</td><td>4</td><td>3</td><td>30</td><td>30</td><td>30</td></tr>
<tr><td rowspan="4">柱・梁・耐力壁</td><td>屋内 仕上あり</td><td rowspan="2">3</td><td rowspan="2">3</td><td>2</td><td>3</td><td>3</td><td>30</td><td>30</td><td>30</td><td rowspan="2">30</td><td>30</td><td>30</td><td>3</td><td>4</td><td>3</td><td>30</td><td>30</td><td>30</td></tr>
<tr><td>屋内 仕上なし</td><td>3</td><td>3</td><td>3</td><td>30</td><td>30</td><td>30</td><td>30</td><td>30</td><td>3</td><td>5</td><td>3</td><td>30</td><td>30</td><td>30</td></tr>
<tr><td>屋外 仕上あり</td><td rowspan="2">3</td><td rowspan="2">3(+1または
w/c55以下)</td><td>3</td><td>3</td><td>3</td><td>30</td><td>30</td><td>30</td><td>30</td><td>30</td><td>40</td><td>4</td><td>5</td><td>4</td><td>30</td><td>30</td><td>30</td></tr>
<tr><td>屋外 仕上なし</td><td>4</td><td>4</td><td>4</td><td>40</td><td>40</td><td>40</td><td>40</td><td>40</td><td>40</td><td>4</td><td>5</td><td>4</td><td>40</td><td>40</td><td>40</td></tr>
<tr><td colspan="2">擁壁 柱・梁・床スラブ・耐力壁・(基礎立上り)</td><td>4</td><td>4</td><td>4</td><td>4</td><td>4</td><td>40</td><td>40</td><td colspan="3">40</td><td>40</td><td>—</td><td>—</td><td>4</td><td>40</td><td>40</td><td>40</td></tr>
<tr><td colspan="2">土に接する部分 基礎・擁壁</td><td>6</td><td>6</td><td>6</td><td>6</td><td>6</td><td>60</td><td>60</td><td colspan="3">60</td><td>60</td><td>—</td><td>—</td><td>7</td><td>70</td><td>70</td><td>70</td></tr>
</table>

1) 耐久性上有効な仕上げ
2) 計画供用期間の級が超長期で、計画供用期間中に維持保全を行う非構造部材の最小かぶり厚さは、屋内 20 mm、屋外 30 mm とし、維持保全の周期に応じて定める。

237

表 4.2.3 各種仕上材の中性化率[1]

分類	分類別中性化率	仕上げの種類	種類別中性化率
複層塗材	0.32	複層塗材 E	0.22
		複層塗材 RE	0.30
		防水形複層塗材 E	0.40
		防水形複層塗材 RE	0.08
		可とう形複層塗材 CE	0.00
		防水形複層塗材 RS	0.00
薄付け仕上塗材	1.02	外装薄塗材 E	1.02
		可とう形外装薄塗材 E	0.86
		防水形外装薄塗材 E	0.68
厚付け仕上塗材	0.35	外装厚塗材 C	0.31
		外装厚塗材 E	0.35
塗膜防水材	0.10	アクリルウレタン系	0.00
		アクリルゴム系	0.12
		アクリル系	0.32
		ウレタンゴム系	0.00
		外装塗膜防水材	0.09
		ウレタン系	0.00
塗料	0.81	エナメル塗り	0.12
		エマルションペイント塗り	0.64
		ワニス塗り	0.81
下地調整材	0.87	セメント系 C-1	0.61
		セメント系厚塗材 CM-1, 2	0.87
		合成樹脂エマルション系 E	0.29

中性化率：仕上材を施さないコンクリートの中性化深さに対する各種仕上材を施したコンクリートの中性化深さの比

例：仕上材を施さない最小かぶり厚さが 40 mm または 30 mm のものに仕上材を施してかぶり厚さを 10 mm 減じるためには仕上材の中性化率が $(40-10)/40 ≒ 0.7$，または $(30-10)/30 ≒ 0.6$ 以下の性能を有する仕上材が必要となる．

鉄筋の熱からの保護），構造性能（コンクリートと内部鉄筋との付着強度確保）の3つの性能を確保する意味を有する．鉄筋に対するコンクリートのかぶり厚さは「令」では第79条第1項で部位ごとにcmの単位で表 4.2.2 のように定められており，その値は制定の当初より変わっていない．日本建築学会が発刊している仕様書である JASS 5（最小かぶり厚さ）では，表 4.2.2 のように 1975 年版までは cmの単位，1984 年版以降では単位が mm に変更されているが，値の変遷はほとんど見られない．しかし，平成 21（2009）年版の改定において，計画供用期間が短期，標準，長期，超長期の4つの区分になり，一律のかぶり厚さとすることが困難になったため，計画供用期間ごとに最小かぶり厚さの値を定め直した．なお，JASS 5 では，必要なかぶり厚さを確保するためには，設計の時点でそのばらつきを考慮しなければならないとし，必要なかぶり厚さに 10 mm を加えたかぶり厚さを「設計かぶり厚さ」とすることにしている．ただし，必要なかぶり厚さは，基準法で定めている「かぶり厚さ」以上でなければならないことは当然である．

また，「令」第 79 条の第 2 項では，第 1 項で定めたかぶり厚さと同等以上の耐久性と強度を有する構造であると認められた場合は，第 1 項の規定を適用

しなくてよいことが定められた．第2項で定める構造の具体的方法は，平成13年に制定された国土交通省告示第1372号（国交告第1372号と略す）に規定され，プレキャスト構造のかぶり厚さおよびかぶり厚さ確保のためのコンクリート以外の材料の規定が定められた．これによってプレキャスト構造部材のかぶり厚さが定まったこと，またこれまで，かぶり部分の補修はコンクリートでなければかぶり厚さとして認められなかったが，本告示によって以下の構造方法であればコンクリート以外の材料もかぶり厚さとして認められるようになった．

> 平成13年国交告第1372号の2に示されるコンクリート以外の材料を使用する部材の構造方法に関する規定の概要
> ・コンクリート以外の材料は，ポリマーセメントモルタル又はこれと同等以上の品質を有するエポキシ樹脂モルタル（曲げ強さは10 N/mm² 以上としたもの）
> ・JIS A 6203-2000に適合するセメント混和用ポリマー又はこれと同等以上の品質を有するものを使用すること．
> ・JIS A 1171-2000（ポリマーセメントモルタルの試験方法）で，曲げ強さ（6 N/mm² 以上），圧縮強さ（20 N/mm² 以上），接着強さ及び接着耐久性（1 N/mm² 以上）の品質であること．
> ・かぶり厚さは「令」第79条に定められている値以上であること．
> ・施工前に，付着・充填および鉄筋の腐食に支障が生じないようにしておくこと．
> ・耐久性上支障のあるひび割れや損傷がないこと．
> ・上記材料で補修した部分を除いた部材又は架構の構造耐力が，コンクリートのかぶり厚さによる場合よりも著しく低下しないものであること．

一方，コンクリート系建築物が建設されはじめた頃は，仕上材はデザイン的（美観的）観点が重要視され，木造壁に使用されていた砂壁や土壁を模したモルタルリシン吹付け，重厚感を意識した石やタイル張りが多かったが，その後コンクリートの色や地肌が好まれるようになり打ち放し仕上げが流行した．しかし近年になり主としてかぶり厚さ部の中性化が建築物の耐久性を低下させることが大きな問題となり，打ち込みタイル張りや塗膜形や含浸形の塗装仕上げが適用されるなど，かぶり厚さの十分な確保とともに，仕上げ材に中性化抑制効果を期待する耐久性上の利用がなされるようになってきている．2009年に改定されたJASS 5においても，これまで，仕上げ材の中性化抑制効果については「耐久性上有効な仕上げ」といった抽象的な表現に留まっていた位置づけをより明確にして，各種仕上材の中性化抑制効果を考慮したコンクリートのかぶり厚さの規定に改定している．JASS 5では，各種仕上材の中性化抑制効果の有効性を「中性化率」（仕上げなしのコンクリートの中性化深さに対する仕上げを施したコンクリートの中性化深さの比）で表した資料[1]（表4.2.3）を解説に掲載し，耐久性上有効な仕上げを中性化に関するかぶり厚さへの換算の目安として示している．

4.2.3 施工（修繕（補修・補強）工法）方法の状況

a. 竣工時期と躯体の圧縮強度の状況

構造物のコンクリート圧縮強度について，設計基準強度との比較から，その強度発現状況を推察し，その時代背景を考察する．図4.2.1[2]は，コアの圧

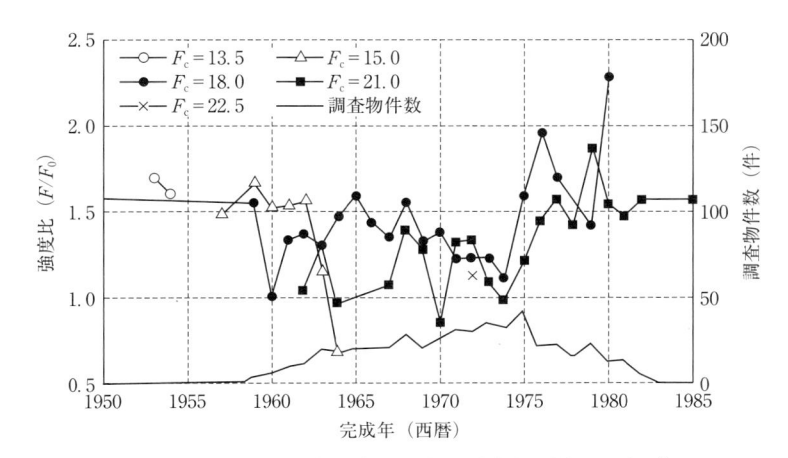

図4.2.1 設計基準強度別（コア強度/設計基準強度）比の変遷[2]

縮強度（平均値）と設計基準強度の比を竣工年（完成年）別，設計基準強度別に表したものである．

竣工年度ごとに占める各設計基準強度の割合は不明であるが，ここでは，設計基準強度 $F_c = 18$ N/mm^2（●），$F_c = 21$ N/mm^2（■）で，強度比（コア強度／設計基準強度）が1.0を下回る傾向にあるのは，1970年，1974年である．1974年では $F_c = 21$ N/mm^2 が主流となっていた時期であり，この時の強度比が1.0前後という値は注意する必要がある．

1973～1975年完成年の建物のコンクリート圧縮強度は，設計基準強度を若干下回る場合が見受けられる．この頃の圧縮強度発現が良くない原因として，1973年の第一次オイルショックの影響や1965年以降の施工合理化や急速施工への急激な変化（ポンプ圧送の普及など）に伴う初期弊害の可能性などが指摘される．1977年完成年以降の建物のコンクリート強度は，品質確保に対する施工面の改善もあったためか，設計基準強度をほぼ満足するようになったと推察される．なお，JASS5で調合上の不良率の見直しによる対策が講じられたのは1986年であり，この1986年以降さらに危険率（設計基準強度を下回る確率）は低くなったと判断される．

b. 新築工事中の補修

近年では，供用中の経年劣化した建築物の補修のみならず，新築工事中の不具合の補修で，竣工時までに修繕しなければならないような場合が多発している．とくに集合住宅（共同住宅）の施工中の不具合を補修・補強する場合も，その不具合を施工中の一工程とせず，修繕（補修・補強）として，その欠陥の発生原因調査から補修・補強工法の選定と工事までの計画を立てて実施し，報告書としてまとめた上で，物件の購入者に説明して了承を得るケースが多くなっている．工事中に発生する不具合としては，換気口などの位置間違いや開け忘れ，スラブに設置する避難口などの開口部の位置の不具合による開口部の埋め戻しや開け直し，切断した内部鉄筋の復旧，壁体位置の移動，コンクリート打込み・締固めによる欠陥部分の打直しなどがある．このような工事中の不具合の補修・補強に関する施工方法や補修・補強後の評価についてはまだ明確な規定がなく，国土交通大臣の認定を受けた各審査機関の判断に委ねられているのが現状である．

c. 補修施工技術の状況

ひび割れ補修の施工技術は，時代とともにかなり進歩した．以前は①手動式グリースガンによる樹脂注入が主流であったが，その後，②工程は増えるが，充填品質を重視した低圧注入工法，③地下外壁など目詰まり箇所へも有効な高圧注入工法，④注入口確保のためのドリル削孔を行わない（プラグ不要）ダイレクト圧入工法，⑤美観を目的とした簡易な流し込み工法など，さまざまな工法が開発され，補修目的を前提に，使用材料との組み合わせの中で選択されている．

また，補強・改修工事はひび割れ補修工事と異なり，かなり大規模な工事となるため，供用状態での作業の場合，騒音・振動防止，埋込み配線・配管の損傷防止，工期短縮，臭気防止など配慮すべき事項が多くなる．従来の増設壁工法のほか，型枠工事を省いたプレキャスト部材や鉄骨ブレース構法あるいは連続繊維巻付け補強工法などが開発されている．

【清水昭之】

文　献

1) JASS 5-2009：3節解説表3.5 各種仕上材の中性化比率，日本建築学会，2009.
2) 玉井孝幸ほか：構造体コンクリートの圧縮強度と中性化の実態調査図2(a) 1220, 日本建築学会学術講演梗概集, 2006.

4.3 調査診断

適切な補修・補強を行うためには対象となる建物・部材の適切な調査診断が不可欠である．ここでは，建物・部材の調査診断を行うための，調査の種類，劣化・不具合の種類，劣化度の評価方法について述べる．

4.3.1　調査の種類

a. 建物概要調査

調査の種類としては大きく，設計図書などの情報から得ることのできる建物の概要に関する調査，外観目視調査および詳細調査に分類することができる．

1. ○内の数値は凍害危険度.

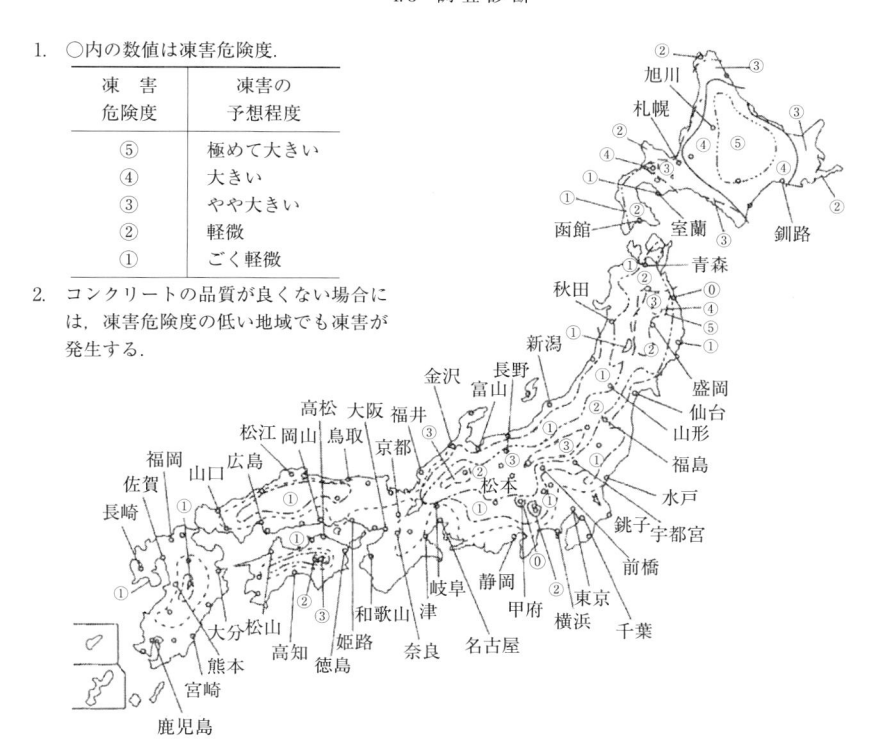

凍害 危険度	凍害の 予想程度
⑤	極めて大きい
④	大きい
③	やや大きい
②	軽微
①	ごく軽微

2. コンクリートの品質が良くない場合には,凍害危険度の低い地域でも凍害が発生する.

図 4.3.1 凍害危険度マップ[4]

建物外要調査では，建物に関する幅広い情報を収集することになるが，この時，以下の点に留意して調査することにより，合理的な診断を行うことができる[1].

①建物の経過年数：この経過年数が長い場合(目安として25年以上)は中性化による劣化が可能性としてあげられる.

②建物の立地条件（臨海地域の場合）：外来塩化物による劣化が可能性としてあげられる.

③建物の立地条件（近畿・四国・中国および九州の瀬戸内海地方および沖縄で，竣工時期が昭和40年代〜50年代前半で海砂を使用したおそれのある場合）：初期内在塩分による劣化が可能性としてあげられる.

④建物の立地（温泉地や化学薬品工場跡地や近辺）：腐食性ガスや腐食性化学物質による劣化が可能性としてあげられる.

⑤建物の立地条件（図4.3.1）：凍害の危険度が高い地域では，この要因を考慮する必要がある.

b. 外観目視調査

外観目視調査は劣化症状の有無および，テストハンマー，クラックスケールやカメラなどを用いて劣化現象の種類と劣化の度合いを把握する目的で実施される．調査項目はおもに以下に示すとおりであり，調査の目的に応じて必要なものを選択すると良い[1),2)].

・ひび割れ（本数，幅，長さ，形態，パターン，貫通の有無，ひび割れ近傍の状態）
・仕上げ材の浮き（箇所数，面積，形態）
・コンクリートの剥離（箇所数，面積，形態）
・鉄筋露出（本数，長さ，形態）
・さび汚れ（箇所数，形態）
・漏水痕
・変形
・異常体感（振動，大たわみ）
・その他（エフロレッセンス，ポップアウトなど）

発生している症状は，その位置などを平面図，立面図に記入し，部位・部材ごとの劣化状況を方位ごとにまとめておくと良い.

c. 詳細調査

ここでの調査は現地におけるはつり試験，コア抜き取り試験および非破壊試験などが相当する．これらの試験の目的は，より確定的な劣化原因の特定や適切な補修・補強工法の選定に必要な情報を得ることにあり，大きく以下に分類することができる[1), 2)]．各調査項目については第5章において具体的に紹介されている．

(1) コンクリートの調査
① コアによる強度試験
② 中性化深さの試験
③ 塩化物含有量の試験
④ 配（調）合分析試験
⑤ 気泡間隔係数
⑥ 細孔径分布
⑦ 透気性・透水性・含水率
⑧ 化学成分
⑨ アルカリシリカ反応性

(2) 鉄筋の調査
① かぶり厚さ
② 鉄筋の腐食状況
③ 引張強度試験

(3) 仕上げ材の調査
① 仕上げ材の浮き・剥離（おもにタイル仕上げ）
② 表面の変退色・光沢度低下・白亜化・汚れ，塗膜層の膨れ・割れ・剥がれ・磨耗・付着力の低下，塗膜層＋下地のエフロレッセンス・さび汁・クラック・結露の有無

(4) 構造物の調査
① 構造物の載荷実験
② 構造物の振動実験

以上の調査項目の要否を建物概要に応じておおむね分類すると表4.3.1のようになる．これらの調査結果は，調査部位・部材およびその方位ごとに所見とともに取りまとめ，診断に用いることができるよう整理しておくと良い[3)]．

4.3.2 劣化・不具合の種類

a. 施工不具合

ここでの施工不具合とは，施工時における不具合により直接的に誘発される欠陥を対象とする（図4.3.2）．たとえば鉄筋の配筋不良によるかぶり厚さ不足は，本来であれば施工不具合に含まれるが，この欠陥は時間の経過に伴い，中性化などにより鉄筋に沿うひび割れとして顕在化する．このような事例は本章では耐久劣化として取り扱う．すなわち施工不具合も含めた各劣化は相互に連関する可能性を有するものであることに注意が必要である．

表4.3.1 調査項目の要否判定（文献[3)] を参考に表を組みなおし）

		高	中	低	「高」の場合に調査すべき項目*
構造物の概要	竣工年	1990年以前		1990年以降	（砕石・砕砂）：アルカリ骨材 （海砂）：塩化物量
	細骨材種類不明		1960〜1986年		塩化物量
	経過年数	25年以上	15年以上	15年未満	中性化，凍害（寒冷地のみ）
	経過年数と海岸からの距離	20年以上かつ0〜50m	10年以上かつ0〜50m，20年以上かつ50〜100m		塩化物量
	地域	温泉地**			強度，中性化
	地域（その他）	融雪剤他塩化物の浸透有り			塩化物量，凍害（寒冷地のみ）
	さび汚れ	有り		なし	中性化，塩化物量
	被災暦	火災有り		なし	強度，中性化
コンクリート	推定圧縮強度	150 kgf/cm² 未満	180 kgf/cm² 未満	180 kgf/cm² 以上	圧縮強度，中性化
	AE剤	なし		有り	凍害（寒冷地のみ）

*：「中」の場合は当事者による協議による．　**：耐硫酸塩セメント使用の場合は除く

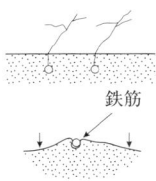

上端鉄筋上部に発生するもので，コンクリート打設後1〜2時間で鉄筋に沿って発生する．
沈下によるひび割れ[1]

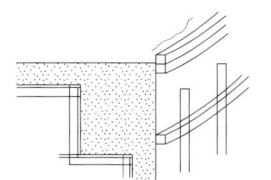

型わくのはらみによるひび割れ[1]

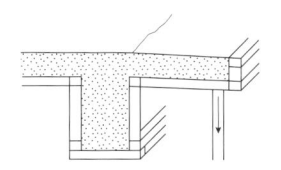

支保工の沈下によるひび割れ[1]

沈下による鉄筋上面のひび割れ[2]

締固め不良による豆板[2]

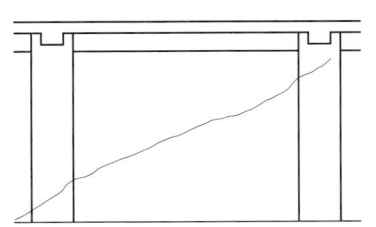

施工の不手際でコンクリートの打設時間間隔があいた場合，コールドジョイントができ，肌分かれが生じる．
コールドジョイントによるひび割れ[2]

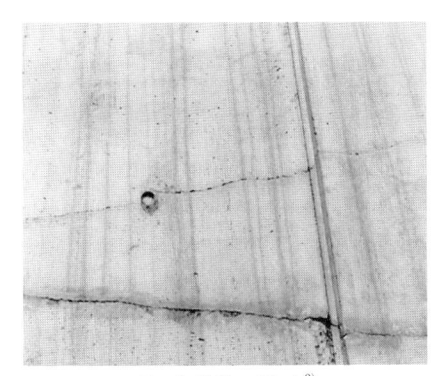

コールドジョイント[2]

図4.3.2 施工不具合の例

b. 使用性劣化

使用性劣化は，時間ともに建物の使用性に不具合を生じせしめる劣化と位置づける．建物の使用性としては，美観・漏水・たわみなどがあげられる．

1) コンクリートの劣化に起因する不具合（図4.3.3）

漏水などを引き起こすひび割れがこの代表的なものとなる．図に示すように，部材を貫通するひび割れが降雨などに曝される場合，屋内に雨水が浸入することにより漏水や仕上げ材の剥離などを引き起こす．

2) 仕上げ材の劣化に起因する不具合（図4.3.4）

漏水や美観に影響する仕上げ材の不具合として，外装材（タイルなど）のひび割れや塗膜の膨れなどがある．塗膜の膨れはそのまま塗膜のひび割れに繋がる恐れがあり，ひいては漏水の原因となる．

c. 耐久劣化（図4.3.5，図4.3.6）

「耐久性」は使用性や構造安全性の時間変化として捉えられることが多いが，ここでは「材料の変質」

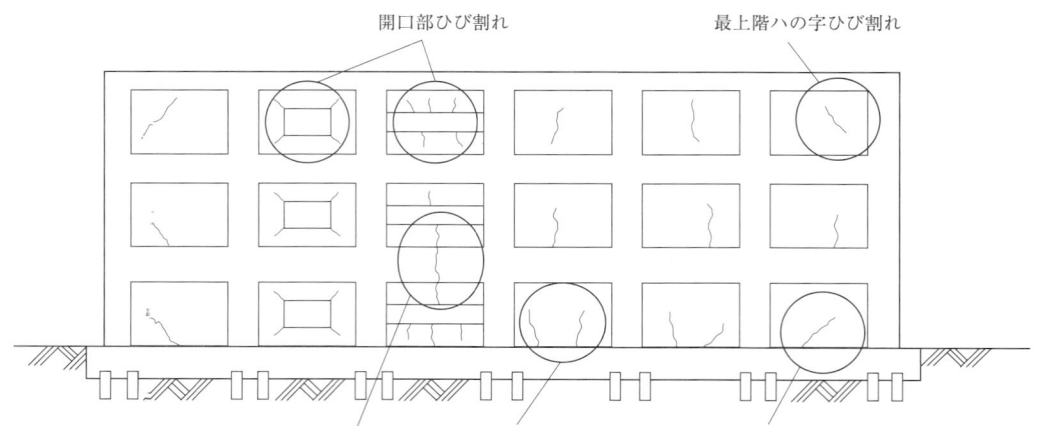

244   4. 建築構造物の劣化と診断

温度・湿度の変化によるコンクリート構造物のひび割れ[2]

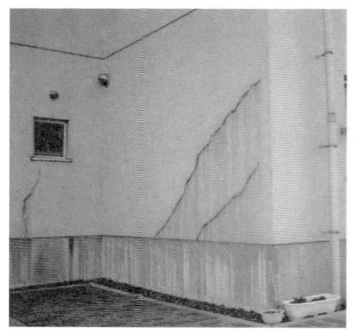

（図中ラベル）開口部ひび割れ／最上階ハの字ひび割れ／はりを分断するひび割れ／中間部鉛直ひび割れ／端部スパン逆ハの字ひび割れ

コンクリート外壁のひび割れ 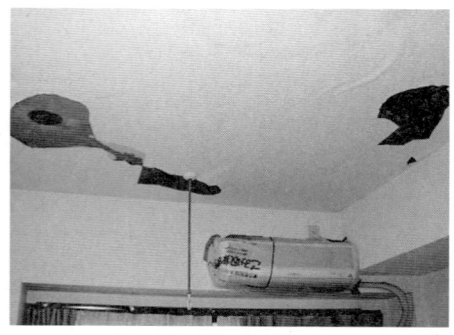　　コンクリートスラブのひび割れと仕上げ材の浮き[5] 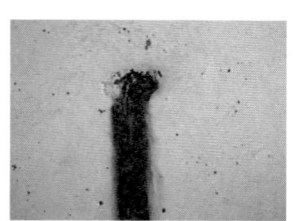　　骨材のポップアウトによるひび割れ

図 4.3.3　使用性劣化の例（コンクリートの劣化に起因）

コンクリートの乾燥収縮ひび割れに追随して発生したタイルのひび割れ[5] 　　防水塗り床の膨れ[6]

図 4.3.4　使用性劣化の例（仕上げ材の劣化を誘発）

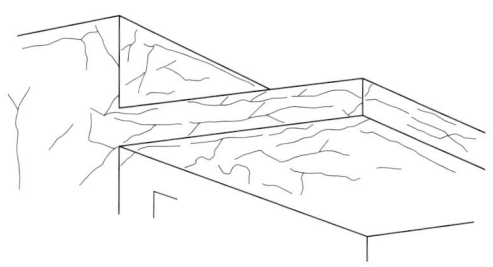

隅角部や水平ジョイント部の斜めひび割れや長手方向のひび割れ,スケーリングなどが特徴である.

凍害によるひび割れ[2]

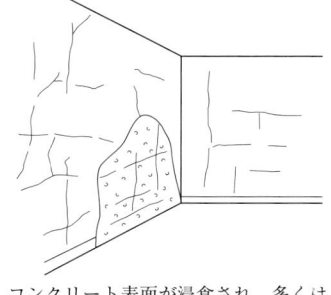

コンクリート表面が浸食され,多くは鉄筋位置にひび割れが生じ,一部コンクリート表面が剥落することもる.

酸・塩類によるひび割れ[2]

図4.3.5 耐久劣化の例

として捉えたものを示す.漏水に限らず,さらに材料の巨視的な強度の低下や鉄筋の腐食をもたらす原因となりやすい.

d. 構造劣化（図4.3.7）
地震などの想定を超える外力や不同沈下などが作用することによるひび割れ（耐力低下）である.

4.3.3 部材・構造体の劣化度の評価

a. 使用性に関する評価
1) 漏水・美観に関わるひび割れ幅
建築物を対象とした漏水実験や実構造物における実態調査結果を表4.3.2に示す[2].

常時水圧下において,厚さ10 cm程度の部材を対象とした場合は,ひび割れ幅0.05 mm付近が漏水に対する制限目標値としておおむね妥当と考えられる.ただし,この値を一般的な収縮ひび割れ制御技術でコントロールすることはきわめて困難であり,膨張材と収縮低減剤を併用するとか,プレストレスを付与するとかといった特殊な対策を施すことにより,ひび割れの発生自体を許容しないという対応の方が現実的である.今,厚さ10 cmの部材に1 mN/mm²の水圧（風速50 m/s時の風圧に相当）を連続1時間作用させた仕入れらの実験結果[14]を図4.3.8に示す.この結果に対し,壁厚を変化させた場合の試算結果を同図に実線として示す.図中の実験結果は,ひび割れ幅が0.05 mm以下になると透水量（漏水量）が著しく低下することを示しているが,この場合の試算結果は,壁厚が18～25 cmと増大することによって漏水に対する限界のひび割れ幅が0.10～0.20 mm程度に大きくなることを示している.この傾向は,嵩らの実験結果[15]とも定性的に合致するものであり,一般的な外壁における漏水に対する限界の許容ひび割れ幅は0.10～0.20 mm付近と考えられる.日本建築学会「鉄筋コンクリート造建築物の収縮ひび割れ制御設計・施工指針（案）・同解説」では,漏水に関する許容ひび割れ幅として0.15 mmを示している[16].

ひび割れ幅が建築物の美観に及ぼす影響は大きいものの,美観を阻害するひび割れ幅の値は多分に人間の感覚によるところが大きい.関連する研究は,鉄筋腐食,漏水のそれと比較して非常に少ない.Haldane[17]が実施したアンケート結果に基づく図4.3.9によると,専門家ほどひび割れに対する見方が厳しいこと,そして全体として,ひび割れ幅0.25 mm以上は許容されない傾向にあることが示されている.CEB1990[19]およびEurocode2[20]は,美観（appearance）の観点からのひび割れ幅制限値として,0.3 mmおよび0.4 mmをそれぞれ示している.

なお,ひび割れ幅だけでなく,ひび割れたコンクリート部材から観察者までの距離,ひび割れパターン,仕上げ色との相対関係なども美観評価に影響を及ぼすため,今後はこれらの要因も含めた評価方法確立のための研究が求められる.

2) たわみ変形
たわみ・変形は,地震などの震災によるもの以外に,長期間の荷重作用によるクリープ変形などによっても引き起こされ,収縮ひび割れなどによる部材の剛性低下がこれを助長する.床スラブのたわみ

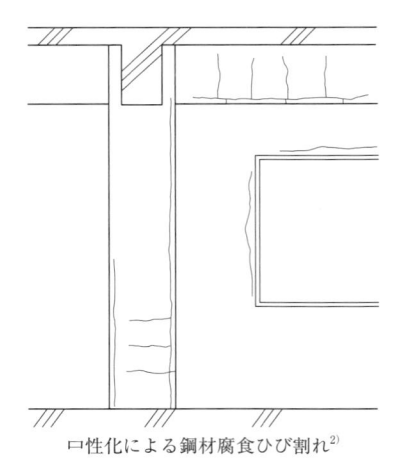

中性化による鋼材腐食ひび割れ[2] 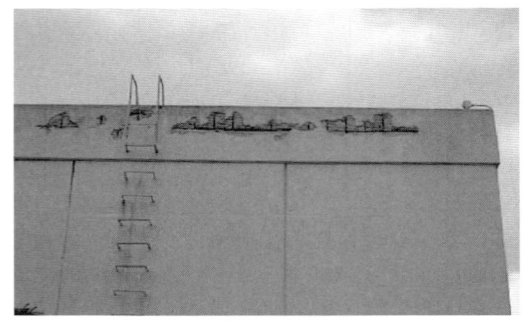　　　　　中性化による鋼材腐食とかぶりコンクリートの剥落

中性化による鋼材に沿ったひび割れ[2]

塩害によるかぶりコンクリートの剥落
（提供：琉球大学　山田義智）

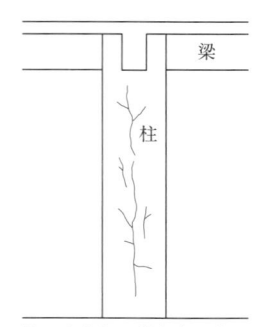

柱の中心部に縦方向に卓越
したひび割れが生じている
場合．

アルカリ骨材反応によるによる軸方向に卓越したひび割れ[2]

図4.3.6　耐久劣化の例

4.3 調査診断

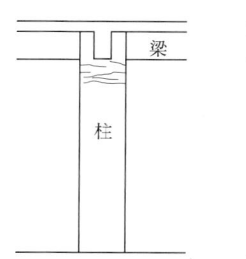

地震時に柱頭部分に曲げひび割れが生じた例 曲げひび割れ	地震時に斜め方向にせん断ひび割れと，主筋に沿った付着ひび割れが生じた例 せん断ひび割れ	曲げモーメントを受けている梁では，微細なひび割れは許容されている． 曲げひび割れ	不同沈下や地震時にせん断力を受けた場合に，斜めに入るひび割れ せん断ひび割れ

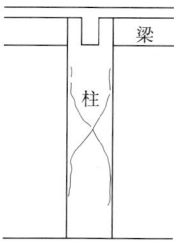

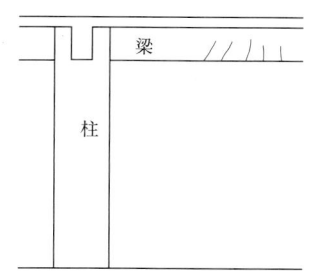

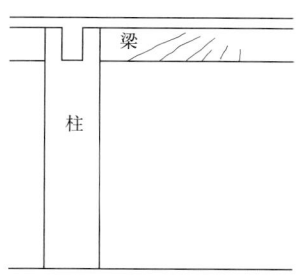

図 4.3.7 構造劣化の例[1]

表 4.3.2 既往の研究におけるひび割れ幅と漏水の関係（文献[2]を参考に加筆）

研究者名	許容ひび割れ幅 (mm)	要　旨
仕入豊和[7]	0.05	厚さ 10 cm のコンクリート供試体について，水圧 1 mN/mm^2（風速 50 m/s 時の風圧に相当する）で連続 1 時間の透水実験を行い，ひび割れ幅が約 0.05 mm 以下ではほとんど透水は認められないことを示した．また，実 RC 構造物におけるひび割れ幅と漏水の有無についての調査を行い，防水上支障がないと判断されるひび割れ幅を 0.05 mm とした．
狩野春一ほか[8]	0.06	数年にわたる調査研究によると，12 cm 厚のスラブでひび割れ幅 0.04 mm ではほとんど降雨による漏水は認められなかった．0.06 mm 前後では漏水の危険性がある幅と思われる．ただし，水圧のより大きいところでは，その幅はより小さくなる．
浜田稔[9]	0.03	ひび割れ幅と雨漏りの有無を実際のアパートについて調査した結果 0.03 mm でも雨漏りを認める場合があるようである．
向井毅[10]	0.06	5×10×30 cm モルタル，水頭 10 cm での試験結果では，ひび割れ幅が 0.03 mm では試験体裏面で漏水による「湿り」が認められたが，漏水自体はひび割れ幅 0.07 mm でもほとんど認められなかった．それ以上のひび割れ幅では明らかに漏水現象が認められた．
神山幸弘，石川廣三[11]	0.06 以下	壁体が飽水状態にあるとき，無風もしくは微風時に漏水を生じる最小のひび割れ幅は 0.06～0.08 mm 付近にある．
重倉佑光[12]	0.12 以下	直径 15 cm，厚さ 4 cm のモルタル供試体において，水頭 30 cm（3 mN/mm^2）での試験結果では，ひび割れ幅 0.12 mm（これ以下の試験はしていない）では透水量は 0 に近い．
松下清夫ほか[13]	0.08 以下	幅が一方で 0.08 mm，他方で 0.3 mm の貫通ひび割れを有する厚さ 15 cm のモルタル供試体で，ひび割れ幅の小さい側から長時間散水したとき，1 分間でしみが発生し，5.5 分で泡が発生し，10 分間で水が流れはじめ，その逆では 0 分でしみが発生し，8.5 分間で水が流れはじめる．
石川廣三[14]	0.15 以下	厚さ 8 cm の気乾状態のコンクリート供試体において，圧力差 0.2 mN/mm^2 を 3 時間作用させた場合，ひび割れ幅が 0.15 mm 以下では，ひび割れ周辺部にしみが生じる程度で漏水には至らない．
坂本昭夫，石橋猷，嵩英雄[15]	壁厚によって異なる	漏水にはひび割れ幅と壁厚が影響し，模型実験においては，漏水するひび割れ幅は，壁厚 10，18 cm で 0.1 mm 以上，壁厚 26 cm では 0.2 mm 以上であり，壁厚が厚くなる方が漏水に対して有利である．

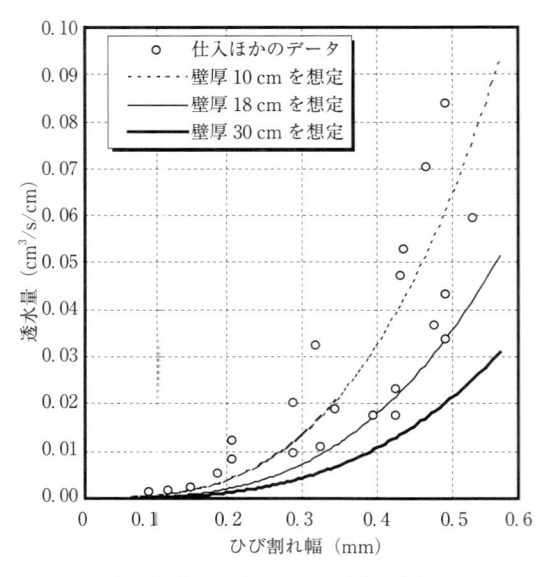

図 4.3.8 ひび割れ幅と透水量の関係

表 4.3.3 たわみ限界値

RC規準[22]	一般スラブ：L/250
	集合住宅：L/400 かつ 20 mm 以下
ACI318-02[23]：初期たわみ	間仕切りなどを支えない屋根：L/180
	間仕切りなどを支えない床：L/360
建込後に生じるたわみ	間仕切りなどを支える屋根・床：L/480
	間仕切りなどを支える屋根・床：L/280

L：短辺有効スパン

限界値については，土橋らにより精力的に調査され，短辺有効スパンの 1/200 以上になると苦情が増大することが報告されている[21]．鉄筋コンクリート構造計算規準・同解説[22]では，Mayer らの行った調査結果（床スラブのたわみ過大化に対する苦情は，1/200 以上になると増大し，1/300 以下ではほとんどない）も踏まえ，周辺固定場所打ち床スラブのたわみ限界値を短辺有効スパンの 1/250 とし，用途によりこの限界値を考慮することとしている．各指針におけるたわみ限界値を表 4.3.3 に示す．

3) 振動

振動感覚の評価曲線として，Meister の振動感覚曲線が広く用いられてきたが，これは振動に対する知覚の度合いを示したものであり，建物の用途によって異なる知覚限界を示したものではない．このことから，RC 規準では，ISO 2631/2 (Draft) に準じ，建物の用途に応じて定義される振動感覚曲線として図 4.3.10 を採用している[22]．図における環境係数（表 4.3.4）とは建物用途に応じた閾値であり，曲線は実効値で定義されている．

b. 耐久性に関する評価

1) ひび割れ幅

指針類における耐久性を確保するためのひび割れ幅の制限値

各国指針類における耐久性を確保するためのひび割れ幅の制限値を表 4.3.5 に示す．

CEB 指針（1992）[27] では，コンクリート部材における鋼材腐食問題ではひび割れ幅よりもかぶり厚さが重要であるとした上で，一般的な環境下においてひび割れ幅が 0.4 mm 以下であれば鉄筋の腐食に及ぼす影響が小さいとする実態調査結果から，この値を制限値として採用した経緯を記述している．表 10 に示されるように，既往の指針類ではひび割れ幅 0.3～0.4 mm を閾値とし，かぶり厚さおよび環境条件に応じてその値を変化させているケースが多い．なお CEB 指針は，鉄筋に直交するひび割れと鉄筋に沿うひび割れではその重要度が違うことを指摘している．一方，ACI Building Code（1995）[25]

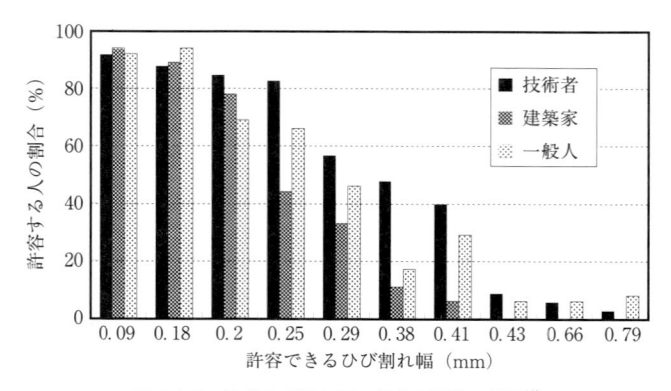

図 4.3.9 許容ひび割れ幅に対する認識の相違[18]

4.3 調査診断

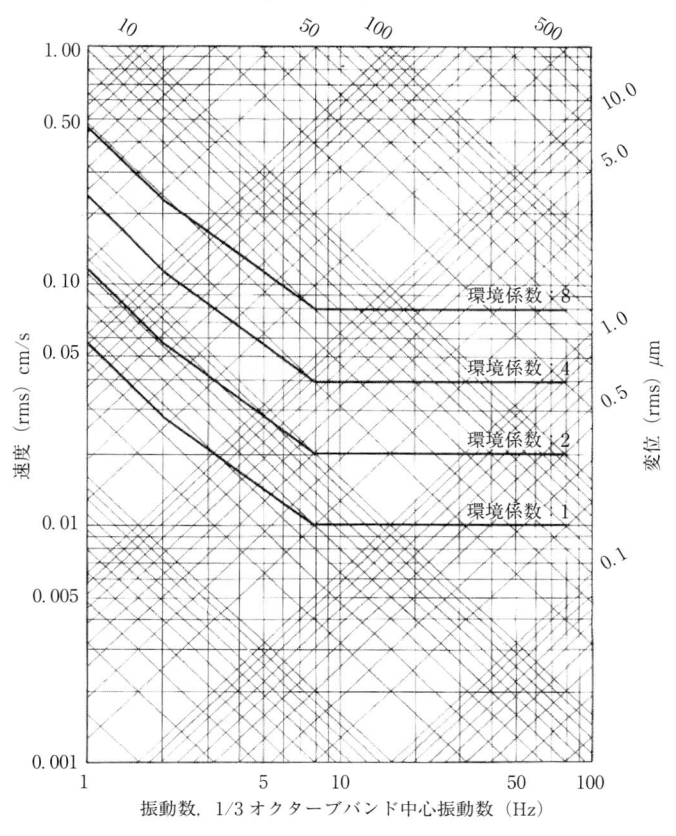

図 4.3.10 振動感覚評価曲線[22]

表 4.3.4 環境係数[22]

用　途	環境係数
精密作業区域	1.0
住宅・病院	2.0
事務所・学校	4.0
作業所	8.0

では，ひび割れ幅の制限値とそのための曲げひび割れ幅算定式が示されていたが，構造物においてひび割れ幅は非常に大きなばらつきを持ち，ひび割れ幅と鉄筋腐食には明確な相関が認められないとの見解から，2002年[23]からは，ひび割れ幅をおおむね許容値内に制限するための鉄筋間隔算定式を提示するにとどめる改定がなされている．このように，ひび割れと耐久性は，それほど安直な関係にないことに留意が必要である．なお，鉄筋腐食やアルカリ骨材反応に起因したひび割れの場合は，表に示される制限値の根処拠となるひび割れの原図は異なるため，その幅の大きさに関わらず慎重な評価が必要である．このようなケースでは，（社）日本コンクリート工学協会「コンクリートのひび割れ調査補修補強指針2009」[2]を参考にすると良い．

2）鉄筋腐食度

さびの進行が著しく，構造耐力の検討が必要な場合は，鉄筋の引張試験あるいは鉄筋断面積の測定が行われる．試験に用いる試料は，もっとも腐食の進行しているものでできるだけ構造耐力に影響の少ない位置から採取し，採取後は早急に修復処理をしなければならない．なお，鉄筋腐食度の評価としては，表4.3.6および表4.3.7に示されるような方法がある．結果の評価にあたっては，これらを参考に評価基準をることが望ましい[2]．グレーディングⅢの鉄筋が存在する場合は，劣化要因が内在する可能性があり，劣化進行の予測を行って補修あるいは劣化抑制工法の要否判定を行う必要がある．

表 4.3.5 各国指針類のひび割れ幅制限値

国 名	基 準	環境条件	許容ひび割れ幅（mm）
日本	土木学会コンクリート標準示方書（2002）［構造性能照査編］[24] "（設計目標）"	一般の環境	c：かぶり厚さ（mm） 異形鉄筋・普通丸鋼：0.005c （PC 鋼材：0.004 c）
		腐食性環境	0.004c
		特に厳しい腐食性環境	0.0035c
	建築学会鉄筋コンクリート造建築物の収縮ひび割れ制御設計・施工指針（案）・同解説（2006）[16]	屋外	0.5 mm
		屋内	0.3 mm
米国	ACI Building Code 318-95[25]	屋外部材	0.33 mm
		屋内部材	0.41 mm
	ACI Building Code 318-02[23]	ひび割れ幅に関する制限値を削除し，おおむね許容しうるひび割れ幅に制限するための鉄筋間隔算定式を提示	
ニュージーランド	New Zealand Standard[26]	土に接する部材で防湿保護されている場合	RC 部材：0.4 mm PC 部材：0.3 mm
		外気	RC 部材：0.3 mm PC 部材：0.2mm
		飛沫／干満を受ける場合，腐食性の高い土中	RC 部材：0.2 mm PC 部材：0.1 mm
欧州全般	Eurocode 2[20]	乾燥環境	RC 部材：0.3 mm PC 部材（ポストテンション）：0.2 mm PC 部材（プレテンション）：0.2 mm
		湿気環境	RC 部材：上記 PC 部材（ポストテンション）：上記 PC 部材（プレテンション）：引張応力を発生させない
		湿気環境：寒冷地：凍結防止剤使用	RC 部材：上記 PC 部材（ポストテンション）：引張応力を発生させない，またはコーティングされた鋼材で 0.2 mm PC 部材（プレテンション）：上記
		海洋環境	RC 部材：上記 PC 部材（ポストテンション，プレテンション）：上記

表 4.3.6 目視による鉄筋腐食度の区分[2]

腐食度	腐食状態
腐食なし	腐食を認めず
A	点さび程度の表面的な腐食
B	全体に表面的な腐食
C	浅い孔食など断面欠損の軽微な腐食
D	断面欠損の明らかな著しい腐食

c. 構造性能に関する評価
1）耐震性能

耐震性能を表す指標として，構造耐震性能 Is が定義されている[28].

$$Is = E_0 \times S_D \times T \tag{1}$$

ここで，E_0：保有性能基本指標
S_D：形状指標
T：経年指標
である．

構造耐震性能 Is は第一次診断から第三次診断の 3 段階で構成されており，高次のものほどより詳細な診断を行う．E_0：保有性能基本指標は建物の保有耐力の大きさを表す強度指標と靱性能を表す靱性指標の関数からなっており，形状指標（S_D）は形状の複雑さおよび剛性のアンバランスな分布などの耐震

表 4.3.7　鉄筋の腐食度のグレーディングとさび評価[1]

グレード	さび評点	鉄筋の状態
I	0	黒皮の状態，またはさびは生じていないが全体に薄い緻密なさびであり，コンクリート面にさびが付着していることはない．
II	1	部分的に浮きさびがあるが，小面積斑点状である．
III	3	断面欠損は目視観察では認められないが，鉄筋の周囲または全長にわたって浮きさびが生じている．
IV	6	断面欠損を生じている．

腐食度：腐食なし（グレーデング：I）

腐食度：A（グレーデング：II）

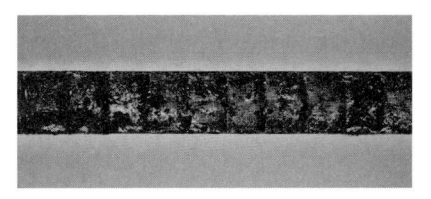

腐食度：B（グレーデング：III）

腐食度：C（グレーデング：IV）

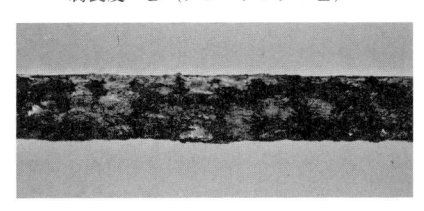

腐食度：D（グレーデング：V）

図 4.3.11　鉄筋の腐食グレーディング[2]

性能に及ぼす影響を工学的な判断により定量化したものである．ここでは本書に比較的関連のある経年指標（T）について概要を紹介する．第一次診断における経年指標は建物の変形，ひび割れ，火災経験，用途，建築年数および仕上げ状態の項目において評価するものとなっており，表4.3.8に示されるものである．この中でT値は各項目の中で該当するもっとも小さな値を用いる．

第二次診断法による経年指標は，表4.3.9に示す項目についての結果を基に，下式によって求められる値を使用する．

$$T = (T_1 + T_2 + T_3 \cdots + T_N)/N \quad (4)$$

$$T_N = (1-P_1)/(1-P_2) \quad (5)$$

ここで，T_N：調査階の経年指標

N：調査した階の数

P_1：調査階における構造ひび割れ・変形の減点数集計値（表4.3.9参照）．ただし調査する必要のない場合は0とすることができる．

P_2：調査階における変質・老朽化の減点数集計値（表4.3.9参照）．ただし調査する必要のない場合は0とすることができる．

2）　火　災

鉄筋，コンクリートは熱を受けることにより，その力学的性質が図4.3.12，図4.3.13に示すように強度・弾性係数とも低下する[29]．しかしその後の冷却により，受熱温度約500℃まではある程度の回復が見込める（図4.3.14）．したがってこの温度域を一応の限界値の目安とすることはできる．ただし，構造物として部材が一様に加熱されることは一般にはなく，またコンクリートの水結合材比・含水状態

表 4.3.8 第一次調査による経年指標 T[28]

[A] チェック項目	[B] 程度	[C] T値 (該当個所を○印)	[D] 二次調査の関連項目
変　　形	建物が傾斜している，または明らかに不同沈下を起こしている	0.7	構造ひび割れ・変形
	地盤が埋立地か水田跡である	0.9	
	肉眼で梁，柱の変形が認められる	0.9	
	上記に該当せず	1	
壁・柱のひび割れ	雨漏りがあり，鉄筋さびが出している	0.8	構造ひび割れ・変形
	肉眼で柱に斜めひび割れがはっきりみえる	0.9	
	外壁に数えきれない程多数ひび割れが入っている	0.9	
	雨漏りがあるが，さびは出ていない	0.9	
	上記に該当せず	1	
火災経験	痕跡あり	0.7	構造ひび割れ・変形 変質・老朽化
	受けたことがあるが痕跡目立たず	0.8	
	なし	1	
用　　途	化学薬品を使用していたかまたは現在使用中	0.8	変質・老朽化
	上記に該当せず	1	
建築年数	30年以上	0.8	変質・老朽化
	20年以上	0.9	
	20年未満	1	
仕上状態	外部の老朽化による剥落が著しい	0.9	変質・老朽化
	内部の変質，剥落が著しい	0.9	
	とくに問題なし	1	

によっては爆裂などの損傷が生じるため，これらを勘案した総合的な評価が必要となる．ここでは，建物の被災度に応じた等級とその判定（表4.3.11）について紹介する[30]．なお，被災度等級における受熱温度は，たとえば被災したコンクリートの変色状況を観察[29]することにより，おおむね評価することができる（表4.3.11）．

3）その他の劣化

その他，中性化による劣化，塩害による劣化，化学腐食による劣化，凍害による劣化およびアルカリ骨材反応による劣化については，表4.3.12〜4.3.16を参考にすると良い[29]．

4.3.4 補修方針策定

補修にあたっては，コンクリート片などの兆候が見られる箇所の応急処置を施し，第三者への安全性を確保した上で，以下の基本的考え方に基づいてその計画を策定する[1]．

・補修計画は，期待される耐用年数を考慮して立案する．
・補修計画は，劣化現象が顕在化している箇所を健全な状態に修理・復旧するとともに，潜在的に存在している劣化要因を取り除き，新たに劣化要因が加わることを抑制できるよう立案する．
・潜在する劣化要因を十分に取り除けない場合は，劣化現象が顕在化するつど補修を実施するか，あるいは劣化の進行を抑制したり劣化要因がさらに悪化するのを抑制するための方策を講じる．
・劣化の進行が著しく，部材に変形や構造耐力の低下が考えられる場合は，別途，構造耐力の調査を行う．　　　　　　　　　　【今本啓一】

表 4.3.9 第二次診断における減点数集計表

部位		項目	構造ひび割れ・変形 a	b	c	変質・老朽化 a	b	c
		程度	1. 不動沈下に関するひび割れ 2. 誰でも肉眼で認められる梁, 壁, 柱のせん断ひび割れ, または斜めひび割れ	1. 2次部材に支障をきたしているスラブ, 梁の変形 2. 離れると肉眼で認められない梁, 壁, 柱のせん断ひび割れ, または斜めひび割れ 3. 離れても肉眼で認められる梁, 柱の曲げひび割れ, または垂直ひび割れ	1. a, bには該当しない軽微な構造ひび割れ 2. a,bには該当しないスラブ, 梁のたわみ	1. 鉄筋さびによるコンクリートの膨張ひび割れ 2. 鉄筋の腐食 3. 火災によるコンクリートのはだ割れ 4. 化学薬品等によるコンクリートの変質	1. 雨水, 漏水による鉄筋さびの溶け出し 2. コンクリートの鉄筋位置までの中性化または同等の材令 3. 仕上げ材の著しい剥落	1. 雨水, 漏水, 化学薬品などによるコンクリートの著しい汚れまたはしみ 2. 仕上げ材の軽微な剥落または老朽化
I 床 小梁を含む	① 総床数の1/3以上		0.017	0.005	0.001	0.017	0.005	0.001
	② 同上 1/3〜1/9		0.006	0.002	0	0.006	0.002	0
	③ 同上 1/9未満		0.002	0.001	0	0.002	0.001	0
	④同上[注] 0		<u>0</u>	<u>0</u>	<u>0</u>	<u>0</u>	<u>0</u>	<u>0</u>
II 大梁	① 建物1方向につき総部材数の1/3以上		0.05	0.015	0.004	0.05	0.015	0.004
	② 同上 1/3〜1/9		0.017	0.005	0.001	0.017	0.005	0.001
	③ 同上 1/9未満		0.006	0.002	0	0.006	0.002	0
	④同上[注] 0		<u>0</u>	<u>0</u>	<u>0</u>	<u>0</u>	<u>0</u>	<u>0</u>
III 壁・柱	① 総部材数の1/3以上		0.015	0.045	0.011	0.15	0.045	0.011
	② 同上 1/3〜1/9		0.05	0.015	0.004	0.05	0.015	0.004
	③ 同上 1/9未満		0.017	0.005	0.001	0.017	0.005	0.001
	④同上[注] 0		<u>0</u>	<u>0</u>	<u>0</u>	<u>0</u>	<u>0</u>	<u>0</u>
減点数 集計欄	小計 合計			P1			P2	

注) ④は面積・総部材が0のもので, 建物の保全状態がきわめて良好と認められるもの

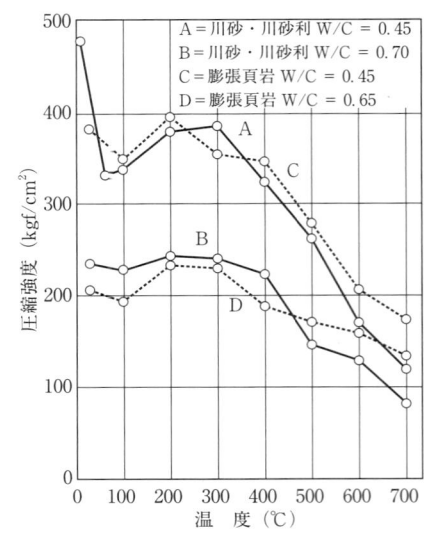

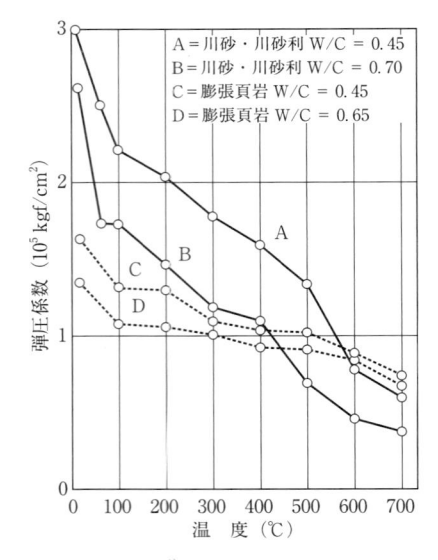

図 4.3.12 コンクリートの力学的性質と受熱温度の関係[1]

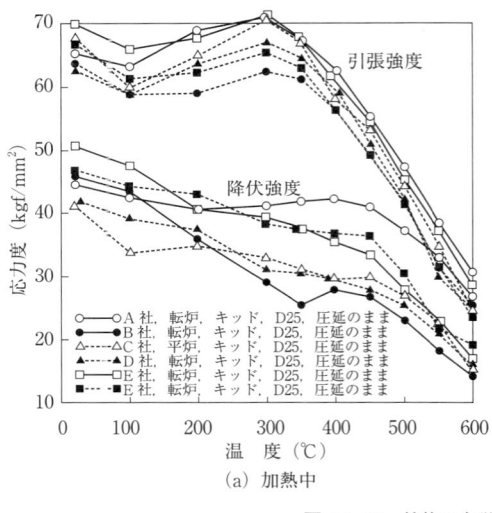

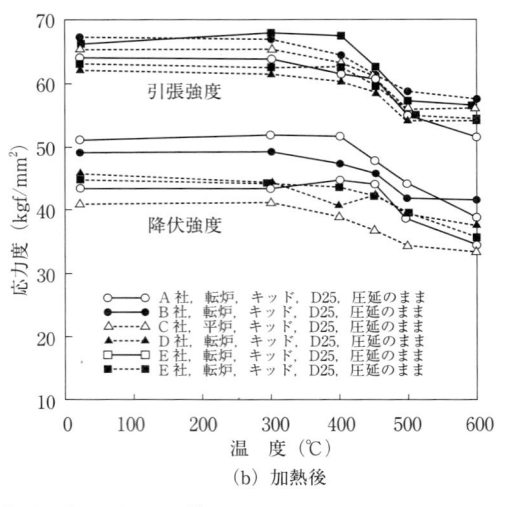

(a) 加熱中

(b) 加熱後

図 4.3.13 鉄筋の力学的性質と受熱温度の関係[19]

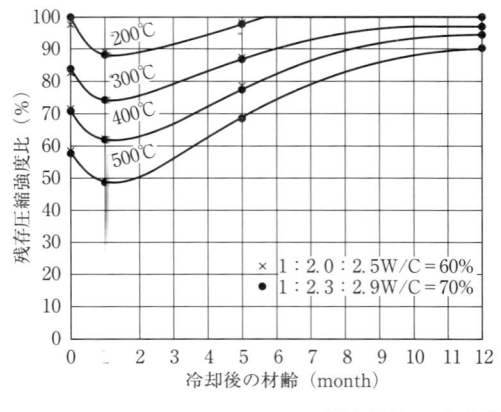

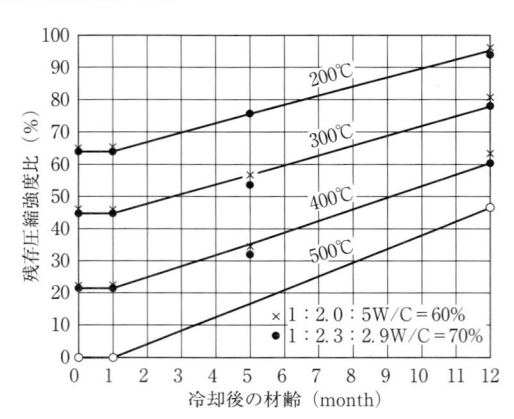

図 4.3.14 コンクリートの力学的性質の回復[1]

表 4.3.10 被害等級（文献[30]をもとに文献[29]を加えて作成）

被害等級	状　況	判　定
I 級	無被害の状態で，たとえば， ① 被害まったくなし ② 仕上げ材料などが残っている	補修必要なし（内装など，コンクリート以外の仕上げ部分取換え）
II 級	仕上げ部分に被害がある状態で，たとえば， ① 躯体にすす，油類などの付着（図 4.3.15 参照） ② コンクリート表面の受熱温度が 500℃ 以下 ③ 床・梁の剥落わずか	補修必要なし（コンクリート表面洗浄）
III 級	鉄筋位置へ達しない被害で，たとえば， ① 微細なひび割れ（写真 3 参照） ② かぶりコンクリートの受熱温度が 500℃ 以上（主筋位置では 500℃ 以下） ③ 柱の爆裂わずか	補修（表層かぶりコンクリート部分までの打直し）
IV 級	主筋との付着に支障がある被害で，たとえば， ① 表面に数 mm 幅のひび割れ ② 鉄筋一部露出	補強（部材としての補強）
V 級	主筋の座屈などの実質的被害がある状態で，たとえば， ① 構造部材としての損傷大 ② 爆裂広範囲 ③ 鉄筋露出大 ④ たわみが目立つ	部材の交換または新部材挿入

図 4.3.15 コンクリート表面のすす[29]

図 4.3.16 コンクリート表面の微細ひび割れ[29]

表 4.3.11 コンクリートの受熱温度と変色[29]

変色状況	温度範囲（℃）
表面にすすなどが付着している程度	300 未満
ピンク色	300-600
灰白色	600-950
淡黄色	950-1200
溶融	1200 以上

表 4.3.12 中性化深さの劣化状態（屋外の場合）[29]

構造物の外観上のグレード	劣化の状態	中性化深さとかぶり厚さの関係	安全性能	使用性能	周辺環境への影響性能
状態Ⅰ（潜伏期）	外観上の変状が見られない．	中性化深さは小さく，鉄筋位置までかなりの距離がある．	—	—	—
状態Ⅱ（進展期）	少数のさび汁が見られる．少数の腐食ひび割れが発生する．	中性化深さが鉄筋位置まで一部到達している．	—	—	美観の低下 ・さび汁 ・ひび割れ
状態Ⅲ（加速期）	多数のさび汁が見られる．多数の腐食ひび割れが発生する．部分的なかぶりコンクリートの浮き・剥離・剥落が発生する．	中性化深さが鉄筋位置までかなり到達している．	耐荷力・靱性の低下 ・浮き．剥離・剥落によるコンクリート断面の減少 ・鋼材断面積の減少・破断	剛性低下（変形の増大・振動の発生） ・浮き．剥離・剥落によるコンクリート断面の減少	美観の低下 ・さび汁 ・ひび割れ ・鋼材の露出 第三者への影響 ・剥落
状態Ⅳ（劣化期）	多数のさび汁が見られる．多数の腐食ひび割れが発生する．多数のかぶりコンクリートの浮き・剥離・剥落が発生する．変形・たわみが大きい．	中性化深さが鉄筋位置まで半分以上到達している．	耐荷力・靱性の低下 ・浮き．剥離・剥落によるコンクリート断面の減少 ・鋼材断面積の減少・破断	剛性低下（変形の増大・振動の発生） ・浮き．剥離・剥落によるコンクリート断面の減少 ・鋼材断面積の減少・破断 ・鋼材とコンクリートの付着の減少	美観の低下 ・さび汁 ・ひび割れ ・鋼材の露出 第三者への影響 ・剥落

表 4.3.13 塩害の劣化状態[29]

構造物の外観上のグレード	劣化の状態	安全性能	使用性能	周辺環境への影響性能
状態Ⅰ（潜伏期）	外観上の変状が見られない．腐食発生限界塩化物イオン濃度以下	—	—	—
状態Ⅱ（進展期）	外観上の変状が見られない．腐食発生限界塩化物イオン濃度以上．腐食が開始	—	—	—
状態Ⅲ-1（加速期前期）	ひび割れが発生．さび汁が見られる	—	—	美観の低下 ・さび汁 ・ひび割れ ・鋼材の露出 第三者への影響 ・剥落・剥落
状態Ⅲ-2（加速期後期）	腐食ひび割れが多数発生．さび汁が見られる．部分的な剥離・剥落が見られる．腐食量の増大	耐荷力・靱性の低下 ・浮き．剥離・剥落によるコンクリート断面の減少 ・鋼材断面積の減少・破断	剛性低下（変形の増大・振動の発生） ・浮き．剥離によるコンクリート断面の減少 ・鋼材断面積の減少 ・鋼材とコンクリートの付着の減少	
状態Ⅳ（劣化期）	腐食ひび割れが多数発生．ひび割れ幅が大きい．さび汁が見られる．剥離・剥落が見られる．変形・たわみが大きい			

表 4.3.14 化学腐食における劣化のグレードと部材・構造物の性能[29]

劣化のグレード	変状	安全性能	使用性能	周辺環境への影響性能
Ⅰ（潜伏期）	外観上の変状が見られない．	−	−	−
Ⅱ（潜伏期）	コンクリート保護層に変状が見られる．	−	−	美観の低下（コンクリート保護層の剥離・剥落）
Ⅲ（進展期）	コンクリート保護層に変状が見られるが，劣化因子は鋼材位置まで達していない．	耐荷力の低下（コンクリートの断面減少）	剛性の低下（変形の増大，鋼材とコンクリートの付着力低下）	美観の低下（コンクリートの変質・ひび割れ），第三者への影響（剥離・剥落）
Ⅳ（加速期）	コンクリートの変状が著しく，劣化因子は鋼材位置まで達しており，鋼材にも変状が見られる．		剛性の低下（変形の増大，振動の発生，コンクリート断面の減少，鋼材断面積の減少）	美観の低下（コンクリートの変質・ひび割れ，鋼材の露出，さび汁）
Ⅴ（加速期）	コンクリートの断面欠損が大きく，鋼材の腐食量が大きい．	耐荷力・靭性の低下（鋼材断面積の減少）		
Ⅵ（劣化期）	鋼材の腐食が著しく，変位・たわみが大きい．			

表 4.3.15 凍害の二次診断の劣化区分（文献[29]をもとに作成）

劣化度	区分の基準	点検強化	補修*	補強*
Ⅰ（潜伏期）（ほとんどなし）	軽微なひび割れ（幅 0.2 mm 以下），または表面のみのスケーリングで進行性ではない．	○	○（美観上）	
Ⅱ-1（進展期-1）（軽度）	表面に小さなひび割れ（幅 0.3 mm ぐらいまで），ポップアウト，または中程度までのスケーリング-深さ 10 mm ぐらいまでの劣化	◎	○	
Ⅱ-2（進展期-2）（中度）	ひび割れ幅が大きい（0.3 mm 以上），または強度のスケーリング，脆弱化，剥離がある-深さ 20 mm ぐらいまでの劣化	◎	◎	○
Ⅲ（加速期）（やや重度）	鉄筋付近までのひび割れ，浮き，剥落，脆弱化や激しいスケーリング-深さ 30 mm ぐらいまでの劣化		◎	◎
Ⅳ（劣化期）（重度）	コンクリートが浮き上がり，剥離も著しく，脆弱も深い（30 mm 以上），鉄筋も断面欠損を生じている．		○	◎

◎：行うことが望ましい．○：必要に応じて行う．*凍害原因の除去も含む

表 4.3.16 アルカリ骨材反応による劣化を受けた構造物のグレーディングと対策判定基準[29]

グレード	劣化の状態	点検強化	補修	補強	修景	使用性回復	供用制限	解体・撤去
状態Ⅰ(潜伏期)	ASRは発生しているが,外観上の変化が認められない.	○	(○)					
状態Ⅱ(進展期)	ASRによる膨張によってひび割れが発生し,変色,ゲルの滲出が見られる.	◎	◎		◎	○		
状態Ⅲ(加速期)	ASRによるひび割れが進展し,ひび割れの本数,幅および密度が増大する.	◎	◎	○	◎	◎	○	
状態Ⅳ(劣化期)	ASRによるひび割れが多数発生し,構造物の変位・変形が大きくなる.段差およびずれが見られる場合がある.かぶりの部分的な剥離・剥落が発生する.鋼材腐食が進行し,さび汁が見られる.状況によっては鋼材の降伏および破断が発生する.		○	◎	◎	◎	◎	○

文 献

1) 日本建築学会:鉄筋コンクリート造建築物の耐久性調査・診断および補修指針(案)・同解説,1997.
2) 日本コンクリート工学協会:コンクリートのひび割れ調査,補修・補強指針2009.
3) 独立行政法人建築研究所,住宅リフォーム・紛争処理支援センター:既存マンション躯体の劣化度調査・診断技術マニュアル,2002.
4) 日本建築学会:鉄筋コンクリート造建築物の耐久設計施工指針(案)・同解説,2004.
5) 日本建設業協会,コンクリートのひび割れ対策マニュアル
6) 東京大学野口貴文研究室HP http://bme.t.u-tokyo.ac.jp/
7) 仕入豊和:防水に関連するコンクリートの諸性質とその仕様に関する研究,学位論文(東京工業大学),1961.
8) 狩野春一:コンクリート技術辞典,オーム社,1968.
9) 浜田 稔:鉄筋コンクリート造陸屋根の防水,建築材料,pp.25-31,1961.
10) 向井 毅 コンクリートのキレツ幅と漏水について(第1報),第38回日本建築学会関東支部学術研究発表会梗概集,pp.349-352,1967.
11) 石川廣三,神山幸弘:建築物の防雨構法に関する研究-その5(モルタル外壁の亀裂からの漏水について),日本建築学会大会学術講演梗概集 構造系1 材料施工,pp.251-252,1969.8
12) 重倉祐光:ひび割れと防水,コンクリートジャーナル,pp.85-88,1973.9
13) 江口 禎 松下清夫:可搬式の雨漏り測定器の試作と実験(鉄筋コンクリート造壁の雨漏りに関する研究-その1),日本建築学会大会学術講演梗概集,pp.247-248,1969.8
14) 石川廣三:モルタル・コンクリート壁体の亀裂からの漏水について,日本建築学会大会学術講演梗概集 別冊材料・施工・防火,pp.187-188,1976.
15) 坂本昭夫 石橋 畝,嵩 英雄:コンクリート壁体のひび割れと漏水の関係について(その2),日本建築学会学術講演梗概集,pp.83-84,1980.
16) 日本建築学会:鉄筋コンクリート造建築物の収縮ひび割れ制御設計・施工指針(案)・同解説,2006.
17) Haldane, D.: The Importance of Cracking in Reinforced Concrete Members, Proceedings International. Conference on Performance of Building Structures. pp.99-109, 1976.
18) 野口貴文:建築物におけるコンクリートの収縮ひび割れ制御のあり方,コンクリート工学,43(5),pp.21-26,2005.
19) COMITE EURO-INTERNATIONAL DU BETON: CEB-FIP Model Code 90, Thomas Telford, 1990.
20) Eurocode 2: Design of concrete structures, Part 1, General rules and rules for buildings (BS EN 1992-1-1: 2004).
21) 土橋由造ほか:大撓みをもつ鉄筋コンクリート障害床スラブの実態調査とその対策,日本建築学会論文報告集,第272号,pp.41-51,1978.
22) 日本建築学会:鉄筋コンクリート構造計算規準・同解説,1999.
23) ACI 318-02: Building code and Commentary, 2002.
24) 土木学会コンクリート標準示方書2002年制定[構造性能照査編],2002.
25) ACI 318-95: Building code and Commentary, 1995.
26) New Zealand Standard: Concrete Structure, Part1-The Design of Concrete Structures (NZS3101: Part 1: 1995).
27) Durable Concrete Structures, CEB Bulletin No.183, pp.27-34., Chapter 6. Reinforcement, May 1992.
28) 日本建築防災協会:2001年度改訂版 既存鉄筋コンクリート造建築物の耐震診断基準同解説,2001.11
29) 日本コンクリート工学協会:コンクリート診断技術07,2007.
30) 日本建築学会:建物の火害診断及び補修・補強方法,2004.

4.4 集合住宅

4.4.1 はじめに

集合住宅は，低層のものから超高層まで様々な形状や規模の建物がある．一般的な集合住宅に多い中層や高層（10数階建て程度）までの高さの建物では，バルコニーや廊下が屋外側に付随していることが多く開口部も多いことから，建物の表面部分は複雑な形状をしている場合が多い．また，超高層の場合には，ゴンドラや移動式の特殊な足場を設置して調査を行うこともある．さらに，建物が共用部分と専有部分に分かれ，調査は共用部分からのアプローチが主となることや低層部が店舗併用型になっている場合などでは，調査が可能な範囲が限定される場合が多い．また，とくに分譲の集合住宅（いわゆるマンション）の場合，建物への損傷に加えて騒音や振動が許容されない場合も多く，目視や打診，非破壊試験などを中心とした調査となる場合が多い．このように，集合住宅の調査は，他の構造物と比べても制約が多いという特徴がある．補修や補強工事を実施する場合についても同様に，居ながら工事が前提になることから，騒音や振動，粉塵，臭気，工事中の安全確保等への配慮が特に重要である．

一方，集合住宅の場合には，長期修繕計画に基づいた定期的な点検や調査，それに対応した補修工事が実施されている建物も多い．また，マンションの場合には建物の所有者と居住者が同じであることから，建物に対する関心も高い．したがって，調査を実施する場合には，過去の点検・調査の記録や補修の履歴などを調査するとともに，居住者へのヒアリングなどを行うことも有効である．

建物の仕上げとして，屋外側はタイル仕上げ，塗り仕上げ，あるいは両者の組み合わせとなっている場合が多い．屋内側ではボードやクロスなどが貼られており，コンクリートの躯体が直接見られない場合がほとんどである．また，バルコニーや手すり，庇といった二次部材（非構造部材）も調査のポイントとなる．劣化の症状としては，ひび割れや欠損といった目に見える劣化に加え，ひび割れや開口部などからの漏水の事例も多く，原因やその経路をしっかりと把握して適切な対策をとることが重要である．

本節では，床スラブ・柱・梁部材については，とくに火害に対する調査事例を中心に，壁部材については，壁の部位ごとにひび割れなどの原因と対策（補修方法）などを述べている．また，バルコニーや手すり，庇などの二次部材の劣化の事例，調査の方法や補修方法について述べている． 【濱崎　仁】

4.4.2 床スラブ・柱・梁部材

a. 火害調査・診断方法

ここでは，鉄筋コンクリート造建築物の火害に対する調査・診断事例を紹介する．

1) 火害調査・診断のながれ

図4.4.1に示すように，火害診断は，火害の調査，調査結果に基づく被害等級（Ⅰ～Ⅴ級）の判定により構成され，火害調査は，予備調査，一次調査を行い，判定結果が表4.4.2に示す被害等級Ⅱ級を超える場合は二次調査を行う．外観調査で，被災度C（倒壊の危険性があり，再使用が困難）と判断された場合は，調査を中止する．

2) 予備調査および一次調査概要

予備調査

予備調査では，被災建築物に対する①火災状況の情報収集，②建物の被害経歴，③詳細設計図書の準備を行う．まずはじめに，予備調査では，消防署，管理者などから火災状況の情報収集を行う．必要な情報は，②および③に加え，Ⅳ，Ⅴ級にあっては，火災荷重に関する情報として，用途，可燃物量，出火場所，火災継続時間，火災進展状況，火炎吹き出し状況，風向風速などが必要となる場合がある．

一次調査では，被災建築物本体の火害状況の目視による調査および受熱温度分布の推定などを行う．一次調査の結果から，二次調査の要否を決定し，詳細な調査対象の絞込みを行う．

外観調査

外観調査は，下記①～⑨について，火害の程度を，目視およびスケールなどで調査する．

①焼き状況（燃え残り状況の観察，火害調査範囲の特定）

②コンクリート表面の色（受熱温度の推定）

　黒：　劣化は比較的少ないと推測できる（内装材が一部燃え残る，すすが残る）

　ピンク，白または茶：　劣化が考えられる（中

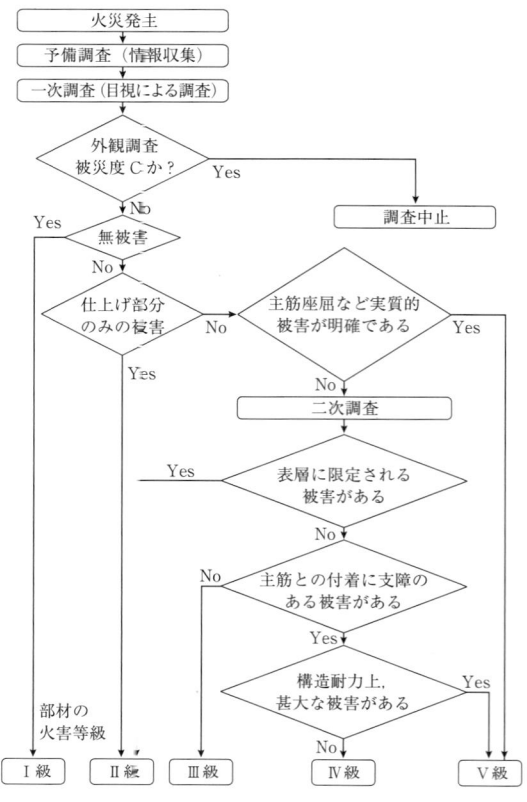

図 4.4.1　火害診断のフロー[1]

性化，リバウンドハンマーなどによる調査が必要）
　なお，コンクリート表面の仕上げ塗材用下地調整塗材（下地調整材）やモルタルなどの仕上げ材の変色は含まない．
③スラブなどの有害な変形確認（目視，必要に応じてメジャー，レベル使用）
④構造的なひび割れの観察（ひび割れ状況，浮きひび割れ，曲げひび割れ，せん断ひび割れなど代表的な幅，長さ，方向の記入）
⑤テストハンマー打診による浮き範囲の特定（はつり範囲を特定する）
⑥爆裂・剥離，鉄筋露出箇所の記入
⑦露出鉄筋の座屈状況の確認（座屈していると引張力を負担しない）
⑧仕上げ材の状況（剥離・剥落箇所，変色等）
⑨手摺，機器類等の金属類の変形状況
　上記①〜⑨をふまえた外観調査により総合的な劣化の程度をまとめる．
　一次調査にあたってのポイントは下記に示すとおりであるが，鉄筋コンクリート構造物においては，一言で言えば鉄筋位置が500℃を上回っているかどうかが最大のポイントである．500℃を上回っているかどうかで構造性能や補修対策が大きく異なる．
　現地調査または記録写真などで内装材や下地材などの焼棄状況を観察し，建築物にあっては出火場所（焼き状況の観察でもっとも焼き状況が激しい箇所がおおむね該当する）の特定，予備調査における火災状況（出火時刻，鎮火時刻）などを踏まえた上で調査しなければ正しい調査はできない．また，出火時刻―鎮火時間が必ずしも火災継続時間ではないので注意する．図4.4.5に受熱時間とコンクリート内部の温度上昇量を示す．屋内における1 m^{2}あたりの可燃物量は住宅の居室にあっては720 MJであり，家具・書籍売り場（960 MJ），倉庫（2000 MJ）に次いで多い（表4.4.2）．木材の単位質量あたりの発熱量は16 MJ/Kg，厚さ1 mmあたりの単位発熱量は8（MJ/m^2/mm）である．木材換算では，居室にあっては720/16＝45 Kg/m^{2}の木材が存在することになる．木材の燃え残りから火災継続時間を推定する場合は，木材の炭化速度をおおむね0.6 mm/分としてよい．つまり，木材表面の炭化深さが6 mmであった場合のその箇所の火災継続時間はおおむね10分間と推測できる．木材の着火温度はおおむね250℃前後であることから，木材表面が燃焼していなければその箇所の受熱温度は250℃以下と判断できる．
　すすは有機物が火熱により炭化した炭であり，すすが付着している箇所は，炭がまだ燃焼していないので受熱温度が250℃を超えていないことを示している．
　すすが燃焼した後，他の箇所からふたたび流入付着する場合があるので，火災箇所全体を見て判断する必要がある．
　ピンク色は図4.4.11に示すように実際の火災現場においては，きれいなピンク色であることは少なく，茶色がかったピンク色をしているのが多い．すすの付着などで色の判別が困難なことが多いので，はつり落とし内部の色を確認する必要がある．
　有害な変形は，鉄筋位置が500℃を超えている可能性のある場合はレベルなどを用い正確に測定する．被害等級がⅢ以下の場合は目視による確認程度で良い場合が多い．目視で変形などが確認できる傾斜の精度は通常1/200程度である．
　構造的なひび割れの観察においては，火害特有の

4.4 集合住宅

表 4.4.1 被害等級と状況[1]

被害等級	状況
I級	無被害の状態で，たとえば， ①被害まったくなし． ②仕上げ材料が残っている．
II級	仕上げ部分に被害がある状態で，たとえば， ①躯体にすす，油煙などの付着． ②コンクリート表面の受熱温度が300℃以下． ③床・梁等の剥落わずか．
III級	鉄筋位置へ到達しない被害で，たとえば， ①コンクリートの変色はピンク色． ②コンクリート表面の微細なひび割れ． ③コンクリート表面の受熱温度が300℃以上． ④柱の爆裂わずか．
IV級	主筋との付着に支障がある被害で，たとえば， ①表面に数mm幅のひび割れ． ②鉄筋一部露出．
V級	主筋の座屈などの実質的被害がある状態で，たとえば， ①構造部材として損傷大，②爆裂広範囲，③鉄筋露出大 ②たわみが目立つ，⑤健全時計算値に対する固有振動数測定値が0.75未満 ③載荷試験において，試験荷重時最大変形に対する残留変形の割合がA法で15%，B法で10%を超える．

ひび割れについてとくに注意して行う．火害特有のひび割れとは，通常熱は上方において高温となるので，天井や梁の温度が高温になる．部材が高温になることによって部材が膨張し，膨張を拘束する部材に応力が発生する．たとえば，天井床や梁が平均200℃に加熱されたとすると，スパン6mの場合，概算で $200℃ \times 1 \times 10^{-5} \times 6000 \, \text{mm} = 12 \, \text{mm}$ 伸びる．この伸びを壁や柱で拘束しているので，壁の面外方向や柱にせん断ひび割れが生じる場合もある．

床や梁内部鉄筋の温度が500℃を超えた場合（PC鋼材においては400℃）鉄筋強度が大きく低下するので，これらの部材に曲げひび割れが発生する可能性がある．そのほか，高温時の骨材の膨張，セメントペーストの収縮に伴うコンクリート表面の網目状のひび割れが発生するが，微細なひび割れであれば構造的な影響はほとんどない．

テストハンマー（打検ハンマー）による浮きの測定においては，浮きの発生しやすい箇所（柱・梁の出隅，爆裂箇所近傍）を見極めて行う．出隅部など2面加熱を受ける箇所は，外周部の温度と内部温度との差が1面加熱を受ける箇所よりも大きいことから浮きを生じやすくなる（図4.4.6の梁下ぐう角部の白色に変色した箇所が該当）．

3) 二次調査

一次調査の結果無被害でないと判定された場合に二次調査を実施する．

一次調査の結果に基づいて絞り込んだ調査対象部位に対する簡易調査方法を選定し，調査を実施する．

簡易調査の結果から詳細調査の要否を決定し，詳細調査の対象部位の絞込み，詳細調査を実施する．

2) より，火害が軽微であってもコンクリート表面にすすが付着していれば，無害と判定できないので図4.4.1のフローに従って二次調査を実施する．

① コンクリートの受熱温度の推定：コンクリートの断面方向の受熱温度の推定は，コンクリート強度低下の予測，鉄筋位置が500℃を超えているかどうかの判定を目的に行う．

コンクリートの受熱温度の推定は，通常フェノールフタレイン1%アルコール溶液を噴霧することにより行う．コンクリート中のアルカリ成分である水酸化カルシウム $Ca(OH)_2$ が，500℃以上で中性である酸化カルシウム CaO に化学変化することから，フェノールフタレインアルコール溶液をはつり断面に塗布することにより，受熱温度が500℃以上か，500℃以下かが判断できる．

フェノールフタレイン溶液には無水アルコールを用い，水を加えてはいけない．水が存在すると酸化カルシウムが水酸化カルシウムに変化しアルカリ性を呈し，500℃以上の箇所でも赤色してしまう．

消火活動時の放水では床を除く壁や見上げ部分に

表 4.4.2 室内の収納可燃物の単位面積あたりの発熱量[1]

	室の種類			発熱量（単位 1平方メートルにつきメガジュール）
(一)	住宅の居室			720
	住宅以外の建築物における寝室または病室			240
(二)	事務室その他これに類するもの			560
	会議室その他これに類するもの			160
(三)	教室			400
	体育館のアリーナその他これに類するもの			80
	博物館または美術館その他これらに類するもの			240
(四)	百貨店の売場または物品販売業を営む店舗その他これらに類するもの	家具または書籍の売場その他これらに類するもの		960
		その他の場合		480
	飲食店その他の飲食室	簡易な食堂		340
		その他の飲食室		480
(五)	劇場，映画館，演芸場，観覧場，公会堂，集会場その他これらに類する用途に供する室	客席部分	固定席の場合	400
			その他の場合	480
		舞台部分		240
(六)	自動車車庫または自動車修理工場	車室その他これに類するもの		240
		車路その他これに類するもの		32
(七)	廊下，階段その他の通路			32
	玄関ホール，ロビーその他これらに類するもの	劇場，映画館，演芸場，観覧場，公会堂もしくは集会場その他これらに類する用途または百貨店もしくは物品販売業を営む店舗その他これらに類するもの		160
		その他のもの		80
(八)	昇降機その他の設備の機械室			160
(九)	屋上広場またはバルコニー			80
(十)	倉庫その他の物品の保管の用に供する室			2000

はごく表面しか吸水しないのでコンクリート内部の受熱温度が500℃を超えた境界部分をフェノールフタレイン溶液で推定できる．また，コンクリートの受熱温度が500℃を超えると強度の回復が難しいことから，はつりが必要な深さ，範囲を特定できる．なお，火害を受けていない部分の中性化深さと比較し，通常環境における中性化深さを考慮して，炭酸ガスによるものか受熱によるものかを，コンクリートの変色とあわせて判断し，受熱温度深さを判定する．

測定ポイントは，外観調査結果をもとにして，コンクリートの表面の色（黒，白，ピンク）のそれぞれの部分を比較するとともに，とくにはつり範囲を特定できるように色の境界部分，爆裂部分，補強筋の定着部分，応力的に特に注意する部分について行う．（柱上部，測定位置深さを図面に明記する）

500℃以下の温度判定は，受熱によるセメント硬化体や混和材料の化学変化を調べることで判断できる．UVスペクトル法はおもにリグニン系の混和剤に有効で，受熱温度により吸光度が変化する性質を利用したものである．リグニン系以外の混和剤については過マンガン酸カリウムによる酸素消費量の定量分析法によって行う．そのほかマイクロ波特性値の測定，熱ルミネッセンスの測定，超音波伝搬速度の測定，超音波スペクトロスコピー法，X線回折，炭酸ガス量および炭酸ガス再吸収量の測定，遊離石灰量の変化，示差熱天秤分析などの方法がある．

②残存強度の推定： 受熱温度が300℃以下であれば，火災前の圧縮強度を100％と仮定すると，火害を受けた後の残存強度は，おおよそ70％以上の強度を保持していると言われている．（圧縮強度残存率は，図4.4.2（Eurocode）に示したように，

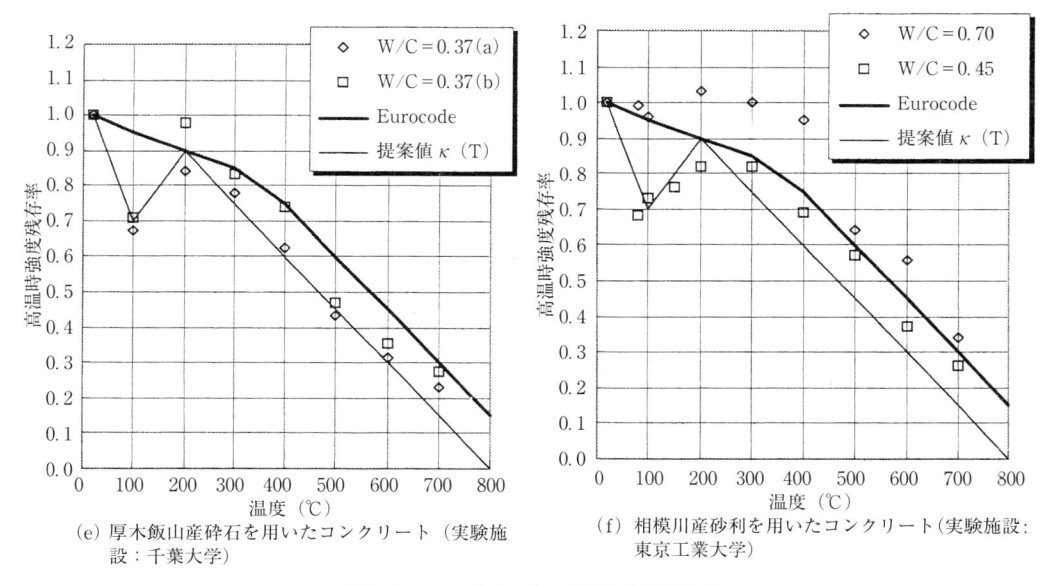

(e) 厚木飯山産砕石を用いたコンクリート（実験施設：千葉大学）

(f) 相模川産砂利を用いたコンクリート（実験施設：東京工業大学）

図4.4.2 コンクリートの高温時強度残存率

コンクリートの受熱温度が100℃の場合約95％，200℃の場合約90％，300℃の場合約85％）．

しかし，安全上，火災直後の残存強度が設計基準強度を上回っていることを確認する．火害を受けていない箇所の測定値と比較して総合的に判断する．測定した部分が上値以下であれば，設計基準強度以上または火害を受けていない箇所の測定値と同等であると判断される深さまではつり，強度の確認を行う．通常残存強度の推定は小径コアまたはリバウンドハンマーを用いて行う．

コンクリートの受熱温度が500℃を超える部分の残存強度はおおよそ60％以下になるといわれている．300℃から500℃の範囲は，コンクリート表面の変色と中性化深さで判定する．

測定方法は，小径コアによる圧縮強度試験または，日本建築学会「コンクリート強度の非破壊試験方法マニュアル」による．リバウンドハンマー試験で得られた値は，日本建築学会「コンクリート強度の非破壊試験方法マニュアル」の $FC=10.1R_0+2$ （軽量コンクリートの場合），$FC=7.3R_0+100$ （普通コンクリートの場合）を用いる．この場合は，現状の圧縮強度を確認するので，材齢による4週強度への変換は行わない．

測定箇所は，浮き・亀裂，表面劣化部分は避け（はつり落とすか，脆弱層は復旧時に削るので測定不用），劣化部分の近傍で表面硬度がある部分について行う（リバウンドハンマーは表面硬度から圧縮強度を判定する方法なので，どの層まで強度が低下しているかどうか，必要な深さまで平滑に研磨し測定する場合もある）．

リバウンドハンマー測定値の平均値が健全箇所の測定値を大きく下回る場合は，コア抜き取りを行い，表層部分の脆弱な層は切断して圧縮強度試験を行う．なお，コア抜き取りによる圧縮強度の確認においては，成型時に表層の脆弱部分を研磨するので，研磨する厚さによって強度が異なる．どの層の強度を確認するのかなど目的を明確にした上で研磨深さを決定する必要がある．また，微細なひび割れの影響があるので，コア断面を詳細に観察しておく必要がある．

4) 仕上げ材の調査

①タイル浮き調査：

・パルハンマーを用いて打診検査を行い，タイルの浮きを調べる．

・必要に応じてタイルの接着力試験を行う．

タイルの接着力は任意に抽出した9カ所程度について接着力試験を行い判断する．試験結果が4N/mm²以上であれば合格とし，4N/mm²以下の場合は，タイルを張り直すなどの処置を施す．

②吹付け材調査：

・パルハンマーを用いて打診検査を行い，吹付け面の浮きを調べる．

・必要に応じ吹付け材の接着力試験を行う．

吹付け材の接着力は任意に抽出した9カ所程度について接着力試験を行い判断する．試験結果が火害を受けていない箇所の80％以上であれば合格とし，80％未満の場合は，吹付け直すなどの処置を施す．

仕上げ材の調査にあたっては，仕上げ材に付着したすすを拭き取り，仕上げ材の火害程度をあらかじめ把握しておく必要がある．

5) 床振動による居住性能および床剛性の確認

一次調査で火害等級がⅣ級またはⅤ級と判断された場合で，火害によりコンクリートのヤング率低下，鉄筋強度の低下などによる床の剛性低下が懸念される場合，床振動測定を行う．

測定は，鋼球，鋼棒，砂袋などのおもりを床・梁上面に落下させ床に振動を与え，加速度計で床の一次固有振動数を求める．一次固有振動数が下式によって求めた数値の範囲内かどうかを確認する．判断の目安は一次固有振動数が単純支持計算値を下回るかどうかで判断する．

また，火害を受けていない同じ剛性の床があれば，同様な試験を行い，振動数を比較し，剛性低下を検討する．場合によっては，変位・速度を測定し，日本建築学会「鉄筋コンクリート構造計算規準書（付11「床スラブの振動」）」により環境係数が2.0以下であることを確認する場合もある．

一般に，床の一次固有振動数が15 Hzを下回る場合は，火害による劣化を考慮する．

図4.4.3に床の固有振動数測定例を示す．P5は床中央部，P8は床周辺部に振動を与えた結果である．いずれの加振地点であっても一次固有振動数はおおむね30 Hzとなっている．

$$f_s = \frac{\pi}{2a^2}\left(1 + \frac{a^2}{b^2}\right)\sqrt{\frac{D}{\rho h}}$$

$$f_c = \beta \cdot f_s$$

ここに，a：床スラブの短辺長さ（cm）
b：床スラブの長辺長さ（cm）
h：床スラブの厚さ（cm）
f_s：単純支持一次固有振動数（Hz）
f_c：完全固定一次固有振動数（Hz）
β：f_c，f_sの振動数比（図4.4.4参照）
D：床スラブの剛性：コンクリートのヤング係数 $E = 2.3 \times 10^5$ kg/cm², ポアソン比 $\nu = 0.2$ とすれば，$D = Eh^3/12(1-\nu^2) = 20000\,h^3$（kg·cm）
ρ：鉄筋コンクリートでは約 2.45×10^{-6}

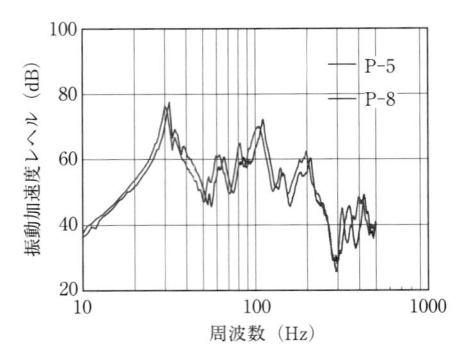

図4.4.3 床の固有振動数測定例

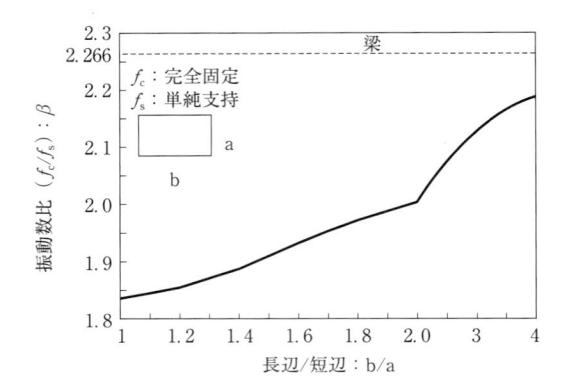

図4.4.4 完全固定スラブの一次固有振動数

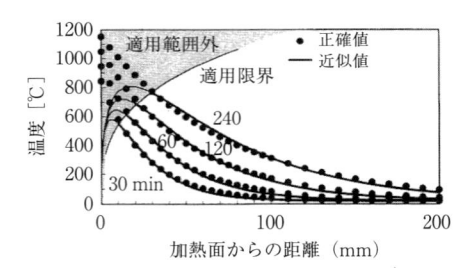

図4.4.5 受熱時間とコンクリート内部温度

（kg·s²/cm⁴）

6) 構造性能の確認

一次調査の結果，被災状況がⅤ級と判断された場合，構造性能の確認を行う．

①構造性能の計算： コンクリートの残存強度，コンクリートの健全部の厚さ，床の固有振動数，鉄筋位置・状態などから，梁・床（柱）の現状の構造性能（耐力，変位，振動など）を計算し，設計値と比較する．さらに，補修後についても構造性能を計算し，安全性を確認する．また，計算の結果必要に応じ②の構造性能確認試験を行う．

②構造性能確認試験： 前記1)～4)の調査結果

に基づき，下記の場合，構造的な試験実施を検討する．かぶり鉄筋の受熱温度が500℃を超えることが予想される，鉄筋の座屈が認められる，柱にせん断亀裂が多く見られる，目視または，スケールなどにより過大な変形が認められる（目視では1/200以上の変形が識別可能）部位で，構造性能計算の結果，確認が必要と認められる部位．載荷方法として，簡易プール2m×2m×30cm程度を必要数並べ，水を入れ載荷試験を行う（A法）などし，載荷時に変位計を用いて変位を測定し，設計値と比較し，変位が設計値以下であることを確認する（測定箇所：小梁中央，スラブ中央）．また，載荷を4時間継続した後，除荷した後の残留たわみが10%以下であることを確認する．ジャッキやロードセルを取り付

表4.4.3 コンクリートの変色状況と受熱温度の関係[1]

温度範囲(℃)	300未満	300〜600	600〜950	950〜1200	1200以上
変色状況	表面にすす等が付着している状態	ピンク色	灰白色	淡黄色	溶融する

表4.4.4 各種材料の状態と温度の関係[1]

材料		状態	温度	使用例
ガラス		軟化 熔融 原形をとどめない	650℃付近 800℃付近 900℃以上	
塗装		すすや油膜が付着 ひび割れや剥離 さび止めペンキは健全 さび止めペンキ変色，ペンキ黒変脱落 さび止めペンキが鋼材に炭化残存 ペンキが鋼材より焼失	100℃以下 100〜300℃ 300℃以下 300〜600℃ 600℃以下 600℃以上	
グラスウール		体積収縮 溶融	600℃以上 650℃以上	断熱材料
アスファルト		軟化 可燃性ガスが発生，引火点	100℃以下 200℃以上	防水層，舗装
ナイロン衣類		溶融 着火	200℃以上 250℃以上	
非鉄金属	アルミニウム	軟化 溶融	600℃以上 650℃以上	窓枠
	鉛	角が丸くなる，又は滴ができる（溶融）	300〜350℃	鉛管，水切金物，蓄電池
	亜鉛	滴ができる（溶融）	400℃	定着金物，水切金物，めっき表面
	銀	角が丸くなる，又は滴ができる（溶融）	950℃	宝石，小銭，食器
	真鍮	同　上	900〜1000℃	ドアのノブ，カギ，ランプ
	ブロンズ	同　上	1000℃	窓の骨組，美術品の飾り
	銅	同　上	1100℃	電線，小銭
	鋳鉄	滴ができる（溶融）	1100〜1200℃	パイプ，ラジエータ
熱可塑性樹脂	ビニル類	軟化（連続加熱による耐熱温度）	50〜100℃	床タイル，壁紙，配管材料，塗料
	アクリル	同　上	60〜95℃	透光板，ドーム，装飾材料，塗料
	ポリスチレン	軟化（連続加熱による耐熱温度） 溶融 着火	60〜100℃ 100℃以上 150℃以上	断熱材料
	ポリエチレン	軟化（連続加熱による耐熱温度）	80〜135℃	断熱材料，防湿フィルム
	シリコン	同　上	200〜315℃	防水材料
	フッ化プラスチック	同　上	150〜290℃	配管支承板
熱硬化性樹脂	ポリエステル	軟化（連続加熱耐熱温度）	120〜230℃	塗床材料，透光板，各種FRP製品
	ポリウレタン	同　上	90〜120℃	防水材料，塗床材料，断熱材料
	エポキシ	同　上	95〜290℃	塗床材料，接着剤，塗料

けた大型サポートで梁部材などに載荷する方法（B法）もある．受熱温度とヤング係数低下率との関係は，20℃のヤング係数を1とした場合，100℃：0.85，200℃：0.7，300℃：0.50，500℃：0.15と，圧縮強度の低下率よりも大きいので，構造性能の検討において注意が必要である

7) 診 断
①被害等級と火害状況： 一次調査結果をもとに

表4.4.5 鉄筋コンクリート構造物の被害度と補修・補強の基本[1]

被害等級	状 況	補修・補強の基本
Ⅰ級	無被害の状態	—
Ⅱ級	仕上げ部分に被害がある状態	仕上げのみの補修
Ⅲ級	鉄筋位置へ到達しない被害	強度，耐久性が低下している場合は，かぶりコンクリートをはつり落とし，現場打コンクリートまたはモルタルで被覆するなどの処置をとる
Ⅳ級	主筋との付着に支障がある被害	部材耐力が低下しているので，かぶりコンクリートをはつり落とし，主筋を完全に露出させ，現場打コンクリートで被覆する．場合により補強も行う
Ⅴ級	主筋の座屈などの実質的な被害がある状態	補強，取り替え，増設

図4.4.6 焼き状況1
梁下面通各部：灰白色部わずかに浮き（Ⅲ級）
その他の部位：すす付着，断熱材焦げ（Ⅱ級）

図4.4.7 焼き状況2
天井左側：すす付着，梁側面：断熱材焦げ（Ⅱ級）
天井右側：ピンク色，表面に微細なひび割れ（Ⅲ級）

図4.4.8 焼き状況3
天井：石膏ボード残存，桟木健全（Ⅰ級）

図4.4.9 焼き状況4
天井：桟木一部焦げ，すす付着（Ⅱ級）
梁：すす付着（Ⅱ級）

4.4 集合住宅

図 4.4.10 爆裂状況
コンクリート表層の爆裂状況（Ⅱ級）
すす付着（Ⅱ級）

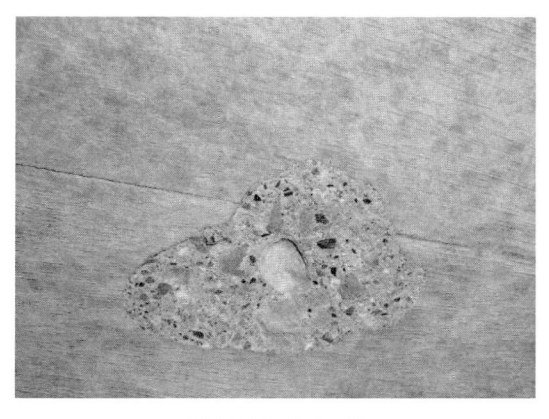

図 4.4.11 爆裂状況
骨材の爆裂状況
ピンク色に変色（Ⅲ級）

図 4.4.12 焼き状況 5
コンクリート表面に微細なひび割れ（Ⅲ級）
灰白色

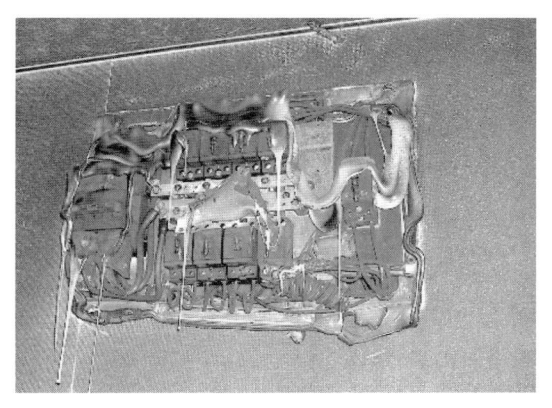

図 4.4.13 分電盤樹脂溶融状況
樹脂溶融（約 100℃）
ビニルクロスにすす付着

図 4.4.14 バルコニー焼き状況
タイル剥落，庇すす付着

図 4.4.15 タイル浮き検査状況
斜線部分が浮き

表4.4.1により被害等級を判定する．

②受熱温度の判定：　火災による受熱温度の推定は表4.4.3および表4.4.4に示した状況より推定する．

8) 被害度と補修・補強の基本

鉄筋コンクリート構造物の被害等級に応じて表4.4.5を補修補強の基本とする．

b. 火害調査・診断結果の例

調査結果の例を図4.4.6～4.4.19に示す．

【古賀一八】

文　献

1) 日本建築学会：建物の火害診断および補修・補強方法指針（案）・同解説 2010年2月

4.4.3　壁

方　針

構造体の修復にあたっての基本姿勢は，不具合個所を観察し，その発生原因を考え，最善な修復方法を考えることである．また，設計に問題がありそれ

図4.4.16　網戸の網焼き状況
右から火災による溶融，②加熱前，③100℃，
④150℃，⑤200℃加熱

図4.4.17　塩ビ管加熱前後の状況
（元は同じ長さ）　右：加熱前，左：200℃加熱後，150℃では軟化のみ（変色無）

図4.4.18　アルミ枠溶融状況
溶融部は650℃以上

図4.4.19　ガラス電球溶融状況
溶融部は900℃以上

が原因になって不具合発生を引き起こすことがあり，改善策を設計にフィードバックすることが大切である．ここでは不具合の中でも日常起こりやすいひび割れを中心に述べることにする．修復方針として，はつりの範囲は極力脆弱部分のみとし，健全部はできるだけ残すことを心がける．また，修復後の美観にも重点をおき，使用材料，工法もそれを考慮したものを選択する．さらに，信頼できる修復技術者とパートナーシップを築き，仕事に臨むことが大事である．

a. 壁面の主な不具合の原因と対策
1) 戸境壁

①逆ハの字形ひび割れ：

原因：基礎部に拘束された下層階の壁面に発生する（図4.4.20a）．これは壁上部の床スラブ，梁などの乾燥収縮が起き，その収縮力によって壁に逆ハの字形のひび割れが発生する．これは躯体工事中に発生することが多い．

対策：ひび割れ幅を小さく抑える目的で，壁両端部に斜め補強筋として13mm筋を5本程度加える方法が一般的である（図4.4.20b）．詳細については，日本建築学会「鉄筋コンクリート造建築物の収縮ひび割れ制御設計・施工指針（案）・同解説」の4章を参照されたい．

②ハの字形ひび割れ：

原因：屋根スラブに取り付く上層階の壁に発生しやすい．これは日射，外気温により屋根スラブが伸張し，ハの字形の外部温度ひび割れ発生となる．これも躯体工事中に発生することが多い．発生する時期としては，例えば年末に躯体が上棟したとすると，翌年の秋ごろには仕上げの壁クロスにひび割れが目立ちはじめてくる．

対策：これも前述した下層階のハの字形ひび割れ対策と同様に，壁の両端部に斜め補強筋を逆ハの字形に配筋したり，壁筋を増し筋する方法が一般的に行われている．また，著者の積極的対策として，壁に誘発目地を設ける方法（図4.4.21）がある．これは次の③で解説することにする．この方法は前述した①逆ハの字形ひび割れ対策にも有効である．

③縦形のひび割れ：

原因：工程の関係で，打設翌日からコンクリート強度5Nを確認後，壁型枠の脱型作業に入ることが多い．そのため，壁体のコンクリートの水和熱による温度が上昇し強度発現が始まった時に，壁の型枠が両面から外され急激な乾燥を受けることになり，壁面の中央部，側部に縦形のひび割れが発生することになる（図4.4.22a）．このひび割れは打設後早期に発生する．また，小梁を戸境壁に直交して配置する目の字形床梁形式の場合，戸境壁にひび割れが発生することがある．この原因としては次のことが考えられる．通常の場合，コンクリート打設の翌日に，戸境壁のせき板をはずしにかかる．その際，戸境壁の付帯梁に直交してかかる小梁端部の受けサポートをじゃまになるので撤去してしまうことがある．そのため，その上階のコンクリート打設時の衝撃荷重が，小梁から壁に直にかかることになるので，小梁下部角部から壁面において，下方に向かって鋭いひび割れが発生することになる．

対策：前者のひび割れ対策として壁の鉄筋本数を増す方法もあるが，ひび割れ発生を抑えることは難しい．抑止方法の1つとして，壁面に散水する方法がある．型枠脱型作業と平行して，肩掛け式噴霧器によって壁面に全体的に散水するのである．さらに，積極的なひび割れ対策として，戸境壁に深さ15mmの誘発目地を設ける方法がある（図4.4.21）．

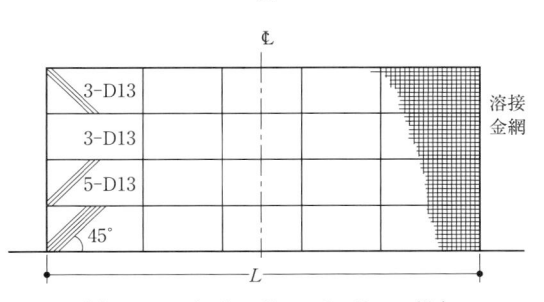

(a)

(b) 4〜5スパンかつ20m<L<40mの場合

図4.4.20 戸境壁の逆ハの字ひび割れと建物端部スパンに設ける斜め補強筋[19]

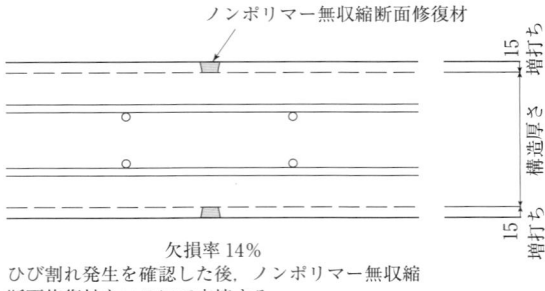

ノンポリマー無収縮断面修復材

欠損率 14%
ひび割れ発生を確認した後、ノンポリマー無収縮
断面修復材をコテにて充填する.

(a) 誘発目地を設けてひび割れ発生を促進させる

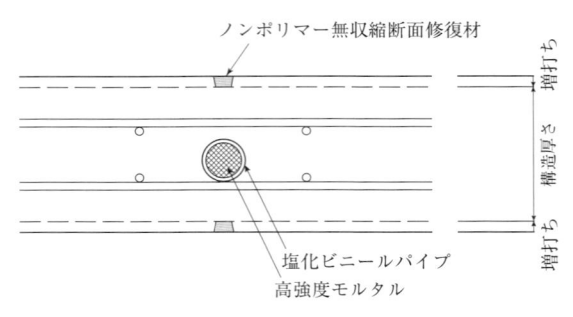

ノンポリマー無収縮断面修復材

塩化ビニールパイプ
高強度モルタル

(b) 塩化ビニールパイプを入れた例

図 4.4.21　構造壁に誘発目地を設けた例[2)〜4)]

(a) 縦ひび割れ（ひび割れを強調している）

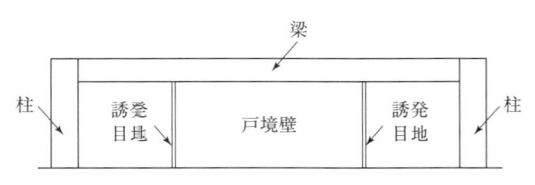

(b) 誘発目地の位置

図 4.4.22

目地を設ける場所は，柱から 2〜3 m 入った位置に左右 2 ヶ所計画する（図 4.4.22b）．その目地でひび割れを誘発して発生を確認した後，目地部をノンポリマー無収縮断面修復材を用いて，コテにより 2回塗りで埋め込む．目地位置は隠ぺい部が望ましいが，住戸プラン上で壁クロス直貼りに設けざるを得ない場合，目地底にバックアップ材を入れ，ノンポリマー無収縮断面修復材を塗り込む．それでも壁面にひび割れが発生する場合は，目地本数を増やすことで対処する．この誘発目地を設ける方法は前述したひび割れ対策としても有効である．なお，この壁は耐力壁となっていることが多いが，折り返し断熱のため，片側で 15 mm 程の増し打ちとなるため，目地を設けても問題はないと考える．

2) 妻面外壁

妻面外壁は雨がかりとなることが多く，漏水につながるような不具合については躯体工事中からこまめに躯体を点検し，早めに修復することを心がけるようにしたい．

①壁開口部角のひび割れ:

原　因: 乾燥収縮などによって引張り応力の高い開口部角にひび割れが発生する．このひび割れは型枠脱型後に早期から発生することが多く，その後ひび割れ幅が広がり，漏水を引き起こすことになる．

対　策:

i) 誘発目地を開口部角でかつ 3 m 以下の間隔

で，内外両面とも同じ位置に設置する．目地の位置は施工図作成の段階でひび割れを意識して位置決めをすることが大事である（図4.4.23）．タイル仕上げの場合，サッシの水切り板の切り欠き部があり，その角に設け

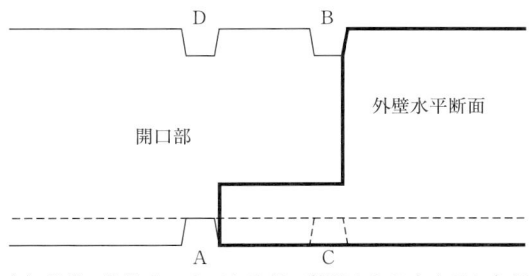

(a) 理想の位置はB, Cであるが，実際はA, Dとなることが多い

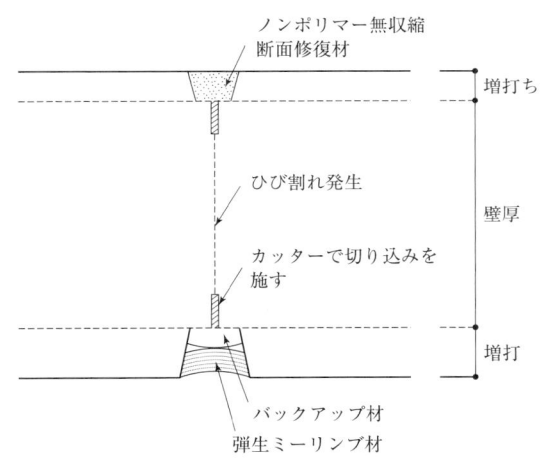

(b) 誘発目地底の中心にサンダーで切り込みを施しひび割れを発生しやすくする

(c) 目地底に切り込みを施した例

図4.4.23 誘発目地

たいのだが，タイルの目地位置は，必ずしもそれに合わないことが多い（図4.4.23b）．そのため，非耐力壁の場合は目地位置はタイルの目地位置にあわせ，深めの誘発目地を使用し，確実に目地部にひび割れ発生を起こすようにする．非耐力壁の場合，さらに目地底にカッターで切り込みを施す方法を行っている（図4.4.23b）．切り込み深さは10 mm～15 mmまでとする．当然ながら，事前に鉄筋の被り厚さが適正であることを確認しておく．外部側の目地にはバックアップ材を入れ，弾性シーリング材を施し，内部側の目地はノンポリマー無収縮断面修復材を充填する．

ii) 開口部角に異形のメッシュ筋（例として6 mm径，75 mmピッチ）を外両面に配置する（図4.4.24）．このメッシュ筋はL形であり，右用と左用があるので取り付け方に注意が必要である．壁タテ筋にメッシュのタテ筋を添わせて，きちんと結束しないと被り厚さ不足を招きやすい．またこの部分はコンクリート打設時において型枠に十分たたきを行い，充填不良とならないようにする．なお，開口部角に誘発目地を設けた場合はメッシュ筋は不要である．

iii) 壁厚さは180 mm以上とし，壁筋はダブル配筋とする．

②セパレーターのブリージングによる空隙：

原因：コンクリート打設時の締め固め不足により，セパレーターの下にブリージングが起き，空隙を生じる．壁に小さなのぞき孔ができることになるので，確実に修復しないと，漏水を引き起こすおそことになる（図4.4.25）．

対策：締め固め，叩きを十分に行えば防げるものである．この欠陥は打設後に意識をもって外観点検しないとなかなか見つけにくい．

3) 一般外壁

ここでいう一般外壁とはバルコニー側の外壁，外廊下側の外壁を指す．

①開口部角に発生するひび割れ：

原因：乾燥収縮によるもので，階全体から見て逆ハの字形に発生する．この傾向はすべての階で同じである．とくに板状の住戸並びの場合は，端部側の住戸の壁のひび割れ幅が広くなるし，平面配置された住戸数が多いほど広くなる．この壁は直接雨がかりとならない場合が多いので，漏水を起こすこ

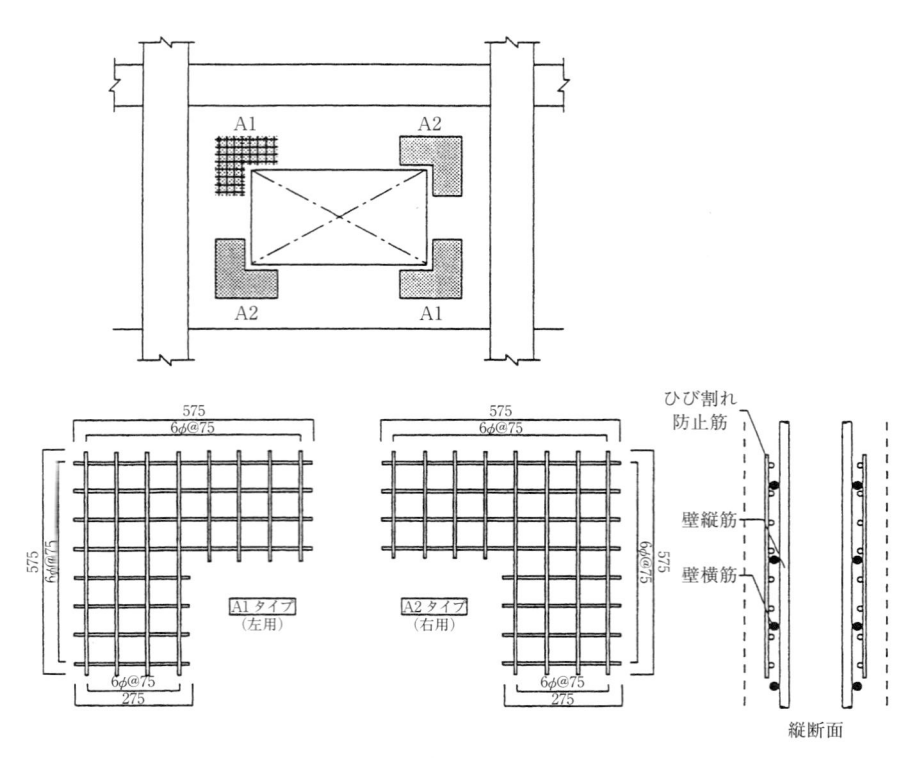

図 4.4.24

図 4.4.25 ブリージングによる空隙

図 4.4.26 鉛直スリットからのひび割れ

とはないが，美観上の問題とされることが多い．このひび割れは躯体工事中から発生することが多い．

対　策：　壁コーナー部にひび割れ防止用の補強筋を入れるにしても限界があり，誘発目地を適切な位置に設けること，さらに前述した要領で，目地に切り込みを施すことが有効な対策である．このひび割れは躯体工事中に発生するので，現場での対応が比較的とりやすい．

②構造鉛直スリットが起因するひび割れ：

原　因：　外廊下側の部屋に窓がある外壁の柱際に，短柱防止の鉛直スリットを設けることが多い．しかし，ここは出窓が付いていて，出窓躯体はダブル配筋で柱につながっている．そのため，鉛直スリット頂部には乾燥収縮や地震による建物の揺れなどで応力集中が起き，ひび割れが発生する（図4.4.26）

対　策：　ぐるりと鉛直スリット頂部の出窓部天

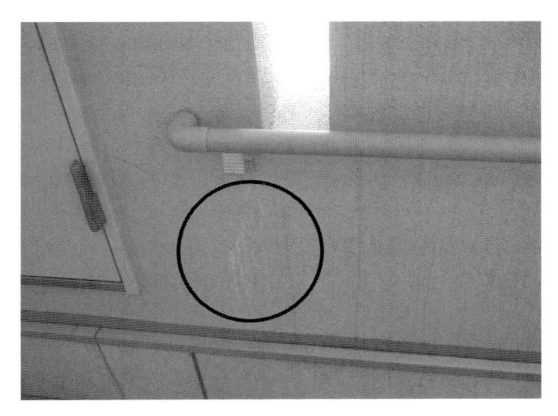

図 4.4.27 手すり壁のスリット部分のひび割れ

図 4.4.28 ドライエリアのひび割れ

端に誘発目地を設ける（図 4.4.39）．この写真は目地は設けているが，鉄筋をダブルで配筋していたため，ひび割れが目地位置に生じていない例である．この対策として，出窓部はシングル配筋とし，鉄筋位置は部材の中心として，目地位置でひび割れを誘発させる．

4) 手すり壁
①手すり壁部分のひび割れ：

原　因：　乾燥収縮により手すり壁天端からひび割れが発生し，雨がかりの個所はひび割れ部分からエフロレッセンスの発生を伴う．

対　策：
i) 手摺壁厚さは躯体として 120 mm 程度，増し厚さを加えると 150 mm 程度となり，壁筋はタテ，ヨコ筋ともシングル配筋となるので，ヨコ筋のピッチを細かくして，ひび割れ幅を抑える．
ii) 誘発目地を 3 m 以内に設ける．シングル配筋のため，ヨコ筋を目地位置で切断しないことが多いので，目地深さは深めとする．

②手摺壁のスリット部分のひび割れ：

原　因：　乾燥収縮による引張り応力がスリット部に集中し，ひび割れが発生する（図 4.4.27）．側溝部分にもひび割れが入り，揚げ裏部に漏水することになる．

対　策：　誘発目地をスリット部の角に設けるだけでなく，側溝部分にも設けてシールを施す．

5) 地下外壁，土留め壁（ドライエリア部分）
①ひび割れ，エフロレッセンスの発生：　ひび割れからの漏水やエフロレッセンスの流れ出しの放置は，耐久性の観点だけでなく，美観上の問題になることが多い．

原　因：　乾燥収縮によるひび割れ，打ち重ね不良による肌分かれが発生し，地下水，雨水からのエフロレッセンスを伴う．また，壁厚が厚いと表面に亀甲状のひび割れが発生しやすい．

対　策：　地下階に駐車場を設置する場合，地下壁を二重壁としない場合があるが，地下水位の高い地盤の場合は外防水を採用することが望ましい．

また，地下階に広いドライエリアを設けて住戸を設ける場合がある（図 4.4.28）．この場合は漏水対策として外防水を施し，誘発目地を 3 m 以下の間隔で設け，目地にステンレスカバーを取付ける．そこから浸入した水をピットに落とす対策が必要である．誘発目地は確実にひび割れを誘発する欠損率の大きな目地を採用する．これは日本建築学会「鉄筋コンクリート造建築物の収縮ひび割れ制御設計・施工指針（案）・同解説」の付録 4 を参考にされたい．

b. 欠陥の修復方法
著者は長年において，収縮ひび割れやコールドジョイントなどの不具合修復は，超微粒子高炉スラグ入りセメント材を使用した工法を積極的に採用している．その理由としては次のとおりである．
①無機系である．
②注入跡が目立たない
③ 0.1 mm の微細なひび割れにも確実に充填できる．
④ひび割れ修復は住居内の作業となることがあるが，この材料は無機系のため環境面で問題はない．注入は足踏み式ポンプを用いての注入となり，注入量を加減しながら注入作業ができる．

図4.4.29 戸境壁のひび割れの修復
超微粒子スラグ入りセメント材を注入する.

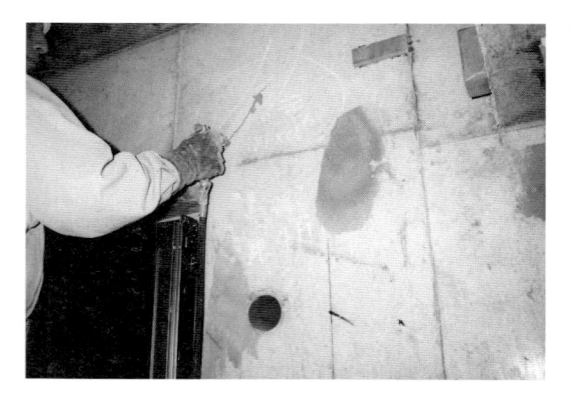

図4.4.30 妻面外壁のひび割れの修復

1) 戸境壁
ひび割れの修復

① 0.2 mm 以上のひび割れ幅は，超微粒子スラグ入りセメント材を注入する（図4.4.29）.

② 0.2 mm 未満のひび割れ幅については，超微粒子スラグ入りセメントペースト材を刷毛で塗布する.

2) 妻面外壁（雨がかりとなる壁）
ひび割れの修復

① 0.1 mm 以上のひび割れ幅は，超微粒子スラグ入りセメント材を注入する（図4.4.30）.

② 0.1 mm 未満については，超微粒子スラグ入りセメントペースト材を刷毛で塗布する. ただし, 塗り仕上げの場合は 0.1 mm 未満のひび割れについては，超微粒子スラグ入りセメント材を擦り込みとする.

る.

コールドジョイントの修復

コールドジョイントといっても，色むら程度から打ち重ね面がはっきりと表れている状態まで幅が広い. 原因としてはコンクリート打設中に何らかのトラブルで打設が中断された場合や，夏場において突然の雷雨によって，多量の雨水が型枠内に流れ込んで起きる場合がある. 修復方法としては外装の仕上げや不良程度によって数通りの方法を実施している. ただし, 色むらのだけの場合は修復対象外としている.

① 軽度の場合: 注入材が入らない場合で深さが約 3 mm 以下はポリマーセメントペースト材を，それ以上はノンポリマー無収縮断面修復材を塗り込みとする.

② 重度の場合: 傷口がはっきりと表れている場合は貫通しているものとして, 脆弱部を電動タガネで除去し, ノンポリマー無収縮断面修復材などで目

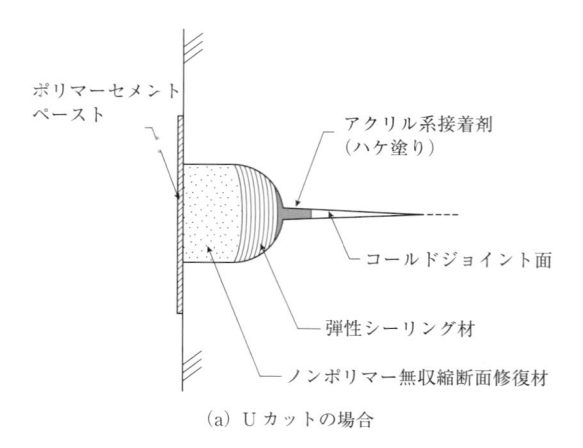

(a) Uカットの場合

(b) セメント系高流動無収縮注入材を圧入

図4.4.31 コールドジョイントの修復

止め，差込み取り付けしたチューブから超微粒子スラグ入りセメント材を注入する（図4.4.31）．また，梁の側面にコールドジョイントが斜めに生じている場合，梁底から4,5cm以下の部分はハンマーで打診して確認するものとし，剥離するおそれがある場合はアクリル系接着剤を注入する．

③漏水が懸念される場合： 打ち重ね部の傷口をUカット（10mmの深さ）し，傷部にアクリル樹脂を刷毛塗りとする．そのあと変成シリコーン等の弾性シーリング材をヘラで塗りつけ（厚さ5mm程度），2，3日後にノンポリマー無収縮断面修復材で埋める．その上にポリマーセメントペースト材で仕上げる（図4.4.31a）．

④突然の雷雨等による多量の雨水が混入した場合： 建物の構造体に層状に脆弱部分ができてしまうので，脆弱部分を完全にはつり取り，セメント系高流動無収縮注入材を圧入充填する（図4.4.31b）．欠損部分の量によっては炭素繊維等によって，充填した部分の構造体を補強する必要がある．

空洞の修復

充填材を確実に圧入させるため，空洞周りの脆弱部を除去し，型枠を当ててセメント系高流動無収縮注入材を圧入する．

3） 一般外壁

ひび割れの修復

外装仕上げは塗装となることが多いため，修復跡があまり目立たない超微粒子スラグ入りセメント材を用いた工法を採用している．

著者は次に示すひび割れ幅で手直し方法を使い分けている．

①ひび割れ幅0.2mm以上： 超微粒子スラグ入りセメント材を注入する（図4.4.32）．

②ひび割れ幅0.2mm未満： 超微粒子スラグ入りセメント材を擦り込みとする．

なお，雨がかりとなる壁の場合は2.2節「妻面外壁」にならう．

4） 手すり壁

ひび割れの修復

エフロレッセンスが発生している場合，まず，エフロレッセンスを表面，ひび割れ内部を洗浄液で洗浄する．著者は基本的に雨がかりの部分は確実に修復するという方針で実践しているので，ひび割れ幅については一般よりも厳しく考えている．

①ひび割れ幅0.1mm以上： 超微粒子スラグ入りセメント材を注入する（図4.4.33）．

②ひび割れ幅0.1mm未満： 超微粒子スラグ入りセメント材を擦り込む．

側溝部分についてはひび割れ手直し後，塗膜防水を施す．また，あげ裏部分のひび割れは超微粒子スラグ入りセメント材を揚げ裏部から上向きに注入する．

5） 地下外壁，土留め壁（ドライエリア）

ひび割れの修復

修復にはただ単にひび割れを充填するだけでなく，止水もできる材料でかつ，ひび割れ内部に確実に材料を注入できる工法を選択しなければならない．著者は修復後の美観も考慮して，超微粒子スラグ入りセメント材を使用した背面注入工法を採用している（図4.4.33）．この工法の詳細は6.3.7項「止水工法」を参照されたい．

鉛直打継ぎ部の肌分かれの修復

壁体コンクリートの鉛直打ち継ぎ部分が，乾燥収縮によってひび割れ幅程度の肌分かれが起きることがある．著者は接着力，充填性，流動性のよさを重視し，アクリル系接着剤を用いた低圧注入を行って

図4.4.32 一般外壁のひび割れの修復

図4.4.33 手すり壁のひび割れの修復

いる（図4.4.35）．なお，激しい漏水が起きている場合は不適であるが，少々滲む程度の水分程度であれば，接着力に問題はない．

c. その他
1) 構造スリット
①構造設計者の姿勢： 1995年発生の阪神・淡路大震災以来，構造スリットの取り扱い方が強化されて，鉛直スリットは完全型となり，水平スリットは漏水対策として部分型を使用している場合もあるが，完全型が多く使われている．しかし，構造スリットは構造設計者が構造設計を楽にするため，あらゆる雑壁に完全型のスリットを安易に設ける傾向がある．また現場で誤った取り付け方をして，コンクリート打設時に変形や，充填不良を起こし，きちんと修復するのを怠ってしまうと，建物内に漏水を起こすことになる（図4.4.36）．ここに，壁に不具合が生じてもおかしくないと思われる設け方の例を示す（図4.4.37）．この場合，袖壁は梁から吊り下がり，その袖壁からさらに長い腰壁を吊っている状態にな

図4.4.34　土留め壁の背面注入工法

図4.4.35　鉛直打継ぎ部の肌分かれの修復

図4.4.36　鉛直スリット付き袖壁の充填不良

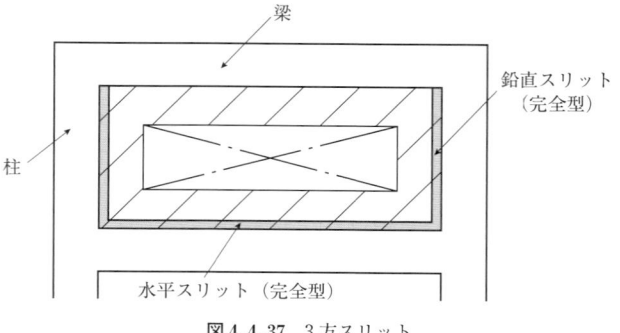

図4.4.37　3方スリット

る．また，現場で構造スリットを設け忘れるミスが意外に多い．これは構造設計に謳う建物の構造性能が発揮されないことになり，大地震時に大破，倒壊してしまうことにもなりかねない．よって，設計者，監理者による構造体の外観検査を行うことが望ましい．

②構造スリットの計画： 基本的に構造体に悪影響を及ぼす短柱となる腰壁は除いて，短い袖壁，方立壁の剛性などについて，構造設計の計算条件に考慮することが重要である．構造設計者は数10cm程度の短い袖壁，方立壁には構造スリットを極力設けない計画とすることが望ましいと考える．

③水平スリットの問題点： 梁のせん断破壊を防止するための水平スリットは壁脚部に設ける事例が多い．これには部分型と完全型があり，スリット材の取り付けをおろそかにすると，漏水が発生することになる．とくに完全型の場合はシールのみに頼ることになるため，漏水に対して幾重にもプロテクトしておきたい．著者は部分型，完全型を問わず，水平スリット部に止水板を入れている（図4.4.38）．

④変形した構造鉛直スリットの修復方法： まず，変形した部分の壁をはつり取り，ただし，壁ヨコ筋は400〜600mmピッチでシングル筋となるように残し，残りの鉄筋は切断して切断面に防錆剤を塗布する．コンクリート切断面はレイタンスの除去後，コンクリート接合面に吸水防止剤の塗布を施し，スリット材を取り付け，無収縮モルタル材を圧入充填する．さらに補強策として，炭素繊維（2方向織り）を内外両面に貼り付ける（図4.4.39）．その上に下地モルタル材の剥離防止のため，ケイ砂を付着させる．この一連の修復作業にあたっては，信頼できる専門業者によることが大事である．

スリット材の変形予防策としてはスリット材の取り付け方について，施工前に取り付け作業者と取り付け方法などの検討を行う必要がある．またコンクリート打設時において，鉛直スリット位置には，目印となる布を鉄筋に取り付けて，打設中のコンクリートが片寄せにならぬように注意する．

なお，鉛直スリット材の天端には目地を設け（図4.4.40），シール打ちをしておく．これは万が一窓サッシまわりのトロ詰めが甘い場合，その隙間に雨水が浸入すると，スリット材の小口の上に被っているコンクリートのひび割れから室内側に漏水する可能性が高いためである．

2) 耐久設計基準強度「長期」仕様のコンクリートについて

マンション建設において，以前から「100年コンクリート」と称するコンクリートが使われていることがある．これは1997年版JASS 5に登場した耐久設計基準強度の「長期」仕様のコンクリートを称している．コンクリート強度として，計画供用期間の級の「長期」仕様で30N（N/mm^2）を採用し，その強度を構造設計に用いている．2003年版以前のJASS 5を採用した場合，よび強度で33N〜39N

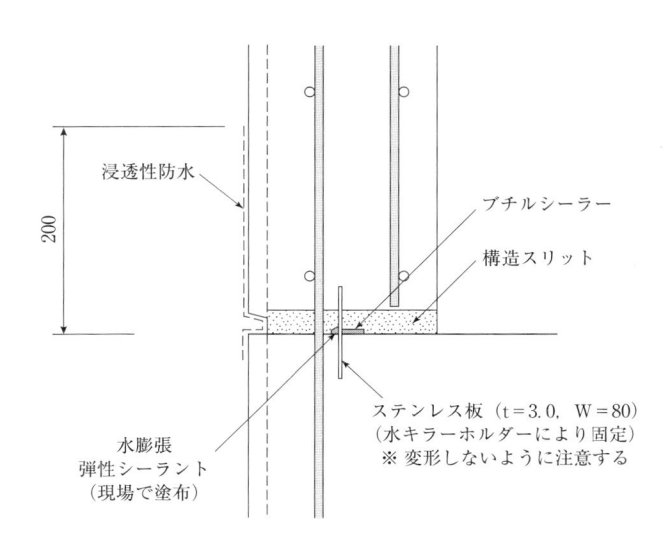

図4.4.38 水平スリット（完全型）詳細図

図 4.4.39 鉛直スリットの修復方法
(a) 鉛直スリットの変形, (b) 壁横筋 (@400 シングル) を残してはつる, (c) (d) 吸水防止剤の散布, (e) スリット手直し, (f) 炭素繊維貼

となり，39 N ではセメント量が 400 kg/m³ ぐらいの配合となる．そして普通セメント使用の場合，7日間湿潤養生を行う．または，15 N の強度が確認されるまで湿潤養生を続けることになる．しかし，セメント量が多いため強度発現が早くなり，打設後 2 日目ぐらいから型枠脱型が可能となる．壁はセメントの水和熱によるコンクリートの温度上昇の最中に急激な乾燥が始まってくることになり，ひび割れはこの時点から発生していることが多い．筆者はこのひび割れ防止対策として，型枠脱型作業と平行しながらの，肩掛け式噴霧器による壁体への散水を実施している．

【山本晴夫】

図 4.4.40 出窓部の誘発目地

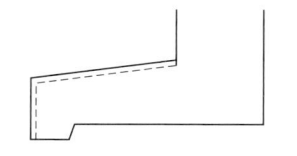

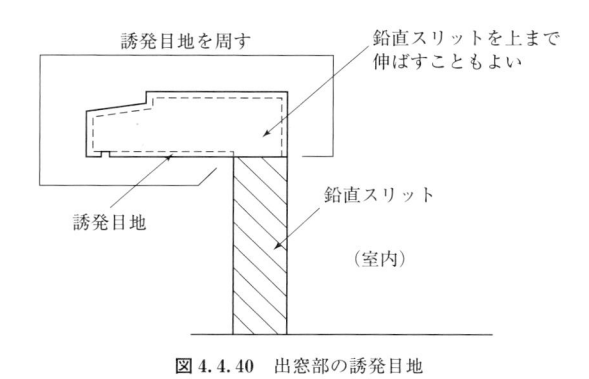

4.4.4 二次部材・その他

a. はじめに

ここでは，柱や壁，床などの構造体以外の部位について，不具合や劣化の症状とその診断，補修の方法について述べる．

まず，ここで取り扱う部材について整理しておく．二次部材とは，非構造部材とも言われ，建物を構成する部材のうち，自重以外の構造的な荷重を負担しないものとして設計された部材であり，柱，梁，耐力壁，床などの構造部材以外の部材である．具体的には，庇やベランダ，手すり壁，パラペットなどの突出部，腰壁，垂れ壁，構造スリットで区切られた非構造壁，階段などの部材である．これ以外にも，建具やカーテンウォール，防水材，内装材なども広義の二次部材として位置付けられる．

集合住宅の場合，建物の方位や構造形式，階数によっても異なるが，一般に南面にはバルコニーやベランダが設置される場合が多い．その他の面についても庇や階段など，他の種類の建物と比較しても壁面からの突出した部分が多い．このような突出した部位は，部材厚さが小さく，躯体部分とは異なる配筋となるため，かぶり厚さやコンクリートの充填性の確保が容易ではない．また，環境条件として雨がかりになる部分が多いことなどから，鉄筋の腐食やかぶりコンクリートの剥落などの不具合が生じやすい．また，雨水にさらされるため，水分の浸透による不具合も生じやすい．本項では，二次部材の中でも，とくにバルコニーや庇，パラペットなどの部材について，不具合の症状と診断，補修の方法について述べる．

b. 不具合の状況

二次部材の不具合の状況について，部材ごとに写真による事例を見ながら解説する．

1) 庇，バルコニーに生じた劣化・不具合の例

図 4.4.41 および図 4.4.42 の不具合は，いずれもバルコニーなどの端部に発生したひび割れおよび欠損である．バルコニーの端部では鉄筋のかぶり厚さの確保が困難な場合が多く，また，雨がかりになることから，バルコニーの先端の鉄筋が腐食しやすい状況にある．図 4.4.43 および図 4.4.44 に在来工法によるバルコニー部の配筋図の例を示す．図 4.4.41 のケースでは，バルコニー端部に水平方向のひび割れが発生しており，端部の横筋の腐食によりひび割れが生じたと推測される．図 4.4.42 のケースでは，端部の立ち上がり部分に連続的にひび割れが発生しており，一部では鉄筋の露出も見られることから鉄筋のかぶり厚さ不足によりひび割れが生じたものと思われる．図 4.4.45 は建築後 40 年程度を経過した集合住宅の開口部下に設置された花台部分の欠損で

表 4.4.6 材料，製品名およびメーカー名など

材料・工法	製品名	メーカー・施工業者
ノンポリマー無収縮断面修復材	K-50	(有)タフ技研
超微粒子スラグ入りセメント材	ハイスタッフ	日鐵セメント(株)
超微粒子スラグ入りセメントペースト材	ハイガード	日鐵セメント(株)
ポリマーセメントペースト材	NSメンテペースト	日本化成(株)
セメント系高流動無収縮注入材	デンカタスコン	電気化学工業(株)
アクリル系接着剤	ハードロック	電気化学工業(株)
コンクリート修復工事背面注入工法工事		(有)タフ技研
背面注入工法工事コンクリート修復工事		サイトー工業(有)

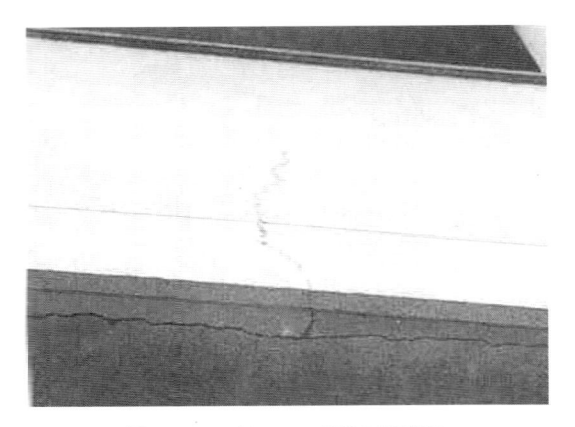

図 4.4.41　バルコニー端部のひび割れ

図 4.4.42　バルコニー端部のひび割れと鉄筋露出

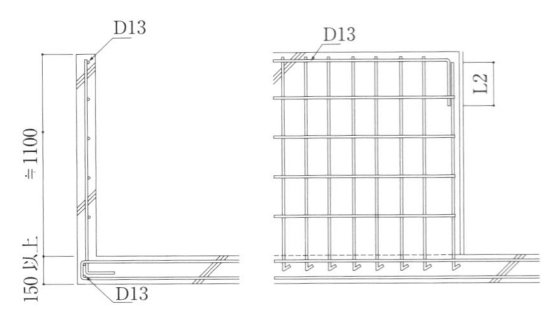

図 4.4.43　バルコニーの配筋例（手すり壁有り）

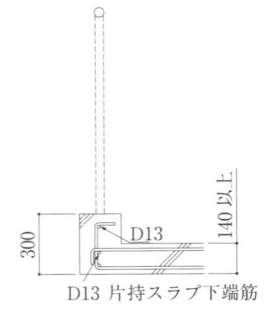

図 4.4.44　バルコニーの配筋例（手すり壁なし）

図 4.4.45　開口部花台部分の欠損

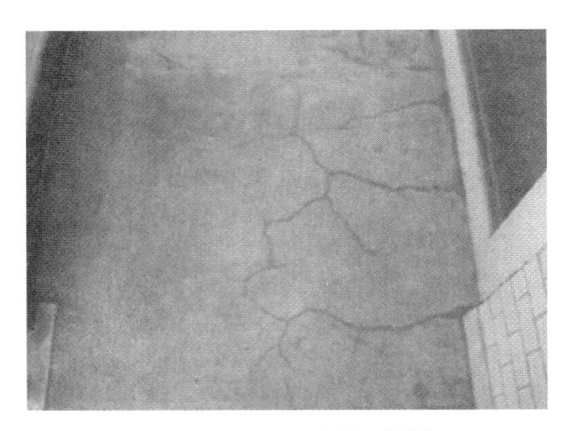

図 4.4.46　バルコニー上面のひび割れ

ある．コンクリートの中性化およびかぶり厚さの不足により花台端部の鉄筋が腐食し，端部が大きく欠損した状況である．バルコニーや庇の端部のひび割れや鉄筋露出は，かぶりコンクリートの剥落による第三者への危険性も高く，早急な対応が必要である．なお，最近の集合住宅では，バルコニーや外部階段をプレキャスト部材によって施工する場合や先端部分のみにプレキャスト部材が採用されている場合も多い．

図 4.4.46，図 4.4.47 は，バルコニーの上面および天井面（上げ裏）に生じた不具合の例である．図 4.4.46 は，バルコニーのモルタル防水に発生したひび割れである．ひび割れの直接的な原因は，乾燥収縮によるものと考えられるが，施工時の養生不足などの可能性も考えられる．図 4.4.47 の露出した鉄筋は，かぶり厚さが 0 に近い状態である．バルコ

図 4.4.47　バルコニー天井（上げ裏）の鉄筋の露出

図 4.4.48　バルコニー手すり取付け部のひび割れ

図 4.4.49　手すり取付け部のコンクリートの欠損

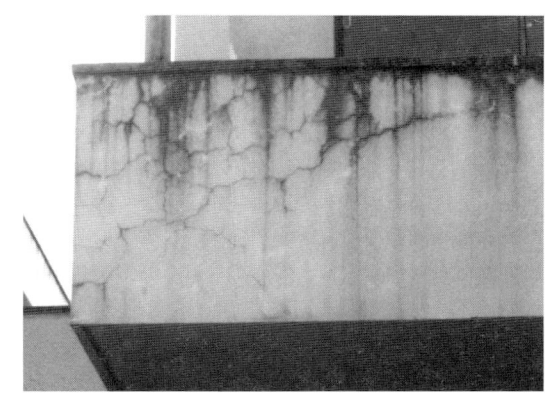

図 4.4.50　手すり壁に発生したひび割れ

図 4.4.51　パラペット笠木の欠損

図 4.4.52　パラペット部分のせり出し

ニーや庇は片持ち梁となるため，施工中に鉄筋が下がりやすく，とくに上げ裏の先端に近い部分ではかぶり厚さが小さくなりやすい．また，上面から水分が供給されることによって鉄筋が腐食しやすい状態になる．

　図 4.4.48 および図 4.4.49 は手摺の取り付け部分での不具合の例である．いずれの場合も手すりの固定のためにコンクリート中に埋め込まれた金物が腐食し，ひび割れや欠損が生じている．このような場合，手すりの取り付け強度にも問題が生じる場合があるのでとくに注意が必要である．

　図 4.4.50 はアルカリ骨材反応によるひび割れが

発生した例である．バルコニーの手すり壁は雨水による水分が供給されやすい部位であることから，アルカリ骨材反応によるひび割れが生じやすい部位の1つである．また，鉄筋による拘束が小さいことから，ひび割れに亀甲状に発生する場合が多い．

2) パラペット周辺に発生した不具合の例

図4.4.51はパラペットの笠木部分のモルタルが欠損している例である．この場合の原因は凍結融解作用によると推測されるが，パラペットなどのように突出した部分は，コンクリートの温度が低下しやすく，また，水分の供給も多いことから凍害を受けやすい部分である．図4.4.52は，屋上スラブの温度膨張によりパラペット部分が押し出されたと推測される例である．パラペット部分の不具合は，剥落事故などによる第三者への危険性も大きく，また建物の漏水の原因にもなる．

c. 診断方法

1) 一次診断

二次部材の診断を実施する場合，基本となるのは他の部材と同様に，目視調査による不具合や劣化状況の把握と原因の推定である．目視調査はできるだけ直接目視によることが望ましいが，日常的な点検や診断では，足場やゴンドラが設置されない場合が多く，直接目視が可能な範囲は限られる．表4.4.7は，集合住宅の住棟形式ごとの直接目視，打診調査が可能な範囲の割合の例である．目視調査は，直接ひび割れ幅の測定が可能な範囲とし，打診調査は長さ50 cm程度の打診用ハンマーでの調査が可能な範囲の調査対象に対する割合である[1]．集合住宅では，階段室型や片廊下型などのように階段室や外部廊下が外壁に面している場合は調査可能な部分も大きいものの，その他の面では調査可能な範囲が限られる．また，中廊下型や回廊型などのように共用部が屋外に面していない場合には，直接的な調査が可能な範囲が限られる．したがって，調査にあたっては，間接目視との併用や部分的な足場やゴンドラの設置により調査を行うとよい．最近では，測量機器とデジタルカメラ，図面との連動を図った装置や赤外線カメラとデジタルカメラを組み合わせた装置などにより，調査の効率化や精度の向上が図られている．

2) 二次診断

二次診断では，不具合や劣化の原因をより詳細に調査するとともに，将来的な劣化の進行について予測を行う．前述のように，二次部材の不具合には，鉄筋の腐食によって生じている場合が多い．鉄筋腐食の危険性は，かぶり厚さ，中性化深さ，塩化物イオン量などの調査結果などから判断することになる．自然電位法や分極抵抗法などの電気化学的な調査手法は，建築物，とくに集合住宅の場合には適用される例は少ない．

凍害が原因の劣化と考えられる場合には，詳細な調査として，サンプルを採取し，気泡間隔係数や空気量，細孔構造等を調査する．これらの結果と建物の環境条件を考慮し，凍害の程度や将来的な危険性などを予測する．

それぞれの調査の方法，診断の考え方については，第5章に詳述されているほか，日本建築学会[2]，土木学会[3]などによってもとりまとめられているの

表4.4.7 集合住宅における直接目視，打診調査が可能な範囲の割合[1]

住棟形式	調査	調査可能な範囲の割合（%）				
		東面	西面	南面	北面	全体
階段室型 5階建 住宅専用	壁面 直接目視 打診調査	妻面 12.6 20.2	妻面 12.6 20.2	バルコニー 9.8 12.2	階段室 19.5 37.0	全体 14.0 23.1
片廊下型 7階建 住宅専用	壁面 直接目視 打診調査	屋外廊下 51.5 85.0	バルコニー 6.4 9.0	妻面 9.4 14.7	屋外階段 18.0 33.2	全体 27.3 44.8
中廊下型 11階建 店舗併用	壁面 直接目視 打診調査	住居側 0 0	住居側 4.4 6.6	妻面 5.6 8.6	妻面 2.7 4.0	全体 2.9 4.4
回廊型 15階建 店舗併用	壁面 直接目視 打診調査	側面 0.8 1.3	側面 2.0 3.1	正面 1.8 3.1	屋外階段 3.7 8.7	全体 2.1 4.2

図 4.4.53 ドリル削孔による中性化深さの測定例

で，これらも参考にできる．また，とくに集合住宅の場合には，構造物への損傷が制限される場合が多いので，ドリル削孔程度のサンプリングにより測定が可能な微破壊試験の適用も検討するとよい．ドリル削孔による調査方法としては，中性化深さの試験方法として，日本非破壊検査協会規格 NDIS 3419：1999（ドリル削孔粉を用いたコンクリート構造物の中性化深さ試験方法）が提案されている．また，塩化物イオン量の簡易的な測定方法として，日本建築学会 CTM-18（コンクリート中の塩化物イオン量の簡易試験方法（案））[2] などが提案されている．参考として，ドリル削孔による中性化深さの測定例を図 4.4.53 に示す．

d. 補修方法

二次部材の補修方法も基本的には構造体部分の補修方法と同様であり，不具合や劣化の状況を把握した上で適切な補修方法を選択する必要がある．

ひび割れ部分を補修する場合，鉄筋の腐食に起因するひび割れでない場合には，ひび割れ幅やひび割れの動きに応じて，表面被覆工法，注入工法，充填工法などから選択する．鉄筋の腐食に起因するひび割れの場合には，断面修復工法により鉄筋の防錆処理を行いひび割れ部分を補修する．その他，モルタルやタイルなどの仕上げがある場合には，打診調査や赤外線調査により浮きがある部分を確認し，アンカーピンニング，樹脂注入工法などにより補修を行うか，剥落の危険性のある部分をはつり落とした後，タイルやモルタルの再施工を行う．

二次部材の補修仕様の参考として，都市再生機構の保全工事共通仕様書[4] に示される補修仕様のうち，とくに二次部材について一般部と補修仕様が異なる場合を表 4.4.8 に示す．二次部材の場合，壁面から突出し，仕上げ材や欠損部分の剥落による災害の危険性も高いことから，より落下防止効果の高い補修仕様となっている．また塗り仕上げについても，より耐久性の高い仕様が選択されている．ただし，天井面や上げ裏などのように下面への施工となる場合には，部材内部の水分が高くならないように透気性，透水性のある材料が選択される．

【濱崎　仁】

表 4.4.8 二次部材の補修仕様が異なる例（都市機構保全工事共通仕様書[4] より）

補修内容	既存仕様	適用範囲	補修仕様
ひび割れ補修			構造体部分と同様
浮き，欠損部の補修	モルタル塗り仕上げ面，タイル張り仕上げ面	バルコニー手すり，パラペット，庇などの先端部や出隅部分	ピン併用エポキシ樹脂注入工法（一般部（直接路上等に落下しない部分）は，エポキシ樹脂注入工法）
	上記のほか，コンクリート打放しの欠けなど		外壁複合補修工法（ピンネット工法）
目地打換え			構造体部分と同様
仕上材塗り	リシン吹付け，RP（リフレッシュペイント）塗り	バルコニー天井，庇上げ裏，階段室天井，共用廊下など	RP（リフレッシュペイント）塗り
	モルタル金ゴテ仕上げの上に（つや有り）合成樹脂エマルションペイント	バルコニー，手すり笠木，廊下側窓面台など	つや有り合成樹脂エマルションペイント
	モルタル素地，リシン吹付け，リフレッシュペイント塗り	庇天端，外壁窓面台など	

文　献

1) 国土交通省：長期耐用都市型集合住宅の建設・再生技術の開発（マンション総プロ）報告書，pp.220-222，2002.
2) 日本建築学会：コンクリートの品質管理・維持管理のための試験方法（案），2007.
3) 土木学会：2007年制定コンクリート標準示方書［規準編］，2007.
4) 都市再生機構：保全工事共通仕様書　平成17年版，2005.

4.5 工場・倉庫

4.5.1　はじめに

工場・倉庫の用途上の特長を以下に示す．

最近の倉庫の特徴として，設計用積載荷重は1～2 t/m² であるが，車両荷重の規模が大きくなり，その往来が激しくなる傾向にある．車両荷重としては，フォークリフト，台車が使用されるが，フォークリフトの場合，積載荷重：1 tonf～1.5 tonf のものが多く，その場合，車両容量の大きさは，3 tonf/台程度となるため，総重量として5 tonf前後を見込む必要がある．ただし，これらの車両荷重を十分反映した構造設計が困難である（単位面積あたりの積載荷重に換算しにくい）ことや，予想以上の使用状況（車両重量の走行頻度）によって，使用中に床スラブのひび割れや角欠けなどの不具合を引き起こす恐れがある．とくに，配送センターの荷捌き場のように一日中，途切れなく走行している場合もあるため，調査診断にあたり，あらかじめ使用状況を聞き取り調査しておくことも大切である．

建物の構造形式としては，おもに鉄骨造，鉄筋コンクリート造である．床スラブは，地盤の上に直接支持される「土間スラブ」のほか，基礎梁や梁に支持される「構造床スラブ」の2種類がある．梁がなく，柱構造に柱頭または柱頭と支板で支持された構造スラブをとくに「フラットスラブ」と呼んでいる．土間スラブであるか構造スラブであるか，見た目にはわからないこともあるため，床スラブの調査の場合，設計図書（床伏せ図など）から架構状況などを確認する．

床スラブの仕上げは，直仕上げ（コンクリート地肌面，防塵材塗布含む）のほか，フェロコン仕上げ（金属性骨材散布による表面強化仕上げ），塗り床仕上げ（樹脂仕上げ）などがある．積載荷重500 kg以下の台車程度の軽微な輸送手段である場合，塗り床仕上げとすることもあるが，それ以外の重量車両では，おもに直仕上げあるいはフェロコン仕上げとなっている．

工場・倉庫の階高は4～5 m と高くなるケースが多くなる．鉄骨造の場合，外壁はALC版を多用するが，梁・柱が鉄筋コンクリート造の場合，外壁も鉄筋コンクリート造とすることも多い．この場合，壁面積が大きくなるところから，外壁のひび割れ（コールドジョイント含む）・漏水問題を起しやすくなる．

4.5.2　床スラブ

a.　構造的な損傷（疲労劣化・過大たわみ）

床スラブの構造的な損傷として，疲労劣化や過大たわみがある．過大たわみの場合，目視でも感知されるため，把握しやすいが，疲労劣化の場合，下面からのコンクリート剥離・剥落あるいは上面の表層剥離などの現象が現れるまで，通常のひび割れの延長としての損傷と誤解されやすい．倉庫の場合，フォークリフトが往来することが多いため，床スペースは積荷スラブと通路スラブに大別されるが，積荷スラブスペースにもフォークリフトは積荷搬出入のために出入りする．疲労劣化を起こした倉庫床の不具合症状について，追跡調査したA倉庫を例に紹介する．

1)　部位ごとの不具合症状

①通路スラブ：　通路スラブは走行方向と直交方向にひび割れが多く発生する傾向があり，損傷が進行するとスラブ上面では支持梁に沿って円周状の曲げひび割れが発生する．さらにひび割れ幅が0.6～0.8 mm以上になるとひび割れ面で角欠けを起こしながらひび割れ損傷を生じる（図4.5.1）．また，疲労劣化が激しくなると，表面剥離や一部陥没が見られるようになる（図4.5.2）．一方，スラブ下面ではスパン中央部に曲げひび割れを生じたり，損傷が大きいと鉄筋に沿った格子状のひび割れが発生する．また，車輪荷重走行の影響で，下面ひび割れが擦れるせいか，徐々に角欠けを起こし，コンクリー

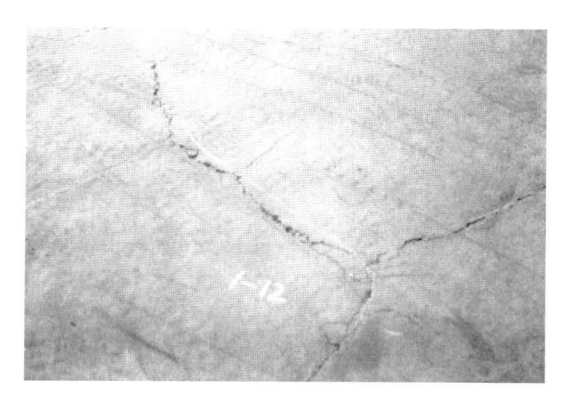

図 4.5.1 車輪走行によるひび割れ表面の角欠け損傷

図 4.5.2 床スラブ上面のコンクリート陥没損傷

図 4.5.3 床スラブ下面コンクリートのひび割れ・剥離損傷

ト片が剥離・剥落するようになり，問題が露見される（図4.5.3）．エレベータなどの昇降口のように使用頻度が大きいところやコーナーのように動きが激しいところの傷みが大きい傾向にある．

② 積荷スラブ： 積荷スラブは設計荷重を上回る荷重が載荷されると，大たわみを起こし，フォークリフトの爪がパレットに挿入しにくい，積荷が床の傾斜で不安定などの支障を起こす．

③ 土間床スラブ： 土間スラブは，支持材としての地盤の上に設置された非構造用の床スラブのことである．スラブ厚は10cm程度の薄いものも多い．おもな不具合症状としては，ひび割れ・表面剥離が比較的多く発生している．非構造部材であるが，見苦しいひび割れ対策として，3〜6mピッチに誘発目地（カッター目地）を設けることが多い．

2） 損傷度の調査・測定方法

緊急度の高い床スラブから順に計画的に補修・補強を行う場合，損傷グレードを評価することが重要である．ひび割れ状況の目視調査も1つの指標となるが，あわせて振動試験とたわみ試験を組み合わせて定期的に比較・評価する方法もある．

① 振動試験： 床スラブの一次固有振動数を測定．スラブ中央にピックアップを設置し，サンドバックの落下あるいは人の飛び跳ねにより振動計で測定．

② たわみ調査： 四隅の柱（平均値）からのスラブ中央の相対たわみ変形量を精密レベルなどで測定する．対角線の柱間のスラブで上面同士で水糸を張り，スラブ中央のたわみを測定尺で簡易に測定することもある．

③ 損傷の目安：

相対たわみ： スパンの1/200以上

一次固有振動数： たとえば15Hz以下（振動障害は振動数だけで決まらないが，スラブ間で比較して損傷度合い評価の参考にする）

3） 不具合の原因と補修方針

① 疲労損傷： ひび割れの種類は，曲げひび割れ，収縮ひび割れのほか，車両の繰返し疲労による押し抜きせん断の複合作用であるが，構造劣化の影響が大きい．この不具合の原因は，設計荷重の設定ミスによる床スラブ厚不足あるいは使用条件把握が甘かったことも一因である．フォークリフトの積載荷重が設計当時に不明確な場合も多い．その場合はある程度，安全側に設計荷重を設定しておく必要がある．フォークリフトが走行する場合，設計荷重として$2t/m^2$以上を設定して床スラブを設計することがのぞましい．

補修方法： スラブ下面あるいは上面の鉄板補強がもっとも効果的である．小梁設置は押し抜きせん断損傷に有効ではないので避けた方が良い．下面に鉄板を張る場合，スラブ上面のひび割れと剥離箇所は，それぞれエポキシ樹脂，ポリマーセメントモルタルで補修する．

②過大たわみ： 長期たわみの要因はコンクリートの物性（クリープ現象）も一因であるが，過大たわみの原因は，設計・施工・使用状況など各側面から検討する必要がある．

設　計： 昭和 57 年改定以前の RC 規準の場合，「床スラブ」最小スラブ厚さ規定は，たわみ・ひび割れへの配慮不足の面があるため，スラブ厚は薄いことが多い．

補修方法： おもに静的な鉛直荷重だけが作用する場合，四辺固定支持の床スラブは最終耐力に対して十分余力があることが多い．そのため，集合住宅や事務所建物の床スラブの場合は，過大たわみに対して不陸補修（セメントモルタル材料による平滑補修）を行う対応だけで処理できることが多い．あるいは余力が十分でない場合，鉄骨小梁補強を行う．しかし　車両衝重が走行する倉庫床スラブの過大たわみの場合，押し抜きせん断応力や繰返し疲労劣化の恐れがあるため，不陸補修や小梁補強だけでは将来，問題を起こすこともある．この場合，疲労劣化を考慮した下面あるいは上面からの鉄板接着補強工法が望ましい．

b.　一般的なひび割れ損傷

1)　1 階荷捌きスラブ

トラックを乗り付けて荷を出し入れするため，この荷捌きスラブのレベルは 1 階床レベルよりも 1 m 程度高い位置にあることが多い．そのため，土間スラブでなく，構造床として設計されることも多い．構造床スラブの場合，ランダムなひび割れが多く発生することがある．この種のひび割れは収縮ひび割れ，構造ひび割れ（曲げ）の複合作用であることが多いが，その原因は，コンクリート物性（乾燥収縮）の影響のほか　初期ひび割れ（コンクリート打込み時の埋戻し土の沈降，硬化前後の急激な乾燥ひび割れ，強度発現前の作業車荷重など）が引き金となって進展することがある[1]．

補修方法： ひび割れ幅 0.5 mm 以上は角欠け対策としてエポキシ樹脂やセメント系材料の注入によるひび割れ補修を行う．

2)　土間スラブ

支持地盤の不均一な沈降による影響や車両荷重の磨耗などによる表面損傷であるため，基本的には前述の 1 階荷捌きスラブと同様に処理する．

3)　フェロコン仕上げ

フェロコン仕上げとは，衝撃を受けるような床スラブの仕上げの一種で，コンクリートを打ち込んで硬化前に，特殊金属粉入り無機系粉体を散布しながらトロウェルなどで押えてまだ固まっていない下地と一体化する仕上げ工法である．比較的安価であるため，フォークリフトを使用する倉庫床などに使用されている．フェロコン仕上げで見受けられる不具合症状は，仕上げの剥離やひび割れである．剥離した例を図 4.5.4 に示す．剥離の原因は一体化不足であり，環境条件の影響や散布のタイミングが遅れたことによって表面でドライアウトを起こしたことがあげられる．事前対策としては，浮き水が不足していると判断された場合，保水剤散布などで水分を補充しながら一体化するように施工を行う必要がある．

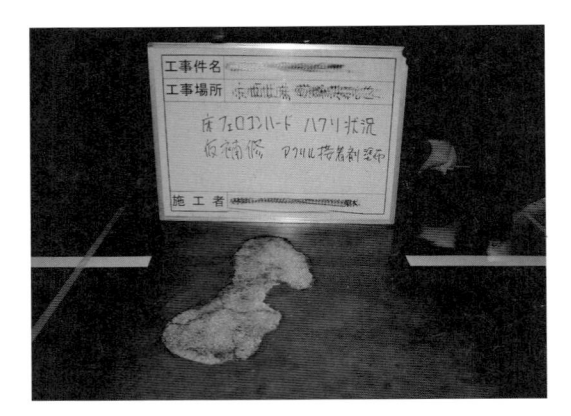

図 4.5.4　フェロコン仕上げの剥離状況

補修方法： 剥離に対して，浮いた箇所はブラストなどで除去し，塗床仕上げの補修用フェロコン材を塗る．ひび割れに対して，セメント系材料の注入によるひび割れ補修を行う．

4)　塗り床仕上げ

塗り床仕上げとは，コンクリートを打ってから，3 カ月前後の養生期間の後，エポキシ樹脂系材料をローラーなどで塗って仕上げる工法である．不具合症状は，仕上げの剥離やひび割れなどである．剥離の原因はひび割れ損傷に誘引されて発生することが多い．下地コンクリートが突然の雨にたたかれた場合の表面処理が悪いことが剥離の原因となることもある．また最近のコンクリートは高強度化の傾向がある上に，トロウェルなど機械仕上げによって，下地コンクリートの平滑度も向上しているため，仕上げ材との接着強度を確保するためには，下地コンクリートの研磨（ポリッシャー処理など）を行い，アンカー効果を期待することが望ましい．なお，ひび

割れ挙動という点では，塗り床仕上げ後は気密性が高いため，仕上げ施工以降のコンクリートの乾燥収縮は小さいが，空調に伴う温度変動によってひび割れは伸縮をするため，微細なひび割れでも仕上げ前の補修を行わないと温度伸縮で仕上げが押し上げられたり引っ張られたりして仕上げ面に顕在化しやすい．仕上げ前補修方法としては，下地コンクリート面に発生した幅 0.15 mm 以上のひび割れに対して硬質エポキシ樹脂の注入が望ましい．

仕上げ後の補修としては，傷んだ仕上げ材を除去後，下地ひび割れ注入補修して，再仕上げ施工を行う．

4.5.3 壁・柱・梁

倉庫や工場の場合，建物内を大空間として利用することが多い．そのため，補修対象の壁はおもに外壁と言える．この外壁の仕様は吹付けタイル仕上げなどの塗り仕上げあるいは打放し仕上げとすることが多い．階高は 4～5 m と高いことが多く，柱・梁に囲まれた壁面積は広くなる傾向にあり，「収縮ひび割れ制御設計・施工指針」(日本建築学会編) で推奨されている壁面積 25 m² 以下を満足しないケースも出てくる．

外壁の不具合の多くは，ひび割れからの漏水やエフロレッセンス (白華) 発生である．ひび割れの原因は，コンクリートの乾燥収縮変形および温度変動による変形が周囲の梁・柱部材で拘束されたことによる収縮ひび割れといえる．そのほかに，コールドジョイントという一体化不良のラインが肌別れして，収縮ひび割れと類似のひび割れ模様を生じて，内部側に漏水することもある．倉庫や工場では開口窓の庇を省略し，平面状にすることも多く，そのため，雨水が浸入しやすいことも指摘される．

a. 事例紹介
1) 概要

鉄筋コンクリート造 4 階建ての某工場で，竣工後 3 年の時点で，内壁側に降雨による漏水が発生．建物規模は，50 m × 70 m のボックス形平面であり，4 階建てであるが，吹き抜けが多いため，実質的に 2 階建てに近い架構である．そのため，外壁のかなりの部分は，壁高さ 7 m (1 階～3 階) あるいは 7.8 m (3 階～屋上階) という大きさである．また柱間隔は 7.5 m～8.0 m が標準であり，1 枚の壁面積は 50～70 m² とかなり大きい．外壁コンクリート構造体は W20 (壁厚 20 cm，縦横 D10,D13-@150 ダブル) が標準である．外壁コンクリートの仕上げは，コンクリート打放しアクリル系吹付けタイル仕上げ．

外壁の誘発目地 (縦方向) はスパン中央 1 本であり，目地間隔は 7.5 m～10 m である．また水平方向の誘発目地はほぼ 3.5 m 間隔に設けられている．外壁躯体のコンクリート仕様は，品質基準強度 24 N/mm²，スランプ 18 cm．なお，コンクリート壁体の高さが 7～7.8 m と高いため，コンクリート打込みは，水平方向の誘発目地を打継ぎ目地とし，2 回に分けて打設されている．

2) ひび割れ状況

ひび割れ状況は，図 4.5.5 に示すが，ひび割れパターンは逆八字形の傾向にあり，おもに収縮ひび割れであると判断される．ひび割れピッチは多いところで 1 m 前後に発生している．仕上げ面からのひび割れ幅および内壁面はおもに 0.2 mm 程度．工場のためか，汚れなどで目立つ傾向にある．水平方向ひび割れ (打継ぎ部) やコールドジョイントに起因するひび割れは若干認められる．

3) ひび割れの原因

この収縮の主たる原因は，① コンクリートの乾燥収縮と外気温変動に伴う収縮変形 (冬期の温度収

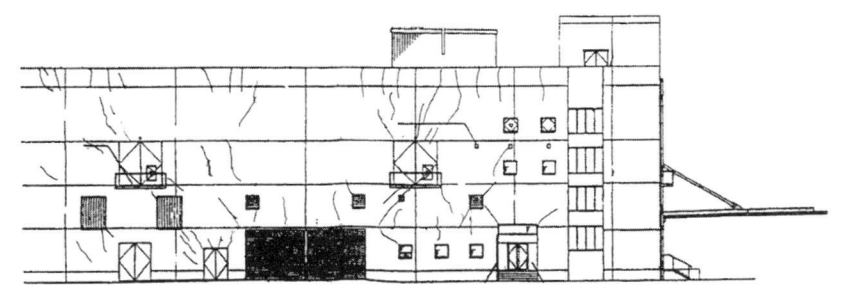

図 4.5.5 工場外壁のひび割れ状況

縮）であるが，多数のひび割れを誘引した要因として，② 吹抜けによって実際の階高が 7〜7.8 m と高く，外壁の型枠の水平変形抑えの控えが十分確保できず，打込み時や初期硬化前後の型枠の変形が初期ひび割れを起こした恐れもある．③ 誘発目地が少なく，一枚の壁面積が 50〜70 m² と大きいことも完工後のひび割れ伸縮挙動を増幅したものと思われる．

4) 今後のひび割れ予測

全体的なひび割れ幅は 0.2〜0.3 mm 以下であるが，冬季と夏季など年間の外気温変動などを受けるため，壁面積が広いこともあって，ひび割れ幅の 30% 前後のひび割れ幅変動は年間サイクリック的に繰り返す可能が考えられます．

5) 補修方法

外壁のひび割れ補修方法として，外部側だけで作業でき，美観にも優れ，信頼性のある「弾力性の高い塗膜工法で全面塗布する工法」を採用した．

一般的に ① ひび割れ注入法や ② U カット充填工法なども使用されるが，現状のひび割れ幅は小さいこと，ひび割れ本数が多くその長さも長いこと，内部側からの仮シールが困難であることなど作業性の問題のほか，補修に伴い建物の美観を大きく損なう恐れがあるため，上記のように全面塗布工法を採用した．

b. 外壁ひび割れ補修上の留意点

工場外壁のひび割れ漏水を考える場合の補修上の留意点を列記する．

- ひび割れは貫通ひび割れで，かつ外気温変動によってひび割れ幅の伸縮挙動を長期的に継続しやすい．
- 補修作業はおもに外部側から行い，内壁側からの作業に困難であること．
- 注入工法を採用する場合，伸縮挙動を考慮して，軟質形のエポキシ樹脂注入を基本とすることが望ましい．
- 内壁側からの作業が困難で，内部側のシールができないため，壁厚内部まで確実な注入・充填は期待できない恐れがある．そのため，ひび割れ追随性が高く，微細なひび割れ充填が可能な軟質形エポキシ樹脂注入工法あるいは発泡エポキシ樹脂工法の採用が望ましい．
- U カット充填工法は，単独のひび割れからの漏水防止には効果が期待できる．その反面，美観

を損なうことや内部が空洞であるため，他の連続したひび割れ（打継ぎ部も含む）からの雨水の浸入の防止に大きな弱点がある．

なお，柱・梁の不具合については，とくに特長的な内容は少ないため，ここでは触れない．柱・梁の不具合については，4.6 節「一般建築」の箇所を参照されたい．
【小柳光生】

文　献

1) 小柳光生：建築構造物における施工面での制御対策，コンクリート工学，2005 年 5 月号，pp.129-134.

4.6 一般建築（事務所・店舗・病院・学校ほか）

4.6.1 はじめに

a. 一般建築に見られる劣化症状

事務所・店舗・病院・学校などの一般建築物では，総じて建物用途による特有の劣化症状というものは少ない．つまり特有の劣化要因が少ないということになる．これらの一般建築では，用途による劣化の差異よりも仕上げの種類，立地条件などによる影響の方が大きい．

鉄筋コンクリートの建物では，材料の特性上ある程度のひび割れの発生やコンクリートの中性化は避けられない．ひび割れが発生してもひび割れからの雨水の浸入や二酸化炭素の浸入を抑制するのに有効な仕上げを施すことで，建物の耐久性を向上させることができる．仕上げの種類は多様であるが，耐久性向上に有効な仕上げとしては，モルタル塗りの上に塗装仕上げやタイル仕上げ，塗装などがあげられる．セメント系の仕上材はコンクリートの中性化を抑制し，防水型の塗装はクラックからの雨水の浸入を抑制し耐久性の向上に寄与する．

耐久性向上に有効な仕上が施されていない建物や臨海部に建つ建物では，コンクリートのひび割れや中性化，塩分による鉄筋のさびに代表される劣化が進行しやすい．また埋立地など軟弱地盤に建つ建物は地盤沈下などの影響を受けやすい．寒冷地に建つ

4.6 一般建築（事務所・店舗・病院・学校他）

表4.6.1 一般建築で見られる劣化症状と劣化の内容

劣化症状		劣化の内容
ひび割れ	鉄筋に沿った	鉄筋の位置と思われる個所に直線状に発生するひび割れ
	開口周辺	開口の隅角部から発生する斜めひび割れ
	網目状	網目状のひび割れ
	その他	上記以外のひび割れ
浮き		鉄筋のかぶりなどコンクリートが浮いている状態
剥落・ポップアウト		浮いていたコンクリートが剥がれ落ちた状態 コンクリート内部の部分的な膨張圧によって，コンクリート表面の小部分が円錐形くぼみ状に破壊された状態
汚れ		さび汚れ： 腐食した鋼材のさびが流出して付着している状態 エフロレッセンス： セメント中の石灰などが水に溶けて表面にしみ出し，空気中の炭酸ガスと化合してできた白い物質で汚れた状態 その他の汚れ： カビ，煤煙，コケ類などによる汚れ
表面の脆弱化・損耗		凍害，すりへり，化学的侵食によるコンクリート表面の脆弱化・損耗
たわみ		たわみ，床の振動など
沈下		建物の沈下，土間の沈下

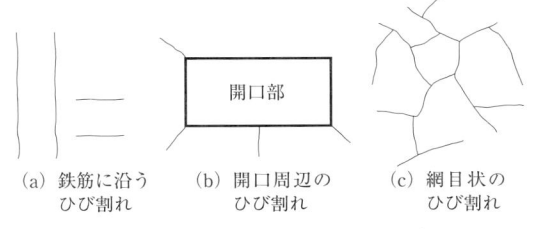

図4.6.1 代表的なひび割れの状態[1]

(a) 鉄筋に沿うひび割れ　(b) 開口周辺のひび割れ　(c) 網目状のひび割れ

建物の屋上や，庇，パラペットなどは凍害による劣化が見られる．

一般建物の中で，用途による特徴的な劣化としては，ホテルやレストランなどが入る複合建物における厨房排水による地下ピットの劣化や大型店舗・ショッピングセンターなど車両の通行が多い建物での床コンクリートの劣化などが見られる．

一般建築で見られる劣化症状と劣化の内容を表4.6.1に，代表的なひび割れの状態を図4.6.1に示す．

b. 一般建築に見られる劣化の原因

劣化の原因は，設計に起因するもの，施工に起因するもの，使用材料の品質に起因するもの，環境によるものなど種々のものがある．設計に起因するものとしては，建物や部材の形状・寸法，躯体や仕上材料の仕様などがある．施工に起因するもの・取外しは，コンクリートの製造，運搬，打込み，締固め，均し・押え，養生など一連の施工プロセスでの施工品質や，鉄筋の加工・組立て，型枠の加工・組立て・取外しなど建物を構築する施工の各段階での施工品質の良否がある．使用材料の品質や環境によって，長い期間の間に劣化が進むことはある程度避けられない．劣化が進行すると補修・補強が大規模になるので，劣化症状を早期に捉え，適切な予防・保全をすることが大切になる．劣化要因および劣化症状を表4.6.2に示す．

コンクリートが硬化して十分な強度を発現する前に，コンクリートにひび割れが入ると，本来コンクリートが保有している耐久性を得ることなく，コンクリート構造物の劣化が促進される．早期にコンクリートに発生するひび割れの原因と発生のパターンは図2.2.6（2.2節）に示したようにさまざまである．これらのひび割れは，雨水や地下水が浸入することや，空気中の二酸化炭素が侵入して中性化を促進するなどの影響を受け，内部の鉄筋や埋め込み鋼材のさびの進行を早める原因となる．また，鉄筋のかぶり不足は，コンクリートにひび割れが入らなくてもコンクリートの中性化によって鉄筋がさびやすくなるほか，塩分浸透による鉄筋のさびを誘引して劣化を早める原因となる．さらに火災を受けると，かぶり不足に伴う断熱性能の低下により内部の鉄筋の温度が高くなり過ぎて鉄筋の強度低下を招く恐れがある．

なお，コンクリート中に埋め込まれた鋼材には，

表 4.6.2 劣化要因と劣化症状

劣化要因	劣化症状
初期ひび割れ	セメントの異常凝結，コンクリートの沈降，型枠の剛性不足などによるひび割れ → 鉄筋のさび
荷重	支保工の早期取り外し，デッキスラブなどへの早期施工の荷重の作用 → ひび割れ → 鉄筋のさび
コンクリートの乾燥収縮，熱膨張・収縮	ひび割れ → 鉄筋のさび
中性化	鉄筋のさび → ひび割れ → 浮き・剥落
塩害	鉄筋のさび → ひび割れ → 浮き・剥落
凍害	表面の脆弱化 → 浮き・剥落
化学的侵食	鉄筋のさび，表面の脆弱化 → 浮き・剥落
アルカリ骨材反応	ひび割れ → 浮き・剥落
地盤沈下，土砂流出	ひび割れ，沈下，たわみ，傾斜
疲労	ひび割れ，すりへり

鉄筋のほかにセパレーターやインサートなどがある．これらの鋼材はさびることで膨張し，ひび割れやコンクリートの剥離・剥落の原因となる．

屋根スラブ，庇，バルコニーなど直射日光を受ける部位では，日射や外気の影響を受け，絶えず熱膨張収縮を繰り返している．また，放射冷却により外気温よりも部材温度が低くなることがある．さらに，雨水の影響や臨海部では塩分の影響が加わり，劣化が早く進行する傾向がある．とくに，防水押えコンクリートなどの二重床スラブでは，押えコンクリート下面と躯体コンクリートの間に防水材や断熱材などが介在し，コンクリート相互が付着していないため，拘束が小さい状態で乾燥収縮や日射・外気温等の熱による伸縮変形が生じる．そのため機械基礎など，これらのコンクリートを拘束する部材があると，その周辺にひび割れが集中して起こりやすい．屋上防水や地下駐車場の床などで大きなひび割れが発生し，内部の鉄筋や溶接金網がさびるなどの劣化が起きやすい．

飲食店やホテルなど厨房がある施設では，厨房から排出される排水を無害化して下水道に放流することが義務付けられることがある．この場合，厨房の排水を処理する施設のコンクリートが早期に劣化することが知られている．排水中に含まれる硫黄イオンにより硫化水素が発生し，これが硫酸となってコンクリートを劣化させるものである．

以下に一般建築の劣化について部位別に記述する．

【佐々木晴夫】

4.6.2 床スラブ（中性化による腐食含む）

床スラブの劣化には，ひび割れ，コンクリート表面の損耗，大たわみ，振動障害，コンクリートの浮き・剥落，鉄筋の腐食，土間スラブの沈下などがある．劣化の対象となる床スラブは，スラブに作用する荷重を他の部材に伝える形式により，周辺固定スラブ，片持ちスラブおよび土間スラブがあり，さらにこれらのスラブの上に構築される二重床スラブに分類される．荷重の伝達の仕方により，床スラブに発生するひび割れのパターンが異なるなど，劣化の症状に影響がある．

床スラブの分類を図 4.6.2 に示す．

周辺固定スラブおよび片持ちスラブは，床スラブに作用する荷重が梁を介して柱や壁に伝えられるものである．土間スラブは，床スラブを支える反力を土間に持たせるものである．二重床スラブは周辺固定スラブ，片持ちスラブおよび土間スラブなどの上に断熱材や防水材，湧水処理材や防振材などを配置してその上にコンクリートスラブを構築するものである．

以下，劣化症状別にスラブに発生する劣化の内容を述べる．

a. ひび割れ

床スラブには，乾燥収縮ひび割れや構造ひび割れが発生し，周辺固定スラブ，小梁付きスラブ，片持ちスラブ，二重スラブなどスラブの拘束条件や構造

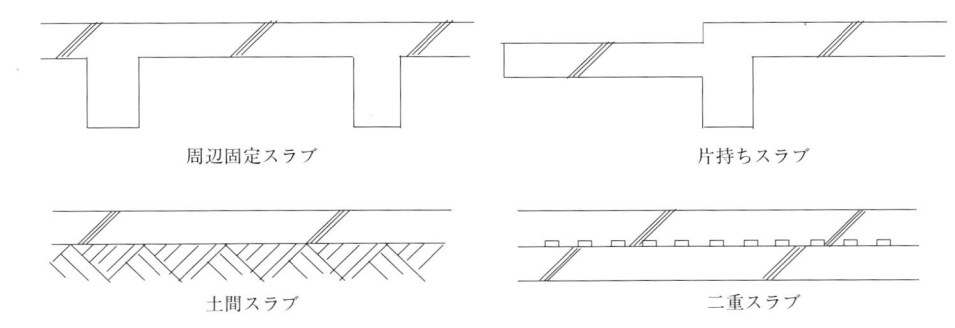

4.6 一般建築（事務所・店舗・病院・学校他）

図 4.6.2 床スラブの分類

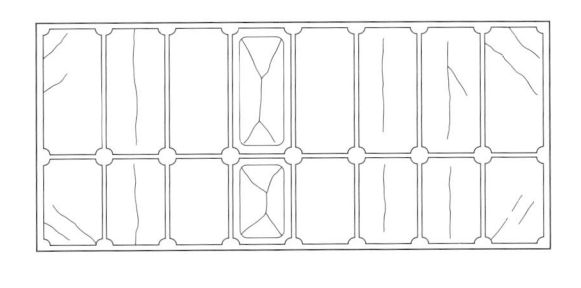

図 4.6.3 周辺固定スラブのひび割れパターン (1)[2]

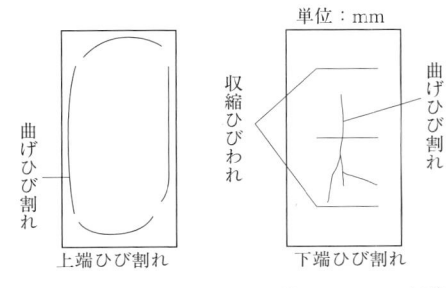

図 4.6.4 周辺固定スラブひび割れパターン (2)[3]

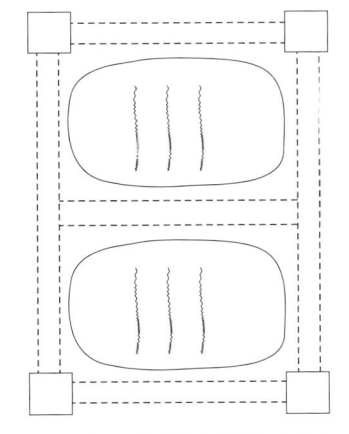

図 4.6.5 デッキプレート型枠を使用した場合のひび割れパターン

形式によって異なるパターンを示す．

1) 周辺固定スラブのひび割れ

ひび割れの原因は設計に起因するもの，施工に起因するもの，使用条件によるもの，材料の品質によるものなど種々ある．周辺固定スラブに発生する典型的なひび割れのパターンを図 4.6.3～図 4.6.5 に示す．

①図 4.6.3，図 4.6.4 は，周辺固定床スラブに発生する代表的なひび割れである．スラブ上面は，梁に沿って輪状にひび割れが入り，スラブ下面は，スラブ中央および角に向かって斜めにひび割れが入った例である．大スパンスラブではスラブの剛性が不足し大たわみや振動障害を伴うこともある．スラブ全体の乾燥収縮や温度収縮により，隅角部には斜めのひび割れが入る．

なお，大たわみとして苦情が発生するのは，単なるたわみ量だけでなく用途が関係するので，大たわみに該当するたわみ量を一概には言えないが，長期たわみの限界値を短辺有効スパンの 1/200～1/300 とする考え方がある．最小スラブ厚さの算定では，短辺有効スパンの 1/250 を長期たわみの限界値[5]としていることから，短辺有効スパンの 1/200～1/300 程度のたわみを超えたたわみを大たわみとすることができる．

ひび割れ発生の要因を表 4.6.3 に示す．

②図 4.6.5 はデッキプレート型枠を使用した場合に発生する特有なひび割れパターンを示したものである．上面の梁に沿った位置に輪状にひび割れが入るほか，デッキの敷き並べ方向にデッキの幅に近い寸法ごとに直線的にひび割れが入る．

デッキプレート型枠は，スパンがある程度小さい範囲では，支柱を用いないでデッキプレートの剛性だけで打設したコンクリートの荷重を支える．コン

表4.6.3 床スラブのひび割れの要因

区　分		ひび割れの要因
設　計		設計上，スラブ中央上端筋がないことによって生じる乾燥収縮の拘束不足
施工	型枠工事	スラブコンクリートが所要強度に達する前の支柱の早期取外し
		型枠の剛性不足による若材令時の変形
		支保工伝達荷重が設計積載荷重を上回ることによる過荷重
	鉄筋工事	鉄筋スペーサーの設置不良による，上端筋の下がりおよび鉄筋の有効高さの不足による剛性の低下
	コンクリート工事	軟練りコンクリートによる乾燥収縮の増大，付着強度の低下
		ポンプ工法によるホースの引き回しに伴う配筋の乱れおよび手直し不良
		コンクリート打設後の急激な乾燥，押え不足，タンピング不足，湿潤養生不足によるひび割れの発生
	施工計画	デッキスラブなど無支柱型枠における若材令時の建設資材などの積載建設資材などの積載による過荷重

表4.6.4 デッキプレート型枠を使用した場合のひび割れ要因

区　分		ひび割れの要因
設　計		設計上，スラブ中央上端筋がないことによって生じる乾燥収縮の拘束不足
施工	型枠工事	若材令時の積載
		型枠の剛性不足による若材令時の変形
	鉄筋工事	鉄筋スペーサーの設置不良による，上端筋の下がりおよび鉄筋の有効高さの不足による剛性の低下
	コンクリート工事	軟練りコンクリートによる乾燥収縮の増大，付着強度の低下
		ポンプ工法によるホースの引き回しに伴う配筋の乱れおよび手直し不良
		コンクリート打設後急激な乾燥，押え不足，タンピング不足，湿潤養生不足によるひび割れの発生
		コンクリート押さえのための騎乗式機械ゴテなど重量作業機械の使用
	施工計画	建設資材などの積載による過荷重
		若材令時に台木をデッキプレートと平行に置いてスラブ上に資材を積載することによる隣り合うデッキプレート間のたわみ差

クリートの自重やコンクリート打設時の作業荷重に対して十分安全であるように設計されているが，コンクリートが硬化して十分な強度・剛性を発現するまでは，デッキプレートが全荷重を支え，荷重に応じたたわみが生じる．デッキプレート型枠は剛性が低いため，コンクリート押えに使用する騎乗式機械コテの荷重やコンクリート打設翌日など若材令時にスラブ上に積載される建設資材などによる施工荷重の影響を受けて大きくたわみ，ひび割れを生じやすい．

デッキプレート型枠を使用した場合のひび割れの要因を表4.6.4に示す．

2） 小梁付きスラブ

小梁付きスラブの代表的なひび割れを図4.6.6に示す．

大梁に平行して小梁が設置される小梁付きスラブでは，小梁の剛性が低く，小梁に過大なたわみを生じやすい．大梁との間にたわみ差を生じるため，大梁と床スラブの接合面で負曲げモーメントが大きくなり過大なひび割れが発生しやすい．

3） 片持ちスラブのひび割れ

片持ちスラブの代表的なひび割れは，長手方向に平行なひび割れ（曲げひび割れ）と長手方向に直交するひび割れ（乾燥収縮ひび割れ）がある．片持ちスラブの代表的なひび割れを図4.6.7に示す．

庇やバルコニーなどの片持ちスラブでは，スラブ自重や積載荷重によって支持側上面の縁応力がコンクリートの引張り強度を上回り，梁に平行にひび割

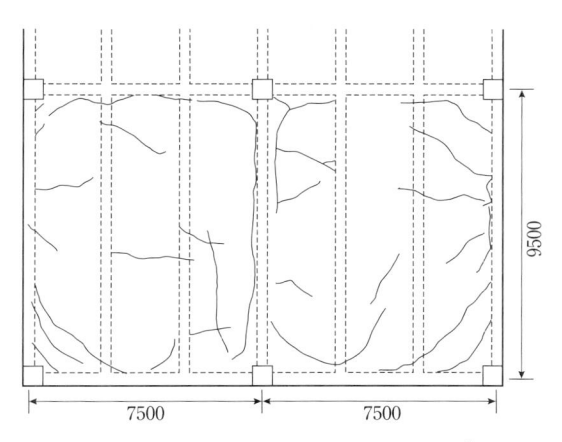

4.6 一般建築（事務所・店舗・病院・学校他）

図 4.6.6 小梁付きスラブ上面のひび割れ例[4]

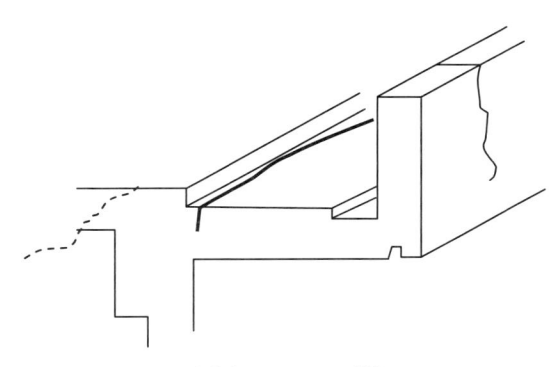

図 4.6.7 片持ちスラブのひび割れパターン

図 4.6.8 片持ちスラブ下面に入ったひび割れ

伝達荷重が設計で想定している積載荷重を上回ることがある．このような場合は，コンクリートが設計基準強度に達しても支保工の取り外しができないことになる．片持ちスラブは，支保工の設置・取外しなど施工に起因するひび割れが入りやすい．

施工時に大きな荷重を受けたために微細なひび割れが入り，その後の乾燥収縮，クリープなどでひび割れ幅が広がり目立つようになる場合がある．また，排水溝や水切りなど断面が小さくなる部位で応力の集中やかぶり厚さの不足などによりひび割れが発生しやすい．

なお，出隅を有する片持ちスラブは，出隅固定端に応力が集中し，放射状にひび割れが入ることがある．

図 4.6.8 はスラブ下面に鉄筋に沿ったひび割れが入った例である．

片持ちスラブのひび割れの要因は表 4.6.5 のとおりである．

4）二重スラブのひび割れ

二重スラブの代表的なひび割れパターンを図4.6.9 に示す．

れが発生することがある．この原因としてバルコニー先端に鉄筋コンクリートの手すり壁があるような断面形状では，片持ちスラブ先端の荷重が大きく，片持ちスラブ支持部の曲げモーメントが大きくなることがあげられる．また，施工時に作用する支保工

表 4.6.5 片持ちスラブのひび割れ要因

区　分		ひび割れの要因
施工	型枠工事	せき板および支保工の存置期間不足による初期ひび割れ
		型枠の剛性不足による若材令時の変形
		支保工計画不良
	鉄筋工事	鉄筋スペーサーの設置不良による，上端筋の下がりおよび鉄筋の有効高さの不足による剛性の低下
		かぶり不足
	コンクリート工事	軟練りコンクリートによる乾燥収縮の増大，付着強度の低下
		ポンプ工法によるホースの引き回しに伴う配筋の乱れおよび手直し不良
		コンクリート打設初期の沈み込みによるひび割れ，タンピング不足，押え不足
		コンクリート打設時の急激な乾燥によるひび割れ，湿潤養生不足
	施工計画	建設資材などの積載による過荷重

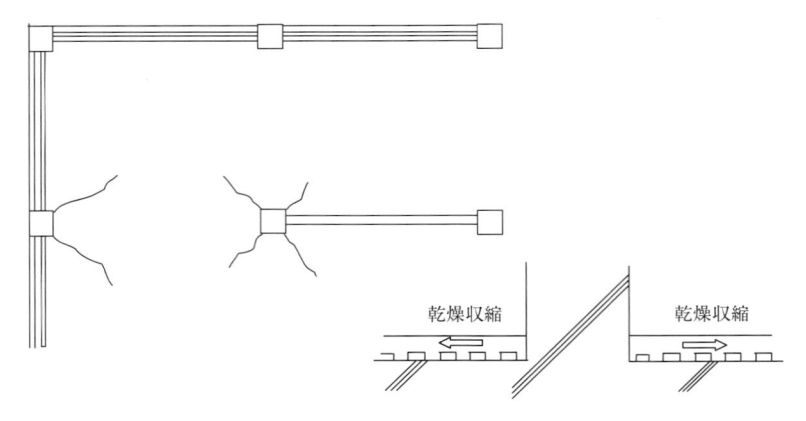

図 4.6.9 地下駐車場の二重スラブのひび割れパターン

図 4.6.10 片持ちスラブ下に発生したコンクリートの浮き・剥落

図 4.6.11 化学的物質による侵食を受けたスラブ

防水押えコンクリートや湧水処理パネル上のコンクリート，浮床コンクリートなどの二重スラブは，下面が躯体コンクリートと一体化していない．そのため，下面の拘束が小さく，スラブには自由収縮に近い状態で乾燥収縮や熱による伸縮が生じる．柱や機械基礎なと二重スラブを貫通する部材がある場合や，側溝なと二重スラブを分割するものがある場合は，二重スラブの乾燥収縮を拘束する柱周りなどに応力が集中し，ひび割れが発生する．

b. 浮き・剥落

スラブ下に発生したコンクリートの浮き・剥落を図 4.6.10 に示す．

鉄筋や埋め込み金物，セパレータなどコンクリートに埋め込まれた鋼材がさびて，コンクリートを押し出す爆裂が見られる．図 4.6.10 の例はスラブの下端筋が下がり，かぶり厚さが不足したために，鉄筋が早期にさびた例である．

c. 鉄筋の腐食

スラブ下のコンクリートが劣化した例を図 4.6.11 に示す．

厨房排水除害施設においてスラブ下面のコンクリートおよび鉄筋が腐食した例である．劣化のメカニズムは 7.12 節「厨房排水除害施設の劣化事例」を参照されたい．

d. 大たわみ

大たわみによる劣化状態は，たわみ量として観察されるが，多くの場合ひび割れを伴う．

前述の「a. ひび割れ」に示したように短辺有効スパンの 1/200〜1/300 のたわみが大たわみ劣化の診断の目安となる．表 4.6.6 に大たわみの劣化度区分を示す．

長期のたわみ量は，弾性たわみに対して両端固定スラブで 12〜18 倍，単純支持の場合，6〜12 倍程度である．大たわみを防止する対策として，初期の弾性たわみを短辺有効スパンの 1/4000 程度となるようにスラブ厚さや配筋を決める必要がある．

e. 土間スラブの沈下

沈下の原因はさまざまであるが，代表的なものは

表 4.6.6 大たわみの劣化度表区分

劣化度	区分の基準	
	たわみスパン比	ひび割れ幅（mm）・総長さ（m）
なし	1/300 未満	0.5 未満かつ 6 未満
軽度	1/200 未満	1.5 未満かつ 15 未満
中度	1/100 未満	3 未満　かつ　20 未満
重度	1/100 以上	3 以上　かつ　20 以上

以下のとおりである．

①軟弱地盤の沈下

田畑，湖沼，海岸，水路などを埋め立てた地盤，山の斜面を切り土および盛り土して整地した地盤等地盤が軟弱なもの

②土間下の土砂の流出

床スラブの下の地盤に埋設した上下水道配管などから水など液体が漏出し，配管周辺の土砂を流出させたもの

③過大な積載荷重

設計で想定した荷重を超えた積載荷重を作用させたもの

④上端筋の下がりによる有効高さの低下による剛性・耐力の低下

⑤コンクリート打設時の配筋の乱れ

⑥軟練りコンクリートによる乾燥収縮の増大

建物全体が沈下する場合と，土間スラブだけが沈下する場合がある．土間スラブだけが沈下している場合は，支持地盤の耐力不足であり，地盤改良により地盤の耐力を上げるか，構造スラブとする必要がある．建物全体が沈下している場合は，杭や基礎を見直さなければならない．

f. 地震被害

地震によって建物が大きく動き，スラブに大きなひび割れが入ることがある．図 4.6.12 に地震による被害の例を示す．

図 4.6.12 地震によりスラブに大きなひび割れが入った例

g. 反り

二重スラブでは，スラブの上面の乾燥が下面よりも早いため，下に凸の形状に変形しやすい．そのため二重スラブが反って，端部に段差を生じることがある．このような劣化が生じやすい二重スラブとしては防水押えコンクリート，湧水処理型枠を使用した二重スラブ，防振材や断熱材の上に構築する浮床などがある．

グラスウールを使った浮床スラブでは，コンクリート打設時の水や浮床使用時の水がグラスウールを濡らさないように，グラスウールの上に防水層が必要である．防水が不安全だとグラスウールが水により劣化し，コンクリートの荷重を支えきれずに沈み込むことがある．

図 4.6.13 にグラスウール浮床に生じる反りと沈

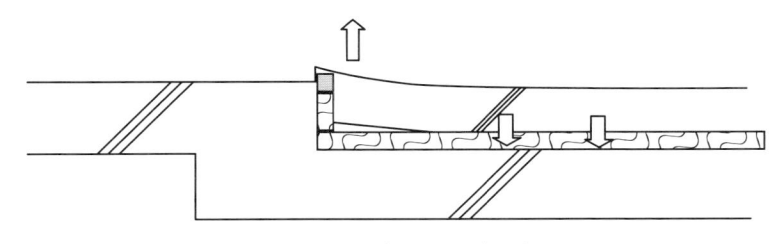

図 4.6.13 グラスウール浮床の反り・沈み込みのパターン

み込みのパターンを示す．

この症状の防止対策として，浮床コンクリートに3～4m間隔以下で誘発目地を設ける方法がある．

【佐々木晴夫】

文　献

1) 国土開発技術研究センター，建築物耐久性向上技術普及委員会：鉄筋コンクリート造建築物の耐久性向上技術，技報堂出版，1986．
2) 建設省建築研究所監修：建物の劣化診断と補修・改修工法，建築技術，1991．
3) コンクリート構造物の補修ハンドブック編集委員会編：コンクリート構造物の補修ハンドブック，技報堂出版，1978．
4) 土橋由蔵・井野智・松山輝男：長大スパン大梁に平行な小梁上の鉄筋コンクリート床スラブの沈下撓みについて，日本建築学会大会学術講演梗概集，1977．
5) 日本建築学会：鉄筋コンクリート構造計算規準，1999．

4.6.3　壁

ここでは，外壁のうち，コンクリート打放し仕上げ外壁（外部側コンクリート構造体表面をコンクリート打設時のままで外壁として機能させている．ただし透明で塗膜厚の薄いクリヤー塗装や浸透性吸水防止材が表面に施されている場合もある），モルタル塗り仕上げ外壁（外壁の外部側コンクリート構造体表面にセメントモルタル層が施されている），タイル張り仕上げ外壁（手張り工法または打込み工法によって外装用タイルが施されている），塗り仕上げ外壁（外部側コンクリート構造体表面を仕上塗材，塗料などで直接仕上げられている）の，「一般建築物の劣化と診断－評価及び判定」について紹介する．主たる劣化要因のうち，中性化による鉄筋腐食，仕上げ変状としては，ひび割れ，浮き，欠損について紹介する．

まず，調査については，(a) 建物概要調査および (b) 外観目視調査を行い，必要に応じて (c) 詳細調査を行うのが一般的である．詳細は，建築保全センター編『建築改修工事監理指針平成19年版』4.7.2[1)]，「鉄筋コンクリート造建築物の耐久性調査・診断および補修指針（案）・同解説」第3章，第4章[2)]を参考にするとよい．

本項（4.6.3項）で紹介する建築物の調査診断の目的は，

①建築物の安全性の確保，外壁仕上げの剥落等人的事故発生防止のための劣化状況把握，改修計画の判断材料を得ること，
②点検結果で安全性の確保（①）は問題ないが，修繕時期にきており，建物の耐久性確保の観点から，目標耐用年数を設定し，改修を行うための資料を得ること，
③管理している建物が多数ある場合，目標耐用年数を設定し，順次改修を行うための優先順位付けのための劣化状況把握，
④修繕時期ではないが，美観の改善の観点から改修を行うための資料を得ること，

などが考えられる．必要に応じて行う (c) 詳細調査の要否は，劣化状況によって決まるだけでなく，調査診断の目的によっても決まるので，調査診断を何の目的のために行うのかを明確にしておく必要がある．

a.　建物概要調査

1) 建物概要調査は，対象とする建築物の固有の条件を調べ，劣化原因および劣化外力を特定するための参考資料を得ることを目的に行う．

2) 調査は，設計図書，施工記録，点検記録および補修・補強工事記録等の書類調査並びに建築物の管理者，使用者等の関係者に対するヒヤリング調査によって行う．

3) 調査は，次の項目について行う．
①建築物の名称および所在地
②建築物の設計者および施工者
③竣工年月
④建築物の用途・規模・構造形式
⑤立地条件
⑥使用材料
⑦仕上材の有無と種類
⑧補修・補強歴
⑨使用上のクレーム
⑩その他，必要な事項

4) 調査結果は，所定の記録様式にしたがって記録する．記録様式は，4.3節によるほか，日本建築学会編「鉄筋コンクリート造建築物の耐久性調査・診断および補修指針（案）・同解説」解説表3.2.1[2)]などを参考にするとよい．

建物概要調査の結果は劣化原因を推定するための資料として用いる．建築物概要調査の結果において，①竣工後の経過年数が長い場合は中性化による鉄筋腐食，②建物の立っている地域が臨海地域にある場合は外来塩化物による鉄筋腐食，③近畿・中国・

四国・九州の瀬戸内海地方および沖縄の建物で竣工年が昭和40～50年代前半で海砂を使用したおそれのある場合は内在塩化物による鉄筋腐食，④建物が特殊環境（熱，薬品，温泉地，腐食性物質など）にある場合は腐食性物質による劣化，鉄筋腐食の原因になっていることがある．

b．外観目視調査

1) 外観目視調査は，劣化症状の有無および劣化現象の種類を調べ，劣化度を把握することを目的に行う．

2) 調査は，スケール，クラックスケール，ハンマー，双眼鏡，カメラ，照明器具などを用い，目視観察，打診により行う．

3) 外観目視調査では，次の項目から必要な項目を選択し，調査する．

①外観上みられる次の劣化症状の有無，発生箇所および程度：

ⅰ) ひび割れ（本数，幅，長さ，形態）

ひび割れの原因推定は，効果的な補修をする上で非常に重要である．外観目視調査は，ひび割れ発生箇所やひび割れの程度など外観上見られる劣化の現状を把握するもので，ひび割れ発生のメカニズムや発生原因の推定に大変重要な指標となる．一般的にひび割れは，その発生部位と形状，分布などによりその発生原因を推定することが可能で，さまざまな分類図が提案されており，日本建築学会編「鉄筋コンクリート造建築物の耐久性調査・診断および補修指針（案）・同解説」3章に示されている解説図は部位ごとにまとめてあり実務上参考となる．

また，ひび割れ幅が0.2 mm 未満，0.2 mm 以上1.0 mm 以下，1.0 mm を超えるかにより，また，ひび割れが挙動するか，挙動しないかにより，補修に適用する工法，材料が異なること，さらに，タイル張り仕上げ外壁においては，構造体コンクリートに達するひび割れであるか，構造体コンクリートには達しないタイル磁片のひび割れであるか，タイル目地のひび割れであるかにより，補修に適用する工法，材料が異なること，から，記録しておくと，改修方法の選択に効率的である．

その他，ひび割れ部分で漏水やさび汁が認められる場合，ひび割れ部分に浮きが共存する場合は，劣化した仕上層の一部を除去し，コンクリート部分におけるひび割れの有無およびひび割れの原因を確認するのが一般的である．エフロレッセンスが見つかったら，その内部に何らかの欠陥があるので丹念に調査する必要がある．

ⅱ) 仕上材の浮き（箇所数，面積，形態）

浮きについては，通常レベルの打撃力によって剥落するおそれのある浮きであるか，浮き面積が 0.25 m² 未満か，0.25 m² 以上か，浮き代が 1.0 mm 以下か，浮き代が 1.0 mm を超えるかにより，補修に適用する工法，材料が異なることから，記録しておくと，改修方法の選択に効率的である．

さらに，タイル張り仕上げ外壁においては，タイル陶片の浮きか，タイル張り仕上げ層の浮きか，構造体コンクリートの劣化を含めての浮きか，タイル張り仕上げ層の浮きか（タイル陶片の浮きか，構造体コンクリートとモルタル間の浮きか），により，補修に適用する工法，材料が異なることから，記録しておくと，改修方法の選択に効率的である．

ⅲ) コンクリートの剥離（箇所数，面積，形態）

ⅳ) 鉄筋露出（本数，長さ，形態）

欠損については，面積が 0.25 m² 未満か，0.25 m² 以上か，構造体コンクリートの劣化を含めた欠損か（構造耐力に関連するコンクリートの劣化か，構造耐力に関連しないコンクリートの劣化か），構造体コンクリート表面の欠損か，により，補修に適用する工法，材料が異なること，から記録しておくと，改修方法の選択に効率的である．

また，モルタル塗り仕上げ外壁においては構造体コンクリートの劣化を含む欠損か，モルタル塗りの欠損か，タイル張り仕上げ外壁においては，構造体コンクリートの劣化を含む剥落欠損か（構造耐力に関連するコンクリートの劣化か，構造耐力に関連しないコンクリートの劣化か），タイル陶片の剥落欠損か，タイル張り仕上げの剥落欠損かにより，補修に適用する工法，材料が異なることから，記録しておくと，改修方法の選択に効率的である．

そのほか，欠損部の周囲に浮きが存在するか否かを確認する．

ⅴ) さび汚れ（箇所数，形態）

ⅵ) その他

② 機能障害の有無および発生箇所
　 i) 漏水跡
　 ii) 変形
　 iii) 異常体感（振動，大たわみ）
　 iv) その他

4) 調査結果は，所定の記録様式にしたがって記録する．特徴的な劣化症状については写真撮影，スケッチを行う．外観目視調査におけるひび割れの形態から，ある程度劣化原因を推定することができる．また，この時，目視調査では得られない中性化深さ，塩化物量などをドリル粉末の分析による簡易試験によって調査することがある．記録様式は，4.3 節によるほか，日本建築学会編「鉄筋コンクリート造建築物の耐久性調査・診断および補修指針（案）・同解説」解説表 3.3.1[2] などを参考にするとよい．

c. 詳細調査

1) 詳細調査は，建物概要調査および外観目視調査の結果，劣化の原因が鉄筋腐食によると推定される場合，あるいはその劣化によって鉄筋腐食が引き起こされると予測される場合（劣化の程度が軽微であるが，目標耐用年数に満たないうちに著しい劣化度に達するかどうかを劣化進行予測により予測する場合を含む）に，劣化度を判定して劣化原因を特定し補修の要否の判定並びに補修工法の選定を行うために必要な資料を得ることを目的とする．また，劣化の程度は軽微であるが劣化の原因が明らかでない場合には原因を特定するための詳細調査を引き続いて行う．

2) 詳細調査における調査箇所は，劣化している部分と健全な部分，屋内側と屋外側，海側と山側など，劣化状況別，環境条件別に選定する．

3) 詳細調査では，現地調査および採取試料の分析調査を行う．

4) 現地調査では，はつりによる調査，コア採取による調査，非破壊試験による調査などを行って，次の項目について調査する．
① 仕上材の施工状況（種類，厚さなど）
② 仕上材の劣化状況（脆弱化，浮き，剥落など）
③ コンクリートの施工状況
④ コンクリートの劣化状況
⑤ 鉄筋の種類と径並びに配筋状況
⑥ 鉄筋に対するコンクリートのかぶり厚さ
⑦ 鉄筋の腐食状況
⑧ コンクリートの中性化深さ
⑨ コンクリート中の塩化物の存在
⑩ その他

5) 現地調査のうち，はつりによる調査で鉄筋の腐食状況を調査する場合の評価基準は，4.3 節によるほか，建築保全センター編「建築改修工事監理指針平成 19 年版」表 4.7.1[1] の鉄筋腐食度評価基準などを参考にするとよい（表 4.6.7）．

6) 採取試料の分析では，採取したコンクリートコアやはつり片を用いて，次の項目から必要な項目を選択して調査する．
① コンクリートの材料・調合
② コンクリートの圧縮強度・ヤング係数
③ コンクリートの中性化深さ
④ コンクリート中の塩化物イオン量
⑤ コンクリートのポロシティー・気泡分布
⑥ コンクリートの含水率
⑦ その他

7) 調査結果は，診断に用いることができるように整理して記録する．

また，診断では，劣化度の判定，劣化原因の特定，アルカリ骨材反応・酸性土壌・化学薬品等の腐食物質による劣化の有無の判定（4.3 節，4.7 節など参照），耐震性・構造耐力に関する調査の必要性の判定（6.2 節，6.4 節など参照），補修要否の判定を行って，補修工法の選定を行う．

表 4.6.7 鉄筋腐食度評価基準の例 [1), 2)]

グレード	評点	評価基準
I	0	腐食がない状態，または表面にわずかな点さびが生じている状態
II	1	表面に点さびが広がって生じている状態
III	2	点さびがつながって面さびとなり，部分的に浮きさびが生じている状態
IV	4	浮きさびが広がって生じ，コンクリートにさびが付着し，断面積で 20% 以下の欠損を生じている箇所がある状態
V	6	厚い層状のさびが広がって生じ，断面積で 20% を超える著しい欠損を生じている箇所がある状態

d. 劣化度の判定

1) 劣化度の判定は，部位・部材ごとに行う．
2) 劣化度の判定は，外観の劣化症状および鉄筋の腐食グレードをもとに，4.3節によるほか，建築保全センター編「建築改修工事監理指針平成19年版」表4.7.2[1]の劣化度評価基準などを参考にするとよい（表4.6.8）．

e. 劣化原因の特定および劣化進行予測

1) 調査結果に基づき，劣化要因または劣化外力の強さを評価し，劣化の主原因を特定する．
2) 鉄筋腐食によってコンクリートにひび割れ，浮き，剥落などの劣化現象が生じた場合は，鉄筋腐食の要因によって劣化原因を次のように分類する．
 ①コンクリートの中性化
 ②初期内在塩化物（コンクリート中に塩化物イオンを内在している場合）
 ③外来塩化物（外部からコンクリート中に塩化物イオンが浸透してくる場合）
 ④上記①〜③を複合したもの
 ⑤その他
3) 鉄筋腐食以外の原因によってコンクリートにひび割れが生じ，その結果，鉄筋腐食が生じるおそれのある場合は，ひび割れの要因によって劣化原因を分類する．
4) 上述2)，3)項において，劣化原因が，アルカリ骨材反応および酸性土壌，化学薬品などの腐食物質による劣化現象であると判断される場合，並びに地震，不等沈下および過荷重などの構造的要因に起因する劣化現象であると判断される場合は，別途，必要な調査を行う．
5) 鉄筋腐食にかかわりがないと考えられる劣化現象の場合は，別途，必要な調査を行う．
6) コンクリートの中性化による劣化原因の強さは，中性化進行の程度によって，4.3節に示すように分類するほか，建築保全センター編「建築改修工事監理指針平成19年版」表4.7.3[1]などを参考にするとよい（表4.6.9参照）．
7) コンクリート中の塩化物イオン量による劣化原因の強さは，鉄筋のかぶり厚さの位置での塩化物イオン量によって，4.3節に示すように分類するほか，建築保全センター編「建築改修工事監理指針平成19年版」表4.7.4[1]などを参考にするとよい．
8) コンクリートの中性化，初期内在塩化物又は外来塩化物が複合した場合の劣化原因の強さは，おのおのの劣化原因の強さのうち，もっとも大きいもので評価する．
9) 鉄筋腐食の原因となるひび割れによる劣化原因の強さはコンクリート表面のひび割れ幅によって，4.3節に示すように分類するほか，建築保全セ

表 4.6.8 劣化度評価基準の例[1], [2]

劣化度	評価基準	
	外観の劣化症状	鉄筋の腐食状況
健全	目立った劣化症状はない．	鉄筋の腐食グレードはⅡ以下である．
軽度	鉄筋に沿う腐食ひび割れは見られないが，乾燥収縮による幅0.3 mm未満のひび割れやさび汚れなどがみられる．	腐食グレードがⅢの鉄筋がある．
中度	鉄筋腐食によると考えられる幅0.5 mm未満のひび割れが見られる．	腐食グレードがⅣの鉄筋がある．
重度	鉄筋腐食による幅0.5 mm以上のひび割れ，浮き，コンクリートの剥落などがあり，鉄筋の露出などが見られる．	腐食グレードがⅤの鉄筋がある．
		腐食グレードがⅤの鉄筋はないが，大多数の鉄筋の腐食グレードはⅣである．

表 4.6.9 コンクリートの中性化による劣化原因の強さの分類の例[1], [2]

劣化原因の強さ	中性化進行の程度による分類	
	屋外	屋内
小	中性化が鉄筋の表面までまだ進行していない	中性化が鉄筋の裏側までまだ進行していない
中	中性化が少数の鉄筋の表面まで進行している	中性化が少数の鉄筋の裏側まで進行している
大	中性化が半数以上の鉄筋の表面まで進行している	中性化が半数以上の鉄筋の裏側まで進行している

ンター編「建築改修工事監理指針平成 19 年版」表 4.7.5[1] などを参考にするとよい．

10) 劣化原因の強さに対する劣化進行予測は，試験，信頼できる資料などに基づいて算定する．4.3 節によるほか，国土開発技術研究センター編「鉄筋コンクリート建築物の耐久性向上技術」第 1 章鉄筋コンクリート建築物の劣化診断技術指針・同解説[3]，日本建築学会編「鉄筋コンクリート造建築物の耐久設計施工指針（案）・同解説」[4] などを参考にするとよい．

f. 補修要否の判定

1) 補修は，安全性の確保，耐久性の向上，あるいは機能性の回復が必要な場合に行う．

2) 劣化度が中度または重度の場合は，安全性の確保のために補修を行う．また，重度の場合は，必要に応じて構造耐力診断を行う．

3) 劣化度が軽度の場合は，劣化進行を予測し，目標耐用年数に満たないうちに著しい劣化度に達することが予想される場合には，耐久性の向上のために補修を行う．劣化進行予測は e.10) による．

4) 機能性の回復のための補修は，部材に要求される機能に対して補修の要否の判定を行う．具体的には，4.3 節，6.2 節に示すように判定するほか，建築保全センター編『建築物修繕措置判定手法』の「4.4 判定フローと判定基準（コンクリート打放し仕上げ外壁）」「5.4 （モルタル塗り仕上げ外壁）」，「6.4 （タイル張り仕上げ外壁）」，「7.4 （塗り仕上げ外壁）」[5] などを参考にするとよい．

g. 補修工法の選定

1) コンクリート打放し仕上げ外壁，モルタル塗り仕上げ外壁，タイル張り仕上げ外壁，塗り仕上げ外壁の仕上げ層補修工法の選定は，4.3 節，6.2 節に示すように選定するほか，建築保全センター編「建築改修設計基準及び同解説平成 11 年版」第 5 章[6]，

「建築改修工事監理指針平成 19 年版」4 章[1] を参考にするとよい．

2) 劣化の原因が鉄筋腐食によると推定される場合，あるいはその劣化によって鉄筋腐食が引き起こされると予測される場合補修工法は，次のように分類される．

① 鉄筋腐食補修工法
② 中性化抑制工法
③ 塩害抑制工法
④ ひび割れ補修工法

3) 補修工法の選定は，部位・部材ごとに行う．

4) 補修工法は，劣化度および劣化要因の強さに応じて選定する．劣化原因が中性化，ひび割れの場合の補修工法は，4.3 節，6.2 節に示すように選定するほか，建築保全センター編「建築改修工事監理指針平成 19 年版」表 4.7.6，表 4.7.8[1] などを参考にするとよい．劣化原因が中性化の場合の補修工法，回復目標レベルと補修工法選定の関係の例を表 4.6.10，図 4.6.14 に示す．劣化原因が初期内在塩分，外来塩化物の場合の補修工法は，4.3 節，6.2 節に示すように選定するほか，4.7 節，建築保全センター編「建築改修工事監理指針平成 19 年版」表 4.7.7[1] などを参考にするとよい．

5) 鉄筋腐食に対する劣化外力が厳しい場合は，特殊工法（6.3 節，6.3.6 項参照）を適用することを検討する．

【平松和嗣】

文　献

1) 建築保全センター：建築改修工事監理指針平成 19 年版，2008.
2) 日本建築学会：鉄筋コンクリート造建築物の耐久性調査・診断および補修指針（案）・同解説，1997.
3) 国土開発技術研究センター：建築物の耐久性向上シリーズ建築構造編 I 鉄筋コンクリート建築物の耐久性向上技術，1986.
4) 日本建築学会：鉄筋コンクリート造建築物の耐久設計施工指針（案）・同解説，2004.

表 4.6.10　劣化原因が中性化の場合の補修工法の例[1, 2]

劣化度	劣化原因の強さ（中性化深さ）		
	小	中	大
軽度	不要（かぶり不足の場合は中性化抑制工法を併用する）	中性化抑制工法	中性化抑制工法
中度	別の原因を検討する	ひび割れ補修工法＋中性化抑制工法	鉄筋腐食補修工法＋中性化抑制工法
重度	別の原因を検討する	別の原因を検討する	鉄筋腐食補修工法＋中性化抑制工法

4.6 一般建築（事務所・店舗・病院・学校他）

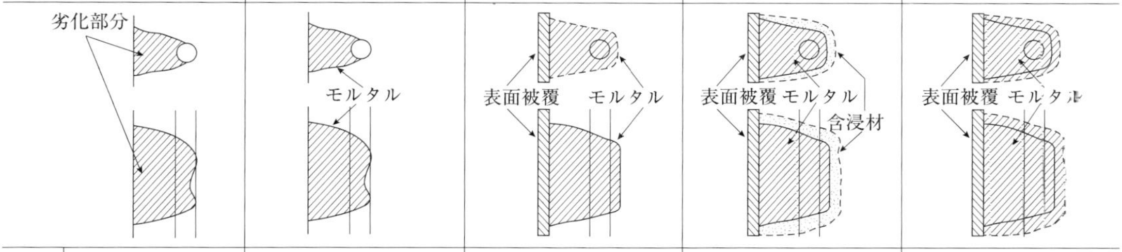

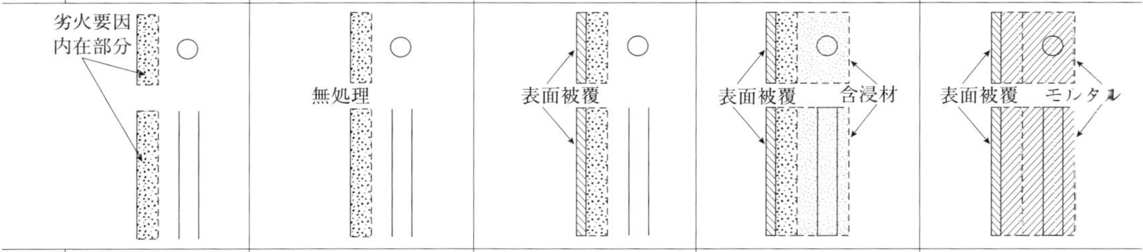

損傷の種類および補修の種類		回復目標レベル			
		暫定	延命	恒久	恒久
劣化部分		モルタル	表面被覆　モルタル	表面被覆　モルタル 含浸材	表面被覆　モルタル
鉄筋腐食補修工法	コンクリートのはつり	ひび割れ，剥離部分のみ	鉄筋腐食箇所すべて	鉄筋腐食箇所すべて	鉄筋腐食箇所すべて
	さび鉄筋の処理	浮きさびの除去	浮きさびの除去	浮きさびの除去	二種けれん以上
	含浸材処理	－	－	アルカリ性付与剤塗布型防せい材	－
	鉄筋防錆処理	－	鉄筋防錆材	鉄筋防錆材	鉄筋防錆材
	断面修復	断面修復	断面修復	断面修復材	断面修復材
	表面被覆	－	中性化抑制材料又は塩化物浸透抑制材料	中性化抑制材料又は塩化物浸透抑制材料	中性化抑制材料又は塩化物浸透抑制材料
劣化要因内在部分		無処理	表面被覆	表面被覆　含浸材	表面被覆　モルタル
中性化抑制工法	コンクリート表面処理	はつりなし，けれん，清掃	はつりなし，けれん，清掃	はつりなし，けれん，清掃	中性化部分除去
	含浸材処理	－	－	アルカリ性付与材	－
	断面修復	－	－	－	断面修復材
	表面被覆	－	中性化抑制材料	中性化抑制材料	中性化抑制材料
塩害抑制工法	コンクリート表面処理	はつりなし，けれん，清掃	はつりなし，けれん，清掃	はつりなし，けれん，清掃	塩化物浸透部分除去
	含浸材処理	－	－	塗布型防錆材	－
	断面修復	－	－	－	断面修復材
	表面被覆	－	塩化物浸透抑制材料	塩化物浸透抑制材料	塩化物浸透抑制材料

図 4.6.14 回復目標レベルと補修工法選定の関係の例[1), 2)]

5) 建築保全センター：建築物修繕措置判定手法，1993.
6) 建築保全センター：建築改修設計基準及び同解説平成11年版，1999.
7) 今泉勝吉監修：最新版建築物の劣化診断と補修改修工法，建築技術増刊，2001.

4.6.4 柱・梁

a. はじめに

劣化要因の1つに配筋不良（かぶり不足）や充填不良（豆板・空洞）などの施行不具合があげられる（図4.6.15）．かぶり不足は耐久性に大きく影響するし，

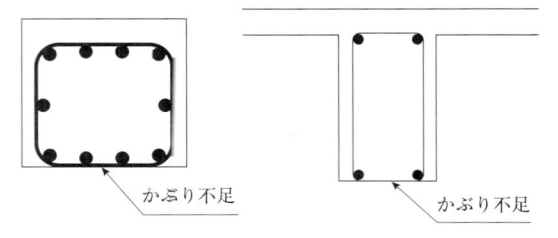

図 4.6.15　柱・梁部かぶり厚さ不足概念図

豆板・空洞の発生は耐久性だけでなく，構造性能への影響も懸念される．そのため，施行段階で適切な施行の遵守と適切な品質管理が重要である．

ここでは施行不具合に関する症状，調査方法，補修方法などについて紹介する．

b.　鉄筋のかぶり厚さ不足

柱部および梁底面における鉄筋のかぶり厚さ不足（図4.6.16）のほとんどが，鉄筋の寸法および型枠寸法は設計値を満足しているが，施工時（鉄筋組立，型枠組立およびコンクリート打設）における鉄筋位置の偏りによるものである．これはかぶり厚さを確保するために鉄筋スペーサーの未設置や下階差し筋のずれなどが原因である．かぶり厚さが不足すると，中性化による鉄筋腐食先行型のひび割れが発生し，かぶりコンクリートの剥落，その後，腐食した鉄筋が断面欠損を生じて構造耐力の低下が懸念される．

かぶり厚さ不足の調査方法は，電磁誘導法，電磁波レーダ法による非破壊検査機により測定が可能である．電磁誘導法の場合は磁力の強弱で判別するため，直下に不連続面や隙間があっても測定可能であるが，一方，配筋状況が密な状態にある場合は周囲の鉄筋が干渉し合って，かぶり厚さの測定値に誤差を生じるなど欠点もある．また電磁波レーダ法の場合はかぶりや鉄筋間隔を比較的効率良く測定できるが，隙間などが介在すると測定できない上に，コン

図 4.6.16　梁底面かぶり不足状況

クリート中の含水状態などに電磁波の伝播速度が影響されるため，測定値に誤差が発生する．すなわち，測定誤差を考慮した上で，測定条件にあった測定方法および測定器を選定することが重要である．

かぶり厚さ不足における補修方法は，所要のかぶり厚さを確保するために断面修復材（ポリマーセメントモルタル・無機系セメントモルタル）無収縮グラウト材・コンクリートによりかぶり部の増厚を行う．また一体化を図るため打ち継ぎ面の目荒しなどに留意する梁底面などの剥落が予測される箇所に関しては，剥落防止処置を施す必要がある（図4.6.17）．また鉄筋が腐食している場合は，さび落としの上，防錆処理や防錆モルタルなどにより処置を行うことに留意する．

c.　豆　板

豆板はコンクリート打設時において，締固め不足，材料分離によって生じる（図4.6.18）．柱下部のように鉄筋が密に配置されている箇所は，セメントペースト，モルタルの廻りが悪く生じやすい．また豆板部のコンクリートはセメント分が少なく，空

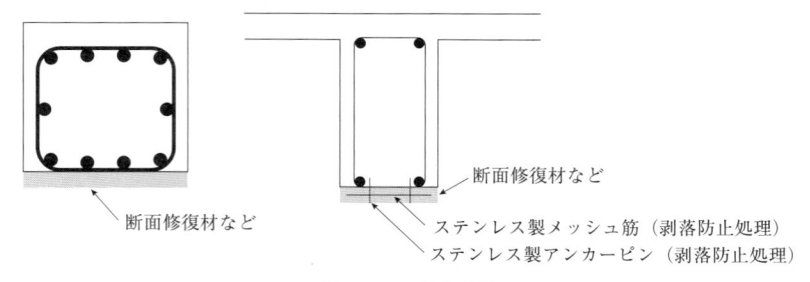

図 4.6.17　補修方法

図 4.6.18 豆板発生状況（柱部）

図 4.6.20 SRC 造梁部（柱仕口部）における空洞

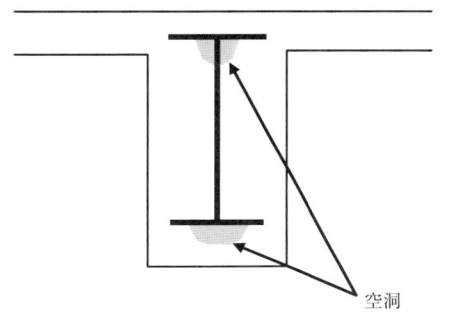

図 4.6.19 SRC 造梁部における空洞

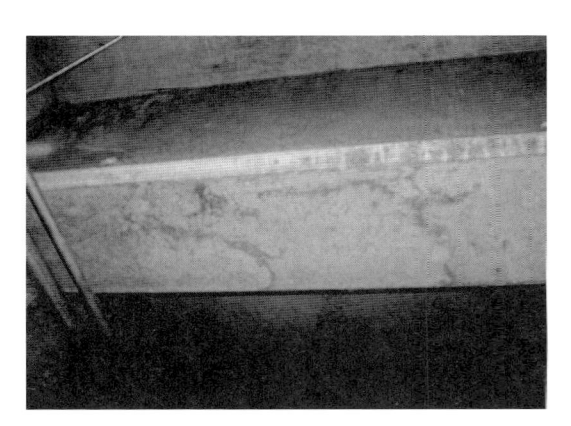

図 4.6.21 異物混入状況（梁底）

隙が多い状態にある．豆板が躯体表面に発生した場合，炭酸ガスの進入による中性化に伴う鉄筋の腐食が生じている可能性がある．

豆板部の補修は，不良部をはつりにより除去して部位・断面形状・規模により断面修復材（ポリマーセメントモルタル・無機系セメントモルタル）無収縮グラウト材・コンクリートの充填を行う．

d. 空　洞

とくに SRC 造の梁部において，鋼材側面および底面部に空洞が発生する場合が多い（図 4.6.19，図 4.6.20）．打診調査，弾性波法（超音波），またはドリルなどを用いて孔を開けて内視鏡により内部の状況を確認する方法がある．

補修方法は，不良部の大きさ，状態を充分に把握した上で，その状況により使用材料および工法を選定する．無収縮グラウト材の圧入・樹脂注入材または微粒子セメントなどの注入を行う．

e. 異 物 混 入

型枠脱型後の梁底面およびスラブ下面のコンクリート表面に，型枠・鉄筋組立などの作業時に発生した鉄筋くず，結束線，木片，おがくずなどの異物が見受けられる場合がある（図 4.6.21）．また大型の異物が混入した場合，その周辺部のコンクリートが未充填になる場合があり，豆板などが発生する場合がある．背面が地中部の水平打ち継ぎ部に異物が混入した場合，打ち継ぎ部の付着不良が発生し漏水が発生する可能性がある．

補修方法は，異物除去後，部位・断面形状・規模により断面修復材（ポリマーセメントモルタル・無機系セメントモルタル）無収縮グラウト材・コンクリートによる充填を行う．スラブ下面および梁底面等の剥落が予測される箇所に関しては，剥落防止処置を施す必要がある．また漏水が発生している水平

打ち継ぎ部に関しては，止水処理を施した後，無収縮グラウト材の圧入・樹脂注入材または微粒子セメントなどの注入を行う．

f. 梁側コールドジョイント

柱部を打設した後，梁部に打ち重ね部分をつくるようなコンクリートの打設を行うと，梁側面および下面にコールドジョイントが発生する場合がある

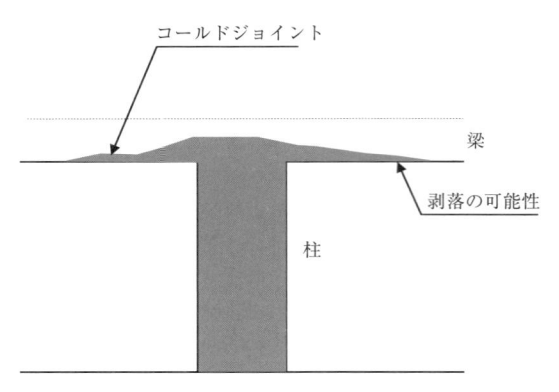

図 4.6.22　コールドジョイント発生状況

図 4.6.23　コールドジョイント発生状況

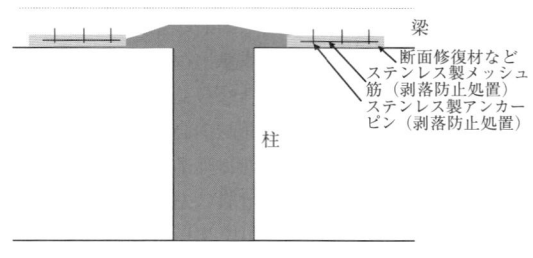

図 4.6.24　補修方法

(図 4.6.22，図 4.6.23)．また，柱と梁の仕口部に仕切板を設けて分離打ちする場合，その仕切板の隙間からモルタル分が流れ出て硬化してしまい，後打ちの梁コンクリートと一体化せず，コールドジョイントを発生させることもある．スターラップ下部に発生したかぶりコンクリート部のコールドジョイントは，剥離・剥落の可能性がある．

不良部をはつりにより除去し，部位・断面形状・規模により断面修復材(ポリマーセメントモルタル・無機系セメントモルタル) 無収縮グラウト材・コンクリートにより充填を行う．除去面積に応じて剥落防止処置を施す (図 4.6.24)．

g. 型枠内の残水

コンクリート打設前の型枠内に雨水などの残水がある状態でコンクリートを打設した場合，極部的にコンクリートの水セメント比が大きくなり，脆弱部が生じて部分的な強度不足が生じる場合がある (図 4.6.25，図 4.6.26)．その脆弱部は健全な箇所に比べてコンクリート表面の色違いとなり，ペースト分と骨材が材料分離を起こしている傾向にある．

補修方法は，脆弱部分を完全に除去した後，型枠を組むなどして，無収縮コンクリート・無収縮モルタルの圧入を行う．必要に応じて補強も検討する(図 4.6.27)．

h. ま と め

多くの場合脆弱部分がどの程度かは，表面を見ただけではわからない．はつり取って健全な個所が出てきてはじめて「ここまで不良個所があるのか」とわかるものだ．

だが，一般的には，不良箇所がどれだけ深いかを判断することもなく，表面にモルタルを塗って終わりという現場が多いのではないだろうか．発注者に引き渡した後，ひび割れや漏水などが発生したとして現場に呼ばれる建物では，型枠をばらしたときにわかっていたものを塗って隠した (つもりはないのだろうが) 状態，あるいはそこまで悪質ではないにしても，それを異常と気付かなかった建物が多い．

少しの違いにも注意を払い，おかしいなと感じたときは，ハンマーなどでたたいて確認してみることが重要なのである．そうすれば，不具合の実態を把握することができるし，不具合を生じさせないための対策に取り組むことができるのである．

【田中宏之】

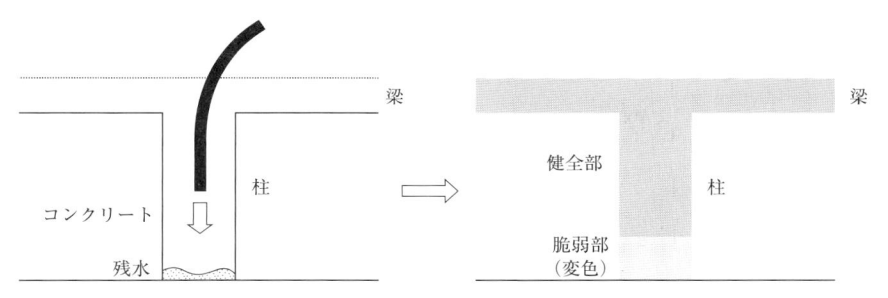

図 4.6.25 型枠内の残水による脆弱部の発生状況

図 4.6.26 変色状況（脆弱部）

図 4.6.27 変色箇所（脆弱部）はつり後

4.7 特殊構造物や過酷な環境下

4.7.1 煙突・サイロ

a. 煙突
1) 煙突の劣化・損傷状況

煙突には，排ガスによる熱やケミカルの影響，振動や風による外力などにより，さまざまな劣化・損傷が生じる．

コンクリート筒体には，表面劣化，ひび割れ（図4.7.1），浮き・剥落（図4.7.2），鉄筋露出などが生じる．

また，内部ライニングには，摩耗，目地消失，割れ，脱落（図4.7.3）などが生じる．

2) 調査診断（調査項目）

煙突の劣化・診断には，煙突の概要調査，耐久診断（第一次診断）および耐震診断（第二次診断）が

図 4.7.1 外部コンクリートひび割れ状況

図 4.7.2 外部コンクリート浮き剥落状況

図 4.7.3 内部レンガ脱落状況

ある．なお，耐震診断は，必要に応じて実施する．煙突の概要調査による調査診断書の例を表 4.7.1 に示す．

日本建築防災協会の「既存 RC 造煙突の耐久・耐震診断指針（案）」[1]では，煙突の耐久診断（第一次診断）は，①ひび割れの発生状況，②圧縮強度（静弾性係数），③鉄筋のかぶり厚さと発錆状況，④中性化深さ，⑤ライニング材の損傷程度，を確認し，各項目について A 級，B 級，C 級にランク分けし，これらの結果に基づいて耐久性の総合判定を行うほか，必要に応じて，①仕上げ材の剥離，②X 線回折，③コンクリートの物理試験，④コンクリートの化学試験，を行うこととしている．

耐久診断で，コンクリート強度試験の結果（平均値）が設計基準強度の 85％ 未満の場合（静弾性係数断についても同様），および将来予想される地震に対してその耐震性を検討する必要がある場合には，耐震診断（第二次診断）を実施する．

耐震診断は，建設当時の設計基準（旧耐震基準）で設計された既存の煙突を現在の動的設計法の考え方に基づいて検討するもので，具体的には，想定地震外力に対する煙突のある高さごとの水平断面における保有曲げ耐力（O_s）を求め，保有曲げ耐力（O_s）と必要曲げ耐力（R_s）の関係などから，①異常ない，②耐震的に疑問がある，③建て直した方がよい，の 3 つのレベルに分類し，「耐震的に疑問がある」もの（保有曲げ耐力が必要曲げ耐力を下回っている領域）について，耐震補強を行う．

3） 補修・補強
■ 補 修
①外部補修：
（i） 補修方法　外部コンクリート補修方法として，煙突用コンパーマ工法[2]がある．これは，煙突の劣化損傷の発生要因を考慮した煙突専用の補修技術である．特徴として，①コンクリート表面を強化し，気密性・撥水性を高め，コンクリートの中性化やアルカリ骨材反応の進行を防止する，②伸縮性と付着性に優れた材料を使うことで補修後のひび割れ・浮きなどを防止する，③鉄筋まわりのアルカリ性の回復や防錆処理によりさびの再発を防止する，④炭素繊維やステンレスアンカーピンの適用により機械的強度を付加する，⑤仕上げ面の弾性塗膜がコンクリート保護層となり，補修後の美観性も維持される，などがあげられる．

塗装は高耐候型のウレタン系塗料を使用し，必要に応じて航空標識塗装またはデザイン塗装を行う．

付帯設備補修としては，昇降タラップ，ステージ，手すりなど金物の補修・塗装を行う．

（ii） 施工手順　補修の施工手順の概略を示す（図 4.7.4）．

・表面ケレン（図 4.7.5）
・ひび割れ表面塞ぎ補修（幅 0.3 mm 未満のひび割れ）
・ひび割れ U カット・エポキシ注入補修（幅が 0.3 mm 以上のひび割れ）（図 4.7.6）
・浮きはつり取り補修（1 カ所あたりの浮き面積が 0.3 m² 未満の浮き）（図 4.7.7）
・浮きピンニング・セメントスラリー注入補修（1 カ所当りの浮き面積が 0.3 m² 以上の浮き）（図 4.7.7）
・補修面不陸調整

②内部補修・内筒化：　煙突内部の補修方法として，既存のライニング面を補修する方法と，既存ライニングを解体撤去して内筒化煙突に改造する方法

表 4.7.1 調査診断書の例

RC造煙突の名称		所 有 者 名	
		管 理 者 名	
所　在　地		環境条件（地域）	1. 一般地域 2. 寒冷地域 3. 多雪地域 4. 海岸近接地域 5. 化学工業地帯 6. 空気汚染地域 7. その他（　）
			CO_2（　）ppm SO_2（　）ppm
調　査　・　試　験 依　頼　者　名		調査・試験期間	年　月　日〜 　　年　月　日
		過去の調査・試験の有無 および結果の処理	1. 有　　年　月 2. 無
RC造煙突の用途		RC造煙突の施工者名	
規　模	高さ（　）m 頂部口径（　）と厚さ（　） 底部口径（　）と厚さ（　）	RC造煙突の施工者名	
		過去の（　）害の有無	
建　設　年　次		使用燃料と排出ガスの 種類・濃度および温度	燃料　 ガス　 濃度　 温度
経　過　年　数			
今　後　の　希　望 耐　用　年　数		ライニング材の有無と種 類・工法	
躯体コンクリートの設計基準強度 （Fc）	（kg/cm²）	施工時の躯体コンクリー トのW/C	（％）
構造計算に用いた躯体コンクリー トの静弾性係数	（kg/cm²）	構造計算に用いた鉄筋の 許容応力度	（kg/cm²）
総　合　判　定 ・ 対　策	第一次診断	1. 異常ない. 2. 現在は異常ないが，（　）年後に再び調査，試験することをすすめる. 3. 一部に補修の必要あり. 4. 第二次診断の必要あり. 5. 頂部を切除し，改修の必要あり. 6. なるべく建て直した方がよい. 7. 建て直した方がよい.		
	第二次診断	8. 異常ない. 9. 耐震性に疑問がある. 10. 建て直した方がよい.		
調査・試験担当者名		判　定　者　名	

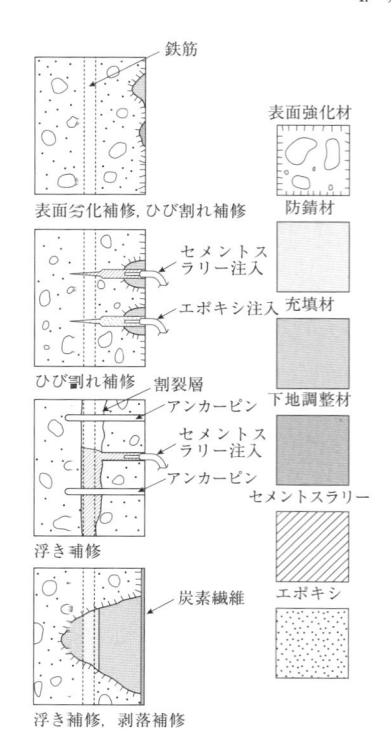

図 4.7.4 各種補修例

図 4.7.5 コンクリート表面ケレン

図 4.7.6 ひび割れUカット・エポキシ注入補修

図 4.7.7 浮きはつり取り補修

図 4.7.8 内部補修（配筋）

がある．
（i）内部補修（ライニング補修） 煙突のライニング材として多く使われるのは，耐火レンガや吹き付け耐火材[3]である．

内部補修の施工手順の概略を示す．なお，耐火レンガが脱落している場合は，レンガの積み替えも行う．

①内部洗浄
②目地補修
③配筋（図 4.7.8）
④ライニング材吹付け（図 4.7.9）

（ii）内筒化 内筒化とは，既存のライニングを解体撤去して，ステンレスやFRP製などの内筒を煙突内部に据付ける工法である．

内筒化により排煙機能が向上するとともに，排ガスの影響による筒体コンクリートの酸腐食や熱応力

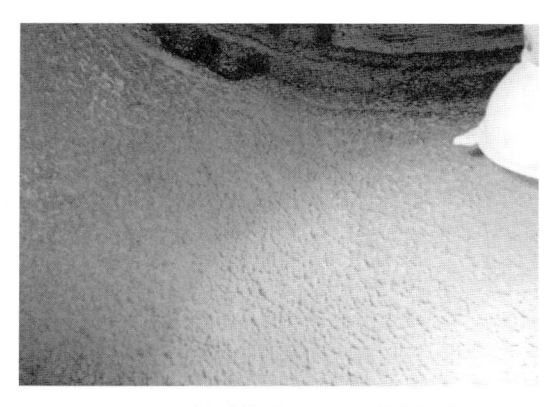

図 4.7.9 内部補修（ライニング材吹付け）

図 4.7.10 内筒挿入状況

図 4.7.11 内筒据付け状況

の問題も回避でき，メンテナンスも容易となる．
　内筒は煙突頂部から搬入し，据付ける．
　内筒化の施工手順の概略を示す．
　　①既存ライニング撤去
　　②内筒支持金物取付け
　　③内筒保温，内筒据付け（図 4.7.10, 図 4.7.11），

頂部雨仕舞取付け，煙道接続
■ 耐震補強
　①補強の考え方： 1948 年に発生した福井地震の被害を教訓に 1950 年に建築基準法が制定され，同施行令第 9 章工作物の第 139 条に「煙突は，水平震度を 0.3 として計算した地震力に耐える構造としなければならない」と規定された．福井地震において，多くの煙突が折損・倒壊の被害を受けている（図 4.7.12 参照）．これらの被害例の検討の結果を踏まえ，日本建築学会は 1976 年に「鉄筋コンクリート煙突の構造設計指針」[4] を発刊している．この指針では，煙突の固有周期に応じたベースせん断力係数，ベースモーメント係数が与えられ，煙突高さ方向のせん断力分布，曲げモーメント分布が規定されている．一方，既存の鉄筋コンクリート（RC）造煙突の耐震性については，1981 年に日本建築防災協会から「既存 RC 造煙突の耐久・耐震診断指針（案）」[1] が刊行されている．本指針（案）では，過去の地震における RC 造独立煙突の被害は曲げ応力による傾斜，折損で，せん断破壊した例は見られないことから，RC 造の独立煙突の耐震性の評価では，想定地震外力に対して，RC 造煙突のある高さでの水平断面における保有曲げ耐力（O_s）が必要曲げ耐力（R_s）を上回っていることを確認することとしている．その結果，「耐震性に疑問がある」場合には，高さ方向（縦方向）の補強筋を増設するなどして，保有曲げ耐力が必要曲げ耐力を上回るように（補強）する．
　図 4.7.12 は，RC 造独立煙突の煙突高さと地震被害位置との関係である．この結果，煙突の損傷位置（補強位置）は煙突の頂部から煙突高さの 1/3〜1/2（低い煙突では脚部）となっており，この部分の補強が必要となる．
　②補強方法： 既存 RC 造煙突の耐震性を向上させる方法として，①高強度で耐久性に優れた炭素繊維などの連続繊維シートを曲げ補強筋として煙突の表面に貼り付け，曲げ強度を向上させる，②鋼材を煙突の表面に設置し，曲げ性能を向上させる，③煙突頂部のコンクリートを切断した後，軽量なステンレスなどで復元することによって，煙突の自重を軽減させ，地震入力を低減させる，などの方法がある．
　鋼材による補強では，補強後の煙突重量が増加する（地震入力が増加する）ほか，施工時に大掛かりな足場の設置や大型重機が必要となるなどの課題がある．また，煙突の頂部をステンレスで復元する場合には，工事期間中，操業を停止する必要があるな

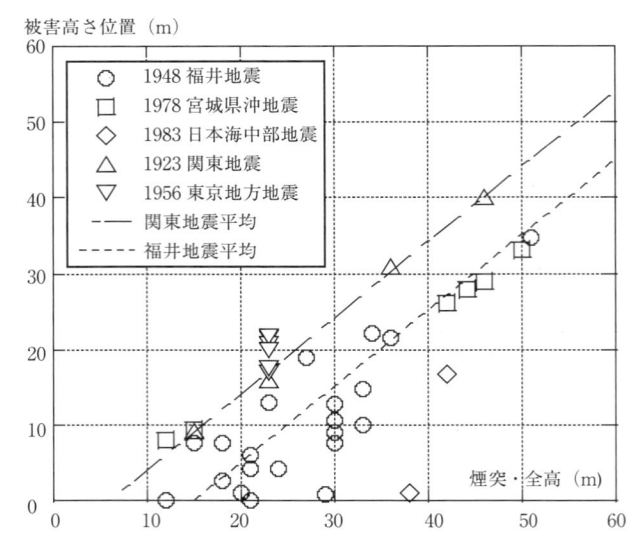

図4.7.12 煙突高さと被害位置との関係

どの問題点がある．一方，連続繊維シートによる補強では，使用材料が軽量であるため大掛かりな重機を必要とせず，補強工事もゴンドラで施工できるため，工期短縮が図られるほか，外からの補強であるため，操業を停止せずに施工可能である．そのため，最近では，炭素繊維による補強が広く行われている．

③施工手順： 煙突の補強工事は，煙突表面のコンクリートの補修（ひび割れ，浮き，剥落，鉄筋の防錆処理）の後に行う．

（i） 炭素繊維，アラミド繊維による補強（連続繊維補強） 連続繊維シートによる補強の施工要領等については日本建築防災協会の「連続繊維補強材を用いた既存鉄筋コンクリート造及び鉄骨鉄筋コンクリート造建築物の耐震改修設計・施工指針」[5]に詳細に述べられている．また，炭素繊維による煙突補強の施工事例について，4.7.4項「電力施設」で詳しく述べられているので，ここでは，連続繊維補強における下地処理以降の施工手順の概略を示す．

①プライマーの塗布（図4.7.13）
②接着含浸樹脂の塗布（下塗り）
③連続繊維シート（縦方向）の貼付け（図4.7.14）
④接着含浸樹脂の塗布（上塗り）
⑤接着含浸樹脂の塗布（下塗り）
⑥連続繊維（円周方向）の巻き付け（図4.7.15）
⑦接着含浸樹脂の塗布（上塗り）
⑧塗装（仕上げ），避雷針・タラップの復旧

（ii） 鋼材による補強 煙突の鋼板補強として，帯板による円周方向のバンドと縦補強材（竪地）に

図4.7.13 プライマーの塗布

図4.7.14 連続繊維シート（縦方向）の貼付け

よる方法（竪地・バンド補強）と，煙突の円周に4分割あるいは8分割等に分割した鋼板を巻き付ける方法（鋼板巻き補強）などが行われている．

図4.7.15 連続繊維（円周方向）の巻き付け

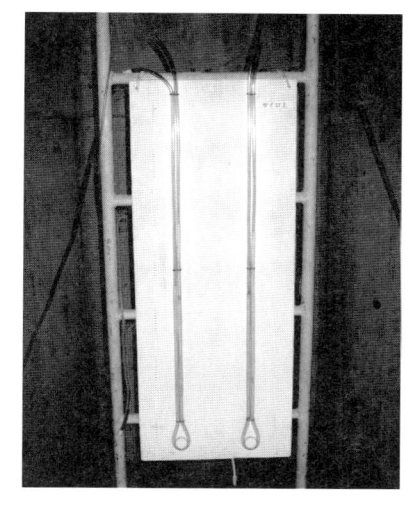

図4.7.16 加圧試験マノメータ

図4.7.17 減圧試験石鹸水による泡状況

竪地・バンド補強の施工手順は，①煙突の外径に合わせて鋼材のバンドを巻き付け，その両端部をボルトで締め付ける，②竪地（曲げ補強材）の上下をボルト締めした後，竪地と補強バンドを溶接する．

鋼板巻き補強は，建物の柱や橋脚のせん断補強として広く行われている工法で，老朽化した煙突でのコンクリートの落下防止，せん断補強として行われている．

施工は，縦方向および円周方向に分割した曲面状の鋼板を煙突の外周にボルトで締め付ける．必要に応じて，コンクリートと鋼板の間にモルタルを充填する．

鋼材で補強した後，前述した連続繊維補強と同様に，塗装（仕上げ），避雷針・タラップの復旧を行う．なお，60m以上150m未満の煙突については航空法により，昼間障害標識（赤白の塗装）を設置するか，中光度白色航空障害灯を設置する．昼間障害標識を設置する場合，中光度赤色航空障害灯の設置が必要である．また，150m以上の煙突については，高光度航空障害灯の設置が必要である．

b. サイロ
1) サイロ補修（穀物サイロ）の考え方

穀物サイロは穀物のくん蒸を行うため，老朽化によりコンクリートにひび割れや欠損が生じると，くん蒸ガスがサイロ外部に漏れる危険性がある．そのため，サイロに生じている空気漏れ箇所の補修を行い，サイロの気密性を回復させることが必要となる．

2) 調査診断

①加圧試験（気密試験）：　サイロの気密性を把握する試験で，サイロを密閉状態にしてから加圧（加圧圧力は初圧を500mmAq以上）し，圧力が500mmAqまで低下してから20分経過後までの圧力の推移を計測する．20分経過後に400mmAqの圧力が残っていれば特A級，同様に200mmAqの圧力が残っていればA級となる（図4.7.16）．

なお，サイロのくん蒸ガス保有力についての等級は「くん蒸倉庫指定要綱」[7]に定められている．

②減圧試験：　空気漏れ箇所を把握する試験で，サイロを密閉状態にしてから内部を減圧状態（−400mmAq前後）にし，内部のコンクリート面を石鹸水で濡らす．濡れ箇所に発生する泡で，空気漏れの位置・漏れ程度の状態をサイロ内面全体にわたり把握する（図4.7.17）．

3) 補修方法・施工手順

サイロ補修にあたって，サイロ内部に付着している粉塵は，粉塵爆発の原因になるため，足場仮設後にただちに清掃を行う．高圧水洗浄後，減圧試験を行って空気漏れの位置を内面全体にわたりマーキングする．マーキング箇所の補修後，エポキシ樹脂を全面に塗布してコーティング仕上げする．補修後，加圧試験（気密試験）を行って気密状態を確認する．施工手順の概略を示す．

① 堆積物清掃，高圧水洗浄
② 減圧試験，空気漏れ箇所（ひび割れ・損傷など）をマーキング
③ 表面ケレン
④ ひび割れUカット
⑤ ひび割れ・損傷箇所の充填，クロス貼り（図4.7.18），パテ処理（図4.7.19）
⑥ エポキシ樹脂コーティング（ライニング）（図4.7.20）

図4.7.18 ひび割れ・損傷箇所の充填クロス貼り

図4.7.19 補修箇所のパテ処理

図4.7.20 エポキシ樹脂コーティング

⑦ 加圧試験（気密試験）【前田恒一・伊平和泉】

文　献

1) 既存RC造煙突の耐久・耐震診断指針（案）：日本建築防災協会，1981.
2) 煙突用コンパーマ工法（コンクリート煙突の補修・保護）：大林組・リーフレット．
3) 吹き付け耐火材：耐酸セメント・東和耐火工業社製 TS-100（耐熱温度800℃），TS-1400（耐熱温度1400℃）.
4) 鉄筋コンクリート煙突の構造設計指針：日本建築学会，1976.
5) 連続繊維補強材を用いた既存鉄筋コンクリート造及び鉄骨鉄筋コンクリート造建築物の耐震改修設計・施工指針：日本建築防災協会，1999.
6) 煙突のリニューアル：大林組・パンフレット．
7) くん蒸倉庫指定要綱：農林水産省，植物防疫所，昭和46年通達．

4.7.2　化学工場

a. 処理槽の不具合例

1) 概　要

当該処理槽は，竣工して5年経過した鉄筋コンクリート造の排水処理施設である．コンクリート貯水槽の躯体のひび割れ部やセパレータPコン回りを中心に水槽内部の水が外部側に滲み出ていることが確認された．環境衛生上，問題があるために，操業休止中に応急的に内部側から止水補修工事を行った経緯があり，現時点ではかなりの漏水箇所は止まったが，まだ一部漏水箇所が認められる（図4.7.21）．ここでは，止水対策およびひび割れ不具合に関する鉄筋コンクリート造構造体の診断を実施した．

図 4.7.21 ひび割れに沿った白い析出物．おもに炭酸カルシウム生成物と思われる．
ライニングの裏側に排水液が回ったための不具合と推察される．

2) 設計概要

外部まわりの水槽壁体の高さは4.5 m程度で，9 m×9 mの沈殿槽をはじめ，多くの処理水槽から構成されている．壁厚は基本的に30 cmまたは35 cmである．貯水槽の内部は防水防蝕材でライニングされており，誘発目地はほぼ3 mごとに設置されている．また高さ2.1 m付近には水平目地が設けられている．

3) 漏水の原因

貯水槽内部には天端付近まで廃液貯水されており，内部側に防水ライニングが施されているが，構造体の収縮ひび割れに伴うライニング損傷など何らかの理由でライニングが傷んだ（ピンホールも含む）ため，水溶液の一部が構造体の収縮ひび割れ（貫通）や浸水しやすいPコンまわりあるいは床スラブとの打継ぎ部から漏出したことが漏水の原因と判定される．

4) 補修方法

漏水の直接的な原因は，貯水槽のライニングの損傷に伴う水槽の溶液の漏出によるものであるため，抜本的な漏水対策は，傷んだライニング材(ピンホールも含む)を完璧に補修することである．とくに強酸を使用している中和槽については完璧なライニング補修が大切である．ただし，工期などの制約条件もあり，また床の仕上げ材と壁のクリアランスの影響など不明な点もあり，ライニングの完璧な補修が可能かどうか事前に予備調査を行う必要がある．また，外部側から処理する方法もあるが，長期的な安定性についてはやや不安な点もあり，あくまでライニングの完璧な補修が見込めない場合の二次的な補修対策と位置付けられる．止水工法として，水と化学反応して膨張する注入材「親水性の一液型ポリウレタン樹脂」を使用して，打継ぎ部や貫通ひび割れ部に止水する工法を提案した．

いずれにしてもこの種の補修は大変厄介である．ひび割れ追随性のないライニング材を使用する場合，設計施工の段階で，ライニング材によるひび割れ対策を考慮しておく必要がある．

b. 処理層の不具合例（その2）

1) はじめに

貯水槽を仕切っている鉄筋コンクリート造壁体の損傷例である．FRP製ライニングを施しているが，ライニングの裏側に酸性の溶液が漏出して鉄筋コンクリート壁に触れるとひび割れ内部に浸入し，内部の鉄筋を劣化させる．

竣工後，30年経過した処理水槽であるが，点検を行った際に，槽内のFRP防水が一部，損傷し，鉄筋コンクリート造壁体に浮き・剥離などの損傷が起こっていることが確認され，詳細調査を行い，改修工事に供することとした．なお，外周壁外部側にも一部，コンクリート爆裂症状が認められた．調査方法は，①FRP防水層全面の浮きやひび割れ調査を実施した．②その後，浮きやひび割れなどで損傷した壁面のFRPを撤去した後，下地コンクリート壁体の劣化状況の確認を行った．③コンクリート壁体の劣化状況は，打音試験によるコンクリートの浮き調査を行ったが，FRPに浮きなどの支障があった箇所では打音試験によってコンクリートに浮きを生じている状況がほぼ確認された．④コンクリートの浮きの状況が確認された箇所は，内部の鉄筋腐食膨張による損傷あるいは内部コンクリートの化学腐食劣化が予想されるため，改修工事に際し原則として鉄筋かぶり深さ以上までコンクリート面を斫り取った後，適切な補修を実施した．

また，改修工事に先立ち，構造体に対する基本的な耐久性状を把握する目的で，外観調査のほか，詳細調査として，外周壁の外部側および内部側の壁体表面からコアサンプリングし，圧縮強度試験，中性化試験を実施した．さらに，はつり試験による鉄筋かぶり厚さと鉄筋腐食度の調査を行った．工場側の試験成績書より，廃液の成分には酸が含まれており，pHは4～5と弱酸性であった．

図4.7.22は内部側のコンクリートで，浮き症状

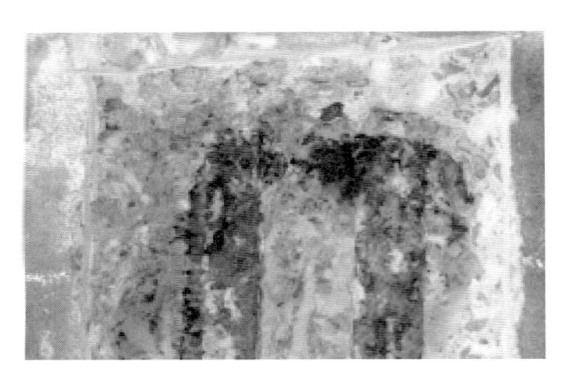

図 4.7.22 FRP 防水層を剥がしたコンクリート内部鉄筋の腐食状況

が認められた箇所をはつり，鉄筋を露出させた状況である．鉄筋腐食度はⅣ（断面欠損を生じている状況）であった．

2) 構造体調査結果に対する考察

構造体調査結果で把握されたコンクリートの劣化と鉄筋腐食状況は次のようである．

・コア供試体としての圧縮強度は，計 12 本の平均で 31.2 N/mm² であり，とくに問題はなかった．

・中性化深さ（平均値）は，外部側の 4 カ所で平均 19.5 mm であった．竣工後 30 年経過したコンクリートの中性化深さとしてほぼ想定される数値であった．

・内部側の中性化深さは，0～5 mm であり，外部側に比べて全体的にかなり小さかった．これは，内部側は FRP 層でライニングされており，空気中の炭酸ガスや廃液の浸入が抑制されたためと判定される．

・はつり調査で確認した外部側の鉄筋は目視ではいずれも腐食もなく，ほぼ健全であった．これは鉄筋のかぶり厚さは 60 mm 程度であり，中性化深さが鉄筋位置にまでまだ達しておらず，コンクリートのアルカリ性で鉄筋表面が不動態化され，腐食から保護されているためである．

・一方，内部側の場合，かぶり厚さはいずれも 60 mm 以上であるが，部分的に鉄筋は腐食し，断面欠損の症状が確認された．なお，いずれもコンクリートの浮きが確認されている．

・壁体内部側の場合，FRP 層の保護によって，鉄筋かぶり厚さまで中性化が進んでいない状態で，鉄筋腐食を起していることになる．この理由は，ひび割れ損傷した FRP 層から，廃液がコンクリート面に入り込み，コンクリートひび割れを介してコンクリート内部に浸入し，廃液と鉄筋が接触し，鉄筋を腐食させたためであると推察される．とくに水圧が作用するため，鉄筋とコンクリートの微細な界面部を伝わって鉄筋の全長にわたって鉄筋腐食を助長したものと思われる．

・鉄筋腐食が著しい箇所は，鉄筋腐食による膨張変形の影響と判定される．つまり，鉄筋は腐食すると膨張変形を起して，コンクリートを押し出し，鉄筋とコンクリートの界面では剥離（微細な肌別れ）を起こす．さらに，この鉄筋腐食による膨張変形作用は，条件によっては，コンクリートの表面ひび割れや FRP 層のひび割れを誘発する恐れがあり，このような状態に進展すると，新たなひび割れからの廃液浸入によって鉄筋腐食を加速し，鉄筋とコンクリートの界面の剥離の拡大やそれに伴うコンクリート自体の化学的腐食を起すことが考えられる．

・外部側の鉄筋腐食による剥離現象は，おもに鉄筋かぶり厚さ不足および中性化が原因で発生した局部的な不具合と判定される．

・鉄筋腐食による膨張変形作用に伴う鉄筋界面付近での剥離現象（界面隙間）の大小は，①かぶり厚さの大小，②鉄筋径の大小，③廃液の浸入量の程度，④経過年数などに影響されると思われる．

3) 補修方法

鉄筋腐食を起している箇所は，原則として鉄筋かぶり深さ以上までコンクリート面を斫り取った後，防錆処理およびプライマー処理を行い，槽内部側はコンクリート打込み補修を実施した．その後，FRP 防水層を施した．なお，必要に応じて鉄筋を追加補強した．また槽外部側は，局部的な損傷であるため，ポリマーセメントモルタルによる形状修復を基本として補修を行った．

c. 製鋼工場の不具合例

1) 概　要

製鋼工場として昭和 50 年代に竣工した鉄筋コンクリート造建屋である．使用条件（高温・常温の繰返し）および環境条件（地下水に海水混入など）の面で過酷であることから，徐々に部分的に鉄筋腐食に伴うコンクリート膨張ひび割れや爆裂現象などを生じ，その都度，モルタルなどで応急補修などの対

応を行ってきた．しかし，すでに30年経過しており，鉄筋腐食に伴う鉄筋断面欠損やコンクリート強度低下などによって，鉄筋コンクリート造構造体としての耐震性能低下への影響が懸念されるため，基礎的な情報を把握する目的で，構造体としての現状調査を行った．

設計仕様

コンクリート設計基準強度： $21\,N/mm^2$,
使用セメント： 高炉セメントB種,
地下壁厚さ： 600 mm

2） 調査計画

外観調査

- 損傷の有無など全体的な目視調査： ひび割れ・爆裂の有無ほか
- コンクリート浮きの調査： 建物外壁を中心に実施．打診棒による打音試験

詳細調査

- 鉄筋腐食度調査： 計10カ所．ピックによるはつりとはつり後の鉄筋観察．
- 圧縮強度試験： コア（$\phi 75 \times 200$以上）採取後，成形し圧縮強度を把握
- コンクリート中性化試験： 上記コア供試体を用いて中性化深さを測定
- 塩分分析試験： 上記コア供試体を使って，深さ毎に粉砕し塩化物イオン濃度分析

3） 耐久劣化状況

断続的に高温になる地下1階では，随所に水平方向の長いひび割れが発生しており，打音試験で浮きが認められた．浮きが認められた箇所のコンクリート表面を斫り取り，鉄筋の状態を調べたところ，横筋（かぶり厚60～70 mm）D32であり，異形筋の節が若干消失した腐食状態であり，腐食度グレードⅣ，断面欠損率2～3割程度の状況が確認された．水平方向のひび割れの原因は，この横筋の腐食膨張力の影響と判定された．また，縦筋D16はかぶり厚50 mm前後であったが，同様に腐食していた．ただし，縦方向の膨張ひび割れは認められなかった．断面欠損率はせいぜい1割程度と判断された．

外見上はとくに目立った損傷のない箇所でも鉄筋腐食が徐々に進行し，1～3割程度の断面欠損を生じている恐れがあることが確認された．

4） コンクリート圧縮強度の調査結果

断続的に高温になる壁体のコア供試体（計10本）の圧縮強度は平均28 N/mm^2であり，設計基準強度（21 N/mm^2）を満足した．この壁体は断熱材などで仕切りが施されており，コンクリート面に直接，高温の輻射熱が作用しないため，圧縮強度の面で問題なかったものと推察される．一方，直接，高温の輻射熱を受ける床梁側面のコア強度は平均16.5 N/mm^2であり，強度低下が認められた．この原因は，長期間にわたる高温履歴の影響であろうと判断される．

5） 塩素イオン含有量の試験結果

コア強度試験ののち，塩素イオン含有量（kg/m^3）を測定した．

体積あたりの含有量＝質量含有率（％）×コンクリート密度（2300 kg/m^3）× 0.01

試験結果は，表面からの深度別で，0～7.5 cmの

表4.7.2 塩素イオン含有量試験結果

コアサンプル	表面からの深度別塩素イオン含有量（kg/m^3）	
	0～7.5 cm	7.5～15 cm
B_1-1	2.99	4.14
B_1-2	3.91	4.37
B_2-1	3.68	1.61
B_2-2	11.27	2.07
B_3-1	2.76	1.84
B_3-2	5.29	1.61
B_4-1	19.55	2.30
B_4-2	6.21	2.07
B_5-1	17.25	2.76
B_5-2	5.29	2.99
深度別平均	7.82	2.58

範囲で 2.76〜19.55 g/m³ という範囲であり，平均 7.82 kg/m³ であった．一方，7.5〜15 cm の範囲で 1.61〜4.37 g/m³ という範囲であり，平均 2.58 kg/m³ であった．

鉄筋の腐食被害が発生する塩素イオン含有量のおおよその値は，1.2〜2.4 kg/m³ といわれている．そのため，コンクリート表面から 7.5〜15 cm の範囲で，平均値 2.58 kg/m³ はすでにこの腐食発生が予想される数値を超えており，潜在的には鉄筋腐食がかなり進行している恐れがあることを示している．

この塩素イオンの分析試験結果は，はつりによる鉄筋腐食調査で，膨張ひび割れが認められなくても鉄筋腐食がかなり進行していたという見解と対応している．

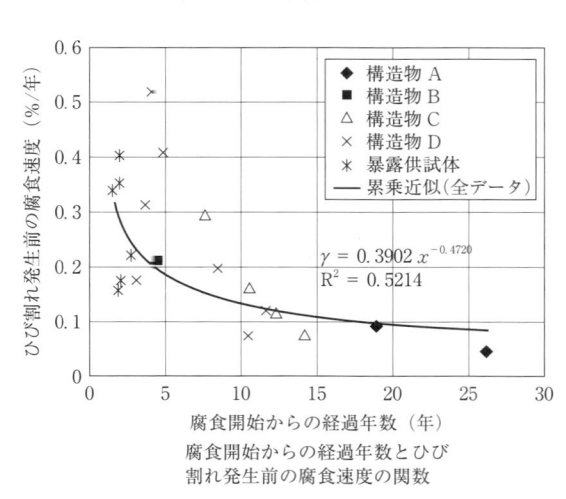

6) 鉄筋腐食の進行について

ここでは，鉄筋腐食速度に関する実態調査の資料を紹介し，腐食予測に供する．堤知明氏による調査資料「海岸部の鉄筋コンクリート構造物中の鉄筋腐食速度調査報告」（コンクリート工学協会委員会資料，2005年）によると，実構造物の劣化調査を分析したところ，腐食ひび割れが顕在化する前の鉄筋腐食速度は，0.04〜0.52 %/年であり，平均 0.19 %/年であった．また腐食ひび割れ後の鉄筋腐食速度は，0.26〜5.06 %/年であり，平均 2.46 %/年であった（図 4.7.24）．

この分析結果を仮に今回の構造物（海水の浸水作用を受けるという条件，竣工後 30 年経過している）に適用して推定すると，腐食ひび割れ顕在化前で 0.19 %/年 × 30 年 = 6 % となる．つまり鉄筋断面

図 4.7.23 塩害劣化モデル

図 4.7.25 地下 3 階の柱部材の鉄筋腐食状況（縦筋の腐食グレードⅣ，断面欠損率 2〜3 割）

腐食開始からの経過年数とひび割れ発生前の腐食速度の関数

ひび割れ発生からの経過年数とひび割れ発生後の腐食速度の関係

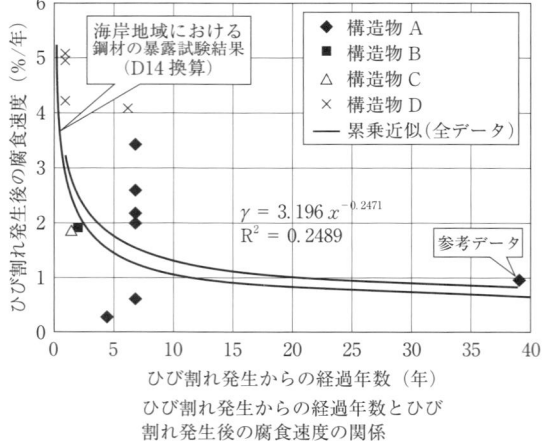

図 4.7.24 腐食膨張ひび割れ発生前後の鉄筋腐食速度の違い．堤知明：「海岸部の鉄筋コンクリート構造物中の鉄筋腐食速度調査報告」より（コンクリート工学協会委員会資料，2005年）

欠損の割合は平均6％程度であるという見方もできる．その一方で，腐食ひび割れが竣工後15年目に発生し，その後，すでに15年経過していると考えれば2.46％/年×15年＝37％となる．つまり鉄筋断面欠損の割合は平均37％程度であるという推定になる．実際にはつり調査した限りでは，ひび割れ発生後，あるいはコンクリート表面爆裂後の鉄筋断面欠損率は，20〜30％という結果も見受けられるところから，今回の調査結果（3）耐久劣化状況）はおおよそ妥当な劣化状況ではないかと判定される．

7）まとめ

現時点で，かなり鉄筋腐食劣化が進んでいることが確認されており，今後，急速に全体的な膨張ひび割れや膨張爆裂現象へと進展することが懸念される．また水平架構材としての鉄筋コンクリート梁側面の水平ひび割れや鉄骨支持材の腐食劣化の損傷も見受けられたことから，今後，大地震による部分的な剥離・剥落の恐れも指摘される．

以上のことから，余寿命という観点から考えて，ほぼ限界状態にあるのではないかと推察される．

【小柳光生】

4.7.3 電力施設

a. 対象構造物および維持管理の現状

電力会社が保有する建築構造物は，おもに，発変電機器，各種制御機器，通信機器などの重要機器を保護する役目を担っており，電気を安定供給するための発電所・変電所・営業所には多くの建物が存在している．また，電力会社は，そのほかに煙突や配電柱など多種多様な構造物を大量に保有している．

そのような状況の中，電力会社では，建築構造物の保全費用の大部分を占める外壁および屋根に関して，ライフサイクルコストから見た合理的な維持管理方法に関する研究[1)-3)]が進められている．文献[1)]では，外壁塗材および屋根防水材を対象に，経年劣化の実情を調査し，各材料の耐久性に関するデータを蓄積することにより，最適なライフサイクル設計を進めようとの試みがなされている．また，文献[2)]では，既設建物の防水層の針入度，外装吹付け塗膜のひび割れ追従性の物理試験と目視による劣化度評価を実施し，両者の関係から，目視診断に基づく劣化・余寿命診断手法の構築を図っている．

さらに，最近では，文献[3)]のようにライフサイクルアセスメントに基づく維持管理方法の評価や事業リスク管理に基づく維持管理方式も提案されつつある．ここで，事業リスク管理に基づく維持管理方式とは，設備が損傷した場合の発電リスクや公衆保安リスクなどさまざまなリスクを定量的に評価・区分するとともに，設備経年化などによる損傷発生頻度も考慮し，この両者の関係から保全の優先順位を決定するものであり，これにより，設備のリスクの大きさに応じた信頼度を考慮しつつ設備保全費の適正化を図ろうとしている．

なお，電力各社では，保有している建築構造物に対して，重要度に応じて数年に一回の定期点検を実施しており，外壁のタイル仕上げに対しては赤外線画像撮影を，弾性塗膜に対しては携帯顕微鏡観察（図4.7.26）を活用する試みも見られる．また，屋根防水に対しては，アスファルト防水（露出工法）の場合は針入度試験を，シート防水（露出工法）の場合は赤外線画像撮影（図4.7.27）を活用する試みも見られる．

一方，維持管理業務のシステム化に関しては，前述の研究を踏まえシステム化が試みられている事例

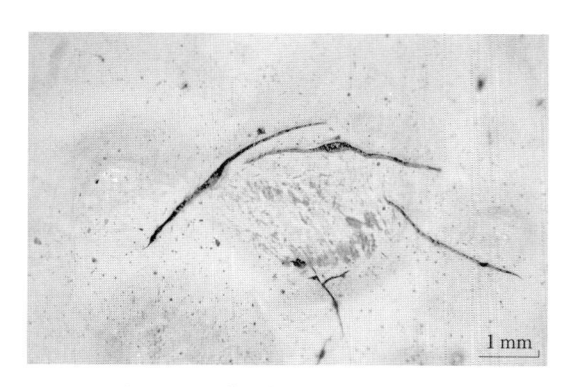

図4.7.26 外壁塗材の携帯顕微鏡観察

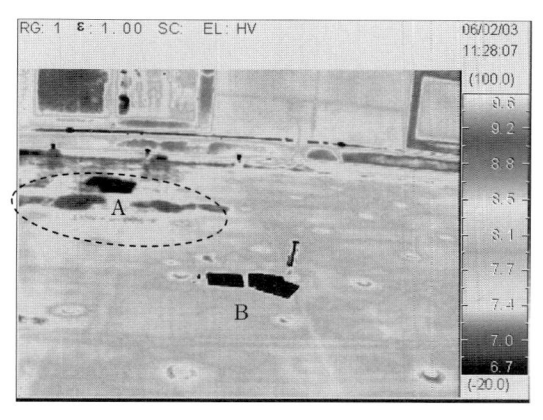

図4.7.27 屋根防水シート面の赤外線画像

もある．たとえば，文献[4]のように，①建物定期点検後にデータベースとして登録される点検結果，②あらかじめマスターデータとして登録されている建物部位ごとの標準的な修繕周期，③今までの建物部位毎の修繕工事履歴により，外壁や屋根防水などの建物部位毎に修繕工事の立案を行うシステムが運用されている電力会社もある．

以下，電力施設における建築構造物のライフサイクルの実態を示すとともに，過酷な環境下のコンクリート構造物や特殊なコンクリート構造物を対象とし，想定される劣化要因に対してどのような劣化診断および評価を行い，その結果としてどのような補修・補強を行ったのか，各施設ごとの事例を紹介する．

b. 建築構造物のライフサイクル

建築構造物は，文献[1]によると36棟の平均建替年数が27年，文献[3]によると62棟の平均建替年数が31年となっており，現状の電力施設における建築構造物の建替年数はほぼ30年となっている．ただし，これらの建替理由は，床面積の不足や設備運用のシステム化などが単独または相乗的に発生したもので，構造物の劣化が主原因とはなっていない．

また，文献[1]によると，外壁（非弾性吹付塗材）の平均改修年数は9～12年，屋根のアスファルト防水（押え工法）の平均改修年数は16年となっている．

一方，文献[3]では，電力施設において解体された建築構造物（経年38～45年）の躯体の鉄筋コンクリート部分から採取したコア供試体の圧縮強度試験を実施している．その結果，図4.7.28に示すように，平均が31.9 N/mm^2，標準偏差が7.6 N/mm^{2}となり，コンクリートの設計基準強度18 N/mm^{2}を下回るものは見られなかったとの報告がなされている．

c. 内燃力発電所
1) 対象構造物の現状

内燃力発電とは，内燃機関（ディーゼル・エンジン）で発電機を回す発電方式であり，離島の発電方式として用いられている．そのため，内燃力発電所の場合，塩害による劣化が問題となる．とくに，内燃力発電所には，通常，高さ50m級の鋼製または鉄筋コンクリート造の煙突が設置されるため，塩害を含めたコンクリートの劣化の進行が予想され，数年に一回の定期点検が実施されている．

一例として，炭素繊維を用いて耐震補強を実施した鉄筋コンクリート造煙突の事例を紹介する．本煙突の概要を表4.7.3に示すが，煙突の排ガス温度は271℃であり，断熱材として耐火レンガが使用され

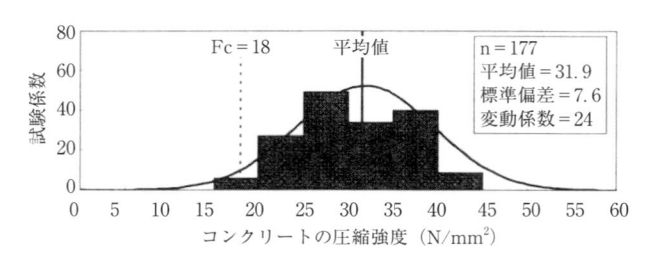

図4.7.28 建築構造物（経年38～45年）におけるコンクリートコア強度の分布[3]

表4.7.3 鉄筋コンクリート造煙突の概要

竣工年	昭和46（1971）年		
形式	直接ライニング式独立煙突		
構造	鉄筋コンクリート造（中空円形）		
規模	煙突高さ	GL+42.4 m	
	頂部外径 2.370 m	頂部壁厚	120 mm
	基部外径 3.720 m	基部壁厚	460 mm
ライニング	耐火レンガ1枚積み（GL+13.25 mより上部）		
	レンガ厚み=225 mm，空気層厚み=90 mm		

2) 劣化要因および診断・評価

本煙突は，離島の海岸地域に立地しており，コンクリートの劣化要因として，高温の排ガスによる温度応力および塩分浸透が予想された．そこで，劣化調査として，外観調査，躯体断面調査（かぶり厚さ・鉄筋径・鉄筋腐食状況），コンクリートの物性調査（圧縮強度・中性化・塩分濃度・pH），躯体の温度測定（排ガス・躯体内面・躯体外表面・外気温）を実施した．調査結果では，排ガス温度が271℃と高温にもかかわらず，耐火レンガが断熱材として有効に働き，躯体の外表面温度は35〜49℃と安定していた．しかし，煙突表面にはひび割れや浮きが多く存在しており，高温の排ガスによる温度応力が主原因であると考えられた．

コンクリートコアの圧縮強度は，20.3〜29.9 N/mm²の範囲（平均24.8 N/mm²）にあり，当時の設計基準強度20.5 N/mm²を満足していた．また，コンクリートの中性化深さは5〜25 mmの範囲にあり，いずれも鉄筋位置までは達していなかった．一方，コンクリートコア断面のpH値はいずれも7〜13の中性からアルカリの領域を示し，鉄筋の腐食が急に活発となるpH4程度の酸性領域には達していなかった．ただし，ほとんどのコアは，いずれも内部に向かってpH値が小さくなる傾向にあることから，本煙突のコンクリートは，内部から中性化や酸性化が進行していた．

コンクリートに含まれる塩化物イオン量は，現在の規制値である0.3 kg/m³を超えている箇所が多数あったが，コンクリート中の濃縮現象は見られず，その濃度分布は，煙突の外気側が内部より高くはなっていなかった．これは，本煙突におけるコンクリート中の塩分は，潮風などによる影響で生じたものではなく，コンクリート打設当時の海砂の使用で生じたものと考えられる．なお，鉄筋のさびは，地上から煙突中間部までは見受けられなかったが，中間部以上では一部さび汁の発生が見られた．一般に，塩分濃度の高いコンクリートにひび割れが生じて水分が供給されると鉄筋の発錆，膨張，断面欠損が急激に進むことから，本煙突に対しては，躯体に生じているひび割れを速やかに補修するとともに，コンクリート表面に保護膜を確保することが重要であった．

3) 補修・補強方法

本煙突は，昭和56年に制定された耐震設計法以前の旧基準によって建てられた構造物であり，補強方法は，文献5)に基づき，保有曲げ耐力が必要曲げ耐力を超過するように行った．具体的には，連続繊維の炭素繊維シートをエポキシ樹脂でコンクリート表面に軸方向に貼付け，さらにその上に炭素繊維ストランドをスパイラル状に巻き付けて耐震補強を行う工法を採用した．

仮設設備である円形ゴンドラも含めた工事状況を図4.7.29に示す．また，軸方向繊維シートの施工状況を図4.7.30に，円周方向繊維ストランドの施工状況を図4.7.31に示す．ここで，軸方向繊維シートは，曲げ補強筋としての働きを，円周方向繊維ストランドは，せん断補強筋としての働きと煙突の温度応力による縦ひび割れ防止の働きをする．

なお，本工法は，平成3年11月に既存鉄筋コンクリート煙突の耐震補強工法として，日本建築防災協会の技術評定を取得している工法である．

図4.7.29 炭素繊維を用いた耐震補強の工事状況

図4.7.30 軸方向繊維シートの施工状況

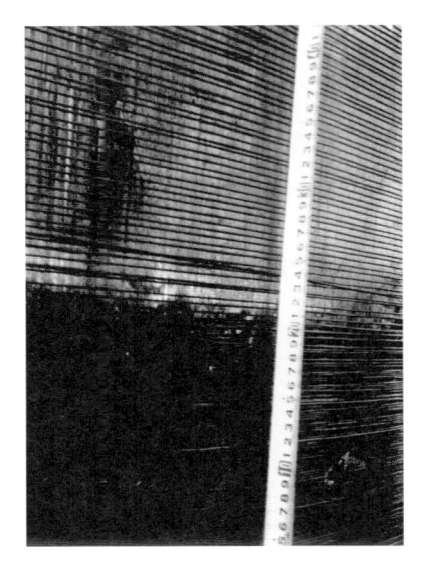

図 4.7.31 円周方向繊維ストランドの施工状況

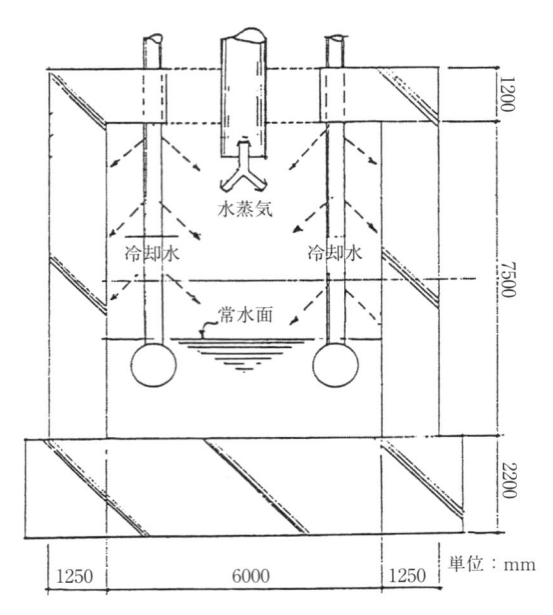

図 4.7.32 復水器コンクリート槽の断面図

d. 地熱発電所
1) 対象構造物の現状

地熱発電とは,下深部のマグマのエネルギーの一部を蒸気という形で取り出し利用する発電方式であり,火力発電に比べ単位発電量あたりの二酸化炭素排出量が約20分の1と少ないため,地球にやさしい発電方式である.しかし,地熱蒸気には,希薄な硫化水素が含まれており,とくに,復水器や冷却塔などのコンクリート構造物では,硫化水素による劣化の進行が予測され,数年に一回の定期点検が実施されている.

一例として,復水器コンクリート槽の補修として,コンクリート表面にエポキシ樹脂モルタルを吹き付けた事例を紹介する.本コンクリート槽の概要を図4.7.32に示すが,常水面より上部では希薄なはずの硫化水素が過飽和状態となりコンクリートの劣化にとって過酷な環境下となっている.

2) 劣化要因および診断・評価

図4.7.32に示すように,コンクリート槽の常水面より上部では,硫化水素が過飽和状態となり強酸環境下になっており,既存のエポキシ樹脂塗装の劣化が見られた.一方,下地のコンクリートの劣化はあまり見られなかったが,今後の表面劣化を防止するために,エポキシ樹脂モルタル吹付工法を採用することとした.

3) 補修・補強方法

エポキシ樹脂モルタルに使用した樹脂は,二液性エポキシ樹脂であり,モルタル用骨材は,ケイ砂を主成分としたものである.

施工手順としては,まず,コンクリートの健全な部分が露出するように,サンドブラスト(5号ケイ砂)により下地処理を行った.なお,下地コンクリートの健全性の確認として,シュミットハンマーによる強度試験を行った.

次に,下地表面を水洗いし,吹付厚管理用の画鋲状のゲージを取付け,エポキシ樹脂モルタルの1層目(5mm)を吹付けた.その後,2~3時間後に2層目(5mm)を吹付け,同時にローラーにて表面を押さえ不陸調整を行った.なお,吹付厚の管理としては,上記の画鋲状ゲージに電磁膜厚計のセンサーを当てて膜厚を測定し,その結果,膜厚10mm以下の部分がないことを確認した.

e. 火力発電所
1) 対象構造物の現状

火力発電所の設備構成を図4.7.33に示す.火力発電とは,石炭・重油などを燃料として蒸気タービンを回転し,さらに発電機を作動させて電気を生じさせる発電方式である.そして,火力発電所の本館であるタービン建屋およびボイラー建屋の上部構造は,通常,鉄骨構造が採用され,コンクリートはそれら建屋の基礎部分や床および壁に使用される場合が多い.また,火力発電所には,通常,高さ200m

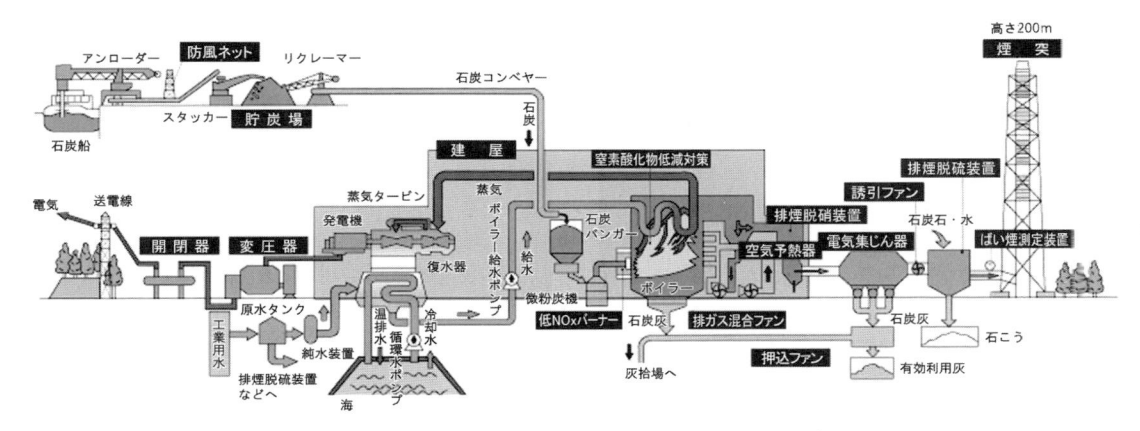

図 4.7.33 火力発電所の設備構成（九州電力 HP より引用）

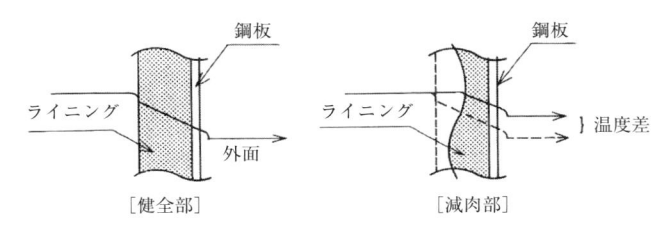

図 4.7.34 鋼製煙突の表面における温度勾配

級の鋼製または鉄筋コンクリート造煙突が設置されている．

なお，火力発電所は，通常，海外からの燃料供給や冷却水確保のために海洋に面して設置されるため，塩害を含めたコンクリートの劣化の進行が予想され，数年に一回の定期点検が実施されている．

2） 劣化要因および診断・評価

火力発電所の建屋のコンクリート外壁は，一般的に塗装仕上げがなされており，塗装が健全な間はコンクリートの劣化は生じない．しかし，塗装の経年劣化が生じると，外部から塩分が進入することが予想され，塗装表面における目視を主体とした診断・評価が実施されている．一方，建屋の内壁や床はコンクリートに仕上げがない場合がほとんどであるが，炭酸ガス濃度は建屋の用途上屋外とあまり変わらず，中性化の影響は少ない．

一方，火力発電所の高さ200 m級煙突では，高温の排ガスの断熱材として，高強度特殊モルタルを使用した内部ライニングが用いられており，ライニング材の劣化の進行を数年に一回の定期点検により把握している．ただし，内部ライニング材の劣化状況は，数年に一度定期的に機器点検のために発電所を停止した時にしか直接点検ができない．そこで，図 4.7.34 のような鋼製煙突表面の温度勾配を利用し，外部から赤外線画像撮影を行う試みも見られ，その一例を図 4.7.35 に示す．

f. 原子力発電所
1） 対象構造物の現状

原子力発電とは，ウランなどを燃料として，原子炉での核分裂反応の際に発生する高温・高圧の蒸気でタービンを回して発電する発電方式であり，火力発電のボイラーの役目を原子炉が担っている．

原子力発電所の建屋としては，原子炉建屋，原子炉補助建屋およびタービン建屋などがあり，通常，タービン建屋には鉄骨構造が採用されているが，その他の建屋は基礎を含めほとんどが鉄筋コンクリート構造となっている．なお，原子力発電所施設における建築構造物を対象とした鉄筋コンクリート工事には，日本建築学会建築工事標準仕様書・同解説JASS5N が用いられ，一般建築物の鉄筋コンクリート工事で使用されている JASS5 よりもきびしい仕様が設けられている．また，平成20年7月には，日本建築学会から原子力施設における建築物の維持

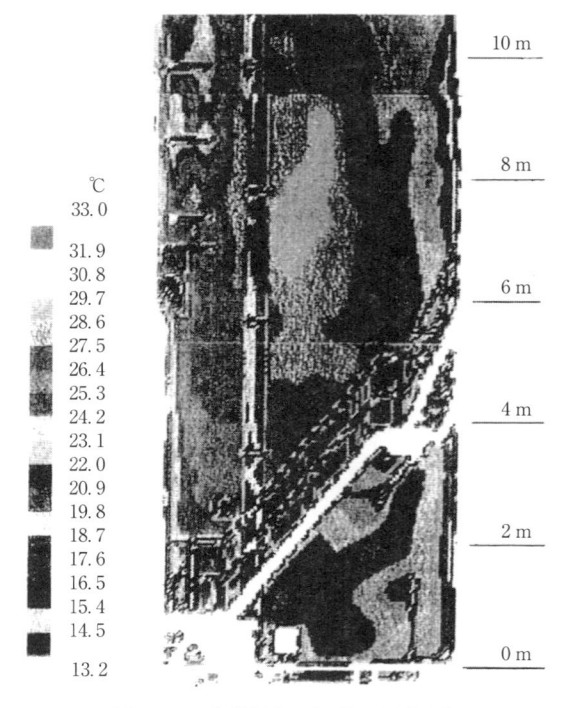

図 4.7.35 鋼製煙突の表面部の温度分布

管理指針・同解説が発刊されている．

2) 劣化要因および診断・評価

平成15（2003）年10月の制度改正および平成21（2009）年1月の新検査制度の施行により，各事業者が自主的活動として行ってきた発電所の保全活動の評価や長期保守管理方針の策定などが法令上の義務となり，国がその実施状況を保安検査などにより確認することとなった．つまり，事業者は，発電所の供用期間を仮定し，その供用期間を通して，高経年化対策上着目すべき経年劣化事象の発生または進展に係わる健全性評価を最新の技術的知見を取り入れ実施していくこととなった．

現在，事業者は，経年的な劣化に対しては一定期間内毎に行う定期点検を実施し，地震や火災などの災害が発生した場合には臨時点検を実施している．さらに，運転開始後10年を超えない期間ごとに定期安全レビューを実施し，運転開始後30年を経過する前に高経年化技術評価を実施している．

コンクリート構造物の高経年化技術評価としては，対象構造物の抽出，使用材料および環境の同定，経年劣化事象の抽出，対象部位の抽出，サンプリング箇所の抽出，健全性評価の順に検討がなされている．なお，経年劣化事象としては，コンクリートの強度低下と放射線の遮蔽能力低下を対象としており，劣化要因として，熱，放射線照射，中性化，塩分浸透，アルカリ骨材反応，凍結融解，化学的腐食，機械振動などが考えられている．

g. 配 電 柱
1) 対象構造物の現状

電力輸送設備としては，送電鉄塔や配電柱などがあり，電力会社は，図4.7.36や図4.7.37に示すように多種多様な環境下において多量の設備を保有している．その内，配電柱とは，変電所から一般家庭電気を供給する電柱であり，通常，プレキャストプレストレストコンクリート製品が用いられ，常時はプレストレスによりひび割れ幅が0.05 mm以下に保たれ，台風時にはひび割れ幅を0.2 mmまで許容する設計になっている．

配電柱は，JIS A 5373（プレキャストプレストレストコンクリート製品）において，養生完了時圧縮強度 50 N/mm^2 以上，かつ，水セメント比45%以下の制限があり，高強度を確保するために水セメントが小さく単位セメント量の多い調合となっている．また，遠心力締固めで成形されるため，密度の大きいコンクリート材料が製品の外側に分布することになり，密度の小さい水が搾り出され，水セメント比が数%小さくなるとの報告もある[6]．

2) 劣化要因および診断・評価

配電柱の維持管理では，とくにひび割れ観察が重要であり，横ひび割れの原因としては不均衡な支線張力や積雪沈降荷重などが，縦ひび割れとしては道路側溝の熱膨張などが原因とされている．配電柱は，基本的にはプレストレスによりひび割れ幅が0.05 mm以下に保たれており，ひび割れに起因

図 4.7.36 配電柱の塩害地区における設置状況

する劣化は生じないはずである．しかし，図4.7.36のように，海洋に面した強風地区においては，強風により配電柱が長期にわたりつねに振動し，強風が収束するまではひび割れ幅が0.05〜0.2 mmの状態になっていることが予想され，塩害による劣化が発生しやすい環境下にある．また，図4.7.37のような温泉地区では，配電柱は，硫化水素を含んだ酸性土壌上に設置され，大気中も含め硫化水素によるコンクリートの劣化が発生しやすい環境下にある．

配電柱は，前述のように内部鉄筋のプレストレスによりひび割れが制御される設計になっているが，一度鉄筋が腐食すると，その時の酸化反応で発生した水素によりまれに鉄筋の脆化が進展し折損事故に至る事例も報告されている．一方，特殊な事例としては，図4.7.38に示すように，落雷により配電柱の鋼製バンド近傍だけに剥離が生じることがある．

なお，配電柱のひび割れ幅の許容値としては，本来は，無荷重時のひび割れ幅0.05 mm以下とすることが望まれるものの，使用実態を考慮すると，建替規準としての許容横ひび割れ幅をおおむね0.2 mmから0.25 mm以下とするのが合理的であるとの評価が一般的に行われている．

図4.7.37 配電柱の温泉地区における設置状況

図4.7.38 配電柱の落雷による剥離事例

3) 補修・補強方法

配電柱のひび割れ補修工法としては，表面処理工法，エポキシ樹脂注入工法などが用いられる．また，補強方法としては，繊維シートを用いた補強方法などがある．一例として，アラミド繊維シートを用いた補強方法[7]を図4.7.39に示すが，まず，下地処理後に縦シートを貼付し，次に横シートを貼付し，最後に表面保護を行っている．　　　【船本憲治】

文　献

1) 宝口繁紀ほか：ＲＣ造建築物の保全に関する研究（その1，2），日本建築学会大会学術講演梗概集，A-1，pp.1185-1188，1994．
2) 鈴木真理子ほか：建物構成要素の劣化・余寿命診断手法の適用に関する研究，日本建築学会大会学術講演梗概集，A-1, pp.831-832, 2003．
3) 越中明弘ほか：大規模電力建物の合理的保全方法に関

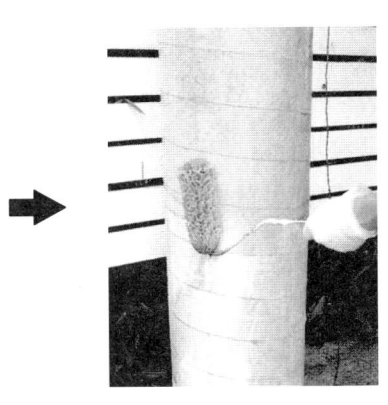

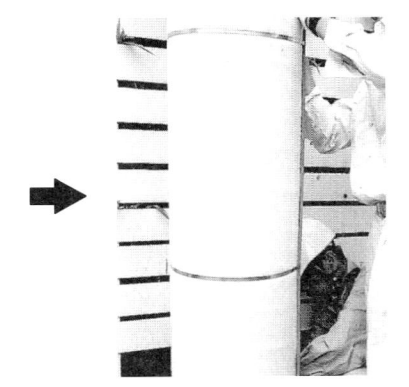

図4.7.39 アラミド繊維補強工法の施工状況[7]

する研究　その1～4, その8), 日本建築学会大会学術講演梗概集, A-1, pp.661-668, 1999, pp.587-588, 2006.
4) 船本憲治ほか：電力建物における管理保全システムの開発および運用, 日本建築学会第13回建築生産シンポジウム論文集　pp.41-48, 1997.
5) 日本建築防災協会：既存RC造煙突の耐久・耐震診断指針, 昭和56年.
6) 船本憲治ほか：遠心成形した高強度コンクリート製品の基本物性に関する研究, コンクリート工学年次論文報告集, **28**(1), pp.1541-1546, 2006.
7) 中国高圧コンクリート工業㈱：アラミド繊維シートを用いたコンクリート電柱の補修工法, 2004.

… 第**5**章

測定手法

- 5.1 はじめに
- 5.2 環境・荷重
- 5.3 コンクリート配合・強度
- 5.4 ひび割れ
- 5.5 コンクリート内深査方法
- 5.6 配筋
- 5.7 中性化の測定
- 5.8 塩化物イオンの浸透
- 5.9 鋼材腐食
- 5.10 化学成分
- 5.11 アルカリ骨材反応の試験方法
- 5.12 火災（温度）
- 5.13 損傷
- 5.14 外観（写真・レーザー）
- 5.15 PC グラウトの充填性
- 5.16 たわみ・振動・傾斜（倒れ）
- 5.17 含水率・透気・透水

5.1 はじめに

　劣化を生じているコンクリート構造物の補修・補強を行う場合，一般には次のような順序で種々の検討を行うことになる．

　まず，①外見や周囲の環境条件，建設年代などの情報から，劣化原因を推定する．この段階で補修補強の必要性まで判断できる場合もあるが，そうでない場合は，②建設時の記録・補修記録などを調べる．③必要に応じて，何らかの測定を行う．それらの情報をもとに，④劣化原因を確定する．⑤現状の劣化程度を見定める．さらに可能であれば，⑥今後の劣化進展を予測する．これができると，⑦補修補強の必要性を判断する．必要と判断されれば，⑧補修補強を行う．

　ここで各種の測定を数多く行えば，その劣化構造物についての情報は多くなり，一般的にはより正確な判定が行えるはずである．しかし，現実には費用をかけても期待される結果が得られなかったり，構造物に思わぬ負担をかけたりすることもありうる．このため，各種の測定の必要があるかどうか，限られた予算の中でどの測定を行うか，どういう組み合わせで行うかを判断することは，測定結果の解釈と同様に，高度な技術や豊富な経験が要求される．ここでは，次節以降に紹介する各種の測定法を用いる場合の，一般的な注意点について記述する．

a. 試験法の特徴の把握

　コンクリート構造物の維持管理を行う際に，劣化原因や劣化程度を判定するために必要な項目について測定しようとするときに，すでに JIS などが整備

されているような場合はむしろ少ない．状況に応じて，測定項目の優先度を決め，その項目の測定に用いる方法を選択し，組み合わせ，実施しなければならない．測定方法の理想のものは，安く，早く，正確に，安全に，誰にでも再現性が高く，実施できるものであろうが，そうした方法は例外的である．このため，測定方法を選択するには，次のような点を総合的に判断していくことになる．

①出力の形態，精度，再現性
②試験用具や材料の入手の難易度とコスト
③用具・材料の安全性・耐久性・保存性
④試験時間，試験コスト，安全性や環境影響
⑤習熟のしやすさ，個人差の出にくさ
⑥出力の解釈の容易さ
⑦構造物への影響
⑧免許の要否
⑨その他

表5.1.1に，既存文献[1]の品質試験法の分類を参考に，コンクリート構造物の維持管理に関連する測定方法を分類してみたものを示す．分類2と分類3に対応する測定方法には，1つの項目を測定するのに多数の試験方法が提案されているものも多い．一般的に，1つの測定項目について多くの試験法が提案されているようなものは，それぞれの試験法に何らかの問題点が内在していて，1つに絞り込めない状況にあるということが多い．試験法を示した図書類やカタログからは，なかなかこうした問題点は浮かび上がってこない．このため，維持管理に携わる技術者は，教科書に示された試験法の例示を鵜呑みにするのではなく，最新の情報をもとに試験法の特徴や長所と短所を把握して，その適用範囲や限界を認識しておくことが重要である．

b. 測定の必要性と位置づけ

各種の測定を検討する際，①日常的な現場の維持管理業務の一環として行うのか，②補修の要否判定などのための詳細検査として行うのか，③研究的な色彩を有した業務の一環として行うのかによって，測定項目や測定方法の選択が異なってくる．①の場合，測定項目は必要最小限に絞り込み，なるべく少ない費用で実施することが基本となるし，構造物を痛める方法は避けなければならない．③の場合は，なるべく多くの測定項目を選択しがちになる．①と③の関係は，開業医と大学病院での検査をイメージするとわかり易いかもしれない．②については，①と②の中間的な位置づけになるだろう．

また，昨今の公共事業でのアカウンタビリティへの要望などもあって，単にデータをそろえておくためだけに，あるいは管理者心理的な安心感を得るためだけに測定が実施されている場合も往々にしてある．

つねに，測定の必要性と位置づけ，費用対効果を考慮しながら，測定項目や測定方法を選択・実施していく必要がある．

表 5.1.1　維持管理関連測定方法の分類[1]

	分類1	分類2	分類3
目的	検査や規格化された品質のチェックのための測定方法	日常的な管理に用いる測定方法	研究目的や総合的な評価の一手段として用いる測定方法．
必要用件など	試験結果の出力は，基本的には絶対値が必要である．再現性が重要であり，さらに個人差が出るようなものであってはならない．そのためには，厳密な試験条件と明確な手順が示されている必要がある．その条件に従って試験すれば，同一の結果が得られることが重要である．また，簡便で費用と労力が少ないことも重要である	試験の出力は相対値でもよい．同じ条件で試験した場合には，再現性は必要である．しかし，条件による差や個人差があっても目的は達成できる場合もある．日常の管理に用いるには，一般には低コストが重要で，迅速性や安全性が要求される場合が多い	状況に応じて適宜変更して使う．最先端の研究に使う場合には，手法が流動的なこと自体に意義がある場合もある．点検・診断などでも，状況によって試験条件を変えたりする場合が多い．また，場合によっては，カテゴリー2とは反対に，高コストであったり，時間を要したり，安全性が低い場合もある
規格化の是非	検査や規格化された品質のチェックのためには，試験方法がオーソライズされ，しかも誰もが容易に入手できるものである必要がある．このため，この種の試験方法はJIS化の対象となる	標準的な手法が規格化できれば，それにこしたことはないが，とくに規格化しなくてもよい場合が多い	研究結果や調査結果を比較する際に共通のものがあれば，実施しやすいが，安易に規格化することは弊害をもたらす場合もある

c. 測定の費用対効果

測定に要する費用は，直接的な費用，つまり，測定を実施するための人件費，機械損料や消耗品などのほか，足場の設置などの費用も大きい場合がある．また，構造物への影響や交通遮断などの間接的な費用も無視できない場合もある．

このため，その測定で得られるデータが必要不可欠であるかどうか，費用対効果が十分であるかどうかの判定が必要となる．この判断も，それ以降の構造物の維持管理全体に影響するものであるため，高度な技術が要求されるものである．直接的な費用，間接的な費用，データが得られた場合と得られない場合の今後の維持管理への影響などを，いくつかのケースでシミュレーションしてみるようなことも，場合によっては必要となる．

なお，ひとたび足場の設置を計画した場合などは，その機会に複数の測定や簡易な補修を実施することを検討する必要があることは言うまでもない．

d. 構造物への影響

たとえば，コア抜きによる強度試験は比較的容易に行え，分かりやすいアウトプットが出てくるため，よく行われる．しかし，極端に言えば安易に惰性で行われている例がきわめて多い．しかも，構造的な知識がない担当者が行って，重要な鉄筋を切った例も多い．

そこまで極端な場合でなくても，コア抜きは構造物を痛める行為であることは間違いなく，コア孔を完全に修復することも難しい．

コア抜きによる試験のような場合には，そこから得られる情報が真に必要で有効なものかどうかを事前十分に詰めておく必要がある．必要であると判定された場合には，必要なデータが得られる範囲内で，なるべく構造物への影響が小さくなるように，たとえばコア採取位置やコアの本数などに，配慮する必要がある．

e. 測定の組合わせ

補修補強を検討する場合，劣化原因の推定や劣化程度，今後の劣化の推移などを，各種の測定結果で判定することになるが，1つのデータで判定できる場合はほとんどない．複数のデータで判断することが必要な場合が多い．この際には，適切な測定の組合わせもきわめて重要となる．組合わせの判断には高度な技術や経験も必要になる．なお言うまでもな

く，安易に測定項目を増やすのではなく，既存の各種のデータや，周囲の構造物の状況や測定データなどの活用も検討すべきである．

f. 結果の判定

維持管理における各種の測定結果の判定は，表5.1.1の分類1に示すような単なる「合否」で判定できる場合は少ない．たとえ，同じ測定方法で同じ試験結果が出力されても，構造物の条件によって異なった判定結果になることも往々にして生じる．一般に，複数の測定結果や，構造物の供用条件や期間，設置環境，周囲の構造物の状況，施工記録，これまでの構造物の劣化経歴などを総合的に判断しなければならない．

【河野広隆】

文 献

1) 日本コンクリート工学協会：「品質評価試験方法研究委員会」報告書，日本コンクリート工学協会，p.170-171, 1998.

5.2 環境・荷重

5.2.1 環 境

コンクリート構造物の劣化は，その周辺から環境作用を受けることにより進行する．したがって，立地条件や使用状態による環境の差により劣化の進行が異なる．塩化物イオン量や中性化などの測定を行う際には，同一の構造物の中でも場所により環境が異なるため，環境を反映させて調査箇所や調査数を計画する必要がある．また，補修・補強後の劣化の進行も環境により異なるため，環境に応じた工法選定や環境そのものを改善する対策を検討する必要がある．

劣化の進行に影響を与える環境のうち代表的なものには以下のようなものがある．

a. 塩分の供給

構造物が海岸付近に位置し，海水中の塩分により塩化物イオンがコンクリート中に浸透する場合，環境によりコンクリート表面の塩化物イオン濃度が異

なる．コンクリート中の塩化物イオンは濃度勾配による拡散で移動することから，コンクリート表面付近の塩化物イオン濃度が高いほどコンクリート中に浸透する塩化物イオン量は多くなる．沿岸地域の環境は常時直接海水と触れている海中環境，満ち潮により海面が上昇するときに海中となる干満環境，波しぶきが飛び散り海水が付着する飛沫環境に大別できる．このうち飛沫環境では海水付着後の乾燥の繰り返しにより海水の供給と乾燥による凝縮が繰り返され塩化物イオンが高濃度となる．図5.2.1は乾湿繰り返しの影響を考慮したコンクリート表面の塩化物イオン濃度の解析結果[1]を示したものであるが，海中環境よりも干満環境，飛沫環境の方が表面の塩化物イオン濃度が高くなり，飛沫環境の中でも乾燥日数が長くなると付着する塩水の総量が少なくなり，塩化物イオン濃度は小さくなる傾向にある．また，同じ飛沫環境にあっても図5.2.2に示すように桁橋の下フランジ上面側は，塩化物がたまりやすく，他の部位と比べ劣化の進行が著しいケースも見られる．一方，同じ構造物の中でも雨水が流れる部分では，海水が洗い流され，劣化の進行が遅い場合もある．建設時や補修・補強対策時に適切な排水勾配を設け，雨水や飛沫海水が流れる構造にしておくことが劣化環境の緩和に効果的である．

直接海水の影響を受けない場所でも，海岸線から比較的近距離に位置するコンクリートにおいては海岸からの風によって運ばれる飛来塩分がコンクリート表面に付着しコンクリート内部に浸透する．飛来塩分量は海岸からの距離だけではなく，沿岸の波浪の状況やそこからの風の向きなどの影響により大きく変化する．海岸から離れた場所でも高波が発生する沿岸からの風の通り道となっているため，局所的に塩害が進行する例もある．

冬季の凍結防止剤として塩を散布している道路では，ジョイント部分や排水装置の水処理が不適切な箇所で路面から周辺コンクリート表面に雨水や融雪水と一緒に塩化物イオンが供給され，局部的に塩害が進行することがある．また，凍結防止剤の散布により継続的に舗装上面に塩化物イオンが供給されることとなるが，床版コンクリートと舗装との間に防水工などの塩化物イオンの遮蔽層を設けていない場合，塩化物イオンは舗装内の空隙から床版コンクリート上面に供給されることになる．このようにして供用を開始して20年程度の床版コンクリート中で6 kg/m³以上の塩化物イオン量が計測された例もある．

図5.2.1 表層部分の塩化物イオン濃度[1]

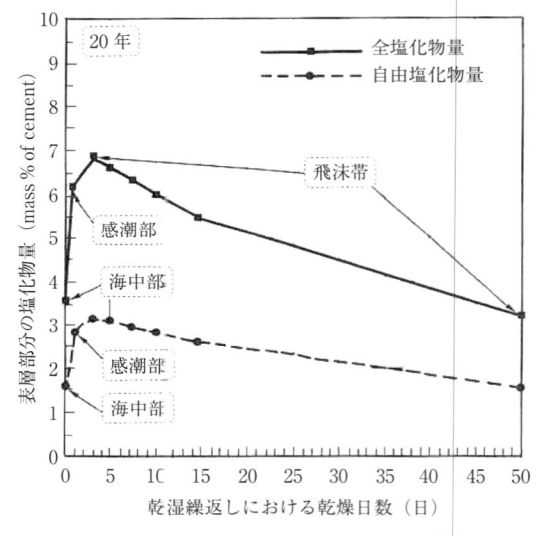

図5.2.2 PC単純桁橋の塩害劣化状況

図5.2.3 凍結防止剤を含む漏水によりアルカリシリカ反応の進行が早くなった橋台

塩害のほか，塩分が供給される場所ではアルカリシリカ反応による劣化が早くなる．外部から塩分が供給されると細孔溶液中の Na^+ が増加することによりアルカリ量が増加する．アルカリシリカ反応はコンクリート細孔溶液中のアルカリ成分と，その成分に対して溶解反応を示す骨材中の有害鉱物との反応であり，アルカリ量の増加により反応が促進することになる．図 5.2.3 に凍結防止剤を含む漏水によりアルカリシリカ反応が促進された橋台の状況を示す．

b. 二酸化炭素濃度

中性化の進行は構造物周辺の二酸化炭素濃度の影響を大きく受ける．ポンプ室やボイラー室のように室内で内燃機関を使用する場合，換気条件によってはコンクリート表面の二酸化炭素濃度が非常に高くなることがある．また，日常的に燃焼系の暖房器具を使用する部屋や車の排気ガスの影響を受ける屋内駐車場，土木構造物では交通量が多く日常的に渋滞が発生している道路トンネルや半地下構造の内面などでも換気条件によっては二酸化炭素濃度が高くなる．このような場所では乾燥条件やコンクリート表面の密実性などほかの条件と重なれば中性化による劣化の進行が早くなる．

c. 温度の影響

塩害や中性化によるコンクリート中の鉄筋の腐食は化学反応により生じるため，腐食の進行に及ぼす温度の影響は大きいとされている．

文献[2]によれば塩害において，温度が高くなるとコンクリート中の塩化物イオン拡散係数は大きくなるとともにコンクリート中の鉄筋の腐食速度も速くなるとしている．これらの関係はアレニウス則に従うとし，コンクリートの塩化物イオン拡散係数および鉄筋の腐食速度の対数は絶対温度の逆数に比例するとしている．さらに，潜伏期，進展期，加速期に区分して鉄筋コンクリート部材の塩害による劣化の進行を予測した結果，温度が各劣化期間に及ぼす影響は潜伏期，進展期，加速期の順に大きくなるとしている．また，中性化に対しても温度の上昇に伴いコンクリートの中性化速度ならびに鉄筋の腐食速度は速くなるとし，これらの関係もアレニウス則に従い，コンクリートの中性化速度係数および鉄筋の腐食速度の対数は絶対温度の逆数に比例するとしている．

d. 水の影響

コンクリート中の鋼材の腐食進行は鋼材の電気化学的反応であり，腐食の進行速度はコンクリートの電気抵抗に大きく依存する．コンクリートが湿潤状態では電気抵抗が小さく，腐食電流が大きくなり，腐食の進行は早くなる．一方，乾燥状態ではコンクリートの電気抵抗は大きく，腐食電流は小さくなり，腐食の進行は遅くなる．水処理の不完全なコンクリート構造物で湿潤箇所周辺の鉄筋の腐食が早いのはこのような理由からである．

塩害において，一般に塩化物イオンは海水としてや凍結防止剤が融雪や雨水などによる路面水に溶けた状態でコンクリート表面に供給される．したがって，つねに海水や路面水が供給され，湿潤状態となっているところでは塩害の進行は早い．

中性化は乾燥状態の方が早く進行するとされている．中性化は二酸化炭素がコンクリート中の細孔内に浸入することにより進行するが，コンクリート中における気体の拡散は液相では非常に小さくなるため，水中またはつねに水分の供給を受ける部分では中性化の進行が遅くなるためである．図 5.2.4 は含水率が気体の拡散係数に及ぼす影響を示した例[3]である．このようにコンクリートが乾燥しやすい条件では，二酸化炭素の拡散係数が大きくなる．実構造物でも日射によって乾燥しやすい南面や西面での中性化速度が大きいことが知られている[4]．

アルカリシリカ反応は反応性骨材粒子に化学反応により生成するアルカリシリカゲルが，周囲から水を吸収し，膨張することに起因する．同一構造物の

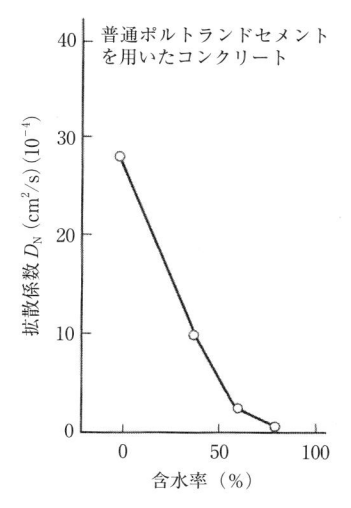

図 5.2.4 含水率と拡散係数の関係[3]

図 5.2.5 路面からの漏水によりアルカリシリカ反応の進行が促進した橋脚

図 5.2.6 PC 桁橋のアルカリシリカ反応によるひび割れ発生状況

中でも水が供給される場所ではアルカリシリカ反応による劣化の進行は早い．図 5.2.5 に路面からの漏水により劣化が進行した橋脚の状況の例を示す．文献[5]ではアルカリシリカ反応で劣化した同一の橋脚および橋台の中で路面からの漏水等によりコンクリート表面が湿潤状態となり，劣化が進行した箇所と漏水の影響を受けず比較的健全な箇所とで鉄筋切断時の開放ひずみの計測による伸び量の比較を行っている．この結果，湿潤部の鉄筋伸び量は 500〜1500 μ であったのに対し漏水の影響を受けない箇所の鉄筋伸び量は 0〜1000 μ であったとしている．

凍害はコンクリート中の水分が凍結し，膨張することにより劣化する現象であり，長年にわたる凍結と融解の繰り返しにより劣化が進行する．一般に寒冷地で水と直接接する機会の多い箇所では凍害の危険性が高く，融雪を受ける場所や河川の水面付近や湧水のある付近では凍害の進行は早い．

e. その他の条件（プレストレスおよび鉄筋の拘束の影響）

アルカリシリカ反応によるひび割れ発生状況はプレストレスや鉄筋による拘束の影響を大きく受ける．無筋のコンクリートまたは鉄筋量の少ないコンクリート構造物がアルカリシリカ反応により劣化する場合，ひび割れは亀甲状または網の目状に発生する．一方，PC 構造物がアルカリシリカ反応による劣化を受けた場合，プレストレスの導入方向には圧縮応力が作用しているため，多くの場合，反応によって生じる引張応力が打ち消される．この結果，プレストレス導入方向に直角のひび割れは発生せず，プレストレスが導入方向に沿ったひび割れのみが発生

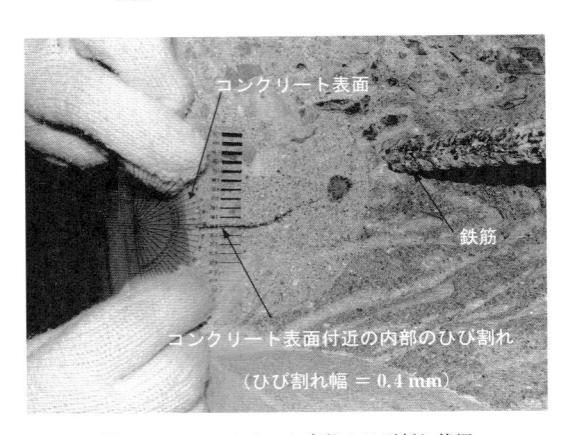

図 5.2.7 コンクリート内部のひび割れ状況

する．図 5.2.6 に PC 桁橋のアルカリシリカ反応によるひび割れ発生状況を示す．

鉄筋コンクリート構造物では，アルカリシリカ反応による膨張に対して鉄筋が拘束するため，ひび割れの発生状況は鉄筋の拘束の影響を受ける．ただし，ひび割れ幅に及ぼす鉄筋の拘束の影響は鉄筋周辺と鉄筋から離れたコンクリート表面では異なる．図 5.2.7 はアルカリシリカ反応により劣化した橋台のコンクリート表面からカッターで箱状の切欠きを作り，ひび割れ幅の深さ方向の変化を観察している状況である．この写真が示すとおり，この構造物では表面付近のひび割れ幅は 0.4 mm であったが，鉄筋付近では鉄筋の拘束の影響によりひび割れ幅が急に狭くなり 0.05 mm 以下となっている．このように鉄筋量やかぶり厚さ，劣化の進行の程度により程度の差があると考えられるが，鉄筋の拘束の影響により，表面付近のひび割れ幅に比べ鉄筋付近ではひび割れ幅が小さくなる傾向があると考えられる．

5.2.2 荷重

a. 上載荷重

道路橋および駐車場，鉄道橋，倉庫などには荷重が作用する．このうち鉄道橋や倉庫については所有者や管理者が構造物に荷重を作用させる列車や荷物を把握し，計画することができるため，設計の範囲内で構造物に影響を与えない運用が可能である．また，駐車場でも入り口で大型車の進入を規制することにより，過度の荷重が載荷することを制限することが可能である．一方，道路では車両制限令により一般道を走行できる車両総重量ならびに軸重が制限されているものの，実態としては過積載を行う車両が存在するため，載荷される荷重の制御は困難である．床版が疲労破壊により劣化する場合，載荷荷重が2倍になると疲労寿命として数千台分の影響を与えるとされており，実際に大型車混入率の高い道路では想定を上回る荷重の載荷により，押し抜きせん断破壊により著しく劣化が進行する床版も多い．このため，道路橋の補修・補強計画を立案する上では荷重実態を把握することが重要となる．

交通荷重の計測方法としては，荷重センサを道路上に設置して計測する方法が一般的であり，ひずみゲージ式のロードセルや静電容量方式や圧電素子などを用いた可搬式マットなどが用いられている．これらの計測装置を重交通道路に長期間にわたり設置し計測することは計測機械のメンテナンス上困難であり，東名高速道路などに設置され継続的に計測を行っているほかは例が少なく，有料道路の料金所付近などで過積載車両の取締りや警告を目的として設置する例が多い．最近では鋼橋の桁などの部材にひずみゲージを設置し，解析により間接的に比較的高精度で交通荷重を計測する方法も行われており，これらの計測結果の蓄積により交通実態の解明や設計荷重への反映などが期待される．

b. その他の荷重

構造物に土圧が作用する場合，構造物に荷重が作用する．土圧は土質調査に基づき適切に地盤定数を仮定することにより推定することが可能であり，一般に盛土構造では，構築直後がもっとも土圧が大きく作用し，その後締め固めの進行に伴い軽減する方向に変化するが，豪雨などにより盛土内部に大量に水が浸入すると，盛土内部の間隙水圧の上昇に伴い急激に土圧が上昇することがある．このため，擁壁構造では盛土内部への水の浸入の防止と内部からの排水対策が重要である．

構造物の基礎が不等沈下した場合，当初想定していた支持力のバランスが崩れることにより構造物が変形し，不静定次数の高い部材に応力が生じ，ひび割れなどが発生する．一般に地盤の沈下量は時間の対数に比例するため不等沈下は時間とともに落ち着くが，周辺環境の変化などにより地下水位が大幅に変化する場合は，注意が必要である．また，周辺地盤の盛土や掘削などの影響を受け，地盤の変形が生じることにより不等沈下が生じる場合もある．不等沈下により構造物に発生する応力は内力を開放し，改めて接合することにより低減することが可能であるが，不等沈下による不陸が構造物に残り使用性や景観が損なわれるため，沈下した部分をジャッキで上げ，不等沈下を修正する対策が一般的である．

上記のほか，海洋構造物では波浪による繰り返し荷重を受ける．また，ダムやタンクでは静水圧を受ける．また，沈埋トンネルや半地下構造物では浮力を受ける．これらの構造物に変状が発生したときは，これらの荷重を適切に考慮して，調査，原因推定，補修・補強の要否の判定，補修・補強を行う必要がある．

【長田光司】

文 献

1) 丸屋 剛，Tangtermsirkul Somnuk，松岡康訓：コンクリート表層部における塩化物イオンの移動に関するモデル化，土木学会論文集，No. 585/V-38, pp. 79-95, 1998.
2) 西田孝弘：鋼材腐食による鉄筋コンクリート部材の劣化進行に及ぼす温度の影響，東京工業大学博士論文，2006.
3) 小林一輔，出頭圭三：各種セメント系材料の酸素の拡散性状に関する研究，コンクリート工学，24(12), pp. 99-106, 1986.
4) 岸谷孝一ほか編：コンクリート構造物の耐久性シリーズ 中性化，技報堂出版，1986.
5) 長田光司ほか：アルカリ骨材反応で変状を起こしたコンクリート部材の耐震性能，コンクリート工学，44(3), pp. 34-42, 2006.

5.3 コンクリート配合・強度

コンクリート構造物の補修・補強の要否を検討す

る場合，強度，とくに圧縮強度は重要な指標となる．したがって圧縮強度を把握することは，きわめて重要である．一方で，所定の配合どおりに製造されたコンクリートであっても，コンクリート部材中に打設されると，ブリーディングなどの材料分離が発生し，構造物中における水セメント比は，必ずしも配合どおりにならないことが知られている．ある実験結果によると，水セメント比60％・スランプ21 cmのコンクリートを25 cm角×高さ3 mの模擬柱に打設した場合，150分後には，上下層間の水セメント比の差が14％にもなるとの結果を得ている[1]．構造物の強度，あるいは配合を調査する場合は，この点に留意する必要がある．いかに代表的な結果を得るのか，どの状態での結果を得ようとするのかを考慮し，試料採取位置を決定する必要が有る．可能であれば，試料数を増やして対応することが望ましい．

5.3.1 配　合

コンクリートの耐久性検討を行う場合など，計画どおりの配合でコンクリートが打設されているのかを知るために，硬化コンクリートの配合，つまり水セメント比，単位セメント量，単位水量，単位骨材量，さらには単位混和剤・材量を把握したいというケースがある．いわゆるコンクリートの配合推定である．表5.3.1に示すように，種々の方法が提案，実用化されている[2)-4)]が，実際の適用にあたっては，表中にも記載したように種々の制約条件があるので，適用限界等に十分留意する必要がある．

セメント協会法[2]は，骨材中に貝殻が含まれる場合や石灰石骨材を使用している場合には，協会法の分析項目である「酸化カルシウム値」が，セメント由来のものと骨材由来のものの合計量となるため，セメント量の推定が不可能となる．貝殻や石灰石が含まれて居ない骨材で，普通ポルトランドセメントを使用したコンクリートであれば，実用上，十分な精度を有するといえよう．ただし，分析値からセメント量，骨材量を計算する過程において，セメントおよび骨材の分析値が必要となるので，実際の工事に使用されたセメントおよび骨材の分析値が未知の場合は，全国平均値を使用することとなるため，単位セメント量および単位骨材量に誤差が生じる．十分な留意が必要である．さらに，単位水量の推定に関しては，ブリーディングや粗骨材の沈降分離によるコンクリート中の水量分布の変化の影響もあり，単位水量の推定精度には問題があることが指摘されている．一方，日本非破壊検査協会法[3]は，セメント協会法の欠点である貝殻や石灰石骨材を使用したコンクリートの単位セメント量を求めることが可能である．

5.3.2 強　度

コンクリート強度の代表的な試験方法は，表5.3.2に示すとおりであるが，一般には，JIS A 1107によるコア採取法，小径コア法，反発度法が多用されている．

a. コア採取による強度試験

JIS A 1107-2002「コンクリートからのコアの採取方法及び圧縮強度試験方法」にしたがって，コア

表5.3.1 コンクリートの配合推定

名　称	内容・精度
セメント協会法（1967年）	コンクリート塊を105 μmふるい全通程度に微粉砕した試料を塩酸で処理し，不溶残分と酸化カルシウム量を求め，それらの値から骨材量とセメント量を推定する．別途，強熱減量値より結合水量を求め，単位水量推定につなげる．骨材中に貝殻が含まれる場合や，石灰石骨材が使用されている場合は，単位セメント量の推定が困難．また，単位水量の推定値も一般に誤差が大きい．
日本非破壊検査協会：グルコン酸ナトリウムによる硬化コンクリートの単位セメント量試験方法（2002年）	ポルトランドセメントを用いた硬化コンクリートの単位セメント量を，グルコン酸ナトリウム溶液を用いて求める方法．通常の骨材のほか，貝殻や石灰石を含む骨材に対しても適用可能．ただし，混合セメントはグルコン酸ナトリウム溶液によって溶解し難い混合材を含むため不可であり，同液は炭酸カルシウムを溶解しないため，中性化したコンクリート部分には適用できない．
ICPによる単位セメント量の推定方法（1990年）	ICP（誘導結合プラズマ発光分析装置）を用いて，セメント構成成分の中で，酸化カルシウムに次いで量が多く，変動の少ない酸可溶性シリカに着目し，硬化コンクリート中のセメント量を推定する方法．アルカリ骨材反応を生じたコンクリートには適用できないが，石灰石骨材を使用した場合でも推定可能．

5.3 コンクリート配合・強度

表 5.3.2 構造体強度の試験方法

区 分	名 称	基準など
破壊試験	コア採取による方法	JIS A 1107 コンクリートからのコアの採取および圧縮強度試験方法
微破壊試験	小径コア採取による方法	たとえば， 　小径コアによる新設の構造体コンクリート強度測定要領（案） 　（銭高組・前田建設工業・日本国土開発・独立行政法人土木研究所）
	ボス供試体による方法	日本非破壊検査協会： 　NDIS3424 ボス供試体の作製方法および圧縮強度試験方法
非破壊試験	反発度法	JIS A 1155 コンクリートの反発度の測定方法 日本材料学会：シュミットハンマーによる圧縮強度推定方法 日本建築学会：反発度法（シュミットハンマー法）（コンクリート強度推定のための非破壊試験方法マニュアル） 土木学会：JSCE-G504-1999 硬化コンクリートのテストハンマー強度の試験方法
	超音波伝播速度法	日本建築学会： 　コンクリート強度推定のための非破壊試験方法マニュアル
	複合法	日本建築学会：コンクリート強度推定のための非破壊試験方法マニュアル（反発度法－超音波伝播速度法）

採取による強度試験を行う場合の要点を以下に示す．

- コアの採取時期： 一般に材齢 14 日以降とするか，圧縮強度が 15 N/mm² 以上に達した後とするよう推奨している．粗骨材とモルタルとの付着が採取作業によって害を受けることがないことを意図したものである．
- コアの採取箇所： 打継ぎ面や型枠際を避け，鉄筋がない箇所からコンクリートの打込み方向に対して垂直になるように採取する．やむを得ず鉄筋を含む場合は，強度への影響がもっとも少ない位置とする．
- コアのサイズ： コア供試体の直径は，粗骨材の最大寸法の 3 倍以上，高さと直径との比は 1.90～2.10 とする．ただし，比が 1.90 より小さい場合は，試験で得られた圧縮強度値に補正係数を乗じて直径の 2 倍の高さをもつ供試体の強度に換算する．
- コア供試体の整形： コア供試体の両端面は，キャッピングあるいは研磨によって，規定の平面度および平行度となるように仕上げる．アンボンドキャッピングも適用可能である．
- 強度試験： コア供試体の圧縮強度試験方法は，JIS A 1108 による．
- 強度試験までの養生： コア供試体は，試験のときまで 20±2℃ の水中に 40 時間以上漬けておくと，試験時に供試体の乾湿の条件をほぼ一定にすることができる．

b. 小径コアによる強度

直径 18～26 mm 程度の小径コアを用いて構造体強度を推定する方法[6] の特徴は，①コアの直径が小さいので，構造体の耐力を損なうことなく，柱，梁などの主要構造部材からもコアを採取できる．②コアの直径が一般の鉄筋ピッチよりも小さいので，鉄筋切断の可能性が少ない．③簡易なドリルによりコアを採取することができ，採取跡の補修も容易である．④容量の小さい簡易な圧縮試験器を用いて，現場において簡便に強度を推定できる．

室内試験において，小径コア強度と $\phi 100 \times 200$ mm コア強度の比較を行なった結果を図 5.3.1[6] に示す．小径コア強度と $\phi 100$ mm コア強度の相関

荷重制御
硬質砂岩砕石
$\phi 18.5$ mm コア

$h/d=1.5$
$h/d=2.0$

$h/d=1.5 : x=5.0+0.99 \cdot X (r^2=0.94)$
$h/d=2.0 : x=1.7+1.00 \cdot X (r^2=0.96)$

小径コア強度 x (N/mm²)
$\phi 100$ mm コア強度 X (N/mm²)

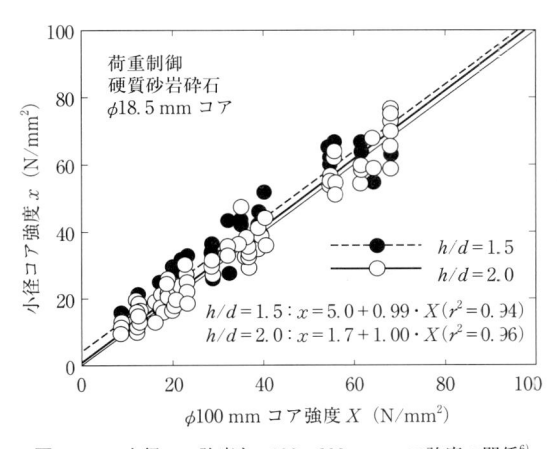

図 5.3.1 小径コア強度と $\phi 100 \times 200$ mm コア強度の関係[6]

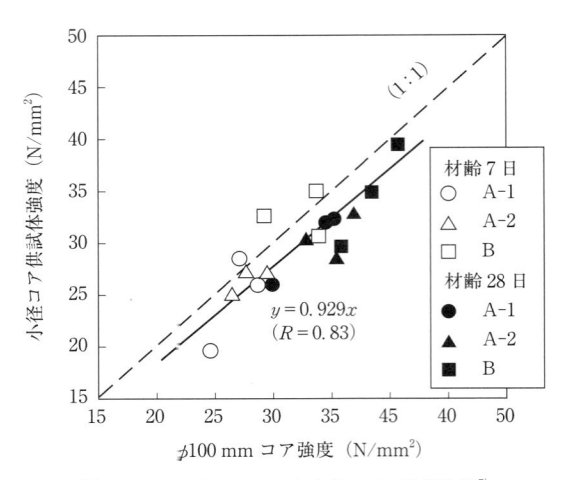

図 5.3.2 $\phi 100$ mm コアと小径コアの強度比較[7]

が強いこと，小径コア強度は$\phi 100$ mm コア強度よりも大きく，回帰直線の勾配はほぼ 1 に等しいことから，両者の強度差は，$\phi 100$ mm コア強度にかかわらずほぼ一定値であるとの結論を得ている．3 種類の実構造物（建設後約 30 年を経過した工場建築物 A の地中梁，同 B の地中梁，RC 造 2 階建ての学校建築物の柱および壁）を対象に，小径コアと$\phi 100$ mm コアによる比較試験を実施した結果を紹介し，小径コアを 6 カ所程度から 1 個ずつ採取し，試料数を 6 個程度とすれば，構造体コンクリート強度が実用的な精度で推定できるとしている．

ただし，小径コア強度と$\phi 100 \times 200$ mm コア強度の関係については，図 5.3.2[7]に示すような，小径コアの方が低い値であるとの結果も報告されてい

表 5.3.3 テストハンマーによるコンクリート強度推定の誤差要因

種　類	誤差要因	誤差の生じる原因やその程度
反発度の再現性に関するもの	測定機器の個体差	個々の測定装置ごとに使用部品などが異なるため，同じ反発度の供試体を打撃しても結果が異なる可能性がある
	測定者	測定方法（打撃速度など）が適切であれば，影響はない
反発度の測定条件に関するもの	応力状態	円柱供試体などを載荷装置で固定して試験する場合，その圧定力により反発度が異なる．たとえば，日本建築学会のマニュアルでは，2.5N/mm^2 以上の圧定力を加えることが推奨されている
	測定箇所の寸法	構造物で部材厚の小さい部分を打撃すると，反発度が小さく測定される．たとえば，土木学会規準では，厚さ 10 cm 以下の床版や壁，一辺が 15 cm 以下の断面の柱など小寸法で，支間の長い部材を避けることとされている
	測定面の平滑度・型枠	木製型枠は，鋼製の場合よりも表面の平面度が低く，反発度が低いとする報告があるが，影響はほとんどないとの報告もある
	曲面での測定	半径 35 cm の曲面と平面での測定結果を比較したところ差異はなかったとの報告がある
	測定面の含水状態	測定面が湿った状態で測定すると，反発度が低くなることが分かっているが，その関係については，必ずしも明確でない．また，測定面の含水状態を定量評価する手法が確立されていないため，測定者により含水状態評価（補正値の選択）が異なる可能性
	中性化	中性化（炭酸化）したコンクリートでは，反発度が高く測定されるとする報告もある．しかし，中性化深さが反発度測定に与える影響については，必ずしも明確ではない
反発度からコンクリート強度を推定することに関するもの	配合	セメント量や粗骨材量が異なるコンクリートでは，反発度と強度の関係が異なると考えられているが，必ずしも明確ではない
	セメントの種類	同じ強度のコンクリートでも，セメントの種類が異なると，反発度が異なる場合もあると考えられる．一方，汎用の普通，早強，高炉セメントの間では，ほとんど差がないとする報告もある
	骨材の種類	一般的な天然産骨材では，その品質による影響は少ないと考えられている．一方，12 種類の骨材を用いて試験した結果，推定強度で最大 15% の差があったとする報告もあ
	材齢	長期材齢のコンクリートでは，反発度とコンクリート強度の関係が，材齢 28 日での場合と異なっていることから，補正が必要．材齢 3 日から 91 日程度であれば，補正は不要とするものもある

c. 反発度法

コンクリートの表面をテストハンマー（リバウンドハンマー）を用いて打撃し，その際の反発度からコンクリートの圧縮強度を推定する方法である．反発度法，シュミットハンマー法，テストハンマー法などの呼称がある．この方法は，1958年に日本材料学会（当時：日本材料試験協会）で「シュミットハンマーによる圧縮強度推定式」が制定されたのを嚆矢とし，以降，日本建築学会：コンクリート強度推定のための非破壊試験方法マニュアル（1983年），土木学会：硬化コンクリートのテストハンマー強度の試験方法（1999年），JIS A 1155 コンクリートの反発度の測定方法（2003年）が制定されている．テストハンマーによる測定は，構造物を傷つけずに行うことができること，他の方法に比較して簡易に実施できるといった長所を有する反面，種々の要因に影響されるため，必ずしも精度は高くないという認識が一般的である．テストハンマーによるコンクリート強度推定の誤差要因を，文献[8]から引用し，表5.3.3に示す．

本項では，JIS A 1155-2003「コンクリートの反発度の測定方法」に従って試験方法を説明する．

- リバウンドハンマーの点検：　点検は，テストアンビルを打撃してその反発度を測定することにより行う．点検は，測定の前および一連の測定の後に行うが，ハンマーによる打撃が500回を超える場合は，500回の打撃ごとに1回はテストアンビル打撃による点検を実施する．点検結果が，リバウンドハンマーの製造時の反発度から3%以上異なっているものは使用してはならないと規定している．
- 測定箇所の選定：　①100 mm以上の厚さを有する床版や壁部材，または一辺の長さが150 mm以上の断面をもつ柱やはり部材のコンクリート表面を対象とする．小寸法で，支間の長い部材および厚さの薄い床版や壁部材は，試験場所として選定しないようにするか，または背後から別に部材を強固に支持しなければならない．②部材の縁部から50 mm以上離れた内部から選定する．③表面組織が均一で，かつ，平滑な平面部とする．④豆板，空隙，露出している砂利などの部分および表面剥離，凹凸のある部分を避ける．
- コンクリート表面の処理：　①測定面にある凹凸や付着物は，研磨処理装置などで平滑に磨いて取り除き，コンクリート表面の粉末その他の付着物を拭き取ってから測定する．②測定面に仕上げ層や上塗り層がある場合には，これを取り除き，コンクリート面を露出させた後，前項の処理を行ってから測定する．
- 測定：　①環境温度が0～40℃の範囲内で行なう．②ハンマーの作動を円滑にさせるため，測定に先立ち数回の試し打撃を行なう．③ハンマーが測定面に対し常に垂直方向になるよう保持しながら，ゆっくり押して打撃する．④1カ所の測定では，互いに25～50 mmの間隔をもった9点について測定する．反響や打撃後のくぼみ具合などから判断して明らかに異常と認められる値，または，その偏差が平均値の20%以上になる値があれば，その反発度を捨てて，これに変わる測定値を補う．⑤測定後のハンマーの点検によって，その反発度が製造時の値より3%以上異なっていた場合は，直前に行なった測定値以降は無効とする．
- 結果の計算：　1箇所の有効な測定値9個の平均をもって，反発度とする．

一方，国土交通省では，テストハンマーによる構造物調査フローを定めており，注意事項として，(1) 測定機器の較正状況を確認すること，(2) 原則として乾燥した面で測定すること，(3) 原則として材齢28日から91日の間に行うこと，(4) 強度推定は日本材料学会の提案式にしたがって行うこと，をあげている[9]．

国土交通省が，新設の橋梁下部構造，擁壁，道路用カルバート，河川構造物（水門，樋門等）を対

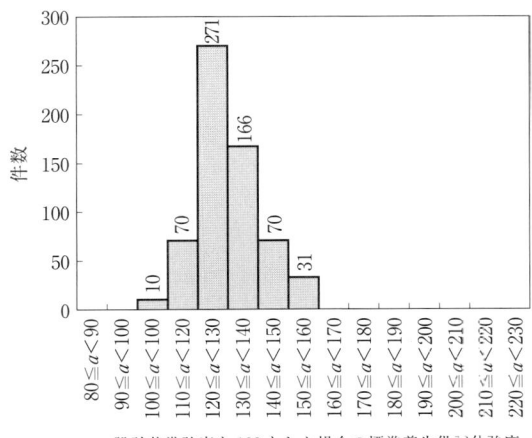

a：設計基準強度を100とした場合の標準養生供試体強度

図 5.3.3 標準養生供試体の強度分布[9]

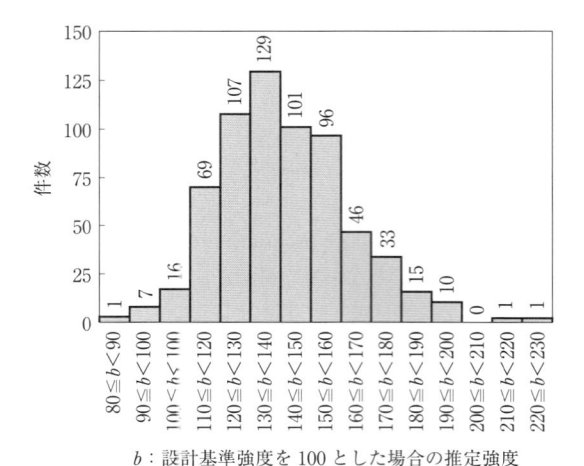

図 5.3.4 推定強度の分布[9]

象に行った調査結果を図 5.3.3 および図 5.3.4 に示す[9]．コンクリートの設計基準強度は，24 N/mm² 以下であり，測定数は，全国の 169 件の構造物で合計 632 カ所である．結果は，いずれも，設計基準強度を 100 として示されている．　【小林茂広】

文 献

1) 神田 衛ほか：コンクリート打ち込み後の柱断面における水セメント比の分布性状，セメント技術年報 29 巻，pp. 226-231, 1975.
2) セメント協会：コンクリート専門委員会報告 F-18「硬化コンクリートの配合推定に関する共同試験結果」，1967.
3) 日本非破壊検査協会 NDIS-3422：グルコン酸ナトリウムによる硬化コンクリートの単位セメント量試験方法 (2002).
4) 吉田八郎ほか：石灰石骨材を使用した硬化コンクリート中の単位セメント量推定方法，コンクリート工学年次論文報告集，12-1, pp. 347-352, 1990.
5) JIS A 1107-2002「コンクリートからのコアの採取方法及び圧縮強度試験方法」
6) 寺田謙一ほか，小径コアによる構造体コンクリート強度の推定法，コンクリート工学，39(4), pp. 27-32, 2001.
7) 片平 博ほか：φ100 mm コアと小径コアの強度比較，ボス供試体と小径コアによるコンクリートの圧縮強度推定実験，土木技術資料 44-3, pp. 40-45, 2002.
8) JIS A 1155-2003「コンクリートの反発度の測定方法」
9) 古賀裕久ほか，テストハンマーによるコンクリート強度の推定調査について，コンクリート工学，40(2), pp. 3-7, 2002.

5.4 ひび割れ

ひび割れが生じたコンクリート構造物において，その適切な補修・補強方法を選定するためには，まず，ひび割れの原因を的確に推定し，その上で，ひび割れの規模等の詳細な情報をできるかぎり正確に把握することが重要である．そこで本節では，はじめに，劣化メカニズムの違いによるひび割れの分類とその特徴に関して簡単に概説し，続いて，ひび割れの諸情報（①ひび割れパターン，②ひび割れ幅，③ひび割れ長さ，④ひび割れ貫通の有無，⑤ひび割れ深さ，および⑥その他のひび割れ状況）を測定する手法について述べる．

5.4.1 劣化メカニズムの違いによるひび割れの分類

コンクリート構造物の各種劣化メカニズムについては，第 2 章にそれぞれ詳しく解説してある．そこで，ここでは，あくまでも「ひび割れ」という劣化現象の立場から，劣化メカニズムと対応させた形でひび割れの分類を行い，その特徴とひび割れ補修における要点を以下のとおりまとめて示す．

a. ひび割れ先行型（乾燥収縮，セメントの水和熱，コールドジョイントなど）のひび割れ

ひび割れ先行型は，乾燥収縮，セメントの水和熱，コールドジョイントなど，おもにコンクリートの施工段階で生じるひび割れである．たとえば，乾燥収縮によるひび割れでは，梁や柱などにおいては長手方向の収縮による体積変化が大きいため，部材端部での拘束によりひび割れが生じる．一方，断面の大きな部材では，内部よりも表面の乾燥が大きいため，表面部に収縮ひび割れが生じる．この種のひび割れでは，施工中または竣工後の早い時点でひび割れ補修を行えば，その後の性能低下の抑制が可能である．

b. 鉄筋腐食先行型（中性化，塩害など）のひび割れ

鉄筋腐食先行型のひび割れは，中性化や塩害などが原因で鉄筋に腐食が発生し，鉄筋の腐食の進行に伴い鉄筋が体積膨張を起こすことによって生じるも

(a) レーザー計測車両によるひび割れ計測　　　　　　　(b) 計測結果の一例

図 5.4.1　レーザーを用いたひび割れパターンの計測およびその結果の一例[1]

のである．この種のひび割れは，おもに部材の鉄筋軸方向に沿って発生する．この形態のひび割れの補修に際しては，その後の劣化の進展を抑制するためには，塩化物イオンなど，すでに内在している劣化因子の除去が肝心である．

c. コンクリート劣化型（アルカリ骨材反応，凍害，化学的腐食など）のひび割れ

上述の乾燥収縮などによるひび割れ先行型のひび割れと異なり，アルカリ骨材反応，凍害，化学的腐食といった劣化現象は進行性であり，ひび割れの発生によって，コンクリート自体の組織が緩み，強度低下などを生じる．たとえば，アルカリ骨材反応では，ひび割れが亀甲状に生じる特徴を示す．この種のひび割れでも，鉄筋腐食先行型の場合と同様に，ひび割れ補修のみでなく，劣化因子の供給を抑えるための対策が重要である．

d. その他のひび割れ（構造ひび割れなど）

上記 a～c のほかに，地震荷重によるひび割れや疲労によるひび割れ，あるいは複合的な劣化によるひび割れなどがある．特殊な原因によるひび割れの場合は，とくに十分な調査を行って原因やその程度を把握し，対策の検討においては慎重を期すことが肝要である．

5.4.2　ひび割れパターン

ひび割れパターンを的確に把握することは，ひび割れの発生原因を推定する上できわめて重要である．ひび割れの平面的な分布状況や幾何的な形態を注意深く観察し，適切に記録することが大切である．ひび割れパターンの記録・評価方法としては，一般的な目視観察に加えて，デジタルカメラにより撮影した画像を処理することによりひび割れの特徴を抽出する方法や，コンクリート表面に当てたレーザー光の反射の大小からひび割れ情報を評価する手法（図 5.4.1 参照）[1]などがある．

5.4.3　ひび割れ幅

ひび割れ幅の評価は，内部鉄筋の腐食に対する耐久性や構造物の防水性を把握するうえで非常に重要である．ひび割れ幅は，一般的に，コンクリート表面でひび割れ方向に対して直角に測った幅で定義される．ひび割れ幅の計測には，図 5.4.2 に示すクラックスケールやルーペなどを用いる場合が多い．また，

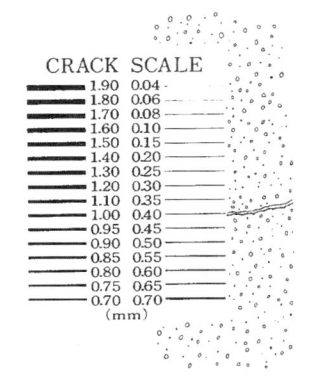

図 5.4.2　クラックスケールによる測定

ストレインゲージ

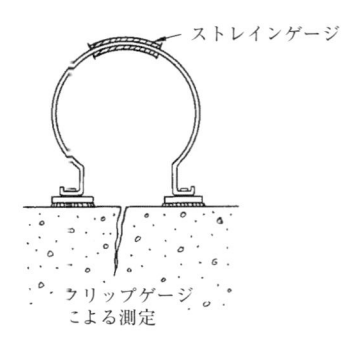

クリップゲージ
による測定

図5.4.3 パイ型変位計による計測

ひび割れ幅の時間的な変動は，ひび割れ注入や表面被覆などの補修材料や工法を選定する上で必要な情報である．幅の変動については，図5.4.3に示すパイ型変位計やコンタクトゲージを用いる方法があげられる．

ひび割れ幅の測定に際しては，実際はひび割れの全長にわたってひび割れ幅が一定であるということはまれであり，位置によって値が異なることを考慮して，任意の数箇所でひび割れ幅を計測し記録すると良い．また，ひび割れ幅は，温度や湿度などの条件によって変動するため，日変動や季節変動を評価する場合は，測定時刻を固定するなどの工夫が必要となる．たとえば，1日における温度変化に関しては，およそ1日の平均気温に相当する午前10時ごろを目安に計測すると良いと言われている．

5.4.4 ひび割れ長さ

ひび割れの長さの評価は，補修・補強の規模を把握し，補修・補強設計を行う上で必要となる．ひび割れ長さは，一般に使用されているスケールを用いてひび割れに沿ってその長さを測定する．実際のひび割れの線形はさまざまであるので，適当に選んだ区間の直線距離を累加していくようにする．また，ひび割れ長さは，図5.4.1に示すレーザーを用いた計測[1]や，デジタルカメラによって撮影されたデジタル画像を基に，画像処理を行うことで算出することも可能である．

5.4.5 ひび割れ貫通の有無

ひび割れの貫通の有無を調べることによって，ひび割れ原因やひび割れが部材や構造物に与える影響の程度を把握することができる．ひび割れ貫通の有無は，水や空気の透過性により評価可能である．部材の表面と裏面とが両方とも目視観察できる場合は，両方の面でのひび割れパターンが一致しているかどうかなどを確認することにより，ひび割れの貫通を把握することもできる．

5.4.6 ひび割れ深さ

ひび割れ深さの評価は，鉄筋腐食に対する構造物の耐久性を評価する観点から重要な項目といえる．深さを把握する方法としては，はつりによる確認や削孔によるコア採取など微少な破壊を伴って評価するものと，超音波を用いた非破壊検査とにおおよそ大別できる．以下にこれらの方法について説明する．

a. はつり確認

はつり前にひび割れ部分に赤インクなどの着色材を流し込んでおくことにより，はつり後の目視による深さの測定が容易となる．

b. コア採取による方法

小径ドリルなどを用いてコンクリートを削孔し，採取したコアを観察することにより，ひび割れ深さを計測することができる．

c. 超音波法

超音波法を用いてコンクリートのひび割れ深さを推定する場合は，①ひび割れの先端で波が回折する，②入射角約45°で波が入射する場合，ひび割れ先端で波が回折する際に初期位相が反転する，③適用可能な波の周波数帯域（数十kHz～数百kHz）が低いため指向性が悪く，コンクリート表面付近にも波が伝播するなどの伝播特性を利用している．以下にこれらの特性を利用したひび割れ推定手法について述べる．

1) T_c-T_0 法[2]

図5.4.4に示すように，ひび割れ開口部から発振子，受振子をそれぞれ等距離 a(mm) に設置し，計測した超音波の伝播時間 T_c（秒）とひび割れのない健全な箇所で計測した $2a$ 間の伝播時間 T_0（秒）から，式（1）によりひび割れ深さ d (mm) を推定する方法である．

$$d = a\sqrt{(T_c/T_0)^2 - 1} \qquad (1)$$

2) T 法[2]

発振子を固定し，受振子を一定間隔で移動させた

図 5.4.4 T_c-T_0 法

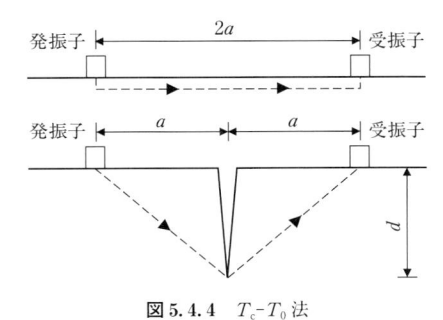

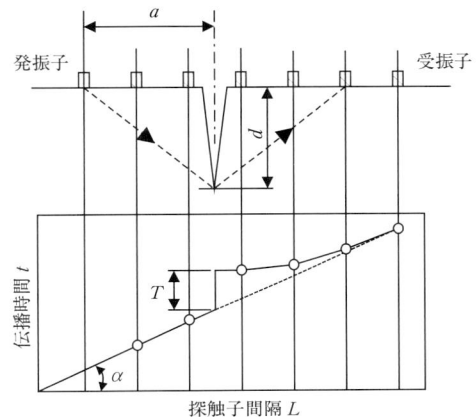

図 5.4.5 T 法

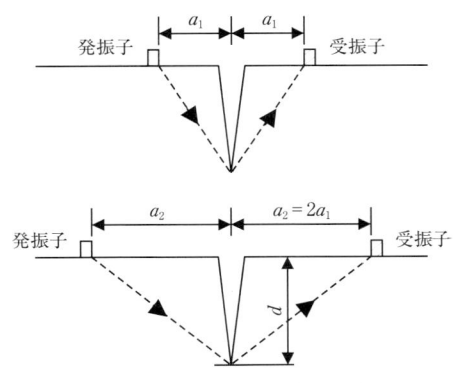

図 5.4.6 BS 法および修正 BS 法

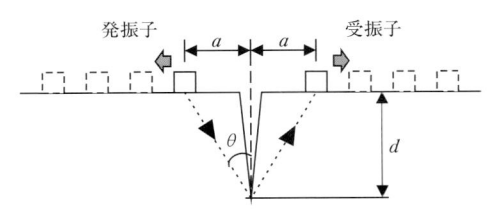

図 5.4.7 回折波法

走時曲線からひび割れ位置での伝播時間差 T を伴読し,式 (2) により推定ひび割れ深さを算出することができる (図 5.4.5 参照).

$$d = T \cot \alpha (T \cot \alpha + 2a)/2(\cot \alpha + a) \quad (2)$$

3) BS 法[3),4)]・修正 BS 法[5)]

BS 法は BS 4408:Part 5 と BS 1881:Part 203 に推奨されている方法[3),4)] で,図 5.4.6 のように発振子および受振子をひび割れからそれぞれ (i) a_1 = 150 mm,(ii) a_2 = 300 mm に配置し,そのときに計測された伝播時間をそれぞれ t_1 および t_2 とすると,式 (3) によりひび割れ深さ d (mm) が推定可能である.ただし,ひび割れから探触子までの距離 (a_1 および a_2) は,ひび割れから探触子中心位置の距離ではなく,ひび割れ側の探触子端部までである.

$$d = 150 \sqrt{(4t_1^2 - t_2^2)/(t_2^2 - t_1^2)} \quad (3)$$

これに対して修正 BS 法は,伝播距離が短いほど波の振幅が大きくなり,波頭を的確に把握できることを考慮して改善された手法である.すなわち,図 5.4.6 に示すとおり,BS 法における発・受振子とひび割れの間隔を (i) $a_1 \leq$ 100 mm,(ii) $a_2 = 2a_1$ としたときの伝播時間をそれぞれ t_1 および t_2 とする

と,式 (4) によりひび割れ深さを評価する方法[5)]である.

$$d = a_1 \sqrt{(4t_1^2 - t_2^2)/(t_2^2 - t_1^2)} \quad (4)$$

4) 回折波法

回折波法は図 5.4.7 に示すようにひび割れから発振子と受振子までを等距離とした上で,探触子の間隔を徐々に広げていくと,ある計測点で受振波形の初動部の位相が反転することを利用したひび割れ推定手法である[6)].

以上ここでは,異なる 4 つのひび割れ推定手法について概説した.しかしながら,実際の構造物に発生するひび割れは,ひび割れ近傍に鉄筋が存在する場合やひび割れ界面が接触している場合,あるいは曲げひび割れやせん断ひび割れのような異なる角度のひび割れが存在するなど多種多様である.したがって,これらの影響を十分考慮した手法,あるいは手法の適用範囲を明確にした上でひび割れ深さを推定する必要がある.これを受けて,社団法人日本建材・住宅設備産業協会では,「超音波によるコンクリートの表面ひび割れ深さ測定方法 (JCMS-III B5705-2003)[7)]」を規格として制定している.この規格では,T_c-T_0 法に基づくひび割れ推定手法について説明するとともに,この手法の適用範囲についても詳細に記述している.たとえば,図 5.4.8 に示すとおり,鉄筋の近傍でひび割れ深さ測定する場

発振子 受振子　発振子 受振子

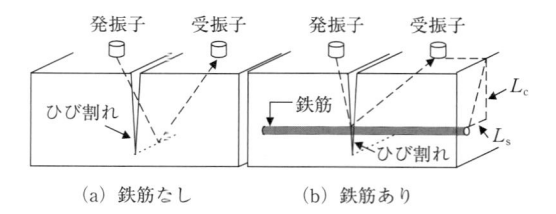

ひび割れ　鉄筋　L_c　L_s　ひび割れ

(a) 鉄筋なし　(b) 鉄筋あり

図 5.4.8 超音波伝播経路の概念図[7]

合，鉄筋のかぶり L_c と探触子との水平距離 L_s により定まる鉄筋の影響深さ d_s を算出し，この値が推定したひび割れ深さ d より大きければ，鉄筋の影響を受けていないことを確認できる．鉄筋の影響深さ d_s の算定式を以下に示す．

$$d_s = \sqrt{L_c^2/L_s^2} \tag{5}$$

5.4.7　その他のひび割れ状況

a.　水平ひび割れまでの深さ

コンクリート床版において，疲労により圧縮鉄筋近傍や増厚部分と既設床版との境界に水平ひび割れが発生する事例が顕在化している．これらの水平ひび割れは，床版の上下面のいずれからも目視での観察が不可能であり，床版の健全性を評価する上で，できるだけ早期に水平ひび割れを検知し補修を施す

ことが望ましい．ここでは，このような形態の水平ひび割れを検出する方法の1つである衝撃弾性波法[8]について説明する．この手法は，コンクリートと空気との界面で励起される弾性波の共振に伴うピーク周波数から，床版厚あるいはひび割れまでの深さを推定するものである．本手法により床版厚 T における深さ d の位置に存在する水平ひび割れを評価する場合のイメージを図 5.4.9 に示す．床版厚および水平ひび割れまでの距離の算定式を以下にそれぞれ示す．

$$T = C_p/2f_T \tag{6}$$
$$d = C_p/2f_d \tag{7}$$

ここで，f_T：床版厚に起因するピーク周波数 (Hz)，
　　　　f_d：水平ひび割れに起因するピーク周波数 (Hz)，
　　　　C_p：コンクリートの弾性波伝播速度 (m/s)，
　　　　T：床版厚 (m)，
　　　　d：コンクリート表面から水平ひび割れまでの距離 (m)

である．

式 (6) および (7) より，あらかじめコンクリートの弾性波伝播速度がわかっていれば，計測によりピーク周波数を測定することにより，床版厚および

(a) 床版厚　(b) 水平ひび割れ

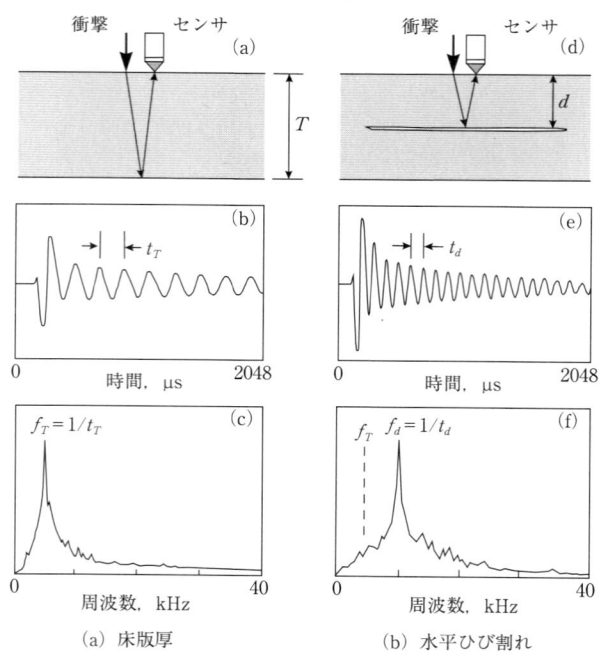

図 5.4.9 床版厚および水平ひび割れの評価のイメージ[8]

水平ひび割れまでの深さが推定できる.

b. ひび割れの発生および進展のモニタリング

コンクリート構造物にはさまざまな原因によりひび割れが発生するが,一般的にこのひび割れが進展・成長することにより,構造物の耐荷能力および耐久性能が低下することが考えられる.したがって,コンクリート構造物ではひび割れの成長過程を把握することがきわめて重要であり,とくにAE法の適用が有効となる.

AE(アコースティック・エミッション)法は,図5.4.10に示すとおり,固体内部で生じる微小破壊等に対応したAEを,固体の表面などに設置したAEセンサにより受振し,AEの発生頻度やAE波形の特性などを用いて固体内部のひび割れの発生や成長中のひび割れの進展状況などを評価するものである.また,AE法は,まったく受動的な手法であるという点で,超音波法および衝撃弾性波法とは異なる.

1) 波形パラメータ

抽出されるAE波形パラメータの例を図5.4.11に示す[9].AEパラメータとしては,AEヒット数(イベント,カウント数),最大振幅値,エネルギー,立ち上がり時間および継続時間が用いられる.これらの発生状況や頻度を調べることによりひび割れの発生履歴や成長の特性を把握することができる.

2) AE発生源位置標定

AE法では,多チャンネルで計測されたAE波の到達時間差を用いて発生源の位置標定を行うことができる.位置標定のために最低限必要となるセンサ数の下限値は1次元の場合で2チャンネル,2次元の場合で4チャンネル,3次元では5チャンネルである.AE発生源の座標を未知数とした連立方程式を解くことにより,AE発生位置が推定できる.

【鎌田敏郎】

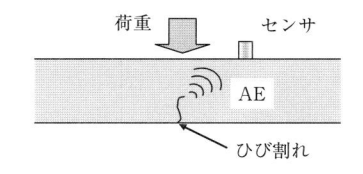

図5.4.10 AE法の概念図

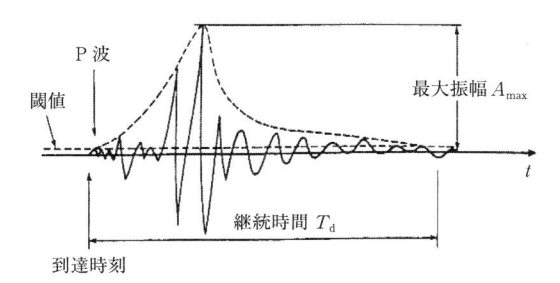

図5.4.11 AE波形とAEパラメータ[9]

文　献

1) 日本道路公団:トンネル覆工コンクリートのためのレーザークラック調査法マニュアル,試験研究所技術資料第355号,1997.
2) 魚本健人,加藤潔,広野進:コンクリート構造物の耐久性診断シリーズ5　コンクリート構造物の非破壊検査,pp.33-34,森北出版,1990.
3) BS: Recommendations for Measurement of Velocity of Ultrasonic Pulse in Concrete, BS 1881, Part 203, 1986.
4) BS: Recommendations for Non-destructive Methods of Test for Concrete, BS 4408, Part 5, 1974.
5) 尼崎省二:耐久性診断と非破壊検査法―超音波法―,コンクリート工学,26(27),pp.120-122,1988.
6) 広野進,山口哲夫:新しいコンクリートのひび割れ深さの測定法と装置の開発,非破壊検査,Vol.38, No.4, pp.302-308,1989.
7) 社団法人日本建材産業協会:建産協規格集　コンクリートの非破壊検査方法,pp.23-46,2003.
8) Sansalone, M. J. and Streett, W. B., Impact-Echo, Nondestructive Evaluation of Concrete and Masonry, Bullbrier Press, Ithaca, NY and Jersey Shore, PA, 1997.
9) 大津政康:アコースティック・エミッションの特性と理論(第2版),p.22,森北出版,2005.

5.5 コンクリート内探査方法

コンクリート構造物の外観状況は目視を主体に点検することができるが,表面観察だけではわからない内部の状況を調査することが必要になることもある.ここでは鉄筋コンクリート構造物あるいはプレストレストコンクリート構造物を診断する場合に必要となる,浮き剥離,空洞,埋設物,鉄筋破断などの変状を対象とした測定方法のうち現場測定実績があって使用される頻度の高いものについて述べる.これらの方法の多くはいまだ確立されたものではなくその適用範囲や精度については,採用にあたって対象構造物の特性や使用条件を加味して適切な方法を採用しなければならない.今後ここに述べた以外

にもいろいろな方法が考案され，提案されてきた場合には，その採用にあたって診断の目的に適していることを十分に確認する必要がある．

5.5.1 浮き剥離

コンクリートの浮き剥離は，コンクリート表面部に現れる変状であり，構造物に接近できる場合と接近できない場合とに分けて測定方法を述べることとする．

a. 構造物表面で調査できる場合

浮き剥離の検出は，一般にたたき点検を基本としているが，その精度は点検者の経験に左右されることが多いことから，定量的に評価する場合には打音法や超音波法などが用いられることが多い．

打音法は，もっともたたき点検に近い方法であるが，ハンマーで打撃した時のコンクリート表面の音をマイクロフォンで集音して，その周波数特性から打点部の健全度を評価しようとするものである．測定にあたって，マイクロフォンとしては可聴域の周波数特性ができるだけフラットであること，周囲の雑音を低減させることなどが重要である[1]．図5.5.1は従来の打音法の短所である打点位置の特定や，その結果の記録の煩雑さを位置情報と健全部との類似度とをパソコン画面上で組み合わせてリアルタイムに図化しようとする試みの一例である．

超音波法は，発信子で超音波を入力し，コンクリート伝播してきた振動を受信センサーで電気信号に変換して，その大きさや周波数特性から浮き剥離の有無を判定しようとするものである．発受信子の配置の仕方で図5.5.2のような呼び方があるが，一般に浮き剥離の検出には表面法が用いられる．

図5.5.3はセンサーをコンクリート表面に配置して，その反射波形から浮き剥離をアベレージング法で検出する測定事例を示したものである[2]．市販の超音波測定器には伝播時間を自動的に読み取るものと，受信波形を観察できるものとがある．前者の操作は簡便ではあるが，波形の変化を読み取れないので用途に合わせて選択しなければならない．

b. 構造物から離れて調査する場合

構造物に接触できない場合に浮き剥離を検出するには，浮き剥離が発生する原因や環境条件から推定

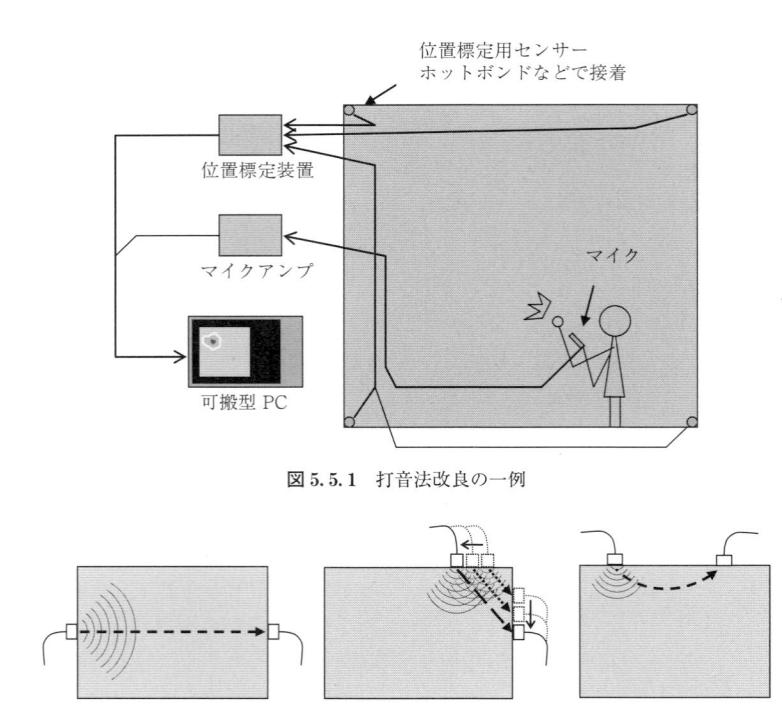

図5.5.1 打音法改良の一例

図5.5.2 超音波法におけるセンサー配置

(1) 透過法　　(2) 斜面法　　(3) 表面法

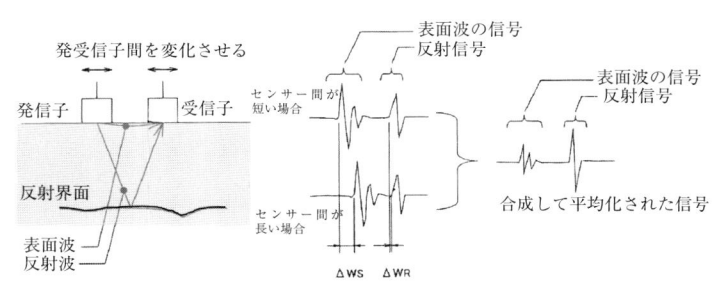

図 5.5.3 アベレージ法の概要

される変状の位置，大きさ，変色などの特徴を指標にして目視や写真で点検することになる．

　条件が整えば，浮き剥離の定量的な検出にコンクリート表面の温度を測定する赤外線法が適用できる．赤外線法では，コンクリート構造物の浮き剥離や空洞の存在が，このような欠陥のある部分と欠陥のない部分とで気温や日射，人工的な加熱などによって表面温度の変化を生じることを利用して表面温度分布画像から内部欠陥の有無を判定しようとするものである．一般にこの方法は，非接触で行えるという利点があるが，構造物の表面の汚れや測定環境が欠陥の検出精度に影響することが多いので，測定前後の環境変化には注意が必要である．赤外線法では測定結果の高温には赤，低温には青の着色をして色彩で欠陥を表すことが多いが，測定環境から高温あるいは低温のいずれが欠陥を表示するのかよく考察しなければならない．

5.5.2 空洞・埋設物

　コンクリート構造物内部に存在すると思われる空洞や埋設物の調査には，電磁波レーダ法や衝撃弾性波法，超音波法などが使用される．電磁波レーダ法は「5.6 配筋」で説明するのでここでは詳述しない．また超音波法は前節で概要を述べているように空洞・埋設物の発生位置を想定して最適な発受信子の配置を採用ことで大きさや位置を特定できる．これらの方法は「5.15 PCグラウトの充填性」の項でも共通する手法となっているのでそちらも参考にされるとよい．

　衝撃弾性波法は，ハンマーや鋼球で打撃したときに発生するコンクリート表面の振動をセンサーで受信し，その大きさや周波数特性から打撃部分の浮き剥離の有無を判定しようとするものである．図5.5.4に示すようにコンクリート表面に弾性波が入力され

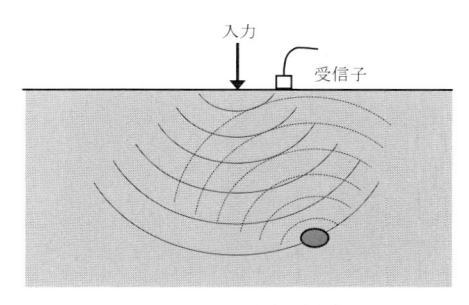

図 5.5.4 弾性波の伝播

た場合，弾性波の縦波成分が，コンクリート内部の欠陥あるいは異なる材料の境界面において反射を起こし，コンクリート表面と欠陥あるいは異なる材料の境界面との間に往復する定常的な波が生じ，特定の周波数領域に成分が卓越する．この現象に着目したインパクトエコー法によって，入力点付近で計測された波形の周波数スペクトルのピーク位置から反射位置を特定し，内部状況を推定することも行われている[3]．

5.5.3 鉄筋破断

　アルカリ骨材反応による劣化が顕在化すると橋脚のようなマッシブな構造物では鉄筋曲げ加工部が破断することがある．はつりによって確認する方法もあるが，仮設備が大掛かりになることや追跡調査するような場合には非破壊試験で調査することもある．測定手法としてはコンクリート表面をセンサーでなぞるようにして行うが，電磁誘導法によって破断部での磁束変化を測定するもの[4]と，直流磁場で着磁させた後の漏洩磁束を測定するもの[5]とがある．

　いずれも対象とする鉄筋の位置を正確に探査する必要があること，スペーサーなどの対象鉄筋以外の金属類がまわりにないことなどが正確に測定する条件

となる．かぶりの最大値は 10～15 cm 程度である．

【葛目和宏】

文　献

1) 日本コンクリート工学協会：コンクリート構造物の診断のための非破壊試験方法研究委員会報告書，pp.72-75, 2001.
2) Kazuhiro Kuzume, Toshikatsu Yoshiara, Toyoaki Miyagawa：Experimental Study on Detection of Faults in Cover Concrete Using Elastic Wave Methods, Proceedings of the First fib Congress, pp.27-28, 2002, Osaka.
3) 日本コンクリート工学協会：コンクリート構造物の診断のための非破壊試験方法研究委員会報告書，pp.49-56, 2001.
4) 土木学会コンクリート委員会：アルカリ骨材反応対策小委員会報告書－鉄筋破断と新たなる対応－，コンクリートライブラリー 124, pp.1-72, 2005.
5) 松田耕作，廣瀬　誠，前田龍巳，横田　優：新しい鉄筋破断非破壊診断手法の開発，コンクリート構造物の補修，補強，アップグレードシンポジウム論文報告集，第 6 巻, 2006.

5.6 配　筋

5.6.1　測定方法の種類と特徴

コンクリート中の配筋状態を調べるためには，かぶり部分のコンクリートを除去し目視により確認する方法と非破壊試験による方法がある．コンクリートを除去する方法は，構造物の一部を破壊する必要があるため，鉄筋位置やかぶり厚さの調査には非破壊試験が用いられる場合が多い．本項では，鉄筋位置やかぶり厚さの非破壊試験方法として用いられている電磁誘導法，電磁波レーダ法，X 線透過法について，その原理，特徴，適用性および測定精度について示す．

電磁誘導法は，交流電流によって発生する磁場を鉄筋に近づけた時に発生する磁束の変化を測定する方法である．電磁波レーダ法は，コンクリート中に電磁波を放射し，電磁気的性質がコンクリートと異なる鉄筋から反射する電磁波の到達時間を測定する方法である．X 線透過法は，コンクリート中に X 線を照射し，透過した X 線を捕らえる方法である．

表 5.6.1 に各測定方法の特徴を示す．電磁誘導法は，鉄筋位置，かぶり厚さ，鉄筋径の測定が可能である．電磁波レーダ法は，鉄筋の位置，かぶり厚さの測定が可能であるが，鉄筋径の測定はできない．X 線透過法は，鉄筋位置の測定が可能であるが，投影画像を解析することにより，かぶり厚さや鉄筋径の測定も可能である．

5.6.2　電磁誘導法

a.　原　理

電磁誘導法は電磁誘導の法則を利用して，鉄筋位置やかぶりを測定する方法である．図 5.6.1(a) に示すような測定器のプローブ内にコイルが内蔵されており，このコイルに交流電流を流すと，交流磁場が発生し，この磁場により時間的に変化する磁束が発生し，コイルには磁束の変化量に対応した起電力が生じる．測定状況を図 5.6.1(b) に示すが，プローブをコンクリート表面に近づけ，磁場中に鉄筋が存

表 5.6.1　配筋測定の非破壊的方法の特徴

測定方法	適用性（○：測定可，△：解析により可，×：測定不可）			適用範囲	測定精度（日本建材産業協会規格（JCMS-Ⅲ））
	位置	かぶり厚さ	径		
電磁誘導法	○	○	○	かぶり厚さ：200 mm 程度まで 鉄筋間隔：かぶりの大きさ以上 鉄筋径：6 mm 以上	鉄筋位置： 　±10 mm または鉄筋間隔の±10％以内 かぶり厚さ：±(5+かぶりの大きさ×0.1)mm 鉄筋径：±2.5 mm
電磁波レーダ法	○	○	×	かぶり厚さ：250 mm 程度まで 鉄筋間隔：かぶりの大きさ以上 鉄筋径：6 mm 以上	
X 線透過法	○	△	△	部材の厚さ：400～450 mm	鉄筋位置：±5 mm 程度（部材の厚さ 300 mm のとき）

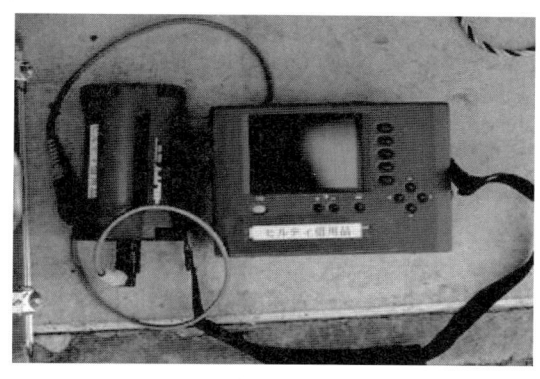

(a) 測定装置　　　　　　　　　　　　　　(b) 測定状況

図 5.6.1　電磁誘導法の測定装置と測定状況

在すると，鉄筋には誘導起電力が発生し，新たな磁場が発生するために，磁束の変化が起こりコイルの起電力が変化する．この起電力の変化が，かぶり厚さや鉄筋の径によって異なることを利用して，鉄筋位置やかぶり厚さを測定する方法である．

b. 測定方式と測定結果の例

誘導起電力によって，鉄筋には渦電流と呼ばれる電流が発生するが，交流磁束の周波数が高い方が渦電流は多く発生する．周波数が低い場合には，渦電流は減少し，鉄筋の透磁率の変化の影響が大きくなる．低い周波数を用いる方法は「磁気的試験法」と呼ばれ，かぶり厚さや鉄筋径の差異による磁束の変化をコイルの電圧の変化として捕らえ，かぶり厚さがわかっていれば鉄筋径を推定できる．高い周波数を用いる方法は「渦流試験法」と呼ばれ，電圧変化や位相差を分析することから，かぶり厚さと鉄筋径を同時に推定することも可能である．

電磁誘導法による測定結果の例を図 5.6.2(a) に示す．鉄筋位置は波形の頂部で示され，かぶり厚さは，波形の高さで示されている．また，複数の側線の測定結果を解析することにより，図 5.6.2(b) に示すように鉄筋位置を画像として出力することも可能である．図中の黒い部分が鉄筋位置を示している．

電磁誘導法は，コンクリートの強度や含水率，コンクリート中の空洞，表面被覆の有無などの影響を受けることなく，鉄筋位置やかぶり厚さの測定ができるのが利点である．

c. 適用範囲と測定精度

測定可能な鉄筋の径は 6 mm 以上とされており，鉄筋位置およびかぶり厚さの測定限界は，鉄筋径

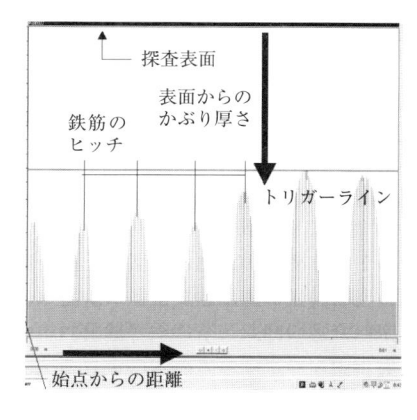

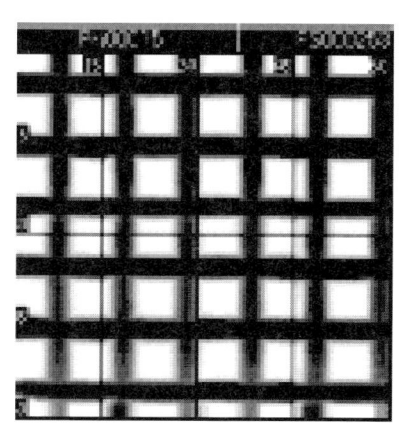

(a) 出力例　　　　　　　　　　　　　　(b) 解析例

図 5.6.2　電磁誘導法による測定結果の例

により異なり，鉄筋径が 19 mm の場合，かぶり 150 mm 程度まで，鉄筋径が 38 mm の場合，かぶり 200 mm 程度までである．また，一般に鉄筋間隔がかぶり厚さより狭い場合は，鉄筋位置およびかぶりの測定は困難となる．

日本建材産業協会規格「電磁誘導法によるコンクリート中の鉄筋位置・径の測定方法」[1]では，装置に求めている測定精度は，鉄筋位置に対しては「±10 mm または鉄筋中心間隔の±10%以内」，かぶり厚さに対しては「±(5+0.1×かぶりの大きさ) mm 以内」，鉄筋径に対しては±2.5 mm としている．たとえば，鉄筋間隔 100 mm，かぶり厚さ 100 mm の鉄筋に対する許容誤差は，水平位置で±10 mm 以内，かぶり厚さで±15 mm 以内である．

5.6.3 電磁波レーダ法

a． 原　理

電磁波レーダ法は，電磁波がコンクリート中を伝播し，電気的性質がコンクリートと異なる鉄筋の界面から反射する性質を利用して，鉄筋位置やかぶり厚さを測定する方法である．図 5.6.3 に示すような装置内に送信アンテナが内蔵されており，コンクリート表面に装置をあて，インパルス状の電磁波を照射し，鉄筋からの反射波を受信するまでの伝播時間から，かぶり厚さを推定する．

かぶり厚さを測定する場合，コンクリート中での電磁波の伝播速度を把握することが重要であり，電磁波速度（V）は式（1）に示すようにコンクリートの比誘電率によって決まる．コンクリートの比誘電率は，乾燥時で 4～12，湿潤時で 8～20 であり，空気の比誘電率は 1 であり，鋼材などの導体の比誘電率は無限大である．

$$V = \frac{C_0}{\sqrt{\varepsilon_r}} \quad (1)$$

ε_r：比誘電率，
C_0：真空中における電磁波の伝播速度（$C_0 = 3 \times 10^8$ m/s）

かぶり厚さ（d）は電磁波の往復伝播時間（t）を測定することにより式（2）から求められる．通常の構造物では，実際の電磁波が往復する伝播時間は 10^{-9} 秒程度となり，きわめて短い時間を測定することになる．

$$d = \frac{V \cdot t}{2} \quad (2)$$

b． 測定方式と測定結果の例

比誘電率はコンクリートの含水率や構成材料の密度に大きく影響されるため，かぶり厚さを精度よく求めるには，適切な比誘電率を設定する必要がある．また，周波数が低い電磁波を用いるほど，減衰が小さく探査深度は深くなるが，径が細い鉄筋は探査できなくなる．周波数が高い電磁波ほど，径が細い鉄筋まで探査できるが，減衰が大きいため探査深度は浅くなる．一般に，鉄筋の測定には 1～1.5 GHz の周波数の電磁波が用いられる．

電磁波レーダ法による測定結果の例を図 5.6.4(a) に示す．鉄筋からの反射波が出力され，鉄筋位置とかぶり厚さを読み取ることできる．基本的には，反射波のデータから材質や形状は判定できないが，電磁波が比誘電率の小さな物から大きな物へ入射する時は，反射波の位相は反転し，比誘電率の大きな物から小さな物へ入射する場合には，反射波の位相は反転しないことから，反射波の位相の変化によって，鉄筋と空洞を区別することも可能である．また，図 5.6.4(b) に示すように測定結果を画像化し視覚的

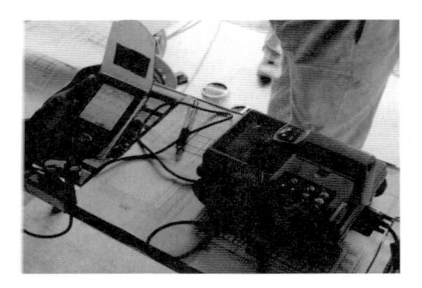

(a) 測定装置　　　　　(b) 測定状況

図 5.6.3 電磁波レーダ法の測定装置と測定状況

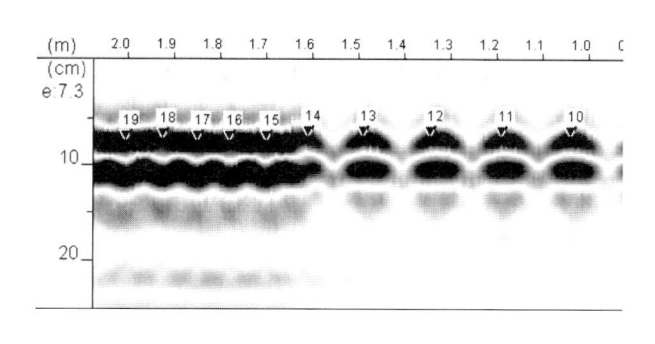

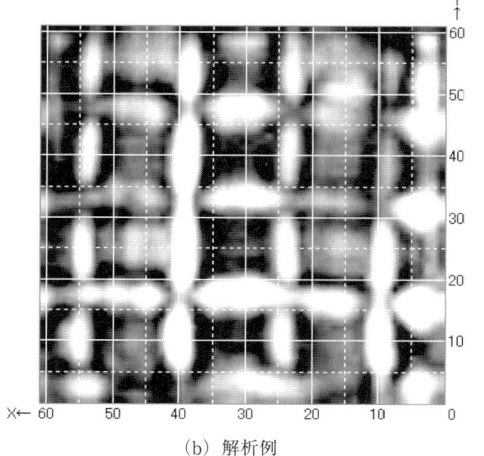

(a) 出力例　　　　　　　　　　　　　　　　　(b) 解析例

図 5.6.4 電磁波レーダ法による測定結果の例

に表示できるが（白い部分が鉄筋），配筋などが複雑な場合は，複数の鉄筋からの反射波が干渉することがあり，読み取りに熟練が必要とされる場合がある．

c. 適用範囲と測定精度

測定可能な鉄筋の径は 6 mm 以上とされており，鉄筋位置およびかぶり厚さの測定可能な範囲は，かぶり厚さが 5〜250 mm の範囲である．電磁波レーダ法は，鉄筋の径に影響を受けにくいことが利点であるが，コンクリート内部に空洞や豆板がある場合は，それらの反射波の影響を受ける．

日本建材産業協会規格「電磁波レーダ法によるコンクリート中の鉄筋位置・径の測定方法」[2]では，装置に求めている測定精度は電磁誘導法と同じである．

5.6.4 X線透過法

a. 原　理

コンクリート構造物に X 線を照射し，背面にフィルムを配置することによって，X 線の透過像を撮影する方法である．透過した X 線量によって，フィルムに生じる色の差により鉄筋位置を測定する．鉄筋などの鋼材とコンクリートの密度差により，エネルギーの吸収量は異なるために，鉄筋部は白く，空洞部は黒く投影される．X 線透過法は，構造物の両側に照射装置とフィルムを挟んで配置する必要があるが，コンクリート内部に空洞を設けて，フィルムを挿入して撮影する場合もある．また，測定するコンクリート構造物の厚さや密度によって，適切な X 線エネルギー，線量，照査時間などを決定することが必要である．

フィルムには鉄筋の投影像が撮影されるために，1 枚の画像からは，かぶり厚さや鉄筋径は判断できないが，照射位置を変えた複数の投影像から，部材の厚みを考慮して，かぶり厚さ鉄筋径を推定することも可能である．

b. 測定結果の例

X 線透過法を用いた配筋の測定状況を図 5.6.5 に示す．放射線を用いた測定では，実際の使用には法的規制を受け，測定現場は管理区間を確保し，測定作業は有資格者（X 線作業主任者）による安全管理を実施が必要である．また，γ 線を使用方法もある

図 5.6.5 X 線透過法による測定状況

(壁厚：200 mm，X線照射時間：2分)

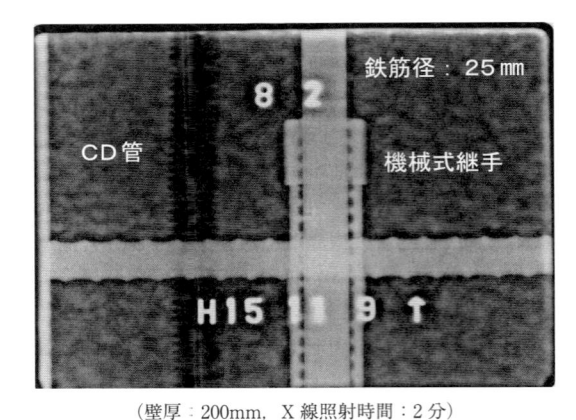

図 5.6.6　X線透過法による投影像の例

が，使用に当たっては，監督官庁の使用許可が必要となる．X線透過法による投映像の例を図5.6.6に示す．壁厚200 mmのコンクリートに2分間のX線を照射させた投映像であるが，鉄筋のふし，機械式継手や樹脂製の電線管の位置や形状まで明確に捕らえられている．最近は，撮影媒体としてX線フィルムよりデータ量が多いイメージングプレートの使用や高エネルギーX線を用いた複数の撮影による鉄筋の立体的位置の把握技術などが開発されている．

c. 適用範囲と測定精度

高エネルギーX線やγ線を用いると1 m程度の厚さを透過させることが可能であるが，通常のX線を用いる場合，通常のコンクリートにおける限界厚は400～450 mm程度である．高強度コンクリートでは，X線透過法が適用できる限界厚はさら小さくなる．

部材の厚さが300 mm程度のときの測定誤差は，鉄筋位置に対しては±5 mm程度，かぶり厚さに対しては±10 mm程度であるとしたデータもある．部材の厚さが厚くなるにつれて，測定誤差も大きくなる．

【竹田宣典】

文　献

1) 日本建材産業協会規格「電磁誘導法によるコンクリート中の鉄筋位置・径の測定方法（JCMS-III, B5708-2003）」, 20C3.
2) 日本建材産業協会規格「電磁波レーダ法によるコンクリート中の鉄筋位置・径の測定方法（JCMS-III, B5707-2003）」, 20C3.

5.7 中性化の測定

5.7.1　はじめに

中性化は空気中の二酸化炭素などの酸性物質がコンクリート中に進入し，セメント水和物との反応によってコンクリート表面から内部に向かって徐々にアルカリ性を失っていく現象である．したがって，中性化深さは，コンクリート表面からどの程度の深さまでアルカリ性を呈する物質が存在するか否かで判断されている．以下に，中性化深さの各種測定法を説明する．

5.7.2　フェノールフタレイン法

a. 概　要

フェノールフタレイン法は，JIS A 1152「コンクリートの中性化深さの測定方法」に規定されている方法で，一般にフェノールフタレインの1%エタノール溶液をコンクリートに噴霧する方法が用いられている．赤紫色を呈する部分（pH 10程度以上のアルカリ性）を未中性化部，着色しない部分を中性化部と判断する方法である．簡便な測定操作で定量的な情報が容易に得られるため多用されている．

b. 試　薬

フェノールフタレインは，酸アルカリの中和滴定で用いられるpH指示薬であり，pH 8.2～10.0以上のアルカリ側で赤紫色に着色する．中性化深さの測定には，JIS K 8001「試薬試験方法通則」の4.4 指示薬）に規定するフェノールフタレイン溶液またはこれと同等の性能をもつ試薬を用いる．なお，JIS K 8001の4.4（指示薬）に規定するフェノールフタレイン溶液は，95%エタノール90 mlにフェノールフタレインの粉末1 gを溶かし，水を加えて100 mlとしたものである．供試体が乾燥している場合には，95%エタノールの量を70 ml程度にするなどして加える水の量を多くすることができる．ただし，火災による中性化を測定する場合には，水を加えてはならない．

c. 測定方法

フェノールフタレイン溶液を用いたコンクリートの中性化深さの測定は，大きく分けて，①はつりによる方法，②コンクリートコア採取による方法がある．一般には，中性化深さの測定のみを現場で行う場合には「はつり法」が，また，他の試験（たとえば，コアによる圧縮強度試験，塩化物イオン含有量試験など）と併せて実施する場合は「コア採取法」が用いられることが多い．フェノールフタレイン溶液を用いるその他の方法としてドリル法があるが，試料採取の方法がはつり法，コア法と大きく異なるので別途説明する．

1) はつりによる方法

はつりによる場合は，鉄筋の腐食状態の確認を同時に行うことが多い．したがって，鉄筋位置を把握した後に，はつり箇所を決定するケースがほとんどである．参考として，コンクリートのはつり方の例を図5.7.1に示す．はつりの方法としては，手ばつり，電動ピック，エアーピックなどがある．

対象箇所・部位・路下条件・周囲の環境などにより方法を適宜選択したうえで，粉じんの飛散防止策を検討する必要がある．

はつり終了後のコンクリート表面にコンクリート粉が付着したままであると測定の支障となるため，ブロア，掃除機等により完全に除去することが必要である．

2) コア採取による方法

圧縮強度と併用する場合は，原則としてJIS A 1107「コンクリートからのコアの採取方法及び圧縮強度試験方法」に従うこととし，鉄筋配置等の構造物の実情と使用骨材寸法に応じて小径化すればよい．中性化試験のみにコアを用いる場合は，コア直径に関しては前記JISと同様に粗骨材最大寸の3倍以上を目安とし，コア長さに関しては鉄筋のかぶり厚さ程度とするのが適切である．ただし，あまり短いとコアの取出し作業そのものができないので留意が必要である．コアには，構造物のどの位置から採取したものであるのか，表面側はどちらか等の情報を記入しておく．

コア供試体を割裂し（割裂方法は，JIS A 1113「コンクリートの割裂引張強度試験方法」に従う），割裂面を測定対象とする場合は割裂面に付着するコ

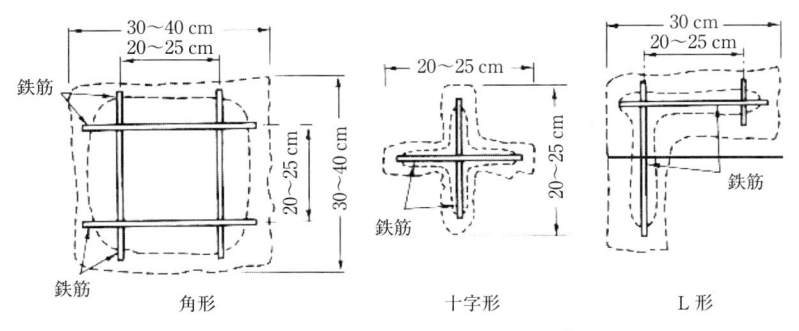

図 5.7.1 コンクリートのはつり方の例[1]

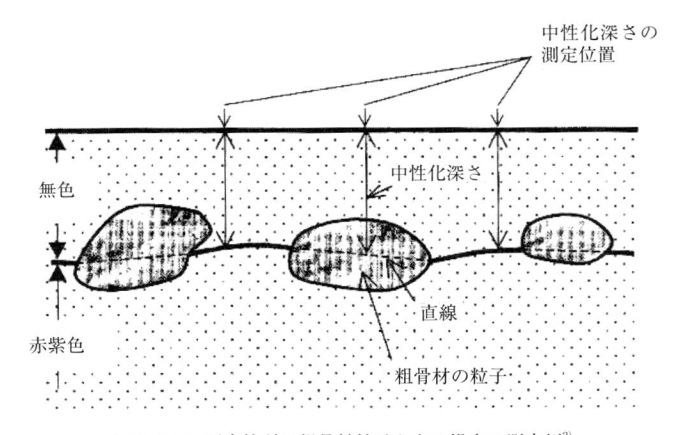

図 5.7.2 測定箇所に粗骨材粒子がある場合の測定例[2]

3) 中性化深さの測定

測定面が濡れている場合は，自然乾燥させるか，またはドライヤなどにより乾燥させる．測定面を空気中に長時間放置しておくと中性化が進行し，正確な中性化深さの測定ができなくなる．測定面の処理後，ただちに測定できない場合は，ラッピングフィルムなどで測定面を密封しておくのが適切である．測定は，対象面にフェノールフタレイン1％溶液を噴霧器で液が滴らない程度に噴霧する．コンクリート表面から赤紫色に着色する部分までの距離をもって中性化深さとする．コンクリートが乾燥していて赤紫色の呈色が不鮮明な場合には，試薬を噴霧した測定面に噴霧器で水を少量噴霧するか，試薬を再度噴霧するなどして，鮮明な発色が得られてから測定を行う．コアの割裂面や切断面で測定する場合は10～15 mm間隔で，コア側面の場合は等間隔に5ヵ所以上，中性化した部分の面積を測定することにより，より正確な平均中性化深さを求めることができる．コンクリート構造物のはつり面の場合は，はつり面積に応じて等間隔に4～8ヵ所程度とする．その平均値をもって当該箇所の中性化深さとする．測定は，ノギスまたは金属製直尺（0.5 mmまで読み取れるもの）を用いる．構造物のはつり面で測定する場合は，1 mm程度まで読み取れる金属製直尺または鋼製巻尺を用いてもよい．測定結果は，少なくとも1 mm単位まで求め（可能であれば0.5 mm単位），平均値を0.1 mm単位で表示するのが一般的である．

測定位置に粗骨材の粒子がある場合，またはあった場合には，図5.7.2に示すように粒子または粒子の抜けたくぼみの両端を結んだ直線上で測定する．

その他の注意事項としては，以下の点があげられる．

i) 時間の経過とともに赤紫色に呈色する部分が拡大する場合は，呈色した部分が安定するまで放置するか，再度試薬を噴霧して直ちに測定する．

ii) 呈色した部分が安定しない場合は，1～3日間放置するか，またはドライヤなどで乾燥させると呈色した部分が安定する．

iii) 鮮明な赤紫色に着色した部分より浅い位置に薄赤紫色の部分が現われる場合がある．このような場合は，鮮明な赤紫色までの距離を中性化深さとして測定するとともに，薄赤紫色の部分までの距離も測定しておくと参考となる．

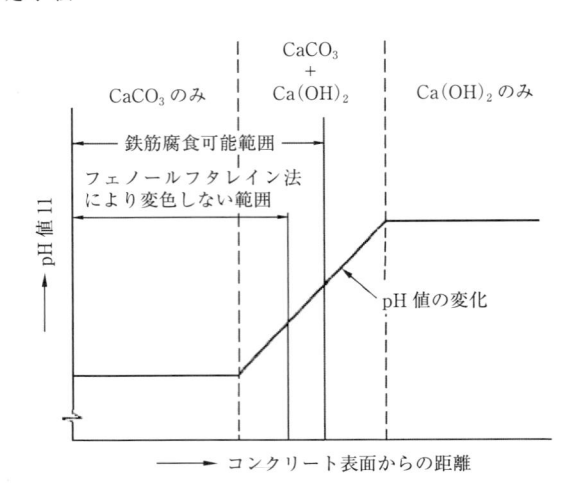

図5.7.3 コンクリートの中性化現象による形成される表面からのpH勾配の概念図[3]

d. 測定値の意味

フェノールフタレイン法により判定される中性化領域は，図5.7.3に示されるように炭酸化領域（炭酸化反応が起きて，炭酸カルシウムが生成した領域）とは必ずしも一致せず，pHの低下もフェノールフタレイン未変色領域より内部で生じている．このため，フェノールフタレイン法による中性化深さが鉄筋位置に達する前に鋼材の腐食が生じる場合が多く，鋼材腐食の開始時期は中性化残りと関連付けて検討されている．ただし，このようなpHの勾配は，2.3節の図2.3.20に示されるように，環境条件（コンクリートの含水状態）に依存することから，腐食開始時期の中性化深さあるいは中性化残りは環境条件によって異なる．

5.7.3 ドリル法

a. 概要

構造体コンクリートから採取したコンクリートコアや，はつりによって得られた試料の試験結果は，信頼性が高いものの小規模ではあるが破壊試験であるため，構造耐力上問題となることがある．また，たとえ，それが軽微な範囲でも構造物の所有者の心理的抵抗，大がかりな作業，補修そして高価な費用となることから，多数のデータを得ることはできず，点としての情報を得るにすぎないことが多い．これ

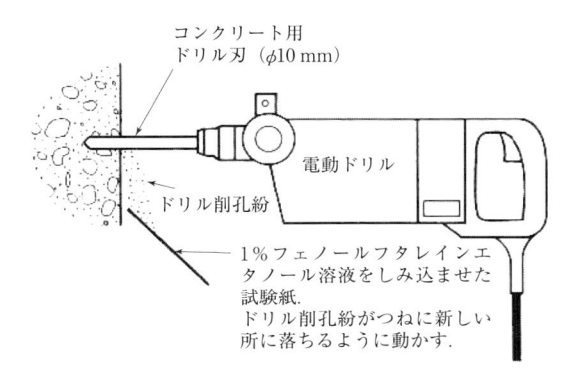

図 5.7.4 ドリル法による中性化深さ測定[1]

図 5.7.5 試験技術者の作業姿勢[1]

らの問題は非破壊的な試験によれば解決が可能となる．

図 5.7.4 に示すように φ10 mm のドリルの削孔粉を用いて中性化深さを試験する方法が，1999 年，日本非破壊検査協会より，NDIS 3419「ドリル削孔粉を用いたコンクリート構造物の中性化試験方法」として制定された．この方法によって得られた中性化深さは，コンクリートコアを用いる方法による深さとほぼ等しく，破壊程度，作業量，補修量の面で大幅な改善が期待できる．ただし，再生骨材を使用した構造物は適用範囲外である．

b. 使用器具

電動ドリルは，携帯型振動式ドリルとし，JIS C 9605 に規定するものまたはこれに準ずるものを用いる．その他，ノギスとろ紙を用いる．

c. 測定方法

ろ紙に噴霧器などを用いて試験液（1%フェノールフタレインエタノール溶液）を噴霧し，吸収させる．図 5.7.5 に示すように，削孔開始前に，試験紙を削孔粉が落下する位置に保持し，コンクリート構造物の壁・柱・梁などの側面を垂直に電動ドリルでゆっくり削孔する．落下した削孔粉が試験紙の一部分に集積しないように，試験紙をゆっくり回転させる．落下した削孔粉が試験紙に触れて赤紫色に変色したとき，ただちに削孔を停止する．ドリルの刃を孔から抜き取り，ノギスで孔の深さを mm 単位で小数点以下 1 桁まで測定し，中性化深さとする．削孔した孔は，試験終了後セメントペースト，モルタルなどを充填して修復する．

特定箇所の中性化深さを求める場合は，削孔 3 個の平均値を算出し，小数点以下 1 桁に丸めて平均中性化深さとする．削孔 3 個の値は，それらの平均値との偏差が ±30% 以内でなければならない．削孔 3 個の値のうち，いずれかの値の偏差が ±30% を超える場合は，粗骨材の影響が考えられるため，新たに 1 孔を削孔し，削孔 4 個の平均値を求めて平均中性化深さとする．また，新たに削孔した 4 個目の値の偏差が，最初の 3 個の平均値に対して ±30% を超える場合は，さらに 1 孔を削孔する．この場合は，削孔 5 個の平均値を平均中性化深さとする．

ドリル削孔粉を用いた中性化深さ試験は，コアを採取する場合に比べ試験箇所を多くすることが可能となり，中性化深さの構造物中における分布を測定することも可能となる．このため，鉄筋探査機などと併用することにより，部位ごとの鉄筋腐食危険度を明らかにできる．

本試験方法によって得られた中性化深さは，図 5.7.6 に示すように，中性化深さが大きいほど，割裂面を対象とした従来法によって得られた中性化深さよりやや大きめの値を示すが，高い相関関係が認められる．大きめの値となる理由として，新たに削られたコンクリート粉が，削孔から排出されて試験紙に到達するまで若干の時間を要するためと考えられるが，割裂面における中性化深さラインのばらつきと比較してもこの差はわずかであり，中性化深さを評価する上では，本試験方法によって得られた中性化深さは，安全側の値を示している．また，粗骨材を貫通した場合，中性化深さが実際よりも大きく評価されるとの危惧が指摘されるが，試験を必ず複

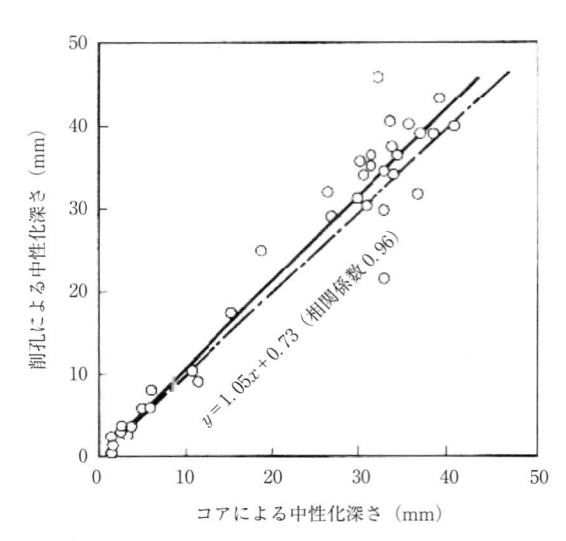

図5.7.6 中性化深さのコアによる結果とドリル削孔による結果の関係[1]

数孔で行えば貫通を判断できる．

5.7.4 示差熱重量分析による方法

この方法は、示差熱重量分析装置を用いて，コンクリート微粉末試料を常温から1000℃程度まで定速で昇温することにより，水酸化カルシウムおよび炭酸カルシウム量を把握するものである．装置が高価であるため試験の実施は専門機関に限られること，断面を連続的に測定することはできないこと，などの問題点はあるが，精度的には良好な結果が得られる．このため，フェノールフタレイン法による測定結果を補足・充実させる形で用いられている．

5.7.5 その他の方法

粉末X線回折装置を用いる方法，X線マイクロアナライザー装置による方法などがある．いずれも装置が高価であること，測定結果の判断に高度な専門知識を要することなどから，あまり広汎には使用されていない．　　　　　　　　　【佐伯竜彦】

文　献

1) 日本コンクリート工学協会：コンクリート診断技術'09，2009．
2) JIS A1152 コンクリートの中性化深さの測定．
3) 岸谷，西澤編著：コンクリート構造物の耐久性シリーズ　中性化，技報堂出版，1986．

5.8 塩化物イオンの浸透

5.8.1 概　要

塩化物イオンの浸透（⇒2.4.6）に関する測定は，コンクリート中の塩化物イオン濃度を対象に行われ，その目的は，①鉄筋位置における塩化物イオンの濃度の把握，②コンクリート中の塩化物イオン濃度の分布の把握，③表面塩化物イオン濃度や見掛けの拡散係数の算定，④塩化物イオンの実効拡散係数の算定，および⑤塩化物イオン濃度の分布および鉄筋位置における濃度の予測，である．とくに既設の構造物では維持管理の観点から，この測定は，鉄筋位置における塩化物イオン濃度が腐食発生限界塩化物イオン濃度に達しているかどうか，将来いつ腐食が発生するのか，腐食速度はどれくらいか，あるいは，このような検討にもとづいてどのような対策を施せばよいかなどを判断するための根拠となる．

5.8.2 実構造物における塩化物イオン濃度の測定

土木学会規準では，「実構造物におけるコンクリート中の全塩化物イオン分布の測定方法（案）JSCE-G573-2010」が定められており，実構造物からの分析試料の採取方法，試料の分析方法および測定結果の整理方法がまとめられている[1]．

a. 分析試料の採取方法

分析試料の採取方法としては，コンクリートコア採取による方法とドリル粉末を用いる方法がある．後者は試料採取の簡便性と構造物に対する損傷をできるだけ抑え，補修も容易なドリル削孔によって試料を採取する方法である．

1) コンクリートコア採取による方法

コアの採取本数は，塩化物イオン濃度測定の目的，構造物の重要度，環境条件，採取場所を考慮して決めることとされている．また，同一条件のコンクリートコアを複数本採取する場合には，同一部材内であるだけでなく，海水面からの鉛直距離，方角，方向，日照条件なども同一である箇所から採取することが望ましく，一般にはコンクリートコア採取箇所の間

図 5.8.1 ドリル法による試料採取状況[2]

隔は 30 cm 程度とする．採取の方法は，「JIS A 1154 硬化コンクリート中に含まれる塩化物イオンの試験方法 附属書1 硬化コンクリート中に含まれる塩化物イオン分析用試料の採取方法」に従う．採取においてとくに注意を要する点は，試料内部の組成が平均的になるように，コアの直径の最小寸法を粗骨材の最大寸法の 3 倍以上を原則とすること，初期含有塩化物イオン濃度が測定できるようなコア採取長さを定めること，コア採取位置に貝殻などの付着物がある場合はコア採取前に除去すること，コアカッターの冷却に水道水を用いてよいことなどである．

2） ドリル削孔による方法

ドリルには径が $\phi 20$ mm 以上のものを用いることを原則とする．これは採取試料中のセメントペーストと骨材の構成比がコンクリートと大きく異なることを防ぐためである．削孔においてとくに注意を要する点は，互いに数 cm 離れた 3 カ所の削孔試料を 1 つの試料とすること，構造物の表面より深さ方向の適当な数箇所の異なる深さ位置（見掛けの拡散係数を求める場合は少なくとも 3 カ所以上）で試料採取することなどである．図 5.8.1 はドリル法による試料採取状況を示しものである[2]．

b． 分析試料の調整

コンクリートコア採取による方法の場合には，採取したコンクリートコアは，表面をエタノールで洗浄した後，コンクリートカッターを用いて水を使用せずにスライスし分析用の円盤型コンクリート試験片を切り出す．ここで，塩化物イオンの浸透状況としてその見掛けの拡散係数を求める場合には，1 本のコアから原則として 5 カ所以上の試験片を採取する．試験片の採取位置の決定には硝酸銀溶液をコア割裂面に噴霧する方法などがある．切り出されたコンクリート試験片は，JIS A 1154 附属書1により 150 μm 以下に微粉砕して分析用試料とする．

ドリル削孔による方法では，ドリル削孔によって得られたドリル粉末が 150 μm のふるいを全通しない場合には，JIS A 1154 附属書1に従い全通するまで微粉砕して分析用試料とする．

c． 塩化物イオン濃度の分析方法

「JIS A 1154 硬化コンクリート中に含まれる塩化物イオンの試験方法」に規定する方法に準拠して，試料の全塩化物イオンを定量し塩化物イオン濃度に換算する．ここで，ドリル削孔による場合は，粉末試料中のセメントペーストと骨材の構成比が試料ごとに異なるため，JSCE-G573-2010 の付属書1「コンクリート中の全塩化物イオン濃度の測定結果に及ぼす骨材量の影響の補正方法」により分析結果を補正する．

JIS A 1154 による分析方法の概要は以下の通りである．

① 粉末試料約 10 g を上皿天びん，電子天びんあるいは化学天びんを用いてはかりとる．
② 硝酸（1+6）を加えて溶液の pH を 3 以下に調整する．
③ 溶液を加熱煮沸して塩化物イオンを抽出し，不溶残分をろ過洗浄しろ液を採取する．
④ ろ液の一部を分取して塩化物イオン電極を用いた電位差滴定装置にセットし，0.1 mol/l の硝酸銀溶液で滴定する．
⑤ 塩化物イオン濃度の定量方法は電位差滴定の他に，吸光光度法，硝酸銀滴定法およびイオンクロマトグラフ法がある．

JSCE-G573-2010 の付属書1による骨材量の影響の補正方法に関する概要は以下の通りである．

① ドリル粉末中の骨材量を不溶残分または二酸化ケイ素あるいは酸化カルシウムを蛍光 X 線分析法により測定し求める．
② 上記により求めたドリル粉末中の骨材分の割合と，設計図書などから推定した実構造物コンクリート中の骨材の割合から補正後の塩化物イオン濃度を求める．

d． 測定結果の整理

測定結果は，塩化物イオン濃度のコンクリート中での深さ方向における分布を求め，それにもとづき

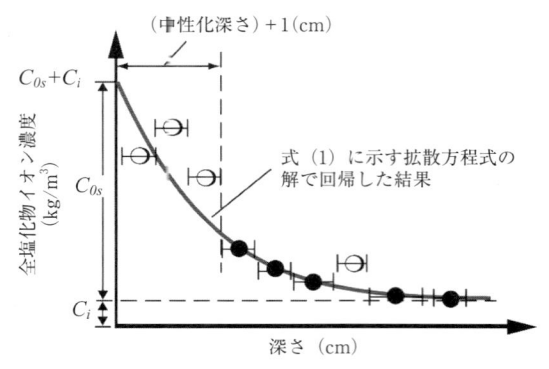

図 5.8.2 コンクリート中の塩化物イオン濃度の分布[1]

塩化物イオンの見掛けの拡散係数を算出することとして整理する．図 5.8.2 に，コンクリート表面からの深さとコンクリート中の塩化物イオン濃度の関係を図示した一例を示す．図に示すように，一般にコンクリート表面から内部に向かって塩化物イオン濃度が減少する傾向を示すが，中性化の影響によりコンクリート内部に塩化物イオン濃度の極大値が現れることも多い．

塩化物イオンの見掛けの拡散係数は，式 (1) に示すフィックの第 2 法則に基づいた拡散方程式の解を用いて，各深さ位置で測定された全塩化物イオン濃度を回帰分析し，実構造物で採取されたコンクリートの表面塩化物イオン濃度 (C_{0s}) および見掛けの拡散係数 (D_{aps}) を同時に算出する（⇒2.4.6）．

なお，中性化した領域およびそこから 1 cm 以内の深部では，中性化の影響で塩化物イオンが移動していることがあるため，図 5.8.2 に示すように回帰分析に用いない．

$$C(x, t) - C_i = C_{0s}\left\{1 - \mathrm{erf}\left(\frac{x}{2\sqrt{D_{aps} \cdot t}}\right)\right\} \quad (1)$$

ここに，x：暴露面から全塩化物イオン濃度を測定した箇所までの距離（cm）

t：供用期間（年）

$C(x, t)$：距離 x(cm)，供用期間 t（年）において測定された全塩化物イオン濃度（kg/m³）

C_{0s}：実構造物から採取されたコンクリートの表面における全塩化物イオン濃度（kg/m³）

C_i：初期含有全塩化物イオン濃度（kg/m³）

D_{aps}：実構造物から採取されたコンクリートの見掛けの拡散係数（cm²/年）

erf：誤差関数

ただし，$\mathrm{erf}(s) = \dfrac{2}{\sqrt{\pi}} \int_0^s e^{-\eta^2} d\eta$

5.8.3 供試体における塩化物イオン濃度の測定

土木学会では，「電気泳動によるコンクリート中の塩化物イオンの実効拡散係数試験方法（案）（JSCE-G571-2003）」および「浸せきによるコンクリート中の塩化物イオンの見掛けの拡散係数試験方法（案）（JSCE-G572-2003）」が定められており，

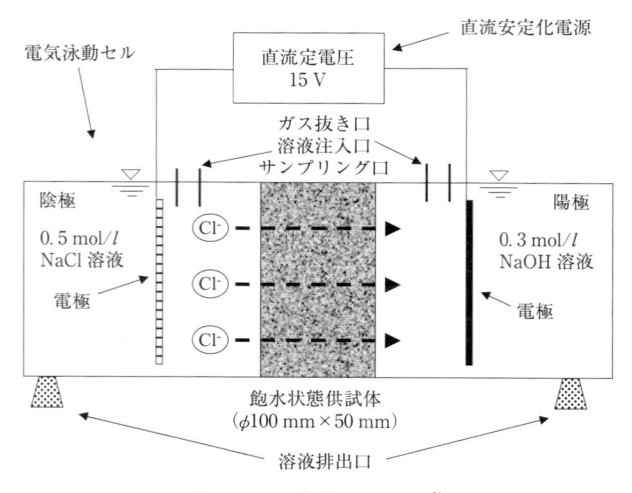

図 5.8.3 電気泳動の概念図[1]

5.8 塩化物イオンの浸透

それぞれ供試体における実効拡散係数および見掛けの拡散係数を求めるための試験である[1]．ここで述べる試験内容は，実構造物から採取したコンクリートコアに対しても適用可能であるが，試験結果の評価に関しては十分に注意を要する．

a. 電気泳動法による実効拡散係数試験[1]
1) 試験方法の概要

図 5.8.3 に示すように，コンクリート供試体の両側の溶液に直流の定電圧をかけると，負電荷をもつ陰極側にあった塩化物イオンはコンクリート中を陽極側へ電気泳動する．この原理を用いた電気泳動法は，陽極側の塩化物イオン濃度の増加速度が一定に達したとき，塩化物イオンの移動は定常状態にあるとみなすことができ，そのときの移動流束を測定する方法である．定常状態における移動流束は，コンクリート中でのイオンの移動のしやすさを反映しており，実効拡散係数として算出される．

2) 試験装置

電気泳動法は図 5.8.4 に示すような電気泳動セルを用いて試験する方法で，供試体をはさんで陰極側に 0.5 mol/l の塩化ナトリウム水溶液を，陽極側に 0.3 mol/l の水酸化ナトリウム水溶液を注入する．

3) 試験方法

電気泳動セルの試験装置に直径 100 mm の供試体をセットした後，陽極側および陰極側各セルそれぞれに上記 2) の溶液を供試体の両端面全体が完全に溶液に浸せきするまで注入する．この後，直流安定化電源で直流定電圧 15 V を電極間へ印加する．電気泳動試験中は，所定の間隔で電流値，供試体面の電位差，溶液温度ならびに陰極側および陽極側の塩化物イオン濃度を測定し，試験終了後に供試体の質量を測定する．試験では電気を用いるため，JSCE-G571-2010 により注意する点を十分に確認し

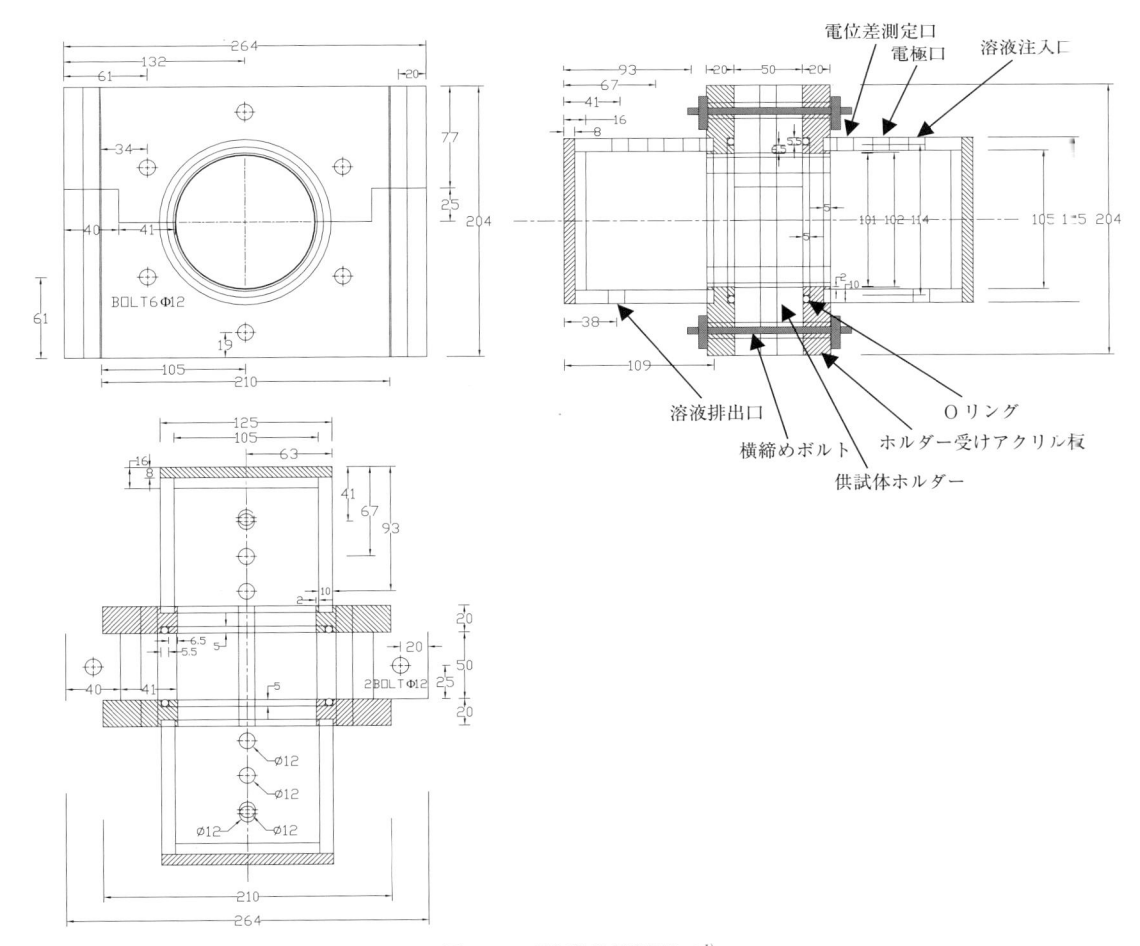

図 5.8.4 電気泳動試験用セル[1]

4) 測定結果の整理

測定結果から式（2）により塩化物イオンの流束を計算し，式（3）により実効拡散係数を求める．定常状態の判断は，図5.8.5に示すように，陽極側の塩化物イオン濃度の経時変化が一定の傾きをもって変化しているとみなされる状態を確認することによって行う[3]．

$$J_{Cl} = \frac{V^{II}}{A} \frac{\Delta c_{Cl}^{II}}{\Delta t} \tag{2}$$

ここに，J_{Cl}：塩化物イオンの定常状態における流束（mol/(cm²・年)）
V^{II}：陽極側の溶液体積（l）
A：供試体断面積（cm²）
$\Delta c_{Cl}^{II}/\Delta t$：陽極側塩化物イオン濃度の増加割合（(mol/$l$)/年）

$$D_e = \frac{J_{Cl} R T L}{|Z_{Cl}| F C_{Cl}(\Delta E - \Delta E_c)} \times 100 \tag{3}$$

ここに，D_e：実効拡散係数（cm²/年）

R：気体定数（8.31 J/(mol・K)）
T：絶対温度測定値（K）
Z_{Cl}：塩化物イオンの電荷（= −1）
F：ファラデー定数（96500 C/mol）
C_{Cl}：陰極側の塩化物イオン濃度測定値（mol/l）
$\Delta E - \Delta E_c$：供試体表面間の測定電位（V）
L：供試体厚さ（mm）

b. 塩水浸せきによる見掛けの拡散係数試験[1]

1) 見掛けの拡散係数

浸せき法により求められる塩化物イオンの拡散係数は，その移動流束が時間経過に対して一定でない状態，すなわち非定常状態におけるものであり，一般に見掛けの拡散係数と言われる．コンクリートの細孔溶液中を移動する塩素は，図5.8.6に示す液状水中の自由塩化物イオンであるが，鋼材の腐食発生の指標としてコンクリート中の全塩化物イオンの量である塩化物イオン濃度が定められていることから，実用上，塩化物イオン濃度の移動として見掛けの拡散係数が定義されている．

2) 供試体

浸せき試験に用いる供試体は，図5.8.7に示すように「JIS A 1132 コンクリート強度試験用供試

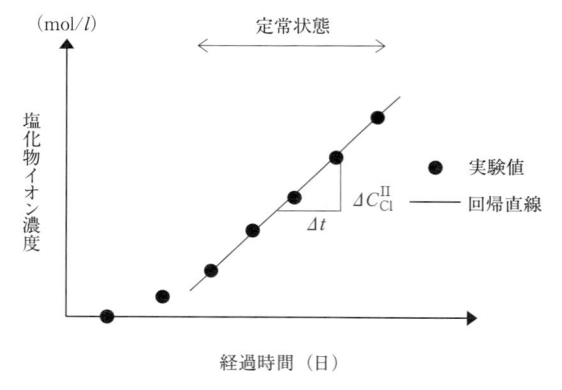

図5.8.5 陽極側溶液中の塩化物イオン濃度（C_{Cl}^{II}）の経時変化[1]

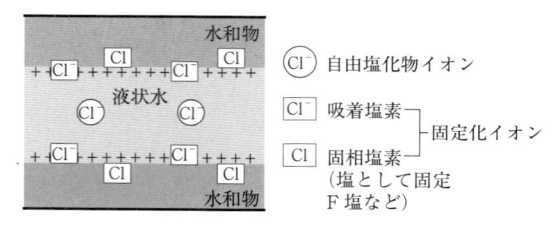

図5.8.6 コンクリート中の塩素[1]

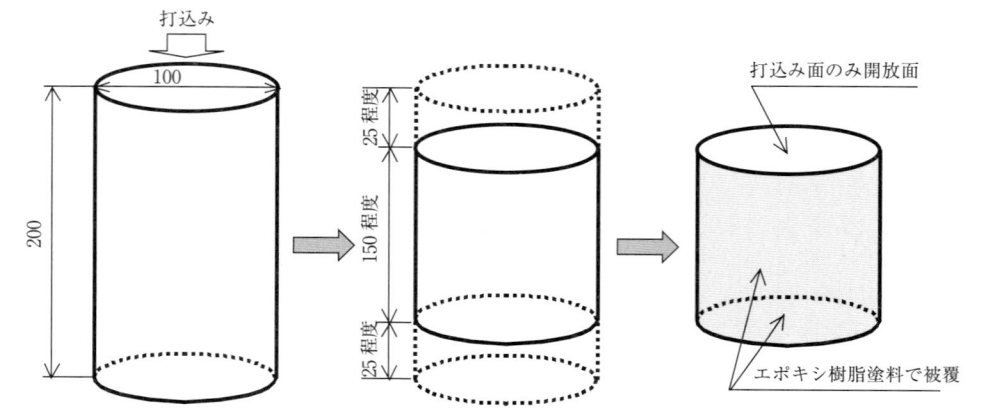

図5.8.7 浸せき試験に用いる供試体（単位：mm）[1]

体の作り方」により作製した直径 100 mm，高さ 200 mm の円柱供試体の上下 25 mm 程度をカットしたものとする．これは，コンクリート打込みの際に起きる材料分離が塩化物イオンの移動や固定・吸着に与える影響を除くためである．また，浸せき試験前に，打込み側の円形の一面のみを残し他の円形面および円周面をエポキシ樹脂で被覆する．

3） 試験方法

浸せき溶液は，海水中の塩化物イオン濃度の約 3 倍に相当する濃度 10％の塩化ナトリウム溶液であり，飛沫帯などの乾湿繰返しを受ける実際の環境で想定される濃度に近い．浸せきに最低必要な日数は 91 日であるが，低水セメント比のコンクリートの場合には適宜それ以上の浸せき日数を定めて試験を行う．浸せき終了後，供試体から所定の深さ位置においてドライな状態で試験片を切り出し，「JIS A 1154 硬化コンクリート中に含まれる塩化物イオンの試験方法」に規定する方法に準拠して，試料の全塩化物イオンを定量し塩化物イオン濃度に換算する．

4） 測定結果の整理

式（4）に示すフィックの第 2 法則に基づいた拡散方程式の解を用いて，供試体ごとに各深さ位置で測定された全塩化物イオンの値を回帰分析し，浸せき試験によるコンクリート表面の全塩化物イオン（C_{a0}）および塩化物イオンの見かけの拡散係数（D_{ap}）を同時に算出する．

$$C(x, t) - C_i = C_{a0}\left\{1 - \mathrm{erf}\left(\frac{x}{2\sqrt{D_{ap} \cdot t}}\right)\right\} \quad (4)$$

ここに，

x：暴露面から全塩化物イオンを測定した箇所までの距離（cm）
t：浸せき期間（年）
$C(x, t)$：距離 x（cm），供用期間 t（年）において測定されたコンクリート単位質量あたりの全塩化物イオン（％）
C_{a0}：浸せき試験によるコンクリート表面の全塩化物イオン．ここでは，コンクリート単位質量あたりの量として求められる（％）
C_i：初期に含有されるコンクリート単位質量あたりの全塩化物イオン（％）
D_{ap}：浸せき試験による見掛けの拡散係数（cm²/年）
erf：誤差関数

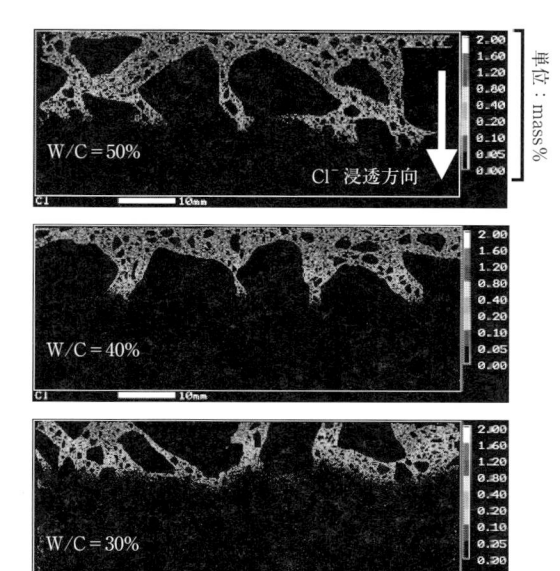

図 5.8.8 EPMA による塩素の分布状況[2]

5.8.4 塩化物イオン濃度の分布状態[1]

電子線マイクロアナライザ（EPMA）を用いてコンクリートに電子ビームを照射してコンクリートに含まれる Cl 元素を特定し，その分布状態により塩化物イオンの浸透状況を調査する方法がある．本方法は小林らにより発展させられてきた手法で，現在では土木学会で「EPMA 法によるコンクリート中の元素の面分析方法（案）（JSCE-G574-2010）」として規準化されている．図 5.8.8 は，塩化物イオン浸透方向に沿った断面に対して EPMA 法による塩素の面分析を行い，この結果を断面内の全塩化物イオン濃度分布として示したものであり，コンクリートの内部に向かって塩化物イオン量が減少していく状況が観察される．また，黒い場所は塩化物イオンが存在していないことを示しており，骨材を除いたペースト部分を塩化物イオンが浸透することも確認できる．

また，塩化物イオンの浸透深さを把握する方法として，コンクリート中の塩素と硝酸銀溶液の反応で白色になる現象を利用した方法もある．

【丸屋　剛】

文　献

1）　土木学会：コンクリートの塩化物イオン拡散係数試験方

法の制定と規準化が望まれる試験方法の動向，コンクリート技術シリーズ 55, 2003.
2) 武若耕司ほか：コンクリート中の塩化物イオンの拡散係数試験方法に関する規準化の現状と今後の動向，コンクリート工学，**43**(2), 2006.
3) 杉山隆文ほか：電気泳動法を用いたモルタル硬化体の空隙構造の定量化とその考察，土木学会論文集，No. 767/V-64, pp. 227-238, 2004.

5.9
鋼材腐食

コンクリート中にある鉄筋などの鋼材腐食は，中性化や塩害のほか何らかの原因で生じた有害な幅のひび割れが鋼材位置に達した場合に起きる．鋼材腐食はコンクリート構造物の耐久性能や耐荷性能に直接影響することから，腐食位置，腐食速度，腐食量など鋼材の腐食状況を把握することは構造物の性能変化を評価する上で非常に重要な調査項目である．

コンクリート中にある鉄筋の腐食状況を把握する方法には，鉄筋をはつり出したり切り出したりする局部的な破壊を伴う方法と，自然電位法や分極抵抗法に代表される電気化学的手法により非破壊で検査する方法がある．

5.9.1 局部的な破壊を伴う調査方法

a. はつり調査

はつり調査の具体的な方法については，日本建築学会「鉄筋コンクリート造建築物の耐久性調査・診断および補修指針（案）・同解説」等[1),2)]に提案されている．

はつり調査は露出させた鉄筋の腐食状態を目視観察するのが基本であるが，腐食が著しい鉄筋については，表面のさび層を丁寧に取り除き，最小と思われる部分の残存径をノギスで測定し，断面欠損率を求めるのがよい．これまでの腐食速度や残存引張強度の推定を行うことができる．結果は，写真として記録する以外に，表 5.9.1 の評価基準などを参考に，鉄筋腐食度で分類評価するとともに，図 5.9.1 のように鉄筋の種類，径，方向を記述した配筋の概略図に実測したかぶり厚さ，中性化深さなどと一緒にまとめて表記すると良い．

b. 鉄筋を採取する方法

コンクリート中から採取した鋼材の定量的腐食評価方法については，日本コンクリート工学協会の規準（案）JCI-SC1（コンクリート中の鋼材の腐食評価方法）[3)]などに示されている．鋼材の腐食形態は均一腐食と局部腐食に大別され，均一腐食の場合には腐食面積率や質量減少率などの平均的数量で評価され，局部腐食の場合には侵食深さや断面減少率など最大値の把握を目的とした諸量で評価される．一般的に鉄筋の定量的腐食評価といえば腐食面積率や質量減少率を指す．

腐食面積率は，鉄筋表面の腐食状況を写しとった展開図においてプラニメータなどにより測定した腐食部分の面積を評価対象面積で割って求めた百分率である．質量減少率は厳密には元々の質量が既知の場合のみ測定が可能なことから，実験において利用されるのが普通である．しかし，実構造物でも腐食がかなり進んでいる場合には，健全部の単位長さ当りの質量と腐食部のさびを落とした後の質量との差から腐食減量の概略を知ることができる．元々の質量または健全部の質量に対する腐食減量の百分率が

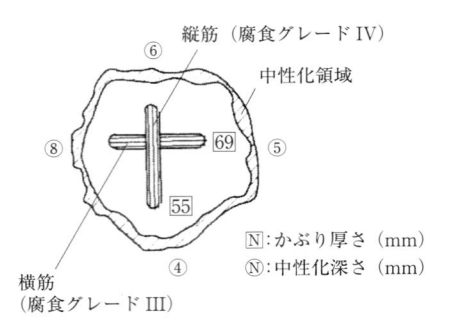

図 5.9.1 はつり調査記録の一例[2)]

縦筋（腐食グレード IV）
中性化領域
横筋（腐食グレード III）
Ⓝ：かぶり厚さ（mm）
Ⓝ：中性化深さ（mm）

表 5.9.1 鉄筋腐食度評価基準[2)]

グレード	評価基準
I	腐食がない状態，または表面にわずかに点さびが生じている状態
II	表面に点さびが広がって生じている状態
III	点さびがつながって面さびとなり，部分的に浮きさびが生じている状態
IV	浮きさびが広がって生じ，コンクリートにさびが付着し，断面積で 20% 以下の欠損を生じている箇所がある状態
V	厚い層状のさびが広がって生じ，断面積の 20% を超える著しい欠損を生じている箇所がある状態

質量減少率である．質量減少量が求まると，計算上，次の質量損失速度と侵食速度の2つの腐食速度に換算できる．

1) **質量損失速度（単位面積，単位時間あたりの質量減少量で表示）**

水溶液中や大気中での鋼材腐食では，通常mdd（$mg/dm^2 \cdot$日）という単位が使用される．しかし，コンクリートの分野ではひび割れ発生時の腐食量がmg/cm^2で整理されている例が多いことから，次式で示す$mg/cm^2 \cdot$年という単位を使用するのが便利である．

質量損失速度（$mg/cm^2 \cdot$年）＝質量減少量（mg）/｛鋼材の表面積（cm^2）×期間（年）｝

2) **侵食速度（単位時間あたりに腐食する深さで表示）**

侵食速度は，通常①を次式より一年あたりの腐食深さに換算したものが使用される．

侵食速度（mm/年）＝｛質量損失速度（$mg/cm^2 \cdot$年）/鋼材の比重（g/cm^3）｝×10^{-2}

なお，最近では，さびを落とした後，3Dスキャン装置を用いて鉄筋の断面積減少量を測定する方法も採用されている．ノギスと異なり連続的に測定できるために，もっとも断面積が減少している個所を特定できる利点がある．また，鉄筋を切断せずにシリコンゴムでかたどり，対象鉄筋のレプリカを作製して腐食量を測定する方法も提案されている[4]．

5.9.2 電気化学的方法[5), 6)]

電気化学的方法とは，第2章で解説したように，鋼材腐食が電子やイオンなどの電荷の移動を伴う電気化学的な現象であることを利用して，電位，電流およびそれらの比である抵抗などの電気的特性値を求め，鋼材の腐食傾向や腐食速度などに関する情報を得ようとするものであり，自然電位法，分極抵抗法および電気抵抗法がある．鉄筋に腐食が発生してコンクリート構造物が劣化する初期の段階（進展期）を非破壊で検出できるという利点がある．

a. 自然電位法

自然電位とは金属がその環境状態に応じて示す平衡電位である．図5.9.2に示すように，コンクリート構造物中の鉄筋が腐食している場合，鉄原子Feが電子を失い鉄イオンFe^{2+}として周辺のコンクリート中へ溶け出していく．その時，鉄筋に取り残さ

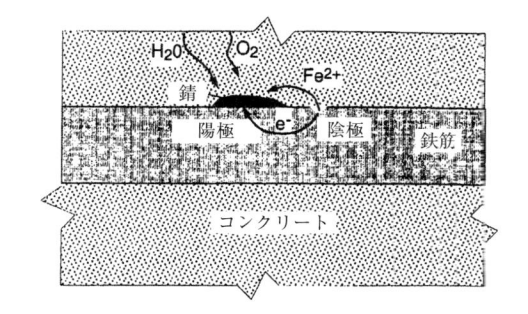

図5.9.2 コンクリート中での鉄筋腐食[7)]

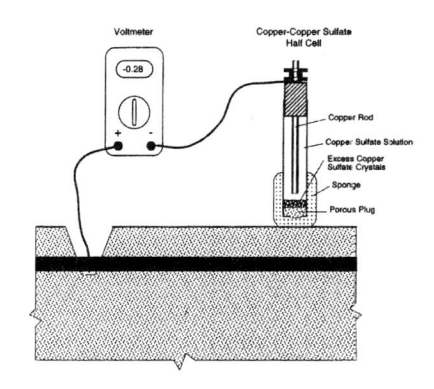

図5.9.3 自然電位測定方法の概要[7)]

れた電子は鉄筋に負の電荷を与えることになる．その結果，腐食を起こしているところの鉄筋は卑な（低い）電位を示すことが知られている．自然電位法は，この卑な（低い）電位を検出することにより腐食の可能性を診断するものである．

自然電位の具体的な測定方法は，1977年に米国ではじめて制定されたASTM C876（Standard Test Method for Half-cell Potentials of Uncoated Reinforcing in Concrete）や2000年にわが国で制定された土木学会規準JSCE-E 601（コンクリート構造物における自然電位測定方法（案））に規格化されている．図5.9.3に示すように，入力抵抗100MΩ以上の電位差計を介して内部鉄筋とコンクリート表面に当てた照合電極との間の電位差を計測する．これが自然電位である．なお，照合電極には，銅／硫酸銅電極，銀／塩化銀電極，鉛電極や二酸化マンガン電極などがある．また，最近では現場計測を効率よく行うため，照合電極とホイールを組み合わせた回転式装置や測定値の自動記録ならびに現場での画像処理を可能にしたマイコン搭載の装置も市販されている．

腐食の判定基準としては表5.9.2に示すASTM

表 5.9.2　ASTM C876 による鉄筋腐食性評価[8]

自然電位（E） （V vs C.S.E）	鉄筋腐食の可能性
$-0.20 < E$	90％以上の確率で腐食なし
$-0.35 < E \leq -0.20$	不確定
$E \leq -0.35$	90％以上の確率で腐食あり

注）現在，この判定基準は参考程度の取り扱いとなっている．

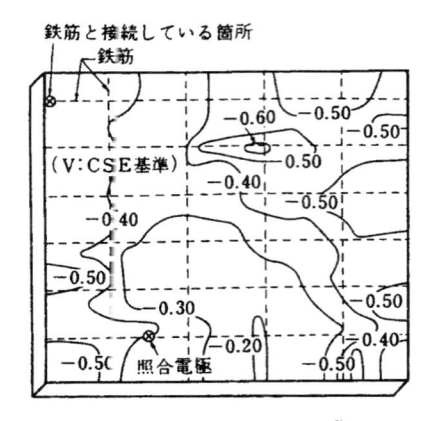

図 5.9.4　等電位線図の一例[8]

で制定されていたものがある．必ずしも実際の鉄筋の腐食状況とは一致しないことが報告されている[9]が，図 5.9.4 に示すような等電位線図を用いて電位の低い位置を特定することにより，腐食が生じている可能性の高い個所を判断することができる．

b. 分極抵抗法

鉄筋とコンクリート界面は図 5.9.5 に示すような電気等価回路モデルで表される．鉄筋腐食に伴う界面近傍における正負の電荷をもった Fe^{2+} や電子の動きが腐食電流であり，腐食速度はその電流量に比例する．分極抵抗法とは，これら電荷の動きやすさの程度を表す電荷移動抵抗 R_{ct}（分極抵抗 R_p に相当）を求めることにより，腐食速度を評価するものである．すなわち，腐食電流密度（腐食速度に相当）と反比例の関係にある分極抵抗を測定して，次式より腐食電流密度を求める方法と言われている．

$$I_{corr} = K \cdot (1/R_p)$$

ここに，I_{corr}：腐食電流密度（A/cm²），R_p：分極抵抗（Ωcm²），K：比例定数（V）である．K 値は金属の種類や環境条件によって変化するが，通常 0.026 V が使用される．

一般に，分極抵抗 R_p は印加電圧 ΔE（自然電位からの強制変化量）と応答電流 ΔI との比，$\Delta E/\Delta I$ または自然電位での分極曲線（電位-電流曲線）の傾きと定義されている．したがって，コンクリート中にある鉄筋の分極抵抗 R_p の測定方法も海外では直流を用いた方法が多く，2004 年に RILEM TC 154-EMC[10] において標準化も試みられている．一方，わが国ではまだ標準化されたものはないが，図 5.9.5 の回路の特性を利用して，異なる 2 周波の微弱な交流を流したときのインピーダンス値から R_{ct} を求める交流法が多く研究され，現場計測が可能なポータブルな装置が実用化されている．

分極抵抗は，自然電位の測定等から得られた腐食の可能性の高い個所で測定するのが良い．実構造物を対象に計測する場合，内部鉄筋を 1 カ所はつり出してつなぎ，照合電極（RE）と対極（CE）からなるセンサを鉄筋直上のコンクリート表面に当てて内部鉄筋（試料極 WE）との間に電気回路を形成する．図 5.9.6 に示す装置は対極が二重構造をしており，

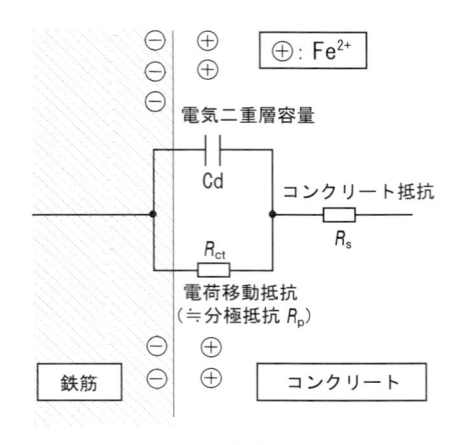

図 5.9.5　電気等価回路モデル

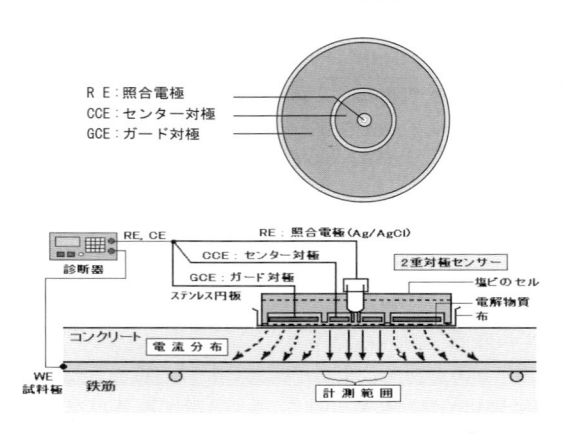

図 5.9.6　2 重対極センサによる分極抵抗測定[6]

表5.9.3 分極抵抗による腐食速度判定基準の一例

CEB[*1)]の判定基準		分極抵抗値 Rct ($k\Omega\ cm^2$)
腐食電流密度 $I_{corr}(\mu A/cm^2)$	腐食速度の判定	
0.2 未満	不働態状態（腐食なし）or きわめて遅い腐食速度	130 より大
0.2 以上 0.5 以下	低～中程度の腐食速度	52 以上 130 以下
0.5 以上 1 以下	中～高程度の腐食速度	26 以上 52 以下
1 より大	激しい，高い腐食速度	26 未満

[*1)] CEB：旧ヨーロッパコンクリート委員会

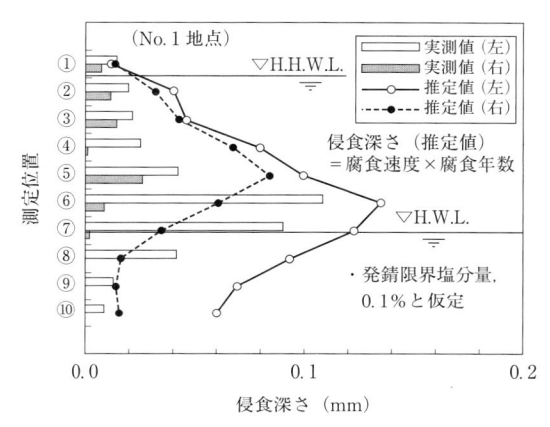

図5.9.7 腐食量（侵食深さ）の推定値と実測値との関係[12)]

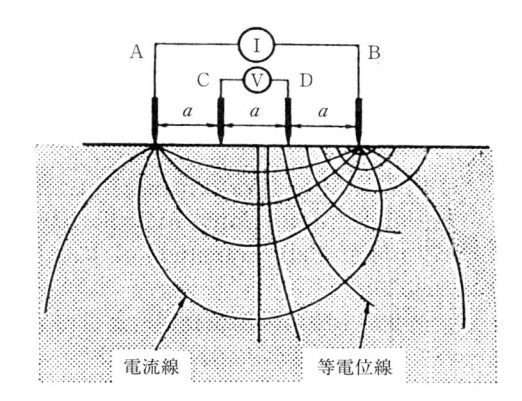

図5.9.8 四点電極法（Wenner法）によるコンクリートの比抵抗測定方法[6)]

中央の対極に流れる電流のみを計測し鉄筋の測定範囲を特定する機能を有している．

CEB（旧ヨーロッパコンクリート委員会）が制定した腐食速度判定基準の一例を表5.9.3に示す[11)]．一般に，腐食電流密度の単位は $\mu A/cm^2$ が用いられる．また，ファラデーの第2法則から，腐食電流がすべて $Fe \to Fe^{2+} + 2e^-$ の反応によると仮定し，ファラデー定数を96500クーロン，鉄の原子量を55.8，鉄のイオン価数を2として計算すると，この腐食電流密度は，前項で解説した質量損失速度や侵食速度などの腐食速度に次のように換算できる．

$$1\ \mu A/cm^2 = 2.5\ mdd = 9.1\ mg/cm^2 \cdot 年$$
$$= 11.6 \times 10^{-3}\ mm/年$$

図5.9.7は，建設後36年を経過した鉄筋コンクリート製開水路の干満帯から気中部にかけて腐食によるひび割れが認められない側壁を対象に，1回ではあるが，分極抵抗（腐食速度）の測定を行い，実際の腐食量との対比を行った事例である．分極抵抗から評価した腐食速度に塩化物イオンの拡散計算から求めた腐食年数をかけることによって，内部鉄筋の腐食量をある程度推定できることを示している[12)]．

c. 電気抵抗法

鉄筋周辺のコンクリート中を流れる腐食電流の大きさ（腐食速度）はコンクリートの電気抵抗（比抵抗）の影響を受ける．したがって，コンクリートの比抵抗測定は，鉄筋の腐食状況を直接表すものではないが，腐食の進行のしやすさについての目安となる．

実構造物のコンクリートの電気抵抗を測定する方法としては四点電極法がある．図5.9.8に示すように，等間隔に一列に並べた4本の電極のうち，両端

表5.9.4 コンクリートの比抵抗による鋼材腐食性評価の例

Cavalier and Vassie		Taylor Woodrow Res. Lab.		武若および小林	
比抵抗の範囲	腐食性	比抵抗の範囲	腐食性	比抵抗の範囲	腐食性
>12000	徴候なし	>20000	なし	>10000	小さい
5000～12000	危険性あり	10000～20000	小さい	5000～10000	不確定
		5000～10000	大きい		
<5000	確実	<5000	非常に大	<5000	大きい

注）測定方法はいずれも四点電極法（Wenner法）による（単位：$\Omega\ cm$）．

の電極 A, B 間に直流あるいは周波数 10〜100 Hz 程度の交流を流して,その時の電流値と内側の電極 C, D 間に発生する電位差から,次式より比抵抗 ρ を求めるものである.

$$\rho = 2\pi a \Delta \phi / I$$

ここに,ρ:コンクリートの比抵抗(Ωcm),
　　　a:電極の間隔(cm),
　　　$\Delta \phi$:電極 C, D 間の電位差の実測値(V),
　　　I:電極 A, B 間を流れる全電流(A)

また,交流法により分極抵抗を測定する際,同時に測定されるコンクリート抵抗 Rs(図 5.9.5)から比抵抗を求める方法[6]も提案されている.

コンクリートの比抵抗(抵抗率)と鉄筋の腐食性との関係について検討した例としては表 5.9.4 に示すものがある.

5.9.3 各調査方法の適用範囲と評価項目

構造物外観に,腐食によるひび割れ,かぶりコンクリートの浮き・剥落,鉄筋の露出が認められる場合,鉄筋の腐食程度を定量的に把握するために,はつり調査など破壊を伴う調査が行われる.一方,腐食による外観変状が顕在化していない場合には非破壊検査が有効である.建築物ではコンクリート表面に仕上げ材が施されている場合が多いため適用事例は少ないが,海洋などの過酷な環境にあり腐食が懸念される土木構造物を中心に適用事例が増えている.また,鉄筋腐食によるひび割れなどの劣化変状が顕在化した時点では,はつり調査と非破壊検査を併用するのが望ましい.

各調査方法から得られる鉄筋腐食に関する評価項目を表 5.9.5 に示す.腐食は有害な幅のひび割れが鉄筋に達した時,または中性化や塩害により中性化残りや鉄筋位置での塩化物イオン量が腐食発生限界値に達した時にはじまる.腐食発生限界値はコンクリートの品質により異なると言われているが,前項の中性化深さや塩化物イオン量の結果から腐食開始時期が分かれば,調査時点までの腐食期間から表中の二次的項目の評価も可能である.　【横田　優】

文　献

1) 日本建築学会:鉄筋コンクリート造建築物の耐久性調査・診断および補修指針(案)・同解説,pp.49-53, 1997.
2) 日本建築学会:鉄筋コンクリート造建築物の品質管理および維持管理のための試験方法,pp.251-253, 2007.
3) 日本コンクリート工学協会:JCI-SC1 コンクリート中の鋼材の腐食評価方法,コンクリート構造物の腐食・防食に関する試験方法ならびに規準(案),pp.1-4, 1987.
4) 大屋戸理明他:実構造物の調査結果に基づく腐食鉄筋の力学性状の評価,土木学会論文集 E, **63**(1), pp.143-155, 2007.
5) 土木学会:鉄筋腐食・防食および補修に関する研究の現状と今後の動向,コンクリート委員会腐食防食小委員会報告,コンクリート技術シリーズ No.26, pp.112-161, 1997.
6) 横田優:2. 最新の非破壊検査技術,2-3 電気化学的手法,日本材料学会講習会テキスト「コンクリート構造物の診断技術」,pp.26-36, 2001.
7) ACI Committee 228:Nondestructive Test Methods for Evaluation of Concrete in Structures, ACI 228. 2R-98, 1998.
8) ASTM C876-91:Standard Test Method for Half-cell Potentials of Uncoated Reinforcing in Concrete, 1999.
9) 中村英祐他:塩害環境下にあるコンクリート構造物への自然電位法の適用に関する研究,土木学会論文集 E, **64**(1), pp.263-275, 2008.
10) RILEM TC 154-EMC:'Electrochemical Techniques for Measuring Metallic Corrosion', Test methods for on-site corrosion rate measurement of steel reinforcement in concrete by means of the polarization resistance

表 5.9.5　各調査方法から得られる鉄筋腐食に関する評価項目

鉄筋腐食試験方法			おもな評価項目	二次的評価項目
局部的破壊を伴う調査	はつり調査	目視観察	鉄筋腐食度(表5.9.1)	−
		鉄筋径	残存径,断面欠損率	平均腐食速度
	鉄筋採取調査	腐食面積	腐食面積率	
		質量減少量	質量減少率(平均断面欠損率)	平均腐食速度(質量損失速度,侵食速度)
非破壊検査電気化学的方法	自然電位法	自然電位(電位分布)	腐食傾向,腐食の可能性の大きい個所の判定	−
	分極抵抗法	分極抵抗	調査時点での腐食速度	腐食量
	電気抵抗法	比抵抗	腐食進行のしやすさ	−

method, Materials and Structures, Vol. 37, pp. 623-643, 2004.
11) CEB Bulletin No.243：Strategies for Testing and Assessment of Concrete Structures affected by Reinforcement Corrosion, 1998.
12) 横田優：建設後36年経過したRC造開水路側壁の腐食モニタリング結果について，コンクリート工学年次論文報告集，20(1), pp.185-190, 1998.

5.10 化学成分

コンクリートの使用材料や供用環境は多岐にわたり，それゆえその劣化の原因もさまざまである．前項で述べられているように，コンクリートの劣化原因の迅速かつ的確な把握は，劣化の発生箇所や供用環境などの情報から劣化原因を推定し，この推定を証明する試験を実施することによって達成される．

この試験では「何を知りたいのか？」という目的を明確にし，その目的に沿った化学分析を実施することがきわめて重要となる．たとえば，劣化コンクリートを構成する元素の化学分析情報のみから劣化原因を推定しようとすると，多大な試験と時間を要するばかりでなく推定結果の信頼性まで低下させかねない．

コンクリートの劣化原因を調査する上での化学分析への要求は，
①どんな物質が生成しているのか？
【生成物の同定】
②予想される劣化の原因物質がどの程度存在するのか？ 【化学成分の定量】
のいずれかに該当すると思われる．

そこで本節は，「生成物の同定方法」および「化学成分の定量方法」について解説する．

5.10.1 生成物の同定

コンクリート中の生成物を同定するためにもっとも頻繁に使用される方法は，粉末X線回折である．

固体物質は結晶と非晶質とに分けられる．結晶とは，3次元の周期的な原子の配列（格子）を有している固体物質のことである．非晶質にはこの周期的な原子の配列がない．粉末X線回折はもっぱら結晶を対象とした化合物の同定方法である．

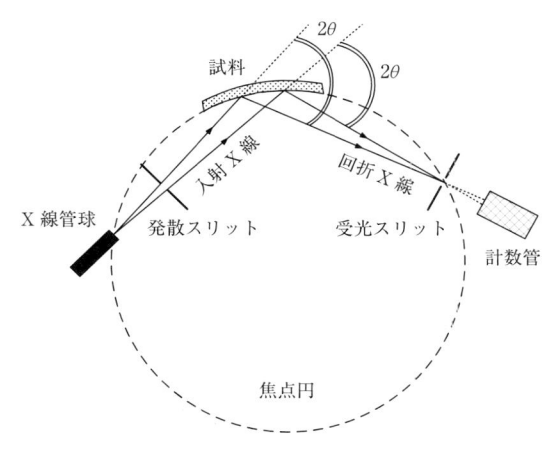

図5.10.1 粉末X線回折装置の概念図

結晶には格子の方向により多数の面間隔の異なる格子面がある．結晶にX線を照射すると，X線は電子によって散乱されるとともに互いに干渉して特定の方向への回折線を生じる．この時，入射X線の波長λ，格子の面間隔dおよび格子面と入射X線の角度θとの間には，$2d\sin\theta = n\lambda$の関係が成り立つ．ここに，nは自然数である．これをBragg（ブラッグ）の条件と呼ぶ．粉末状の結晶であれば，X線の照射面にはあらゆる方向を向いた結晶が存在するので，Braggの条件を満足する方向に向いている結晶が必ず存在する．

粉末X線回折法では入射角θを変化させることにより多数の異なる格子面からの回折線を得ることができる（図5.10.1）．波長λが既知のX線を用いれば，観測された回折線と入射X線とのなす角度2θから各回折線の面間隔dを求めることができる．面間隔dは化合物の結晶格子に固有の軸の長さや軸の交わる角度によって決まるので，粉末X線回折によって結晶に固有の回折パターンが得られる．そして，試料の回折パターンを既知の回折パターンと照合することで試料中に含まれる結晶質の化合物を同定することができる．回折パターンのデータベースとしては，国際回折データセンター（ICDD：The International Centre for Diffraction Data）の粉末回折ファイル（PDF：Powder Diffraction File）が利用できる．

5.10.2 化学成分の定量

無機化学成分の定量手段としては，

① 試料を水溶液等に溶解させ目的成分を化学的に分析する方法（湿式分析方法）
② 蛍光Ｘ線分析方法
③ 電子プローブマイクロアナライザー（EPMA：electron probe microanalyzer）を用いる方法

などがあげられる．試料の状態や目的に応じて適切な手段を選択することが望まれる．

一般に，微量成分を定量する場合や高い精度を要求する場合には湿式分析が，迅速性が優先される場合には蛍光Ｘ線分析が，試料中の微小な局所を分析したい場合には EPMA がそれぞれ選択される．

a. 試料を水溶液などに溶解させ目的成分を化学的に分析する方法（湿式分析方法）

1) 試料の分解[1),2)]

目的成分が溶解した水溶液を得るためには，化合物を分解しなければならない．無機化合物の分解には，硝酸や塩酸等の酸が用いられることが多い．難溶性の化合物を分解する方法としては，融解による分解，マイクロ波を用いた加圧酸分解などがある．

2) 水溶液中の目的成分の定量

水溶液中の目的成分の定量法は，重量分析，容量分析および機器分析に大別することができる．重量分析は，目的成分の難溶性化合物を生成させ，その質量から目的成分を定量する方法である．比較的濃度の高い SiO_2 や SO_3 などの定量に用いられる．

容量分析には，酸塩基滴定，キレート滴定，沈殿滴定，酸化還元滴定などがある．濃度が既知の標準溶液を滴下し 色や電位差が大きく変化した滴下量（等量点）から目的成分を定量する方法である．セメントに関連する試料の分析では，キレート滴定と沈殿滴定が多用されている．

キレート滴定は，目的成分とキレートを生成する標準溶液を滴下し，キレート生成反応が完了するまでに滴下した標準溶液の量から目的成分を定量する方法である．比較的濃度の高い Ca や Al などの定量に用いられている．

沈殿滴定は，目的成分と難溶性化合物を生成する標準溶液を滴下し，沈殿生成が完了するまでに滴下した標準溶液の量から目的成分を定量する方法である．セメントやコンクリート硬化体中の Cl の定量に用いられている．

機器分析には，紫外・可視吸収スペクトル分析，原子吸光分析，ICP 発光分光分析，ICP 質量分析などがある．容量分析の適用が困難な，より低濃度の試料の分析に用いられる．

i) 紫外・可視吸収スペクトル分析[3)]

目的成分の化合物が特定の波長の光（分子スペクトル）を吸収する原理を利用し，試料溶液中で特定波長の光が通過する際に吸収される量を比較・測定することによって目的成分を定量する方法である（図 5.10.2）．

幅 d（一定）のセルに濃度 c の溶液に光が入った時，入射光の強度 I_0 と透過光の強度 I には，(1) 式の関係がある（Bouguer-Beer の法則）．

$$-\log(I/I_0) = \varepsilon cd \qquad (1)$$

$-\log(I/I_0)$：吸光度
ε：モル吸光係数

濃度が既知の溶液の吸光度を測定することにより吸光係数 ε を求めることができる．試料溶液の吸光度を測定すれば，モル吸光係数 ε とセル幅 d から溶液の濃度を知ることができる．

ii) 原子吸光分析（AAS：atomic absorption spectrometry）[3)]

試料溶液中の元素は高温中（多くはアセチレン-空気炎中）で原子化され，同種の元素から放射された特定波長の光（主として共鳴線）を吸収する．特定波長の光が原子の数に応じて吸収する現象を利用して試料濃度を定量する方法である．濃度が既知の溶液の吸光度を参照し，溶液の濃度を知ることができる（図 5.10.3）．

iii) 誘導結合プラズマ発光分光分析

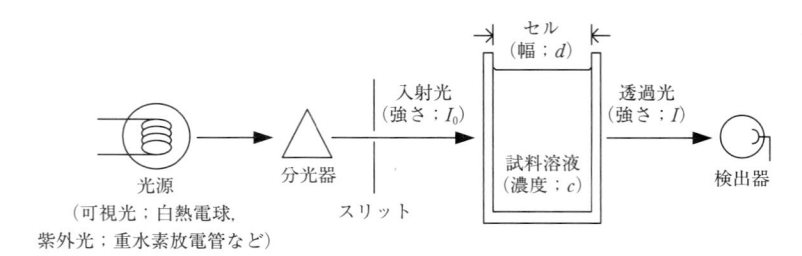

図 5.10.2 紫外・可視吸収スペクトル分析装置の概念図

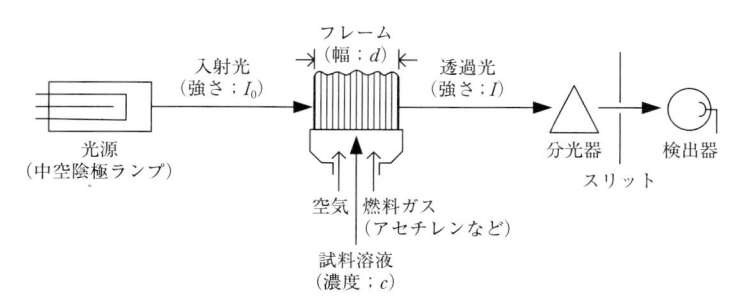

図 5.10.3 フレーム原子吸光分析装置の概念図

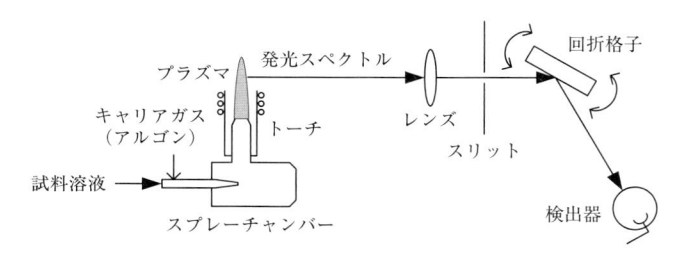

図 5.10.4 ICP 発光分光分析装置の概念図

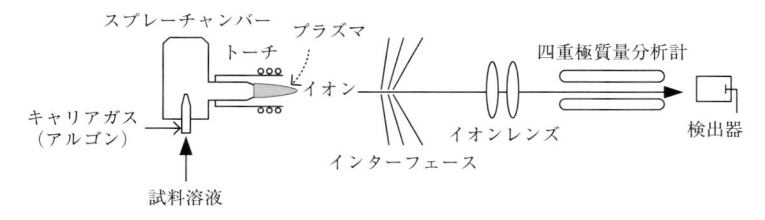

図 5.10.5 ICP 質量分析装置の概念図

(ICP/AES：inductively coupled plasma/atomic emission spectrometry)[3]

試料溶液中の測定元素は，外部から与えられた熱などのエネルギーによって原子化され，励起状態になる．励起状態になった原子は，エネルギーをスペクトル線（元素に固有の波長の光）として放出して，基底状態に戻る．

元素に固有の波長の光が原子の数に応じて発光する現象を利用して試料濃度を定量する方法である．発光スペクトルを分光することで，多元素を同時に定量することが可能である（図 5.10.4）．

iv) 誘導結合プラズマ質量分析
　　(ICP/MS：inductively coupled plasma/mass spectrometry)[4]

ICP をイオン源とし，発生したイオンを質量分析装置に導入・検出する．イオンを直接検出するので，上記装置より定性性能，および，感度に優れる．

数年前までは，おもに半導体分野での利用に限られていたが，最近は，環境分析や材料分析などにも適用範囲が広がっている（図 5.10.5）．

b. 蛍光 X 線分析方法

物質に X 線を照射すると原子核を取り巻く電子の一部が移動し，原子番号に応じて元素に固有な波長の蛍光 X 線（特性 X 線）が発生する（図 5.10.6）．元素に固有の蛍光 X 線を取り出す方法には，波長でふるい分ける方式（波長分散方式，WDS：wavelength-dispersive X-ray spectroscopy）とエネルギーでふるい分ける方式（エネルギー分散方式，EDS：energy-dispersive X-ray spectroscopy）とがある．WDS は感度に優れるが，X 線の波長ごとに検出器を移動させる必要があるため装置が複雑で測定に時間を要する．これに対し，EDS はすべてのエネルギー領域の X 線を同時に検出するので，機械的動作が不要で測定は迅速である．しかし，エネルギーの分解は波長の分解よりも難しいことから

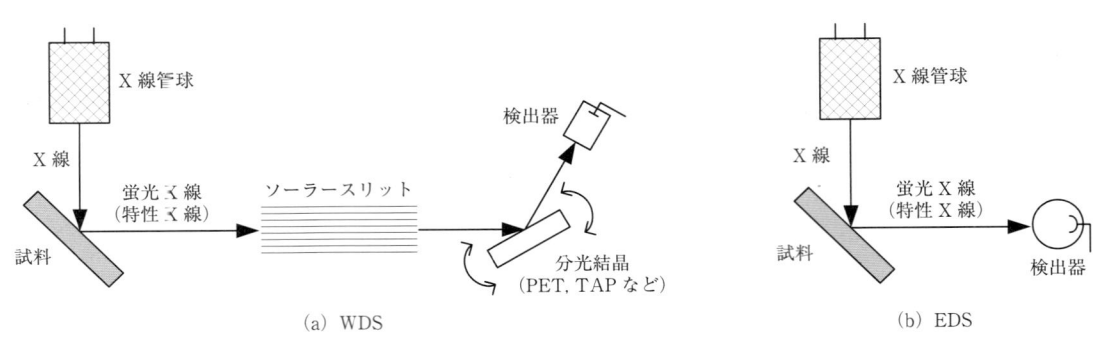

図5.10.6 蛍光X線分析装置の概念図

一般に感度はやや劣る．そこで通常は，分析を目的とした装置ではWDSを採用している．このようにして元素に固有の蛍光X線の強度を測定することで，目的元素の濃度を定量することができる．ただし一般に，ナトリウム（Na）より原子番号が小さい元素の定量は不得意である．

定量方法には，
① 濃度が既知の物質を参照する方法（検量線法）
② 質量吸収係数・蛍光収率・X線源のスペクトル分布などの物理定数（FP：fundamental parameter）を用いて蛍光X線強度の理論式から理論X線強度を求め，測定X線強度との相関から含有率を算出する方法（FP法）

などがある．FP法はオーダー分析とも呼ばれる．FP法は分析試料の組成に近い標準物質を実際に分析し，質量吸収係数・蛍光収率・X線源のスペクトル分布などの物理定数（ファンダメンタルパラメータ）情報と成分含有量をライブラリーに登録することで，似た試料の分析値の正確さを向上させることができる．FP法による定量分析は，検量線が準備されていなくてもある程度の確度の定量値を得ることができるので，迅速に定量値を得たい場合によく用いられる．

c. 電子プローブマイクロアナライザー（EPMA）による方法[5]

微小領域の定量に用いる．原理は蛍光X線分析と似ている．電子線を照射して特性X線を発生させ，をふるい分けられた元素に固有の特性X線の強度から含有量を定量する．元素に固有の特性X線を取り出す方法は，波長でふるい分ける方式（WDS）が主流である．定量分析ではないが，走査した箇所の特性X線の強度を濃淡で表示する「元素マッピング像」なども活用される機会が多い．

d. その他の分析

セメント硬化体中の水酸化カルシウムや炭酸カルシウムの定量には，熱重量分析（TG：thermogravimetry）が多く用いられる[6]．480℃付近または800℃付近で生じる脱水または脱炭酸反応に伴う重量変化量から水酸化カルシウムまたは炭酸カルシウムの含有量を計算する．水酸化カルシウムや炭酸カルシウムが脱水する温度帯で，他の物質による重量変化がある場合には適用できない．

また，近年，粉末X線回折におけるX線検出器の高感度化および結晶構造パラメータを精密化するアルゴリズムの進歩により，粉末X線回折プロファイルから結晶相の存在割合を求める手法（リートベルト解析）が実用時間内で実施できるようになってきた．現在，材料（セメントなど）の分析への適用が普及しつつある段階にある[7]．今後，この手法がセメント硬化体へ応用されるのはそれほど遠くない将来であろう．

【田中久順】

文　献

1) たとえば，松本　健，ぶんせき，No. 2, pp. 60-66, 2002.
2) たとえば，中村　洋：分析試料前処理ハンドブック，pp. 313-314, 丸善, 2003.
3) たとえば，酒井　馨，坂田　衛，高田芳矩著：環境分析のための機器分析 第5版，日本環境測定分析協会，1995.
4) たとえば，山田知行，田中久順，下坂建一，Journal of the Society of Inorganic Materials, Japan, Vol. 13, pp. 64-70, 2006.
5) たとえば，土木学会コンクリート委員会規準関連小委員会：コンクリート技術シリーズ69 硬化コンクリートのミクロの世界を拓く新しい土木学会規準の策定－EPMA法による面分析方法と微量成分溶出試験方法について－，土木学会, 2006.

6) たとえば，V. S. Ramachandran：Applications of Differential Thermal Analysis in Cement Chemistry, Chemical Publishing Company Inc., New York, 1969.

7) たとえば，日本分析化学会X線分析研究懇談会編，中井 泉，泉富士夫編著：粉末X線解析の実際―リートベルト法入門，朝倉書店，2002.

5.11
アルカリ骨材反応の試験方法

5.11.1 はじめに

アルカリ骨材反応（ASR）は，アルカリ，反応性骨材，水分の三者がそろってはじめて発生するので，これらを評価することが必要である．骨材のアルカリ反応性（以下，反応性）の評価法と実構造物でASRが疑われる場合に必要となる試験方法について述べる．国内でおもに用いられる方法に加え，最新の研究を反映したいくつかの方法についても紹介する．

5.11.2 骨材のアルカリ反応性評価

国内では，実工事においては化学法とモルタルバー法もしくは迅速法が用いられており，十分な信頼性を有していると考えられている．評価手順の詳細については，各規格を参照されたい．ところがこれらの方法は国際的には必ずしも一般的ではなくなっており，新しい評価方法が用いられるようになっている．従来法で検出できない反応性骨材の存在が認識されてきたためである．これらの方法の要点についても記した．これらのJIS以外の方法は，現在のところ日本では研究的手法であることに留意する必要はあるが，活用する価値はある．

a. 岩石学的評価

国内では省略されることが多いが，化学法やモルタルバー法の前評価とすることでこれらの方法の限界をカバーできる．岩石を20 μm程度の厚さの薄片とし，偏光顕微鏡観察する．岩石学的知識，偏光顕微鏡による観察能力，ASRの基礎原理に関する知識と経験を要する．反応性鉱物の種類，量，組織（比表面積が反応性と関連）を評価する．規格としては，JCI-DD3，DD4，ASTM C 295，RILEM AAR-1 がある．いわゆる総プロ[1]でも手法が示されている．岩石の命名（ASTM C 294 参照）に関しては組織観察に加え組成分析も必要である．補助的にX線回折分析やEPMA分析も有効で有害鉱物を効果的に確認できる．

岩石学的評価の価値は，ASRを引き起こす骨材は地域ごとに決まっており，それらを岩石学的に同定することで，事前にリスクを推定することにもある．また，現在の日本の骨材流通の特殊事情，すなわち大都市圏では，輸入骨材を含めて多種の骨材が混合使用される場合があるという現実から，その構成物を知るには岩石学的方法が有効である．

b. 化学法 JIS A 1145：2001

80℃ 1NのNaOH溶液に，一定粒度（150～300 μm）に粒度調整した骨材を24時間浸漬し，溶解シリカ量（S_c）とアルカリ濃度減少量（R_c）を測定する．$S_c \geq R_c$となると無害でないと判定する．ただし，S_cが10 mmol/l以下では無害とし，R_cが700 mmol/l以上では適用しない．迅速に結果が得られ，多くの火山岩に対しては有効な方法と考えられる．

化学法は絶対値をもって無害の判定がなされるが，その絶対値の意味を考慮する必要がある．ひとつは試験機関が与える絶対値の偏差である．圧縮強度の測定であればロードセルの検定がひとつの歯止めとなるが，化学分析の絶対値の精度に関しては検証するのが難しい．もうひとつは，骨材が天然資源であり性質にばらつきがあるという現実である．判定線近くの値の場合，骨材の変動を考えると，必ずしも確実な判定を下しにくい．

もとの規格はASTM C 289であるが，JISでに重要な情報が欠落しており，不適切な結論を得る可能性は否定できない．以下のような場合が典型的である．

・遅延膨張性の骨材：堆積岩中や破砕作用により極度に細粒化した変成岩などに含まれる隠微晶質石英による．高アルカリ条件でゆっくりとしかし大きな膨張を示す．

・ペシマム現象を引き起こす高反応性骨材：少量のオパールやクリストバライトなど高反応性鉱物を含む骨材．ペシマム現象とは，あるアルカリ量条件において，反応性骨材が最大膨張を示す骨材中の含有率が100%より小さくなる（たとえば

- 潜在的有害領域の骨材：ASTMでは有害領域と潜在的有害領域が示されており，潜在的有害領域にあるものにペシマム現象を考慮する必要があることを意味している．
- 炭酸塩岩など一部の岩石には適用できない．

ペシマム現象は，反応性の骨物の反応性と骨材中の量，さらにコンクリート中のアルカリ総量によって膨張量が最大となる反応性骨材，もしくは反応性鉱物の含有割合が異なり，試験によりその現象を検出するには多大な労力を要する．したがって，ペシマム現象が推定される骨材（岩石学的評価を行えばリスク推定は可能）に対してはコンクリートバーによる膨張試験が望ましい．ただし，長時間を要することにはなる．

c. モルタルバー法 JIS A 1146：2001

アルカリ量1.2％のセメントおよび5mm以下の所定の粒度に調整した骨材を用い，W/C＝0.50，S/C＝2.25としたモルタルを40℃95％RH環境で26週間保持し膨張量を測定する．膨張量0.1％以上で無害でないと判定する．13週で膨張量0.05％以上であれば無害でないと判断してもよい．長時間を有するため化学法で無害でないと判定された骨材に対し引き続いて実施されることが多い．化学法と同様にペシマム現象と遅延膨張性の骨材を検出できない可能性がある．原規格はASTM C 227．

湿度の影響を強く受けるため，試験機関ごとに結果が異なる可能性はある．規格上は95％RH以上が要件であるが，飽和に近い条件ほど膨張は大きくなると考えられる．また，アルカリ溶脱により膨張が小さくなることもある．

d. 迅速法（オートクレーブ法）JIS A 1804：2001

モルタルバー法が長時間を有するため，オートクレーブにより反応を加速することで早期に結果を得ようとする方法．ただし，現実の反応条件と相当に異なる試験条件となるためか，化学法やモルタルバー法と必ずしも結果が一致しない場合がある[2]．

e. 促進モルタルバー法 ASTM C 1260（カナダ法とも呼ばれる）

80℃1N-NaOH溶液にモルタルバーを14日間浸漬し，膨張率を測定（材齢28日の結果も有益）．0.2％以上を有害と判定する．膨張率が0.1～0.2％の場合は，有害と無害の骨材が含まれるとされ，このような骨材に対しては次に述べる情報も含めて評価すべきとされる．すなわち，膨張がASRによるものかどうかを以下により確認するのが望ましい．

- 岩石学的試験による反応性鉱物の確認
- 試験後の供試体を用いたASR反応生成物（ASRゲル）の確認
- 可能ならばその骨材の実使用状況の記録の調査

前述のモルタルバー法が半年を要するのに対して，比較的短期間に結果が得られる．この方法は，遅延膨張性の骨材が高アルカリ環境下で，ゆっくりとだが大きな膨張を示し，実構造物に大きな被害を引き起こした経験[3]から，北米を中心に規格化された．厳しい条件の試験であるが，欧米では現在の主流となっている．本試験で有害と判定された場合は，コンクリートバー法による試験を行い無害と判定されれば抑制対策なく使用できる．北米では現実にこのような骨材が使用されている．高温のアルカリ溶液を取り扱うため危険を伴い，試験の実施には注意が必要である．ただし，反応性の高すぎる骨材（一部のチャートなど）では溶解し，膨張しない場合もある[2]．

f. 促進モルタルバー法飽和NaCl法（通称デンマーク法）[4]

50℃の飽和NaCl溶液にモルタルバーを90日間浸漬し，膨張量を測定．膨張率0.1％で有害，0.04～0.1％を不確定とする．凍結防止剤など外来アルカリによりASRが促進されることが知られるようになり，その条件を模擬する方法とみなされる．モルタル中にアルカリが浸透することで，液相のpHが高まり，反応性鉱物が膨張する．

g. コンクリートバー法

モルタルバー法は単一骨材での試験であるので，細粗骨材の組合わせによるペシマム現象を考慮するにはコンクリートバー法がよい．規格には，JCI-AAR3，JASS 5N T-603，ASTM C 1293，CSA A23.2-25A，RILEM AAR-3，4がある．いずれも年単位の時間を要する．アルカリ溶脱の影響を考慮するため，大型の試験体を用いるか，小型試験体の場合なアルカリ量を多くする場合が多い．

h. ASRを抑制する混和材の評価

国内規格はないが，海外ではASTM C 441およびCSA A23.2 28Aとして規格化されている．非常に反応性が高いパイレックスガラスを用いたモルタルバー法である．添加する混和材（たとえば高炉スラグやフライアッシュなど）がASR抑制効果の有無を判定する．実工事で用いる骨材に対して必要な混和材添加添加量の評価方法は確立されていない．厳しい評価として，コンクリート供試体をASTM C 1260の条件で評価する方法は考えられる．

i. アルカリ炭酸塩岩反応

特定の炭酸塩岩はアルカリ炭酸塩岩反応により膨張するとされてきた．泥質な苦灰岩（ドロマイト）で特定の組織を示すものでのみ検出され，中国やカナダ東海岸など，問題となる場所は限られている．最近の研究[5]によると膨張に関与するのは炭酸塩の反応ではなく，含有される隠微晶質石英が問題であるとされる．アルカリ炭酸塩岩反応に特化した試験もRILEM AAR-5として提案されている．国内ではドロマイトであってもアルカリ炭酸塩岩反応は起こさないことがわかっており，国内産の骨材であれば特別な配慮は必要ないと考えられる．

5.11.3 既存構造物におけるASRの評価

ASRが疑われる既存構造物に対して，ASRの評価を行う際には，その目的に応じて異なる試験項目が実施される．すなわち，純粋に維持管理・補修補強・打替えを考える際には，劣化の原因は外観観察のみにより判定され，構造性能が判定される場合が多い．特別な劣化原因の調査は行われないのが現状である．しかし，この現状は，化学法とモルタルバー法による骨材の反応性試験とアルカリ総量 $3kg/m^3$ もしくは混和材の利用という抑制対策が完全であると仮定したものであり，ペシマム現象や外来アルカリの影響などは考慮していない．本来は，ASRによる劣化であることの確認，ASRが生じた原因（アルカリ源と量，反応性骨材・鉱物の特定，水の供給）を調査することで，適切な対応が可能となる．最新情報がRILEMの指針として検討されている．一例として診断のフローを図 5.11.1 に示す．

図 5.11.2 には典型的なASR診断におけるコア分析のフローの一例を具体的な分析方法とともに示す．

現在の日本の方法論は残念ながら完全とはいえな

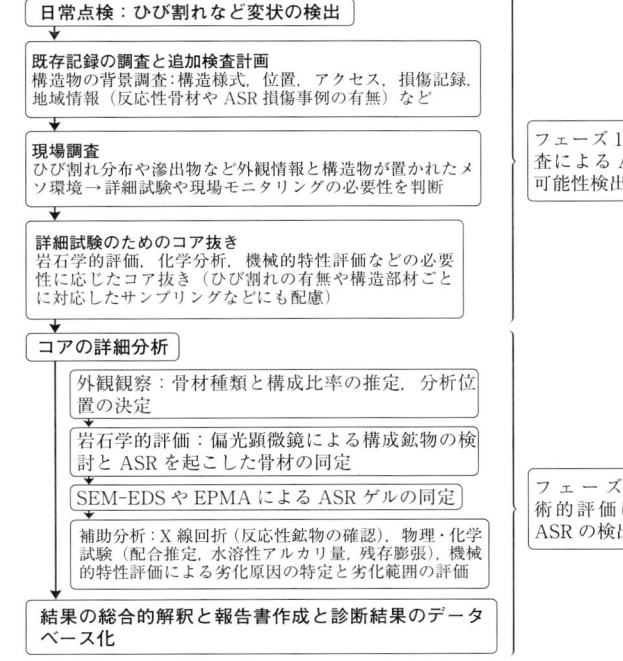

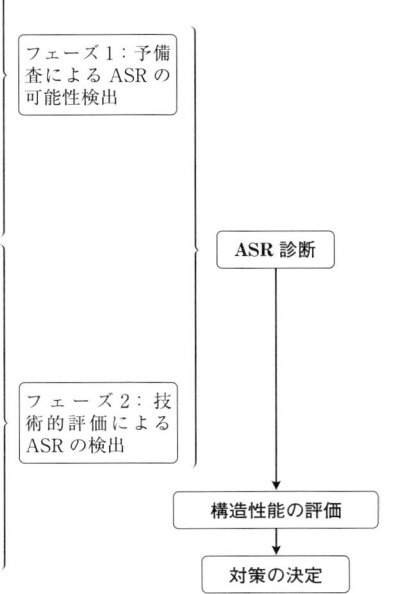

図 5.11.1 ASR劣化の診断のフロー

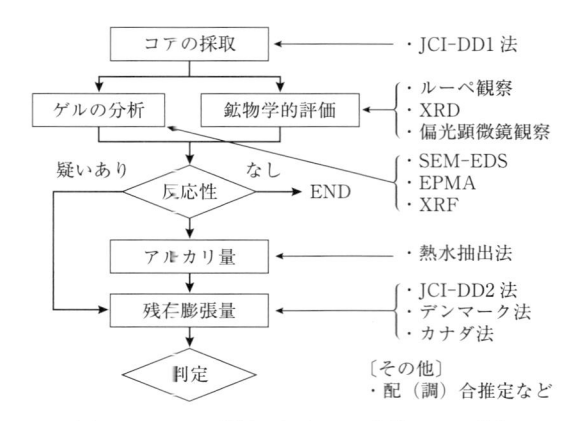

図 5.11.2 ASR 診断におけるコア分析フロー（例）

い．反応性骨材を見逃し，抑制対策が有効でない場合がある．反応性を評価した骨材に関して実際の構造物における ASR の有無を確認するフィールド調査が必要で，ASR 劣化の原因をデータベース化することが今後の耐久的な構造物の建設と維持管理に必要である．この点を理解のうえ，本稿記載の方法を必要に応じて適用していただきたい．専門的内容も含まれているので，ASR に関する専門家のアドバイスを得ることが誤った測定を避け，適切な結論に至る有効な方法である．

a. ひび割れの評価

構造物のひび割れが ASR によるものか否かは，ひび割れパターンによりおおよそ推定可能である[6]．亀甲状のひび割れもしくは鋼材の拘束方向に沿ったひび割れが典型的なものである．ゲルのしみだしやひび割れ，水掛りがある場所に集中して生じている状況も手掛りとなる．少量だが反応性の非常に高い骨材や膨潤性骨材が含有される場合には局所的なポップアウトも生じる．ひび割れの評価にはひび割れ幅とひび割れ密度が用いられることもある．ひび割れ密度は，一辺 1 m の正方形中に 10 cm のメッシュを作り，メッシュを横切る 0.1 mm 以上のひび割れを計数し，1 m あたりのひび割れ数としたもので，ASR 劣化の指標とされる場合もある．

b. アルカリシリカゲル（ASR ゲル）の観察

ASR 劣化の判定には ASR ゲルの直接確認が必要である．著しい劣化の場合，白い ASR ゲルや骨材の反応リムが肉眼でもわかる．なお，コンクリートコアでは骨材からしみだす ASR ゲルは透明である．経験者による偏光顕微鏡観察は確実な同定方法である．EDS 付走査型電子顕微鏡（SEM）や EPMA によると，特徴的な ASR ゲルの形態と化学組成がわかる．観察のポイントは，ひび割れと関連する ASR ゲルの存在である．劣化がない場合も ASR ゲルは存在しえるが，ひび割れとの関連がなければ ASR 劣化とはいえない．

c. 構成骨材の岩石学的観察

ASR ゲルを生じた原因鉱物とそれを含有する岩石の同定を偏光顕微鏡により行う．方法論は前項で述べたものと同様である．コアを用いる場合には，コア表面をスキャナで読み取り展開図とするなどして，粗骨材の岩種の構成比率を求めるなどすると良い．細骨材の岩種の構成比率は薄片を偏光顕微鏡観察し，ポイントカウンティングで求める．注意すべき点は，非常に活性が高いオパールなど 0.1 %オーダーの含有量であっても ASR 膨張に繋がる可能性があることである．また，顕微鏡では検出しにくい隠微晶質石英などにも留意する必要がある．つまり，一般的岩石学的評価ではなく ASR を意識した専門家による観察が不可欠である．

d. アルカリ量の推定

コンクリート中のアルカリ量の測定に関する手法は，ASTM C 114 と温水抽出による総プロ法[1]がある．測定されるアルカリ量はセメント以外から，たとえば凍結防止剤などの外来アルカリや骨材からの溶出もあるので，結果の解釈には注意が必要である．またコンクリート中の未反応クリンカー鉱物中のアルカリ濃度を EPMA で測定し，アルカリ量を推定する方法もある[7]．

e. 残存膨張量の評価

維持管理を目的とした ASR 診断の最大の関心事は，劣化の認識以後の膨張挙動であろう．構造物から採取したコアを用い，コア採取後，ただちに基長を測定し 20 ℃ 95 %RH で長さ変化を測定する開放膨張と，開放膨張が収束した後 40 ℃ 95 %RH の促進環境で評価される残存膨張量がある．コアの採取位置により結果が異なる可能性がある．構造物全体の挙動を考える上で適切な箇所を選定しなければならない（JCI-DD1，DD2 を参照）．DD2 は内在アルカリによる膨張を評価するものであるが，外来アルカリは考慮していない．融氷材の影響などが懸念される場合には，ASTM C 1260 もしくはデンマーク法

の促進環境に準じて試験をすることも考えられる．残存膨張は実構造物の長期的膨張の可能性を評価するものであるが，残存膨張が検出されない場合でも，実構造物は膨張を継続した事例があるともされているので，一定の注意（実構造物の長期的変位測定）は必要である．

f. 実構造物の変位計測

ASRを確認し，原因を推定し，長期的な予測をした後，何らかの対策（経過観察，ひび割れ注入，遮水処理，巻きたて，打替えなど）がなされるであろう．完全な診断は難しいので，効果確認のため実構造物の変位の継続的計測が必要である．単純には，ひび割れ状況のスケッチや写真による記録も役立つが，定量化しようとするとひび割れをはさんで標点を設置し，長さ変位形を用い定期的に長さ変化量を測定することになる．測定機器を要するが，クリップゲージや光ファイバーによる方法などもある[8]．長さ変化は，日射や外気温の影響を受けるので，年オーダーの計測が必要となる．

g. 強度と弾性率

ASR劣化を受けた構造物ではコンクリートの物性が変化することも多い．変化は圧縮強度に比較して弾性率の方が顕著に低下することが知られている[9]．コンクリートコアを評価し，一般的な圧縮強度と弾性率の関係と比較することも極端な劣化の場合には有効であろう．

コンクリート内部の鉄筋（とくに曲げ加工部）がASRにより破断することもあるが（2.7節参照），その評価には5.5.3項を参照のこと．

h. 耐荷性能の評価

ASR劣化が明らかになった構造物で，補修・補強・打替えの判断のために最も知りたいことは耐荷性能であろう．一般には容易ではないが，橋梁上部工ならば，車両による載荷による変位計測により評価が可能である．土木学会の指針[8]を参考にするとよい．

【山田一夫】

文　献

1) 土木研究センター：建設省総合技術開発プロジェクト・コンクリートの耐久性向上技術の開発報告書，1989．
2) 日本コンクリート工学協会：セメント系材料・骨材研究委員会報告書，2005．
3) Oberholster, R.E., and Davies, G., An accelerated method for testing the potential alkali reactivity of siliceous aggregates, *Cem Concr Res*, 16, 181-189, 1986.
4) Chatterji, S., An accelerated method for the detection of alkali-aggregate reactivities of aggregate, *Cem and Concr Res*, 8(5), pp. 647-649, 1978.
5) Katayama, T., How to identify carbonate rock reaction in concrete, *Materials Characterization*, 53, pp. 85-104, 2004.
6) 日本コンクリート工学協会：コンクリートのひび割れ調査，補修・補強指針，2003．
7) Katayama, T., et al., Alkali-aggregate-reaction under the influence of deicing salts in the Hokuriku district, *Materials Characterization*, Vol. 53, pp. 105-122, 2004.
8) 土木学会：アルカリ骨材反応対策小委員会報告書，コンクリートライブラリー124，2005．
9) 大代武志，鳥居和之：富山県のASR劣化橋梁の実態調査に基づくASR抑制対策および維持管理手法の提案，コンクリート工学論文集，20(1), pp. 45-57, 2009.

5.12 火災（温度）

コンクリートは温度に対応して力学的特性が劣化することが知られているため，火災（温度）がコンクリートに及ぼす影響について考える場合，コンクリートの受熱温度の分布を的確に把握することが重要である．本節では，火災時に発生する熱（温度）のコンクリートへの伝達と受熱温度の推定方法について述べる．

5.12.1 火災時に発生する熱（温度）のコンクリートへの伝達

一般に火災は，燃焼に必要な空気が自由に供給される焚き火のような「燃料支配型の火災」と，耐火造建物のように囲われた空間で限られた開口部から空気が供給される「換気支配型の火災」に大別される．この囲われた空間の火災における火災の時間-温度曲線は，一般に図5.12.1に例として示すような過程となることが知られている．すなわち，ある空間の可燃性の物質に着いた小さな火は，室内の酸素を消費しつつ，煙と燃焼生成ガスを発しながら燃焼範囲を拡大していく．これを火災初期という．室内の酸素が不足すれば炎は小さくなり，ついには燃焼が止むこともあり，スプリンクラーなどの初期消火が成功すれば小火にとどまる．しかし，燃焼範囲

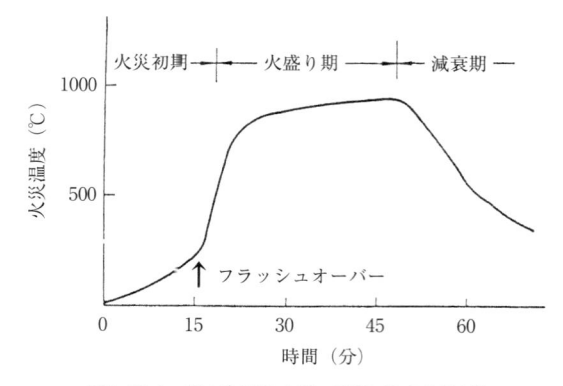

図 5.12.1 耐火造建物火災の時間-温度曲線例[1]

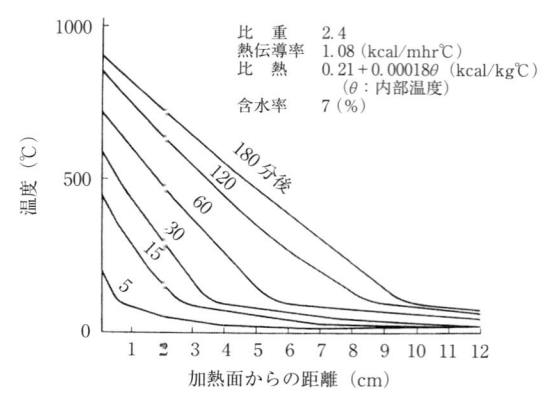

図 5.12.2 標準的な火災時のコンクリート内部温度計算例[4]

の拡大につれ，室内の温度が徐々に上昇するとともに，内装表面上の火炎伝播や積載可燃物の熱分解の活発化によって燃焼が加速されたり，窓ガラスの破損や扉の開放などによる空気流入で天井面にたまった可燃性のガスに着火し，火災室温度は急上昇し，開口部より黒煙と炎を吹き上げる．この時期をフラッシュオーバーという．その後，火災の温度は時間とともに漸増し，室内の可燃物の燃え尽きたころに最高温度を示す火盛り期を経た後，火災温度がだんだん低くなる火災減衰期となる[2),3)]．

このような囲われた空間の火災では，空間を構成する構造体が火害を受けることになる．図 5.12.2 は一例として鉄筋コンクリート造建物において，ISO の加熱温度曲線に従うような標準的な火災を3時間受けた場合，厚さ 120 mm の普通コンクリート板のコンクリート内部温度分布のシミュレーション結果を時間をパラメーターにして示したものである．この図はあくまで標準的な加熱を受けた場合の計算例であり，実際の火災では，コンクリートの材質が不均一であったり，火災外力が標準的な状態とは異なると同時に不均一であるために，コンクリート内部の受熱温度を計算によって求めるのは難しい．火害を受けた構造体の特性を把握するためには，実際の火害を受けたコンクリートから受熱温度を推定する方法が望ましい．

5.12.2 コンクリートの受熱温度推定

コンクリート断面内部の受熱温度の推定方法は表 5.12.1 に示すように種々考えられているが，ここでは代表的な方法である UV スペクトル法と過マンガン酸カリウムによる酸素消費量の定量分析(以下，定量分析法と呼ぶ)について紹介する．なお，表 5.12.1 に示す化学分析による方法((7)～(10))は無機物質の場合，消火時の放水などにより化学的変化が火害を受ける前の状態に戻ることがあるため，誤差を生じる可能性があり，推定結果の解釈には慎重を期する必要がある．

5.12.3 UV スペクトル法

a. 概　要

コンクリート中に含まれている混和剤に着目し，火害を受けたコンクリートを UV（紫外吸収）スペクトル分析し，吸光度と加熱温度の関係から受熱温度の推定を行うものである．混和剤の組成の種類はリグニンスルフォン酸系(以下，リグニン系とよぶ)，ナフタリンスルフォン酸系（以下，ナフタリン系とよぶ），メラミンスルフォン酸系，天然樹脂酸系及びオキシカルボン酸系である．現在，混和剤としては，減水剤がおもに用いられ，その中では，リグニン系混和剤を使用するケースがもっとも多く，ナフタリン系混和剤がこれに次ぐ．UV スペクトル法は，おもにリグニン系混和剤入りコンクリートに対する分析に有効である．ナフタリン系混和剤入りコンクリートでも不可能ではないが，推定可能温度範囲が狭くなる．リグニン系混和剤入りコンクリート以外の場合は，定量分析法の方が有効である．

b. 測定方法

測定手順および受熱温度の推定手順を以下に示す．受熱温度の推定はコンクリートコアに含まれている混和剤を UV（紫外吸収）スペクトル法により分析し，吸光度と加熱温度の関係より受熱温度の推

表 5.12.1 各種受熱温度推定方法

推定方法	概要	推定可能温度範囲
(1) UVスペクトル法[5),6)]	コンクリート中の混和剤に着目し，火害を受けたコンクリートをUVスペクトル分析し，吸光度と加熱温度の関係から受熱温度を推定する．	600℃まで
(2) 過マンガン酸カリウムによる酸素消費量の定量分析	有機系化合物中の炭素を対象とした過マンガン酸カリウムによる酸素消費量の定量分析は，コンクリートに使用された混和剤の種類に関係なく，有機系化合物を定量でき受熱温度の推定が可能である．	300〜600℃
(3) マイクロ波特性値の測定[7)]	コンクリートのマイクロ波の特性値（減衰定数および位相定数）を調べ，高温時の劣化度（残存強度）より受熱温度を推定する．ただし，深さ方向の温度分布の把握は困難であり，また，コンクリートの含水率により測定誤差が生じる．	200〜500℃
(4) 熱ルミネッセンスの測定[8)]	火害を受けたコンクリートから採取された砂の中に残された熱ルミネッセンスを測定し，受熱温度を推定する．電子の移動に関わる測定であり，高度な測定技術を要するため，一般的な実用には供しない．	300〜500℃
(5) 超音波伝播速度の測定[9)-11)]	火害を受けたコンクリートの超音波伝播速度から非破壊によりコンクリート強度を推定する方法である．	600℃以上
(6) 超音波スペクトロスコピー法[10),11)]	加熱劣化したコンクリートの超音波減衰量を測定し，加熱劣化の程度によって周波数減衰特性が異なることを利用して，受熱温度を推定する方法である．	600℃以上
(7) X線回折[12)]	コンクリートをX線回折し，結晶型の変化から受熱温度を推定する．結晶型の微妙な変化を見極める必要がある．	825℃以上
(8) 炭酸ガス量・炭酸ガス再吸収量の測定[12)]	加熱温度と炭酸ガス吸収量との関係がおおむね直線関係になっていることを利用して，コンクリートの受熱温度を推定する．	600℃以上
(9) 遊離石灰量の変化[12)]	加熱温度と遊離石灰量がほぼ比例関係であることから受熱温度を推定する．	100〜900℃
(10) 示差熱天秤分析[12),13)]	健全部から採取したコンクリートを加熱し，自由水や結晶水の脱水，SiO_2の変態，炭酸ガスの放出の変化を調べ，火害を受けたコンクリートと比較し，受熱温度を推定する．	850℃以上

定を行う．

①コンクリートコア採取： 目視観察およびリバウンドハンマーによる反発硬度試験の結果より調査範囲の絞込みを行った調査対象部位および健全部（検量線用試料）において，コンクリートコア（φ100 mm）を採取し，搬入する．なお，コンクリートコアは圧縮強度試験を実施したもの（粉砕されていないもの）を使用してもよいが，中性化深さの測定を実施してフェノールフタレイン溶液を噴霧したものは使用できない．

②検量線用試料の作成・加熱： 検量線試料は，健全部のコンクリートコアを分割し，試料を8個採取する．その後，電気炉内にて所定温度（110℃，150℃もしくは160℃，200℃，250℃，300℃，400℃，500℃および600℃）で1個ずつ1時間以上加熱を行う．コア分割数は健全部コアの状況によって減らしてもよいが，その場合でも6個は確保し，加熱温度を110℃，200℃，250℃，300℃，400℃および500℃とする．

③受熱温度推定用試料の採取： 被災部より採取したコンクリートコアを，火害側の表層（10 mm程度）を除いた部位よりコア内部で厚さ10 mmごとに切断し，試料を数個採取する．コアの直径が100 mmより小さい場合でも，切断間隔を大きくすれば，規定量以上の試料粉末が得られ，分析が可能になる．なお，火害側の表面をカットして除外するのは，コンクリート表面に仕上げ材の残存物やすすが付着していたり，火害を受けた際，有機化合物の燃焼ガスがコンクリート内部に浸透している可能性があるので，これらの要因による分析結果への影響を除くためである．

④試料粉末の作成： 厚さ10 mmに切断した試料を，鉄鉢内でコンクリート中の砕石が原状のまま残る程度に粉砕した後，36メッシュ（425 μm）のふるいを通過した部分を振動ミルで微粉砕化（5〜10 μm）し，試料粉末とする．

⑤試料溶液の作成： 試料粉末3 gをビーカーに採取し，90 ml の純水を加えて1時間煮沸した後，

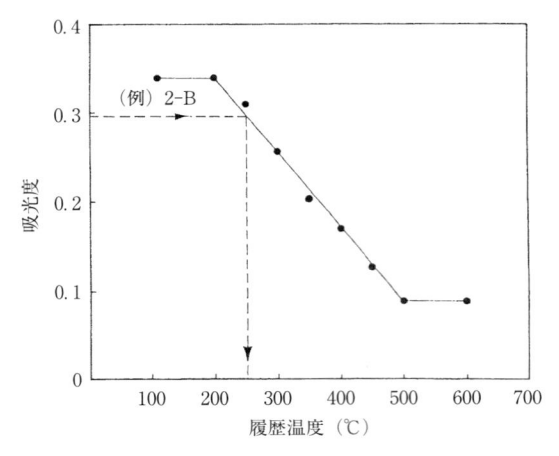

図 5.12.3 履歴温度と吸光度の関係の例

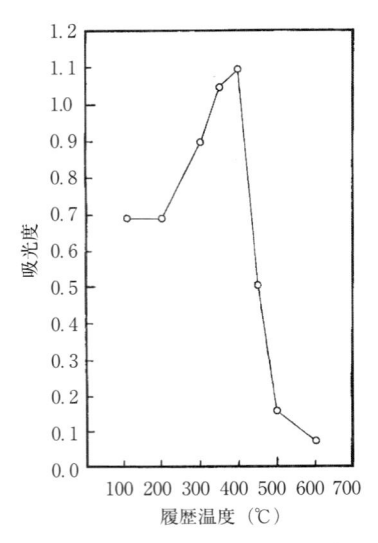

図 5.12.4 ナフタリン系混和剤の検量線の例

吸引ろ過を行う．あらかじめ塩酸 (1+1) 1 ml を入れたメスフラスコにろ液を採取し，ろ過後 100 ml の定容とする．また，ろ過後のろ紙上の残留物は，ふたたび上記使用のビーカーに水にて洗い落とし，100 ml として1時間再煮沸し，以降同様な操作を行い，2回目抽出の試料溶液とする．

⑥UV スペクトルの測定： 試料溶液を石英セルに移し，分光光度計（UV-200：島津製作所製）を使用して UV スペクトルを測定する．波長 260 nm における吸光度は，1回目抽出試料溶液の吸光度と2回目抽出試料溶液の吸光度との合計量（合計吸光度）とする．

⑦受熱温度の推定： 検量線用試料溶液の UV スペクトルの波長 260 nm における吸光度を読み取り，加熱温度と吸光度の関係を示す検量線を図 5.12.3 のように作成する．次に，受熱温度測定用試料溶液の波長 260 nm における吸光度を測定し，検量線から受熱温度を求める．図中には推定例も示している．

c. 注意事項

通常は，火害側の受熱温度が高い推定結果が得られるが，まれに逆転する場合がある．これは，推定受熱温度が低かった火害側に近い試料に，測定対象とした混和剤以外の有機物が混入していたことが原因と考えられる．推定受熱温度が低くなったところ以外の受熱推定温度は正しいと考えられるが，もっとも火害側に近い試料でこのような現象となった場合には，最高受熱温度が推定できないことになるので注意が必要である．また，混和剤の組成の種類によって有効な分析が可能な場合とそうでない場合が

あるので注意を要する．リグニン系混和剤入りコンクリートでは，UV スペクトル法を用いることにより，常温から 600℃ までの受熱温度推定が可能である．しかし，ナフタリン系混和剤については，UV スペクトル法により 450℃ から 600℃ までの受熱温度の推定が可能（検量線の例を図 5.12.4 に示す）であるが，定量分析法を用いた方が推定可能温度が広くなる．そのほか，メラミンスルフォン酸系，天然樹脂酸系およびオキシカルボン酸系混和剤などでも，定量分析法が有効となる．

5.12.4 過マンガン酸カリウムによる酸素消費量の定量分析

a. 概　要

有機系化合物中の炭素を対象とした過マンガン酸カリウムによる酸素消費量の定量分析の特徴は，混和剤の種類に関係なく，有機系化合物を定量できることである．そのため，リグニン系混和剤入りコンクリート以外の場合に有効な方法である．ナフタリン系混和剤入りコンクリートの加熱温度と N/40 過マンガン酸カリウム消費量の関係の例を図 5.12.5 に示す．110～600℃ の範囲ではトリ・リニアな関係が得られている．ナフタリン系混和剤の場合，110℃ から 300℃ まではほとんど熱分解しないため，N/40 過マンガン酸カリウム消費量は変わらず，また，500℃ 以上での熱分解残留物は過マンガン酸カリウムにて分解されないため，それぞれの温度範囲で一定値となるものと考えられる．したがって，炭

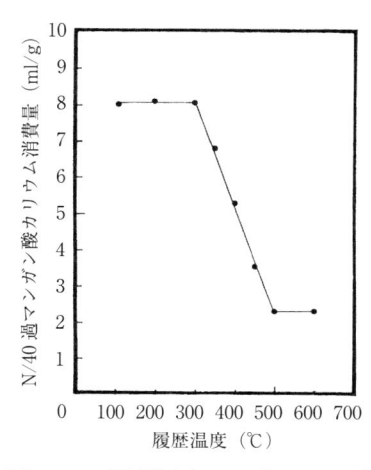

図 5.12.5 履歴温度と N/40 過マンガン酸カリウム消費量の関係の例

素を有する有機系化合物を対象とする定量分析法を用いれば，約 300～500℃ までの受熱温度の推定が可能である．

b. 測定方法

測定手順および受熱温度の推定手順を以下に示す．受熱温度の推定はコンクリートコアの N/40 過マンガン酸カリウム消費量と加熱温度の関係より行う．下記の①～④は UV スペクトル法の①～④と同手順である．

① コンクリートコア採取
② 検量線用試料の作成・加熱
③ 受熱温度推定用試料の採取
④ 試料粉末の作成
⑤ 定量分析：

i) 試料粉末 0.5 g を約 10 ml の水で分散させ，硫酸（1+8）10 ml を加え，加熱分解する．

ii) 水を加え，全容量約 50 ml とし，再加熱後，アンモニア水（1+1）にて中和した後，鉄イオンを除去するため，さらにアンモニア水を 2～3 滴過剰に加える．

iii) JIS K 0102-14.1「懸濁物質測定方法」によりガラス繊維ろ紙を用いて吸引ろ過し，アンモニア水（1+1）にて数回洗浄し，ろ液を 300 ml のフラスコに採取する．

iv) 上記 iii) によって得られたろ液に水を加え 100 ml とし，硫酸（1+1）10 ml を加えた後，硫酸銀の微粉末 1 g を加え，撹拌する．

v) N/40 シュウ酸ナトリウム 10ml を加え，60～80℃ に保持しながら，N/40 過マンガン酸カリウム溶液で逆滴定する．

vi) 液の色が薄紅色を呈する点を終点として，N/40 過マンガン酸カリウム消費量を求める．

vii) 受熱温度の推定：検量線用試料の定量分析により，加熱温度と N/40 過マンガン酸カリウム消費量の関係を示す検量線を作成する．次に，受熱温度測定用試料の N/40 過マンガン酸カリウム消費量を測定し，検量線から受熱温度を求める．

c. 注意事項

定量分析法は混和剤の組成の種類に関係なく可能であるが，UV スペクトル法に比べると分析手順が複雑となる．また，推定可能な温度範囲が 300～500℃ と狭い．実用的には，定量分析法は混和剤がリグニン系でないことが明らかな場合に限って用いればよい．混和剤がリグニン系である場合もしくは混和剤種類が全く不明な場合は，まず UV スペクトル法で分析し，推定が不可能な場合に定量分析法を実施するのが良い．

【吉田正友】

文献

1) 長友宗重ほか：既存建物の耐力診断と対策，鹿島出版会，1978．
2) 川越邦雄：特集構造物と火災 耐火建築の火災性状，コンクリートジャーナル，11(8)，pp.7-13，1973．
3) 長谷見雄二：火事場のサイエンス，井上書院，1988．
4) 牟田紀一郎：火害と補修・補強，コンクリート工学，31(7)，pp.83-86，1993．
5) 吉田正友，岡村義徳，田坂茂樹：コンクリートの受熱温度推定方法の提案，コンクリート系構造物の火害診断手法に関する研究（その 1），日本建築学会構造系論文集，第 465 号，pp.155-162，1994．
6) 吉田正友，岡村義徳，田坂茂樹：コンクリートの受熱温度推定方法の展開，コンクリート系構造物の火害診断手法に関する研究（その 2），日本建築学会構造系論文集，第 472 号，pp.177-184，1995．
7) 太田福男：マイクロ波による火害コンクリートの劣化診断法に関する実験的研究，第 43 回セメント技術大会講演集，pp.546-551，1989．
8) Placido, Francis：Thermoluminescence Test for Fire-Damaged Concrete, Magazine of Concrete Research, Vol.32, No.111, pp.112-116, 1980.
9) Schneider, U.：Repairability of Fire Damaged Structures (CIB W14 Report), Fire Safety Journal, Vol.16, 1990.
10) Nasser, K. & Al-Manaseer, A.：Comparison of Nondestructive Testers of Hardened Concrete, ACI Material Journal, pp.374-380, 1987.
11) 付思，井出正夫，佐藤寛：超音波によるコンクリートの加熱劣化の測定に関する研究，日本火災学会研究発

12) 岸谷孝一, 森 実：火害を受けた鉄筋コンクリート造建物の火害度と受熱温度の推定, 火災, No. 85, pp. 8-20, 1972.
13) 松井嘉孝ほか：構築物の耐用性診断とその対策, 新建築技術叢書-7, 彰国社, pp. 150-154, 1976.

5.13 損　傷

コンクリート構造物の損傷は，ひび割れやたわみの増加などの形で顕在化することが多い．したがって，損傷程度の評価を行うには，これらの測定を行い，その損傷程度を推定することとなる．これらについては，5.2, 5.4, 5.14, 5.16節に示されているとおりである．

一方，コンクリート構造物の力学的損傷について，定量的な評価を行う場合，これらの変形やひび割れ，たわみの状況だけではなく，部材に発生している応力度，あるいは，構造物全体系としての剛性などの評価が必要になる．

コンクリート構造物に発生する応力の計測にあたっては，コンクリートに発生する応力を把握するものと，鉄筋やPC鋼材などの補強鋼材に発生する応力を把握するものに大別される．

5.13.1　コンクリートに作用する現有応力の測定

たとえば，プレストレストコンクリート構造において，コンクリートに発生しているプレストレスによる圧縮応力度や，現地載荷試験を行ったときの断面圧縮縁における曲げ圧縮応力度など，コンクリートの応力度に基づく評価が必要となる場合がある．

コンクリートに発生している応力度を直接評価することは，一般的に困難であるが，ひずみの解放による方法やフラットジャッキを用いる方法など，いくつかの方法が提案されていて，実際に用いられることがある．

a.　応力解放時のひずみ測定

コンクリートに発生している応力を評価する際，応力を直接計測することは非常に困難であるが，ひずみを測定することは可能である．コンクリートに応力が発生している状況において，あらかじめひずみゲージをコンクリート表面に貼付し，次にひずみゲージ近傍のコンクリートに溝（スリット）を切削することにより応力解放を行い，スリットの切削に伴って変動するひずみを測定する．

ここで，コンクリートに発生しているひずみを ε_x, ε_y とし，せん断ひずみ $\gamma_{xy}=0$ の状態を考えると，σ_x, σ_y は次式で表される．

$$\sigma_x = \frac{E}{1-v^2}(\varepsilon_x + v\varepsilon_y)$$

$$\sigma_y = \frac{E}{1-v^2}(\varepsilon_y + v\varepsilon_x)$$

ここで，vはポアソン比，Eはヤング係数．

上式において $\sigma_y = 0$ であれば，$\varepsilon_y = -v\varepsilon_x$ であるので $\sigma_x = E\varepsilon_x$ となる．

解放ひずみの測定結果は，切削するスリットの深さによる影響を受けるため，これを適切に評価する必要がある．ここで，スリットの深さと解放ひずみの関係を数値解析により求めた例[1]を図5.13.1に示す．解析条件は平面ひずみ状態であり一様な圧縮力が作用した場合を仮定し，スリット深さを大きくした場合の解法ひずみの変動を表したものである．この結果によれば，測定幅Lに対するスリット深さDの比が0.3の場合に圧縮ひずみが完全に解放されるが，D/Lがこれを超えると引張ひずみが生じるようになり，次第に収束する傾向となる．なお，応力解放に基づいてひずみの測定値から応力を算定する場合，コンクリートに発生している応力が，たとえば内部拘束による温度応力のように，深さ方向の応力分布が不均一であることの影響が大きいときには，適切な応力が把握できないことがある．

このように，解放法によってコンクリートに発生する応力を適切に推定するためには，コンクリートの弾性係数が把握できていること，ひずみを測定する方向に対して直角方向の応力の発生が無視しえるほど小さいことなどの条件をふまえる必要がある．

また，スリットの切削深さを大きくすれば，ひずみの収束を捉えることが可能であるが，切削深さが大きくなると鉄筋の切断などの不具合が生じる可能性があるので，スリットの切削に先立ち，あらかじめ鉄筋位置の探査を行い，鉄筋を避けるようにする必要がある[2]．

b.　フラットジャッキを用いる方法

プレストレストコンクリート部材は，コンクリートにプレストレスを導入することにより，断面の曲

げ剛性の確保およびひび割れ発生荷重の増加を実現しているが，コンクリートの劣化やクリープ・乾燥収縮の進行などにより，プレストレスの経年的な低下が発生する場合もある．このため，プレストレストコンクリートの健全度を評価するために，コンクリートに導入されている圧縮応力の評価が必要となる場合がある．また，プレストレストコンクリート部材の補強において，必要となる補強量を評価する際も，実際に部材に導入されているプレストレス量を把握することが必要となる．

5.13.1 項の a に示したとおり，応力解放時のひずみを測定することにより，コンクリートに発生している応力度の評価は可能であるが，応力評価の精度を確保するには，コンクリートのヤング係数が必要になるなど制約条件も多い．

これに対し，フラットジャッキを用いる方法はコンクリートに作用している応力度の評価において，コンクリートのヤング係数を要しないといったメリットがある．

測定原理は次の通りである．図 5.13.2 に示すように，部材のコンクリート部分に円形コアおよびスロット（溝）を切削し応力の解放を行う．この間に，コンクリートに発生していた応力が解放されるが，応力解放に伴って生じるスロットを挟む標点間距離の変化を測定しておく．次に，図 5.13.3 に示すようにスロットにフラットジャッキを設置し，標点間距離をスロット切削前の値になるようジャッキの加圧力を調節する．このとき，ジャッキの加圧力を F，コンクリートに発生していた応力度を σ とすると，

$$\sigma = \frac{F}{D}$$

の関係があるとされている[3]．ここで，D は応力変換係数と呼ばれ，切削されたコンクリートの断面形状とフラットジャッキの寸法によって決まる値とされている．

フラットジャッキを用いた方法は，上述の通り，応力解放法の一種といえるが，フラットジャッキによって加圧力を直接測定することから，コンクリートのヤング係数を用いる必要がない．ただし，課題も残されており，切削するスロットの深さの影響，コンクリートの応力分布が一様でない場合の影響，測定対象となる部材にひび割れが存在していた場合の影響，また，本システムによって応力推定する際に推定精度などが指摘されている．

5.13.2 鋼材に作用する現有応力の測定

コンクリート中の鉄筋や PC 鋼材に作用する引張応力を測定する場合は，測定対象となる鋼材にひずみゲージを貼付した後，該当箇所の鋼材を切断し，これによって変化するひずみの測定結果から応力度の推定を行う．ただし，この方法では，鉄筋の切断による損傷は避けられないため，必ずしも汎用性のある方法ではなく，実施できる場面は限られるものと考えられる．

近年鋼材の磁場の変化に着目し鋼材の応力を測定する手法が提案されている．これによると，まだ応力を受けていない同種の鋼材について，あらかじめキャリブレーションにより透磁率と温度を測定することにより，鋼材に作用している応力度の推定が可能であるとされている[4]．

5.13.3 構造物全体系の評価

力学的損傷を受けたコンクリート構造物の性能を評価するアプローチとして，部材を構成する材料の力学的性質や応力状況を把握するものとともに，構造部材全体系の特性を捉える必要が生じることもある．たとえば，地震後の構造物の耐震性を評価する際には，構造物の剛性の評価が重要となる．また，地中の基礎といったように直接的な材料特性の把握が困難な状況において構造物の健全性を定量的に評価する場合もこのようなアプローチが必要となる．

このアプローチの例として，構造物に衝撃を与えたときの振動を測定し，得られた波形のフーリエスペクトルから共振振動数を評価する手法がある．図 5.13.4 は手法の概要を示したものである[5]．構造物が健全な場合に示す共振振動数に対して，衝撃試験で実測される共振振動数が小さくなった場合は，構造系としての剛性低下が生じていることを示していると考えられる．このような場合，詳細調査を実施して損傷状況を把握し，この結果に基づいて必要な対策を講じることとなる．

【渡辺博志】

文 献

1) 神田 亨，樋口嘉剛：既設構造物に生じている応力の推定手法，土木学会第 50 回年次大会講演集 V 部門，pp. 432-433, 1995.
2) 西 弘明，三田村浩，小澤 靖，岸 徳光：応力解放法

によるコンクリート構造物の応力測定，平成16年度年次技術研究発表会．
3) 浅井 学，藤田 学，Thomas Le Diouron，宮本則幸：フラットジャッキを併用した応力解放法によるコンクリート部材の現有応力測定，コンクリート工学 Vol. 42, No. 4, pp. 26-32, 2004.
4) 羅黄順：EMセンサーによるPC鋼材の実応力測定，プレストレストコンクリート，43(6), pp. 99-103, 2001.
5) 西村昭彦，羽矢 洋：衝撃振動試験による山陽新幹線構造物の健全度判定，基礎工，24(9), pp. 73-79, 1996.

5.14 外観（写真・レーザー）

構造物のもっとも基本的かつ重要な調査方法として，外観目視があげられる．

構造物の種類にかかわらず，何らかの原因で変状が生じた場合には，「ひび割れ」という現象（症状）が構造物の表面に現れる．

ひび割れの発生時期，発生位置，形態（パターン）からは発生の原因が，また，ひび割れの幅，長さ，段差の有無などからは損傷の大小が推定できる．とくに，コンクリート構造物の場合，ひび割れ発生の原因は，材料，施工，使用環境，構造・外力など，多岐に渡るため，原因を特定するためには，ひび割れを目視観察し，正確に記録することが非常に重要である．しかし，調査対象となる構造物は，非常に大きく，その範囲も広大であり，場合によっては，足場などを架けて近接での観察ができないため，遠方から双眼鏡などを用いて観察することが多々ある．このような状況から構造物全体の外観を，点の情報ではなく，面の情報として，遠方から，迅速に，効率よく，正確かつ定量的に把握する手法が求められている．

近年，計測技術や情報処理技術の発達により，目視調査に置き換わる方法として，デジタルカメラ（写真）による方法や，レーザー光を利用した方法が実用化されている．

以下にこれらの方法の概略を紹介する．

5.14.1 デジタルカメラ（写真）による外観調査方法

デジタルカメラの原理は，CCD (charge coupled device) が撮影素子となり，カメラの光学系から投影されたデジタル画像がコンパクトフラッシュカードやスマートメディアと呼ばれる記録媒体に電子的に記録されるものである．またデジタルカメラの基本性能は，CCDおよび光学レンズの性能に依存する．CCDは画素数（ピクセル）とその面積が基本であり，画素数が多ければ同じ面積を撮影した時の解像度は高くなる．たとえば，400万画素（2000×2000画素）のカメラで，1m角のコンクリート表面を撮影した場合，分解能は 1000 mm ÷ 2000 = 0.5 mm となる．したがって，デジタルカメラを用いてひび割れを調査する場合には，より画素数が多く，光学レンズはF値の小さい（明るい）ものを使用する方がよい．デジタルカメラによる調査には，デジタルカメラのほかに，得られたデジタル画像を処理するためのパーソナルコンピュータとデータ処理ソフトが必要である．とくに処理ソフトは，調査する面に対して斜め方向や仰角・伏角で撮影した場合や，レンズによる画像のゆがみを補正し正確な画像にするために必要である[1]．

調査事例には，足場を用いず，地上から道路橋のRC床版下面を撮影し，そのデジタル画像から0.2 mm幅以上のひび割れを検出するとともに，エフロレッセンスや鉄筋露出箇所なども含めてスケッチ画像として記録したものがある[1]．

また，東海道新幹線では周辺地盤とともに沈下している可能性がある構造物を営業時間帯に測定する目的で，CCDカメラと高性能望遠レンズを組み合わせた望遠レンズ併用型CCD式沈下計を採用した事例がある[2]．

近年，一画面ごとにエリアを撮影して記録するのではなく，光を受光する感光部を一列に配置し，スリット状の細長い領域を撮影するカメラ（CCDラインカメラ）が開発された．このカメラ数台を撮影車に登載して，移動しながら開水路やトンネル覆工コンクリートの壁面全周を平面的に連続撮影するCCDラインセンサカメラ方式が実用化されている．

農業・食品産業技術総合研究機構農村工学研究所（以下，農工研）では，官民連携新技術研究開発事業において，CCDラインカメラなどを登載した車両を小型電動車で牽引して測定するシステムを開発し，開水路壁面のひび割れ調査に活用している．このシステムは装置を小型化，ユニット化しているため，幅が1.0mの狭い水路でも測定が可能である．計測速度は 1.0 km/h で，壁面が良好な場合には0.2 mm幅以上のひび割れが検出できる．また，開水路では，トンネルの調査ようにメタルハライドラ

5.14 外観（写真・レーザー）

図 5.14.1 開水路の調査状況[6]

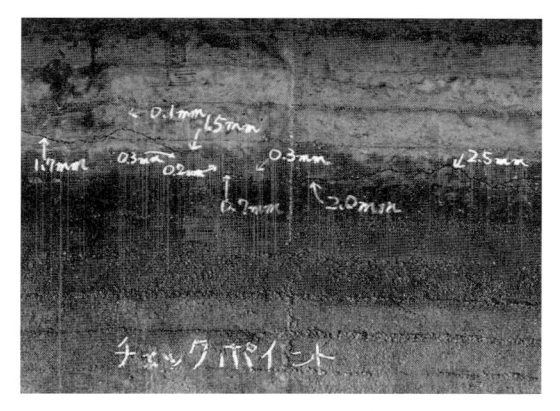

図 5.14.2 CCD 画像[6]

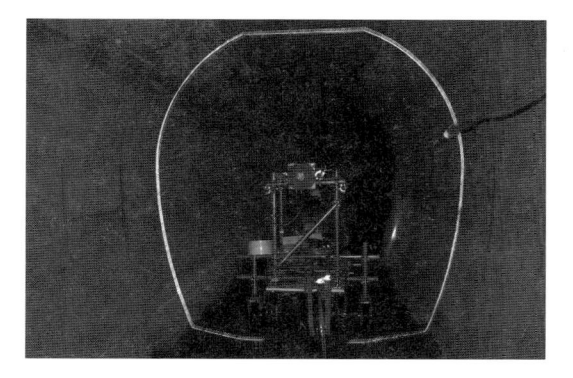

図 5.14.3 レーザー光による画像撮影状況[6]

ンプのような照明装置が不要で，自然光のもとで調査できる利点がある[3]．図 5.14.1 に開水路の調査状況を，図 5.14.2 に CCD 画像を示す．

JR 東海では，専用のトンネル撮影車を開発し，在来線では 1999 年に導入した．

この撮影車は，時速 10 km/h で走行し，調査対象面をメタルハライドランプで照射しながら撮影して 1 mm/画素以上の分解能でひび割れを検出している．また新幹線では，この在来線のノウハウを活用し，ひび割れを画像認識して 1 mm 幅以上のひび割れと思われる箇所を抽出する機能が追加され，2001 年から運用が開始されている[4]．

5.14.2　レーザー光による外観調査方法

レーザー光による外観調査方法とは，調査対象面に発射したレーザー光が，ひび割れや漏水などの変状箇所で反射し光量が変化することを利用して，調査対象面からの反射光を連続画像として記録する方法でレーザースキャニング方式と呼ばれる．レーザー光発信器，受信器（フォトマル）などの周辺機器で構成され，これらの機器を計測車に搭載し，移動しながらトンネル覆工コンクリート壁面などの全周をスキャンニングし画像処理をすることによって連続画像や展開図を作成することができる．

CCD ラインセンサカメラ方式と異なる点は，CCD ラインセンサカメラ方式が自ら光を発しないパッシブ型（計測に際してメタルハライドランプのような照明装置が必要である）に対し，レーザースキャニング方式は，自らレーザー光を発射して対象面からの反射光を捕らえるというアクティブ型である．受信器の光度容量が昼間の自然光量よりも小さいため，暗所でのみ計測が可能である．図 5.14.3 にレーザー光による画像撮影状況を示した．

前述の農工研では，CCD ラインセンサカメラ方式とレーザースキャニング方式の両装置を一台の車両に登載することによって，暗所である水路トンネル覆工コンクリート壁面の計測を行っている．計測精度は，計測速度 1.0 km/h で移動し，0.2 mm 幅以上のひび割れが検出できる．図 5.14.4 にレーザー光による壁面連続画像を示した[3]．同様に，JR 東海では，計測精度 4～7 km/h で 0.5 mm 幅以上のひび割れが検出できる[4]．

一方，道路トンネルにおいても，レーザースキャニング方式によってひび割れ調査が計測精度 4 km/h で行われ，0.5 mm 幅以上のひび割れを検出した[5]．

デジタルカメラやレーザー光による外観調査方法は，目視による外観調査に比較して，調査員の熟練度や技術力によらず，効率的で，かつひび割れの発生位置や形態（パターン）を正確に記録できるなど利点が多い．今後の課題としては，計測速度のスピー

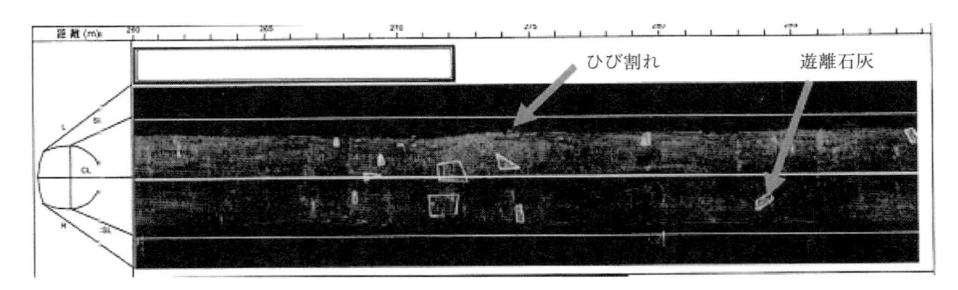

図 5.14.4　レーザー光による壁面連続画像[3]

ドアップによる効率化，それに伴う計測精度の向上があげられる．　　　　　　　　　　　　【江口和雄】

文　献

1) 日本コンクリート工学協会：コンクリート診断技術'06［基礎編］，pp. 91-95, 2006.
2) 関　雅樹：新幹線構造物における新しい計測技術の現状と今後の展望，コンクリート工学，44(5), pp. 18-21, 2006.
3) 農業・食品産業技術総合研究機構農村工学研究所：農業農村整備のための実用新技術成果選集，pp. 56-57, 2006.
4) 田川謙一，伊藤裕一，関　雅樹：鉄道トンネルの検査の自動化について，コンクリート工学，44(5), pp. 82-85, 2006.
5) 藤本　昭，岡田浩一：レーザー方式によるトンネル壁面のひびわれ調査技術，国土交通省九州技術事務所九州技報，第31号．
6) 株式会社ウォールナットホームページ農業用水路非破壊概査システム．

5.15　PCグラウトの充填性

　プレストレストコンクリート構造物において，PCグラウトの充填が不十分であると，PC鋼材の腐食進行やPC鋼材の構造一体性が確保できないなど，構造物の安全性，使用性，耐久性を著しく損なう場合がある．このため，古くから非破壊検査による充填性の評価が実施されてきているが，PCグラウトの探査位置（かぶり）が鉄筋に囲まれた深い場所であり，また通常は鋼製シースの中にPC鋼材と混在しているため，一般のコンクリート内部の空洞探査では評価が困難であり，より高度な探査技術が要求されている．これまでに試みられてきた非破壊検査の手法を以下に紹介する．

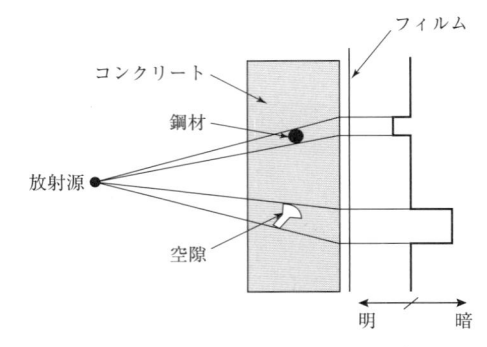

図 5.15.1　放射線透過法の一般原理[2]

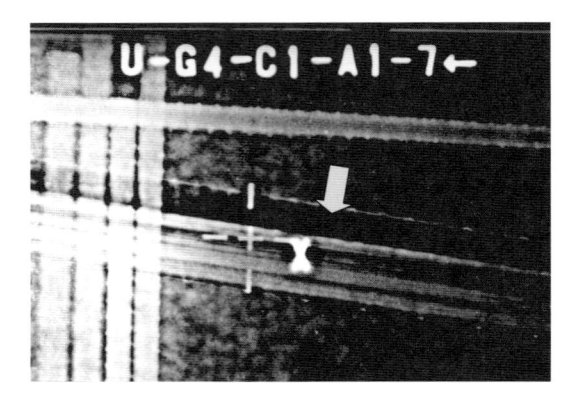

図 5.15.2　放射線透過法による撮影例（シース上部に空隙あり）

a.　放射線透過法（X線法）[1),2)]

　放射線透過法は，古くから鋼製構造物の接合部の溶接検査に利用されているが，これがコンクリート，特にPCグラウトの非破壊検査手法として開発されたのは1970年である．原理は単純で，X線の放射源を診断対象であるコンクリート部材の一方側に置き，部材を貫通した放射線束で部材反対側に設置した写真フィルムを感光させるものである．放射線透過法の一般原理を図5.15.1に示す[2]．写真フィルムは，受ける放射線束の強度に応じて感光し，コンク

リートより密度の高い鋼材が存在するとより明るく（射出強度が低く）なり，グラウト充填不良部などの空隙が存在するとより黒く（射出強度が高く）なる．PCグラウトの状況を撮影した一例を図5.15.2に示す[2]．図中矢印の部分が空隙箇所である．

これらの特徴から，コンクリート内の状況をほぼ実態に近い状態で把握できる手法であり信頼性は最も高いが，部材を挟んで撮影するため，その機材の設置空間の確保が必要であること，放射線保護のための安全管理上の制限により低エネルギーのX線装置に限定されることから，現状では部材厚さは500mm程度が限界であり，なおかつ部材厚が大きい場合には時間も要する．このため，費用対効果を十分に検討し実施する必要がある．

b. 中性子法[3),4)]

中性子法の原理は，コンクリート部材を挟み，一方に中性子放射線源，他方に検出器を設置し，コンクリートを透過する中性子量を測定することによってコンクリート部材中の空隙を検出しようとするものである．中性子法の一般原理を図5.15.3に示す[3]．(a)のように，コンクリート中に大きな空隙がない場合には，多くの中性子がコンクリート中の水の構成原子である水素と衝突し，熱中性子となって散乱するため，透過中性子量は大幅に減少する．一方，(b)のように，コンクリート中に大きな空隙があると，空隙部には水素がほとんどないため，透過中性子量の減少はわずかとなる．

中性子法の装置は安価で誰でも操作でき，計測作業も簡便に1分間程度で済むため，膨大な数の測定には有効である特徴を有する．しかし，精度の点では，検査対象となる既存のケーブルのシース内には水が残存している場合もあり，このような場合には透過中性子量が減少し，空隙がないという誤った判定結果となる可能性もある．したがって，本法の適用に際しては，はつり調査をあわせて実施するなどの配慮が必要とされている．

c. 弾性波法[5)-9)]

PCグラウトの充填評価として，弾性波を利用した手法がもっとも多く試みられている．弾性波を利用したPCグラウトの充填評価手法を大きく分類すると，① PC鋼材に直接打撃を与えPC鋼材軸方向に伝播する弾性波を受信し評価する手法（図5.15.4参照），一般に衝撃弾性波法と呼ばれているもの，② PC鋼材側面から入力しPC鋼材軸直角方向に伝播する弾性波を受信し評価する手法（図5.15.5参照），この手法も衝撃弾性波法に分類されるものであるが，一般にインパクトエコー法（impact-echo method）と呼ばれているもの，さらに，高周波で大きな弾性波を入力して反射波の信号を画像化する手法，一般にスペクトル・イメージング法（SIBIE：

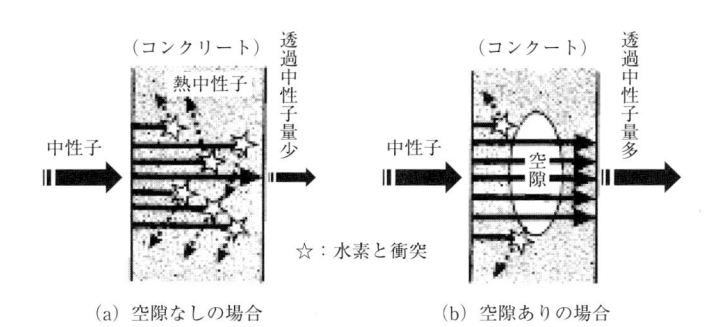

(a) 空隙なしの場合　　(b) 空隙ありの場合

図5.15.3 空隙の有無と透過中性子量の関係概念図[3]

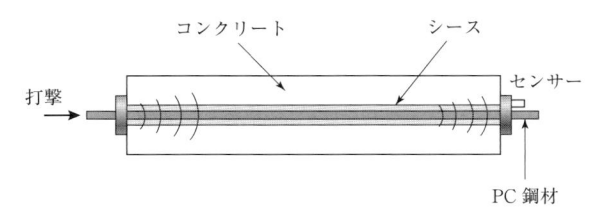

図5.15.4 弾性波をPC鋼材軸方向に伝播させる場合[5]

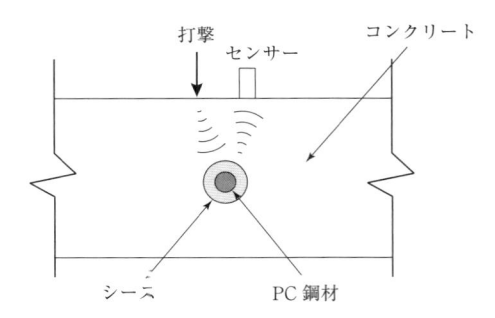

図 5.15.5　弾性波を PC 鋼材直角方向に伝播させる場合[5]

stack imaging of spectral amplitudes based on impact echo）と呼ばれているものがある．また，③5 kHz から 20 kHz 以上の超音波域までを含む広い帯域の周波数を使用して評価する手法，一般に広帯域超音法と呼ばれているものがある．

1） 衝撃弾性波法[5]

衝撃弾性波法は，ハンマー打撃などによりコンクリート表面に機械的な衝撃を与え，コンクリート中を伝播した弾性波を受信して，その特性からコンクリート内部の状況を把握する手法である．衝撃弾性波法では，超音波法と比較して入力する弾性波のエネルギーが大きく波長が長いため，コンクリート中で骨材などによる散乱に起因する減衰の影響を受けにくい．このため伝播距離を長く取ることができ，PC 鋼材軸方向に弾性波を伝播させる場合には適した手法といえる．

衝撃弾性波法の測定システムは，受信センサーとして，加速度計あるいは AE センサーなどの振動センサー，アンプおよび解析装置で構成されている．入力としての打撃には，ハンマー打撃や鋼球落下などが用いられている．受信した情報として，PC グラウトの充填評価の指標としては，弾性波伝播速度，周波数分析，エネルギー値などが用いられている．

一例として，図 5.15.6 に示すような PC スラブ供試体において，充填度を変化させた場合のグラウト充填度と弾性波伝播速度の関係を図 5.15.7 に示す[5]．これによれば，グラウト充填度が大きくなるにしたがって伝播速度は徐々に小さくなることがわかる．また伝播速度は，打撃方向が未充填側あるいは充填側にかかわらず，ほぼ同様な値となっている．この関係を利用して，PC グラウトの充填度を評価しようとするものである．なお，本手法は，ケーブル全長の充填状況を評価することになり，未充填箇所を特定する場合や複雑な充填状況での判定については限界がある．

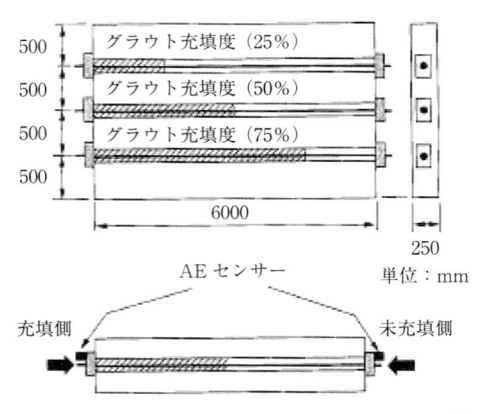

図 5.15.6　衝撃弾性波の計測に用いた供試体の概要[5]

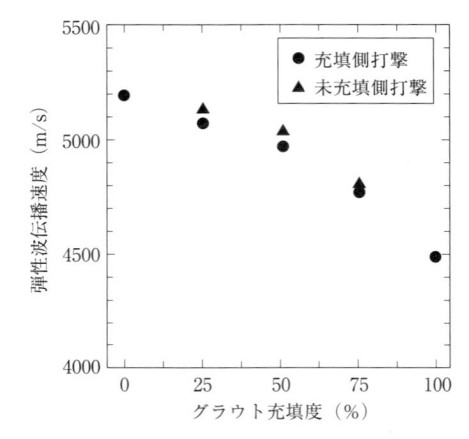

図 5.15.7　グラウト充填度と弾性波伝播速度の関係[5]

2） インパクトエコー法[5],[7],[8]

インパクトエコー法は，衝撃を与えた箇所の近傍において対象物内部からの反射波を受信し，その周波数特性から部材厚さや内部空隙を把握する手法である．本手法の一般原理を図 5.15.8 に示す[7]．受信波の周波数分布には，グラウト充填の有無にかかわらず部材厚さに相当するピーク値 f_T が存在し，さらに，シースからの反射波に起因する第 2 番目のピーク値 f_{steel} あるいは f_{void} が出現するものと考えられている．グラウト未充填の場合における第 2 番目のピーク値 f_{void} は，グラウト完全充填での同様のピーク値 f_{steel} の 2 倍程度となるものと仮定している．したがって，得られた周波数分布の第 2 番目のピーク値に着目すれば，グラウト充填の有無が判定できるという手法である．

本手法は，部材の形状や大きさによって内部の弾性波の反射状況が複雑になり，周波数分布にはそれ

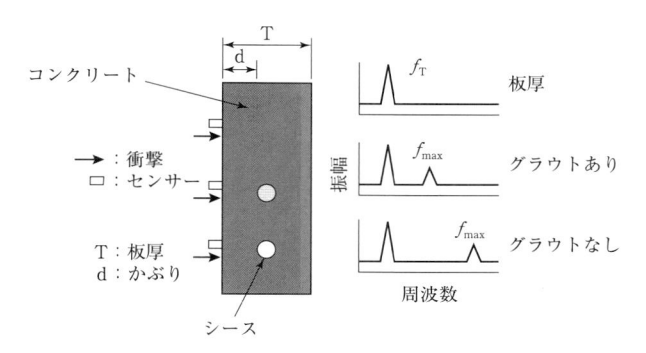

図 5.15.8　インパクトエコー法によるグラウト充填評価の一般原理[7]

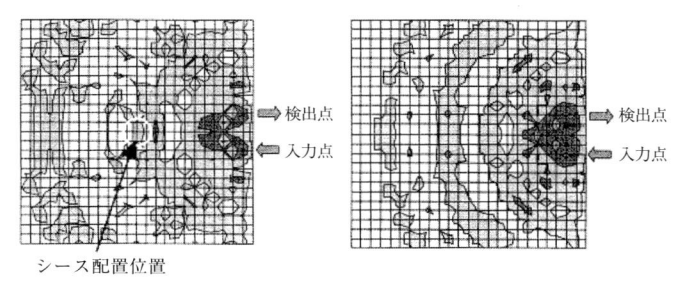

(a) グラウト未充填による空隙あり　(b) グラウト充填により空隙なし

図 5.15.9　周波数分布に基づく断面画像の 1 例[8]

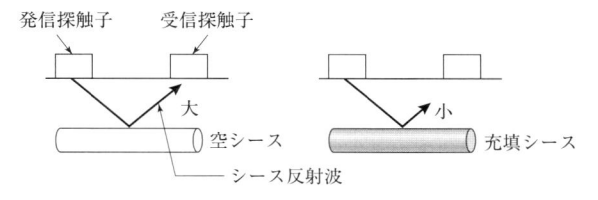

図 5.15.10　広帯域超音波法の一般原理[6),9)]

らに起因していくつものピーク値が出現する場合が多く，グラウト充填に起因するピーク値を特定するのは容易ではないのが現状である．

これらの問題を解決する手法として，対象とする部材断面を要素分割し，計測で得られた周波数分布に基づき各要素からの反射波の強さの程度を計算により求めて画像として示すスペクトル・イメージング法が提案されている．図 5.15.9 に画像処理した結果の 1 例を示す[8]．図中の色の濃い領域ほど，その部分からの反射の影響が強いことを意味している．

3) 広帯域超音波法[6),9)]

広帯域超音波法は，ケーブルに沿って直上のコンクリート面に探触子を設置し，シースからの反射波を利用してケーブル内のグラウト充填評価を行うものである．空のシースは充填されているシースに比べ，反射波の強度が大きくなる性質を利用している．広帯域超音波法の一般原理を図 5.15.10 に示す[6),9)]．

従来の超音波法探査機では単一周波数の入力波からの情報を使用したが，反射波には粗骨材や鉄筋からの反射波が混在し，シースからの情報を識別判定することができなかった．広帯域超音波法では 5～150 kHz の帯域の広い周波数を使用し，得られたデータから粗骨材や鉄筋からの反射波をフィルターにかけることで，シースからの情報を読み取り充填の判定を可能にしたものである．

広帯域超音波法の測定システムは，探査にφ76 mm の大型探触子（発信器，受信器），広帯域超音波測定器およびパソコンで構成されている．道

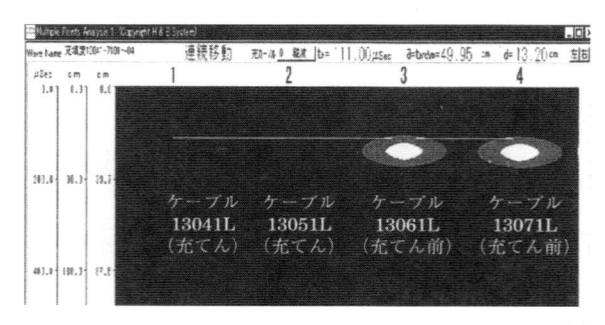

図 5.15.11　広帯域超音波法によるグラウト充填判定結果の一例[6), 9)]

路橋の床版部に配置した主ケーブルについて，グラウト充填前と充填後に測定した結果を図 5.15.11 に示す[6), 9)]．図中に表示がないのは充填されていることを表し，輝度の高い楕円形である場合は充填前（未充填）を表している．

広帯域超音波法の探査可能深さは 250 mm 程度で，シースの材質（鋼製，ポリエチレン製など）の影響は受けないが，シース径が 40 mm 以下の場合には判定がしづらいことがある．また，シース直上に鉄筋がある場合，あるいは鉄筋間隔が 70 mm 以下の場合は適用範囲外となる．

d.　マルチパスアレイレーダ法[6), 10)]

マルチパスアレイレーダ法は，電磁波レーダ法の原理を応用した技術である．従来の電磁波レーダ法では，一対の送受信アンテナを用いる方法が一般的である．このため，線状の計測となり，1 回の計測で得られる情報が限られている．また，電波の指向性が低く拡散することから熟練した技術者による判定が求められるほか，鉄筋などがある場合にはそれより深い部分の探査が難しいなどの課題があった．

マルチパスアレイレーダ法では，送信と受信エレメントを多極化したアレイアンテナを採用し，1 回の計測で複数の測線データが収集でき広範囲の情報が得られる．図 5.15.12 にその概念を示す[10)]．また，1 つのエレメントから発信した電波を数極のエレメントで受信できるマルチパス方式を採用することで，面的な処理が可能になったほか，鉄筋より深い部分の情報を得られるようになった．さらに，1 点のデータを多角的に収集することで精度の向上が図れ，傾斜した面（約 40°）からの反射も捉えることができ，内部損傷の形状や位置など詳細な情報が得られるようにしたものである．図 5.15.13 にその概念を示す[10)]．このように，一度に多くの情報を多角

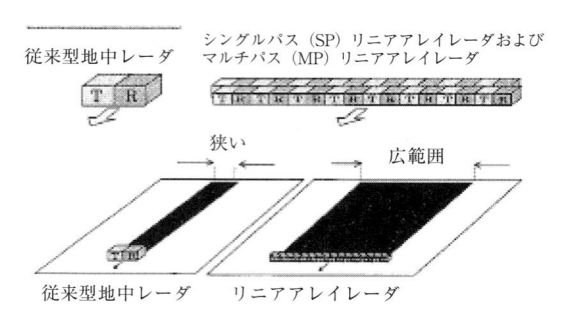

図 5.15.12　マルチパスアレイレーダ法による計測範囲の概念[10)]

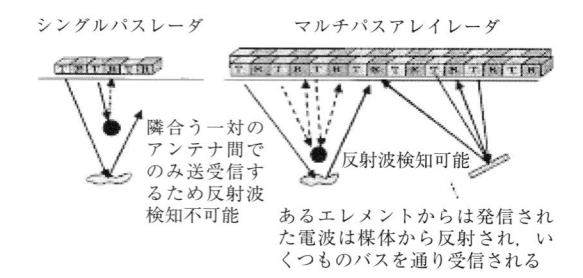

図 5.15.13　マルチパスアレイレーダ法による取得情報量の概念[10)]

的に取得することで，データの 3 次元表示が可能となり，コンクリートの内部状況を直感的にイメージすることも可能である．

本手法による PC グラウトの充填性の評価は，使用するシースの材質が，ポリエチレン製シースなどのプラスチック製のものに適用が限定される．従来の鋼製シースについては反射が強く，シース内の状況は把握できない．鉄筋配置のある実際の床版部を模擬し，ポリエチレン製シースを用いた供試体において，充填度をパラメータとした場合の計測結果を図 5.15.14 に示す[10)]．充填度が 0〜95% についてシース内の空隙からの反射が確認できる．ただし，充填

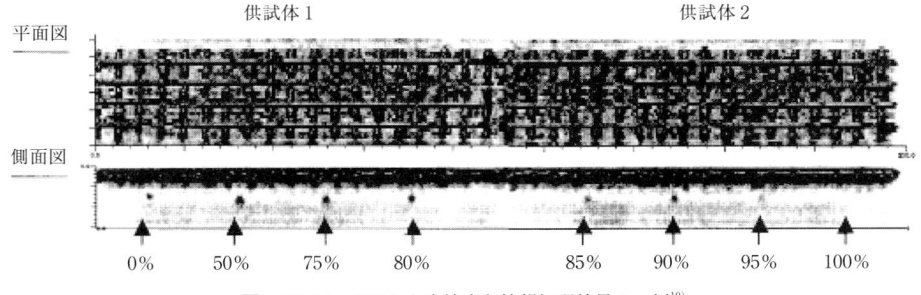

図 5.15.14　グラウト充填度と情報処理結果の一例[10]
供試体1・供試体2を建設計測

度95％については反射レベルが弱いため，実用レベルでは充填度90％程度までが評価の限界となる．

【手塚正道】

文　献

1) 藤井　学，宮川豊章：PCグラウト充填状況の非破壊検査法，土木学会論文集，第402号/V-10, pp.15～25, 1989.
2) Jean-Armand Calgaro, Roger Lacroix, 日本構造物診断技術協会（監修・訳）：橋の診断と補修，2002.
3) 鳥取誠一，吉田幸司，新田耕司：PCグラウト充填不良に対する補修，プレストレストコンクリート，45(2), pp.84-89, 2003.
4) 石川　晃，吉岡民夫，菱沼頌夫：中性子線によるPCグラウト検査法，第11回プレストレストコンクリートの発展に関するシンポジウム論文集，pp.91-94, 2001.
5) 鎌田敏郎：PC構造物のメンテナンスにおける非破壊検査，プレストレストコンクリート，45(1), pp.51-58, 2003.
6) 原　幹夫，青木圭一：PCグラウトの充填確認技術の動向，プレストレストコンクリート，48(2), pp.80-85, 2006.
7) 渡辺　健，大津政康，友田祐一：インパクトエコー法によるPCグラウト充てん評価に関する考察，材料，48(8), pp.870-875, 1999.
8) 渡辺　健ほか：インパクトエコー法の画像処理に関する研究，コンクリート工学年次論文報告集，22(1), pp.391-396, 2000.
9) 青木圭一，本間淳史，原　幹夫：非破壊検査（広帯域超音波探査法）による内ケーブルPCグラウトの充填検査，第13回プレストレストコンクリートの発展に関するシンポジウム論文集，pp.137-140, 2004.
10) 森島弘吉ほか：電磁波レーダ法による内ケーブルのグラウト充填性検査，プレストレストコンクリート，47(3), pp.71-78, 2006.

5.16 たわみ・振動・傾斜（倒れ）

5.16.1　た　わ　み

　たわみの計測は，構造物全体あるいは構造物を構成する部材の力学的挙動を把握する目的で実施される．たわみ測定には，強制的にたわみ（変位，変形など）を与える載荷により構造物の剛性を把握する方法，無載荷で現状の変位や変形量を計測してクリープ変形や不等沈下などの経年変化を把握する方法がある．載荷によるたわみ測定方法は，静的測定と動的測定に大別され，測定対象物の置かれた計測環境やたわみの大きさ，応答特性，要求精度などによりその具体な測定方法が選定される．静的載荷は，錘や油圧ジャッキ，大型車両などの既知の荷重を使用し，部材の剛性を評価するために実施される．動的載荷では列車や大型車などの通行荷重が使用され，衝撃などの動的作用力を含めた実態を評価するために実施される．道路橋では，24時間，3日間，1週間連続計測など実施され，劣化が進行した部材では監視システムによるモニタリング計測項目として採用される事例もある．

　計測に先立ち，想定されるたわみ量を机上計算（解析）により求めておくことが重要であり，経年変化など時系列挙動を計測する場合には，初期値の計測と基準点の設定が必要となる．

　表5.16.1に具体的な計測手法と適用性を示す．
　以下に代表的なたわみ測定手法に関して，その原理や計測上の留意点について概説する．

表 5.16.1　計測手法と適用性

測定方法	載荷方法 静的測定	載荷方法 動的測定	無載荷方法	計測精度
変位計法	○	○	×	±0.01 mm
3次元測量法	○	×	○	±1 mm
レーザーレベル法	○	△（応答特性）	×	±0.1 mm
レーザースキャナー法	○	×	○	±3 mm
GPS法	○	×	○	水平 3〜10 mm／鉛直 10〜20 mm
レーザードップラー式速度計法	×	○	×	− − −
加速度計法	×	○	×	− − −

a. 静的測定手法

静的に載荷する計測方法には変位計法（変位計を用いる測定方法），無載荷方法には 3 次元測量法が一般に用いられている．最近ではレーザーレベル法，レーザースキャナー法，GPS 法などの適用例も見られる．

1) 変位計法

変位計法は，測定器に変位計を用いて測定を行うものをいう．この方法は，載荷方法による測定に対応したもので，無載荷方法には適用できない．使用する変位計は，一般的には，直接，変位量を測定できる接触型のものを用いる．変位計には，ひずみゲージ式あるいは差動トランス式が一般的である．機器の選定は，測定精度：0.01 mm 以上，測定容量：想定されるたわみ量（計算値あるいは解析値）の約 2 倍を目安として行う．

変位計の設置は，まず，測定器を基準点（不動点，不動梁など）に取付け，測定器が直接測定対象物に接するように調整する．変位計が測定対象に直接設置できない場合は，ロッドあるいはインバー線と重錘とを組み合わせた治具を介してたわみを変位計に伝える方法で測定を行う．（図 5.16.1）

この測定方法では測定機器を測定位置の直下に置く必要があるので，測定環境を事前に踏査をすることが必要である．測定システムは変位計，スキャニングボックスおよび静ひずみ測定器により構成される．（図 5.15.2〜図 5.15.4）

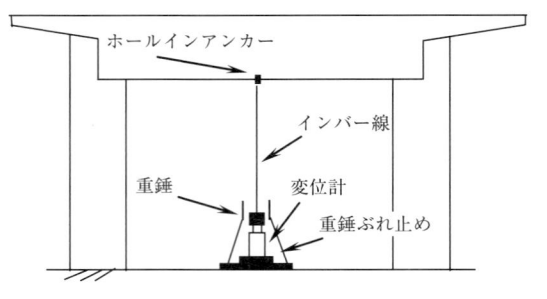

図 5.16.1　変位計測概要図

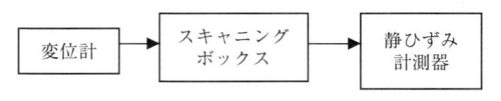

図 5.16.2　計測系統図

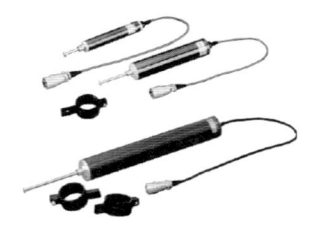

図 5.16.3　変位計（例）

図 5.16.4　計測状況

静的載荷方法では無載荷状態を初期値とし，所定の載荷状態でのたわみを測定するものである．測定方法の一例を図 5.16.1 に示す．

2) 3次元測量法

3 次元測量法は，構造物の測定ポイントを，測量機器を用いて測角と測距を行い，その結果から幾何学的に 3 次元座標を求めるものである．測定精度を高くするには測定ポイントに高精度反射鏡を設置することが有効である．この測定方法は，載荷方法および無載荷方法に対応している．この測定方法は，変位計法のように変位計などの測定機器を測定位置の直下に置く必要はないため，測定器の設置制限がない．一方，測角と測距により座標を求めるため測

定対象全体が視準できる必要がある．測定機器の一例を図 5.16.5 に示す．

3) その他の方法

その他の方法として，レーザーレベル法，レーザースキャナー法，GPS 法などある．それぞれの特徴を示す．

レーザーレベル法は，回転レーザー発光器と電子スタッフを用いて行う方法である．橋梁の載荷方法による測定に用いられ，橋脚，橋台などの仮想不動点に回転レーザー発光器を配置し，水平面の構築を行う．測定する位置に電子スタッフを設置し，載荷荷重によるたわみ量を測定する．測定対象物の下方に不動点や測定器を設置できる空間がない場合に適用することがある．測定精度は ±0.1 mm 程度である．測定機器の一例を図 5.16.6 に示す．

レーザースキャナー法は非接触測定法であり，遠距離位置の測定対象物の 3 次元座標を精度良く取得することが可能である．レーザースキャナーの測定方法には遠距離固定型と近距離全方位型とがある．測定対象の形状を把握するには有効であるが，測定精度が ±3 mm（100 m）程度であり，たわみ測定への適用には十分とは言い難い．

GPS 法は，地理上の既知点を利用して位置情報を取得する方法である．この位置情報を用いてたわみ（変位量）を測定する試みもなされている．不動点を必要としないため，今後，有効な方法の 1 つであると考えられるが，一般に条件の良いときで，水平精度 5 mm 程度とされている．さらに，鉛直精度に関しては 15 mm 程度といわれており，たわみ測定への適用には十分とは言い難い．

b. 動的測定手法

動的計測方法としては変位計法（静的測定手法と同様）が一般的である．また，レーザードップラー式速度測定法や加速度計法などがあり，これらは速度，加速度を 1 階積分，2 階積分することによりたわみを算定している．

1) 変位計法

この測定方法の測定器の設置方法および，治具を介しての測定方法は静的測定と同様であるが，動的測定では使用する測定器の応答特性が重要である．測定器は，構造物の振動特性（固有振動数，たわみ量など）に適合する応答特性を有する変位計を選定する必要がある．測定システムは変位計，ブリッジボックスおよび動ひずみ測定器により構成される．（図 5.16.7 参照）

これら動的測定はいずれも無載荷状態でゼロバランス調整を行い，所定の動的状態でのたわみを測定するものである．測定機器の一例を図 5.16.8 に示す．

計測後，応答波形を FFT 分析し，電源による外乱あるいは，想定外の外乱による影響の有無を確認する必要がある．また，これらの応答特性の内必要なデータを得るためにフィルターを用いる場合がある．フィルターには，設定値以下の Hz を収録する

図 5.16.5　3 次元測量機器（例）

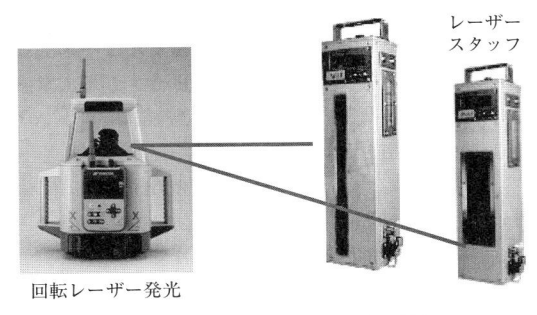

図 5.16.6　レーザーレベル計測器例

図 5.16.7　動たわみ計測システム

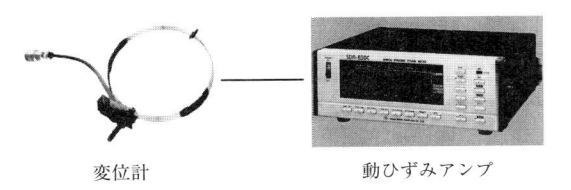

図 5.16.8　動たわみ計測機器（例）

ローパス・フィルター，設定値以上の Hz を収録するハイパス・フィルターがある．また，所定の周波数帯を捉えるためのバンドパス・フィルターなどが用いられる．

2) その他の方法

レーザードップラー式速度測定法は，レーザー光を用い，非接触で速度を測るもので近年適用事例が増加している．測定原理はドップラー効果を利用したもので，測定対象物の速度測定を行う．速度計測であるため，たわみ量の算定は測定結果を 1 階の数値積分により得られる．

加速度計による計測も，非接触で計測する測定法と同様に，不動点の設定が困難なケースに使用されることもある．たわみ算定は加速度計測結果を 2 階積分するため，演算時の誤差の影響を考慮する必要がある．

5.16.2 振 動

振動測定は，構造物の動的挙動を把握する目的で実施され，おもに振動特性（振動モード），周波数特性（卓越周期），減衰定数が求められる．この結果から，構造物の剛性，減衰性などが把握される．振動測定を行う場合は，対象構造物の構造特性（揺れ方や振動周波数）により測定方法や測定位置の選定が重要となる．そのため，あらかじめ固有値解析の結果や事例を参考として振動数の範囲を設定するとともに，測定に際しては想定される振動モードを十分検討し，振動モードの腹（図 5.16.9 中の丸印位置）となる位置を測定点とするのがよい．

構造物の振動を測定する方法は，加速度計を用いた測定法が一般的であるが，測定対象物の振動数の範囲により測定器を選定することも重要である．これは，動的成分の加速度，速度，振幅の内の何を測定するのかで決定する．一般に，振動周波数が 1 Hz 以下の場合にに，変位計（振動変位計）を用い，1～10 Hz の場合には速度計（振動速度計）を，10 Hz 以上の場合にに加速度計を用いることが多い．

振動変位計測，振動速度計測には，たわみの動的計測法で示した変位計法やレーザードップラー速度計測法が有効である．

1) 加速度計を用いた測定方法

加速度計を用いた測定では，測定対象物の振動特性に応じた測定器を選定する必要がある．応答特性に応じた測定器とは，設定の応答周波数を満足するとともに，許容量が設定値を満足する測定器のことである．加速度計には，その計測原理によりサーボ型加速度計，ひずみゲージ型加速度計および圧電型加速度計がある．

加速度計測は，求める振動挙動により鉛直成分のみや直交 3 成分と状況に応じて選定する．設置方法は，専用取付け治具を用いて測定位置にマグネット，接着剤または万力などにて固定する．測定システムは加速度計，専用増幅器（アンプ）および制御・計測用パソコンにより構成される．測定方法のシステム例を図 5.16.10～図 5.16.13 に示す．

2) その他の方法

振動変位計測およびレーザードップラー速度計に関しては，前述を参照されたい．

光ファイバーセンサを用いた部材の振動計測も近年実施例が示され，ひずみや固有振動数に着目した

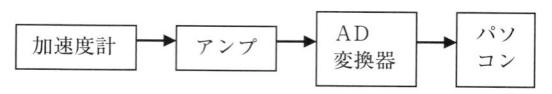

図 5.16.10 振動計測システム（例）

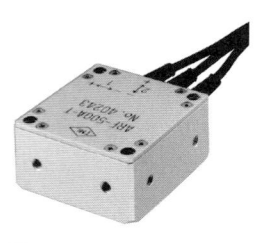

図 5.16.11 サーボ型

図 5.16.12 ひずみゲージ型

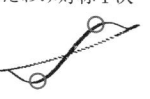

図 5.16.9 モード図[1]

5.16 たわみ・振動・傾斜（倒れ）

圧電型　　　　　　圧電型用増幅器

図 5.16.13　圧電型（例）

長期観測システムとして利用し始めている．

5.16.3　傾斜（倒れ）

構造物の傾斜(倒れ)の測定方法には，1) 下げ振り，2) 傾斜計，3) 測量などがある．それぞれの測定方法を述べる．

1) 下げ振り

下げ振りは糸の先に円錐状の錘がついており，測定したい構造物に取り付けて錘の先とその距離を測ることで傾きを調べることができるもっとも簡易な方法である．測定対象の現在の傾斜状態を垂直に対する値として得ることができる．建築構造物の柱部材に対しては，1本の柱について，直交する二方向の測定が可能である．測定器の一例を図 5.16.14 に示す．

2) 傾斜計

傾斜計を用いての傾斜測定は，現状の傾斜を把握することも可能であるが，長期間の時系列的な変化を得るのに有効である．傾斜計には，水管式，ひずみゲージ式および差動トランス式がある．ひずみゲージ式や差動トランス式は電気的に測定情報を得ることができるので，無人の自動計測システムを構築することが可能である．計測器の精度は 1/2000 度であり，測定容量も ±1°〜±5° のものが一般的で

図 5.16.15　ひずみゲージ式傾斜計（例）

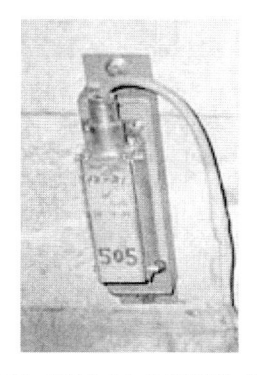

図 5.16.16　差動トランス式傾斜計（設置例）

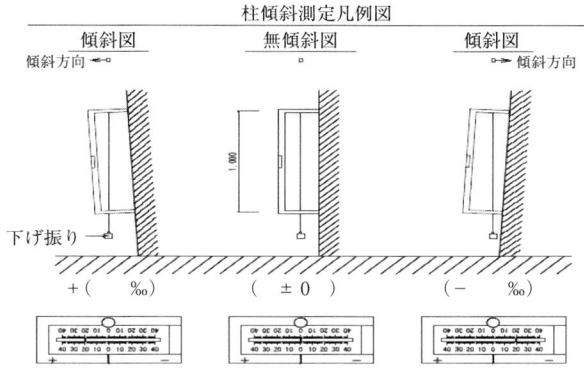

200 g ウエイト　　　　下げ振り

図 5.16.14　計測器例

図 5.16.17 水管式傾斜計（例）

ある．測定機器の一例を図 5.16.15～図 5.16.17 に示す．

3) その他の方法

その他の方法としては，3 次元測量法がある．計測方法等は前述を参照されたい．傾斜を計測するには，2 点の計測値から傾斜（倒れ）の状態を数値的に得ることができる．　　　　【石塚宏之】

文　献

1) 土木学会「橋梁振動モニタリングのガイドライン」構造工学シリーズ 10 平成 13 年 2 月．

5.17
含水率・透気・透水

5.17.1　含　水　率

コンクリート中に含まれる水は，コンクリートの中性化，収縮とクリープの進行，鉄筋の発錆，凍結融解作用による劣化，アルカリ骨材反応の進行など，コンクリート構造物の耐久性や強度発現，コンクリートを下地とする各種内装及び外装仕上げ材の剥離やふくれなどの劣化を決定づける重要な役割を担う．

一般的に含水率とは，蒸発しうる水分の質量を材料の乾燥質量で除した率（質量含水率），もしくは容積（体積）で除した率（容積（体積）含水率）のことである．コンクリートの場合，温度 105±5℃で恒量となるまで乾燥させ，乾燥前後の質量の差を蒸発した水分量とし，この水分量を恒量まで乾燥させた質量もしくは体積で除した率を用いることが多い．しかしながら，構造体からコンクリートを採取することは困難である．そこで，構造体の含水率試験は，破壊試験ではなく，非破壊試験，微破壊試験であることが望まれる．

これまで提案されている硬化コンクリートの水分を測定する方法には，図 5.17.1 に示すように，原理から，①水分を電気的に測定する方法，②コンクリート内外に設けた小空間の湿度および結露水を測定する方法，③中性子の水による減衰を利用する方法などに大別される．

コンクリート中の水分測定に際して，目的に応じた測定方法の選択が必要である．表 5.17.1 は，測定目的，とくに要求される性能などを示したものである．

既存の一般構造物を対象に含水率の測定する場合は，研究的には定評を受けている図中の埋め込み式

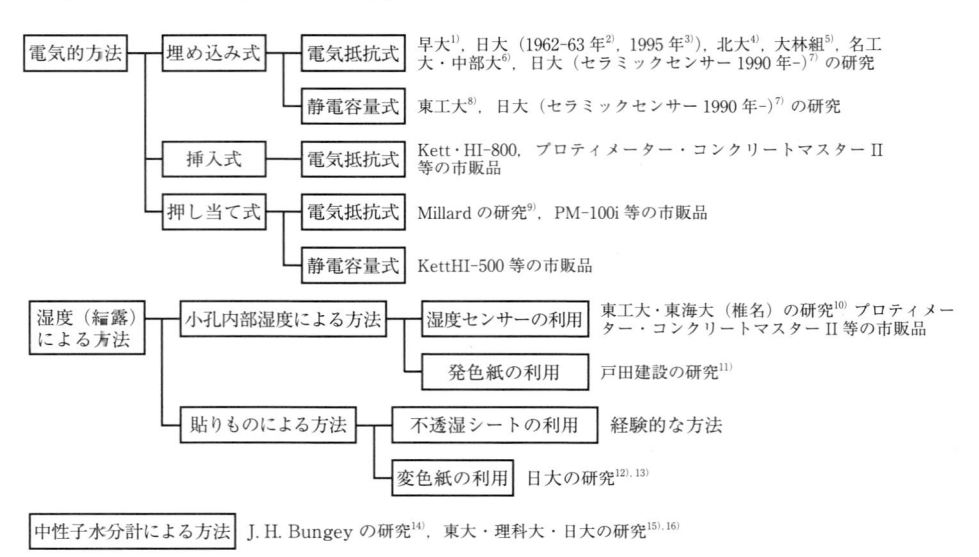

- 電気的方法
  - 埋め込み式
    - 電気抵抗式　早大[1]，日大（1962-63 年[2]，1995 年[3]），北大[4]，大林組[5]，名工大・中部大[6]，日大（セラミックセンサー 1990 年-)[7] の研究
    - 静電容量式　東工大[8]，日大（セラミックセンサー 1990 年-)[7] の研究
  - 挿入式
    - 電気抵抗式　Kett・HI-800，プロティメーター・コンクリートマスター II 等の市販品
  - 押し当て式
    - 電気抵抗式　Millard の研究[9]，PM-100i 等の市販品
    - 静電容量式　KettHI-500 等の市販品
- 湿度（結露）による方法
  - 小孔内部湿度による方法
    - 湿度センサーの利用　東工大・東海大（椎名）の研究[10] プロティメーター・コンクリートマスター II 等の市販品
    - 発色紙の利用　戸田建設の研究[11]
  - 貼りものによる方法
    - 不透湿シートの利用　経験的な方法
    - 変色紙の利用　日大の研究[12],[13]
- 中性子水分計による方法　J. H. Bungey の研究[14]，東大・理科大・日大の研究[15],[16]

図 5.17.1　含水率測定方法の原理と既往の開発研究[17]

表5.17.1 含水率測定方法の選択[15]

目的	見方	とくに要求される性能	測定方法（図の分類による）
研究	専門的 (特定研究者)	・測定値の物理的な意味が明解である ・測定値が絶対値で示されていること ・測定値の信頼性	・電気的方法——埋め込み式 ・温度による方法 　——小孔内部湿度による方法 　——温度センサの利用
施工判断・ 大まかな評価	一般的 (不特定多数 の技術者)	・前準備不要（随時測定可能） ・操作が簡易 ・即応的 ・客観的（個人差無く）評価可能 ・安価	・電気的方法——押し当て式 ・温度による方法 　——小孔内部湿度による方法 　——発色紙の利用 ・湿度による方法 　——貼り付けシートによる方法

は無理となるので，その他の方法を採用する必要がある．その場合，測定原理に従い，2本の釘を埋め込むか，2つの削孔にブラシ状電極を挿入し，コンクリートの含水率を求める方法が提案され，市販もされており，信頼性が高く実用性のある方法であろう．

一方，硬化コンクリートの含水状態の程度を大まかに評価する目的では，コンクリート表面に押しつけた電極の電気抵抗，静電容量から相対的に評価することも適切である．押し当て式として，一対の平行な金属板をコンクリート押し当てコンクリートの含水率を直読する機器も市販されているが，ここで，示される含水率の値は，真値でなく，目安にしかならないので注意が必要である．表面に電極を押し当てるため，前準備が不要で，取扱いは簡単であるが，表層付近の平均含水量の測定に限定される．抵抗式では，Millardの4点抵抗測定方法[9]がある．

なお，市販の含水率計による場合，かなりの仮定を設けて含水率が求められているので，使用に当たっては表示される数値への配慮が必要であり，使用する者が，自ら，測定値と真の含水率との関係を試験する姿勢が重要である．なお，電気的特性を側る原理である以上，測定温度に著しい影響を受けるので，電極間温度による補正が必要である．

文　献

1) 十代田三郎，十代田三知男，田村恭：モルタル及コンクリートの含水率の電気的測定法，日本建築学会関東支部研究発表会（第1報，pp.33-36，昭和30年2月，第2報，pp.41-44，昭和30年9月，第3報，pp.33-36，昭和31年2月）．
2) 笠井芳夫，寺内食郎，横山清：モルタルおよびコンクリートの乾燥に関する研究，日本建築学会関東支部報告（第4報～第3報，pp.9-20，昭和37年，pp.13-24，第4報～第6報昭和38年）．
3) 笠井芳夫，松井勇，湯浅昇，佐藤弘和，小ステンレス電極を用いたコンクリートの含水率測定，日本コンクリート光学協会，コンクリート工学年次論文報告集，17(1)，pp.671～676，1995．
4) 鎌田英治，田畑雅幸，中野陽一郎：コンクリート内部の含水量の測定，セメント技術年報XXX，pp.288-292，昭和51年．
5) 中根淳ほか：コンクリート構造体の含水率測定，セメント・コンクリート，No.473，July，pp.8-14，1986年．
6) 小野博宣，加藤聡，大岸佐吉：セメント硬化体の含水率測定における電気抵抗法の適用性，セメント，コンクリート論文集，No.47，pp.260-265，1993．
7) 湯浅昇，笠井芳夫，松井勇：埋め込みセラミックセンサの電気的特性によるコンクリートの含水率測定方法の提案，日本建築学会構造系論文集，第498号，pp.13-20，1997．
8) 小池迪夫ほか：温度勾配のある仕上材下地コンクリートの含水状態に関する実験的検討，日本建築学会大会学術講演梗概集A，pp.93-94，1987．
9) Milard, S.G. Durability performance of slender reinforced coastal defence units. SP109-15, American Concrete Institute, Detroit, pp.339-366, 1988.
10) 稚名国雄：コンクリートの内部湿度と変形，コンクリートジャーナル，7(6)，pp.1-11，1969．
11) 平賀友晃，三浦勇雄，坂巻義政：発色紙によるコンクリートの湿度及び含水測定方法に関する研究，セメント技術年報38，pp.198-201，1984．
12) 笠井芳夫ほか：水分試験紙によるコンクリートの水分測定方法，日本大学生産工学部学術講演会，pp.21-24，1983年，pp.29-32，1986．
13) 笠井芳夫ほか：乾燥度試験紙を用いた構造体コンクリートの水分蒸発速度測定方法の提案（その1，その2），日本建築学会大会学術講演梗概集A，pp.1291-1294，1994．
14) J.H. Bungry, Testing of concrete in structures 2nd Edition, Surry University Press, pp.148, 1989.
15) 兼松学ほか：中性子ラジオグラフィによるコンクリートのひび割れ部における自由水挙動に関する研究，セメント・コンクリート論文集，No.61，pp.160-167，2007．
16) 湯浅昇ほか：中性子を用いたコンクリートの含水率分布の測定，セメント協会第64回セメント技術大会講演要旨，pp.134-135，2010．

17) 湯浅昇, 笠井芳夫：非破壊による構造体コンクリートの水分測定方法, コンクリート工学, **32**(9), pp. 49-55, 1994.

5.17.2 透気性

構造体コンクリートの透気性は，コンクリートの密実性を反映し，中性化速度と密接な関係があると考えられ，透気性の試験はコンクリート構造物の耐久性の判定に有効である．

a. 構造体コンクリートから採取したコアによる方法

コンクリートの透気試験方法は，透水試験のアウトプット法における水を空気に置換して行う定圧法と，所定の圧力を作用させた後その圧力の変化を測定する変圧法がある．

定圧法では，一定圧力の空気を供試体に作用させ，空気の流れが定常となった時の流量を測定し，ダルシー則により，空気の圧縮性を考慮した下式を用いて透気係数を求める．

$$K_a = \frac{2hP_0}{(P_1^2 - P_0^2)} \cdot \frac{Q}{A}$$

ここに，K_a：透気性数 （cm^4/(s/kgf)）
P_1：作用圧力 （kgf/cm^2）
P_2：大気圧 （kgf/cm^2）
Q：透気量 （cm^3/s）
A：供試体の断面積 （cm^2）
h：供試体の高さ （cm）

コンクリートの透気性に関する試験方法は，日本国内では規準化されていないが，1999年にRILEM（国際材料構造試験研究機関・専門家連合）：TC116から試験方法の提案および実験結果や評価の報告がなされている．

構造体コンクリートの透気性を試験するには，JIS A 1107「コンクリートからのコア採取方法及び圧縮試験方法」により採取したコアをRILEM TC 116-PCD「Permeability of Concrete as Criterion of its Durability」による方法で行うことが妥当であろう．

RILEM TC 116-PCD「Permeability of Concrete as Criterion of its Durability」の方法は，φ150 mmのコンクリートコアからφ150±1 mm×厚50±1 mmに試験体を加工し，所要の乾燥度で50℃で乾燥した後，20℃の恒温室で室温まで冷却する．こ

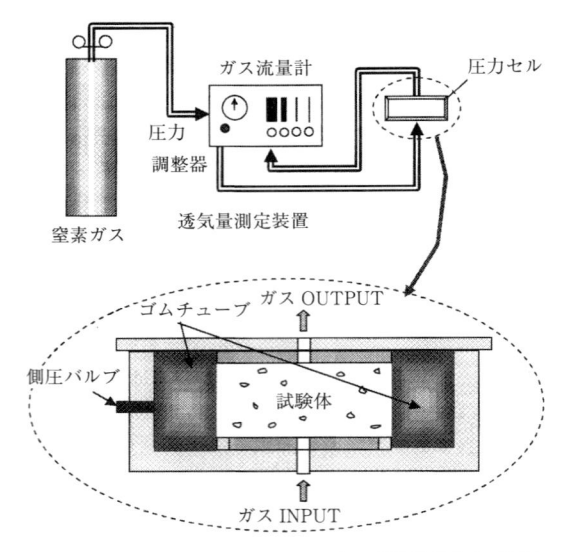

図 5.17.2 RILEM TC 116-PCD による試験装置および圧力セルの状態

れを圧力セル（容器）にセットし，1.5 bar, 2.0 bar, 3.0 bar で透気試験を行うものである．試験装置および圧力セルの状態を図 5.17.2 に示す．

なお，RILEM TC-116-PCDでは，求められた透気係数と1年間曝露による中性化深さの関係を示しており，透気係数から中性化進行の予測が可能であり，耐久性の概要を把握することができるしている．

RILEM TC-116-PCD以外にも，供試体の形状を円板，円柱，角柱とした氏家・長瀧[1]，一木・池田[2]，H. Graf・H. Grube[3]，R. Martialay[4]の方法，中空円筒形とした方法[5),6)]がある．

b. 構造体コンクリートから採取したコアによらない方法

「既存マンション躯体の劣化度調査・診断技術マニュアル（建築研究所，住宅リフォーム・紛争処理支援センター，平成14年3月発行）」では，笠井・湯浅らが整理・検討してきた方法[7]に基づき，「ドリル削孔を用いた構造体コンクリートの簡易透気試験方法（案）」を提案している．

これは，図 5.17.3 に示すように，コンクリート壁面に振動ドリルを用いて直径 10 mm，深さ 50 mm の孔をあけ，この孔をシリコン栓により密閉し，これに注射針を差し込み，その後，注射針，デジタルマノメーター，真空ポンプを接続し，真空ポンプを用いて孔の内部の真空度を上げ，真空ポンプとの接続を切った後，孔の周壁からの空気の流

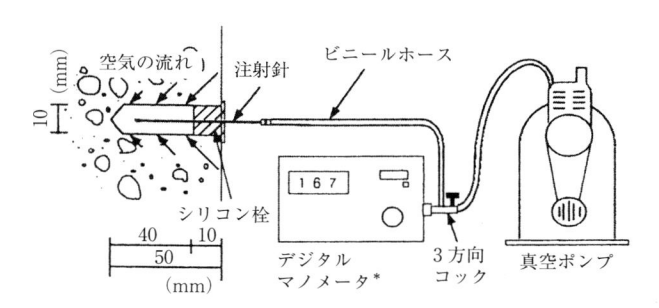

図 5.17.3 簡易透気試験装置
*：U字型真空計とストップウォッチでもよい

入により真空度が低下する速度（160 mmHg から 190 mmHg もしくは 100 mmHg から 250 mmHg）を，所定の真空度間で計測するものである．

$$K = (X_2 - X_1)/T \quad (1)$$

ここに，K：簡易透気速度（mmhg/sec）
X_1：時間測定開始時の真空度（mmHg）
X_2：時間測定終了時の真空度（mmHg）
T：真空度の低下時間（sec）

構造体コンクリートに適用可能な方法は，他にも多くの研究者によって考案されており，代表的なものには，削孔法として，Figg-Proscope 法，TUD 法，Hong-Parrott 法，Paulmann 法，German 法，シングルチャンバー法として，Schönlin 法，Autoclam 法，ダブルチャンバー法として，Torrent 法，Zia-Guth 法がある[8]．

文　献

1) 氏家，長瀧：コンクリートの透気性の定量的評価に関する研究，土木学会論文集第 396 号 7 巻，pp. 79-87, 1988.
2) 一木，池田：コンクリートの透気性に関する試験（第 1 報），第 52 回土木試験所報告，pp. 43-54, 1940.
3) H. Graf・H. Grube：The influence of curing on the gas permeability of concrete with different compositions, Proceedings of the RILEM Seminar on the durability of concrete structures under nomal outdoor exposure, pp. 80-89, 1984.
4) R. Martialay：Concrete Air Permiabirity Age Effects on Concrete, ACI SP-100, pp335-350, 1987.
5) 吉井，森，神田：コンクリートの透気性に関する研究：セメント技術年報 12, pp. 33-343, 1958.
6) 渡辺，中村，鈴川：コンクリートの透気性，セメント技術年報 12, pp. 343-347, 1958.
7) 笠井芳夫ほか，ドリル削孔を用いた構造体コンクリートの簡易透気試験方法，日本建築学会大会梗概集 A-1, pp. 699-702, 1999.
8) 今本啓一ほか：実構造物の表層透気性の非・微破壊試験方法に関する研究の現状，コンクリート工学，44(2), pp. 31-38, 2006.

5.17.3 透　水　性

構造体コンクリートの透水性，吸水性は地下室の外周壁や外壁の防水，コンクリートの凍害，アルカリ骨材反応の進行など，構造物の耐久性と大きな関わりをもっている．また，コンクリートの密実性の評価に利用されている．

a. 構造体コンクリートから採取したコアによる方法

コンクリートの透水試験方法は，コンクリート中の水が定常状態で流れているアウトプット法と，非定常状態のインプット法がある．アウトプット法は，図 5.17.4 に示すように，一定の圧力の水を供試体に作用させた後，流入量と流出量が等しくなった時の定常状態での流量を測定して Darcy（ダルシー）則より下式に従い，透水係数を求める方法[1),2)]であり，

$$K_w = \gamma \frac{h}{P_1 - P_0} \cdot \frac{Q}{A}$$

K_w：透水係数（cm/s）
P_1：作用圧力（kgf/cm^2）
P_2：大気圧（kgf/cm^2）
Q：透水量（cm^3/s）
A：供試体の断面積（cm^2）
h：供試体の高さ（cm）
γ：水の単位質量（kgf/cm^3）

インプット法は，一定の圧力の水を供試体作用させた後に，一定時間内に供試体に庄人した水量，または浸透深さによって，下式によりコンクリートの水密性を評価する方法[3),4)]である．コンクリート中の流れを拡散流れとして，フーリエの熱伝導方程式の温度を水圧に置き換えて計算される．

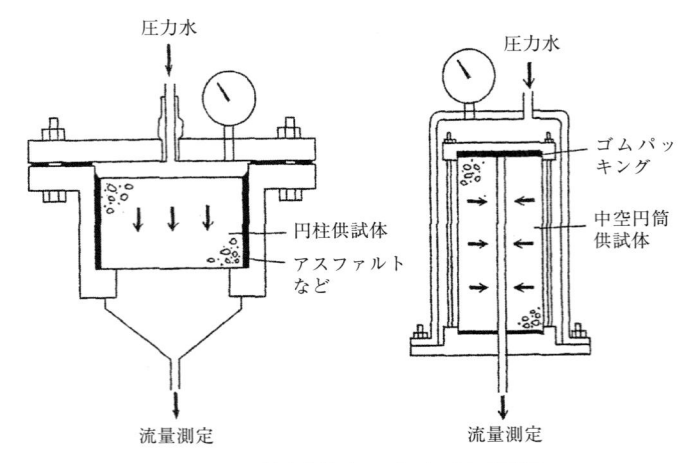

図 5.17.4 透水試験（アウトプット）概略図

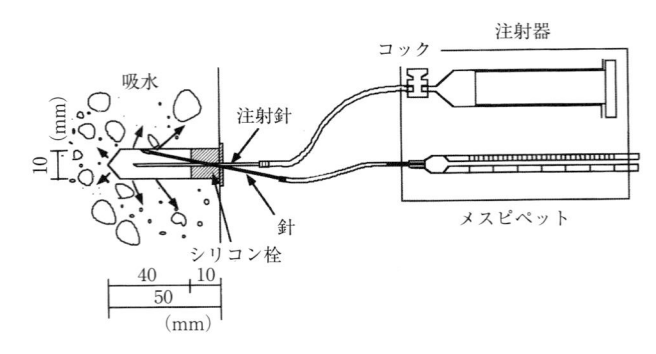

図 5.17.5 簡易透水試験

$$\beta_i^2 = \alpha \frac{D_m^2}{4\,t\xi^2}$$

β_i：拡散係数（cm/s²）
D_m：平均浸透深さ（cm）
t：水圧を加えた時間（s）
α：水圧を加えた時間に関する係数
ξ：水圧の大きさに関する係数

現在，コンクリートの透水性を評価する目的の試験方法は，多種多様な試験方法が多くの研究者によって模索されたままの状態[1)-4)]といえ，規格化された方法がない．

b. 実構造物から直接試験を行う方法

実構造物へ適用が可能な試験方法として，①直接加圧試験（German Water Permeability Test）と，②J.W.Figgの着想に基づいた簡易吸水試験がある．

具体的な方法としての一例として，笠井・湯浅ら日本大学が提案した方法[5)]は，図5.17.5に示すように，構造体コンクリートにあけた小孔（5.17.2項bで示した簡易透気試験後の孔と併用可）に，シリコン栓に小孔まで達するように2本目の注射針を斜めに差込み，これをメスピペットとつなぎ，削孔内に水を注入し，メスピペットの先より水がオーバーフローした時コックを閉じたとき，メスピペット上で，所定量吸水される時間を計るものである．

結果は，下式により簡易吸水速度として指標化する．

$$Q = W/T$$

Q：簡易吸水速度（ml/s）
W：吸水量（ml）
T：所要時間（s）

現在のところ，この簡易吸水速度を利用した構造体コンクリートの評価は，相対評価の範囲にとどまっており，拡散係数や透水係数または劣化現象との関係が明確にされてない．試験方法に関する課題は多い．

【湯淺　昇】

文　献

1) P. B. Bamforth : The Relationship between Permeability Coefficients for Concrete obtained usig Liquid and Gas, Magazine of Concrete Research, **39**(138), pp. 3-11, 1987.
2) 村田二郎：コンクリートの水密性，土木学会論文集，第77号，pp. 69-99, 1961.
3) 栗山　寛・重倉祐光：透水時におけるモルタル中の水の拡散，セメント技術年報，Vol. 12, pp. 128-132, 1958.
4) 笠井芳夫・池田尚治：コンクリートの試験方法（下），技術書院，pp. 148-160, 1993.
5) 笠井芳夫ほか，ドリル削孔を用いた構造体コンクリートの簡易透気試験方法，日本建築学会大会梗概集 A-1, pp. 699-702, 1999.

第6章 補修・補強工法の実際

6.1 はじめに
6.2 補修・補強の選定のポイント
6.3 補修工法
6.4 補強工法

6.1 はじめに

　劣化をしている構造物に対して，実務的な対応処理としては，①何の原因で劣化しているのかを調べ，②必要に応じて，何らかの測定などを行い，③劣化原因と④劣化程度を見定め，⑤補修・補強の必要性を判断し，⑥補修・補強を行う，という手順になる．

　つまり，何を目的に，どういう「測定手法（調査方法）」を選び出し，組合わせ，何をアウトプットとするか，その結果を，どういう「判定基準」で判定し，④劣化程度を見定め，⑤補修・補強の必要性を判断するか，が必要である．これらについては，第3章および第4章で構造物の種類や劣化原因ごとに，基本的な補修方針を記述しているので，参照されたい．

表 6.1.1 ひび割れ調査・診断と補修法選定までの条件（例）

項目	内容	備考
A. 顧客の要求内容の把握	a. 機能回復 b. 漠とした不安・美観	安易な補修を行ってしまい補修跡の汚れで問題を起こすことがある
B. ひび割れ箇所の環境	a. 雨がかり有無 b. 温度変動の度合 c. 海水その他	ひび割れムーブメントの有無，エフロレッセンス，漏水やさび汁の対応の要否を確認する
C. 部材設計条件・使用条件	a. 部材厚，拘束条件 b. 仕上げ有無や種類 c. 経過材齢 d. 荷重履歴	ひび割れ進展の予測を行うとともに補修跡の配慮の要否を確認する
D. ひび割れ種類の特定	a. 収縮（乾燥，水和熱など） b. 構造ひび割れ（曲げなど） c. 腐食膨張ひび割れ	c.の場合，ひび割れ補修だけで済まない．またb.の場合，剛性回復に配慮する
E. ひび割れ幅・本数・深さ・長さ	a. 注入の可能性 b. 補修作業効率	ひび割れ幅によって採用できる工法は限定されることがある
F. 補修施工条件	a. 作業時間の自由度 b. 裏面の作業性 c. 足場設置の可能性 d. 臭気・音の発生の自由度	従事時間や工期，裏面のシール要否，ゴンドラなど簡易仮設かどうかという施工条件は補修工法選定に大きく影響する

本章では，その基本的な補修方針に基づいて実施するための補修・補強工法を適切に選定できるように「補修・補強工法の実際」という立場で，それぞれの工法の内容や特長について総括的に紹介する．

ひび割れ症状を対象に，調査・診断と補修法選定までの条件（例）について，表 6.1.1 に整理して示す．実際に補修法を選定する場合，この表に掲げるような多くの条件，項目を考慮して決めることになる．

【小柳光生】

6.2 補修・補強の選定のポイント

補修工法は，変状の原因と対策の目的を明確にし，施工条件を考慮に入れて LCC の検討などを踏まえた最も経済性の高い工法を選定しなければならない．

劣化機構に応じた補修方法の選定には，土木学会 2007 年制定コンクリート標準示方書［維持管理編］を参考にすると，表 6.2.1 のように整理できる．

劣化機構と補修の目的に応じて，リストアップされる工法を整理して，表 6.2.2～表 6.2.5 に示す．この表にリストアップされた補修工法は，必ずしも構造物の供用条件やその構造物特有の劣化状態に適さない場合があることから，あくまでも詳細な検討を行う前のスクリーニングの位置づけになる．

具体的な構造物の維持管理方法に関しては，すでに第 3 章および第 4 章に示しており，構造物ごとに実施されている対策工法を整理すると表 6.2.6～表 6.2.8 のようになる．構造物・部材の種類や供用状態に応じて補修・補強の目的が異なり，補修・補強の方法も異なっている．

したがって，構造物の点検結果から劣化機構や変状の種類を整理できれば，劣化機構と補修の目的に応じて補修方法がリストアップされ，各工法の特徴や類似の構造物への適用実績などを検討し，最適な工法を採用することが可能となる．なお，補強工法は構造物の力学特性に関して行う対策であり，構造物の機能と密接にかかわっている．したがって，対象構造物に求められる力学特性を整理するとともに類似の構造物での適用実績から工法を絞込み，本章で示す工法の特長が十分に発揮できる工法を選定することが大切である．

本章で示したコンクリート構造物あるいは部材を対象とした補修・補強工法の呼び方は，第 3 章，第 4 章で示したそれぞれの構造物の分野で呼ばれている工法名と若干異なるものもあることに注意していただきたい．

【守分敦郎・小柳光生】

表6.2.1 構造物の外観上の劣化グレードと採用可能な工法の例(土木学会2007年制定コンクリート標準示方書[維持管理編]より)

構造物の外観上のグレード	劣化機構に応じた標準的な工法（例）						
	中性化	塩害	凍害	化学的侵食	アルカリシリカ反応	床版の疲労	すりへり
潜伏期	表面処理*, 再アルカリ化*	表面処理*	表面処理*	表面処理, 換気・洗浄	水処理（止水, 排水処理）*	橋面防水層*	表面処理*
進展期	表面処理, 断面修復, 再アルカリ化	表面処理, 断面修復, 電気防食, 脱塩	表面処理	表面処理, 断面修復, 埋設型枠, 換気・洗浄	[今後予想される膨張量が小さい] 水処理（止水, 排水処理）, ひび割れ注入, 表面処理（被覆, 含浸), 剥落防止	橋面防水層, 鋼板・FRP接着, 上面増厚, 下面増厚, 増設桁	断面修復, 表面処理*
加速期（前期）	表面処理, 電気防食, 再アルカリ化, 断面修復	表面処理, 断面修復, 電気防食, 脱塩	表面処理, ひび割れ注入, 断面修復	断面修復, 表面処理, 増厚, 埋設型枠, 換気・洗浄	[今後予想される膨張量が大きい] 水処理（止水, 排水処理）, ひび割れ注入, 表面処理（被覆, 含浸), 剥落防止, 断面修復, プレストレスの導入, 鋼板・FRP接着, 増厚, 鋼板・PC・FRP巻立て, 外ケーブル	[浸透水の影響あり] 橋面防水層, 鋼板接着, 上面増厚 [浸透水の影響なし] 橋面防水層, 鋼板接着, 上面増厚, 増設桁	断面修復, 表面処理*
加速期（後期）	断面修復	断面修復					
劣化期	断面修復, 鋼板・FRP接着, 外ケーブル, 巻立て, 増厚	FRP接着, 断面修復, 外ケーブル, 巻立て, 増厚	ひび割れ注入, 増厚, 打替え, 巻立て	FRP接着, 断面修復, 表面処理, 増厚, 巻立て, 埋設型枠, 換気・洗浄	【今後予想される膨張量が小さい】 水処理（止水, 排水処理), 断面修復, 表面処理（被覆), 剥落防止, プレストレスの導入, 鋼板・FRP接着, 増厚, 鋼板・PC・FRP巻立て, 外ケーブル	供用制限, 打替え	鋼板・FRP接着, 巻立て, 打替え, 表面処理*

＊：予防的に実施される工法

表6.2.2 各劣化機構と補修の目的に応じてリストアップされる補修工法の例（その1）

補修対象の劣化現象		主たる補修目的	工法適用の条件（劣化/損傷の状態）など		ひび割れ補修工法		
関係する劣化要因	症状				表面塗布	注入	充填
建設時に発生した変状（A）	（収縮／温度）ひび割れ（Ⅰ）	①漏水防止 ②腐食性物質の浸透防止	ひび割れ幅の変動小	ひび割れ幅：0.2	○	△	−
^	^	^	^	ひび割れ幅：0.2〜1.0	△	○	○
^	^	^	^	ひび割れ幅：1.0以上	−	△	○
^	^	③美観・第三者影響度の回復	ひび割れ幅が大きい場合にはひび割れ補修工法との併用が基本		○		
^	豆板・充填不良（Ⅱ）	①構造断面の確保	深さ	深い			
^	^	^	^	表面			
^	^	②腐食性物質の浸透防止	深い場合には不良部をはつり取る．欠陥となりやすい境界部を被覆				
^	^	③美観・第三者影響度の回復	必要に応じて上記①を実施した後に適用				
^	コールドジョイント（Ⅲ）	①腐食性物質などの浸透防止	状態	軽微（品質低下の範囲が薄く，ひび割れにまでは到っていない，縁切れがない）			
^	^	^	^	重大（ジョイントに沿った品質低下の範囲が厚い・表面にひび割れが発生している）			
^	^	①美観・第三者影響度の回復	必要に応じて劣化部のはつり取りと修復を実施した後に適用				
^	かぶり不足（Ⅳ）	①鋼材の防食					
^	^	②第三者影響度の回復					
通常の供用の中で発生する変状（B）	（曲げ／せん断などの）ひび割れ（Ⅰ）	①漏水防止 ②腐食性物質の浸透防止	ひび割れ幅の変動小	ひび割れ幅：0.2	○	△	
^	^	^	^	ひび割れ幅：0.2〜1.0	△	○	○
^	^	^	^	ひび割れ幅：1.0以上		△	○
^	^	^	ひび割れ幅の変動大	ひび割れ幅：0.2	△	△	△
^	^	^	^	ひび割れ幅：0.2〜1.0	△	○	○
^	^	^	^	ひび割れ幅：1.0以上		△	○
^	^	③美観・第三者影響度の回復	ひび割れ幅が大きい場合にはひび割れ補修工法との併用が基本				
^	衝突による断面欠損（Ⅱ）	①構造断面の確保					
^	^	②腐食性物質の浸透防止	上記①を実施した後に適用				
^	^	③美観・第三者影響度の回復	上記①を実施した後に適用				
^	汚れ（Ⅲ）	①美観回復	汚れの原因に応じた防止対策を併用する				
^	エフロレッセンス（Ⅳ）	①漏水防止	（曲げ／せん断などの）ひび割れに対する漏水防止対策と同様（B-I）				
^	^	②美観・第三者影響度の回復	上記防水対策を行った後に適用				
^	仕上げ材の劣化（Ⅴ）	①腐食性物質の浸透防止 ②美観回復	既存の仕上げ材の劣化状態に応じて，除去などの処理を行った後に実施				
^	表面の磨耗（Ⅵ）	①構造断面の確保					
^	^	②腐食性物質の浸透防止					
^	^	③美観回復					
^	^	④磨耗の防止					
^	防水層の劣化（Ⅶ）	①漏水防止					

表 6.2.2 つづき

表面処理工法			断面修復工法		剥落防止工法	電気化学的防食工法				止水工法	PCグラウト再注入
無機系被覆工法	有機系被覆工法	表面含浸工法	はつり	左官・吹付け・充填		電気防食	脱塩	再アルカリ化	電着		
○	○	○									
	○（ひび割れ補修工法との併用が基本）									○	
○	○				○						
			○	○							
				○							
○	○		○（深い場合）	○							
○	○				○						
○	○	○									
○	○	○	○	○							
○	○				○						
○	○	○				○	○				
						○					
○	○										
										○	
	○（柔軟型）										
（柔軟型、ひび割れ補修工法と併用が基本）											
○（ひび割れ幅の変動の有無に応じて、材料選定）					○						
			○	○							
○	○	○									
○	○				○						
○	○	○									
										○	
○	○				○						
○	○										
○（磨耗防止効果の期待できる材料で覆うことも含む）			○	○							
			○（表面の平滑化など）								
										○	

表 6.2.3 各劣化機構と補修の目的に応じてリストアップされる補修工法の例（その 2）

補修対象の劣化現象		主たる補修目的	工法適用の条件（劣化／損傷の状態）など	ひび割れ補修工法		
関係する劣化要因	症状			表面塗布	注入	充填
塩害・中性化（C）	劣化現象なし（Ⅰ）	①腐食性物質の浸透防止	潜伏期・進展期の状態			
	表面ひび割れ・腐食ひび割れ（Ⅱ）	①構造断面の確保			○	
		②鋼材腐食の進行防止				
		③美観・第三者影響度の回復	必要に応じて上記①，②を実施			
	浮き・剥離（Ⅲ）	①構造断面の確保	腐食ひび割れ（Ⅱ）と同様．補修範囲に応じた材料工法を選定する			
		②鋼材腐食の進行防止				
		③美観・第三者影響度の回復				
	さび汁（Ⅳ）	①鋼材腐食の進行防止				
		②美観回復	①を実施することが前提			
凍害（D）	劣化現象なし（Ⅰ）	①水分の浸透防止	潜伏期・進展期			
	表面ひび割れ（Ⅱ）	①水分の浸透防止		○（A－Ⅰと同様）		
		②美観・第三者影響度の回復				
		③構造断面の確保			○	
	スケーリング（Ⅲ）	①水分の浸透防止				
		②美観・第三者影響度の回復				
		③構造断面の確保				
	ポップアウト（Ⅳ）	①水分の浸透防止				
		②美観・第三者影響度の回復				
	鉄筋腐食（Ⅴ）	①構造断面の確保				
		②鋼材腐食の進行防止				
		③美観・第三者影響度の回復				

6.2 補修・補強の選定のポイント

表 6.2.3 つづき

表面処理工法			断面修復工法		剥落防止工法	電気化学的防食工法				止水工法	PCグラウト再注入
無機系被覆工法	有機系被覆工法	表面含浸工法	はつり	左官・吹付け・充填		電気防食	脱塩	再アルカリ化	電着		
○（塩化物イオンイオン量，鋼材腐食の有無により適用性を検討）											○（PC部材）
			○	○							
○（有害な塩分量を含むコンクリートの除去が前提）			○	○		○	○（腐食ひび割れを処理した後）		○（海中部のひび割れを閉塞）		
		○			○						
○（有害な塩分量を含むコンクリートの除去が前提）			○	○		○					
					○						
		○									○（PC部材）
○	○	○								○	
○	○										
			○（連続したひび割れが多数存在し脆弱化している場合）								
○	○	○	○（表面を平滑化）								
○	○				○						
			○（脆弱層を修復）								
○	○	○	○（表面を平滑化）								
○	○										
			○（脆弱層を修復）								
○（腐食した鉄筋の処理が前提）			○（腐食した鉄筋の処理）			○（塩害・中性化などとの複合劣化が推測される場合）					
○	○				○						

表 6.2.4 各劣化機構と補修の目的に応じてリストアップされる補修工法の例（その3）

補修対象の劣化現象		主たる補修目的	工法適用の条件（劣化／損傷の状態）など	ひび割れ補修工法		
関係する劣化要因	症状			表面塗布	注入	充填
アルカリ骨材反応（E）	劣化現象なし（Ⅰ）	① 水分の浸透防止				
	ひび割れ（Ⅱ）	① 水分の浸透防止			○	
		② 美観・第三者影響度の回復				
		③ 構造断面の確保	鉄筋が破断している場合は，必要な鉄筋量を確保		○（ひび割れ幅が大きい場合）	
	鉄筋腐食（Ⅲ）	① 構造断面の確保				
		② 鋼材腐食の進行防止				
		③ 美観・第三者影響度の回復				
化学的侵食（F）	劣化現象無し（Ⅰ）	① 腐食性物質の浸透防止				
	被覆層の劣化（Ⅱ）	① 腐食性物質の浸透防止				
		② 美観・第三者影響度の回復				
	かぶり層の劣化（Ⅲ）	① 腐食性物質の浸透防止				
		② 構造断面の確保				
		③ 美観・第三者影響度の回復				
	鉄筋腐食（Ⅳ）	① 鋼材腐食の進行防止				
		② 構造断面の確保				
		③ 美観・第三者影響度の回復				
床版疲労（G）	劣化現象無し（Ⅰ）	① 水分の浸透防止				
		② 美観・第三者影響度の維持				
	ひび割れ（Ⅱ）	① 水分の浸透防止			○（B-Ⅰ，ひび割れ幅の変動大と同様）	
		② 美観・第三者影響度の回復				
	エフロレッセンス（Ⅲ）	① 水分の浸透防止			○（B-Ⅰ，ひび割れ幅の変動大と同様）	
		② 美観・第三者影響度の回復				
	陥没（Ⅳ）	① 構造断面の確保	→補強を考慮			
		② 美観・第三者影響度の回復				

6.2 補修・補強の選定のポイント

表 6.2.4 つづき

| 表面処理工法 ||| 断面修復工法 || 剥落防止工法 | 電気化学的防食工法 |||| 止水工法 | PCグラウト再注入 |
無機系被覆工法	有機系被覆工法	表面含浸工法	はつり	左官・吹付け・充填		電気防食	脱塩	再アルカリ化	電着		
○（水分の侵入を防止，含水率の低下）											
	○									○（漏水を伴う場合）	
	○（柔軟型）				○						
				○（ひび割れが閉合して，一部が浮いている場合）							
				○（鋼材背面まで修復）		△					
	△（柔軟型）				○						
	○（防食被覆として）										
				○（脆弱層を修復）							
	○										
				○（鋼材まで修復）							
	○										
○（床版上面の防水）											
	○（下面）				○						
○（床版上面の防水）											
	○（下面）				○						
○（床版上面の防水）											
	○（下面）				○						
				○（打替えを含む）	○						

表 6.2.5 各劣化機構と補修の目的に応じてリストアップされる補修工法の例（その4）

補修対象の劣化現象				ひび割れ補修工法			表面処理工法			断面修復工法			電気化学的防食工法				止水工法	PCグラウト再注入
関係する劣化要因	症状	主たる補修目的	工法適用の条件（劣化/損傷の状態）など	表面塗布	注入	充填	無機系被覆工法	有機系被覆工法	表面含浸工法	はつり	左官・吹付け・充填	剥落防止工法	電気防食	脱塩	再アルカリ化	電着		
火災(H)	変色(I)	①構造断面の確保	受熱温度が低く、構造部材の耐力低下がない場合（コンクリート強度の低下・鉄筋の軟化がない場合）				○（清掃した後、使用状況に応じて実施）											
		②美観・第三者影響度の回復																
	ひび割れ(Ⅱ)	①構造断面の確保			○	○												
		②美観・第三者影響度の回復			○	○	○（清掃した後、使用状況に応じて実施）											
	剥落・爆裂(Ⅲ)	①構造断面の確保									○（剥落・爆裂部の断面修復）	○						
		②美観・第三者影響度の回復					○（使用状況に応じて実施）				○（脆弱部の断面修復、部材の打替えを含む）	○						
	コンクリートの強度低下(Ⅳ)	①構造断面の確保									○（鉄筋の交換、部材の打替えを含む）							
	鉄筋の軟化(Ⅴ)	①構造断面の確保																

表 6.2.6 土木構造物において考慮されている補修補強の目的と工法（第3章より：その1）

対象構造物	部材	目的	補修・補強工法
道路橋	梁・桁	ひび割れ発生に伴う第三者等被害の防止（剥落防止）	表面被覆，ひび割れ補修，断面修復
		曲げ耐力の向上	コンクリートの増打ち，プレストレス導入工法，FRP接着工法
	床版	疲労進行の防止	床版防水
		疲労に対する曲げ耐力の向上	FRP接着工法，下面増厚工法，鋼板接着工法
		疲労に対する，曲げおよびせん断耐力の向上	上面増厚工法，部分打替え
	橋脚およびフーチング	塩害，アルカリ骨材反応に対する劣化防止	表面被覆，ひび割れ補修，断面修復
		耐震補強として曲げ耐力・変形性能の向上	鉄筋コンクリート巻立て工法，鋼板巻立て工法，繊維シート巻立て工法
	高欄	凍結防止剤の飛散による塩害への劣化防止	表面被覆，ひび割れ補修，断面修復
鉄道橋	梁および桁	塩害などによるかぶりコンクリートの剥落	表面被覆，ひび割れ補修，断面修復，電気防食
		グラウト不良によるPC棒鋼の破断・突出の防止	PC棒鋼の突出防止対策（薄板およびFRP接着）
	橋脚および高架橋柱	塩害，アルカリ骨材反応の劣化防止	表面被覆，ひび割れ補修，断面修復（塩分吸着効果有する修復材），電気防食（塩害）
		耐震補強として曲げ耐力・変形性能の向上	鋼板巻立て工法，繊維シート巻立て工法，鉄筋モルタル巻立て工法，鉄筋および分割鋼板の巻立て工法，薄板鋼板多層巻立て工法，コンクリートセグメントと鋼より線による巻立て工法，鉄筋コンクリート巻立て工法，ダンパーブレース工法，直線鋼矢板巻立て工法，ストラット工法
港湾構造物	桟橋上部工	塩害および塩害とアルカリ骨材反応との複合劣化の防止	表面被覆，電気防食，断面修復，ひび割れ補修
		鉄筋腐食により低下した耐荷力の回復	FRP接着
			増厚

表 6.2.7 土木構造物において考慮されている補修補強の目的と工法（第3章より：その2）

対象構造物	部　材	目　的	補修・補強工法
下水施設	管渠 ポンプ場 下水処理場	化学的侵食による劣化の防止	表面被覆, コンクリートへの防菌材・抗菌剤の混和, 耐硫酸性コンクリートの使用, 管更生工法（既設管渠）
トンネル	山岳トンネル	覆工コンクリート（無筋コンクリート）の剥落防止のための覆工の一体性の回復	ひび割れ補修, 断面欠損箇所の修復, 覆工内面の被覆, 漏水対策工
		耐荷力・変形性能の向上（剥落対策工も併せて適用する場合が多い））	内面補強工・二次覆工追加, 内面補強工（繊維シート・鋼板接着), 中柱補強工
	都市トンネル	鉄筋腐食による劣化・剥落の防止	ひび割れ補修, 断面欠損箇所の修復, 被覆材による劣化防止, 漏水対策工
		鉄筋腐食による耐荷力の回復	内面補強（繊維シート・鋼板接着）
			二次覆工追加（場所打ち，プレキャスト）
ダム	堤体	ひび割れによる漏水および寒冷地における凍害の劣化防止	ひび割れ注入, 表面処理工法（表面被覆，含浸剤塗布）
	放流設備 洪水吐き	キャビテーションや砂礫による磨耗	断面修復（摩耗・キャビテーションの抵抗性の高い材料，高強度コンクリート，繊維補強コンクリート，ポリマーセメント系コンクリート), 表面処理工法（含浸剤塗布）
農業水利施設	頭首工	変形，磨耗，ひび割れ，漏水などの対策	表面被覆（合成ゴム製の耐磨耗板の設置), 断面修復
	用水路	ひび割れ，磨耗，断面欠損，変形，凍害，中性化，表層脆弱化，目地損傷などへの対策	表面被覆（ポリマーセメントモルタル，繊維補強セメント系材料，FRPM版，ポリウレタン樹脂） 断面修復
	水路トンネル	ひび割れ，磨耗，断面欠損，変形，表層脆弱化などへの対策	製管工法, パイプイントンネル工法, 内巻き工法
	排水機場	アルカリ骨材反応や各種劣化機構による劣化進行の防止	表面被覆, 断面修復

表6.2.8 建築構造物において考慮されている主な補修補強の目的と工法

部材	目的	劣化機構	補修・補強工法
外壁	ひび割れによるエフロレッセンスなどの汚れ・美観対策	・コンクリート乾燥収縮 ・外気温変動 ・雨水浸入	・表面塗布工法 ・ひび割れ注入工法
	ひび割れによる漏水対策	同上	・ひび割れ注入工法 ・Uカット充填工法
	耐久劣化（鉄筋腐食）対策	・中性化（CO_2浸透） ・水分・酸素浸透 ・塩化物浸透	・防錆処理および断面修復工法
	コンクリート片剥落対策	・鉄筋腐食膨張 ・反応性骨材膨張	・断面修復工法 ・表面被覆工法
	コールドジョイント・内部欠陥対策	・施工不良	・断面修復工法
	仕上げ材不具合対策	・仕上げ材の耐久劣化 ・仕上げと躯体接着劣化	・再塗装など仕上げ補修工法 ・剥落防止工法
床スラブ	表面劣化（ひび割れ・角欠け）対策	・コンクリート乾燥収縮 ・疲労（車輪荷重など） ・施工不良	・ひび割れ注入工法 ・断面修復工法
	過大たわみ対策	・コンクリートクリープ ・耐変形性能不足（設計配慮不足）	・不陸補修 ・補剛工法
	仕上げ不具合（剥がれなど）対策	・下地躯体ひび割れの影響 ・施工不良	・下地躯体補修 ・仕上げ補修工法
柱・梁	表面劣化（豆板・コールドジョイント）対策	・施工不良	・断面修復工法
	強度低下対策	・施工不良 ・材料品質経年劣化	・補強工法
	ひび割れ対策	・積載荷重など構造要因（梁の場合） ・地震力など水平外力による構造要因 ・コンクリート収縮他	・ひび割れ補修工法 ・ひび割れ幅が大きい場合，補強工法
地下躯体	地下漏水対策	・打継ぎ部，ひび割れからの地下水浸入 ・地下防水の不備	・止水工法
屋上スラブ	表面劣化（ひび割れ・剥離）対策	・コンクリート乾燥収縮 ・凍害 ・車輪荷重疲労(屋上駐車場の場合)	

注）火災など特殊な条件は省略している

6.3 補修工法

6.3.1 概説

現在，コンクリート構造物の補修工法は，コンクリート構造物に発生した劣化部（ひび割れ，断面欠損，漏水）を修復する，空洞など初期欠陥部を修復する，コンクリート表面の接着面の脆弱層を除去する，劣化要因を遮断するあるいは除去する，劣化速度を抑制するなど，補修目的によって分類することができる．さらにこれらの工法は，施工方法（左官，吹付け，充填などの作業内容，電気化学的方法，下地処理工法など）や使用する補修材料（有機系材料と無機系材料）によって細分化することができる．本書で取り上げた工法を補修目的別に分類し，表6.3.1に示した．このように各種工法や材料が開発された背景には，補修に携わる技術者に対し，劣化機能や劣化状況などを正確に診断する能力や構造物の種別や立地する環境を配慮した上で，どんな補修工法を適用することができるかを判断する能力を養うための，補修材料に関する化学的知識，施工機械に関する知識，電気化学に関する知識など，幅広い知識が求められるようになったためと考えられる．

しかし，これまでコンクリートや鋼材を主材料として扱ってきた建設技術者にとっては，化学（工業化学，化学工学），機械工学，電気化学など，いずれもなじみの少ない分野である．そのため初歩的なミスによって，施工不具合の原因となる場合もある．

このようなことから，本書では，各工法の原理・特徴，使用材料の特徴，施工手順や施工上の留意点など，基本的な項目についてまとめた．

【江口和雄】

表6.3.1 補修の目的による工法の分類

補修の目的			工法名
劣化部の修復	ひび割れ部の補修	[6.3.2] ひび割れ補修工法	表面塗布工法
			注入工法
			充填工法
	断面欠損部の補修	[6.3.4] 断面修復工法	左官工法
			吹付け工法
			充填工法（型枠充填工法）
	浮き部の補修	[6.3.5] 剥落防止工法	アンカーピンニング工法（建物）
			連続繊維接着工法（土木）
	漏水部の補修	[6.3.7] 止水工法	注入工法（建物，地下ピット）
			注入工法（トンネル）
初期欠陥部の修復		[6.3.9] PCグラウト再注入	
コンクリート表面や接着面の脆弱層の除去		[6.3.10] はつり・下地処理工法	WJ（ウォータージェット）工法
			ブラスト工法
劣化要因の遮断		[6.3.3] 表面処理工法	表面被覆工法（有機系，無機系）
			表面含浸工法（有機系，無機系）
劣化要因の除去		[6.3.6] 電気化学的工法	電着工法
			脱塩工法（処理後，表面被覆工法）
			再アルカリ化工法
劣化速度の抑制			電気防食工法
		[6.3.8] その他	リチウム圧入工法

[ ]内数値は，節番号を示す．

6.3.2 ひび割れ補修工法

a. 概要

ひび割れを調査し，診断する場合，このひび割れの問題点は何か，また今後どのような問題を招く恐れがあるかということを的確に判断し，評価する必要がある．ひび割れ原因の究明も大切であるが，ひび割れの種類（収縮ひび割れ，構造ひび割れ，耐久劣化ひび割れなど）の特定とその損傷度の把握はさらに重要である．その評価が補修の要否，補修工法の選択にとつながっていくため，必要に応じて一次調査だけでなく，詳細調査を行う必要がある．最近のひび割れ補修工法の例を表6.3.2に示す．また，床スラブおよび外壁のひび割れ補修工法選定の目安をそれぞれ表6.3.3，表6.3.4に示す．

以下に補修工法を選定するためのポイントとなる事項を列記する．

1. 要求内容は何なのか：ひび割れの汚れ（美観），エフロ，さび汁，漏水，剛性低下，構造耐力不安などのうち，どの分類であるかを把握する．
2. 補修対象のひび割れ幅は：ひび割れ幅が小さいと採用できない工法も多い．
3. ひび割れ幅は動くのか，動きにくいのか：外気温の変動を受けるのか，経過年数は，部材厚は，周囲の拘束の程度は，など参考に挙動の有無を推察する．
4. 雨がかりはあるのか：雨水の浸入による漏水・エフロの可能性を推察する．
5. 仕上げはどうなっているのか：直仕上げであると補修跡が目立ちやすいなど補修後のタッチアップの難易度を考慮する．
6. 作業足場は確保できるのか．補修工程（日数）が取れるのか：ゴンドラしか使用できない場合，補修工程の多い工法は採用しにくい．居ながらの作業のため養生日数が確保できないことも多い．
7. 注入工法を検討する場合，裏面側はシールできるのか：完全にシールできないと漏水対策が不完全になることが多い．

竣工後の補修という観点から許容ひび割れの目安について以下に示す．

収縮ひび割れ：0.3 mm（屋外），0.5 mm（屋内）
構造ひび割れ：0.3 mm（屋内外），剛性の低下や変形増加の傾向がある場合，これ以下のひび割れでも補修を要する．また，状況に応じて補強を必要とする場合があり，とくに床スラブの構造ひび割れはたわみを伴うことがあるため，ひび割れ補修だけでは解決しないことがある．
耐久劣化ひび割れ（腐食膨張ひび割れ）：ひび割れの種類の中でもっとも重大なひび割れであり，耐久劣化の進展を考慮するとひび割れ幅にかかわりなく早急に補修する必要がある．補修法として，浮き部をはつり取り，鉄筋の防錆処理を行い，形状修復することが多い．

なお，施工中の補修，つまり，仕上げ施工前に行うひび割れ補修も重要であり，仕上げ施工前に，あいまいなひび割れ処理や無処理は，竣工後の早い段階で不具合が顕在化することもあるので注意する必要がある．

b. 塗布工法

1) セメント系材料擦り込み工法

微細な表面ひび割れについて美観上から補修する目的で，超微粒子無機材料をひび割れ部に流し込んだりスプレーで吹き付けた後，ひび割れに擦り込み，表面を充填する工法がある（図6.3.1～図6.3.2参照）．あくまで化粧的な補修であり，とくに雨がかりのある箇所の場合，その持続性はあまり期待できないが補修跡を目立たせないという意味で一応の効果は期待でき，興味ある工法である．

2) 防水塗膜工法

手摺やパラペットあるいは庇の天端に発生したひび割れは，そこから雨水が回り易いため，ウレタン塗膜防水などの防水を目的とした塗付工法が有効で

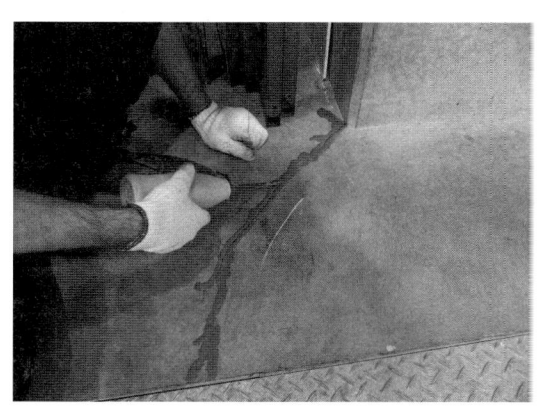

図6.3.1 超微粒子無機材の流し込み補修状況

図6.3.2 ポリマー入り材スプレー後の状況
（硬化後，スクレーパーで削り取る）

図6.3.3 浸透性吸水防止材の塗布

3) 浸透性吸水防止材工法

打ち放しコンクリートへ塗布し，そのはっ水効果からひび割れへの雨水浸入を抑制することができる工法である．短期間の効果しかなかったが，最近5年以上（あるいはそれ以上）の効果を発揮する材料も開発されている．図6.3.3は，擁壁の天端付近であるが，中央側に浸透性吸水防止材を塗布し，左右側は塗付無しの2年後の比較である．浸透性吸水防止材は，ひび割れを含めた汚れ防止にかなり有効であることがわかる．ただし，外壁全面あるいはひび割れを含めた大きな区画で塗布補修を行わないと補修跡が目立つ．また吹付タイルなどの外装仕上げがある場合，はっ水効果は期待できない．下地コンクリートに使用する場合，付着強度低下の恐れがあり，下地調整材との付着強度を確認しておく．

4) 浸透性エポキシ樹脂塗布工法

深さ数cm程度の表面ひび割れを一体化する場合，塗付型ひび割れ浸透接着剤（浸透性エポキシ樹脂）は，高い接着強度を有する優れた補修工法である．数回同じ箇所を刷毛やローラー塗布することで，ひび割れ内部まで浸透していくという特長がある．ただし，濡れ色になるため，直仕上げのコンクリート床面へは使用しない方がよい．塗り床仕上げ前のひび割れ補修法として有効である．

5) 表面押し当て圧入工法

この工法は，b.塗付工法と後述のd.ひび割れ注入工法の中間的な補修工法である．漏水やエフロ防止として使用する補修工法であり，ひび割れ注入工法と異なる点に，事前の仮シールを行わないことである．ひび割れ追随性の高い弾性エポキシ樹脂注入材をグラウトガンで表面からひび割れ内部に押し当てながらひび割れ表面部を充填する．工程が少なく，ひび割れ挙動にも追随できるという特長がある．ただし，ひび割れが小さい箇所（先端部など）は充填が不十分となりがちで，エフロが再発することもある．また，表面に樹脂跡が残るので注意する．美観を問題にする場合，補修後のタッチアップが必要である．

c. Uカット充填工法

ひび割れに沿ってUカットしながらその溝部に弾性系のシール材を充填する工法であり，ひび割れ挙動にも追随できるため，漏水防止，エフロ防止によく使用される工法である．充填シール材の上に直接，仕上げ塗装を行うと，ひび割れ表面がやせることで凹面となったり変色したりして補修跡が目立つこともある．そのため，シール材の表面にセメント系材料で保護してから仕上げ塗装を行うことも多いが，進行性の高いひび割れの場合，Uカット面とセメント系保護材の界面でひび割れ（2本）が顕在化することもある．

d. ひび割れ注入工法

ひび割れに沿って仮シールしながら20〜30cmピッチに注入口（プラグなど）を施した後，エポキシ樹脂注入材や無機系注入材を手動ポンプで圧入するか，あるいはゴムの力などで自動低圧注入する工法である．注入材料はひび割れ幅が小さいところでも浸透しやすく，接着強度も高い硬化型エポキシ樹脂が主であり，一般的に普及している工法である．ひび割れ幅0.15〜0.20mmから充填できる．また

表 6.3.2　最近のひび割れ補修工法の例

塗付・表面処理工法

工法分類	名　称	製造・販売会社	施工方法	対象箇所・目的	特長・短所
セメント材料塗布・しごき	すり込み(しごき)補修スティック	(パテ状セメント)住友大阪セメント(株)	水湿し後にすり込み	微細なひび割れ	化粧としての簡易な補修 補修持続性はない
セメント材料流し込み	クラックフィラー	アシュフォードジャパン(株)	チューブに水を混入してもみほぐして流し込む方式。ドライアウトしないよう事前湿潤養生を心がける	床スラブのひび割れ，使用性・美観	補修跡は目立たない 手間やコストは高い 幅0.2mm以上必要
セメント材料流し込み	クラックシール	ABC商会	粉体部と液部を混入，ひび割れ部に盛り上げ，硬化後スクレーパーで削り取る	床スラブのひび割れ	大きなひび割れ幅であること 手間やコストは高い
セメント材料スプレー	クラックシャットセメトロング	ABC商会販売 PROGREX社	スプレー方式	壁面ひび割れ 美観	補修跡は目立たない 微細ひび割れでも可
エポキシ樹脂塗付					
表面含浸浸透性吸水防止材	アクアシール マクサム マジカルリペラー	大同塗料(株) アイレックス 旭化成ジオテック(株)		エフロ・汚れ(美観)・漏水への簡易補修	撥水作用があり，補修跡は目立たない簡易工法 漏水防止に対して持続できないことが多い
表面含浸表面改質材	ラドコン7ジェットシールエース	(株)ラドジャパン	ひび割れに沿って塗付		防水効果は少ない，汚れが目立つことが多いので勧められない
塗付による浸透注入	アルファテック380	アルファ工業	浸透性の高いエポキシ樹脂を刷毛やローラーで数回塗布しながらひび割れ内へ浸透させる	床の表面ひび割れ 床・壁材など微細ひび割れ	表面・微細ひび割れの簡易補修に有効 仕上げ塗装必要 ひび割れ深さが深い場合，手間がかかる

ひび割れ注入工法

工法分類	名　称	製造・販売会社	施工方法	対象箇所・目的	特長・短所
表面圧入	エポソフトグラウトDS(ダイレクトシール)工法 ボンドOGS工法	横浜ゴム(株)	面に密着させ低圧圧入する工法 弾性エポキシ樹脂使用		シールやUカット不要 表面数mmだけ注入 樹脂跡は見苦しいため，仕上げ塗装必要
手動式注入工法 自動低圧注入工法	硬質エポキシ樹脂ボンドE206 エポウェット トーホーダイトCP30 シーカジュア52 アサヒボンド551	コニシ(株) セブンケミカル(株) (株)東邦アーステック 日本シーカ(株) アサヒボンド工業			ひび割れ追随性はあまり無い 動きの少ないひび割れ補修に適している

表 6.3.2 つづき

工法分類	名 称	製造・販売会社	施工方法	対象箇所・目的	特長・短所
自動低圧注入工法	軟質エポキシ樹脂 エポソフトグラウト DS-L エバーボンド EP301 アサヒボンド 556	横浜ゴム(株) 日本シーカ(株) アサヒボンド工業			伸び率が高い注入材である ひび割れ 0.2 mm 程度も注入可能 外壁ひび割れに適している
	アクリル樹脂 デンカハードロック	デンカ			微細ひび割れも注入可能 臭気がある
手動式注入工法	無機系材（超微粒子高炉スラグセメント） ハイスタッフ工法 TS クラックフィラー工法	日鐵セメント(株) ティ・エス・プランニング	粉体を水で混練りしたスラリーを注入．先行注入と本注入の組み合わせ．	打放し仕上げのひび割れ補修	コンクリートとの相性（補修跡）は良い．セメント系シールも可 コンクリートとの付着力は小さいが水和物を作る 技量に左右される
手動式注入工法	発泡ウレタン樹脂 TACSS 工法 ピングラウト工法 TAP グラウト工法	日本 TACSS 協会 ピングラウト協会 茶谷産業(株)	竹中，大日本インキ化学 清水・武田薬品	ひび割れや豆板部の漏水止め	水と反応しながら発泡膨張し止水効果がある 柔らかい材料，長期安定性は不確か
自動低圧注入工法	発泡エポキシ樹脂 ATS 工法	ATS 協議会			材料だけの販売はしない 材工ともの施工

U カット充填工法

工法分類	名称	製造・販売会社	施工方法	対象箇所・目的	特長・短所
U カット充填工法	シール材 エポソフト N（一液） アサヒボンド EL55	横浜ゴム(株) アサヒボンド工業	ひび割れに沿って幅 10 mm，深さ 10〜15mm に U カットし，プライマ塗付，その後，コーキングガンでシール材充填	大きなひび割れ幅ひび割れ漏水補修	表面で補修を行い追随性もあるため，漏水防止として安価である 補修跡が目立つ傾向にある

エポキシ樹脂には硬質形と軟質形があり，伸び追随を期待する場合，軟質形の方が望ましい．ただし，シール（とくに裏面側）が不完全であると注入効果が損なわれる，ひび割れ追随性が期待できない，シールから漏れると濡れ色で汚れるなどの欠点もある．また，打放し仕上げでは，補修跡を目立たせない目的で，接着強度は低いが超微粒子無機系注入材を使った工法が使用されている．また，ひび割れ追随性のある発泡エポキシ樹脂を用いた工法や低温にも有効でかつ，湿潤状態でも付着性能が良いアクリル系接着剤を用いた工法なども開発され使用実績が増えている．

【小柳光生】

6.3.3 表面処理工法

a. 概　要

表面処理工法とは，コンクリート表面からの耐久劣化因子（水分，二酸化炭素，塩化物イオン，酸素）の浸入を抑制・防止し，耐久性を向上させる表面保護工法である．さらに，汚れや補修跡（豆板・コールドジョイント・ひび割れ）など見苦しいコンクリート面の美観を回復させる化粧仕上がり工法としても適用されている．この節では，数 mm 以下の塗膜で塗装する表面被覆工法のほかに，塗膜をつくらず

表 6.3.3 床スラブのひび割れ補修工法　選定の目安

用途	仕上げ	補修内容	基本的な考え	工法の例	評価
工場	直仕上げ	車輪荷重によるひび割れ進展・角欠け防止 塵埃防止	美観重視：補修跡が目立たない工法，ひび割れが目詰まりし，角欠けしないこと	ハイスタッフ工法 TSクラックフィラー工法	セメント系シールも含めて補修効率がよい．目立たない．ただし，水湿しを必要とする．下地コンとの付着はよくない
				クラックフィラー クラックシール 表面改質材	効率は劣る．ひび割れ量が少ない場合に有利．表面改質材は汚く使用不可．
	フェロコン仕上げ	ひび割れ進展 角欠け防止 塵埃防止 剥離防止	美観・使用性重視：仕上げの剥離を抑える	エポキシ樹脂注入 ハイスタッフ工法 クラックフィラー クラックシール	タッチアップが必要．一体性を優先するとエポキシ樹脂が良い．
	塗装仕上げ	ひび割れ進展防止 剥離防止	美観重視：補修後のひび割れ発生を極力抑える	エポキシ樹脂注入	一体化に重点
立体駐車場	直仕上げ	ひび割れ進展 角欠け防止 漏水防止	使用性重視：ひび割れ量が多い．経年とともに進展する角欠けを抑える．	ハイスタッフ工法 エポキシ樹脂注入 （硬質あるいは軟質）	漏水が懸念される場合，浸透性吸水防止材では，水させる方法もあるが長期安定は不明
	塗装仕上げ	ひび割れ進展 角欠け防止	美観重視：	エポキシ樹脂注入	一体化に重点

コンクリート表面から含浸して表層部を改質し，表面を保護する表面含浸工法も含めて取り扱う．

1) 表面被覆工法

表面被覆工法は，「無機系被覆材」と「有機系被覆材」に区分される．無機系被覆材は，おもにポリマーセメント系材料を中塗り材（主材）としたもので，コンクリート素材を生かした仕上がりが可能である．防水性を有し，透湿性があるため，塗膜の膨れが発生しにくく，紫外線劣化に対する抵抗性や耐候性に優れるなど多くの優れた特長を有し，実績も多いが，二酸化炭素や酸素の遮断という点では有機系被覆材にやや劣る傾向にある．そのため，上記の単層による塗布工法のほかに，アクリル樹脂エマルションなどを上塗り材として併用し，耐久性を一段と向上させることも行われている．

有機系被覆材は，合成樹脂で塗膜を形成するため，一般に気密性が高く，劣化因子（水分，二酸化炭素，塩化物イオン，酸素）の浸入を抑制・遮断する効果に優れている．ただし，コンクリート素材の仕上がりと異なることや被覆材自体の耐久劣化という課題が短所である．有機系材料の劣化現象として，塗膜の色が変わったり，あせたりする症状（変色・退色），白い析出物が出てくる症状（チョーキング），剥がれや膨れあるいは微細なひび割れ発生などがある．そのため，定期的な塗り替え工事を必要とする．この塗り替え周期を長くする目的で，フッ素樹脂系塗料など高耐久性塗料なども実用化されているが，硬質系材料のため，微細ひび割れの挙動に追随できず傷や汚れを生じるなどの課題を有するものも多い．ひび割れ追随性という観点では，軟質系材料が優れているが，耐候性や膨れなどの懸念もあるということで，最近ではこれらの特性を組み合わせて改良した微弾性フッ素樹脂なども開発されている．そのほか，雨筋汚れ対策としての親水性材料の開発など長期的に美観を維持する技術が開発されてきている．適用部位，使用条件などをよく考慮して使用材料を選定する必要がある．

2) 表面含浸工法

表面含浸工法は，塗膜による塗装ではなく，表面含浸によって，コンクリート表面から数mm（あるいはそれ以上）の表層部を改質する工法である．そのため，塗布してもコンクリート面はほぼそのままの仕上がりとなり，化粧仕上がりなどと異なり，ただちに美観を付与することはないが，表層部に，

表 6.3.4 外壁のひび割れ補修工法　選定の目安

用途	仕上げ	補修内容	基本的な考え	工法の例	評価
外壁	打放し仕上げ	漏水を伴う場合	漏水・ひび割れ補修	エポキシ樹脂注入	動きのあるひび割れでは弾性エポキシ樹脂が良い
	同上			浸透性吸水防止材	パネル面として塗付すること．持続性は期待できない材料もあるので注意．
	同上	漏水は少ないが，ひび割れが多いときの補修	美観重視：補修跡が目立たない工法，室内側に万が一セメント水が回っても問題ない箇所	ハイスタッフ工法 クラックシャット セメトロング	ハイスタッフ工法はセメント系シールも含めて補修効率がよい．ただし，水湿しを必要とする．漏水箇所には使用しない
	同上	微細なひび割れ・少ない範囲の補修		クラックシャット セメトロング すり込み	スプレー式・すり込みはひび割れ量が多くなると手間がかかり適していない．長期安定性は期待できない
	吹き付けタイル	漏水を伴う場合	漏水・ひび割れ補修	軟質エポキシ樹脂注入 硬質エポキシ樹脂注入 Uカット充填	動きのあるひび割れは軟質が良い Uカット充填は入念な仕上げ補修が必要
	同上	エフロ発生がある微細ひび割れ		塗布浸透　アルファテック 表面圧入　ダイレクトシール	注入できないひび割れ補修に適している 表面圧入は簡易であるが補修跡が汚いので注意．
	同上	漏水は少ないが，ひび割れが多いときの補修		エポキシ樹脂注入	
地下外壁など	打放し仕上げ	豆板・打継ぎ部の漏水		発泡ウレタン樹脂 ハイスタッフ工法	長期性は期待できない
		エフロレッセンス		ハイスタッフ工法 エポキシ樹脂注入	漏水が断続的な場合，有効である

はっ水層を形成したり，緻密な改質層を形成することで，劣化因子の浸入を抑制する工法である．同時に，はっ水効果などで長期的な汚れ防止など経年的な美観の点でも期待される工法である．表面含浸工法は，「浸透性吸水防止材（はっ水層形成）」と，「ケイ酸塩系改質材（表層部の緻密化形成）」に区分されるが，それぞれメカニズム・特長は大きく異なる．浸透性吸水防止材は，おもにシラン系材料によって，はっ水層を形成し，雨水の浸透を防止する効果があるため，微細ひび割れからの水分浸入も抑制し，エフロレッセンスの発生を抑制するとともに藻類・かび類などの汚れ対策としても有効である．水分浸透を抑えるため，塩化物イオンの浸入抑制効果も期待できる．これまで，浸透性吸水防止材のはっ水効果は数年で低下するといわれていたが，最近では10年近くまでその効果を維持できる材料も開発されており，今後，市場拡大が期待される材料・工法である．ただし，はっ水効果によりコンクリート表面が乾燥傾向にあるためか，鉄筋腐食抑制には有効であるが，中性化の進行は若干早くなる傾向にあることが指摘されている．また，この浸透性吸水防止材をいったんコンクリート面に塗布すると，表面被覆材

との付着力が低下するのでその後の塗装改修には注意する必要がある．もう一方のケイ酸塩系改質材は，アルカリ付与や表層部・ぜい弱部などの強化あるいは緻密化を図った材料・工法である．このケイ酸塩系改質材の中には，使用方法を十分把握しないで使用すると表面保護効果が十分発揮されない材料もあるので，その選定には十分留意する必要がある．

【小柳光生】

b. 無機系表面被覆工法

1) はじめに

一般に，無機系表面被覆工法は，中塗り材（主材）に無機系被覆材を使用する工法である．無機系被覆材には，ポリマーセメント系被覆材，ポリシロキサンを主成分とする被覆材などがある．ポリマーセメント系被覆材を中塗り材（主材）として用いる表面被覆工法は，無機系被覆工法としての使用実績が多いことから，指針などで多く取り上げられている．ここでは，ポリマーセメント系被覆材を中塗り材（主材）とした無機系表面被覆工法について述べることとする．

2) 無機系表面被覆工法の特徴

有機系表面被覆工法と比較しての無機系表面被覆工法の特徴を，中塗り材（主材）を中心に挙げると以下の通りとなる．

① 紫外線劣化に対する抵抗性や耐候性に優れる．
② 難燃性に優れている．
③ 防水性，透湿性（水蒸気透過性）を有していることから，外部からの水の浸入を阻止するとともに，コンクリート内部の水を放出することができる．したがって，コンクリート内部の水の移動に起因する膨れ，剥がれが発生しにくい．
④ コンクリート下地がある程度湿潤状態であっても施工が可能である．
⑤ 膜厚が厚いことから，傷による塗膜の破断がしにくい．
⑥ 溶剤を使用していない．

3) 無機系表面被覆工法の使用材料

① プライマーおよびパテ

プライマーには，吸水調整のためのポリマーエマルション，接着強化のためのエポキシ樹脂，コンクリート下地強化のための塗布含浸材等が使用される．なお，エポキシ樹脂は，完全に硬化する前に，次の工程が実施される．

パテは，一般に中塗り材（主材）と同様の成分のポリマーセメント系材料が使用されている．

② 中塗り材（主材）: 中塗り材（主材）に使用されるポリマーセメント系被覆材は，セメント，骨材，特殊混和剤などをプレミックスしたパウダーとセメント混和用ポリマーである混和剤での二材料で構成されている二材型ポリマーセメントモルタルが一般的であり，所定の割合で混合して使用する．なお，製品によっては，さらに水を混入するものがある．また，最近では，プレミックスパウダーにセメント混和ポリマーとして再乳化粉末樹脂を混入し，練混ぜにおいては，水だけを使用する一材型ポリマーセメントモルタルも使用されている．

ポリマーセメント系被覆材は，一般に柔軟型と標準型に分けられている．ポリマーセメント系被覆材は，ポリマー量が比較的多い場合には，劣化因子の遮断性が向上し，塗膜が柔軟性を有することから，ひび割れ追従性が向上する材料となり，被覆材中のポリマーの量が比較的少ない場合には，透湿性（水蒸気透過性）に優れ，ある程度の防水性を有する材料となる．一般に，ひび割れ追従性を有する被覆材を柔軟形，それ以外のものを標準形としている．

セメント混和用ポリマーの種類としては，アクリル樹脂系，SBR系，エポキシ樹脂系などのエマルションが使用されている．

③ 上塗り材: 上塗り材は，適用環境に応じて，中塗り材の耐候性の向上，景観性の付与，劣化因子の遮断性能向上のために中塗り材と組み合わされて使用される．上塗り材には，水性あるいは揮発性有機溶剤を使用するものがあり，アクリル樹脂エマルション，アクリル変性シリコーン樹脂，シリコーン樹脂，ポリウレタン樹脂，フッ素樹脂などが多く使用されている．なお，上塗り材は，中塗り材（主材）との相性が確認されたものを使用することが必要である．

④ メッシュ: メッシュは，連続繊維シートともいわれ被覆材の補強，ひび割れ発生の防止，コンクリート片の剥落防止等の目的で使用されている．メッシュには，ガラス繊維（耐アルカリガラス繊維），ビニロン繊維，ナイロン繊維，アラミド繊維，ポリプロピレン繊維などの繊維が使用され，形状として2軸（格子状）や3軸（格子状のメッシュの斜めに繊維が配されているもの）にしたものである．それぞれの繊維の種類，形状により，力学的性能，耐久性能が異なることから用途に応じて選択することが

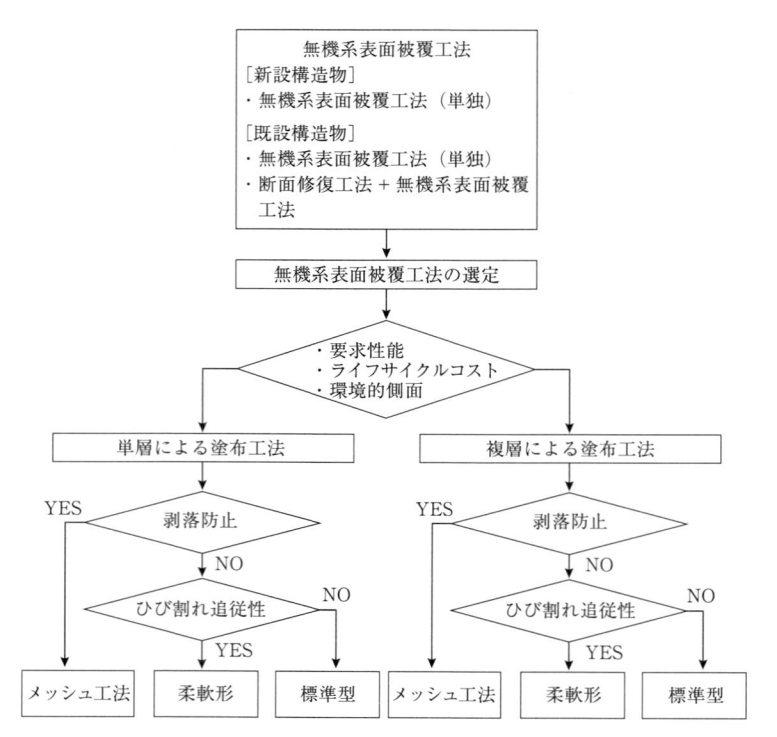

図6.3.4 無機系表面被覆工法の選定フロー

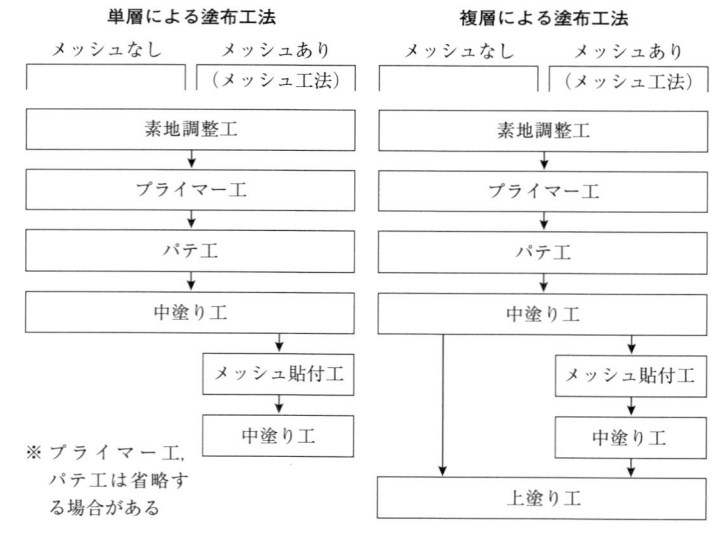

図6.3.5 施工フロー

必要である．なお，メッシュは，無機塗装材の中間層に埋め込まれることが一般的であり，塗装材の接着性能によりコンクリート構造物との一体化が図られるが，さらに，一体化性を強固なものとする場合には，アンカーピンを併用する場合もある．

4) 施工工程

無機系表面被覆工法には，中塗り材（主材）だけを用いて被覆する単層の塗布工法，中塗り材（主材）と上塗り材との組合わせによる複層の塗布工法と，単層および複層の塗布工法の中塗り材（主材）の層間にメッシュをいれるメッシュ工法がある．工法の

選定フローを図6.3.4に,単層および複層(メッシュの有無)工法の施工フローを図6.3.5に示す.

① 素地調整工: 素地調整工は,汚れ,埃などの付着物,下地コンクリートの脆弱部を除去するために,サンダーケレン,ブラスト処理,超高圧水による処理を行う工程である.サンダーケレン,ブラスト処理の場合には,周辺環境を考慮して粉塵対策を行う必要がある.また,下地の清掃のため,水洗浄の行うことが必要である.超高圧水による処理においては,使用した水の処理対策を考慮しておく必要がある.素地調整工は,施工規模,施工期間,施工環境(周辺環境も含む),価格などを考慮して選定することが必要である.

② プライマー工: プライマー工としては,中塗り材との付着強さを安定的に保つための均一なコンクリート下地に改質するための下地強化材の塗布,中塗り材中の水分がコンクリートへ吸水されることによる材料の性能低下(ドライアウト現象の防止)を目的とした吸水調整材の塗布,中塗り材との接着を目的した接着剤の塗布などがある.なお,これらは,下地コンクリートの状況や被覆工法の目的により使用する材料は異なる.また,塗布は,刷毛,ローラーを使用することが一般的である.

③ パテ工: パテ工では,下地コンクリートの凹凸部を修正し,平滑な面に調整する工程であるが,無機系被覆材の場合には,凹凸が大きい場合には,ポリマーセメント系断面修復材を使用し,凹凸が小さい場合には,ポリマーセメント系下地調整材ある

素地調整工

メッシュ貼付工

プライマー工

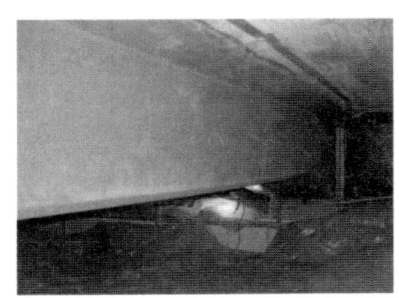

中塗り工

パテ工および中塗工

上塗り工

図 6.3.6 複層による塗布工法(メッシュあり)の施工例

いは，被覆に用いる中塗り材を用いることがある．なお，パテ工は，凹凸修正が必要であると判断された場合に行うが，状況に応じては省略することもある．

④ 中塗り工： 中塗り工は，無機系被覆材と中塗り材として，塗布しコンクリートの劣化因子の侵入の防止あるいは抑制を目的としている．施工方法としては，コテによる塗布，ローラーによる塗布，吹付けによる塗布が一般的である．なお，コテによる塗布では，表面を平滑に仕上げることができる．ローラーでの塗布，吹付けによる塗布では，景観性を鑑みた凹凸をつけた仕上げができる．中塗り材の塗厚は，メッシュを入れる，塗装を高耐久性能をするなどの場合には，厚くすることがあるが，一般的に2mm以下のものが多い．

⑤ メッシュ貼付け工： 中塗り材を塗布した後，所定の間隔で中塗り材にメッシュを埋め込む工程である．

⑥ 上塗り工： 劣化因子の侵入の防止あるいは抑制のための中塗り材の補助，中塗り材の保護および美観の付与を目的とした工程である．

5） 施工例

図6.3.6に複層による塗布工法（メッシュあり）の施工例を示す．

【掛川　勝】

文献

1) 土木学会：表面保護工法　設計施工指針（案），コンクリートライブラリー，No.119，2005．
2) 杉山隆文：表面被覆工法の特徴（無機系被覆工），セメント・コンクリート，No.713，pp.27-32，2006．

c. 有機系表面被覆工法（塗装）

1） 補修の目的

有機系表面被覆工法による補修は，コンクリート構造物の各種劣化に対する耐久性向上，それらの劣化要因によって二次的に引き起こされる漏水やエフロレッセンスの発生などに対する対策および美観性向上が目的で実施される．要求性能，耐久性，防汚性，施工性，色彩・艶などの意匠性を考慮して，有機系表面被覆材を選定する必要がある[1]．なお，建築分野では，有機系表面被覆工法を塗装と呼ぶため，以下この項では，塗装について記載する．

2） 塗装の機能および効果

塗装（塗膜）は，コンクリート構造物の劣化要因成分がコンクリート内部へ浸入するのを抑制，遮断する機能を有する．表6.3.5にコンクリート構造物の各劣化に対する塗装の機能・効果を示す．

構造物中の鋼材を腐食させ，さびが発生する際の体積膨張でコンクリートにひび割れや剥落が生じる塩害においては，塗装によって，腐食性物質の塩素イオン，酸素，水の浸入を抑制，遮断する．

反応性シリカを含有する骨材がコンクリート中のアルカリ成分と反応して膨張し，コンクリートにひび割れが生じるアルカリ骨材反応に対しては，適切な反応抑制対策の実施および塗装によって，反応に寄与する水分の浸入を抑制，遮断する．

水酸化カルシウムなどのセメント水和生成物が空気中の二酸化炭素などによって炭酸化され，アルカリ性が消失していく中性化においては，塗装によって，中性化を促進する二酸化炭素や水分の浸入を抑制，遮断する．

寒冷地において，コンクリート中の水分が凍結，融解を繰り返し，水分の凍結時の体積膨張によってコンクリートがひび割れる凍害に対しては，塗装によって，水分の浸入を抑制，遮断する．

上記のようなコンクリート構造物の各劣化に対し，新設時にあらかじめ塗装しておく場合の方が耐久性向上効果は高い．参考に，新設時に塗装した場合の中性化抑制効果を表6.3.6に示す[2),3)]．補修塗装した時点から各劣化の進行を抑制することができる．

3） 補修塗装仕様の選定

① 上塗り塗膜の機能性： コンクリートの劣化要因となる塩分，水分，二酸化炭素，酸素等の成分をコンクリート内部へ浸入させないために緻密な塗膜が要求される．そのため，架橋密度が高い反応硬化型の塗料が適する．新設時の下地に対して適切な素地調整を施した上で，基本的にはプライマー，中塗り，上塗りの塗装工程を取る．上塗りとしては，アクリル樹脂系，ウレタン樹脂系，アクリルウレタン樹脂系，アクリルシリコン樹脂系，ふっ素樹脂系の上塗り塗料などが選定できる．それらの上塗りには，多種多様の意匠性を選択できるエナメル塗料（着色塗料），コンクリート打放し仕上げ感を失わないクリヤー塗料（透明塗料）との2種類があり，コンクリートの耐久性向上性能は，エナメル塗料の方がクリヤー塗料よりも優れる．また，場合によっては中

6.3 補修工法

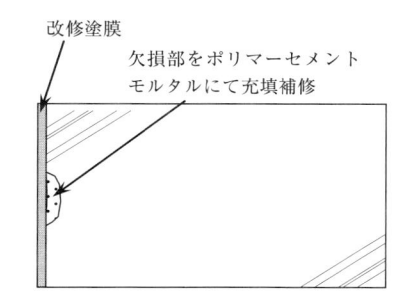

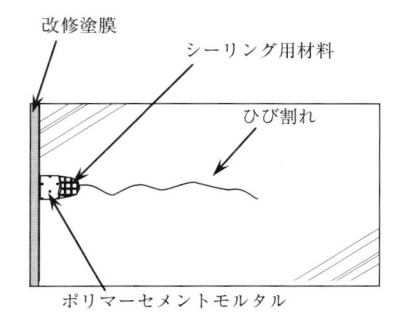

図 6.3.7 断面被覆工法やひび割れ補修との組合わせ例

塗りを省略したり，コンクリートの断面修復工法，ひび割れ補修工法および各種補強工法と組み合わせた塗装仕様を組むこともできる．(図6.3.7，図6.3.8)

②防汚性能： 近年，美観性を低下させる塗膜表面の雨筋汚れ対策として，塗膜表面の汚染防止機能に対する要求性能が高まっている．塗膜表面の防汚性能は，構造物の雨仕舞いなどの設計仕様，塗膜表面のテクスチャー（凸凹やさざ波模様，砂壁状，平滑など），塗膜表面の親水性や塗膜硬度，つやの程度に寄与する．シリカ系親水化剤を配合して塗膜表面を親水化する技術，有機系付着汚れの分解と超親水化を期待した光触媒酸化チタン応用技術など，塗膜の低汚染化技術は進んできており，低汚染タイプを採用することによって，長期的に美観性を維持することができる．

③耐久性： 一般的に高耐久性塗料（高耐候性塗料）とは，アクリルシリコン樹脂系塗料およびふっ素樹脂系塗料を指す．各種塗装仕様について，「JASS 18 塗装工事」では，外部での耐久性をⅠ（劣る）〜Ⅴ（優れている）までの五段階で表示しているので参考にされたい[4]．近年では，塗り替え周期の延長，ライフサイクルコストの低減などの要求性

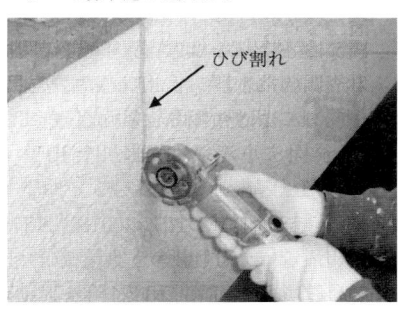

図 6.3.8 例：ひび割れ補修と組み合わせた場合のおおまかな流れ

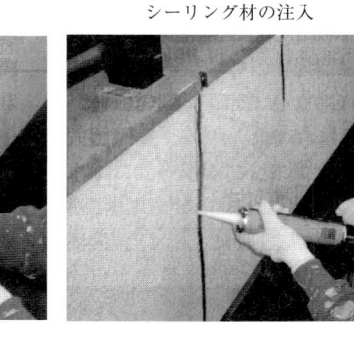

表6.3.5 コンクリート構造物の劣化に対する塗装の機能・効果

劣化の種類	塩害	アルカリ骨材反応	中性化	凍害
塗装の機能および効果	塩素イオン（Cl⁻），酸素，水分の侵入抑制，遮断	水分，二酸化炭素の侵入抑制，遮断	二酸化炭素，水分の侵入抑制，遮断	水分の侵入抑制，遮断
補修塗装前に実施するコンクリートの補修事例	Cl⁻侵入部の除去 鉄筋防錆処理 ひび割れ補修	ひび割れ補修	中性化部除去および断面修復，鉄筋防錆処理，ひび割れ補修，アルカリ再付与	劣化部の除去および断面修復，ひび割れ補修
塗装仕様選定時の検討事項	・素地調整手法　・付着性（塗重ねの適合性）　・ひび割れ追従性　・防食性　・耐水性（防水性） ・耐候性　・防汚性（美装性）　・施工性 ・環境への影響（揮発性有機化合物量：VOC量）			

表6.3.6 各種仕上材の中性化率（JASS 5 抜粋）
解説表3.5 各種仕上材の中性化率[20]

分類	分類別中性化率[*1]	仕上げの種類	種類別中性化率[*2]
複層塗材	0.32	複層塗材 E	0.22
		複層塗材 RE	0.30
		防水形複層塗材 E[*3]	0.40*
		防水形複層塗材 RE	0.08
		可とう形複層塗材 CE	0.00
		防水形複層塗材 RS	0.00
薄付け仕上塗材	1.02	外装薄塗材 E	1.02
		可とう形外装薄塗材 E	0.86
		防水形外装薄塗材 E	0.68
厚付け仕上塗材	0.35	外装厚塗材 C	0.31
		外装厚塗材 E	0.35
塗膜防水材	0.10	アクリルウレタン系	0.00
		アクリルゴム系	0.12*
		アクリル系	0.32*
		ウレタンゴム系	0.00
		外装塗膜防水材	0.09
		ウレタン系	0.00
塗料	0.81	エナメル塗り	0.12
		エマルションペイント塗り	0.64
		ワニス塗り	0.81
下地調整材	0.87	セメント系 C-1	0.61
		セメント系厚塗材 CM-1,2	0.87
		合成樹脂エマルション系 E	0.29

[*1] 表中の数字は中性化率の最大値を示す．
[*2] 種類別中性化率のうち，分類別中性化率で外れ値となったものには，*を付けた．
[*3] 防水形複層塗材 E は，促進試験で所定の1/2の厚さで試験したものもあるため，安全側の数値である．

能の高度化に伴い，ウレタン樹脂系塗料に替わって，高耐久性塗料の採用が増加傾向にある．「鋼道路橋塗装・防食便覧」におけるコンクリート面の塗装では，ふっ素樹脂系塗料を規定している[5]．

④ひび割れ追従性：コンクリートの各種劣化に伴って発生するひび割れによって，漏水やエフロレッセンスが発生する可能性がある．このような場合，ひび割れ幅の変動や進行の有無を検討し，適切なひび割れ補修工法を施した上で，「JIS A 6909 建築用仕上塗材」に規定される防水形の複層仕上塗材や「JIS A 6021 建築用塗膜防水材」に規定されるアクリルゴム系防水材などの下地の動きに追従できる弾性系（軟質系）の防水形塗膜を選定してもよい．ただし，防水形の軟質系塗膜は，硬質系塗膜と比較して汚れやすい．また，塗膜の背面から水分がくると膨れが生じるので，ひび割れ補修は確実に行う．

⑤環境への影響：近年，環境への配慮の意識が高まり，塗料中の揮発性有機化合物（VOC）の削減化が進んでいる．補修工事の際，周辺環境への影響を考慮する必要がある場合には，強溶剤系塗料よりも弱溶剤系塗料あるいは水系塗料を選定する．ただし，水系塗料に関しては，硬化塗膜の性能や施工性において溶剤系に劣る傾向にあり，今後の性能向上が期待される．

4）補修塗装時の注意点

①適切な素地調整（下地調整）が重要である．劣化した塗膜は完全に除去し，状況に応じて下地調整材を塗布する．劣化した塗膜の除去手法には，ブラスト，電動・手工具や塗膜剥離剤の使用，高圧水洗，加熱や火炎によるものがある．塗膜剥離剤の使用は，騒音や粉塵を出さずに塗膜を全面除去できる反面，薬液や廃液の毒性が問題になるが，最近では，塗膜を溶解させる塩化メチレン系に替わって，時間をかけて塗膜を軟化，膨潤させる，より安全性を高めた高級アルコール系のものが採用される傾向にある[6]．

②下地調整材と補修塗膜との相性（適合性），また，活膜が残っている場合には，塗重ね塗膜と既存塗膜との相性（適合性）や付着性を事前に確認する[8]．目立たない部分で試験施工すると良い．

③旧塗膜やコンクリート素地に多量の塩分が付着していると，塗膜に膨れや剥がれを生じやすいため，あらかじめ水洗などによって除去する．土木構造物においては，塩分付着量は 50 mg/m² 以下[5]，100 mg/m² 以下[7] と規定している．

④コンクリート素地表面が高アルカリ，高含水率状態の場合には塗装しない．一般的な目安は，pH 9 以下，高周波表面水分計で含水率 10% 以下である．

⑤塗装環境が気温 5℃ 未満，相対湿度 85% 以上では塗装しない．また，降雨や強風時も避ける．

⑥補修時に旧塗膜が存在しない場合や素地調整においてコンクリート面が露出した場合，他の下地材料の場合と比較して塗料の吸い込みが大きいため，浸透性のプライマーを採用する．

⑦コンクリートを劣化させる腐食性物質やガス成分の浸入を抑制，遮断するためには，所定の塗膜厚さが必要となる．また，防水形の弾性系塗膜においては，平均で 1 mm 以上の塗膜厚さを確保しないと正規の伸び率が確保できず，防水性能が十分に発揮されない．したがって，標準塗膜厚さを確保するための施工管理が重要である．

【奥田章子】

文　献

1) 日本コンクリート工学協会：コンクリート便覧，p.777，1996.
2) 本橋健司：建築構造物の表面仕上げに求められる役割と性能，コンクリート工学，41(9)，pp.4-9，2003.
3) 日本建築学会：建築工事標準仕様書・同解説 JASS5，p.200，2009.
4) 日本建築学会：建築工事標準仕様書・同解説 JASS18，p.339，2006.
5) 日本道路協会：鋼道路橋塗装・防食便覧，pp.Ⅱ-40-Ⅱ-42，2005.
6) 国土交通省大臣官房官庁営繕部監修：建築改修工事監理指針平成19年版（上巻），pp.421-422，建築保全センター，2007.
7) 東日本・西日本・中日本高速道路㈱：構造物施工管理要領，p.267，2006.
8) 国土交通省大臣官房官庁営繕部監修：建築改修工事監理指針平成19年版（下巻），pp.60-70，建築保全センター，2007.

d. 表面含浸工法

表面含浸工法は，コンクリート表面に塗布した表面含浸剤がコンクリート内部に含浸して，コンクリート表層部の組織を改質して劣化因子の侵入抑制，または新たな機能を付与することにより，コンクリート構造物の耐久性を向上や美観・景観の確保などを図る工法である．表面含浸工法には，コンクリート表層部に吸水防止層を形成して水分や劣化因子の侵入を抑制するシラン系と，コンクリートへのアルカリ付与や表層部，脆弱部の固化などを目的としたケイ酸塩系に大別される．

表 6.3.7 表面含浸工法に期待される性能と適用効果

期待される性能	シラン系	ケイ酸塩系	
		ケイ酸リチウム系	ケイ酸ナトリウム系
中性化抑制	△	△	○
塩化物イオンの侵入抑制	○	−	○
凍結融解抵抗性	△	−	△
化学的侵食抑制	−	−	−
アルカリ骨材反応抑制[*1)]	−	△	−
美観・景観に関する性能	−	−	−
剥落抵抗性[*2)]	△	−	△

表中の○は適用対象，△は適用する場合検討が必要，−は適用対象外を示す．
[*1)] アルカリ骨材反応抑制は標準的な遮水性より判定した．
[*2)] 剥落抵抗性は付着性を基本に判定した．

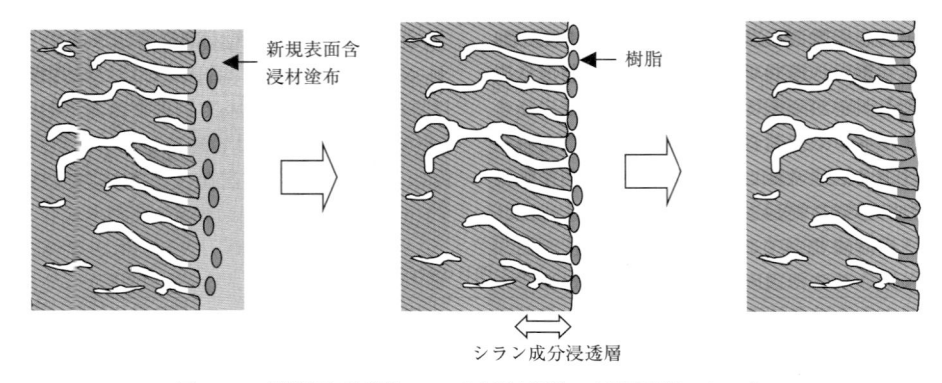

図 6.3.9 樹脂混入型新規シラン系表面含浸材の表層部改質メカニズム

表面含浸工法に期待される性能と適用効果を表 6.3.7 に示す．

シラン系表面含浸材は，シランモノマー，シランオリゴマーまたは，これらの混合物を主成分とし，水または有機溶剤で希釈された材料である．この材料をコンクリート表面に含浸させることにより，表層から数 mm の厚さではっ水層を形成し，水や塩化物イオンなどの劣化因子の侵入を抑制することができる．この材料は，コンクリートの外観を変えることなく，比較的簡易に施工することが可能であり，短時間で性能を発揮させることができ，シラン系表面含浸剤によって細孔が充填されることがないためにコンクリート内部からの水蒸気透過が可能である．

最近では，シラン系表面含浸材にあらかじめ樹脂を混入させた新規表面含浸材などが市販されている．その一例として，特殊シラン系化合物とシリコーン樹脂を混入した表面含浸材[2)] は，コンクリート表層部の微細な空隙を充填することによりシラン系表

図 6.3.10 新しいシラン系表面含浸材の汚れ抑制状況
左　：築 20 年，無処理の屋外壁
中央：築 18 年目に表面を洗浄後，シラン系表面含浸材を適用して 2 年経過した屋外壁
右　：築 18 年目に表面を洗浄後，無処理にて 2 年経過した屋外壁

面含浸材が本来持つ遮水性をさらに向上させるとともに，塩化物イオンなどの劣化因子の進入を抑制す

る効果が得られる（図6.3.9）．このような表面含浸剤は，コンクリート表層部組織が緻密化するため，全般的に透湿性（コンクリート内部の水分を外部に放散させる作用）が低下する傾向にあるが，シラン系表面含浸材ではケイ酸塩系に比べて性能が低いと言われている中性化抑制機能を有している．また，図6.3.10に示すように，藻類，カビ類，その他の汚れの付着を抑制する効果も期待される．

ケイ酸リチウム系表面含浸剤は，化学式Li_4SiO_4で表されるケイ酸リチウムを主成分とする水溶液である．表面が中性化，あるいはぜい弱化しているコンクリートに対して含浸させることにより，アルカリの付与やぜい弱化しているコンクリートを固化して強度を回復することができる．この材料は，固化した後においても含浸層に存在する細孔を完全に充填することはないため，コンクリート内部に存在する水分の蒸発を阻害することはない．

ケイ酸ナトリウム系表面含浸剤は，ケイ酸ナトリウムを主成分とする水溶液である．この表面含浸材は，コンクリート中の水酸化カルシウムと化学的に結合し，セメント水和物に近いC-S-H系の結晶をコンクリート細孔内部に形成する．そのため，コンクリート表面の細孔径空隙を減少させて組織が緻密になるため，劣化因子の侵入を抑制して中性化などに対する耐久性を向上させ，また，コンクリート表面強度（硬度）を向上させる．さらにコンクリートの表面に微細なひび割れが存在する場合には，シラン系表面含浸材が持たない，ひび割れ修復効果がコンクリートの耐久性向上に寄与する．ケイ酸リチウム系表面含浸材と同様に，コンクリートへのアルカリ付与や脆弱部の固化することができる．

表面含浸工法の適用に際しては，表面含浸材の成分や，主成分が同一であっても銘柄に応じてその性能や効果が異なるため，使用する表面含浸材の選定においては，侵入を抑制する劣化因子，対象構造，使用環境に応じて十分な検討が必要である．検討においては，実際に適用するコンクリートに対して試験的に複数の表面含浸材を適用してその効果を確認するのが望ましいが，一般的には困難な場合が多い．このような場合には既往の調査や研究成果などが表面含浸材選定の上で参考となる．土木学会のコンクリートライブラリー119「表面保護工法　設計施工指針（案）」では表面含浸材の耐久性能試験法を示しており，同一環境下における複数の表面含浸材の耐久性試験結果が紹介されている．しかし，現時点では，このような同一環境下で，複数の含浸材の効果を確認した研究事例[3]は少なく，今後は，データの蓄積を目的とする研究活動が活発化することが望まれる．さらに，適用するコンクリートの状態も重要な表面含浸材の選定要因である．とくに，対象とするコンクリート表層部が多量の水分を含んでいる場合，コンクリート組織が相当緻密である場合，またはコンクリート表層部が相当にぜい弱化している場合などでは，表面含浸材の性能が発揮させない場合がある．ケイ酸塩系表面含浸材については，ケイ酸リチウム系表面含浸材は乾燥した状態の下地に塗布して乾燥養生を実施することにより性能を発揮させるのに対して，ケイ酸ナトリウム系は湿潤状態の下地に塗布して湿潤養生を行うことにより性能を発揮させることから，使用材料の特徴および使用方法を十分に把握し，適用することが重要である．

表面含浸材の施工方法は，表面含浸材の種類や施工環境などにより，刷毛塗り，ローラー刷毛塗り，吹付け，噴霧などがある．その塗布量については，1回当たりの塗布量は$0.1〜0.4 kg/m^2$，塗布回数1〜3回程度および総塗布量$0.1〜0.4 kg/m^2$である．なお，数回に分けて施工する場合には，その塗り重ね間隔などは材料の特徴にあわせて実施し，確実に所定量を含浸させることが必要である．

【平間昭信】

文　献

1) 土木学会：コンクリートライブラリー119「表面保護工法　設計施工指針（案）」，2005.
2) 加藤淳司，田中　斉，沖野喜佳：中性化抑制機能を付与したシラン系表面含浸材の性能評価，コンクリート工学年次論文集第29巻，pp.799-804，2007.
3) たとえば，寺澤正人，木村裕俊，中村洋二，鈴木基行：寒冷地域にて使用する表面含浸材の耐久性能試験，コンクリート工学年次論文集第29巻，pp.553-558，2007.

6.3.4　断面修復工法

a.　概　要

断面修復工法とは，既設コンクリートの劣化や鋼材の腐食などにより生じた断面欠損部もしくは補修・補強工事に伴い除去された部分を当初の形状に修復するための工法である．ここでは，断面修復工法のうち，左官工法，吹付け工法，充填工法について，その概要を示す．

断面修復に際しては，施工方法や使用材料の特性

をよく理解したうえで，図 6.3.11 にその概念を示すように，施工規模，施工方向を勘案して，最適な施工法や材料を採用する必要がある．さらに施工時の制約条件（たとえば振動の有無，狭隘箇所での施工か否か，足場状況など）を勘案することも，断面修復の品質を確保する上で非常に大切である．なお，大規模・上向き施工に充填工法を，大規模・下向き施工に吹付け工法を適用することも可能ではあるが，これらの場合には，空気溜り防止やリバウンドの巻き込み防止のための対策がとくに重要となる．

また採用する工法にかかわらず，水分量管理を含めた下地処理に入念に行うこと，はつりは既設コンクリートに損傷を与えないよう慎重に実施すること，打継ぎ界面の浮石などは完全に取り除くこと，縁辺部がフェザーエッジとならないよう成形すること（図 6.3.12 参照）等は所定の性能を有する断面修復を施工する上で，是非とも必要な措置といえる．

b. 左官工法

左官工法とは，金ゴテや木ゴテ，ゴムへらなどを用いて，あらかじめ練り混ぜた断面修復材を人力によって塗りつける，もっとも一般的な断面修復法で，断面修復部が比較的小さな場合や，それらが点在している場合に適している．左官工法は，上向き，横向き，下向きの施工が可能であるが，上向き施工の場合には施工欠陥が出易くなるため留意する必要がある．また左官工法は人力による施工方法であるため，施工者の経験や熟練度が，断面修復後の性能に

図 6.3.11 断面修復工法の選定（概念図）

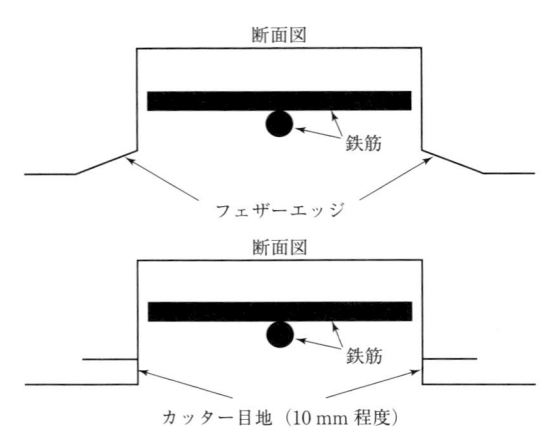

図 6.3.12 フェザーエッジの防止

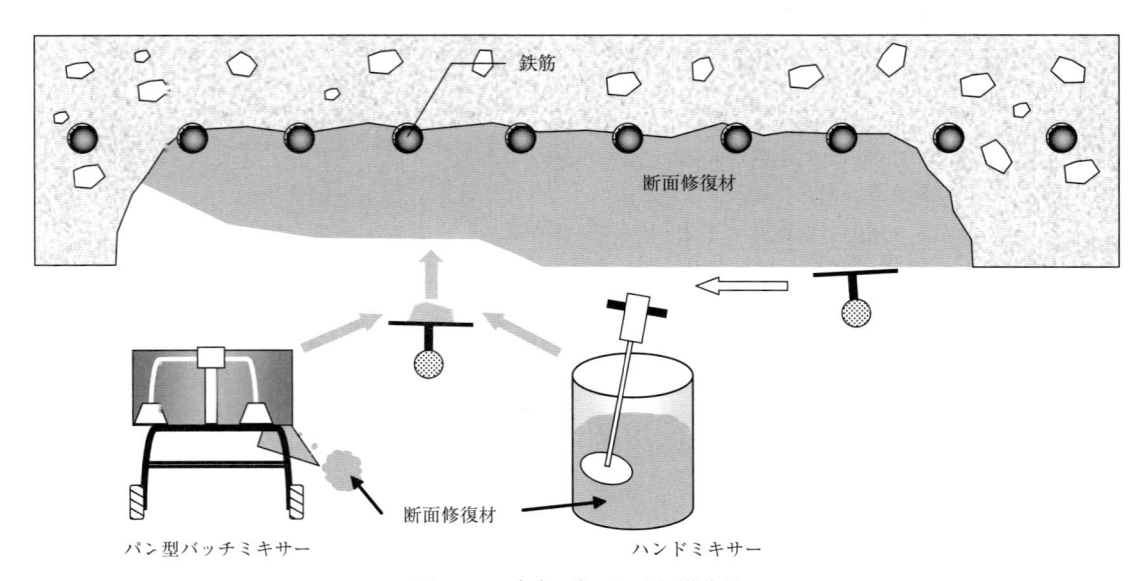

図 6.3.13 左官工法による断面修復例

大きく影響を及ぼすことにも配慮する必要がある．同時に鉄筋が露出している場合，断面修復材が鉄筋裏へ空隙なく充填されるよう注意する必要がある．鉄筋裏への充填量が多い場合などでは，確実な充填を確保するため，左官工法よりはむしろ後述する吹付け工法，モルタル注入工法を採用することが望ましい．左官工法による断面修復例を図6.3.13に示す．

左官工法の施工で留意すべきは，コールドジョイントの欠陥や剥がれ落ちなどを防止することである．左官工法で比較的厚い断面を修復する場合，重ね塗りが必要となるが，重ね塗りの間隔などが不適切であると，断面修復部にコールドジョイントが生じることとなる．コールドジョイント防止のためには，重ね塗りの施工時間の管理やシート養生などの対策を検討する必要がある．また，重ね塗りの層が多く，同日中に重ね塗りができない場合は，ドライアウト防止のため，次層の施工前に湿潤処理または，使用材料に適した下地処理を行う．また，左官工法における断面修復材の一層の施工厚さは，使用する材料の厚塗り性能によるが性能以上に厚塗りした場合，材料の自重などで剥がれ落ちる場合がある．これらを未然に防ぐためには，事前に断面修復材の施工厚さと使用材料の厚付け性能，メッシュ補強材やアンカーの設置，重ね塗り層数，環境，施工間隔，工程などを確認し計画しておくことが重要となる．一般的に断面修復材は，横向き，上向きの場合，一層10 mm程度の施工厚さであるが厚塗りタイプで一層30 mm程度まで施工できる材料などもあるので要求性能を勘案して適切な材料を選定すると良い．

左官工法に使用される断面修復材は，セメントモルタル（CM：cement mortar），ポリマーセメントモルタル（PCM：polymer cement mortar），ポリマーモルタル（PM：polymer mortar）に大別される．

断面修復材として用いられるCMは，既配合（プレミックス）されている場合が多く，構造体コンクリートと同程度の強度，弾性係数，熱膨張係数が得ることができる．また，電気抵抗性が低く電気防食部の断面修復にも適する特徴を持っている．PCMにおいてもCM同様，既配合（プレミックス）されている場合が多いが既配合粉体とセメント混和用ポリマーの2つの包装で供給される二材型PCMと既配合粉体にセメント混和用ポリマーを再乳化型樹脂として1つの包装に配合されて供給される一材型PCMがある．PCMの特徴としては，構造体コンクリートとの付着が大きく乾燥収縮量が小さい．また，CMと比較した場合，圧縮強度が同程度であれば曲げおよび引張強度が大きく，劣化因子の侵入に対する抵抗性に優れる．PMにおいては，液状樹脂（ポリマー），骨材および充填材から構成され，圧縮強度，接着性，防食性，耐摩耗性に優れ実用強度の発現が早い．しかし，優れた性能の反面，電気絶縁性が高く，硬化収縮率や温度依存性がやや大きくなっている．

c. 吹付け工法
1) 湿式吹付け工法と乾式吹付け工法

周知のとおり，吹付け工法とは圧搾空気や遠心力を利用して，材料を施工面に吹付け，硬化させる工法で，①上向き，横向きの施工が可能，②型枠を必要としない，③既設構造物との間で高い付着性能が期待できるなどの特徴を有している．現在までのところ，吹付け工法はNATMトンネルの一次ライニングやのり面の安定化工法に主に使用されているが，このような特徴を勘案すれば，コンクリート構造物の断面修復工法としても有効で，床版下面等のように，比較的薄層・広面積の断面修復が求められる現場で，着実に施工実績を増やしつつある．特に補修・補強工事では，桁下など，狭隘な場所での施工が要求されるケースも多いが，吹付け工法は吹付け場所近傍で必要とされる器具・設備が少なく，その意味でもコンクリート構造物の断面修復工法として好適といえる．なお，NATM工法などに使用される吹付け工法と比較して，補修・補強工事の吹付け工法では，施工能力が0.5～1.5 m³/h程度と小さ

表6.3.8 湿式吹付け工法と乾式吹付け工法

	湿式吹付け	乾式吹付け
吹付け材	PCM	繊維補強モルタル
結合材	おもに普通・早強セメント	超速硬セメントが多い
圧送距離	鉛直10 m，水平50 m程度	鉛直50 m，水平200 m程度
1層当り吹付け厚	30 mm程度まで	50 mm以上
粉塵・リバウンド	少ない	多い
適用	かぶりコンクリートの置き換えなど，薄層の施工に適する	鉄筋裏側への充填が必要な場合など，厚層の施工に適する

一般の吹付け工法と同じく，補修・補強工事に用いられる吹付け工法も乾式吹付け工法と湿式吹付け工法に大別することが可能で，表6.3.8に示すようにそれぞれに特徴を有している．総じて言えば，50 mm以下の比較的薄層部の施工には湿式工法が，鉄筋裏への充填性など，比較的厚層の施工が求められる場合には乾式工法が適しているといえる．実際の採用に際しては，これらの特徴を十分に理解して，適切な運用を図ることが必要である．

2) 湿式吹付け工法

現在までのところ，湿式吹付け工法による断面修復材料としては，おもにポリマーセメントモルタル（PCM：polymer cement mortar）が使用されているが，PCMは既設コンクリートとの付着性や有害因子の遮断性能に優れる反面，粘性が高く，長距離圧送は難しい．現実的には，吹付け用PCMはプレミックス品として，種々の材料が販売されているので，要求性能を勘案して，適切な材料を選定するとよい．

湿式吹付け工法のプラント設置例を図6.3.14に示し，吹付け状況を図6.3.15に示す．ミキサーで練混ぜられた材料はポンプにより吹き付け場所まで圧送され，圧搾空気により，吹付けられる．1層あたりの吹付け厚さは材料により異なるが，一般には30 mm程度以下である．吹付け厚さが不足する場合には，積層施工することとなるが，吹付け厚さが厚くなりすぎた場合や積層間隔が短すぎた場合には，緩みや落下を生じるので注意する必要がある．吹付け終了後，必要に応じてこて仕上げなどを行った後，被膜養生剤やシートなどを用いて，養生を行う．この際，初期の乾燥には十分に注意する必要がある．

3) 乾式吹付け工法

乾式吹付け工法は図6.3.16に示すようなシステムで，水以外の材料をプラントで練混ぜ，これを専用の吹付け機に投入，空気圧により吹付けノズルまで圧送し，ノズルで水を加えて吹付ける工法である．吹付け施工時の状況を図6.3.17に示す．なお，コンクリート構造物の断面修復工法に用いる乾式吹付け工法には，おもに超速硬セメントが使用されるため，通常急結剤は使用しない．乾式吹付けモルタルの配合例を表6.3.9に示す．乾式吹付け工法は湿式工法よりも，長距離の圧送が可能で，吹付け速度が速いため鉄筋裏への充填性に優れ，1層あたり50 mm以上の厚付けが可能である．反面，吹付け

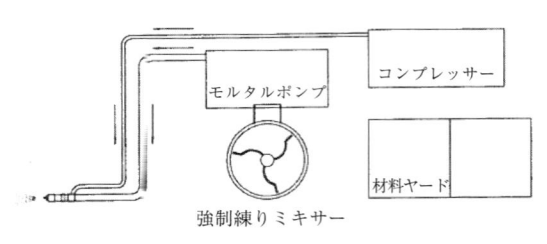

図6.3.14 湿式吹付けシステム

図6.3.15 湿式吹付け

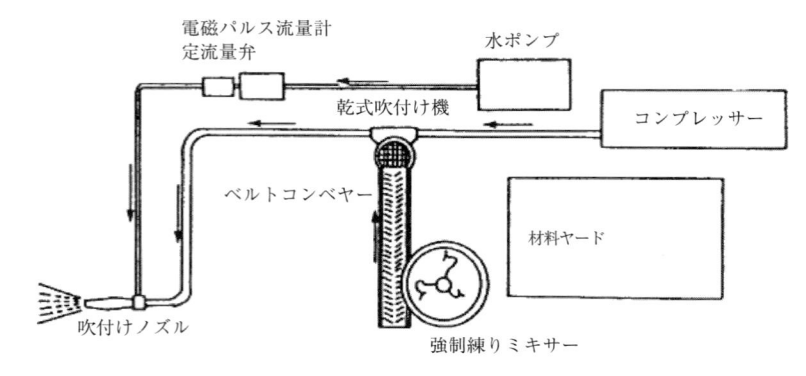

図6.3.16 乾式吹付けシステム

図 6.3.17 乾式吹付け

表 6.3.9 乾式吹付けモルタルの配合例

W/C %	S/C %	単位量 (kg/m³)			
		セメント	水	細骨材	鋼繊維
45	3	512	230	1536	78.5

施工時に粉塵・リバウンドが発生しやすいため,作業環境に配慮する必要がある.

d. 充填工法

充填工法とは,断面修復部に型枠を設置して断面修復材を打ち込む工法で,施工方向が下向き,横向きで,施工部が比較的大きな場合に適している.梁下面など,上向きの施工部にも適用可能であるが,この場合には注入・打込みは下部から上部へ行うこと,空気抜きは断面修復部の最上部に設置すること,注入口は最下部の適正な位置に適正な量を設置すること,凹部など空気泡の残留が予想される部分は左官工法の断面充填材を用いて事前に成形することなどが必要となる.また,高低差が大きい場合などは,途中に空気抜きおよび注入口を設置するとよい.

充填工法は,モルタル注入工法,打継ぎコンクリート工法,プレパックド工法の3工法に大別することが可能であるが,それぞれの特徴を充分に理解し現場にあった適切な工法を選定する必要がある.モルタル注入工法の例を図6.3.18に,打継ぎコンクリート工法の例を図6.3.19に,プレパックド工法の例を図6.3.20に示す.

モルタル注入工法は,規模のさほど大きくない断面修復で採用されることが多く,ポンプ圧力2Mpa程度のスクイズ式モルタルポンプなどを用いて,型枠内に断面修復材を注入する工法である.圧送ホースは耐圧ホースが一般に使用され,ポンプなどで断面修復材を圧送する.長距離圧送する場合は,抵抗や損失を少なくするために鋼管を用いることがある.断面修復材としては,無収縮モルタルやポリマーセメントモルタルなどが使用されるが,とくに高い流動性が要求される.

打継ぎコンクリート工法は,断面修復材としてのモルタルおよびコンクリートを所定の型枠に打ち込む工法である.この工法は,断面修復材としておもにコンクリートを用いるため,断面修復部が比較的大きな場合に適している.通常打ち込みは,型枠上部を開放し圧送ホースを差し込んでコンクリートを打ち込むか,開放部分からコンクリートを直接流し込んで実施される.このため,材料分離抵抗性に優

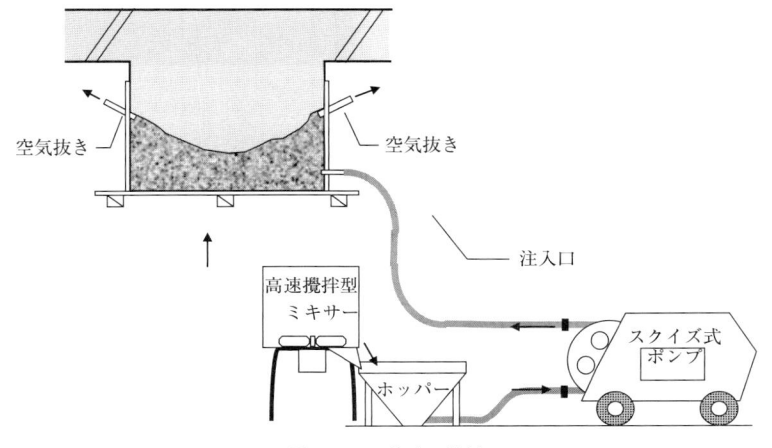

図 6.3.18 注入工法例

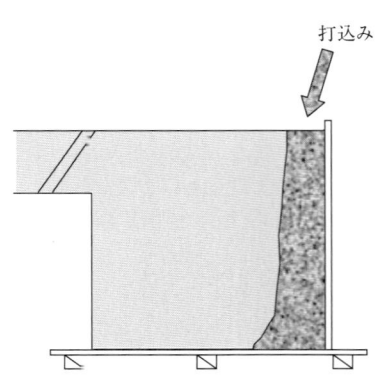

図6.3.19 打ち継ぎ（コンクリート）工法例

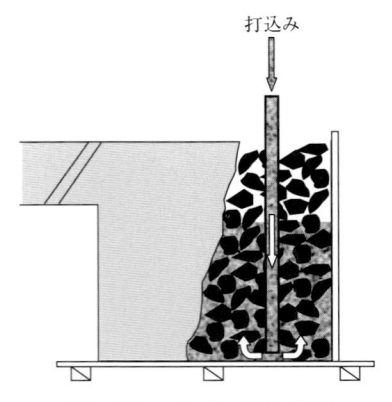

図6.3.20 プレパックド工法例

れ，流動性のある低収縮性のコンクリートが一般に用いられる．

プレパックド工法は，あらかじめ型枠内に粗骨材を充填しておき，後からモルタルまたはセメントペーストを充填する工法である．粗骨材（充填量の約1/2）をあらかじめ施工部に投入することが可能で，充填材の施工量（搬送量）を半減できるため，この工法は断面修復部が非常に大きい場合に適用されることが多い．なお，モルタルもしくはセメントペーストとしては，事後の性状を考慮し，ポリマーが配合されたり，所定の膨張性を有する材料が使用されることが多い．

いずれの工法も既存コンクリートと断面修復材の打継ぎ面が型枠内に隠れてしまい打継ぎ界面の湿潤処理が困難になってしまう場合がある．したがって，型枠の施工前に既設コンクリート面への吸水防止材やプライマー塗布などの下地処理を検討する必要がある．また，充填工法では，流動性に優れた断面修復材が用いられることも多く，施工中や養生中の型枠に大きな側圧が作用するので，これを考慮して設計および計画を立てる必要がある．他にも，流動性に優れた断面修復材を用いることから型枠の接合部から断面修復材が漏出しないように型枠の組み立て精度を良くし，場合によっては型枠の接合部にシーリング材やパテ材を配置するなどの措置が必要となる．

充填工法は，一般に型枠内部の充填状況を確認することが困難なので，使用する断面修復材の性能を理解し，季節変動の影響や施工手順および手法，充填状況および完了時の確認方法などを明確にして施工することが重要である．【柏崎隆幸・内田美生】

6.3.5 剥落防止工法

a. 仕上げ（建築）

ここでは，モルタル塗り仕上げ外壁（外壁の外部側コンクリート構造体表面にセメントモルタル層が施されている），タイル張り仕上げ外壁（手張り工法または打込み工法によって外装用タイルが施されている）の浮き・剥離を補修し，剥落を防止する方法を紹介する．床版下面，コンクリート打放し外壁等のかぶりコンクリートの剥落防止については6.3.5項bを参照されたい．ここで紹介する工法は，モルタル浮き，タイル陶片およびタイル張りの浮きを対象としており，構造体のコンクリートの劣化を含めての浮きで構造耐力にかかわる場合は別途とする．

モルタル塗り仕上げ外壁，タイル張り仕上げ外壁の浮き・剥離のうち，通常レベルの打撃力によって剥落する恐れのある部分以外の浮き・剥離部については，

①アンカーピンニング部分エポキシ樹脂注入工法： 浮き部を全ネジ切りアンカーピンとエポキシ樹脂で構造体コンクリートに固定する工法（図6.3.21）．

②注入口付アンカーピンニング部分エポキシ樹脂注入工法： 浮き部を注入口付アンカーピンで機械的に固定すると同時に，注入口よりエポキシ樹脂を注入して構造体コンクリートに固定する工法．

③アンカーピンニング全面エポキシ樹脂注入工法： 浮き部を構造体コンクリートに全ネジ切りアンカーピンとエポキシ樹脂で固定し，かつ残存浮き

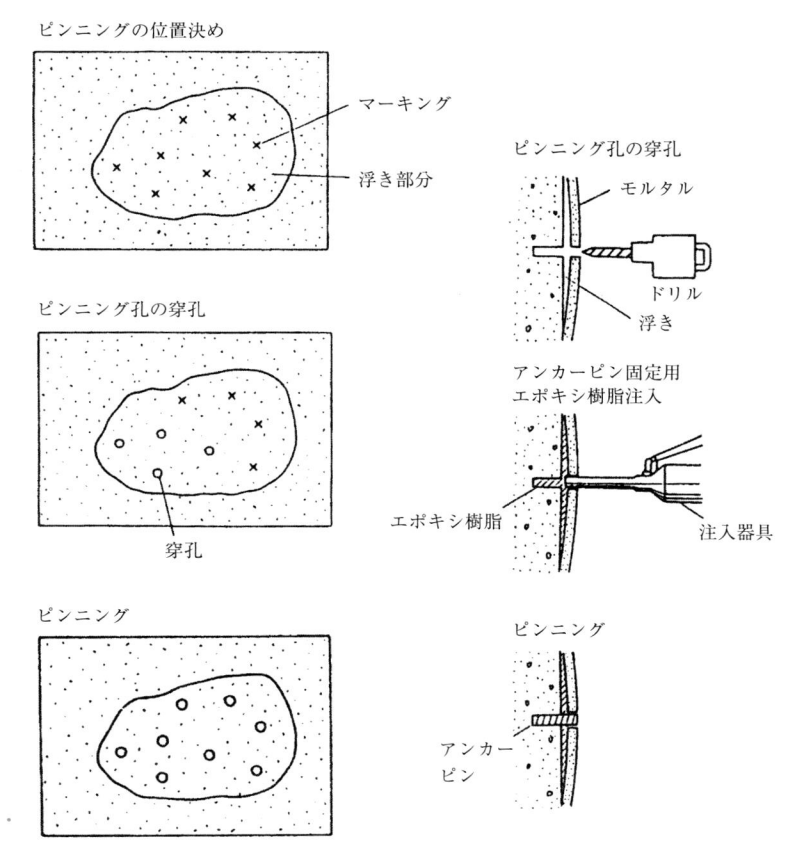

図 6.3.21 アンカーピンニング部分エポキシ樹脂注入工法（①）の概要[2]

部にエポキシ樹脂をほぼ全面に注入充填する工法（図 6.3.22）．

　④注入口付アンカーピンニング全面エポキシ樹脂注入工法：　浮き部を注入口付アンカーピンニング部分エポキシ樹脂注入工法で固定し，かつ残存浮き部にエポキシ樹脂をほぼ全面に注入充填する工法．

　⑤アンカーピンニング全面ポリマーセメントスラリー注入工法：　浮き部を構造体コンクリートにアンカーピンとエポキシ樹脂で固定し，かつ残存浮き代部にポリマーセメントスラリーを注入充填する工法．

　⑥注入口付アンカーピンニング全面ポリマーセメントスラリー注入工法：　浮き部を注入口付アンカーピンニング部分エポキシ樹脂注入工法で固定した後，かつ残存浮き代部にポリマーセメントスラリーを注入充填する工法．

から最適な工法を適用する．アンカーピンニング部分エポキシ樹脂注入工法（①），アンカーピンニング全面エポキシ樹脂注入工法（③）の概要，注入口付アンカーピンニングエポキシ樹脂の施工工程の概要を図 6.3.21～図 6.3.23 に示す．

　①②は，1カ所あたりの浮き・剥離面積が 0.25 m² 未満または剥落安全性を期待する場合に適用し，③④は，1カ所あたりの浮き・剥離面積が 0.25 m² 以上で，かつ剥落安全性と構造体の耐久性確保を期待し，浮き代が 1.0 mm 以下の場合に適用し，⑤⑥は，1カ所あたりの浮き・剥離面積が 0.25 m² 以上で，かつ剥落安全性と構造体の耐久性確保を期待し，浮き代が 1.0 mm を超える場合に適用する（図6.3.24 参照）．

　タイル陶片の浮きについては，⑦注入口付アンカーピンニングエポキシ樹脂注入タイル固定工法[1),2)]を適用する．

　補修材料は JIS などによる適切な試験方法や，使用実績あるいは信用できる資料によって，性質や性能が確かめられたものを使用する．資料が不足している場合は，試験施工などにより性能を確認する．

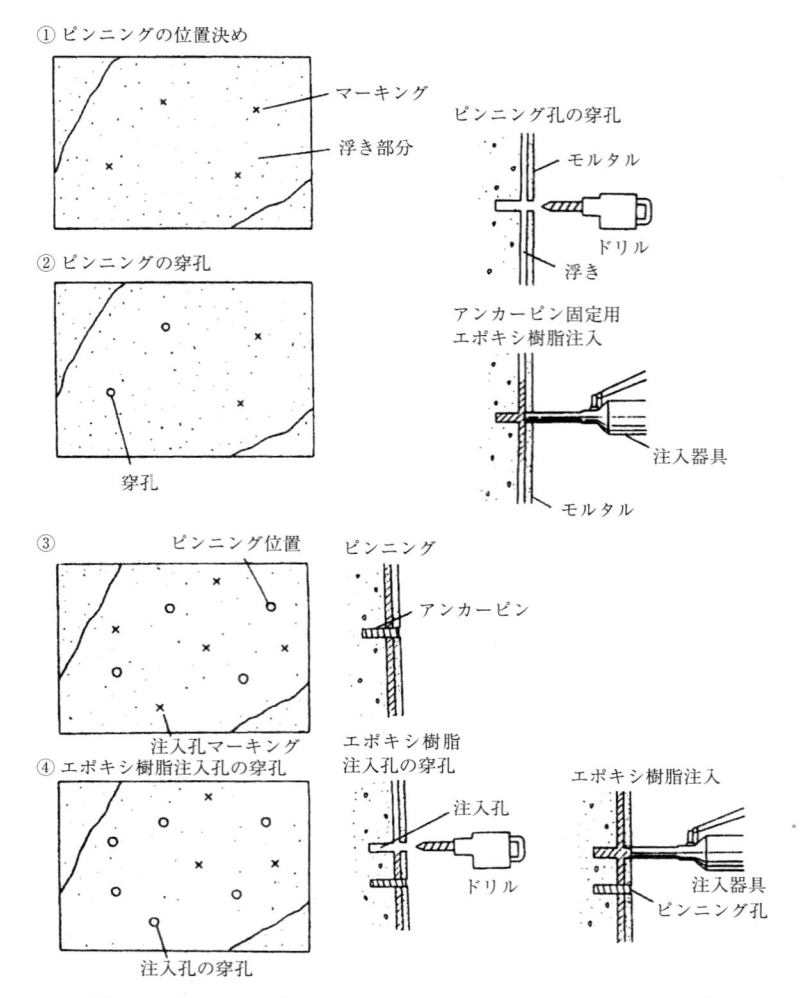

図 6.3.22 アンカーピンニング全面エポキシ樹脂注入工法（③）の概要[2]

なお，通常レベルの打撃力によって剥落する恐れのあるモルタル，タイル陶片およびタイル張りの浮き・剥離部の場合は，浮き部を除去後，欠損部の工法（6.3.4項参照）を適用する．詳細は，建築保全センター編「建築改修設計基準及び同解説 平成11年版」[1]，「建築改修工事監理指針 平成19年版」[2]，公共建築協会編「公共建築改修工事標準仕様書（建築工事編）平成19年版」[3]を参考にするとよい．

また，劣化したモルタル塗り仕上げ外壁およびタイル張り仕上げ外壁などの大規模な改修工法として，仕上げ層をアンカーピンと繊維ネットで複合的に補強し，その後の剥落を防止する⑧外壁複合改修構工法がある．

⑧外壁複合改修構工法： この構工法は，既存外壁仕上げ層を存置したまま，アンカーピンと繊維ネット（ビニロン繊維，ガラス繊維，ポリプロピレン繊維，アラミド繊維など）を複合して用いることにより，ピンによる仕上げ層の剥落防止と，繊維ネットによる既存仕上げ層の一体化により安全性を確保しようとするものである．アンカーピンの使用方法については，剥離している仕上げ層を固定しようとするものと，仕上げ層と繊維ネットの複合層を固定するものとの2種類がある．また，ガラス繊維ネットを用いた透明度の高い複合層を構成し，既存仕上げ層の外観を活かす工法もある．既存仕上げ層を撤去しないため工事に伴う廃棄物の量を低減でき，環境保全にも資するものとなっている．建築分野におけるアンカーピンとネットを併用した剥落防止工法の一例を図6.3.25に示す．

複合改修構工法を外壁全面に適用することによって，劣化部分の剥落に対する安全性を確保するのみではなく，残された健全部分に対しても劣化の進行を遅延する効果が期待できる．調査・診断の結果，中性化抑制が必要な場合（4.3節参照），新規仕上げ層の中性化抑制効果は，日本建築学会編「鉄筋コンクリート造建築物の耐久設計施工指針（案）・同解説」[4]，「建築工事標準仕様書・同解説JASS5」[6]，岸谷・西澤編「コンクリート構造物の耐久性シリーズ 中性化」[5]などを参考にするとよい．新規仕上げの耐用年数に関しては，日本建築学会編「外壁改修工事の基本的な考え方（湿式編）」解説表3.1.3仕上塗材の種類と期待される性能表[7]，（財）建築保全センター編「建築改修設計基準及び同解説平成11年版」表5.4.2塗り仕上げの標準耐用年数及び推定耐用年数[1]を参考にするとよい．

この構工法は，平成8年度建設技術評価規定（平成7年度建設省告示1860号）第9条1項の規定に基づき建設大臣による評価が実施された．現在は，「民間開発建設技術の技術審査・証明事業認定規定（建設省告示1451号）」が廃止され，これにかわる審査証明として，（財）日本建築センターまたは（財）建築保全センターによる「建設技術審査証明事業」があり，これらの審査証明を取得している工法もある．これらの工法を適用する場合には，複合改修構工法の内容が示された「評価書」により，適用範囲や施工上の留意事項などを十分確認する．

【平松和嗣】

文　献

1) 建築保全センター：建築改修設計基準及同解説平成11年版，1999.
2) 建築保全センター：建築改修工事監理指針平成19年版，2008.
3) 建築保全センター：公共建築改修工事標準仕様書（建築工事編）平成19年版，2007.
4) 日本建築学会：鉄筋コンクリート造建築物の耐久設計施工指針（案）・同解説 解説表5.2.15，pp.106-107，2004.
5) 岸谷孝一・西澤紀明編／喜多達夫ほか著：コンクリート構造物の耐久性シリーズ 中性化 3.1.8仕上材の種類，pp.28-32，技報堂出版，1986.
6) 日本建築学会：建築工事標準仕様書・同解説JASS5 第8版 解説表9.1 解説図9.4，pp.206-208，1987.および第13版 解説表3.5，pp.197-202，2009.
7) 日本建築学会：外壁改修工事の基本的な考え方（湿式編）解説表3.1.3，pp.89-91，1994.
8) 日本コンクリート工学協会：コンクリートのひびわれ

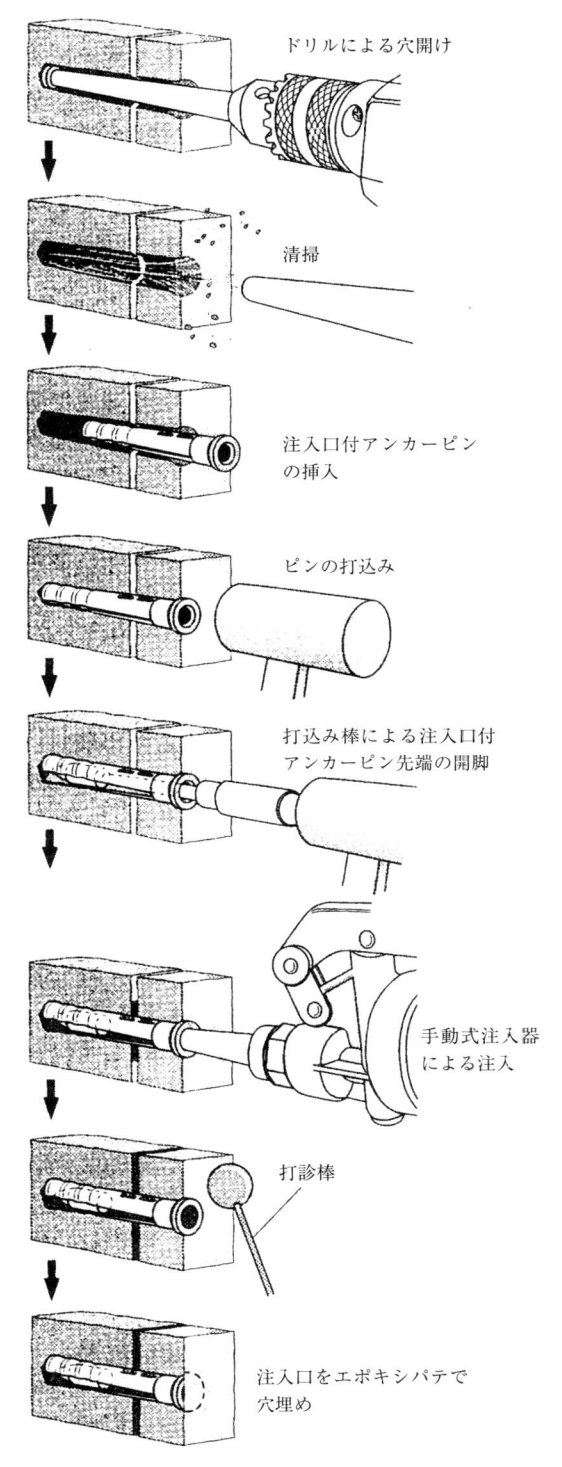

図6.3.23 注入口付アンカーピンニングエポキシ樹脂の施工工程の概要[1,2]
（ドリルによる穴開け／清掃／注入口付アンカーピンの挿入／ピンの打込み／打込み棒による注入口付アンカーピン先端の開脚／手動式注入器による注入／打診棒／注入口をエポキシパテで穴埋め）

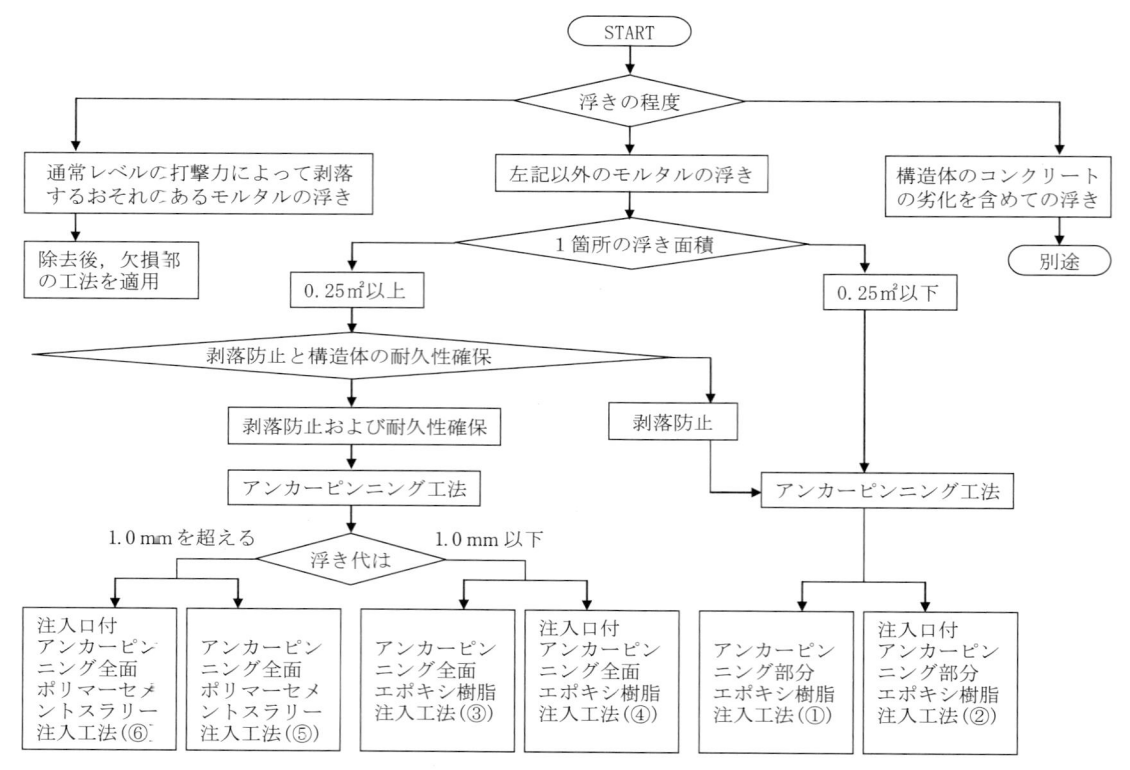

図 6.3.24 モルタル塗り仕上げ外壁の工法選定フローの例[1),2)]

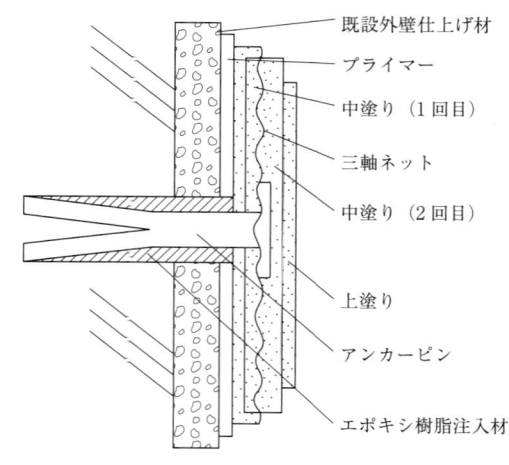

図 6.3.25 アンカーピンとネットを併用した剝落防止工法（ε）の一例[8)]

調査, 補修・補強指針-2003- 解説図 5-12, p.91, 2003.

b. 躯体（土木）

コンクリート構造物の耐久性は, 50年とも100年とも言われていた時期があったが, 日本海側の海岸線に近い構造物で昭和50年頃, 竣工から10年程度のものに, ひび割れ, さび汁が発生するという現象が現れた. 塩害という現象であるが, この調査において, 飛来塩分の影響が確認され, 外部からの劣化因子による, コンクリート構造物の早期劣化が重要視されるようになった. 都市部においては, 高速道路上からのコンクリート片落下による第三者傷害を防止するために20年ほど前より, 剝落防止工法が採用されてきた経緯があるが, 本格的に採用が広まったのは, 平成11年頃からである.

当初は, 仕様規定型が主流で, 使用する繊維材, 接着剤が指定され, 標準使用量まで示されることもあったが, 近年においては, 耐久性能, 剝落防止性能が満足できれば, 使用材料は規定しないという性能規定型も広まりつつあり, 各種剝落防止工法が上市されてきている.

1) 剝落防止工法に対する要求性能と試験方法

コンクリート片の剝落防止対策に要求される性能としては,

①コンクリート片の剝落を防止する性能

②コンクリート構造物への，外部からの劣化因子の浸入を抑制する性能
③耐久性能

などがあげられ，各機関においてそれぞれ試験方法と，品質規格が提案されている．

表6.3.10に要求性能と試験方法を，表6.3.11に品質規格を示す．

2) 剥落防止工法の種類

剥落防止工法は大きく分けて3種類に分類される．

①ネット工法（ネットを金属アンカーで固定する，応急処置）
②連続繊維接着工（劣化因子の遮断と，コンクリート片の剥落防止）
③連続繊維接着工（補強を伴う剥落防止）

恒久対策を実施するにあたっては，外部からの劣化因子の浸入を遮断する必要があることから，ここではおもに連続繊維接着工を紹介する．

①連続繊維接着工の分類： 連続繊維接着工は，既存コンクリート構造物に接着剤あるいはポリマーセメントなどを用いて，シートを貼り付ける工法である．連続繊維接着工は塗布接着型シート工法と，貼り付け接着型シート工法に分類される．

工法の名称は，たとえば「ガラス（繊維）クコスシート工法」のように，繊維を構成している成分と，繊維の織り方で呼ばれるのが一般的である．ここでは，連続繊維接着工を分類した．工法の分類を図6.3.26に，繊維シートの形態を図6.3.27に示す．

②連続繊維接着工に用いられる繊維の種類と特徴： 連続繊維接着工に用いられる繊維は，使用目的に応じてガラス繊維シート，ビニロン繊維シート，炭素繊維シート，アラミド繊維シートなど使用される繊維シートが使い分けられている．既存コンクリート構造物に接着剤やポリマーセメントなどを用い，繊維シートを貼り付け，目的に応じ上塗り材を変更することが可能である．以下におもな繊維シートの特徴を示す．

各繊維シートの特徴

i) ガラス繊維シート　ガラス繊維シートは，古くからFRP用材料として用いられ，剥落防止用

表6.3.10 要求性能と試験方法

要求性能			評価する性能	試験方法	
剥落防止性能			浮きコンクリートの重量を支える抵抗性	押抜き試験	JHS 424-2004
コンクリート構造物への劣化因子抑制性能	中性化抑制性能	塩害抑制性能	塩化物イオン透過阻止性	塩化物イオン透過阻止性試験	JSCE-E530-2003
					JHS 425-2004
			酸素透過阻止性	酸素透過阻止性試験	JSCE-K521-1999
					JHS 417-1999
					ASTM D 1434
			水蒸気透過阻止性	水蒸気透過阻止性試験	JIS Z 0208
					JSCE-K522-1999
			二酸化炭素透過阻止性	促進中性化性試験	JHS 417-1999
耐久性能			コンクリートのアルカリ性に対する抵抗性	耐アルカリ性試験後の外観	旧JIS K 5400 7
					JIS K 5600 6-1 7
				耐アルカリ性試験後の付着強さ	JIS A 6909 6.10
					JSCE-K531-1999
			紫外線による劣化に対する抵抗性	促進耐候性試験後の外観	旧JIS K 5400 9
					JSCE-K511-1999
				促進耐候性試験後の付着強さ	JSCE-K531-1999
					JHS 425-2004
			浮きコンクリートの膨張押出して対する変形追従性	促進耐候性試験後のひび割れ追従性試験	JSCE-K532-1999
					JHS 425-2004
			温度変化に対する抵抗性	温冷繰り返し後の付着強さ	JIS A 6909 6.10

表 6.3.11 剥落防止工法の品質規格

試験項目	単位	首都高速道路（株）コンクリート片剥落防止設計施工要領（改定案意見照会用）(H18.7) A種	首都高速道路（株） R種	阪神高速道路（株）コンクリート構造物の表面保護要領（案）(平8.7) 中防食C種	NEXCO 構造物施工管理要領 (平16.4)	東海旅客鉄道（株）東海道新幹線鉄筋コンクリート構造物維持管理標準(2007年改訂予定) A種(解体、欄壁)	B種(中吹きスラブ)	C種(はみ出しスラブ)	東日本旅客鉄道（株）コンクリート構造物の剥離・剥落に関する維持管理マニュアル(平14.3)	西日本旅客鉄道（株）表面保護工
塗膜の外観	—	施工後の外観に著しい不連続性がなく、周囲と調和すること	—	白亜化はほとんどなく、塗膜に割れ・剥がれのないこと	—	膜は均一で、流れ・むら・膨れ・割れ・剥がれのないこと			コンクリート構造物の剥離・剥落に関する維持管理マニュアル(平14.3)	塗膜は均一で、流れ・むら・膨れ・割れ・剥がれ、および剥がれがないこと
耐アルカリ性	—	—	—	飽和水酸化カルシウム水溶液に30日間浸漬しても塗膜に膨れ・割れ・剥がれ・軟化・溶出のないこと	—	水酸化カルシウムの飽和水溶液に30日間浸漬しても外観あるいは塗膜に膨れ・割れ・剥がれ・軟化・溶出のないこと			水酸化カルシウム水溶液に30日間浸漬し塗膜の膨れ・割れ・剥がれ・欠けがないこと	30日間アルカリ水溶液に浸漬し、塗膜の膨れ・割れ・剥がれ・欠けがないこと
試験時間	時間	500・屋外暴露1年		300	2500	3000			3000	300
外観	—			白亜化がなく塗膜に割れ・剥がれのないこと	—	白亜化はほとんどなく、塗膜に割れ・剥がれのないこと			白亜化がなく塗膜に膨れ・割れ・剥がれのないこと	白亜化など塗膜に異常がないこと
光沢保持率	%	70以上			—	—	—	—	—	—
色差	—	ΔE＝10以内			—	—	—	—	—	同左および基盤目法9.9
標準養生後	N/mm²	1.5以上	1.5以上	2.0以上	—	—	—	—	1.0以上	—
温冷繰返し試験後	N/mm²	1.5以上	1.5以上	—	—	—	—	—	—	—
耐アルカリ性試験後	N/mm²	1.0以上	1.0以上	2.0以上	—	—	—	—	0.7以上	—
水中養生後	N/mm²	—	—	2.0以上	—	—	—	—	—	—
耐水性	—	—	—	—	—	—	—	—	—	30日異常なし
塩化物イオン透過阻止性	mg/cm²・日	—	—	1.0×10⁻³以下	5×10⁻⁴以下	—	—	—	—	2.5×10⁻³未満(有機) 6.9×10⁻³未満(無機)
耐塩水性	—	—	—	—	—	—	—	—	—	20℃、720時間で塗膜に異常なし
耐酸水噴霧性	—	—	—	—	—	—	—	—	—	300時間異常なし
耐凍結融解性(温冷繰返し試験)	—	—	—	—	—	—	—	—	—	10サイクル異常なし
熱膨張係数	—	—	—	—	—	—	—	—	—	母材と同程度
酸素透過阻止性	mg/cm²・日	—	—	1.00 mol/m²年以下	—	1.0以下	0.05以下	0.05以下	—	楕脚：2.3 mol/m²以下 高脚：1.0 mol/m²以下
水蒸気透過阻止性	—	—	—	—	—	5〜10	10以下	10以下	—	3.35以上 10.0以下
促進中性化阻止性	mm	—	—	—	—	3以下	3以下	—	—	0.75以下(有機) 1.2mm以下(無機)
標準養生後(常温)	mm	—	—	—	—	0.4以上	—	—	—	—
標準養生後(低温)	mm	—	—	—	—	0.2以上	—	—	—	—
促進耐候性試験後	mm	—	—	—	—	0.2以上	—	—	—	—
ひび割れ追従性 最大荷重	kN	1.5以上	0.3以上	—	—	—	—	—	—	—
伸び性能	mm	10以上	同左	—	1.5以上	1.5以上	—	—	1.5以上	—
押抜き試験	—	—	—	2.5以下	剥落防止の押抜き試験基準値1.5kN≦剥落防止の押抜き試験結果の最低値×最小保持率	—	—	—	—	—
非吸水性(透水性)	g/m²・日	—	—	—	—	—	—	—	—	0.15 ml/日以下(有機) 0.8 ml/日以下(無機)
プライマーのひび割れ含浸性能	N/mm²	—	—	—	2.0以上	—	—	—	—	—

6.3 補修工法

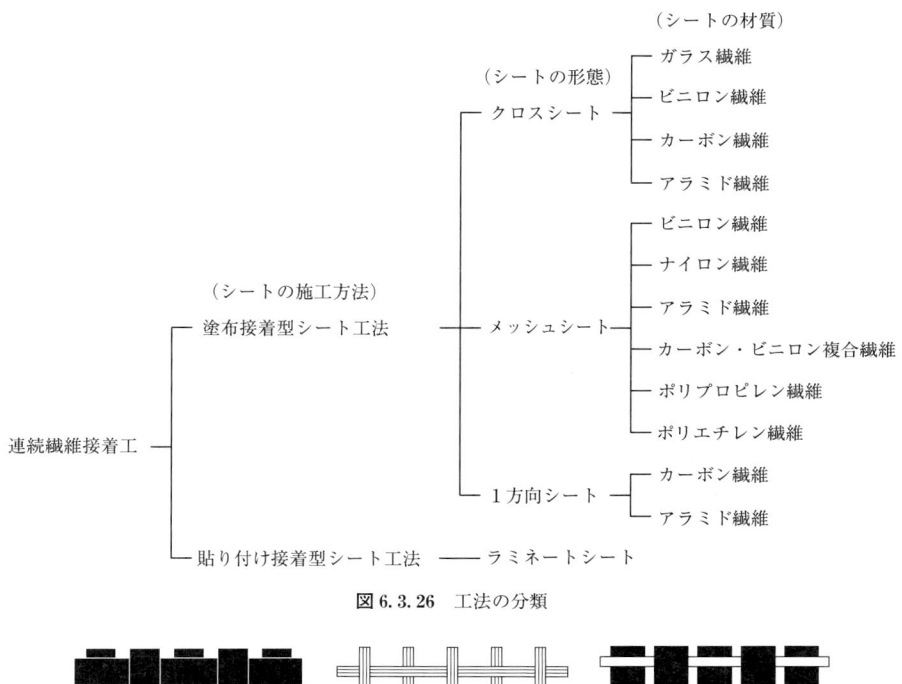

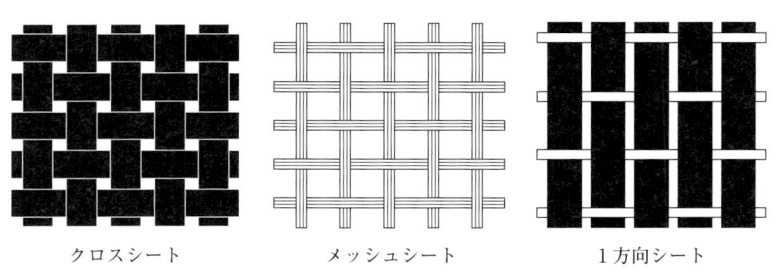

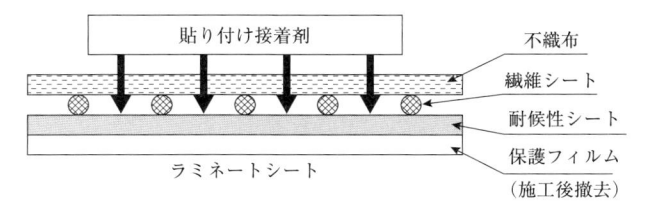

```
連続繊維接着工 ─┬─ (シートの施工方法)
                │    塗布接着型シート工法 ─┬─ (シートの形態)
                │                          │    クロスシート ─┬─ (シートの材質)
                │                          │                    ├─ ガラス繊維
                │                          │                    ├─ ビニロン繊維
                │                          │                    ├─ カーボン繊維
                │                          │                    └─ アラミド繊維
                │                          ├─ メッシュシート ─┬─ ビニロン繊維
                │                          │                    ├─ ナイロン繊維
                │                          │                    ├─ アラミド繊維
                │                          │                    ├─ カーボン・ビニロン複合繊維
                │                          │                    ├─ ポリプロピレン繊維
                │                          │                    └─ ポリエチレン繊維
                │                          └─ 1方向シート ─┬─ カーボン繊維
                │                                            └─ アラミド繊維
                └─ 貼り付け接着型シート工法 ─── ラミネートシート
```

図 6.3.26 工法の分類

クロスシート　　　メッシュシート　　　1方向シート

図 6.3.27 シートの形態

として20年以上の実績がある．ガラス繊維は他の繊維と比較して，耐アルカリ性に劣るが，接着剤によりFRPとなった場合は問題ないと考えられている．実際の追跡調査においても，15年以上経過したFRPの中から繊維を取り出した強度試験において，強度の低下が見られないことが確認されている．融けたガラスを高速ワインダーで巻き取った長い糸状の長繊維をつくり，織り方，目付量により多くの種類があるが，品種としてはクロス状のもので平織り（目あき），からみ織りなどが使用されている．

ⅱ）ビニロン繊維シート　ビニロン繊維シートは従来，無機系塗装材の補強材として使用されてきたが，高い伸び能力を特徴として，剥落防止用にも使用されはじめた．ポリビニルアルコールを原料とした高分子からなる繊維で，耐アルカリ性に優れている．品種としては2軸，3軸のメッシュ状のもの，クロス状のものが使用されている．

ⅲ）カーボン繊維シート　カーボン繊維シー

表 6.3.12 おもな繊維素材の品質

諸元	ガラス繊維 E-ガラス	ビニロン繊維 高強ビニロン	カーボン繊維 PAN系 高強度品	カーボン繊維 PAN系 高弾性率品	カーボン繊維 ピッチ系 汎用品	カーボン繊維 ピッチ系 高弾性率品	アラミド繊維 ケブラー	アラミド繊維 トワロン	アラミド繊維 テクノーラ
引張強さ (N/mm^2)	3430〜3530	2250	3430	2450〜3920	760〜980	2940〜3430	2750		3430
ヤング率 (N/mm^2)	72500〜73500	59800	196000〜235200	343000〜637000	370000〜390000	392000〜784000	127400		72500
伸び率 (％)	4.8	7〜10	1.3〜1.8	0.4〜0.8	2.1〜2.5	0.4〜1.5	2.3		4.6
密度 (g/cm^2)	2.6	1.3	1.7〜1.8	1.8〜2.0	1.6〜1.7	1.9〜2.1	1.45		1.39
直径 (μm)	8〜12	14	5〜8		9〜18		12		12

表 6.3.13 要求性能と試験方法

要求性能			評価する性能	試験方法	
剥落防止性能			浮きコンクリートの重量を支える抵抗性	押抜き試験	JHS 424-2004
コンクリート構造物への劣化因子抑制性能	中性化抑制性能	塩害抑制性能	塩化物イオン透過阻止性	塩化物イオン透過阻止性試験	JSCE-E530-2003
					JHS 425-2004
			酸素透過阻止性	酸素透過阻止性試験	JSCE-K521-1999
					JHS 417-1999
					ASTM D 1434
			水蒸気透過阻止性	水蒸気透過阻止性試験	JIS Z 0208
					JSCE-K522-1999
			二酸化炭素透過阻止性	促進中性化性試験	JHS 417-1999
耐久性能			コンクリートのアルカリ性に対する抵抗性	耐アルカリ性試験後の外観	旧JIS K 5400 7
					JIS K 5600 6-1 7
				耐アルカリ性試験後の付着強さ	JIS A 6909 6.10
					JSCE-K531-1999
			紫外線による劣化に対する抵抗性	促進耐候性試験後の外観	旧JIS K 5400 9
					JSCE-K511-1999
				促進耐候性試験後の付着強さ	JSCE-K531-1999
					JHS 425-2004
			浮きコンクリートの膨張押出しに対する変形追従性	促進耐候性試験後のひび割れ追従性試験	JSCE-K532-1999
					JHS 425-2004
			温度変化に対する抵抗性	温冷繰返し後の付着強さ	JIS A 6909 6.10

トは高強度を特徴とし，コンクリート構造物の補強用繊維として使用されてきた．有機繊維を加熱焼成して得られる繊維で，出発原料としてポリアクリルニトリル（PAN）系と石油または石炭ピッチ系の2種類がある．ピッチ系炭素繊維では汎用品と高弾性率品があり，PAN系炭素繊維では高強度品と高弾性率品がある．品種としては，1方向，2方向のものが使用されている．

iv) アラミド繊維シート　アラミド繊維シートは，その特徴から，コンクリート構造物の補強用繊維として使用されてきたが，繊維目付量を少なくすることにより，メッシュ状のものを剥落防止用として使用されはじめた．芳香族化合物を原料とした高分子からなる繊維で，成分分類によって単独重合型アラミドと共重合型アラミドの2種類があり，前者をアラミド1，後者をアラミド2と呼称する．品種としては剥落防止対策として2軸，3軸のメッシュ状のもの，補強対策として，1方向，2方向のものが使用されている．ナイロン繊維との複合繊維も使用されている．

表6.3.12におもな繊維素材の品質を示す．

3) これからの剥落防止工法

これまでの剥落防止工法は，おもに接着剤あるいはポリマーセメントなどで，繊維シートを貼るといった工法が主流であったが，紫外線硬化型シート工法，ウレタンorウレア塗膜工法（繊維シートを用いない）といった，工程短縮による，工期短縮型や，低コスト化の検討が進められている．

また，性能に関しても，たとえば付着という意味では，接着強さが重視されてきていた．ところが，耐久性という観点から，耐久性能試験を行ったあとの性能が，初期値と遜色のない数字であれば，接着強さは重視しない（性能照査型）という考え方も出てきつつある．

同じ剥落防止対策でありながら試験方法，品質規格値に関しては，各機関によりさまざまである（表6.3.11参照）．各機関の考え方，あるいは，剥落防止対策をはじめた時期（評価方法が確立されていなかったなど）によるものであると推察される．

【松上泰三】

6.3.6 電気化学的工法（塩害・中性化）

a. 概　要

電気化学的工法（electrochemical corrosion control method）は，コンクリート構造物の表面あるいは外部に設置した陽極からコンクリート中の鋼材へ直流電流を流し，電気化学的反応を利用して，鋼材腐食による劣化を抑制することで，コンクリート構造物の耐久性を向上させることを目的とした補修工法である．

電気化学的工法は，①電気防食工法（cathodic protection），②脱塩工法（desalination），③再アルカリ化工法（realkalization），④電着工法（electro-deposition）の4つ工法が現在，実用化されており，コンクリート構造物中の鋼材腐食対策として適用されている．

これらの電気化学的工法は，表6.3.14に示すように，通電期間や通電量，効果の確認方法などにそれぞれ特徴がある．また，表6.3.15に示すように，防食対策の目的と期待されるおもな効果が異なる．

電気化学的工法を適用する場合，その目的と工法

表6.3.14　電気化学的工法のおもな特徴[1]

	電気防食工法	脱塩工法	再アルカリ化工法	電着工法
通電期間	防食期間中継続	約8週間	約1〜2週間	約6カ月間
電流密度	$0.001〜0.03A/m^2$	$1A/m^2$	$1A/m^2$	$0.5〜1A/m^2$
通電電圧	1〜5V	5〜50V	5〜50V	10〜30V
電解液	−	$Ca(OH)_2$水溶液等	Na_2CO_3水溶液等	海水
効果確認の方法	電位または電位変化量の測定	コンクリートの塩化物イオン量の測定	コンクリートの中性化深さの測定	コンクリートの透水系数の測定
効果確認の頻度	数回/年	通電終了後	通電終了後	通電終了後

表6.3.15　電気化学的工法の防食対策の目的と期待されるおもな効果[1]

電気化学的防食工法名	防　食　対　策	期待されるおもな効果
電気防食工法	腐食反応の抑制	腐食電池の抑制
脱塩工法	鋼材の腐食環境の改善	塩化物イオン濃度の低減
再アルカリ化工法		アルカリ性の回復
電着工法	腐食因子の供給低減	ひび割れの閉塞と緻密化

440　　6. 補修・補強工法の実際

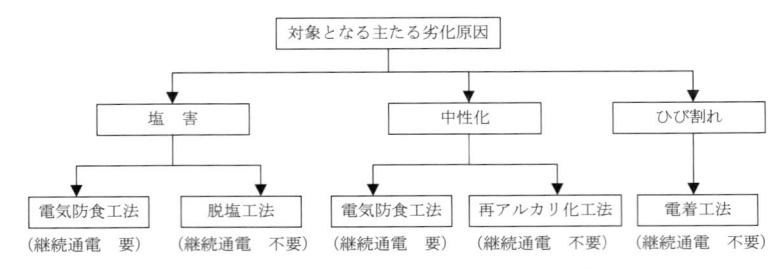

```
            対象となる主たる劣化原因
         ┌──────────┼──────────┐
       塩 害        中性化        ひび割れ
       ┌─┴─┐      ┌─┴─┐         │
   電気防食工法 脱塩工法  電気防食工法 再アルカリ化工法  電着工法
   (継続通電 要)(継続通電 不要)(継続通電 要)(継続通電 不要)(継続通電 不要)
```

図 6.3.28　電気化学的防食工法選定のフロー[1]

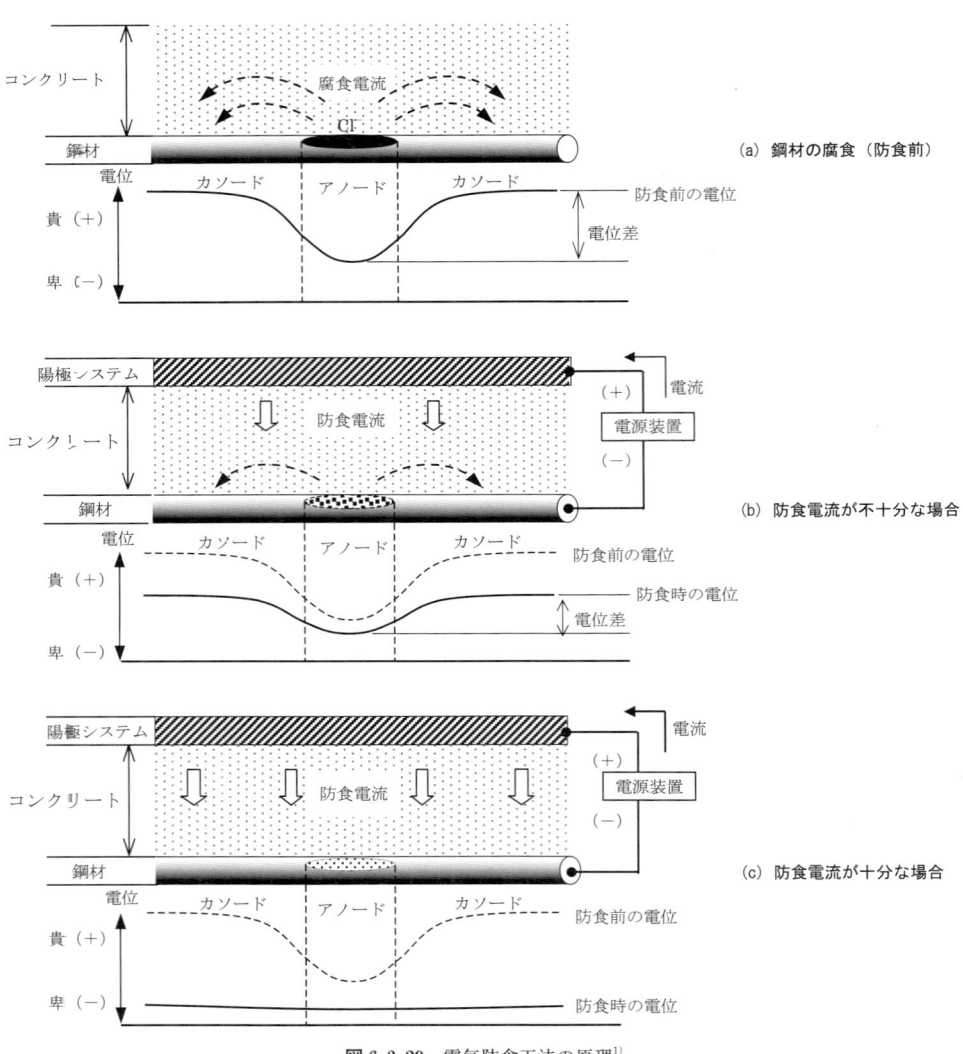

(a) 鋼材の腐食（防食前）

(b) 防食電流が不十分な場合

(c) 防食電流が十分な場合

図 6.3.29　電気防食工法の原理[1]

の持つ特徴を考慮した選定を行う必要がある．土木学会[1]では，コンクリート構造物に要求される性能を満足する電気化学的工法の選定に関して，図6.3.28に示すフローが提案されている．なお，そ の選定においては，電気化学的工法の施工コストや維持管理コスト，継続的な通電の可否，塩化物イオンの再浸透や再中性化の有無などを総合的に考慮して選定するのが一般的である．

表 6.3.16　各種電気防食方式の特徴[1]

陽極材の形状	陽極材の設置方法	陽極材の種類	電源方式
面状陽極方式	防食対象面全体に面状陽極を設置する	チタンメッシュ 導電性塗料 導電性モルタル チタン溶射　など	外部電源
		亜鉛板 亜鉛溶射　など	流電陽極
線状陽極方式	防食対象面に一定間隔で線状陽極を設置する	チタングリッド チタンリボンメッシュ　など	外部電源
点状陽極方式	防食対象面に棒状陽極を点状に挿入し，設置する	チタンロッド　など	外部電源

また，適用するコンクリート構造物が劣化している場合には，劣化部の補修や補強などの補助工法を併用する必要がある．　【川俣孝治】

文　献

1) 土木学会：電気化学的防食工法設計施工指針（案），コンクリートライブラリー，No.107，2001．

b.　電気防食工法

電気防食工法（cathodic protection）は塩害あるいは中性化に対する補修工法として開発され，鋼材の腐食が電気化学的反応であることに着目し，コンクリート表面に設置した陽極から鋼材へ直流の電流を流すことにより，鋼材表面に生ずる電位差をなくすことで腐食反応を抑制する工法である．

電気防食工法の原理を図 6.3.29 に示す．図 6.3.26(a) は腐食反応を示したものであり，アノード部とカソード部との間の電位差により腐食電流が生じている．電気防食工法を適用しコンクリート表面に設置した陽極から鋼材へ電流を流すと，図 6.3.25(b) に示すように，電流は貴（プラス側）な電位を示すカソード部へ優先的に流れる．電流をさらに増加させると，カソード部の電位はマイナス方向に変化し，アノード部とカソード部との電位差は小さくなる．しかし，この状態ではアノード部とカソード部にまだ電位差が生じており，腐食電流は完全に停止していない．さらに防食電流を大きくすると，図 6.3.25(c) に示すように，アノード部とカソード部との電位差は完全になくなるために腐食電流は流れなくなり，鋼材の腐食反応は停止する．この防食に必要な電流量（防食電流）は，0.001〜0.03 A/m^2 程度が一般的である．

電気防食工法は通電方式と陽極形状から分類することができる．通電方式には，電源を設置し強制的に防食電流を流す外部電源方式と，内部鋼材と陽極材（たとえば亜鉛など）の電池作用により防食電流を流す流電陽極方式がある．また，陽極形状には，面状陽極方式，線状陽極方式，点状陽極方式などがある．これら各種電気防食工法の特徴を表 6.3.16 に示す．電気防食工法を選定する場合には，これら電気防食工法の特徴を踏まえ，適用されるコンクリート構造物の状況や施工条件などを総合的に考慮して決定するのが一般的である．

電気防食工法は，主として，塩害環境下や中性化を受けた既設コンクリート構造物に適用されているが，予防保全を前提とした新設コンクリート構造物への適用の実施例も増加している．　【川俣孝治】

文　献

1) 土木学会：電気化学的防食工法設計施工指針（案），コンクリートライブラリー，No.107，2001．

c.　脱塩工法

脱塩工法（desalination）は塩害に対する補修工法として開発され，塩害の劣化原因であるコンクリート中の塩化物イオンを取り除く，もしくは，塩化物イオン濃度を低減させることを目的とした電気化学的防食工法である．

コンクリート硬化体には微細な細孔が多数存在し，その細孔は飽和水酸化カルシウム水溶液で満たされている．コンクリートに直流電圧を与えれば，細孔中の飽和水酸化カルシウム水溶液が電解質溶液となり，直流電流が流れる．また，コンクリート中に存在し，鉄筋腐食の原因となる塩化物イオンは，

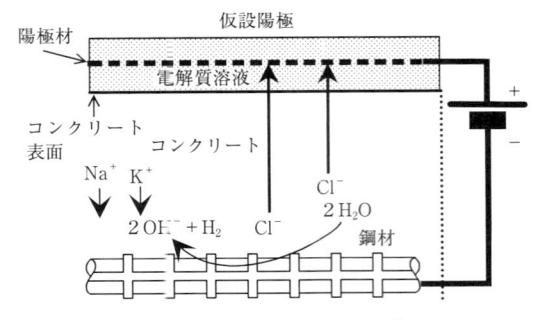

図 6.3.30 脱塩工法の原理図[1]

図 6.3.31 脱塩工法の施工状況

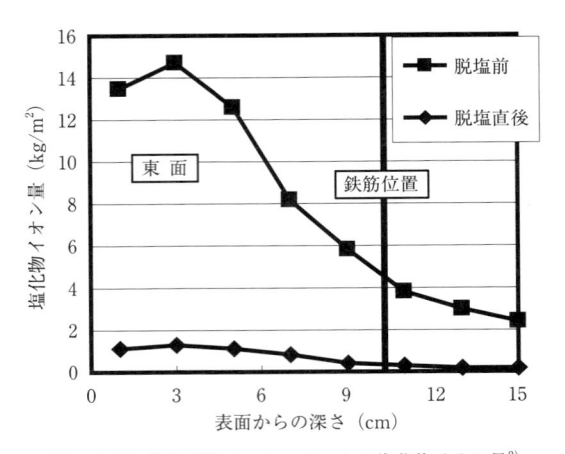

図 6.3.32 脱塩前後のコンクリートの塩化物イオン量[2]
文献[2]の図をもとに一部修正

この飽和水酸化カルシウム水溶液にイオンとして溶解している．したがって，コンクリートに直流電流を供給すれば，陰イオンである塩化物イオンは陽極側に電気泳動（electrophoresis）することになる．この手法をコンクリートに応用するため，コンクリート中の鉄筋を陰極（マイナス極）に，コンクリート表面に陽極（プラス極）を仮設する（図 6.3.30）[1]．そして，コンクリート表面積 1 m² あたり 1〜2 A 程度の直流電流を約 2 カ月間供給し，塩化物イオンをコンクリート内部から表面の仮設陽極に電気泳動させる．鉄筋周辺の塩化物イオン量が補修時に設定した目標値以下に低減した段階で，直流電流の供給を停止する．最後に，陽極に集積した塩化物イオンを仮設陽極とともにコンクリート表面から取り除くことにより，コンクリート中に存在した塩化物イオンを除去もしくは低減する．

脱塩工法の施工例としては，日本海沿岸に位置する旧国道に架かるコンクリート橋を対象とした事例など多数がある．このコンクリート橋は，日本海の季節風による海水飛沫を三十数年間受け続けた結果，塩化物イオンがコンクリート中に浸透し，コンクリート中の鉄筋が腐食した．このため，コンクリート表面積 1 m² あたり 1 A の直流電流を 8 週間供給することにより脱塩を実施した．施工中の状況を図 6.3.31 に示す．また，脱塩工法適用前後における塩化物イオン量分布を図 6.3.32[2] に示す．脱塩工法の塩化物イオン除去効果が十分に発揮されていることが分かる．

【芦田公伸・上田隆雄】

文　献

1) 土木学会：電気化学的防食工法設計施工指針（案），コンクリートライブラリー，No. 107，2001．
2) 芦田公伸ほか：電気化学的脱塩工法を適用した橋脚の 10 年間の追跡調査，コンクリート工学年次論文集，26(1)，pp. 831-836，2004．

d. 再アルカリ化工法

再アルカリ化工法（realkalization）は中性化に対する補修工法として開発され，中性化により低下したコンクリートの pH 値を回復させ，高アルカリ化することを目的とした電気化学的防食工法である．

コンクリート内の細孔表面はカルシウムイオンにより正（プラス）に帯電しており，細孔中の電解質溶液は電気二重層を形成し，直流電流により電解質溶液の電気浸透（electro-endosmosis）が起こる．この手法をコンクリートに応用するため，鉄筋を陰極（マイナス極）に，コンクリート表面に陽極（プラス極）を仮設する（図 6.3.33）[1]．そして，コンクリート表面にアルカリ性電解質溶液（アルカリ金属の炭酸塩など）を供給しながら，コンクリート表面積 1 m² あたり 1 A 程度の直流電流を約 1〜2 週間

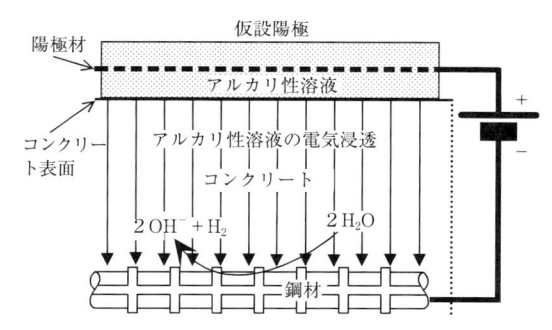

図6.3.33 再アルカリ化工法の原理図[1]

図6.3.34 再アルカリ化工法施工事例（大阪城）[3]

供給する．アルカリ性電解質溶液は，直流電流によりコンクリート表面から内部に電気浸透し，鉄筋防食が可能な値（pH値で10程度以上）[2]にまでコンクリートのpH値を回復させる．pH値が回復した後は，直流電流の供給を停止し，仮設陽極を撤去して，健全なコンクリートに戻す補修工法である．脱塩工法との違いは，補修目的と原理が異なるため使用する電解質溶液の種類，および，直流電流の供給時間が異なる点にある．

再アルカリ化工法の施工例として，昭和初期に建設され半世紀以上経過した建造物の大規模改修工事である大阪城天守閣（図6.3.34）[3]，富山城，横浜市情報文化センター（旧商工奨励館）などの歴史的建造物や建築物，および，鉄道高架橋や道路橋など多数の例がある．　　　　　【芦田公伸・上田隆雄】

文　献

1) 土木学会：電気化学的防食工法設計施工指針（案），コンクリートライブラリー，No.107，2001．
2) 芦田公伸：電気化学的防食工法の現状と施工実績―脱塩，再アルカリ化工法―，コンクリート工学，**44**(11)，pp.15-21，2006．
3) 大林組：大阪城天守閣　平成の大改修，CD-ROM版，1997．

e. 電着工法

電着工法（electro-deposition）は，コンクリート表面に不溶性無機系物質を析出させることにより，コンクリートのひび割れ部を閉塞し，コンクリート表面を緻密化し，コンクリートの密実性を向上させることを目的とした電気化学的防食工法であり，一般に海水を電解質溶液として利用する．

海水中に直流電流を供給すると海水が電解質溶液として作用し，海水の電解作用が生じる．そのため，海水中に溶解しているカルシウムイオンやマグネシウムイオンが陰極（マイナス極）に析出し，無機系物質による電着層を生成する．一般に，この電着層は炭酸カルシウムや水酸化マグネシウムを主成分とする無機系物質であり，これらの物質は塩化物イオンなどの腐食性物質の拡散，浸透を阻害する．その

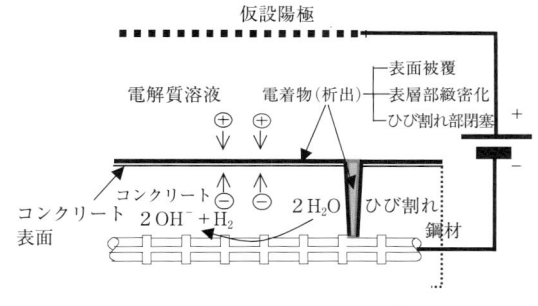

図6.3.35 電着工法の原理図[1]

図6.3.36 電着工法の施工事例[1]

結果，コンクリートは表面に緻密な保護層を有することになり，海水中でも高い耐久性を得ることができる．

コンクリート内部の鉄筋を陰極（マイナス極）に，コンクリート表面付近の海水中に陽極（プラス極）を仮設する（図6.3.32）[1]．そして，コンクリート表面積$1m^2$あたり1A程度の直流電流を約3〜6カ月供給することにより，コンクリート表面に電着層を形成させるのが一般的である．

電着工法の施工例[2]として，竣工後25年経過した埠頭岸壁のFCケーソンなどがある（図6.3.33）[1]．このケーソンに荷役荷重などにより，コンクリート表面にひび割れや剥落が生じていた．5カ月間の直流電流の供給により，電着物によるひび割れの閉塞と表面被覆が完了している．なお，本工法は基本的には海水中の構造物へ適用するために，施工例は少ない．しかし，最近は陸上構造物に対する電着工法の適用も検討されている[3]．

【芦田公伸・上田隆雄】

文　献

1) 土木学会：電気化学的防食工法設計施工指針（案），コンクリートライブラリー，No.107，2001．
2) 横田　優ほか：電着工法による港湾コンクリート構造物の補修と防食について，コンクリート工学年次論文報告集，14(1)，pp.849-854，1992．
3) 西田孝弘ほか：既存陸上鉄筋コンクリート部材を用いた電着工法のひび割れ補修に対する適用性の検討，コンクリート工学年次論文集，24(1)，pp.1443-1448，2002．

6.3.7　止水工法（エフロレッセンス・湧き水）

a．建　築

漏水の原因には，コンクリート躯体のひび割れ，打継ぎ，豆板，充填不良箇所，金属・石材などの界面からの漏水がある．止水材は，漏水している部位に最適のものを選ぶべきである．選ぶ基準としては，コンクリートのひび割れからの漏水，豆板からの漏水などは無機質系の止水材を選び，コンクリートと鉄部との界面およびピーコン周りからの漏水は弾性のある止水材を選ぶ．止水の方法として，

① 漏水箇所をＶカットして超速硬性無機止水材で埋める工法
② 漏水箇所を大きくＶカットして導水管を埋めて下に逃がす工法
③ 漏水箇所に止水する材料を注入する工法で，削孔方法と注入材で違いがある
④ 液体ガラス系の止水材を注入または塗布する工法も出ている

材料別では，無機質系，親水性ウレタン，合成樹脂系と最近は，液体ガラス系が出ている．ここで施工時の失敗例を述べる．

1) 下水処理場沈砂地のひび割れ漏水

1つ目は，下水処理場沈砂池のひび割れ漏水箇所（図6.3.37）で，ひび割れに無機質系高炉スラグを注入する工法を選び施工（図6.3.38）した．施工時に問題は見られなかった．（図6.3.39）

ところが，5年後止水したひび割れのうち数%か

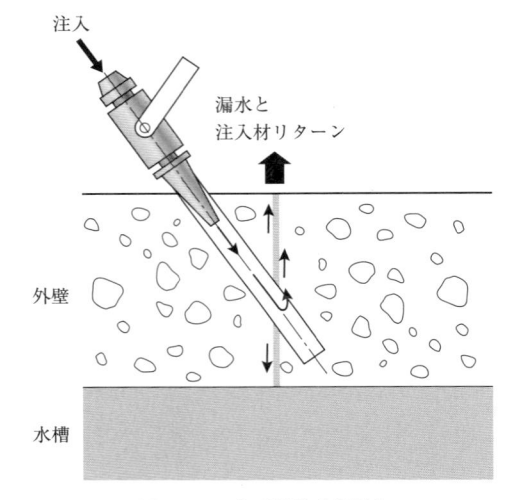

図6.3.37　処理場沈砂池漏水

図6.3.38　止水材注入

6.3 補修工法

図 6.3.39 止水工事完了

図 6.3.41 地下 2 階漏水

図 6.3.40 補修 5 年後一部滲じみがみられる（←印）

図 6.3.42 外壁貫通穴削孔

ら滲みが見られた（図 6.3.40）．原因は，止水工事のとき，ひび割れ内部のエフロレッセンス（白華）と汚泥の洗浄を完全にしなかったことにあった．その後は，教訓として環境汚染をしない程度の洗浄をすることにしている．

すべての漏水箇所のエフロ（白華）および汚泥による汚れは洗浄をする必要がある．

2) 古い建物の漏水

もう 1 つの失敗例は，1955 年半ば頃の建物で地下 2 階からの漏水をくい止める補修例である．建築資料のない建物で止水工事をしなければならない場合．地下 2 階から漏水（図 6.3.41）して下の電気室への水漏れが心配なため，地下 2 階部分で漏水を

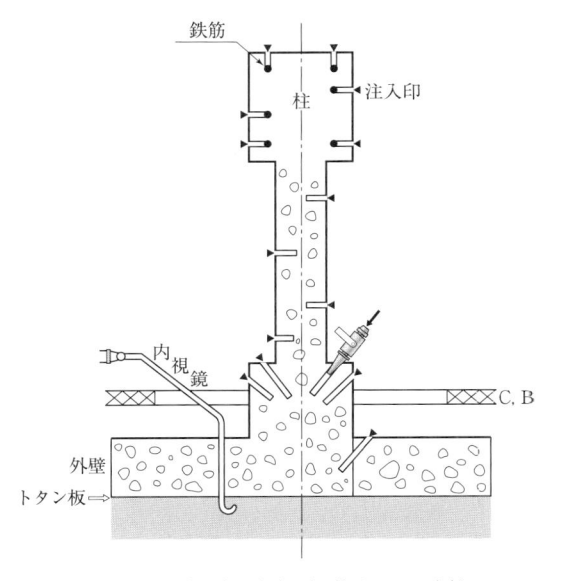

図 6.3.43 床と柱の打継面に注入コック取付

図 6.3.44　柱の裏側に注入した材料を真空ポンプで吸引

図 6.3.47　土管裏側への削孔とひび割れのシール

図 6.3.45　柱鉄筋の水みちに注入

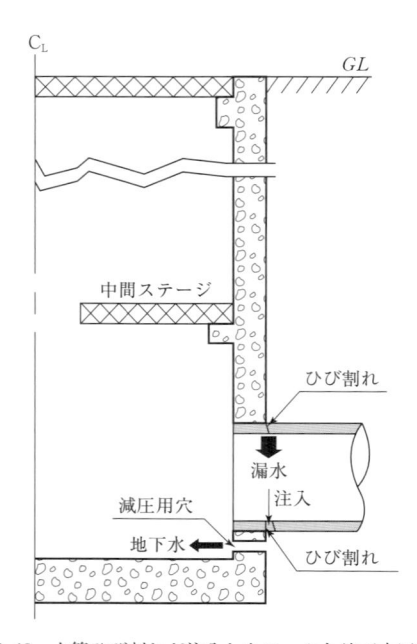

図 6.3.48　土管ひび割れが注入したコックと地下水圧を下げる穴コック

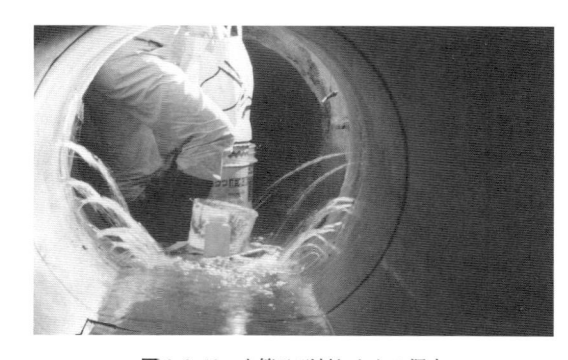

図 6.3.46　土管ひび割れからの漏水

図 6.3.49　止水工事完了

食い止る必要が生じた.
　現状の地下部分は,すべて2重壁になっているが,部屋内の柱へ外壁から梁がつながっており,その梁と柱から漏水が発生していることがわかった.
　そこで背面注入工法による施工のため,漏水している梁が貫通している2重壁のコンクリートブロックを剥がし,外壁の内側から外壁貫通孔を削孔しは

6.3 補修工法

じめた（図6.3.42）．すると推測した壁厚のところで鉄板にドリル先があたるのが感じられた．内視鏡で見ると鉄板らしきものが見受けられ，別のところに削孔しても同様の現象が見られた．つぎに鉄板突破の削孔を試みたところ簡単に突破することができた．内視鏡による観察では，薄い鋼板（ブリキ板程度）が側面に見られ裏側は土砂である．これでは背面注入をしても鉄板がじゃまをして背面のコンクリートのひび割れ，豆板へ注入材がまわってくれないことに気づいた．

建物施工時の図面が残されていないので，土留め壁がどのようになっているのかは手探りで推測した．次にとった方法は，外壁へつながっている梁の取付柱に背面に貫通しない注入穴を多数削孔〔図

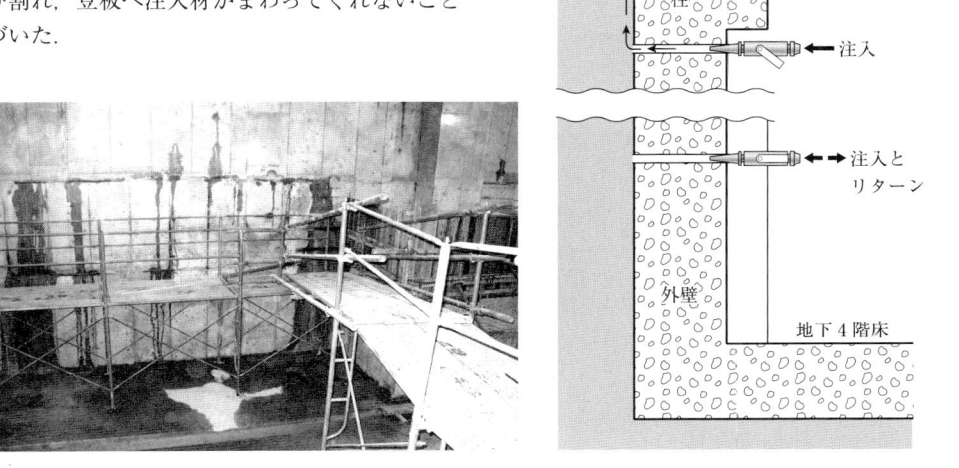

図6.3.50　地下4階外壁打継からの漏水

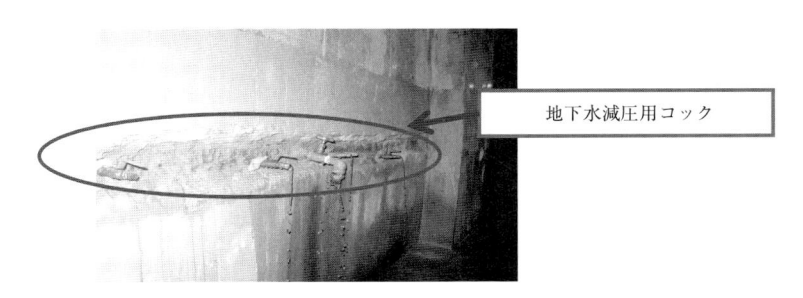

図6.3.51　打継の背面へのコック取付

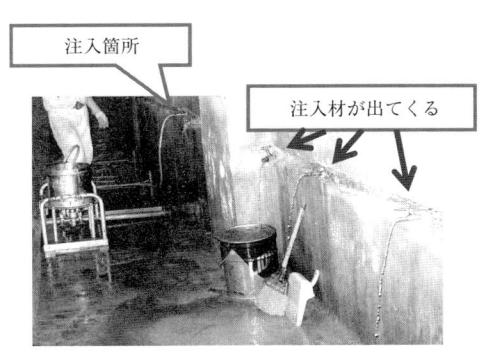

図6.3.52
打継背面への注入と注入材のリターン　　打継背面への注入と注入材のリターン

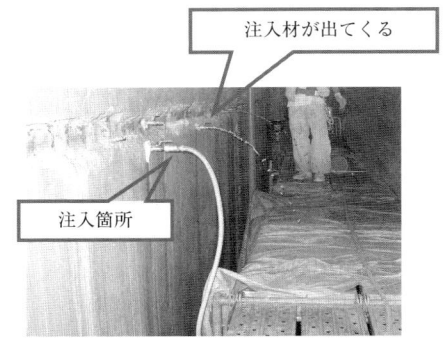

6.3.43) して，微粒子高炉スラグを注入したところ止水の効果が出てきた（図 6.3.44）.

またもう 1 つの漏水の原因は，部屋内に地下部分から立ち上がってきている柱から漏水が見られ，考えられる漏水の水みちは柱の鉄筋に沿ってしかない．この場合は，柱の内部鉄筋の際へ多くの注入孔を削孔して圧縮強度の高い微粒子高度スラグ（45N 以上）の注入材を選んだ（図 6.3.45）.

3） コストと耐久性

漏水している箇所，たとえば，ひび割れからの漏水があるとき（図 6.3.46），一度に漏水を止める工法は，時間が掛かる．この場合は背面の水圧（地下水）を人工的に削孔した孔に逃がして（図 6.3.47），その後漏水個所を修復することが止水工事のツボである（図 6.3.48）．そして次に人工的に削孔した孔を注入材で止める方法が簡単である（図 6.3.49）.

新築ビルの地下駐車場において，コンクリート打継部からの漏水（図 6.3.50）を，背面注入工法で止水する時，削孔した孔によって地下水圧を減圧し（図 6.3.51），漏水箇所の背面に止水材を注入して（図 6.3.52），地下水に注入材を乗せて部屋内側にまわして修復を完了する（図 6.3.53）.

漏水箇所が 1 つの壁において何カ所もある場合（図 6.3.54）は，各漏水箇所ごとに地下水圧を逃がすところ（図 6.3.55）をつくって，漏水箇所に注入（図 6.3.56）して止水を完了する（図 6.3.57）.

漏水補修を含む躯体不具合補修の工事は，予算ゼロの中で行う工事のため価格が安いことが第一であるが，安かろう悪かろうでは，1 年もしない内に漏水が再発生するという結果が出る．漏水補修工事に手を付けた工事業者が途中で投げ出し，次に施工する工事業者が，さきの業者がどのような材料と工法で施工したか解らなければ，価格も高くつくのが普通である．

最後に，土留めの止水工事の例を述べる．止水工事は，水がいきおいよく出ている方が工事が楽である．土留め擁壁は，普段は地下水位が低く多量の雨

図 6.3.53 止水工事完了

図 6.3.54 地下 2 階外壁からの漏水

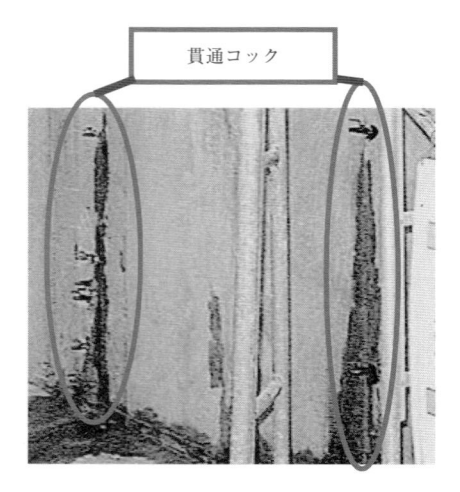

図 6.3.55 地下水圧を下げる貫通穴コック

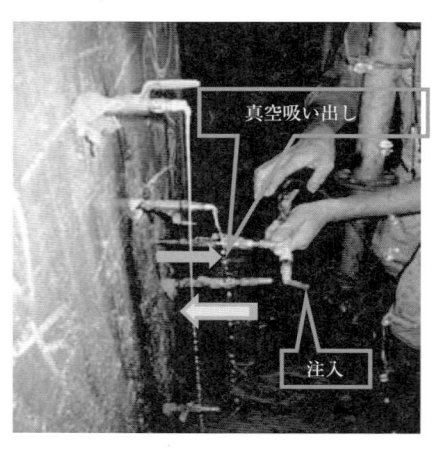

図 6.3.56 背面への止水材注入と注入材のリターン

6.3 補修工法

が降った時に水位が上がって壁から漏水があり，エフロレッセンスが出た跡を残す（図6.3.58）．止水工法としてエフロレッセンスの出ている箇所に壁厚の中途まで削孔して止水注入材を打ち込む工法を多く見られるが完全ではない．まず背面に削孔穴をあけ水を注入し（図6.3.59），地下水位を上げひび割

図6.3.57 止水工事完了

図6.3.60 ひび割れ内部のエフロ洗浄

図6.3.58 擁壁ひび割れからの漏水エフロ

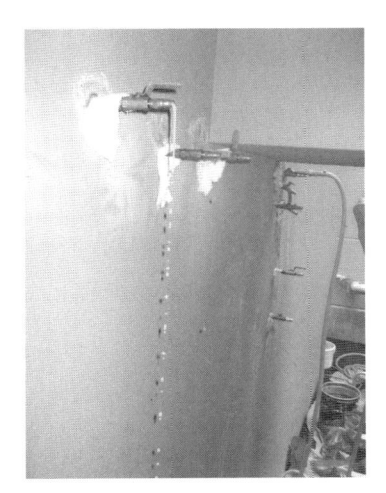

図6.3.61 擁壁裏面へ止水材注入とリターン

図6.3.59 擁壁裏面への水打込み

図6.3.62 止水工事完了

れから水漏れを起こす．ひび割れ内部のエフロレッセンスを洗い出し（図6.3.60），背面へ微粒子高炉スラグを注入して，ひび割れから注入材が出てくるのを確認して（図6.3.61），完了とする（図6.3.62）．

地下水位を上げることによって背面への注入材の無駄な量を抑えることも考慮している．漏水している躯体にどのような材料と，工法が最適化をまず考慮すべきである．　　　　　　　　　　【斎藤　優】

b.　土木構造物

土木構造物における止水対策はその構造と，おかれた環境およびその使用目的によって工法が異なる．

ここでは，地下鉄トンネルの標準的な止水工法について記述する．

1)　トンネルの特徴

構造は開削工法による箱形トンネルとシールド工法による円形トンネルの2種類に大別されること，またトンネルのおかれた環境が都市の道路下に位置すること，さらに旅客扱いをする駅部と列車を走行させる駅間トンネルで使用目的に差異があることである．

2)　トンネルの防水

地下鉄トンネルは地下水位以下に建設されることが大半であるため，箱型トンネルは標準的にはトンネル外面にアスファルトまたはシートによる外防水が施工されている．建設後期は土留め工法に連続壁が使用されることが多くなったため側壁コンクリートが厚く漏水の可能性が少なくなったため側部防水層は施工されなくなっている場合が多い．円形のシールドトンネルはセグメントが工場で製作される止水性の高いものとし外面の防水層は施工されない．したがって漏水の可能性のあるセグメントの継ぎ手にゴム製の止水材が施工されている．

3)　漏水の原因と特徴

箱型トンネルの漏水の原因は防水層の不良箇所，防水層の劣化，コンクリートの打ち継ぎ目不良，コンクリートの品質不良，および経年によって発生するクラックなどの要因が複合して発生する．円形トンネルは，セグメント継ぎ手に施工された止水材の不良や劣化が原因で発生する場合が多い．両者に共通する特徴は漏水に高い水圧がかかっていることと，水源が地下水であることから地上構造物のように雨天の場合だけの現象でなく漏水が継続しているため止水作業は流水中で行なわなければならないこ

図6.3.63

とである．

4)　止水の目的

地下鉄トンネルの止水目的は列車運行に関わる安全の確保，鉄筋コンクリート構造物の延命化および旅客への漏水被害防止である．

5)　止水工法

いずれの止水工法も，地下鉄営業時間中は分刻みの列車運行と駅部における途切れることのない旅客流動があるため，終電車終了後のき電停止から始発電車前のき電開始までの約3時間の深夜短時間作業であることと，列車運行に支障するため毎回の工事中断において仮設物が残置できないなどの制約を前提に工法が選定されている（図6.3.63）．

・箱形トンネルの止水工法：

箱形トンネルにおける止水は次の手順で行なわれる（図6.3.64）．

①漏水しているクラックと止水範囲の確定．

②漏水しているクラックを挟むように躯体コンクリートにカッター線を入れ，はつりノミ等でコーキング溝を設ける．

③急結セメントを使用して止水に効果的な位置（標準50cm間隔）に注入パイプを取り付ける．

この作業でもっとも注意しなければならないことは，パイプが列車に接触しないよう建築限界内に取り付けることと，列車の振動，風圧により落下しないよう確実な施工をすることである．

④注入パイプ間のコーキング溝を急結セメントで塞ぎ漏水を注入パイプに集約させ，その後，各注入パイプから漏水を追い込むようにエポキシ樹脂系充填剤を注入する．この注入はクラックの微細な隙間を間詰めしてクラックを補修する

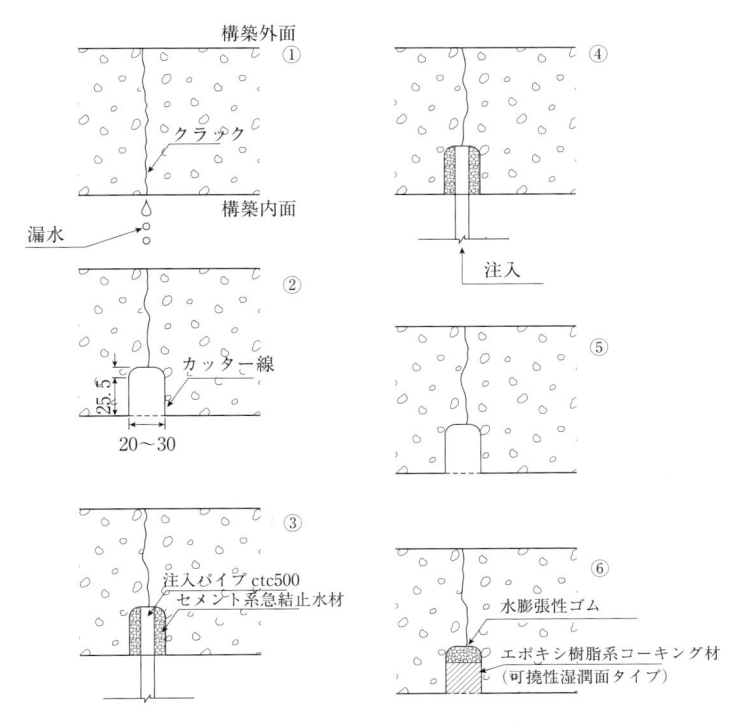

図 6.3.64 箱形トンネルの止水手順

こともが目的の一つである．この注入で止水が完全に出来ない場合はウレタン系止水材を追加して注入する．
⑤各注入パイプからの漏水が無くなったことを確認したら注入パイプ及びコーキング溝内の急結セメントを除去する．
⑥コーキング溝内を清掃しプライマーを塗布したあと，再漏水を防止するためにコーキング溝のクラックにそって紐状の水膨張性ゴムを取り付けるとともに，樹脂系コーキング材を充填して断面修復する．

　この工法で留意することは，微細なクラックの隙間に浸入しやすく，流動している漏水内でも分散しないで速やかに固結し，かつ止水効果が長期的に持続する止水材を選定することと，断面修復材が既設躯体に完全に接着し剥落の危険性の無い施工をすることである．

・円形トンネルの止水工法
　RCセグメントシールドトンネルのセグメント継ぎ手の止水は次の手順で行われる（図6.3.65）．
①漏水している継ぎ手と止水範囲の確定．
②既設コーキング材を除去し清掃．

③セグメント継ぎ手に注入パイプを取り付けるための注入孔を締結ボルトまでドリル削孔する．
④注入孔に注入パイプを取り付け，注入パイプの周囲及びコーキング材を除去した範囲を急結セメントで止水し漏水を注入パイプに集約し，各注入パイプから漏水を追い込むようにエポキシ樹脂系充填剤を注入する．止水効果が現れないときはウレタン系止水材を注入する．
⑤止水が確認されたら注入パイプを抜き取り注入孔跡を樹脂系コーキング材で修復するとともに，継ぎ手表面を樹脂系コート材でコートする．

6) 問題点と今後の課題

　現在の工法では再漏水の発生，近接するクラックからの新漏水発生などがあるのが現状で，完璧なものではない．トンネルの漏水はそもそもトンネル外面から内面に向けて浸入してくるもので，内面側から施工する現在の工法には限界があり，本来はトンネルの外面から止水対策を行うのがもっとも効果的で確実性があるが，外面からの止水工は道路の掘削が必要で非現実的である．
　この考えに即した工法として内面から外面まで貫通削孔し注入パイプを土中に挿入して外面に防水皮膜を作る工法が考案されているが，見えない部分の

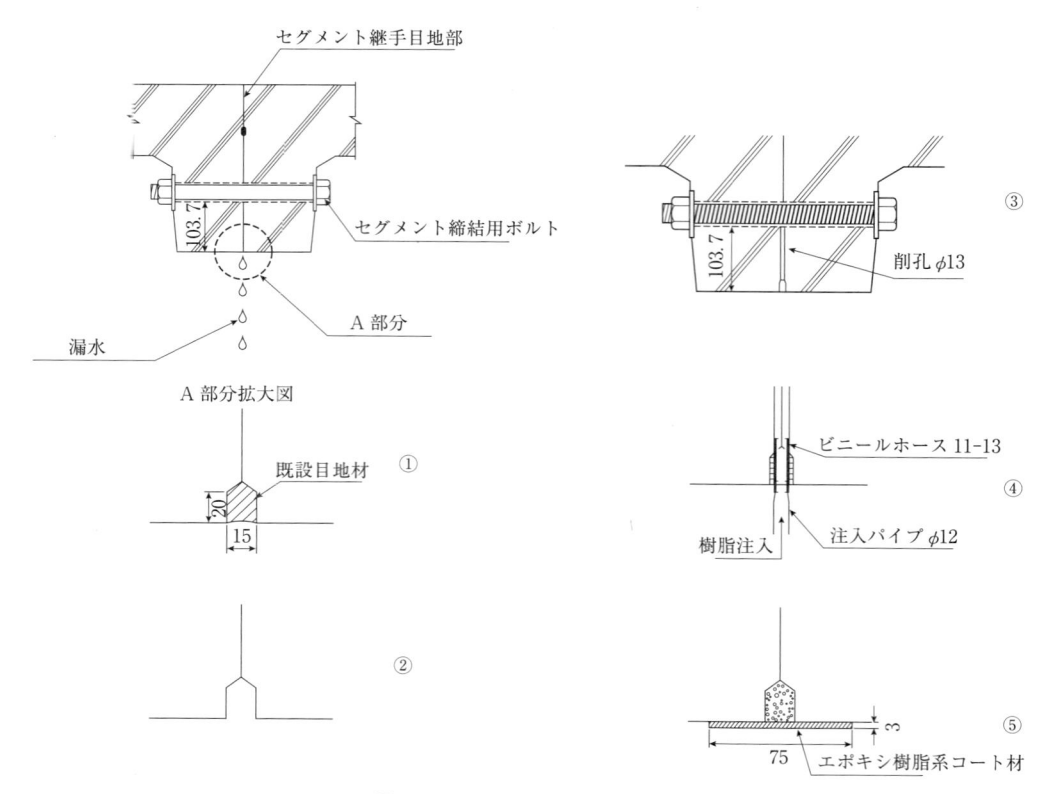

図 6.3.65　円形トンネルの止水手順

作業となるため不確実性があり，すべての漏水対策に使用できるものではない．また，地下鉄トンネルの止水は特殊な環境での工事であるため，一部の熟練技術者の経験を頼りにせざるを得ない部分がある．

これらを踏まえた今後の課題は，確実で耐久性があるとともに，技術の伝承がしやすい極力単純化された工法を開発していくことである．

【宮田信裕】

6.3.8　その他の補修工法

a.　凍　害
1）　概　要

凍害によるコンクリートの劣化は，コンクリート中の水分の凍結融解作用の繰り返しによりコンクリート表面から徐々に進行し，コンクリート表面のスケーリング，微細ひび割れおよびポップアウトなどの形で顕在化する．そのため，軽微な凍害であっても人々に不安感を与え，美観上も好ましくなく，さらに凍害が進行すると，道路橋であれば桁や橋台・橋脚などの性能に影響を及ぼす場合も考えられる．

凍害に対する補修工法は，劣化した部分（凍害深さ）を明確にした上で取り除くか強化し，その上に耐凍害性に優れた材料で断面修復することが基本である．さらに，凍害の大きな原因の1つが水の供給であるため，漏水など水の供給の原因となる劣化部も同時に補修しておくことが必要である．

2）　凍害範囲の特定

前述の通り，凍害によってコンクリートは表面から徐々に劣化していく．一般にコンクリート中の水分の凍結融解の繰返しが原因となるため，凍害を受けたコンクリートは，弾性係数が低下，すなわちコンクリートそのものが脆くなる現象が起こる．その範囲を特定するためには，超音波法による測定[1]が有効である．図 6.3.66 に超音波法による品質変化点の測定方法例を示すが，コンクリート表面から深さ方向の品質を測定できる対象物（コア採取した試験体かコア孔間）を作製し，深さごとの超音波伝播速度を測定する．その結果，図 6.3.67 に示すような超音波伝播速度の変化点を示すことができ，コンクリートを取り除いたり強化する深さの目安にな

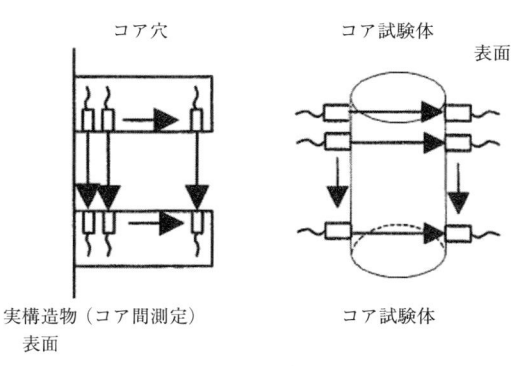

図 6.3.66 超音波伝播速度の測定例

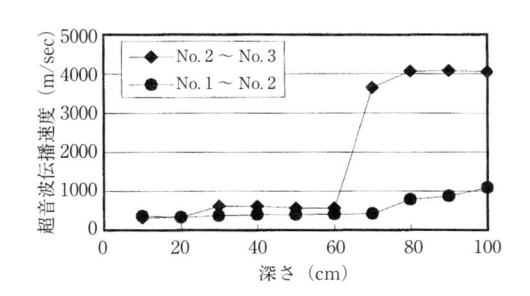

図 6.3.67 超音波伝播速度の評価方法

図 6.3.68 排水管からの水の供給状況

3) 補修手順

基本的には，劣化部のはつり取り→表面サンダーケレン→洗浄・清掃→表面強化剤の塗布，必要に応じてひび割れ注入→耐凍害性，接着耐久性，防水性に優れた乾燥収縮の小さなポリマーセメントモルタルなどによる断面修復→表面保護材の塗布→水の供給経路の遮断の順番で行うことが必要である．なお，ここで示す補修材料等は，各メーカーで販売しているので，詳細はカタログなど[2),3),4)]を参照されたい．

①劣化部のはつり取り

非破壊試験等で特定したコンクリート品質の低下部をピックやウォータージェットなどではつり取る．熟練した作業員であれば，はつり取るときの抵抗から品質の低下した部分を推定することが可能なので，非破壊試験の結果と合わせてはつり深さを確認することが重要である．

②表面サンダーケレン

はつり取った箇所をさらにサンダーなどでケレンする．ケレンの程度は，粗骨材が見えるぐらいがケレン部と断面修復材の付着を確保する点からも必要である．

③洗浄・清掃

ケレン部にコンクリートのはつり粉などの不純物が残っていると，断面修復材との付着が低下するばかりかその部分から再度水などの不純物が侵入し，再劣化することが懸念される．そのため，ケンレンした箇所は，はつり粉などを完全に取り除くまで念入りに洗浄・清掃を行うことが必要である．

④表面強化剤の塗布（必要に応じてひび割れ注入）

凍害によってコンクリートは脆くなっており，はつり取っても脆弱部を完全に取り除いたとは言い切れない．そこで，たとえばアルカリ性付与材を塗布し，脆弱部分を強固な面に再生することが有効である．塗布材は含浸系が一般的なため，塗布面が十分乾燥した状態で施工する必要がある．また，につり箇所にひび割れなどの水の供給経路がある場合には，ひび割れ注入などによる止水を行い，補修後に水の供給がないように処置を行うことが重要である．なお，鉄筋が腐食している場合には，別途防錆工を施す必要がある．

⑤断面修復

断面修復は，耐凍害性に優れ，接着耐久性を有し，乾燥収縮が少なく防水性のあるポリマーセメントモルタルなどで行う．修復すべき大きさにもよるが，吹付け工法，左官工法，充填工法などを選定するのが有効であり，詳細は6.3.4項を参照されたい．いずれの工法も，セメントの硬化に影響がある環境下での施工を行わないことは当然である．

⑥表面保護工

　断面修復材を仕上げ面にすることも可能であるが，耐久性や防水性の観点から表面保護工を同時に施工することが有効である．乾燥収縮が小さい断面修復材を選定しても，施工条件や立地条件などによりひび割れなどが発生することを完全に否定できない．そのため，ひび割れ追従性の優れた塗布材による表面保護工を行うことが望ましい．

⑦水の供給経路の遮断

　凍害の主原因の1つとして水の供給が上げられる．補修箇所はもちろんのこと，それ以外からの水の供給も遮断する必要がある．よく見られる劣化事例として，橋梁の上部工の排水を下部工の途中で止めたり排水管が破損した場合など，本来水の供給がない箇所に水が供給されて，図6.3.68に示すように下部工に凍害が発生している例がある．排水管は必ず地面まで設置することや排水管の破損は早急に補修することによって，少しでも水の供給要因を取り除くことが，凍害を発生させないための重要なポイントである．　　　　　　　　　　【山下英俊】

文　献

1) 山下英俊ほか：超音波伝播速度を用いた凍害深さの推定，コンクリート工学論文集，第7巻第2号，pp.179-189, 1996.
2) 太平洋マテリアル：リフリート工法カタログ．
3) 電気化学工業：特殊混和材総合カタログ．
4) 住友大阪セメント：レックスコートカタログ．

b. その他のASR抑制工法

1) シラン系はっ水材

　わが国では20年以上前から，ASRの劣化抑制にシラン系はっ水材が用いられており，その反応メカニズムを図6.3.69に示す．アルキル基の種類，分子量，有効成分濃度などによって含浸性，はっ水性，耐久性等が異なることが知られている．また適用するコンクリートの表面積/体積の比や補修/未補修の面積比率によっても抑制効果が異なる[1]．はっ水処理によるASR劣化抑制メカニズムには必ず構造物が乾湿の繰り返し作用下にあることが必要で，常時水中下にある海洋，河川構造物あるいは背面水の想定される擁壁などには適さない．はっ水処理されたコンクリートを常時，水中あるいは100%前後の高湿度下に放置すると外部環境からコンクリート内に水分が入る一方で，ASR膨張を増大させる．しかし気中環境下にあり，はっ水処理されたコンクリートは雨天の日もあれば晴天の日もあり，乾燥が進み，コンクリート内部の水分は外部に放散されることになる．シラン系はっ水材の含浸工法のASR抑制効果の確認試験は，乾湿返し条件下で行う必要がある[2]．

　シラン系はっ水材は耐候性に劣るとされており，たしかに，はっ水処理したコンクリート表面が数カ月で，はっ水性を消失するケースもあった．そのため柔軟形ポリマーセメント系被覆材を複合した表面処理工法も提案され，そのASR抑制効果も報告されている[3]．しかしながら，シラン系はっ水処理の長期耐久性について，20年前後の長期間を経た処理面で表面から数mmの深部ではっ水性が保持されていたとの報告もあり[4]，シラン系はっ水処理の耐久性については，さらなる検討が必要と思われる．

　前述したようにシラン系はっ水材の適用事例は20年以上前にさかのぼるが，材料自体の改良は現在も継続されており，たとえばアルキル基の種類については，かつてはC=8～10の比較的炭素数の多い直鎖のものが，はっ水性や耐久性に優れるとされてきたが，最近では炭素数の少ないC=1～4のもので，かつオリゴマーをモノマーに対して少し多くしたもの，あるいは有効成分が80%以上の高濃度

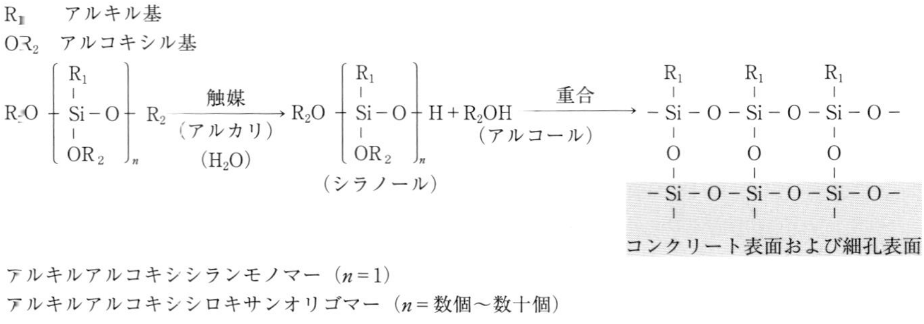

R_1　アルキル基
OR_2　アルコキシル基

$$R_2O\left\{\begin{array}{c}R_1\\|\\Si-O\\|\\OR_2\end{array}\right\}_n R_2 \xrightarrow[\text{(H}_2\text{O)}]{\text{触媒(アルカリ)}} R_2O\left\{\begin{array}{c}R_1\\|\\Si-O\\|\\OR_2\end{array}\right\}_n H + R_2OH \xrightarrow[\text{(アルコール)}]{\text{重合}}$$
(シラノール)

右辺：
$$\begin{array}{ccc}R_1 & R_1 & R_1\\|&|&|\\-Si-O-Si-O-Si-O-\\|&|&|\\O&O&O\\|&|&|\\-Si-O-Si-O-Si-O-\end{array}$$
コンクリート表面および細孔表面

アルキルアルコキシシランモノマー（$n=1$）
アルキルアルコキシシロキサンオリゴマー（$n=$数個～数十個）

図 6.3.69　シラン系はっ水材の反応メカニズム

にした製品などが開発されており,含浸性や耐久性に優れるものが開発されている.これらの新しいタイプのシラン系はっ水材の ASR 抑制効果について,今後の研究成果が待たれる.

2) アルカリ吸着剤を用いたひび割れ注入材

ASR 劣化抑制メカニズムのうちアルカリ金属イオンの除去に着目して,Na^+ や K^+ を吸着し,逆に Ca^+ や Li^+ を放出するゼオライト鉱物の微粉末を,アルカリ吸着剤として混入したひび割れ注入材が開発されている.最近では,そのひび割れ注入とシラン系はっ水材の表面含浸を複合した工法も開発されている[5].アルカリ吸着剤はかご状構造を有するケイ素・アルミニウム複合系の含水酸化物で,かご状の隙間に Ca^+ や Li^+ を保持し,イオン交換作用により有害な Na^+ や K^+ を吸着し,逆に ASR 抑制機能を有す Li^+ や反応に無害な Ca^+ を放出する.この複合工法は図 6.3.70[5] に示すように,ひび割れ注入材に含まれるアルカリ吸着剤がひび割れ周辺のアルカリを低減し,またシラン系はっ水材により表面からの水の直接浸入を防止することにより ASR を抑制するものである[5].その長期的な抑制効果については今後の研究成果が待たれる.

3) 高じん性セメント系複合材料

高じん性セメント系複合材料とは,セメント系材料を繊維で補強した複合材料で,引張応力下で複数ひび割れを生じる特性を有す.使用される繊維はポリエチレン繊維やビニロン繊維などの高強度な有機繊維で,体積比で 1〜2% 混入される.曲げ,引張,圧縮破壊のいずれの場合でも大きなじん性を示すことが特徴である[6].繊維の混入によって引張強度や引張りじん性の向上や耐摩耗性の向上が期待できる.また圧縮強度や圧縮じん性も向上し,耐震性能の向上を期待した部材の設計方法も提案されている.高じん性セメント系複合材料はコンクリートの脆性的な破壊挙動を克服しているので,コンクリート系構造要素の構造性能や耐久性の大幅な向上が期待でき,従来のコンクリートに代わる新たな利用法が試されている.図 6.3.71 は ASR により劣化した重力式コンクリート擁壁のひび割れ補修に,高じん性セメント系複合材料が使用された例で,施工後 2 年の調査においても良好な ASR 抑制効果が確認されている[7].さらに長期的な抑制効果の確認が待たれる.

【若杉三紀夫】

文 献

1) 宮川豊章ほか:発水剤によるアルカリ骨材膨張の抑制,コンクリート工学年次論文報告集,10-2,pp.767-772,1988.
2) M.Wakasugi et al.:The effect of surface coating on inhibition of alkali-silica reaction, RILEM International Conference on Rehabilitation of Concrete Structures, pp.137-142, 1992.
3) 若杉三紀夫ほか:コンクリート用無機質系弾性補修材のアルカリ・シリカ反応抑制効果に関する研究,材料,**36**

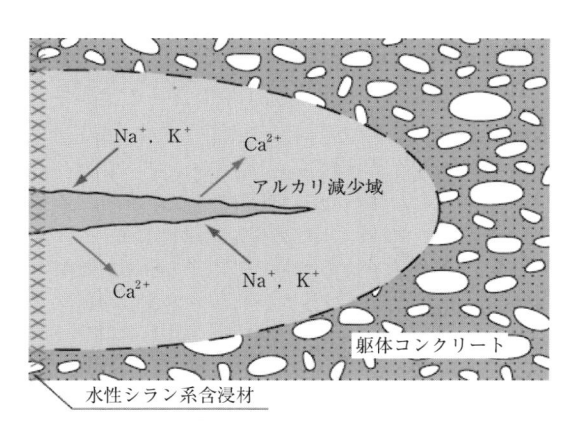

図 6.3.70 アルカリ吸着剤とシラン系はっ水材の複合工法

図 6.3.71 高じん性セメント系複合材料による ASR 補修例
(a) 補修前　(b) 補修後

(406), pp. 690-696, 1987.
4) 山崎大輔ほか：施工後20年を経過した反応性シラン系表面含浸材の撥水性効果, コンクリート構造物の補修, 補強, アップグレード論文報告集第5巻, pp. 185-190, 2005.
5) SAAR工法カタログ.
6) 国枝 稔：高性能な繊維強化セメント系複合材料 (HPFRCC), 橋梁と基礎, pp. 27-30, 2005.
7) 六郷恵哲ほか：ECCによる重力式コンクリート擁壁表面補修の試験施工と要素部材の引張性能評価, 高靱性セメント複合材料に関するシンポジウム論文集, 日本コンクリート工学協会, pp. 133-140, 2003.

c. リチウムイオン内部圧入工法（アルカリシリカ反応抑制工法）

アルカリシリカ反応（以下，ASRという）は，反応性骨材の種類，アルカリの総量，コンクリートの配合，環境条件等々の諸要因の影響を受けるためその劣化メカニズムは複雑になっており，しかも十分研究がなされていないのが実状である．そのため，現在でも抜本的なASR抑制方法は確立されるには至っていない．

ASRを起こしている構造物に対して，1980年代には反応要素の1つである水に着目した補修方法が検討された[1]．当初，外部からの水の供給を遮断する目的で，周囲の排水設備を改善するとともに従来からある遮水系表面処理工法による補修方法が適用されたが，外部からの水分供給が遮断されてもコンクリート中に内封された水分でASRが進展し，場合によっては塗膜のひび割れによってASRがさらに増進する傾向もみられた．その後，外部からの水を遮断しコンクリート中の水分を逸散させる通気系表面処理工法やはっ水系表面含浸工法が適用されたが，部材寸法，補修時の膨張ポテンシャル，外部からの水分供給状況などの要因により再劣化に至る場合も多い．現在，排水設備の改善と遮水系表面処理工法による外部水の遮断およびはっ水系表面含浸工法などによる内部水の逸散を併用し，構造物の中で異なる条件の部分に異なる工法を適応することによってASR抑制を期待する方向ではあるが，表面的な補修では構造物の形状や条件によって十分なASR抑制効果が得られないこともある．さらに，橋脚の梁天端部や地中部および橋台の背面部などでは表面処理が困難であり，また大断面部材深部の内部水の逸散を表面的な補修に期待するのは適切ではないことも考慮する必要がある．

表面処理工法の欠点を補完する方法として，リチウムイオン内部圧入工法（以下，本工法と言う）がある[2]．リチウムイオンのASR抑制効果は1951年に発表されたMacCoy and Caldwellの論文[3]で明確にされて以来，その効果を供試体レベルで検証した報告がなされてきたが[4]，そのメカニズムに関しては不明な点も多く，次のように分類される説が提案されている[5]．

反応進行抑制説：リチウムイオンの影響でASRの反応進行が抑制され，ASRゲルの生成量が減少することで，ASRの膨張が小さくなる．

非膨張性ゲル生成説：リチウムイオンが取り込まれることで，生成したASRゲルが非膨張性の物質となるために，ASRの膨張が小さくなる．

近年，新規構造物を対象としたASR抑制対策としてリチウム化合物をコンクリート用混和剤として

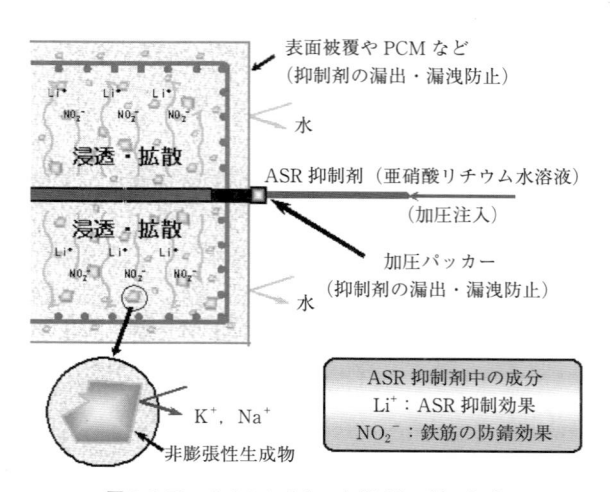

図 6.3.72 リチウムイオン内部圧入工法の概念

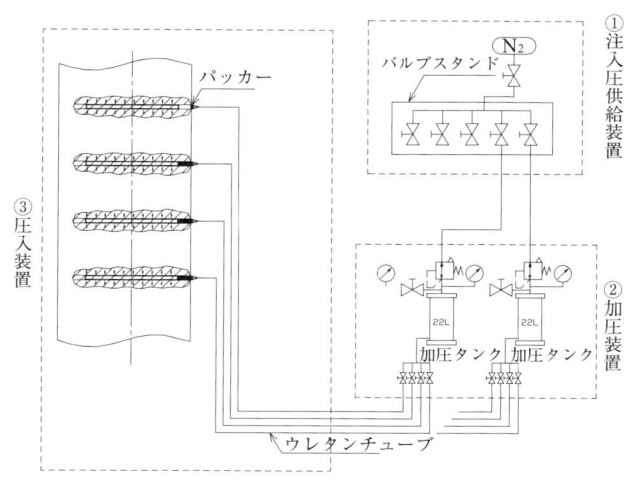

図 6.3.73 圧入システムの構成

図 6.3.74 気圧式圧入装置

利用する方法[6]，既設構造物の補修を対象としてリチウムイオンを含む ASR 抑制剤をコンクリート表面から含浸浸透させる方法[7]，またはひび割れから注入する方法などが考案されている．リチウムイオンの表面塗布やひび割れ注入の方法は，鉄筋かぶり程度の範囲にしかリチウムイオンは浸透しないため，前述のように大断面部材に対して表面処理工法同様効果を十分発揮しにくい．実際には，橋脚などの部材断面の大きな構造物では ASR による劣化が部材内部にまで及んできており，本工法はリチウムイオンの ASR 抑制効果をコンクリート部材の表面のみならず内部まで全体に波及させることを目的としている．

本工法は，図 6.3.72 に示すように構造物深部にまで削孔した圧入孔からリチウムイオンを主成分とする ASR 抑制剤を圧入し，構造物の内部コンクリートに ASR 抑制剤を浸透・拡散させることにより，従来工法では困難であった構造物全体での ASR 抑制を期待するものである[8]．

1) ASR 抑制剤

ASR 抑制剤に含まれるリチウムイオンは亜硝酸リチウム，水酸化リチウムなどの化合物として供給されるが，本工法ではリチウムイオンの ASR 抑制効果および亜硝酸イオンによる鉄筋の防錆効果を期待し，コンクリート内部への浸透・拡散性を阻害しない範囲で高濃度化できる亜硝酸リチウムを主成分とする ASR 抑制剤を用いている．ASR 抑制剤の所要圧入量は過去の研究報告[9]をもとにコンクリート中の Li^+/Na^+ モル比が 1.0 となるように設定することを推奨している．

2) 圧入システム

図 6.3.73 は圧入システムの例を示したものである．圧入規模に応じて加圧タンクや圧入系統は増減するが，圧入孔の配置，加圧力，圧入期間についてはコンクリートの劣化程度に応じて，$\phi 500 \sim 750$ mm に 1 本，$0.5 \sim 1.0$ MPa，2 週〜2 カ月に設定している．加圧タンクに貯蔵した ASR 抑制剤を気圧式または油圧式圧入装置で加圧することにより構造物内部全体に圧入する．窒素ガスを用いた気圧式圧入装置（図 6.3.74）はそれ自体に特殊な機械などを用いないシンプルな構成であり加圧のための電源や動力が不要となり，無振動・無騒音で傾斜地など特殊な施工スペースにも柔軟に対応できる特長がある．

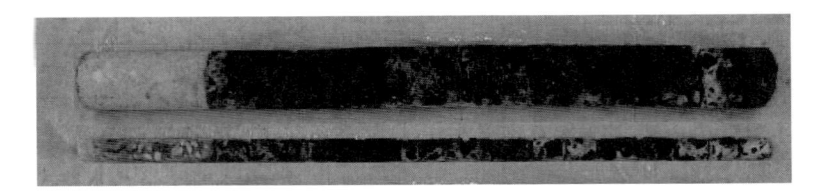

図 6.3.75 増厚補強した擁壁の呈色コア

3) 基本的な施工手順

①コンクリートの物性調査

コンクリートコアを用い強度特性試験，促進膨張量試験，アルカリ量測定などを実施し，圧入規模などの設定のための情報を調査する．

②コンクリート表面処理工

圧入時の ASR 抑制剤の漏出防止目的でエポキシ樹脂を用いたひび割れ低圧注入工および有機無機複合厚膜型水系塗料を用いた表面処理工を実施する．

③圧入工

内径 20～34 mm の圧入孔を削孔し，圧入孔口元からの ASR 抑制剤漏出防止のため加圧パッカーを装着し圧入を行う．圧入期間中は定期的な ASR 抑制剤の補充および漏出点検を実施し所要量を確認して圧入を完了する．

④仕上工

事後調査用コンクリートコアを採取後，圧入孔，コア孔の充填補修および表面処理工の仕上げを行う．

4) 事後調査による効果確認

圧入完了後採取したコンクリートコアを用い ASR 抑制剤の浸透範囲を調査する目的で呈色試験やリチウム定量分析試験，ASR による膨張抑制効果を調査する目的で促進膨張試験などを必要に応じて実施する．また，構造物の変形性状を長期に測定し補修効果を調査することもある．

図 6.3.75 に呈色試験結果の例を示した．呈色液をコンクリートコアに噴霧すると ASR 抑制剤中の亜硝酸イオンが浸透している部分が黄色ないしは茶褐色に変化するため簡易的に ASR 抑制剤の浸透状況を確認できる．さらに，精度を高めるためにリチウム定量分析試験を実施する．図 6.3.76 に膨張量低減効果の例を示した．この事例は，T 型橋脚に本工法を施工する直前と施工直後に採取したコンクリートコアの残存膨張量（$\varepsilon_{前}, \varepsilon_{後}$）から，本工法の膨張量低減効果を

残存膨張量低減率（%）= $(\varepsilon_{前} - \varepsilon_{後})/\varepsilon_{前} \times 100$

として度数で表したものである． 【金好昭彦】

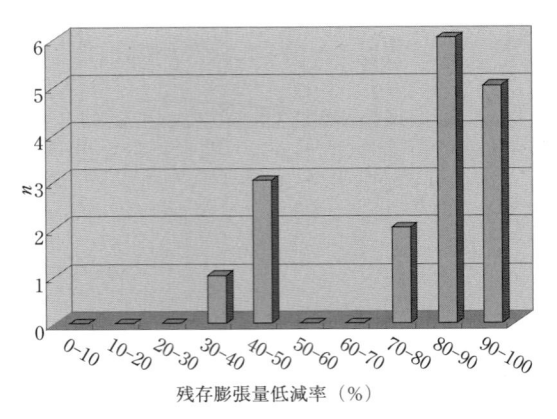

図 6.3.76 膨張量低減効果

文 献

1) たとえば，小野紘一ほか：防水材の ASR 抑制効果に関する研究，コンクリート工学年次論文集，pp. 209-212，1986.
2) 金好昭彦：アルカリ骨材反応を抑制する新しい工法，セメント・コンクリート，No. 673，pp. 26-33，2003.
3) MacCoy, W. J. and Caldwell, A. G.：New Approach to Inhibiting Alkali-Aggregate Expansion, Journal of ACI, Vol. 22, pp. 693-706, 1951.
4) たとえば，斉藤 満，北川明雄，伽場重正：亜硝酸リチウムによるアルカリ骨材反応の抑制効果，材料，**41**(468)，pp. 1375-1381，1992.
5) 上田隆雄：リチウムによるアルカリ骨材反応の膨張抑制に関する研究，コンクリート工学，**43**(6)，pp. 51-56，2005.
6) Thomas, M. D. A. et al.：Use of Lithium-Containing Compounds to Control Expansion in Concrete Due to Alkali-Silica Reaction, 11th International Conference on Alkali-Aggregate Reaction, pp. 783-792, June. 2000.
7) Storks, D. B. et al.：Development of A Lithium-Based Material for Decreasing ASR-Induced Expansion in Hardened Concrete, 11th International Conference on Alkali-Aggregate Reaction, pp. 1079-1087, June. 2000.
8) ASR リチウム工法協会：ASR リチウム工法技術資料，初版，2005.
9) たとえば，高倉 誠ほか：Li 化合物によるアルカリ骨材反応の膨張抑制に関する一実験，コンクリート工学年次論文集，**10**(2)，pp. 761-766，1988.

6.3.9 PC グラウト再注入

プレストレストコンクリート構造物における PC グラウトの役割は，PC 鋼材を腐食から保護すること，PC 鋼材と部材コンクリートとに付着を付与して一体性を確保することである．もし PC グラウトの充填状況が不十分であった場合には，PC 鋼材が腐食しやすい環境となり，とくに塩分や水などが浸入した場合には PC 鋼材が腐食し，部材にひび割れの発生や，さらに進行した場合には PC 鋼材の断面欠損や破断につながる．部材のひび割れ，PC 鋼材の断面欠損や破断は，構造物の安全性，使用性，耐久性を著しく損なうので，PC グラウトの充填不良が認められる場合には，すみやかに PC グラウトの再注入を実施し対処する必要がある．

再注入の方法としては，①シース内の充填不良箇所の両端が特定でき，空隙が比較的大きい場合には，特定できた両端部に注入孔，排気・排出孔を削孔し，新設の場合と同様に注入する方法がとれる．しかしながら，一般に充填不良箇所の両端を特定することは，非破壊検査の精度では難しく，削孔による目視では不要な削孔が生じるなど構造物に与える負荷が大きくなる．また，充填不良箇所は狭隘となっている場合が多く，新設と同様な方法では難しいのが現状である．これらの課題を克服する方法として，以下の2つが提案され，実施されている．

②充填不良箇所1区画につき，1つの再注入孔で注入を実施する手法である．主な特徴として，1つの再注入孔から PC 鋼材とシースの隙間に残留空気などを排出するための排気用細径ホースを充填不良箇所の両端まで挿入配置して充填性を確保するものである[1]（以下，JR 法とする）．この手法によれば，削孔数を最小限に留めることができる．

③再注入に，注入ポンプの他に真空ポンプを併用し，狭隘な部分への充填性を確保しようとするものである[2]（以下，JH 法とする）．

ここでは，JR 法と JH 法の2つの方法について，方法別に手順に従って各工種ごとの概要を述べる．

a. JR 法による手順

JR 法の基本的な施工フローを図 6.3.77 に示す．

1) 鋼材探査

再注入孔の削孔前に，削孔時にコンクリート中の鉄筋を損傷させないように，また，PC 鋼材に向けて削孔するために，PC 鋼材と鉄筋の位置を適切な方法で探査し把握しておく必要がある．

鋼材の探査には，探査の対象となる鋼材のかぶりに応じて適切な探査手法が必要となる．鋼材位置を探査する非破壊検査手法としては，一般に，電磁波法（レーダ法）が用いられている．

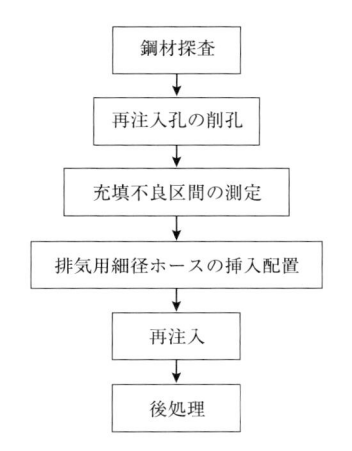

図 6.3.77 JR 法の基本的な施工フロー

2) 再注入孔の削孔

本削孔に先立って，電動コンクリートハンマードリルで φ30〜35 mm の径の先進削孔を実施する．これは，シースまでのかぶりを把握するとともに，選定した再注入孔の位置におけるグラウト充填状況を確認するためである．

先進削孔にあたっては，誤って PC 鋼材を損傷することがないように細心の注意を払うことが必要である．鋼材への損傷防止に配慮した装置として，ドリルコントローラが提案されている．これは，構造物内部の鋼材のどこか1カ所からアースを取り込み，削孔作業時にドリルの先端がシースや鉄筋に接触すると，電気的に短絡し，ドリルの電気回路を切断して停止させる機能を有するものである．その概念図を図 6.3.78 に示す．

先進削孔に引き続き，φ80 mm の再注入孔をコアドリルにより削孔する．

3) 充填不良区間の測定

充填不良区間の範囲を測定し，再注入すべきグラウト量を推測するとともに，残留空気等を排出する排気用ホースの挿入長を確認する．充填不良区間長さの測定は，PC 鋼材とシースの隙間に検測尺を挿入し，その挿入できた長さから推定する方法がとられている．

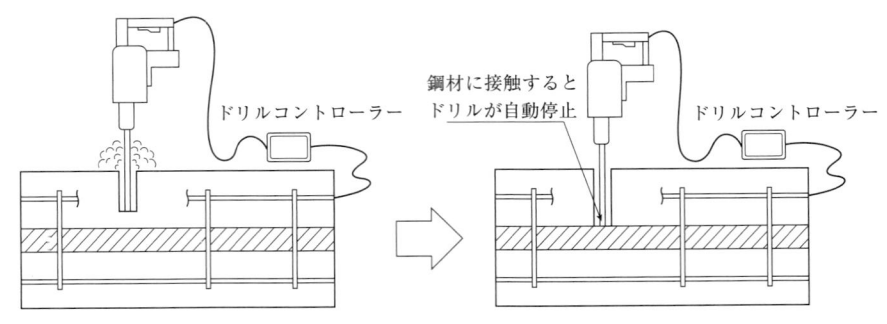

図6.3.78 ドリルコントローラーの概念図[1]

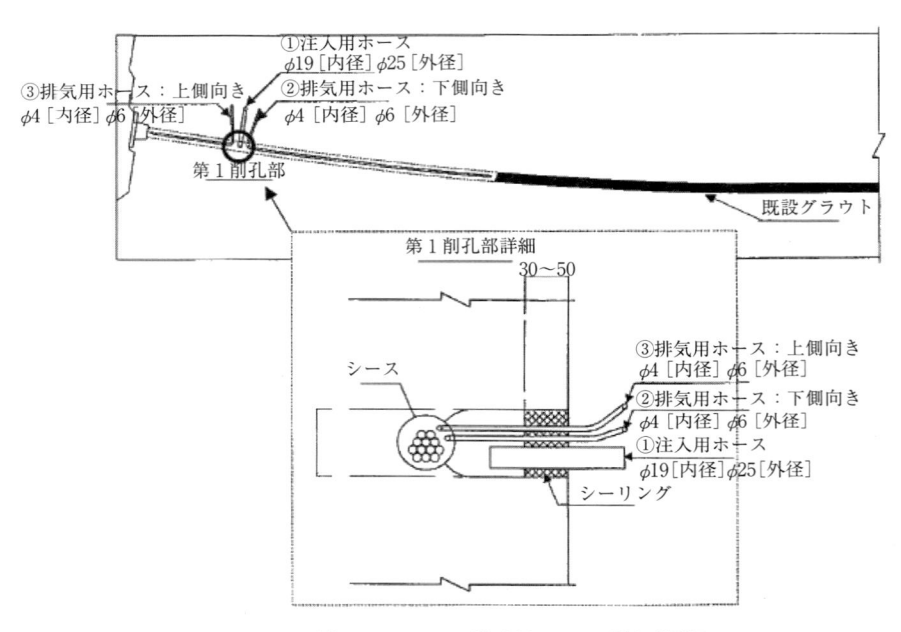

図6.3.79 排気用ホースおよび注入用ホースの挿入配置例

4) 排気用ホースの挿入配置

PCグラウト再注入における充填性を確保するために，排気用の細径ホースを再注入孔から上側と下側に挿入配置する．排気用ホースは，適度な硬さと柔軟性があり，かつ排気性能を確保できるものである必要がある．一般には，内径 $\phi 4$ mm，外径 $\phi 6$ mm のナイロンチューブが用いられている．排気用ホースおよび注入用ホースの配置例を図6.3.79に示す．配置後は，エポキシ樹脂系材料などで，再注入時の圧力に耐えうるようにシーリングする必要がある．耐圧性能としては，1.5 Mpa 程度必要とされている．

5) 再注入

再注入用PCグラウトはノンブリーディングタイプを用いて，施工の信頼性の観点から粘性の低いものを推奨している．注入速度は，毎分 2.0 l 程度と新設における注入速度に比べてゆっくりと注入し，最終的に，上下の排気用ホースを閉じた後に再加圧により残留空気を排出させることとしている．

b. JH法による手順

JH法の基本的な施工フローを図6.3.80に示す．

1) 鋼材探査

JR法と同様な方法で行う．

2) 再注入孔の削孔

削孔には，構造体への負荷を軽減するために，ウォータージェット工法（以下，WJ工法）を原則としている．削孔径は $\phi 50$ mm とし，2列平行にシースの上側に接するように削孔することを標準としている．シースの上側に接するようにするのは，上側

に残留空気が溜まりやすいので，充填度およびPC鋼材健全度の確認が容易なためである．WJ本体および削孔状況の一例を図6.3.81に示す．

WJ工法は，削孔機材の種類，コンクリートの種別などにより削孔性能が異なるため，事前に対象構造物を模擬した試験体を用いて試験施工を実施し，ノズルヘッドおよび削孔径，ノズル先端からの実削孔深さ，作業に適する水圧や水量などの確認が必要である．また，安全面からも，ひび割れが多い場合にはコンクリート塊の飛散などに注意する必要がある．

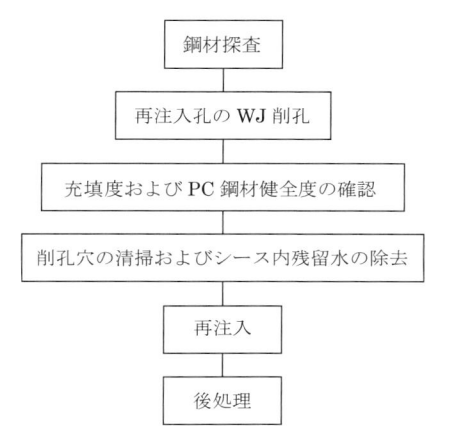

3) **充填度およびPC鋼材健全度の確認**

充填度の確認は，ドライバー，ハンマー，バールなどを用いてシースをめくり，目視で行う．PC鋼材健全度の確認は，ファイバースコープ，CCDカメラを用いて行うことを標準としている．

4) **削孔穴の清掃およびシース内残留水の除去**

WJ工法で削孔すると削孔穴に緩んだ石や浮石などが残っているので，ブロアーや掃除機などを使用して取り除かなければならない．また，シース内に残留した水をエアーコンプレッサを用いて強制的に排出する，あるいは，シースとPC鋼材の隙間に極細径のホースを挿入し，注射器を用いて吸い上げて除去する必要がある．

図6.3.80 JH法の基本的な施工フロー

(a) WJ本体　(b) WJ削孔状況

図6.3.81 WJ本体とWJ削孔状況の一例

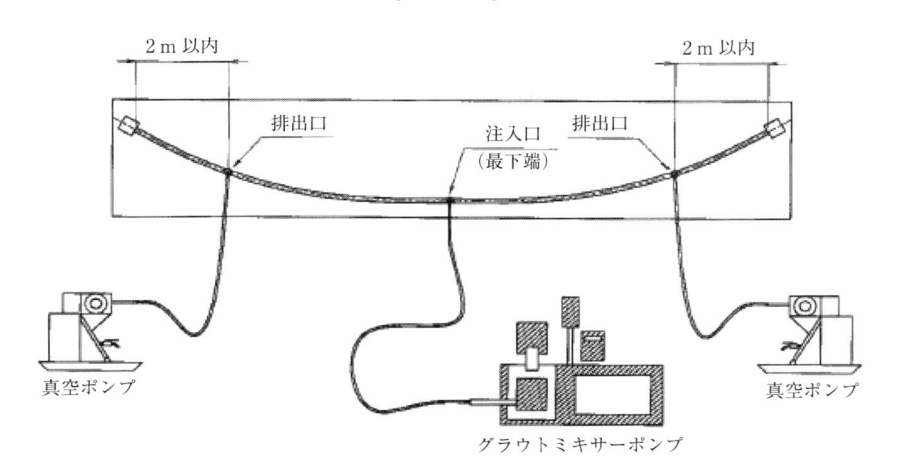

図6.3.82 真空ポンプ併用による再注入の施工概念図

5） 再注入

再注入は，注入ポンプと真空ポンプを併用し，高い充填性を確保する．一般には，注入孔はPC鋼材配置の最下端に設けるものとし，排出孔には真空ポンプを設置し，減圧した状態を保ちながら注入する．再注入の概念を図6.3.82に示す．　【手塚正道】

文　献

1) 鉄道総合技術研究所：PCグラウトの再注入等補修マニュアル（案），2002.
2) 日本道路公団試験研究所，プレストレスト・コンクリート建設業協会：PC橋の耐久性能の向上技術に関する研究　共同研究報告書，2003.

6.3.10 既設コンクリート構造物の事前処理工法

コンクリート構造物の補修，補強工法では，既設コンクリート構造物と新たに打ち継がれるコンクリート，劣化要因を除去した断面を修復する材料，または補強材料との一体化を期待して設計施工されるものが一般的である．このため，コンクリート構造物の変状や劣化機構が異なっていても，補修，補強に先立って既設コンクリートに対しては図6.3.83に示すように，「表面処理」，「はつり処理」，「削孔」，「切断」の事前処理が必要に応じて実施される．本項では，既設コンクリート構造物に対する事前処理のうち，補修，補強で実施されることが多い表面処理，はつり処理，および削孔を取り上げて解説する．

a. 表面処理

コンクリート構造物の補修，補強において新たな材料を打ち継ぐ場合，既設のコンクリート表面は，打ち継ぐ材料と一体化するのに適した表面処理が必要となる．多久和らは，ディスクサンダなどを用いた人力施工，ブラスト工法，およびウォータージェット工法（以下，WJ工法と言う．）による各種の表面処理工法の評価を行うため，処理面の形状と付着力に関する検討を実施している[1]．

図6.3.84に示すように，既設コンクリート構造を模擬したコンクリート版を作製し，約3カ月後に表6.3.17に示す各種の表面処理を実施し，観察と計測を行う．その後，新コンクリート（$t=10$ cm）を打ち継いで付着強度を測定することで評価を行っている．ここで，新コンクリートの品質の変動による試験結果への影響を避ける目的で，新コンクリートは十分に締め固めている．付着強度は，コンクリート版と新コンクリートを含むようにコア（$\phi 100$ mm, $l=200$ mm）を採取し，直接引張試験により測定した．

各表面処理後のコンクリート版の状態は以下のようである．

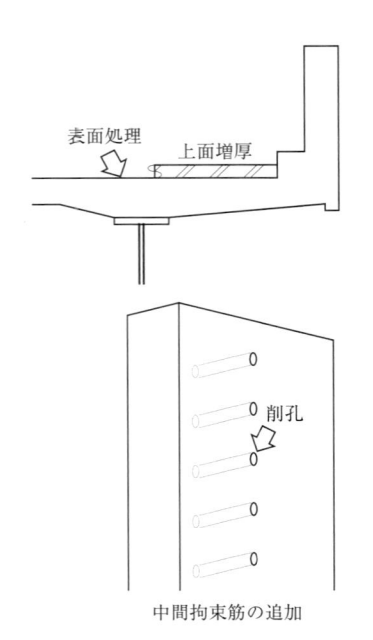

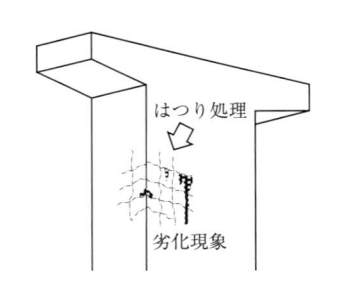

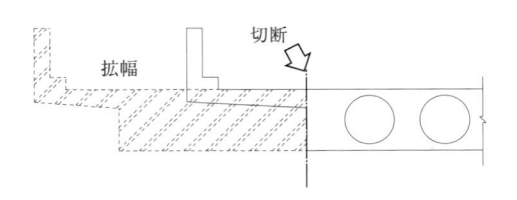

図6.3.83　補修補強に必要な各種処理例

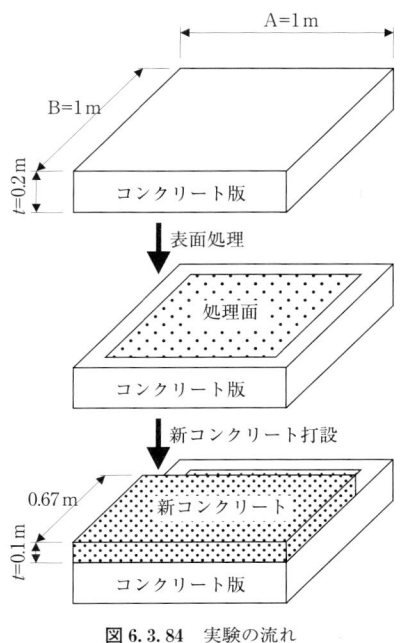

図 6.3.84 実験の流れ

1) 人力施工
ディスクサンダーの場合，処理前より表面がなだらかに仕上った．これは，コンクリート版表面の凹部分にサンダが当たらず，凸部のみを研磨したことにより処理深さも浅く，レイタンス層の除去が十分にできていないものとなった．一方，ピックハンマーとハンドブレーカーで処理したものは，表面の凹凸が大きく不規則であり，骨材も破砕されていた．とくに，ハンドブレーカーの方が，より表面の凹凸と処理深さが大きく，一部ではひび割れの発生を確認した．

2) ブラスト工法
ドライブラストを除けば，処理面には粗骨材が点在して現れており，セメントペーストとともに骨材表面が研掃されていた．このため，表面の凹凸は小さく，なだらかであった．

3) WJ工法
水を噴射するノズルの形式，水圧，パス回数によって，表面の凹凸に差が見られた．凹凸が小さい場合は噴流が骨材周囲のセメントペースト分のみを除去しているのに対し，凹凸が大きい場合には噴流がセメントペーストとともに細骨材も除去されていた．

図6.3.85は，各表面処理における付着強度の最小値，最大値，および平均値をまとめたものであり，各工法について考察すると以下のようになる．

1) 人力施工
人力施工の場合，他の工法に比べて付着強度は小さく，それらの最小値は，処理を行わず新コンクリートを打ち継いだ無処理（K）の場合と比べても小さい結果となった．この要因として，ディスクサンダーは，表面の凹凸および処理深さが小さく表面処理が十分でなかったこと，ピックハンマー，ハンドブレーカーはノミの打撃による内部ひび割れが影響していると思慮される．

2) ブラスト工法とWJ工法
ブラスト工法とWJ工法においては，おおむね良好な付着強度が得られていたが，スチールショットブラストの $50\,kg/m^2$（D1），WJ工法の扇形ノズルで $100\,Mpa$（H1）のとき，他の条件に比べて付着強度の最小値が小さく，$1.5\,N/mm^2$ を下回った．これらは，処理深さ平均が $0.5\,mm$ 以下と小さく，表面処理が十分でなかったことを示している．また，付着強度と面積の増加率（処理後の表面積/処理前の表面積）に相関は見られず，適切な工法で，ある一定以上の処理を実施すれば，良好な付着強度が確保できることが示された．

b. はつり処理
コンクリート構造物の補修補強は，既設構造物の変状部分を除去したうえで実施することが重要であるが，変状部位外においても劣化因子が侵入している断面を除去することが重要である．図6.3.86は，塩害により劣化したコンクリート構造物を断面修復により補修したにもかかわらず再劣化を起こしたため，かぶり付近のコンクリート中の塩分濃度分布をEPMAによって分析したものである．分析結果から，表面付近は断面修復材に置き換えられて塩分が少なくなっているが，鉄筋周辺の塩分濃度は高いことがうかがえる．よって，再劣化の原因は，変状部分のみの断面修復しか行わず，鉄筋周辺の高塩分を含む断面の除去が不足したためと判断された[2]．紫桃らは，これらのコンクリート構造物のはつり処理に関して実験的に研究し，WJ工法の有効性を確認し，ブレーカーを用いた処理法の問題点を指摘している[3]．

検討では，図6.3.87に示す方法ではつり処理したコンクリート版に，新たにコンクリートを打ち足し，表面処理と同様に直接引張試験を実施して，付着強度の評価をしている．その結果，図6.3.88に

表 6.3.17　表面処理の工種

表面処理の種別	試験体記号	表面処理条件					
人力施工	A	ディスクサンダー（電動式）（サンドペーパー #70）					
	B	ピックハンマー（電動式）					
	C	ハンドブレーカー（圧搾空気）					
ブラスト工法	D1	スチールショットブラスト（鋼球：径1.4 mm）	投射密度	50 kg/m²			
	D2			150 kg/m²			
	D3			250 kg/m²			
	E1	サンドブラスト（砂：3号ケイ砂）	投射密度	10 kg/m²			
	E2			20 kg/m²			
	E3			30 kg/m²			
	F	ドライブラスト（ドライアイス）	投射密度	4 kg/m²			
WJ工法[3]	G1	円形揺動ノズル		50	3.0	3	3.13
	G2			100	4.2	2	3.07
	G3			150	5.2	1	3.01
	H1	扇形ノズル		100	6.7	1	2.66
	H2			150	8.3	1	2.68
	I1	旋回ノズル	1本ノズル	50	6.8	6	1.53
	I2			100	9.6	1	0.76
	I3			100	9.6	2	1.52
	I4			100	9.6	4	3.05
	I5			150	11.8	1	1.49
	I6			200	13.6	1	1.51
	J1		4本ノズル	70	77.0	−	−
	J2		2本ノズル	66	22.0	1	2.20
無処理	K	表面処理を行わずに新コンクリートを打設					

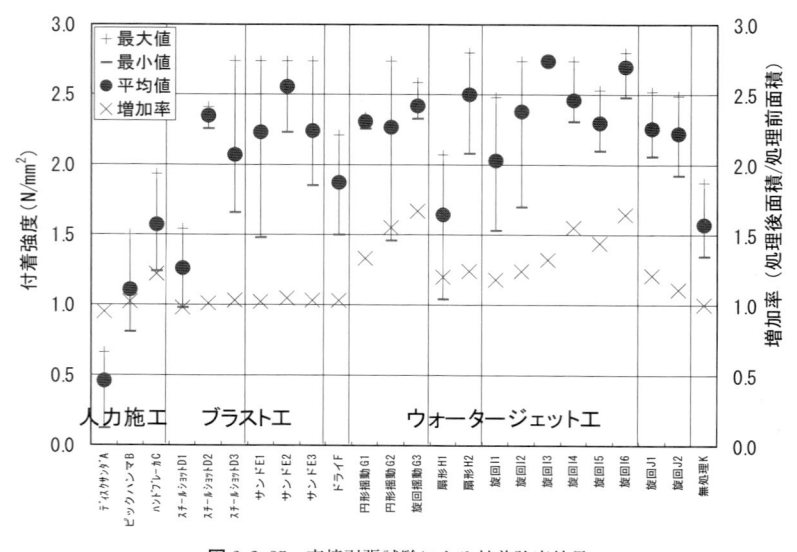

（水圧 (Mpa)／流量 (L/min)／処理回数・パス回数／エネルギー密度 (kWh/m²)）

図 6.3.85　直接引張試験による付着強度結果

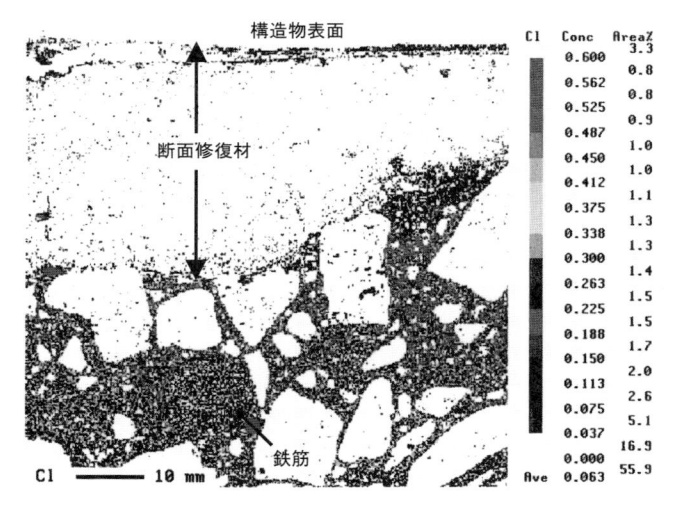

図 6.3.86 塩害により再劣化した構造物の EPMA 分析

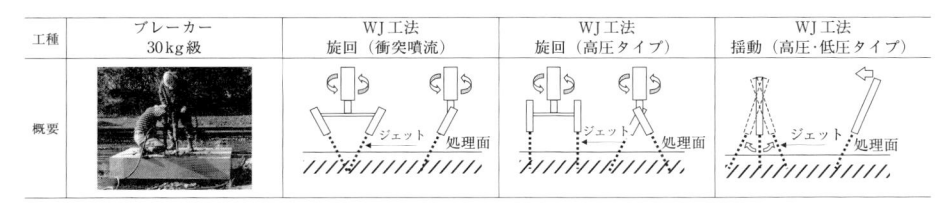

図 6.3.87 はつり処理の工種

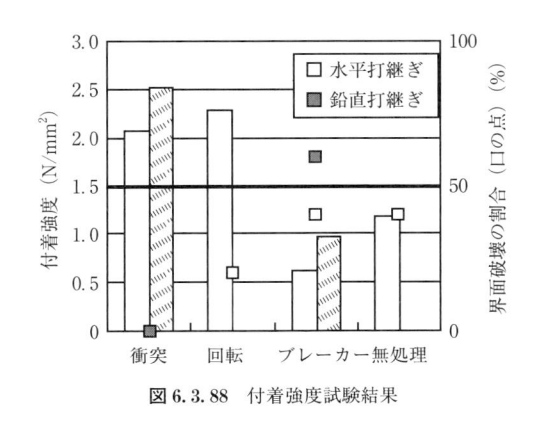

図 6.3.88 付着強度試験結果

図 6.3.89 ブレーカーにより生じた処理面の損傷

示すように，WJ 工法を用いた処理法では良好な一体化処理性状が確認でき，ブレーカーでは十分な付着強度が得られなかった．しかも，打継ぎ界面の破壊割合が多く，図 6.3.89 に示すようにブレーカーが打継ぎ表面に損傷を与えていることが影響していると推察できる．さらに，ブレーカーでは，図 6.3.90 に示すような鉄筋の損傷も引き起こしており，コンクリート構造物の補修・補強に適さない工法であることが言える．

c. 付着強度の耐久性

表面処理またはつり処理したあとに打ち足した材料と既設コンクリートとの付着強度の経年的な変化を検討した事例は少ない．松原らは，下面増厚材料に着目して，凍結融解試験による付着強度の耐久性を検討している[4]．対象とした材料は表 6.3.18 のようで，表面処理はウォータージェット工法を用い，吹付けにより増厚を施工したものを試験体としている．耐久性の評価は，無負荷のものと，30 サ

図 6.3.90 ブレーカーにより生じた処理面の損傷

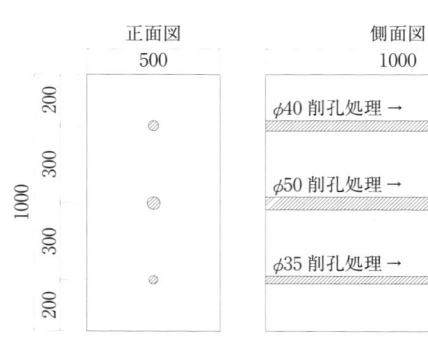

図 6.3.92 削孔処理試験体

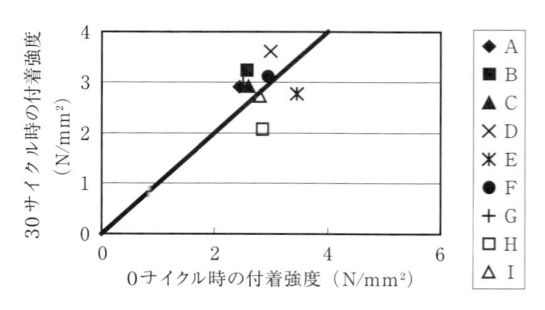

図 6.3.91 付着強度

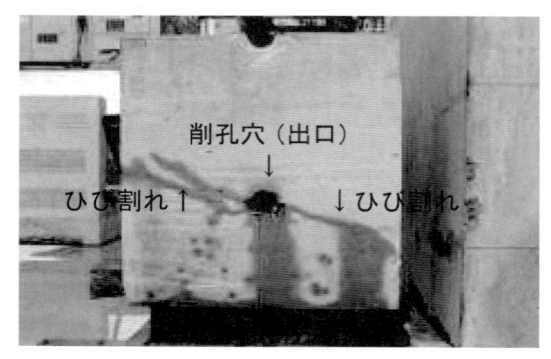

図 6.3.93 削孔中に生じたひび割れ

表 6.3.18 対象材料

記号	施工方法	使用ポリマ	（水＋ポリマー）/粉体	使用繊維
A	湿式吹付け	SBR系	16.8%	ビニロン
B			25.0%	
C			25.0%	ポリエチレン
D			20.0%	炭素
E		アクリル系	19.2%	アクリル系
F			13.5%	ビニロン
G		なし	22.5%	
H	乾式吹付け		45.0±2.0%	鋼
I	流し込み	アクリル系	14.3%	なし

イクルの凍結融解の負荷を与えたものの付着強度を比較，評価している．試験結果は図6.3.91に示すとおりで，いずれの材料も凍結融解に対する耐久性は優れているとしている．

d. 削孔処理

耐震補強で新たに中間拘束筋を設置したり，PCグラウトの充填度調査を行う場合には，既設コンクリートを削孔する必要がある．従前の一般的な削孔方法は，コンクリート用コアカッターなどが用いられていたが，設計と実構造物での配筋の相違，非破壊検査の検出限界，ヒューマンエラーなどが原因となり鋼材（鉄筋，PC鋼材）を損傷する場合がある．また，このようなトラブルを防止するために，電気的な短絡を利用して鋼材に接触すると削孔機械が停止する装置を付加した削孔方法もあるが，PC鋼材がシースに接触している場合には鋼材を損傷するなどの課題もある．野島らは，鋼材に損傷を与えるこ

6.4 補強工法

図 6.3.94 水圧と単位長さ当りの削孔時間

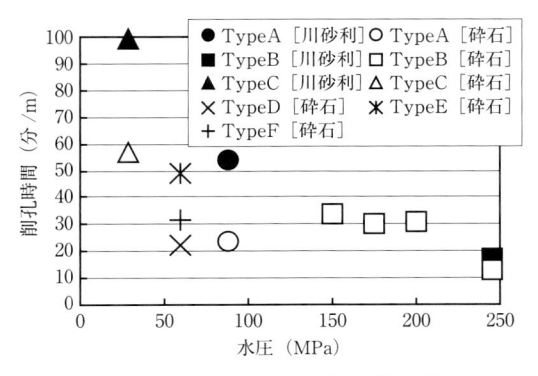

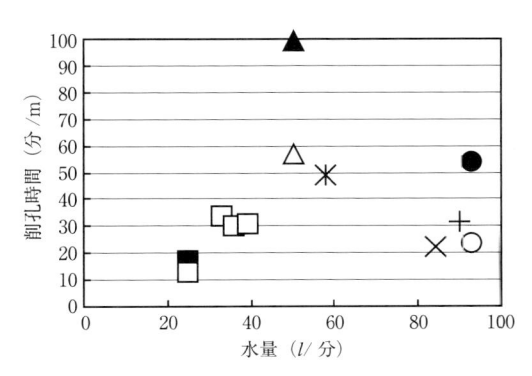

図 6.3.95 水量と単位長さ当りの削孔時間

表 6.3.19 削孔に用いた WJ 施工機械の種類と仕様

記号	種類	削孔ヘッド (mm)	ノズル径 (mm)	水圧 (MPa)	水量 (l/min)	その他
TypeA$_1$	回転ノズル2穴式（中水圧大水量）	φ23	① φ1.50 ② φ1.70	88	93	回転数 50 rpm
TypeA$_2$				69	82	
TypeA$_3$			① φ1.70 ② φ1.70	69	92	
TypeB$_1$	回転ノズル2穴式（高水圧少水量）	φ35	① φ0.80 ② φ0.40	245	25	回転数 280 rpm
TypeB$_2$		φ37	① φ1.00 ② φ0.85	150	33	回転数 100 rpm
TypeB$_3$				175	36	
TypeB$_4$				200	39	
TypeB$_5$			① φ0.85 ② φ0.85	150	28	
TypeC$_1$	アブレイシブ（低水圧中水量）	φ48	φ2.00	29	50	研磨材量 1.0 kg/min
TypeC$_2$		φ35				
TypeD	回転ノズル2穴式（中水圧大水量）	φ42	① φ1.60 ② φ1.80	60	84	回転数 30 rpm
TypeE	回転ノズル1穴式（中水圧大水量）	φ32	φ2.00	60	58	回転数 30 rpm
TypeF	回転ノズル1穴式（中水圧大水量）	φ42	φ2.40	60	90	回転数 30 rpm

表 6.3.20 削孔実験の結果

試験体の粗骨材の種別		川砂利			砕石								
施工機械		TypeA$_1$	TypeB$_1$	TypeC$_1$	TypeA$_1$	TypeB$_1$	TypeB$_2$	TypeB$_3$	TypeB$_4$	TypeC$_1$	TypeD	TypeE	TypeF
目標削孔径（mm）		φ40	φ35	φ50	φ40	φ35	φ50	φ50	φ50	φ50	φ50	φ50	φ50
実験結果	削孔長（mm）	1000	1000	1000	1000	1000	1000	1000	1000	1000	1000	587[*1]	1000
	削孔径[*2] (mm) 入口	40/40	35/40	50/50	40/40	50/50	59/56	55/55	60/59	35/40	64/60	55/40	46/50
	削孔径[*2] (mm) 出口	40/41	40/40	50/50	38/50	50/50	54/56	69/68	64/69	31/40	60/50	−	53/70
	直進性 (mm) 上下	上10	±0	上10	±0	上10	−	−	−	±0	±0	−	±0
	直進性 (mm) 左右	右5	左10	左5	左10	±0	−	−	−	左10	左10	−	=0
	削孔時間 (min)	54	17	99	24	13	34	30	31	57	22	29	32

[*1]：ロット長不足のため貫通せず
[*2]：（上下方向/水平方向）の削孔穴の径を示す

とがないWJ工法を用いて，実物大の試験体を用いた実験により，コンクリート構造物に対する削孔処理方法について検討を行っている[5]．

検討に用いたWJ工法を表6.3.19に示す．試験体は図6.3.92のようで，試験体長さ1mを貫通する削孔を行い，貫通に要した時間，出来形などを確認している．

実験結果は表6.3.20に示すとおりで，各工法とも直進性はほぼ確保できていると判断でき，施工機械の違いによる差もないが，いずれも上方へ偏心する傾向が見られている．削孔中の特徴として，選定した工法の中でもっとも高水圧仕様のTypeB$_1$では，貫通直前に図6.3.93に示すように試験体の破壊現象を確認している．これは，形成された削孔穴とロットとの隙間に骨材の切削粉がかみ合うことによって一時的に排水不良となり，削孔穴先端において水圧の上昇が起き，内部から試験体を破壊したものと推察される．一方，同様のノズル仕様でTypeB$_2$～B$_4$程度の水圧での実験結果では，このような試験体の破壊現象は確認されなかった．

水圧または水量と単位長さ当りの削孔時間の関係を図6.3.94，6.3.95に示す．これより，削孔能力は試験体の使用粗骨材の影響を受けていると判断でき，総じて川砂利より砕石のほうが削孔速度は速い．これは，川砂利は噴射水による破砕が困難なのに対し，砕石は粗砕が容易であるためといえる．また，TypeCは，低水圧のエネルギーをカバーするため研磨剤および切削ビットを併用したWJ工法であるが，他の工法に比べて削孔能力に優位性は見られない．さらに，水圧ならびに水量に対する相関は見受

けられず，TypeB$_1$での試験体の破壊例を考慮すると，できるだけ低水圧で適切なノズルを選定することが効率的な削孔に有効であると思慮される．これらの実験の範囲内では，水圧60～150MPa程度で流量が50～100 l/分前後が適切であると判断している．

【野島昭二】

文　献

1) 多久和勇ほか：ウォータージェット技術を利用したコンクリート構造物の表面処理，噴流工学，17(1)，pp.29-40，2000．
2) 紫桃孝一郎ほか：コンクリート構造物のリフレッシュ技術，ハイウェイ技術，No.17，pp.33-43，2000．
3) 紫桃孝一郎ほか：ウォータージェット技術を利用した新旧コンクリート構造物の一体化処理，コンクリート工学，38(8)，pp.40-54，2000．
4) 松原功ほか：下面増厚材料の力学的特性および耐久性に関する基礎試験，コンクリート工学年次論文報告集，24(1)，pp.1419-1424，2002．
5) 野島昭二ほか：PCグラウトの補修技術の開発，コンクリート工学，41(11)，pp.31-43，2003．

6.4 補強工法

6.4.1　概　説

ここでは，補強工法として耐荷性や剛性などの力学的な性能の回復，向上にかかわる工法ついてとり

表6.4.1　補強の目的による工法の分類

補強の目的		工法名	
既存の部材を利用することなく力学的な性能を回復・向上させる		[6.4.2] 打替え工法	
床版の補強	曲げ耐力・押し抜きせん断耐力の回復・向上	[6.4.3] 上面増厚工法	
	曲げ耐力・疲労耐久性の回復・向上	[6.4.4] 下面増厚工法	
引張応力を分担できる材料を付加することによる曲げ耐力，せん断耐力の回復・向上補強		[6.4.5] 鋼板接着工法	
		[6.4.6] FRP接着工法	
柱の曲げ耐力，せん断耐力，じん性の回復・向上（耐震補強を含む）		[6.4.7] 巻立て工法	(1) コンクリート
			(2) 鋼板・FRP・鋼より線
部材を追加することによる補強		[6.4.8] 桁増設工法	
プレストレスを入れることによる補強		[6.4.9] 外ケーブル工法	
建築の耐震補強		[6.4.10] 建築の耐震補強関連	

[　] 内数値は，本書の項番号を示す．

まとめている．

ここで取り上げる補強工法を目的別に分類すると，表6.4.1のようになる．これらの補強工法は，工法の性能が力学特性の回復・向上を目的としていることから，工法の性能評価が実験的な力学性能の確認にとどまっている場合もある．したがって，各種工法の選択にあたっては，構造物の特性，施工性，安全性，経済性，耐久性や周辺環境に与える影響のほか，補強工法適用後の日常点検や臨時点検などの維持管理の容易さを考慮に入れて総合的に判断することが大切である．

さらに，補強対象の構造物の劣化の原因を明確にし，力学的な回復・向上と同時に十分な耐久性を維持できるように，劣化防止対策も併せて検討することが大切である．

なお，構造系の一部を補強する場合には，補強していない部材への負担が増加する場合があることから，補強を行わない他の部材の安全性の検討も同時に行う必要がある．　　　　　　【守分敦郎】

6.4.2 打替え工法

劣化した構造物の力学的な性能を回復させる手段の一つとして，打替え工法がある．ここで紹介するのは，アルカリ骨材反応により多数のひび割れが生じたT型橋脚の枕梁部に対して，劣化の程度，環境，立地条件，対策後の維持管理（LCC）を考慮した対策案の検討を行い，その結果補修や補強を施すよりも劣化部位を撤去し，コンクリートを打ち替えた方が有利であると判断した事例である．

a. 対象構造物の概要

構造物の概要等を以下に示す．また，橋梁の全景を図6.4.1に示す．

上部構造：9径間単純ポストテンション方式T桁橋（橋長320 m，支間34.8 m）
下部構造：矩形柱張出式橋脚
竣工年月：1980年3月
使用骨材：安山岩砕石
対象部位：橋脚張出梁部
立地条件：橋梁の下にはとくに制約はなく，仮支柱等の設置が可能．基礎地盤は良好．

b. 対象橋脚の損傷状況

昭和61年に『アルカリ骨材反応暫定対策』が示されたが，対象構造物は，それに先立つ昭和55年

図6.4.1　橋梁全景

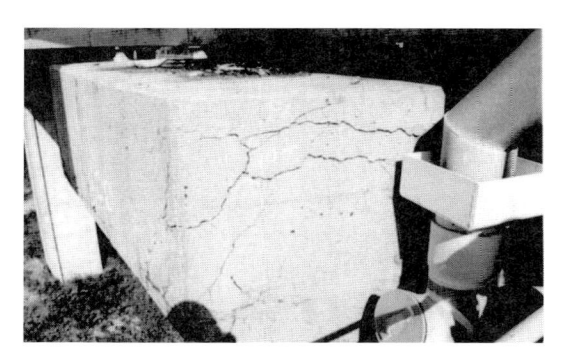

図6.4.2　ASRによるひび割れ

図6.4.3　スターラップの破断

に積雪寒冷地に建設された橋梁である．橋脚に生じたASRが，凍結防止剤に用いた塩化ナトリウムによって促進され，梁部のせん断補強鉄筋（スターラップ，折り曲げ筋）において曲げ加工部が破断したものである．ひび割れの状況を図6.4.2に，せん断補強鉄筋（スターラップ）の破断状況を図6.4.3に示す．

1) 劣化状況

- 側面柱頭部の天端付近の水平方向に最大4mmのひび割れを確認
- はつり調査により，スターラップで鉄筋破断を確認．その後の橋脚上部取り壊し時に78%のスターラップ，67%の折り曲げ筋で鉄筋破断を確認．
- コア抜きによる試験結果（対象2橋脚から，計5カ所で実施）

コンクリート強度：
21 N/mm² （設計基準強度）→ 19 N/mm² （最小値）
静弾性係数：
23500 N/mm² （基準値）→ 7100 N/mm² （最小値）

2) 現状の評価

劣化状況からスタータップの破断や橋脚張出梁部コンクリートの強度，静弾性係数の低下により，使用限界状態におけるせん断耐力が不足していることから，補修・補強対策が必要と判断した．

ここでは，スタータップの大半が破断していることから，鉄筋によるせん断補強効果を期待しないものとして検討した．

検討結果は以下の通りである．
使用限界状態の作用せん断力　S = 1449 kN
平均せん断応力度　τm = 0.311 N/mm²
平均せん断応力度制限値　τma = 0.244 N/mm²
（τma はコアによる強度試験結果の下限値を用いて道路橋示方書により算出）
$\tau m > \tau ma$ により，せん断補強が必要と判定．

c. 補修・補強方法の基本方針と工法選定

劣化状況から，せん断耐力の確保を補修・補強の基本方針とし，初期設計耐荷性能のレベルまで回復させる対策シナリオとした（図6.4.4参照）．

工法比較

ここでは，「耐力不足の向上」，「構造変更」，「材料置換」の3つの観点から，現場条件，他機関における実績などを考慮して，それぞれもっとも効果的かつ経済的だと思われる工法案を抽出した．

1) 鋼板＋PC定着工法（耐力不足の向上による対策）

せん断耐力向上の一般的な対策工法として，橋脚

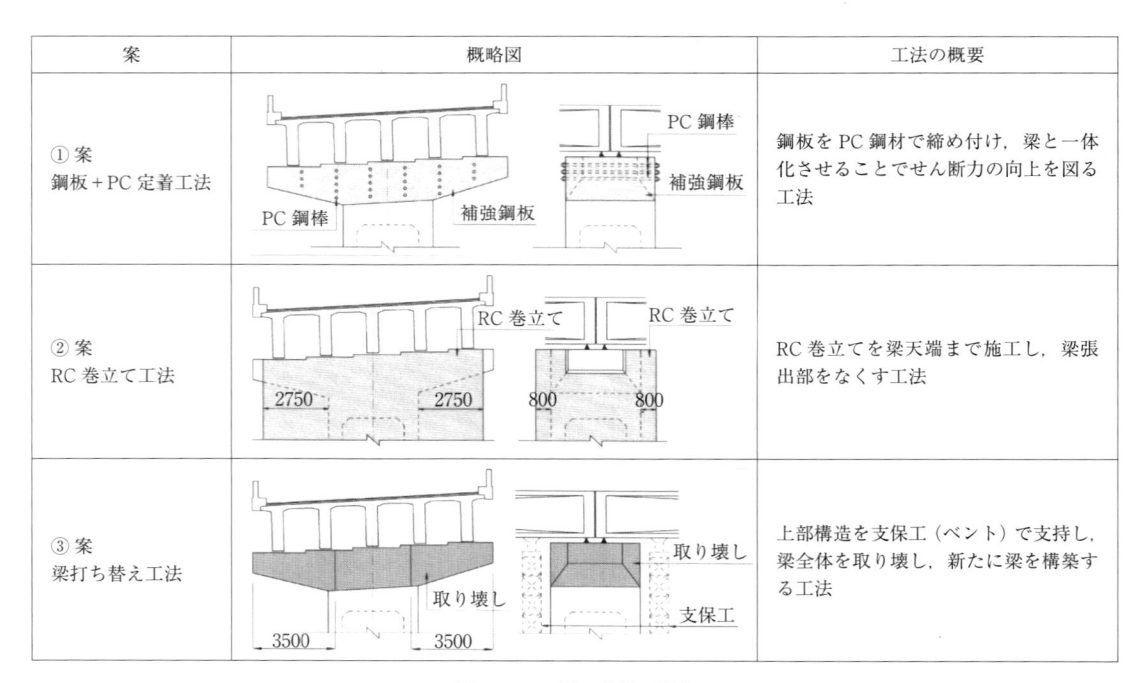

案	概略図	工法の概要
①案 鋼板＋PC定着工法	PC鋼棒／補強鋼板	鋼板をPC鋼材で締め付け，梁と一体化させることでせん断力の向上を図る工法
②案 RC巻立て工法	RC巻立て　2750／2750／800／800	RC巻立てを梁天端まで施工し，梁張出部をなくす工法
③案 梁打ち替え工法	取り壊し　3500／3500　支保工	上部構造を支保工（ベント）で支持し，梁全体を取り壊し，新たに梁を構築する工法

図6.4.4　工法の比較一覧表

図 6.4.5 主桁仮受け支保工

図 6.4.6 梁部打ち換え完了

柱の耐震補強等に用いられており，他機関において梁部補強の実績もある．

2) RC 巻立て工法（構造変更による対策）

弱点となっている梁張出部を構造的に無くすことができるとともに，同時に施工する橋脚柱の耐震補強対策と兼ねることができる．また，桁下空間などの現場条件により施工可能な工法である．

3) 梁打ち換え工法（材料置換による対策）

ASR 反応性骨材を取り除くことができ，今後の ASR 抑制効果が確実な工法である．また，桁下空間等の制約等もとくになく，本現場条件により施工可能な工法である．

比較検討の結果，イニシャルコストは③案が①，②案より若干高いが，せん断補強の有効性，ASR 反応性骨材の除去による ASR 抑制効果等を考慮すれば，LCC の観点から本橋では③案の梁打ち換え工法が他 2 案より経済的になると判断した．

d. 補強設計

劣化した梁部の再構築であるため，再構築部の設計は基本的に当初の設計と同じとなる．もともと，健全なコンクリートと建設当時の鉄筋量で必要な抵抗断面力が確保されていることから，ASR により損傷した既設のコンクリートと鉄筋をすべて取り除き，新たな鉄筋を当初設計どおりに配置して，コンクリートを打ち直すこととした．

e. 施 工

施工上の配慮として，既設柱の天端を V 字状にはつり取り，梁圧縮側鉄筋をその上面に定着させるようした．また，はつり作業の施工は，既設コンクリートをできる限り損傷させないためにカッター，チッパーによる手はつりを行った後に，ウォータージェットによる浮き石除去などの表面処理を実施することとした．仮受けの状況を図 6.4.5 に，打ち替え完了時の状況を図 6.4.6 に示す． 【室田 敬】

文 献

1) 熊谷善明ほか：凍結防止剤の影響を受けた ASR 損傷橋脚の残存膨張性の評価，コンクリート工学年次論文集，22(1)，pp. 55-60，2000．
2) 鳥居和之ほか：凍結防止剤の影響を受けた橋梁の ASR 損傷度調査，コンクリート工学年次論文集，24(1)，pp. 579-584，2002．
3) 土木学会：コンクリートライブラリー 124 号，アルカリ骨材反応対策小委員会報告書－鉄筋破断と新たなる対応－，pp. III 57-III 60，2005．

6.4.3 上面増厚工法

a. 工法概要

上面増厚工法には床版上面増厚工法と鉄筋補強上面増厚工法がある．

床版上面増厚工法は道路橋 RC 床版の補強工法の一つとして，図 6.4.7 に示すように，既設アスファルト舗装および既設 RC 床版の上面を切削・研掃後，鋼繊維補強コンクリートを打設して一体化することにより曲げ耐力および押抜きせん断耐力の向上を図る工法である．昭和 48 年以前の基準で設計された道路橋 RC 床版は，現行の道路橋示方書で設計されたものに比べて，主桁間隔の割に床版厚が薄く，配力鉄筋が少ない構造となっているため，車両の繰返し荷重に伴う疲労損傷が顕著である．また，平成 5 年 11 月の車両制限令の改正による通行車両の大型化に伴い，とくに，輪荷重を直接支持する RC 床版の劣化は加速していくものと考えられる．既往の研究により，道路橋 RC 床版は輪荷重の繰返し載荷に伴って橋軸直角方向のひび割れが発生した後に梁状

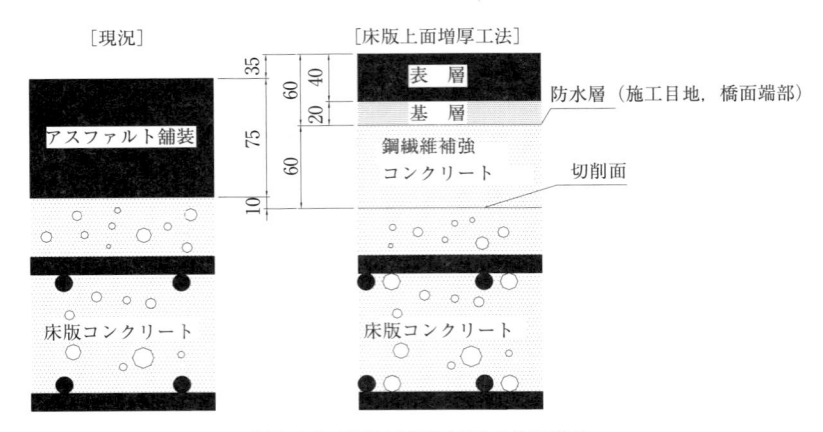

図 6.4.7 床版上面増厚工法の施工断面

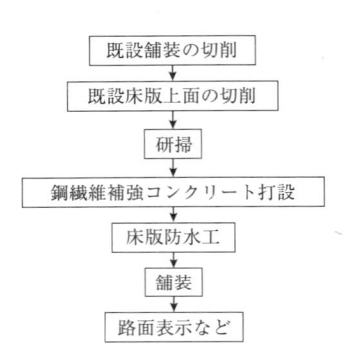

図 6.4.8 床版上面増厚工法の施工手順

図 6.4.9 既設舗装および既設床版の切削

化し，最終的には押抜きせん断破壊することが明らかになっている．RC床版の補強には種々の工法があるが，損傷が広範囲なため局所的な補修工法では対処できない場合に床版上面増厚工法が採用されている事例が多い．また，本工法を塩害対策として橋面からの塩分の浸入を防止するために施工されている事例もある．

鉄筋補強上面増厚工法とは床版およびコンクリート橋の橋梁全体の補強工法として，既設コンクリート上面を切削・研掃後，鉄筋を設置し，鋼繊維補強コンクリートを打設して一体化することで，とくに上張出し床版部などの負の曲げ耐力の回復を図る工法である．

b. 使用材料

鋼繊維補強コンクリートとは，コンクリート中に鋼繊維を混入することにより，引張性能を改善したコンクリートである．上面増厚工法では，比較的薄層でコンクリートを施工することとなるため，荷重作用や乾燥収縮などに起因するひび割れの発生が懸念される．このため，上面増厚工法には，ひび割れの発生の抑制，ひび割れが生じた場合にもひび割れ幅を抑制することを目的として，鋼繊維補強コンクリートを使用している．現在までの実績では，鋼繊維混入率を $100 kg/m^3$，粗骨材の最大寸法を20 mmとしている場合が多い．

上面増厚工法は橋面上からの施工となり交通規制を伴うため，鋼繊維補強コンクリートに使用するセメントとしては工期短縮を目的として超速硬セメントを使用する場合が多い．通行止めなどが可能で施工時間が充分確保できる路線の場合は，早強ポルトランドセメントを使用した鋼繊維補強コンクリートを用いることも可能である．

c. 施工方法

上面増厚工法の標準的な施工手順を図6.4.8に示す．既設床版上面には，レイタンスや既設舗装のタックコートなどがあり，新旧コンクリートの一体化に

図 6.4.10 スチールショットブラストによる研掃

図 6.4.11 鋼繊維補強コンクリートの製造専用プラント

図 6.4.12 コンクリートフィニッシャの例

悪影響を及ぼすため，舗装切削終了後（図 6.4.9）に削り取る必要がある．その切削量は，床版上面の状況にもよるが，無理に深く切削すると健全なコンクリートを除去することになり，場合によっては上側鉄筋を傷つける結果となるため，1 cm の切削量を基本としている事例が多い．舗装切削や床版上面の切削時には既設床版を痛める恐れのある場合には，切削の代わりにスチールショットブラストによる研掃（図 6.9.10）で対応することも合理的であるため，状況により柔軟に対処することが望ましい．床版上面コンクリートの切削等に伴い，既設床版コンクリートの浮きや粗骨材のゆるみが生じるため，これらも完全に取り除いて研掃することが重要である．

鋼繊維補強コンクリートの製造には，①超速硬セメントを使用すること，②乾燥収縮によるひび割れを低減するために硬練りのコンクリート（スランプ 5 cm 程度）とすること，③完成後の補強効果を高めるため鋼繊維を混入することなどを勘案して，現場で移動可能な専用プラント（図 6.4.11）を使用するのが一般的である．専用プラントを用いることにより，スランプロスの大きな超速硬セメントを用いたコンクリートであっても，運搬に伴う材料の品質変動を抑制することができ，所定の施工精度を確保することが可能となっている．早強ポルトランドセメントを用いた場合，鋼繊維補強コンクリートの製造に生コンプラントを使用することもできるが，運搬に伴う品質の変動，鋼繊維の添加方法などについては，慎重に検討する必要がある．

設計基準強度を設定する材齢は，超速硬セメントの場合 3 時間，早強ポルトランドセメントの場合 7 日を標準としている事例が多い．骨材の最大寸法，コンクリートの締固めやレベリングなどの施工精度や乾燥収縮の影響などを考慮し，増厚コンクリートの最小厚は 5 cm としている場合が多い．専用コンクリートプラントで製造された鋼繊維補強コンクリートは，専用のコンクリートフィニッシャ（図 6.4.12）により連続的に敷均し，締固め，仕上げられる．鋼繊維補強コンクリートの設計施工に際しては，「上面増厚工法設計施工マニュアル（財団法人高速道路調査会　平成 7 年 11 月）」に加えて，「鋼繊維補強コンクリート設計施工指針（案）（コンクリートライブラリー第 50 号，土木学会　昭和 58 年 3 月）」を参考とするとよい．

d. 工法の留意点

上面増厚工法に先立ち，床版の損傷状況の調査（事前調査）を実施する場合が多いが，事前調査の結果，局部的に床版の劣化が進行している場合などには，その状況により，劣化したコンクリートの断面修復や部分打換えを実施するのが望ましい．

上面増厚工法を部分的に実施した場合，床版厚が急激に変化するため応力集中現象が生じることとなる．応力集中により断面変化部周辺の既設床版部に

図 6.4.13 ウォータージェット工法の例

図 6.4.14 床版防水工の例

損傷が発生しやすくなり，また，増厚コンクリートも剥離損傷の懸念があるため，増厚施工面積は応力集中現象を回避するために1連単位の全幅とするのが望ましい．やむをえず，分割施工（たとえば，走行車線部を先行し，後日追越し車線部を施工）する場合には，全幅員にわたっての施工計画を入念に検討し，施工の間隔を極力短縮する必要がある．

床版上面は，長期にわたる交通荷重の繰返し供用によりコンクリート表面が劣化し脆弱層がある．この脆弱層がモルタルと既設床版との付着に悪影響を及ぼすことから，ウォータージェット工法（図6.4.13）もしくはスチールショットブラスト工法により脆弱層を取り除き，研掃を行うことが重要である．とくに凍結防止剤散布地域においては，コンクリート表面に塩分が堆積している可能性も高いことから，これらの塩分を除去する目的で，十分な研掃を実施する必要がある．

上面増厚工法において所定の補強効果を得るためには，新旧コンクリートが一体化して外力に抵抗する必要があるため，増厚コンクリートの締固めおよび養生にはとくに留意する必要がある．

床版の劣化に対しては，水の供給がある場合にその速度が著しく増加することが知られている．このため，床版上面増厚工法を施工する場合には，あわせて床版防水工（図6.3.14）を実施することが望ましい．さらに，車線規制などにより走行車線と追越し車線を別々に分割施工する場合には，施工継目部からの水の供給が懸念されるため，施工継目部の施工にはとくに留意する必要がある．【横山和昭】

6.4.4 下面増厚工法

a. 概　要

下面増厚工法は，コンクリート構造物の引張側に鉄筋などの補強材を配置し，モルタルもしくはコンクリートにて増厚することにより既設コンクリート構造物と一体化し，既設鉄筋応力・たわみ量を低減させ，曲げ耐力・疲労耐久性の向上を図る補強工法である．主に道路橋の鉄筋コンクリート（以下「RC」と記す）床版を対象に開発され，その他RCはりやRC中空床版橋で採用されている．補強目的は，交通量および大型車混入率の増加や過積載車両の繰返し走行などに伴う疲労現象[1]により損傷した道路橋RC床版の補強対策・通行車両の大型化対策である．本工法は，旧日本道路公団試験研究所による輪荷重走行試験や国土交通省土木研究所と民間企業グループの共同研究「道路橋床版の輪荷重走行試験における疲労耐久性評価手法の開発に関する共同研究」[2]など各種研究機関で補強効果が確認されている[3,4]．

本工法は下記の特徴を有している．
①橋面上の交通規則を必要とせず供用下での施工が可能である．
②既設床版と増厚部の一体性が高く，補強効果が得られる．
③設計に当たっては上面からの水処理（漏水）に配慮が必要である．

下面増厚材料は，ポリマーセメントモルタルおよび鋼繊維補強（SF）またはプラスチック繊維補強（PF）超速硬モルタルに分類され，当初コテ仕上げ施工であったが最近は両材料ともに吹付け工法により施工されている．ポリマーセメントモルタルを用いた吹付けによる増厚工法は，橋脚の耐震性も向上させることが確認され[5]，耐震工事に採用されてきている．

b. 施工方法
1) 設計・構造細目

①標準断面： ポリマーセメントモルタルによる下面増厚工法の標準断面を図6.4.15に示す．かぶり厚はポリマーセメントモルタルの中性化速度がコンクリートに対し1/5ときわめて小さく，また耐候性・耐凍結融解抵抗性に優れ，さらに鉄筋などの防錆効果も高いことから，コンクリートの40 mmに相当するかぶり厚さとして10 mm以上としている．また，D10を越える鉄筋を補強鉄筋として用いる場合は，鉄筋径（1D）以上のかぶり厚さを必要かぶり厚さとしている．

下面増厚の施工範囲は図6.4.16に示すようにハンチ下までとし，増桁が増設されている場合は増桁上フランジ端部までが施工範囲である．

②設計方法： 道路橋の下面増厚補強設計では，荷重および荷重の組合わせは「道路橋示方書」（日本道路協会）の床版の章に準じて応力照査を行い，補強断面を決定している[6],[7]．部材断面に生じるコンクリート，既設鉄筋および補強材の応力度は，下記の仮定により算定している．

・既設RC構造物と下面増厚部は一体化した合成構造として機能する．

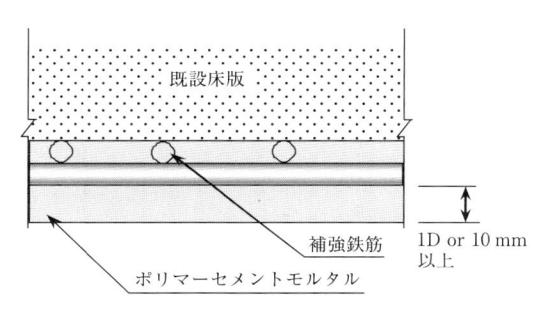

図 6.4.15 下面増厚標準断面図

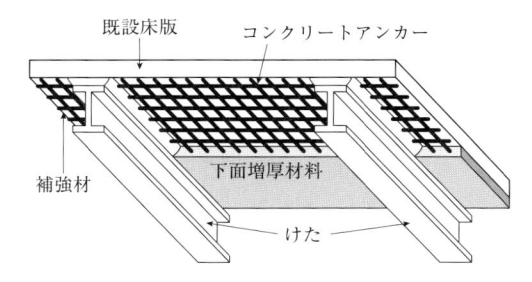

図 6.4.16 下面増厚施工範囲

表 6.4.2 下面増厚に使用されるポリマーセメントモルタルの必要物性

試験名称	規格	基準値(4週強度)
付着試験	建研式	1.7 N/mm² 以上
圧縮試験	JIS R 5201	27.0 N/mm² 以上
曲げ試験	JIS R 5201	6.0 N/mm² 以上
引張試験	JIS A 1113	2.5 N/mm² 以上
静弾性試験	ASTM C 469	1.5×10^4 N/mm² 以下

図 6.4.17 ウォータージェットによるケレン工（施工写真提供：奈良建設）

図 6.4.18 補強鉄筋取付け（施工写真提供：奈良建設）

図 6.4.19 ポリマーセメントモルタル吹付け状況（施工写真提供：奈良建設）

・繊ひずみは中立軸からの距離に比例する．そのため，コンクリート，既設鉄筋および補強材のひずみ量は弾性理論に基づき算定する．
・コンクリートおよび増厚部のモルタルの引張強度は無視する．
・鉄筋とコンクリートのヤング係数比は15とする．

2) 使用材料

①補強鉄筋　下面増厚工法は，RC床版の補強を目的としていることから，補強鉄筋はJIS規格に適合したものを使用している（過去の使用実績ではD6～D13（SD295A：JIS G 3112）が多く用いられている）．工場で格子状に溶接加工した補強鉄筋を使用する場合は，アンダーカットのチェックなど，疲労耐久性に関し検証されたものを使用する．また，補強筋としてCFRPグリッドを用いた実験研究も行われ，実橋での施工と補強効果の確認がされている[8]．

②ポリマーセメントモルタル：　ポリマーセメントモルタルの基準値[7]を表6.4.2に示す．ポリマーセメントモルタルは，補強材と既設コンクリートとを合成させるため，コンクリートとの付着性能を十分に持ったものが使用されている．また，補強が目的であることから，既設コンクリートと一体化し変位に追従できるものである必要があり，また中性化に対する抵抗性等の性能を十分に持ったものが使用されている．

3) 施工手順

①事前調査：　下面増厚施工に先立ち，塩分含有量および既設コンクリート損傷の程度を調査し，原因を把握し必要に応じ下面増厚施工前に補修を行う．調査対象は，コンクリートの浮きや剥離，ひび割れ，エフロレッセンスと錆汁の有無，鉄筋の腐食状況，漏水状況を調査する．なお損傷状況によりひびわれ注入，断面修復等の補修を実施する．

②素地調整工：　コンクリート表面の脆弱層をケレン作業により取り除き，健全なコンクリート部分を完全に露出させる．施工方法は，ウォータージェット工法やバキュームブラスト工法により行われている（図6.4.17）．

③補強鉄筋取付工：　補強鉄筋の取付けは，コンクリートアンカー（M-8）などを使用する．標準的な設置本数は，6.0本/m^{2}である（図6.4.18）．

④増厚工：　増厚工は下記要領で実施する．
・コンクリート面にプライマーを塗布し接着力を確保する．
・ポリマーセメントモルタルを所定の配合でミキサ（100～150リットル程度）を用いて練混ぜ，コンクリート面までポンプで圧送する．
・圧送したポリマーセメントモルタルを高圧のエアーでコンクリート面に吹付ける（図6.4.19）．
・補強鉄筋下面で内部空隙充填や吹付けポリマー

図6.4.20　仕上がり状況（施工写真提供：奈良建設）

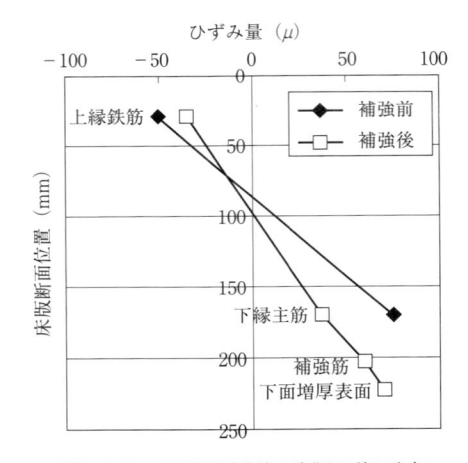

図6.4.21　下面増厚前後の床版ひずみ分布

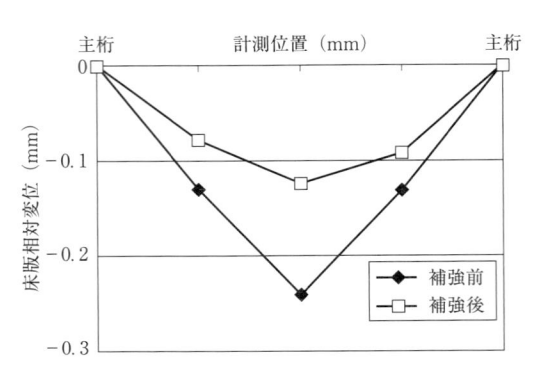

図6.4.22　床版相対たわみ量と計測位置との関係

セメントモルタルを均すことを目的にコテで充填する．
・その後かぶり部分を吹付け，コテ仕上げもしくは吹付け仕上げを行う（図 6.4.20）．

c. 下面増厚工法の補強効果
1) 応力低減効果
実橋床版の下面増厚補強前後の床版断面のひずみ分布計測結果を図 6.4.21 に示す[3]．既設床版の主鉄筋ひずみは，50％程度に減少し，応力低減効果が示されている．また，補強後のひずみ分布は直線的に分布している．このことから，補強部が既設部と一体として挙動し，合成構造となっているものといえる．

2) たわみ量低減効果
床版相対たわみ量の補強前後の比較を図 6.4.22 に示す[3]．補強前に比べ補強後のたわみ量は減少し，その効果は床版支間全域に現れている[9]．

3) 疲労耐久性の向上
図 6.4.23 に輪荷重走行試験により下面増厚補強した床版の疲労耐久性を評価した結果[2]を示す．昭和 39 年道路橋示方書に準じて製作した RC 床版を初期載荷により実橋と同程度に損傷させ（図中「RC39」），下面増厚補強後，養生載荷時・本載荷時の床版中央変位と走行回数との関係を示す．昭和 39 年想定の床版は輪荷重 157〜176 kN 数万回で破壊してしまうが，補強後は 157 kN から走行回数 4 万回ごとに荷重を約 20 kN 上げ，294 kN で破壊した．

下面増厚床版は，損傷した床版の疲労耐久性を向上させ破壊に至るまでたわみ量の低減効果が持続するものといえる．
【樅山好幸】

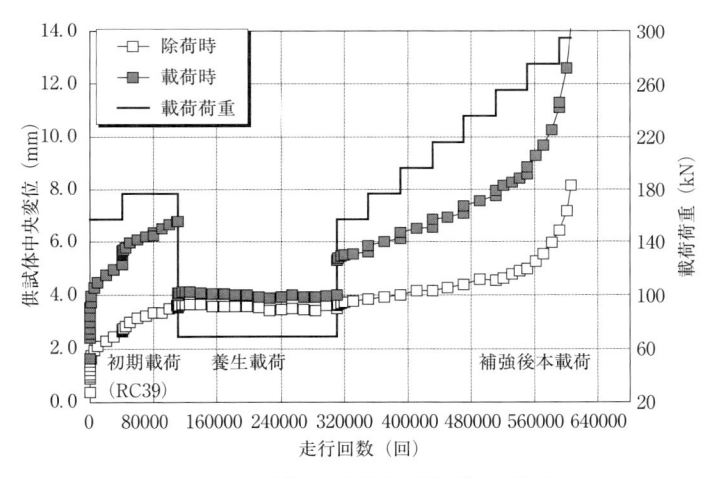

図 6.4.23 床版中央変位と走行回数との関係

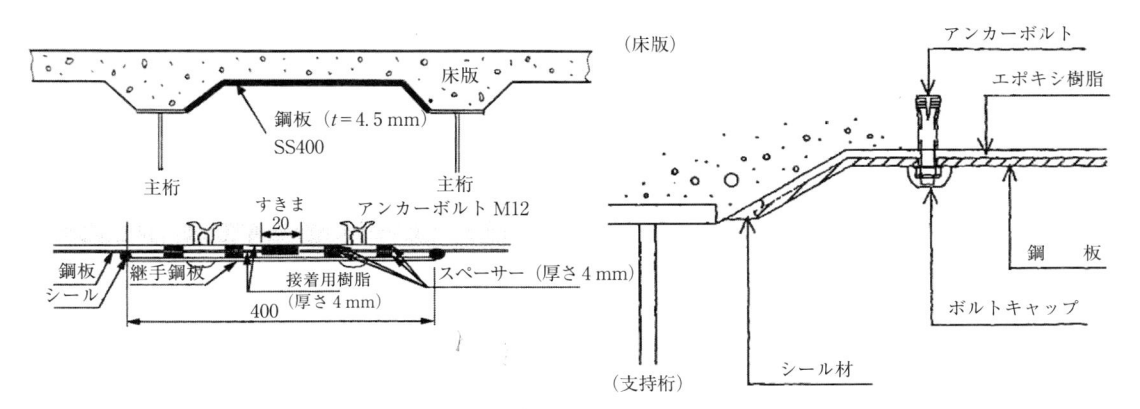

図 6.4.24 鋼板接着工法概略図

文　献

1) 松井繁之, 前田幸雄：道路橋 RC 床版の劣化度判定法の一提案, 土木学会論文集, No.374/I-6, pp.419-426, 1986.
2) 国土交通省土木研究所他 18 グループ：道路橋床版の輪荷重走行試験における疲労耐久性評価手法の開発に関する共同研究報告書（その 1～その 4）, 2001.
3) 佐藤貢一ほか：吹付け下面増厚補補強した道路橋 RC 床版の補強効果, コンクリート工学年次論文報告集, 22(1), pp.517-522, 2000.
4) 横山和昭ほか：下面増厚した RC 床版の輪荷重走行試験による疲労耐久性の評価, コンクリート工学年次論文報告集, 26(2), pp.1717-1722, 2004.
5) 九州大学大学院工学研究院・RC 構造物のポリマーセメントモルタル吹付け補修補強工法協会共同研究, PCM 吹付け工法による既設 RC 橋脚の耐震補強実験報告書, 2007.
6) 設計要領第二集橋梁保全編, NEXCO, 2006.
7) ポリマーセメントモルタル吹付け工法によるコンクリート構造物の補修補強設計・施工マニュアル, RC 構造物のポリマーセメントモルタル吹付け補修・補強工法協会, 2000.
8) 横山和昭ほか：中央道仙川高架橋の CFRP グリッドを用いた RC 床版下面増厚補強, コンクリート工学, 44(4), pp.51-58, 2006.
9) 樅山好幸ほか：下面増厚工法によるコンクリート床版の補強－東名阪自動車道亀山橋－, 土木施工, 37(5), pp.27-32, 1996.

6.4.5　鋼板接着工法

a.　工法の概要

床版下面に鋼板（例：SS400 $t=4.5$ mm）をアンカーボルトで固定し, 鋼板周囲をシール後に床版との間に設けたすき間（例：4 mm）にエポキシ系樹脂を注入して, 既存の床版と接着一体化させる工法である. その合成効果により, 活荷重に対して床版耐荷力を向上させるものである. 本工法の特色としては, ①床版の一部を部分補修することができる, ②ひび割れ面への樹脂注入も併せて施工できる, ③コンクリート破片の落下を防止し, 第三者被害を防止できる, ④施工時に本線上の交通規制を必要としない, などがあげられる.

図 6.4.24 に本工法の概略図, 図 6.4.25～図 6.4.30 に工程写真を示す.

b.　補強効果

道路橋 RC 床版の代表的な劣化機構は, 活荷重の繰り返しによる疲労である. 鋼板接着補強工法は, この疲労により低下した RC 床版の性能回復ならびに劣化進行の抑制を目的として採用された補強工法であるが, これまでに実施された疲労試験や応力解析結果などの各種調査結果によれば, 鋼板接着補強工法の補強効果および補強後の疲労特性に関して以下の知見が得られている.

・鋼板接着工法は, RC 床版の曲げ剛性を大きく（3 倍強）向上させる[1]. その結果, 床版の疲労寿命は著しく伸び, 一例では補強前床版の 200～2000 倍に達している[2].
・鋼板接着工法は, ひび割れ損傷がせん断力が支配する領域まで進行した床版についても補強効果が期待できる[1]. しかし, ハンチ部や鋼板端部でのせん断耐力の向上は期待できない[2].
・鋼板の剥離は, 床版剛性の低下には直接結びつかない. 一例では, 剥離が床版全面積の 2/3 に達しても, 床版は十分な合成効果を有していた

図 6.4.25　コンクリート穿孔状況[4]
鉄筋にあたらないようにハンマードリルで穿孔し, ホールインアンカーの打ち込みを行う. 同時にアンカー位置, 鋼板形状寸法取りを行う.

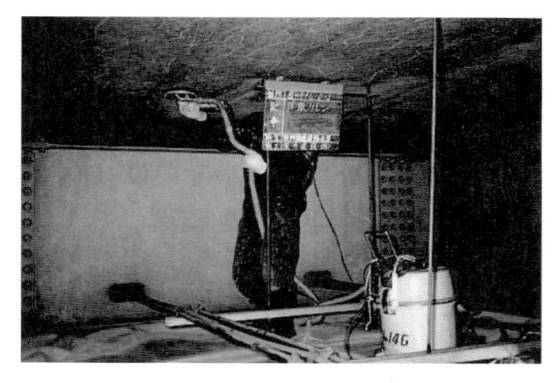

図 6.4.26　コンクリート面不陸処理状況[4]
コンクリート面の不陸処理を行い, 遊離石灰, 塵埃, などをディスクサンダで除去する.

図 6.4.27 鋼板取付状況[4]
鋼板接着面をシンナーで清掃した後,鋼板取り付けボルトで固定する.

図 6.4.28 シール材充填,注入パイプ取付状況[4]
鋼板の周囲にシール材を充填し,注入ポンプの取り付けを行う.また,エア抜きパイプの取り付けを行う.

図 6.4.29 樹脂注入状況[4]
可使時間内に使用する量のエポキシ樹脂を混合した後,鋼板の低い方よりグラウトポンプで圧力注入を行う.

図 6.4.30 注入パイプ処理状況[4]
注入材硬化後に注入パイプを切断除去した後,鋼板面の塗装を行う.

との報告もある.なお,これはアンカーボルトが合成効果保持に寄与していることによるものと考えられている[2].
・アンカーボルトは,鋼板の剥離および斜引張ひび割れの進行を抑制する[2].

c. 点検のポイント

鋼板接着補強後のRC床版の維持管理は,表6.4.3に示すような点検項目と判定区分を用いて,床版下面から行うのが一般的である[3].具体的には,足場もしくは高所作業車上からハンマーを用いた鋼板のたたき点検による不良音の検出,目視による漏水および遊離石灰,さびおよび腐食,鋼板の変形を確認して健全度を判定している.

d. 損傷事例[4]

補強済み床版の目視およびたたき点検により,一部の床版で接着不良音や鋼板端部の腐食,シール部分の縁切れなどが発見されている.たたき点検で不良音を発する箇所の鋼板を剥がして調査すると床版と鋼板との間には樹脂が十分充填されているが,樹脂と床版もしくは鋼板との剥離現象が見られ,これが不良音発生の原因と考えられる.

接着不良は,図6.4.31に示すように①樹脂充填不足による空洞,②鋼板と樹脂の界面における剥離,および③樹脂と床版の界面における剥離によるものが考えられる.阪神高速道路における調査結果の一例を示すと①のタイプは発見されなかった.②のタイプは鋼板面に水分が進入し,鋼板を発錆させることによる剥離と考えられ,図6.4.32に示すように鋼板継ぎ目部やハンチ部での発錆が多い.鋼板継ぎ目部は橋軸方向の鋼板不連続部で,接着層のせん断応力および鉛直応力ともに応力集中の結果,継ぎ目部からの鋼板剥離を起こし,活荷重の繰り返し

表 6.4.3 補強済み床版の判定基準の例[3]

損傷形態		判定
不良音	たたき点検において，鋼板1枚の1/3程度以上の範囲に不良音がある．	A
	たたき点検において，鋼板1枚の1/3程度以下の範囲に不良音がある．	B
	たたき点検において，不良音がわずかにある．	C
漏水および遊離石灰	鋼構造物に，Aランクの腐食を生じさせている．	A
	①漏水，遊離石灰の著しい流出がある． ②鋼構造物に，Bランクの腐食を生じさせている．	B
	漏水，遊離石灰がわずかにある．	C
さびおよび腐食	①鋼板に0.2 m^{2}程度以上の腐食がある． ②鋼板全面積（パネル）の1/2以上にさびがある．	A
	①鋼板に0.2 m^{2}未満の腐食がある． ②鋼板全面積（パネル）の1/2未満にさびがある．	B
	鋼板にさびが点在している．	C
鋼板の変形	鋼板の著しい変形や，ずれが認められる．	A
	鋼板の一部に変形が認められる．	B
	変形はあるが軽微である．	C
シール部の剥離	シール部の一辺を超える範囲に進行性の剥離がある．	A
	シール部の一辺にわたり，剥離がある．	B
	シール部の一部に剥離，またはひび割れがある．	C

判定区分
A：損傷が著しく，早急に補修する必要がある場合
B：損傷があり，状況に応じて補修する必要がある場合
C：損傷が軽微である場合

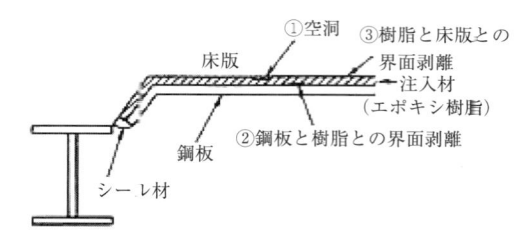

図 6.4.31 接着不良箇所の概念図[4]

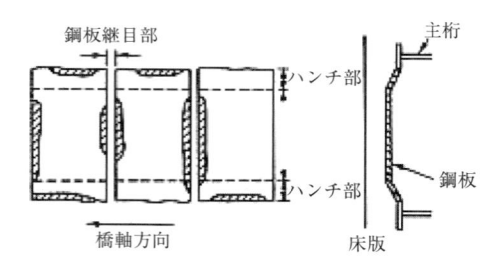

図 6.4.32 剥離箇所の多い箇所[4]

作用によって，剥離面積が徐々に広がる．さらに水の供給によりさび面積も拡大する．接着不良箇所と発錆が大体一致している箇所は，このタイプであると思われる．③のタイプの原因として考えられることは，樹脂注入時に床版下面が湿っていた場合で，樹脂硬化後の界面付着強度が不足したために剥離が生じたものと考えられる．

「不良音（鋼板の剥離）」，「漏水，遊離石灰」の損傷事例を以下に示す．

1) 不良音（鋼板の剥離）

図 6.4.33 は，たたき点検により発見された鋼板の不良音の範囲を示している．主桁ハンチ部に連続したものや添接版部などに発生しており，パネル全域に不良音が確認される事例もある．また，非常駐車帯部のパネルで，ほぼ全域にわたる不良音が確認された事例もあり，活荷重が常時載荷されていない箇所においても発生していることから，鋼板剥離の要因として，活荷重による疲労以外のものがあることを示唆している．

2) 漏水，遊離石灰

図 6.4.34，図 6.4.35 に漏水によるさびおよび遊離石灰が発生している事例を示す．漏水は，箱桁張

6.4 補強工法

図 6.4.33 鋼板剥離（不良音箇所の分布例）[5]

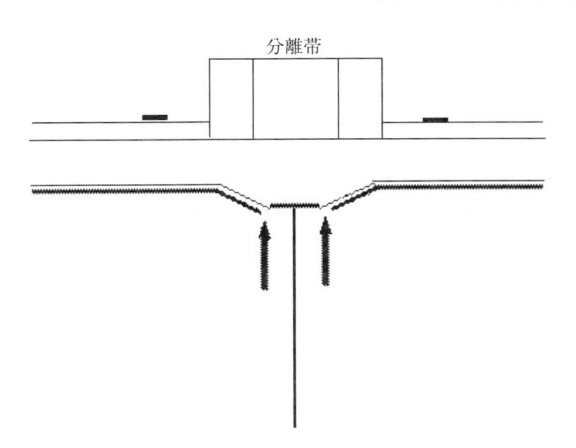

図 6.4.34 中央分離帯部からの漏水・遊離石灰の事例[5]

図 6.4.35 配管貫通部からの漏水・遊離石灰の事例[5]

出部床版の縦桁部（地覆部付近）や中央分離帯部直下などの雨水の滞留しやすい箇所や配管貫通部の止水処理不良などが原因と考えられる．

図 6.4.36 は，主桁フランジ付近から漏水している事例であるが，泥水が流出していることから床版に貫通亀裂が発生していることが考えられ，早急に対策が必要な損傷事例である．

以上，阪神高速道路における損傷実態を整理すると以下のとおりとなる．

・鋼板接着補強床版の約 90% は健全な状態にある．しかし，比率は少ないが対策が必要（A ランク）と判定されたパネルが約 1% 報告され

・損傷種別は，①たたき点検時の「不良音（鋼板剥離）」，②鋼板端部や継目部よりの「漏水，遊離石灰」，③補強鋼板の「さび」が主体である．
・1点検サイクル間で損傷度が上位ランクに移行しているパネルが補強床版の約2%あった．比率は低いが，補強床版の損傷は経年的に進行していることが窺える．
・鋼板の剥離は，活荷重が常時載荷されていない箇所でも発生していることから，注入樹脂や施工面の処理の問題，床版のたわみなどによる樹脂厚の不均等など，疲労以外の要因が関係していることが考えられる．
・著しい漏水が見られる箇所は，雨水が滞留しやすい地覆部や中央分離帯付近であり，床版防水工が施されていない箇所や施工が不完全であることなどが考えられる．

図6.4.36 主桁フランジ直下からの泥水流出事例[5]

e. 再補修

鋼板の剥離が生じた床版パネルの一部で，樹脂の再注入による補修を実施した事例があり，補修効果については追跡調査により検証が必要である．また，補修工法（再注入樹脂の材料・配合・付着特性，注入圧など）についても今後の検討課題である．

【佐々木一則】

文献

1) 堀川ほか：「鋼板接着工法で補強されたひび割れ損傷RC床版の耐久性について」，構造工学論文集 Vol.44A，土木学会，1998．
2) 松井繁ほか：「鋼板接着工法により補強したRC床版の疲労性状」，合成構造の活用に関するシンポジウム講演論文集，1986．
3) 阪神高速道路：「道路構造物の点検要領 共通編，土木構造物編」，2005．
4) 阪神高速道路管理技術センター：「損傷と補修事例にみる道路橋のメンテナンス阪神高速道路」，1993．
5) 佐々木一則，十名正和：鋼板接着補強床版の維持管理に関する検討，阪神高速道路株式会社技報第23号，2007．

6.4.6 FRP接着工法

a. 土木
1) 特徴

近年，土木構造物の補修，補強工法として，従来の鋼材やコンクリートに加えてFRP（Fiber Reinforced Plastic：繊維補強プラスチック）接着工法が使用されている．FRP接着工法の特徴は，鋼材に比べて引張強度が高いことや軽量であること，

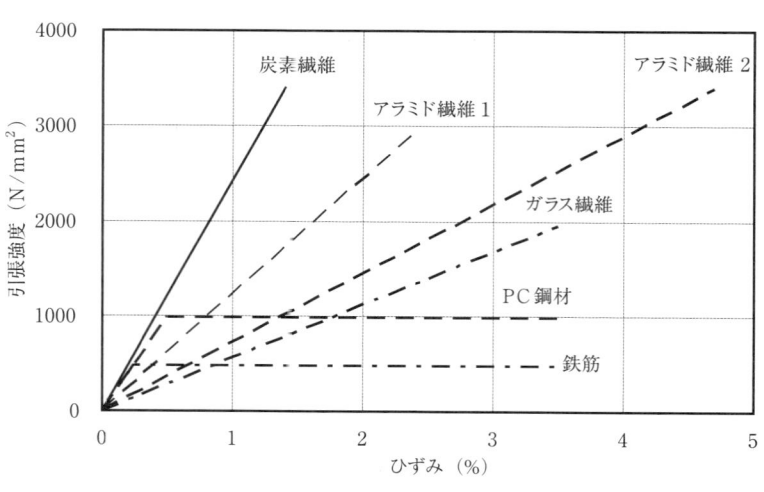

図6.4.37 FRPの強度特性

また，腐食しないために耐久性が高いことなど，設計，施工，維持管理に至るすべてにおいて有利である反面，現状では材料費が高いという課題がある．しかし，維持管理費が削減できるため，LCC（ライフサイクルコスト）を考慮した場合には有利になる可能性もある．また，施工時の制約によって重機が使用できない場合や狭隘箇所での施工など，FRP接着以外の工法の適用が困難な場合に採用されることが多い．

FRPは炭素繊維などの連続繊維を樹脂で硬化させたものであるが，おもに用いられている繊維はガラス繊維，炭素繊維，アラミド繊維である．繊維の強度特性を図6.4.37に示す．従来はガラス繊維を用いた事例が多かったが，最近では高強度の特性を活かして炭素繊維やアラミド繊維を用いる場合が多くなっている．施工方法は，現場で樹脂を用いてシート状の繊維を接着，硬化させてFRPとする方法と，あらかじめ工場で繊維を樹脂で硬化させた成型板を現場で接着する方法とがある．比率としては構造物の形状に柔軟に合わせられることや，施工の自由度が高いという点から，現場でシート状の繊維（以下，繊維シート）を接着する場合が多い．

2) 設計，施工上の留意点

①設　計：　FRP接着工法の設計手法には，許容応力度設計法と限界状態設計法の2つがある．FRPは引張強度が高いことから，もっぱら鋼材に代わる引張補強材として曲げ補強やせん断補強，剥落防止材として用いられる．

許容応力度設計法では，既設の引張鉄筋の応力を許容応力度以下にするためにFRPの剛性を高くする必要があるが，FRPの弾性係数はもっとも弾性係数が高い高弾性タイプの炭素繊維でも鋼材の3倍程度であるため，所要の剛性を確保するためにはFRPの断面積を大きくする必要がある．しかし，断面積が大きくなると，材料費が高いFRPは経済性の観点から鋼材に比べて不利になる場合が多い．

一方，限界状態設計法では既設鉄筋の降伏まで考慮するため，FRPの高強度という特性を十分に活かすことができる．ただし，多くの場合FRPが引張強度に達する前に剥離してしまうことが多く，設計に際しては剥離の照査を行い，必要に応じて剥離対策を行う必要がある．一般に，剥離対策としてアンカーなどで機械的にFRPを定着したり，有効付着長を長くする目的でFRPを強度上必要な厚さ以上にして剛性を高くしたりしているが，近年，後述するように，低弾性の樹脂を緩衝材として用いることによって有効付着長を長くし，剥離抵抗性を高める新工法も開発されている．

②施　工：　FRP接着工法では，コンクリートとFRPとの接着に大きな影響を及ぼす下地処理が非常に重要であり，下地処理が不十分であるとFRPの膨れや剥がれなどの接着不良が生じる．膨れや剥がれが小規模であれば性能に大きな影響を及ぼすことはないが，規模が大きくなると問題となるため，膨れや剥がれを生じた箇所に対して樹脂を注入するなどの補修が必要となる．補修の要否については，膨れや剥がれの大きさや箇所数によって判定を行う[1]．FRP成型板を接着する場合には，コンクリートとFRPの間に空気が残らないように空気抜きを設けるとともに，打音検査などによって空洞の有無を管理する必要がある．また，現場で繊維シートを接着する場合には，樹脂を繊維シートに含浸させる工程において空気が残らないように十分脱泡しなければならない．さらに，接着に使用する樹脂には，施工時の温度や湿度，可使時間などの適用範囲があるため，施工条件に適した樹脂を選定するとともに，施工においても樹脂の特性を十分把握して適切に施工する必要がある．樹脂は低温環境下では硬化や強度発現が遅れる傾向があるため，冬季には施工箇所をシートなどで覆って温度が下がらないようにするなどの対策が必要である．また，湿度が高い場合には樹脂が水分と反応して表層が白く変色する現象（アミンブラッシュ）が生じることがあるため，次工程に移る前に変色した部分を溶剤やサンドペーパーなどで撤去しなければならない．

3) 適　用

FRP接着工法は，従来の鋼板接着工法の代替と

図6.4.38　床版の疲労補強への適用事例

して橋脚の耐震補強や道路橋床版の疲労補強，荷重増加や劣化などによって耐力が低下した部材の曲げ，せん断補強に多く適用されている．また，トンネルの覆工コンクリートなどの剥落防止にも適用されているが，補強量は比較的少なく，最小厚さの繊維が接着されることが多い．さらに，塩害やアルカリ骨材反応など，コンクリートの膨張を伴う劣化に対する補修工法としても有効である．設計，施工に際しては，各種の基準や指針類が整備されている[2]．道路橋床版の疲労補強への適用事例を図6.4.38に示す．

4) 新技術，新工法

FRP接着工法の課題である，剥離に対する抵抗性を高める工法として，緩衝材を用いた炭素繊維シート接着工法がある[3]．この工法は，コンクリートとFRPとの間に緩衝材と称する柔軟性の薄い層を設ける工法であり，緩衝材がせん断変形することによってFRPの剛性を高くすることなく有効付着長を長くできるため，補強量が少なく経済性に優れた特徴がある．

また，PC鋼材を用いた外ケーブルの代わりに，炭素繊維成型板にプレストレスを導入する工法がある[4]．この工法は，炭素繊維成型板を特殊な装置を用いて緊張してコンクリートに接着する工法であり，ホロー桁などのスラブ状構造物の補強に用いられた事例がある．

FRPの定着に関して，炭素繊維シートの端部定着に，鋼製のアンカーボルトの代わりに炭素繊維ストランドアンカーを用いた工法がある[5]．この工法は，ロープ状の炭素繊維ストランドを必要な強度が得られるように複数本束ね，一方を扇状に広げて炭素繊維シートに接着し，もう一方をドリルで削孔したコンクリート中に埋込んでアンカー定着する工法であり，鋼製アングルなどの重量物が不要であることから施工性，安全性に優れた特徴がある（図6.4.39参照）．

【前田敏也】

文 献

1) 炭素繊維補修・補強工法技術研究会：炭素繊維シート貼付け工事における品質管理マニュアル（案），1999.
2) たとえば，建設省土木研究所，炭素繊維補修・補強工法技術研究会：炭素繊維シート接着工法による道路橋コンクリート部材の補修・補強に関する設計・施工指針（案），1999.
3) 前田敏也，小牧秀之，坪内賢太郎，藤間章彦：緩衝材を用いた炭素繊維シート接着工法の開発，コンクリート工学，Vol. 41, No. 11, pp. 24-30, 2003.
4) 安森 浩ほか：コンクリート構造物の炭素繊維プレート緊張材による補強と適用，コンクリート工学，Vol. 44, No. 10, pp. 27-34, 2006.
5) 池谷純一ほか：I型断面橋脚の炭素繊維シートと炭素繊維ストランドによる補強，コンクリート工学，Vol. 43, No. 3, pp. 57-63, 2005.

b. 建築（CFRP板接着工法）

軽量で耐久性に優れ，高強度・高弾性である炭素繊維シートを用いた建築物の補修・補強工法（連続繊維シート工法）は1980年代後半に実用化され，1995年の阪神・淡路大震災の復興を契機に構造物の耐震補強の分野で広く普及してきた[1]．2006年の建築基準法の改正では，炭素繊維シートによる柱の耐震補強が一部認められた．また，連続繊維シートによる補強工法の施工の信頼性を確保するために連続繊維補修補強協会（FiRSt協会）[2]では，連続繊維施工管理士，連続繊維施工士の資格認定制度を確立しており，国土交通省大臣官房官庁営繕部監修の「建築改修工事監理指針」および国土交通省住宅局建築指導課監修「2010年改訂版連続繊維補強材を用いた既存鉄筋コンクリート造及び鉄骨鉄筋コンクリート造建築物の耐震改修設計・施工指針」（日本建築防災協会発刊）では，これらの有資格者による施工および施工管理を勧めている．

一方，スクラップ・アンド・ビルドの時代から社会資本の長寿命化といった社会・経済の変化に伴い，引抜き成形法により，工場で炭素繊維にエポキシ樹脂を含浸・硬化させた炭素繊維強化プラスチック（CFRP）板を粘性の高いエポキシ系接着剤で既存構造物の表面に貼り付けて構造物を補修・補強す

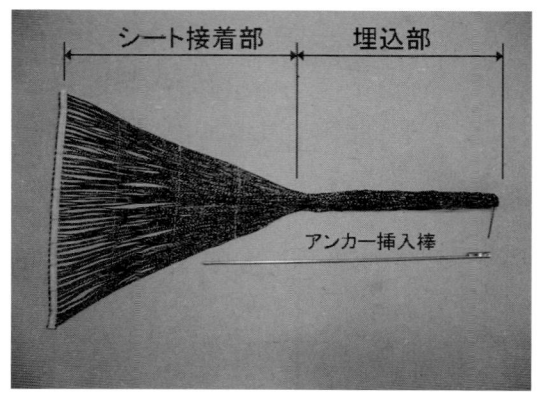

図6.4.39 炭素繊維ストランドアンカー

表 6.4.4 各種 CFRP 板の材料特性（例）

	引張強度 (N/mm^2)	引張弾性率 (kN/mm^2)	比　重 (g/cm^3)	破断伸度 (%)
CFRP ラミネート（幅 50 mm×厚さ 1.0～2.0 mm）*	2400	156	1.6	1.5
L 形 CFRP 板（幅 40 mm×厚さ 1.4 mm）	2250	120	1.55	1.7

*メーカー：東レ（商品名：トレカラミネート），三菱化学産資（商品名：e プレート），
　　　　　日鉄コンポジット（商品名：トウプレート），新日本石油（商品名：グラノック TU プレート）

CFRP ラミネートと接着剤 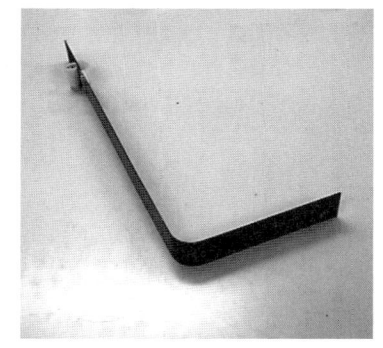　　　　　L 形 CFRP 板

図 6.4.40　CFRP 板の形状

スラブの開口補強 　　スラブ下面の補強（支保工などが不要） 　　設備配管が交錯するスラブ下面の補強

図 6.4.41　CFRP ラミネートによる補修・補強状況

る工法（CFRP ラミネート工法）が 1996 年に開発・実用化され，広く普及している[3),4)]．この工法は主として構造物の曲げ補強として使われており，現場で樹脂を含浸・硬化させる連続繊維シート工法や鋼板接着工法に比べ，現場での施工性や施工品質の向上が図られる[5)]．本工法で使用する CFRP 板（以下，CFRP ラミネートと記す）の形状と材料特性を表 6.4.4，図 6.4.40 に示す．

1）　工法の特長

CFRP ラミネートによる既存 RC 構造物の補修・補強工法（図 6.4.41）の特長は以下の通りである．

① 床スラブあるいは梁の下端などでの上向き作業において接着樹脂の液垂れがないため，安全な作業環境の確保と接着樹脂の液垂れに対する周辺の養生が軽減される．

② 粘性の高い（モルタル状）接着剤を使用するため，躯体へ塗布する接着剤によって軽微な既存コンクリート表面の不陸調整を兼ねることができる（下地調整の低減）．

③ CFRP ラミネート（幅 50 mm× 厚さ 1～2 mm）は，単位幅あたりの炭素繊維補強量が多いため，連続繊維シート工法での積層作業の省力化と品質の確保が図られる．また，線（帯）状に補強するため，スラブなどの全面を下地処理（サンダー掛け）する必要がなく，下地処理面積の低減と，これに伴う粉塵や廃材の発生が減少し，施工の合理化，省力化が図られる（施工の合理化，建設廃材の削減）．

④CFRPラミネートは炭素繊維シートに比べて高い曲げ剛性を有しているため，設備配管などが交錯するスラブ下など狭い場所でも配管とスラブの間にCFRPラミネートを通して施工できるため，設備配管などの移設，復旧作業が不要になる．そのため，建物を使いながらの施工が可能である．

⑤軽量なCFRPラミネートと粘性の高い接着剤を用いるため，貼付け後に支保工などによる養生が不要で，引き続き，次工程の作業が行えるため，工期短縮が図られる．

2) 施工手順

CFRPラミネートによる既存RC構造物の補修・補強の施工手順は以下の通りである．

①準備工事（仮設工事，仕上げの撤去など）
②下地処理（サンダー掛け，不陸調整，表面清掃，墨出し）．
③補強工事（CFRPラミネートの採寸・裁断，CFRP板の貼付け面の清掃，接着剤の混合・塗布，CFRPラミネートの貼付け，など）．
④養生，仕上げ，仮設解体．

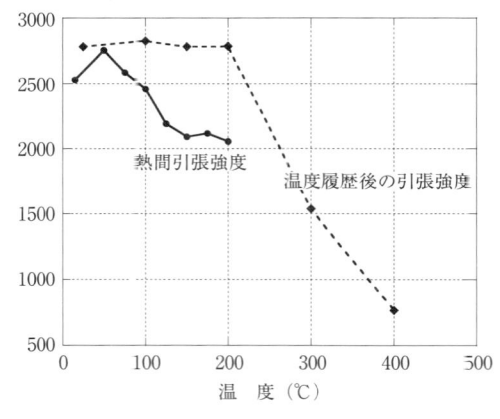

図6.4.42 環境温度とCFRPラミネートの引張強度

3) 補強設計の考え方[6]

既往の研究結果から，既存の鉄筋が降伏応力に至るまで，高強度タイプのCFRPラミネートとコンクリートとの一体性が確保されるため，長期荷重（長期許容応力）に対しては平面保持を仮定した通常の鉄筋コンクリート部材として補強設計を行うことができる．短期荷重（短期許容応力）に対しては，CFRPラミネートとコンクリートが剥離する場合を想定し，必要に応じてCFRPラミネートの端部を鋼板などで定着する必要がある．終局耐力は，CFRPラミネートの定着効率を考慮し，既存の鉄筋とCFRPラミネートによる累加強度で算出する．

CFRPラミネートおよび接着樹脂は有機系材料であるため，環境温度による強度低下が生じる．そのため，使用環境温度が80℃を越える場合には，CFRPラミネートの負担応力レベルの低減，あるいは耐火被覆の施工などを検討する．

図6.4.42は，環境温度とCFRPラミネートの引張強度の関係である．環境温度が100℃を超えると熱間での引張強度の低下が見られるが，200℃までの温度履歴を受けた後の常温での引張強度の低下は見られない．また，接着樹脂のガラス転移温度を超えると熱間での接着強度（熱間引張せん断強度）は低下するものの，環境温度が100℃以下であれば，コンクリートとの接着強度（コンクリート強度の1/10程度）を確保できる．

4) 工法の適用事例

CFRPラミネートによる補修・補強工法は，積載荷重の増加や引張鉄筋の断面欠損に対する鉄筋コンクリートの梁およびスラブの曲げ補強，スラブの開口補強，擁壁の曲げ補強のほか，煉瓦造の灯台やRC造煙突の耐震補強（曲げ補強）などに幅広く使われ，施工件数は500件を超えている．また，軽量な木造建築物では，補強材（CFRPラミネート）が軽量であるため，補強後の建物の重量の増加が少な

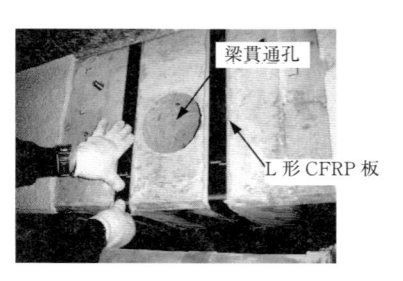

図6.4.43 L形CFRP板による梁貫通孔補強

いこと，梁などの部材の中に補強材を挿入し，修補・補強を行うことができ，建物の概観を損なわないことなどの理由から色々な歴史的建造物の補強へ適用されている．なお，CFRPラミネート工法は，(財)建築保全センターの建築物などの保全技術審査証明（審査証明第0703号）を取得している．さらに，建物のリニューアル時の設備工事において，既存のRC梁を貫通して設備配管を設置する場合があり，この時の梁の補強にL形に成形加工したCFRP板が使われている（図6.4.40,図6.4.43）[7],[8]．海外では，このL形CFRP板をせん断補強筋とした既存RC梁のせん断補強も行われている．　【木村耕三】

文　献

1) 木村耕三ほか：連続繊維による補修・補強，p.127-140，p.210-213，理工図書，2000．
2) 連続繊維補修補強協会（FiRSt協会）　URL：http://www.fir-st.com/
3) 木村耕三：炭素繊維強化プラスチック板による曲げ補強—トレカラミネート工法，GBRC，p.41-p.48，2000．
4) CFRPラミネート工法研究会　URL：http://www.cl-ken.com/
5) 建築保全センター：建築物等の保全技術審査証明報告書—CFRPラミネート工法，2007．
6) CFRPラミネート工法研究会：CFRPラミネート工法設計指針（案）．
7) 日本シーカ リーフレット：シーカ カーボシェアL（L型CFRP板）既存梁の新設貫通孔せん断補強工法．
8) 日本シーカ プロダクトデータシート：シーカ カーボシェアL（せん断補強用L型炭素繊維プレート）．

6.4.7　巻立て工法

a.　コンクリート
1）　補強工法の選定

平成7（1995）年1月17日に発生した兵庫県南部地震で多くの橋梁が甚大な被害を受けた．その経験をふまえ，既設橋梁の耐震補強が積極的に進められている．地震被害の中で，橋脚の損傷がとくに大きかったことから，橋脚の耐震補強が重要視されており，その代表的な補強工法がコンクリート巻立て工法である．この他の補強工法としては，鋼板巻立て工法，繊維材巻立て工法などの実施例が多いが，コンクリート巻立て工法は一般にもっとも経済的であり，維持管理面でも有利といった特長を有してい

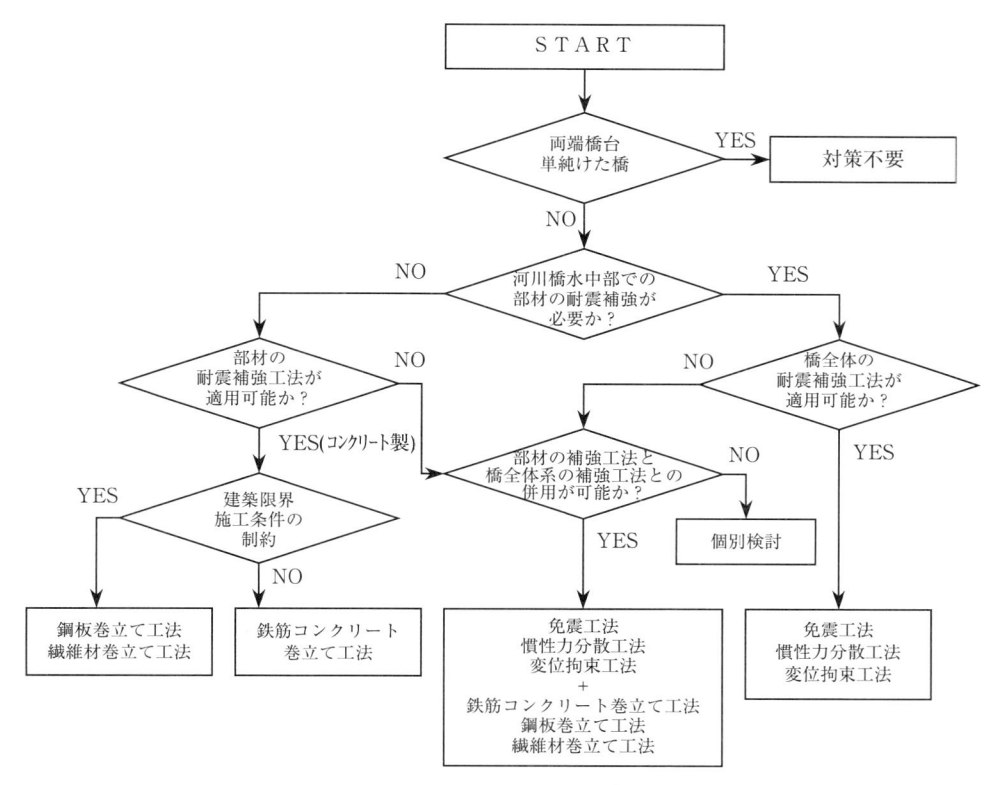

図6.4.44　補強工法の選定[1]

る．一方で，重量増加が大きいことや，ある程度の巻立てコンクリートの厚さが必要となることから，建築限界の制約がある場合には採用できないといった欠点も有している．補強工法の選定は図6.4.44[1])を参考にするとよい．

2) 設 計

コンクリート巻立て工法では，コンクリート内に追加配置する帯鉄筋，中間貫通帯鉄筋および軸方向鉄筋の組合わせにより，さまざまな補強に対応することができる．帯鉄筋，中間貫通帯鉄筋は，橋脚のせん断耐力の向上，および拘束効果によるじん性の向上に効果がある．一方，軸方向鉄筋は，橋脚の曲げ耐力を向上することができる．設計にあたっては，既設橋脚の現状の配筋に応じて，これらをバランスよく配置することが重要である．一般には，帯鉄筋，中間貫通帯鉄筋によるせん断耐力およびじん性の向上を優先することが原則である．これは，曲げ耐力を高めて橋脚の地震時保有水平耐力を向上させると，大きな地震を受けた場合に，橋脚躯体から基礎構造物へ伝達される地震力も大きくなり，基礎も含めた大規模な補強が必要となるためである．したがって，基礎への影響を小さくするために，できるだけ橋脚のじん性を向上させ，耐力が過度に上がらないよう設計することが望ましい．

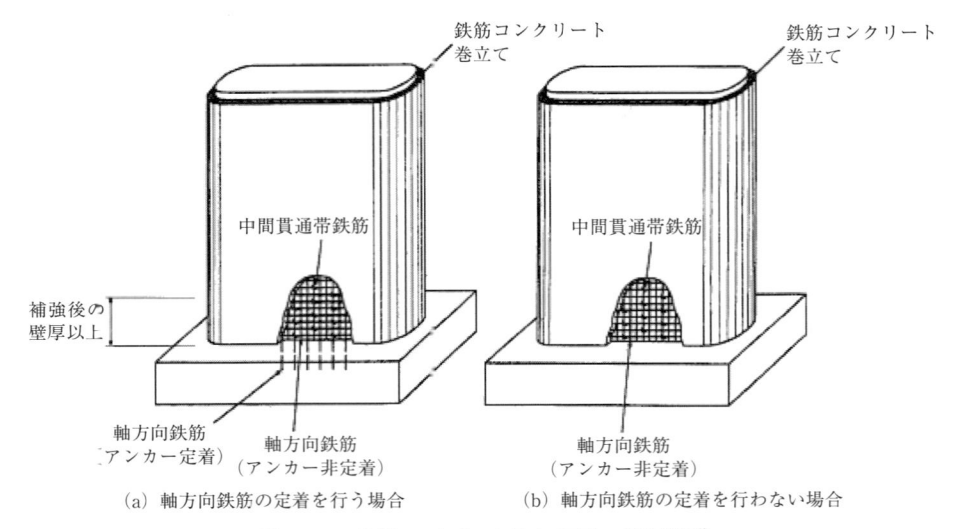

図 6.4.45 鉄筋コンクリート巻立て工法の構造概要[2)]

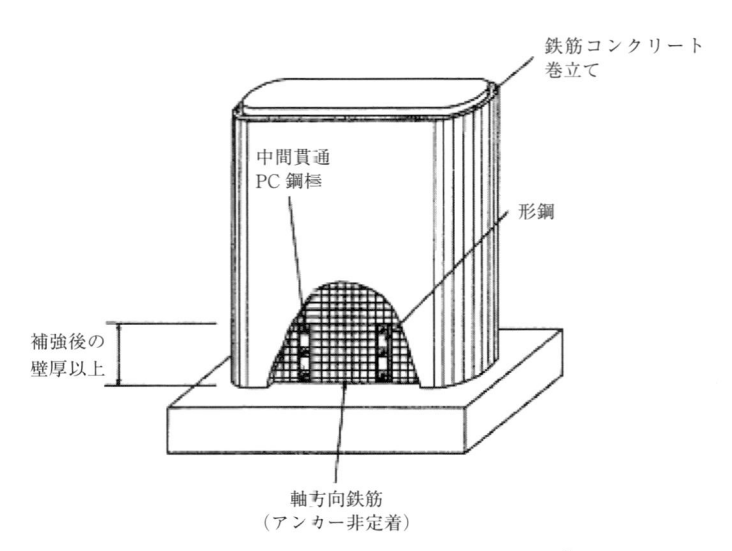

(a) 軸方向鉄筋の定着を行う場合
(b) 軸方向鉄筋の定着を行わない場合

図 6.4.46 形鋼と中間貫通PC鋼棒を用いた例[2)]

表 6.4.5 標準的な鉄筋配置の例[3]

	最小鉄筋量	最大鉄筋量
軸方向鉄筋	D22ctc300	D32ctc150
帯鉄筋	D16ctc150	D22ctc100

図 6.4.45 にコンクリート巻立て工法の構造概要を示す．この例では，橋脚断面が扁平な小判型をしているために，帯鉄筋に加えて中間貫通帯鉄筋を配置している．図 6.4.45(a) は，軸方向鉄筋をフーチングの定着しており，じん性向上だけでなく，曲げ耐力の向上も図った例である．一方，図 6.4.45(b) は，軸方向鉄筋をフーチングに定着しておらず，靭性の向上だけによる補強設計の例である．中間貫通帯鉄筋は，端部にフックをつけて巻立てコンクリートに定着することが原則であるが，図 6.4.46 に示すように，形鋼と中間貫通 PC 鋼棒を用いる方法もある．

巻立てコンクリート厚は，施工性および重量増加による基礎への影響を考慮して決定する必要があるが，一般には 250 mm が標準的である．また，配置する鉄筋は，設計計算によって決定されるが，標準的には表 6.4.5 が目安となる．

なお，コンクリート巻立て工法の具体的な設計計算方法については，文献[2]に詳しく説明されているので参考にするとよい．

3) 施 工

一般的な施工手順を図 6.4.47 に示す．

鉄筋探査は，削孔による既存鉄筋の切断を防ぐ重要な作業であり，非破壊検査器を用いるのが通常である．既存鉄筋の配置状況によっては，補強鉄筋位置の修正が必要となる場合もある．

巻立てコンクリートと既設橋脚との一体化を図るには，確実な表面処理が必要であり，コンクリート表面の汚れや劣化による脆弱部分を除去しなければならない．表面処理の方法としては，ディスクハンマー，ピックハンマー，サンドブラスト，ウォータージェットなどが用いられる．新旧コンクリートを確実に一体化させるためには，骨材を露出させるような表面処理が望ましく，表面付近の鉄筋に損傷を与えたり，マイクロクラックを生じさせることのないよう注意しなければならない．

軸方向鉄筋には太径鉄筋を用いることが多く，フーチングアンカーの削孔は，削岩機やコアボーリングが用いられることが多い．定着方法としては，

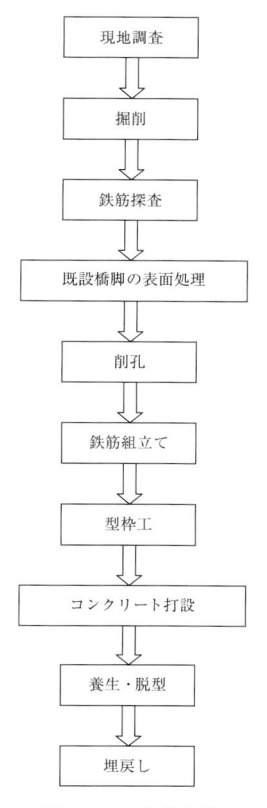

図 6.4.47 作業手順

（フローチャート：現地調査 → 掘削 → 鉄筋探査 → 既設橋脚の表面処理 → 削孔 → 鉄筋組立て → 型枠工 → コンクリート打設 → 養生・脱型 → 埋戻し）

エポキシ樹脂による方法と無収縮モルタルによる方法があるが，定着深さを小さくできるエポキシ樹脂が標準的である．また，巻立てコンクリートが薄いため，帯鉄筋の継手はフレアー溶接が一般的に用いられる．

巻立てコンクリートの打設は，工事前の十分な検討が必要である．打設するコンクリートの部材厚が小さいことから締め固めが難しく，打設時間も長く必要となる．さらに鉄筋量が多いことから豆板が生じやすい．また，一般に高さ方向に分割して打設する必要があり，既設橋脚や先に打設したコンクリートの拘束によるひび割れも生じやすい．これらの対策として，流動化剤および膨張剤を添加したコンクリートを用いる場合が多いが，事前の試験練りによってその性能を確認しておくことが重要である．

【森 拓也】

文 献

1) 海洋架橋・橋梁調査会：既設橋梁の耐震補強工法事例集，I-39, 2005.

2) 日本道路協会 既設道路橋の耐震補強に関する参考資料, 3-3～3-4, 1997.
3) Nexco中央研究所：設計要領第二集 橋梁保全編, 6-22, 2008.

b. 鋼板・FRP・鋼より線

コンクリートによる巻立て補強では，耐震補強後の日常点検や地震発生後の臨時点検などの維持管理の容易性は補強前と同様で，補強自体が維持管理に関して障害となることはないが，補強後の断面寸法が大きくなるという欠点がある．これに対し，鋼板やFRPを用いた巻立て補強は，コンクリートによる巻立て補強と比較すると，補強後の断面寸法が大きくなる影響を小さくすることができるが，耐震補強後は，鋼板やFRPなどの補強材が既設部材の表面を覆うことになるので変状などが生じた場合に目視確認できなくなるなど，日常点検や地震発生後の臨時点検などの維持管理の容易性は大きく低下することになる．これらの課題を解消すべく維持管理に配慮して開発されたのが，鋼より線を用いた巻立て補強である．

ここでは耐震補強工法のうち，鋼板やFRP，鋼より線などを用いた巻立て工法について，その特徴などについて概説する．

1) 鋼板巻立て補強工法

鋼板巻立て補強工法は，辺長が比較的短い標準的な断面の鉄道高架橋柱や道路橋脚において，鉄筋コンクリート巻立て補強工法と並んで施工実績が豊富で，おもに柱部材のせん断破壊の防止とじん性の向上を目的として実施されているほか，柱部材の曲げ補強や段落とし補強の目的で採用されている場合が多い[1]-[3]．

本工法は，既設RC部材柱軸方向の全長または塑性ヒンジが発生すると想定される範囲を，閉合した鋼板で取り囲み，既設RC部材と鋼板との隙間に充填材を充填するものであるが，鋼板の接合方法や形状に改良が加えられいくつかのバリエーションが開発されている[4]．図6.4.48に鋼板巻立て補強の施工例を示す．

鋼板は，既設柱部材の形状に合わせて，コの字形やL字形または円弧状に曲げ加工された400 MPa級鋼が一般的に用いられ，施工性から鋼板厚6 mm以上のものが多く用いられている．接合部は現場溶接によって閉合されるが，施工性向上を目的として鉛直継目部においてボルト接合や機械式継手が用いられる場合もある．また，部材軸直交方向の水平継目部は溶接せず分割されたままでも補強効果の低下は少ないことが実験的に確認されている[5]．

充填材は，一般的にモルタルが用いられるが，著しくブリージングや収縮の大きいものは用いてはならない．補強鋼板と既設柱との間隔が狭い場合は，エポキシ樹脂が用いられる場合がある．充填材の差異が本工法の効果に与える影響について種々の検討がされているが，補強鋼板と充填材の間にある程度の隙間が生じても，補強効果に与える影響は少ないことが実験的に確認されている[5]．

壁式橋脚のような断面縦横比の大きい橋脚においては，断面の辺長が長くなるので拘束効果の低下を補うためにH型鋼材または部材を貫通するPC鋼棒などと組み合わせて用いるのが一般的である．

道路橋脚の補強では，曲げ耐力も向上させる工法が用いられる場合が多い．一例として，曲げ耐力制御式鋼板巻立て工法を図6.4.49に示す．この工法は，橋脚躯体を鋼板で巻立て，その間隙を充填材により密実させるとともに，アンカー筋を通じて鋼板をフーチングに定着させる構造であり，一般に橋脚の橋軸直角方向の幅aと橋軸方向の幅bの比a/bが3以下の場合に適用されている．この工法は，軸方向鉄筋段落とし部を補強するとともに，橋脚の曲げ耐力とじん性の両者の向上を図ることに主眼が置かれており，アンカー筋によるフーチングへの鋼板の

図6.4.48 鋼板巻立て補強工法の施工例

定着や鋼板下部に取り付ける形鋼に特徴がある．アンカー筋は，橋脚の曲げ耐力向上を図るとともに，フーチングに伝達される地震力をコントロールする役割を担うもので，アンカー筋の本数および径を調整することで補強による橋脚躯体の曲げ耐力の増加を制御することができ，全強で鋼板をフーチングに固定する場合よりも基礎への伝達される地震力は小さくなるように考慮されている[6]．

橋脚基部では，鋼板下端とフーチング上面の間に間隔を設け，大きな地震の影響を受けた場合に，ここに塑性ヒンジが生じることを許容し，じん性のある曲げ破壊が生じるようにしている．ただし，間隔が過大になると鋼板による拘束効果が低減するため，この間隔は5〜10 cm程度とされている．さらに，矩形断面の場合には，鋼板下端部において断面を取り囲むように形鋼などが取り付けられる．これは，矩形断面橋脚の場合，橋脚基部に大きな変形が生じると，鋼板下端部がはらみ出すように変形し，鋼板によるコンクリートの拘束効果が失われやすいため，鋼板下端を形鋼などで補強することにより，大きな変形が生じた場合でも鋼板が横拘束筋としての機能を発揮できるようにされている．

2） FRP巻立て補強工法

簡便で効果的に施工できる耐震補強方法として，補強材にFRP（fiber reinforced plasticsの略；強化繊維プラスチック）を用いる場合がある．繊維の種類としては，ガラス繊維，炭素繊維，アラミド繊維などがあり，それぞれシート状や紐状にしたものをプライマー処理した既設部材表面に巻立てた後，エポキシ系樹脂などを含浸させて硬化体を形成する工法[7],[8]や，あるいはガラス繊維とステンレスメッシュの複合材料を紫外線硬化型樹脂でシート状にしたものを柱表面に巻立てて硬化体を形成する工法[9]などがある．また，繊維シートなどは，耐火性を確保したり紫外線劣化を抑制するためにモルタルなどで表面防護されるのが一般的である．

いずれのFRP材も軽量で取扱いが容易で強度的に優れており，補強厚も薄く建築限界などの支障が少ないという利点がある反面，材料費を含む施工費が高価である場合が多いので，採用する場合は十分な比較検討が必要となる．

3） 鋼より線巻立て補強工法

せん断補強鋼材として亜鉛めっき鋼より線を用いるもので，巻立てを容易にして拘束効果を高めるために，補強後の断面形状が円形または円形に近い形状となるように，矩形断面の柱の側面にかまぼこ状

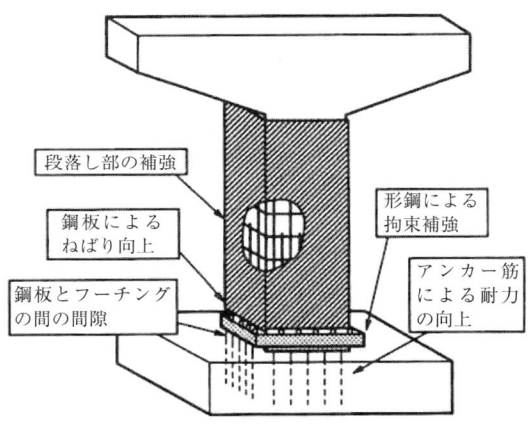

図6.4.49 曲げ耐力制御式鋼板巻立て工法

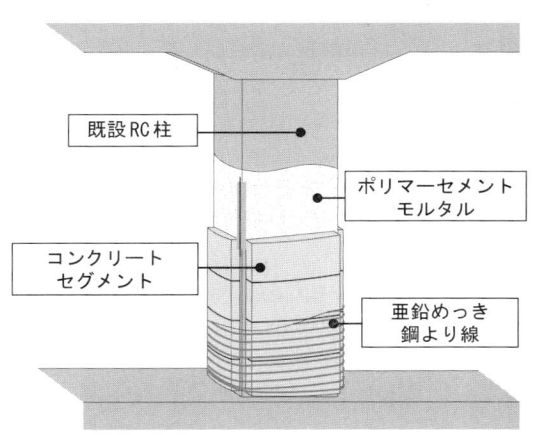

図6.4.50 鋼より線巻立て補強工法の概要と施工例

のプレキャストのコンクリートセグメントを配置し，その外周を巻立てる工法である．図6.4.50に鋼より線巻立て補強の施工例を示す．

セグメントには，巻立てが容易なように溝が刻まれてあり，特別な重機を使用しないで人力で施工できることから，比較的経済的に短期間で施工できるものである．また，鋼板やFRPを用いて巻立て補強を行った場合には，補強材が柱の外周を覆うことから，既設柱自体の日常点検が困難となったり，大規模地震の影響を受けた場合の臨時点検で損傷の有無や程度を目視確認することが困難となり復旧に支障が生じることが懸念されるのに対し，本工法では維持管理に配慮して，日常点検や臨時点検が目視により確認することができるよう工夫されている点に特徴がある[10]．

鋼より線とセグメントが一体となって既設柱を拘束するよう，鋼より線には巻立て施工時の緩みをとる程度の緊張力を導入して端部を定着するが，鋼より線の継手や定着は，電力分野で広く一般的に用いられている巻付グリップを改良したものやワイヤグリップを使用する簡便なものである．鋼より線に用いている亜鉛めっきの耐食性については環境によって大きく異なり，直近10年間の長期大気暴露試験結果によると，通常の環境下の都市工業地域で約50年，田園地域で約90年と推定できるが，とくに海岸地域では海塩粒子の影響で約20～30年と短くなることが想定されるので，使用にあたっては配慮が必要である[11]．

【松田好史】

文　献

1) 鉄道総合技術研究所：既存鉄道コンクリート高架橋柱等の耐震補強設計施工指針（鋼板巻き補強編），1997.
2) 川島一彦ほか：鉄筋コンクリート橋脚の耐震補強方法とその設計，橋梁と基礎，30(1)，1996.
3) 松本信之ほか：鉄道RC高架橋の新しい耐震補強法，コンクリート工学，35(10)，pp.9-17，1997.
4) 鉄道ACT研究会：耐震補強工法技術資料，2006.
5) 谷村幸裕ほか：RC柱の鋼板巻き補強における鋼板分割の影響に関する実験的研究，土木学会第51回年次学術講演会講演概要集，V-530，pp.1058-1059，1996.
6) 日本道路協会：既設道路橋の耐震補強に関する参考資料，1997.
7) 鉄道総合技術研究所：炭素繊維シートによる鉄道高架橋柱の耐震補強工法設計・施工指針，1996.
8) 鉄道総合技術研究所：アラミド繊維シートによる鉄道高架橋柱の耐震補強工法設計・施工指針，1996.
9) 岩田秀治ほか：劣悪な施工条件に対応可能な新しい高性能な橋脚等の耐震補強法，第6回地震時保有耐力法に基づく橋梁等構造の耐震設計に関するシンポジウム講演論文集，pp.215-220，2003.
10) 松田好史ほか：コンクリートセグメントと鋼より線を用いた既設RC柱の耐震補強，土木学会論文報告集，No.763/VI-63，pp.185-203，2004.
11) 米田哲也ほか：溶融亜鉛めっきおよび溶融亜鉛-アルミニウム合金めっきの長期大気暴露試験，第7回溶融亜鉛めっき技術研究発表会後援要旨集，日本溶融亜鉛鍍金協会，pp.41-48，2002.

6.4.8　桁増設工法

a.　概　説

供用中の道路橋において，防護さく強化や遮音壁大型化の嵩上げに伴い死荷重が増加し，既設の外桁および張出し床版に補強が必要になる場合がある．この場合，補強に際し，既設部材を極力傷めない工法を選定するのが望ましい．その一例として，既設の外桁の外側に主桁を増設する工法の桁増設工法がある．桁増設工法は，既設外桁および張出し床版の補強を目的としているが，活荷重に対しても有効に作用し，たわみや振動に対して有利となり耐荷力が増大する工法でもある．ここでは，図6.4.51に示す橋梁の事例における設計および施工のポイントを記述する．

b.　特　徴
1)　補強方法の比較

防護さくの強化の一例として，現況はマウントアップ形式（設計衝突荷重：2 tf）のものを，B活荷重に対応するフロリダ形式（設計衝突荷重：3.5 tf）の壁高欄に改良するものである．また，遮音壁大型化の一例として，現況は路面からの高さ3 mの遮音壁を想定したものを4 mに改良するものである．これら改良に伴い，橋梁の既設部材は，建設当初に想定していた設計荷重を超えることになり，とくに外桁および張出し床版に何らかの補強が必要になることがある．

この補強として，図6.4.52，図6.4.53に示すように桁増設工法とストラット工法などがあげられる．両者とも張出し床版の許容値を満足するように補強が可能であるが，図6.4.53のストラット工法は既設外桁の補強とならないので，別途他の補強工法と併用して既設外桁を補強することになる．一方，図6.4.52の桁増設工法は，既設外桁の外側に主桁を増設するものであるが，鉄道・道路などと交差す

6.4 補強工法

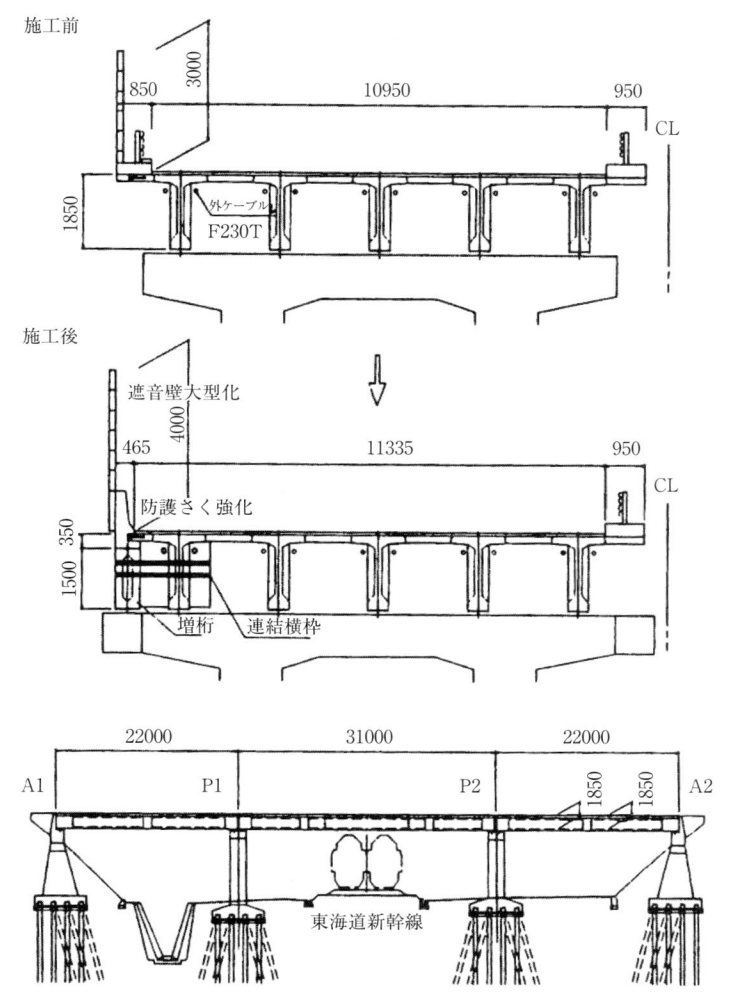

図 6.4.51 全体一般図

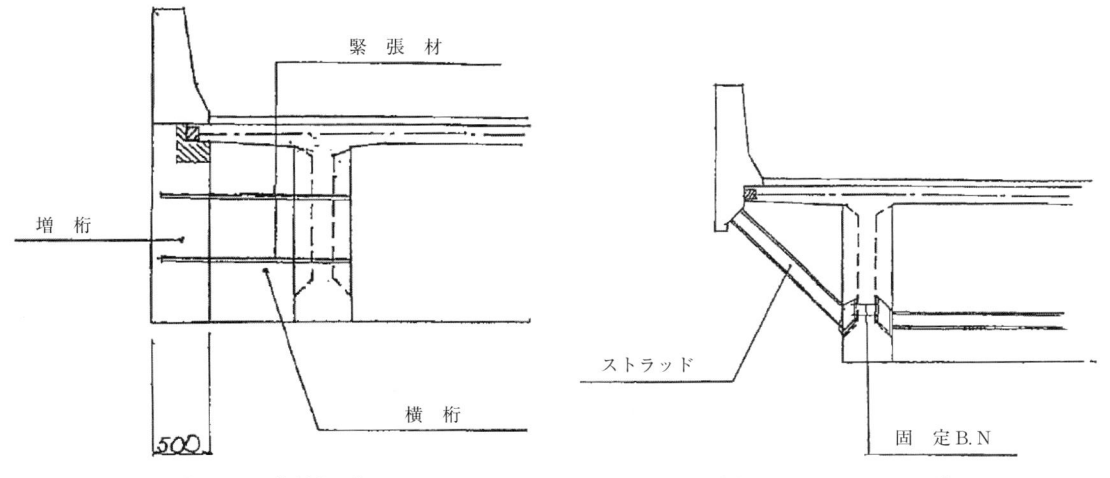

図 6.4.52 桁増設工法

図 6.4.53 ストラット工法

る箇所において，増設桁の架設作業時間に制約がある場合があるので補強に際しては計画・設計段階から関係機関と調整が必要である．

また，補強に際しては，既設部材を極力傷めないことが望ましい．ストラット形式の場合は，ストラット部材の配置間隔が2m程度となる．この配置箇所においては，既設外桁の下フランジ付近に貫通定着することになるので，既設鋼材に損傷を与えないように配慮しなければならない．桁増設工法の場合は，端横桁部及び中間横桁部の限定された箇所での接合となり，この箇所においてX線探査などにより正確に鋼材の位置を把握したうえで，施工すれば損傷を与える影響が少ないものと考えられる．

c. 設 計
1) 主 桁

例とした既設橋は，供用後30年が経過したポステンT桁橋で，コンクリートのクリープ，乾燥収縮は完了しているものと考えられる．この既設橋に新しく主桁を配置し一体化した場合，コンクリートの材令差によりクリープ，乾燥収縮による拘束力が発生することになる．この拘束力および構造系の変化の影響については，一体化前は梁解析，一体化後は格子解析を行い，両者で得られた応力度を合成したもので照査する．また，材令差の影響を少なくすることを目的に，増設桁の材令を180日，120日，60日などで放置期間を検討する．この検討を基に施工工程で可能な限り，増設桁の放置期間を長く取り，クリープ，乾燥収縮の影響を低減した上で，一体化を図る．

2) 横桁連結

横桁は，一体化後の格子解析により算出された断面力に対し，連結横締め，ねじり抵抗鉄筋を配置する．横締め材の選定は，以下の点を考慮する．
① 桁内の狭小な作業空間のため，軽量な材料で重機などを要しないもの．
② 耐食性に優れ，コンクリートとの付着性能を有していること．
③ 鉄道と交差する場合は，高圧架線の影響を受けないこと．

d. 施 工

桁増設工法の施工フローを図6.4.54に示す．施工に先立ち，現況の調査を行い，構造物の健全性，施工条件，使用環境条件などを把握する．

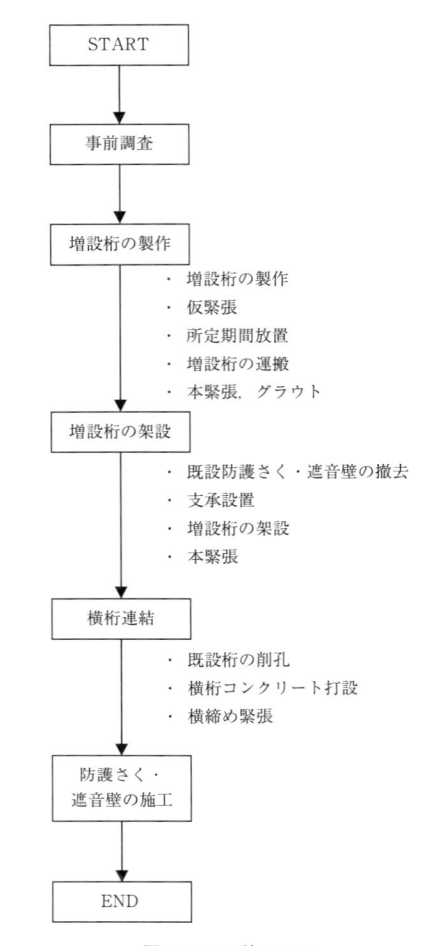

```
START
 ↓
事前調査
 ↓
増設桁の製作
  ・増設桁の製作
  ・仮緊張
  ・所定期間放置
  ・増設桁の運搬
  ・本緊張，グラウト
 ↓
増設桁の架設
  ・既設防護さく・遮音壁の撤去
  ・支承設置
  ・増設桁の架設
  ・本緊張
 ↓
横桁連結
  ・既設桁の削孔
  ・横桁コンクリート打設
  ・横締め緊張
 ↓
防護さく・
遮音壁の施工
 ↓
END
```

図6.4.54 施工フロー

1) 事前調査

施工に先立ち，既設橋について以下の調査を実施する．
① 既存の点検・調査記録の確認および既設橋の近接目視により，健全性を把握する．健全性が損なわれている場合は，必要に応じて補修する．
② 構造寸法，鋼材の配置など設計図書と相違がないか確認する．とくに一体化に伴い既設部材と新設部材が接合する箇所においては，鋼材位置を鉄筋探査およびX線探査にて確認する．
③ 添架物などの種類および位置を確認し，施工の支障にならないよう移設または防護にする．
④ 作業スペース，資材ヤード，資機材の運搬経路を確認する．

6.4 補強工法

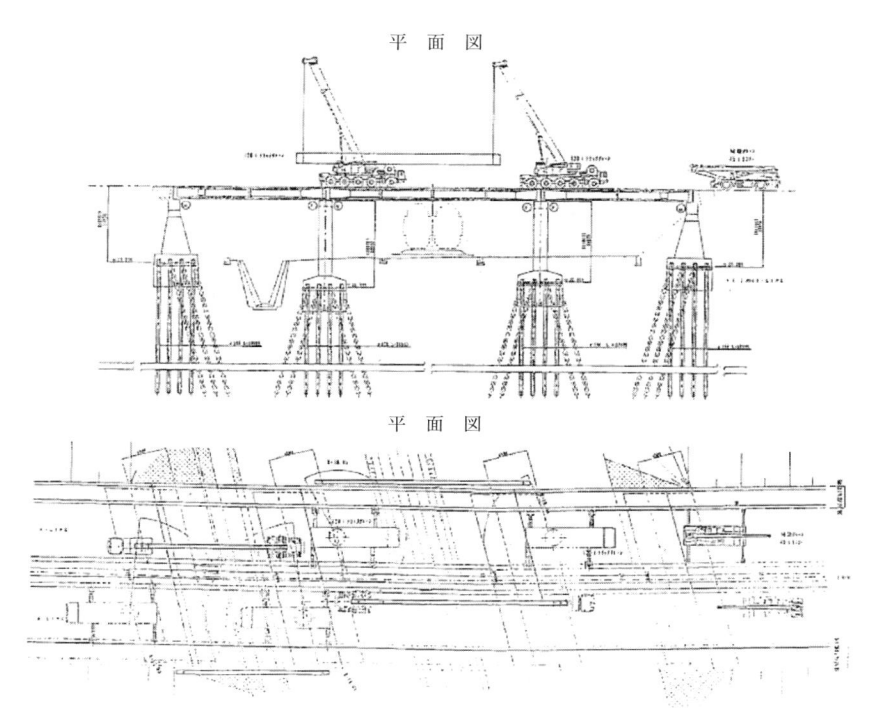

平 面 図

平 面 図

図 6.4.55 トラッククレーン架設

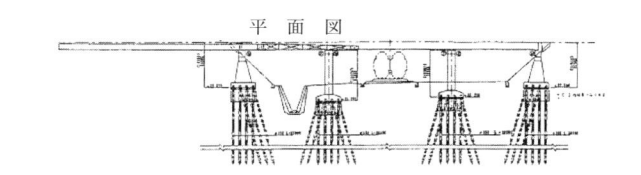

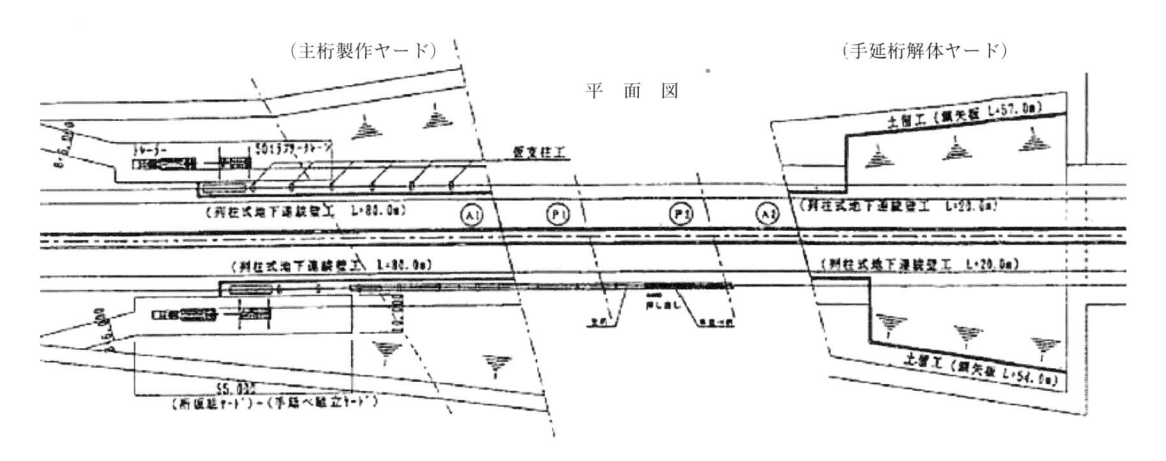

平 面 図

平 面 図

図 6.4.56 押出し工法

表 6.4.6 増設桁架設スケジュール（日工程）

日	1日目	2日目	3日目	4日目	5日目	6日目	7日目	8日目
準備工	準備工 ●―――――●							
桁運搬　中央径間			桁運搬 ●―――●接合グラウト●―●			養生 ●―●		
側径間						桁運搬 ●―●		
架設車両搬入　桁吊込み						桁積込み ●―●		
架設前作業						架設前作業 ●―●		
増桁架設						増桁架設 ●―●		
後片付							後片付 ●―●	
						交通規制 ●―――●		

表 6.4.7 増設桁架設スケジュール（時間工程）

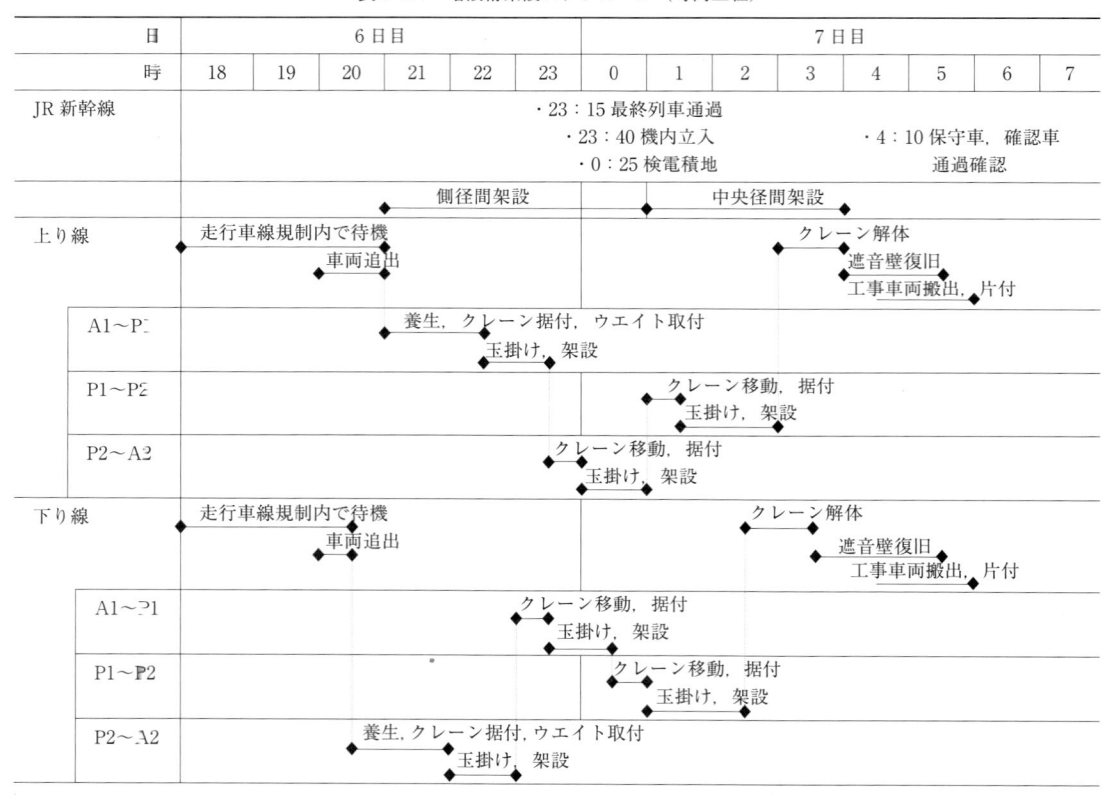

日	6日目						7日目							
時	18	19	20	21	22	23	0	1	2	3	4	5	6	7

JR新幹線
・23：15 最終列車通過
・23：40 機内立入
・0：25 検電積地
・4：10 保守車，確認車通過確認

側径間架設　　中央径間架設

上り線：走行車線規制内で待機／車両追出／クレーン解体／遮音壁復旧／工事車両搬出，片付
　A1〜P1：養生，クレーン据付，ウエイト取付／玉掛け，架設
　P1〜P2：クレーン移動，据付／玉掛け，架設
　P2〜A2：クレーン移動，据付／玉掛け，架設

下り線：走行車線規制内で待機／車両追出／クレーン解体／遮音壁復旧／工事車両搬出，片付
　A1〜P1：クレーン移動，据付／玉掛け，架設
　P1〜P2：クレーン移動，据付／玉掛け，架設
　P2〜A2：養生，クレーン据付，ウエイト取付／玉掛け，架設

⑤ 鉄道・道路などの使用条件，交差条件，周辺環境条件を把握する．

2) 増設桁の製作

現場において増設桁の製作ヤードの確保が困難な場合は，工場で製作すること考えられるが，工場から現場までの搬入経路を確認する必要がある．運搬路の線形や幅員などの制限に伴い桁1本を運搬できない場合は，桁を分割して製作することになる．なお，分割面は，分力が生じないように主桁の部材軸線に直角に分割するとともに，接合キーを設けてせん断力の伝達を行う．

コンクリートの材令差に伴う拘束力を低減させる方法として，桁の分割製作後，仮緊張により完成死荷重相当の応力を作用させ状態で定められた期間放

置し，クリープ変形を進行させる．その後に，仮緊張を開放し，分割した桁を現場まで運搬し，現場にて接合し1本の桁にする．その後，本緊張を行い，グラウトを実施する．

3） 増設桁の架設

増設桁の架設方法には，図6.4.55に示すトラッククレーン架設と図6.4.56に示す押出し架設などがある．トラッククレーン架設の場合は，トラッククレーンと桁の自重に対する橋梁本体の耐荷力を照査し，架設により既設部材が損傷しなか確認する．押出し架設の場合は，橋梁の背面に作業ヤードが必要となり，作業構台などの検討が必要となる．架設

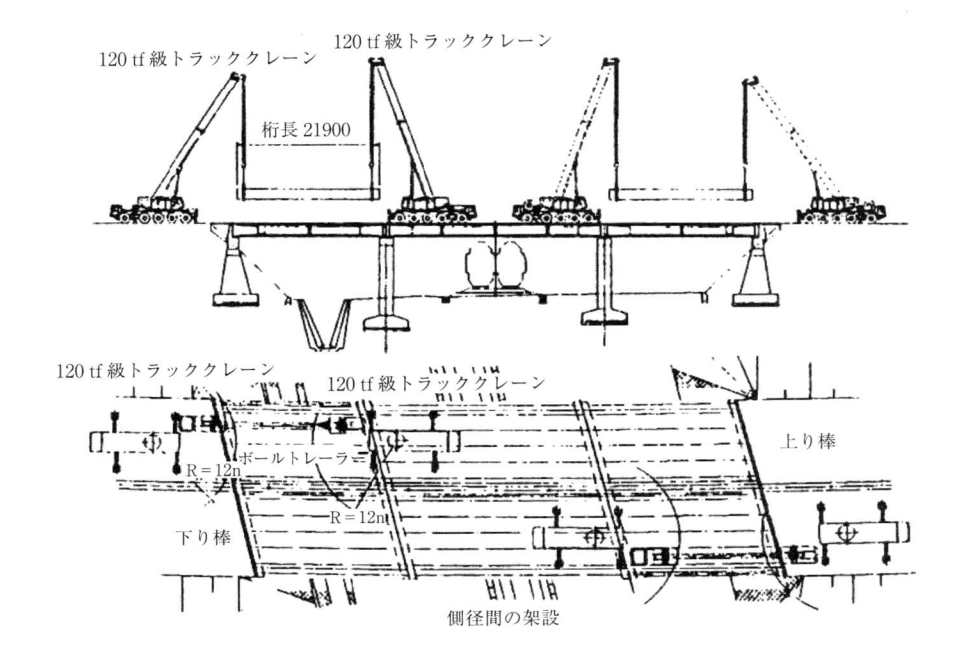

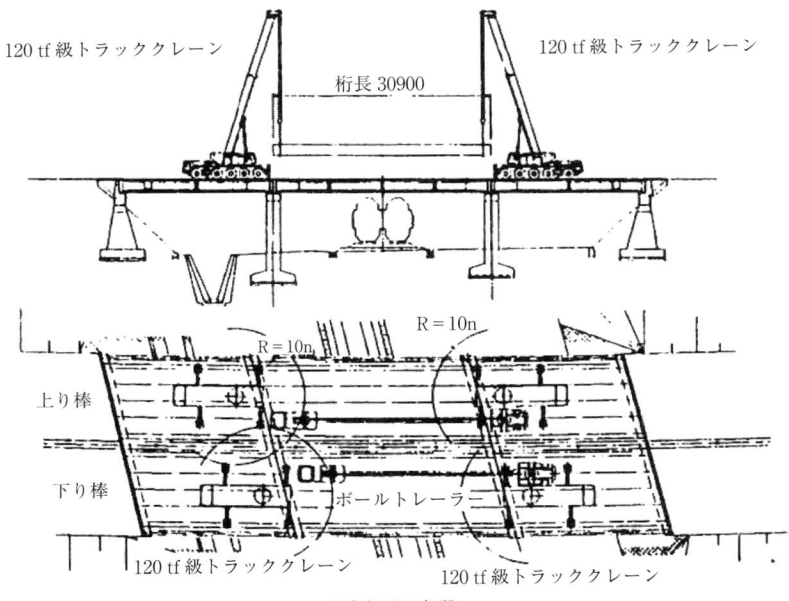

図 6.4.57　架設手順

方法については，総合的な判断が必要となるが，以下に，トラッククレーン架設について述べる．

増設桁の架設は，供用中道路および交差する鉄道の関係機関と十分に調整したうえで，架設の作業時間を設定する必要がある．表 6.4.6 に日工程の増桁架設スケジュールと表 6.4.7 に時間工程の増桁架設スケジュールの例を示す．

例とした橋梁は，限られた時間内に上下線合わせて 6 本の架設を行うことになる．側径間および中央径間の架設を図 6.4.57 に示す．まずは，走行車線を交通規制し，規制内に工事用車両を待機させる．その後，一般車両の全面通行止めを行い，1 番目に架設する側経間（桁長 21.9 m）の所定の位置に工事用車両を移動し，クレーンを組み立て，増設桁を架設する．以降，反対側の側径間，架設する．中央径間は，桁長 30.9 m であるため，クレーンの据える箇所において自重により床版鉄筋の許容値を超過することになった．そこで，床版補強として，クレーン据え置く位置に鋼板を敷設した．中央径間の架設は，鉄道の最終列車通過後，検電確認後に行う．これらの作業を上り線・下り線の各々同時に行った．増設桁の据付け位置には，既設張出し床版の直下であり，直接吊り降ろすことができなかった．そのため，図 6.4.58 に示すように，コの字型の架設用治具を用いた．治具は増設桁と PC 鋼材で緊結固定した．また，桁架設時には，既設遮音壁の一部を撤去し，玉掛け合図の確認窓とした．

4） 横桁連結

増設桁と既設桁は，横桁を配置して一体化を行う．横締め鋼材に，増設桁の主鋼材および既設桁の鋼材の位置を避けた位置に配置することになる．とくに端支点部付近は，PC 鋼材の定着部およびスターラップ筋が密集しているので，削孔の際に損傷を与える可能性が高い．そのため，既設桁においては，X 線探査にて鋼材位置を調べ，削孔位置および鋼材位置に印を付ける．増設桁は，あらかじめシースで箱抜きし，既設桁の削孔位置と一致させる．既設桁の端支点部は，部材が厚く X 線探査による鋼材の位置の確認が出来ない場合がある．この場合は，鋼材に破損を与えない方法としてウォータージェットを用いて削孔を行う．

ウォータージョットを用いた削孔は，図 6.4.59 に示すように増設桁の外側からシース孔に長尺ランスを挿入し，ノズルヘッドを既設桁側面に設置する．長尺ランスのブレ，ジョイント部からの水漏れの有無などについては，あらかじめ試験施工を行い確認するとよい．本施工においては，ブレ対策として増設桁入り口，出口，既設桁入り口の 3 カ所で固定しブレを防止する．削孔作業は，鋼材に損傷を与えていないか，コンクリート面にクラックおよび剥離などが生じていないか既設部材の健全性を確認しながら行う．

横桁コンクリートの打設は，既設床版の下面まで行う．狭小スペースでの打設作業となるので入念にバイブレータを行う必要がある．床版下面と横桁の隙間が懸念される場合は，隙間にモルタル充填するの検討し，一体化を図る．

横桁の連結に用いた材料は，作業性，耐久性などを考慮しアラミド FRP ロッドを採用した．施工は，アラミド FRP ロッドをシースに挿入し鋼製の定着体を装填する．次に定着体に無収縮モルタルを注入しアラミド FRP ロッドと定着体を付着定着する．

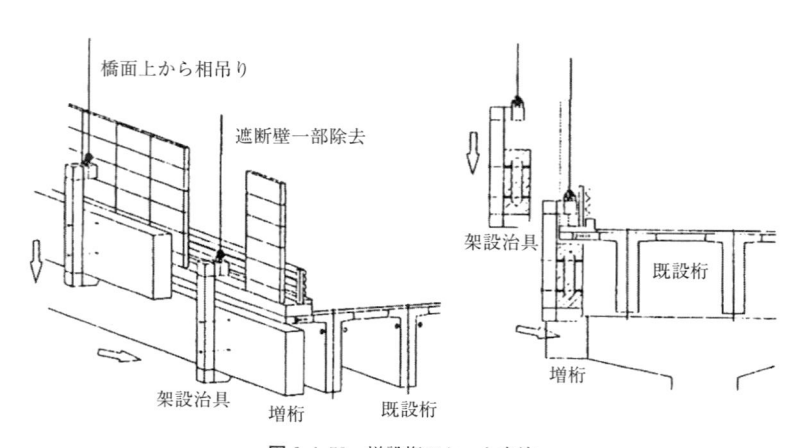

図 6.4.58 増設桁のセット方法

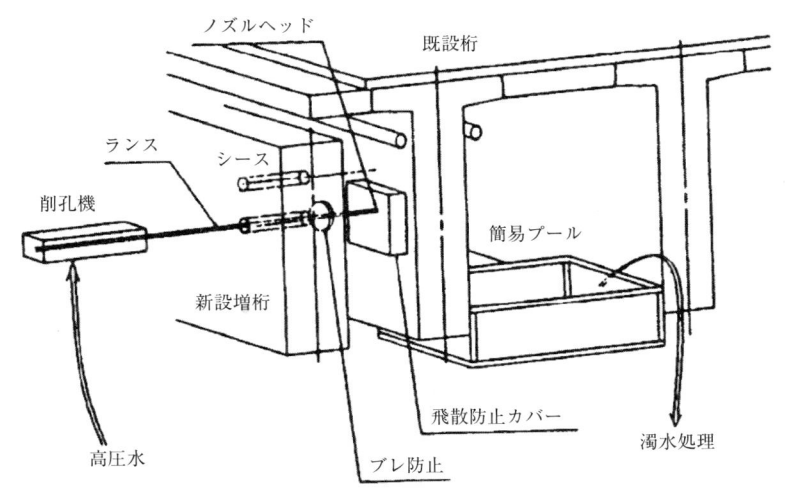

図 6.4.59 ウォータージェットによる削孔

その後緊張し，シース内に無収縮モルタルを注入し，養生後アラミドFRPロッドの端部を切断し端面処理を行う．これによりアラミドFRPロッドは付着定着され，無収縮モルタルを介して横桁に伝達され一体化される．

e. 補修・補強の記録

橋梁の維持管理において，点検・調査，設計，施工，補修・補強履歴などの記録は，既設橋梁の状態を示す重要な資料である．また，補修・補強の必要性やその程度，当該橋梁の特殊性，過去に実施した補修・補強の有効性などを評価するうえで重要な手掛かりとなる．そのため，一連の資料等を整理・保管することが必要となる．　　　　　【窪田賢司】

文　献

1) 安藤直文ほか：プレストレストコンクリート技術協会第10回シンポジウム論文集，pp.595-598，2000.

6.4.9 外ケーブル工法

1) 概　要

外ケーブル方式による補強工法（以後外ケーブル工法と称す）は，既設コンクリート部材の外側に新たにPC鋼材などの緊張材を配置して，プレストレスを導入することにより，コンクリート部材の応力状態を改善し，耐力を回復もしくは向上させる工法である．外ケーブル工法の適用は，曲げモーメントやせん断力に対する耐荷性能を向上させる目的のほかに，車両走行性の改善や維持管理の軽減を目的として単純桁を連続構造に変更する場合や，有ヒンジ上部工構造の走行性を改善するため，有ヒンジ部のたわみの回復や変形の抑制を目的として採用される場合もある．外ケーブル工法が適用される構造は，PC構造物が約90％以上を占めるが[1),2)]，他にもRC構造物および鋼上部工[3)]へも広く使用されている．PC構造物では，上部工主桁への適用事例が圧倒的に多く，ほぼすべての主桁断面形状（T桁，I桁，箱桁，中空床版など）に適用可能となっている．下部工においてはT形橋脚梁部へ適用された事例が多く報告されている．

外ケーブル工法は，図6.4.60に示すように，既存コンクリート部材に定着部材および偏向部材を設置して緊張材をコンクリート断面外に配置する．通常，外ケーブル緊張材は，PC鋼材を保護管とともに用いグラウトなどの防錆処理が施されるが，近年では腐食しない連続繊維緊張材（FRP緊張材）が用いられることもある[4)]．

外ケーブル構造は，1920～1950年代にかけて，ヨーロッパを中心に新設PC橋に採用されている[5)]．しかし，当時の鋼材の防錆技術や設計の未熟さから良い結果が得られず，その後ほとんど用いられなくなった．そして，1970年代になりおもにフランスにおいて，PC鋼材の防錆技術の向上とともに外ケーブルが既設橋の補強として採用されはじめ，設計・解析技術の進歩と相俟って，新設橋梁への適用も含め，現在の外ケーブル工法の発展につながった．わが国の外ケーブル工法の適用も1970年代の既存P

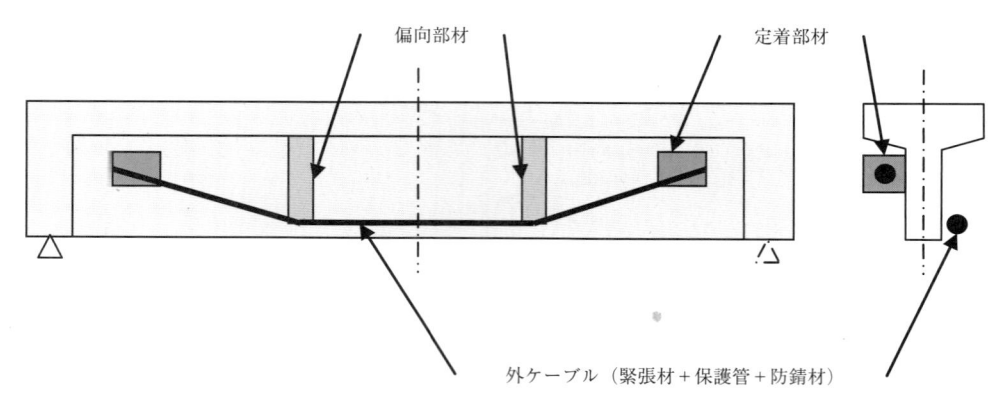

図 6.4.60　外ケーブル工法の概要

図 6.4.61　PC単純T桁橋への適用事例

C橋の補強からはじまり，現在では，既設構造物の補強工法として代表的な工法の1つとして評価を得ている．

2) 設計・施工

外ケーブル工法は適用する構造物および補強の目的によって，その設計・施工方法が異なるため，適切かつ慎重な検討が必要となる．ここでは，PC上部工の補強に外ケーブル工法を用いる場合に関する設計・施工について述べるものである．図 6.4.61にPCポストテンション方式単純T桁橋の補強に外ケーブル工法を適用した事例を示す．

外ケーブル構造では，定着部材および偏向部材を介して外ケーブルの緊張力がコンクリート部材に伝達される．したがって，コンクリート部材の定着部材および偏向部材の一体性を確保できるよう設計・施工を行うことが重要となる．補強の場合，新設構造物を対象とした場合と比較して，一般には多くの制約を受ける．外ケーブル工法の設計・施工上の特徴および問題点を以下に記す．

設計に関する特徴と問題点
① 補強効果が力学的に明確である．
② 外ケーブルの鉛直分力を考慮することにより，設計せん断力を軽減できる．
③ 構造形を変更する場合，構造形変化に伴い発生する断面力に対して，有効に外ケーブルを配置することにより設計が可能となるため，補強設計の選択肢が広がる．
④ コンクリートの強度不足や劣化に対しては適用できない場合もあるため十分な検討が必要となる．
⑤ 定着部材や偏向部材の設置位置に制約がある．
⑥ 一般的には部材の剛性の向上は期待できない．

施工に関する特徴と問題点
① 路面高を変更する必要がない．
② 桁下空間で施工できるので，交通規制を必要としない．
③ 補強後の維持管理が比較的容易である．
④ 限られた空間で，施工を行う必要が生じる場合がある．
⑤ 既存コンクリート構造物に削孔を行う場合，内部の鋼材を切断しないように留意する必要がある．

設計を行う上で，外ケーブルによるプレストレス力の算出は重要となることは言うまでもないが，プレストレスの評価法は図 6.4.62に示す3通りの方法が一般的である[6]．

i) 部材評価法（図 6.4.62(a)）

外ケーブルを弦部材としてモデル化し，所定のプレストレス導入力を等価な軸ひずみとして与える．コンクリート部材のクリープ・乾燥収縮の影響および作用荷重による影響を弦部材の張力変化として直接解析することができる．

ii) 外力評価法（図 6.4.62(b)）

6.4 補強工法

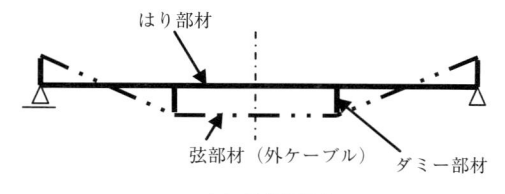

はり部材
弦部材（外ケーブル）
ダミー部材

(a) 部材評価法

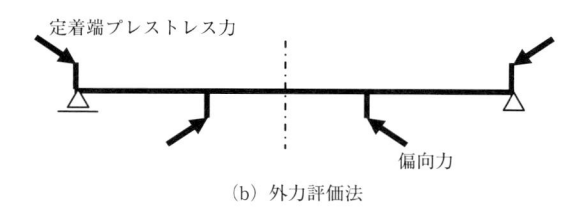

定着端プレストレス力
偏向力

(b) 外力評価法

プレストレスによる軸力：N
プレストレスによる偏心モーメント：M

(c) 内力評価法

図 6.4.62 外ケーブル構造の評価方法[6]

外ケーブルの定着位置および偏向位置のプレストレス力を集中荷重もしくは分布荷重として構造モデルに作用させる．外ケーブルは荷重作用点および作用方向が明確であり，自由長部でプレストレス力を明瞭に外力評価することができる．

iii) 内力評価法（図 6.4.62(c)）

プレストレス力を内力（軸力 N，偏心モーメント M）として構造モデルに作用させ，不静定力を算出する．プレストレス力（N, M）自体は別途加算する．また，外ケーブルによるせん断力も逆せん断力として別途考慮する．

外ケーブル構造の場合，PC 鋼材によるプレストレス力は定着部材や偏向部材から主桁部材に伝達される．このため，定着部材や偏向部材には局部的に大きな力が作用することになり，この部分の局部応力に対する安全性の検討が必要となる．また，活荷重などが載荷された場合，PC 鋼材が全長にわたり主桁断面と付着していないことから，PC 鋼材の応力変動は定着部間でほぼ一様となる．このため，外ケーブルの定着部近傍では，つねに PC 鋼材の応力変動の影響を受けることとなり，定着具を含めて定着部材では慎重な検討が必要となる．定着部材や偏向部材は鋼構造もしくはコンクリート構造が一般的であるが，補強施工は限られた空間で作業を行う必要があるため，施工性を十分検討して構造を選択する必要がある．

終局荷重作用時においては，外ケーブルと主桁断面間に付着がないことから PC 鋼材のひずみは内ケーブル構造と比較して小さくなり，PC 鋼材の増加引張による抵抗力が低下し，部材断面の保有する曲げ破壊耐力は内ケーブル構造と比較して小さくなる．外ケーブル構造における終局耐力を正確に把握するには，材料非線形および幾何学非線形（荷重の増加に対して主桁部材と外ケーブル部材の位置関係を評価できる）を考慮できる構造解析が望ましい．しかし，通常の設計においては，既往の実験や各規準における終局時の外ケーブル増加張力の推奨値を用いて簡易的に算出する場合が多い．

そのほか，主桁の振動と共振して，外ケーブルが常に振動する場合もあり，防振装置に関する検討も必要となる．

外ケーブル工法の一般的な施工は，①足場組み立て→②既設構造物の調査→③定着部材と偏向部材の施工→④外ケーブルの施工→⑤足場解体，の手順で行われる．施工に関するおもな留意事項を以下に記す．

鋼材位置の調査：定着部材や偏向部材の施工は，既存のコンクリート部材に対し後付アンカーや PC 鋼材等を配置し一体化する方法がとられる．このため，既存部材をドリル削孔，コアボーリングなどを行う必要があり，既存部材に配置されている PC 鋼材や鉄筋の位置を詳細に調査しなければならない．鋼材位置の確認方法は，X 線探査，電磁波レーダー等の非破壊検査技術が用いられる．

既存コンクリートの調査：既存コンクリートが強度不足や損傷・劣化が激しい場合，外ケーブル工法の効果が得られない可能性があるため，事前に損傷度の調査，コンクリートの強度確認が必要となる．

緊張作業空間の確保：定着部材背面は既設 PC 上部工の横桁などが隣接するため緊張作業空間を確保する必要がある．使用する緊張ジャッキの大きさ，緊張ストロークから作業空間を確保しなければならない．補強設計上必要とされるプレストレス導入区間から外ケーブルの定着位置が決定されているため，定着部の移動を伴う緊張作業空間の確保には十分な検討が必要となる．また，定着部材背面での緊

張が不可能な場合は，支間の中央部で外ケーブルの緊張が可能な引寄せジャッキを使用する方法[7]がある．

3) 外ケーブル工法の応用

外ケーブル工法は，おもにPC上部工の応力を改善し耐力を向上させることを目的とした補強に用いられる場合が一般的であるが，最近ではコンクリート構造物の使用性，機能性向上を目的として適用される場合も増加しつつある．

①連続化による使用・機能性の改善： PC単純T桁橋の連続化に外ケーブル工法が用いることにより，伸縮装置の箇所数を減少することができ，伸縮装置付近での騒音の軽減，車両走行性の改善が可能となる．また，PC有ヒンジラーメン（連続）橋においても，支間中央のヒンジ部において垂れ下がりや段差が生じると走行性を損なうとともに騒音の発生源となるので，中央ヒンジ部を連続化し外ケーブルによりプレストレスを導入し主桁を連続構造とする方法がとられている．連続化する場合は構造系の変化が伴うため，当初構造の応力状態と著しく異なる場合がある．したがって，設計・施工の留意点で述べたように既存構造物の損傷や強度調査を慎重に行う必要がある．

連続化とは異なるが，連続桁へ外ケーブル工法を適用した場合は，プレストレスの導入によって生じる不静定力を有効に利用することにより，活荷重のみならず死荷重によって生じる断面力も改善することができる．

②大偏心外ケーブル工法による有ヒンジラーメン橋の補強： PC有ヒンジラーメン橋における中央ヒンジ部の垂れ下がり対策の選択肢の1つとして，外ケーブルを桁高さ以上に偏心させて配置する工法が実施されている[8]．これは，主桁下面中央ヒンジ部に鋼製ストラットを取り付け，下弦外ケーブルを配置し緊張力を与える工法である．桁下へ大偏心外ケーブルを用いることにより，主桁の応力改善を図るとともに垂れ下がり部に支持効果を付与する．下弦外ケーブル支持点に発生する鉛直分力により，たわみを回復させ，また以後のたわみの進行を抑制するものである．図6.4.63に実施例を示す．

③連続ケーブル桁吊り工法による既設RCゲルバー橋の補強： 昭和30～40年代において建設されたRCゲルバー桁橋は，経年劣化，交通量・荷重の増大に伴う耐荷力不足により，ゲルバーヒンジ部を代表とする損傷が問題となっている．構造系の変化を伴わない工法の1つとして外ケーブルを用いた連続ケーブル桁吊り工法がある[9]．連続ケーブル桁吊り工法は，図6.4.64に示すように桁間に配置した外ケーブルを緊張して，ゲルバーヒンジ部の支点反力を外ケーブルの鉛直分力によりあらかじめ軽減しておくことにより，活荷重作用時の支点反力を当初の設計支点反力と同程度もしくは下回る状態に補強する工法である．

④その他の工法： 外ケーブル工法の応用として近年開発された工法の1つとして炭素繊維プレートを用いたプレストレス導入工法[10]がある．炭素繊維を用いたプレストレス導入工法は，プルトルー

図6.4.63 大偏心外ケーブル工法の施工事例

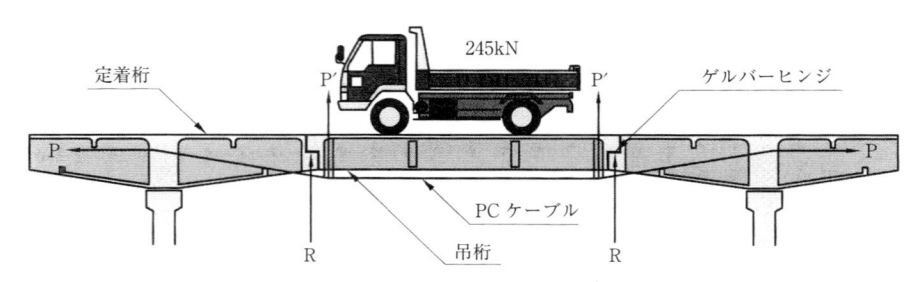

図6.4.64 連続ケーブル桁吊工法の概念

6.4 補強工法

図 6.4.65 炭素繊維プレートを用いたプレストレス導入工法

図 6.4.66 外ケーブル工法を応用した建築構造の耐震補強事例

ジョン法で製造された炭素繊維プレートを緊張・定着するものであるが，外ケーブル工法と異なり定着部材を設置する必要がないので，比較的簡単に施工を行うことができる．また，フラットな面に適用することにより，補強後の景観に与える影響を軽減することができる．

図 6.4.65 に施工事例を示す．

また，既設橋梁の耐震補強工法の1つとして，既設橋脚を連結材（外ケーブル）で繋ぎ，地震時の柱基部の負担を軽減する工法が提案されている[11]．この工法は，既設橋梁の各橋台および橋脚の頂部をPC鋼材（外ケーブル）でそれぞれつなぎ，地震時の変形を制御するとともに，施工の簡便さから工期の短縮が可能となるものである．

一方，外ケーブル工法を応用した建築構造物の耐震補強技術も開発されている[12]．プレキャスト部材と外ケーブルを組み合わせて建物を外部から補強する工法である．この工法は，基礎梁とプレキャスト補強柱を新設し，両者を斜めに結ぶようにPC鋼材を配置・緊張することによりフレームを形成し，斜めPC鋼材の張力増減により生じる水平力で地震力に抵抗させようとする工法である．図 6.4.66 に適用事例を示す． 【真鍋英規】

文 献

1) プレストレスト・コンクリート建設業協会：外ケーブル方式によるコンクリート橋の補強マニュアル（案），1998.
2) プレストレスト・コンクリート建設業協会：外ケーブル方式によるコンクリート橋の補強実例図集，2001.
3) 松井繁之編著：外ケーブルによる鋼橋の補強ー設計と施工の手引きー，森北出版.
4) 岡村 甫編：コンクリート補修・補強マニュアル，産業調査会事典出版センター pp. 125-132, 2003.
5) 小林和夫編著：プレストレストコンクリート技術とその応用，森北出版，2006.
6) プレストレストコンクリート技術協会：外ケーブル構造・プレキャストセグメント工法 設計施工規準，技報堂出版，2005.
7) エスイー：SEEE 工法 外ケーブル方式による橋梁補強工法 設計・施工規準，2003.
8) 鈴木威，若槻晃右，真鍋英規，西 弘：喜連瓜破高架橋の補強設計および施工ー下弦ケーブルを用いた有ヒンジラーメン橋のたわみ回復工法ー，プレストレストコンクリート，46(5), pp. 45-54, 2004.
9) 山口忠二ほか：連続ケーブル桁吊り工法（外ケーブル）によるRCゲルバー桁橋の補強に関する実橋試験，プレストレストコンクリート技術協会 第7回シンポジウム，1997.
10) 坂本弘視ほか：炭素繊維プレート緊張工法による調布高架橋（都計213橋）の補強，プレストレストコンクリート技術協会 第13回シンポジウム，2004.
11) PC&PA工法施工協会：PC&PA工法パンフレット.
12) 日本建築総合試験所：建築技術証明評価概要報告書 パラレルフレーム構法ー斜張PC鋼材を応用した外付け耐震補強工法ー（改訂），2004.

6.4.10 建築の耐震補強

建築の耐震補強工事では，対象建物の耐震性能を向上させることが第一の目的であることは言うまでもないが，そのほかに多くの場合，客先や建物使用者から「施工中も建物が使用できること」という条件が付与される．その場合，具体的な対策として「騒音，振動，塵埃の発生を極力抑える」ことが必要となる．設計者は，そのような条件も加味して適切な構工法の選択を行う必要があり，施工者としては，採用される構工法の特徴を良く理解した上で，具体的な施工計画の立案を行うこととなる．そこで，こ

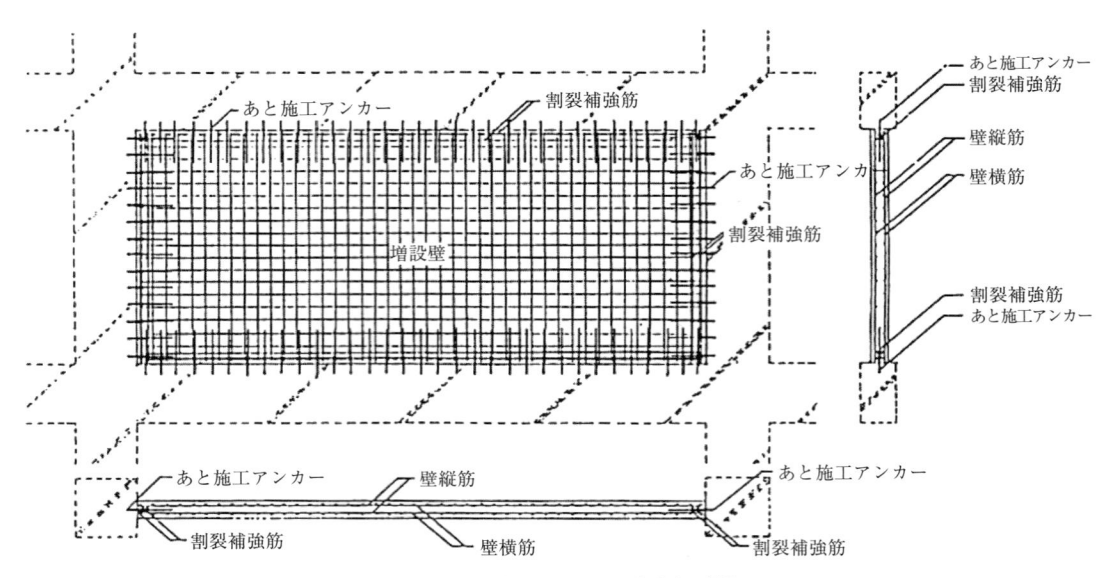

図 6.4.67 鉄筋コンクリート耐震壁の新設

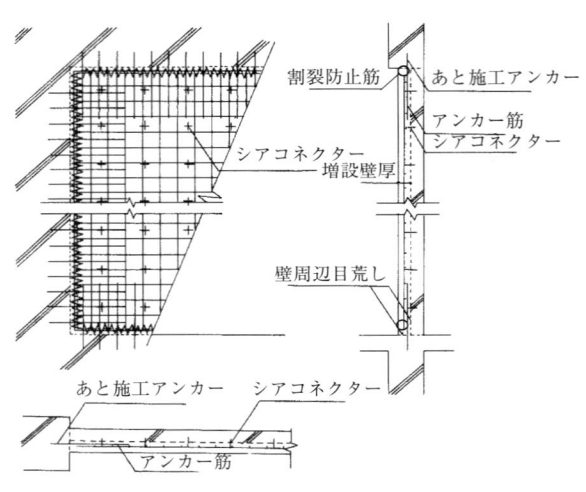

図 6.4.68 鉄筋コンクリート耐震壁の増設

こでは各種補強工法を紹介するとともに，工事中の騒音，臭い，火なしについて各補強工法の特徴を述べ，さらには工事中の騒音，臭い，火花を低減するための方法や提案されている工法を紹介することにする．

a. 壁の増設あるいは新設による補強
1) RC壁の増設あるいは新設

建築の耐震補強工事でもっとも広く行なわれる補強工法である．この方法により建物の耐震強度の大幅な増加が図れる．あと施工アンカーを既存骨組に打ち新設壁との一体化を図る．あと施工アンカーと壁筋との重ね継手部分にはコンクリートの割裂防止のためにスパイラル筋等を配する（図 6.4.67）．増厚としての増設壁ではさらに既存壁との間にシアコネクター（フォームタイと兼用することも可）を設ける（図 6.4.68）．

壁上部の打込みは，上部の梁と新設壁の間にコンクリートの沈降に伴う隙間が生じないようにグラウト材（無収縮モルタル）圧入を含めて2段打ちとすることが望ましい（図 6.4.69）．グラウト用の型枠には下部にグラウト材の圧入口と上部に空気抜き孔を設ける．無収縮モルタルも乾燥収縮するので十分な湿潤養生（7日以上）が必要である．

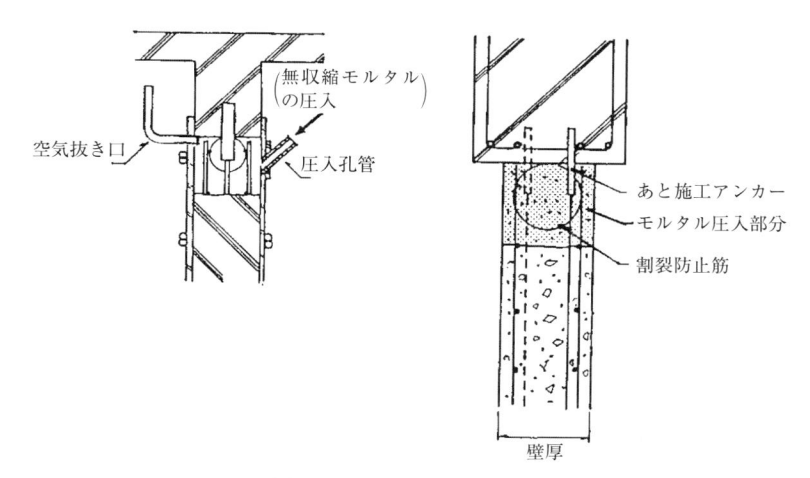

図 6.4.69 壁上部の打込み方法

図 6.4.70 コンクリートコッター貼り付け工法

仕上げモルタルの撤去，壁と躯体との接合性を向上させるための躯体の目荒しおよびあと施工アンカーのための穴あけ作業で騒音が発生する．建物使用中の施工になる場合は大きな騒音の出るハンマードリルの代わりに低騒音のコアドリルを用いる．今のところ躯体の目荒し，はつりに伴う騒音を大きく低減することは難しい．

騒音，振動，粉塵を減らし，施工を容易にするためにさまざまな工夫が提案されている．図 6.4.70 は凸形のコンクリートコッターを既存骨組にエポキシ樹脂で貼り付けて一体化を図っている例である．また，骨材を既存骨組にエポキシ樹脂で貼り付けて既存骨組と一体化を図ることも提案されている．これらの工法ではエポキシ樹脂で接合するので躯体の目荒しは必要ない．ただし，これらの耐震壁の強度はあと施工アンカーで一体化を図った耐震壁より落ちるので，それを考慮した設計が必要である．

2) 鉄骨ブレースによる補強

採光が必要な場合，壁に開口を設けたい場合には鉄骨ブレースによる補強となることが多い．多くは図 6.4.71 に示す，枠付鉄骨ブレースによる補強になる．枠にはスタッドを，躯体にはあと施工アンカーを打ち，割裂防止のためのスパイラル筋を配して枠と既存躯体の間に型枠を設置し，グラウト材を圧入する．

鉄骨ブレースによる補強の場合にも，騒音，振動，粉塵を減らし，施工を容易にするための工夫が提案されている．図 6.4.72 は枠鉄骨と骨組の間にアンカーとなるスタッドやあと施工アンカーを設けないで，無収縮モルタルを圧入するだけの鉄骨ブレースによる補強の例である．この例では鉄骨と充填モルタルとの間の摩擦抵抗を増大させるために，枠鉄骨にシアキーを溶接している．既存躯体と枠鉄骨の間にエポキシ樹脂を注入し接合する接着工法も提案されている．

b. 柱の補強

1) 鋼板巻き

柱のせん断強度，変形性能を高めて地震エネルギーの吸収能力を上げるために，柱に鋼板を巻きつけて補強する．独立柱の補強には適しているが，袖壁などが取り付く柱には適用しにくい．また一般には巻きたて鋼板同士を接合する必要がある．鋼板を溶接すると，火花が飛び，煙や臭いも出て建物を使用しながらの補強の場合には困難が伴う．図 6.4.73

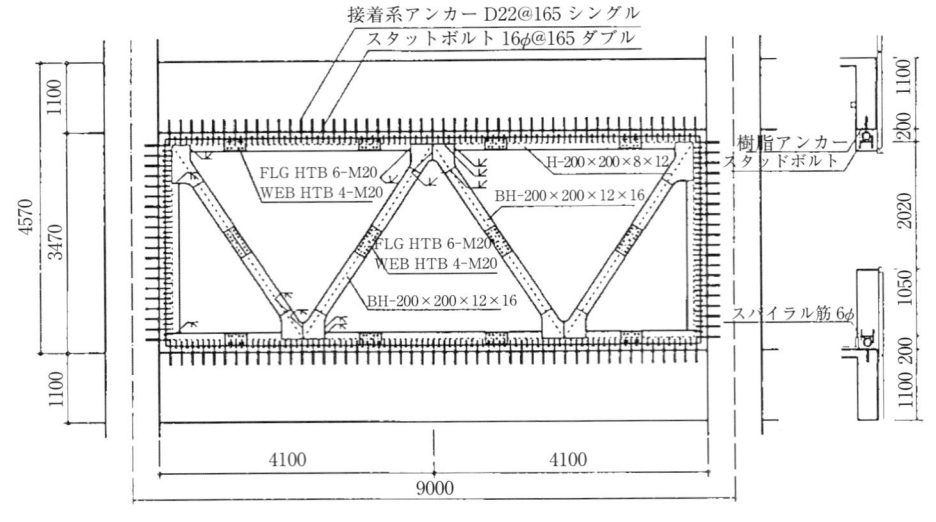

図 6.4.71 鉄骨ブレースによる補強

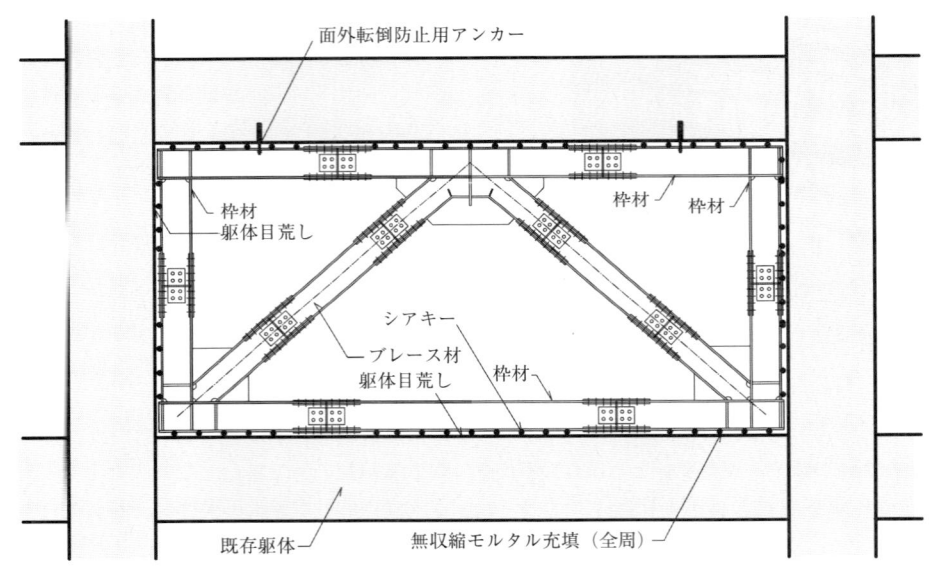

図 6.4.72 無アンカーの鉄骨ブレースによる補強

には鋼板溶接を行なわない．かみ合わせ鋼板巻き工法を示す．図に示すように圧延加工した歯型の付いた継手金物を合わせるだけの接合法である．建築の場合には建物内のエレベータで鋼板を運べるように鋼板を上下に分割して施工することが行なわれる（図 6.4.74）．鋼板と RC 柱の間には無収縮モルタルを充填して一体化を図る．仕上げモルタルに必要な強度があることが確認されれば，仕上げモルタルを撤去せずに補強することができる．

2) 炭素繊維巻き

柱に炭素繊維シートを巻き付ける．これにエポキシ樹脂を含浸させて硬化させると FRP となり，柱をせん断補強する効果を発揮する．この工法では多少臭いは出るが，火気を用いないで施工できる．

独立柱は炭素繊維シートを巻き付けて補強する．袖壁付き柱は壁際まで炭素繊維シートを貼り付け，壁に貫通孔をあけて炭素繊維を束ねた CF アンカー[1]を通し，CF アンカー両端をそれぞれ扇状に広げて柱の炭素繊維シートに接着する．これにより柱に

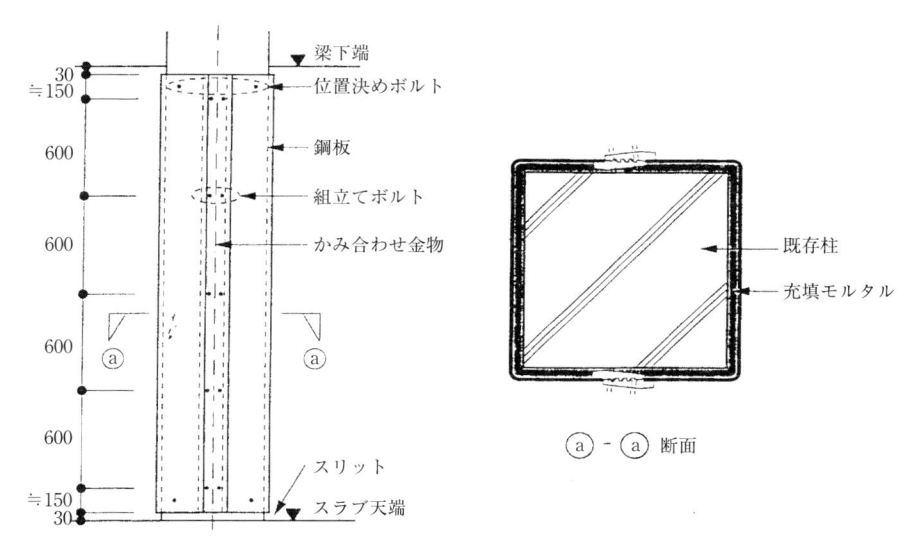

図 6.4.73 かみ合わせ鋼板巻き工法

図 6.4.74 かみ合わせ鋼板巻き工法の施工状況

FRP を閉鎖型に巻き付けたのと同じ効果が得られる．CF アンカーはエポキシ樹脂が含浸していないと十分な強度を発揮できない．また，CF アンカーの折れ曲がり部分では，コンクリートを曲面に整形する必要がある．孔の出口部も曲面に削る必要がある（図 6.4.75，図 6.4.76）．

c. 梁の補強

せん断強度を増すための補強が良く行われる．鋼板による補強もあるが，炭素繊維による補強が簡易である．U 型に炭素繊維シートを貼り，CF アンカーによって炭素繊維シートを繋ぐ，あるいは定着して梁を補強する．

CF アンカーがスラブを貫通して梁を閉鎖型に補強するタイプ CF アンカーが床を貫通せずに床内に定着されるタイプとがある．貫通タイプ（前者）は定着タイプ（後者）に比べて補強効果が大きい．一方，定着タイプは施工が簡易で，上階の床仕上げや防水層を傷めずに施工可能であるという長所がある．補強必要量に応じて両者を使い分けるとよい．

炭素繊維補強は簡易であるが含浸させているエポキシ樹脂が耐火性に弱いため，同時に耐火性が要求される場合，注意が必要である．　【称原良一】

文　献

1) 矢部喜堂ほか：壁付き RC 柱の新しい補強工法（CF アンカー）の開発その 1〜その 8 日本建築学会大会学術講演梗概集 C-2 構造 IV, pp. 21-36, 1999.

508　　　　　　　　　　　6. 補修・補強工法の実際

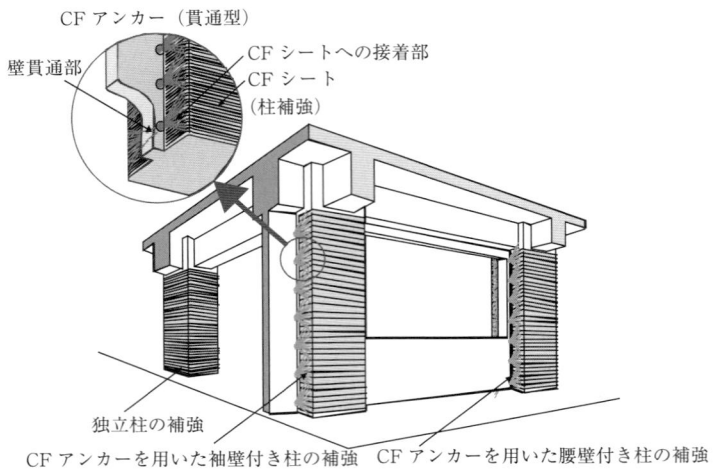

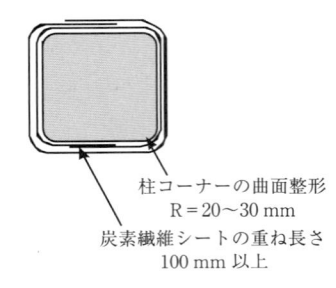

図 6.4.75　炭素繊維補強工法

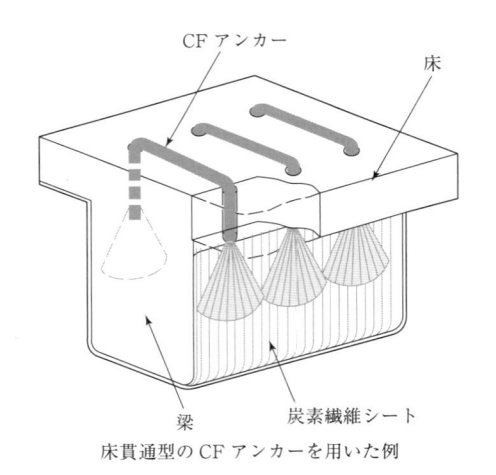

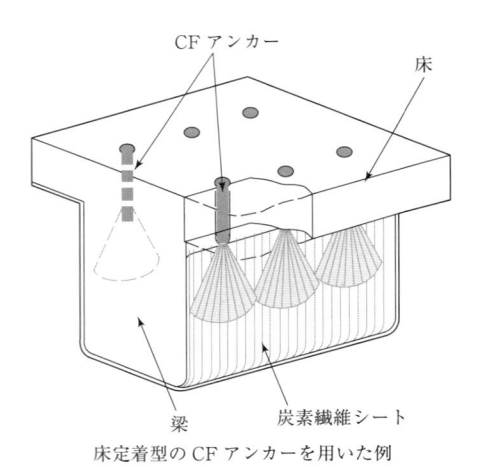

図 6.4.76　炭素繊維補強工法

第7章 事例

- 7.1 道路橋 RC 連続箱桁に発生した斜めひび割れに対する補強
- 7.2 塩害により劣化した道路橋 RC 連続中空床版の補修
- 7.3 アルカリ骨材反応による劣化を生じた橋脚の調査・補修事例
- 7.4 コンテナ埠頭桟橋の塩害劣化補修
- 7.5 地震により被災した鉄筋コンクリート造建物(集合住宅)の補修・補強事例
- 7.6 道路橋 PC 連続桁の補強(中央ヒンジ部連結工法)
- 7.7 約 10 年経過した再アルカリ化工法の追跡調査
- 7.8 コンクリート構造物の塗装系防食材の追跡調査
- 7.9 港湾構造物の塩害対策と追跡調査
- 7.10 桟橋上部工の塩害劣化予測と LCC の検討
- 7.11 高温に曝される排水貯槽の高流動コンクリートによる補修設計・施工
- 7.12 下水道の化学的侵食に対する補修対策
- 7.13 厨房排水除害施設の劣化事例
- 7.14 地下外壁漏水の補修事例

7.1 道路橋 RC 連続箱桁に発生した斜めひび割れに対する補強

7.1.1 構造物の概要

本橋は,1968 年に完成した支間長 25.8 m の RC2 径間連続箱桁橋で,点検により中間支点近傍の主桁ウェブのエフロレッセンスを伴う斜めひび割れ,および中間床版のさび汁やエフロレッセンスを伴う亀甲状のひび割れが確認されていた.これらの変状のうち,とくに着目したものは中間支点近傍の主桁ウェブのエフロレッセンスを伴う斜めひび割れであり,主桁のせん断耐力の不足が懸念された.このため,ひび割れの詳細点検と詳細調査(載荷試験および応力頻度計測)を実施し,主桁の曲げ耐力とせん断耐力について,構造安全性能を満足していること

を確認した[1].しかしながら,①スターラップの応力振幅が最大 60 N/mm^2,②開閉を繰返す 0.4 mm 程度の多数の斜めひび割れが存在,③車両制限令の改正に伴う新規大型車(25 tf)の走行などから,供用期間中の耐久性能の確保が困難と判断し,PCケーブルと炭素繊維シート接着工法などによる対策を行った[2].

本事例は,主桁のせん断耐力を中心とした構造安全性能に関する点検・調査,原因の推定,評価および判定,対策,およびモニタリング[3]についてまとめたものである[4,5].

7.1.2 点検

a. 初期点検,定期点検

本橋は,1968 年 4 月に供用を開始しており,初期点検データが残っていなかったため,工事関係者からヒアリング調査を行い,初期欠陥などによるひび割れの発生が認められなかったことを確認した.

7. 事 例

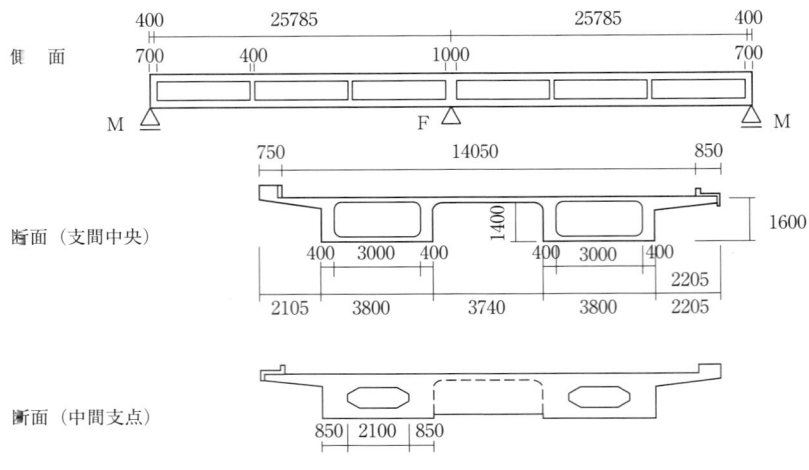

図 7.1.1 構造概要図（単位：mm）

表 7.1.1 橋梁諸元

橋梁名	T 高架橋	構造形式	RC2 径間連続箱桁橋（2-Box）
所在地	東京都世田谷区	設計荷重	TL-20
路線名	T 高速道路	桁高	1.6 m
橋長	52.4 m	ウェブ厚	0.4～0.85 m
幅員	15.65 m	コンクリート	$\sigma ck = 24 \text{ N/mm}^2$
建設年度	1968 年 2 月	配筋	スターラップ 4 本 D13ctc150/web

供用後に実施した定期点検（橋梁下からおもに目視による点検）の結果から，ひび割れの顕在化が認められたのは 1985 年であり，判定結果は「B」（変状はあるが性能の低下が見られず，劣化の進行状態を継続的に観察する）となっていた．その後，1991 年の点検結果で「AA」（重大な変状が認められ，詳細点検が必要）と判定されたため，1992 年にウェブの斜めひび割れに着目した詳細点検を行うこととした．

b. 詳細点検の結果
1) ひび割れ調査
橋梁下面から投影した変状の状態を図 7.1.2 に示す．ひび割れは，中間支点より桁高程度離れた位置で 45° の斜めひび割れがウエブ全体に発生し，支間中央に近づくにつれ，曲げモーメントの影響で鉛直に立ってきており，幅 0.3～0.5 mm のひび割れが約 50 cm 間隔で発生している．また，斜めひび割れの特徴として，ひび割れ幅がウエブ中央で広く，ウエブ下面では 0.1 mm，ウエブ上面では 0.2 mm 程度狭くなっており，軸方向鉄筋の拘束によるものと推察された．

2) その他の調査
本橋の架橋地点は，飛来塩分の影響や凍結防止剤の散布も行われていないこと，工事記録から海砂や Na 塩を含んだ混和剤も使用されていないこと，さらにアルカリ骨材が使用されていないことなどより，コンクリートの物性を把握する目的で，コア採取（$\phi 68 \text{ mm} \times 136 \text{ mm}$）による物理特性調査を実施した．また，中間支点近傍のエフロレッセンスの発生と，中性化深さが一部配力鉄筋近傍まで達していたことから，鉄筋の電位測定もあわせて実施することとした．

調査結果を表 7.1.2 に示す．
コンクリートの物性値は，表 7.1.2 に示すように圧縮強度が経年を考慮すると低く，箱桁外面の中性化深さが深い傾向が認められるが，前者は設計基準強度以上であり，後者は 24 年経過したことを考慮すると問題ないものと判断された．また，中性化深さは，配力鉄筋（スターラップ）位置に達している箇所が認められたが，鉄筋のはつり出し調査の結果，さびの発生は認められず，鉄筋分極抵抗値からも「遷

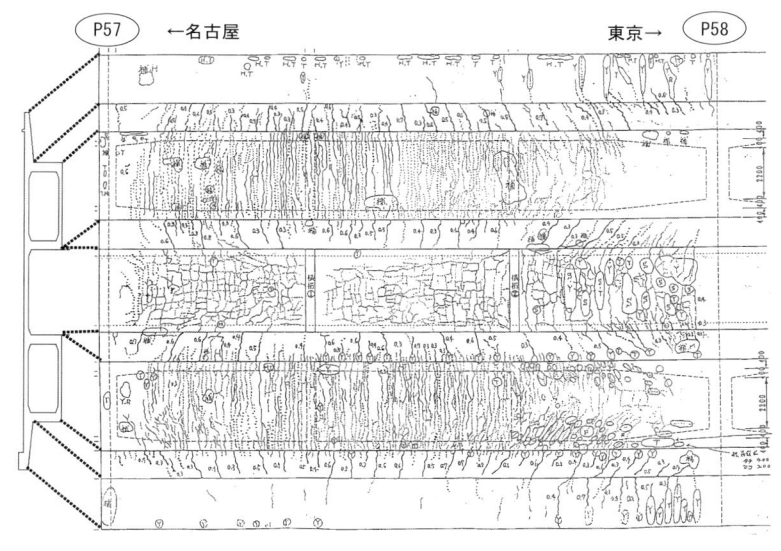

図 7.1.2 詳細点検による変状の状態

表 7.1.2 コンクリートの物理特性試験と鉄筋電位測定の結果

	測定値	備 考
単位容積質量（t/m³）	2.28～2.37	
ヤング係数（kN/mm²）	24.7～25.9	下り線
圧縮強度（N/mm²）	24.4～45.0	設計基準強度 24.0
中性化深さ（mm）	19.4～26.0 5.0～10.0	箱桁外面 箱桁内面
かぶり深さ（mm）	25	配力鉄筋位置
自然電位 CuSO₄（CSE）	−97～−167 −70～−140	主鉄筋 配力鉄筋
鉄筋分極抵抗値 Rp （KΩ・cm²）	13.99～31.46 7.23～12.74	主鉄筋 配力鉄筋

移域（Rp 換算値 5.0～10.0）」と評価され，現時点では鉄筋腐食の問題がないものと判断された．

7.1.3 調 査

本橋におけるひび割れ発生の原因は，詳細点検の結果などから活荷重によるものと考えられたので，以下に示すように主桁の耐荷力と交通特性の評価を目的に，静的・動的載荷試験および応力頻度計測を行った．

a. 静的載荷試験

静的載荷試験は，荷重車（約 35 tf のダンプトラック）を 2 台使用し，図 7.1.3 に示すせん断着目位置（中間支点より 3.5～7.5 m 間を 1 m ピッチ）と曲げモーメント着目位置（支間中央）に並列載荷を実施した．

試験結果を以下に略記する．

たわみ： たわみ（実測値 3～6 mm）は，全断面有効とした場合の計算たわみに対し約 75％．

主筋応力度： 主桁の鉄筋応力度は，RC 断面の計算値の約 60％程度．

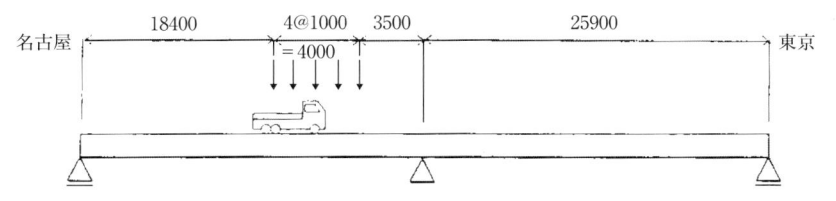

図 7.1.3 静的載荷試験の荷重載荷位置（せん断着目位置）（単位：mm）

b. 動的載荷試験

荷重車（約 3Ξ tf のダンプトラック）を 1 台用いて，車線のわだち部を走行させた．なお，荷重車の走行速度は規制速度程度としたが，路面の平坦性が確保されていたこともあり，試験結果は速度依存性よりも走行位置の影響を受けたため，試験（走行）回数を増やし，最大応答値で評価することとした．

図 7.1.4 にスターラップの実測挙動の結果を示す．図に示すように荷重車が着目点通過時に −5〜10 N/mm^2 の正負交番応力が発生した．これはトラス理論により算出（スターラップのみで負担すると仮定）した応力の約 50% に相当するものであるが，図 7.1.5 に示すようにひび割れが今後進行した場合，スターラップの負担が大きくなるものと思慮された．

図 7.1.4 スターラップの応力挙動

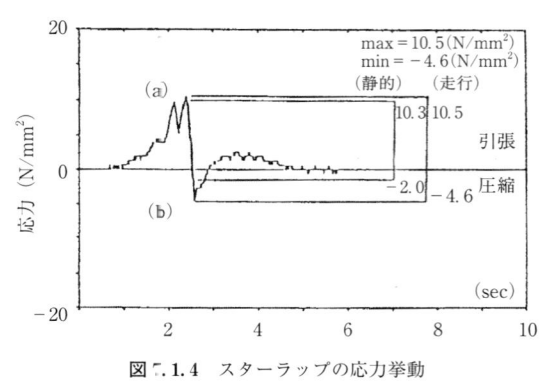

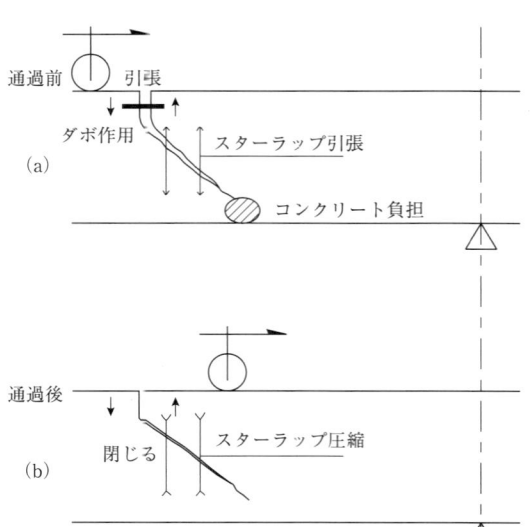

図 7.1.5 斜めひび割れ部の挙動概念

c. 応力頻度計測

ヒストグラムレコーダを用いて，実交通下での連続 1 週間の応力頻度計測を実施した．なお，計測方法は極大・極小値の把握を主目的とするため，ピークバレーとした．

試験結果を以下に略記する．

主桁の主鉄筋応力度： 最大応力は，約 42 N/mm^2 で設計値 72 N/mm^2 の約 60% 程度．

スターラップの応力度： 最大 40 N/mm^2（最大振幅 60 N/mm^2）で設計値 54 N/mm^2 の約 75% 程度．

ひび割れ開閉： 斜めひび割れ位置で最大 ±0.05 mm の開閉．

7.1.4 原 因 推 定

ここでは，日本コンクリート工学協会のひび割れ調査補修・補強指針による原因推定と，コンクリート構造物の設計・施工および維持管理の専門家による原因推定の方法について併記する．

a. JCI ひび割れ調査補修・補強指針（以下「指針」）に基づく原因推定[5]

1) 原因のおおよその判別

指針表 −3.1 より，斜めひび割れ発生の時期が構造物の完成後，相当な期間を経過していることから，A（材料），B（施工）は除外できる．また，周辺環境や外観状態から劣化因子の存在も無く，かつ火災などの影響も見られないことから，C（使用環境）も除外できる．

2) パターンの分類

指針解説表 −3.3.1 に示すひび割れパターンの分類項目のうち，発生時期「数十日以上」，かつ斜め

表 7.1.3 調査に基づく結果

分 類	推定されるひび割れの原因
(i)	D（構造・外力），(E（その他）)
(ii)	D1（設計荷重以内の長期的な荷重），D2（設計荷重を超える長期的な荷重），D3（設計荷重以内の短期的な荷重），D4（設計荷重を超える短期的な荷重），D5（断面・鋼材量不足），D6（構造物の不同沈下）
(iii)	D1（設計荷重以内の長期的な荷重），D2（設計荷重を超える長期的な荷重），D3（設計荷重以内の短期的な荷重），D4（設計荷重を超える短期的な荷重），D5（断面・鋼材量不足）
(iv)	―

ひびわれで支間中央に近づくほど鉛直に近づくため「規則性を有する」こと，形態が「貫通」もしくは「表層」に該当する．

3) コンクリートの変形の種類による分類

指針解説表-3.3.2に示すコンクリートの変形の種類による分類のうち，「沈下，曲げ，せん断」が該当し，ひび割れに関係する範囲は，「構造体」には該当しないと判断されること，および基礎の沈下は認められないことなどから，「部材」に分類されD6は除外される．また，設計図面と配筋調査の結果から，設計どおりの鋼材が配置されているものの，現行の設計基準と比較すると鋼材量が不足（D5）していると判断された．

以上から得られた結果を整理すると，表7.1.3のようになる．

[原因の推定結果]

指針に基づく原因は，表7.1.2に示すようにD1，D2，D3，D4，D5と推定されるが，応力頻度計測の結果から作用した荷重は設計荷重以内と判断され，D2，D4は除外される．また，斜めひび割れが顕在化した時期は，供用後20年程度経過しているため，D3も除外される．

残された原因は，D1（設計荷重以内の長期的な荷重）とD5（鋼材量の不足）である．変状の原因は，上記アプローチ，詳細調査および設計照査結果などから，従来の設計基準で設計された本橋は，結果としてせん断に対する鋼材量が不足（D5）し，設計荷重に近い活荷重の作用（D1）により，斜めひび割れが発生したものと推定された．

b. 専門家による原因推定

コンクリート標準示方書［維持管理編］[4]に準じ，図7.1.6に示す流れで変状の原因を推定する．

前記7.1.2点検に示す点検結果から，変状の原因として以下の点が考察される．

①本変状は供用後に発生したことから，初期欠陥は除外され，劣化と判断される．
②外的要因である環境条件から，劣化要因として塩害，凍害，化学的侵食は除外．
③内的要因である材料から，塩害，アルカリ骨材反応，凍害は除外．
④また，ひび割れの発生方向が鉄筋の拘束方向であり，かつヤング係数の低下が認められないことから，アルカリ骨材反応は除外．
⑤中性化については，配力鉄筋位置に中性化深さ

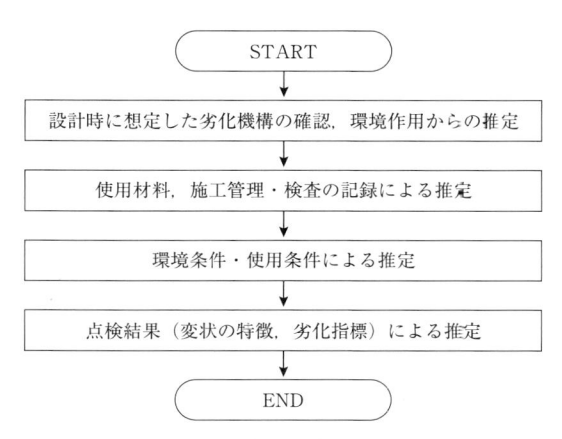

図7.1.6 劣化機構の推定の基本的な流れ

が達しているが，ひび割れが鉄筋に沿っていないこと，鉄筋の腐食が見られず分極抵抗値も遷移域であることから，除外できる．

以上から，劣化の原因は，外力によるものと判断できる．

劣化の原因は，詳細調査と設計調査結果などから，死荷重鉄筋応力度が現行基準より高く，（$\sigma_s = 1596\ \mathrm{kgf/cm^2} \geq \sigma_{sa} = 1200\ \mathrm{kgf/cm^2}$）疲労が考慮されていないこと，コンクリートの設計許容せん断強度が高いことなどから，鉄筋量が不足しているところに設計荷重に近い荷重が作用したことが原因と判断される．

7.1.5 評価および判定

a. 評価

静的・動的載荷試験および応力頻度計測の結果から，設計荷重と供用荷重に対する主桁の曲げ耐力およびせん断耐力とも設計上の許容応力を満足するものであり，RC構造としてコンクリート引張側を考慮しない場合に比べ，たわみ，主鉄筋応力とも安全側であり構造安全性能を満足しているものと評価された．

b. 判定

点検・調査および原因推定の結果から，構造安全性能を満足しているものと評価された．しかしながら，①スターラップに常時60 N/mm²の応力振幅で供用されていること，②開閉を繰返す0.4 mm前後の斜めひび割れが顕在化していること，③車両制限令の緩和により，今後さらに応力状態が厳しいもの

になることが想定されることなどにより，発生しているひび割れの耐久性能の確保を目的に対策を行う必要があると判断した．

7.1.6 対　策

a．対策の考え方

本事例では，主桁に関する耐荷力向上のための対策について記載する．

本橋は，主桁の耐荷力に関して構造安全性能を満足しており，劣化の進行防止を目的に耐久性向上対策のみを行うこととなるが，本路線が重交通路線でありB活荷重の対象となること，および都市内道路で架替えなどによる迂回路の確保が困難であるため，補修に併せて，耐荷力向上対策（B活荷重対応）を行うこととした．対策の基本方針を以下に示す．

基本方針
① 耐久性向上対策と中間支点のせん断耐力の向上対策を基本
② B活荷重対策として，設計荷重の増を考慮する．
　（曲げモーメントで2～3割増）

b．対策の選定

主桁の耐荷力向上対策は，要求される性能ごとの対策を図7.1.7に示すように分類のうえ，本橋の構造や変状に対する対策の効果，施工性および維持管理のしやすさなどを考慮して，選定することとした．

本橋の対策は，負の曲げモーメントに対する対策として「外ケーブル工法」を，また，主桁ウェブのせん断力に対する対策と耐久性能の確保を目的にFRP接着工法の1つである「炭素繊維接着工法」を選定した．

7.1.7 補強設計および工事

a．外ケーブル工法

本橋では，当初設計（死荷重＋$L-20$）の荷重と補強設計（死荷重＋後死荷重＋B活荷重）の荷重による断面力を求め，その差分を外ケーブルによるプレストレスで補うことを基本とした（図7.1.8）．

設計の特徴を列記する．
① 両引きジャッキの採用により，定着部を支点近傍に配置．
② 維持管理と景観を考慮し，外ケーブルを箱桁内に配置（1ケーブル/1Web）．
③ 外ケーブル導入張力は，B活荷重によるせん断力不足分1180 kNを付与．
④ 定着部は，箱桁ウェブにPC鋼棒を用いて連結するコンクリート構造（図7.1.9）とし，プレストレスによる摩擦抵抗力でケーブル緊張力を主桁に伝達．
⑤ 定着部コンクリートは，PC鋼棒緊張力の減少を抑えるため，弾性係数が高く，乾燥収縮が小さい無収縮性のコンクリートを採用．
⑥ ケーブル導入に伴う引張応力に対し，定着部の主桁ウェブに鋼板接着補強を実施．

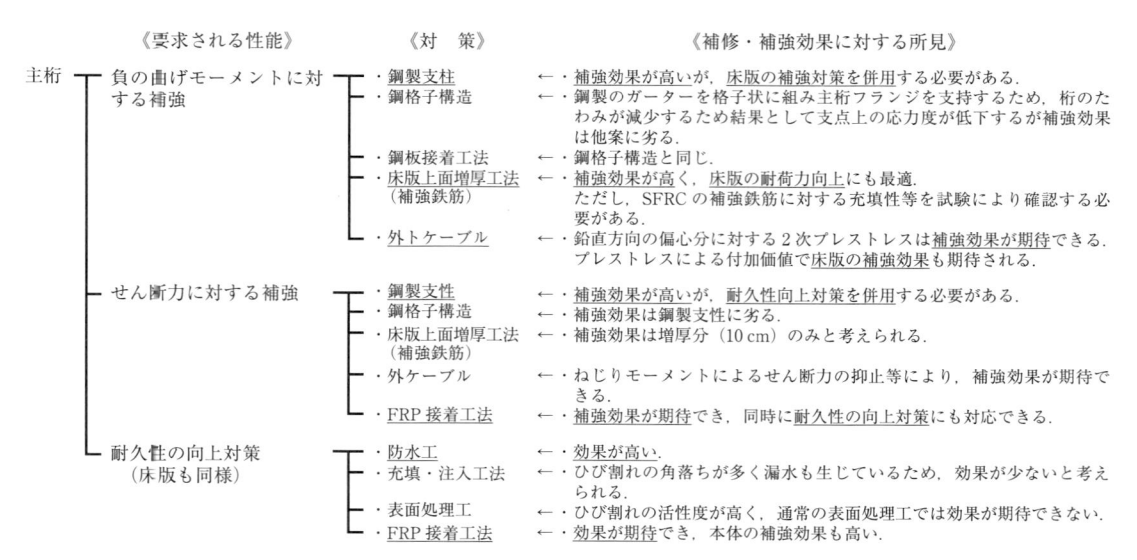

《要求される性能》	《対　策》	《補修・補強効果に対する所見》
主桁―負の曲げモーメントに対する補強	・鋼製支柱	←・補強効果が高いが，床版の補強対策を併用する必要がある．
	・鋼格子構造	←・鋼製のガーターを格子状に組み主桁フランジを支持するため，桁のたわみが減少するため結果として支点上の応力度が低下するが補強効果は他案に劣る．
	・鋼板接着工法	←・鋼格子構造と同じ．
	・床版上面増厚工法（補強鉄筋）	←・補強効果が高く，床版の耐荷力向上にも最適．ただし，SFRCの補強鉄筋に対する充填性等を試験により確認する必要がある．
	・外トケーブル	←・鉛直方向の偏心分に対する2次プレストレスは補強効果が期待できる．プレストレスによる付加価値で床版の補強効果も期待される．
せん断力に対する補強	・鋼製支性	←・補強効果が高いが，耐久性向上対策を併用する必要がある．
	・鋼格子構造	←・補強効果は鋼製支性に劣る．
	・床版上面増厚工法（補強鉄筋）	←・補強効果は増厚分（10 cm）のみと考えられる．
	・外ケーブル	←・ねじりモーメントによるせん断力の抑止等により，補強効果が期待できる．
	・FRP接着工法	←・補強効果が期待でき，同時に耐久性の向上対策にも対応できる．
耐久性の向上対策（床版も同様）	・防水工	←・効果が高い．
	・充填・注入工法	←・ひび割れの角落ちが多く漏水も生じているため，効果が少ないと考えられる．
	・表面処理工	←・ひび割れの活動度が高く，通常の表面処理工では効果が期待できない．
	・FRP接着工法	←・効果が期待でき，本体の補強効果も高い．

図7.1.7　要求される性能と対策

図7.1.8 外ケーブルの配置状況

b. 炭素繊維接着工法

本橋では，B活荷重によるせん断力の増加分を外ケーブルで対応させ，補強前の断面で設計上不足するせん断力を主桁ウェブに接着する炭素繊維で補うこととした（図7.1.10）．

設計の特徴を列記する．

①炭素繊維シートは，ウェブに対し水平方向と垂直方向に接着させ，等分にせん断力を受け持つと仮定し，必要な繊維シート量を決定．

②コンクリートと炭素繊維シートの付着応力は，実験などにより付着破壊強度 $1.3 N/mm^2$，長期付着応力はその1/2の $0.65 N/mm^2$ とした．

7.1.8 モニタリング

本橋では，外ケーブルの補強効果を確認するため，種々の計測を実施している．以下に，その概要につ

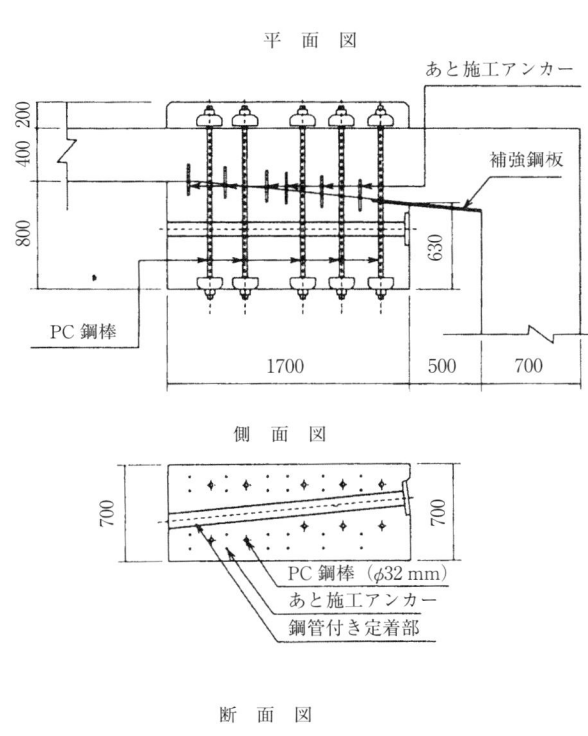

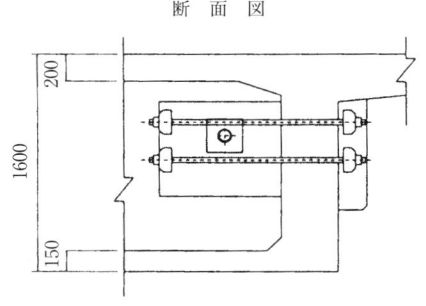

図7.1.9 定着部の構造

いて略記する．
　①横締めPC鋼棒張力と外ケーブル張力の経時変化
　②曲げひび割れの開閉量の経時変化
　③主鉄筋とスターラップのひずみの経時変化
　④主桁たわみ

特徴的なものをあげると，PC鋼棒張力と外ケーブル張力の経時変化については，数％の張力低下が見られたが，緊張後3ヵ月程度で安定状態となり，設計での想定を下回った．外ケーブルの緊張力の経時変化を図7.1.11に示す．

主鉄筋とスターラップのひずみの経時変化は，外ケーブルの緊張に伴い圧縮ひずみが生じ，外ケーブルと同様に，緊張後3ヵ月程度で安定状態となった．主桁たわみは，外ケーブルの緊張に伴い支間中央で0.3～0.4mmの桁の上昇が確認され，その後の変化は見られない．

以上の結果，本事例では外ケーブル工法の補強後，計測された10年間については補強効果は持続していると判断された．
　　　　　　　　　　　　　　　　【上東　泰】

図7.1.10　補修・補強後の全景

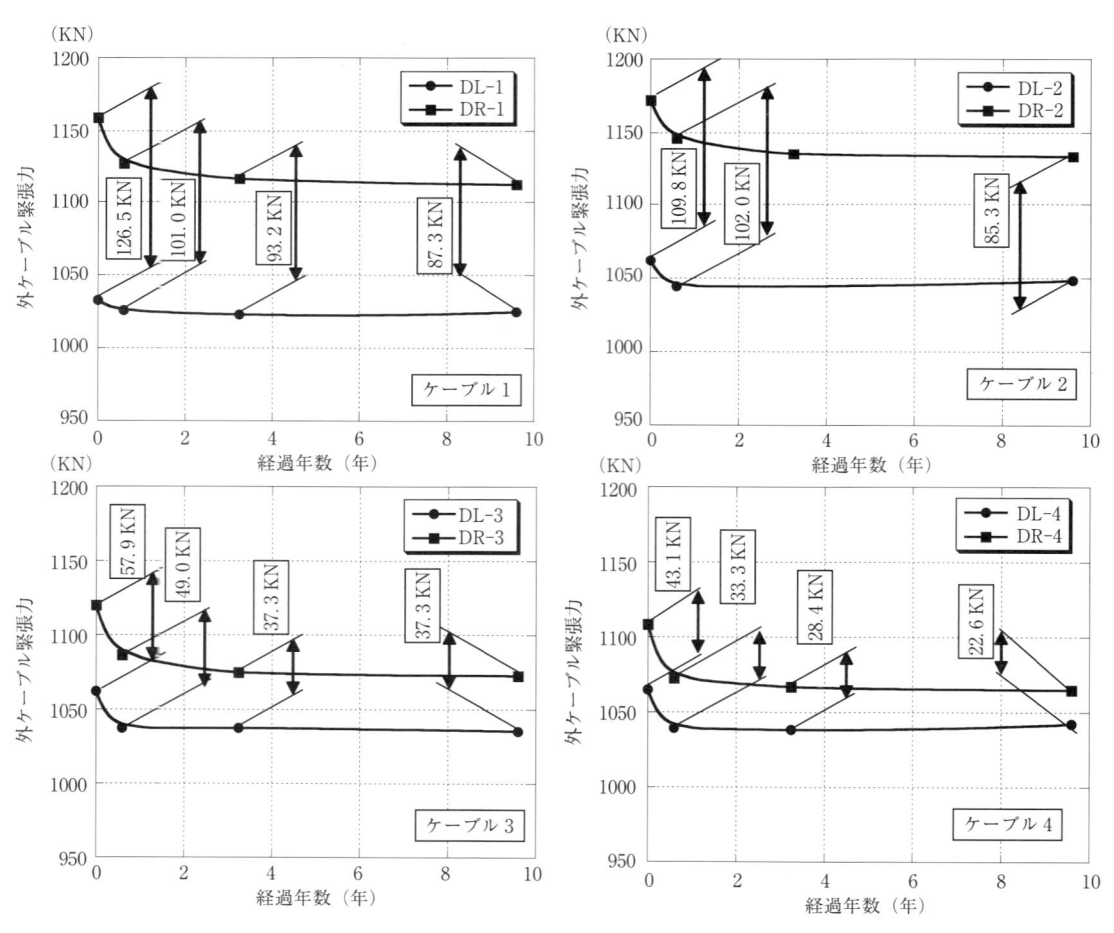

図7.1.11　外ケーブルの緊張力の経時変化

文　献

1) 石塚喬康ほか：2径間連続RC箱桁橋の耐荷力評価, 土木学会第50回年次学術講演会講演概要集, pp.732-733, 1995.
2) 酒井伸治ほか：RC2径間連続箱桁橋の補強工事, プレストレストコンクリート, 37(6), pp.33-41, 1995.
3) 野島昭二ほか：外ケーブル補強に関する補強効果の経時的検証, プレストレストコンクリート技術協会 第13回シンポジュウム論文集, pp.461-466, 2004.
4) 土木学会：コンクリート標準示方書［維持管理編］, 2007.
5) 日本コンクリート工学協会：コンクリートのひび割れ調査, 補修・補強指針, 2009.

7.2 塩害により劣化した道路橋RC連続中空床版の補修

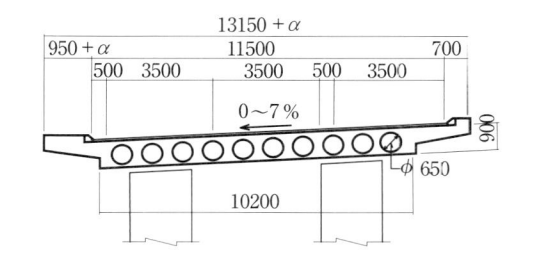

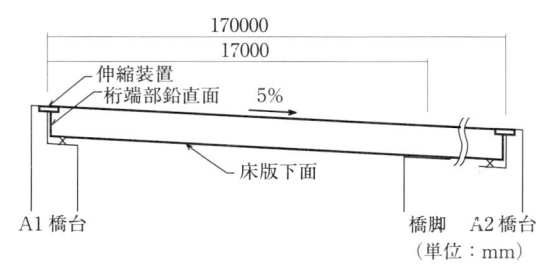

図7.2.1　断面図・側面図

図7.2.2　床版下面の劣化状況（劣化の著しい桁端部近傍）

7.2.1　構造物の概要

本橋は，1972年に建設着工し，1974年に供用開始した橋長170 m（支間長17.0 m，幅員11.4～13.7 m，主版厚900 mm，5径間連続×2連）のRC連続中空床版橋であり，除塩不足の海砂の使用と冬期の凍結防止剤散布に伴う塩害により，床版下面にひび割れ，浮き・剥離，鉄筋のさびが顕在化していた．とくに，伸縮装置部からの，凍結防止剤を含んだ漏水の影響で，桁端部の床版下面の劣化は著しい状況であった．そこで，補修対策として，2000年度にウォータージェット工法（以下「WJ工法」）により，高濃度の塩分を含むコンクリートをはつり取り，繊維補強超速硬セメントモルタルによる乾式吹付け工法により断面修復を実施した[1]-[3]．

本事例は，塩害に関する点検・調査，原因の推定，評価および判定，対策，補修設計および工事などについてまとめたものである．（図7.2.1）

7.2.2　点　検

本橋は，1974年に供用開始しており，供用後12年を経過した1986年の定期詳細点検により，床版下面にてかぶり不足に伴う鉄筋の腐食が認められており，1987年には断面修復，ライニング，水切りの施工が，1988年には橋面防水の施工が実施された．ところが，1990年からかぶりコンクリートに浮きが確認されたため，点検の頻度を増し継続的に観察を続けたところ，変状の範囲が拡大していき，1998年には剥離の急速な進行が認められため，1999年より総合的な補修検討を開始した．

桁端部近傍の床版下面における劣化の状況を図7.2.2に示す．劣化の程度は桁端部に近いほど大きくなっており，鉄筋の発錆とかぶりコンクリートの剥落が見られる．

7.2.3　調　査

本橋におけるひび割れ発生の原因は，細骨材に海砂を使用しており当時は海砂の塩分規定がなかったこと，冬期に凍結防止剤を散布することや点検の結果などから，塩害によるものと考えられたので，一

表 7.2.1 調査項目一覧表

調査項目		摘　要
外観調査	ひび割れ，浮き・剥離	目視，打音法
	浮き	赤外線法
鉄筋調査	配筋	電磁波法，はつり調査
	腐食状況	はつり調査，自然電位・分極抵抗
コンクリートの品質調査	コアの物理試験	JIS A 1108
	塩化物イオン濃度	JSI-SC5
	中性化深さ	フェノールフタレイン法
	コンクリート圧縮強度	テストハンマ，コア採取
	膨張率	JCI-DD2法など
載荷試験	たわみ	荷重車による静的載荷試験

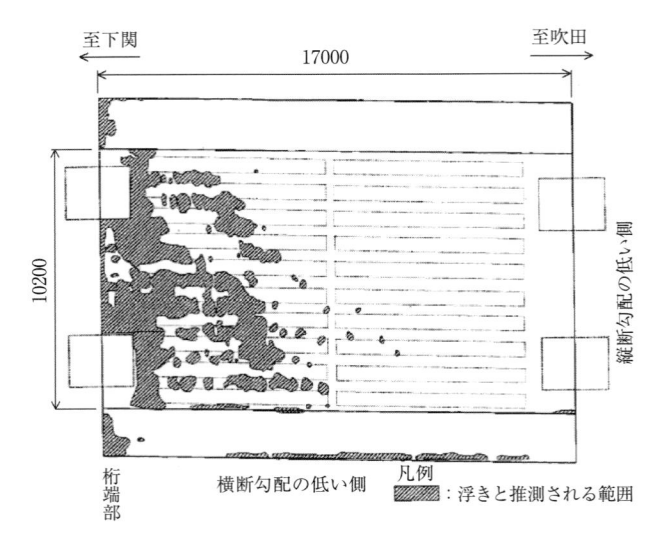

図 7.2.3 赤外線法による浮き・剥離と推測される範囲の例（床版下面）

般的なひび割れ調査に加え，補修対策検討に必要なコンクリートの深さ方向の塩化物イオン濃度測定を行った．また，劣化が著しい箇所があり，構造安全性能の確認のために載荷試験を実施した．なお，凍結防止剤により，アルカリ骨材反応が誘発されることも懸念されたため膨張率の測定を行った．

a. 調査項目
おもな調査項目を表7.2.1に示す．

b. 調査結果
1) 外観調査
劣化は伸縮装置が設置されている桁端部の床版下面に集中して発生していた．これは冬期に散布される凍結防止剤を含む漏水が流下したことが主因と考えられた．

図7.2.3に赤外線による床版下面の浮き・剥離と推測される範囲の例を示す．浮き・剥離と推測される箇所は目視による外観調査結果と一致しており，桁端部側からの漏水が縦横断勾配の低い側に流下していった漏水跡と合致する．

2) 鉄筋調査
配筋調査の結果から，鉄筋の配置間隔は設計値と同程度と判定された．

はつりによる鉄筋の腐食状況調査結果から，劣化が顕在化している箇所は，かぶりが確保されていても腐食が著しく，配力筋では最大30％程度の断面欠損をしていたが，主鉄筋では最大でも5％程度の

断面欠損であった．劣化が顕在化していない箇所では，ほとんどが鉄筋表面に軽微なさびが見られる程度であった．また，自然電位・分極抵抗の測定値からも，主鉄筋までは腐食が進行していないと判断された．

3) コンクリートの品質調査

採取コアによるコンクリートの圧縮強度は設計基準強度（23.5 N/mm^2）を上回っており，静弾性係数は道路橋示方書の値と同程度かやや小さい値であった．

劣化が顕在化している箇所の塩化物イオン濃度は最大 34 kg/m^3 で，深さ 20 cm でも 2.5 kg/m^3 を超えており，除塩不足の海砂と凍結防止剤によるものと推察された．劣化が顕在化していない箇所では，深さ 20 cm でも 1.2 g/m^3 程度であった．

中性化深さは，13～22 mm と鉄筋の設計かぶり（36 mm）よりも小さく，その際の中性化残りは 23～14 mm であり，コンクリート中に塩化物が含まれている場合の鉄筋腐食開始の目安となる中性化残り 20 mm 程度前後であった．

劣化箇所から採取したコアによる膨張率は 0.1% 未満であり，アルカリ骨材反応性は低いと判断された．

4) 載荷試験

載荷試験の結果，実測値と計算値はほぼ一致しており，構造安全性能を有していると判断された．

7.2.4 原因推定

ここでは，日本コンクリート工学協会のひび割れ調査補修・補強指針[6]（以下「指針」）による原因推定とコンクリート標準示方書[7]に準じた原因推定の方法について併記する．

a. 指針に基づく原因推定

1) 原因のおおよその判別

指針の表-3.1 および調査結果より，B（施工），D（構造・外力）は除外した．

2) パターンの分類

指針の解説表-3.1 に示すひび割れパターンの分類項目のうち，発生時期「数十日以上」，かつひび割れは鋼材に沿って発生していることから「規則性がある」こと，形態が「表層」に該当する．

3) メカニズムによる分類

指針の解説表-3.2 に示すひび割れのメカニズム

表 7.2.2　調査に基づく結果

分　類	推定されるひび割れの原因
（ⅰ）	A, C, (E)
（ⅱ）	A7, A9, A10, C1, C2, C7, C8
（ⅲ）	A7, C1, C2, C7, C8
（ⅳ）	－

による分類のうち，「膨張性」が該当し，ひび割れに関係する範囲は，「部材」に分類され A9, A10 は除外される．

以上から得られた結果を整理すると，表 7.2.2 のようになる．

[原因の推定結果]

指針に基づく原因は，表 7.2.2 に示すように A7, C1, C2, C7, C8 と推定されるが，調査結果から塩害（A7, C8）と推定された．

b. コンクリート標準示方書に準じた原因推定

コンクリート標準示方書の解説図 4.1.1 に示す流れで変状の原因を推定する．

前述の点検結果から，変状の原因として以下が考えられる．

①本変状は供用後に発生，経時変化したことから，初期欠陥ではなく劣化と判断される．

②外的要因である環境条件および使用条件からは，凍害，化学的侵食は除外される．

③浮き・剥離などの劣化は漏水跡のある桁端部において著しいことより，疲労は除外できる．

以上のことおよび変状の状況から，劣化の主因は塩害であると推定されたが，確認のため詳細調査を行った結果，中性化やアルカリ骨材反応の可能性は低く，除塩不足の海砂の使用と凍結防止剤の散布に伴う塩害であると判断された．

7.2.5 評価および判定

a. 評　価

現状で構造安全性能に問題はないと判断されたが，高濃度の内部塩分を残したことなどから再劣化を生じたこと，鋼材の発錆限界といわれている塩化物イオン濃度 1.2 g/m^3 を超える箇所がコンクリート表面から内部まで及んでいること，ニューラルネットワークによる劣化予測により今後鉄筋の腐食

が急激に進行する可能性があると予測されたことから，今後耐久性能を満足できなくなる可能性があるものと判断された．

b. 判定

設計耐用期間100年に至るまでの耐久性能確保を目的に，耐久性向上対策を行う必要があると判断した．

7.2.6 対策

a. 対策の考え方

本橋は主桁の耐荷力に関して構造安全性能を満足していると判断されたため，耐久性向上対策を行うこととなる．耐久性向上対策としては塩害による劣化の進行を抑える必要があり，対策としては断面修復工法もしくは電気化学的補修工法の適用が考えられた．

b. 対策の選定

本橋においては，コンクリート中の塩化物イオン濃度が高い値であり，桁端部の床版下面などの箇所でコンクリートの剥離が顕著であるため，電気化学的補修工法を選定した場合でも，相当程度の規模の断面修復工法を併用する必要があることから，断面修復工法によって高濃度の塩化物イオンを取除くこととした．具体には，高濃度の塩化物イオンを含んだコンクリートを1段目の主筋の背後30 mmまでWJ工法によりはつり取り，繊維補強超速硬セメントモルタルによる乾式吹付け工法により断面修復を行うこととした．なお，コンクリートのかぶりについては，対策後の劣化予測に基づき増加させている．また，対策後の将来的な再劣化に対処できるように，電気防食工法の準備として排流端子を設置することとした．

7.2.7 補修設計および工事

a. WJ工法によるコンクリートのはつり処理

WJ工法によるはつり処理は，ウォータージェット施工マニュアル[5]に基づいて，WJ施工機械の性能の試験方法に適合すると認められた機械とオペレータの組合せによることとした．工事にあたっては，本橋を模した試験体を作製し，WJによるはつ

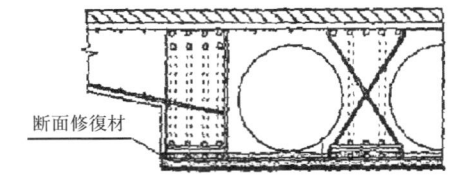

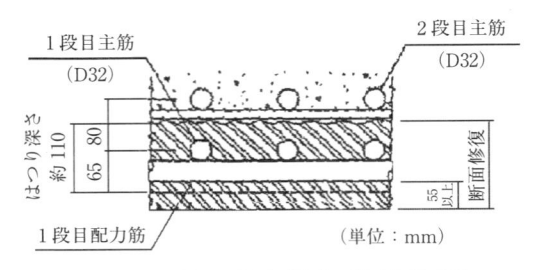

図 7.2.4 はつり深さと断面修復の例（床版下面）

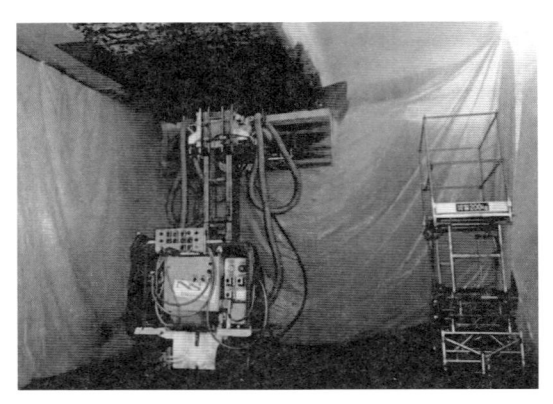

図 7.2.5 WJ工法によるはつり状況（床版下面）

図 7.2.6 WJ工法によるはつり面の状況（試験体，補助はつり前）

り状態，作業性，円筒型枠の変形や不具合の有無の確認を行った．なお，工事において主筋と配力筋の継手箇所など鉄筋が輻輳する箇所については，機械

7.2 塩害により劣化した道路橋 RC 連続中空床版の補修

はつりのみでは適切なはつり処理が困難と判断されたため，WJ による機械はつりの後，WJ ハンドガンを用いてはつり残り箇所の処理を行うこととした．

事例図 7.2.4 に床版下面のはつり深さと断面修復の例を，図 7.2.5 に床版下面のはつり状況を，図 7.2.6 に試験体の補助はつり前のはつり面の状況を示す．

b. 断面修復工法

断面修復工法は，繊維補強超速硬セメントモルタルによる乾式吹付け工法（図 7.2.7 参照），ポリマーセメントモルタルによる湿式吹付け工法，自己充填モルタルを用いたモルタル注入工法（型枠充填工法）

図 7.2.7 乾式吹付け工法の施工状況（床版下面）

について試験を行い，施工性，経済性，確実性，修復性等から，繊維補強超速硬セメントモルタルによ

表 7.2.3 各種断面修復工法に対する性能評価試験結果と評価

目的	試験項目		試験結果および結果に基づく評価		
			UCM	PCM	SCM
充填性	版試験体切断面の空隙の測定	鉄筋背後	少ない	多い	少ない
		界面	少ない	多い	多い
一体性（付着性）	付着強度試験		1.5 N/mm² 以上	1.5 N/mm² 未満（層間剥離）	1.5 N/mm² 以上（ばらつき大）
施工性，環境衛生面への影響度	施工速度の測定		速い	遅い	普通
	粉塵濃度の測定		多い	なし	なし
モルタルの基礎物性	密度の測定		普通（2.3 g/cm³）	軽い（1.8 g/cm³）	普通（2.3 g/cm³）
	吸水率の測定		W/C = 45% の普通モルタル相当		W/P = 33% 相当
	見かけ上の空隙率の測定		やや大きい	普通	
	気泡間隔係数の測定		100～130 μm 程度		
	細孔空隙の測定		W/C = 45% の普通モルタル相当	（使用材料の影響）	W/C = 45% の普通モルタル相当
モルタルの力学特性	圧縮強度試験（円柱）		やや大（60 N/mm² 程度）	普通（40 N/mm² 程度）	大きい（70 N/mm² 程度）
	静弾性係数試験		普通（29 kN/mm²）	小さい（14 kN/mm²）	普通（29 kN/mm²）
	曲げ強度（じん性）試験	強度	普通（6 N/mm² 程度）	小さい（3 N/mm² 程度）	普通（6 N/mm² 程度）
		靭性	大きい（4 N/mm² 程度）	0 N/mm²	0 N/mm²
モルタルの体積変化	自己収縮試験		普通モルタル程度	小さい	普通モルタル程度
	乾燥収縮試験（自己収縮含む）		普通モルタルよりも小さいものの，モルタルなのでやや大きい		
	熱膨張量試験		普通モルタルと同等		
モルタルの耐久性	中性化促進試験		W/C = 40～50% のコンクリート程度		
	凍結融解試験		PCM，SCM は凍結融解抵抗性に優れるものの，UCM は寒冷地に使用する場合には改善を要する		
	塩水浸漬試験		ポリマーの有無の影響大（使用しないものは W/C 相当）		

UCM：超速硬セメントモルタル（繊維混入率 1.0%）を用いた乾式吹付け工法
PCM：ポリマーセメントモルタルを用いた湿式吹付け工法
SCM：自己充填モルタルを用いた型枠充填工法

る乾式吹付け工法を選定した．なお，乾式吹付けに使用する繊維は，一般に鋼繊維が使用（基層部）されるが，表層部には鋼繊維の点さびを抑制するために鋼繊維を含まないポリマー入り超速硬セメントモルタルが用いられてきた．しかし，表層部が長期的に剥落しないとは限らないため，腐食しない有機系短繊維（ここではビニロン繊維を1vol%混入）を使用し，表面まで1層吹きにて施工することとした．

表7.2.3に各種断面修復工法に対する性能評価試験結果と評価を示す．

なお，腐食した鉄筋（配力筋）についてはエポキシ樹脂工場塗装鉄筋に取替え，取替えない鉄筋については，乾式吹付けによりエポキシ樹脂現場塗装の塗膜が磨耗・剥離することが今回判明したため，亜硝酸塩を塗布することとした．

7.2.8 対策後の効果の確認

補修対策後の予期せぬ再劣化の進行を把握するために主鉄筋の自然電位や分極抵抗を測定するモニタリング用のセンサを設置し計測することとした．

【本荘清司】

文　献

1) 本荘清司ほか：塩害を受けたRC中空床版橋の床版下面に対する断面修復工法の検討，コンクリート構造物の補修，補強，アップグレードシンポジウム論文報告集第1巻，pp.15-20，日本材料学会，2001．
2) 本荘清司ほか：内部塩分と凍結防止剤により劣化したRC中空床版橋への劣化予測に基づく計画的維持管理の適用，土木学会論文集，No.774/V-65, pp.99-110, 2004．
3) 本荘清司ほか：塩害劣化したRC中空床版橋への吹付けによる断面修復工法の適用，土木学会論文集，No.798/VI-68, pp.75-88, 2005．
4) 紫桃孝一郎ほか：ウォータージェット技術を利用した新旧コンクリートの一体化処理，コンクリート工学，38(8), 2000．
5) ウォータージェット施工マニュアル：日本道路公団，2000．
6) 日本コンクリート工学協会：コンクリートのひび割れ調査，補修・補強指針-2003-, 2003．
7) 土木学会：コンクリート標準示方書［維持管理編］，2001．

7.3 アルカリ骨材反応による劣化を生じた橋脚の調査・補修事例

7.3.1 アルカリ骨材反応による劣化を生じた橋脚の点検・調査

アルカリ骨材反応（国内ではアルカリシリカ反応が主であるので，以下「ASR」という）は，コンクリートの劣化機構の中でも予測の困難なものの1つである．また，アルカリ骨材反応による劣化の問題は，まだ研究段階にある項目も多く，今後のさらなる研究・開発が期待されるところである．コンクリートの劣化の状態や構造物の安全性能の評価にあたっては，ひび割れ（幅，延長，密度），膨張量，コンクリート強度・静弾性係数などの直接的なものから，超音波伝播速度，水分量，環境条件などの間接的なものまで種々の指標を用いており，維持管理においてはこれらの指標の絶対値や経時変化を適切かつ総合的に判断する必要がある．ここでは，ASRにより劣化した橋脚の点検・調査の事例を紹介する．

a. 阪神高速道路における点検・調査[1]
1) **ASR橋脚の判定**

①定期点検や臨時点検などでSおよびAランク（補修が必要）と判定された橋脚のうち，ひび割れの総延長が下記に該当するものはASR橋脚か否かを判定する．

　RC橋脚：　幅0.3mm以上のひび割れの総延長が30m以上

　PC梁橋脚：　幅0.2mm以上のひび割れの総延長が20m以上

②下記のaまたはbに該当するものは，「ASR橋脚」と判定する．

　a. ゲルが確認され，梁部において，RC橋脚では幅0.3mm以上，PC梁橋脚では幅0.2mm以上のひび割れの総延長が100mを超えるもの．

　b. ゲルが確認され，採取コアの全膨張ひずみが0.1%を超えるもの．

2) **ASR詳細点検**

①ASR橋脚と判定された橋脚については，ASR詳細点検を実施する．ASR詳細点検では，対象構造物に接近して，ひび割れの発生状況やゲルや変色の有無などを把握し，外観変状図

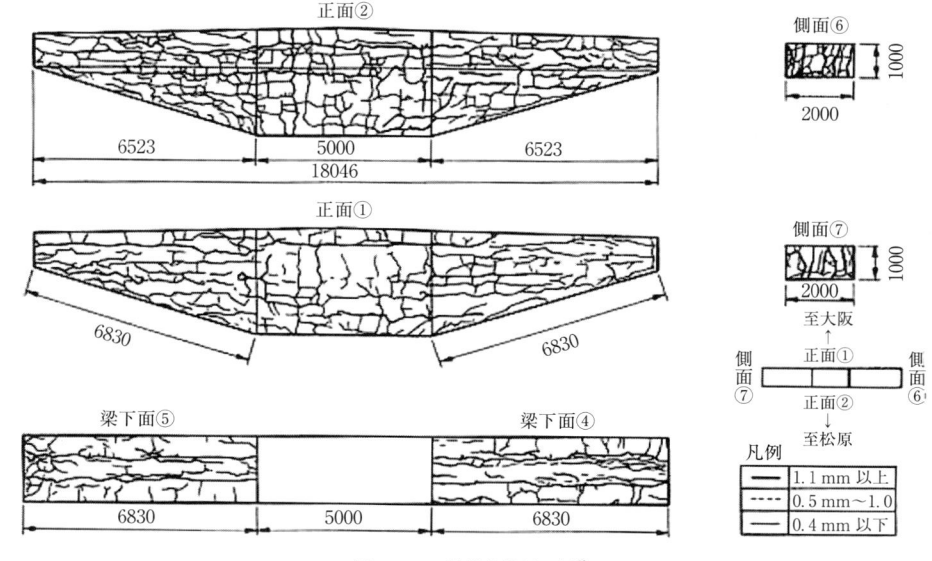

図7.3.1 外観変状図の例[1]

を作成する（図7.3.1）．

3) ASR外観劣化度の判定
① ASR橋脚は，外観劣化度（図7.3.2）を基に分類し，それに応じて維持管理を行うものとする．
② 外観劣化度は，ひび割れの発生状況を基に判定する．外観劣化度のグレードは，I，II，III，IV の4段階とする．
③ 外観劣化度II，同III，同IVと判定されたASR橋脚は，ASR劣化度調査を実施して，それに基づき性能照査を行うものとする．
④ 外観劣化度Iと判定されたASR橋脚は，追跡点検の必要性やその後の点検計画などを検討するものとする．

4) ASR劣化度調査
① ASR劣化度調査は，原則として外観劣化度がII～IVと判定された橋脚を対象に実施する．
② ASR劣化度調査は，対象橋脚の性能照査・劣化予測および補修・補強の検討に必要な基礎資料が収集できるように計画するものとする．
i) 性能照査などに必要な調査の例
・採取コアによる圧縮強度試験および静弾性係数試験（JIS A 1107およびJIS A 1149）
・採取コアによる促進膨張試験（JCI-DD2法）
・鉄筋損傷の有無の確認（鉄筋損傷の可能性がある場合）
ii) 必要に応じて実施する調査の例

・超音波伝播速度の測定
・含有アルカリ量分析
・採取コアによる促進膨張試験（カナダ法，デンマーク法）
・反応性骨材の岩種判定
・含有塩分量分析
・鉄筋腐食度調査

③ 外観劣化度IVと判定された橋脚については，鉄筋損傷の有無を調査するものとする（図7.3.3）．

5) 追跡点検
① 外観劣化度Iと判定された橋脚については，追跡点検の実施を検討するものとする．
② 追跡点検の対象橋脚は，原則として点検結果から劣化の進行が比較的顕著であると判断されるものや残存膨張量が大きいものとする．

　追跡点検の項目は，以下のとおりとする．

i) 外観目視　　路下目視または検査路や点検車を利用した接近目視によってひび割れを主とした外観変状を観察する．

ii) ひび割れ幅　　代表的なひび割れを選択し，それを跨ぐように標点を取り付けて，その距離の経時変化をコンタクトストレインゲージにより測定し，ひび割れ幅の進展状況を確認する（図7.3.4参照）．

iii) 橋脚寸法　　橋脚全体における水平および鉛直の測線に連続して等間隔に設置した標点間の

7. 事 例

外観劣化度 I

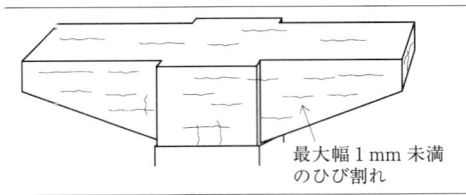

最大幅1mm未満のひび割れが発生している.

（図：最大幅1mm未満のひび割れ）

外観劣化度 II

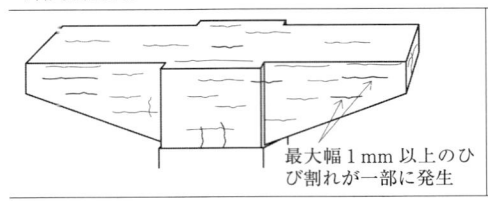

最大幅1mm以上のひび割れが部分的に発生している.

（図：最大幅1mm以上のひび割れが一部に発生）

外観劣化度 III

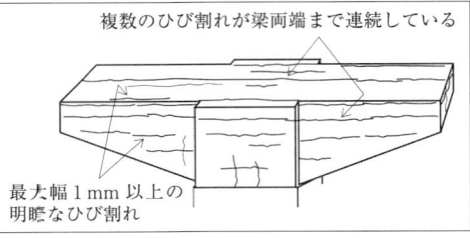

最大幅1mm以上の明瞭なひび割れが梁天端，梁側面に発生し，複数のひび割れが梁両端部まで連続している.

（図：複数のひび割れが梁両端まで連続している／最大幅1mm以上の明瞭なひび割れ）

外観劣化度 IV

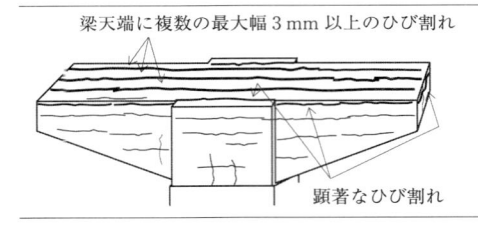

最大幅3mm以上のひび割れが梁天端に複数発生し，凸形柱の天端や梁端部に顕著なひび割れが発生している.

（図：梁天端に複数の最大幅3mm以上のひび割れ／顕著なひび割れ）

図 7.3.2　外観劣化度の定義[1]

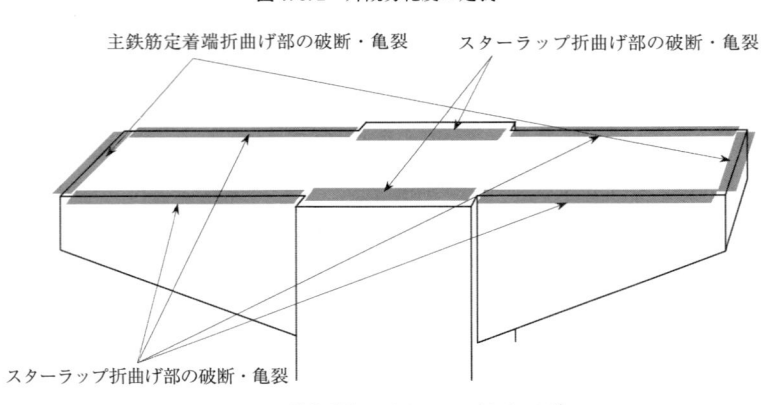

図 7.3.3　鉄筋損傷が確認された箇所の例[1]
（主鉄筋定着端折曲げ部の破断・亀裂／スターラップ折曲げ部の破断・亀裂）

距離をコンタクトストレインゲージにより測定し，その経時変化から躯体の膨張性状を評価する（図7.3.5，図7.3.6，図7.3.7参照）.

iv）超音波伝播速度　対象部材に超音波パルスを透過させ，その伝播時間から伝播速度を算出することにより，コンクリートの劣化状況を評価する

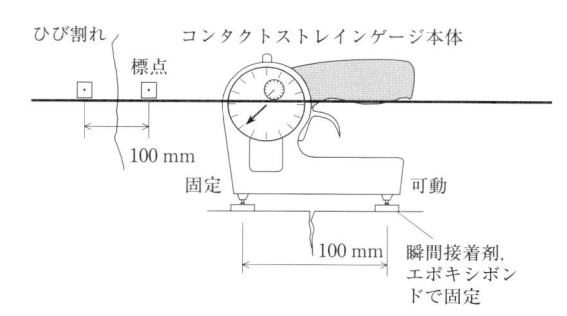

図 7.3.4　ひび割れ幅の測定方法[1]

図 7.3.5　補修済橋脚全景　標点設置状況

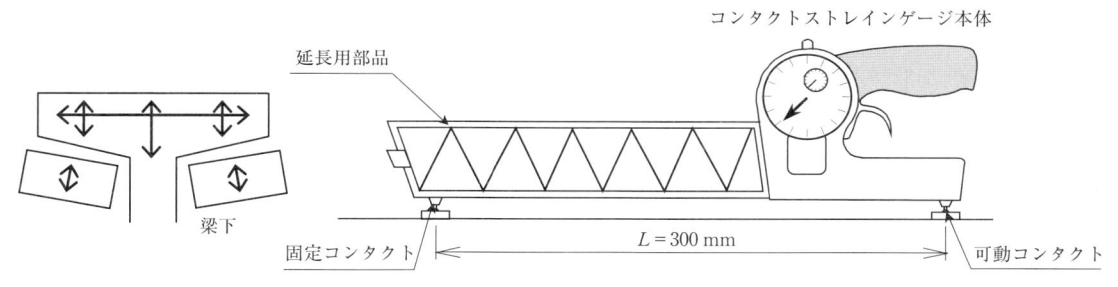

図 7.3.6　橋脚寸法の測定方法[1]

図 7.3.7　橋脚寸法測定状況（コンタクトストレインゲージ）

図 7.3.8　超音波伝播速度測定状況　（高所作業車使用）

（図7.3.8参照）．ASRによる劣化が進行した場合は，コンクリート内部のひび割れなどを超音波が迂回することにより伝播速度の低下が顕著となる．

v)　圧縮強度・静弾性係数　　必要に応じて構造物からコアを採取し，圧縮強度試験（JIS A 1107）および静弾性係数試験（JIS A 1149）を行ってコンクリートの劣化状況を評価する．

vi)　膨張量　　必要に応じて構造物からコアを採取し，促進膨張試験を実施して残存膨張量を把握する．促進膨張試験はJCI-DD2法を基本とする．解放膨張量（0～4週）は20℃，湿度100％，残存膨張量（4～13週）は40℃，湿度100％で養生する．解放膨張量は過去に受けた膨張，残存膨張量は今後の膨張余力を示すといわれている．

既存データとの比較や研究目的で，温度80℃のNaOH溶液（1 mol/l）中で養生する試験方法（通称：カナダ法）や50℃飽和NaCl溶液中で養生する試験方法（通称：デンマーク法）の適用を検討してもよいが，これらについてはわが国では適用実績が少なく，評価基準も確立されていないためデータの取り扱いについては十分注意する必要がある．

vii)　水分量　　橋脚梁部（側面中央部，端部付

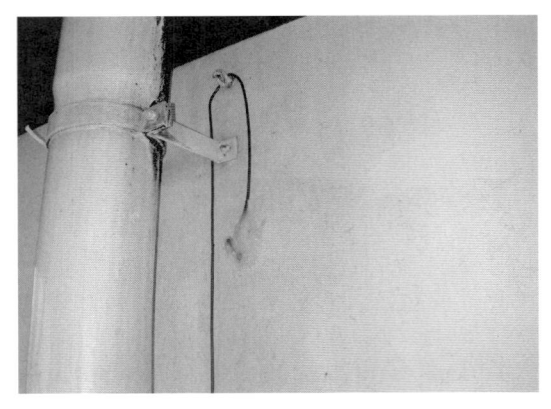

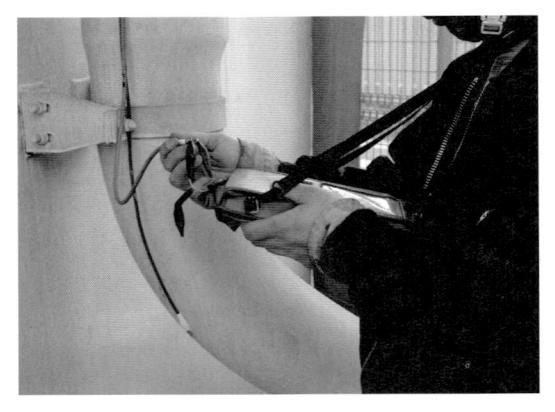

図7.3.9 水分量測定状況 （モルタル水分計）

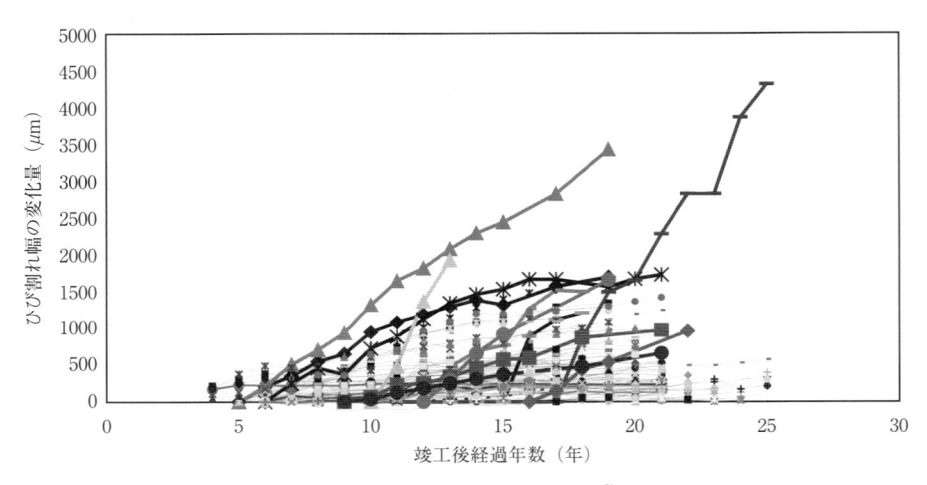

図7.3.10 ひび割れ幅の経年変化[2]

近）に等間隔で孔をあけ，センサーを埋め込みシリコンで養生を行い，センサー間の電気抵抗を測定することでコンクリートの水分を測定する（図7.3.9参照）．

b. 点検結果と傾向[2]

各点検項目の点検結果とその傾向について，特徴的な事象を以下に示す．

1) 外観目視・ひび割れ幅

ひび割れは一般的には亀甲状を呈するが，鋼材による拘束や，環境条件により大きく影響を受ける．橋脚においては，梁部と柱部に大別すると，梁部に発生する損傷が大半を占める．図7.3.10にひび割れ幅の経年変化状況を示す．ひび割れ幅は各橋脚に顕著に現れたものを対象としているため，測定箇所数は橋脚によって違う（3〜10カ所）ため平均値を示す．また，調査開始時を基準としているので，実際のひび割れ幅とは一致しないが，顕著なひび割れが発生している橋脚ではその経年変化も著しい傾向が窺える．また，大部分の橋脚では測定期間内において，平均値で見たひび割れの進展速度に大きな変化は認められない．

2) 橋脚寸法

図7.3.11にT型RC橋脚における寸法変化の一例を示す．T型RC橋脚では，［梁下面の梁幅方向(C, E)］＞［梁側面の上下方向 (B, F, D)］＞［梁側面の長手方向 (A)］の順番で大きな伸び率を示すことが多い．これは，主鉄筋による長手方向の拘束が大きいことにより，梁幅方向に膨らむ傾向があると考えられる．

3) 水分量

柱，梁など橋脚の各部位における表面から10 cm位置での水分量の平均値を図7.3.12に示す．梁部と柱部の比較では，梁部においてより高い水分量が

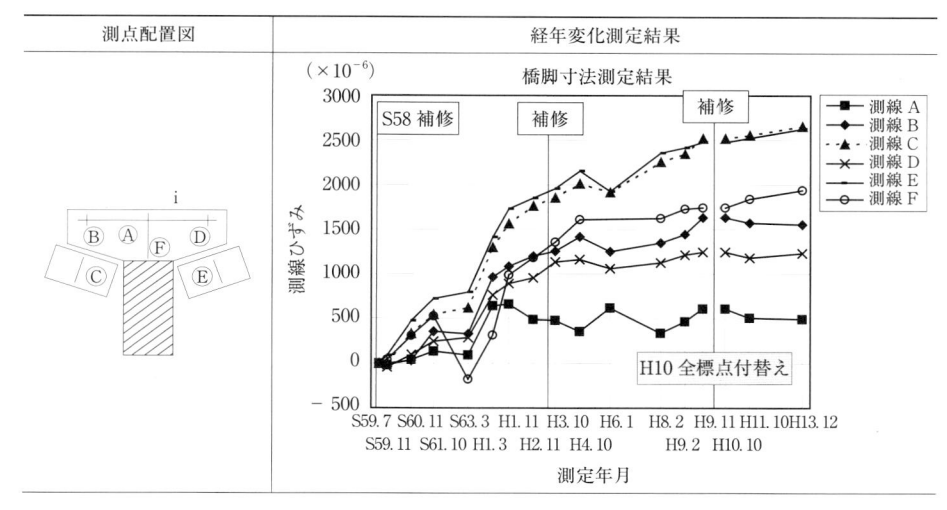

7.3 アルカリ骨材反応による劣化を生じた橋脚の調査・補修事例

測点配置図	経年変化測定結果

図 7.3.11 橋脚寸法の経年変化の例[2]

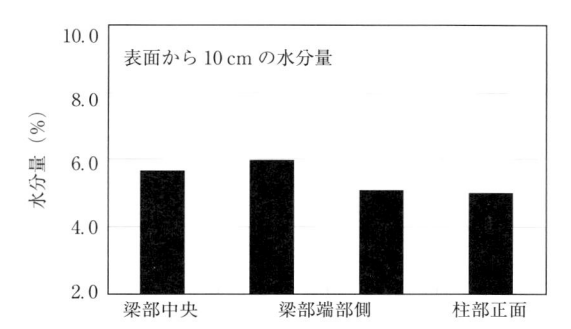

図 7.3.12 部位による内部水分量の比較[2]

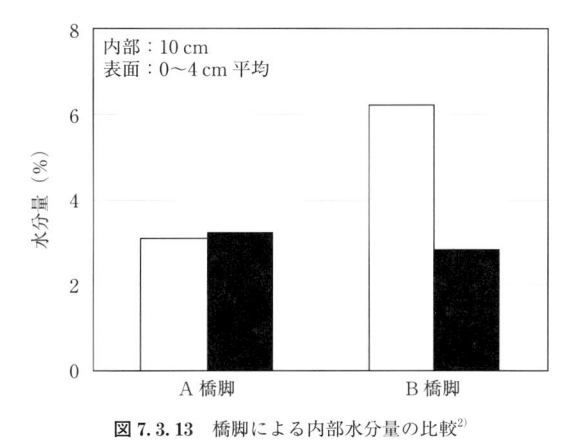

図 7.3.13 橋脚による内部水分量の比較[2]
□内部水分, ■表面水分

確認された．これは，同一橋脚ならばASRによる劣化は柱部より梁部で顕著であるという一般的な傾向と合致する．代表的な2基の橋脚梁部における表面付近（0〜4 cm）と内部（表面から10 cm）にお ける水分量の比較を図7.3.13に示す．比較的劣化程度の小さいA橋脚においては表面付近，内部とも3%程度でほぼ等しいが，顕著な劣化が確認されたB橋脚では表面付近の2倍程度の内部水分量が確認された．

4) その他の項目

ASRによる劣化の進行した橋脚の超音波伝播速度の測定結果は，長期的には低下傾向を示すことが多いが，進行状況によってはひび割れ注入と表面保護工による補修により回復することもあり，全体的には伝播速度の変化率が小さい傾向が窺われる．また，圧縮強度や静弾性係数，膨張量については，コア採取が必要なためサンプル数が少ないこと，さらに，採取部位の影響や採取時期の違いなどにより評

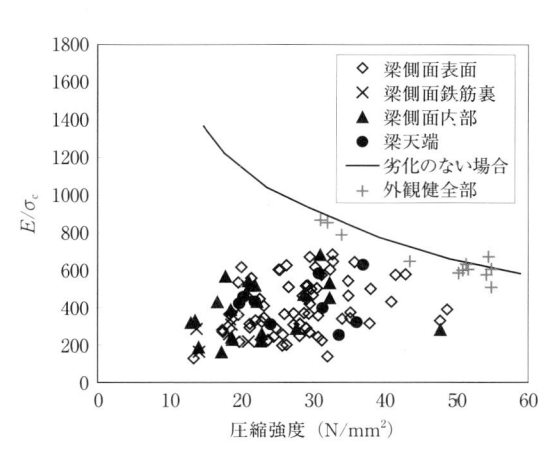

図 7.3.14 圧縮強度と静弾性係数比の関係の例[2]

価が難しい．図7.3.14に建設後15～20年程度経過した橋脚の圧縮強度と静弾性係数比の関係の例を示す．これは，追跡点検対象代表橋脚に着目した圧縮強度と静弾性係数データをプロットしたものであるが，コンクリート標準示方書に示される圧縮強度と静弾性係数の関係を示す線に対して，外観にひび割れなどの劣化現象が現れている箇所から採取したデータは線の下側に位置し，外観に劣化現象が現れていない箇所からサンプリングしたデータはほぼ線上にプロットされる傾向が確認されている．

c. 追跡点検の必要性・有効性

ASRの進行程度は水分の供給などの環境要因に大きく影響されるため，同一構造物であっても部位によって劣化の程度が異なることが多く，構造物の状態を把握するにはこの点に十分配慮する必要がある．また，ASRは劣化の進行に影響を与える要因が多く，定量的な劣化予測も難しいため，どの時点でどのような対策を講じれば良いかを的確に判断することも困難である．このような不確実な劣化現象が認められた構造物の維持管理にあたっては，構造物ごとに補修・補強対策を決定する必要があり，そのために目的に応じた点検を継続的に実施することが必要となる．また，実施した対策を評価するためにも追跡点検が必要であり，ASRにより劣化した構造物を合理的に維持管理するためには，これらのデータの蓄積と分析が不可欠である．

7.3.2 ASRによる劣化に伴う損傷鉄筋の詳細調査

近年，ASRによる劣化が進行した構造物において鉄筋が損傷している事例が複数確認されている．ここでは，損傷鉄筋の特徴を把握することを目的として行った詳細調査の事例を紹介する．

鉄筋損傷が疑われる構造物の劣化状況としては，橋脚梁部の劣化を例にとると，最大幅3mm以上のひび割れが梁天端に複数発生し，梁・柱の天端や梁端部に顕著なひび割れが発生しているようなものがあげられる（図7.3.15参照）．このような状況が現れた場合は，非破壊調査またははつり調査を実施して，鉄筋損傷の有無を調査する必要がある．調査は，構造物への影響を考えると非破壊調査により行うことが望ましいが，かぶりが厚い場合や他の鉄筋の干渉がある場合は適用が難しいことがある．このような場合は，鉄筋をはつり出して直接的に鉄筋損傷の

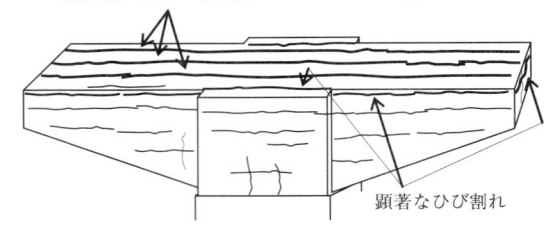

図7.3.15 鉄筋損傷が疑われる構造物の劣化状況の例[1]

有無を確認するのがよい．なお，はつり調査の範囲や作業方法については，事前によく検討して，鋼材を傷つけたり対象範囲外に影響が生じないように注意する必要がある．

これまでの調査事例では，スターラップの折曲げ部や主鉄筋定着端の折曲げ部などの曲げ加工部で鉄筋損傷が確認されているので重点的に調査するとよい（図7.3.3参照）．

a. 損傷鉄筋調査事例[3]

ASRによる劣化に伴い鉄筋損傷が生じていた構造物より鉄筋を採取して，以下の項目について調査した．いずれも昭和40年から50年代にかけて建設されたものである．特徴的なところをいくつか紹介する．

調査項目
① 化学成分分析
② 磁粉探傷試験
③ 鉄筋の形状調査（曲げ半径・節形状）
④ 硬さ試験
⑤ 走査型電子顕微鏡観察（破面観察）

b. 調査結果

1) 化学成分分析

化学成分分析結果を表7.3.1に示す．分析結果からいずれの鉄筋も「JIS G 3112 鉄筋コンクリート用棒鋼のSD295A」に相当することがわかった．

2) 磁粉探傷試験

極間法による磁粉探傷試験結果を図7.3.16に示す．亀裂のあった鉄筋はいずれも曲げ内側の節根元に2～3カ所の亀裂が検出され，曲げ外側には亀裂は検出されなかった．また，内側の亀裂が外側近くまで達しているものがあったが，曲げ外側には磁粉探傷による亀裂は検出されなかった．

3) 鉄筋の形状調査（曲げ半径・節形状）

① 曲げ半径の測定： 曲げ半径の測定状況を図

表 7.3.1 成分分析結果 (mass%)[3]

	C	Si	Mn	P	S	Cu	Ni	Cr	Mo	Al	N
A	0.30	0.22	0.82	0.037	0.012	0.39	0.10	0.15	0.02	0.004	0.0136
B	0.29	0.17	0.70	0.036	0.022	0.27	0.12	0.16	0.03	0.004	0.0098
C	0.27	0.27	0.82	0.024	0.040	0.29	0.11	0.11	0.02	0.005	0.0117
D	0.26	0.21	0.67	0.028	0.030	0.27	0.12	0.13	0.03	0.005	0.0122
E	0.22	0.39	0.88	0.025	0.032	0.21	0.13	0.21	0.04	0.005	0.0094
F	0.29	0.24	0.76	0.026	0.040	0.44	0.11	0.09	0.02	0.004	0.0090
JIS G 3112 SD295A	—	—	—	≦0.050	≦0.050	—	—	—	—	—	—
JIS G 3112 SD295B	≦0.27	≦0.55	≦1.50	≦0.040	≦0.040	—	—	—	—	—	—

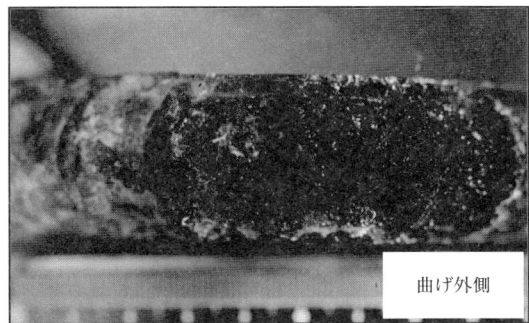

図 7.3.16 磁粉探傷試験結果[3]

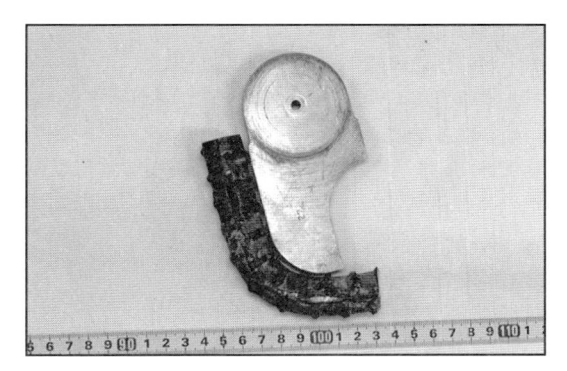

図 7.3.17 曲げ半径の測定状況[3]

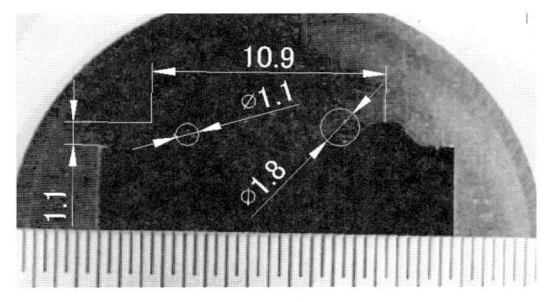

損傷鉄筋 (D16)

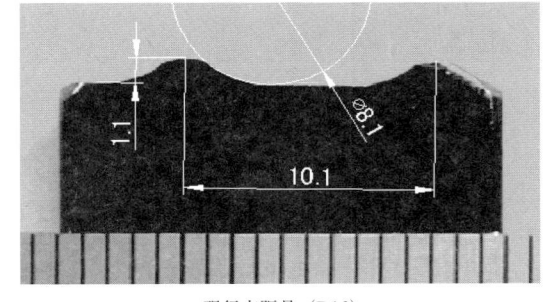

現行市販品 (D16)

図 7.3.18 節形状の測定結果[3]

7.3.17 に示す．測定は鉄筋に R ゲージを沿わせる方法で行った．測定値は規定の値（2d，d＝鉄筋の直径）より小さな曲げ半径（1.8d 程度）を示すものもあったが，ゲージと鉄筋の節との間に隙間が生じる場合があり，適切に測定できないこともあるので，曲げ半径の測定方法を検討する必要があると考えられる．

②節形状の測定： 損傷鉄筋および現行市販品の節形状測定結果を図 7.3.18 に示す．節間隔および節の高さは JIS G 3112 の規定値内であるが，節根元の形状に大きな違いが見られた．

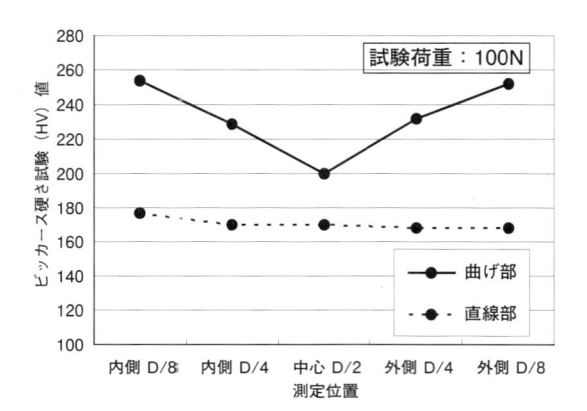

図 7.3.19 硬さ試験結果[3]

JIS G 3112 の寸法規定（D16 の場合）
・節の平均間隔の最大値：11.1 mm
・節の高さ：0.7 mm～1.4 mm

4) 硬さ試験

硬さ測定結果を図 7.3.19 に示す．曲げ加工部のビッカース硬さは，内側と外側では中心部に比べ 50～60，直線部に比べ 90 程度も高くなり，加工硬化が生じているのがわかる．

曲げ部内側の硬さから推定すると，この部位の引張強さは 800 N/mm² 程度に達していることも考えられる[4]．

5) 走査型電子顕微鏡観察

損傷鉄筋の破断面の走査型電子顕微鏡（SEM: scanning electron microscope）による破面観察結果を図 7.3.20 に示す．

破面は脆性破面のみで，延性破面形態は観察されず脆性的な破壊を表している．

7.3.3　スターラップ曲げ加工部が破断した RC 橋脚梁の鋼板巻立て対策事例[3]

a.　対象橋脚の劣化状況

対象橋脚は，昭和 52（1997）年に竣工した T 形 RC 橋脚であり，これまでに ASR によるひび割れが発生したことから，平成 3（1991）年と平成 12

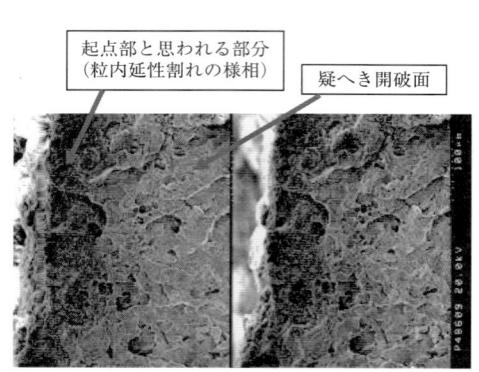

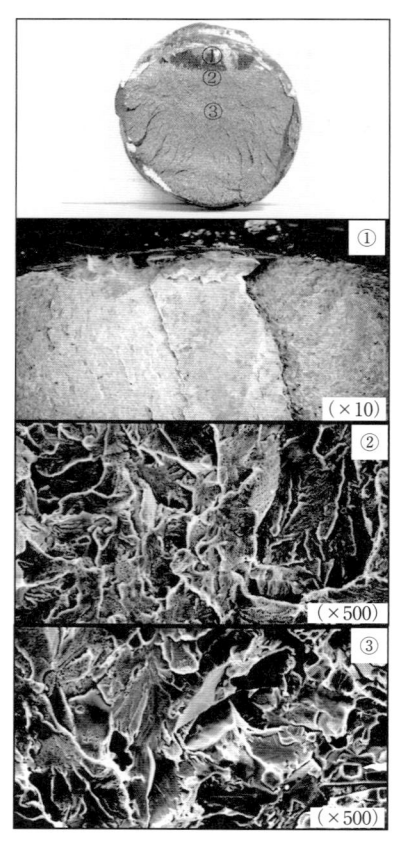

図 7.3.20　電子顕微鏡による破面観察結果[3]

(2000) 年にひび割れ注入や表面保護工による補修履歴がある．平成11年度の調査では，採取コアの圧縮強度は，いずれも30 N/mm^2 以上あり，設計基準強度27 N/mm^2 を上回っていたが，ヤング係数は健全な30 N/mm^2 のコンクリートの一般的な値の約65％まで低下していた．平成15年度には鉄筋の健全性確認のために，梁のコーナー部をはつり調査した結果，スターラップ曲げ加工部の破断が発見され，破断本数は9本であった．

b. 対策方針

スターラップの損傷であることから，せん断耐力の回復を目的とした対策工事を実施することとした．工法選定にあたり，対象部材である梁部の形状や支承配置を考慮した結果，部材引張縁である上面全面に補修材を配置することは困難であり，連続繊維シートや鋼板などによる全面巻立て工法は採用できなかった．そこで過去に採用実績のあるPC貫通鋼材併用の鋼板3面巻立て工法[5]を採用することとした．この工法は，梁側面および下面の3面に鋼板を巻き立て，橋軸方向に貫通するPC鋼より線の緊張力により膨張抑制効果も期待するものである．

c. 設計条件
1) コンクリートの圧縮強度

一般に，ASRによる劣化の進行速度は，同一構造物であっても日射や降雨のかかり具合などの環境条件によって異なることから，同一橋脚であってもコアを採取した位置の違いによって圧縮強度が大きくばらつくことが多い．このため，コアの圧縮強度試験結果のみで橋脚全体の圧縮強度を正確に評価することが困難である．

図7.3.21は，追跡点検橋脚の圧縮強度の経年変化を示したものであるが，バラツキが大きく橋脚個別に経年的な強度低下を設定することも現状では困難である．したがって，安全側の設計にするため，設計基準強度27 N/mm^2 に対して，これまでの実測値の下限値を考慮し，予防保全も考慮した上で，今後の劣化進行を想定した設計上のコンクリートの圧縮強度は10 N/mm^2 とした．

2) コンクリートのヤング係数

道路橋示方書などでは，設計基準強度に対するヤング係数の設計用の値が示されているが，これは健全なコンクリートを前提としたものである．ASRにより劣化した橋脚より採取したコアのヤング係数は，同一強度で比較すると，健全なものの約半分程度まで低下しているものが多い．また，同一橋脚から採取したコアのヤング係数は，圧縮強度と同様に大きくばらつくことが多い．図7.3.22に追跡点検結果に基づく圧縮強度－静弾性係数の関係を示す．橋脚によってかなりばらついていることがわかる．コア採取によりコンクリートの力学的特性を評価する場合は，ASRによる膨張が鉄筋によって拘束されていることや部材方向により鉄筋量が異なることによる影響を考慮する必要があり注意が必要である．当時はそれらの影響について十分な知見が得ら

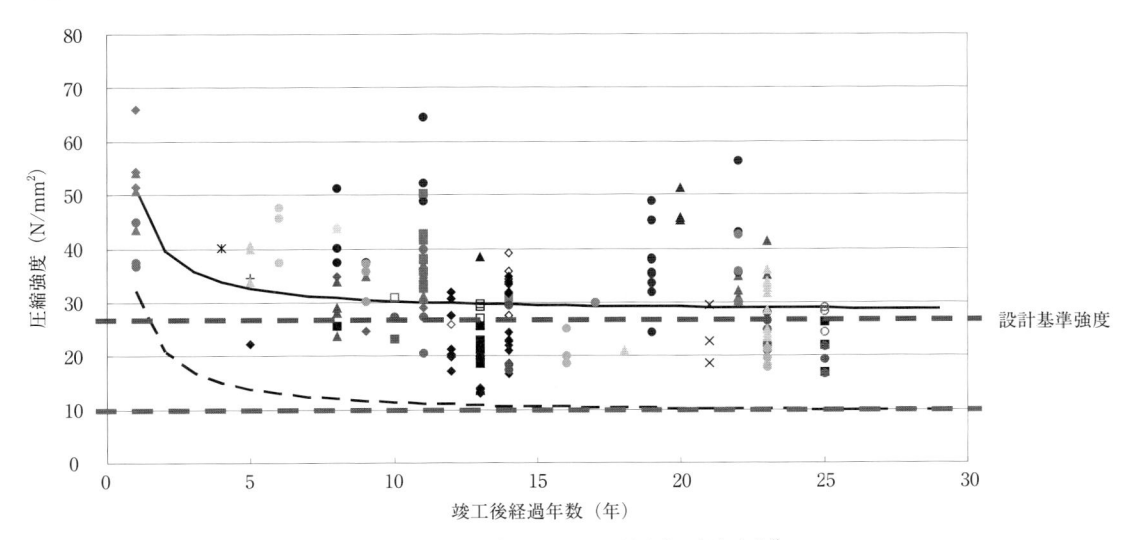

図 7.3.21 RC橋脚における圧縮強度の経年変化[3]
（設計基準強度：27 N/mm^2）

RC 圧縮強度-静弾性係数

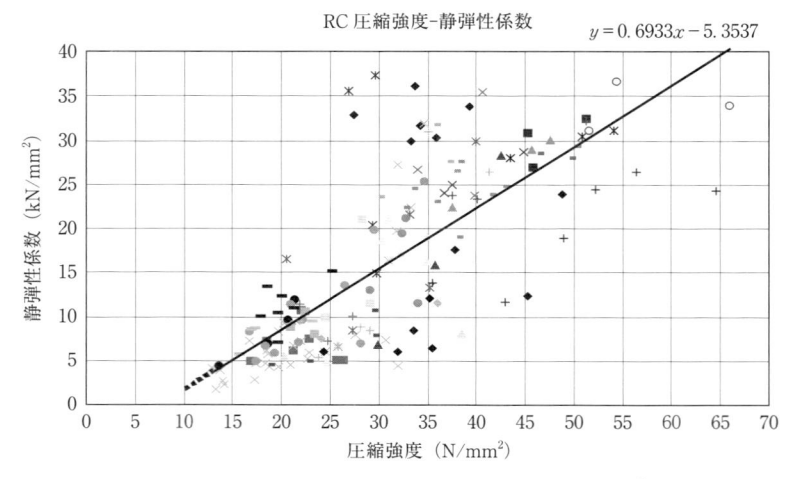

$y = 0.6933x - 5.3537$

図 7.3.22 RC 橋脚における圧縮強度－静弾性係数の関係[3]

れていなかったため，設計用のヤング係数は，設計上の圧縮強度 20 N/mm² に対するヤング係数の外挿値 $0.16×10^4$ N/mm² とすることとした．なお，現在は国土交通省の「アルカリ骨材反応による劣化を受けた道路橋の橋脚・橋台躯体に関する補修・補強ガイドライン（案）」[6]（以下，ガイドラインという）において，ASR の影響を受けていないコンクリートの静弾性係数の 30% とする案が示されている．

d. 鉄 筋

ASR に起因すると考えられる鉄筋の損傷は，スターラップおよび主鉄筋の曲げ加工部などで確認されている．当時，これらの損傷原因は十分に解明されているとは言えず，また，外観の変状から鉄筋破断の有無を判断する手法も確立されていなかったため，橋脚の全鉄筋の健全性を将来にわたり予測することは困難であった．しかしながら，鉄筋の破断の有無は対策検討において重要な要素である．このため，鉄筋の条件は，鉄筋の健全性に関する調査結果に基づき適切に設定する必要がある．対象橋脚の鉄筋については，調査結果に基づき，スターラップの曲げ加工部は安全性を考慮して全数破断，主鉄筋（圧接部を含む）は全数健全であると判断した．なお，現在はガイドラインにおいて曲げモーメントまたは軸方向力に対する検討を行う場合およびせん断力に対する検討を行う場合の損傷を受けた鉄筋の評価について，鉄筋とコンクリートの付着喪失の有無を考慮して損傷のある鉄筋の有効性を適切に評価することとしている．

e. 安全性照査の方法

対象構造物は道路橋であるため，表 7.3.2 に示すように「道路橋示方書」に準拠した設計荷重作用時における許容応力度照査[7] および終局荷重作用時における耐力照査[8],[9] を行った．ただし，コンクリートの許容応力度は健全なコンクリートに対して設定されたものであり，劣化により強度低下したコンクリートに対しての適用性については未解明ではあるが，道路橋示方書の値を外挿して設計用値とすることとした．

表 7.3.2 安全性照査の方法[3]

荷重状態および断面力の種類		鉄筋コンクリート構造物
設計荷重作用時（許容応力度法）	曲げモーメント	コンクリート縁応力度≦許容圧縮応力度 軸方向鉄筋応力度≦許容圧縮，引張応力度
	せん断力	斜引張鉄筋応力度≦許容引張応力度 （コンクリートせん断応力度≦負担せん断応力度）
終局荷重作用時（限界状態設計法）	曲げモーメント	設計断面力≦断面耐力（破壊抵抗曲げモーメント）
	せん断力	設計断面力≦ウエブコンクリートの圧壊に対する断面耐力≦斜引張破壊に対する断面耐力

7.3 アルカリ骨材反応による劣化を生じた橋脚の調査・補修事例

なお，対象橋脚はせん断耐力の回復を目的としているが，曲げ耐力の回復が必要な場合も含めて，照査時に考慮する係数を以下のとおり設定した．これは，鋼板巻立てによる効果確認を目的とした供試体実験結果[10]を参考に，材料の特性値に低減率を考慮するものである．

曲げ耐力： 低減係数は0.8とする．（3面鋼板曲げ耐力：$0.8 Mu$）

せん断耐力： 鋼板に対する低減率は0.6とする．（3面鋼板せん断耐力 $Vrd = 1.0 Vcd + 0.6 Vsd$）

Vcd： コンクリート負担分，Vsd： 鋼板負担分

f. 検討結果

設定した条件に基づき，鋼板板厚を求めると $t=6\,mm$（SM490）となった．計算結果を表7.3.3に示す．通常，許容応力度法における鋼材とコンク

表7.3.3 計算結果（許容応力度法）[3]

		左側梁	右側梁
コンクリート設計基準強度 $\sigma ck\,(N/mm^2)$		10	
コンクリート弾性係数 (N/mm^2)		0.16×10^4 想定値	
鉄筋弾性係数 (N/mm^2)		2.0×10^5	
弾性係数比 n		125	
補強鋼鈑材質		SM490	SM490
補強鋼鈑板厚 (mm)		6	6
作用力	M (kNm)	36288.5	42345.98
	N (kNm)	0	0
	S (kN)(せん断照査位置)	5949.86	7385.55
曲げに対する照査	$\sigma_c\,(N/mm^2)$	1.0	1.2
	$\sigma_{ca}\,(N/mm^2)$	3.33	3.33
	$\sigma s\,(N/mm^2)$	133.8	156.1
	$\sigma s'\,(N/mm^2)$	-122	-142.4
	$\sigma sa\,(N/mm^2)$	180	180
	$\sigma t\,(N/mm^2)$	142.3	166.1
	$\sigma t'\,(N/mm^2)$	-130.6	-152.4
	$\sigma ta\,(N/mm^2)$	185	185
せん断照査	Sc (kN)	2497.6	2557.2
	St (kN)	1104.1	2265.77
	$\sigma ts\,(N/mm^2)$	33.1	66.7
	$\sigma ta\,(N/mm^2)$	185	185
合成応力度照査	$\sqrt{\sigma t^2+\sigma ts^2}$	146.1	179.0
	σta	185	185

図7.3.23 鋼板取り付け状況[3]

図7.3.24 補修完了状況[3]

リートのヤング係数比 n は15であるが，ASRによる劣化でコンクリートのヤング係数も低下することから，コンクリートの劣化進行を想定した場合，通常のヤング係数比ではコンクリートの強度を過大に期待することになるので，ここでは想定値との比を用いた．

対策工事における鋼板取り付け状況を図7.3.23に，補修完了状況を図7.3.24に示す．

g. モニタリング

鋼板巻立てによる補修により，ASRによる劣化の状況を外観から確認することができなくなる．また，ASR構造物の劣化予測は，十分に行えないことに鑑み，今回，安全側に設定した設計上の想定値の妥当性や対策効果の確認を行う必要がある．そこで継続的なモニタリングによりこれらの確認，検証を行うこととした．当該橋脚では，観測窓や水分計を設置してコンクリートの状況を確認するとともに，PC鋼材にロードセルを設置して，緊張力の変動を確認することにより，間接的に膨張力を計測することを試みることにしている．

7.3.4 スターラップ曲げ加工部が破断したPC梁橋脚の炭素繊維シート巻立て対策事例[3), 11)]

a. 対象橋脚の劣化状況

対象橋脚は，昭和54(1979)年に竣工したT形PC梁橋脚であり，これまでにASRによるひび割れが発生したことから，平成元(1989)年と平成4(1992)年にひび割れ注入や表面保護工による補修履歴がある．平成11(1999)年度の調査では，採取コアの圧縮強度は，設計基準強度35 N/mm²を下回っているものもあった．ヤング係数は健全なコンクリートの一般的な値の半分程度まで低下していた．平成13(2001)年度と平成15(2003)年度には鉄筋の健全性確認のために，梁のコーナー部をはつり調査した結果，スターラップ曲げ加工部の破断が発見され，破断本数は6本であった．

b. 対策方針

スターラップの損傷であることから，せん断耐力の回復を目的とした対策を実施することとした．工法選定にあたり，対象部材である梁部はPC構造であるため，PC貫通鋼材併用の鋼板3面巻立て工法は採用できないので，耐震補強で実績のある炭素繊維シート巻立て工法を採用することとした．なお，支承位置では，梁全周に巻き立てることは不可能なため，支承位置以外で4面巻立てを行うゼブラ状巻立てとし，効果については供試体実験により確認した．

c. 設計条件

1) コンクリートの圧縮強度

ASRにより劣化したPC梁のコンクリートの圧縮強度（設計基準強度35 N/mm²）の経年変化を図7.3.25に示す．設計基準強度を大きく上回るものも存在するが，竣工後10年程度で設計基準強度を下回るものも見受けられる．しかしながら，20 N/mm²を下回る値はこれまで測定されておらず，最低のものでも23 N/mm²程度であることから，設計に用いる圧縮強度は，20 N/mm²とすることとした．

2) コンクリートの残存膨張量

対象橋脚は，今後も膨張が継続することが考えられる．その膨張を補修材（FRP）が拘束しないものとした．なお，残存膨張量はFRPの破断ひずみ（約1.4％）に対して小さく，拘束の有無が設計に与える影響は少ない．したがって，膨張量試験結果の最大値（500 μ）を設計値とした．

3) 鉄筋

詳細調査の結果，スターラップ曲げ加工部において6本の破断が発見された．軸方向鉄筋については，損傷は発見されなかった．したがって，対象橋脚の鉄筋については，スターラップの曲げ加工部は安全性を考慮して全数破断，主鉄筋（圧接部を含む）は全数健全であると判断した．

曲げ加工部の破断が生じても，鉄筋とコンクリートの付着により，破断部より一定以上離れた部分は有効とみなす考え方もあるが，構造物表面に近く拘束が期待できない部分で劣化が進行した場合は，付着力が低下する可能性も考慮し，スターラップは設計上考慮しないこととした．

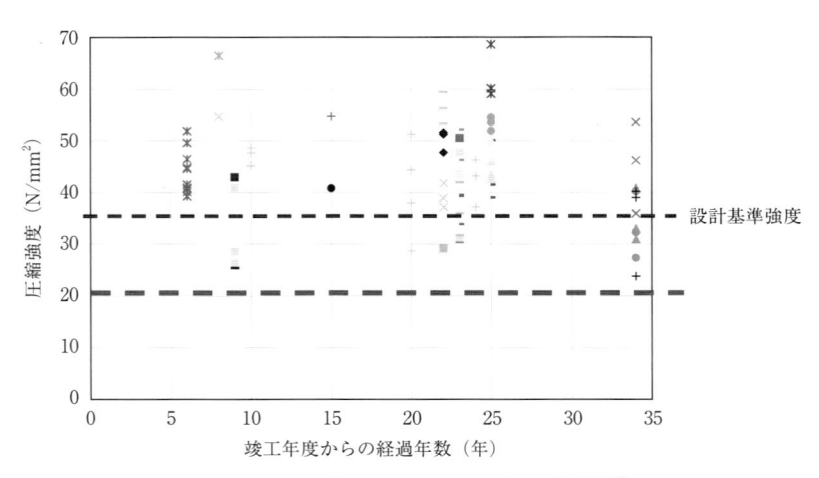

図7.3.25 PC橋脚における圧縮強度の経年変化[3)]

		設計断面			
		④断面	③断面	②断面	①断面
必要FRP層数	道示Ⅳ（許容応力度）	0	0	0	0
	道示Ⅲ（終局荷重作用時）	0.3	1.8	1.2	1.1
	標準示方書	0.0	1.0	0.2	0.4
	最大	0.3	1.8	1.2	1.1
設計FRP層数		1	2	2	2

図7.3.26 照査結果[3]

d. 安全性照査の方法

安全性の照査は，「道路橋示方書」に準拠した設計荷重作用時における許容応力度照査[7]および終局荷重作用時における耐力照査[8),9)]を行った．FRPによるせん断補強量の算定にあたっては，「炭素繊維シートによるRC橋脚耐震補強に関する設計・施工要領（案）」（平成10年3月，阪神高速道路公団）および「連続繊維シートを用いたコンクリート構造物の補修補強指針」（平成12年7月，土木学会）を参考にして算出した．

e. 検討結果

炭素繊維の巻立て方法については，橋脚天端に支承があることから梁全面に一様に巻くことが不可能な断面が存在する．したがって，巻立て可能な箇所に所要のFRP量を配置する「ゼブラ」状の形態とすることになった．そこで，全断面に一様に巻くこ

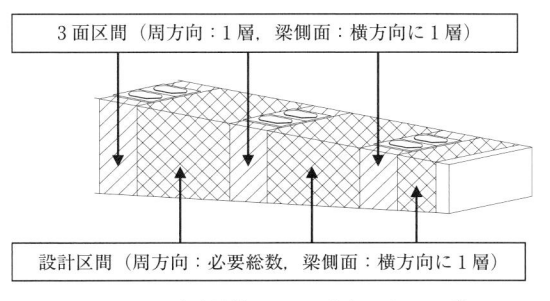

図7.3.27 炭素繊維シートの巻立てイメージ[3]

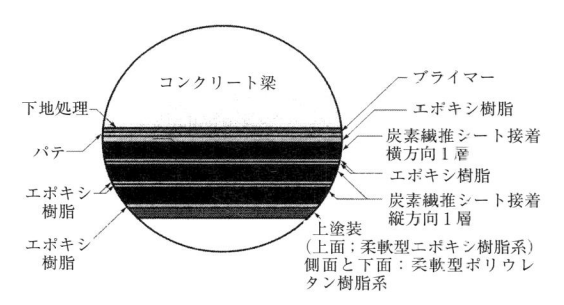

図7.3.28 炭素繊維シートの断面構成[13]

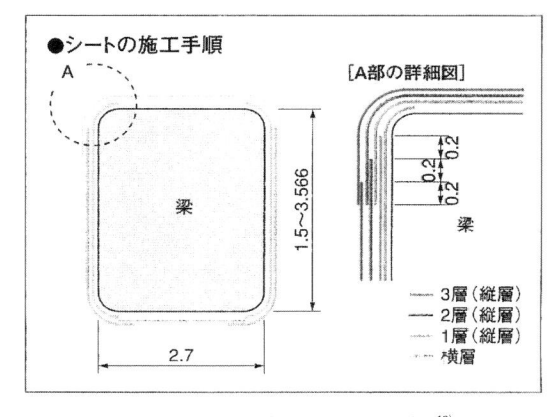

図7.3.29 炭素繊維シートの施工手順[13]

とを前提とした従来の必要量算定式を適用することについては，供試体による実験[12]を行って確認した．設定した条件に基づきFRP層数を算出すると最大で2層となった．照査結果を図7.3.26に示す．なお，

図 7.3.30 炭素繊維シート巻立ての施工状況[3]

図 7.3.31 炭素繊維シート巻立て補修橋脚[3]

安全性を考慮して実際の工事においては，支承部分の断面にも3面巻立てを行うこととした．炭素繊維シートの巻立てイメージを図7.3.27に，炭素繊維シートの断面構成を図7.3.28示す．

また，炭素繊維シートの施工手順を図7.3.29に，補修工事の施工状況を図7.3.30に，完成状況を図7.3.31に示す．

f. モニタリング

炭素繊維シート巻立てによる対策により，ASR劣化の状況を外観から確認することができなくなる．また，ASR構造物の劣化予測は，十分に行えないことに鑑み，今回，安全側に設定した設計上の想定値の妥当性や対策の効果の確認を行う必要がある．そこで継続的なモニタリングによりこれらの確認，検証を行うこととした．当該橋脚では，ひび割れの幅を測定する基準となる標点や水分計，梁の側面および上面の面的なひずみ量を測定するための面状光ファイバーを試験的に設置している（図7.3.32参照）．

【佐々木一則】

文　献

1) 阪神高速道路株式会社：ASR橋脚の維持管理マニュアル，電気書院，2007.
2) 松本　茂，南荘　淳，黒崎剛史：ASR損傷を受けた橋脚の追跡点検事例，コンクリートの耐久性データベースフォーマットに関するシンポジウム論文集，土木学会，2002.
3) 佐々木一則，松本　茂，安藤高士：アルカリ骨材反応による鉄筋損傷の原因究明と対策，阪神高速道路公団技報第22号，2005.
4) 日本規格協会：JISハンドブック鉄鋼I，2005.
5) 山口良弘ほか：ASRにより強度が低下した構造物の補強計画，土木学会第48回年次学術講演会講演概要集，土木学会，1993.
6) 国土交通省近畿地方整備局：アルカリ骨材反応による劣化を受けた道路橋の橋脚・橋台躯体に関する補修・補強ガイドライン（案），2008.
http://www.kkr.mlit.go.jp/road/iji/02.html
7) 日本道路協会：道路橋示方書・同解説IV下部構造編，2002.
8) 日本道路協会：道路橋示方書・同解説III コンクリート

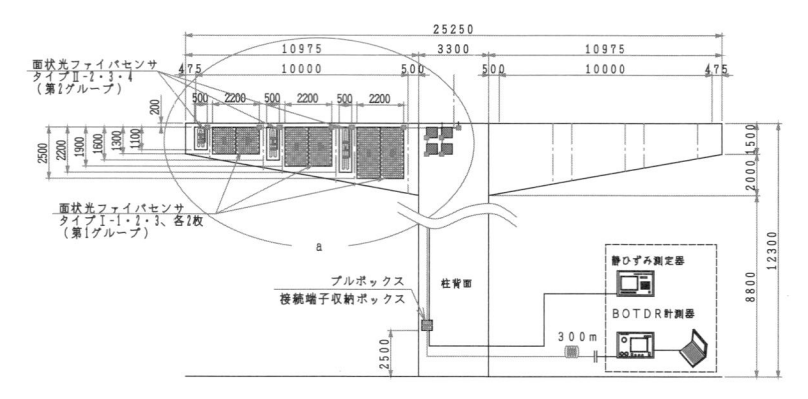

図 7.3.32 面状光ファイバケーブルによるモニタリング事例

橋編，2002.
9) 土木学会：2002年制定コンクリート標準示方書【構造性能照査編】，2002.
10) 岩川正美ほか：大型供試体を用いたASR損傷を生じたはり部材の補強に関する実験的研究，日本材料学会，コンクリート構造物の補修，補強，アップグレード論文報告集，第3巻，2003.
11) 松本 茂，原田耕一，安藤高士：アルカリ骨材反応により劣化したT形橋脚（PCはり）の詳細調査および補強設計，阪神高速道路公団第36回技術研究発表会論文集，2004.
12) 安藤高士，原田耕一，松本茂：炭素繊維シートによるT形橋脚（PCはり）のせん断補強効果に関する実験，阪神高速道路公団第36回技術研究発表会論文集，2004.
13) 日経BP社：日経コンストラクション，2004年11月12日号.

7.4 コンテナ埠頭桟橋の塩害劣化補修

7.4.1 構造物の概要

本節で紹介するコンテナ埠頭桟橋は，東京港内に1970年から1973年にかけて建設された全8バースからなる直杭式横桟橋である．桟橋の総延長は2300 m，総面積は115000 m^{2}と広大である．各桟橋の奥行きは20 m，36 m，70 mの3種類があり，形状寸法の異なる前・中・後桟橋で構成されている．また，桁と床版は海面からの高さが異なり，桁のうちクレーン桁と他の桁でも高さが異なり，クレーン桁の下部では満潮時には海水に没する．本桟橋の標準断面図の一例を図7.4.1に示す．

本桟橋は厳しい塩害環境に曝された状態で供用されていたため，鉄筋コンクリート製上部工において劣化が生じ，建設後15年程度が経過した1985年より劣化部の調査と補修が適宜実施されてきた．劣化の状態は，平面的な位置や部材の種類などによって大きく異なっていた．

このコンテナ埠頭で1996年から進められた再整備事業では，1970年代に建設された桟橋の前面に新しい桟橋を建設してバースの増深と全7バースへの再編を図り，コンテナ船大型化への対応，耐震強化岸壁の整備，コンテナ処理能力の向上も図っている．再整備前の本コンテナ埠頭の平面図を図7.4.2に示す．再整備では既設の桟橋をコンテナヤードとして利用するため，コンテナ埠頭の機能を確保して

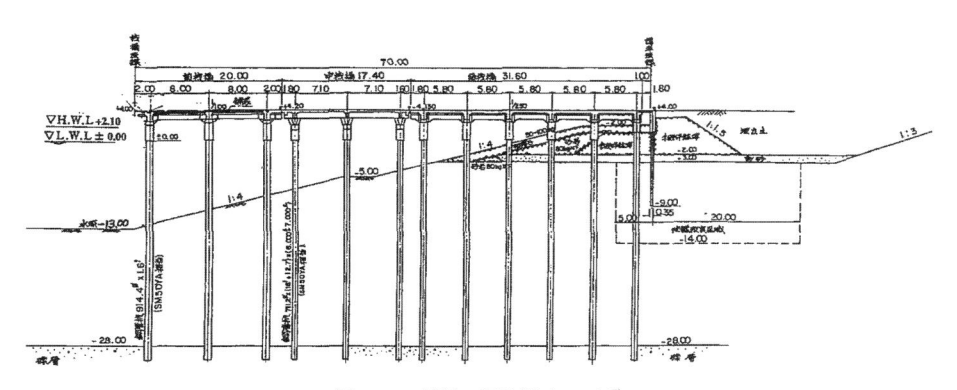

図7.4.1 桟橋の標準断面の一例[5]

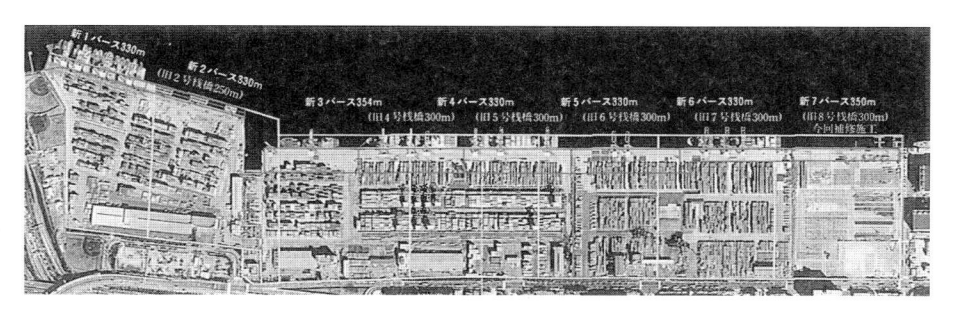

図7.4.2 コンテナ埠頭の全景[2]

いく上で，建設後25年以上経過した桟橋の機能維持は非常に重要な課題であった．そこで，本事業の一環として，ライフサイクルコストの最小化を目指し予防的な維持管理も考慮して，桟橋全体にわたる合理的な補修対策を計画的に行うこととなった．その際には，劣化状況や塩害環境を適切に把握し，劣化程度や塩分含有量などに応じた補修方法を選定，経済性なども加味した全体補修計画を立案した．

本事例は，本コンテナ埠頭桟橋の上部工における劣化調査，補修工法の選定，補修設計と施工，補修後の維持管理について取りまとめたものである[1)~7)]．

7.4.2 劣化調査

劣化調査は，外観目視調査とコンクリートの塩化物イオン濃度調査を中心に実施された．また，既補修部の追跡調査も実施されている．

a. 外観目視調査

外観目視調査は，桁，杭頭ハンチ部，床版ごとにすべての部材について実施された．外観上の劣化程度を評価するため，小型ボート上からの目視観察を中心に，たたき調査および測長によって，以下の項目の調査がなされた．①コンクリートのひび割れや豆板の形状寸法，②さび汁の滲出位置と大きさ，③かぶりコンクリートの浮き・剥離・剥落の形状寸法と鉄筋かぶり，④鉄筋露出部の範囲や腐食程度・鉄筋径，⑤既補修部の位置・面積など．

劣化度の判定基準を表7.4.1に示す．また，床版の劣化状況の一例を図7.4.3に示す．その結果，本コンテナ埠頭桟橋の劣化度の傾向は以下のようであった．

クレーン桁＞桁＞杭頭ハンチ部＞床版
前桟橋＞後桟橋＞中桟橋

また，外観目視調査の結果より，桟橋ブロックごとに劣化度Ⅲ以上の占める割合を求め，補修工事に着手する優先順位の参考に用いられた．

b. コンクリートの塩化物イオン濃度調査

桟橋上部工における塩害劣化は，海水からの塩化物イオンがコンクリート中に拡散浸透し，鉄筋を腐食させることによって顕在化する．したがって，この原因となる塩化物イオンの浸透状況を把握するために塩化物イオン濃度調査がなされた．各桟橋での桁および床版において複数箇所で調査が実施されたが，各深さにおいて測定された塩化物イオン濃度の平均値の分布を図7.4.4に示す．コンクリート中に浸透した塩化物イオン濃度は，桟橋の位置や部材種類によって大きく異なっていた．また，この結果は，外観目視調査によって確認された劣化程度と同様な傾向であった．なお，測定された鉄筋かぶりは，部材の種類や部位によってばらつきが大きいものの，おおむね40～80 mm程度の範囲（平均約60 mm）

部分的な浮き，剥離・剥落（20％未満）	底面の1/3程度に浮き，剥離・剥落（20～50％未満）
底面の1/2程度に浮き，剥離・剥落（50～70％未満）	底面の全面または大部分が剥離・剥落（70％以上）

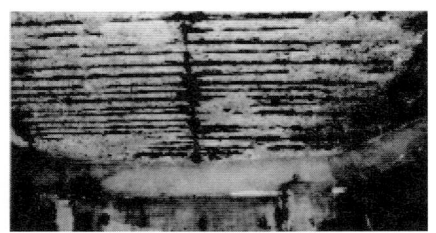

図7.4.3　床版の劣化状況の一例[6)]

7.4 コンテナ埠頭桟橋の塩害劣化補修

表 7.4.1 劣化度の判定基準[5]

1. 梁およびハンチ

項目		劣化度 0	I	II	III	IV	V
ハンチ	かぶりコンクリートの剥離・剥落	なし	なし	一部に浮きが見られる	一部に剥離・剥落が見られる	剥離・剥落多し	剥離・剥落が著しい
梁	かぶりコンクリートの剥離・剥落	なし	なし	梁底面に部分的な剥離・剥落が見られる（20%未満）	梁底面の1/3程度が剥離・剥落している（20〜50%未満）	梁底面の1/2程度が剥離・剥落している（50〜70%未満）	梁底面の全面または大部分が剥離・剥落している（70%以上）
ハンチ	鉄筋の腐食	なし	コンクリート表面に点さびが見られる	一部にさび汁が見られる	さび汁が多し	浮きさび多し	浮きさびが著しい
梁	鉄筋の腐食	なし	なし	露出した鉄筋が腐食している	露出した鉄筋が著しく、一部には断面減少が見られる	露出した鉄筋の腐食および断面減少が著しい	露出した鉄筋の腐食が著しく、断面が1/2以上減少している
			コンクリート表面に点さびが見られる	一部にさび汁が見られる	さび汁が多し	浮きさび多し	浮きさび著しい
ハンチ	ひび割れ	なし	一部にひび割れが見られる	ひび割れやや多い	ひび割れ多しひび割れ幅数 mm 以上のひび割れ含む	ひび割れ幅数 mm 以上のひび割れ多数	—
梁	ひび割れ	なし	なし	梁底面または側面に鉄筋に沿ってひび割れが見られる	梁底面または側面に沿って幅0.3 mm 以上のひび割れが見られる	梁底面または側面に沿って幅0.5 mm 以上のひび割れが見られる	梁底面または側面に沿って幅1.0 mm 以上のひび割れが全長または大部分に見られる

2. 床版

項目	劣化度 0	I	II	III	IV	V
かぶりコンクリートの剥離・剥落	なし	なし	一部に浮きが見られる	一部に剥離・剥落が見られる	剥離・剥落多し	剥離・剥落が著しい
かぶりコンクリートの変状	なし	なし	床版の一部に小規模な剥離・剥落が見られる（20%未満）	床版の1/3から1/2程度が剥離・剥落している（20〜50%未満）	床版の1/2以上が剥離・剥落している（50〜70%未満）	床版の全面または大部分が剥離・剥落している（70%以上）
鉄筋の腐食	なし	コンクリート表面に点さびが見られる	一部にさび汁が見られる	さび汁が多し	浮きさび多し	浮きさび著しい
鉄筋の腐食による変状	なし	なし	露出した鉄筋が腐食している	露出した鉄筋は著しく、一部には断面減少が見られる	露出した鉄筋の腐食および断面減少が著しい	露出した鉄筋の腐食が著しく断面が1/2以上減少している
ひび割れ	なし	一部にひび割れが見られる	ひび割れやや多し	ひび割れ多しひび割れ幅数 mm 以上のひび割れ含む	ひび割れ幅数 mm 以上のひび割れ多数	—
遊離石灰の溶出	なし	なし	なし	部分的な遊離石灰の溶出が1〜3箇所程度見られる	遊離石灰の溶出箇所が数カ所見られる	遊離石灰の溶出が広い範囲に見られる

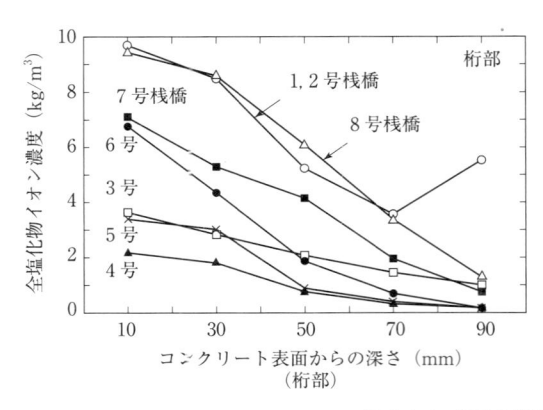

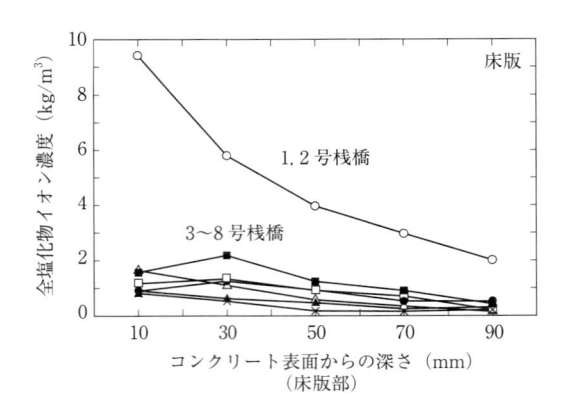

図7.4.4 桟橋各部の塩化物イオン濃度の分布[1]
各桟橋の奥行き 1, 2号桟橋：20 m, 3～7号桟橋：70 m, 8号桟橋：36 m

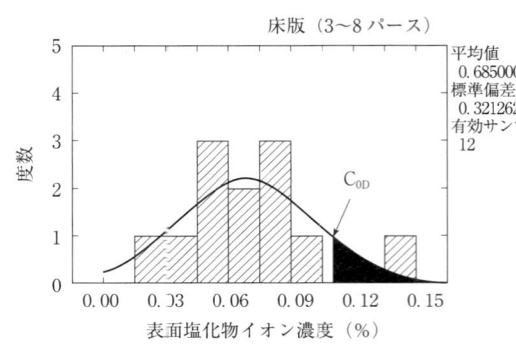

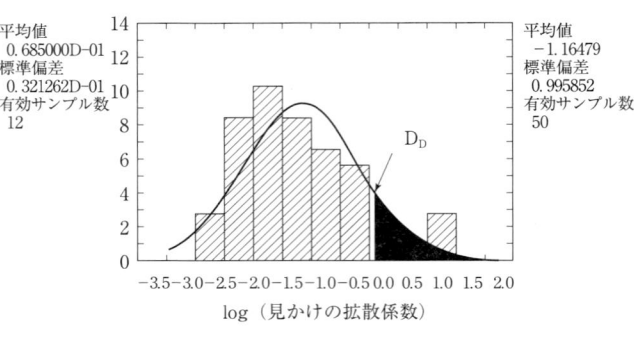

図7.4.5 表面塩化物イオン濃度 C_0 と見かけの拡散係数 D の算定結果の一例[5]

であった．

さらに，測定されたコンクリート中の塩化物イオン濃度の分布より，各調査箇所におけるコンクリートの表面塩化物イオン濃度（C_0）と見かけの拡散係数（D）を求めた．C_0 と D は，塩化物イオン濃度の分布を式（1）で示されるフィックの拡散方程式にフィッティングすることで求められる．ここでは，C_0 を塩化物イオンの外部からの供給量すなわち塩害環境の定量的な指標とし，D をコンクリートの塩害に対する耐久性能の指標と考えた．フィッティングにより C_0 と D を算定した結果の一例を図7.4.5に示す．この結果，塩害環境が比較的類似していると考えられた部材グループにおいても表面塩化物イオン濃度はばらつきを有しており，そのばらつきはほぼ正規分布で評価できると考えられた．また，見かけの拡散係数は同一構造物の同一仕様のコンクリートにおいてもばらつきを有し，そのばらつきは対数正規分布で評価できると考えられた．

$$C(t, x) = C_0 \left[1 - \mathrm{erf}\left(\frac{x}{2\sqrt{D \cdot t}} \right) \right] \quad (1)$$

ここで，x：表面からの深さ（cm），
t：建設時からの経過時間（sec），
C：時刻 t sec で深さ x cm での塩化物イオン濃度（％），
C_0：表面塩化物イオン濃度（％），
D：見かけの拡散係数（cm²/sec），
erf：誤差関数

c. 既補修箇所の追跡調査

当桟橋では，劣化が顕在化した当初から劣化箇所に対して断面修復工法と表面塗装工法による補修が実施されており，一部において既補修箇所の追跡調査が実施されている．既補修箇所の補修仕様を表7.4.2に示す．

断面修復工法に対する追跡調査のうち，断面修復部の塩化物イオン濃度調査の結果を図7.4.6に，鉄筋の自然電位調査の結果を図7.4.7に示す．断面修復部の表層には 6～7 kg/m³ 程度の塩化物イオンが浸透しているものの内部への浸透は少なく，これに対して断面修復部と非補修部との境界部には非補修

表 7.4.2 既補修箇所の補修仕様[8]

補修方法	材料区分		使用材料
表面塗装	母材	プレパクトコンクリート	エポキシエマルジョン系ポリマーセメントスラリー，粗骨材
	表面塗装	中塗り材	ポリブタジエンゴム系塗料（膜厚 1000 μm）
		上塗り材	ポリウレタン樹脂系塗料（膜厚 60 μm）
断面修復	注入モルタル		無収縮ポリマーセメントモルタル

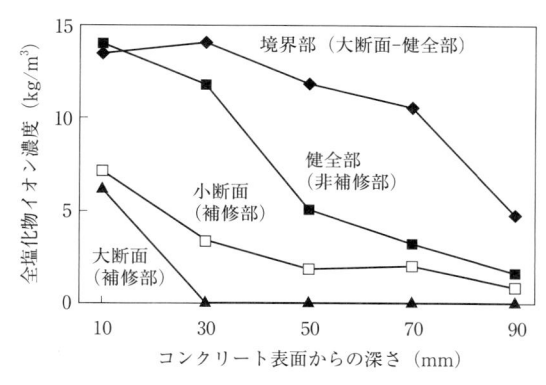

図 7.4.6 断面修復部の塩化物イオン濃度[1]

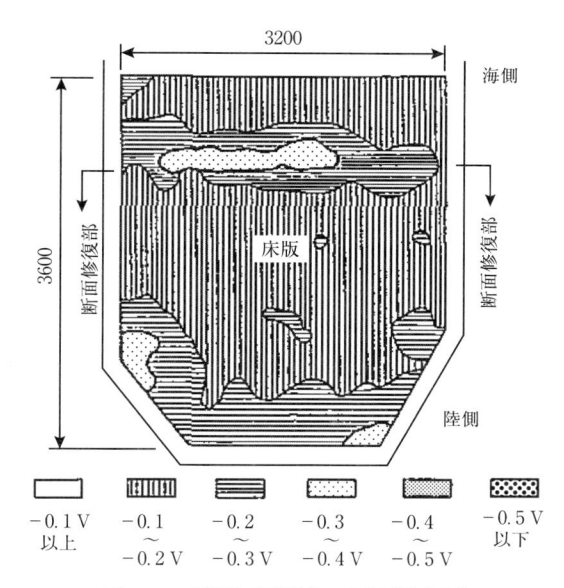

図 7.4.7 断面修復部近傍の自然電位分布[1]
SCE：飽和カロメル電極基準

部よりも多くの塩化物イオンが確認された．また，断面修復部と非補修部の境界においてマクロセルに起因すると考えられる自然電位の変化が認められ，マクロセル腐食対策の必要性が確認された．さらに，断面修復部に乾燥収縮や外力および温度応力に起因すると考えられるひび割れが認められ，ひび割れ部からの塩分浸透が懸念され，対策を講じる必要性が確認された．なお，はつり調査（腐食状況調査）を行ったところ，自然電位の卑（負）な部分は腐食傾向にあることが確認された．

表面塗装工法に対する追跡調査では，膨れや剥がれ，ひび割れなどの損傷は軽微であり，欠陥部においても塗膜自体の変質は認められておらず，下地処理や不陸修正の不足がおもな原因と考えられた．また，塗膜厚さが小さいほど損傷が大きくなる傾向があり，表面塗装材にはある程度の厚さが必要と判断された．さらに，表面塗装を施したコンクリート中の塩化物イオン濃度は深さ 10 mm の位置で 0.07〜2.09 kg/m^3 であり，図 7.4.6 の表面塗装のない断面修復部と比較しても十分に小さかったことから，表面塗装材の遮塩効果もおおむね良好であると考えられる[1]．

なお，本桟橋では，断面修復工法と表面塗装工法について補修後 13〜15 年までの追跡調査で実施された各種の性能確認試験の結果を取りまとめ，性能低下傾向の有無やその程度を評価し，補修後の維持管理計画に生かすことが検討されている[8]．

7.4.3 補 修 計 画

補修計画は，構造物の劣化状態や設置環境およびこれまでの劣化経緯をもとに，図 7.4.8 の［ステップ 1］〜［ステップ 4］で構成された補修工法選定の流れに従って行なわれている．

［ステップ 1］では外観目視調査の結果から前述した表 7.4.1 のような判定基準に従って部材ごとの劣化度を判定し，劣化度 II 以下の部材と劣化度 III 以上の部材に分類する．そして，劣化度 II 以下の部材は［ステップ 2］へ，劣化度 III 以上の部材は［ステップ 3］へ進む．

［ステップ 2］では塩化物イオン濃度調査の結果からフィックの拡散方程式を用いて将来の拡散予測を行い，図 7.4.9 のような補修の要否や，図 7.4.10 のような表面塗装の適用可否などの検討を行う．

542　　7. 事　　例

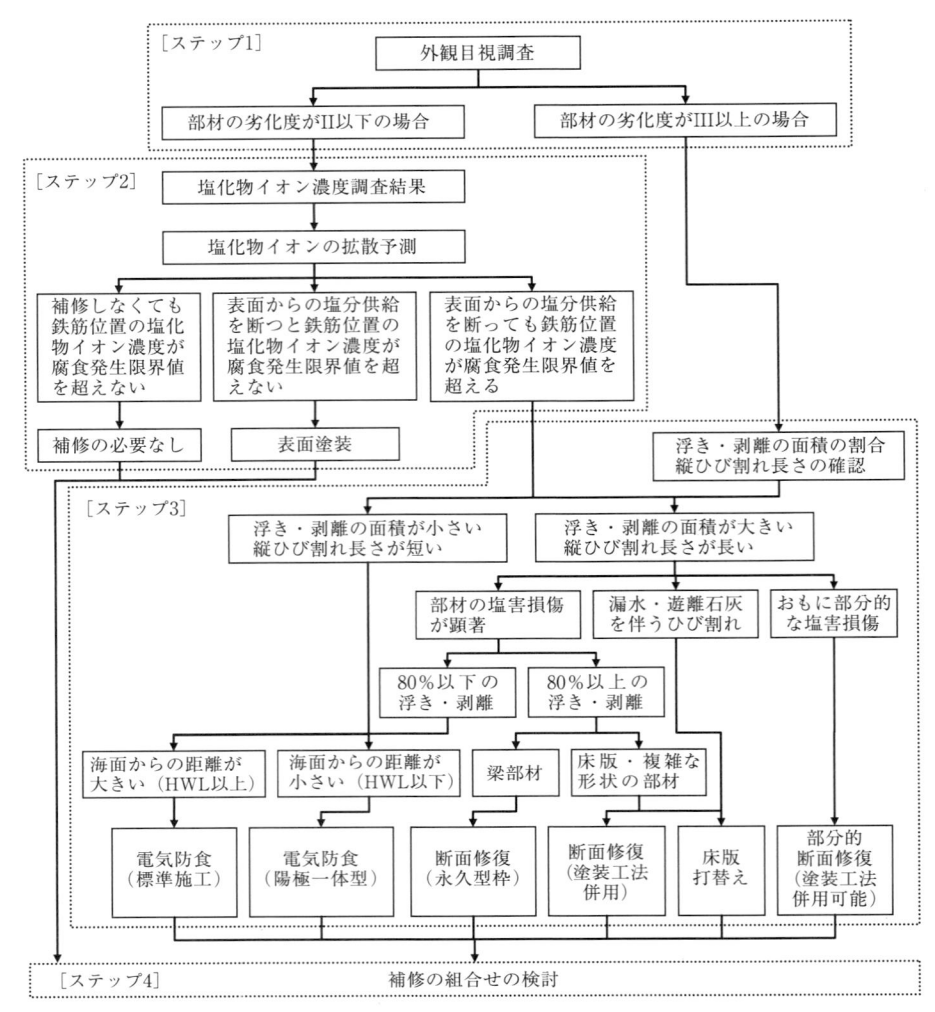

図 7.4.8　補修工法選定の流れ[5]

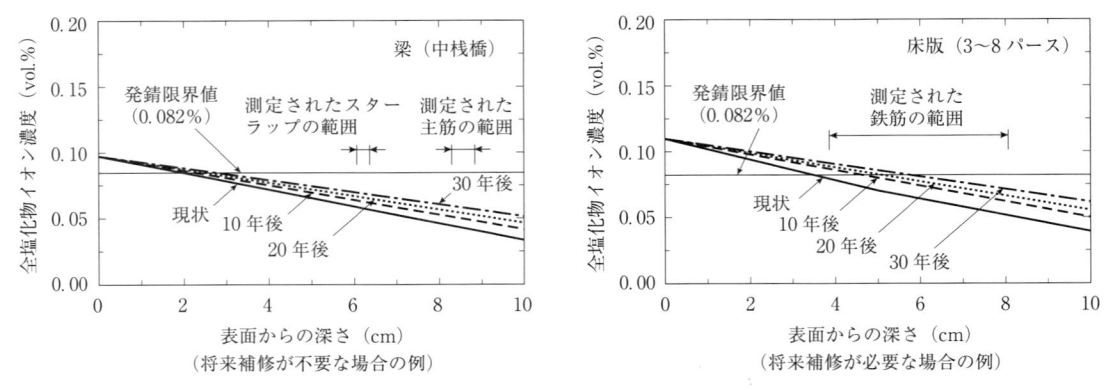

図 7.4.9　補修の要否の検討例[9]

［ステップ3］では劣化や損傷の規模・程度，施工性を考えて電気防食，断面修復，打替えなどの各補修工法を選定する．たとえば，浮き・剥離の面積が80％以下の場合には電気防食が選定され，ただ

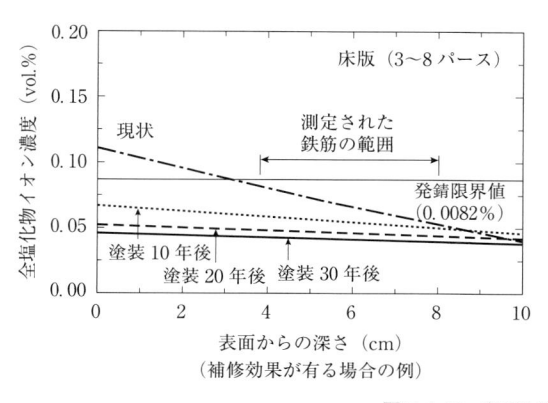

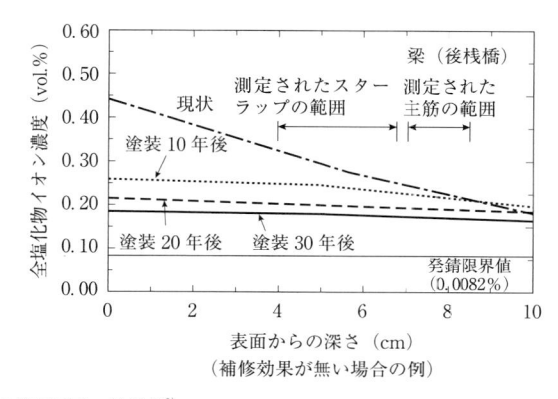

図 7.4.10 表面塗装の適用可否の検討例[9]

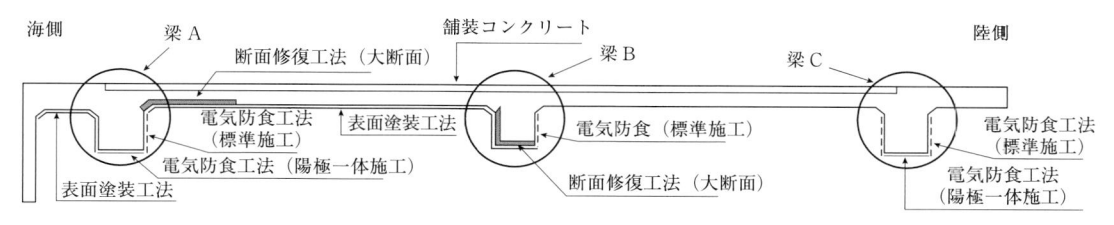

図 7.4.11 補修工法の組合せ例[7]

し，満潮時に海中に没する部材に対しては流木などによる損傷の可能性が高いことなどから，断面修復後に施工する標準型ではなく陽極一体型が選定される．また，浮き・剥離の面積が80％以上の場合には断面修復が選定され，床版については下面からの補修では耐久性確保に信頼性が得られない場合に打替えが選定される．その他，部分的な損傷については部分的な断面修復が選定される．

［ステップ4］では部材ごとに検討した各補修工法の施工性や経済性を考慮したうえで，ブロック全体を見通して図7.4.11のように最適な補修工法の組合せを検討する．

7.4.4 補修設計

a. 表面塗装

表面塗装材は，遮塩性能に優れ，ひび割れ追従性があり，既設コンクリートや断面修復材との付着性

表 7.4.3 表面塗装材の品質規格値の例[5]

項 目	品質規格値	試験方法
塗膜の外観	塗膜が均一で流れ・むら・割れ・剥がれがない	JIS K 5400 6.1
耐候性	促進耐候性試験を300時間行ったのち，白亜化がほとんどなく，塗膜に割れ・剥がれがない	JIS K 5400 6.17
塗膜の塩化物イオン透過量	1.0×10^{-3} mg/cm²・日以下	日本道路協会方式
耐アルカリ性	水酸化カルシウムの飽和溶液に30日間浸漬しても塗膜に膨れ・割れ・剥がれ・軟化・溶出がない	JIS K 5400 7.4
ひび割れ追従性	標準養生後，母材のひび割れ幅が0.4mmまで塗膜に欠陥が生じない	日本道路公団方式 零スパン伸び試験
耐海水性	塩化ナトリウムの3％溶液に30日間浸漬しても塗膜に変状がない	JIS K 5400 7.6
既設・断面修復材との付着強度	標準養生後，耐アルカリ性試験後，耐海水性試験後のそれぞれにおいて1.0 N/mm²以上	JIS A 6910 5.8 建研式付着力試験
酸素透過阻止性	塗膜の酸素透過量 1.0×10^{-2} mg/cm²・日以下	ASTM D 1434

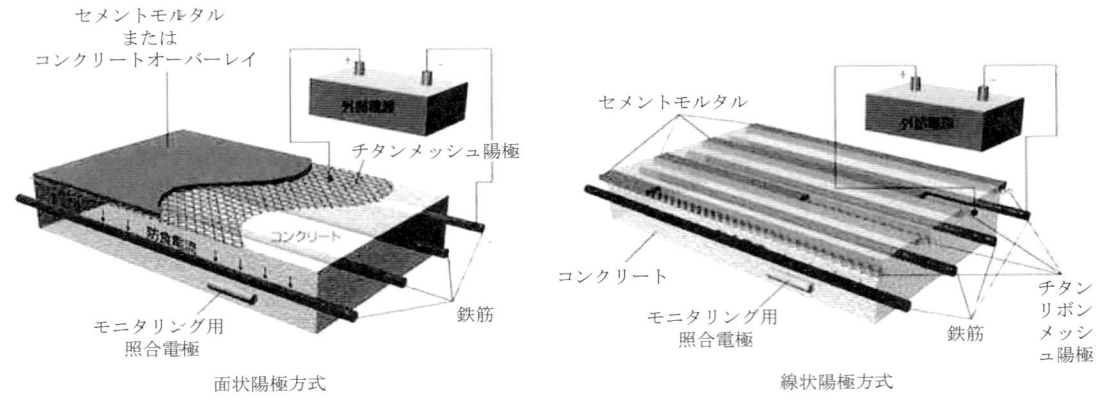

図 7.4.12　電気防食の方式[10]

がよいものを選定している．表7.4.3に表面塗装材の品質規格値の例を示す．なお，満潮時に海中に没する部材に対しては湿潤面対応型の表面塗装材が用いられている．

b. 電気防食

電気防食の標準施工は，図7.4.12のように外部電源方式の面状陽極方式か線状陽極方式を採用している．面状陽極方式は防食対象全面に陽極を配置するが，線状陽極方式では陽極の設置間隔の検討が必要となる．なお，電気防食の対象部材において大断面修復が大部分を占める場合などでは，陽極一体型の電気防食を採用し，作業の効率が図られている．図7.4.13に陽極一体型電気防食の標準断面を示す．

c. 断面修復

断面修復は，マクロセル腐食など補修後の再劣化

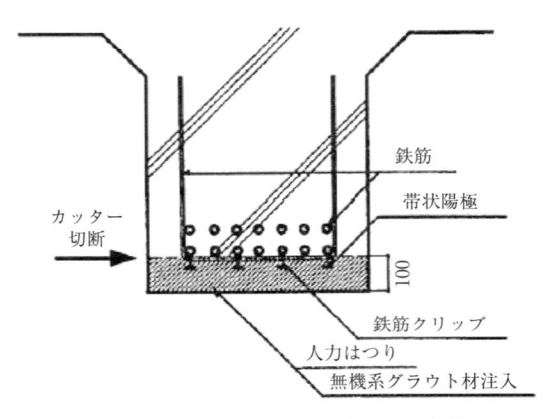

図 7.4.13　陽極一体型電気防食の標準断面[5]

に留意して，一般に主鉄筋の裏側25 mmまではつり修復することを基本とし，また，補修後のかぶり厚さが設計値60 mmを満足しない場合には部材断

表 7.4.4　断面修復材の品質規格値の例[5]

項　目		品質規格値	試験方法
圧縮強度		30.0 N/mm² 以上	JIS A 1108
曲げ強度		3.0 N/mm² 以上	JIS A 1106
乾燥収縮量		20×10⁻⁴ 以下（3カ月）	JIS A 1129
ブリーディング率		1.0%以下	土木学会基準
水和熱		できるだけ小さいこと	—
耐海水性		浸漬後に膨れ・割れなどの変状がない	JIS K 5400 7.4 に準拠
温冷繰り返し抵抗性		浸漬後に膨れ・割れなどの変状がない	日本道路協会方式
強度付着	標準養生後	1.5 N/mm² 以上	建研式付着力試験
	耐海水性試験後	1.0 N/mm² 以上	
	温冷繰り返し試験後	1.0 N/mm² 以上	
塩化物イオン拡散係数		できるだけ小さいこと	—

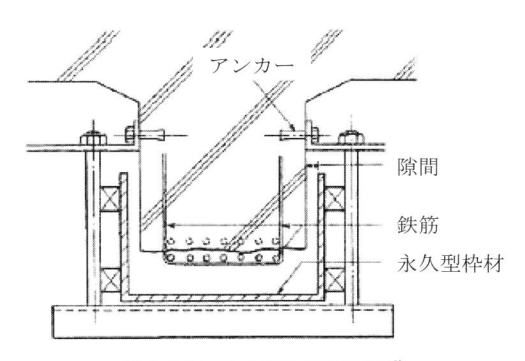

図 7.4.14 永久型枠の組立断面[3]

面を増厚してかぶり厚さを確保することとしている．断面修復材は，密実で十分な強度を有し，水和熱や乾燥収縮によるひび割れが発生し難く，既設コンクリートとの付着性がよく，作業性がよく，海水に対する耐久性があり，塩化物イオン拡散係数ができるだけ小さいものを選定している．表7.4.4に断面修復材の品質規格値の例を示す．なお，浮き・剥離の面積が大きくて比較的単純な形状の梁部材に対しては永久型枠が用いられており，また，鋼材の腐食が激しい場合には，残存断面積が90％を下回る箇所に減少分を添え筋により補うこととしている．図7.4.14に永久型枠の組立断面を示す．

d. 床版打替え

床版打替えは，新しく打替えた床版と既設桟橋を構造的に一体化させることが重要であり，そのために新旧鉄筋の継手方法は土木学会基準に従って所定の重ね合わせ長さを確保した重ね継手とし，新しく打替えるコンクリートの圧縮強度は設計値 30 N/mm² とすることとなっている．なお，床版打替えの際は桟橋上面での作業となるため，桟橋の供用状態を十分考えたうえで採用の可否を判断しなければならない．

7.4.5 補修対策

コンテナ埠頭桟橋の補修工事の一例における工事数量および使用材料を表7.4.5に示す．本補修工事において適用された補修工法は，断面修復工法，電気防食工法および表面塗装工法であり，補修後30年の耐用年数を考慮した補修設計としている．

補修工事のフローを図7.4.15に示す．本補修工事にあたって，補修設計後に時間が経過してしまったため，設計時よりも劣化の進行が確認された．そのため，工事着工前に再度調査を行い，適用する補修工法の再検討が必要であった．

表 7.4.5 工事数量および使用材料[2]

工事件名		コンテナ埠頭第8号桟橋劣化補修工事（その1）（その2）			
		その1	その2		合計
大断面修復工	数量	1192 m²	919 m²		2111 m²
	材料	ポリマーセメント系	セメントモルタル系		—
小断面修復工	数量	15 m²	9 m²		24 m²
	材料	セメントモルタル系	セメントモルタル系		—
電気防食工	数量	1538 m²	765 m²	778 m²	3081 m²
	材料		チタングリッド	チタンリボン	—
	方式	チタンメッシュ方式	溝式線状陽極方式		
表面塗装工（乾燥面）	数量	4922 m²	5627 m²		10549 m²
	下塗材	エポキシ樹脂系	エポキシ樹脂系		—
	中塗材	ポリブタジエンゴム	アクリルゴム系		
	上塗材	アクリルウレタン系	アクリルウレタン系		
表面塗装工（湿潤面）	数量	1186 m²	1413 m²		2599 m²
	下塗材	水中硬化型エポキシ樹脂系	水中硬化型エポキシ樹脂系		—
	中塗材	水中硬化型エポキシ樹脂系	水中硬化型エポキシ樹脂系		
	上塗材	アクリルウレタン系	水中硬化型エポキシ樹脂系		
合計		8853 m²	9511 m²		18364 m²

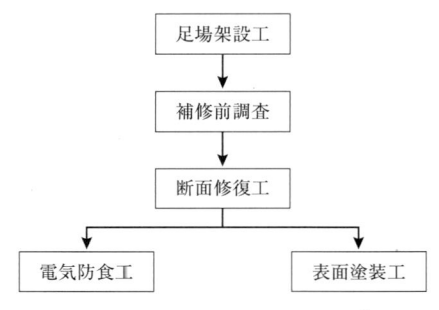

図 7.4.15 補修工事の全体フロー[2]

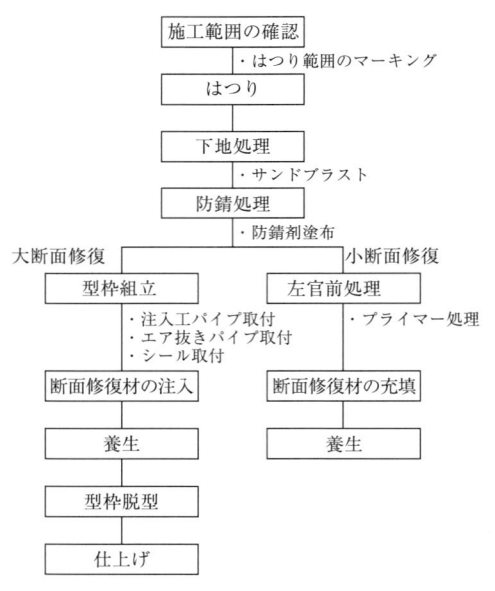

図 7.4.16 断面修復の施工フロー[2]

a. 断面修復

断面修復は，おもに剥離・剥落が著しい箇所に適用している．修復深さが3cm以上で施工面積が0.25m²以上を大断面修復，それ未満を小断面修復として分類している．

大断面修復は，はつり箇所に型枠を設置してセメントモルタル系のグラウト材を注入する方法で行った．小断面修復は，セメントモルタルの左官作業にて施工を行った．

1) はつり作業

あらかじめ断面修復箇所にマーキングを行い，マーキング範囲に沿ってダイヤモンドカッターにて目地を入れる．次にマーキング範囲内をハンドブレーカーにて鉄筋の裏側25mm以上をはつり取る．マーキング位置に目地を入れるのは，はつり作業によるひび割れを補修箇所以外に進展させないためである．また，カッター目地を入れることで補修箇所の見栄えが良くなることもある．

2) 下地処理

下地面の浮きや鉄筋のさびを除去することを目的として，サンドブラストによる下地処理を，鉄筋のさびを除去し，鉄筋が無垢の状態になるまで行った．その際，足場上にシート養生を行い，砂が海中に落下しないように施工した．

3) 断面修復

本工事のように型枠を設置して注入による断面修復を行う際には，注入圧に耐えられるように堅固に型枠を組み立てる必要がある．

グラウトモルタルミキサにて断面修復材と水を練り混ぜ，スクイズ式ポンプで型枠内部に断面修復材で完全に満たされるまで注入した．なお，電気防食以外の箇所には鉄筋に防錆材を塗布して断面修復を行った．

鉄筋かぶりが補修後においても設計値（60mm）以下となる箇所では，部材の増厚を行い，かぶり厚を確保している．

図7.4.16に断面修復の施工フローを示す．

b. 電気防食

電気防食は，チタンメッシュを用いる面状陽極方式，チタンリボンメッシュまたはチタングリッドを用いる線状陽極方式を採用している．おもな施工手順は以下の通りである．

1) 前処理

電気防食を行うに当たってコンクリート表面にセパレータや組立て鉄筋などが存在する場合には短絡して防食電流を均一に供給できないため，コンクリート表面から2cmまでの範囲でそれらを除去した．

2) 導通確認

防食対象とする鉄筋に対して防食回路ごとに導通がされていないと防食効果が得られないため鉄筋の導通を確認した．確認方法は，直流電圧計を用いて1mV以下であれば導通が確認されているものとした．

3) モニタリング機器の設置

防食効果の確認のために電気防食施工範囲内の回路ごとに埋め込み型の照合電極を設置した．「東京港埠頭公社　桟橋劣化調査・補修マニュアル」[5]では「照合電極の設置基準として1回路あたり2本以

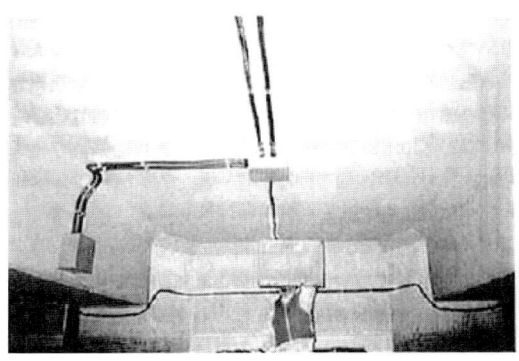

面状陽極方式　　　　　　　　　　　　　線状陽極方式

図 7.4.17 電気防食の施工完了状況[2]

差計によりコンクリート中の電位の測定を行った．

4) 陽極の設置

面状陽極方式の場合は防食対象部全体に陽極を設置するため陽極配置位置を考慮する必要はないが，線状陽極方式の場合には，陽極の設置間隔によって防食に必要な分極量が変化異なるため陽極間隔の設定が重要となる．ここでは，鉄筋表面へ $30\,\mathrm{mA/m^2}$ の防食電流の流入で $300\,\mathrm{mV}$ 分極すると仮定したシミュレーションを行って，陽極の設置間隔を鉄筋量が多い梁部下面で $200\,\mathrm{mm}$，床版部および梁側面で $300\,\mathrm{mm}$ に決定した．図 7.4.17 に電気防食の施工完了状況（面状陽極方式，線状陽極方式）を示す．

5) 各種試験

電気防食の施工完了後，防食電流密度を段階的に増加させた時の照合電極の分極量を測定し，防食電流密度を求める．

6) 防食電流の管理

電気防食工法施工部の維持管理には，専門技術者が現地で行う場合と遠隔監視システムを導入して行

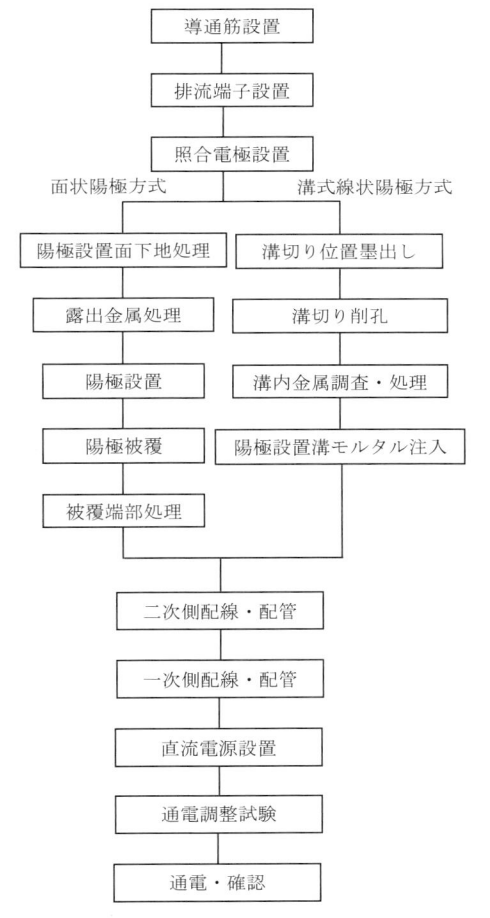

図 7.4.18 電気防食の施工フロー[2]

上設置し，1本は最も腐食が進んでいる箇所に設置する」と示されている．

照合電極にて防食効果をモニタリングする際には，高入力抵抗（$100\,\mathrm{M\Omega}$ 以上）を有する直流電位

図 7.4.19 直流電源装置と遠隔制御装置

548　　　　　　　　　　　　　　　　　　　　　7. 事　　例

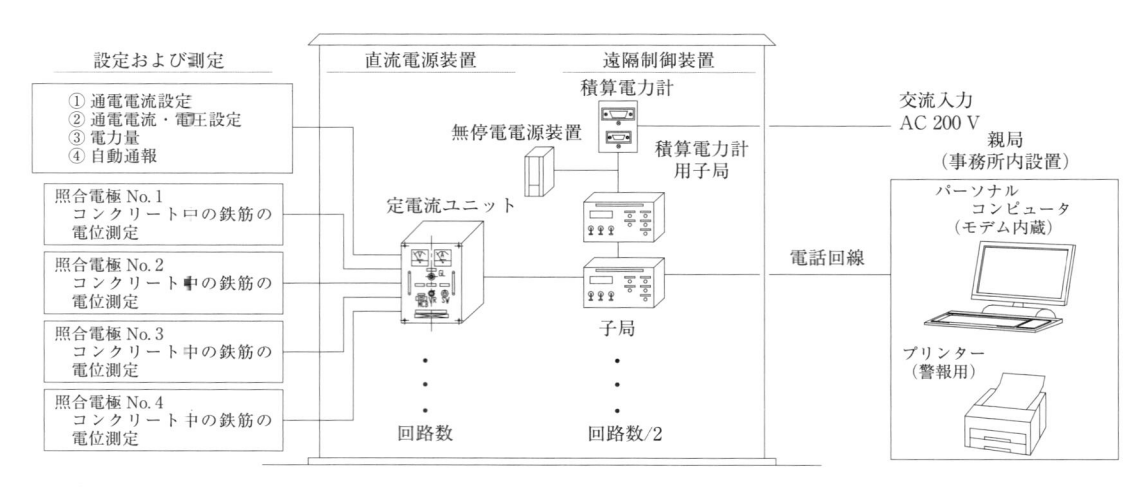

図 7.4.20　遠隔監視システム概要

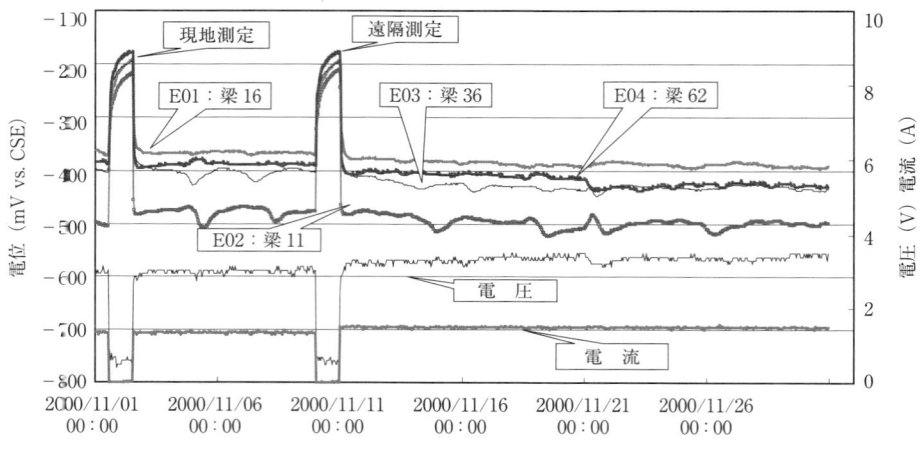

図 7.4.21　遠隔監視システムデータ例

う場合があるが，本桟橋では管理する回路数が多いことから，日常点検を遠隔監視システムにより管理している．定電流で制御し，復極量（電源を遮断した直後に得られるインスタントオフ電位と24時間経過後のオフ電位の差）を 100 mV 以上，過防食を防止するためインスタントオフ電位で -1000 mV 以下の電位とすることを管理規準としている．なお，遠隔監視システムは，落雷による停電などの異状時，親機に異状を通報する機能も有している．図 7.4.18 に電気防食の施工フロー，図 7.4.19 に直流電源装置と遠隔制御装置，図 7.4.20 に遠隔監視システム概要，図 7.4.21 に遠隔監視システムデータの一例を示す．

e.　表　面　塗　装
　表面塗装は，コンクリート中の含有塩化物イオン濃度が比較的小さく，表面塗装完了後の塩化物イオンの拡散予測を行って，施工後30年間，鉄筋位置で塩化物イオン濃度がマニュアルに示した腐食発生

図 7.4.22　表面塗装の施工完了状況[2]

7.4 コンテナ埠頭桟橋の塩害劣化補修

応型の塗装材を適用した．図 7.4.22 に表面塗装の施工完了状況を示す．図 7.4.23 に表面塗装の施工フローを示す．

7.4.6 補修後の維持管理

東京港埠頭公社（現 東京港埠頭株式会社）は，施設の維持管理に関わる費用の低減・平準化，ユーザーへのサービス水準の維持・向上を目的に，点検，劣化予測，ライフサイクルコストの算出などの実施による戦略的な維持管理を目指している．そのため今までの維持管理の方法を見直し，予防保全を積極的に取り入れて合理的で効率的に維持管理を実施するために同公社が管理する全施設について適応可能な土木施設維持管理マニュアルを平成 16（2004）年 6 月に作成した．

マニュアルでは，同公社が管理する大井コンテナ埠頭既設桟橋，大井コンテナ埠頭新設桟橋，青海コンテナ埠頭桟橋，お台場ライナー埠頭の上部工と下部工の予定供用期間を 100 年間と設定した上でト

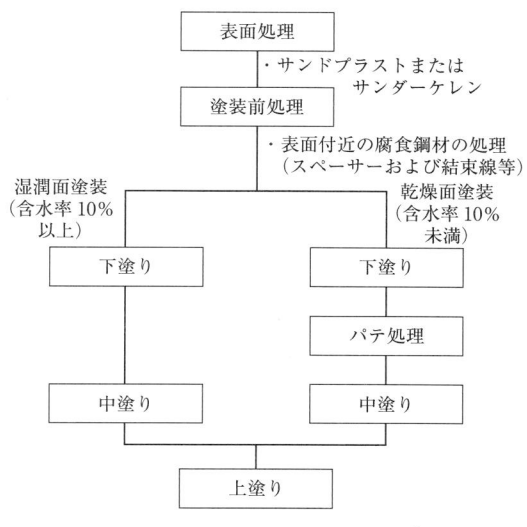

図 7.4.23 表面塗装工の施工フロー[2]

限界塩化物イオン濃度 $1.88\,\mathrm{kg/m^3}$ を越えない箇所に適用している[2]．また，満潮時海水に没水する箇所（クレーン梁下部や杭頭ハンチ部）には湿潤面対

表 7.4.6 各施設の維持管理すべき性能と具体的な内容[6]

施　設	管理すべき性能		
	安全性能	使用性能	耐久性能
桟橋上部工	・船舶が着船できる（着船時の水平力に対する抵抗性） ・荷役ができる（車輛やコンテナなどの静的・動的荷重に対する抵抗性）	・荷役作業がスムーズにできる（上部工に段差がなく，剛性低下による振動が少ない） ・床版の「抜落ち（走行制限が必要となる）」がない	・予定供用期間（供用開始後 100 年間）において，塩害が原因となって安全性能や使用性能が低下し，埠頭機能が停止しない
桟橋下部工	・船舶が着船できる（着船時の水平力に対する抵抗性） ・荷役ができる（車輛やコンテナなどの静的・動的荷重に対する抵抗性）	（直接要求されることはない）	・予定供用期間（供用開始後 100 年間）において，下部工の腐食量が許容値以下である
鋼矢板岸壁・護岸	・背後地からの土圧に耐え，荷役作業のヤードを確保する（土圧に対する抵抗性）	・矢板の変位，傾斜，法線の凹凸，土砂の流出などが少なく，荷役作業に支障がない	・予定供用期間（供用開始後 100 年間）において，鋼矢板の腐食による断面減少が許容値以下である ・予定供用期間（供用開始後 100 年間）において，矢板の変位，傾斜，法線の凹凸，土砂の流出が少ない
ヤード	（直接要求されることはない）	・舗装面のひび割れや凹凸がなく，荷役作業がスムーズにできる	・補修間隔が長く取れる耐久性
附帯施設	（直接要求されることはない）	・荷役作業のための附帯施設であり荷役作業に支障が出てはならない	・取替え間隔が短くなりすぎない程度の耐久性
泊地	（直接要求されることはない）	・船舶の航行や着岸に支障のない水深の確保	（直接要求されることはない）

タルの維持管理費用がもっとも安価でコストの平準化も図れる予防保全の考えを導入した維持管理シナリオを採用している.

また,桟橋上部工と桟橋下部工,鋼矢板岸壁・護岸,ヤード,附帯設備,泊地について具体的な管理内容（維持すべき性能を規定）を示し,点検の区分と判定方法を明確に示している.各施設の維持管理すべき性能を表7.4.6に示す.

【福手　勤・羽渕貴士・谷口　修・佐野清史】

文　献

1) 福手　勤ほか：大規模桟橋における塩害劣化の評価と補修工法の選択,コンクリート工学年次論文報告集,20(1), pp.269-274, 1998.
2) 大野皓一郎ほか：塩害を受けた大規模桟橋の総合補修計画に基づく補修工事,コンクリート工学,36(12), pp.19-23, 1998.
3) 奥平幸男ほか：大規模港湾施設の補修技術の現状－大井埠頭桟橋劣化の調査・補修の考え方－,コンクリート工学,39(6), pp.22-27, 2001.
4) 山岡達也ほか：大井コンテナ埠頭桟橋劣化補修工事の施工－塩害劣化を受けた桟橋の補修工事－,コンクリート工学,40(12), pp.36-40, 2002.
5) 東京港埠頭公社：桟橋劣化調査・補修マニュアル,2004.
6) 東京港埠頭公社：土木施設維持管理マニュアル,2004.
7) 関　博・石山明久：RC桟橋の塩害劣化とリニューアル－大井コンテナ埠頭について－,コンクリート工学,44(1), pp.70-73, 2006.
8) 奥平幸男ほか：桟橋上部工に適用された塩害劣化補修工法の耐久性評価について,日本コンクリート工学協会,複合劣化コンクリート構造物の評価と維持管理計画に関するシンポジウム論文集, pp.97-104, 2001.
9) 日本コンクリート工学協会：コンクリートのひび割れ調査,補修・補強指針2003, pp.312-317, 2003.
10) コンクリート構造物の電気化学的補修工法研究会：コンクリート構造物の電気化学的防食工法パンフレット.

7.5
地震により被災した鉄筋コンクリート造建物（集合住宅）の補修・補強事例

7.5.1　はじめに

ここでは,建物の今後の補修計画の参考になるように補修の考え方と,兵庫県南部地震で被害を受けた数多くのコンクリート系建築物に対して実際に行われた補修・補強工事の実例を紹介する.

7.5.2　被災建築物の補修の考え方

コンクリート系の構造部材の終局耐力は,通常構造部材を構成するコンクリートのせん断破壊,せん断補強筋の降伏,主筋の降伏,コンクリートの圧縮破壊,主筋とコンクリートの付着破壊のいずれかまたはその組合わせによって決定される.したがって,各々の破壊時の耐力が設計時の設定条件を保持していなければならない.コンクリート系構造物の補修にあたっては,単にひび割れはエポキシ樹脂注入,欠損部は樹脂モルタル（軽量エポキシ樹脂モルタル）を使用して行うのではなく（現実にはこの組合わせが多く行われている）,構造設計者の判断を取り入れて,上記のさまざまな劣化要因をできるだけ取り除くか緩和できるような,さらには品質確保に対する信頼性が得られるような,構造的な性能の低下が回復できるような補修材料・工法,および耐久性能確保を前提とした仕上材などの選定を行う必要がある.

7.5.3　被災建築物の復旧工事の工程例

図7.5.1に,神戸地区で行った375棟の補修工事の中から参考として作成した代表的な復旧工事の工程例を示した.この工程は,被災度区分判定で「中破」と判定された建物の復旧工事の流れを示す.図7.5.1に示した例は,延床面積1600 m^2,15階,125戸,戸あたり補修費用約200万円程度の集合住宅を想定している.工期はおおよそ11カ月程度である.図のように建築物の補修工事は,さまざまな職種が必要とされ被災地域ではすべての職種を集めることが困難な場合が多く,工事をスムーズに行う要点は職種を少なくすることである.とくにコンクリート躯体の補修は早急に行う必要があるので,新築においては,鉄筋工事・型枠工事・コンクリート工事・防水工事・仕上げ工事など多くの職種を必要とすることや,養生,内装の撤去範囲の拡大等の問題で,震災補修工事にあたってはコンクリート打設箇所や内装撤去箇所をできるだけ少なくするようにする必要がある.つまり,要求される性能を満足できるのであれば,残存コンクリートをできるだけ活かして補修する方法を採用する.後述するように内装の撤去

7.5 地震により被災した鉄筋コンクリート造建物（集合住宅）の補修・補強事例　　　　551

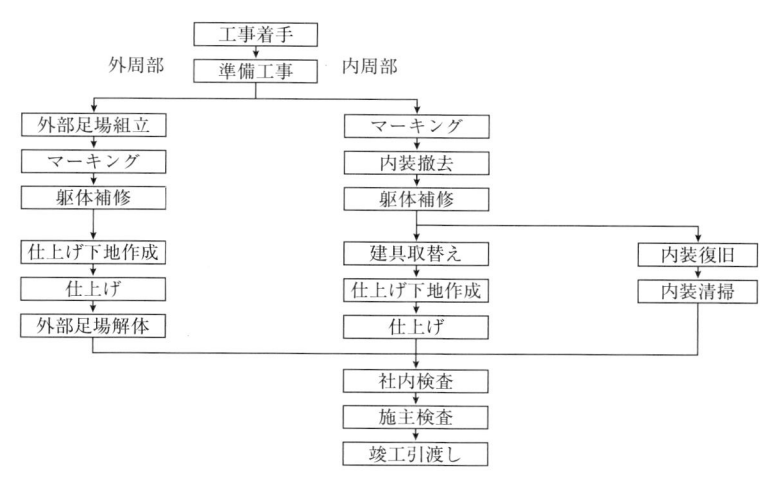

図 7.5.1 被災建築物補修工事の一般的なフロー

表 7.5.1 補修工事費の内訳例

項　目	割合（％）
仮設	15.2
撤去費	6.5
構造躯体	12.1
非構造部材	20.2
防水	3.5
床仕上げ	0.4
木工事	4.6
左官	3.1
建具	15.6
ガラス	1.0
塗装	2.8
吹付け	10.7
雑工事	1.3
設備	2.0
調査	1.0
合計	100

の有無によって工事費や工期が大きく異なる．

建築物の補修工事金額は，建物仕様・被災程度・杭の被害の有無などによって大きく異なり，図7.5.1で想定した集合住宅の場合では，おおよそ表7.5.1に示した内訳となる．表7.5.1より構造躯体に要する費用は約12％，非構造部材は約20％，合計32％であり，非構造壁の損傷による変形したドアやサッシの取替えや躯体補修の際の内装材の撤去・修復関連で，おおよそ35％となり，躯体の補修費と同等，非構造壁の損傷が著しい場合には，多くなる場合もある．非構造壁の損傷が曲げひび割れ程度であれば，ドア・サッシの取替えはほとんど発生せず補修費が大幅に減少する．

7.5.4　ひび割れ補修と断面欠損補修のポイント

被災度区分判定の結果，建物全体は補修と判断され損傷度がIII程度以下の部材においては，有機系樹脂自動低圧注入，ヤング係数がコンクリートと同程度のモルタルやコンクリートの充填などの補修を行う．ただし外観上損傷度がIII以下の部材であっても，鉄筋や鉄骨が破断が生じている場合もあるので，構造技術者の判断が必要となる．曲げ破壊モード部材の損傷程度の概念図を図7.5.2に示す．

a. ひび割れの注入

樹脂の注入量は，通常のひび割れ補修の場合より2〜4倍の量を必要とする場合がある．その理由は，表面に見えているひび割れよりも内部でひび割れが分散していること，鉄筋の降伏によって鉄筋周辺に隙間が生じること，コンクリート打設時の沈下によ

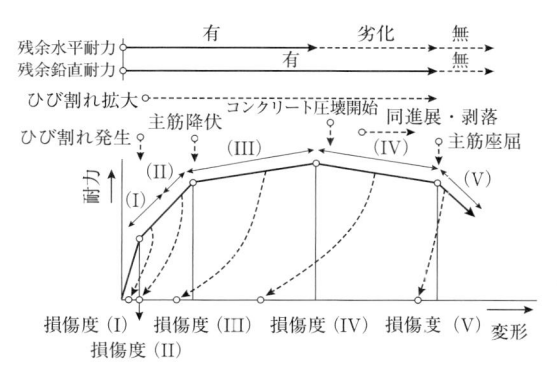

図 7.5.2 曲げ破壊モード部材の損傷度（概念図）[9]

7. 事例

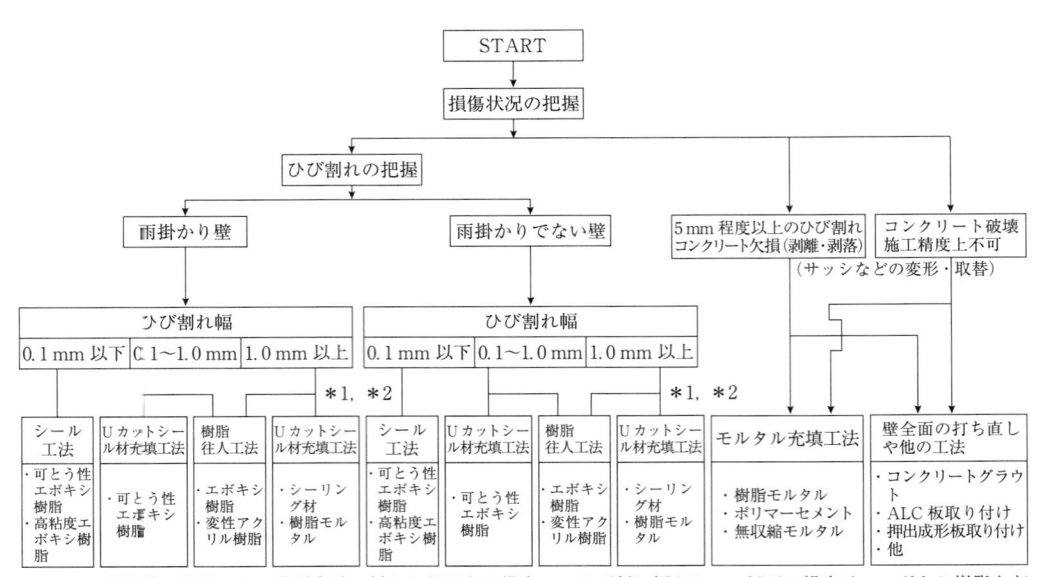

```
                    START
                      │
              損傷状況の把握
                      │
        ┌─────────────┼──────────────┬──────────────┐
    ひび割れの把握                              
        │                                          
   ┌────┴────┐                    5mm程度以上のひび割れ  コンクリート破壊
  雨掛かり壁  雨掛かりでない壁      コンクリート欠損(剥離・剥落)  施工精度上不可
                                   (サッシなどの変形・取替)
```

雨掛かり壁 ひび割れ幅	雨掛かりでない壁 ひび割れ幅		
0.1mm以下 / 0.1～1.0mm / 1.0mm以上	0.1mm以下 / 0.1～1.0mm / 1.0mm以上		
*1, *2	*1, *2		

シール工法	Uカットシール材充填工法	樹脂注入工法	Uカットシール材充填工法	シール工法	Uカットシール材充填工法	樹脂注入工法	Uカットシール材充填工法	モルタル充填工法	壁全面の打ち直しや他の工法
・可とう性エポキシ樹脂 ・高粘度エポキシ樹脂	・可とう性エポキシ樹脂	・エポキシ樹脂 ・変性アクリル樹脂	・シーリング材 ・樹脂モルタル	・可とう性エポキシ樹脂 ・高粘度エポキシ樹脂	・可とう性エポキシ樹脂	・エポキシ樹脂 ・変性アクリル樹脂	・シーリング材 ・樹脂モルタル	・樹脂モルタル ・ポリマーセメント ・無収縮モルタル	・コンクリートグラウト ・ALC板取り付け ・押出成形板取り付け ・他

*1 ドア開閉等の衝撃による非耐力壁の揺れなどがある場合で，ひび割れ幅が3mm以下の場合は，エポキシ樹脂などで接着した後に上記処理を行う
*2 ドア開閉等の衝撃による非耐力壁の揺れなどがある場合で，ひび割れ幅が3mmを超える場合は，エポキシ樹脂モルタルなど充填後に上記処理を行う

図 7.5.3 非構造部材の補修判定フロー

り鉄筋や鉄骨下部に隙間が生じていることなど，これらの箇所に樹脂が浸透していくためと考えられる．さらに，通常の注入作業は平滑な面で行うのに対し，被災を受けた部材では凹凸面での作業となるので，注入治具や注入方法に工夫がいる．損傷度がIV以上の部材は，通常せん断補強筋の増設後，コンクリートの打直しが行われているが，鉛直力の支持，人員，工期，使用者の退避などの問題からコンクリートの打直しは最小限に止め，残存コンクリートをできるだけ活かして補修する方法がとられる場合が多い．

過去の研究により，ひび割れは樹脂注入，欠損部はモルタル充填を確実に行うことにより，終局耐力が被災前とほぼ同様になることが確認されている．また，一般的に用いられている注入用のエポキシ樹脂は，有機塩素化合物が数千ppm含まれている．理論的には水掛かりの部位においてはアルカリ水中で加水分解を起こし，析出した塩素イオンや酸が鉄筋の腐食を起こす可能性もあるので，湿潤面や基礎構造物には，ポリマーセメントスラリーや水中接着・耐水性・油面接着に優れた変性アクリル樹脂系の接着剤などを使用する．

具体的な補修工法は，使用者待避の可否，部材の損傷度，施工性，要求する耐震性，コストなどを考慮して選択して決定する．

例として，ひび割れ，欠損の状況に応じた補修工法判定のフローを非構造部材について図7.5.3に，構造体について図7.5.4に示した．このフローは樹脂注入の適用性，施工性，耐久性，応力負担などを考慮して決めたものである．寸法の大きい部材の内部まで樹脂注入を確実に行うためには，部材内部のひび割れ状況を見極める能力など後述するノウハウが必要となる．樹脂注入が確実に行えたかどうかの確認は，注入する樹脂に蛍光微粉末を混合し，小径コアを抜き，コアに紫外線を当て充填状況を確認する．

b. 欠損部補修

コンクリート欠損部の補修は，圧縮力を負担する部位か否か，欠損の大きさ（面積・深さ）を考慮して，適切な補修材料・工法を適用する．

補修のポイントを下記に示す．

欠損部充填厚さが25mmを超える場合は，剥落安全性などの観点からメッシュなどの補強を併用する．欠損部のはつりは，皿型ではなく凹状にはつる．セメント系補修材料の場合，打継ぎ面は吸水調整材塗布またはポリマーセメントペーストを塗布する．非構造部材以外の部材は圧縮応力を負担するので，

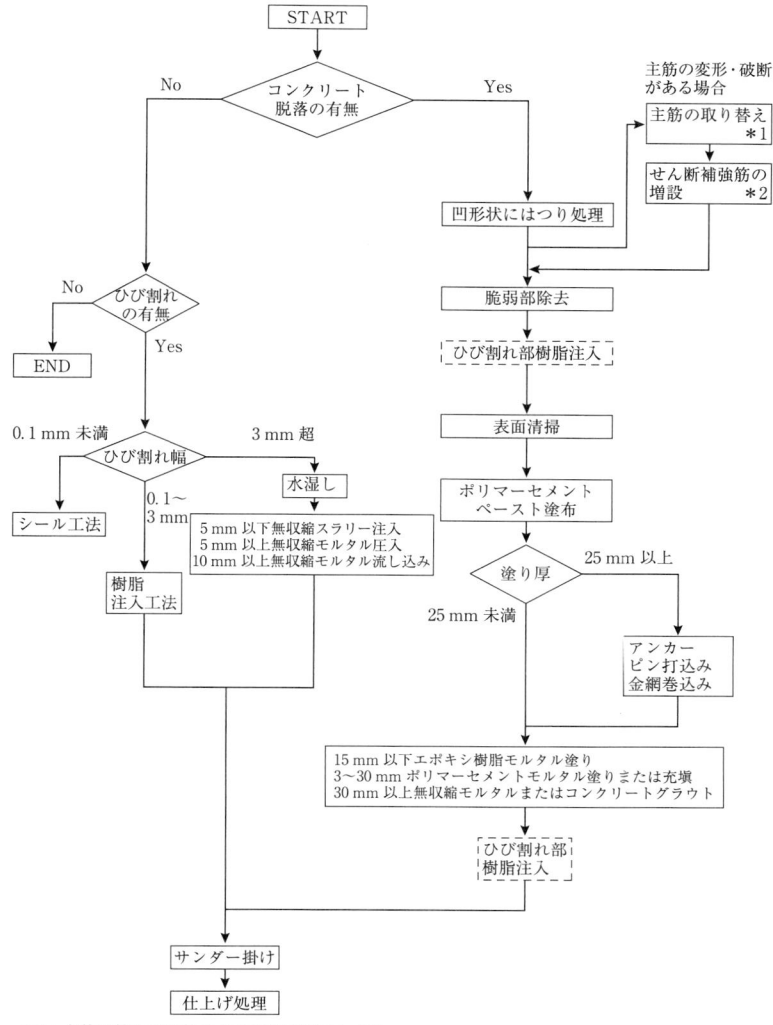

7.5 地震により被災した鉄筋コンクリート造建物（集合住宅）の補修・補強事例

図7.5.4 構造部材の補修方法判定フロー

*1：主筋の接合は溶接または機械式継手とする
*2：せん断補強筋は10D以上の重ね溶接止めとする

コンクリートか既存コンクリートと同等のヤング係数，同等以上の圧縮強度を有するモルタルを用いる．具体的には日本建築学会「外壁補修に関する基本的考え方（湿式編）」や巻末の文献などを参考にしていただきたい．

7.5.5 補修工事の実際

a. マーキング

図7.5.5に，非構造部材のマーキング例を示した．マーキングは，図7.5.3，図7.5.4に示した補修工法が確実に行えるよう各工法ごとに色を決め，補修業者は色分けされた箇所別に各々の工法を間違いなく進めることができ，管理も容易になる．

b. 非構造部材の補修工事例

非構造部材の補修にあたっては，活かす部分と除去する部分を選定する．

選定のポイントとしては，さまざまな考え方があるが，例として以下に示す．

①壁面の段差が大きくケレンなどで修正できない部分は除去し，ポリマーセメントモルタルまたは無収縮モルタルを充填する

②ドアなどの建具の変形をジャッキなどで矯正で

図 7.5.5 マーキングの例

図 7.5.6 壁補修の例

　　きない場合は建具枠まわりを除去する
　③内装撤去の可否に応じて工法の細部を調整する
　④ひび割れのみの部分は樹脂注入を先行して行う
　⑤コンクリートの欠損を伴うひび割れ部は，コンクリートやモルタルを充填した後に打継ぎ面を含めて樹脂注入を行う．
　非構造壁の補修の要領は，内装を撤去するかしないかどうかが，工法選定の大きな要因となる．つまり，内装の撤去と復旧で補修費が1万円/m² 程度高くなること，居住者の生活に支障が出ること，浴室に面する部分で内装の除去が不可能など，技術や補修後の性能以外の要素が加味される．
　樹脂によるひび割れ注入は，両面にシールを行うのが理想的ではあるが，上記のような制約から，内装の損傷が許容できる範囲内であれば，室内側をシールせず片面から樹脂注入を行うことができる．片面から樹脂注入を行う要領としては，注入孔のピッチを小さくし（壁厚 150 mm 以下の場合で 100～150 mm），ひび割れ幅に適した粘性よりもやや固めのものを先に注入し，その後硬化前に低粘度樹脂を注入するすことによって背面への樹脂のだれを少なくすることができる．この方法はひび割れ幅が 2 mm 以下の場合で，2 mm を超える場合は，シールを充填する要領で高粘度の樹脂をあらかじめ背面に充填した後，表面をシールし，低圧注入工法で低粘度の樹脂を注入する．この方法で樹脂を注入した場合は，壁厚の約 80～90％程度注入でき，壁の剛性が確保できることを確認している．コンクリートを大きな面積で除去する場合は，内装を除去し，コンクリート・モルタルの充填を行った後，樹脂の注入を行う．図 7.5.6 は，上階床上からコンクリートの打直しを行った例である．

c. 柱の補修例

　図 7.5.4 に，構造部材の補修工事のフローを示した．図 7.5.7 は柱を例図とした構造部材の補修工法選定例である．図 7.5.8 は，鉄筋の交換を伴う損傷度 V の柱の補修要領例である．図 7.5.9 のように交換を伴う鉄筋は，両端が固定されているため，接合時の残存応力をできるだけ小さくするためにかぶり厚さが確保できる場合は機械式継手，かぶり厚さが確保できない場合は溶接により補修を行う（図7.5.10）．溶接による接合部の縮み量は 1～2 mm 程度である．
　柱の補修にあたっては，部材の断面が大きいので，内部のひび割れに確実に樹脂を注入できるように，注入順序，注入孔の間隔，粘性の設定，注入状況の確認，注入治具内の残存樹脂量の管理などに，十分注意する必要がある（図 7.5.11，図 7.5.12）．樹脂注入要領は，樹脂の通り道が確保できるように表面ひび割れ状況から三次元的に内部のひび割れ位置を想定し，あらかじめ部材中央部ひび割れ付近まで穿孔し，アルミパイプを埋め込んでおくことによって，内部への注入をより確実にする．片面の最下部柱表面に設置した低圧注入治具から注入を始め，埋め込みパイプ，他面や上部の治具に樹脂が漏れ出すのを確認し，表面に取付けた低圧注入治具から注入を行

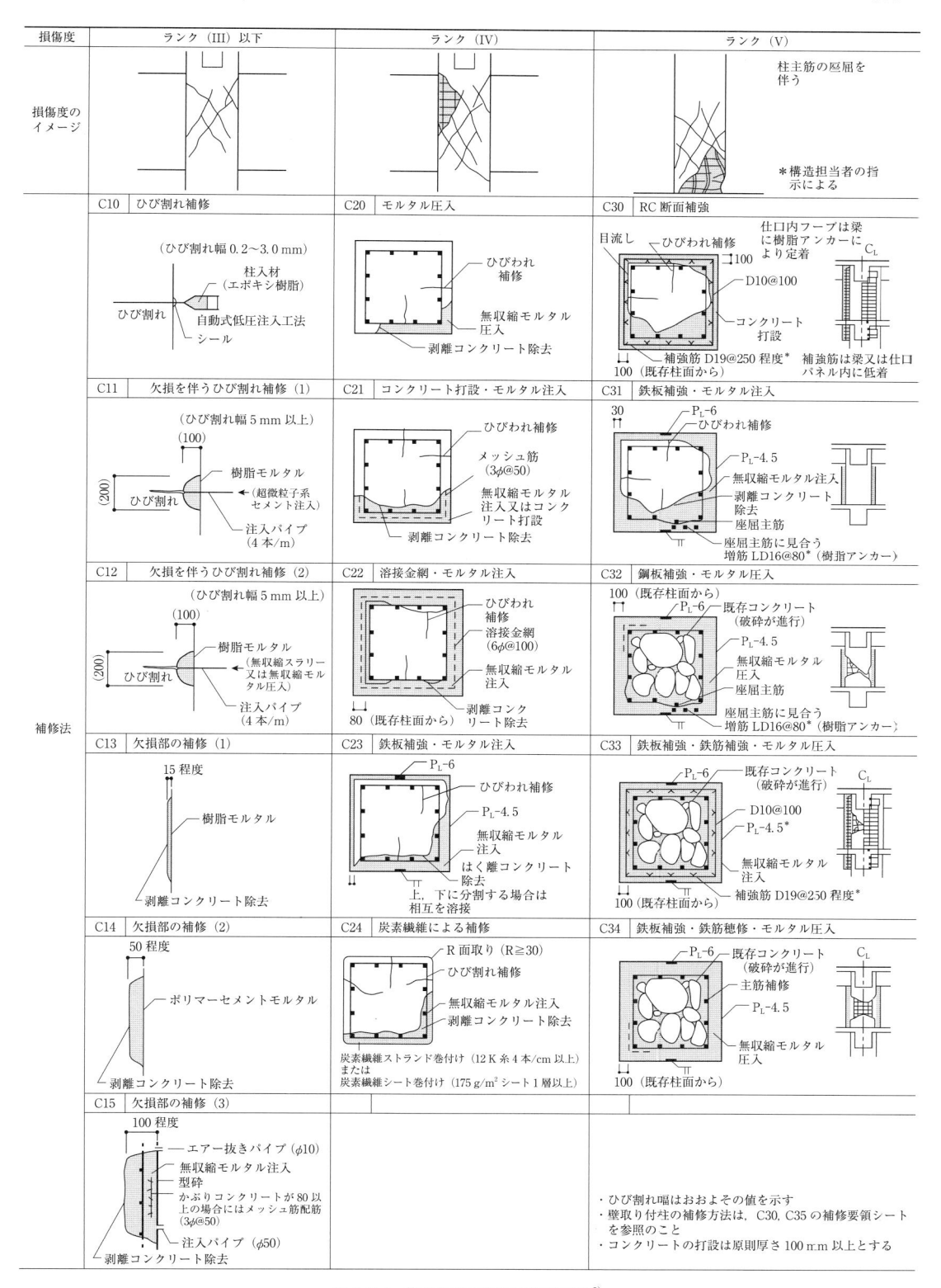

7.5 地震により被災した鉄筋コンクリート造建物（集合住宅）の補修・補強事例

図 7.5.7　構造部材の補修工法選定例[9]

556   7. 事　　例

補修法	C30	鉄筋交換および欠損を伴うひび割れ補修
補修目的	\multicolumn{2}{l}{1. 性能回復（A.曲げ・Bせん断・C軸力）　2. 耐久性回復　3. 美観回復}
詳細図		
施工法・施工手順	\multicolumn{2}{l}{(1) 柱近傍の大梁をサポートする． (2) 腹筋 　①損傷を受けている腹筋を除去する． 　②腹筋を配筋する． 　　腹筋の接続はフレアー溶接（連続10d以上）による． 　　※溶接長　連続10d以上（片面溶接）連続5d以上（両面溶接） (3) 主筋 　主筋に曲がりもしくは破断が認められる場合は，その部分の鉄筋をサンダーで切断し，機械式継手もしくは溶接継手により配筋する． 　コンクリートの打設については，C15による． 　ひび割れ部の注入については，C11による．}

図7.5.8　柱部材の補修概要シート[9]

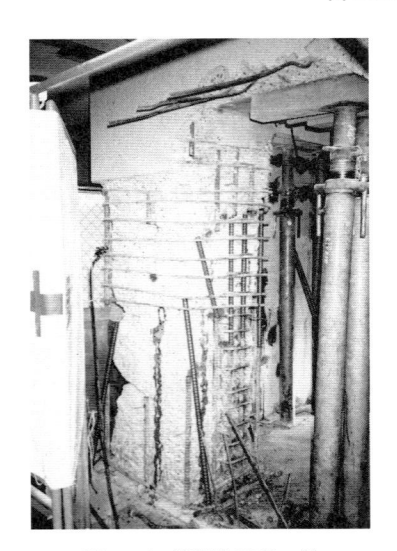

図7.5.9　損傷度Ⅳ柱の例

図7.5.10　鉄筋溶接の例

い，順次他面へ移動する．樹脂が十分埋め込みパイプ内部に充填されたらアルミパイプを折るか，取り付けたビニルチューブを折り曲げて封印する．低圧治具の中の樹脂が少なくなったら早急に再充填する．これを順次繰り返し上方へ移動し樹脂を送り込む（図7.5.12）．図7.5.12では，シール材としてポリマーセメントモルタルを使用している．

d．梁の補修例

梁の補修は，基本的には柱と同様に行う．損傷度Ⅴの場合の補修要領を図7.5.13に示す．

e．耐震壁の補修

耐震壁の補修は，非構造壁と同様ではあるが，応力を負担する部位なので，必ず両面から低圧注入治具により樹脂注入を行う．損傷度Ⅴの場合の補修要領を図7.5.14に示す．

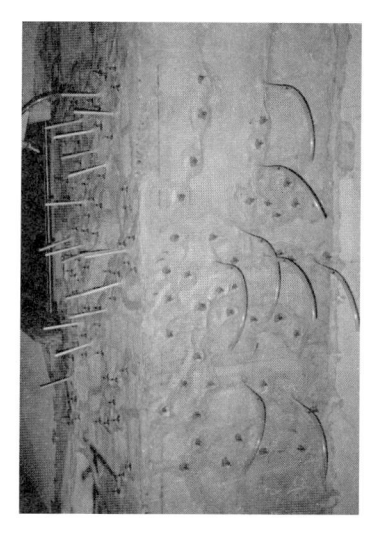

7.5 地震により被災した鉄筋コンクリート造建物（集合住宅）の補修・補強事例

図7.5.11 柱パイプ取付状況

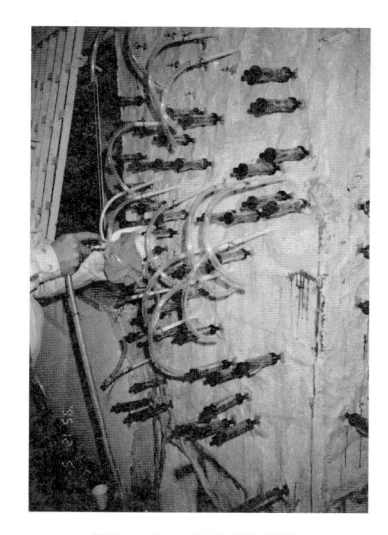

図7.5.12 柱部注入状況

補修法	B30	ひび割れ注入，コンクリート充填
補修目的	\multicolumn{2}{l	}{1. 性能回復（A 曲げ・B せん断・C 軸力） 2. 耐久性回復 3. 美観回復}
詳細図	\multicolumn{2}{l	}{ }
施工法・施工手順	\multicolumn{2}{l	}{(1) あばら筋 　①あばら筋の一部を露出させる場合 　　あばら筋の接続はフレアー溶接（連続10d 以上）による． 　　※溶接長　連続10d 以上（片面溶接）連続5d 以上（両面溶接） 　②あばら筋のすべてを露出させる場合． (2) 主筋 　主筋に曲がりもしくは破断が認められる場合は，その部分の鉄筋をサンダーで切断し，機械式継手もしくは溶接継手により配筋する． 　ただし，矯正可能な軽微な曲がりは矯正する． 　コンクリートの打設については，B21 に従う．}

図7.5.13 梁部材の補修概要シート[9]

f. 基礎梁・フーチングなど，土や水に接する部材の補修

ほかの部位と大きく異なるのは，水と土に接しているということである．エポキシ樹脂は，湿潤面や汚れ・油などが存在する面の接着は困難であるので，変性アクリル樹脂を使用する．地下壁などでひび割れが生じ，ひび割れから水が滲み出している箇所であれば，背面に止水用の防水材などを注入し漏水を少なくした後に，片面からアクリル樹脂の低圧注入を行う．注入時に，ひび割れ最頂部より水が押し出され，水とアクリル樹脂が置き換わった後に，最頂部をシールし再度樹脂を注入する．

このような方法を行うことで，ひび割れ部の接着と止水を同時に行うことが可能となる．

7.5.6 耐震補強

診断の結果補強が必要と診断された建築物は補強

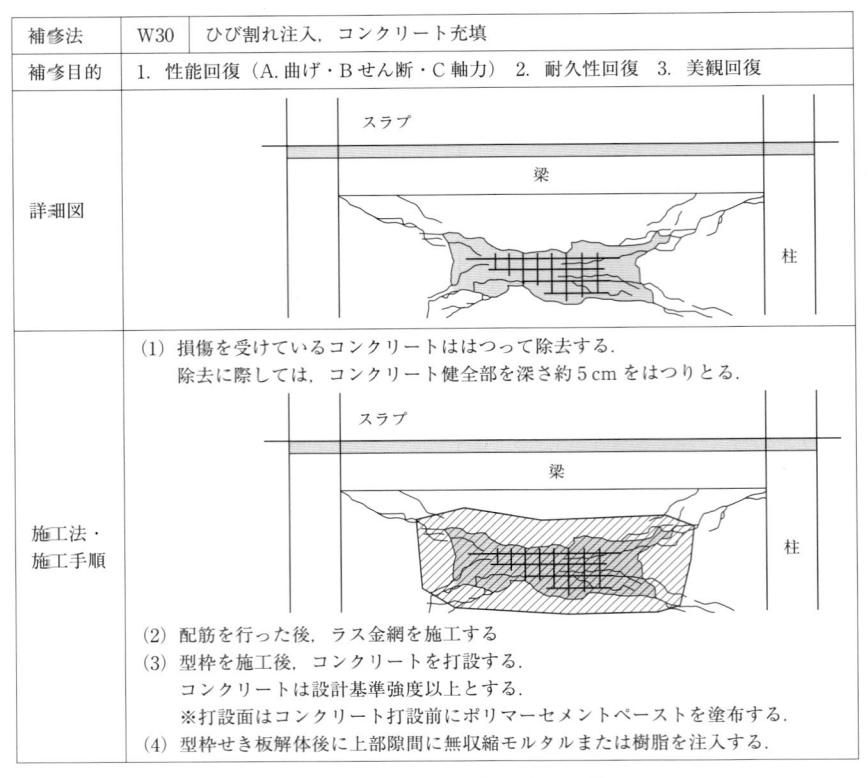

補修法	W30	ひび割れ注入, コンクリート充填
補修目的	\multicolumn{2}{l	}{1. 性能回復（A. 曲げ・B せん断・C 軸力） 2. 耐久性回復 3. 美観回復}
詳細図	\multicolumn{2}{l	}{（図）}
施工法・施工手順	\multicolumn{2}{l	}{(1) 損傷を受けているコンクリートははつって除去する. 除去に際しては, コンクリート健全部を深さ約5cmをはつりとる. (2) 配筋を行った後, ラス金網を施工する (3) 型枠を施工後, コンクリートを打設する. コンクリートは設計基準強度以上とする. ※打設面はコンクリート打設前にポリマーセメントペーストを塗布する. (4) 型枠せき板解体後に上部隙間に無収縮モルタルまたは樹脂を注入する.}

図 7.5.14　耐震壁部材の補修概要シート[9]

を行う. 補強とは, 建築物やその部材の構造性能をもとより高くすることと言える. 被災を受けた建築物の補強は, 前述した補修を行った後に補強を行う.

補強と判断された建物は, 建築物全体の耐力を増加する方法, または建築物の靱性を増加する方法などが採用される. 補強方法は, 過去に数多くの方法が提案されて実施されている.

神戸地区では重量増加, 施工性, プラン上の制約などを考慮し, 下記の方法が多く行われていた. 耐力を増加する方法は, 耐震壁の新設, 間仕切壁の増し厚, 開口部分の埋戻しなどが主流を占めている. 靱性を増加する方法は, 腰壁部のスリット設置, 鋼板, カーボンファイバーでの補強, せん断補強筋を設置してコンクリートをふかす方法が多く行われた. 配筋量, 鋼板の厚さ, カーボンファイバーの巻き数, 部材厚などは, 設計によって決定するのでここでは省略する.

a. 耐震壁の増設

耐震壁の増設には, 耐震壁を新設する場合と, 間仕切壁などを増し厚して耐震壁にする場合がある.

このときのポイントは, 鉄筋のアンカーと既存コンクリート, 新設コンクリートの接合部の処理である. コンクリートの打継ぎ面の処理は, チッピングによる目荒らしの後, 吸水調整材塗布かポリマーセメントペーストの塗布を行う. 柱・梁などの接合面には, あと施工アンカーを用いる. これらのアンカー施工は, 日本建築あと施工アンカー協会技術資料に従って行われる. 屋内の場合にはVOCや耐火性を考慮して無機系の接着アンカーを用いる場合がある. アンカー筋に壁筋を溶接して接合し型枠を組み, コンクリートを梁下もしくは孔を開けたスラブ上からの充填および壁側面から圧入する（図 7.5.6 上部）. 梁下からコンクリートを充填する場合は, 梁下10cm程度までコンクリートを充填しコンクリート硬化後, 梁下部に無収縮モルタルを充填する方法と, 梁下より15cm程度上までコンクリートを打設し, コンクリート硬化後余盛り部分をはつる方法が行われている.

b. 柱 補 強

柱補強は, せん断強度を高めじん性を改善する方

図7.5.15 柱鋼管補強コンクリート充填状況

図7.5.16 柱部カーボン補強例

法と，袖壁を増設して柱の強度を改善する方法がある．

1) 柱のせん断強度を高め，靱性を改善する方法

せん断強度を高める方法としては，既存柱の外側にせん断補強筋の配筋または鋼板を巻き，無収縮モルタルやコンクリートを充填する方法（図7.5.15），カーボンシートをエポキシ樹脂接着剤で張り付ける方法（図7.5.16）が多く採用された．せん断耐力のみを増加させる場合は，柱頭と柱脚部は30 mm以上の隙間を空けて，大変形時（1/100）に衝突して曲げ耐力が増加しないようにしている．無収縮モルタルの場合は，柱下部より圧入を行い，コンクリートの場合は，図7.5.15のように梁側面または上階床より充填していることが多い．

2) 袖壁を増設して，柱の強度を改善する方法

既存コンクリート面の処理とアンカーは，耐震壁と同様に行う．横筋は，袖壁端部のコンクリートの拘束を考慮して閉鎖型になるようにする．

3) 梁の補強

梁の補強のほとんどが，せん断耐力の増加を目的として，あばら筋を増設する方法が行われている．

既設コンクリートの目荒し，アンカー筋の設置後，スラブ上から無収縮モルタルまたはコンクリートを打設している．

【古賀一八】

文　献

1) 日本建築学会：外壁改修工事の基本的な考え方（湿式編），1994.
2) 馬場明生：鉄筋コンクリート建物のひび割れと対策，井上書院，1985.
3) 古賀一八：RC部材の補修工法に関する研究，日本建築学会大会梗概集，1988.
4) 古賀一八：RC部材の補修工法に関する研究その2，その3，日本建築学会大会梗概集，1989.
5) 全国国外壁補修工事業協同組合連合会：外装補修マニュアル，1992.
6) 低圧樹脂注入工法協議会：自動式低圧樹脂注入工法ハンドブック，1992.
7) 日本樹脂施工協同組合：樹脂注入施工ハンドブック，1992.
8) 兵庫県南部地震被災度判定体制支援会議：RC造，S造，SRC造建築物の被害と補修事例，1995.
9) 被災建築物の緊急補強技術開発委員会：地震被害を受けた鉄筋コンクリートおよび鉄骨鉄筋コンクリート造建築物の補修工法，1996.

7.6 道路橋PC連続桁の補強（中央ヒンジ部連結工法）

1980年ころまでに架設された長大PC橋は，場所打ちの片持架設工法で架設されたものが多く，そのほとんどが有ヒンジ連続桁，および有ヒンジラーメン桁である．この架設工法の特徴は，河川，海峡，および陸上交通などの障害の影響を受けることなく施工ができ，かつ従来のコンクリート橋に比べて長支間である．

有ヒンジ連続ラーメン桁の中央ヒンジ部には，主桁のせん断力のみを伝達するヒンジ沓が設置されている．ヒンジ沓は，鋼製部材によって線接触となっており，曲げモーメントおよび軸力は伝達されない構造となっている．このため，活荷重の繰り返しや温度変化による水平移動の影響により，ヒンジ沓の接触部に磨耗が生じる．このような磨耗が顕著になると，橋面の伸縮装置に段差が生じ，車両の走行性の低下や騒音の発生要因となる．一方，想定以上のクリープ変形や下部構造の変位が発生した場合には，図7.6.1に示すように中央ヒンジ部で縦断線形

図 7.6.1 中央ヒンジ部の変状

の連続性が失われることとなる.

このような中央ヒンジ部が原因となる変状の対策としては，ヒンジ沓を補修する方法とヒンジ沓を撤去し主桁を連結する方法がある．一般には，走行性や騒音の改善，対策後の維持管理の軽減，さらには耐震性能の向上が期待できる主桁を連結する方法を採用することが望ましいが，下部構造を含めた設計条件や施工条件から連結構造の採用が困難な場合には，ヒンジ沓の補修方法について検討を行うこととなる.

ここでは，中央ヒンジ部で生じた変状に対する一般的な対策である，連結工法について述べる.

7.6.1 設計一般

中央ヒンジ部連結工法の設計手順を示すと図7.6.2のようになる[1].

多径間有ヒンジラーメン桁の連結径間数の検討にあたっては，次の項目を考慮して可能な限り多径間化を図るとよい.

①温度変化および地震による連続径間の桁端変位量が所定の遊間量以内であること.

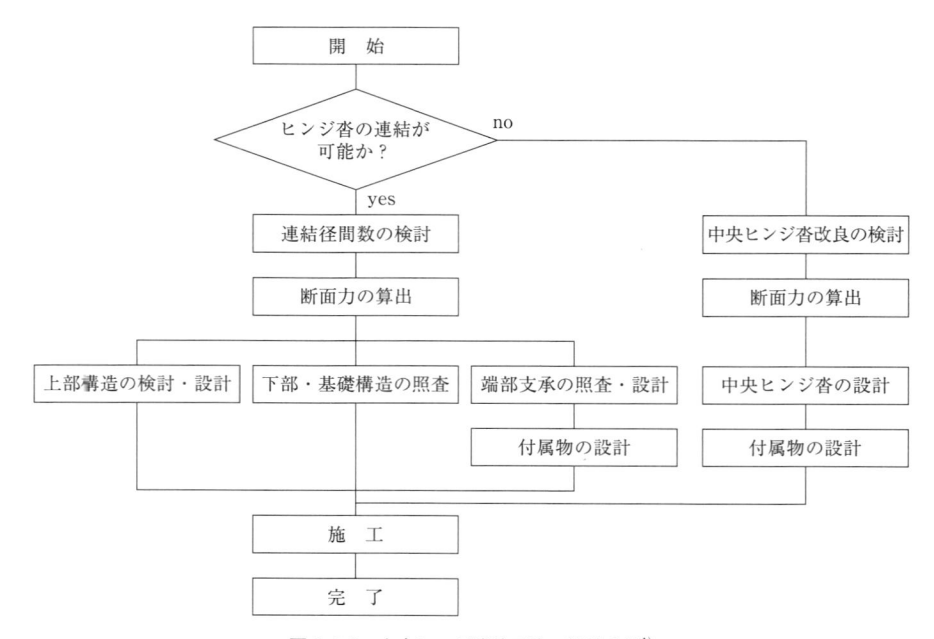

図 7.6.2 中央ヒンジ連結工法の設計手順[1]

②連結により各橋脚の荷重分担が変化するため，これを考慮して下部構造の設計照査を行うこと．

これは，構造系が連続ラーメン構造となるためで，温度変化や地震時慣性力は水平，回転バネによって分散する．よって，各下部構造の剛性が大きく異なる場合や，耐震補強工事などによって下部構造の剛性が変化する場合には，これらも考慮した検討が必要となる．

中央ヒンジ部の連結は，中央ヒンジ部の主桁遊間にコンクリートを充填し，外ケーブルによりプレストレスを導入することにより行われる．これにより，隣接する主桁が剛結合となり，曲げモーメントと軸力も伝達できる構造に改良される．このため，あと死荷重，活荷重，温度変化および地震寺慣性力に対しては連続ラーメン桁と同様な挙動を示し，連結部付近には正の曲げモーメントや軸力が作用することとなる．つまり，各荷重と載荷時間，構造系の変化およびコンクリートの遅れ弾性ひずみなどを考慮して断面力を算出する必要がある．

7.6.2 構 造 細 目

中央ヒンジ部連結工法の連結部の構造例を図7.6.3に示す．

連結部には活荷重や温度変化によって正負の曲げモーメントや軸力が作用するため，上下床版には引張応力が生じる．このため，上下床版部の鉄筋を適切な方法で連結しなければならない．間詰め部には活荷重や温度変化および地震時慣性力により主桁を介して大きな力が作用するため，既設部材と同等以上の強度を有し，収縮の小さい材料を使用するとよい．また，間詰め部は狭隘な施工空間や交通規制に伴う施工時間の制約など，厳しい条件下での施工となるため，作業性に優れ，早期に強度が発現する材料を選定することが望ましい．過去の事例では，超速硬セメントコンクリートや早強セメントコンクリートなどを用いた例が多い．

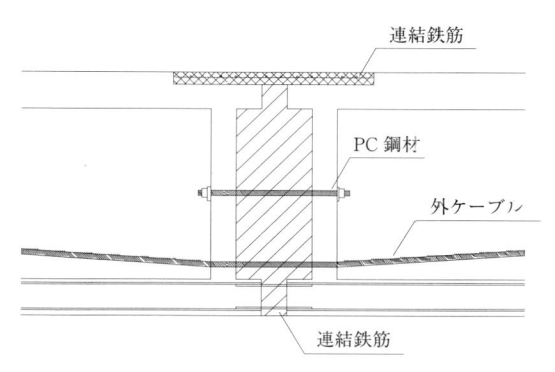

図7.6.3 中央ヒンジ部の連結構造例

連結部の床版上には，路面からの雨水などの浸入を防止することにより床版の耐久性の向上が期待できる防水層を設置するとよい．

7.6.3 実 施 例

中央ヒンジ連結化工法の実施例[2]を次に示す．

対象とした構造物はPC8径間有ヒンジ連続ラーメン箱桁で，塩害による大規模な断面修復と合わせて，維持管理の低減，走行性の改善および耐震性能の向上を目的として，中央ヒンジの連結化を実施している．

中央ヒンジの連結化の概要図は図7.6.4に示すようで，連結する径間数については，連結後の橋脚および基礎の照査を行った結果，全径間の連結化は不可能と判断されたため，1カ所のヒンジを残して連結化することとした．連結部は，連結化によって生じる支間中央部の正の曲げモーメントに抵抗する外ケーブルを配置している．外ケーブルは，施工性および再緊張の実施を考慮して圧着ネジ形式を用いている．外ケーブル補強用の定着装置は，補強効果が有効に得られるよう図7.6.5に示すように，ウェブに設けている．定着装置とウェブ部は，PC鋼棒で緊結し固定している．外ケーブルの定着装置については，浅井らによる最新の研究事例[3]があり，参考

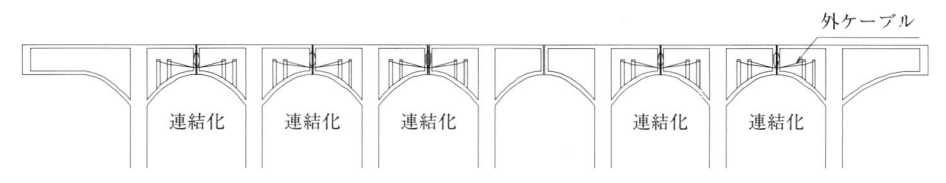

図7.6.4 中央ヒンジ部連結工法の実施例

図7.6.5 外ケーブル定着装置の設置例

にするとよい. 　　　　　　　　　【野島昭二】

文　献

1) 東・中・西日本高速道路株式会社：設計要領第二集橋梁保全編, 2009
2) 佐々木祐三・森山　守：最新技術を融合した塩害橋梁の大規模補修補強, 土木学会誌, Vol. 80, pp. 10-13, 1995.
3) 浅井　洋ほか：外ケーブル補強工法定着部に関する検討, 土木学会論文集 E, 63(2), pp. 223-234, 2007.

7.7
約10年経過した再アルカリ化工法の追跡調査

7.7.1　はじめに

中性化による鉄筋コンクリート構造物の劣化対策としては，二酸化炭素，酸素，水分などの鉄筋腐食因子の侵入を防止する目的で行われる表面処理工法による補修が一般的である．しかし，中性化残り（＝かぶり－中性化深さ）が十分にある構造物に対しては，表面処理工法が有効であるが，中性化残りが少なくなった鉄筋コンクリート構造物に関しては，コンクリートのアルカリ性を回復する再アルカリ化工法が有効であると考えられる．

再アルカリ化工法は，中性化した鉄筋コンクリートに対して，一定期間構造物の表面に仮設材料を設置し再アルカリ化処理を行い，pH値の低下に伴う鋼材腐食の進行を抑制する工法である．仮設材料としては，アルカリ性の電解質溶液とその保持材，陽極材からなる仮設陽極および取付け材であり，処理終了後にこれらの仮設材料をすべて撤去し，処理前のコンクリート表面状態に戻す．処理期間中は，陽極材からコンクリート中の内部鋼材へ直流電流を流し，アルカリ性の電解質溶液をコンクリートに電気浸透させる．これにより，中性化しているコンクリートのアルカリ性の回復を図る[1]．

平成5 (1993) 年度に，山陽新幹線鉄筋コンクリート高架橋のうち，中性化が進行した高架橋を対象として，鉄筋腐食の進行を抑制し，構造物の耐久性を高めるために，脱塩・再アルカリ化工法併用工法および再アルカリ化単独工法の試験施工を実施した．試験施工では，同工法の施工性を確認するとともに，施工後の補修効果に関する追跡調査を行った．

ここでは，再アルカリ化工法を施工後に，10年間にわたって，自然電位，コンクリートのpHなどの項目を追跡調査した結果を紹介する．

7.7.2　対象構造物

対象構造物は，図7.7.1に示す1線1柱式ビームスラブ式ラーメン高架橋であり，建設は昭和45年である．平成5年度に脱塩工法＋再アルカリ化工法を実施した．また，その4年後の平成9年度に，隣接する高架橋を対象として再アルカリ化工法のみを実施した．最初に脱塩工法として60日間，その後，15日間再アルカリ化工法としての通電を行った．再アルカリ化工法のみの場合にも，15日間の通電を行った．それぞれの工法の適用範囲は図7.7.2に示すとおり，同高架橋の柱，梁，片持ちスラブである．電流密度はコンクリート表面積1 m^2 あたり1 A

とし，再アルカリ化工法の電解質溶液には炭酸リチウム水溶液を使用した[2]．

試験施工に先立って，構造物全体を目視により外観調査したが，顕著なひび割れは認められなかった．また，柱と梁を対象に，鉄筋が露出するまでかぶりコンクリートをはつりとり，表7.7.1に示す腐食度段階表[3]により鉄筋の腐食状況を判定するとともに，かぶり，中性化深さの測定を行った．その結果を表7.7.2に示す[2]．

7.7.3 調査方法

再アルカリ化工法の効果を確認するために処理前，処理直後，3カ月後，6カ月後，9カ月後，12カ月後，18カ月後，2年後，3年後，5年後，10年

表7.7.1 腐食度段階表[3]

腐食度	目視による観察状況
0	施工時の状況を保ち，以降の腐食が認められない
I	部分的に腐食が認められる軽微な腐食
II	表面の大部分が腐食している部分的に断面が欠損している
III	鉄筋の全周にわたり，断面の欠損がある
IV	鉄筋の断面が当初の2/3〜1/2位欠損している

表7.7.2 鉄筋腐食度，かぶりおよび中性化深さの調査結果[2]

部位	鉄筋種別	鉄筋径	腐食度	かぶり(mm)	中性化深さ(mm)
柱④(西面)	主鉄筋	D32	0	62	33.6
	帯鉄筋	φ9	II	52	
梁③(中央付近)	主鉄筋	D32	0	44	22.1
	スターラップ	φ13	II	19	

表7.7.3 ASTM C 876による鉄筋腐食性評価[4]

自然電位 E (mV vs CSE)	鉄筋腐食の可能性
$-200 < E$	90%以上の確率で腐食なし
$-350 < E \leq -200$	不確定
$E \leq -350$	90%以上の確率で腐食あり

図7.7.1 対象構造物

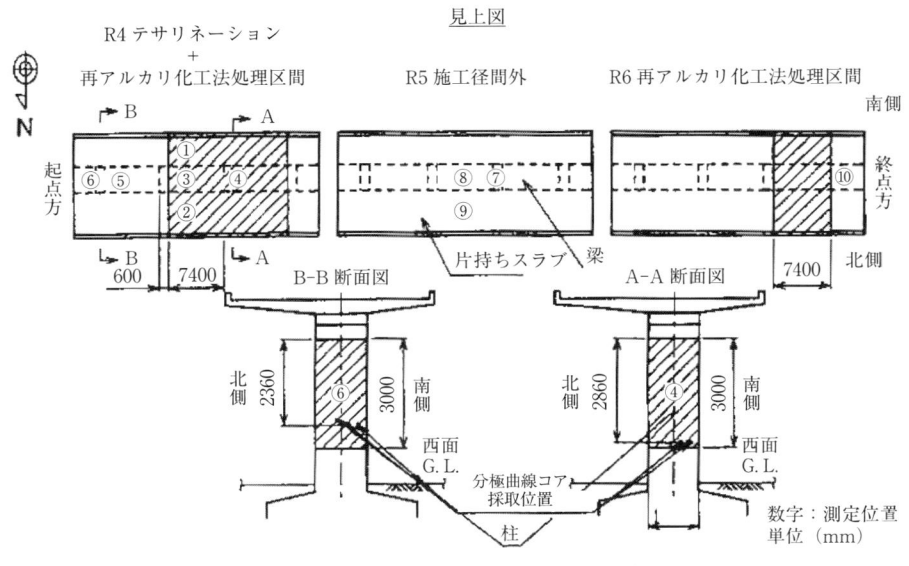

図7.7.2 再アルカリ工法の試験施工範囲[2]

アルカリブルー　　　　　　　　　　　　　アリザリンイエロー

図 7.7.3　pH 試験紙の測定状況

後にわたって追跡調査を以下の項目について実施した．

a. 自然電位

鉄筋の腐食状況を確認するため，自然電位を測定した．測定の前に，測定範囲の鉄筋位置を，鉄筋探査機を用いて確認し，測定値を安定させるためコンクリート表面が十分湿潤状態となるよう散水した．照合電極としては銅－硫酸銅基準電極を用いた．ASTM C 876 による鉄筋腐食性評価基準を表 7.7.3 に示す．

b. pH 値

一般に，中性化深さは，フェノールフタレイン溶液を用いて測定されている[1]．しかし，フェノールフタレインは pH 8.2～10.0 以上のアルカリ側で赤紫色に呈色することから，コンクリートの pH 値分布を正確に評価できる測定方法ではない．したがって，中性化深さだけでなく，高架橋から採取したコンクリートコア（φ100×200 mm）を用いて，コンクリートの pH を pH 試験紙法により継続的に調査を行った．また，10 年後の調査では，pH 試験紙法の精度を確認するため，pH 電極を用いてコンクリートの pH を測定する削孔法および粉末法による測定を行った．

1) pH 試験紙法

pH 試験紙に純水を滴下し湿らせ，これを割裂したコンクリートコアのコンクリート表面側と鉄筋部分に密着させ，試験紙の変色を標準着色サンプルと比較しその部分の pH として測定した．測定状況を図 7.7.3 に示す．なお，pH 試験紙アルザリンイエローは pH 10.0～12.0 の範囲を，pH 試験紙アルカリブルーは pH 11.0～13.6 の範囲を測定する．

図 7.7.4　削孔法による pH 測定状況

図 7.7.5　粉末法による pH 測定状況

2) 削孔法

採取したコンクリートコアの所定の位置に，径 4.5 mm のドリルで深さ 15 mm の孔をあけ，ポータブル pH 計の電極先端 3 mm を挿入し，さらに純水を滴下し pH の安定するまで待ち，安定後の値をその点の pH として測定した．測定状況を図 7.7.4 に示す．

図 7.7.6 自然電位測定結果

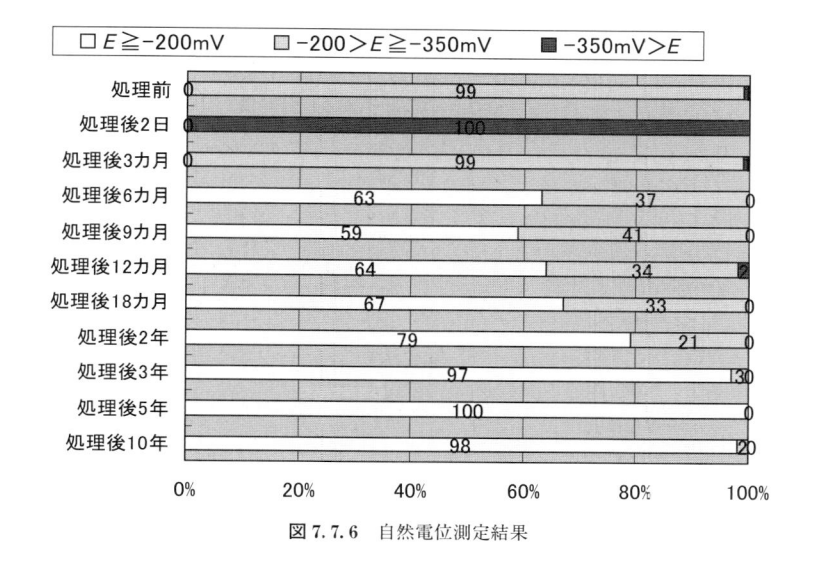

3) 粉末法

削孔法での削孔時のコンクリート粉 0.1 g を採取し，小容器に入れ純水 0.4 ml を入れる．その後，3 分間静置し，ポータブル pH 計の電極を挿入し pH の安定した時点の値をその粉末の pH として測定した．測定状況を図 7.7.5 に示す．

7.7.4 調査結果

a. 自然電位

自然電位の測定結果について，図 7.7.6 に示す．施工後 6 カ月以降，電位は貴な方向へ大きくシフトし，施工後 3 年以降，10 年目まで鉄筋は非腐食領域にあり，腐食は進行していないと推定される．なお，鉄筋を含むコアを採取し，鉄筋の表面を観察したところ，図 7.7.7（左）に示すように鉄筋表面に錆は認められず，良好な防食状態が保たれていた．一方，再アルカリ化工法を施工していない箇所から採取したコアに含まれる鉄筋を観察したところ，図 7.7.7（右）に示すように鉄筋表面にさびが認められた．このことからも，

状 況

10 年経過時点においては，再アルカリ化による防食効果が継続していると考えられる．

b. pH 値

pH 試験紙法による pH 値の追跡測定結果を図 7.7.8 に示す．また，10 年後における pH 試験紙法，削孔法，粉末法の測定結果を図 7.7.9 に示す．pH

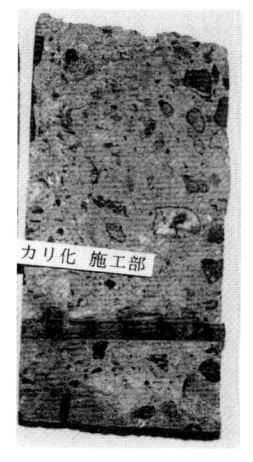

図 7.7.7 鉄筋腐食状況

試験紙による追跡調査結果では，施工直後から 3 カ月までは pH 13.0 以上を示していたが，コンクリート表面付近では，pH 11.8 程度に低下し，10 年後までその値を保持している．鉄筋付近についても施工後 5 年までは pH 13.0 以上で推移していたが 10 年目で pH 12.0 程度に低下している．また，各 pH 測定法を比較すると試験紙法の pH 値が，コンクリート表面付近を除いては pH 電極を用いた方法で測定した値と大きく乖離することはなかった．なお，フェノールフタレイン法により，中性化深さを測定した結果を図 7.7.10 に示す．コンクリート表面付近では，ごく薄い呈色に止まっており，粉末法の pH 値

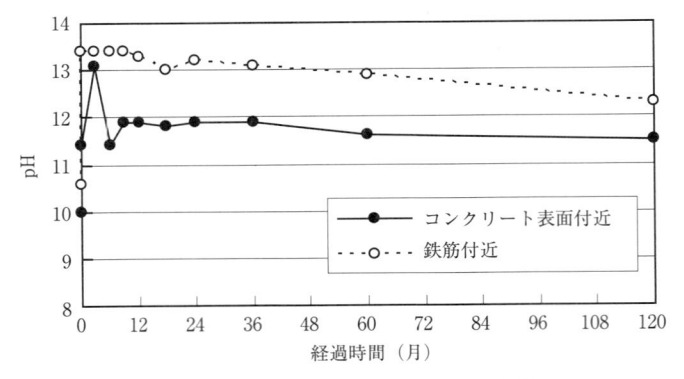

図7.7.8 pH値の追跡測定結果（pH試験紙法）

10.6の測定結果を裏付ける結果を示した．

　試験施工でに，再アルカリ化の電解質溶液に炭酸リチウム水溶液を用いている．炭酸リチウム水溶液は，電気浸透により短期的にコンクリートをふたたびアルカリ性に回復させるだけでなく，長期的には大気中の炭酸ガスと式(1)に示す可逆反応によって平衡状態になり，コンクリートをpH値=10.7に保ち続ける．

$$Li_2CO_3 + CO_2 + H_2O \leftrightarrow 2LiHCO_3 \quad (1)$$

したがって，コンクリート表面付近については，平衡状態に達したことによりpH値は当初よりも低下したものの安定化していると推定される．

　一方，pH値は10.7を保ち続けるものの，再アルカリ化を施工した高架橋は屋外にあるため，炭酸ガスが再拡散してpHが低下することを防ぐ目的で，表面保護工と併用することが望ましい．このとき留意しなければならないことは，高含水率および高アルカリ性に適応する塗膜を適切に選択することである[5]．

7.7.5　まとめ

　再アルカリ化工法を施工後に，10年間にわたって，自然電位，コンクリートのpHなどの項目を追跡調査した結果をまとめると以下のとおりである．

(1) 施工後，自然電位は貴な方向にシフトし，鉄筋が非腐食領域にあることが示された．したがって，再アルカリ化工法の施工によって，鉄筋に不動態被膜が再生され，腐食の進行が抑制されていると推測される．

(2) 施工後10年経過して，コンクリート表面付近の既中性化部分のpH値は低下していることがわかった．しかし，その値は10年目においても，不動態被膜を形成する値を保持している．また，鉄筋付近のpH値については，コンクリート表面付近と比較して高いpH値を保持している．

　調査から得られた結果から判断すると，再アルカリ化施工後，約10年経過した時点においては，コンクリート表面付近のpH値は低下しているものの，鉄筋腐食の進行が抑制されていることが推定さ

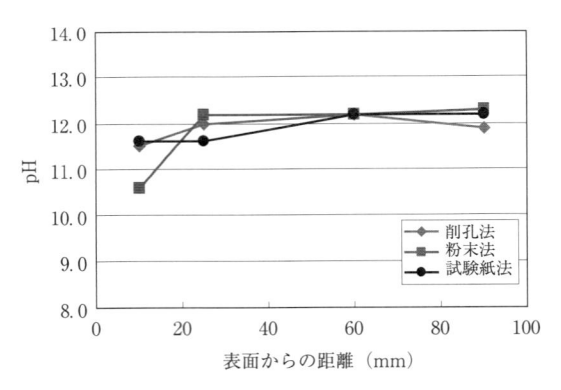

図7.7.9　各pH測定法の比較（10年後）

図7.7.10　中性化深さ測定

れる．

　なお，平成5年度に脱塩工法＋再アルカリ化工法を施工した箇所では，施工後16年経過した平成21年度の点検結果においては，片持ちスラブおよび梁にコンクリートの叩き落しや浮きが発生しているが，同箇所の施工していない箇所に発生している変状と比較すると軽微である．また，柱については変状が認められなかった．一方，平成9年度に再アルカリ化工法のみ施工した箇所では，施工後12年経過した平成21年度の点検結果においては，片持ちスラブおよび梁に軽微なコンクリートの叩き落しや浮きが発生しているが，柱については変状が認められなかった．

　このように，さらに時間が経過した場合，コンクリートのアルカリ性がふたたび低下して，鉄筋の腐食が進行する可能性があることから，再アルカリ化工法と表面処理工法の併用が望ましいと考えられる．今後も引き続き，追跡調査を行い，再アルカリ化工法の長期的な補修効果の検証を行っていく．

【垣尾　徹】

文　献

1) 土木学会：電気化学的防食工法　設計施工指針（案），土木学会コンクリートライブラリー107，pp.149-152，2001．
2) 北後征雄ほか：電気化学的手法によるコンクリートの改質と補修効果に関する実証的研究，土木学会論文集，No.641/V-46，pp.101-115，2000．
3) 日本コンクリート工学協会：海洋コンクリート構造物の防食指針（案），pp.136，1983．
4) ASTM C 876：Half cell Potentials of Reinforcing Steel in Concrete，1977．
5) 野村倫一，山田卓司，石橋孝一：再アルカリ化工法適用後のコンクリートに対する塗膜の適応性に関する検討，コンクリート工学年次講演会論文集，**25**(1)，pp.1553-1558，2003．

7.8 コンクリート構造物の塗装系防食材の追跡調査

7.8.1　はじめに

　高知県浦戸湾に位置する浦戸大橋（日本道路公団で管理していたが平成9年に高知県に移管）（図7.8.1参照）は，供用後20年を経過した時点で，コンクリート橋脚に塩害および中性化による劣化が確認された．

　平成6年度に劣化の見られた4橋脚（P4，P5，P14，P15）を対象として，コンクリート塗装系防食材による耐久性能（塩害・中性化）の向上を図るため，要求性能を明示した公募を実施した．応募した8社から提案された防食材の評価の後，条件を満たした補修材料8仕様について4橋脚（P4，P5，P14，P15）に試験塗装を実施するとともに，同塗装仕様の試験体を作成して，浦戸料金所内に曝露を開始した．

　本項は浦戸大橋のコンクリート橋脚を対象として実施した「塗装系防食材による塩害・中性化対策の10年間にわたる追跡調査結果」についてまとめたものである．

7.8.2　浦戸大橋における試験施工と追跡調査

a．要求性能

　浦戸湾に面する浦戸大橋は，塩分の影響を受けやすい環境であり，補修に供する塗装系防食材は塩害を念頭に置いた仕様でなければならない．また，とくにコンクリート構造物の断面が大きいため温度変

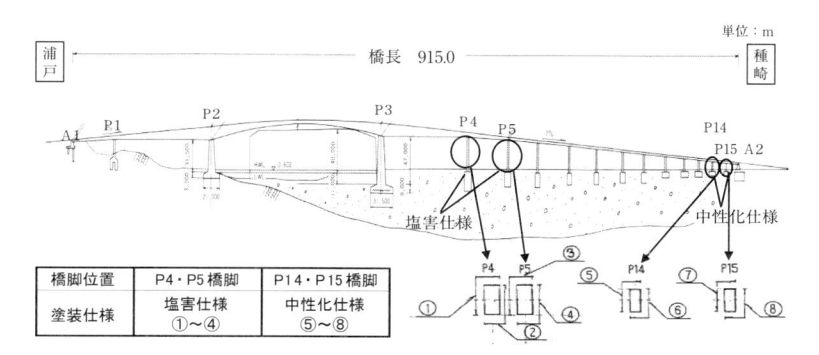

図7.8.1　浦戸大橋試験塗装全景図

表7.8.1 平成6年度の要求性能

項　目	試験条件	浦戸仕様	対　象
塗膜の外観	標準養生後	均一で，膨れ・割れなどがないこと	全塗膜
	促進試験後	白亜化はなく，膨れ・割れなどがないこと	
	温冷試験後	膨れ・割れなどがないこと	
	耐アルカリ性試験後	膨れ・割れなどがないこと	
遮塩性	標準養生後	塩素イオン透過量が 1×10^{-3} mg/cm² 日以下	主材・仕上げ材
酸素透過阻止性	標準養生後	酸素透過量が 5×10^{-2} mg/cm² 日以下	
水蒸気透過阻止性	標準養生後	水蒸気透過量が 5 mg/cm² 日以下（塩害仕様） 水蒸気透過量が 10 mg/cm² 日以下（中性化仕様）	
中性化阻止性	促進試験後	中性化深さが 1 mm 以下	全塗膜
コンクリートとの付着性	各試験後	塗膜とコンクリートとの付着強度が 1.0 N/mm² 以上	
ひび割れ追従性	標準養生後	（常温時）塗膜の伸びが 0.80 mm 以上	主材・仕上げ材
	標準養生後	（低温時）塗膜の伸びが 0.40 mm 以上	
	促進養生後	（常温時）塗膜の伸びが 0.40 mm 以上	

表7.8.2 浦戸大橋試験塗装および曝露供試体塗装仕様（単位：μm）

仕　様	試料記号	プライマー	不陸調整材	主　材	仕上げ材
塩　害	①	エポキシ樹脂（－）	エポキシ樹脂（－）	ポリブタジエンゴム（1000）	フッ素樹脂（60）
	②	エポキシ樹脂（85）	エポキシ樹脂（310）	①エポキシ樹脂（65） ②ポリブタジエンゴム（500）	フッ素樹脂（90）
	③	エポキシ樹脂（35）	エポキシ樹脂（400）	エポキシ樹脂（660）	フッ素樹脂（25）
	④	エポキシ樹脂（20）	エポキシ樹脂（390）	エポキシ樹脂（320）	フッ素樹脂（30）
中性化	⑤	エポキシ樹脂（30）	エポキシ樹脂（350）	ウレタン樹脂（140）	フッ素樹脂（45）
	⑥	エポキシ樹脂（35）	エポキシ樹脂（380）	ウレタン樹脂（120）	フッ素樹脂（70）
	⑦	エポキシ樹脂（30）	エポキシ樹脂（322）	柔軟型エポキシ樹脂（240）	柔軟型フッ素樹脂（30）
	⑧	エポキシ樹脂（30）	エポキシ樹脂（250）	柔軟型エポキシ樹脂（300）	柔軟型フッ素樹脂（30）

化に伴うひび割れ追従性を付加している．試験施工にあたって要求したコンクリート防食材の要求性能を表7.8.1に示す．

b. 塗装系防食材の設計思想

浦戸大橋の試験塗装メーカーの設計思想を①〜④に示す．

① コンクリートへの含浸による表面脆弱部の補強機能を要求される「プライマー」には，エポキシ樹脂系を選定．

② コンクリート劣化部を除去した後の不陸を調整する性能を要求される「不陸調整材」として，エポキシ樹脂系を選定．

③ 防食材としての性能を要求される「主材」としては，外部からの有害物質（NaCl，CO_2 など）を遮断する目的で，エポキシ樹脂系・ポリウレタン樹脂系・ポリブタジエンゴム系を選定．膜厚は，塩害仕様ではコンクリート自体のひび割れへの追従性から 320〜1000 μm，中性化仕様は 120〜300 μm とした．

④ 主材を紫外線などから防護する性能を要求される「仕上げ材」は，長期の耐候性を考慮してフッ素樹脂系を選定．

この設計思想に基づき各社より提案のあった塗装仕様に従い，橋脚の試験塗装および曝露供試体作成を実施した．

平成6(1994)年度の試験塗装に使用した各社防食材の塗装仕様を表7.8.2に示す．なお，1橋脚に2仕様を試験塗装していることから，取り合い部については互いの仕様が重複している．

7.8.3 追跡調査項目と方法

今回実施した追跡調査の項目およびその評価方法を以下に示す．

a. 調査項目

現地調査は高所作業車を用い，目視による外観調査およびカッターナイフ剥離試験による付着性能評価を行った．

b. 調査方法

1) 塗膜の外観調査

高所作業車を用い，全面目視により塗膜の膨れ・割れ・剥がれ・その他の欠陥を調査する．調査状況を図7.8.2に示す．

2) カッターナイフ剥離試験[1),5)]

橋脚塗装面のG.Lから約15 cmの所に，図7.8.3に示すようにダイヤモンドカッターにより，50×5 mm（縦×横）の素地に達するカットを入れた後，下方短辺のカット部にカッターナイフの刃先を入れて塗膜の剥離を促し，剥離した長さを測定するとともに，塗膜の付着状態を調査する．なお，カッターナイフ剥離試験の評価は，剥離した塗膜の長さのみを直接比較するのは困難なため，剥離長さをレベルⅠ（0〜2 mm），レベルⅡ（3〜10 mm），レベルⅢ（11〜50 mm）の3段階にわけ，剥離状況のレベルによって評価することとした．なお，各レベルの剥離状況を以下に示す．

［剥離状況レベル］
レベルⅠ：剥離なし，あるいはきわめてわずかな剥離
レベルⅡ：剥離するが，比較的短い長さで停止
レベルⅢ：容易な剥離から全面剥離

7.8.4 追跡調査結果

a. 7年目までの調査結果

1年目（平成7（1995）年度）に試験塗装橋脚および曝露試験体について行った調査では，付着性能などの目立った欠陥は認められなかったが，5年目（平成11（1999）年度）の調査では，橋脚の取り合い部や打ち継部と思われる箇所に一部膨れ・割れが発生した．平成13年に行った7年目の調査[1),2)]では，その数も増加していたが，一般部位には大きな欠陥は認められなかった．一方，付着性能については，7年目の調査時，曝露供試体での単軸引張りによる付着強さ[3)]では，すべての仕様でJH規格[4)]の1.0 N/mm^{2}以上の付着強さを示したが，同時期に実施した簡易的な付着性能を評価するカッターナイフ剥離試験[1),5)]では，4仕様について剥がやすい傾向がみられた．また，剥がれやすさを定量的に判断する見掛けの剥離強さ試験[1),5)]では，単軸引張りで基板破壊と一様に判断されるケースでも，「剥離」の面から見た破壊状況の違いがあることが確認できた[1),2)]．

b. 10年目の調査結果

1) 塗膜の外観調査

塩害仕様で主材にポリブタジエンゴム系を用いた仕様は，5年目より取り合い部に塗膜の縮み・割れが発生した．10年目の調査では7年目に比べて膨れ・縮み・割れが増加・進行している．この箇所は2仕様の塗装系が施されており，各仕様の標準膜厚に比べて厚い塗膜となっていることも原因の1つと考え

図7.8.2 外観調査状況

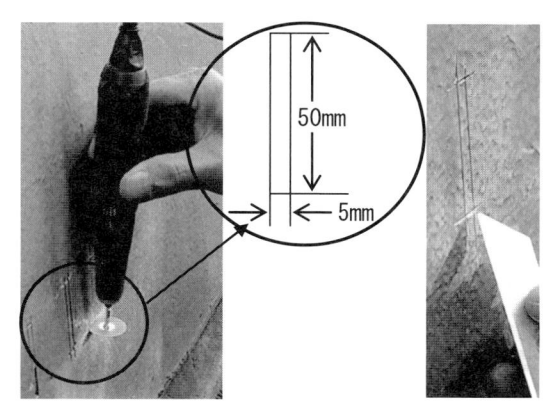

図7.8.3 カットの状況および試験状況

られる．その他の一般部については縦方向の割れが数カ所発生している状況であった．発生状況の一例を図7.8.4に示す．また，一般部では塗装終了時，足場撤去の際に残った足場痕を補修したと思われる部分が7年目より目立ちはじめ，その程度がさらに大きくなっている（図7.8.5参照）．

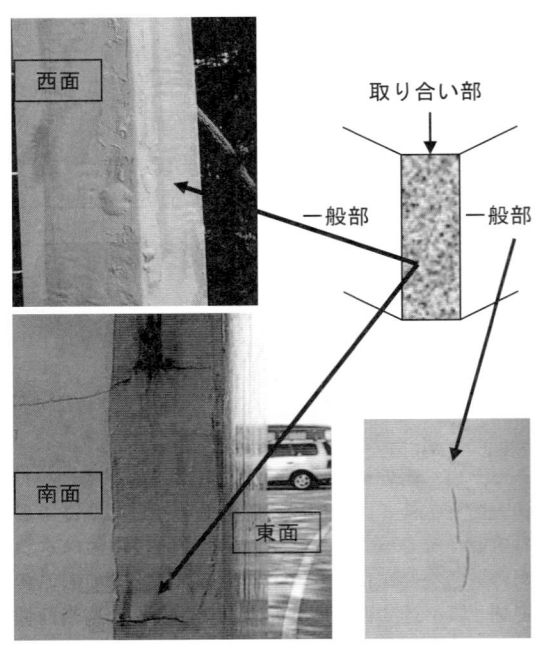

図7.8.4 取合部での塗膜の膨れ・割れの一例

図7.8.5 補修跡と変色

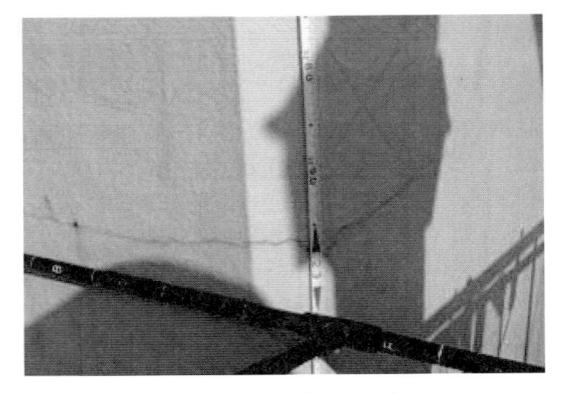

図7.8.6 ひび割れの一例

図7.8.7 補修跡部分の割れ状況例

主材にエポキシ樹脂系を用いた塩害仕様は，5年目より現れた橋脚コンクリートの打継部付近における塗膜のひび割れが，7年目より急速に進行した．さらに10年目の調査ではひび割れの箇所・寸法ともに増加している（図7.8.6参照）．

なお，室内の供試体によるひび割れ追従性[4]はすべてにおいて満足しており，打ち継部以外の一般部については，塗膜の欠陥は認められず良好であった．

中性化仕様では，ポリウレタン樹脂系およびエポキシ樹脂系ともに過去の調査では欠陥はなかったが，10年目の調査では足場痕における割れ（図7.8.7参照）が数カ所認められるようになった．しかし，それ以外の一般部においては，欠陥はまったく認められず，良好な状態であった．

2) カッターナイフ剥離試験[1),5)]

カッターナイフ剥離試験結果を表7.8.3に，剥離状況の一例を図7.8.8に示す．P14橋脚に施工した中性化仕様⑤（ポリウレタン-フッ素樹脂系）以外は，

表 7.8.3 カッターナイフ剥離試験結果

塗装仕様		調査時期			剥離位置
		5年目	7年目	10年目	
塩害	①	III (50 mm)	I	III (22 mm)	不陸調整材と主材の界面
	②	I	I	II (6 mm)	プライマー関与と思われる基板付近と不陸調整材の界面
	③	III (13 mm)	I	III (50 mm)	プライマー関与と思われる基板付近と不陸調整材の界面
	④	III (15 mm)	II (10 mm)	II (5.5 mm)	プライマー関与と思われる基板付近と不陸調整材の界面
中性化	⑤	I	I	I	―
	⑥	I	I	II (7 mm)	プライマー関与と思われる基板付近と不陸調整材の界面
	⑦	III (15 mm)	I	III (27 mm)	主材（凝集破壊）
	⑧	III (50 mm)	III (50 mm)	III (50 mm)	不陸調整材と主材の界面

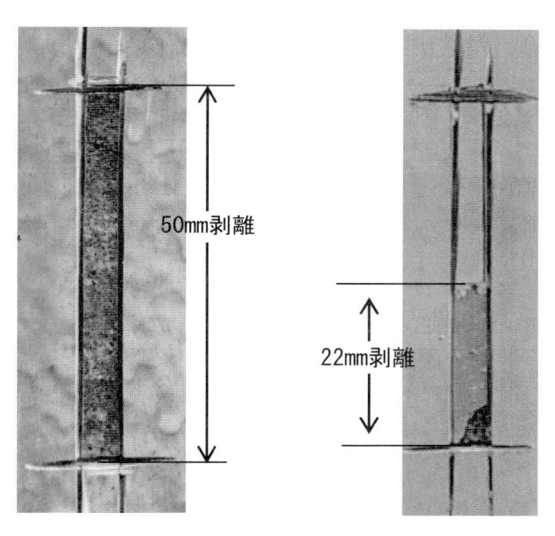

図 7.8.8 剥離状況の一例

経年的に剥離長さが増える仕様が多かった．この原因として，①塗膜厚のばらつき（塗膜が厚いほうが剥がれやすい），②塗膜の経年的硬化による引張応力の増加などが考えられる．

10年目の調査結果を踏まえて全般的に判断すると，8仕様中7仕様で剥離状況が確認でき，塗膜の硬化に伴い，付着性能は低下しているものと推定される．剥離した塗膜の破壊箇所より，7仕様中4仕様において，プライマーが関与していると思われる基板付近と不陸調整材での界面破断を起こしており，その剥離した塗膜にはコンクリート脆弱部の付着が確認できた．また，不陸調整材と主材との界面における界面破断は2仕様あり，不陸調整材が樹脂リッチで表面が平滑な状態となり，アンカー効果不足および塗膜の硬さなどにより，層間剥離したものと考えられる．

7.8.5 結 語

10年間の追跡調査により得られた成果を以下にまとめる．

(1) 外観調査による各種塗装仕様の10年経過時点における耐久性能については，塩害仕様は橋脚の隅角部が打継部である特定部位について一部の仕様に縮みや割れなどの欠陥はあるものの，隅角部以外の面では全体的に膨れ，縮み，割れなどの欠陥はなく十分保持されていると考えられる．

(2) 中性化仕様においては現時点でとくに問題はなく，今後予想される仕上げ材の紫外線劣化などから塗膜が経時的に損耗していくものの，十分な耐久性能を持っていると考えられる．

(3) 施工時の注意として，コンクリート打継部の施工は，打ち継部付近に生じる躯体自身の動きによる塗膜ひび割れの拡大を，最小限度に抑えるためにも入念な下地処理が必要と考える．また，取り合い部（試験施工のため，1橋脚で2仕様施工した）のように材料の重複により塗膜が厚い部分は，経年変化において塗膜・硬化収縮などで割れなどの欠陥を生じる恐れがあるため，可能な限り避ける注意が必要である．

(4) 付着性能については，P14橋脚の中性化仕様の1仕様を除き，塗膜の経年経過により徐々に進行・低下している．また，剥離した仕様の半数が，プライマーが関与していると思われる基板付近と不陸調整材との間で剥離していた．塗膜にはコンクリートの脆弱層が一部付着していたことから，塗膜の経年的硬化収縮に伴うコンクリート基板付近での劣化が伺われる．

(5) 今回の調査結果から，試験施工した塗装系防食材については，大きな欠陥は認められないものの，割れ等の欠陥は経時的に拡大・進行の状況下にある．また，全仕様においてひび割れ追従性能[4]は曝露試験体の室内試験では満足していたが，実橋脚の塗膜ではひび割れが発生・増加していた．今後，実状にあった評価方法を検討する必要がある．

【樅山好幸】

文　献

1) 樅山好幸ほか：塗装系防食材の追跡調査に基づく耐久性能評と付着性能評価手法の提案，コンクリート工学論文集，**14**(3)，pp. 11-22，2003．
2) 吉田幸信ほか：コンクリート構造物の塗装系防食材の追跡調査に基づく評価，材料学会，第2回コンクリート構造物の補修・補強・アップグレードシンポジウム，pp. 361-368，2002．
3) 表面被覆材の付着強さ試験方法（JSCE-K531-1997）
4) 日本道路公団維持管理要領（橋梁編），第3編コンクリート構造物［Ⅰ］高欄・地覆，塗装材料規格，1988．
5) 樅山好幸ほか：コンクリート構造物の塗装系防食材の性能評価手法の提案，材料学会，第2回コンクリート構造物の補修・補強・アップグレードシンポジウム，pp. 353-360，2002．
6) 安藤幹也ほか：コンクリート構造物の塗装系防食材の追跡調査報告，材料学会，第5回コンクリート構造物の補修・補強・アップグレードシンポジウム，pp. 399-404，2005．

7.9 港湾構造物の塩害対策と追跡調査

7.9.1　構造物の概要

ここで紹介する港湾構造物は，図7.9.1のような杭式ドルフィンバースの中央に設置された作業用ドルフィン（桟橋）である．本桟橋は船舶接岸頻度が高いこと，干満潮位の影響によって桟橋下空間に入り難いこと，また，管理者の維持管理に対する考え方の不統一などによってこれまで点検が行われてこなかった．そこで，建設後二十数年経過して簡易な調査を行った結果，塩害による劣化変状が確認されたため，劣化の顕在化した箇所に対して部分的な補修が行われた．本事例は，このような，事後保全中心の維持管理を行ったために発生した問題事項を取りまとめたものである．

7.9.2　劣化調査

劣化調査は，小型ボートを使用して桟橋上部工下面のスラブ，梁，ハンチ部材を目視観察し，①鉄筋

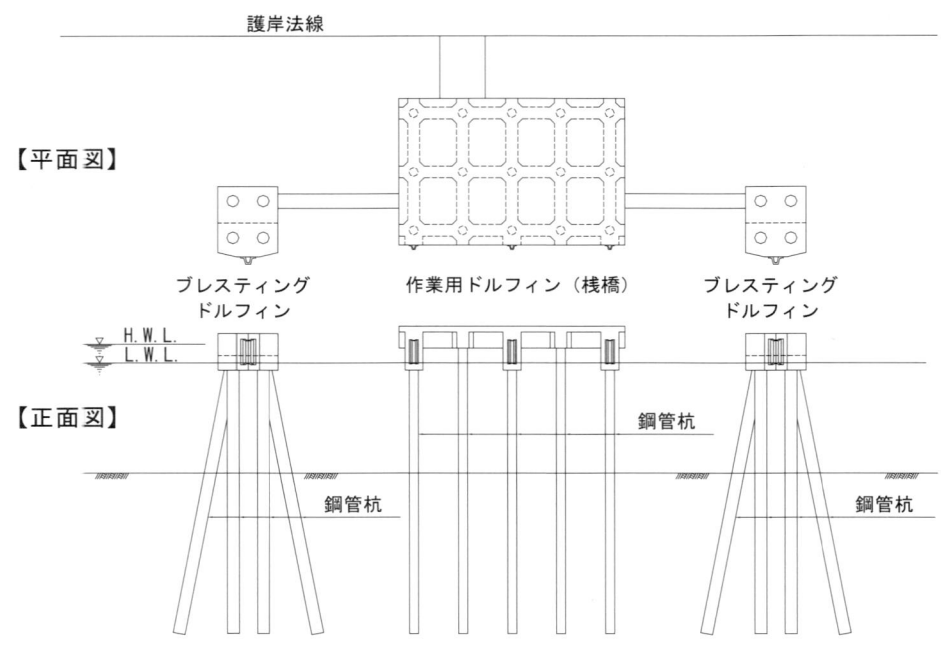

図7.9.1　対象構造物の例

7.9 港湾構造物の塩害対策と追跡調査

表 7.9.1 部材別劣化度判定基準

部材	劣化度項目	0	I	II	III	IV	V
スラブ	鉄筋の腐食	なし	コンクリート表面に点錆がみられる	一部に錆汁がみられる.	錆汁多し.鉄筋腐食が広範囲に認められる.	浮き錆多し.鉄筋表面の大部分あるいは全週にわたる腐食が広範囲に認められる.	浮き錆著しい.鉄筋断面積の有意な減少が全域にわたっている.
スラブ	ひびわれ	なし	一部にひび割れあるいは帯状または線状のゲル吐出物が2, 3箇所みられる.	ひび割れ, あるいは帯状または線状のゲル吐出物が数箇所みられる.	ひび割れ多し.網目状あるいは錆汁をともなうひび割れを含む.	網目状のひび割れ等が全域にわたり多数みられる.	
スラブ	剥離・剥落		なし	一部に浮きがみられる.	一部に剥落が見られる.	浮き・剥落多し.(1区画面積の4割程度以下)	全域にわたる浮き・剥落(1区画面積の4割程度以上)
はり	鉄筋の腐食	なし	スラブと同じ	スラブと同じ	スラブと同じ	スラブと同じ	スラブと同じ
はり	ひびわれ	なし	小さなひび割れ(ひび割れ幅1mm以下程度)が2, 3箇所みられる.	ひび割れやや多し.軸方向に垂直なひび割れのみ.	ひび割れ多し.軸方向につながったひび割れ(ひび割れ幅3mm以上程度)を含む.	軸方向につながったひび割れが全域にわたり多数.	
はり	剥離・剥落	なし	なし	一部に浮きが見られる.	浮き多し.	浮き多し.剥離・剥落が数箇所みられる.(1区画面積の4割程度以下)	剥離・剥落多数(1区画面積の4割程度以上)
ハンチ	鉄筋の腐食	なし	スラブと同じ	スラブと同じ	スラブと同じ	スラブと同じ	スラブと同じ
ハンチ	ひびわれ	なし	一部にひび割れがみられる.	ひび割れ幅2mm程度以下のひび割れが数箇所みられる.	ひび割れ幅2mm程度以下のひび割れが全体に広がっている.	ひび割れ幅2mm程度以上のくもの単状あるいは鉛直方向のひび割れがみられる.	
ハンチ	剥離・剥落	なし	なし	部分的に浮きがみられる.	一部に剥落がみられる.	剥離・剥落多し.(1区画面積の4割程度以下)	全域にわたり多数剥離.(1区画面積の4割程度以上)

の腐食状態, ②コンクリートのひび割れ状況, ③かぶりコンクリートの剥離・剥落程度を把握した. この結果, 表7.9.1に示す0～Vの6段階の部材別劣化度判定基準[1]に従い, 図7.9.2に示す劣化度判定結果が得られた. 劣化変状は船舶接岸側に集中しており, 一部スラブにはかぶり不足による剥落が広範囲に見られ, 露出した鉄筋が腐食するなど激しい劣化が認められた.

7.9.3 補修計画

補修計画は, 劣化調査の結果をもとに, 図7.9.3

のフロー[1]に従って行われた.

本桟橋は, 維持管理に当てる予算の不足から詳細調査は実施されず, 劣化度III以下の部材は以後の調査において, 劣化度IVの部材が認められた時点で早急に補修を行うこととする, 事後保全主体の維持管理が選択された.

7.9.4 補修対策

補修対策は, 図7.9.4のフローにしたがって行われた. 図7.9.5に補修のイメージを示す.

574   7. 事　例

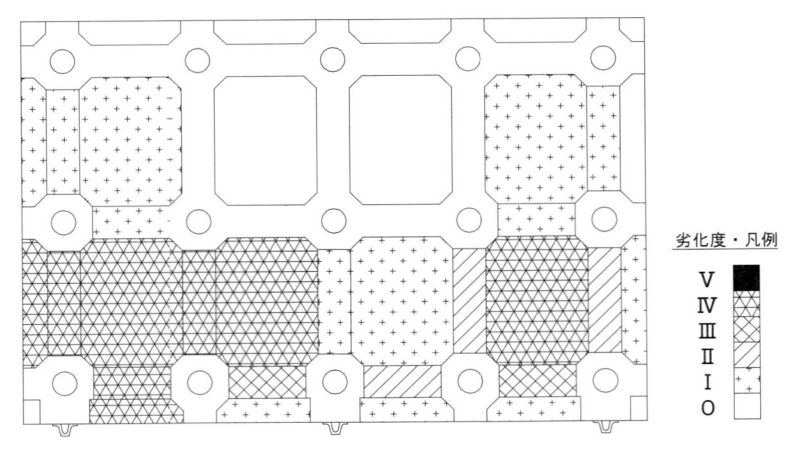

図7.9.2　劣化度の判定結果

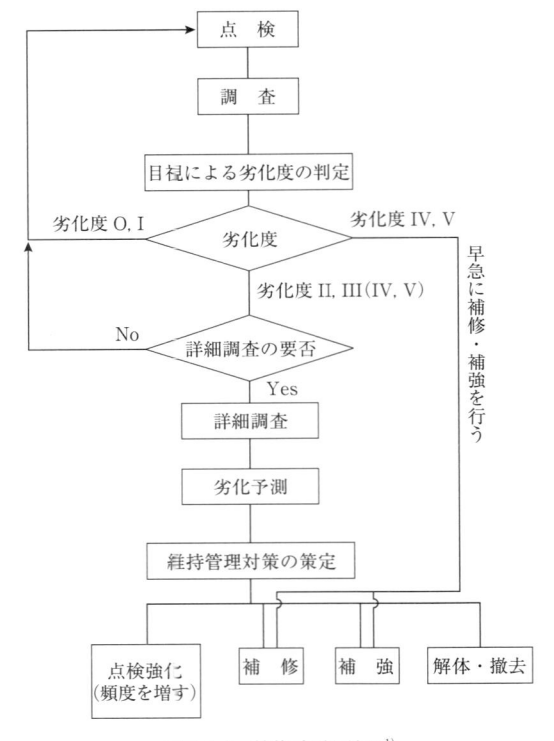

図7.9.3　補修計画の流れ[1]

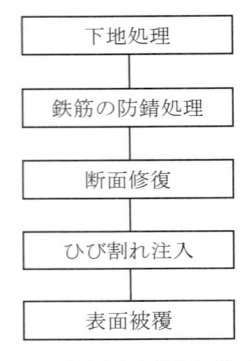

図7.9.4　実施された補修対策の流れ

a.　下 地 処 理
　剥離・剥落が見られる箇所の劣化した脆弱なコンクリートをハンドブレーカーにてはつり，鉄筋表面に付着しているさびをサンダーケレンにて除去した．健全な箇所については表面の汚れを除去した．

b.　鉄筋の防錆処理
　断面修復箇所の露出した鉄筋の表面に，ポリマーセメント系の防錆材をはけで均一に塗布した．一部，鉄筋裏まで充分にはつりができていない箇所もあったが，塗布可能な範囲をむらなく行った．

c.　断 面 修 復
　断面修復はモルタルを用いて吹付けコンクリート工法を行った．一部，設計かぶり厚を満足できない箇所があったので，表面被覆を付加した．

d.　ひび割れ注入
　ひび割れ箇所はエポキシ樹脂系注入材を用いて低圧注入で行った．

e.　表 面 被 覆
　外部からの塩分，酸素の侵入を減少させるため，1区画全面にエポキシ樹脂塗装を行った．

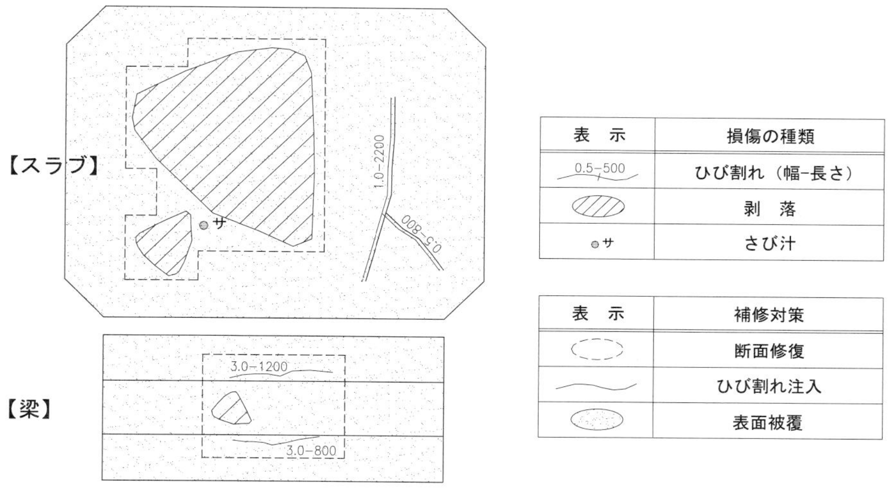

7.9 港湾構造物の塩害対策と追跡調査

図7.9.5 実施された補修のイメージ

図7.9.6 補修後の再劣化状況

7.9.5 発生した問題事項

補修して十数年後，目視観察を主体とした追跡点検が行われた結果，以下のような問題事項が明らかとなった．

a. 補修箇所の再劣化

確認された再劣化の状況を図7.9.6に示す．スラブには剥落が見られ，露出した鉄筋は著しく腐食して断面欠損していた．梁にも軸方向に鉄筋腐食によるさび汁をともなったひび割れが見られた．

再劣化の原因の一つとして，マクロセル腐食が考えられる．とくに，前述のような部分的に断面修復を実施した場合，未補修部分に塩化物イオンが多量に含まれているとマクロセルを形成し，その結果，未補修部分に腐食が生じやすくなるといわれている．すなわち，すでに鉄筋位置の塩化物イオン量が腐食発生限界値を超えていると推測される区画に，部分的な断面修復を実施し，外部からの塩分，酸素

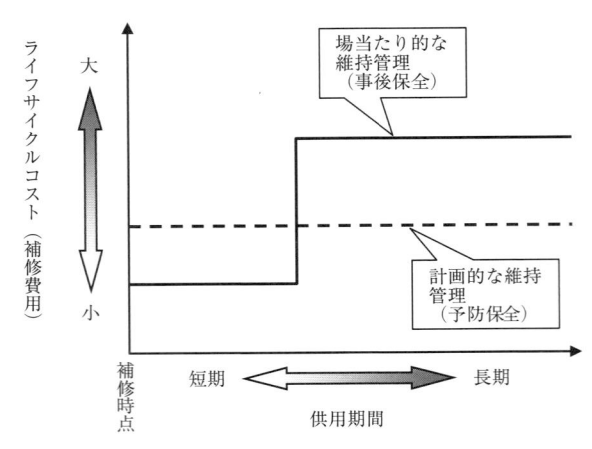

図7.9.7 ライフサイクルコスト（補修費用）のイメージ

の侵入を減少させるための表面被覆を実施しても，補修効果は期待できない．このような場合には，かぶりコンクリート中の塩化物イオン量の分布を把握し，限界値以上の塩化物イオンを含んだコンクリートを充分にはつり除去してから断面修復を実施することが重要となる．また，補修後の環境を考慮して補修部分にひび割れが発生するか否かを充分に検討し，海洋環境に適した材料を選定して補修を実施することも重要である．

b. ライフサイクルコスト（補修費用）の増大

補修時点からのライフサイクルコスト（補修費用）のイメージを図7.9.7に示す．場当たり的な維持管理では，前述したような補修後の再劣化によって補修後短期に再度の補修費用が発生する場合がある．また，補修対策を施さなかった区画については補修後短期に劣化が進行して補修対策が必要となり，補修費用が増大する．このように，場あたり的な維持管理を行うと，長期的なライフサイクルコスト（補修費用）は割高となってしまう．そこで，補修計画の時点で詳細調査を実施し，今後の劣化進行を予測した上で目標供用期間を満足する補修対策を選定・実施するなど，計画的な維持管理を行うことで，補修時点の補修費用は多少高くはなるものの，長期的なライフサイクルコスト（補修費用）を経済的に抑えることができる．

【佐野清史】

文　献

1) 沿岸開発技術研究センター：港湾構造物の維持・補修マニュアル，沿岸開発技術ライブラリー No.6, 1999.

7.10 桟橋上部工の塩害劣化予測とLCCの検討

7.10.1 はじめに

塩害劣化が問題となる桟橋上部工を長期にわたって維持管理するには，現状の劣化状態を適切に評価するとともに，その後の劣化進行を予測し，施設の価値の維持と増大，安定的な供用の確保を達成できるように効果的かつ経済的な維持管理計画を策定することが重要である．

桟橋のように塩害を受ける構造物において，劣化の進行過程は多くの研究により明らかにされてきており，ばらつきを有する劣化進行に対してマルコフ連鎖モデルあるいはモンテカルロ法を用いた予測など，確率論的な考え方が取り入れられてきている[1)-3)]．

ここでは，実桟橋の調査結果を用いて，モンテカルロ法による劣化予測を行い，将来予想される劣化数量を算出した．また，その劣化数量を用いて維持管理費を試算し，ライフサイクルコスト（LCC）最小化に関する考察を加えた．なお，本検討は文献[4), 5)]を参考に取りまとめたものである．

7.10.2 検討条件および将来の劣化数量の推定

a. モンテカルロ法による劣化予測の概要

モンテカルロ法による劣化予測の概要は文献[2), 3)]

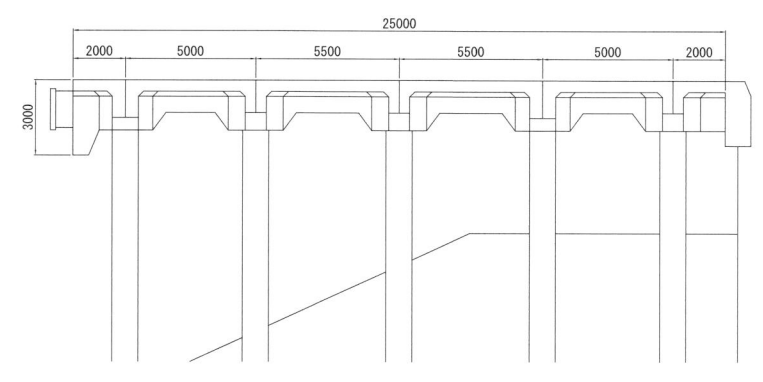

図7.10.1 検討対象の桟橋の断面（単位：mm）

に詳しいが，その概要を紹介すると以下の通りである．

1) 潜伏期の予測

フィックの拡散則によって鉄筋位置の塩化物イオン濃度を算出する．このとき，表面塩化物イオン濃度，拡散係数，かぶりの各パラメータに対して，調査結果などに基づいた平均値と標準偏差を与え，それぞれのパラメータが独立で正規分布（拡散係数は対数正規分布）のばらつきを有すると仮定し，塩化物イオンの浸透現象にかかわるばらつきを表現した．

具体的には，それぞれのパラメータに対して乱数を発生させ，1000ケースのパラメータの組合わせに対して塩化物イオンの拡散予測を行った．

2) 進展期の予測

進展期の開始は，鉄筋位置の腐食発生限界塩化物イオン濃度で判定した．港湾施設ではこの値が$2.0\,\mathrm{kg/m^3}$と設定されているが[6]，それは限界値として設定された値であり，劣化進行のばらつきを考慮するときの平均値として$2.5\,\mathrm{kg/m^3}$を仮定した．

進展期に入った後の鉄筋の腐食速度は，鉄筋位置の塩化物イオン濃度に関係すると仮定し，そのときの腐食速度のばらつきは，平均的腐食速度，遅い腐食速度（2ランク），速い腐食速度（2ランク）の5ランクの腐食速度で劣化が進行すると仮定した．

3) 加速期および劣化期の予測

加速期の開始は，かぶりと鉄筋径の影響を考慮に入れた，腐食ひび割れを発生させる鉄筋表面の腐食量によって判定した．

加速期以降の鉄筋の腐食速度は，腐食速度とコンクリートのひび割れ幅の関係を考慮する式[7]を用いて推定した．なお，鉄筋の断面減少率が10％を超えると劣化期（「限界を超える」時期）に入ると想

表7.10.1 検討に用いた各パラメータの設定値

部位		床版	梁
表面塩化物イオン濃度 C_0（kg/m³）	データ数	4	8
	平均値	15.31	18.62
	標準偏差	7.31	4.20
見かけの拡散係数 D（cm²/年）	平均値	0.28	
	標準偏差	1.62	
かぶり d（mm）	データ数	12	14
	平均値	70.0	70.0
	標準偏差	10.5	14.9
鉄筋径 ϕ（mm）		19	25
腐食発生限界塩化物イオン濃度（kg/m³）		2.5	
ひび割れ発生限界腐食量（mg/m²）		26.0	19.4
かぶりが腐食速度に及ぼす係数 k		0.8	1.0

定し，5～10％の範囲は「限界に近い」時期（加速度後期）として別途考慮した．

b. 検討条件

対象とした構造物は，図7.10.1に示す桟橋で，建設後17年経過したものである．目視調査の結果によれば，一部に劣化が確認されたものの，それほど激しい損傷は確認されなかった．劣化予測に用いた各パラメータは，当桟橋での塩化物イオン量とかぶりの調査結果から，表7.10.1に示すように設定した．

7.10.3 劣化予測の結果

床版および梁の劣化予測結果を図7.10.2に示す．なお，図中の表示は表7.10.2に示す5段階の劣化過程に分類して整理したものである．

578　　　　　　　　　　　　　　　　　7. 事　例

(床版)

(梁)

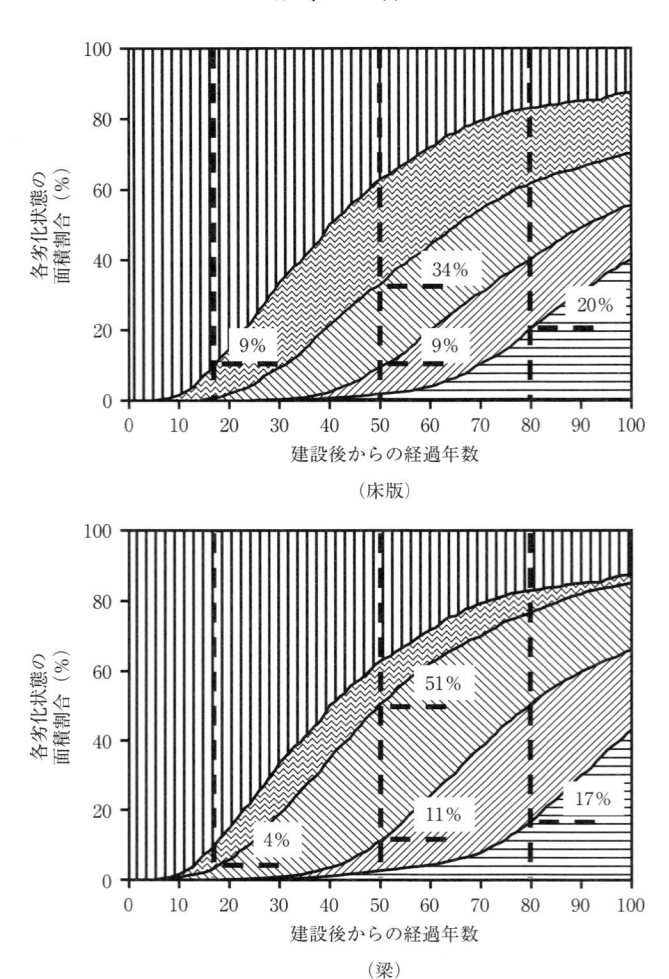

図 7.10.2　劣化予測結果
(図中の表示は表 7.10.2 参照)

表 7.10.2　劣化予測により想定した劣化過程と劣化状態

表　示	劣化過程	劣化予測により想定した劣化状態
|||||||	潜伏期	鉄筋位置の塩化物イオン濃度が腐食発生限界値を超えておらず鉄筋腐食ははじまっていない状態
(網目)	進展期	コンクリート中で鉄筋腐食は進行しているが，ひび割れを発生させる腐食量に至っておらず，外観上の変状は現れていない状態
(斜線)	加速期前期	鉄筋に沿った腐食ひび割れが部材に発生し，内部の鉄筋の腐食速度が大きくなっている状態
(斜線)	加速期後期	鉄筋腐食が進行し，鉄筋の断面減少率が 5% 以上 10% 未満になり，力学特性に影響が出始めた状態
≡	劣化期	鉄筋腐食が進行し，鉄筋の断面減少率が 10% 以上になり，力学特性が低下して危険な状態

　床版の予測結果を見ると，建設 17 年後の時点では腐食ひび割れは発生しないが，9% の範囲で鉄筋腐食が進行中（進展期）であると推測された．なお，実際の目視調査にて，床版全体にほとんど変状が見られなかったことから，この予測は実際の劣化状況と整合していた．一方，建設 50 年後には 34% の範囲に腐食ひび割れが見られ，9% の範囲で「鉄筋の断面減少率が 5% を超える」状態になることが

7.10 桟橋上部工の塩害劣化予測とLCCの検討

表7.10.3 劣化状態と対策工法の組合せ

対策工法	適用範囲	対策実施後の維持
塗装	潜伏期にある部材	15年ごとに全面的な塗替え
電気防食	進展期にある部材	20年ごとに配線・配管などの設備を更新
断面修復	加速期前期にある部材	15年ごとに表面塗装のみ塗替え
断面修復＋補強	加速期後期，劣化期にある部材	30年ごとに補強の部分的やり直し

予測された．その時点における「鉄筋の断面減少率10％以上」の劣化期以降の割合は2％程度であることから，建設50年後までは床版の劣化により桟橋の供用が制限されることはないと推測された．しかし，建設60年を超えたあたりから，力学的に限界となる割合が急速に増加し，建設80年後には20％の範囲が力学的に限界となることが予測された．

一方，梁の結果を見ると，建設17年の時点では約4％の範囲に腐食ひび割れの発生が予測された．なお，目視調査にて，変状が確認された面積の割合が梁全体の約5％であったことから，この予測は実際の劣化状況とほぼ整合していた．また，建設50年後の予測結果では51％の範囲で腐食ひび割れが発生すると推測され，劣化が床版よりも早く進行する結果となった．また，「鉄筋の断面減少率5％を超える」劣化期後期の割合は約11％と想定され，床版の約9％の想定結果と比較して違いがほとんどなかった．また，床版と同様，建設60年を超えてから劣化期に入る割合が急激に増加すると推測されるが，建設80年後では約17％であり，床版の20％より少ない割合であった．

7.10.4 予測結果に基づく維持管理費の試算

a. 試算の条件

本予測結果より桟橋の具体的な位置の劣化状態を特定することはできないが，この予測結果を用いて，将来予想される劣化数量を「実際の対象構造物面積×各劣化状態の割合」により推定することは可能である．さらに，その面積に適用する各工法の単価を乗じることで，維持管理費を予測することが可能になる．

そこで，計算条件として，床版，梁の部材表面積をそれぞれ4130 m^{2}および1740 m^{2}とし，表7.10.3に示す条件に基づいて対策を行うと仮定して，供用100年間における維持管理費を算出した．なお，本検討では，桟橋の建設費（イニシャルコスト）は考慮せず，各工法の概算工費などの条件は文献[8]を準用した．なお，デフレータおよび社会的割引率はここでは考慮していない．

b. 試算結果

図7.10.3に，最初の対策の実施時期を変化させたときの，建設100年後までの対策とその維持管理に要する総費用を試算した結果を示す．なお，図中の総費用は，床版と梁の補修または補強に要する費用を合算したもので，床版と梁の対策は同時に行うことを前提とした．

この結果を見ると，対策の実施時期を建設10年後とした場合は，総費用の大半を塗装により対応することが可能であるが，建設20年後の場合は，電気防食工法の占める割合が増加した．なお，対象桟橋は現在17年経過しているので，現時点で対策を実施した場合，「電気防食と表面塗装および一部の断面修復」による補修工法が適用されるものと考えられる．また，その場合の総費用は7億円程度と推測される．一方，最初の対策の実施時期を建設50年後とした場合は，断面修復や補強を要する範囲が増加し，総費用も約13億円となった．さらに，最初の対策の実施時期が建設60年後以降まで遅くな

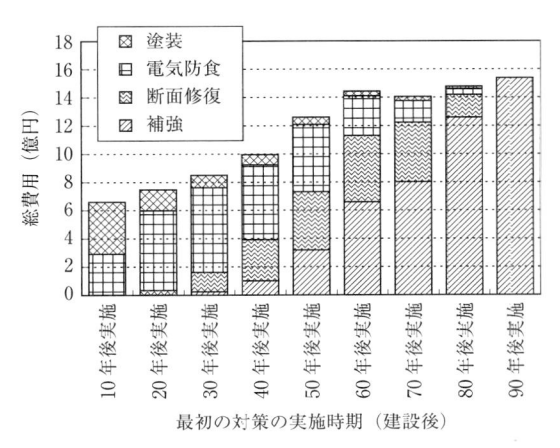

図7.10.3 最初の対策時期と総費用

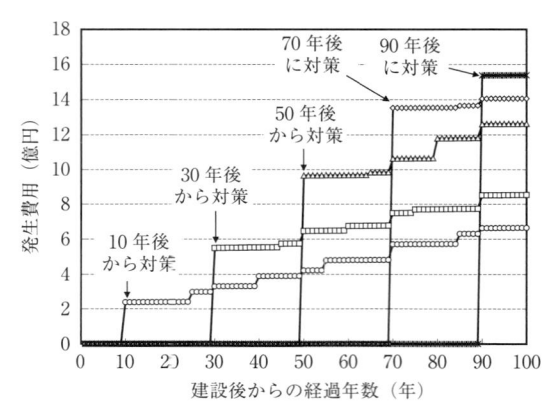

図 7.10.4 対策開始以降の発生費用の変化

ると，残された供用年数が短くなるため優位な差が見られなくなるものの，補強の適用範囲が大幅に増加し，総費用も14～15億円と非常に割高となる．つまり，最初の対策の実施時期が遅れるほど，予定供用期間内（ここでは100年）の維持管理に要する総費用は大きくなる．

図7.10.4は，図7.10.3に示した総費用が経過年数に応じてどのように割り振られるか，累計費用で示したものである．したがって，この図の100年目の累積費用は図7.10.4と同額となる．対策の実施時期を建設10年後とすると，最初の対策を行う年度に約2億円の費用が発生し，その後15年ごとの塗装の再補修や20年ごとの電気防食の配線・配管設備更新などの費用が発生する．しかし，補修後の単年度費用は低く抑えられ平準化されることがわかる．

一方，対策の実施時期が建設50年後になると，電気防食や断面修復を適用する面積が大きくなり単年度での補修費用が約10億円となる．さらに，その後に補修工法を維持するために必要な費用も相対的に大きくなっている．

したがって，維持管理に要する総費用の縮減および単年度費用の平準化を計画的に行うためには，最初の対策の実施時期が重要なポイントになると考えられる．

7.10.5 おわりに

ここでは，桟橋を対象としてばらつきを考慮に入れた劣化予測を行い，その結果を用いたLCCの検討を試みた．その結果，できるだけ早い時期，すなわち浸透した塩化物イオン濃度が少なく，将来にわたって鉄筋位置での塩化物イオン濃度が腐食発生限界値に至らない時期に塗装などの表面被覆工法をできるだけ広範囲に適用できれば，ライフサイクルコストの面で有利であることがわかった．このような検討により，どの時期に補修・補強を行うのがもっとも経済的か，また，単年度に支出する費用はいくらか，などの検討を行うことができる．このような検討にあたっては，まだ仮定の域を出ないパラメータが多いため，手法の確立に向けたさらなる検討が望まれる．

【守分敦郎】

文　献

1) 小牟禮健一ほか：塩害を受ける桟橋上部工のマルコフ連鎖モデルを用いた劣化予測に基づくLCC算定に関する考察，コンクリート工学年次論文集，26(1)，pp.2061-2066，2004．
2) 川島仁ほか：塩害環境下の鉄筋コンクリートに対するばらつきを考慮に入れた劣化予測，コンクリート工学年次論文集，28(1)，pp.2045-2050，2006．
3) 網野貴彦ほか：塩害劣化を受けた実桟橋の劣化推移と各種要因の不確定性を考慮した劣化予測との比較検討，コンクリート構造物の補修，補強，アップグレード論文報告集，第5巻，pp.253-258，2005．
4) 網野貴彦，守分敦郎，羽渕貴士，一野武史：桟橋上部工の塩害劣化予測から将来的な施設の価値評価を行う方法に関する一考察，コンクリート構造物のアセットマネジメントに関するシンポジウム論文報告集，日本コンクリート工学協会，pp.327-332，2006．
5) 日本コンクリート工学協会：コンクリートのひび割れ調査，補修・補強指針2009，pp.399-404，2009．
6) 国土交通省港湾局監修：港湾の施設の技術上の基準・同解説，日本港湾協会，2007．
7) （社）日本コンクリート工学協会：コンクリート構造物のリハビリテーション研究委員会報告書，p.11，1998．
8) 古玉悟ほか：桟橋の維持補修マネジメントシステム開発，港湾技研資料，No.1001，2001．

7.11
高温に曝される排水貯槽の高流動コンクリートによる補修設計・施工

7.11.1　概　要[1),2)]

火力発電所では，発電設備定期点検等においてボイラー起動停止時に余剰となった高温水を一時的に貯留するユーティリティー設備として，鉄筋コンクリート構造の貯槽である系外ブロー槽を備えてあ

7.11 高温に曝される排水貯槽の高流動コンクリートによる補修設計・施工

る．この貯槽は，コンクリート劣化防止のために天井，壁および床に耐酸性エポキシ樹脂系ライニング材を塗布していた．しかし，長期に高温水に曝されていたために，ライニング材とコンクリートの熱膨張係数の違いなどに起因する接着面におけるやライニング材の剥離やライニング材自体の劣化により補修の必要が生じた．

本事例では，このブロー槽躯体の劣化調査を実施し，調査結果を基に補修工法および経済性について比較検討を行い，高流動コンクリートなどを用いたコンクリート打増し工法などによる補修工事を行った補修設計・施工例を紹介する．これらのうち，躯体の劣化調査において中性化深さなどの一般的な劣化調査のほかにビッカース硬さによる躯体表層付近の劣化度を評価したこと，補修工事に高流動コンクリートを適用したことなどが本事例の特徴としてあげられる．本節の内容は，前記の劣化調査，補修工法の検討，および施工概要である[1],[2]．

7.11.2 ブロー槽の劣化調査

a. 対象構造物

本節例において対象とするブロー槽の概要を図7.11.1に示す．本構造物は，補修時点で約20年経過した鉄筋コンクリート構造物であり，躯体には呼び強度21 N/mm²のコンクリート（普通ポルトランドセメント使用）が適用された．

b. コンクリート劣化調査の内容

ブロー槽躯体の劣化調査項目，および調査方法を表7.11.1に示す．外観調査については槽内部全面について行い，詳細調査については内部壁，床などの一部を調査対象とした．図7.11.2は調査および補修方法の検討フローである．

このうち，壁の断面方向のコンクリート劣化状況を詳細に把握する目的で，壁のコアを採取したうえで，ビッカース硬さ測定を以下のとおり行った[3]．
① コア供試体を切出し方向に観察できるように切出し方向と平行な面にカットし，測定面を鏡面研磨．
② ビッカース硬さ測定装置を用いて，顕微鏡で観察しながらセメントペースト部について荷重条件300 gで供試体研磨面のビッカース硬さを測定．
③ 測定位置はマイクロメータにより測定し，空隙

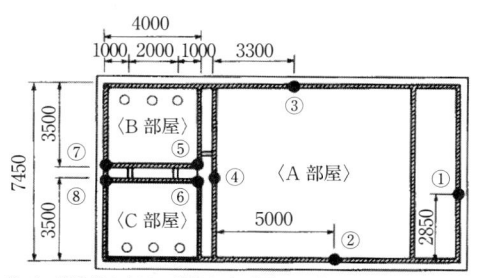

注1）斜線部は今回の補修部分（厚さ160）．
注2）図中の●数字は壁部補修コンクリートの打設口の位置を示す．
注3）図中の○印は蒸気流入管を示す．

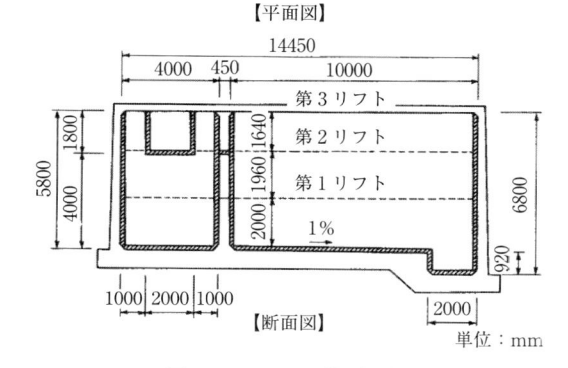

【平面図】

【断面図】

単位：mm

図 7.11.1 ブロー槽の概要

があるため測定が不可能な場合には硬さを0として評価．

c. 外観調査結果

外観調査結果は以下のとおりである．
① コンクリート表面に施工されていた表面被覆材は，排水が直接接する機会の少ない天井部を除いて，ほとんどの部分で剥離しており，剥離の状態などから推察すると供用開始後，比較的早い時期に剥離したと推定される．
② ひび割れは壁面全体にわたって見られたが，その幅は0.2 mm程度以下であり，蒸気が直接流入する小部屋に多く見られた．

d. 詳細調査結果

詳細調査結果は以下のとおりである．
① コア供試体による圧縮強度は平均で43 N/mm²程度であったが，図7.11.3に示すビッカース硬さの測定結果より，コンクリート表面から20 mm程度までは硬さが低下している傾向がみられた．また，シュミットハンマによる躯体強度の推定結果も30 N/mm²程度であり，コア強度より低い結果であったことから，躯体内部

表7.11.1 調査項目および調査方法

	調査項目	調査目的	調査方法
外観調査	ひび割れ	1. コンクリートの劣化程度の把握 とくに外壁部分については，豆板部分や打継ぎ目を調査対象とする 2. 補修箇所および数量の設定 3. 補修工法および材料の選定	ひび割れに沿ってマーキングし，位置，幅，長さをクラックスケール・メジャーなどで計測する．漏水，遊離石灰なども観測する
	浮き，剥離，骨材露出		目視およびテストハンマーを用いた叩き点検により，欠陥部の位置，大きさを計測する
	鉄筋の露出 発錆（さび汁）		露出および発錆の位置・本数・長さを測定する
内部調査	圧縮強度	1. コンクリートの基本物性の把握 2. 補修工法および材料の選定	シュミットハンマーを用いてコンクリートの反発硬度を測定し，非破壊により圧縮強度を算出する
			コンクリートコアについて，JIS A 1107，1108に準拠して圧縮強度試験を行う
	中性化深さ	コンクリート表層部の劣化程度の把握 表層部の劣化程度を化学的な観点から明らかにする	コアの割裂面および現地におけるはつり面にフェノールフタレイン1%アルコール溶液を噴霧して，中性化深さを測定する
	かぶり厚さ	鉄筋の位置の現状を把握	内壁部分は，圧縮強度用のコア採取箇所付近でコンクリートを鉄筋位置まではつり，かぶりを測定する 外壁部分は，豆板か，打継ぎ目部分の漏水箇所を部分的にはつり調査する
	鉄筋の腐食量	鉄筋の腐食の現状を把握 鉄筋補強要否の判断	内壁部分は，圧縮強度用のコア採取箇所付近でコンクリートを鉄筋位置まではつり，鉄筋の腐食度を目視により調査する 外壁部分は，豆板，打継ぎ目部分の漏水箇所を部分的にはつり調査する
	ビッカース硬さ	コンクリート表層部の劣化程度の把握 圧縮強度を直接測定できない表層部分について，その劣化程度を機械的性質の観点から明らかにする	コアの割裂面を研磨し，ビッカース硬さ計を用いて表層付近のモルタル部分における硬度の変化を測定する

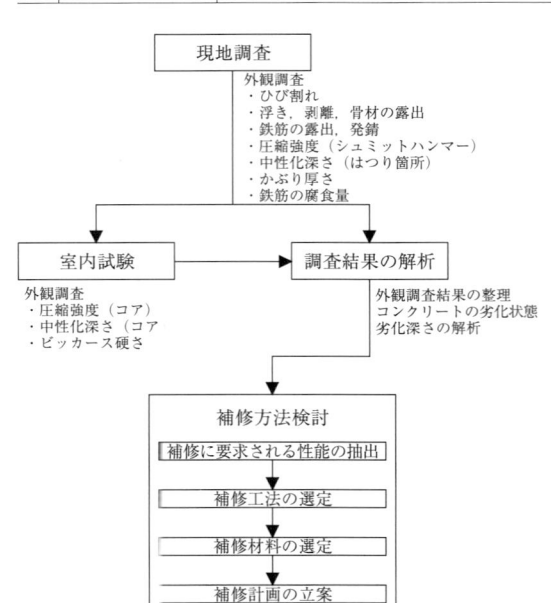

図7.11.2 調査および補修方法検討のフロー

の強度は健全であるものの，表層部は劣化が進行しているものと推定された．

② 中性化深さは1〜6 mmの範囲にあり，平均で4 mmであった．

③ 鉄筋をはつり出し，目視により腐食状況を観察したが，腐食はほとんど認められず，健全な状況であった．

e. コンクリート劣化度の判定

ビッカース硬さの低下より，コンクリート表面から深さ約20 mmの部分は劣化の進行が認められるものの，コンクリート強度が十分な値を示したこと，鉄筋にも腐食が認められないことなどから，内部の鉄筋コンクリートは健全であるものと判断した．

7.11.3 補修工法の検討

劣化調査の結果，対象構造物の劣化はコンクリー

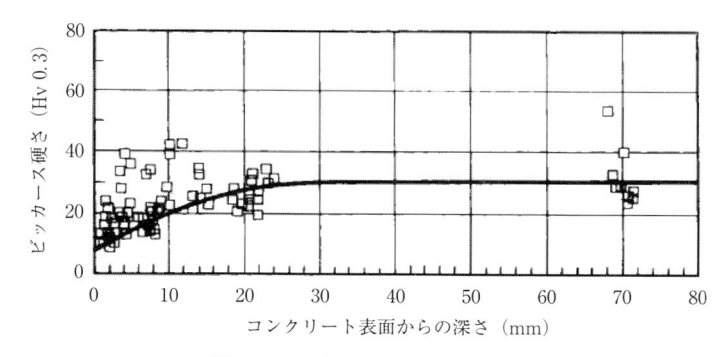

図 7.11.3　ビッカース硬さ測定結果

	樹脂系表面被覆材	無機系表面被覆材	コンクリート
補修概要図			
耐熱性	△ 使用可能温度は 60～120℃ 程度	◎ 使用可能温度は 300℃ 程度	○ 105℃ 以上の高温ではコンクリート中の自由水は失われるが，ブロー槽内部は湿潤環境下であるため，コンクリート中の水分はほとんど失われない．
耐酸性	◎ pH＝1 程度までの耐酸性あり	○ pH＝4 程度までの耐酸性あり	○ コンクリート自体の耐酸性は低いが，既設躯体の中性化深さは 4 mm 程度であり，劣化代を断面厚に加えるため，耐酸性は十分である．
施工性	○ 塗布あるいは吹付けによるが，下地処理などの施工管理が重要である．	○ 塗布によるが，施工性は他に比べてやや難	○ 壁部は断面が小さいが，高流動コンクリートの採用により，施工は可能となる．
経済性	1.0（基準とする）	1.0 以上	1.0 未満
総合評価	△	○	◎

図 7.11.4　補修工法の比較一覧

ト表層部の 20 mm 程度のみであることが判明したため，本構造物の補修方針は耐熱性を有する材料でコンクリート表面を被覆することとした．

補修材の選定においては，ビニルエステル，エポキシなどの樹脂系表面被覆材，無機系表面被覆材，およびコンクリートを選定対象とし，各材料について補修方法，耐久性などを検討した．図 7.11.4 に検討結果を示す．

エポキシ樹脂については，対象構造物に使用されていたものの，劣化調査の結果，本供用条件下においては天井部を除いて十分な耐久性が認められず，他の樹脂系表面被覆材についてもメーカーの技術資料などから他の検討材料と比べて耐熱性は劣るものと判断した．

無機系表面被覆材に関しては，耐熱性などの性能はほぼ十分であるが，コンクリートと比較すると経済性や施工性などの面でやや劣るものと考えられた．

コンクリートに関しては，補修断面が小さく，締固め作業も困難であることから，高流動コンクリートの適用性について検討することとした．既設の躯体は呼び強度 21 N/mm² 程度のコンクリートであるが，表面被覆材が早期に剥離した後も，表層部に劣化進行が見られる以外は健全であったことから，コンクリートは本供用条件下においてほぼ十分な耐久性を有しているものと考えられ，これより水結合

材比の小さく密実な高流動コンクリートを表面被覆材として適用すれば，経済的でより高い耐久性を期待することができることがわかった．また，コンクリートは他の検討材料に比べて耐酸性が低いが，図 7.11.4 に示すように，劣化代（60 mm）を断面厚に加えることにより表面保護を図ることとした．なお，打増しコンクリートの表面ひび割れ発生防止のため，鉄筋（D13@100：縦横）を配置することとした．なお，既設の躯体との一体性を高めるため，供用される温度の範囲で問題のない機械式アンカーを施工した．

以上の検討結果から総合的に判断して，壁および床の補修はコンクリートによる既設躯体の打増しにより行うこととし，壁部については高流動コンクリートを，床部については施工性，経済性を考慮して，スランプ 8 cm の普通コンクリート（21-8-25N）を適用することとした．なお，天井部については排水が直接接する機会が少なく，今回の調査においても樹脂系の表面被覆材はほとんど剥離していないことが確認されたため，ビニルエステル樹脂系の表面被覆材により補修することとした．

7.11.4 高流動コンクリートによる補修

a. 使用材料およびコンクリートの配合

壁部材の補修に用いた高流動コンクリートの配合，および使用材料を表 7.11.2 に示す．配合は施工実績の多い三成分系結合材と分離低減剤（多糖類ポリマー）を使用した併用系の配合とした[4]．また，打設口が限られており，流動距離が最長で 10 m 程度になることから，スランプフローの設定値は 68 ± 5 cm とした．

b. コンクリートの製造および運搬

コンクリートは一般のレディーミクストコンクリート工場において，強制二軸式ミキサにより練混ぜ量を 2.5 m^3/バッチ，練混ぜ時間を 120 秒として製造した．現場へのコンクリートの運搬はトラックアジテータ車によった．現場へのコンクリートの運搬はトラックアジテータ車（コンクリート積載量 4.5 m^3/台）により，所要運搬時間は 20～30 分であった．

c. コンクリートの品質管理試験結果

荷卸し時のコンクリートの品質は，スランプフロー 68.0 cm，50 cm フロー到達時間 3.9 秒，空気量 4.8％，U 形充填高さ 36 cm（障害条件 R1）であった（いずれも 5 回の測定結果の平均値）．

d. コンクリートの打込み

ブロー槽上面の図 7.11.1 に示す位置に打設口（200×200 mm 程度）を設け，そこへコンクリートポンプ車のブーム先端をセットしてコンクリートを型枠内へ流し込んだ．なお，打上がり高さ 2 m 程

表 7.11.2 高流動コンクリートの仕様，配合および使用材料

配合仕様	スランプフロー	50 cm フロー到達時間	空気量	U 形充填高さ
	68 ± 5 cm	3～10 砂	4.5 ± 1.5 %	30 cm 以上 (R1)

G_{max} (mm)	W/C (%)	s/a (%)	単位量 (kg/m^3)				
			W	C	S	G	SP	分離低減剤
20	32	51.2	160	500	819	813	7.5	0.5

材料名（記号）	品質・主成分
3 成分系結合材（C）	密度 2.78 g/cm^3，比表面積 3870 cm^2/g（配合比率は，普通ポルトランドセメント：高炉スラグ微粉末：フライアッシュ＝35：45：20）
細骨材（S）	富津市高溝産，表乾密度 2.60 g/cm^3，粗粒率 2.56
粗骨材（G）	津久見産表乾密度 2.71 g/cm^3，粗粒率 6.66，実積率 59.1%
高性能 AE 減水剤（SP）	ポリカルボン酸系
分離低減剤	多糖類ポリマー（β-1,3-グルカン）

7.11 高温に曝される排水貯槽の高流動コンクリートによる補修設計・施工

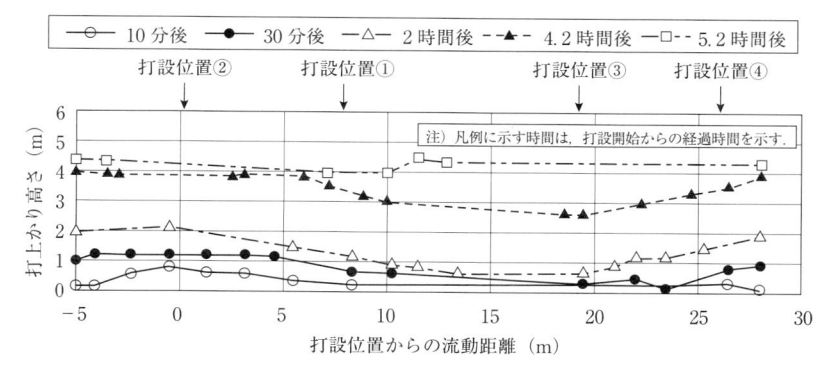

図 7.11.5 A部屋打設時のコンクリートの流動勾配

度を1リフトとし，全体の打ち上がり高さが均等になるように，順次，ブーム先端を各打設口へ移動して打設した．また，充填時にコンクリートにヘッド圧をかけること，および充填後のコンクリートの沈降に伴う隙間の発生を防ぐことを目的に，打設口上部にボイド型枠を設け，かさ上げ（高さ約50 cm）を行った．

なお，本事例では側圧は液圧分布と仮定して型枠支保工を設計したが，打上がり高さが約6 mと高く，パイプサポートなどによる支保工も十分に行えないため，連続的に打ち上げると型枠倒壊の恐れも考えられた．そこで，1車目のトラックアジテータ車よりコンクリート試料を採取しておき，その流動性の低下を経時的に確認しながらコンクリート打設を行った．既往の実績[5]から，スランプフローが約50 cm以下になれば側圧は液圧分布の半分以下になると評価されることから，第3リフト（打ち上がり高さ4 m以上）打設開始時には流動性の経時変化を，打設を継続するか否かの判断基準とした．測定の結果，第3リフト打設前のスランプフローは44 cm程度であったため，第2リフト，第3リフトは連続的に打設した．

打設時には，高所落下によるコンクリートの巻込みエアの除去，および充填高さの確認を兼ねて，打設口直下付近を中心に2 m程度の間隔で作業員を配置し，木槌による型枠の叩きを計6名程度で行った．本作業により得られた打上がり高さから流動勾配を求め，打設位置の変更などに役立てた．図7.11.5に示すように，屋打設時の流動勾配はおよそ1/10～1/15であり，B・C部屋打設時は1箇所の打設口からの打設により，ほぼレベル状態でコンクリートは打ち上がった．このように，図7.11.1に示す程度の間隔（8～10 m）で打設口を設け，適宜，打設位置を移動して打設することにより，各部屋をほぼ水平な状態で打ち上げることができた．

7.11.5 まとめ

長期間，高温水に曝された火力発電所内のブロー槽に対し，高流動コンクリートによるコンクリート打増し工法などによる補修工事を行い，図7.11.6

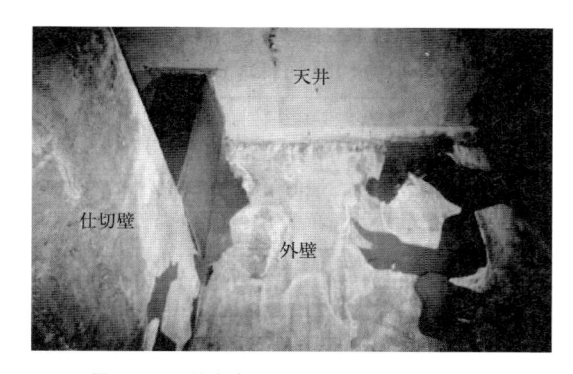

図 7.11.6 補修前のブロー層壁部分の劣化状況

図 7.11.7 補修後のブロー層壁部分の状況（天井部分は未補修）

に示す劣化状態だったものが図 7.11.7 に示すような状態となり良好な施工結果が得られた．今後，高流動コンクリート施工箇所の長期健全性を確認する調査を行うとともに，本工法による同種構造物への展開が望まれる　　　　　　　　　　【丸屋　剛】

文　献

1) 丸屋　剛ほか：高温に曝される排水貯槽の高流動コンクリートによる補修設計・施工，コンクリート工学，**39**(9)，pp. 35-38，1998．
2) 坂本　淳ほか：高温に曝される排水貯槽の高流動コンクリートによる補修事例，コンクリート構造物のリハビリテーションに関するシンポジウム論文集，pp. 109-114，1998．
3) 大脇英司ほか：活性炭を用いた浄水施設のコンクリートの劣化，コンクリート工学年次論文報告集，**18**(1)，pp. 903-908，1996．
4) 横田和直ほか：高流動コンクリートの鋼製桁・鋼管充填コンクリートへの適用，コンクリート工学年次論文報告集，**16**(1)，pp. 49-54，1994．
5) 大友　健ほか：高流動コンクリートの流動性の保持と側圧挙動に関する研究，コンクリート工学年次論文報告集，**18**(1)，pp. 135-140，1996．

7.12 下水道の化学的侵食に対する補修対策

7.12.1　硫酸による化学的侵食のプロセスと特徴

下水道施設では，硫酸による化学的侵食が発生することが知られており，コンクリート劣化のうちの「化学的侵食」の一つに位置づけられている．

硫酸によるコンクリートの侵食は，密閉された施設の中で，以下のプロセスで発生する．

① 嫌気状態の下水中または汚泥中の硫酸塩から，硫酸塩還元細菌によって硫化水素が生成される
② 液相から気相に硫化水素が放散される
③ 好気性の硫黄酸化細菌によって，コンクリート表面の結露水中に溶けた硫化水素から硫酸が生成される
④ 硫酸によってコンクリートが腐食する

このように，下水道施設内で発生する化学的侵食の特徴は，「硫化水素濃度が高いこと」，「密閉された施設で発生すること」，「気相部においてのみ発生すること」などである．したがって，このような施設に対策を実施する場合は，十分な換気が必要である．また，下水や汚泥から新たに硫化水素が発生することがあるので，下水もしくは汚泥を完全に除去した状態で施工することが望ましい（施設内に残された汚泥を乱したために急激に硫化水素が発生し，作業員が死亡した事故例がある）．

7.12.2　硫酸によるコンクリートの侵食の対策

硫酸によるコンクリートの侵食対策には，硫酸の生成を抑制する対策と，コンクリートの耐硫酸性を向上させる防食対策とがあるが，ここでは防食対策についてその事例を紹介する．

防食対策は，「塗布型ライニング工法」と「シートライニング工法」に分類され，塗布型ライニング工法は，腐食環境分類の A 種・B 種・C 種・D_1 種に適用され，シートライニング工法は D_2 種に適用される．それぞれの品質規格は「下水道コンクリート構造物の腐食抑制技術及び防食技術マニュアル：(財)下水道業務管理センター平年 19 年 7 月」に定められており，表 7.12.1 および表 7.12.2 に示すとおりである．

7.12.3　塗布型ライニング工法の事例

a.　工　事　概　要
供用開始：　昭和 48(1973) 年
工事時期：　平成 13(2001) 年
対象施設：　下水処理場の導入渠，流入水路，最初沈殿池および流出水路
防食ライニングの面積：　C 種 666 m^2，D_1 種 252 m^2

b.　塗布型ライニング工法の仕様
1) 塗布型ライニング工法 C 種・D_1 種（図 7.12.1，図 7.12.2）

c.　塗布型ライニング工法の工程と管理項目
各工程における施工管理項目は以下の通りである（図 7.12.3）．

1) **壁面付着汚泥洗浄**
作業箇所の酸素濃度および硫化水素濃度が許容値以下であることを確認し，施工箇所の水洗いを行う．許容値は以下の通りである．

7.12 下水道の化学的侵食に対する補修対策

表 7.12.1 塗布型ライニング工法の品質規格

項　目 \ 工法規格	A 種	B 種	C 種	D₁ 種
被覆の外観	被覆にしわ，むら，剥がれ，割れのないこと	同左	同左	同左
コンクリートとの接着性	標準状態　1.5 N/mm² 以上　吸水状態　1.2 N/mm² 以上	同左	同左	同左
耐酸性	pH3 の硫酸水溶液に 30 日間浸漬しても被覆に膨れ，割れ，軟化，溶出がないこと	pH1 の硫酸水溶液に 30 日間浸漬しても被覆に膨れ，割れ，軟化，溶出がないこと	10％の硫酸水溶液に 45 日間浸漬しても被覆に膨れ，割れ，軟化，溶出がないこと	10％の硫酸水溶液に 60 日間浸漬しても被覆に膨れ，割れ，軟化，溶出がないこと
硫黄侵入深さ	―	―	10％の硫酸水溶液に 120 日間浸漬した時の侵入深さが設計厚さに対して 10％以下であること，かつ 200 μm 以下であること	10％の硫酸水溶液に 120 日間浸漬した時の侵入深さが設計厚さに対して 5％以下であること，かつ 100 μm 以下であること
耐アルカリ性	水酸化カルシウム飽和水溶液に 30 日間浸漬しても被覆に膨れ，割れ，軟化，溶出がないこと	同左	水酸化カルシウム飽和水溶液に 45 日間浸漬しても被覆に膨れ，割れ，軟化，溶出がないこと	水酸化カルシウム飽和水溶液に 60 日間浸漬しても被覆に膨れ，割れ，軟化，溶出がないこと
透水性	透水量が 0.30 g 以下	透水量が 0.25 g 以下	透水量が 0.20 g 以下	透水量が 0.15 g 以下

表 7.12.2 シートライニング工法の品質規格

項　目		D₂ 種
被覆の外観		被覆にしわ，むら，剥がれ，割れのないこと
コンクリートとの固着性		0.24 N/mm² 以上
耐酸性		10％の硫酸水溶液に 60 日間浸漬しても被覆に膨れ，割れ，軟化，溶出がないこと
硫黄侵入深さ	シート部	10％の硫酸水溶液に 120 日間浸漬した時の侵入深さが設計厚さに対して 1％以下であること
	目地部	10％の硫酸水溶液に 120 日間浸漬した時の侵入深さが設計厚さに対して 5％以下であること，かつ，100 μm 以下であること
耐アルカリ性		水酸化カルシウム飽和水溶液に 60 日間浸漬しても被覆に膨れ，割れ，軟化，溶出がないこと
透水性		透水量が 0.15 g 以下

出典：下水道コンクリート構造物の腐食抑制技術及び防食技術マニュアル　(財)下水道業務管理センター発行　平成 19 年 7 月
　　　表 7-11-1 ⇒ 上記マニュアルの表 3-11
　　　表 7-11-2 ⇒ 上記マニュアルの表 3-13

酸素濃度 18％以上，硫化水素濃度 10 ppm 以下

2)　コンクリート版切断

・はつり箇所の端部をダイヤモンドカッターにて 10 mm 以上の深さに切り込みを入れる．

3)　現場打ち U 型溝高圧水はつり

・ウォータージェット工法（吐出圧力 60 MPa）で劣化部を除去する

588　　　　　　　　　　　　　　　　7.　事　　例

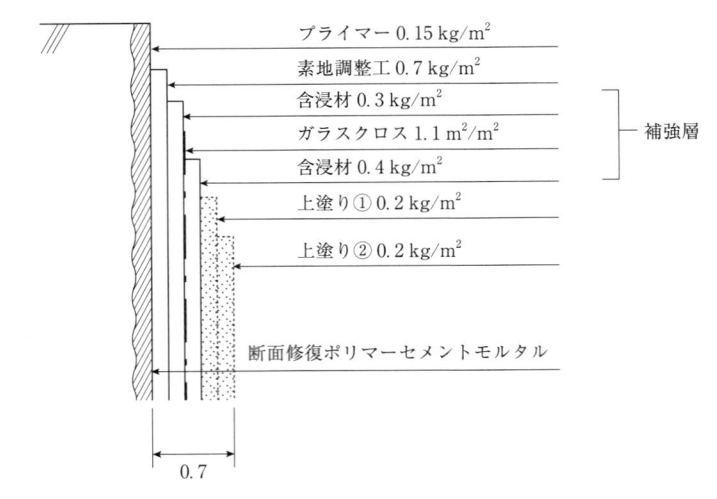

図 7.12.1　塗布型ライニング工法 C 種

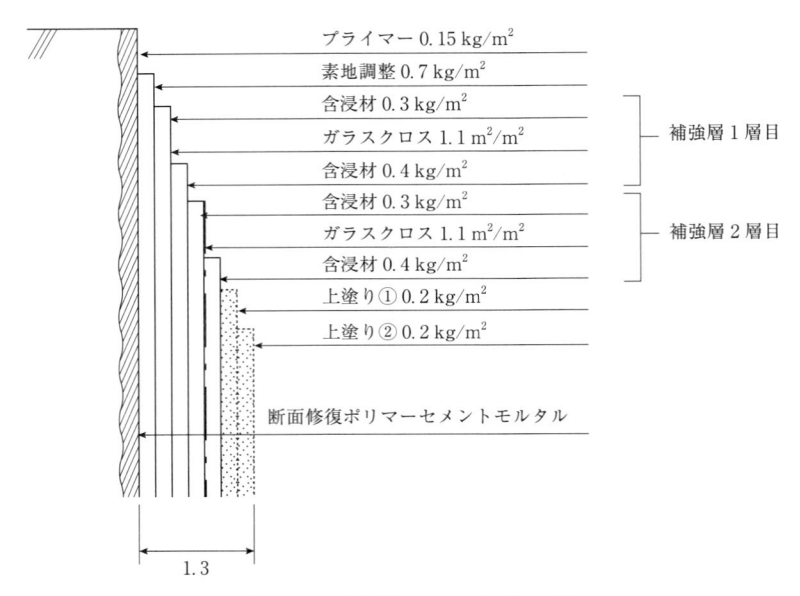

プライマー 0.15 kg/m²
素地調整工 0.7 kg/m²
含浸材 0.3 kg/m²
ガラスクロス 1.1 m²/m²
含浸材 0.4 kg/m²
上塗り① 0.2 kg/m²
上塗り② 0.2 kg/m²
断面修復ポリマーセメントモルタル

補強層

0.7

図 7.12.2　塗布型ライニング工法 D₁ 種

プライマー 0.15 kg/m²
素地調整 0.7 kg/m²
含浸材 0.3 kg/m²
ガラスクロス 1.1 m²/m²
含浸材 0.4 kg/m²
含浸材 0.3 kg/m²
ガラスクロス 1.1 m²/m²
含浸材 0.4 kg/m²
上塗り① 0.2 kg/m²
上塗り② 0.2 kg/m²
断面修復ポリマーセメントモルタル

補強層 1 層目
補強層 2 層目

1.3

4) コンクリートはつり
- 一次はつりとして，設計最小はつり深さ 30 mm で全面をはつる
- 二次はつりとして，劣化部（目視による変色，打音検査による浮きが認められる部分）をすべてはつる

5) 高圧水洗浄
- コンクリートはつり後，浮いている骨材や粉塵を除去するため，高圧水（吐出圧力 10 MPa）にて清掃・洗浄する

6) コンクリート劣化部改修（鉄筋防錆処理，鉄筋補強，アルカリ復元）
- はつり後，露出した鉄筋の浮きさびをワイヤーブラシなどで除去し，露出部全面に防錆剤（亜硝酸リチウム溶液）を塗布する
- 鉄筋が腐食して著しい断面欠損が認められる場合は，鉄筋を健全部まではつり出し，補強鉄筋を溶接する．溶接長は鉄筋径の 10 倍とする．
- アルカリ復元を目的としてはつり面にアルカリ回復剤（亜硝酸リチウム溶液）を塗布する

7.12 下水道の化学的侵食に対する補修対策

```
1. 壁面付着汚泥洗浄
   │
   ├─────────────────────┐
   │                     │
2. コンクリート版切断    3. U字溝
   t = 10 mm                高圧水はつり
   │
3. コンクリートはつり
   t = 30〜60 mm
   │
4. 高圧水水洗
   100 kgf/cm²
   │
   ├─────────────────────┘
   │
6. コンクリート劣化部改修
   (アルカリ復元, 鉄筋防錆処理)
   │
7. 樹脂モルタル塗り
   ポリマーセメントモルタル
   │
8. 塗布型ライニング工法
   C・D₁種
```

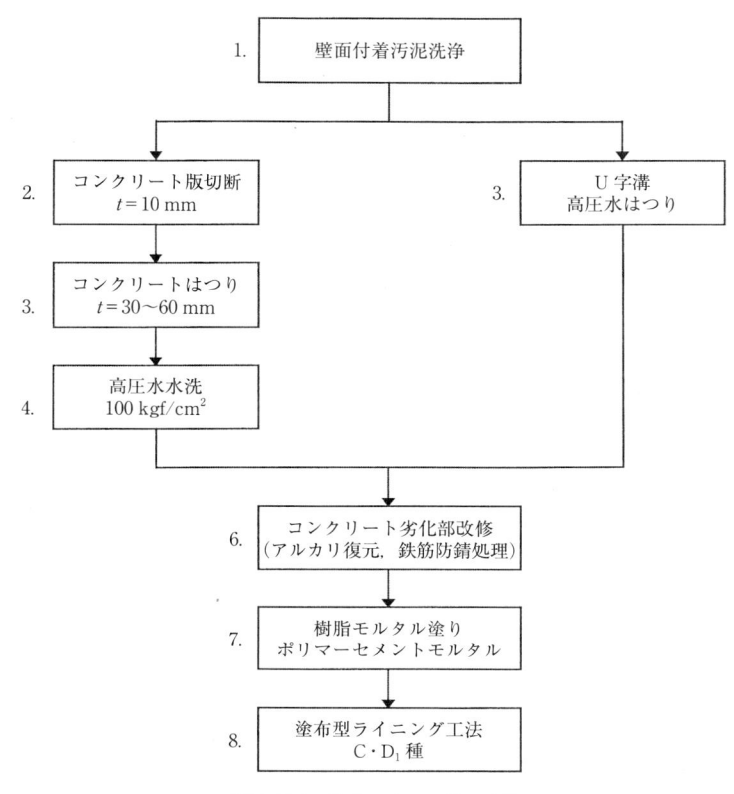

図 7.12.3 防食ライニングの工程

7) 樹脂モルタル塗り(断面修復)

- 断面修復材料は,所定の管理のもとに十分な練り混ぜを行う.
- 既設コンクリートとの十分な付着強度を確保するため,とくにスラブ下面では,樹脂エマルジョンを塗布後,樹脂モルタルの塗布を行う.
- 塗り厚さは,一層あたり1cm程度とし,塗り上げ表面に凹凸をつけ,次の層との付着強度を確保する.
- 大きな断面欠損が生じた部分は,補強鉄筋を組み立てた後,無収縮モルタルまたはコンクリートを打設する.

8) 防食ライニング工法 C種・D₁種

- 樹脂モルタルの表面を,ディスクサンダーを用いて下地処理する.
- 気温5℃以上かつ湿度85%以下の管理条件下にて施工する.また,目視により結露がないことを確認する.
- 各層の施工を終えるごとに,適切な養生期間を設ける(1日から3日)
- ガラスクロスの端部は含浸後,ディスクサンダーで平滑に仕上げ,上塗り塗装する.

d. 工事実績

1) 壁面付着汚泥洗浄
- 槽内の酸素濃度および硫化水素濃度はそれぞれ20.9%,0.5 ppmで許容値内であった.

2) コンクリート版切断
- コンクリート版切断時およびコンクリートはつり時に大量の粉塵が発生するため,ϕ300 mmの送風機で作業場内の部分的な換気を行い,作業場から屋外までの約80 mの排気にはϕ400 mm×2系統の送風機を使用した.

3) 現場打ちU型溝高圧水はつり
- 高圧水はつり前にコア採取し,フェノールフタレインを用いた中性化深さ試験を行い,3〜

表 7.12.3 現場打ちU字溝高圧水はつり施工実績表

場 所	施工面積(m²)	ノズル数	所要日数(日)
側面・内面	324	2	6
下面	60	2	2

5 mm の中性化が認められた．
- 健全な骨材は残し，劣化したモルタルおよび浮石を除去した．
- 当初 60 MPa のウォータージェットを用いたが，作業効率が悪いため吐出圧 150 MPa で劣化部を除去した．表 7.12.3 に現場打ち U 字溝高圧水はつり施工実績を示す．

4) **コンクリートはつり**
- 表 7.12.4 にはつり深さの実測値を示す．
- はつり深さの実測値から，スラブ部は壁部と比較して 10 mm 程度劣化が深く進行していることがわかった．

5) **高圧水洗**
- コンクリートはつり完了後，浮いた骨材や粉塵を除去するためにハイウォッシャーを用いて水道水で水洗いした．

6) **コンクリート劣化部改修（鉄筋防錆処理，鉄筋補強，アルカリ復元）**
- 導入渠のスラブおよび側面では，露出した鉄筋の断面欠損が確認されたので，鉄筋の健全な部分まではつり出し，同径（D16）の異形鉄筋をフレアー溶接（溶接長：鉄筋径の 10 倍）して補強した．

7) **樹脂モルタル塗り（断面修復）**
- 1 層あたりの塗り厚さは 1 cm 程度とし，ほうき目を入れて次の層との付着強度を確保できるようにした（図 7.12.4）．
- 既設金物廻りは V カットした．防食ライニング施工時に浮きが出やすいコーナー部については，出隅は面木を用いて，入隅は半径 20 mm 程度の丸みを持たせて仕上げた．
- 投光器を用いて温度養生を行い，強度発現を早めて工期短縮を図った．
- 作業場内全体の湿度を一定に保つために，送風機を用いて空気循環を行った．

表 7.12.4 はつり深さの実測値

場　所	位　置	はつり深さ実測値 (mm)
導入渠	スラブ	78
	壁	63～65
流入水路	スラブ	53～75
	壁	43～60
最初沈殿池 (3)	スラブ	51～65
	壁	43～53
最初沈殿池 (4)	スラブ	41～58
	壁	42～51
流出水路	スラブ	59～60
	壁	45～59

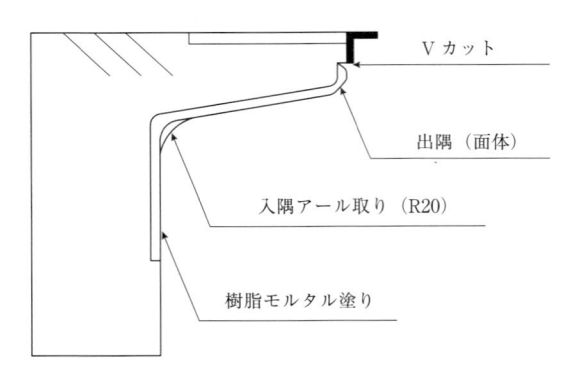

図 7.12.4 樹脂モルタル仕上げ詳細図

表 7.12.5 養生期間および表面含水率

場　所	養生期間	表面含水率（％）
導入渠	10 日間	4.9～5.8
最初沈殿池	4 日間	4.4～6.2

表 7.12.6 付着強度測定結果

場　所	項目・単位 番号	付着強度（N/mm²） No.1	No.2	No.3	平均	備　考
導入渠・流入水路		3.162	2.614	2.984	2.920	D 種
最初沈殿池 No.3 ⑥～⑨		2.289	2.027	2.518	2.278	C 種
最初沈殿池 No.4 ⑥～⑨		2.442	2.276	2.888	2.535	C 種
最初沈殿池 No.3, 4 ⑨～⑪		2.226	2.538	2.213	2.326	C 種
最初沈殿池 No.3, 4 ⑨～⑪		2.813	2.478	2.321	2.540	D 種
流出水路		1.907	1.830	1.537	1.537	D 種

7.12 下水道の化学的侵食に対する補修対策

表 7.12.7 膜厚測定結果

場所	項目・単位 番号	膜厚（mm） No.1	No.2	No.3	平均	備考
導入渠・流入水路		1.725	1.600	1.800	1.708	D種
最初沈殿池 No.3 ⑥～⑨		1.325	1.250	1.000	1.192	C種
最初沈殿池 No.4 ⑥～⑨		1.175	1.200	1.050	1.142	C種
最初沈殿池 No.3, 4 ⑨～⑪		0.900	0.950	1.100	0.983	C種
最初沈殿池 No.3, 4 ⑨～⑪		1.480	1.850	1.850	1.727	D種
流出水路		1.325	1.300	1.317	1.314	D種

8) **防食ライニング工法 C 種・D_1 種**
 ・樹脂モルタルの表面含水率を測定し，7％以下を目標に養生を行った．養生に要した日数と表面含水率を表 7.12.5 に示す．
 ・導入渠で養生日数が長かった原因としては次の3つが考えられる．
  1. 断面修復のモルタルが厚かったこと
  2. 隣接する曝気沈砂池が稼働中で湿度が高かったこと
  3. ボックスカルバート構造で，空気が滞留していたこと
 ・防食ライニング工法 C 種，D_1 種の各工程を 1日 1 工程で行い，適切な養生期間（1 日～3 日）を設けた．

e. **工事管理データ**
1) **付着強度**
 ・付着強度の試験結果を表 7.12.6 に示す．
 ・付着強度の管理基準値は 1.5 N/mm² である．
2) **膜　厚**
 ・付着強度試験後に得られた供試体を用いて測定した膜厚の結果を表 7.12.7 に示す．
 ・膜厚の管理基準値は，C 種：0.7 mm 以上，D_1 種：1.3 mm 以上である．

7.12.4 シートライニング工法の事例

a. **工　事　概　要**
供用開始： 昭和 55（1980）年
工事時期： 平成 13（2001）年
防食工事の対象施設： 下水処理場の汚泥混合槽およびろ液排水ピット
防食ライニングの面積： D_2 種 894 m²

表 7.12.8 シートライニング工法一覧表
（太字はシートライニング工法協会会員）

工法名称	工法開発会社
アンカーシート工法	タキロン
AS フォーム工法	清水建設
耐食ライニング（スラスラ）工法	間組
BKU 工法	テイヒュー
エコサルファー防食工法	大林組，新日本石油
FRP 防食パネル工法	奥村組，福井ファイバーテック
ジックボード工法	日本ジッコウ，日本ポリエステル
PS シート工法	ショーボンド建設
フラップス工法	大阪防水建設社，昭和高分子，アイカ工業，プラス産業
ボーショクバン工法	鹿島建設，レオ化研
AFR シート工法	タフシート工法，AB エポマー工法協会
ポリエチレンライニング（PPL）工法	FRP サポートサービス

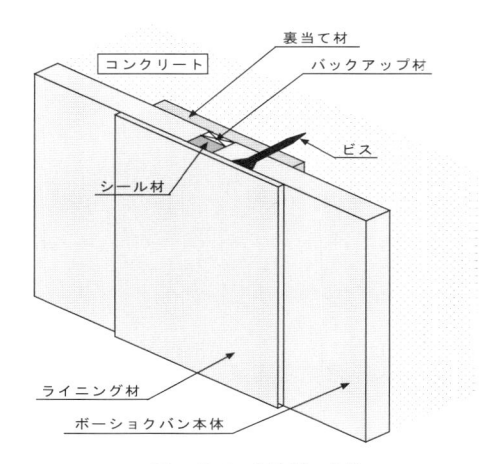

図 7.12.5 目地部の仕様

工程	①既設コンクリート劣化部の除去 ②アンカーの設置
概要	既設コンクリート劣化部を除去した後，ハンマードリル等で削孔しホールインアンカーを設置する．次に埋設型枠シートライニングが所定の位置にくるようにセパレーター，Pコンを取付ける．
概要図	

工程	③埋設型枠シートライニングおよび型枠支保工の設置
概要	所定の位置に埋設型枠シートライニング（アンカーピース付）を取付ける．その際，接合部はステンレスビスを用いて固定し，バックアップ材を詰める．その後，単管等をフォームタイ，座金で固定し，支保工とする．
概要図	

工程	④モルタルまたはコンクリート充填 ⑤型枠支保工撤去
概要	既設コンクリートの劣化除去面と埋設型枠シートライニングの間に無収縮モルタルまたは高流動コンクリートを充填する．十分に養生した後，支保工を解体撤去する．
概要図	

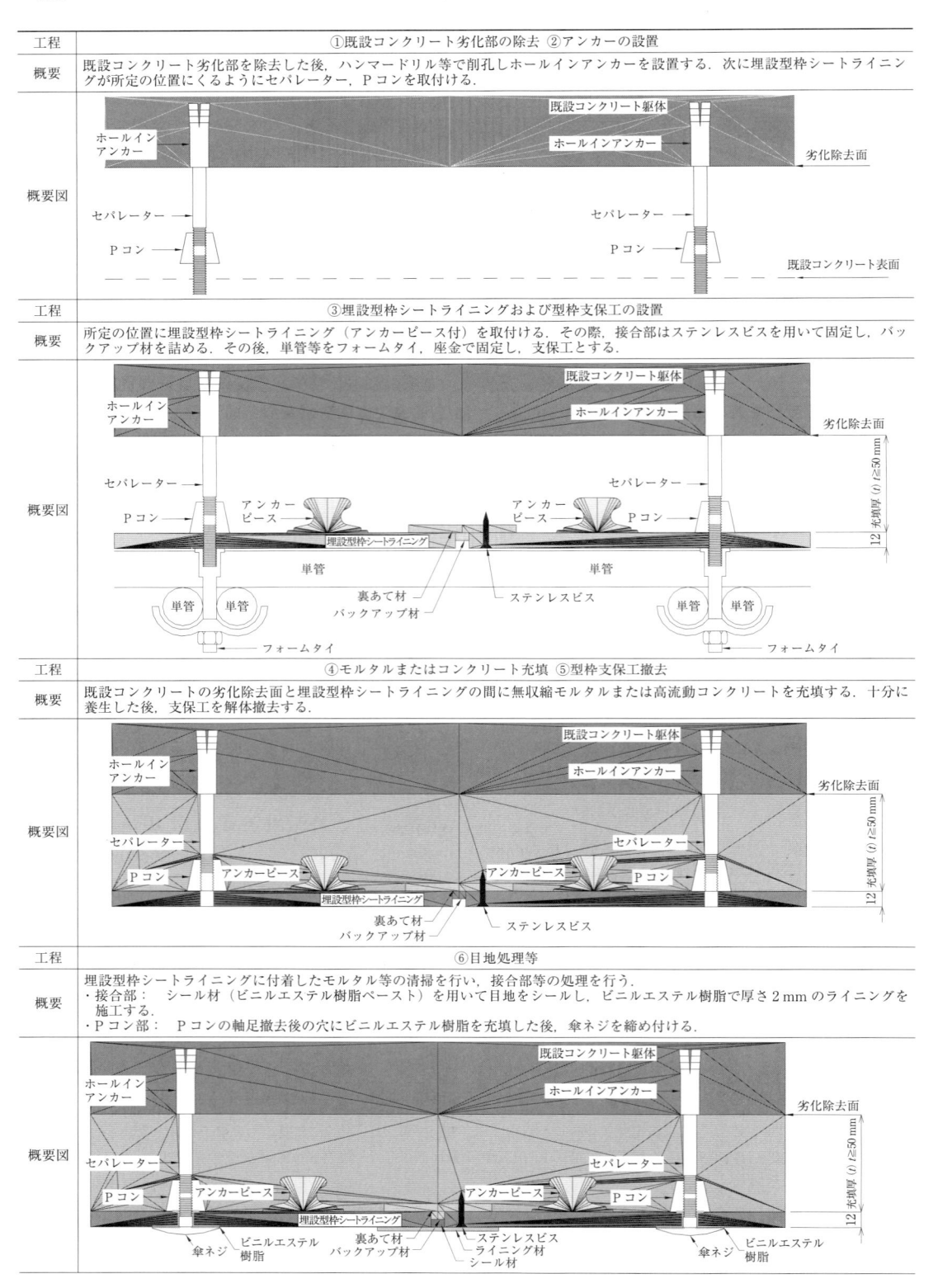

工程	⑥目地処理等
概要	埋設型枠シートライニングに付着したモルタル等の清掃を行い，接合部等の処理を行う． ・接合部： シール材（ビニルエステル樹脂ペースト）を用いて目地をシールし，ビニルエステル樹脂で厚さ2mmのライニングを施工する． ・Pコン部： Pコンの軸足撤去後の穴にビニルエステル樹脂を充填した後，傘ネジを締め付ける．
概要図	

図 7.12.6 埋設型枠シートライニング工法の施工手順

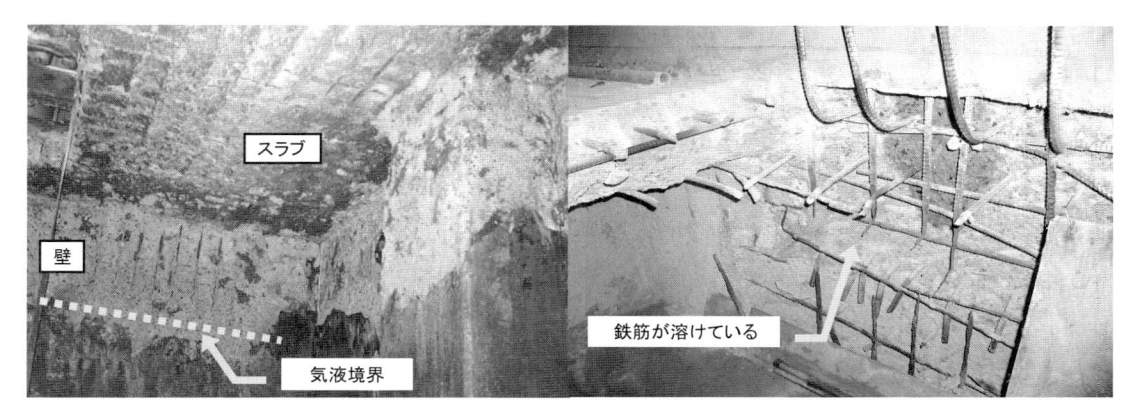

図 7.12.7 施設の劣化状況

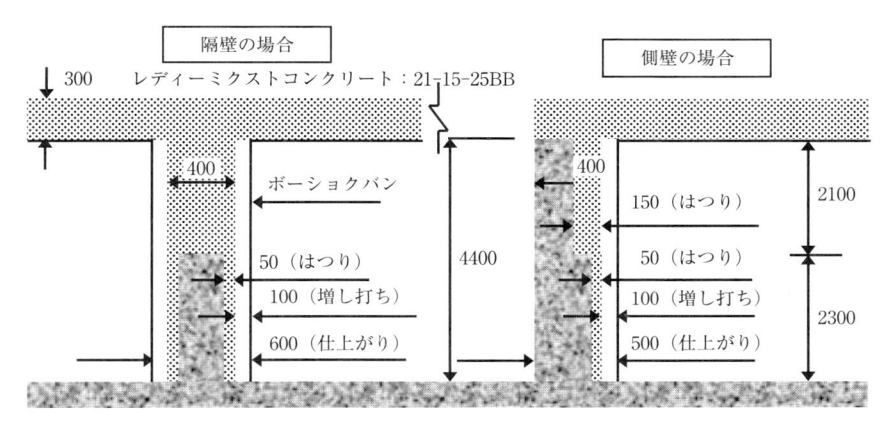

図 7.12.8 汚泥混合槽 B槽・C槽・D槽

b. シートライニング D_2 種（埋設型枠シートライニング工法）の仕様

下水処理場などの鉄筋コンクリート構造体に適用できるシートライニング工法には，表 7.12.8 に示すように 12 種類の工法がある．

ここでは施工法が塗布型ライニング工法と対照的な埋設型枠シートライニング工法の事例を紹介する．

1) 埋設型枠シートライニング本体の仕様

埋設型枠シートライニング本体は，ビニルエステル樹脂 FRP（$t=2$ mm），軽量ビニルエステル樹脂モルタル（ハニカム構造：$t=9$ mm）およびビニルエステル樹脂 FRP（$t=1$ mm）の三層構造となっており，ビニルエステル FRP 層（D_2 種）を外面として用いる．コンクリート躯体との一体性は裏面に接着された樹脂製アンカーピースで確保される（図 7.12.10 参照）．

2) 埋設型枠シートライニング目地部の仕様

埋設型枠シートライニング目地部の仕様を，図 7.12.5 に示す．目地部のライニング材は，塗布型ビニルエステルライニング（$t=2$ mm）とする．

c. 埋設型枠シートライニング工法の工程と管理項目

1) 既設コンクリート劣化部の除去

・既設コンクリート劣化部をはつりまたは高圧水で除去する

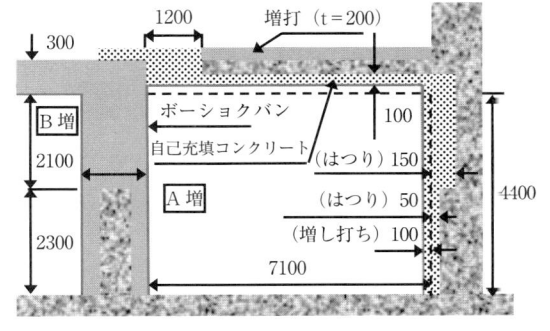

図 7.12.9 汚泥混合槽 A 槽

- 断面欠損が大きな箇所については，必要に応じて補強鉄筋を組み立てる．
2) アンカーの設置
- 既設コンクリート躯体にハンマードリルなどで削孔し，ホールインアンカーを設置する．
- ホールインアンカーに，セパレーター，Pコンを取付ける．

図7.12.10　埋設型枠シートライニング本体

図7.12.13　スラブパネル組立て

図7.12.11　壁パネル組立て

図7.12.14　目地処理

図7.12.12　壁パネルビス止め

図7.12.15　完成

3) 埋設型枠シートライニングおよび型枠支保工の設置
 ・所定の位置に埋設型枠シートライニング（アンカーピース付）を取付ける．その際，先行パネルの裏当て板に後続パネルをステンレスビスで固定し（図7.12.12参照），両パネルの目地部にバックアップ材を詰める．
 ・単管などをフォームタイ，座金で固定し，支保工とする．
4) モルタルまたはコンクリート充填
 ・既設コンクリートの劣化部除去面と埋設型枠シートライニングの間に，無収縮モルタルまたは高流動コンクリートを充填する．
5) 型枠支保工撤去
 ・十分に養生した後，支保工を解体撤去する．
6) 目地処理など
 ・埋設型枠シートライニングに付着したモルタルなどの清掃を行い，接合部などの処理を行う（図7.12.6）．
 ・接合部は，シール材（ビニルエステル樹脂ペースト）を用いて目地をシールし，ビニルエステル樹脂で厚さ2 mmのライニングを施工する．
 ・Pコン部は，Pコンの軸足撤去後の穴にビニルエステル樹脂を充填した後，傘ネジを締め付ける．

d. 工事実績
1) 施設の劣化状況
 施設の劣化状況を図7.12.7に示す．気相部のコンクリートは，硫酸による劣化深さが70〜80 mmに達し，鉄筋が露出し，溶けてなくなっている部分もあった．調査時の硫化水素濃度は370 ppmであった．
2) 汚泥混合槽B槽・C槽・D槽の補修断面設計
 汚泥混合槽B槽・C槽・D槽の補修断面設計を図7.12.8に示す．天井スラブと隔壁気相部は腐食が著しいため完全に撤去して更新した．隔壁液相部は，健全部を50 mmはつって既設鉄筋をはつり出した．
3) 汚泥混合槽A槽の補修断面設計
 汚泥混合槽A槽は，側壁が外部からの土圧を受けるためにスラブを撤去できない．そこで，スラブ下面の腐食部分をはつり，上面および下面を増し打ちすることとした．図7.12.9に，汚泥混合槽の補修断面設計を示す．スラブ下面のコンクリートには，超高流動の自己充填コンクリートを使用した．
4) 埋設型枠シートライニングの施工写真
 図7.12.10〜図7.12.15埋設型枠シートライニング工法の施工写真を示す．図7.12.10に埋設型枠シートライニング本体の写真である．埋設型枠シートライニングは，コンクリート型枠用合板とほぼ同じサイズ・重量で，切断・穴あけなどの加工も型枠用合板と同じ道具を用いて作業できる．図7.12.11は壁パネルの組立て作業，図7.12.12は壁パネルのビス止め作業，図7.12.13はスラブパネルの組立作業，図7.12.14は目地処理作業を示し，図7.12.15は完成写真である．　【金氏　眞】

7.13 厨房排水除害施設の劣化事例

7.13.1 劣化状況

地下ピットに設置されたコンクリート水槽が早期に劣化した事例を示す．
コンクリート水槽の劣化状況は以下のとおりである．
①地下階機械室の下に設けられた地下ピットを利用した厨房排水除害施設のコンクリート水槽の壁およびスラブのコンクリートが建設後7〜8年程度で著しく劣化した．
②壁，梁およびスラブのコンクリートが著しく腐食し剥落した．
③コンクリートが剥落した部分の鉄筋が著しくさび，露出した．
④水槽の種類によって劣化の程度に大きな差があった．
地下ピットの配置および劣化の状況を図7.13.1に示す．

7.13.2 原因

厨房排水槽において硫化水素が発生し，水槽表面のコンクリートおよび内部の鉄筋が劣化した．コンクリートおよび鉄筋が劣化するメカニズムは以下のとおり[1]である．

図 7.13.1 地下ピット水槽の排水の経路および劣化の状況

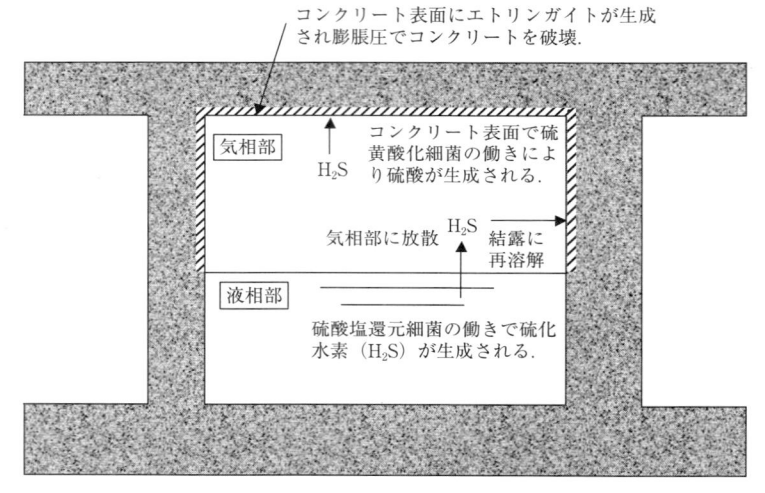

図 7.13.2 厨房排水除害施設の早期劣化のメカニズム

① 厨房排水が滞留する箇所が嫌気状態になると，排水中に含まれる硫酸塩（SO_4^{2-}）が硫酸塩還元細菌により還元され，硫化水素（H_2S）が生成される．

硫酸塩還元細菌
$$SO_4^{2-} + 2C + 2H_2O \rightarrow H_2S + 2HCO_3^-$$

② 生成された硫化水素がガス化して気相部に放散される．

③ 換気が十分にできない密閉された空間では，硫化水素が濃縮され，コンクリート壁面の結露中に再溶解する．そこで硫黄酸化細菌により酸化され硫酸（H_2SO_4）が生成される．

硫黄酸化細菌
$$H_2S + 2O_2 \rightarrow H_2SO_4$$

④ コンクリート表面で硫酸が濃縮されると，コンクリート中の水酸化カルシウム（$Ca(OH)_2$）と硫酸とが反応し，硫酸カルシウム（$CaSO_4 \cdot 2H_2O$）が生成される．

$$Ca(OH)_2 + H_2SO_4 \rightarrow CaSO_4 \cdot 2H_2O$$

⑤ 硫酸カルシウムはセメント中のアルミン酸三カ

ルシウム（3CaO・Al$_2$O$_3$）と反応してエトリンガイト（3CaO・Al$_2$O$_3$・3CaSO$_4$・32H$_2$O）を生成する．エトリンガイトは生成時に膨張し，コンクリートを脆弱化し，崩壊させる．

$$3CaSO_4・2H_2O + 3CaO・Al_2O_3 + 26H_2O$$
$$\rightarrow 3CaO・Al_2O_3・3CaSO_4・32H_2O$$

早期劣化のメカニズムを図7.13.2に示す．

7.13.3 調査と健全度の判定

当該コンクリート水槽では，一部の水槽で鉄筋がさび，断面欠損を生じているなど，著しい劣化が見られた．そのため構造体としての耐力を確保するという観点も加えて，コンクリートおよび鉄筋の劣化状況を調査した．

調査項目，調査方法，健全度の判定基準を表7.13.1に示す．

7.13.4 劣化対策

a. 劣化対策の概要

硫化水素に起因して劣化するコンクリート水槽の早期劣化対策は以下のように3つ分類される．できるだけ寿命を長くすると言う観点から，これらの対策を併用した．

①硫化水素の発生・放散抑制；曝気，薬剤添加など

硫化水素は嫌気状態で硫酸塩還元細菌の働きで生成される．排水を攪拌・曝気することで発生量を抑制できる．また，過酸化水素などの酸化剤の添加による硫化水素の酸化，金属塩の添加による硫化水素の固定化などにより硫化水素の発散を抑制することができる．

②硫化水素の除去；換気，吸着など

硫化水素が濃縮されると，結露中に再溶解し，硫黄酸化細菌の働きで硫酸が生成される．換気を行い，硫化水素を希釈することで硫酸の生成を抑制できる．しかし，硫化水素ガスは有毒ガスであり，あまり濃度が高いと排気できない．吸着などによる排気処理が必要となる場合がある．

③コンクリートの防食；被覆，耐食材料の利用など

コンクリート表面を耐食性材料で被覆する．ここでは，コンクリートを被覆する耐食性材料を防食材料，被覆する工法を防食工法形成された被覆層を防食被覆層と呼び，以下に詳述する．

b. 補強・補修方法

以下の方法で補強・補修を行った．

①劣化したコンクリートの除去：強度劣化が見られるコンクリートを除去した．

②劣化した鉄筋の防錆処理または交換：鉄筋の劣化グレードⅢについては，鉄筋を露出させ，防錆材を塗布した．劣化グレードⅣについては鉄筋を除去し，新しく配筋した．

③断面修復：除去したコンクリートが鉄筋まで達している場合は，新しくコンクリートを打設し，鉄筋を露出させない程度のところは，モル

表7.13.1 調査項目，調査方法および健全度の判定基準

調査項目	調査方法	判定基準
表面の脆弱度	目視，引っかき試験	容易に削れない
強度劣化	コア採取による圧縮強度	設計基準強度以上
コンクリートの中性化深さ	コア採取による中性化試験	中性化していない
鉄筋の腐食状況	鉄筋断面の欠損量	鉄筋腐食のグレード（表7.13.2）による

表7.13.2 鉄筋腐食のグレード[2]

グレード	鉄筋の状態
Ⅰ	黒皮の状態，またはさびは生じているが全体的には薄い緻密なさびであり，コンクリート面にさびが付着していることはない
Ⅱ	部分的に浮きさびがあるが，小面積の斑点状である
Ⅲ	断面欠損は目視観察では認められないが，鉄筋の全周または全長にわたって浮きさびが生じている
Ⅳ	断面欠損を生じている

表 7.13.3 施工時の温度・湿度が防食材料の品質に及ぼす影響

項　目		材料の性状変化	防食層への影響	対　策
温度	低温	・粘度が増大し作業性が低下する ・硬化反応が阻害される	・伸びが悪くなり被覆層が不均一になりやすい ・硬化反応が進行せず硬化不良，接着不良となりやすい	・使用材料の保温・加温養生 ・施工箇所の保温養生．躯体は熱容量が大きいので長時間にわたり養生が必要
	高温	・粘度が低下する ・硬化が促進され可使時間減少する	・垂直面や天井面の被覆層がだれて不均一になりやすい ・硬化反応が促進され塗継ぎ部や重ね塗り部で接着不良を生じやすい	・材料を直射日光をさけた場所で保管及び練混ぜ ・保冷車内に保管する ・気温の低い時間帯びを選んで施工
湿度	高湿度	・コンクリート表面および防食層表面に結露	・接着面が湿潤になり接着不良を生じやすい ・重ね塗り時に結露水を巻き込み被覆層の層間で剥離を生じやすい ・加水反応や水蒸気による膨れの発生がある	・ピット内を除湿する（除湿機，送風機の設置） ・湿度を85％以下に管理できない時は施工を中止する

タルで補修した．
④防食材料の被覆：　各水槽の劣化環境および部位に応じて防食グレードを決定し，防食材料で被覆し，防食被覆層を形成した．

c.　防食材料・防食工法

防食工法に，樹脂を塗布して被覆層を形成するライニング工法とシート状に成形された樹脂をコンクリートに打ち込むか後張りするシートライニング工法がある．

これらの工法で形成された防食被覆層は，防食性能に加えて，防水性能が要求される．

厨房排水槽は地下に設置され背面水の圧力で防食被覆層の剥離や膨れが生じることがある．防食被覆層の耐硫酸性など直接的な防食性能の品質規格だけでなく，防食被覆層が背面水の影響で剥離することがないよう，コンクリートとの接着性（固着性）についても所定の品質が必要である．

背面水の圧力を受けないように湧水槽を外周壁に面して配置し，その内側に厨房排水槽を設け，さらに背面水を排出できる構造にするなど，設計上の配慮も重要となる．

ここでは，要求される防食グレード，使用環境，周辺の条件および施工性を考慮して，防食工法および防食材料を選定した．

d.　防食被覆層の施工
1)　施工環境

防食被覆層がその保有する性能を発揮しコンクリートの早期劣化を防止するには，単に防食性能の高い工法・材料を選定しただけでは不十分である．コンクリート下地の処理および防食被覆層の施工を適切に行なって初めて耐久性に優れた被覆層を得ることができる．

コンクリート水槽は地下ピットに設けられることが多い．地下ピットは，狭く湿気が多い空間である．また，マンホールなど作業員や資材の搬出入の動線が限られる場合が多い．防食材料・工法の中には，溶剤を使うものや湿潤環境を嫌うもの，発熱を伴うものなどがある．施工環境を考慮して材料・工法を選定することも，信頼性が高い防食被覆層を得るためには重要なことである．

施工時の温度・湿度が防食材料の品質に及ぼす影響の例を表7.13.3に，施工時に要求される下地コンクリートの乾燥状態の目安を表7.13.4に示す．

表 7.13.4　下地コンクリートの所要乾燥程度の目安

樹脂の種類	水分計による表面含水率（％）
エポキシ樹脂	8以下
ポリウレタン樹脂	8以下
ポリウレア樹脂	10以上

2)　施工手順

防食被覆層の施工は以下の手順で行った．下地となるコンクリートの処理，素地調整を適切に行うことが良好な防食性能を得る上で重要である．

3)　コンクリート欠陥部の処理

型枠段差，豆板，コールドジョイント，打継ぎ，ひび割れなど脆弱部や段差部，漏水部を処理した．

4）コンクリートの前処理

セパレーターなど仮設資材の除去や配管，タラップなどコンクリートに取付けられる器具類の周囲の処理を行い，防食被覆層の施工が十分に行なえるようにした．防食被覆層を貫通する部品の周囲は漏水の原因となりやすい．施工しやすい納まりとしておくことも重要である．

5）コンクリートの表面処理

防食被覆層の接着に支障となる付着物を除去した．付着阻害物には粉状物，ごみ，油脂類，さび，レイタンス，エフロレッセンス，型枠の剥離剤などがある．

6）コンクリートの素地調整

素地調整は，コンクリートの表面を平坦・密実にし，防食被覆層を均一な塗厚にし，かつピンホールなどの欠陥を防止する目的で行うもので，防食被覆層の性能を得るためには重要な工程である．素地調整は使用材料によってⅠ～Ⅲ種に分類される[1]．素地調整方法の分類を表7.13.5に示す．

7）防食被覆層の施工

本件では，ガラスクロスを用い，2回塗り重ねるライニング工法を採用した．

ライニング工法における施工では，塗厚を確保すること，ピンホールが生じないように施工すること，躯体に取付けられた器具・配管回りに防水上の欠陥が生じないように入念に施工することが重要である．

塗厚を管理する方法として一般的な方法は，材料の使用量を正確に把握し，施工面積で除して平均厚みを求める方法である．しかし，この方法では均一に塗られていることを保証できない．ガラスクロスを用いる工法などでは，ある程度の膜厚を確保せざるをえないが，単純に塗り重ねただけでは一定の塗厚を確保することが難しい．あらかじめ管理方法・検査方法を定めておき，確実に施工されるようにすることが重要である．

また，空気を巻き込むことによりピンホールがかなりの頻度で発生する．重ね塗りの層数を増やすことで，各層ごとに発生したピンホールが重ならないようにすることが重要である．

放電を利用したピンホール検査器などを用いて検査する方法もよく使われている．

8）防食被覆層の養生

防食被覆層が使用に耐える状態になるまで，防食被覆層が損傷を受けることがないように養生した．養生期間は使用する材料の反応速度によって異なる．使用する製品ごとに施工業者の確認をとることが重要である．

【佐々木晴夫】

文 献

1) 日本下水道事業団：下水道コンクリート構造物の腐食抑制技術及び防食技術指針・同マニュアル　2003.
2) 国土開発技術研究センター　建築物耐久性向上技術普及委員会：鉄筋コンクリート造建築物の耐久性向上技術，技報堂出版.

7.14 地下外壁漏水の補修事例

7.14.1 建物概要

対象の建物は，地下階を有する鉄筋コンクリート造（一部鉄骨鉄筋コンクリート造，鉄骨造），延べ床面積約25000 m^2 のビルであり，竣工からおよそ30年を経過している．

7.14.2 漏水による不具合状況の概要

a. 調査個所と調査方法

当該建物では，地下の機械室等の外壁，柱，梁の

表7.13.5　素地調整方法の分類

素地調整方法	使用材料	処置内容・方法
Ⅰ種	ポリマーセメントモルタル	全面に0.5～1mm程度塗布し，平坦にする．乾燥後研磨紙で平滑に研磨する．表面をしごき仕上げ．
Ⅱ種	エポキシ樹脂パテ	全面に0.5～1mm程度塗布し，平坦に仕上げる．表面をしごき仕上げ．
Ⅲ種	不飽和ポリエステルまたはビニルエステル樹脂パテ	全面に0.5～1mm程度塗布し，平坦に仕上げる．表面をしごき仕上げ．

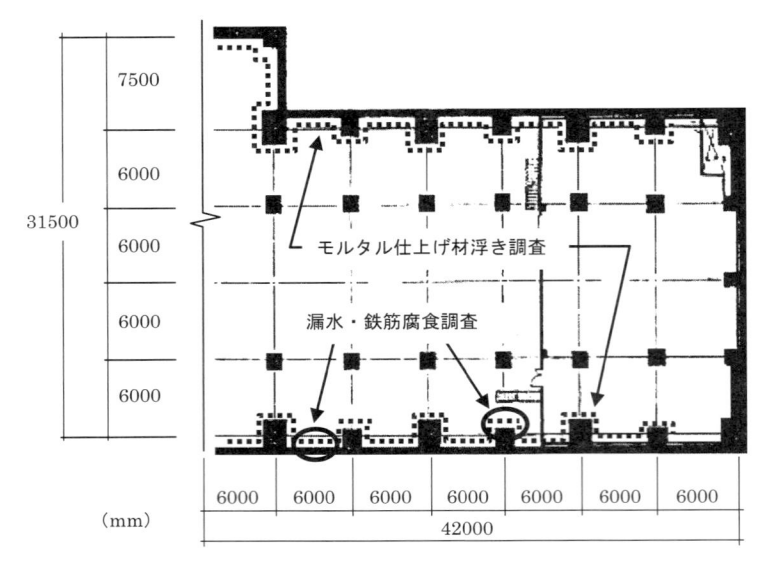

図 7.14.1 漏水に伴う不具合発生調査箇所

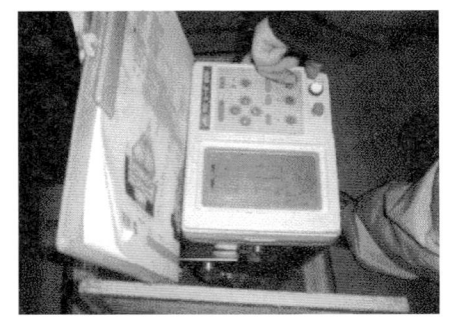

図 7.14.2 鉄筋かぶり厚さ調査状況

鉄筋の一部に腐食が生じた．これを受けて，図7.14.1に示す箇所を中心に不具合発生状況を調査した．鉄筋の腐食は，地下水の浸水によって生じたものと推測されたが，以下に示す調査をもとに鉄筋腐食の原因を特定し，補修方法を選定した．

1) かぶり厚さ

鉄筋のかぶり厚さは，外壁側3本および内部3本計6本の柱とそれに取り合う梁，壁について調査した．測定には電磁波非破壊式鉄筋探査器を用いた．

2) 鉄筋の腐食

鉄筋の腐食は，モルタル仕上げ面（25 mm 程度）が鉄筋の腐食により押出されていると思われる部位を特定し，仕上げモルタルおよびコンクリート部を除去した後に，目視によって腐食程度を測定した．

3) 仕上げ材の浮き・剥離

仕上げ材の浮きは，モルタル仕上げ面をハンマーで打診し，モルタル仕上げ層とコンクリートとの剥離状態を調査した．

b. 調査状況

鉄筋のかぶり厚さの調査状況，仕上げ材の浮き・剥離調査状況を，それぞれ図7.14.2，図7.14.3に

図 7.14.3 仕上げ材の浮き調査状況

図7.14.4 外壁部分の鉄筋腐食状況
（調査で鉄筋をはつり出したときの状況）

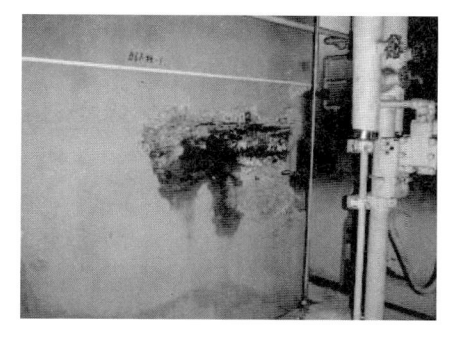

図7.14.5 柱部分の鉄筋腐食状況
（調査で鉄筋をはつり出したときの状況）

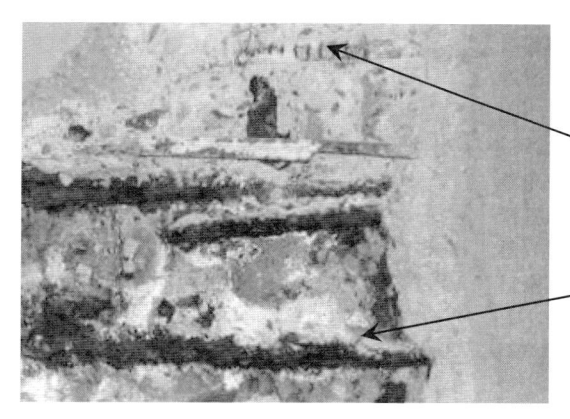

地下水浸水経路以外のコンクリートを部分的に除去し鉄筋を観察すると腐食は認められない。

地下水浸水経路に面する部分の鉄筋は腐食が進行している。

図7.14.6 鉄筋腐食部分の拡大

示す．

c. 調査結果

1) 鉄筋のかぶり厚さ

鉄筋のかぶり厚さは，設計値（30 mm）通り確保されていることが確認された．

2) 鉄筋の腐食

外壁側躯体（壁・柱）の，鉄筋の発錆が原因と思われるさび汁と仕上げ材の浮きが発生している箇所について，浮き上がっているモルタルとコンクリートを主筋位置まではつり出し，鉄筋の腐食状況を確認した．これらの箇所では，漏水やエフロレッセンスが認められた．鉄筋の腐食状況の例を，図7.14.4〜図7.14.6に示す．

鉄筋腐食は，部材高さ方向の中央部付近に見られた．当該建物が立地する地盤の地下水位は，不具合が発生した地下階よりも高い位置にあり，地下水が浸透しやすい状況にある．周辺の打放し部分の状況から判断すると，鉄筋が腐食している部位は，コールドジョイントの位置とほぼ一致している．コールドジョイントから上下方向に離れた部位では，漏水は見られず，鉄筋はほとんど腐食していなかった．これらのことから，鉄筋腐食の主原因は中性化ではなく，施工時に発生したコールドジョイントからの地下水の浸透であると考えられた．部位によっては，鉄筋腐食はかなり進んでおり，鉄筋断面が減少している箇所が見られた．

3) 仕上げ材の浮き・剥離

鉄筋の発錆によって表層部分が押し出された箇所以外は，仕上げ材の浮き・剥離は見られなかった．

7.14.3 補修計画

調査により，鉄筋の腐食はおもにコールドジョイントからの地下水の漏水によって発生したものと考えられた．補修にあたっては以下に示す手順に従って工事を行った．漏水が止まっていない箇所については止水工事を行った上で，鉄筋防錆工事を行い，モルタルなどにより断面を修復した．なお，断面欠損の激しい鉄筋は除去し，新しい鉄筋を溶接して継

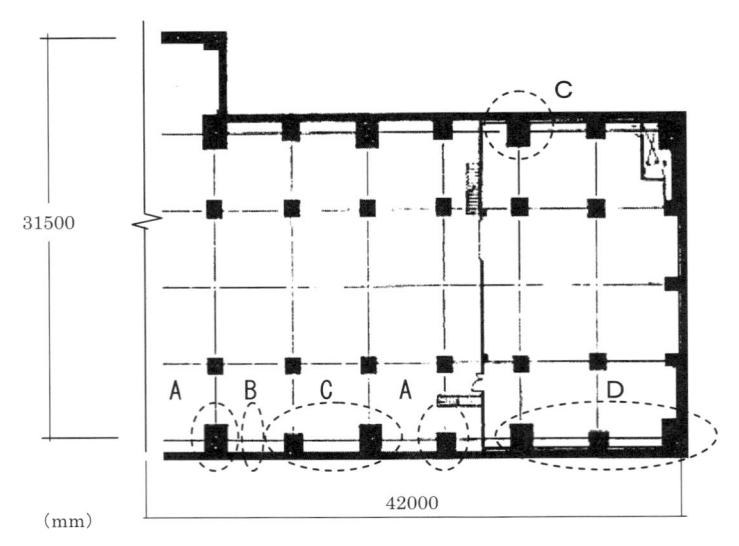

図 7.14.7 補修工事を行った部位と工事内容

A：止水処理工事および鉄筋防錆処理工事，増打ちグラウト工事（柱）
B：鉄筋防錆処理工事および断面修復工事（外壁）
C：鉄筋防錆処理工事および断面修復工事（柱）
D：鉄筋防錆処理工事および断面修復工事あるいはグラウト工事（柱）

図 7.14.8 止水剤注入状況

図 7.14.9 躯体はつり工事の状況

いだが，腐食が軽微と考えられる個所については，鉄筋表面のさびを除去し，防錆処理を施してから，モルタルなどにより断面修復した．

①躯体浸水部止水工事
　地下水浸水部分に対して，止水剤を注入する止水処理工事
②躯体はつり工事
　漏水により鉄筋腐食が生じていると考えられる個所の，鉄筋周囲のコンクリート除去工事
③鉄筋防錆処理工事
　腐食した鉄筋や，鉄筋周辺のコンクリートに対して行う防錆処理工事
④鉄筋溶接工事
　断面が欠損した鉄筋を除去し，新たに鉄筋を継ぐための溶接継ぎ手工事
⑤鉄筋配筋工事
　鉄筋断面修復部，および躯体増打ち部分での配筋工事
⑥断面修復工事

躯体はつり部分に対して，断面修復材料を用いて左官工事により断面を修復する工事
⑦グラウト工事
躯体断面修復部分や増打ち部分に対して，無収縮モルタルを打設する工事

図 7.14.7 に，補修工事を行った主な部位と，補修工事内容を示す．

部位 A（柱）では漏水が続いていたため，止水処理工事を行い，鉄筋防錆処理を施した後に無収縮グラウトで増打ちした．

部位 B（外壁）ならびに部位 C（柱）は，鉄筋防錆処理を施した後に，専用の断面修復材（モルタル）を用いて断面を修復した．

部位 D（柱）は，鉄筋防錆処理の後，断面修復材あるいはグラウトにより断面を修復した．

7.14.4 補修工事の概要

a. 止水処理工事

止水工事には，疎水性のイソシアネート化合物を主成分とする，水圧下でも使用可能な止水剤を用いた．これは，水との反応により不溶性ポリ尿素ゲルを生成して，疎水性の固化物を形成するが，使用にあたっては，固化物を形成するまでの時間を 10 分程度に調整した．漏水部分（ひび割れ）をドリルで削孔し，注入プラグを設置してポンプにより加圧して注入を行った（図 7.14.8）．これにより，適用した部位の漏水を停止させ，鉄筋をはつり出して鉄筋防錆処理工事を行った．

（a）鉄筋表面のさびの除去

（b）防錆剤の塗布

（c）防錆モルタルの塗布

（d）断面修復

図 7.14.10 鉄筋防錆処理工事

b. 躯体はつり工事

図7.14.9に,躯体はつり工事の状況を示す.前述した通り,鉄筋の腐食はコールドジョイントの位置とほぼ対応することが確認された.

c. 鉄筋防錆処理工事,断面修復工事

工事に用いた工法の手順を以下に示す.この工法は,鉄筋表面に不働態被膜を形成させて,腐食に対する抵抗性を向上させるものである(図7.14.10).

① はつり出した鉄筋に浸透性防錆剤(主成分は亜硝酸リチウム)を塗布する.
② 鉄筋とはつり出したコンクリート表面に対して,浸透性防錆剤を混入した防錆モルタル(ポルトランドセメントに特殊SRB系ラテックスを主成分とする混和液を練混ぜたもの)を塗布する.
③ はつり出した部分を,乾燥収縮が小さく,下地との付着性に優れた断面修復材で補修する.
④ その上に,耐水性などに優れた表面被覆材を塗布する.

d. 鉄筋溶接工事および鉄筋配筋工事,グラウト工事

腐食が進んでいる鉄筋は切断し,新たな鉄筋を溶接した.その上で,鉄筋防錆処理を行い,断面を修復した(図7.14.11).

増打ち箇所には,溶融亜鉛メッキ鉄筋を配筋し,型枠を設置して無収縮モルタルを打設した.

7.14.5 工事後の状況

外壁側からの漏水を止水した上で鉄筋防錆処理を行い,不具合箇所は完全に修復された.工事完了後,数年を経過したが,新たな漏水や不具合は発生しておらず,補修工事は適切に行われたと考えられる.不具合の再発がないよう,今後は状況を定期的に確認する予定である. 【柿沢忠弘】

(a) 鉄筋溶接工事

(b) 配筋工事(増打ち工事)

(c) 型枠建て込み(グラウト工事)

図7.14.11 鉄筋溶接工事および鉄筋配筋工事,グラウト工事

第8章 失敗の原因と事例

8.1 劣化原因の判定ミス
8.2 劣化機構の理解不足
8.3 現場条件の理解不足
8.4 海外 ── 風土の不十分な把握
8.5 まとめ

本章では，過去の失敗例や失敗しそうなことをその原因から整理し，解説するものである．原因を大きく「劣化原因の判定ミス」，「劣化機構の理解不足」，「現場条件の不十分な把握」および「海外─風土の不十分な把握」に分類した．

本来は失敗事例を列挙し，それを分類，解説するという形式が望ましいのであるが，失敗例は公表されないものが多く，失敗事例から解説する形式は無理であった．このため，実際の失敗例とともに理論的に起こりそうな失敗や聞き取り事例を含めて記述した．

8.1 劣化原因の判定ミス

劣化原因の判定は，簡単に出来る場合もあれば，困難な場合あるいは判定ミスすることもある．この判定ミスの原因には，

・鉄筋が腐食しているので「塩害」あるいは「中性化」と判断する．が，「アルカリ骨材反応」や「凍害」が原因で，ひび割れ発生後，鉄筋が腐食することも多い．
・材料・施工が原因と判断する．しかしながら，外力が主原因であることもある．
・また，外力が原因であっても，「静的荷重」か「動的荷重」か，あるいは「曲げ」か「せん断」では対策は大きく異なる．

以下に種々の可能性を示す．

8.1.1 アルカリ骨材反応であるのに塩害と判定した場合 ── 理論的な可能性

たとえば，本当の原因は，アルカリ骨材反応であるのに，当該部材が海岸近くにあり，ひび割れが発生し，かつ鉄筋も腐食しているため，「塩害」と判定した．

このように判定し，電気化学的補修工法（電気防食，脱塩，電着）を採用するときわめて拙いこととなる．すなわち，電気化学的補修工法を用いると，陰イオン（塩化物イオン，水酸イオンなど）が外部へ，陽イオン（ナトリウムイオン，カリウムイオン，カルシウムイオンなど）が鉄筋近傍に集中することとなる．この現象は，塩害であれば，鉄筋周囲の塩化物イオン濃度が低くなるなどのメリットがあるが，アルカリ骨材反応であれば，ナトリウムイオン，カリウムイオンが集中することによって，とくに鉄筋周辺のアルカリ骨材反応を増進させることとなる．

遠因として，諸学会の規格・基準では「現在は，有害骨材はすべて把握している」という建前となっているが，実際は「すべての骨材の品質を把握して

いる」ことはない．また，海外ではさらに不明なことが多い．

8.1.2 構造物の不同沈下によるひび割れなのに乾燥収縮と判定した場合── 聞き取り調査

図 8.1.1 に，沈下によるひび割れの概略を示すが，隅角部からのひび割れで乾燥収縮ひび割れと判定ミスする可能性もある．

この場合，乾燥収縮ひび割れへの補修は，沈下の進行を抑えるにはまったく対策となっておらず，補修後すぐにひび割れが発生する．また，このひび割れを目隠しするようなことをすると，沈下の進行が把握できずに，大きな沈下となるまで気がつかず，かえって大規模で高額な補強工事が必要となる可能性がある．

8.1.3 構造・外力によるひび割れなのに材料が原因と判定した場合── 実例のアレンジ

某公園の土留め壁としてのリング状（半径 40 m）の曲面形をした高さ 2.7 m，長さ 20 m の意匠性に富んだ大きな擁壁に関する失敗事例である．竣工後，数年してひび割れが多く発生し，エフロレッセンスも見られ見苦しいという指摘を受け，調査を行った．ひび割れは，曲面凸部を中心に鉛直方向に上下に長く伸びており，ひび割れ間隔も 0.5～1 m ピッチで 10 本近く発生していた（図 8.1.2）．その当時，経験不足もあって「土圧でこのような鉛直方向の構造ひび割れが発生するということはなく，乾燥収縮や水和熱ひび割れが主たる原因であろう」と判定し，エポキシ樹脂注入工法やパテ状エポキシ樹脂によるシール工法によるひび割れ補修を施した．

その後，さらに 5 年経過して，再調査を行ったところ，別の新たなひび割れ発生や補修箇所からのエフロレッセンスの再発が認め，事態は少しも改善されていないことがわかった．構造的な問題が懸念されたため，検討を行った結果，土圧を受けたリング状の曲面擁壁特有の構造ひび割れ（土水圧のリングテンション）の影響を受けているものと推察された．放置していれば，補強筋の劣化（腐食）による断面欠損も影響して，将来，構造耐力が低下し，最悪の場合には崩壊の危険性も懸念された．

補修・補強方法は，ひび割れ部をセメント系材料による注入を行った上に，炭素繊維補強板（6.4.6 項 b 参照）をひび割れと直交方向の水平方向に全長にわたり張り付け補強し，仕上げを行った．補強してすでに 5 年以上経過したが，とくに不具合は起こっていない．収縮ひび割れと判断しても，補修後，ひび割れ問題が改善しない場合，構造的な問題を含んでいることがあるため，早急に再調査を行うなど，何らかの手を打つ必要がある．それにしても，絶えず土圧を受け，雨がかりのあるような鉛直部材のひび割れ不具合対応についてはとくに慎重に対応する必要を実感させられた．

8.1.4 動的荷重による押し抜きせん断なのに静的な曲げを原因と判定した場合── 実例のアレンジ

フォークリフトが走行する配送センターのような倉庫建物の床スラブ上下面に剥離・剥落やたわみ障害を生じることがある．これは車輪集中荷重の繰返しという疲労現象であるが，車両荷重という集中荷重をどう設計荷重（等分布荷重）に反映すればいいのか明確でない点が設計条件の甘さになって問題化

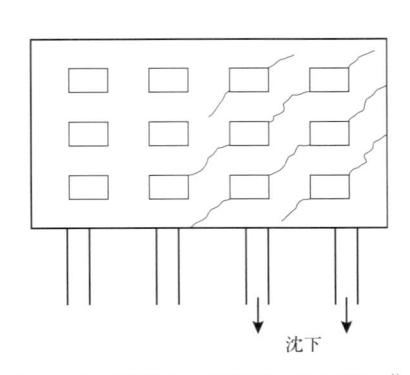

図 8.1.1 構造物の不同沈下によるひび割れ[1]

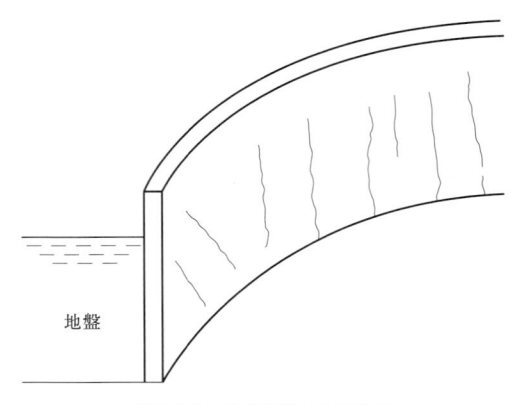

図 8.1.2 曲面擁壁のひび割れ

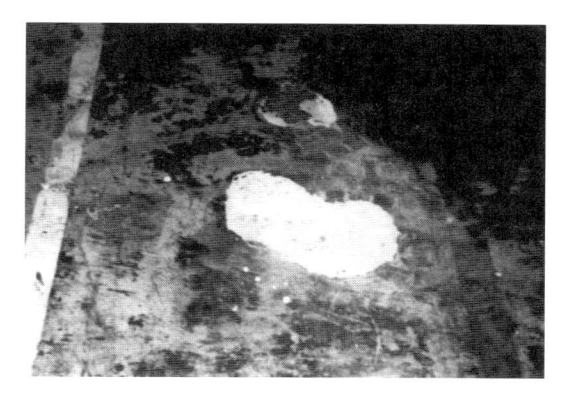

図8.1.3 スラブ上面の円形状表層剥離

図8.1.4 スラブ下面の格字状ひび割れと剥落

図8.1.5 スラブ下面鉄板補強の状況

している.

失敗事例は,鉄骨造2階建て倉庫で2階床スラブ(柱スパン6m×7m,日形スラブ,スラブ厚15cm),設計荷重0.7t/m²であったが,竣工後数年で床スラブ上面に円形状の表層剥離,下面でコンクリート小片や粉が剥落・落下するという症状が発生した[2](図8.1.3,図8.1.4).原因は自重2t,積載荷重1tという想定以上のフォークリフトが頻繁に走行したための超過荷重による構造的劣化と判定された.

この補強方針として,床スラブの一般的な補強工法の1つである鉄骨小梁を1スパン(7m)に3本設置して対処した.また剥離箇所はポリマーセメントモルタルで形状修復を行った.

ところが,その後,1年も経過しないうちに,上面の補修箇所が損傷して剥がれてしまった.再調査を行った結果,この方法は静的な曲げ耐力の補強には適切であるが,押し抜きせん断荷重の影響がある動的荷重への補強工法としては不適切で,補強方法の選択ミスであることがわかった.その後,下面デッキPL($t=2.3$mm)+モルタル充填による接着補強を行ったところ,ようやく損傷は解決した(図8.1.5).その後,10年以上経過しているが問題にない模様である.

小梁を架けることでスパンを小さくして曲げ強度を向上させたが,本当に必要な対策は車輪荷重という押し抜きせん断応力に対するスラブのせん断強度の向上であった.それにしてもスラブ30枚以上について,鉄骨小梁を架けたことで余分の無駄なコストと時間を費やした例である.

【大即信明・小柳光生】

文　献

1) 日本コンクリート工学協会:コンクリートのひび割れ調査,補修・補強指針2009, p.59, 2009.
2) 小柳光生:スラブの故障対策,建築技術,p.151, 1990.

8.2 劣化機構の理解不足

もとより劣化機構は複雑である.ましてや,補修や補強後の劣化機構の理解は困難である.たとえば,
・塩害の補修では,わずかな考慮不足で再劣化が起こりやすい.
・水分の浸入を完全に遮断するのは困難である.
などに対する十分な理解が必要である.以下に理解不足の例を示す.

表 8.2.1 ポリマーセメントモルタルの要求品質および試験結果

項　目	品質規格値	使用材料の試験結果	試験方法
圧縮強度	30 N/mm² 以上	57.2	JIS A 1108
ブリーディング率	1.0%以下	0.0	土木学会基準
乾燥収縮	20×10^{-4} 以下（3カ月）	9.7×10^{-4}	JIS A 1129
付着強度（標準養生後）	1.5 N/mm² 以上	2.8	建研式付着試験

表 8.2.2 ポリマーセメントモルタルの要求品質および試験結果

項目	品質規格	使用材料の試験結果	試験方法
塗装の外観	塗膜が均一で，流れ・むら・割れ・剥がれがないこと	塗膜が均一で，流れ・むら・割れ・剥がれがない	JIS K 5400 6.1
遮塩性（塩化物イオン透過性）	1.0×10^{-3} mg/cm²·日以下	0.37×10^{-3} mg/cm²·日	日本道路協会
ひび割れ追従性	標準養生後，母材のひび割れ幅が0.4 mmまで塗膜に欠陥が生じないこと	標準養生後，母材のひび割れ幅が0.4 mmまで塗膜に欠陥が生じない	日本道路協会方式（零スパン伸び試験）
付着強度（標準養生後）	1.0 N/mm² 以上	1.4 N/mm²	建研式付着試験

図 8.2.1　再劣化の状況

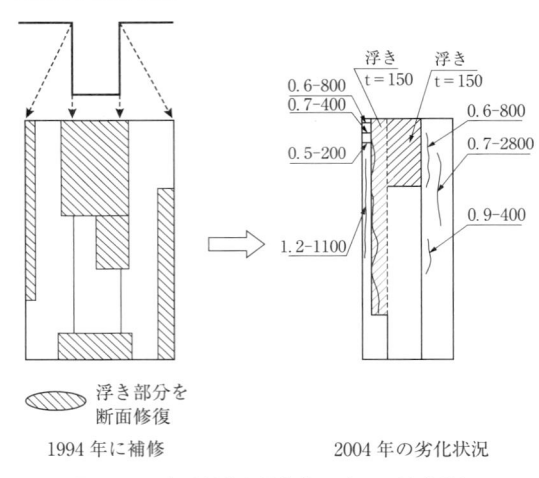

図 8.2.2　部分補修と補修後10年の再劣化状況

8.2.1 塩害関連の理解不足

a. 部分的な補修を行ったためにマクロセル腐食によって再劣化 —— 実例よりアレンジ

最近は減少したと思われるが，塩害で劣化した部材の不完全な補修を行うと数年後に再劣化する事例が後を絶たない．

これは，劣化が顕在化した部分のみのコンクリートをはつり断面修復をした場合などに起こる．

この場合，断面補修した部分の鉄筋はカソードとなり，鉄筋腐食は抑制されるが，それ以外の部分で塩化物イオン濃度が比較的高い部分が新たなアノード部分となり，鉄筋腐食が再発する．この場合，結局全部のコンクリートを打ち替えるまで補修を数年ごとに行うことなり，きわめて不合理なこととなる．

次に示す例は，桟橋において，劣化した部分のみ補修したことにより，補修7年後頃から内部の鉄筋の腐食により塗装面にひび割れが発生したものである．

1）梁の補修方法と再劣化の状況

梁側面および底面を，劣化が確認された部分のみ補修した．

鉄筋位置の塩分量は，約4.0 kg/m^{3}であった．材料の品質は，次のようである．

断面修復材料： 一般的に補修用として使用されているポリマーセメントモルタル（表8.2.1）の注入工法を採用

表面被覆材料（表8.2.2）：
中塗り：ポリブタジエン樹脂塗料（500μm×2層）
上塗り：アクリルウレタン樹脂塗料（30μm×2層）

補修後，約7年経過した頃から図8.2.1に見られるようなひび割れが塗装面に発生したので，10年経過後に調査を行った．その結果，図8.2.2に示すように，10年前に行った補修箇所の周辺に劣化で鉄筋腐食が進行し，その影響で補修部まで浮きが広がっていた．内部の鉄筋を詳細に見てみると，図8.2.3に示すように，補修部の境界で激しい鉄筋腐食が確認された．

この構造物は，再補修に際しては，マクロセル腐食を防止するために梁全体の鉄筋をはつり出してポリマーセメント系断面修復材により修復し，全面塗装を行った．

2) 床版の補修方法と再劣化の状況
・補修方法はポリマーセメントモルタルによる鉄筋裏側までの断面修復（修復材料は，先の材料と同様である）
・床版なので，塩分供給量が少ないと判断して，表面塗装は行わなかった．
・鉄筋位置の塩分量（塩化物イオン量）は2.5 kg/m^{3}程度であった．

補修して数年後に電位を測定すると図8.2.4のような電位分布を示した．

部分的な補修による電位分布（黄色の範囲を電位測定，断面修復の境界部（矢印より下）を中心に電位が卑にシフトしている）を示す．

さらに，15年後に現地を確認すると図8.2.5のようになっており，補修境界部で鉄筋腐食が進み，かぶりが剥落し鉄筋が露出していた．

図8.2.3 鉄筋の腐食状況

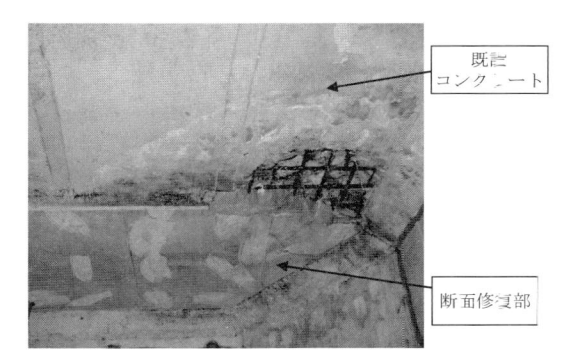

図8.2.5 床版のマクロセル腐食の例

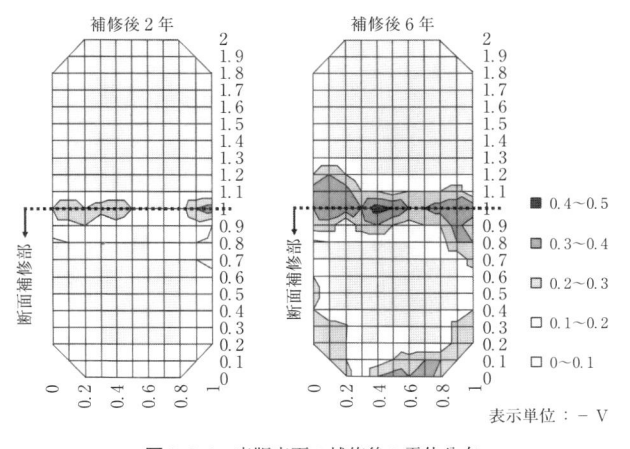

図8.2.4 床版底面の補修後の電位分布

b. 不適切な防錆剤の使用 —— 実験

通常，防錆剤をコンクリートに混入すると，コンクリート中の鋼材は不動態皮膜によって保護される．しかしながら，塩化物イオン含有量が，数kg/m^3を超えると，メーカー指定の混和量では，不動態皮膜が保持できなくなるため，不動態皮膜を失った鋼材がアノードとなるマクロセル腐食となる可能性があり，この場合，防錆剤を添加することによって，期待とは反対に局部的に腐食の程度が大きくなることが懸念される．

防錆剤に関して実構造物ではないが，実験の一例を紹介する[1]．図8.2.6に供試体（プレテンション方式PC梁）の概要を示す．PC鋼より線のかぶりは，外側のもので5.5cm，内側のもので7cmである．このPC梁を4種類製作した．すなわち，R1A：特別な防食対策にとらずに感潮部に曝露，R1C：特別な防食対策はとらずに（海岸近くの）陸上部に曝露，R1D：コンクリート表面にエポキシ樹脂塗装を施し感潮部に曝露，R1E：防錆剤を混入（$3l/m^3$）したコンクリートを用い感潮部に曝露，の4種類である．これらの梁を7年間曝露した後，塩化物イオンの測定および鋼材の腐食状況の観察を行った．感潮部での塩化物イオン含有量は，かぶり5.5cm，7.5cmのところでおのおの約8.8 kg/m^3 および4.0 kg/m^3 であった．また，梁中央部および端部の腐食状況を図8.2.7に示す．この図より，とくに，R1AおよびR1Eを比較すると，防錆剤を混入したR1Eの腐食状況がやや進行しているように思われる．塩化物イオン含有量が数 kg/m^3 と多く，防錆剤が有効に働かないと判断できる（表8.2.3）．

8.2.2 アルカリ骨材反応での水分の遮断，排水の効果に関する理解不足

アルカリ骨材反応の当該箇所へ水分が遮断されれば，その箇所での反応は進まない．しかしながら，遮断や排水された水分は，別のルートを辿る．そのルートが新たなアルカリ骨材反応を発生させたり，そのルートで水分がまたもとの箇所へ戻ることがあれば，アルカリ骨材反応による劣化は進行する．以下に，実例および研究事例を示す．

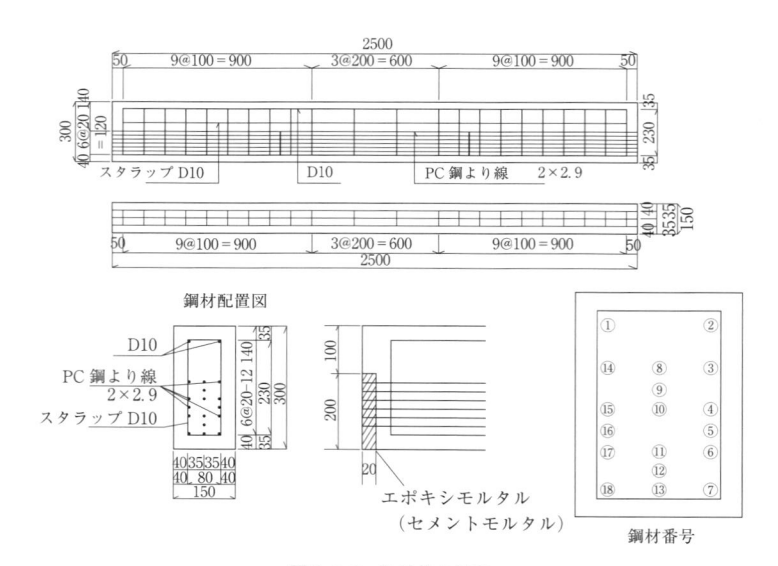

図 8.2.6 供試体の概要

表 8.2.3 コンクリートの示方配合

粗骨材の最大付法 (mm)	スランプの範囲 (cm)	空気量の範囲 (%)	水セメント比 W/C (%)	細骨材率 s/a (%)	単位量 (kgf/m^3)				
					水 W	セメント C	細骨材 S	粗骨材 G	AE減水剤
20	5±1	4±1	37.0	40.5	167	460	710	1080	1.84

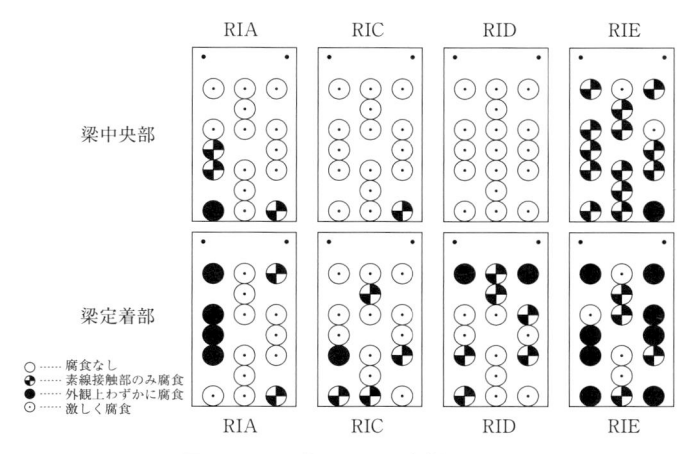

図 8.2.7 R 型梁における腐食状況概要

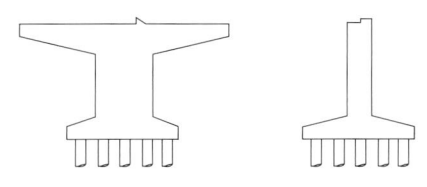

凡例:
○ …… 腐食なし
◐ …… 素線接触部のみ腐食
● …… 外観上わずかに腐食
◎ …… 激しく腐食

図 8.2.8 構造概要図

a. アルカリ骨材反応により劣化した道路橋橋脚の再補修事例 ── 実例

1) 概 要

本橋脚は，昭和 51（1976）年に竣工した RC 構造の T 型梁橋脚（梁幅 2.0 m，梁高 3.4 m，図 8.2.8）であり，上部構造は PC ポストテンション単純桁となっている（表 8.2.4）．供用開始後，約 2 年が経過した昭和 57 年に梁部に ASR による最大ひび割れ幅 5 mm を含むひび割れが確認された．補修はひび割れへの樹脂注入工とともにエポキシ系の防水型塗料による表面保護工を実施して経過観察を行ったが，ひび割れ幅の進展や膨張傾向は収まらなかったため，反応型シラン系含浸材とポリマーセメント系コーティング材の組み合わせによるはっ水系の表面保護工による再補修を行った結果，劣化進展の抑制効果を確認することができた．以下，補修および追跡調査結果の概要を示す．

2) 補修の概要と追跡調査結果

構造物竣工の 4 年後の昭和 55（1980）年に梁部にひび割れが発見されたため，ひび割れに追従する伸び率の大きい柔軟型エポキシ樹脂を注入して経過を観察したが，その後約 2 年で梁部に ASR による最大幅 5 mm のひび割れが確認された．補修に際しては，外部からの水分浸透を遮断することが効果的であると考え，エポキシ系の防水型塗料により表面保護工を実施した（表 8.2.5）．その後，追跡調査により経過観察を行ったが，上部工伸縮継ぎ手部からの漏水などもあり，ひび割れ幅の進展や梁部寸法の伸長による膨張傾向は収まらなかったため，漏水の補修と共に平成 2 年に反応型シラン系含浸材とポリマーセメント系コーティング材の組み合わせによるはっ水系表面保護工（はっ水効果と併せて透湿性の高い材料の使用により，コンクリート内部に介在する水分の放出効果を期待するもの）による再補修を行った．追跡調査により梁部の寸法変化等を確認したが，再補修後 3 年程度は補修効果が確認できなかったが，その後は梁部寸法の伸長が抑制され膨張の収束傾向が確認できた．平成 9 年の柱部耐震補強工事に伴い再補修を行って経過観察しているが，梁部の寸法やひび割れ幅の変化に進展は見られないため，補修の効果が現れていると判断できる．なお，梁部寸法測定（梁各部の測線ひずみ量）の経時変化の結果から，次のような特徴が確認できる（図 8.2.9，図 8.2.10）．

① 測線 A（梁主鉄筋方向）および測線 F（柱主鉄筋方向）の変化が緩慢であるのに対して，測線 B, D（梁鉛直方向）および測線 C, E（梁下面橋軸方向）の変化が卓越している．これは梁および柱の主鉄筋による拘束効果の影響と考えられる．

② 測線 B, D（梁端部鉛直方向）の変化が大きいのに対して，測線 F（梁中心部鉛直方向）の変化が小さいのは，雨がかりによる水分供給

表 8.2.4 橋脚の構造諸元

所在地	大阪府大阪市	コンクリート種別	RF272B（フライアッシュセメント）
建設年度	昭和 51（1976）年	設計基準強度	27 N/mm^2
構造形式	RC 構造 T 型梁単柱橋脚	配筋	主鉄筋　D35 @ 125
梁幅・梁高	梁幅 2.0 m，梁高 3.4 m		スターラップ鉄筋 D16 @ 300

表 8.2.5　コンクリート表面保護工仕様の例

塗装系	工程	使用材料	標準使用量 (kg/m^2)
防水系 (エポキシ系)	プライマー	エポキシ樹脂プライマー	0.1
	パテ	エポキシ樹脂パテ	0.3
	中塗り	柔軟型エポキシ樹脂量塗料	0.26
	上塗り	柔軟型ポリウレタン樹脂量塗料	0.12
撥水系 (ポリマーセメント系)	前処理	ケレン（ワイヤブラシがけなど）	
	下塗り	反応型シラン系含浸材	0.2
	中塗り	ポリマーセメントモルタル	2.1
	上塗り	アクリル系エマルジョン	0.2

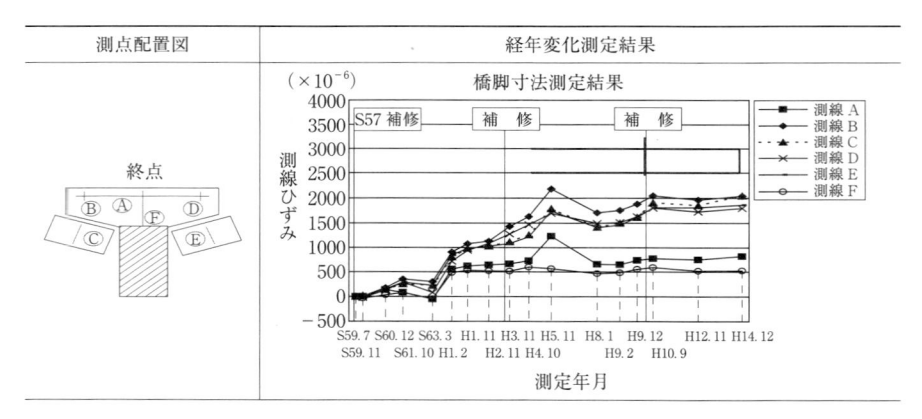

図 8.2.9　橋脚梁部寸法経年変化測定結果

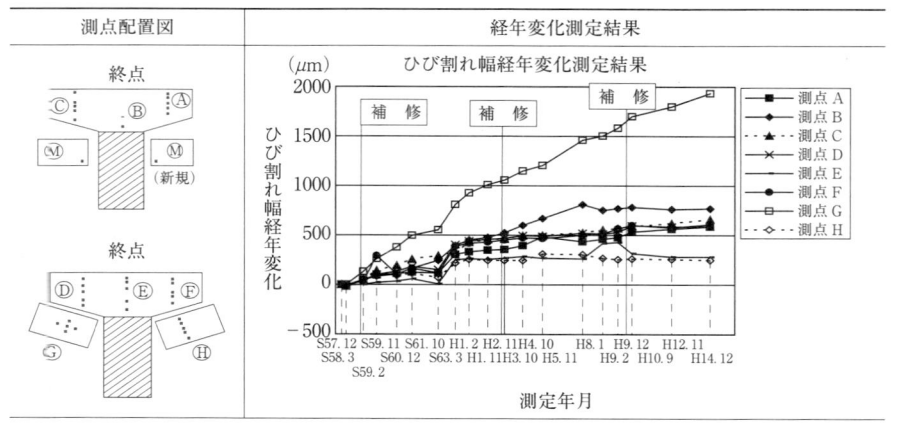

図 8.2.10　橋脚梁部ひび割れ幅経年変化測定結果

や直射日光により，コンクリート温度や乾湿繰り返しなどの環境影響の差異が考えられる．

3) 考察

アルカリ骨材反応は，吸水膨張性の反応生成物であるゲルが吸水による異常膨張を起こすことにより，コンクリートにひび割れを発生させる現象であることから，対策の基本は外部からの水分供給を遮断することであると考えられる．ところが，補修後の追跡調査結果から，防水系の表面保護工により水分供給を遮断しても劣化進行の抑制効果が十分に得られない場合があることが明らかになった．これは漏水の影響も考えられるが，コンクリート内部に介在する水分により吸水膨張作用が持続していることも考えられ，劣化進行の抑制のためには内部水分をできるだけ放出させる対策も必要であることを窺わせるものである．当該事例では，いわゆる劣化の進展期にある構造物の再補修時に防水系からはっ水系の表面保護工に転換したことにより，一定の期間が経過した後に梁部寸法の伸長やひび割れ幅の進展が抑制されたことから，有効な対策であったと判断することができる．

このことから，アルカリ骨材反応による劣化対策として，コンクリート表面保護工を検討する場合には，以下のことに留意すべきと考えられる．

- 構造物の立地環境条件（降雨・日射・他の部位からの漏水・再補修の容易さ（困難さ）など）を勘案の上，防水系とはっ水系の使い分けとコーティング材の材質を検討する．

補修後にはモニタリングを実施して，適宜補修効果を確認する．

b. アルカリ骨材反応での研究事例

実際の事例情報は入手できなかったので，研究事例を紹介する[2]．

本研究は，ASRが発生している海洋環境（海中，干満，および飛沫部）にあるコンクリートに対して表面被覆を施した場合の膨張抑制効果を実験的に検討したものである．

以下に，概要を紹介する．

1) 実験概要

本実験では，数種の異なる要因をいくつかの水準に変化させて製作した10×10×40 cm角柱供試体を異なる環境に2年間曝露し，種々の性状を調べた．要因は次のようである．

- コンクリート： W/C＝0.45, 28日強度42 N/mm^2，普通ポルトランドセメント使用
- 表面被覆材料： 当時市販のASRに適用可能とされていた塗装材料の中から，比較的信用実績があり，かつ将来的に継続使用が可能と思われる材料を5種類選定した．塗装作業は各塗装材料製造者の擁する専門の作業員が実施した．
- 骨材： 反応性と非反応性のものを各々使用した．
- 被覆時のコンクリートの表面含水率： 5％, 10％
- 曝露環境： 高温海水噴霧（60℃），高温清水噴霧（60℃），常温水中養生（20℃）

2) 実験結果の1例

図8.2.11に塗装時の表面水分量が5％かつ高温海水噴霧の場合の結果を示す．この場合，必ずしも塗装によって膨張が抑制されるものではないことが理解される．常温水中養生の場合には，この高温海水噴霧に比べて膨張の進行速度は遅いものの，やはり膨張を抑制することはできなかった．

3) 結論

- 今回の実験条件の場合，いずれの材料を用いて表面被覆を行ってもASRによるコンクリートの膨張を完全に抑制することはできなかった．
- 常温水中養生に比べて，高温海水噴霧，高温清水噴霧の場合に膨張速度は大きくなるものの最終膨張量は3者とも同等であった．
- 表面被覆を施しても，コンクリート中への水分の浸入を十分に抑制することはできなかった．
- 本実験結果によれば，海中部あるいは干満部といった常時水中にあるような環境下においては，表面被覆は難しくなることが推定された．

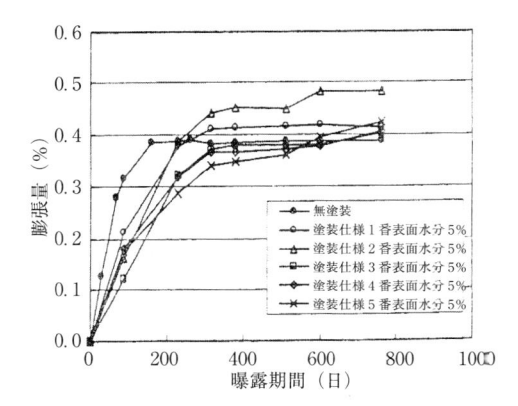

図8.2.11 塗装供試体の長さ変化（反応性・表面水分5％・高温海水噴霧）

4) アルカリ骨材反応補修工法に対する考察

本実験および（1）の実例より，アルカリ骨材反応に対する補修では，対象部材（構造物）の環境条件，特に水分（乾湿の状態も含めて）が補修後どのように移動し，分布するのかを考慮して，補修箇所や補修工法・材料を選定する必要がある．

【大即信明・守分敦郎】

文　献

1) 大即信明，下沢　治：7年間海洋環境下に暴露したプレストレスコンクリートはりの耐海水性について，港湾技術研究所報告第 21 巻第 2 号 pp. 237-259, 1982.
2) 濱田秀則, Tarek U. M., 山路　徹, 小牟禮健一：アルカリ骨材反応が発生したコンクリートに対する表面被覆の適用性に関する実験的検討, コンクリート構造物の補修, 補強, アップグレード論文報告集, 第 3 巻, pp. 37-44, 2003.

8.3 現場条件の理解不足

有名な映画のセリフで「事件は現場で起こっている」みたいなものがあるが，「補修・補強は現場で行う」ものである．このため，現場状況を把握していないとミスが起こる可能性が高くなる．

表 8.3.1　使用材料の工程および品質

(a) 工程

工程	商品名	標準使用量 (kg/m^2)	目標膜厚 (μm)	塗装方法	塗装間隔（20℃）
プライマー	湿潤面用プラ	0.15	—	ハケ，ローラー	1.5 時間〜7 日間
パテ	湿潤面用パテ	0.50	—	コテ，ハラ	10 時間〜7 日間
中塗り 1 層目	水中硬化型エポキシ	0.60	300	ハケ，ローラー	16 時間〜7 日間
中塗り 2 層目	水中硬化型エポキシ	0.60	300	ハケ，ローラー	

(備考) 耐候性を必要とする場合，上塗りとしてアクリルウレタン樹脂塗料を 2 層塗布する

(b) 性能

試験項目	試験方法	品質規格値（案）	試験結果
塗膜の外観	JIS K 5400 6.1	塗膜は均一で，流れ・むら・膨れ・割れ・剥がれのないこと	塗膜は均一で，流れ・むら・膨れ・割れ・剥がれがない
耐候性	JIS K 5400 6.17	促進耐候性試験を 300 時間行った後，白亜化がほとんどなく，塗膜に膨れ・割れ・剥がれがないこと	白亜化はなく，塗膜に膨れ・割れ・剥がれがない
遮塩性	日本道路協会方法	1.0×10^{-3} mg/cm^2・日以下	0.34×10^{-3} mg/cm^2・日以下
耐アルカリ性	JIS K 5400 7.4	水酸化カルシウムの飽和溶液に 30 日間浸漬しても，塗膜に膨れ・割れ・剥がれ・軟化・溶出がないこと	塗膜に膨れ・割れ・剥がれ・軟化・溶出がない
ひび割れ追従性	日本道路公団方式 (0 スパン伸び試験)	コンクリートのひび割れ幅が 0.4 mm まで塗膜に欠陥が生じないこと	0.6
耐海水性	JIS K 5400 7.6	塩化ナトリウムの 3% 溶液に 30 日間浸漬しても，塗膜に変状がないこと	塗膜に変状がない
コンクリートの付着性	JIS A 6910 5.8	標準養生後，耐アルカリ性試験後，耐海水性試験後において 10 kg/cm^2 以上	標準養生後：30.9 耐アルカリ性後：40.2 耐海水性後：42.1
酸素透過量	製料研式	1.0×10^{-1} mg/cm^2・日以下	0.364×10^{-4} mg/cm^2・日以下

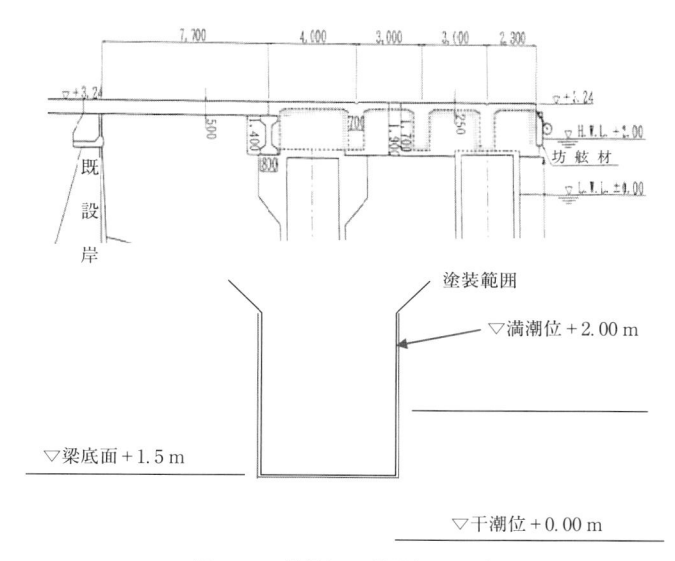

図 8.3.1 桟橋および梁断面の概略

8.3.1 机上の空論的失敗

机上のみで施工法や補修材料を決めてしまうととんでもないことが起こりやすい．読者諸賢は，「そんなやつおらんやろ」と思われればそれでいいのであるが，実際に起こるのである．

- 近年，新材料の開発が盛んで，売り込みに来る．データをみると強度（圧縮，引張，付着），防錆性能などきわめてよい値である．彼は言う，「構造物の表面を完全に乾かしてから使用してもらえれば，まったく問題ありません」と．「構造物の表面を完全に乾かす」のは，港湾構造物などではわが国ではなかなか難しい．彼らのデータは，温度20℃，RH60-80％，かつ断面数cm×数cm程度の供試体での実験のことが多い．
- 同様に，「完全にブラストした状態を想定した防錆剤」など，現場の条件をまったく考えていないデータで売り込みにくるものもいる．

著者の経験した例は，まったく建設技術者のいない自治体や海外組織において採用し，失敗して相談にくるものである．

8.3.2 湿潤面に乾燥面仕様の塗装をして1年以内に全部はがれてしまった例——実例のアレンジ

1) 当初の補修方法

施工位置が海面に近く，底面から約40 cmは満潮時には海中に没する状態になる梁部材の塗装を行った．条件が厳しいので，水中硬化型エポキシ樹脂を用いて施工した（表8.3.1，図8.3.1）．

2) 劣化事例とその原因

補修して数カ月後に桟橋下面にもぐり，塗装面を確認したところ，図8.3.2のように，フジツボが付着し，塗装面の多くに浮きが確認され剥離も見られた．

港湾および海岸構造物にたいして塗装を行う場合，材料面，干満や水分の影響および生物付着の影響を十分に考慮に入れておかなければならない．

塗装材料の観点から見ると，ここで用いられた塗装材料は湿潤面に適用することを目的開発された材料であり，その後現場条件を考慮に入れた室内での再現実験では，十分な性能を発揮していた．

干満の影響は，施工に直接影響を与えており，次の層を塗布するとき下層の硬化を待って塗り重ねる必要があるため，つねに2回の満潮位により海水中にさらされるため，塗装面にヌメリなどが付着し，付着力の低下を招く可能性が飛躍的に増加する．塗装前には塗装面を清掃するが施工管理が十分には行えないので，剥離のリスクが大きい．

図8.3.2 湿潤面における塗膜の損傷

表8.3.2 再補修で用いた水中硬化型エポキシ樹脂の品質

試験項目	測定値	試験方法
引張強度	36.3 MPa（370 kgf/cm^2）	JIS K 7113
伸び率	7.0%	JIS K 7113
曲げ強度	47.5 MPa（485 kgf/cm^2）	JIS K 7203
圧縮強度	59.6 MPa（608 kgf/cm^2）	JIS K 7208
硬度（デュロメーター硬さ）	HDD 84	JIS K 7202
摩耗減量	98 mg	JIS K 5400　CS10　1kg　1000　サイクル

生物付着に関しては，夏場で塗布後に海水に触れる場合には，塗膜が十分に硬化する前に生物が付着し，膜厚が薄く塗膜の硬度が十分でない場合にはフジツボなどの生物の足の部分が塗装内部に潜り込み，塗装に損傷を与えることが知られている．

このように，海水の影響を受ける部分に塗布する場合には，硬度，膜厚および十分な施工管理（とくに塗布前の下地の清掃）を行う必要がある．

3）再補修の方法

再塗装にあたっては，比較的早い時期に硬度が増す水中硬化型エポキシ樹脂を選定し，膜厚を当初より増加させて500 μm×2層とした．施工に当たっては，夏場を避け，梁下面および側面の塗膜は工具などを用いてすべて除去した後，高圧水によって洗浄したのちすみやかに1層目の水中硬化型エポキシ樹脂を塗布した．塗重ねにおいては塗装面を手作業で洗浄し，その後に2層目を塗布した（表8.3.2）．

その後は，とくに問題となっておらず，厳しい条件下での施工では，材料の選定，施工管理がいかに重要である示した事例である．

8.3.3 内部の水の回り込みに配慮不足 ── 外装プレキャスト版のひび割れ・浮きが止まらない

築35年経過した建物の外装に使用されているプレキャスト版のひび割れ・浮きの補修工法に関する失敗例である．

症状はプレキャスト版のリブに沿って比較的大きなひび割れや浮きが生じている（図8.3.3）．竣工後20年以上経過してから生じたようである．不具合の原因は，収縮ひび割れの影響もあるが，プレキャストコンクリートの中性化が進行し，プレキャスト版リブの補強筋が腐食し，鉄筋に沿って膨張ひび割れがかなり発生したためと判定された．10年前から定期的に補修を行っているが，補修近傍で再発するなどひび割れ・浮きの不具合が治まる気配がないので，再調査を行った事例である．

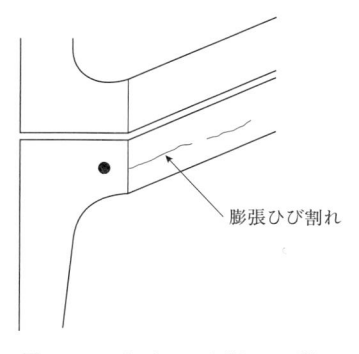

図8.3.3 プレキャスト版のひび割れ

当初の補修方法は，以下の通り．
剥離箇所： 撤去後，さび止めし，ピン挿入後，ポリマーセメントモルタルで形状修復
小さな欠け： SBR系無機質材で形状修復
ひび割れ（剥離無し）： Uカット，樹脂モルタル充填工法で補修
仕上げ： 中性化抑制に有効な塗装仕上げ
ひび割れは，幅0.5mm以上のものが多かったので，多くのひび割れ補修工法から，Uカットし，樹脂モルタルを充填する工法を採用した．

しかし補修後，数年後で，ひび割れや剥離損傷が進行してきたので再調査を行ったところ，ひび割れ補修していない版と版の水平目地天端面のひび割れやその付近の微細なひび割れから水が内部に回り込んだ恐れが高いことが分かった．

Uカット充填工法は，大きなひび割れ幅や動きのあるひび割れの補修に使用する表面被覆工法であるが，ひび割れ内部を充填・一体化するわけではない．そのため，ひび割れ補修していない版天端面などから浸入した雨水が回り込み，内部鉄筋の腐食が進行してひび割れ再発や爆裂（浮き）を惹き起こしたと判定された．

外装プレキャスト版のひび割れの場合，腐食条件に変化がなければひび割れの動きはほとんど生じないと考えられるため，ひび割れ幅が大きくても弾性タイプのエポキシ樹脂注入で一体化しておいた方が水分・酸素の遮断および剥落防止という面からも望ましかった．剥落の恐れの高い箇所ははつり落として形状修復することとしたが，単に浮きが感知される箇所は，はつり落とせば大きく形状を損なう恐れがあり，困難であるため，このひび割れ注入工法を用いて一体化することで対応した．鉄筋の腐食のこ

ともあり，適切な方法であったかどうか問題もあるが，その後，ひび割れ・浮きの進展は見られない模様であり，延命措置としては有効と判断している．ひび割れ幅が大きいときはUカット充填工法を選択，と安易に考えてはいけない．Uカット充填工法は，付近の未補修ひび割れから水が回り込むと，内部に水を溜め込むことに留意する必要がある．

8.3.4 「設計時の配慮不足」を見抜けない例 —— 屋上スラブのたわみが止まらない

昭和40年代後半に竣工した某集合住宅は，竣工後まもなく仕切り壁などの建て付けが悪くなり，床下をアジャストして調整するなどの対応を行っていたが，数年後にはかなりの戸数で苦情が拡大してしまった．そこで原因と今後の進展を把握する目的で，抜本的に調査を実施した．調査の結果，過大たわみの原因は，上端筋の下がりなど施工誤差の問題もあったが，基本的に構造耐力の安全性だけを考慮した経済設計であり，長期たわみ防止という使用性についての配慮が不足していたことが分かった．日本建築学会制定の鉄筋コンクリート造計算規準による床スラブ厚の制限値の変遷を以下に示すが，当該建物は，昭和46年改定以前に設計されたもので，もっとも甘い制限値の時代に設計されたことも一因と思われる．

床スラブの制限値の変遷
昭和37年：全厚は8cm以上，かつ短辺有効スパンの1/40以上
昭和46年：全厚は8cm以上，かつ以下に示す値以上

$\lambda \cdot l_x/(16+24\lambda)$ （$\lambda \leq 2$） $l_x/32$ （$\lambda > 2$）

ただし，λは辺長比，l_xは短辺有効スパン
昭和57年：現行規定（略：過大たわみ防止のため，昭和46年よりも制限値をアップ）

不具合対応策として，施工誤差を考慮しても構造耐力上からは現状でとくに支障ないことを確認すると同時に，その後の追跡調査でも長期たわみ進行が緩慢となっていき，終息に向かっていることを確認した．耐久性上，問題の恐れのあるひび割れにはポリマーセメントモルタルで被覆処理を行った．なお，屋上スラブについては，スパン中央部に水溜りができるということで押さえコンクリート部に不陸修正を行った．とくに補強的な対策は講じていないが，

その後，20～30年経過してもこれまでとくに大きな支障は生じていない．

しかし一度だけ例外があった．竣工して25年前に，同建物の屋上スラブのごく一部（1枚）で不陸補修しても水溜りができてしまい不安だという苦情が入ってきた．調査したところ，対象スラブの天井面ひび割れが0.5 mm前後と大きく，ひび割れ発生数も多かった．下面のひび割れはスパン中央に多く見られ，曲げひび割れと判定された．

たわみが止まらない原因は，押さえコンクリートの上に載せた不陸補修材を何度も打ち重ねたことによる過大重量，構造設計上，もっとも厳しい条件下のスラブであったこと，大きな施工誤差，外気温変動の繰り返しなどの影響により，上端筋が部分的に降伏した恐れもあると判断された．至急，スラブ下面を炭素繊維補強板で格子状に補強して事なきを得た．ただし，他の屋上スラブエリアにはこのような損傷は認められず，局部的な損傷であることがわかったが，仮に放置しておれば，防水層の破損による漏水問題など重大な損傷につながる恐れがあったと思われる．屋上スラブは雨がかりのある部位でもあり，屋上スラブの過大たわみ不具合については追跡調査も含めて慎重に維持管理を行う必要があることを改めて認識した．

【大即信明・小柳光生・守分敦郎】

8.4
海外 ── 風土の不十分な把握

海外では補修以前の問題が多い．これを解決しないと補修にもならない．

8.4.1 乾燥収縮ではなく予想外の塩害 ── 砂漠の骨材には塩分の含まれる可能性

a. 躯体全面におけるひび割れの発生

エジプトのアレキサンドリアの市内に建設された建物で，コンクリート材料として使用した砂に含まれる塩分が原因で鉄筋が腐食・膨張して，梁・柱の仕上げ面および躯体表面に顕著なひび割れが生じた（図8.4.1～図8.4.5）．

この建物は日本の資金協力によって建設されたものであり，設計と施工管理は日本の設計コンサルタント，建設工事は日本の大手建設会社が行い，1984年に完成した．建坪面積約2900 m^2，鉄筋コンクリート造2階建て（一部3階）で，杭基礎が採用され，最高高さは13.5 mである．スパン割りは図8.4.4，図8.4.5のとおりである．セメントは，普通ポルトランドセメント（Ordinary Portland Cement）が使用された．鉄筋は異形棒鋼でSD 30（現行のSD 295）とSD 35（現行のSD 345）である．コンクリートの設計基準強度は210 kg/cm^{2}とされた．柱・梁は鉄筋コンクリート躯体打設後，セメントモルタルを下塗りおよび中塗りした上に吹付け仕上げを施している．

コンクリート表面にひび割れが目立つようになったのは完成後10年後頃からであった．当初，原因は乾燥収縮と考えており，対策はとらなかった．その後，ひび割れが顕著となり，1999～2000年に調

図8.4.1 建物外側におけるひび割れ（図8.4.4 西面2階④～⑤間）

図8.4.2 建物外側におけるひび割れ（図8.4.4 西面⑦～⑧間）

査と補修工事を実施した．これらのひび割れは部材の材軸方向（部材と平行する）方向のものが多く，とくに外周の南と西面により多く発生した．

b. ひび割れの原因

調査の結果，ひび割れの原因は，コンクリートの中性化，アルカリ骨材反応，海塩粒子の影響などの原因は否定され，コンクリート材料として使用された砂に含まれた塩分による鉄筋の腐食であることが判明した．ひび割れが生じていた箇所ではつり調査を行ったところ，内部の鉄筋は塩害で劣化した構造物でしばしば見受けられるような，黒褐色の腐食生成物（さび）が鉄筋全周および全長にわたって確認された（図8.4.6）．また躯体コンクリートおよび仕上げモルタルには，現行規制値（塩化物［Cl^-］量で0.30 kg/m³）や腐食の閾値とされる値(1.20 kg/m³)を上回る多量の塩化物が含まれていた（表8.4.1）．現場で採取した15試験体を用いた．

Cl^-換算の全塩分（全塩素量）は，試験の結果 0.63～5.03 kg/m³ であった．施工当時においては，骨材採取場所がアレキサンドリア近郊では限られており，また，現場における簡易なフレッシュコンクリートの塩分測定方法が十分普及していなかったため，塩分濃度の高い砂を使用する結果になったものと思われる．

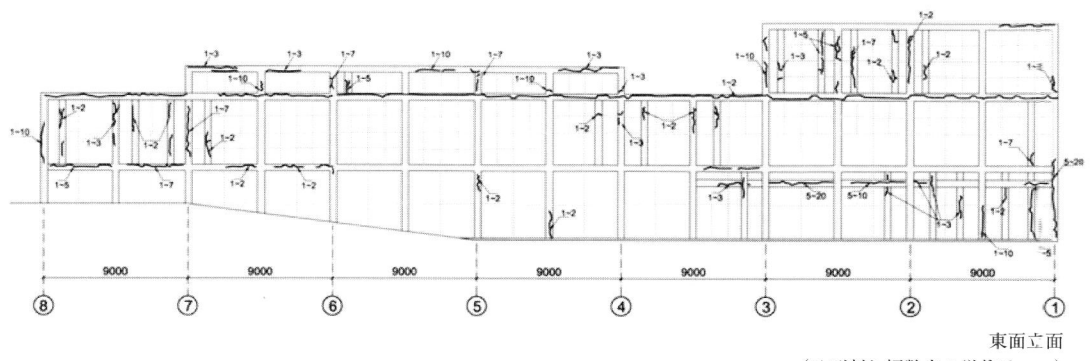

図 8.4.3 図8.4.1の柱モルタルをはつった内部．コンクリート表面に，腐食した鉄筋に沿って縦クラックが発生している．

東面立面
（ひび割れ幅数字の単位は mm）

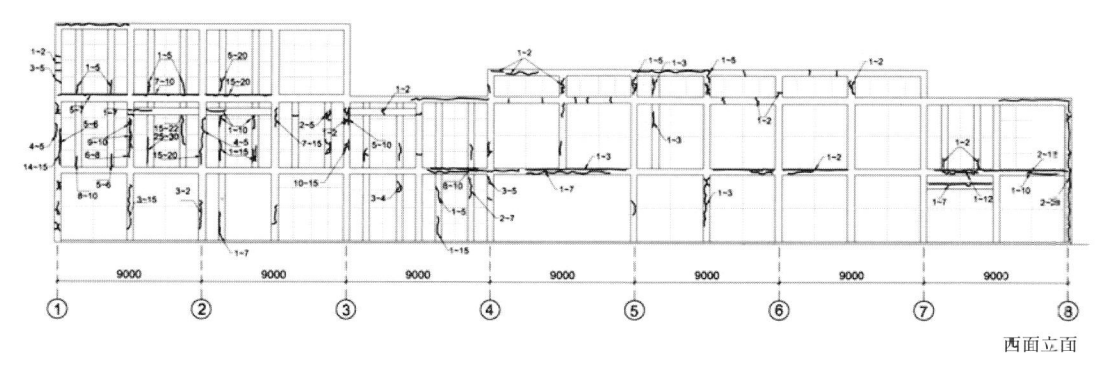

西面立面

図 8.4.4 建物外周部のひび割れ状況（東面，西面）

図 8.4.5 建物外周部のひび割れ状況（北面，南面）

図 8.4.6 腐食した鉄筋

c. ひび割れの特徴

ひび割れが生じている部材の特徴としては，以下のようなことが言える．

① 大梁上端に施されている仕上げモルタル，笠木と躯体との接合部，ならびに躯体下端の仕上げモルタルは，その多くの部分において浮き（剥離）が生じており，ハンマーなどでたたくと容易に落下するような状態にある．これらは，いずれも部材に沿った方向のひび割れとなって現れている．

② 躯体に生じたひび割れ幅が著しく大きくなった理由の1つには，この建物は階高が比較的高いうえスパンも9mと大きいために，太めの主筋（SD30, SD35）が使用されており，それによって腐食した鉄筋周囲の膨張圧が高かったことが考えられる．

③ 外周部の各面については，西面と南面はほぼ全面にわたって柱や大梁にひび割れが認められる．ひび割れがとくに著しいのは，西面の1～3通り間および6～8通り間，南面のA～B通り間ならびにF～H通り間で，これらの箇所ではいずれも躯体に幅10mm以上のひび割れが生じている．これらのひび割れは主筋に

8.4 海外—風土の不十分な把握

表 8.4.1 コンクリートおよびモルタルの塩化物量測定結果

資料の種類	No.	採取部位	屋外室内	資料採取部位の状況	全塩分量 (kg/m³)	全塩素量 (kg/m³)	備考
コンクリ・コア	1	2階大梁 A 通り・1-2 通り間	屋外	大ひび割れ	3.98	2.24	表面側
	2				3.31	2.01	内部側
	3	2階大梁 B～C 通り・2-3 通り間	室内	健全	2.58	1.56	
	4	2階大梁 D 通り・7-8 通り間	室内	大ひび割れ	8.30	5.03	
	5	2階大梁 E 通り・7-8 通り間	室内	小ひび割れ	3.39	2.05	表面側
	6				4.24	2.56	内部側
	7	2階大梁 F-G 通り・1 通り	屋外	小ひび割れ	5.52	3.36	
	8	2階大梁 G-H 通り・8 通り	屋外	中ひび割れ	2.24	1.48	
	9	2階大梁 H 通り・6-7 通り間	屋外	中ひび割れ	2.41	1.46	
コンクリ片はつりガラ	10	1階柱　H 通り・4 通り	屋外	健全	1.95	1.18	
	11	1階柱　B 通り・2 通り	室内	大ひび割れ	2.82	1.72	
	12	2階柱　B 通り・2 通り	屋外	大ひび割れ	3.63	2.19	表面側
	13	2階柱　B 通り・2 通り	屋外	大ひび割れ	4.39	2.67	内部側
	14	1階柱　E 通り・6 通り	室内	健全	1.56	0.94	
モルタル	15	2階大梁 D 通り・7-8 通り間	室内	大ひび割れ	1.03	0.63	

沿った腐食ひび割れである．一方，北面と東面はその半数程度のひび割れが確認されている．このように，方位によって仕上げモルタルの浮き・剥離や躯体のひび割れに差が見られる要因として，日射の影響で温度が異なっていることが考えられる．日射が直接これらの部材に当たることによって，その部分の温度が上昇し，仕上げ材においては，仕上げ材と下地コンクリートとのムーブメントに差が生じ，浮きや剥離が起きたと推定される．また，鉄筋腐食によるひび割れに関しては，温度が上昇することによって腐食反応がより早く進行することが考えられる．

④ 一方，室内側については，外周部に比べるとひび割れが生じている箇所は限られている．

⑤ 外観上ひび割れがなく健全であるか，あるいは表面の仕上げモルタルのみに軽微なひび割れが生じていて，かつ躯体コンクリートにひび割れが認められない箇所では，内部の鉄筋はほとんど健全で，黒皮の状態であった．このような健全な箇所は，屋外，室内ともに見られた．

⑥ かぶり厚さが十分確保されても鉄筋腐食でひび割れが生じた箇所があった．一方，かぶり厚さが少ない（25 mm 程度以下）場合には，鉄筋は腐食している箇所が大多数を占めていた．

d. 補修の方法

コンクリート中に含まれる塩分を完全に除去すること，ならびにこうしたコンクリート中において鉄筋の腐食反応を完全に抑止することはきわめて難しいため，腐食反応に不可欠な水と酸素の供給を遮断し，たとえひび割れが再度生じたとしても，ひび割れ追従性に富んだ塗膜によってそれが表面に露出しないような工法を採用する．

① 柱や梁に施されているモルタル（仕上げと仕上げ下地）は，落下して人に当たる危険性があるためすべて撤去する．

② 躯体コンクリートにひび割れが生じているか否かを目視確認して，躯体コンクリートに鉄筋腐食に起因するひび割れが生じていると考えられる部分については，ひび割れを含むコンクリートの脆弱部を完全に除去し鉄筋を露出させる．

③ 鉄筋が腐食していた場合には，鉄筋の裏側まで露出させて（図 8.4.6）ワイヤーブラシなどを用いて表層の腐食生成物（浮きさび）を取り除く（図 8.4.7）．なお，鉄筋が孔食を起こし断面欠損していた場合は，その部分の鉄筋

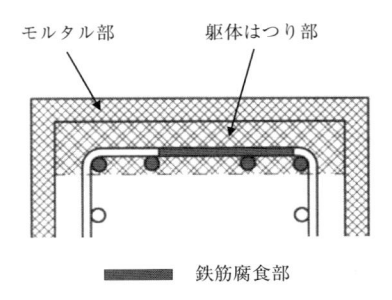

図 8.4.7 脆弱化したコンクリートの撤去範囲

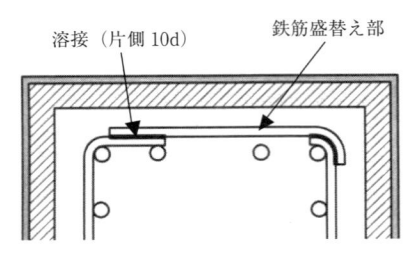

図 8.4.8 腐食鉄筋の補修方法

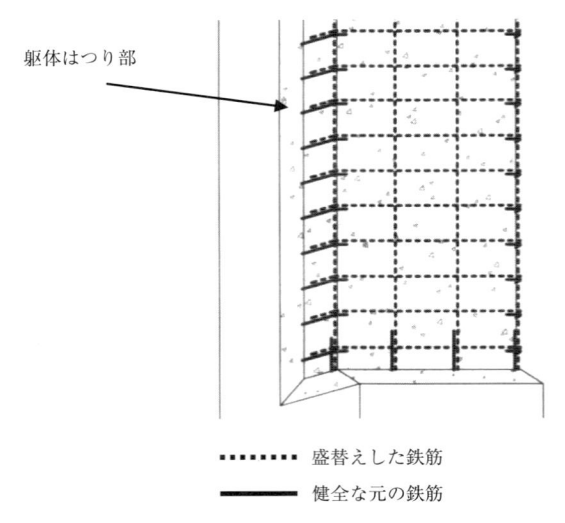

図 8.4.9 断面欠損した鉄筋の交換

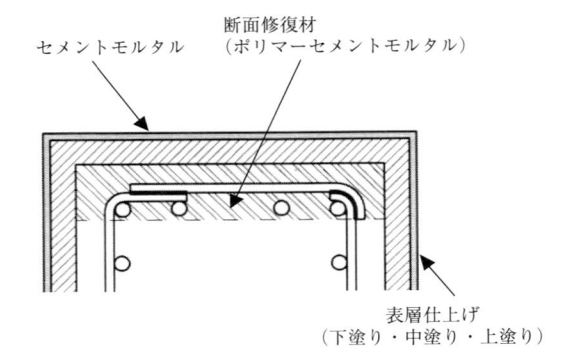

図 8.4.10 断面修復の仕様（柱での例）

した．その上に，仕上げモルタル（下地）を塗り，最後にひび割れにも十分追従可能な弾性系の仕上げ材（3層）を塗布した（図8.4.10）．
⑤ 躯体コンクリートにひび割れが生じておらず，かつ脆弱部が存在ない場合には，躯体コンクリートをはつることはせず，下地処理をしモルタルを塗った後仕上げを行う（仕上げ方法については，④と同じ）．

e. フレッシュコンクリートの塩分濃度測定

国内においては，コンクリート中の塩化物量は，昭和61（1986）年6月2日に出された建設省住宅局建築指導課長通達（建設省住指発第142号）によって規制されている．これによると，建築基準法施行令72条1号の運用に関して，原則としてRC構造物用のコンクリート$1m^3$中に含まれる塩化物（Cl^-換算）の含有量は0.30 kg以下とされている．これ以降カンタブ試験などフレッシュコンクリートの塩分濃度に関する簡易測定器が普及しはじめたようである．1986年以前にも，海砂など塩分濃度の高い砂の使用が鉄筋の腐食を促進することは知られていたが，当該建物が建設された1984年当時のエジプトの工事現場では十分な管理はなされなかったと推測される．事情はどうであろうと，コンクリートの塩分濃度のチェックを怠ったために，その結果として躯体に重大な損傷が生じたものである．海外では建設事情が日本と異なっており，建設材料の品質管理には十分な注意を払うことが重要である．

を切断し交換（添え筋）する．その場合，鉄筋は既存の鉄筋に溶接長さ片側10dで溶接する（図8.4.8，図8.4.9）．
④ その後，亜硝酸塩系の防錆剤およびプライマーを塗布し，硬化しても下地コンクリートを拘束し破損させないようなポリマーセメントモルタルにて断面修復した．その際，鉄筋については所定のかぶり厚さが確保できるように

8.4.2 補修材の過大評価 —— 浸透性固化材ではひび割れ閉塞は不可能

信頼のおける技術情報が伝わらない場合もある．次の例は，日本国内であれば若干の調査により，問

題となるような過大評価は起きないと思われる．

a. 床版全面にわたるひび割れの発生

パプア・ニューギニアで建設された橋梁で，RC床版の表裏全面に乾燥収縮によると考えられるひび割れが発生した（図 8.4.11～図 8.4.13）．

この橋梁は日本の資金協力によって建設されたものであり，設計と施工管理は日本のコンサルタント，建設工事は日本の建設会社が行い，2000 年に完成した．橋長 160 m，3 支間（55 m，50 m，55 m），幅員 9.8 m（うち車道幅 7.5 m），鋼 3 径間連続非合成鈑桁，主桁本数 4 本，主桁間隔 2.5 m，である．

床版建設工事において，コンクリートを 5 回に分けて 1 日おきに打設したところ，1 カ月後（第 1 回目調査）に床版表裏全体にわたってひび割れが発生しているのが認められた．ひび割れの方向は橋軸と平行あるいは直角で，その幅は最大 0.15 mm，その多くは 0.1 mm 以下であった．その 6 カ月後（第 2 回目調査）に再度調査した結果，以下の状況が明

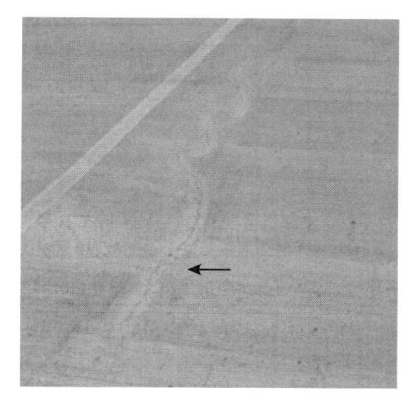

図 8.4.12 ひび割れの状況

図 8.4.11 橋梁全景

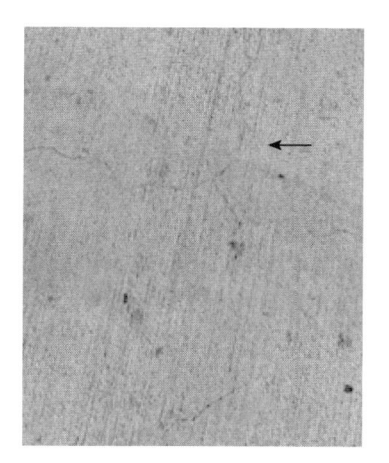

図 8.4.13 ひび割れの状況

床版上面

床版下面

図 8.4.14 床版ひび割れ図 （縮尺：幅員 1/500，橋長 1/1000）

らかとなった．床版のひび割れスケッチを図8.4.14に示した．

① ひび割れは打設1カ月（1回目調査）以降も進行し，密度および幅共に拡大した．
② 計測の結果，ひび割れ幅は大半が0.2mm以下であるが，最大幅0.35mmのひび割れが数カ所観察された．
③ 1回目調査では観察されなかったが，今回2回目調査で床版下面において，ひび割れに沿った遊離石灰の発生が，一部のひび割れに観察された．
④ 橋軸（縦）方向のひび割れは，全幅9.8mの版としての中央の位置に縦方向に，また橋軸直角（横）方向のひび割れは，桁と桁を結ぶように0.5m～3mの等間隔（打設ブロック長が長いと密に，逆にブロック長が短いと粗）に，おおむね発生している．
⑤ 主桁の曲げモーメントや床版の曲げモーメントに起因して構造的な問題にかかわるひび割れは観察されなかった．

以上の状況から，このひび割れは不十分な養生に起因したコンクリートの乾燥収縮によると推定された．

b. 補修の方法

これらのひび割れを放置すると，ひび割れを通して酸素と雨水の浸入による鉄筋の腐食，および中性化によるコンクリートの劣化などを引き起こし，床版の耐久性に大きく影響を及ぼすことが予想された．したがって，ひび割れの閉塞を主眼にした床版コンクリートの補修を行うこととした．まずひび割れ幅0.3mm以上のひび割れに対してはセメントスラリーを注入した（図8.4.15）．その後床版上面よりセメント結晶増殖材と呼ばれる補修材を塗布した（図8.4.16）．この塗布材はひび割れ内部に染み込んでほぼ完全に母体と一体化して，健全な状態に回復することができるとされていた．補修工事は第2回目調査から2.5カ月後に実施された．

c. 補修工事後の状況と補修工事の効果

補修工事後1カ月後と7カ月後にそれぞれひび割れの進展状況を確認したが新たなひび割れの発達は見られなかった．同8カ月後に行った調査ではセメント結晶増殖剤のみを塗布した箇所の床版上面から50mmおよび150mmの部分について走査型電子

図8.4.15 セメントスラリー注入

図8.4.16 セメント結晶増殖剤塗布

顕微鏡により結晶の生成が確認された．しかし，細孔径分布試験の結果では空隙率の減少率は約4%であることが判明した．セメント結晶増殖剤については，期待された効果はほとんど発揮されていないと考えられた．0.3mm以下のひび割れに対しては，エポキシ樹脂の注入あるいは塗布，アスファルト舗装などが有効であると思われる．

d. コメント

このように，現場によっては，技術情報がうまく伝わらず，失敗することもある．なお，そのメーカーの名誉のために述べておくと，社長と面談する機会があり，上記のことをのべた際，「こちらの技術を売らんがために，代理店が誇大に説明してしまうことがある．注意はしているのだが」ということであった．売り手ももちろんであるが，今後使用者も判断力を養成する必要がある．

8.4.3 型枠，支保工の脱型，超早期撤去

もともと型枠の性能が劣る，すなわち，板材が使

用されることが多い．板材は反って直線性が失われやすく，ささくれ・ひび割れなど破損しているものも多い．また，鋼製型枠が使用されることもある．鋼製型枠には，他の現場で繰り返し使用されているために辺の直線性が失われているものがみられる．スペーサーには，数cm角のモルタルブロックが，セパレーターには埋殺しの鉄筋，支保工には角材が使用されることが多い．

このような材料で型枠を組み立てると隙間・段違いができやすい．隙間ができるとモルタルやペーストが漏れて，豆板ができやすい．

さらに，とくに，鋼製型枠の場合には，型枠の回転（脱型）を早くすると工事費が安くなるため，基準や仕様よりも脱型が早くなるという悪い傾向がある．海外では，この傾向がとくに顕著である．

この1例を図8.4.17に示す．この写真を見せられ，その技術者から「施工後，幅が1mm以上のひび割れが主鉄筋にほぼ平行に発生しました．どのような理由か分かりますか？」との質問を受けた．数分間考えたが，見当がつかないので，質問をした．「脱型してどの位の時間で発生しましたか？」，「外した時点ですでに発生していました」，「あなたが見たのですか？」，「いえ，作業員からそのような報告がありました」，「型枠は，コンクリート打設後，どの位の時間をおいてからはずしましたか？」，「打設し終わってからすぐです」，「打設後，2～3時間以内ですか？」，「そうです」．以上の会話で，ひび割れの原因は超早期の脱型と判断し，打ち直ししか対策はないと判断し，そう述べたが，その後の経過は知らない．

恐らく，このような事例は多数にあがるであろう．多くの場合，理由の究明もなければ，対策もないであろう．発注者である当該国などが真剣に取り組ま ないとこのようなことは後をたたないと思われる．

【大即信明・横倉順治】

8.5 ま と め

ほんの少し調べれば避けられたもの，頑張って調べたのに失敗したもの，などいろんなレベルの失敗がある．理想的には，「少し調べれば大丈夫だ」あるいは「相当難しく自分の判断能力を超えている」などと適切な判断ができるようになりたい．

そのためには，もちろん「現場に赴き劣化の現状をよく知る」ことが必要であるが，さらには「己・自分の実力を知る」，そして「いろんな失敗事例を知る」ということも重要である．この章は，この最後のためにある．この章で，1つでも将来の失敗例が減れば幸いである．

【大即信明】

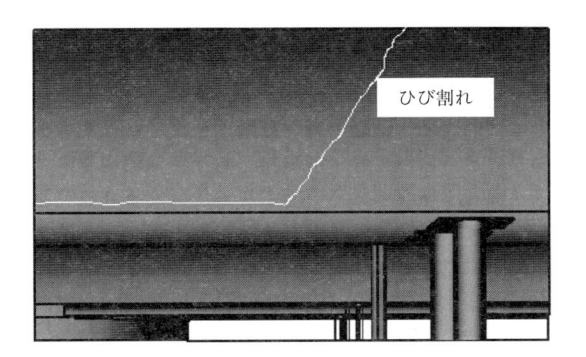

図8.4.17 天井のひび割れ（ラインは筆者が記入）

索　引

鋼板巻き　505
鋼板巻立て　533
鋼板巻き補強　162, 490
鋼より線巻立て補強工法　491
高流動コンクリート　581, 583
高炉セメント　127
港湾構造物　166
固液平衡モデル　112
戸境壁　269, 274
誤差関数　354
50 cm フロー到達時間　584
護床ブロック　224
骨材分離　67
骨材量の影響の補正　353
骨材露出　582
小梁付きスラブ　291
個別検査　154
コールドジョイント　13, 274, 304
コンクリート
　——の塩分濃度　622
　——の含水状態　44
　——の透水試験方法アウトプット法　393
　——の透水試験方法インプット法　393
　——の熱劣化　72
　——の配合推定　332
　——の表面劣化　60
　——の品質調査　519
　　導入初期の——　131
コンクリート打放し仕上げ外壁　296
コンクリート構造診断士制度　139
コンクリート骨材　128
コンクリート診断士制度　139
コンクリートダム　208
　——の施工　211
　——の劣化　209, 213
コンクリート中の空隙量　118
コンクリートつらら　51
コンクリート塗装系防食材　567
コンクリート内探査方法　341
コンクリートバー法　368
コンクリート標準示方書　139
コンクリートポンプ工法　135
コンクリート巻立て工法　488
コンクリート劣化型のひび割れ　337
コンタクトストレインゲージ　523
コンテナ埠頭桟橋　537
混和剤　130, 372
混和材　130, 369
混和材料　130

サ　行

再アルカリ化工法　439, 442
載荷方法　386

細孔径空隙　425
細孔径分布　242, 624
細孔溶液　35
最小かぶり厚さ　238
再生骨材　130
砕石　64
最大高さ　225
再注入　459, 462
材料劣化　196
再劣化　544
サイロ補修　311
左官工法　426
削孔処理　466
削孔法　564
下げ振り　389
さび　34, 241, 479
さび汁　34
山岳工法　187
山岳トンネル　187, 192
3 次元測量法　386
算術平均粗さ　225
残水　304
酸性劣化　47
残存強度の推定　263
残存膨張量　370, 525, 534
残存膨張量低減率　458
桟橋　168, 537
桟橋上部工の劣化度　169

仕上げ　91, 430
仕上げ材　621
　——の浮き　297
仕上塗材　92
JR 法　459
JH 法　459
CFRP ラミネート工法　485
CF アンカー　506
CM（セメントモルタル）　427
紫外・可視吸収スペクトル分析　364
磁気的試験法　345
事業リスク管理に基づく維持管理方式　317
試験湛水　209
自己収縮　83
示差走査熱量計（DSC）　116
示差熱重量分析　352
示差熱天秤分析　373
CCD　378
CCD ラインセンサカメラ方式　378
地震　88
地震被害　295, 550
止水工法　444, 450
沈みひび割れ　15
自然電位　518, 541, 564
自然電位法　359
下地コンクリート　621

下地処理　546
実効拡散係数　354
湿式吹付け工法　428, 521
湿式分析　364
湿潤状態　67
湿度　390
質量減少率　358
質量損失速度　359
指定建築材料　236
シートライニング工法　184, 586
シナリオ　1, 5
磁粉探傷試験　528
遮塩性能　543
遮音壁　492
写真　378
JASS 5　235
遮水系表面処理工法　456
砂利化　62, 68
ジャンカ（豆板）　11, 302
重液分離操作　115
自由塩化物イオン　356
集合住宅　258
修繕　232
充填工法　429
充填度　461
周波数特性　388
周辺固定スラブ　291
重力式コンクリートダム　210
樹脂系表面被覆材　583
樹脂注入　240
樹脂モルタル　550
取水堰　222
主鉄筋　64, 532
受熱温度　259, 260, 371
　——の推定　261
シュミットハンマー　581
主要構造物　233
準耐火建築物　235
仕様規定　142, 434
小径コアによる強度　333
衝撃弾性波法　340, 343, 382
照合電極　359, 546
上載荷重　331
詳細調査　242
硝酸銀溶液　357
使用性能　549
使用性劣化　243
小断面修復工　545
床版　148, 538
床版厚さ　64
床版打替え　542, 545
床版上面増厚工法　151, 471
床版防水工　474
上面増厚工法　471
初回検査　154
初期欠陥　11

索引

初期内在塩分　241
シラン系含浸材　611
シラン系はっ水材　454
シラン系表面含浸材　424
シールド工法　187
シールドトンネルの施工法　206
真空ポンプ　462
侵食性炭酸　50
侵食速度　359
じん性　488
浸漬試験　356
浸漬法　118
迅速法　367
浸透　35
　　　雨水の――　67
振動　388
浸透性エポキシ樹脂塗布工法　412
浸透性吸水防止材工法　412
振動特性　388
人力施工　463

水酸化カルシウム　111, 596
随時検査　154
水中硬化型エポキシ樹脂　615, 616
水中不分離性コンクリート　136
水分量　525, 526
水平ひび割れ　340
水理性能　219
水路トンネル　224
　　　――の劣化　226
水和熱　606
水和物溶解モデル　111
スケーリング　40, 44
スターラップ　532, 534
スチールショットブラスト　473
ストックマネジメント　220
砂すじ　14
スパンバイスパン工法　136
Smolczykの式　23
スラブ止め　63
スラブの厚さ　238
スラブのせん断強度　607
スランプフロー　584
ずれ止め　63

盛期火災　69
成型板　483
脆性破面　530
生成物の同定　363
静弾性係数　525
静的載荷試験　521, 518
静的測定手法　385
静電容量式　390
性能　2
性能規定　142, 434
性能照査　126

赤外線調査　283
赤外線法　343, 518
施工時荷重によるひび割れ　17
設計かぶり厚さ　238
設計基準強度　239, 531
接着不良　479
セメント系材料擦り込み工法　411
セメント結晶増殖剤　624
セメント水和物　115
　　　――の定量　115
セメントモルタル（CM）　427
セラミックセンサー　390
全アルカリ量　127
繊維シート　483
繊維補強超速硬セメントモルタル　517
潜在的有害領域　368
線状陽極方式　544, 547
せん断耐力　488, 509, 533, 534
　　　――の評価　86
せん断ひび割れ　86
センチメンタルバリュー　5
全般検査　154
線膨張係数　83

早期中性化　156
早強セメント　127
早期劣化　132
総合評価　171
走査型電子顕微鏡　624
相乗的複合劣化　106
相当外気温　100
側圧　585
促進膨張試験　525
促進モルタルバー法　368
測定方法の選択　326
粗骨材　64
素地調整　419, 599
粗度係数　225
外ケーブル工法　499, 502, 514
外ケーブル増加張力　501
ソーマサイト硫酸塩劣化　51
反り　296
損傷　81, 376
損傷度　551

タ　行

耐火建築物　235
大規模の修繕　233
大規模の模様替え　233
耐久診断　306
耐久性能　549
耐久劣化　243
第三者傷害　434
耐震診断　306
耐震性能　250

大臣認定　236
耐震補強　153, 309
代替骨材　130
大断面修復工　545
大偏心外ケーブル工法　502
耐用年数　184
耐力照査　532, 535
タイル張り仕上げ外壁　296
倒れの測定方法　389
打音法　342
打診調査　283
たたき点検　479, 480
脱塩工法　439, 441
WJ（ウォータージェット）工法　146, 460, 462, 474, 517
WDS　365
ダム　208
　　　――の安全管理　209
たわみ限界値　248
たわみ測定　385
たわみ変形　245
たわみ量低減効果　477
単位発熱量　260
炭酸カルシウム　111
弾性薄板理論　65
弾性波法　381
炭素繊維　164
　　　――の巻立て方法　535
炭素繊維シート巻立て工法　534
炭素繊維ストランドアンカー　484
炭素繊維接着工法　515
炭素繊維プレート　502
炭素繊維巻き　506
単独劣化　104
断面修復　148, 542, 546, 609
断面修復工法　425, 520, 540
断面被覆工法　421

遅延型エトリンガイト膨張　108
遅延膨張性　367
地球化学平衡計算コード　112
地熱発電　320
柱状ブロック工法　212
中性化　22, 196, 348, 605, 616
中性化残り　562
中性化深さ　22, 115, 242, 283, 350, 582
中性化抑制効果　27, 239, 420
中性化率　239
中性子　390
中性子法　381
注入口付アンカーピンニングエポキシ樹脂注入タイル固定工法　431
注入口付アンカーピンニング全面エポキシ樹脂注入工法　431
注入口付アンカーピンニング全面ポリマーセメントスラリー注入工法　431

索 引

注入口付アンカーピンニング部分エポキシ樹脂注入工法　430
厨房排水除害施設　295
厨房排水槽　595
超音波伝播速度　524
超音波法　338, 342
チョーキング　95
沈殿滴定　364

追跡調査　540
追跡点検　523, 528
通水法　119
通路スラブ　285
妻面外壁　271, 274
積荷スラブ　285

DEF（エトリンガイトの遅延生成）　51
DSC（示差走査熱量計）　116
TG（熱重量分析）　366
呈色試験　458
堤体表面ひび割れ　216
滴水　199
デジタルカメラ　378
手すり壁　273, 275
デッキプレート型枠　292
鉄筋
　　　——の交換　554
　　　——の拘束　330
　　　——の露出　582
鉄筋位置　344
鉄筋コンクリート（RC）床版　61, 149, 150, 478
鉄筋コンクリート部材の破壊モード　88
鉄筋損傷　528
鉄筋探査　489
鉄筋破断　532
鉄筋腐食　317, 582, 608
　　　——による膨張変形　314
鉄筋腐食先行型のひび割れ　336
鉄筋腐食度　249, 358
鉄筋腐食度評価基準　298
鉄筋補強上面増厚工法　472
鉄筋露出　241, 298
鉄道トンネル　191
電位差計　359
電気泳動　354, 442
電気化学的工法　439, 520, 605
電気化学的促進法　120
電気化学的方法　359
電気浸透　442
電気抵抗式　390
電気抵抗法　361
電気等価回路モデル　360
電気防食　542, 546
電気防食工法　158, 439, 441
電子線マイクロアナライザー　357

電磁波レーダ法　302, 346
電子プローブX線マイクロアナライザー（EPMA）　116, 364, 366
電磁誘導　302, 343, 344
電着工法　439, 443
天然樹脂酸系混和剤　374
デンマーク法　368
電力施設　317

土圧　331
凍害　40, 196, 242, 452, 605
透気係数　392
透気試験　392
透気性　242, 392
凍結対策工　202
凍結防止剤　144, 150, 153, 517
頭首工　222
透磁率　345
透水性　242, 393
導通確認　546
動的載荷試験　512
動的測定手法　387
等方性版　63
道路橋　143
道路橋示方書　149, 152, 532, 535
道路トンネル　189
特殊シラン系化合物　424
特殊排水　181
特別全般検査　154
独立的複合劣化　105
都市トンネル　187, 204
塗装　91, 420
塗装系防食材　568
土地改良区　220
土地改良事業計画設計基準　218
土留め壁　273
塗布型ライニング工法　184, 586
塗布工法　411
土木構造物　11
　　　——の維持管理　123
塗膜厚さ　423
土間床スラブ　285
取入口　222
塗料　91
ドリルコントローラー　460
ドリル法　350, 353
ドロマイト　369
トンネル　186, 450
　　　——で見られる変状　206
　　　——の性能　188
　　　——の防水　450

ナ 行

内空断面　187
内在塩化物イオン　33

内筒化　308
内燃力発電　318
内部欠陥　12
内部補修　308
内力評価法　501
中塗り工　420
中塗り材　417
斜めひび割れ　509
ナフタリン系混和剤　372
波型鋼板ウェブ橋　136

二酸化炭素濃度　329
二次診断　283
二次点検　189
二次部材　279, 282
滲み　199
二重スラブ　291
二方向ひび割れ　63
ニューパブリックマネジメント（NPM）　3
塗り仕上げ外壁　296
塗り床仕上げ　287
ねじりひび割れ　86
熱重量分析（TG）　366
農業水利システム　218
農業水利施設　218

ハ 行

煤煙　196
排気用ホース　459
配合分析　242
排砂設備　215
排水機場　226
配電柱　322
配力鉄筋　64
剥がれ　95
白亜化　95
剥落防止　148
剥落防止工法　434, 439
剥離　241, 582
　　鋼板の——　480
爆裂　77
箱形トンネル　450
パッシブ型　379
はっ水系表面含浸工法　456
はっ水系表面保護工　611, 613
発錆　582
発錆限界塩化物含有量　37
発熱量　260, 262
はつり　349
はつり作業　546
はつり処理　146, 463

索引

はつり調査　358, 528
パテ工　419
梁　143
　　——の補強　507
梁打ち換え工法　471
Powers の水圧説　42
反応進行抑制説　456
反応性鉱物　55, 367
反応性骨材　54
反発度法　335

PM（ポリマーモルタル）　427
BMS　5
被害等級　261
光触媒酸化チタン　421
光ファイバーセンサ　388
美観　245
被災度区分判定　550
被災判定　89
PCM（ポリマーセメントモルタル）
　239, 427, 476
PC グラウト　380, 459
PC 斜張橋　136
PCD 工法　136
PC ポストテンション単純桁　611
PC ポストテンション方式単純 T 桁橋
　500
PC 有ヒンジラーメン橋　502
微生物劣化　47
ビッカース硬さ　17, 530, 581, 582
引張強度　76
PDF　363
比抵抗　362
ビニルエステル　583
ビニルエステル樹脂　584
ビニルエステル樹脂 FRP　593
ビニロン繊維シート　437
非破壊検査　138, 362
微破壊試験　283
非破壊調査　528
ひび割れ　14, 148, 232, 241, 297, 370, 378, 522, 582
　　——のパターン　15
　　——の発生　341
　　片持ちスラブの——　292
　　型枠の変形による——　17
　　小梁付きスラブの——　292
　　支承近傍の——　87
　　鉄筋腐食先行型の——　336
　　凍害による——　41
　　道路橋 RC 床版の——　65
　　二重スラブの——　294
　　ひび割れ先行型の——　336
　　ヒンジ部の——　87
ひび割れ現象　10
ひび割れ修復効果　425

ひび割れ注入工法　412
ひび割れ追従性　543, 568
ひび割れ発生腐食量　38
ひび割れ幅　523, 526
　　——の制限値　248
　　——の変動　103
ひび割れ補修　421, 617
ひび割れ補修工法　411
ひび割れ面のスリット化　67
ひび割れ面のすり減り　66
ひび割れ網　67
非膨張性ゲル生成説　456
飛沫環境　328
比誘電率　346
標準加熱温度曲線　71
表面塩化物イオン濃度　540
表面押し当て圧入工法　412
表面含浸工法　415, 423
表面含浸材　423
表面含水率　591
表面気泡　14
表面処理　146, 462, 489
表面処理工法　414
表面塗装　542, 548
表面塗装工法　540
表面塗装材　543
表面被覆　147, 609
表面被覆工法　415, 617
表面保護工　531, 534
表面劣化　217
飛来塩分　156, 328
飛来塩分量　35
Buil のモデル　113
ビルピット排水　181
疲労　478
疲労寿命　67
疲労損傷　62, 149
疲労耐久性の向上　477
品確法　2
品質　2
　　コンクリート構造物の——　1

FiRSt 協会　484
ファラデーの第 2 法則　361
Figg-Proscope 法　393
Fick の拡散則　577
Fick の拡散方程式　540, 541
Fick の第 2 法則　36, 354
部位別　232
フェノールフタレイン法　31, 177, 348
フェロコン仕上げ　286
吹付け工法　427
復極量　548
複合トラス橋　136
複合劣化　104
膨れ　95, 423

Bouguer-Beer の法則　364
部材温度　100
部材評価法　500
節形状　528
腐食　479, 582
　　鋼材の——　33, 34
腐食性物質　423
腐食セル　34
腐食速度　38, 361
腐食電池　34
腐食反応　621
腐食面積率　358
付着強度　76
付着性　543
復旧工事　550
覆工コンクリートの剥落事故　196
物質移動モデル　112, 113
不動態　33
不等沈下　331
フライアッシュセメント　127
プライマー工　419
プラスチック収縮ひび割れ　17
ブラスト工法　463
Bragg の条件　363
フラッシュオーバー　69
フラットジャッキ　377
フラットスラブ　284
ブリージング　272
ブリージング水　45
フレアー溶接　489
プレキャスト版　616
プレストレス　500
　　——の拘束　330
プレテンション方式 PC 梁　610
プレパックド工法　430
不陸補修材　618
分極抵抗　360, 518
分極抵抗法　360
噴出　199
粉末 X 線回折　363
粉末法　565

ペシマム現象　55, 367
pH 試験紙法　564
pH 値　564
変位計法　386, 387
変形　241
偏光顕微鏡　367
変状原因　193
変状現象　193
変状連鎖　168
変性アクリル樹脂　557
変性アクリル樹脂系の接着剤　552
変退色　95

望遠レンズ併用型 CCD 式沈下計　378

索　引

防汚性能　421
防護さく　492
放射線透過法　380
防食被覆層　598
防食ライニング工法 C 種・D1 種　589
防水系の表面保護工　613
防水性能　423
防水層　67
防水塗膜工法　411
防錆剤　610, 622
膨張量　522
補強工法　468
補修計画　541
補修工法　410
補修設計　543, 545
補修費用　550
ポップアウト　40, 61
ポリマーセメント　611
ポリマーセメント系被覆材　417
ポリマーセメントスラリー　552
ポリマーセメントペースト　235
ポリマーセメントモルタル（PCM）
　　239, 427, 476
ポリマーモルタル　427
ポルトランドセメント　127
ポンプ場の劣化　182
ポンプ打設　64

マ　行

Micro-ice-lens pump 効果　44
埋設型枠シートライニング工法　593
埋設物　343
前処理　546
マーキング　553
マクロセル腐食　541, 544, 575, 609, 610
曲げ加工部　532, 534
曲げ耐力　607
曲げ破壊耐力　501
曲げ半径　528
曲げひび割れ　67, 85
マネジメント　3, 5
豆板（ジャンカ）　11, 302
摩耗　217, 221
マルコフ連鎖　4
マルコフ連鎖モデル　173
マルチパスアレイレーダ法　384
マンション　258

見かけの拡散係数　354, 356, 540
水セメント比（W/C 比）　23, 128
水の影響　329
水利用性能　219

無機系被覆材　415

無機系表面被覆工法　417
無機系表面被覆材　583
無載荷方法　386
無収縮モルタル　504

メッシュ　417
メッシュ貼付け工　420
メラミンスルフォン酸系混和剤　374
面状光ファイバー　536
面状陽極方式　544, 547
メンテナンス工学　139

目視調査　282
モニタリング　341, 515, 522, 536, 546
モルタル注入工法　429
モルタル塗り仕上げ外壁　296
モルタルバー法　367
モンテカルロシミュレーション　4
モンテカルロ法　576

ヤ　行

矢板工法　192
ヤング係数　74, 531

有害水　196
有機系短繊維　522
有機系被覆材　415
有機系表面被覆工法　183, 420
有機無機複合厚膜型水系塗料　458
誘導起電力　344
遊離石灰　479, 480
床スラブ　236, 285
　　――の損傷　285
U カット充填工法　412, 617
U 形充填高さ　584
UV スペクトル　373

要求性能　126
陽極　547
陽極一体施工　543
用水路　224
溶脱　110
用途地域　231
横桁連結　498
四点電極法　361

ラ　行

ライニング損傷　313
ライフサイクルコスト（LCC）　3, 139, 166, 576
ライフサイクルマネジメント　6, 166
力学的損傷　82

リグニン系混和剤　372
リチウムイオン内部圧入工法　456
流下　199
硫化水素　595
硫酸塩還元細菌　586
硫酸塩劣化　50
硫酸カルシウム　596
硫酸によるコンクリート腐食　175
硫酸劣化　48
輪荷重　61
輪荷重走行試験　67

レーザー光　378
　　――による外観調査方法　379
レーザースキャナー法　387
レーザースキャニング方式　379
レーザードップラー式速度測定法　388
レーザーレベル法　387
劣化　81
　　一般建築の――　289
　　塩類の高濃度溶液による――　52
　　温泉地帯・酸性河川における――　49
　　強アルカリ溶液による――　52
　　下水処理場の――　182
　　下水道施設の――　174
　　コンクリートダムの――　209, 213
　　侵食性炭酸による――　50
　　水路トンネルの――　226
　　動植物油による――　52
　　ポンプ場の――　182
　　有機酸による――　52
劣化機構　3, 605, 607
劣化原因　605
劣化進行予測　300
劣化代　584
劣化調査　538
劣化度　538
　　桟橋上部工の――　169
劣化度評価基準　299
劣化メカニズム　9
劣化予測　4, 519, 528
レディーミクストコンクリート　132
レヤ工法　212
連結工法　559
連続ケーブル桁吊り工法　502
連続繊維緊張材　499
連続繊維シート工法　484

漏水　20, 197, 216, 245, 445, 479, 599
漏水痕　241
漏水対策工　201

ワ　行

割れ　95

コンクリート構造物の維持管理

- 点検・計測
- 試験・分析
- 劣化予測
- 評価判定
- 対策
- 計画

KSKは、コンクリート構造物の維持管理に関するさまざまなコンサルティングをご提供いたします。

「正しいことを正確に」
正しい点検、正確な診断、迅速な対応

KSK 株式会社KSK
構造診断研究所
本　社：茨城県取手市新町1-2-35　TEL（0297）70-5961　FAX（0297）70-5969
URL:http://www.k-s-k.co.jp　E-mail:mail@k-s-k.co.jp

手堅い仕事、手放せぬ道具。
コンクリート・モルタル水分計 HI-520

HI-520は、本体と検出部を一体化したハンディタイプの水分計で、人工軽量骨材コンクリート、石膏ボード、モルタル、コンクリート、ALCなどの水分測定ができます。ダイヤルを測定対象物に合わせておけば、測定物に押し当てるだけで、水分を直接デジタル表示しますし、アラーム機能やホールド機能など各種の機能も備えています。

- **小型・軽量のハンディタイプです。**
  操作は、測定対象に本器を軽く押し当てるだけなので、現場を選ばずいつでも簡単に測定できます。
- **ダイヤルひとつで各種材料の測定が可能です。**
  測定対象の選択はダイヤルで人工軽量骨材コンクリート、石膏ボード、モルタル、コンクリート、ALCにセットします。
- **各種機能を装備しています。**
  設定値以上の水分を検出するとブザーで知らせるアラーム機能や、測定値をそのまま表示し続けるホールド機能付きです。
- **温度補正機能と厚さ補正機能もダイヤルひとつです。**
  温度補正は自動補正と、ダイヤル設定による手動補正が可能。さらに、より正確な測定のための厚さ補正ダイヤルも装備。
- **D.MODEを使えば、特殊な材料の水分測定もできます。**
  材料の水分とD.MODE目盛の関係式を求めることによって、上記5種類以外の材料の水分測定も可能です。

Kett

株式会社 ケツト科学研究所
東京本社 東京都大田区南馬込1-8-1 〒143-8507 TEL(03)3776-1111

大阪支店(06)6323-4581 札幌営業所(011)611-9441 仙台営業所(022)215-6806 名古屋営業所(052)551-2629 九州営業所(0942)84-9011

● この商品へのお問い合わせは上記、またはE-mailでお願いいたします。　URL http://www.kett.co.jp/　E-mail sales@kett.co.jp

ALL ROUNDER

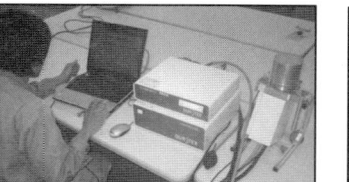

コンクリート構造物の総合エンジニア

蛍光X線分析 / 電磁波レーダ / 自然電位測定 / 特殊コンクリート供給 / ソフトコアリング / 橋梁プロテクト / モルタル吹き付け / 吹付塗膜防水 / ウォータージェット

コンクリート・リノベーション　−構造物の調査・設計・施工−

お問い合せ

株式会社 ケミカル工事
CHEMICAL CONSTRUCTION SYSTEMS

URL http://www.chemical-koji.co.jp

本社（神戸）	078-411-9111	大阪支店　06-6457-1335
東京支店	03-5855-7260	広島営業所　082-264-3661
名古屋支店	052-509-0780	九州営業所　092-575-2808
東北営業所	022-714-6212	

ボンド BESTEM

ボンドで創るベストシステム——ベステム

ボンドシリンダー工法®

コンクリートのひび割れ注入工法(自動式低圧樹脂注入工法)

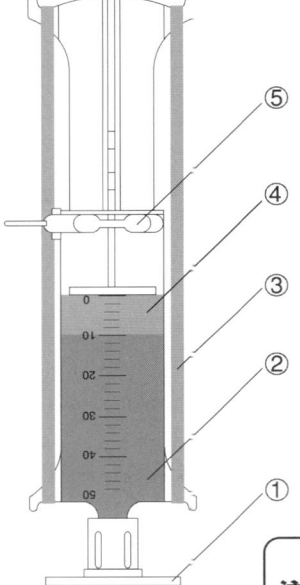

A. ボンド シリンダーセット
B. ボンド シリンダーセットミニ

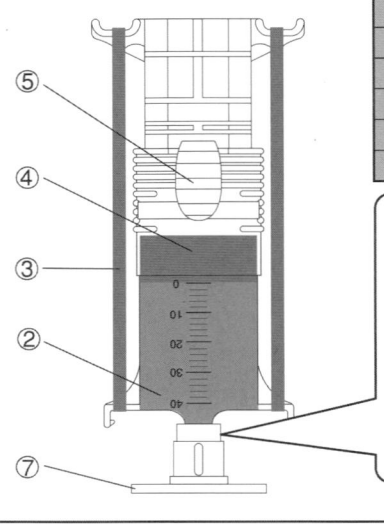

①	BC注入座金
②	BCシリンダー
③	BC加圧ゴム
④	BCリング
⑤	BCストッパー
⑥	入隅座金(別売)
⑦	BC注入座金(逆流防止機能弁付き)

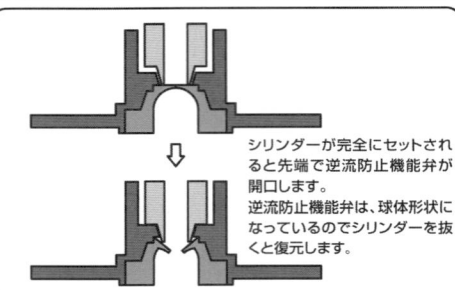

シリンダーが完全にセットされると先端で逆流防止機能弁が開口します。逆流防止機能弁は、球体形状になっているのでシリンダーを抜くと復元します。

注意
◎逆流防止機能は、ボンド シリンダーセットミニのみの機能です。
◎従来のボンド シリンダーセットには、この機能はありません。
　(従来のボンド シリンダーセットと逆流防止機能弁付き座金の組合せでは、注入は不可能です。)
◎注入後、ボンド シリンダーセット撤去の際、注入材が2～3滴たれますがそれ以上の逆流はありません。

梁ひび割れ補修

注入性能
低圧・低速による確実な注入ができます!

注入圧力の管理
注入圧力をコントロールできます!(0.1～0.3MPaの範囲)

注入量の管理
注入量が一目で分かり、しかもコントロールできます!

施工性
簡単でシンプル!

硬化の確認
注入材の硬化状態の確認が容易!

経済性
同時注入ができます!

コニシ株式会社 http://www.bond.co.jp/

大阪本社／大阪市中央区道修町1-7-1 (北浜TNKビル)　〒541-0045　TEL.06(6228)2961
東京本社／東京都千代田区神田錦町2-3 (竹橋スクエア)　〒101-0054　TEL.03(5259)5737

電気化学的防食工法は、塩害や各種腐食から、アクティブにコンクリート構造物を守ります。

急速な経済発展とともに建設されてきた社会資本のコンクリート構造物。しかし、その寿命は無限ではありません。特に、近年深刻な問題とされるのが塩害や中性化などによる鋼材腐食をともなったコンクリート構造物の早期劣化です。

電気化学的防食工法研究会（CP工法研究会）では、構造物の調査・診断から補修・補強効果の測定、補修管理までのトータルなサポート体制を整えており、本工法の一層の普及を目指しております。

研究会会長　宮川豊章

［電気化学的防食工法の効果］

［電気防食なし］　　　　　　　［電気防食あり］

●コンクリート中含有塩分量0.5％、湿度100％、温度40℃の促進試験8カ月後の鉄筋の比較（酸処理後）

コンクリート構造物の電気化学的防食工法研究会
（CP工法研究会）

［会員会社］
㈱エステック／オリエンタル白石㈱／㈱国際建設技術研究所／五洋建設㈱
㈱さとうベネック／住友大阪セメント㈱／大日本塗料㈱／電気化学工業㈱
東亜建設工業㈱／㈱東京興業貿易商会／東興ジオテック㈱／飛島建設㈱
㈱ナカボーテック／日鉄防蝕㈱／日本防蝕工業㈱／ニューテック康和
㈱ピーエス三菱／ＢＡＳＦポゾリス㈱／三井住友建設㈱／若築建設㈱

研究会事務局：東京都千代田区三番町2番地　飛島建設㈱内
TEL03-5214-4401／FAX03-5276-2526
URL:http://www.cp-ken.jp/

住友大阪セメントのコンクリート構造物補修・補強材料

構造物の「保守・補修・維持・管理」時代の到来に伴い、住友大阪セメントではセメント・コンクリートから得たさまざまなノウハウを駆使し、構造物補修・補強材料へのニーズに応えるため、特長ある製品を開発・販売しています。

パーキングエリア / トンネル / 戸建住宅 / 宅地造成 / 建築耐震 / 工場機械基礎 / 床版補修工事 / 橋梁補修工事 / 立体駐車場 / 桟橋 / 軌道工事 / 倉庫建築工事 / マンション建築 / 生コンプラント / コンクリートパイル / 空港・滑走路 / 上下水道 / 藻場造成 / 魚礁

住友大阪セメント株式会社 建材事業部 〒102-8465 東京都千代田区六番町6番地28

http://www.soc.co.jp/ ホームページ
http://www.soc-tec.com 製品技術資料専用ページ

東 京	TEL.03(5211)4752	FAX.03(3221)5624	東北支店	TEL.022(225)5251	FAX.022(266)2516
大 阪	TEL.06(6342)7704	FAX.06(6342)7708	北陸支店	TEL.076(223)1505	FAX.076(223)0193
札幌支店	TEL.011(241)3901	FAX.011(221)1017	名古屋支店	TEL.052(566)3202	FAX.052(566)3273
			四国支店	TEL.087(851)6330	FAX.087(822)6870
			広島支店	TEL.082(242)1155	FAX.082(242)1233
			福岡支店	TEL.092(481)0186	FAX.092(471)0530

ELGARD®
電気防食の世界標準 エルガードシステム
腐食を科学して誕生。
ニーズに対応した最適な電気防食技術の提案をいたします。

エルガードシステムの特徴
- 腐食反応を直接制御する最も信頼性の高い防食方法です。
- これまでの塩害補修工法に比べ、大幅なライフサイクルコストの低減が可能です。
- 塩化物イオンを含むコンクリートの除去は不要です。
- 鉄筋の防錆処理やコンクリートの表面被覆は不要です。
- チタンを特殊触媒により加工した陽極は長期寿命と信頼性を提供します。

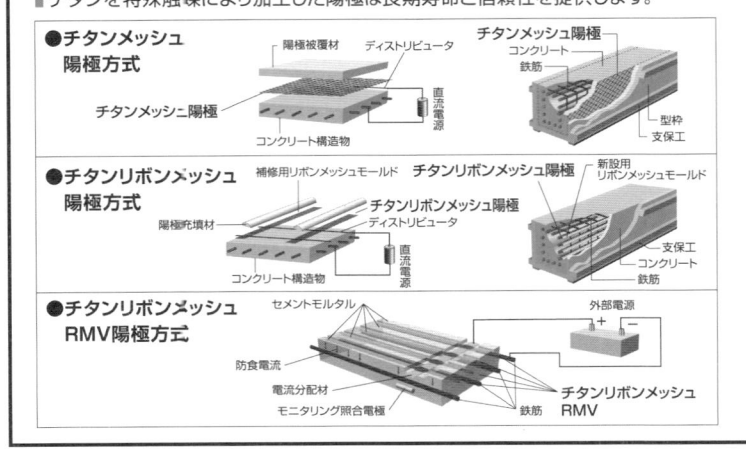

● チタンメッシュ陽極方式
● チタンリボンメッシュ陽極方式
● チタンリボンメッシュRMV陽極方式

日本エルガード協会会員

● 特別会員A
あおみ建設㈱ 東洋建設㈱ 三井住友建設㈱
五洋建設㈱ ㈱仲田建設 若築建設㈱
ショーボンド建設㈱ ピーシー橋梁
東亜建設工業㈱ ㈱富士ピー・エス

● 正会員
㈱SNC 昭和工事㈱ ㈱ニューテック康和
㈱エステック ㈱ナカボーテック
化工建設㈱ 日本防蝕工業㈱

● 賛助会員
㈱エステック 化工建設㈱ 日本防蝕工業㈱
㈱ナカボーテック 昭和工事㈱

● 準会員
T&日本メンテ開発㈱ ㈱ケミカル工事

● 特別会員B
住友大阪セメント㈱

平成23年3月末現在

日本エルガード協会
■ 事務局 http://www.elgard.com
〒102-8465 東京都千代田区六番町6番地28
TEL. 03-5211-4756　FAX. 03-3221-5183

低炭素社会に貢献する

We Love コンクリート

太平洋マテリアル株式会社は
社会資本の延命をバックアップ致します

断面修復材（左官）	断面修復材・下面増厚（吹付）
RF厚付モルタルKT、VHEモルタル	**RF厚付モルタル-SP**

断面修復材（型枠充填工法）	コンクリートはく落防止工法
太平洋コンフロード	**TMネット工法**

下水処理施設補修モルタル	環境配慮型抗磨耗性モルタル
SA、SA-Ⅲ	**TMモルタルハード（左官・吹付）**

太平洋マテリアル株式会社

〒135-0064　東京都江東区青海 2-4-24　青海フロンティアビル15F　http://www.taiheiyo-m.co.jp
TEL03-5500-7512　FAX03-5500-7542
支店　北海道・東北・東京・関東・中部・関西・中国・四国・九州

探してみませんか！
"よつ葉のクローバー"

TS クラックフィラー

ロングビットドリル

・φ9mm−12m
・φ15.5mm−8m

株式会社ティ・エス・プランニング
www.tsp-co.com

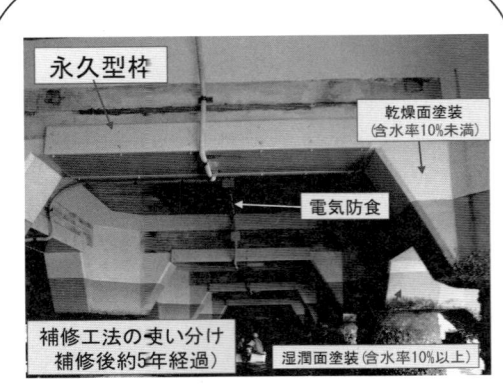

耐久性に優れた補修・維持管理を提案
〔永久型枠工法〕

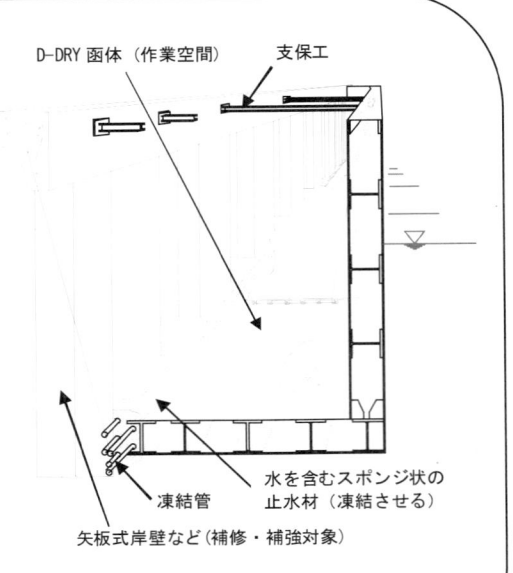

ドライな作業空間を確保する水際の魔術師
〔どこでもドライ工法〕

私たちは、さまざまな社会インフラの維持管理に携わる
技術者集団です。

東亜建設工業
TOA CORPORATION

東亜建設工業株式会社　東京都新宿区西新宿 3-7-1 TEL. 03-6757-3800

ダイレクト探索カメラシステム
Direct Search
DSカメラ

国交省
中国地方整備局
NETIS 登録済
登録番号
CG-090005-A

点検・検査が容易

伸縮自在棒（最大伸長時4.5m）にLED照明付カメラを接続。
人間が容易に近づけない箇所も点検・撮影が可能。
水平アームの活用で、橋梁の上から床板裏面も点検・撮影が可能

画像の活用が可能

カメラで撮影された画像は手元のモニターで確認が可能。
また、別途記録メディアへ記録し、報告書等への活用が可能。

販売元
西日本高速道路グループ
西日本高速道路エンジニアリング中国株式会社

問い合わせ先　営業本部　業務部　製品販売課

〒733-0037
広島県広島市西区西観音町2-1　第3セントラルビル6F
TEL：082-532-1436　FAX：082-532-8054
URL　http://www.w-e-chugoku.co.jp
E-mail　hanbai@w-e-chugoku.co.jp

コンクリート埋設金具用一次防錆剤
スチールバリア®

タイプⅠ,W100,W300(水溶性),タイプⅡ(溶剤性)
ソベリン®

◇コンクリートとの付着強度は土木学会の規格をクリヤー

屋外曝露試験 　　付着強度試験

熔接可能型一次防錆剤
サルフィックス® W

◇塗布後の熔接性は工業技術センターの試験に合格しています。

左：塗布品　右：無塗布品 　　端板の溶接試験

長い経験と実績　鋼矢板用膨潤止水材
パイルロック®

◇鋼矢板の爪に塗ると水中で膨潤して漏水を防止します。
護岸工、河川の締切工、廃棄物処理場等で鋼矢板打設後の止水効果を著しく向上させます。

パイルロック施工例

パイルロック® HV No.1000 (高粘度タイプ)　　ケミカシート®　(シート状多目的止水材)

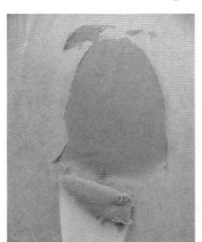

パイルロックHV No.1000 　　ボックスカルバート　　ケミカシート　　H-H鋼管矢板への施工
「コンクリート矢板、ボックスカルバート等の止水用途等」　ケミカシートは、シート状の止水材です。

潤滑固着防止・負の摩擦力低減材
NETIS 取得　KT-100002-A
ラブケミカ®

◇鋼矢板等の壁面に塗布し地盤改良剤などの固着防止用途
◇基礎杭の負の摩擦力低減対策や載荷試験用途
「ラブケミカ」は、摩擦力を大幅に低減させる摩擦力低減材です。

ラブケミカ塗布の基礎杭

N·C·P 日本化学塗料株式会社

〒252-1111　神奈川県綾瀬市上土棚北4-10-43　TEL 0467-79-5711　fax 0467-79-5477
URL：http://www.ncpaint.co.jp　　E-mail：info@ncpaint.co.jp

2011. 4

人と社会と地球のために

三菱マテリアルの補修・補強材

MITSUBISHI
MITSUBISHI MATERIALS CORPORATION

三菱マテリアルは、社会資本の整備と人々の快適な生活に貢献するため、常に製品の開発や改良に取組み、社会のニーズに合った製品を提供しています。当社では、今後の社会資本に求められる長寿命化、施工の省力化および環境保全に対応して各種工法・工事に最適な製品を幅広く揃えています。

コンクリート補修材 アーマ ARMOR®

三菱マテリアルは、劣化したコンクリート構造物の補修用材料として「アーマ」を開発し、各種用途にあった製品を取り揃えています。
「アーマ」は、コンクリート躯体との一体性、寸法安定性、劣化因子の侵入を抑制する緻密性及び耐候性・耐久性に優れ、劣化したコンクリート構造物を効果的に補修します。

工 程	製品名	種 類
前処理工	アーマ#250	プライマー
	アーマ#1000	亜硝酸リチウム添加型 鉄筋防錆材
	アーマ#700	塩分吸着剤入り 鉄筋防錆材
	アーマ#710	塩分吸着剤入り 鉄筋防錆モルタル
断面修復工	アーマ#100P	左官工法用
	アーマ#310P	吹付け工法用
	アーマ#520	充填工法用
	アーマ#720	塩分吸着剤入り 充填工法用
	アーマ#730	塩分吸着剤入り 吹付け工法用
表面処理工	アーマ#120P	不陸調整用

用 途	製品名	特 徴
ひび割れ注入	アーマ#600 アーマ#600P	表面ひび割れ幅0.2mm以上に注入可能
劣化防止 アル骨抑制	アーマ#800	亜硝酸リチウム主成分

無収縮グラウト材 MG Non-Shrink Grouting Mortar

耐震補強工事や、橋梁支承部に使用される無収縮グラウト材として、三菱マテリアルは「MG」を開発し、各種用途にあった製品を取り揃えています。

種 類		製品名
超速硬型		MG-10MS
汎用型	一般	MG-15M
	高強度・高流動	MG-15Mスーパー
	高強度・粘性	MG-15Mハイパー
低発熱型		MG-15ML
パッド用		MG-パッド
水中不分離型		MGアクア

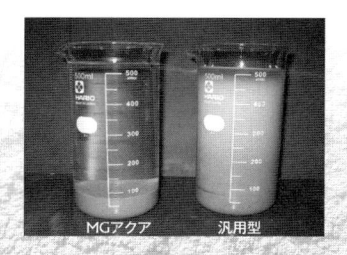

三菱マテリアル株式会社

〒100-8117　東京都千代田区大手町1-3-2　経団連会館11階
TEL 03-5252-5331　FAX 03-5252-3547

コンクリート補修・補強ハンドブック		定価はカバーに表示

2011年6月30日　初版第1刷

　　　　　　総編集者　宮　川　豊　章
　　　　　　発 行 者　朝　倉　邦　造
　　　　　　発 行 所　株式会社　朝　倉　書　店
　　　　　　　　　　　東京都新宿区新小川町 6-29
　　　　　　　　　　　郵 便 番 号　162-8707
　　　　　　　　　　　電　話　03(3260)0141
　　　　　　　　　　　F A X　03(3260)0180
　　　　　　　　　　　http://www.asakura.co.jp

〈検印省略〉

Ⓒ 2011〈無断複写・転載を禁ず〉　　　印刷・製本 東国文化

ISBN 978-4-254-26156-1　　C 3051　　　Printed in Korea

西林新蔵・小柳　治・渡邉史夫・宮川豊章編

コンクリート工学ハンドブック

26013-7 C3051　　　B 5 判　1536頁　本体65000円

1981年刊行で，高い評価を受けた「改訂新版コンクリート工学ハンドブック」の全面改訂版。多様化，高性能・高機能化した近年のめざましい進歩・発展を取り入れ，基礎から最新の成果までを網羅して，内容の充実・一新をはかり，研究者から現場技術者に至る広い範囲の読者のニーズに応える。21世紀をしかと見据えたマイルストーンとしての役割を果たす本。〔内容〕材料編／コンクリート編／コンクリート製品編／施工／構造物の維持，管理と補修・補強／付：実験計画法

工学究大 長澤　泰・東大 神田　順・東大 大野秀敏・東大 坂本雄三・東大 松村秀一・東大 藤井恵介編

建　築　大　百　科　事　典

26613-7 C3552　　　B 5 判　720頁　本体28000円

「都市再生」を鍵に見開き形式で構成する新視点の総合事典。ユニークかつ魅力的なテーマを満載。〔内容〕安全・防災（日本の地震環境，建築時の労働災害，シェルター他）／ストック再生（建築の寿命，古い建物はどこまで強くなるのか？他）／各種施設（競技場は他に何に使えるか？，オペラ劇場の舞台裏他）／教育（豊かな保育空間をつくる，21世紀のキャンパス計画他）／建築史（ルネサンスとマニエリスム，京都御所他）／文化（場所の記憶—ゲニウス・ロキ，能舞台，路地の形式他）／他

大塚浩司・庄谷征美・外門正直・小出英夫・武田三弘・阿波　稔著

コンクリート工学（第2版）

26151-6 C3051　　　A 5 判　184頁　本体2800円

基礎からコンクリート工学を学ぶための定評ある教科書の改訂版。コンクリートの性質理解のためわかりやすく体系化。〔内容〕歴史／セメント／骨材・水／混和材料／フレッシュコンクリート／強度／弾性・塑性・体積変化／耐久性／配合設計

田澤栄一編著　米倉亜州夫・笠井哲郎・氏家　勲・大下英吉・橋本親典・河合研至・市坪　誠著
エース土木工学シリーズ

エース　コンクリート工学

26416-0 C3351　　　A 5 判　264頁　本体3600円

最新の標準示方書に沿って解説。〔内容〕コンクリート用材料／フレッシュ・硬化コンクリートの性質／コンクリートの配合設計／コンクリートの製造・品質管理・検査／施工／コンクリート構造物の維持管理と補修／コンクリートと環境／他

東工大 大即信明・金沢工大 宮里心一著
朝倉土木工学シリーズ 1

コンクリート材料

26501-9 C3351　　　A 5 判　248頁　本体3800円

性能・品質という観点からコンクリート材料を体系的に展開する。また例題と解答例も多数掲載。〔内容〕コンクリートの構造／構成材料／フレッシュコンクリート／硬化コンクリート／配合設計／製造／施工／部材の耐久性／維持管理／解答例

芝浦工大 魚本健人著

コンクリート診断学入門
—建造物の劣化対策—

26147-9 C3051　　　B 5 判　152頁　本体3600円

「危ない」と叫ばれ続けているコンクリート構造物の劣化診断・維持補修を具体的に解説。診断ソフトの事例付。〔内容〕コンクリート材料と地域性／配合の変化／非破壊検査／鋼材腐食／補強工法の選定と問題点／劣化診断ソフトの概要と事例／他

港湾学術交流会編

港　湾　工　学

26155-4 C3051　　　A 5 判　276頁　本体2800円

現代的課題である防災（地震・高潮・津波等）と環境（水質改善・生態系修復等）面を配慮した新体系の決定版。〔内容〕港湾の役割と計画／港湾を取り巻く自然／港湾施設の設計と建設／港湾と防災／港湾と環境／港湾技術者の役割／用語集

東工大 山中浩明編
シリーズ〈都市地震工学〉2

地震・津波ハザードの評価

26522-4 C3351　　　B 5 判　144頁　本体3200円

地震災害として顕著な地盤の液状化と津波を中心に解説。〔内容〕地震の液状化予測と対策（形態，メカニズム，発生予測）／津波ハザード（被害と対策，メカニズム，シミュレーション）／設計用ハザード評価（土木構造物の設計用入力地震動）

東工大 大野隆造編
シリーズ〈都市地震工学〉7

地　震　と　人　間

26527-9 C3351　　　B 5 判　128頁　本体3200円

都市の震災時に現れる様々な人間行動を分析し，被害を最小化するための予防対策を考察。〔内容〕震災の歴史的・地理的考察／特性と要因／情報とシステム／人間行動／リスク認知とコミュニケーション／安全対策／報道／地震時火災と避難行動

東二大 翠川三郎編
シリーズ〈都市地震工学〉8

都市震災マネジメント

26528-6 C3351　　　B 5 判　160頁　本体3800円

都市の震災による損失を最小限に防ぐために必要な方策をハード，ソフトの両面から具体的に解説〔内容〕費用便益分析にもとづく防災投資評価／構造物の耐震設計戦略／リアルタイム地震防災情報システム／地震防災教育の現状・課題・実践例

上記価格（税別）は 2011 年 5 月現在